钢板钢带标准汇编
（第6版）

冶金工业信息标准研究院　中国标准出版社　编

中国标准出版社
北京

图书在版编目(CIP)数据

钢板钢带标准汇编/冶金工业信息标准研究院编.—6版.—北京:中国标准出版社,2014.10
ISBN 978-7-5066-7703-5

Ⅰ.①钢… Ⅱ.①冶… Ⅲ.①钢板-标准-汇编-中国②带钢-标准-汇编-中国 Ⅳ.①TG335.5-65

中国版本图书馆CIP数据核字(2014)第200085号

中国标准出版社出版发行
北京市朝阳区和平里西街甲2号(100029)
北京市西城区三里河北街16号(100045)

网址 www.spc.net.cn
总编室:(010)64275323 发行中心:(010)51780235
读者服务部:(010)68523946
中国标准出版社秦皇岛印刷厂印刷
各地新华书店经销

*

开本 880×1230 1/16 印张 80.25 字数 2 462 千字
2014年10月第六版 2014年10月第六次印刷

*

定价 320.00 元

第6版前言

钢板钢带系列标准是钢铁工业标准体系的重要组成部分。随着产业发展,近年来许多产品标准进行了制修订,范围涵盖了工业领域各个方面。

为准确反映钢板钢带的标准情况,充分发挥标准的引领作用,使广大钢铁企业、政府部门、科研院所、大专院校、质检机构、消费者及时掌握该领域的新标准,冶金工业信息标准研究院和中国质检出版社(中国标准出版社)共同编辑出版了《钢板钢带标准汇编(第6版)》。

《钢板钢带标准汇编(第6版)》汇集了国内现行的钢板钢带领域的最新标准。共分三部分:第一部分为综合标准,涉及分类、表面质量、包装要求等;第二部分为产品标准,包括钢板、钢带等;第三部分为窄钢带标准。

本书所汇编的标准截止到2014年8月底,标准制修订是一个不间断的动态过程,请读者及时跟踪。

编　者

2014年7月

第5版前言

本汇编收集了截至2010年6月底以前出版的国家标准和行业标准共97项，其中国家标准64项，行业标准33项。与第4版相比，变化的情况如下：

一、作废代替标准

GB/T 247—2008　钢板和钢带包装、标志及质量证明书的一般规定(代替GB/T 247—1997)
GB/T 700—2006　碳素结构钢(代替GB/T 700—1988)
GB/T 14977—2008　热轧钢板表面质量的一般要求(代替GB/T 14977—1994)
GB/T 710—2008　优质碳素结构钢热轧薄钢板和钢带(代替GB/T 710—1991)
GB/T 711—2008　优质碳素结构钢热轧厚钢板和钢带(代替GB/T 711—1988)
GB 713—2008　锅炉和压力容器用钢板(代替GB/T 6654—1996,GB 713—1997)
GB/T 714—2008　桥梁用结构钢(代替GB/T 714—2000)
GB 912—2008　碳素结构钢和低合金结构钢热轧薄钢板和钢带(代替GB/T 912—1989)
GB/T 2518—2008　连续热镀锌钢板及钢带(代替GB/T 2518—2004)
GB/T 2520—2008　冷轧电镀锡钢板及钢带(代替GB/T 2520—2000)
GB/T 2521—2008　冷轧取向和无取向电工钢带(片)(代替GB/T 2521—1996)
GB/T 3279—2009　弹簧钢热轧钢板(代替GB/T 3279—1989)
GB 3531—2008　低温压力容器用低合金钢钢板(代替GB 3531—1996)
GB/T 4171—2008　耐候结构钢(代替GB/T 4171～4172—2000、GB/T 18982—2003)
GB/T 5213—2008　冷轧低碳钢板及钢带(代替GB/T 5213—2001)
GB 6653—2008　焊接气瓶用钢板和钢带(代替GB 6653—1994)
GB/T 6983—2008　电磁纯铁(代替GB/T 6983～6985—1986)
GB/T 8165—2008　不锈钢复合钢板和钢带(代替GB/T 8165—1997、GB/T 17102—1997)
GB/T 8749—2008　优质碳素结构钢热轧钢带(代替GB/T 8749—1988)
GB/T 9941—2009　高速工具钢钢板(代替GB/T 9941—1988)
GB/T 11251—2009　合金结构钢热轧厚钢板(代替GB/T 11251—1989)
GB/T 11253—2007　碳素结构钢冷轧薄钢板及钢带(代替GB/T 11253—1989)
GB/T 12755—2008　建筑用压型钢板(代替GB/T 12755—1991)
GB/T 13790—2008　搪瓷用冷轧低碳钢板及钢带(代替GB/T 13790—1992)
GB/T 14978—2008　连续热镀铝锌合金镀层钢板及钢带(代替GB/T 14978—1994)
GB/T 15675—2008　连续电镀锌、锌镍合金镀层钢板及钢带(代替GB/T 15675—1995)
GB/T 16270—2009　高强度结构用调质钢板(代替GB/T 16270—1996)
YB/T 024—2008　铠装电缆用钢带(代替YB/T 024—1992)

二、新增标准

GB/T 21237—2007　石油天然气输送管用宽厚钢板
GB/T 24180—2009　冷轧电镀铬钢板及钢带
GB/T 24186—2009　工程机械用高强度耐磨钢板

GB 24510—2009　低温压力容器用9%Ni钢板
GB 24511—2009　承压设备用不锈钢钢板及钢带
YB/T 4180—2008　冷弯钢板桩

编　者
2010年6月

第4版前言

本汇编收集了截止到2007年9月底以前出版的国家标准和行业标准共104项，其中国家标准70项，行业标准34项。与第3版相比，变化的情况如下：

一、作废代替标准

GB/T 708—2006　冷轧钢板和钢带的尺寸、外形、重量及允许偏差（代替GB/T 708—1988）

GB/T 709—2006　热轧钢板和钢带的尺寸、外形、重量及允许偏差（代替GB/T 709—1988）

GB/T 3274—2007　碳素结构钢和低合金结构钢热轧厚钢板和钢带（代替GB/T 3274—1988）

GB/T 3280—2007　不锈钢冷轧钢板和钢带（代替GB/T 3280—1992，部分代替GB/T 4239—1991）

GB/T 4237—2007　不锈钢热轧钢板和钢带（代替GB/T 4237—1992）

GB/T 4238—2007　耐热钢钢板和钢带（代替GB/T 4238—1992，部分代替GB/T 4239—1991）

GB/T 8546—2007　钛-不锈钢复合板（代替GB/T 8546—1987）

GB/T 8547—2006　钛-钢复合板（代替GB/T 8547—1987）

GB/T 20878—2007　不锈钢和耐热钢　牌号及化学成分（代替GB/T 4229—1984）

YB/T 069—2007　焊管用镀铜钢带（代替YB/T 069—1995）

YB/T 085—2007　磁头用不锈钢冷轧钢带（代替YB/T 085—1996）

YB/T 4001.1—2007　钢格栅板及配套件　第1部分：钢格栅板（代替YB/T 4001—1998）

YB/T 5061—2007　手表用碳素工具钢冷轧钢带（代替YB/T 5061—1993）

YB/T 5062—2007　锯条用冷轧钢带（代替YB/T 5062—1993）

YB/T 5063—2007　热处理弹簧钢带（代替YB/T 5063—1993）

YB/T 5088—2007　同轴电缆用电镀锡钢带（代替YB/T 5088—1993）

YB/T 5130—1993　热镀铅合金冷轧碳素薄钢板（废止）

YB/T 5132—2007　合金结构钢薄钢板（代替YB/T 5132—1993）

YB/T 5133—2007　手表用不锈钢冷轧钢带（代替YB/T 5133—1993）

YB/T 5224—2006　中频用电工钢薄带（代替YB/T 5224—1993）

二、新增标准

GB/T 17951.2—2002 半工艺冷轧无取向电工钢带(片)

GB/T 20564.1—2007 汽车用高强度冷连轧钢板及钢带 第1部分:烘烤硬化钢

GB/T 20564.2—2006 汽车用高强度冷连轧钢板及钢带 第2部分:双相钢

GB/T 20564.3—2007 汽车用高强度冷连轧钢板及钢带 第3部分:高强度无间隙原子钢

GB/T 20887.1—2007 汽车用高强度热连轧钢板及钢带 第1部分:冷成形用高屈服强度钢

GB/T 21074—2007 针管用不锈钢精密冷轧钢带

YB/T 4151—2006 汽车车轮用热轧钢板和钢带

YB/T 4159—2007 热轧花纹钢板和钢带

YB/T 5287—1999 家用电器用热轧硅钢薄钢板

三、确认标准

YB/T 023—1992(2005年确认) 金属软管用碳素钢冷轧钢带

YB/T 024—1992(2005年确认) 铠装电缆用钢带

YB/T 052—1993(2005年确认) 连续热浸镀锌铝稀土合金镀层钢带和钢板

YB/T 055—1994(2005年确认) 200升钢桶用冷轧薄钢板和热镀锌薄钢板

YB/T 084—1996(2006年确认) 机器锯条用高速工具钢热轧钢带

YB/T 107—1997(2006年确认) 塑料模具用热轧厚钢板

YB/T 108—1997(2006年确认) 镍-钢复合板

YB/T 110—1997(2006年确认) 彩色显象管弹簧用不锈钢冷轧钢带

YB/T 166—2000(2006年确认) 冷成型用加磷高强度冷轧钢板和钢带

YB/T 167—2000(2006年确认) 连续热镀铝硅合金钢板和钢带

YB/T 5064—1993(2005年确认) 自行车链条用冷轧钢带

YB/T 5066—1993(2005年确认) 自行车用热轧碳素钢和低合金钢宽钢带及钢板

四、国标转行标

YB/T 5327—2006 冷弯波形钢板(原GB/T 6724—1986)

YB/T 5347—2006 工业链条用冷轧钢带(原GB/T 13795—1992)

YB/T 5356—2006 宽度小于700 mm连续热镀锌钢带(原GB/T 15392—1994)

YB/T 5364—2006 滑动轴承用铝锡合金-钢复合带(原GB/T 19435—2004)

编者

2007年9月

第3版前言

钢铁工业是国民经济的基础产业，对国民经济及其他行业的发展起着十分重要的作用。随着我国钢铁工业的跨越式发展和产品结构调整，钢铁产品质量、品种、规格等基本满足国民经济发展需求。进入21世纪以来，为了配合钢铁工业走新型工业化道路，达到产品结构调整、清洁生产、环境友好目的和实现可持续发展战略目标，冶金标准化工作坚持与钢铁工业发展的需要密切配合，积极推动标准制修订工作，制定了大量新标准，满足市场需求，填补空白。同时对不能满足市场需求的长标龄标准进行了修订，提高了标准整体水平，促进了产品质量的提高。

为了深入贯彻落实《中华人民共和国标准化法》、《国家中长期科学和技术发展规划纲要》，加强冶金标准化工作，提高钢铁产品质量，促进钢铁工业结构调整和发展，满足钢铁企业、事业单位及其他行业需求，冶金工业信息标准研究院冶金标准化所和中国标准出版社在2003年出版的冶金工业标准系列汇编的基础上，重新组织编辑了冶金工业系列标准汇编。

这套冶金工业系列标准汇编，汇集了由国家标准和行业标准主管部门批准发布的现行国家标准和行业标准。

各分册标准汇编如下：

钢铁产品分类、牌号、技术条件、包装、尺寸及允许偏差标准汇编（第3版）；

型钢　钢坯及相关标准汇编（第2版）；

钢板　钢带及相关标准汇编（第3版）；

钢管　铸铁管及相关标准汇编（第2版）；

钢丝　钢丝绳　钢绞线及相关标准汇编（第2版）；

建筑用钢材标准及规范汇编；

不锈钢及相关标准汇编；

交通用钢材及相关标准汇编；

电工用钢材及相关标准汇编；

生铁　铁合金及相关标准汇编（第3版）；

高温合金　精密合金　耐蚀合金汇编（第2版）；

焦化产品及其试验方法标准汇编（第3版）；

炭素制品及其试验方法标准汇编（第3版）；

金属矿及相关标准汇编（第3版）；

非金属矿及相关标准汇编（第3版）；

钢铁及合金化学分析方法标准汇编
铁合金化学分析方法标准汇编
金属金相热处理标准汇编
金属材料腐蚀及防护试验方法标准汇编
金属材料无损检验方法标准汇编
金属材料物理性能试验方法标准汇编
金属力学及工艺性能试验方法标准汇编

本分册为《钢板　钢带及相关标准汇编》(第3版),共汇集了截止2006年6月底以前国家批准发布的现行国家标准67项,行业标准28项。与前版比较,将钢板和宽钢带合并,单独将窄钢带作为一章,便于用户使用。本分册新增产品标准6项,新修订标准8项,删除了14项已作废的国家标准和行业标准。

本标准汇编分册由冶金工业信息标准研究院冶金标准化研究所、中国标准出版社第五编辑室编辑。

编　者

2006年6月

前　　言

钢铁工业是国民经济的基础工业，它对国民经济其他行业的发展起着十分重要的作用。改革开放以来，钢铁工业的迅速发展大大促进了钢铁工业标准化工作，而钢铁工业标准化的前进又进一步推动了钢铁工业的发展，两者互为因果，相互促进。

为了深入贯彻执行《中华人民共和国标准化法》，加强钢铁工业标准化工作，提高钢铁产品质量，并满足广大钢铁企业和其他行业对钢铁标准的迫切要求，冶金工业信息标准研究院标准化研究所和中国标准出版社在1997年出版的冶金工业标准系列汇编的基础上，重新组织编辑了一套冶金工业系列标准汇编。

这套冶金工业标准汇编，汇集了由国家标准和行业标准主管部门批准发布的现行国家标准和行业标准，将陆续出版发行。

各分册内容如下：

钢铁产品分类、牌号、技术条件、包装、尺寸及允许偏差标准汇编(第2版)；

钢坯、型钢、铁道用钢及相关标准汇编；

钢板、钢带及相关标准汇编；

钢管、铸钢管及相关标准汇编；

钢丝、钢丝绳及相关标准汇编；

生铁、铁合金及其他钢铁产品标准汇编(第2版)；

特殊合金标准汇编(第2版)；

钢铁及铁合金化学分析方法标准汇编(上、下)(第2版)；

焦化产品及其试验方法标准汇编(第2版)；

炭素制品及其试验方法标准汇编(第2版)；

矿产品原料及其试验方法标准汇编(第2版)；

金属材料物理试验方法标准汇编(上、下)(第2版)；

金属材料无损检测方法标准汇编(第2版)；

耐火材料标准汇编(上、下)(第2版)；

冶金机电设备与制造通用技术条件标准汇编(上、下)(第2版)。

本分册为《钢板 钢带及相关标准汇编》，共汇集了截止2002年5月底以前由国家标准和行业标准主管部门批准发布的最新现行国家标准66项，行业标准38项。本书中除收入了冶金方面的国家标准和行业标准外，还收入了其他部门的相关国家标准和行业标准，以方便读者查阅。为方便读者了解现行标准与被代替标准情况，书后附有现行标准与被代替标准对照表。

本汇编收集的标准的属性已在本书目录上标明，年号用四位数字表示。

鉴于部分标准是在标准清理整顿前出版的，现尚未修订，故正文部分仍保留原样；读者在使用这些标准时，其属性以本书目录上标明的为准（标准正文“引用标准”中标准的属性请读者查对）。

鉴于本书收录的标准发布年代不尽相同，汇编时对标准中所用计量单位、符号、格式等未做改动。

本汇编可供冶金、建筑、建材、机械、石化等行业的科技人员、工程设计人员、质量检验人员使用，也可供采购、管理、国际贸易、对外交流人员参考。

本汇编分册由黄颖、董利、唐一凡、仇金辉、孙伟等编。

编　者

2002 年 6 月

目　录

一、钢板　钢带综合

二、钢板及钢带

三、窄钢带

一、钢板　钢带综合

ICS 77.140.50
H 46

中华人民共和国国家标准

GB/T 247—2008
代替 GB/T 247—1997

钢板和钢带包装、标志及质量证明书的一般规定

General rule of package, mark and certification for steel plates (sheets) and strips

2008-12-06 发布　　　　2009-10-01 实施

中华人民共和国国家质量监督检验检疫总局
中国国家标准化管理委员会　发布

前　言

本标准参照 ASTM A 700:2005《装运钢铁产品的包装、标记和装载方法实施规范》(英文版),并结合我国钢板、钢带的实际包装情况以及国内物流运输实际情况对 GB/T 247—1997《钢板和钢带检验、包装、标志及质量证明书的一般规定》进行修订。

本标准代替 GB/T 247—1997《钢板和钢带检验、包装、标志及质量证明书的一般规定》。

本标准与 GB/T 247—1997 相比,对以下主要技术内容进行了修改:

——本标准名称修改为《钢板和钢带包装、标志及质量证明书的一般规定》;

——删除了原标准检验规则部分;

——调整了部分术语和相关定义;

——增加了部分包装材料环保要求;

——删除原标准中不再适用的包装方式;

——根据国内物流条件对原标准中的部分包装方式进行了细化。

本标准由中国钢铁工业协会提出。

本标准由全国钢标准化技术委员会归口。

本标准主要起草单位:武汉钢铁股份有限公司、天津钢铁有限公司、济钢集团有限公司、首钢总公司、冶金工业信息标准研究院。

本标准主要起草人:陈平、魏远征、曾小平、孙根领、师莉、邹锡怀、陈晓红、姚平、谢懋亮、史丽欣、李树庆、王晓虎。

本标准所代替标准的历次版本发布情况为:

GB/T 247—1963、GB/T 247—1976、GB/T 247—1980、GB/T 247—1988、GB/T 247—1997。

钢板和钢带包装、标志及质量证明书的一般规定

1 范围

本标准规定了钢板和钢带的包装、标志、运输、贮存及质量证明书的一般技术要求。

本标准适用于热轧、冷轧及涂镀钢板和钢带的包装、标志、运输、贮存及质量证明书。

2 规范性引用文件

下列文件中的条款通过本标准的引用而成为本标准的条款。凡是注日期的引用文件，其随后所有的修改单(不包括勘误的内容)或修订版均不适用于本标准，然而，鼓励根据本标准达成协议的各方研究是否可使用这些文件的最新版本。凡是不注日期的引用文件，其最新版本适用于本标准。

GB/T 15574　钢产品分类

GB/T 18253　钢及钢产品　检验文件的类型

3 术语和定义

下列术语和定义适用于本标准。

3.1

包装　package

将一件或一件以上产品裹包或捆扎成一个货物单元。

3.2

标签　label

固定在包装件上的纸条或其他材料制品，上面标有产品名称、规格、生产厂等内容。

3.3

标志　mark

用于标识钢材特性的任何一种方法，如喷印、打印等。

3.4

吊牌　tap

用钢丝、U形钉等固定在包装件或容器上的一种活动标签。

3.5

护角　corner protector

安放在产品或包装件边部或棱边上起保护作用的构件。

3.6

捆带　strapping

用来捆扎产品或包装件的挠性材料。

3.7

锁扣　locker

锁紧捆带的构件。

3.8

捆带防护材料　hand protector

放在产品或包装件与捆带之间的材料，防止产品或包装件损坏和防止包装捆带被切断。

3.9

托架　platform

用木质、金属或其他材料制成的构架，由为机械搬运方便而设的支架及其支撑的面板或垫木组成。面板可以是整体的或骨架式的。

3.10

捆扎方向　bundle direction

3.10.1

横向　transverse direction

垂直于钢板轧制方向的方向。

3.10.2

纵向　longitudinal direction

钢板的轧制方向。

3.10.3

周向　circle direction

钢带(卷)的外圆周方向。

3.10.4

径向　eye direction

钢带(卷)中心轴方向。

3.11

重量(包装件)　weight(package)

3.11.1

毛重　gross weight

货物本身的重量和所有包装材料重量之和。

3.11.2

净重　net weight

货物本身的重量。

3.11.3

理论计重　theoretical weight

根据钢材的公称尺寸和密度计算的重量。

3.12

字模喷印　stencil

利用预先裁制好的模板进行喷印作标志。

4　包装

4.1　一般规定

4.1.1　包装应能保证产品在正常运输和贮存期间不致松散、受潮、变形和损坏。

4.1.2　各类产品的包装要求应按其相应产品标准的规定执行。当相应产品标准中无明确规定时，应按本标准的规定执行，并应在合同中注明包装种类或包装代号。若未注明则由供方选择。需方有责任向供方提出它对防护包装材料的要求以及提供其卸货方法和有关设备的资料。

4.1.3　供需双方协商，亦可采用其他包装方式。

4.1.4　本标准中钢产品的分类按 GB/T 15574 的规定执行。

4.2　包装材料

4.2.1　包装材料应符合有关标准和环境保护法律法规的规定。本标准中没有包括的或没有具体规定的材料，其质量应当与预定的用途相适应。包装材料可根据技术和经济的发展而改变。

4.2.2　产品交付后，需方要面临包装材料的处置问题，因此，包装所使用包装材料应是简单而有效，且便于分类处置，回收。

4.2.3　防护包装材料

包装时采用防护包装材料的目的是：(1)防止湿气渗入；(2)尽量减少油损；(3)防止沾污产品；(4)防止产品撞伤。常用的防护包装材料有防锈纸、防锈膜、塑料膜、瓦楞纸、纤维板等。

4.2.4　辅助包装材料

包装时采用辅助包装材料的目的是避免防护包装材料自身受损伤或避免防护包装材料对钢板(卷)产生损伤。常用的辅助包装材料有护角、锁扣、垫片等。

4.2.5　包装捆带

包装件应通过包装捆带捆紧，包装捆带可以是窄带或钢丝。捆带锁紧方式可分为有锁扣和无锁扣两种。

4.2.6　保护涂层

在运输和贮存期间，为保护钢材而选用防腐剂时，应考虑涂敷的方法和涂层的厚度，这些涂层应容易去除，涂层的种类由供方确定。如需方有特殊要求时，应在合同中注明。

4.3　重量和捆扎道数

本标准规定包装件的最大重量与规定的捆扎方式和捆扎道数是相匹配的。经供需双方协商，可以增加包装件重量，当增加包装件重量时，可相应增加捆扎道数，必要时还可改变捆扎方式。

当包装件重量小于2 t时，捆扎道数可以酌减。

4.4　钢板包装

4.4.1　热轧钢板包装

热轧钢板的包装应符合表1的规定。

表1　热轧钢板包装

序号	技术要求	图例	备注
1	—	图1	适用于热轧裸露散装钢板
2	捆带：横向不少于4根，边部可加护角	图2	适用于热轧裸露包装钢板
3	防锈纸 塑料薄膜 底垫板(可不加) 包装盒 垫木或托架 捆带视托架或垫木数量而定	图3	适用于表面质量要求较高的热轧钢板
4	护角 防锈纸 塑料薄膜 顶部缓冲材料 底垫板(可不加) 包装盒 垫木或托架 捆带视托架或垫木数量而定	图4	适用于表面质量要求更高，且运输距离长或运输环节多的热轧钢板
注：包装盒可用上盖板＋侧护板进行替代。如采用整体式包装盒，可不用塑料薄膜。			

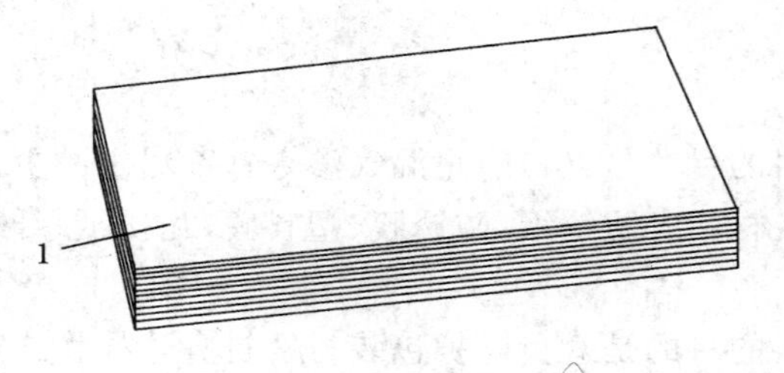

1——钢板。

图 1

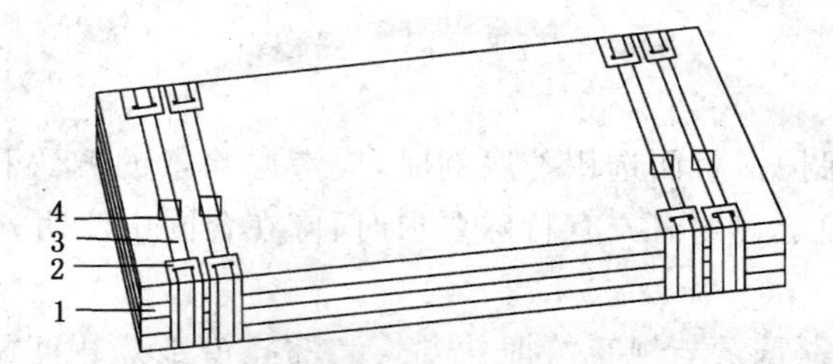

1——钢板；

2——护角；

3——捆带；

4——锁扣。

图 2

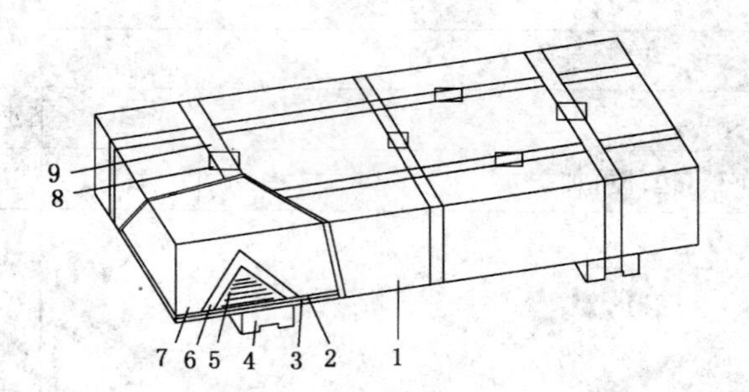

1——包装盒；

2——底垫板；

3——托架；

4——垫木；

5——钢板；

6——防锈纸；

7——塑料薄膜；

8——锁扣；

9——捆带。

图 3

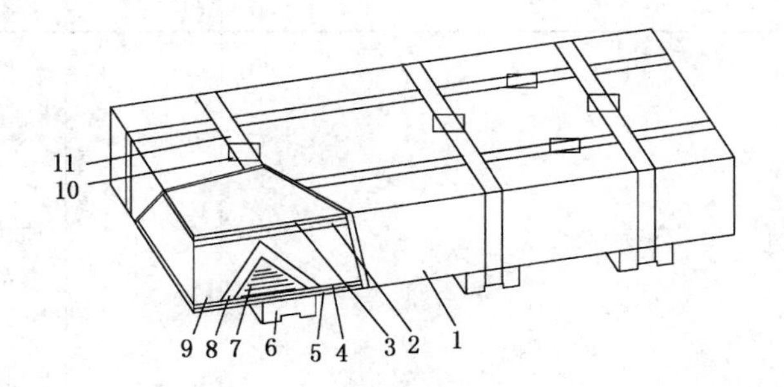

1——包装盒；
2——护角；
3——顶部缓冲材料；
4——底垫板；
5——托架；
6——垫木；
7——钢板；
8——防锈纸；
9——塑料薄膜；
10——锁扣；
11——捆带。

图 4

4.4.2 冷轧及涂镀钢板包装

冷轧及涂镀钢板的包装应符合表 2 的规定。

表 2 冷轧及涂镀钢板包装

序 号	技 术 要 求	图 例	备 注
1	防锈纸 底垫板(可不加) 包装盒 托架 捆带视垫木或托架数量而定	图 5	适用于运输距离短和运输环节少的冷轧、涂镀钢板(不包括镀锡钢板)等
2	防锈纸 塑料薄膜 底垫板(可不加) 包装盒 托架 捆带视垫木或托架数量而定	图 6	适用于运输距离长或运输环节多的冷轧、涂镀钢板(不包括镀锡钢板)等
3	防锈纸 顶部、底部缓冲材料 底垫板 包装盒 托架 捆带视垫木或托架数量而定	图 7	适用于运输距离短和运输环节少的镀锡钢板等

表 2（续）

序　号	技　术　要　求	图　例	备　　注
4	防锈纸 护角 塑料薄膜 顶部、底部缓冲材料 底垫板 包装盒 托架 捆带视垫木或托架数量而定	图 8	适用于运输距离长或运输环节多的镀锡钢板等
注 1：包装盒可用上盖板＋侧护板进行替代。如采用整体式包装盒，可不用塑料薄膜。 注 2：如采用垫木和面板组成的托架可不用底垫板。			

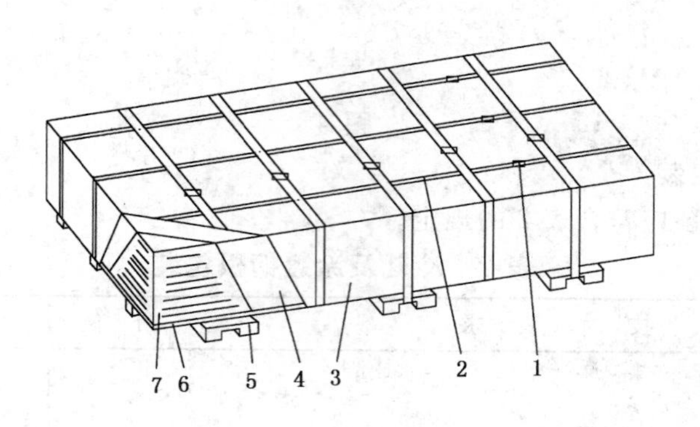

1——锁扣；

2——捆带；

3——包装盒；

4——防锈纸；

5——托架；

6——底垫板；

7——钢板。

图 5

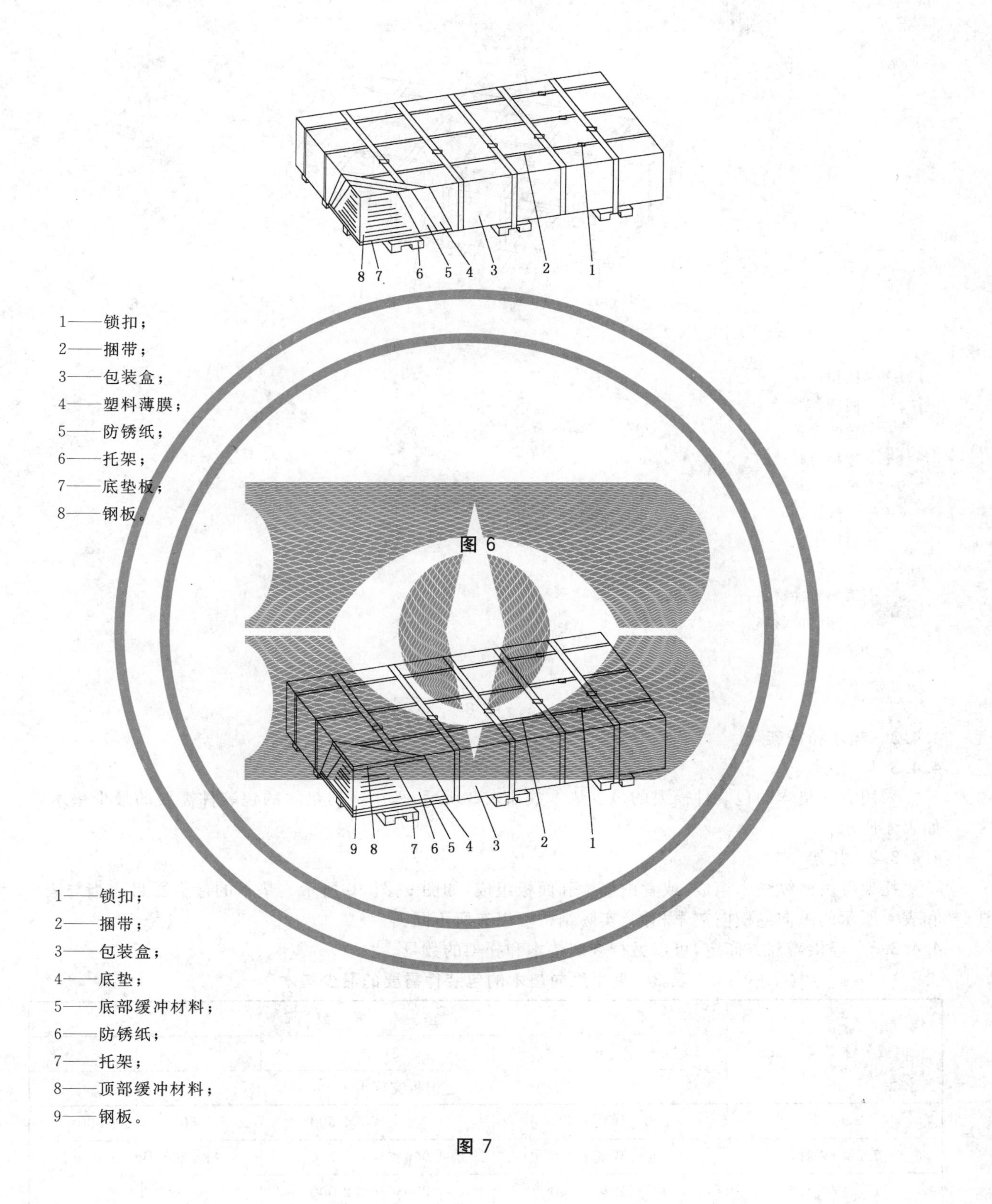

1——锁扣；

2——捆带；

3——包装盒；

4——塑料薄膜；

5——防锈纸；

6——托架；

7——底垫板；

8——钢板。

图 6

1——锁扣；

2——捆带；

3——包装盒；

4——底垫；

5——底部缓冲材料；

6——防锈纸；

7——托架；

8——顶部缓冲材料；

9——钢板。

图 7

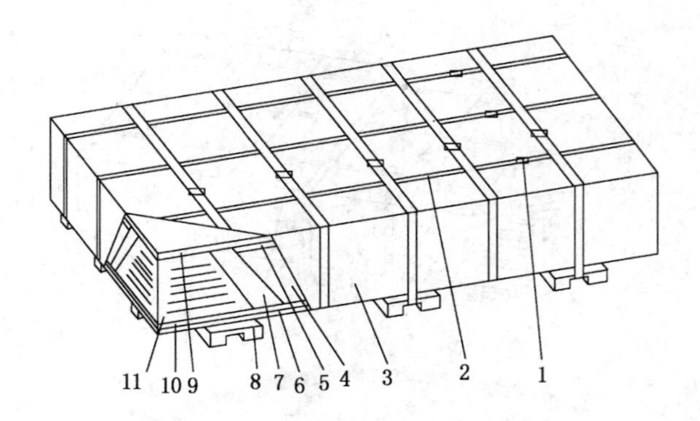

1——锁扣；
2——捆带；
3——包装盒；
4——塑料薄膜；
5——护角；
6——底垫板；
7——防锈纸；
8——托架；
9——顶部缓冲材料；
10——底部缓冲材料；
11——钢板。

图 8

4.4.3 垫木和托架

4.4.3.1 垫木

采用纵向垫木的包装件需要的最少垫木数如表 3 所示，采用横向垫木的包装件需要的最少垫木数如表 4 所示。

4.4.3.2 托架

托架可由横纵垫木组成，或者由垫木和面板组成，如图 9、图 10 所示。垫木的最少数目应当与表 3 和表 4 所示的纵向或横向垫木相同，实际结构可以有所不同。

4.4.3.3 经供需双方商定，可以另行规定垫木和托架的数量。

表 3 采用纵向垫木的包装件需要的最少垫木

钢板公称厚度 t/mm	垫 木 根 数		
	2 根	3 根	4 根
	钢板宽度 W/mm		
$t \leqslant 0.5$	$500 \leqslant W \leqslant 1\ 000$	$1\ 000 < W \leqslant 1\ 500$	$1\ 500 < W \leqslant 2\ 000$
$0.5 < t \leqslant 1.0$	$500 \leqslant W \leqslant 1\ 000$	$1\ 000 < W \leqslant 1\ 700$	$1\ 700 < W \leqslant 2\ 500$
$1.0 < t \leqslant 1.5$	$500 \leqslant W \leqslant 1\ 250$	$1\ 250 < W \leqslant 2\ 000$	$W > 2\ 000$
$t > 1.5$	所有宽度	—	—
注：长度大于 5 000 mm 或宽度小于 500 mm 的钢板不用纵向垫木。			

表 4 采用横向垫木的包装件需要的最少垫木[a]

钢板公称厚度 t/mm	垫木根数		
	2 根	3 根	5 根
	钢板长度 L/mm		
$t \leqslant 0.5$	$L < 1\ 000$	$1\ 000 \leqslant L \leqslant 2\ 000$	$L > 2\ 000$
$0.5 < t \leqslant 1.0$	$L < 1\ 000$	$1\ 000 \leqslant L \leqslant 2\ 500$	$L > 2\ 500$
$1.0 < t \leqslant 1.5$	$L < 1\ 250$	$1\ 250 \leqslant L \leqslant 3\ 000$	$L > 3\ 000$
$1.5 < t \leqslant 2.5$	$L < 1\ 800$	$1\ 800 \leqslant L \leqslant 4\ 000$	$L > 4\ 000$
$t > 2.5$	$L < 2\ 000$	$2\ 000 \leqslant L \leqslant 5\ 000$	$L > 5\ 000$

[a] 横向垫木的根数应能保证板包在吊运过程中不产生明显变形，端部垫木距钢板端部距离应不超过 300 mm。

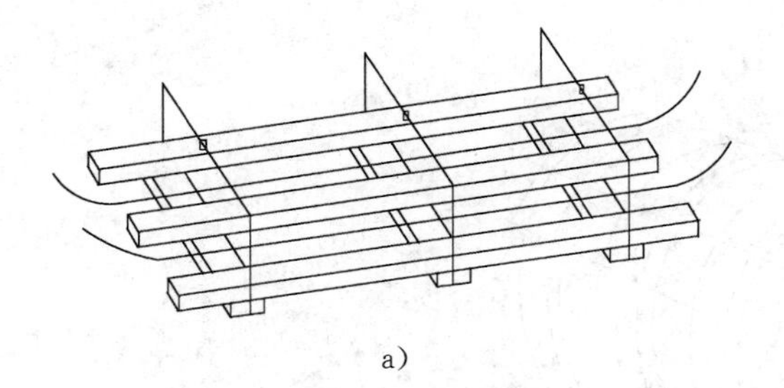

a)

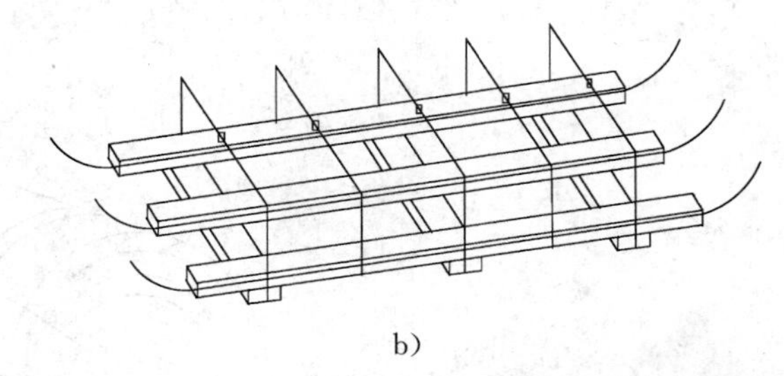

b)

图 9

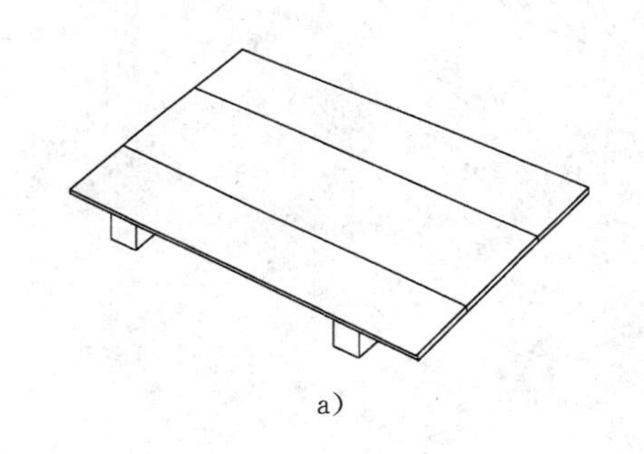

a)

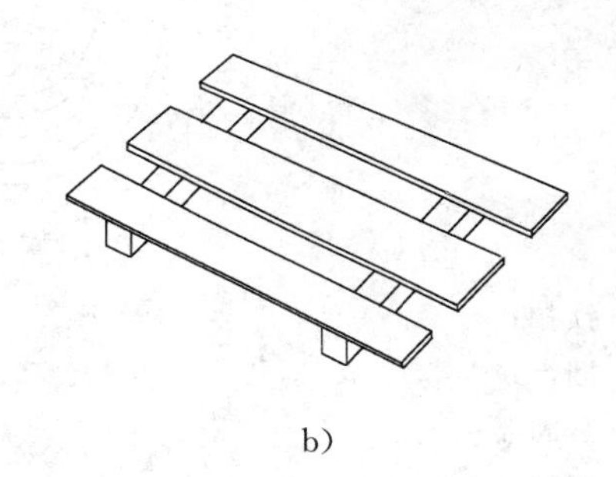

b)

图 10

4.5 钢带包装

4.5.1 热轧钢带包装

热轧钢带的包装应符合表 5 的规定。

表 5 热轧钢带包装

序 号	技 术 要 求	图 例	备 注
1	每小卷周向不少于 1 根捆带； 整卷径向不少于 3 根捆带	图 11	适用于合包窄钢带和纵切钢带
2	每小卷周向不少于 1 根捆带； 整卷径向紧固器一副	图 12	适用于合包窄钢带和纵切钢带
3	捆带：周向不少于 3 根； 拐角可加护角	图 13	适用于热轧钢带(卧式)
4	捆带：周向不少于 3 根，径向不少于 2 根； 拐角加护角	图 14	适用于热轧钢带(立式)
5	紧固器：至少 1 副	图 15	适用于热轧高强度厚钢带

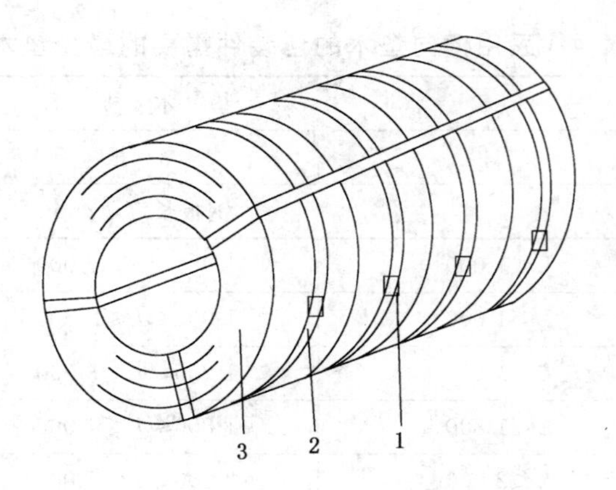

1——锁扣；
2——捆带；
3——钢带。

图 11

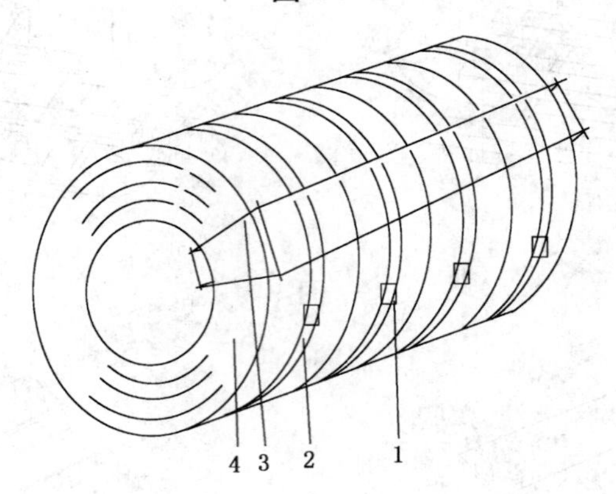

1——锁扣；
2——捆带；
3——紧固器；
4——钢带。

图 12

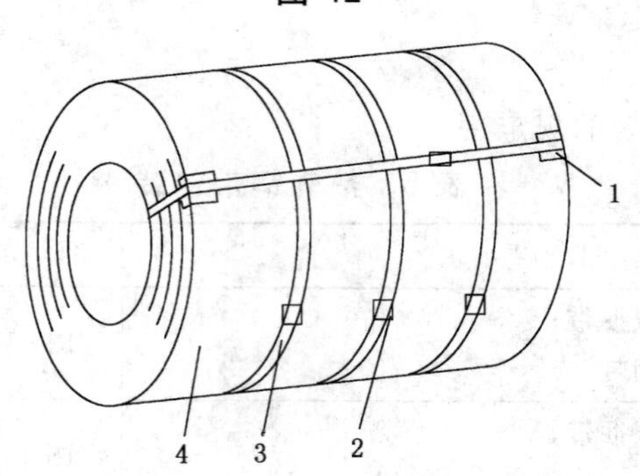

1——护角；
2——捆带；
3——锁扣；
4——钢带。

图 13

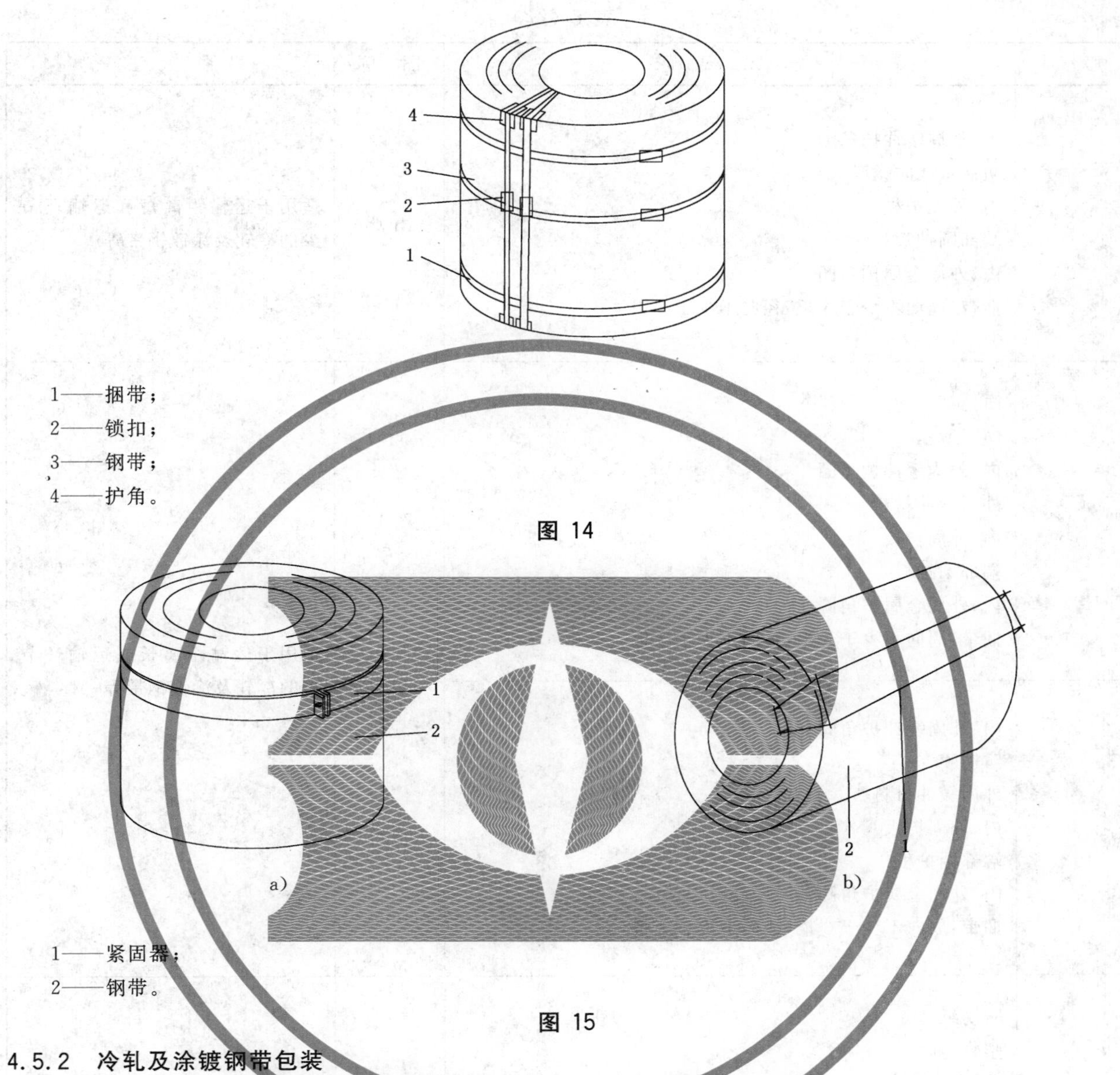

1——捆带；
2——锁扣；
3——钢带；
4——护角。

图 14

1——紧固器；
2——钢带。

图 15

4.5.2 冷轧及涂镀钢带包装

冷轧及涂镀钢带的包装应符合表 6 的规定。

表 6 冷轧及涂镀钢带包装

序 号	技 术 要 求	图 例	备 注
1	防锈纸或塑料薄膜 内周金属护角圈 捆带:周向不少于 3 根,径向不少于 3 根	图 16	适用于筒包装冷轧及涂镀钢带
2	内、外周缓冲护角圈 塑料薄膜 外周缓冲材料 内、外周护板 端部圆护板 内、外周金属护角圈 捆带:周向不少于 3 根,径向不少于 3 根	图 17	适用于彩涂钢带

表 6（续）

<table>
<tr><th>序　号</th><th>技　术　要　求</th><th>图　例</th><th>备　　注</th></tr>
<tr><td>3</td><td>内、外周缓冲护角圈
防锈纸或防锈膜
内、外周护板
端部圆护板
内、外周金属护角圈
捆带：周向不少于 3 根，径向不少于 3 根</td><td>图 18</td><td>适用于运输距离短和运输环节少的冷轧及涂镀钢带等</td></tr>
<tr><td>4</td><td>防锈纸
塑料薄膜
内、外周缓冲护角圈
外周缓冲材料
内、外周护板
端部圆护板
内、外周金属护角圈
捆带：周向不少于 3 根，径向不少于 3 根</td><td>图 19</td><td rowspan="2">适用于运输距离长或运输环节多的冷轧及涂镀钢带等</td></tr>
<tr><td>5</td><td>内、外周缓冲护角圈
防锈膜
外周缓冲材料
内、外周护板
端部圆护板
内、外周金属护角圈
捆带：周向不少于 3 根，径向不少于 3 根</td><td>图 20</td></tr>
<tr><td>6</td><td>防锈纸
塑料薄膜
外周护板
顶部圆盖
顶部外周金属护角圈
顶部外周缓冲护角圈
托架
捆带：周向不少于 3 根，径向不少于 2 根</td><td>图 21</td><td>适用于运输距离长或运输环节多的冷轧及涂镀立式钢带</td></tr>
<tr><td>7</td><td>防锈纸或防锈膜
外周护板
顶部圆盖
顶部外周金属护角圈
顶部外周缓冲护角圈
托架
捆带：周向不少于 3 根，径向不少于 2 根</td><td>图 22</td><td>适用于运输距离短和运输环节少的冷轧及涂镀立式钢带</td></tr>
</table>

表 6（续）

序 号	技 术 要 求	图 例	备 注
8	钢带之间增加缓冲材料 防锈纸 塑料薄膜 外周护板 顶部圆盖 顶部外周金属护角圈 顶部外周缓冲护角圈 托架 捆带：周向不少于 3 根，径向不少于 2 根	图 23	适用于运输距离长或运输环节多的冷轧及涂镀立式分条钢带
9	钢带之间增加缓冲材料 防锈纸或防锈膜 外周护板 顶部圆盖 顶部外周金属护角圈 顶部外周缓冲护角圈 托架 捆带：周向不少于 3 根，径向不少于 2 根	图 24	适用于运输距离短和运输环节少的冷轧及涂镀立式分条钢带

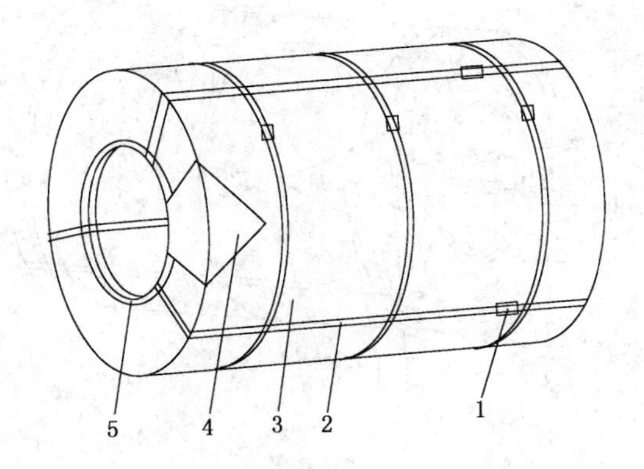

1——锁扣；

2——捆带；

3——防锈纸或防锈薄膜；

4——钢带；

5——内周金属护角圈。

图 16

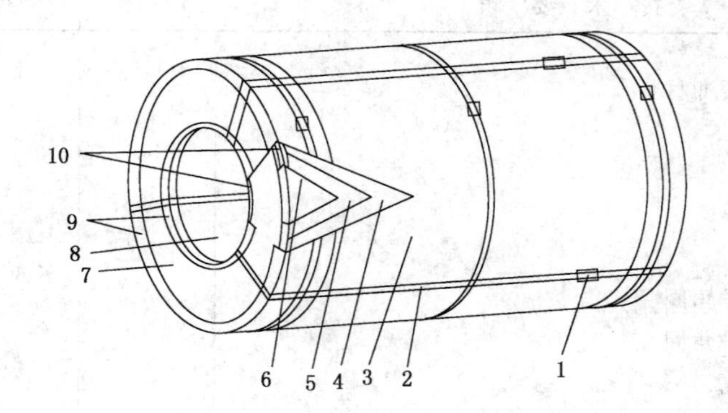

1——锁扣；
2——捆带；
3——外周护板；
4——外周缓冲材料；
5——塑料薄膜；
6——钢带；
7——端部圆护板；
8——内周护板；
9——内、外周金属护角圈；
10——内、外周缓冲护角圈。

图 17

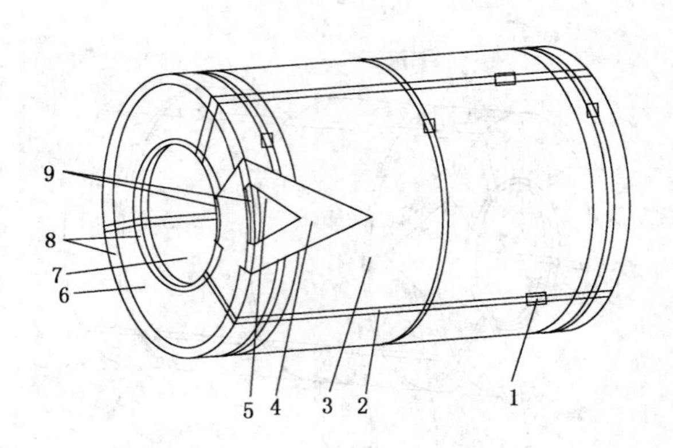

1——锁扣；
2——捆带；
3——外周护板；
4——防锈纸或防锈薄膜；
5——钢带；
6——端部圆护板；
7——内周护板；
8——内、外周金属护角圈；
9——内、外周缓冲护角圈。

图 18

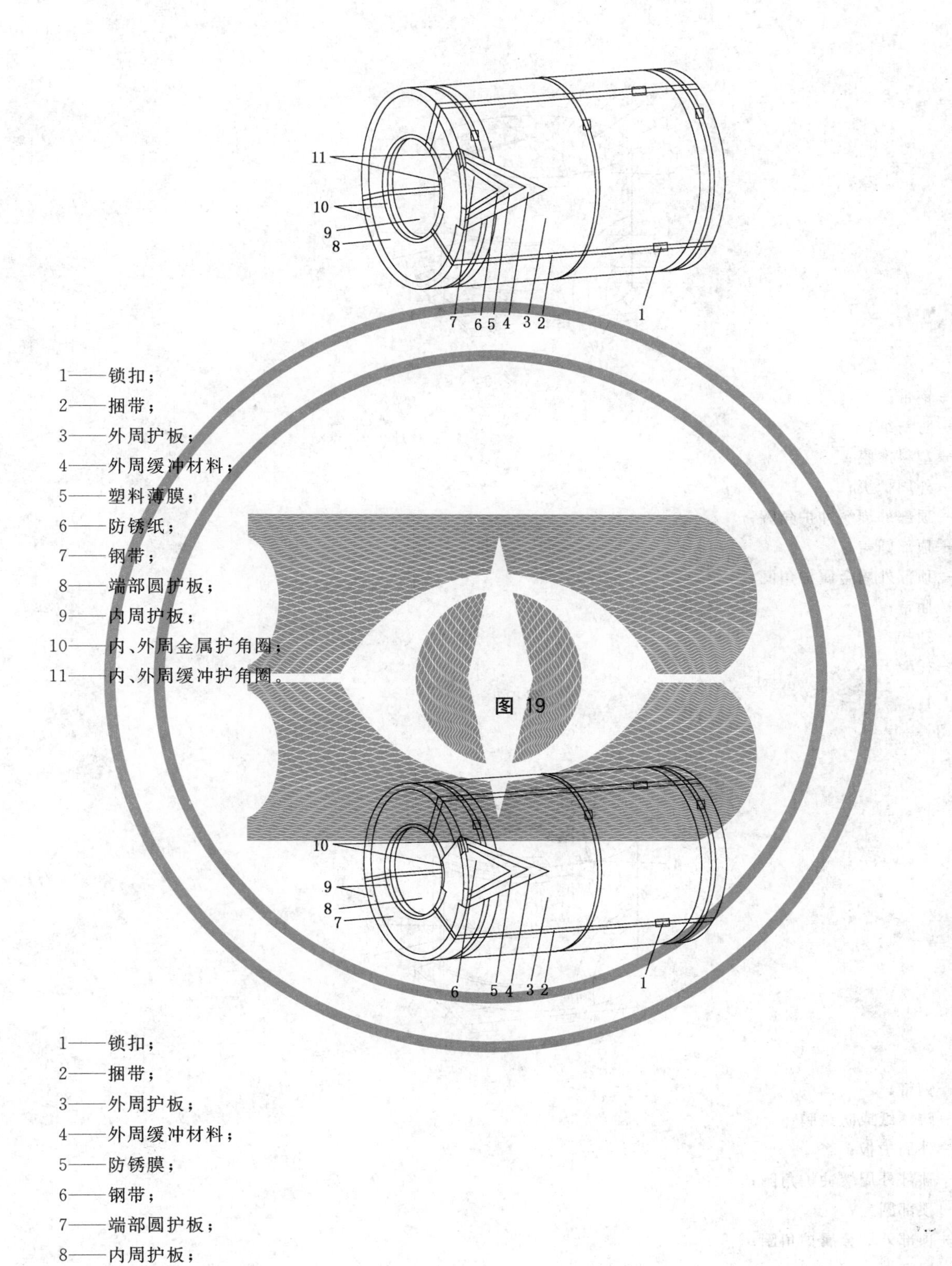

1——锁扣；

2——捆带；

3——外周护板；

4——外周缓冲材料；

5——塑料薄膜；

6——防锈纸；

7——钢带；

8——端部圆护板；

9——内周护板；

10——内、外周金属护角圈；

11——内、外周缓冲护角圈。

图 19

1——锁扣；

2——捆带；

3——外周护板；

4——外周缓冲材料；

5——防锈膜；

6——钢带；

7——端部圆护板；

8——内周护板；

9——内、外周金属护角圈；

10——内、外周缓冲护角圈。

图 20

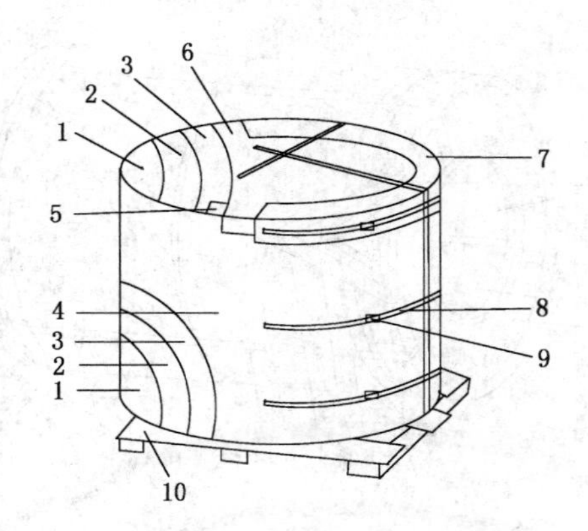

1——钢带；

2——防锈纸；

3——塑料薄膜；

4——外周护板；

5——顶部外周缓冲护角圈；

6——顶部圆盖；

7——顶部外周金属护角圈；

8——捆带；

9——锁扣；

10——托架。

图 21

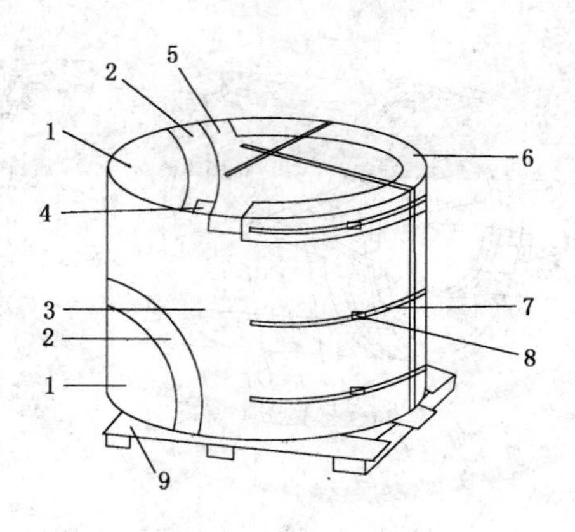

1——钢带；

2——防锈纸或防锈膜；

3——外周护板；

4——顶部外周缓冲护角圈；

5——顶部圆盖；

6——顶部外周金属护角圈；

7——捆带；

8——锁扣；

9——托架。

图 22

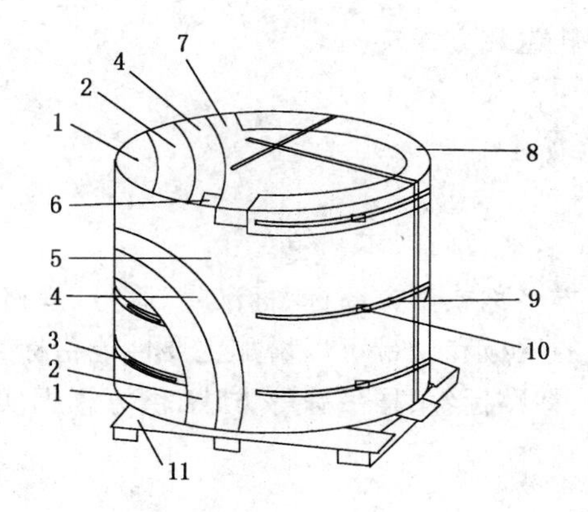

1——钢带；
2——防锈纸；
3——缓冲材料；
4——塑料薄膜；
5——外周护板；
6——顶部外周缓冲护角圈；
7——顶部圆盖；
8——顶部外周金属护角圈；
9——捆带；
10——锁扣；
11——托架。

图 23

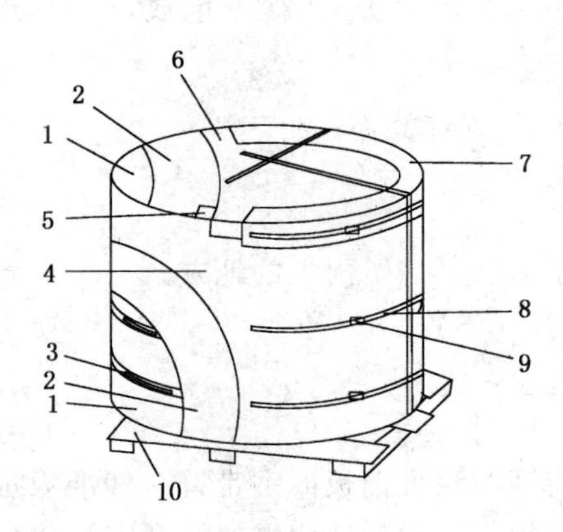

1——钢带；
2——防锈纸或防锈膜；
3——缓冲材料；
4——外周护板；
5——顶部外周缓冲护角圈；
6——顶部圆盖；
7——顶部外周金属护角圈；
8——捆带；
9——锁扣；
10——托架。

图 24

4.5.3 **热轧酸洗钢带包装**

热轧酸洗钢带包装可参照冷轧包装方式。

5 标志

5.1 一般规定

5.1.1 标志应醒目、牢固,字迹应清晰、规范、不褪色。

5.1.2 标志应包括如下内容:供方名称或供方商标、标准号、牌号、规格、重量及能够追踪从钢材到冶炼的识别号码。对于精加工程度高的钢板和钢带可以增加主要性能指标、级别等内容。

5.1.3 标志可以采用喷印、压印、粘贴标签、挂吊牌等方法,供方根据实际情况选择一种或一种以上方法。成品标志信息应完整。

5.2 钢板标志

5.2.1 裸露不捆扎的钢板应逐张标志;裸露捆扎包装的钢板,应在最上面的一张钢板上作标志,可粘贴标签或挂吊牌等。

5.2.2 用防护包装材料和各种辅助包装材料裹包的钢板,应在包装件的外部粘贴标签或挂吊牌。

5.3 钢带标志

5.3.1 可在卷内径表面、外周表面或端面粘贴或挂吊牌。

5.3.2 用防护包装材料和各种辅助包装材料裹包的钢带,在包装件的外部粘贴标签或挂吊牌。

5.3.3 单卷窄带因可供标志的面积所限,标志内容和数量可酌减,但应保证标识可追朔性。

6 运输

6.1 运输过程中钢板和钢带应避免碰撞。

6.2 运输过程中宜防水、防潮。

6.3 产品在车站、码头中转时,宜堆放在库房,如露天堆放,应用防雨布等覆盖,同时下边要用垫块垫好。

6.4 应采用合适的方法装卸。

7 贮存

7.1 钢板和钢带应贮存在清洁、干燥、通风、防雨雪的地方。

7.2 钢板和钢带附近不得有腐蚀性化学物品。

8 质量证明书

每批交货的钢板或钢带应附有证明该批钢板或钢带符合标准规定及订货合同的质量证明书,质量证明书可以以纸制或电子数据格式提供。质量证明书的类型应符合 GB/T 18253 的规定。质量证明书上应注明:

a) 供方名称;

b) 需方名称;

c) 合同号;

d) 品种名称;

e) 标准号;

f) 规格;

g) 级别(如有必要);

h) 牌号及能够追踪从钢材到冶炼的识别号码;

i) 交货状态(如有必要);

j） 重量，件数；

k） 规定的各项试验结果；

l） 供方有关部门的印记或有关部门签字；

m） 发货日期或生产日期；

n） 相关标准规定的认证标记（如有必要）。

ICS 77.140.45
H 40

中华人民共和国国家标准

GB/T 700—2006
代替 GB/T 700—1988

碳 素 结 构 钢

Carbon structural steels

（ISO 630：1995，Structural steels—
Plates，wide flats，bars，sections and profiles，NEQ）

2006-11-01 发布 2007-02-01 实施

中华人民共和国国家质量监督检验检疫总局
中国国家标准化管理委员会 发布

前　言

本标准与 ISO 630:1995《结构钢》的一致性程度为非等效，主要差别如下：

——不设屈服强度 185 N/mm² 级和 355 N/mm² 级的牌号；

——设 195 N/mm² 级、215 N/mm² 级的牌号 Q195、Q215；

——Q235 和 Q275 的 A 级钢磷含量降低 0.005%；

——Q235B 级钢按脱氧方法将厚度分两档，且碳含量均为 0.20%；

——厚度小于 25 mm 的 Q235B 级钢材，如供方能保证冲击吸收功值合格，经需方同意，可不作检验；

——大于 80 mm～100 mm 厚的 Q275 钢材，屈服强度提高 10 N/mm²；

——增加冷弯试验；

——根据国内情况规定具体的组批规则。

本标准代替 GB/T 700—1988《碳素结构钢》，与 GB/T 700—1988 相比主要变化如下：

——“脱氧方法”取消半镇静钢；

——取消 GB/T 700—1988 中 Q255、Q275 牌号；

——新增 ISO 630:1995 中 E275 牌号，改为新的 Q275 牌号；

——取消各牌号的碳、锰含量下限，并提高锰含量上限；

——取消沸腾钢、镇静钢硅含量的界限；

——硅含量由 0.30%修改为 0.35%(Q195 除外)；

——Q195 牌号的磷、硫含量分别由 0.045%和 0.050%降低为 0.035%和 0.040%；

——取消厚度(或直径)不大于 16 mm 一档的断后伸长率的规定；

——表 2 脚注增加“宽带钢(包括剪切钢板)抗拉强度上限不作交货条件”和“厚度小于 25 mm 的 Q235B 级钢材，如供方能保证冲击吸收功值合格，经需方同意，可不作检验”；

——修改对钢中氮含量的规定；

——修改对冲击试验的规定，并增加宽度 5 mm～10 mm 试样最小冲击吸收功图；

——组批按“同一炉罐号”修改为“同一炉号”，并取消混合批对炉号数量的限制。

本标准的附录 A 为规范性附录。

本标准由中国钢铁工业协会提出。

本标准由全国钢标准化技术委员会归口。

本标准起草单位：冶金工业信息标准研究院、首钢总公司、邯郸钢铁集团有限责任公司、本溪钢铁(集团)有限责任公司。

本标准主要起草人：唐一凡、栾燕、王丽萍、孙萍、张险峰、戴强。

本标准于 1965 年 1 月首次发布，1979 年 10 月第一次修订，1988 年 6 月第二次修订。

碳 素 结 构 钢

1 范围

本标准规定了碳素结构钢的牌号、尺寸、外形、重量及允许偏差、技术要求、试验方法、检验规则、包装、标志和质量证明书。

本标准适用于一般以交货状态使用,通常用于焊接、铆接、栓接工程结构用热轧钢板、钢带、型钢和钢棒。

本标准规定的化学成分也适用于钢锭、连铸坯、钢坯及其制品。

2 规范性引用文件

下列文件中的条款通过本标准的引用而成为本标准的条款。凡是注日期的引用文件,其随后所有的修改单(不包括勘误的内容)或修订版均不适用于本标准,然而,鼓励根据本标准达成协议的各方研究是否可使用这些文件的最新版本。凡是不注日期的引用文件,其最新版本适用于本标准。

GB/T 222—2006 钢的成品化学成分允许偏差

GB/T 223.3 钢铁及合金化学分析方法 二安替比林甲烷磷钼酸重量法测定磷量

GB/T 223.10 钢铁及合金化学分析方法 铜铁试剂分离-铬天青S光度法测定铝含量

GB/T 223.11 钢铁及合金化学分析方法 过硫酸铵氧化容量法测定铬量

GB/T 223.18 钢铁及合金化学分析方法 硫代硫酸钠分离-碘量法测定铜量

GB/T 223.19 钢铁及合金化学分析方法 新亚铜灵-三氯甲烷萃取光度法测定铜量

GB/T 223.24 钢铁及合金化学分析方法 萃取分离-丁二酮肟分光光度法测定镍量

GB/T 223.32 钢铁及合金化学分析方法 次磷酸钠还原-碘量法测定砷含量

GB/T 223.37 钢铁及合金化学分析方法 蒸馏分离-靛酚蓝光度法测定氮量

GB/T 223.58 钢铁及合金化学分析方法 亚砷酸钠-亚硝酸钠滴定法测定锰量

GB/T 223.59 钢铁及合金化学分析方法 锑磷钼蓝光度法测定磷量

GB/T 223.60 钢铁及合金化学分析方法 高氯酸脱水重量法测定硅含量

GB/T 223.63 钢铁及合金化学分析方法 高碘酸钠(钾)光度法测定锰量

GB/T 223.64 钢铁及合金化学分析方法 火焰原子吸收光谱法测定锰量

GB/T 223.68 钢铁及合金化学分析方法 管式炉内燃烧后碘酸钾滴定法测定硫含量

GB/T 223.71 钢铁及合金化学分析方法 管式炉内燃烧后重量法测定碳含量

GB/T 223.72 钢铁及合金化学分析方法 氧化铝色层分离-硫酸钡重量法测定硫量

GB/T 228 金属材料 室温拉伸试验方法 (GB/T 228—2002,eqv ISO 6892:1998)

GB/T 229 金属夏比缺口冲击试验方法(GB/T 229—1994,eqv ISO 83:1976,eqv ISO 148:1983)

GB/T 232 金属材料 弯曲试验方法(GB/T 232—1999,eqv ISO 7438:1985)

GB/T 247 钢板和钢带检验、包装、标志及质量证明书的一般规定

GB/T 2101 型钢验收、包装、标志及质量证明书的一般规定

GB/T 2975 钢及钢产品 力学性能试验取样位置及试样制备(GB/T 2975—1998,eqv ISO 377:1997)

GB/T 4336 碳素钢和中低合金钢 火花源原子发射光谱分析方法(常规法)

GB/T 20066 钢和铁 化学成分测定用试样的取样和制样方法(GB/T 20066—2006,ISO 14284:1996,IDT)

3 牌号表示方法和符号

3.1 牌号表示方法

钢的牌号由代表屈服强度的字母、屈服强度数值、质量等级符号、脱氧方法符号等 4 个部分按顺序组成。例如：Q235AF。

3.2 符号

Q——钢材屈服强度“屈”字汉语拼音首位字母；

A、B、C、D——分别为质量等级；

F——沸腾钢“沸”字汉语拼音首位字母；

Z——镇静钢“镇”字汉语拼音首位字母；

TZ——特殊镇静钢“特镇”两字汉语拼音首位字母。

在牌号组成表示方法中，“Z”与“TZ”符号可以省略。

4 尺寸、外形、重量及允许偏差

钢板、钢带、型钢和钢棒的尺寸、外形、重量及允许偏差应分别符合相应标准的规定。

5 技术要求

5.1 牌号和化学成分

5.1.1 钢的牌号和化学成分(熔炼分析)应符合表 1 的规定。

表 1

<table>
<tr><th rowspan="2">牌号</th><th rowspan="2">统一数字代号[a]</th><th rowspan="2">等级</th><th rowspan="2">厚度(或直径)/mm</th><th rowspan="2">脱氧方法</th><th colspan="5">化学成分(质量分数)/%，不大于</th></tr>
<tr><th>C</th><th>Si</th><th>Mn</th><th>P</th><th>S</th></tr>
<tr><td>Q195</td><td>U11952</td><td>—</td><td>—</td><td>F、Z</td><td>0.12</td><td>0.30</td><td>0.50</td><td>0.035</td><td>0.040</td></tr>
<tr><td rowspan="2">Q215</td><td>U12152</td><td>A</td><td rowspan="2">—</td><td rowspan="2">F、Z</td><td rowspan="2">0.15</td><td rowspan="2">0.35</td><td rowspan="2">1.20</td><td rowspan="2">0.045</td><td>0.050</td></tr>
<tr><td>U12155</td><td>B</td><td>0.045</td></tr>
<tr><td rowspan="4">Q235</td><td>U12352</td><td>A</td><td rowspan="4">—</td><td rowspan="2">F、Z</td><td>0.22</td><td rowspan="4">0.35</td><td rowspan="4">1.40</td><td rowspan="2">0.045</td><td>0.050</td></tr>
<tr><td>U12355</td><td>B</td><td>0.20[b]</td><td>0.045</td></tr>
<tr><td>U12358</td><td>C</td><td>Z</td><td rowspan="2">0.17</td><td>0.040</td><td>0.040</td></tr>
<tr><td>U12359</td><td>D</td><td>TZ</td><td>0.035</td><td>0.035</td></tr>
<tr><td rowspan="5">Q275</td><td>U12752</td><td>A</td><td>—</td><td>F、Z</td><td>0.24</td><td rowspan="5">0.35</td><td rowspan="5">1.50</td><td>0.045</td><td>0.050</td></tr>
<tr><td rowspan="2">U12755</td><td rowspan="2">B</td><td>≤40</td><td rowspan="2">Z</td><td>0.21</td><td rowspan="2">0.045</td><td rowspan="2">0.045</td></tr>
<tr><td>>40</td><td>0.22</td></tr>
<tr><td>U12758</td><td>C</td><td rowspan="2">—</td><td>Z</td><td rowspan="2">0.20</td><td>0.040</td><td>0.040</td></tr>
<tr><td>U12759</td><td>D</td><td>TZ</td><td>0.035</td><td>0.035</td></tr>
<tr><td colspan="10">a 表中为镇静钢、特殊镇静钢牌号的统一数字，沸腾钢牌号的统一数字代号如下：
Q195F——U11950；
Q215AF——U12150，Q215BF——U12153；
Q235AF——U12350，Q235BF——U12353；
Q275AF——U12750。
b 经需方同意，Q235B 的碳含量可不大于 0.22%。</td></tr>
</table>

5.1.1.1　D级钢应有足够细化晶粒的元素，并在质量证明书中注明细化晶粒元素的含量。当采用铝脱氧时，钢中酸溶铝含量应不小于0.015%，或总铝含量应不小于0.020%。

5.1.1.2　钢中残余元素铬、镍、铜含量应各不大于0.30%，氮含量应不大于0.008%。如供方能保证，均可不做分析。

5.1.1.2.1　氮含量允许超过5.1.1.2的规定值，但氮含量每增加0.001%，磷的最大含量应减少0.005%，熔炼分析氮的最大含量应不大于0.012%；如果钢中的酸溶铝含量不小于0.015%或总铝含量不小于0.020%，氮含量的上限值可以不受限制。固定氮的元素应在质量证明书中注明。

5.1.1.2.2　经需方同意，A级钢的铜含量可不大于0.35%。此时，供方应做铜含量的分析，并在质量证明书中注明其含量。

5.1.1.3　钢中砷的含量应不大于0.080%。用含砷矿冶炼生铁所冶炼的钢，砷含量由供需双方协议规定。如原料中不含砷，可不做砷的分析。

5.1.1.4　在保证钢材力学性能符合本标准规定的情况下，各牌号A级钢的碳、锰、硅含量可以不作为交货条件，但其含量应在质量证明书中注明。

5.1.1.5　在供应商品连铸坯、钢锭和钢坯时，为了保证轧制钢材各项性能达到本标准要求，可以根据需方要求规定各牌号的碳、锰含量下限。

5.1.2　成品钢材、连铸坯、钢坯的化学成分允许偏差应符合GB/T 222—2006中表1的规定。

氮含量允许超过规定值，但必须符合5.1.1.2.1条的要求，成品分析氮含量的最大值应不大于0.014%；如果钢中的铝含量达到5.1.1.2.1规定的含量，并在质量证明书中注明，氮含量上限值可不受限制。

沸腾钢成品钢材和钢坯的化学成分偏差不作保证。

5.2　冶炼方法

钢由氧气转炉或电炉冶炼。除非需方有特殊要求并在合同中注明，冶炼方法一般由供方自行选择。

5.3　交货状态

钢材一般以热轧、控轧或正火状态交货。

5.4　力学性能

5.4.1　钢材的拉伸和冲击试验结果应符合表2的规定，弯曲试验结果应符合表3的规定。

5.4.2　用Q195和Q235B级沸腾钢轧制的钢材，其厚度(或直径)不大于25 mm。

5.4.3　做拉伸和冷弯试验时，型钢和钢棒取纵向试样；钢板、钢带取横向试样，断后伸长率允许比表2降低2%(绝对值)。窄钢带取横向试样如果受宽度限制时，可以取纵向试样。

5.4.4　如供方能保证冷弯试验符合表3的规定，可不作检验。A级钢冷弯试验合格时，抗拉强度上限可以不作为交货条件。

5.4.5　厚度不小于12 mm或直径不小于16 mm的钢材应做冲击试验，试样尺寸为10 mm×10 mm×55 mm。经供需双方协议，厚度为6 mm～12 mm或直径为12 mm～16 mm的钢材可以做冲击试验，试样尺寸为10 mm×7.5 mm×55 mm或10 mm×5 mm×55 mm或10 mm×产品厚度×55 mm。在附录A中给出规定的冲击吸收功值，如：当采用10 mm×5 mm×55 mm试样时，其试验结果应不小于规定值的50%。

5.4.6　夏比(V型缺口)冲击吸收功值按一组3个试样单值的算术平均值计算，允许其中1个试样的单个值低于规定值，但不得低于规定值的70%。

如果没有满足上述条件，可从同一抽样产品上再取3个试样进行试验，先后6个试样的平均值不得低于规定值，允许有2个试样低于规定值，但其中低于规定值70%的试样只允许1个。

表 2

牌号	等级	屈服强度[a] R_{eH}/(N/mm²),不小于						抗拉强度[b] R_m/(N/mm²)	断后伸长率 A/%,不小于					冲击试验(V 型缺口)	
		厚度(或直径)/mm							厚度(或直径)/mm					温度/℃	冲击吸收功(纵向)/J 不小于
		≤16	>16~40	>40~60	>60~100	>100~150	>150~200		≤40	>40~60	>60~100	>100~150	>150~200		
Q195	—	195	185	—	—	—	—	315~430	33	—	—	—	—	—	—
Q215	A	215	205	195	185	175	165	335~450	31	30	29	27	26	—	—
	B													+20	27
Q235	A	235	225	215	215	195	185	370~500	26	25	24	22	21	—	—
	B													+20	27[c]
	C													0	
	D													−20	
Q275	A	275	265	255	245	225	215	410~540	22	21	20	18	17	—	—
	B													+20	27
	C													0	
	D													−20	

a Q195 的屈服强度值仅供参考,不作交货条件。

b 厚度大于 100 mm 的钢材,抗拉强度下限允许降低 20 N/mm²。宽带钢(包括剪切钢板)抗拉强度上限不作交货条件。

c 厚度小于 25 mm 的 Q235B 级钢材,如供方能保证冲击吸收功值合格,经需方同意,可不作检验。

表 3

牌号	试样方向	冷弯试验 180° $B=2a$[a]	
		钢材厚度(或直径)[b]/mm	
		≤60	>60~100
		弯心直径 d	
Q195	纵	0	—
	横	$0.5a$	
Q215	纵	$0.5a$	$1.5a$
	横	a	$2a$
Q235	纵	a	$2a$
	横	$1.5a$	$2.5a$
Q275	纵	$1.5a$	$2.5a$
	横	$2a$	$3a$

a B 为试样宽度,a 为试样厚度(或直径)。

b 钢材厚度(或直径)大于 100 mm 时,弯曲试验由双方协商确定。

5.5 表面质量

钢材的表面质量应分别符合钢板、钢带、型钢和钢棒等有关产品标准的规定。

6 试验方法

6.1 每批钢材的检验项目、取样数量、取样方法和试验方法应符合表4的规定。

表4

序　　号	检验项目	取样数量/个	取样方法	试验方法
1	化学分析	1(每炉)	GB/T 20066	第2章中GB/T 223系列标准、GB/T 4336
2	拉伸	1	GB/T 2975	GB/T 228
3	冷弯			GB/T 232
4	冲击	3		GB/T 229

6.2 拉伸和冷弯试验，钢板、钢带试样的纵向轴线应垂直于轧制方向；型钢、钢棒和受宽度限制的窄钢带试样的纵向轴线应平行于轧制方向。

6.3 冲击试样的纵向轴线应平行轧制方向。冲击试样可以保留一个轧制面。

7 检验规则

7.1 钢材的检查和验收由供方技术监督部门进行，需方有权对本标准或合同所规定的任一检验项目进行检查和验收。

7.2 钢材应成批验收，每批由同一牌号、同一炉号、同一质量等级、同一品种、同一尺寸、同一交货状态的钢材组成。每批重量应不大于60 t。

公称容量比较小的炼钢炉冶炼的钢轧成的钢材，同一冶炼、浇注和脱氧方法、不同炉号、同一牌号的A级钢或B级钢，允许组成混合批，但每批各炉号含碳量之差不得大于0.02%，含锰量之差不得大于0.15%。

7.3 钢材的夏比(V型缺口)冲击试验结果不符合5.4.6规定时，抽样产品应报废，再从该检验批的剩余部分取两个抽样产品，在每个抽样产品上各选取新的一组3个试样，这两组试样的复验结果均应合格，否则该批产品不得交货。

7.4 钢材其他检验项目的复验和检验规则应符合GB/T 247和GB/T 2101的规定。

8 包装、标志、质量证明书

钢材的包装、标志和质量证明书应符合GB/T 247和GB/T 2101的规定。

附　录　A
（规范性附录）
小尺寸冲击试样的冲击吸收功值

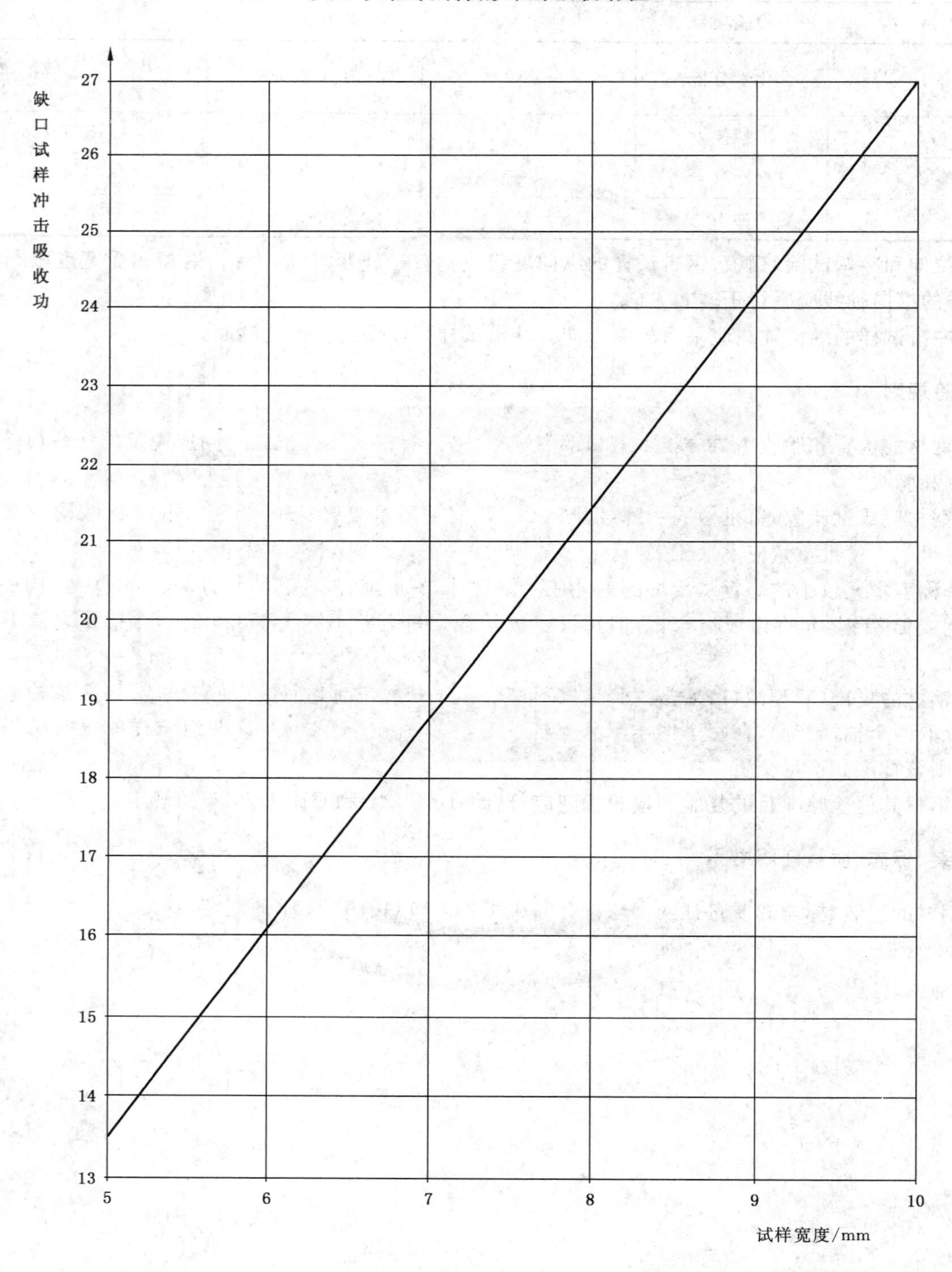

图 A.1　宽度 5 mm～10 mm 试样的最小冲击吸收功值

ICS 77.140.50
H 46

中华人民共和国国家标准

GB/T 708—2006
代替 GB/T 708—1988

冷轧钢板和钢带的尺寸、外形、重量及允许偏差

Dimension, shape, weight and tolerance for cold-rolled steel plates and sheets

(ISO 16162:2000, Continuously cold-rolled steel sheet products—Dimensional and shape tolerances, NEQ)

2006-11-01 发布　　　　2007-02-01 实施

中华人民共和国国家质量监督检验检疫总局
中国国家标准化管理委员会　发布

前　言

本标准与 ISO 16162:2000《冷轧钢板和钢带　尺寸和外形偏差》(英文版)的一致性程度为非等效。

本标准代替 GB/T 708—1988《冷轧钢板和钢带的尺寸、外形、重量及允许偏差》。

本标准与原标准对比,主要修订内容如下:

——适用范围主要为冷轧钢带及其剪切产品,单张冷轧的钢板亦可参照执行;

——对分类和代号重新进行了规定;

——取消了原标准中表1对钢板尺寸的规定,增加了钢板和钢带的推荐公称厚度;

——在厚度允许偏差和不平度中增加了按规定的最小屈服强度分档;

——对厚度允许偏差、宽度允许偏差、长度允许偏差、不平度、切斜和镰刀弯重新进行了规定;

——改变了边缘状态、尺寸精度、不平度的表示方法;

——增加了钢板理论计重的方法。

本标准由中国钢铁工业协会提出。

本标准由全国钢标准化技术委员会归口。

本标准起草单位:冶金工业信息标准研究院、鞍钢新轧钢股份有限公司、湖南华菱涟源钢铁有限公司。

本标准主要起草人:王晓虎、唐一凡、朴志民、周鉴、周屿。

本标准所代替标准的历次版本发布情况为:

GB 708—1965、GB 708—1988。

冷轧钢板和钢带的尺寸、外形、重量及允许偏差

1 范围

本标准规定了冷轧钢板和钢带的尺寸、外形、重量及允许偏差。

本标准适用于轧制宽度不小于600 mm的冷轧宽钢带及其剪切钢板(以下简称钢板)、纵切钢带。单张冷轧钢板亦可参照执行。

2 规范性引用文件

下列文件中的条款通过本标准的引用而成为本标准的条款。凡是注日期的引用文件,其随后所有的修改单(不包括勘误的内容)或修订版均不适用于本标准,然而,鼓励根据本标准达成协议的各方研究是否可使用这些文件的最新版本。凡是不注日期的引用文件,其最新版本适用于本标准。

GB/T 8170 数值修约规则

3 术语和定义

本标准采用下列术语和定义:

3.1

钢带 wide strip

指成卷交货、轧制宽度不小于600 mm的宽钢带。

3.2

钢板 sheet

由宽钢带横切而成。

3.3

纵切钢带 slit wide strip

由钢带纵切而成,并成卷交货。

4 分类和代号

4.1 按边缘状态分为

切边 EC;

不切边 EM。

4.2 按尺寸精度分为

普通厚度精度 PT.A;

较高厚度精度 PT.B;

普通宽度精度 PW.A;

较高宽度精度 PW.B;

普通长度精度 PL.A;

较高长度精度 PL.B。

4.3 按不平度精度分为

普通不平度精度 PF.A;

较高不平度精度　　PF. B。

4.4　产品形态、边缘状态所对应的尺寸精度的分类按表1的规定。

表 1

产品形态	边缘状态	分类及代号							
		厚度精度		宽度精度		长度精度		不平度精度	
		普通	较高	普通	较高	普通	较高	普通	较高
钢带	不切边 EM	PT. A	PT. B	PW. A	—	—	—	—	—
	切边 EC	PT. A	PT. B	PW. A	PW. B	—	—	—	—
钢板	不切边 EM	PT. A	PT. B	PW. A	—	PL. A	PL. B	PF. A	PF. B
	切边 EC	PT. A	PT. B	PW. A	PW. B	PL. A	PL. B	PF. A	PF. B
纵切钢带	切边 EC	PT. A	PT. B	PW. A	—	—	—	—	—

5　尺寸

5.1　钢板和钢带的尺寸范围

钢板和钢带(包括纵切钢带)的公称厚度0.30 mm～4.00 mm。

钢板和钢带的公称宽度600 mm～2 050 mm。

钢板的公称长度1 000 mm～6 000 mm。

5.2　钢板和钢带推荐的公称尺寸

5.2.1　钢板和钢带(包括纵切钢带)的公称厚度在5.1所规定范围内,公称厚度小于1 mm的钢板和钢带按0.05 mm倍数的任何尺寸;公称厚度不小于1 mm的钢板和钢带按0.1 mm倍数的任何尺寸。

5.2.2　钢板和钢带(包括纵切钢带)的公称宽度在5.1所规定范围内,按10 mm倍数的任何尺寸。

5.2.3　钢板的公称长度在5.1所规定范围内,按50 mm倍数的任何尺寸。

5.2.4　根据需方要求,经供需双方协商,可以供应其他尺寸的钢板和钢带。

6　尺寸允许偏差

6.1　厚度允许偏差

6.1.1　规定的最小屈服强度小于280 MPa的钢板和钢带的厚度允许偏差应符合表2的规定。

表 2

单位为毫米

公称厚度	厚度允许偏差[a]					
	普通精度　PT. A			较高精度　PT. B		
	公称宽度			公称宽度		
	≤1 200	＞1 200～1 500	＞1 500	≤1 200	＞1 200～1 500	＞1 500
≤0.40	±0.04	±0.05	±0.06	±0.025	±0.035	±0.045
＞0.40～0.60	±0.05	±0.06	±0.07	±0.035	±0.045	±0.050
＞0.60～0.80	±0.06	±0.07	±0.08	±0.040	±0.050	±0.050
＞0.80～1.00	±0.07	±0.08	±0.09	±0.045	±0.060	±0.060
＞1.00～1.20	±0.08	±0.09	±0.10	±0.055	±0.070	±0.070
＞1.20～1.60	±0.10	±0.11	±0.11	±0.070	±0.080	±0.080
＞1.60～2.00	±0.12	±0.13	±0.13	±0.080	±0.090	±0.090

表 2（续）

单位为毫米

公称厚度	厚度允许偏差[a]					
	普通精度 PT. A			较高精度 PT. B		
	公称宽度			公称宽度		
	≤1 200	>1 200～1 500	>1 500	≤1 200	>1 200～1 500	>1 500
>2.00～2.50	±0.14	±0.15	±0.15	±0.100	±0.110	±0.110
>2.50～3.00	±0.16	±0.17	±0.17	±0.110	±0.120	±0.120
>3.00～4.00	±0.17	±0.19	±0.19	±0.140	±0.150	±0.150

a 距钢带焊缝处 15 m 内的厚度允许偏差比表 2 规定值增加 60%；距钢带两端各 15 m 内的厚度允许偏差比表 2 规定值增加 60%。

6.1.2 规定的最小屈服强度为 280 MPa～<360 MPa 的钢板和钢带的厚度允许偏差比表 2 规定值增加 20%；规定的最小屈服强度为不小于 360 MPa 的钢板和钢带的厚度允许偏差比表 2 规定值增加 40%。

6.2 宽度允许偏差

6.2.1 切边钢板、钢带的宽度允许偏差应符合表 3 的规定；不切边钢板、钢带的宽度允许偏差由供需双方商定。

表 3

单位为毫米

公称宽度	宽度允许偏差	
	普通精度 PW. A	较高精度 PW. B
≤1 200	$^{+4}_{0}$	$^{+2}_{0}$
>1 200～1 500	$^{+5}_{0}$	$^{+2}_{0}$
>1 500	$^{+6}_{0}$	$^{+3}_{0}$

6.2.2 纵切钢带的宽度允许偏差应符合表 4 的规定。

表 4

单位为毫米

公称厚度	宽度允许偏差				
	公称宽度				
	≤125	>125～250	>250～400	>400～600	>600
≤0.40	$^{+0.3}_{0}$	$^{+0.6}_{0}$	$^{+1.0}_{0}$	$^{+1.5}_{0}$	$^{+2.0}_{0}$
>0.40～1.0	$^{+0.5}_{0}$	$^{+0.8}_{0}$	$^{+1.2}_{0}$	$^{+1.5}_{0}$	$^{+2.0}_{0}$
>1.0～1.8	$^{+0.7}_{0}$	$^{+1.0}_{0}$	$^{+1.5}_{0}$	$^{+2.0}_{0}$	$^{+2.5}_{0}$
>1.8～4.0	$^{+1.0}_{0}$	$^{+1.3}_{0}$	$^{+1.7}_{0}$	$^{+2.0}_{0}$	$^{+2.5}_{0}$

6.3 长度允许偏差

钢板的长度允许偏差应符合表 5 的规定。

表 5

单位为毫米

公称长度	长度允许偏差	
	普通精度 PL. A	高级精度 PL. B
≤2 000	+6 0	+3 0
>2 000	+0.3%×公称长度 0	+0.15%×公称长度 0

7 外形

7.1 不平度

7.1.1 钢板的不平度应符合表6的规定值。

表 6

单位为毫米

规定的最小屈服强度/MPa	公称宽度	不平度 不大于					
		普通精度 PF. A			较高精度 PF. B		
		公称厚度					
		<0.70	0.70~<1.20	≥1.20	<0.70	0.70~<1.20	≥1.20
<280	≤1 200	12	10	8	5	4	3
	>1 200~1 500	15	12	10	6	5	4
	>1 500	19	17	15	8	7	6
280~<360	≤1 200	15	13	10	8	6	5
	>1 200~1 500	18	15	13	9	8	6
	>1 500	22	20	19	12	10	9

7.1.2 规定的最小屈服强度≥360 MPa钢板的不平度供需双方协议确定。

7.1.3 对规定最小屈服强度小于280 MPa的钢板，按较高级不平度供货时，仲裁情况下另需检验边浪，边浪应符合以下规定：

——当波浪长度不小于200 mm时，对于公称宽度小于1 500 mm的钢板，波浪高度应小于波浪长度的1%，对于公称宽度小于1 500 mm的钢板，波浪高度应小于波浪长度的1.5%。

——当波浪长度小于200 mm时，波浪高度应小于2 mm。

7.1.4 当用户对钢带的不平度有要求时，在用户对钢带进行充分平整矫直后，表6规定值也适用于用户从钢带切成的钢板。

7.2 镰刀弯

7.2.1 钢板和钢带的镰刀弯在任意2 000 mm长度上应不大于6 mm；钢板的长度不大于2 000 mm时，其镰刀弯应不大于钢板实际长度的0.3%。纵切钢带的镰刀弯在任意2 000 mm长度上应不大于2 mm。

7.3 切斜

钢板应切成直角，切斜应不大于钢板宽度的1%。

7.4 塔形

钢带应牢固地成卷，钢带卷的一侧塔形高度不得超过表7的规定。

表 7

单位为毫米

公称厚度	公称宽度	塔形高度
≤2.5	≤1 000	40
	>1 000	60
>2.5	≤1 000	30
	>1 000	50

8 尺寸及外形的测量

8.1 厚度

8.1.1 不切边钢板和钢带在距离轧制边不小于 40 mm 处测量；切边钢板和钢带在距离剪切边不小于 25 mm 处测量。

8.1.2 当纵切钢带的宽度小于 50 mm 时，沿宽度方向的中心部位测量。

8.2 宽度

宽度应在垂直于钢板或钢带中心线的方位测量。

8.3 不平度

8.3.1 将钢板自由地放在平台上，除钢板的本身重量外，不施加任何压力，测量钢板下表面与平台间的最大距离，如图 1 所示。

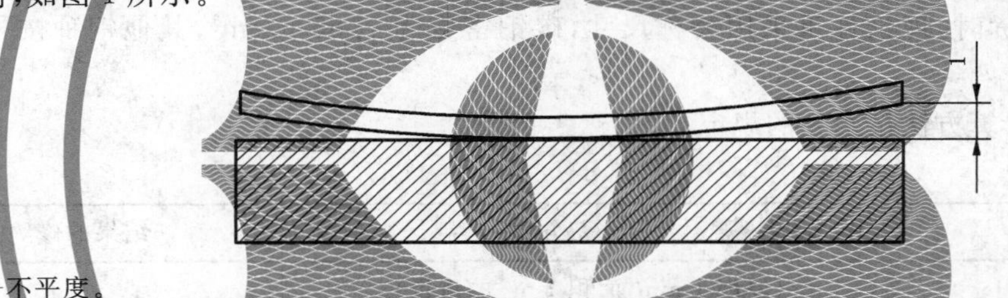

1——不平度。

图 1 不平度的测量

8.3.2 如受检测平台长度的限制，对于长度大于 2 000 mm 的钢板，可任意截取 2 000 mm 进行不平度的测量来替代全长不平度的测量。

8.4 镰刀弯

钢板及钢带的镰刀弯是指侧边与连接测量部分两端点直线之间的最大距离，在产品呈凹形的一侧测量，如图 2 所示。

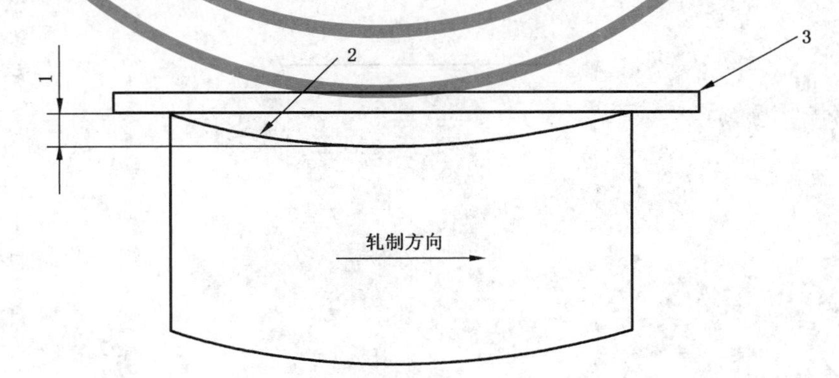

1——镰刀弯；
2——凹形侧边；
3——直尺(线)。

图 2 镰刀弯的测量

8.5 切斜

钢板的横边在纵边的垂直投影长度，如图 3 所示。

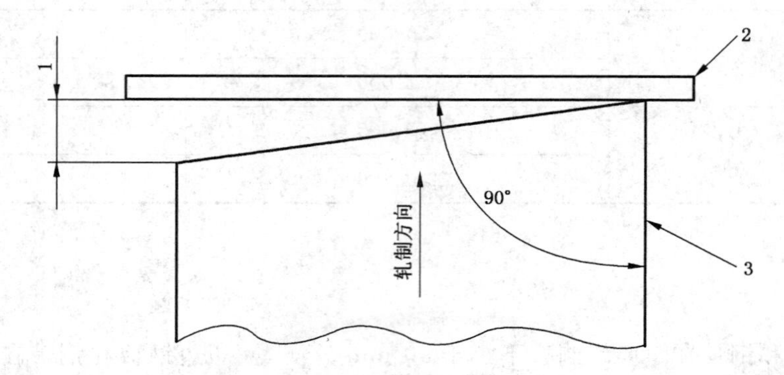

1——切斜；
2——直尺(线)；
3——侧边。

图 3 切斜的测量

9 重量

钢板按理论或实际重量交货，钢带按实际重量交货。

9.1 钢板理论重量交货时，理论计重采用公称尺寸，碳钢密度为 7.85 g/cm³，其他钢种按相应标准规定。

9.2 钢板理论计重的计算方法按表 8 的规定。

表 8

计算顺序	计算方法	结果的修约
基本重量/[kg/(mm·m²)]	7.85(厚度 1 mm，面积 1 m² 的重量)	—
单位重量/(kg/m²)	基本重量[kg/(mm·m²)]×厚度(mm)	修约到有效数字 4 位
钢板的面积/m²	宽度(m)×长度(m)	修约到有效数字 4 位
一张钢板的重量/kg	单位重量(kg/m²)×面积(m²)	修约到有效数字 3 位
总重量/kg	各张钢板重量之和	kg 的整数值

9.3 数值修约方法按 GB/T 8170 的规定。

ICS 77.140.50
H 46

中华人民共和国国家标准

GB/T 709—2006
代替 GB/T 709—1988

热轧钢板和钢带的尺寸、外形、重量及允许偏差

Dimension, shape, weight and tolerances for hot-rolled steel plates and sheets

(ISO 7452:2002(E), Hot-rolled structural steel plates-tolerance on dimensions and shape, ISO 16160:2000(E), Continuously hot-rolled steel products—Dimensional and shape tolerances, NEQ)

2006-11-01 发布　　2007-02-01 实施

中华人民共和国国家质量监督检验检疫总局
中国国家标准化管理委员会　发布

前 言

本标准与 ISO 7452:2002《热轧结构钢板尺寸和外形偏差》(英文版)、ISO 16160:2000《热连轧钢板钢带—尺寸和外形的偏差》(英文版)的一致性程度为非等效。

本标准代替 GB/T 709—1988《热轧钢板和钢带的尺寸、外形、重量及允许偏差》。

本标准与原标准对比,主要修订内容如下:

——取消钢板钢带公称尺寸表,规定尺寸范围和推荐的公称尺寸;

——钢板厚度增加到 400 mm,宽度加大到 5 000 mm,钢带宽度加大到 2 200 mm;

——加严较厚较宽钢板的厚度公差和钢带的宽度偏差;

——纵切钢带的宽度正负偏差改为正偏差;

——调整长度允许偏差;

——单轧轧制钢板不平度的测量长度为 1 m 或 2 m;

——连轧钢板单独规定不平度,测量长度为实际长度;

——镰刀弯的测量长度改为任 5 000 mm 或实际长度;规定纵切钢带镰刀弯;

——加严成卷钢带塔高度;

——规定各种尺寸测量方法,并附有测量图示;

——规定限定偏差或正偏差钢板理论计重所采用的厚度。

本标准由中国钢铁工业协会提出。

本标准由全国钢标准化技术委员会归口。

本标准起草单位:冶金工业信息标准研究院、鞍钢新轧钢股份有限公司、济南钢铁股份有限公司、首钢总公司、湖南华菱湘潭钢铁有限公司。

本标准主要起草人:唐一凡、王晓虎、朴志民、高玲、王丽萍、李小莉。

本标准所代替标准的历次版本发布情况为:GB 709—1965,GB 709—1988。

热轧钢板和钢带的尺寸、外形、重量及允许偏差

1 范围

本标准规定了热轧钢板和钢带的尺寸、外形、重量及允许偏差。

本标准适用于轧制宽度不小于 600 mm 的单张轧制钢板(以下简称单轧钢板)、钢带及其剪切钢板(以下称连轧钢板)和纵切钢带。

2 规范性引用文件

下列文件中的条款通过本标准的引用而成为本标准的条款。凡是注日期的引用文件,其随后所有的修改单(不包括勘误的内容)或修订版均不适用于本标准,然而,鼓励根据本标准达成协议的各方研究是否可使用这些文件的最新版本。凡是不注日期的引用文件,其最新版本适用于本标准。

GB/T 8170 数值修约规则

3 术语和定义

本标准采用下列术语和定义:

3.1

钢板 plate or sheet

钢板系不固定边部变形的热轧扁平钢材,包括直接轧制的单轧钢板和由宽钢带剪切成的连轧钢板。

3.2

钢带 wide strip

钢带系指成卷交货,轧制宽度不小于 600 mm 的宽钢带。

4 分类和代号

4.1 按边缘状态分为

切边 EC;

不切边 EM。

4.2 按厚度偏差种类分

N 类偏差:正偏差和负偏差相等;

A 类偏差:按公称厚度规定负偏差;

B 类偏差:固定负偏差为 0.3 mm;

C 类偏差:固定负偏差为零,按公称厚度规定正偏差。

4.3 按厚度精度分为

普通厚度精度 PT.A;

较高厚度精度 PT.B。

5 尺寸

5.1 钢板和钢带的尺寸范围

单轧钢板公称厚度 3 mm～400 mm;

单轧钢板公称宽度　　600 mm～4 800 mm；
钢板公称长度　　2 000 mm～20 000 mm；
钢带(包括连轧钢板)公称厚度　　0.8 mm～25.4 mm；
钢带(包括连轧钢板)公称宽度　　600 mm～2 200 mm；
纵切钢带公称宽度　　120 mm～900 mm。

5.2　钢板和钢带推荐的公称尺寸

5.2.1　单轧钢板的公称厚度在5.1所规定范围内，厚度小于30 mm的钢板按0.5 mm倍数的任何尺寸；厚度不小于30 mm的钢板按1 mm倍数的任何尺寸。

5.2.2　单轧钢板的公称宽度在5.1所规定范围内，按10 mm或50 mm倍数的任何尺寸。

5.2.3　钢带(包括连轧钢板)的公称厚度在5.1所规定范围内，按0.1 mm倍数的任何尺寸。

5.2.4　钢带(包括连轧钢板)的公称宽度在5.1所规定范围内，按10 mm倍数的任何尺寸。

5.2.5　钢板的长度在5.1规定范围内，按50 mm或100 mm倍数的任何尺寸。

5.2.6　根据需方要求，经供需双方协议，可以供应推荐公称尺寸以外的其他尺寸的钢板和钢带。

6　尺寸允许偏差

对不切头尾的不切边钢带检查厚度、宽度时，两端不考核的总长度 L 为：

$$L(\text{m}) = 90/\text{公称厚度(mm)}$$

但两端最大总长度不得大于20 m。

6.1　厚度允许偏差

6.1.1　单轧钢板厚度允许偏差应符合表1(N类)的规定。

6.1.2　根据需方要求，并在合同中注明偏差类别，可以供应公差值与表1规定公差值相等的其他偏差类别的单轧钢板，如表2～表4规定的A类、B类和C类偏差；也可以供应公差值与表1规定公差值相等的限制正偏差的单轧钢板，正负偏差由供需双方协商规定。

6.1.3　钢带(包括连轧钢板)的厚度偏差应符合表5的规定。需方要求按较高厚度精度供货时应在合同中注明，未注明的按普通精度供货。根据需方要求，可以在表5规定的公差范围内调整钢带的正负偏差。

表1　单轧钢板的厚度允许偏差(N类)

单位为毫米

公称厚度	下列公称宽度的厚度允许偏差			
	≤1 500	>1 500～2 500	>2 500～4 000	>4 000～4 800
3.00～5.00	±0.45	±0.55	±0.65	—
>5.00～8.00	±0.50	±0.60	±0.75	—
>8.00～15.0	±0.55	±0.65	±0.80	±0.90
>15.0～25.0	±0.65	±0.75	±0.90	±1.10
>25.0～40.0	±0.70	±0.80	±1.00	±1.20
>40.0～60.0	±0.80	±0.90	±1.10	±1.30
>60.0～100	±0.90	±1.10	±1.30	±1.50
>100～150	±1.20	±1.40	±1.60	±1.80
>150～200	±1.40	±1.60	±1.80	±1.90
>200～250	±1.60	±1.80	±2.00	±2.20
>250～300	±1.80	±2.00	±2.20	±2.40
>300～400	±2.00	±2.20	±2.40	±2.60

表 2　单轧钢板的厚度允许偏差(A类)

单位为毫米

公称厚度	下列公称宽度的厚度允许偏差			
	≤1 500	>1 500～2 500	>2 500～4 000	>4 000～4 800
3.00～5.00	+0.55 −0.35	+0.70 −0.40	+0.85 −0.45	—
>5.00～8.00	+0.65 −0.35	+0.75 −0.45	+0.95 −0.55	—
>8.00～15.0	+0.70 −0.40	+0.85 −0.45	+1.05 −0.55	+1.20 −0.60
>15.0～25.0	+0.85 −0.45	+1.00 −0.50	+1.15 −0.65	+1.50 −0.70
>25.0～40.0	+0.90 −0.50	+1.05 −0.55	+1.30 −0.70	+1.60 −0.80
>40.0～60.0	+1.05 −0.55	+1.20 −0.60	+1.45 −0.75	+1.70 −0.90
>60.0～100	+1.20 −0.60	+1.50 −0.70	+1.75 −0.85	+2.00 −1.00
>100～150	+1.60 −0.80	+1.90 −0.90	+2.15 −1.05	+2.40 −1.20
>150～200	+1.90 −0.90	+2.20 −1.00	+2.45 −1.15	+2.50 −1.30
>200～250	+2.20 −1.00	+2.40 −1.20	+2.70 −1.30	+3.00 −1.40
>250～300	+2.40 −1.20	+2.70 −1.30	+2.95 −1.45	+3.20 −1.60
>300～400	+2.70 −1.30	+3.00 −1.40	+3.25 −1.55	+3.50 −1.70

表 3　单轧钢板的厚度允许偏差(B类)

单位为毫米

<table>
<tr><th rowspan="2">公称厚度</th><th colspan="8">下列公称宽度的厚度允许偏差</th></tr>
<tr><th colspan="2">≤1 500</th><th colspan="2">>1 500～2 500</th><th colspan="2">>2 500～4 000</th><th colspan="2">>4 000～4 800</th></tr>
<tr><td>3.00～5.00</td><td rowspan="12">−0.30</td><td>+0.60</td><td rowspan="12">−0.30</td><td>+0.80</td><td rowspan="12">−0.30</td><td>+1.00</td><td colspan="2">—</td></tr>
<tr><td>>5.00～8.00</td><td>+0.70</td><td>+0.90</td><td>+1.20</td><td colspan="2">—</td></tr>
<tr><td>>8.00～15.0</td><td>+0.80</td><td>+1.00</td><td>+1.30</td><td rowspan="10">−0.30</td><td>+1.50</td></tr>
<tr><td>>15.0～25.0</td><td>+1.00</td><td>+1.20</td><td>+1.50</td><td>+1.90</td></tr>
<tr><td>>25.0～40.0</td><td>+1.10</td><td>+1.30</td><td>+1.70</td><td>+2.10</td></tr>
<tr><td>>40.0～60.0</td><td>+1.30</td><td>+1.50</td><td>+1.90</td><td>+2.30</td></tr>
<tr><td>>60.0～100</td><td>+1.50</td><td>+1.80</td><td>+2.30</td><td>+2.70</td></tr>
<tr><td>>100～150</td><td>+2.10</td><td>+2.50</td><td>+2.90</td><td>+3.30</td></tr>
<tr><td>>150～200</td><td>+2.50</td><td>+2.90</td><td>+3.30</td><td>+3.50</td></tr>
<tr><td>>200～250</td><td>+2.90</td><td>+3.30</td><td>+3.70</td><td>+4.10</td></tr>
<tr><td>>250～300</td><td>+3.30</td><td>+3.70</td><td>+4.10</td><td>+4.50</td></tr>
<tr><td>>300～400</td><td>+3.70</td><td>+4.10</td><td>+4.50</td><td>+4.90</td></tr>
</table>

表 4　单轧钢板的厚度允许偏差(C 类)　　单位为毫米

公称厚度	下列公称宽度的厚度允许偏差							
	≤1 500		>1 500～2 500		>2 500～4 000		>4 000～4 800	
3.00～5.00	0	+0.90	0	+1.10	0	+1.30	0	—
>5.00～8.00		+1.00		+1.20		+1.50		—
>8.00～15.0		+1.10		+1.30		+1.60		+1.80
>15.0～25.0		+1.30		+1.50		+1.80		+2.20
>25.0～40.0		+1.40		+1.60		+2.00		+2.40
>40.0～60.0		+1.60		+1.80		+2.20		+2.60
>60.0～100		+1.80		+2.20		+2.60		+3.00
>100～150		+2.40		+2.80		+3.20		+3.60
>150～200		+2.80		+3.20		+3.60		+3.80
>200～250		+3.20		+3.60		+4.00		+4.40
>250～300		+3.60		+4.00		+4.40		+4.80
>300～400		+4.00		+4.40		+4.80		+5.20

表 5　钢带(包括连轧钢板)的厚度允许偏差　　单位为毫米

公称厚度	钢带厚度允许偏差[a]							
	普通精度　PT.A				较高精度　PT.B			
	公称宽度				公称宽度			
	600～1 200	>1 200～1 500	>1 500～1 800	>1 800	600～1 200	>1 200～1 500	>1 500～1 800	>1 800
0.8～1.5	±0.15	±0.17	—	—	±0.10	±0.12	—	—
>1.5～2.0	±0.17	±0.19	±0.21	—	±0.13	±0.14	±0.14	—
>2.0～2.5	±0.18	±0.21	±0.23	±0.25	±0.14	±0.15	±0.17	±0.20
>2.5～3.0	±0.20	±0.22	±0.24	±0.26	±0.15	±0.17	±0.19	±0.21
>3.0～4.0	±0.22	±0.24	±0.26	±0.27	±0.17	±0.18	±0.21	±0.22
>4.0～5.0	±0.24	±0.26	±0.28	±0.29	±0.19	±0.21	±0.22	±0.23
>5.0～6.0	±0.26	±0.28	±0.29	±0.31	±0.21	±0.22	±0.23	±0.25
>6.0～8.0	±0.29	±0.30	±0.31	±0.35	±0.23	±0.24	±0.25	±0.28
>8.0～10.0	±0.32	±0.33	±0.34	±0.40	±0.26	±0.26	±0.27	±0.32
>10.0～12.5	±0.35	±0.36	±0.37	±0.43	±0.28	±0.29	±0.30	±0.36
>12.5～15.0	±0.37	±0.38	±0.40	±0.46	±0.30	±0.31	±0.33	±0.39
>15.0～25.4	±0.40	±0.42	±0.45	±0.50	±0.32	±0.34	±0.37	±0.42

a　规定最小屈服强度 R_e≥345 MPa 的钢带，厚度偏差应增加 10%。

6.2　宽度允许偏差

6.2.1　切边单轧钢板的宽度允许偏差应符合表 6 的规定。

表 6　切边单轧钢板的宽度允许偏差　　单位为毫米

公称厚度	公称宽度	允许偏差
3～16	≤1 500	+10 0
	>1 500	+15 0
>16	≤2 000	+20 0
	>2 000～3 000	+25 0
	>3 000	+30 0

6.2.2　不切边单轧钢板的宽度允许偏差由供需双方协商。

6.2.3　不切边钢带(包括连轧钢板)的宽度允许偏差应符合表 7 的规定。

表 7　不切边钢带(包括连轧钢板)的宽度允许偏差　　单位为毫米

公称宽度	允许偏差
≤1 500	+20 0
>1 500	+25 0

6.2.4　切边钢带(包括连轧钢板)的宽度允许偏差应符合表 8 的规定。经供需双方协议，可以供应较高宽度精度的钢带。

表 8　切边钢带(包括连轧钢板)的宽度允许偏差　　单位为毫米

公称宽度	允许偏差
≤1 200	+3 0
>1 200～1 500	+5 0
>1 500	+6 0

6.2.5　纵切钢带的宽度允许偏差应符合表 9 的规定。

表 9　纵切钢带的宽度允许偏差　　单位为毫米

公称宽度	公称厚度		
	≤4.0	>4.0～8.0	>8.0
120～160	+1 0	+2 0	+2.5 0
>160～250	+1 0	+2 0	+2.5 0

表 9（续）

单位为毫米

公称宽度	公称厚度		
	≤4.0	>4.0～8.0	>8.0
>250～600	$^{+2}_{0}$	$^{+2.5}_{0}$	$^{+3}_{0}$
>600～900	$^{+2}_{0}$	$^{+2.5}_{0}$	$^{+3}_{0}$

6.3 长度允许偏差

6.3.1 单轧钢板长度允许偏差应符合表 10 的规定。

表 10 单轧钢板的长度允许偏差

单位为毫米

公称长度	允许偏差
2 000～4 000	$^{+20}_{0}$
>4 000～6 000	$^{+30}_{0}$
>6 000～8 000	$^{+40}_{0}$
>8 000～10 000	$^{+50}_{0}$
>10 000～15 000	$^{+75}_{0}$
>15 000～20 000	$^{+100}_{0}$
>20 000	由供需双方协商

6.3.2 连轧钢板长度允许偏差应符合表 11 的规定。

表 11 连轧钢板的长度允许偏差

单位为毫米

公称长度	允许偏差
2 000～8 000	+0.5%×公称长度
>8 000	$^{+40}_{0}$

7 外形

7.1 不平度

7.1.1 单轧钢板按下列两类钢，分别规定钢板不平度。

钢类 L：规定的最低屈服强度值≤460 MPa，未经淬火或淬火加回火处理的钢板。

钢类 H：规定的最低屈服强度值>460 MPa～700 MPa，以及所有淬火或淬火加回火的钢板。

7.1.1.1 单轧钢板的不平度按表 12 的规定。

表 12　单轧钢板的不平度

单位为毫米

公称厚度	钢类 L				钢类 H			
	下列公称宽度钢板的不平度，不大于							
	≤3 000		>3 000		≤3 000		>3 000	
	测量长度							
	1 000	2 000	1 000	2 000	1 000	2 000	1 000	2 000
3～5	9	14	15	24	12	17	19	29
>5～8	8	12	14	21	11	15	18	26
>8～15	7	11	11	17	10	14	16	22
>15～25	7	10	10	15	10	13	14	19
>25～40	6	9	9	13	9	12	13	17
>40～400	5	8	8	11	8	11	11	15

7.1.1.2　如测量时直尺(线)与钢板接触点之间距离小于 1 000 mm，则不平度最大允许值应符合以下要求：对钢类 L，为接触点间距离(300 mm～1 000 mm)的 1%；对钢类 H，为接触点间距离(300 mm～1 000 mm)的 1.5%。但两者均不得超过表 12 的规定。

7.1.2　连轧钢板的不平度按表 13 的规定。

表 13　连轧钢板的不平度

单位为毫米

公称厚度	公称宽度	不平度，不大于		
		规定的屈服强度，R_e		
		<220 MPa	220 MPa～320 MPa	>320 MPa
≤2	≤1 200	21	26	32
	>1 200～1 500	25	31	36
	>1 500	30	38	45
>2	≤1 200	18	22	27
	>1 200～1 500	23	29	34
	>1 500	28	35	42

7.1.3　如用户对钢带的不平度有要求，在用户开卷设备能保证质量的前提下，供需双方可以协商规定，并在合同中注明。

7.2　镰刀弯及切斜(脱方)

钢板的镰刀弯及切斜应受限制，应保证钢板订货尺寸的矩形。

7.2.1　镰刀弯

7.2.1.1　单轧钢板的镰刀弯应不大于实际长度的 0.2%。

7.2.1.2　钢带(包括纵切钢带)和连轧钢板的镰刀弯按表 14 的规定。对不切头尾的不切边钢带检查镰刀弯时，两端不考核的总长度按第 6 章检查不切头尾的不切边钢带的厚度、宽度两端不考核总长的规定。

7.2.2　切斜

钢板的切斜应不大于实际宽度的 1%。

7.3　塔形

7.3.1　钢带应牢固地成卷。钢带卷的一侧塔形高度不得超过表 15 的规定。

表 14　钢带(包括纵切钢带)和连轧钢板的镰刀弯

单位为毫米

产品类型	公称长度	公称宽度	镰刀弯，不大于		测量长度
			切边	不切边	
连轧钢板	<5 000	≥600	实际长度×0.3%	实际长度×0.4%	实际长度
	≥5 000	≥600	15	20	任意 5 000 mm 长度
钢带	—	≥600	15	20	任意 5 000 mm 长度
	—	<600	15	—	—

表 15　塔形高度

单位为毫米

公称宽度	切边	不切边
≤1 000	20	50
>1 000	30	60

8　尺寸测量

8.1　厚度

切边钢带(包括连轧钢板)在距纵边不小于 25 mm 处测量；不切边钢带(包括连轧钢板)在距纵边不小于 40 mm 处测量。切边单轧钢板在距边部(纵边和横边)不小于 25 mm 处测量；不切边单轧钢板的测量部位由供需双方协议。

8.2　宽度

宽度应在垂直于钢板或钢带中心线的方位测量。

8.3　长度

钢板内最大矩形的长度。

8.4　不平度

将钢板自由地放在平面上，除钢板本身重量外不施加任何压力。

用一根长度为 1 000 mm 或 2 000 mm 的直尺，在距单轧钢板纵边至少 25 mm 和距横边至少为 200 mm 区域内的任何方向，测量钢板上表面与直尺之间的最大距离(如图 1 所示)。

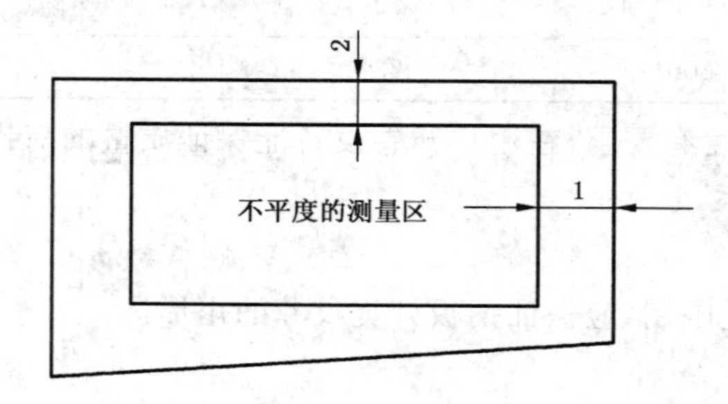

1——200 mm(距横边)；
2——25 mm(距纵边)。

图 1　单轧钢板不平度的测量

测量连轧钢板下表面与平面之间的最大距离(如图 2 所示)。

8.5　镰刀弯

钢板或钢带的凹形侧边与连接测量部分两端点直线之间的最大距离(如图 3 所示)。

8.6　切斜

钢板的横边在纵边上的垂直投影(如图 4 所示)。

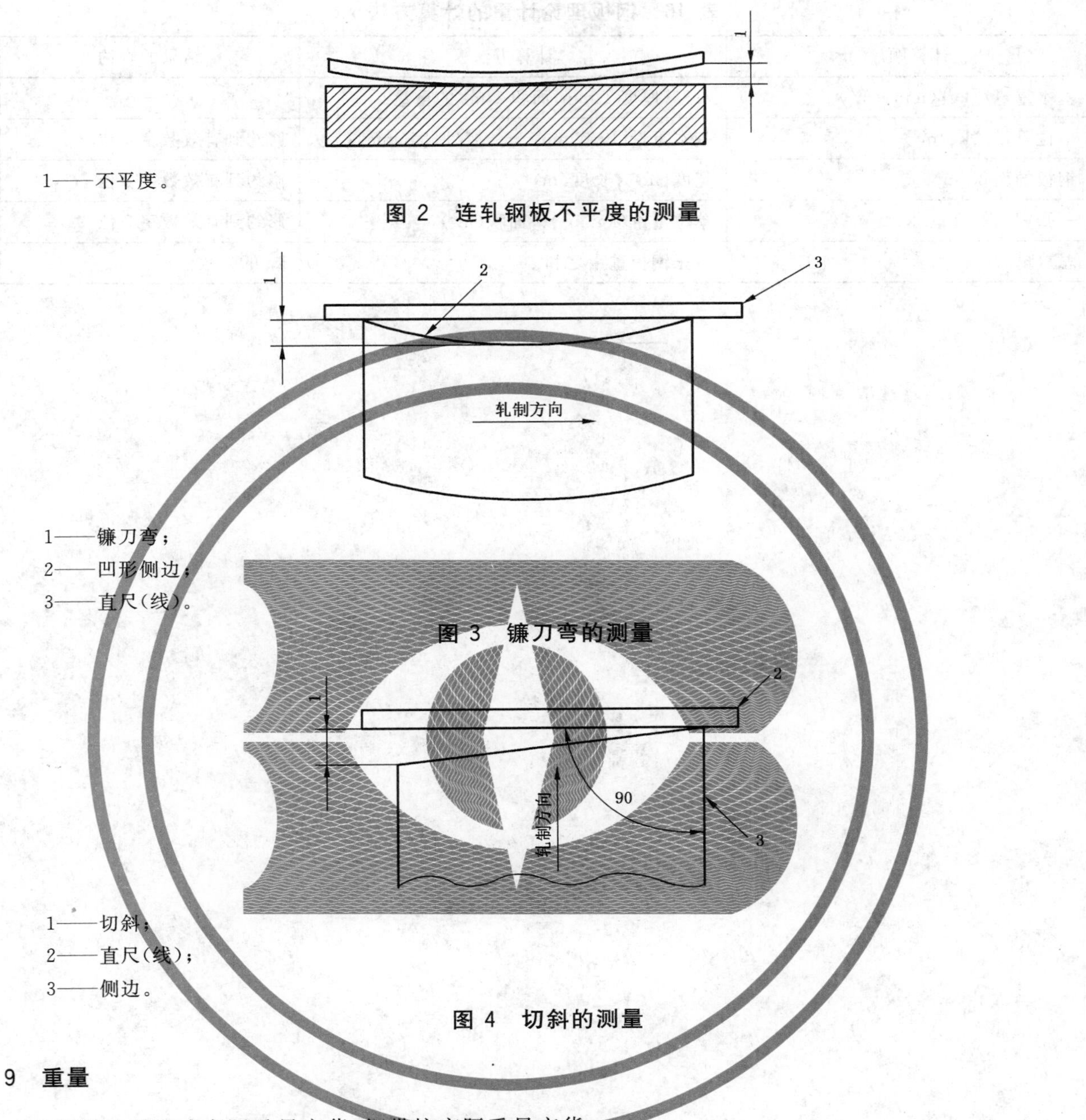

9 重量

钢板按理论或实际重量交货，钢带按实际重量交货。

9.1 钢板按理论重量交货时，理论计重采用公称尺寸，碳钢密度为 7.85 g/cm^3，其他钢种按相应标准规定。

9.2 当钢板的厚度允许偏差为限定负偏差或正偏差时，理论计重所采用的厚度为允许的最大厚度和最小厚度的平均值。

9.3 钢板理论计重的计算方法按表 16 的规定。

9.4 数值修约方法

数值修约方法按 GB/T 8170 的规定。

表 16 钢板理论计重的计算方法

计算顺序	计算方法	结果的修约
基本重量/[kg/(mm·m^2)]	7.85(厚度 1 mm,面积 1 m^2 的重量)	—
单位重量/(kg/m^2)	基本重量[kg/(mm·m^2)]×厚度(mm)	修约到有效数字 4 位
钢板的面积/m^2	宽度(m)×长度(m)	修约到有效数字 4 位
一张钢板的重量/kg	单位重量(kg/m^2)×面积(m^2)	修约到有效数字 3 位
总重量/kg	各张钢板重量之和	kg 的整数值

ICS 77.140.10;77.140.50
H 46

中华人民共和国国家标准

GB/T 1591—2008
代替 GB/T 1591—1994

低合金高强度结构钢

High strength low alloy structural steels

2008-12-06 发布　　　　2009-10-01 实施

中华人民共和国国家质量监督检验检疫总局
中国国家标准化管理委员会　发布

前　言

本标准参照 EN 10025:2004《结构钢热轧产品》对 GB/T 1591—1994《低合金高强度结构钢》进行修订。

本标准代替 GB/T 1591—1994《低合金高强度结构钢》。

与 GB/T 1591—1994 相比，本标准主要变化如下：

——扩大了标准的适用范围；

——增加了 Q500、Q550、Q620、Q690 强度级别，取消了 Q295 强度级别；

——修改了钢材化学成分的规定，加严了对磷、硫等有害元素的控制；

——增加了钢材碳当量及裂纹敏感系数的计算公式及规定；

——修改了钢材的交货状态，取消了调质钢的规定；

——修改了钢材力学性能值及厚度组距的规定，明确屈服强度为下屈服强度；

——提高了冲击吸收能量值；

——增加了各牌号钢的厚度方向性能要求。

本标准由中国钢铁工业协会提出。

本标准由全国钢标准化技术委员会归口。

本标准主要起草单位：鞍钢股份有限公司、冶金工业信息标准研究院、济钢集团有限公司、首钢总公司、江苏沙钢集团有限公司、湖南华菱涟源钢铁有限公司。

本标准主要起草人：刘徐源、朴志民、王晓虎、高玲、王丽萍、黄正玉、周鉴、马玉璞、陈寿琴。

本标准所代替标准的历次版本发布情况为：

——GB 1591—1979、GB 1591—1988、GB/T 1591—1994。

低合金高强度结构钢

1 范围

本标准规定了低合金高强度结构钢的牌号、尺寸、外形、重量及允许偏差、技术要求、试验方法、检验规则、包装、标志和质量证明书。

本标准适用于一般结构和工程用低合金高强度结构钢钢板、钢带、型钢、钢棒等。

2 规范性引用文件

下列文件中的条款通过本标准的引用而成为本标准的条款。凡是注日期的引用文件，其随后所有的修改单(不包括勘误的内容)或修订版均不适用于本标准，然而，鼓励根据本标准达成协议的各方研究是否可使用这些文件的最新版本。凡是不注日期的引用文件，其最新版本适用于本标准。

GB/T 222 钢的成品化学成分允许偏差

GB/T 223.5 钢铁 酸溶硅和全硅含量的测定 还原型硅酸盐分光光度法

GB/T 223.9 钢铁及合金 铝含量的测定 铬天青S分光光度法

GB/T 223.12 钢铁及合金化学分析方法 碳酸钠分离-二苯碳酰二肼光度法测定铬量

GB/T 223.14 钢铁及合金化学分析方法 钽试剂萃取光度法测定钒含量

GB/T 223.16 钢铁及合金化学分析方法 变色酸光度法测定钛量

GB/T 223.19 钢铁及合金化学分析方法 新亚铜灵-三氯甲烷萃取光度法测定铜量

GB/T 223.23 钢铁及合金 镍含量的测定 丁二酮肟分光光度法

GB/T 223.26 钢铁及合金 钼含量的测定 硫氰酸盐分光光度法

GB/T 223.37 钢铁及合金化学分析方法 蒸馏分离-靛酚蓝光度法测定氮量

GB/T 223.40 钢铁及合金 铌含量的测定 氯磺酚S分光光度法

GB/T 223.62 钢铁及合金化学分析方法 乙酸丁酯萃取光度法测定磷量

GB/T 223.63 钢铁及合金化学分析方法 高碘酸钠(钾)光度法测定锰量

GB/T 223.67 钢铁及合金 硫含量的测定 次甲基蓝分光光度法

GB/T 223.69 钢铁及合金 碳含量的测定 管式炉内燃烧后气体容量法

GB/T 223.78 钢铁及合金化学分析方法 姜黄素直接光度法测定硼含量

GB/T 228 金属材料 室温拉伸试验方法(GB/T 228—2002,eqv ISO 6892:1998)

GB/T 229 金属材料 夏比摆锤冲击试验方法(GB/T 229—2007,ISO 148-1:2006,MOD)

GB/T 232 金属材料 弯曲试验方法(GB/T 232—1999,eqv ISO 7438:1985)

GB/T 247 钢板和钢带 包装、标志及质量证明书的一般规定

GB/T 2101 型钢验收、包装、标志及质量证明书的一般规定

GB/T 2975 钢及钢产品 力学性能试验取样位置及试样的制备(GB/T 2975—1998,eqv ISO 377:1997)

GB/T 4336 碳素钢和中低合金钢 火花源原子发射光谱分析方法(常规法)

GB/T 5313 厚度方向性能钢板(GB/T 5313—1985,eqv ISO 7778:1983)

GB/T 17505 钢及钢产品交货一般技术要求(GB/T 17505—1998,eqv ISO 404:1992)

GB/T 20066 钢和铁 化学成分测定用试样的取样和制样方法(GB/T 20066—2006,ISO 14284:

1996,IDT)

GB/T 20125　低合金钢　多元素含量的测定　电感耦合等离子体原子发射光谱法

YB/T 081　冶金技术标准的数值修约与检测数据的判定原则

3　术语和定义

3.1

热机械轧制　thermomechanical rolling

最终变形在某一温度范围内进行,使材料获得仅仅依靠热处理不能获得的特定性能的轧制工艺。

注1：轧制后如果加热到580 ℃可能导致材料强度值的降低。如果确实需要加热到580 ℃以上,则应由供方进行。

注2：热机械轧制交货状态可以包括加速冷却、或加速冷却并回火(包括自回火),但不包括直接淬火或淬火加回火。

3.2

正火轧制　normalizing rolling

最终变形是在某一温度范围内进行,使材料获得与正火后性能相当的轧制工艺。

4　牌号表示方法

钢的牌号由代表屈服强度的汉语拼音字母、屈服强度数值、质量等级符号三个部分组成。例如：Q345D。其中：

Q——钢的屈服强度的"屈"字汉语拼音的首位字母；

345——屈服强度数值,单位MPa；

D——质量等级为D级。

当需方要求钢板具有厚度方向性能时,则在上述规定的牌号后加上代表厚度方向(Z向)性能级别的符号,例如:Q345DZ15。

5　尺寸、外形、重量及允许偏差

尺寸、外形、重量及允许偏差应符合相应标准的规定。

6　技术要求

6.1　牌号及化学成分

6.1.1　钢的牌号及化学成分(熔炼分析)应符合表1的规定。

6.1.2　当需要加入细化晶粒元素时,钢中应至少含有Al、Nb、V、Ti中的一种。加入的细化晶粒元素应在质量证明书中注明含量。

6.1.3　当采用全铝(Al_t)含量表示时,Al_t应不小于0.020%。

6.1.4　钢中氮元素含量应符合表1的规定,如供方保证,可不进行氮元素含量分析。如果钢中加入Al、Nb、V、Ti等具有固氮作用的合金元素,氮元素含量不作限制,固氮元素含量应在质量证明书中注明。

6.1.5　各牌号的Cr、Ni、Cu作为残余元素时,其含量各不大于0.30%,如供方保证,可不作分析;当需要加入时,其含量应符合表1的规定或由供需双方协议规定。

6.1.6　为改善钢的性能,可加入RE元素时,其加入量按钢水重量的0.02%～0.20%计算。

6.1.7　在保证钢材力学性能符合本标准规定的情况下,各牌号A级钢的C、Si、Mn化学成分可不作交货条件。

表 1

牌号	质量等级	化学成分[a,b]（质量分数）/%													
		C	Si	Mn	P	S	Nb	V	Ti	Cr	Ni	Cu	N	Mo	B	Als
					不大于											不小于
Q345	A				0.035	0.035										—
	B	≤0.20			0.035	0.035										
	C		≤0.50	≤1.70	0.030	0.030	0.07	0.15	0.20	0.30	0.50	0.30	0.012	0.10	—	
	D	≤0.18			0.030	0.025										0.015
	E				0.025	0.020										
Q390	A				0.035	0.035										—
	B				0.035	0.035										
	C	≤0.20	≤0.50	≤1.70	0.030	0.030	0.07	0.20	0.20	0.30	0.50	0.30	0.015	0.10	—	
	D				0.030	0.025										0.015
	E				0.025	0.020										
Q420	A				0.035	0.035										—
	B				0.035	0.035										
	C	≤0.20	≤0.50	≤1.70	0.030	0.030	0.07	0.20	0.20	0.30	0.80	0.30	0.015	0.20	—	
	D				0.030	0.025										0.015
	E				0.025	0.020										
Q460	C				0.030	0.030										
	D	≤0.20	≤0.60	≤1.80	0.030	0.025	0.11	0.20	0.20	0.30	0.80	0.55	0.015	0.20	0.004	0.015
	E				0.025	0.020										
Q500	C				0.030	0.030										
	D	≤0.18	≤0.60	≤1.80	0.030	0.025	0.11	0.12	0.20	0.60	0.80	0.55	0.015	0.20	0.004	0.015
	E				0.025	0.020										

表 1（续）

牌号	质量等级	化学成分[a,b]（质量分数）/%														
		C	Si	Mn	P	S	Nb	V	Ti	Cr	Ni	Cu	N	Mo	B	Als
					不大于											不小于
Q550	C	≤0.18	≤0.60	≤2.00	0.030	0.030	0.11	0.12	0.20	0.80	0.80	0.80	0.015	0.30	0.004	0.015
	D				0.030	0.025										
	E				0.025	0.020										
Q620	C	≤0.18	≤0.60	≤2.00	0.030	0.030	0.11	0.12	0.20	1.00	0.80	0.80	0.015	0.30	0.004	0.015
	D				0.030	0.025										
	E				0.025	0.020										
Q690	C	≤0.18	≤0.60	≤2.00	0.030	0.030	0.11	0.12	0.20	1.00	0.80	0.80	0.015	0.30	0.004	0.015
	D				0.030	0.025										
	E				0.025	0.020										

[a] 型材及棒材 P、S 含量可提高 0.005%，其中 A 级钢上限可为 0.045%。

[b] 当细化晶粒元素组合加入时，20(Nb+V+Ti)≤0.22%，20(Mo+Cr)≤0.30%。

6.1.8 各牌号除A级钢以外的钢材，当以热轧、控轧状态交货时，其最大碳当量值应符合表2的规定；当以正火、正火轧制、正火加回火状态交货时，其最大碳当量值应符合表3的规定；当以热机械轧制(TMCP)或热机械轧制加回火状态交货时，其最大碳当量值应符合表4的规定。碳当量(CEV)应由熔炼分析成分并采用公式(1)计算。

$$CEV = C + Mn/6 + (Cr + Mo + V)/5 + (Ni + Cu)/15 \quad \cdots\cdots(1)$$

表2 热轧、控轧状态交货钢材的碳当量

牌号	碳当量(CEV)/%		
	公称厚度或直径≤63 mm	公称厚度或直径>63 mm～250 mm	公称厚度>250 mm
Q345	≤0.44	≤0.47	≤0.47
Q390	≤0.45	≤0.48	≤0.48
Q420	≤0.45	≤0.48	≤0.48
Q460	≤0.46	≤0.49	—

表3 正火、正火轧制、正火加回火状态交货钢材的碳当量

牌号	碳当量(CEV)/%		
	公称厚度≤63 mm	公称厚度>63 mm～120 mm	公称厚度>120 mm～250 mm
Q345	≤0.45	≤0.48	≤0.48
Q390	≤0.46	≤0.48	≤0.49
Q420	≤0.48	≤0.50	≤0.52
Q460	≤0.53	≤0.54	≤0.55

表4 热机械轧制(TMCP)或热机械轧制加回火状态交货钢材的碳当量

牌号	碳当量(CEV)/%		
	公称厚度≤63 mm	公称厚度>63 mm～120 mm	公称厚度>120 mm～150 mm
Q345	≤0.44	≤0.45	≤0.45
Q390	≤0.46	≤0.47	≤0.47
Q420	≤0.46	≤0.47	≤0.47
Q460	≤0.47	≤0.48	≤0.48
Q500	≤0.47	≤0.48	≤0.48
Q550	≤0.47	≤0.48	≤0.48
Q620	≤0.48	≤0.49	≤0.49
Q690	≤0.49	≤0.49	≤0.49

6.1.9 热机械轧制(TMCP)或热机械轧制加回火状态交货钢材的碳含量不大于0.12%时，可采用焊接裂纹敏感性指数(Pcm)代替碳当量评估钢材的可焊性。Pcm应由熔炼分析成分并采用公式(2)计算，其值应符合表5的规定。

$$Pcm = C + Si/30 + Mn/20 + Cu/20 + Ni/60 + Cr/20 + Mo/15 + V/10 + 5B \quad \cdots\cdots(2)$$

经供需双方协商，可指定采用碳当量或焊接裂纹敏感性指数作为衡量可焊性的指标，当未指定时，

供方可任选其一。

表 5 热机械轧制(TMCP)或热机械轧制加回火状态交货钢材 Pcm 值

牌 号	Pcm/%
Q345	≤0.20
Q390	≤0.20
Q420	≤0.20
Q460	≤0.20
Q500	≤0.25
Q550	≤0.25
Q620	≤0.25
Q690	≤0.25

6.1.10 钢材、钢坯的化学成分允许偏差应符合 GB/T 222 的规定。

6.1.11 当需方要求保证厚度方向性能钢材时，其化学成分应符合 GB/T 5313 的规定。

6.2 冶炼方法

钢由转炉或电炉冶炼，必要时加炉外精炼。

6.3 交货状态

钢材以热轧、控轧、正火、正火轧制或正火加回火、热机械轧制(TMCP)或热机械轧制加回火状态交货。

6.4 力学性能及工艺性能

6.4.1 拉伸试验

钢材拉伸试验的性能应符合表 6 的规定。

6.4.2 夏比(V 型)冲击试验

6.4.2.1 钢材的夏比(V 型)冲击试验的试验温度和冲击吸收能量应符合表 7 的规定。

6.4.2.2 厚度不小于 6 mm 或直径不小于 12 mm 的钢材应做冲击试验，冲击试样尺寸取 10 mm×10 mm×55 mm 的标准试样；当钢材不足以制取标准试样时，应采用 10 mm×7.5 mm×55 mm 或 10 mm×5 mm×55 mm 小尺寸试样，冲击吸收能量应分别为不小于表 7 规定值的 75%或 50%，优先采用较大尺寸试样。

6.4.2.3 钢材的冲击试验结果按一组 3 个试样的算术平均值进行计算，允许其中有 1 个试验值低于规定值，但不应低于规定值的 70%，否则，应从同一抽样产品上再取 3 个试样进行试验，先后 6 个试样试验结果的算术平均值不得低于规定值，允许有 2 个试样的试验结果低于规定值，但其中低于规定值 70%的试样只允许有一个。

6.4.3 Z 向钢厚度方向断面收缩率应符合 GB/T 5313 的规定。

表 6 钢材的拉伸性能

<table>
<tr><th rowspan="3">牌号</th><th rowspan="3">质量等级</th><th colspan="23">拉伸试验[a,b,c]</th></tr>
<tr><th colspan="9">以下公称厚度(直径,边长)下屈服强度(R_{eL})/
MPa</th><th colspan="8">以下公称厚度(直径,边长)抗拉强度(R_m)/
MPa</th><th colspan="6">断后伸长率(A)/%
公称厚度(直径,边长)</th></tr>
<tr><th>≤16 mm</th><th>>16 mm ~ 40 mm</th><th>>40 mm ~ 63 mm</th><th>>63 mm ~ 80 mm</th><th>>80 mm ~ 100 mm</th><th>>100 mm ~ 150 mm</th><th>>150 mm ~ 200 mm</th><th>>200 mm ~ 250 mm</th><th>>250 mm ~ 400 mm</th><th>≤40 mm</th><th>>40 mm ~ 63 mm</th><th>>63 mm ~ 80 mm</th><th>>80 mm ~ 100 mm</th><th>>100 mm ~ 150 mm</th><th>>150 mm ~ 250 mm</th><th>>250 mm ~ 400 mm</th><th>≤40 mm</th><th>>40 mm ~ 63 mm</th><th>>63 mm ~ 100 mm</th><th>>100 mm ~ 150 mm</th><th>>150 mm ~ 250 mm</th><th>>250 mm ~ 400 mm</th></tr>
<tr><td rowspan="5">Q345</td><td>A</td><td rowspan="5">≥345</td><td rowspan="5">≥335</td><td rowspan="5">≥325</td><td rowspan="5">≥315</td><td rowspan="5">≥305</td><td rowspan="5">≥285</td><td rowspan="5">≥275</td><td rowspan="5">≥265</td><td rowspan="3">—</td><td rowspan="5">470~630</td><td rowspan="5">470~630</td><td rowspan="5">470~630</td><td rowspan="5">470~630</td><td rowspan="5">450~600</td><td rowspan="5">450~600</td><td rowspan="3">—</td><td rowspan="2">≥20</td><td rowspan="2">≥19</td><td rowspan="2">≥19</td><td rowspan="2">≥18</td><td rowspan="2">≥17</td><td rowspan="3">—</td></tr>
<tr><td>B</td></tr>
<tr><td>C</td><td rowspan="3">≥21</td><td rowspan="3">≥20</td><td rowspan="3">≥20</td><td rowspan="3">≥19</td><td rowspan="3">≥18</td></tr>
<tr><td>D</td><td rowspan="2">≥265</td><td rowspan="2">450~600</td><td rowspan="2">≥17</td></tr>
<tr><td>E</td></tr>
<tr><td rowspan="5">Q390</td><td>A</td><td rowspan="5">≥390</td><td rowspan="5">≥370</td><td rowspan="5">≥350</td><td rowspan="5">≥330</td><td rowspan="5">≥330</td><td rowspan="5">≥310</td><td rowspan="5">—</td><td rowspan="5">—</td><td rowspan="5">—</td><td rowspan="5">490~650</td><td rowspan="5">490~650</td><td rowspan="5">490~650</td><td rowspan="5">490~650</td><td rowspan="5">470~620</td><td rowspan="5">—</td><td rowspan="5">—</td><td rowspan="5">≥20</td><td rowspan="5">≥19</td><td rowspan="5">≥19</td><td rowspan="5">≥18</td><td rowspan="5">—</td><td rowspan="5">—</td></tr>
<tr><td>B</td></tr>
<tr><td>C</td></tr>
<tr><td>D</td></tr>
<tr><td>E</td></tr>
<tr><td rowspan="5">Q420</td><td>A</td><td rowspan="5">≥420</td><td rowspan="5">≥400</td><td rowspan="5">≥380</td><td rowspan="5">≥360</td><td rowspan="5">≥360</td><td rowspan="5">≥340</td><td rowspan="5">—</td><td rowspan="5">—</td><td rowspan="5">—</td><td rowspan="5">520~680</td><td rowspan="5">520~680</td><td rowspan="5">520~680</td><td rowspan="5">520~680</td><td rowspan="5">500~650</td><td rowspan="5">—</td><td rowspan="5">—</td><td rowspan="5">≥19</td><td rowspan="5">≥18</td><td rowspan="5">≥18</td><td rowspan="5">≥18</td><td rowspan="5">—</td><td rowspan="5">—</td></tr>
<tr><td>B</td></tr>
<tr><td>C</td></tr>
<tr><td>D</td></tr>
<tr><td>E</td></tr>
<tr><td rowspan="3">Q460</td><td>C</td><td rowspan="3">≥460</td><td rowspan="3">≥440</td><td rowspan="3">≥420</td><td rowspan="3">≥400</td><td rowspan="3">≥400</td><td rowspan="3">≥380</td><td rowspan="3">—</td><td rowspan="3">—</td><td rowspan="3">—</td><td rowspan="3">550~720</td><td rowspan="3">550~720</td><td rowspan="3">550~720</td><td rowspan="3">550~720</td><td rowspan="3">530~700</td><td rowspan="3">—</td><td rowspan="3">—</td><td rowspan="3">≥17</td><td rowspan="3">≥16</td><td rowspan="3">≥16</td><td rowspan="3">≥16</td><td rowspan="3">—</td><td rowspan="3">—</td></tr>
<tr><td>D</td></tr>
<tr><td>E</td></tr>
</table>

表 6（续）

牌号	质量等级	拉伸试验[a,b,c]																					
		以下公称厚度（直径，边长）下屈服强度（R_{eL}）/ MPa									以下公称厚度（直径，边长）抗拉强度（R_m）/ MPa							断后伸长率（A）/% 公称厚度（直径，边长）					
		≤16 mm	>16 mm ～ 40 mm	>40 mm ～ 63 mm	>63 mm ～ 80 mm	>80 mm ～ 100 mm	>100 mm ～ 150 mm	>150 mm ～ 200 mm	>200 mm ～ 250 mm	>250 mm ～ 400 mm	≤40 mm	>40 mm ～ 63 mm	>63 mm ～ 80 mm	>80 mm ～ 100 mm	>100 mm ～ 150 mm	>150 mm ～ 250 mm	>250 mm ～ 400 mm	≤40 mm	>40 mm ～ 63 mm	>63 mm ～ 100 mm	>100 mm ～ 150 mm	>150 mm ～ 250 mm	>250 mm ～ 400 mm
Q500	C																						
	D	≥500	≥480	≥470	≥450	≥440	—	—	—	—	610～770	600～760	590～750	540～730	—	—	—	≥17	≥17	≥17	—	—	—
	E																						
Q550	C																						
	D	≥550	≥530	≥520	≥500	≥490	—	—	—	—	670～830	620～810	600～790	590～780	—	—	—	≥16	≥16	≥16	—	—	—
	E																						
Q620	C																						
	D	≥620	≥600	≥590	≥570	—	—	—	—	—	710～880	690～880	670～860	—	—	—	—	≥15	≥15	≥15	—	—	—
	E																						
Q690	C																						
	D	≥690	≥670	≥660	≥640	—	—	—	—	—	770～940	750～920	730～900	—	—	—	—	≥14	≥14	≥14	—	—	—
	E																						

[a] 当屈服不明显时，可测量 $R_{p0.2}$ 代替下屈服强度。

[b] 宽度不小于 600 mm 扁平材，拉伸试验取横向试样；宽度小于 600 mm 的扁平材、型材及棒材取纵向试样，断后伸长率最小值相应提高 1%（绝对值）。

[c] 厚度>250 mm～400 mm 的数值适用于扁平材。

表 7　夏比(V 型)冲击试验的试验温度和冲击吸收能量

牌　号	质量等级	试验温度/℃	冲击吸收能量(KV_2)[a]/J		
			公称厚度(直径、边长)		
			12 mm～150 mm	>150 mm～250 mm	>250 mm～400 mm
Q345	B	20	≥34	≥27	—
	C	0			
	D	−20			27
	E	−40			
Q390	B	20	≥34	—	—
	C	0			
	D	−20			
	E	−40			
Q420	B	20	≥34	—	—
	C	0			
	D	−20			
	E	−40			
Q460	C	0	≥34	—	—
	D	−20		—	—
	E	−40		—	—
Q500、Q550、Q620、Q690	C	0	≥55	—	—
	D	−20	≥47	—	—
	E	−40	≥31	—	—

[a] 冲击试验取纵向试样。

6.4.4　当需方要求做弯曲试验时，弯曲试验应符合表 8 的规定。当供方保证弯曲合格时，可不做弯曲试验。

表 8　弯曲试验

牌　号	试　样　方　向	180°弯曲试验 [d=弯心直径，a=试样厚度(直径)]	
		钢材厚度(直径，边长)	
		≤16 mm	>16 mm～100 mm
Q345 Q390 Q420 Q460	宽度不小于 600 mm 扁平材，拉伸试验取横向试样。宽度小于 600 mm 的扁平材、型材及棒材取纵向试样	$2a$	$3a$

6.5　表面质量

钢材的表面质量应符合相关产品标准的规定。

6.6　特殊要求

6.6.1　根据供需双方协议，钢材可进行无损检验，其检验标准和级别应在协议或合同中明确。

6.6.2　根据供需双方协议，可按本标准订购具有厚度方向性能要求的钢材。

6.6.3 根据供需双方协议，钢材也可进行其他项目的检验。

7 试验方法

钢材的各项检验的检验项目、取样数量、取样方法和试验方法应符合表9的规定。

表9 钢材各项检验的检验项目、取样数量、取样方法和试验方法

序 号	检验项目	取样数量/个	取样方法	试验方法
1	化学成分(熔炼分析)	1/炉	GB/T 20066	GB/T 223、GB/T4336、GB/T 20125
2	拉伸试验	1/批	GB/T 2975	GB/T 228
3	弯曲试验	1/批	GB/T 2975	GB/T 232
4	冲击试验	3/批	GB/T 2975	GB/T 229
5	Z 向钢厚度方向断面收缩率	3/批	GB/T 5313	GB/T 5313
6	无损检验	逐张或逐件	按无损检验标准规定	协商
7	表面质量	逐张/逐件	—	目视及测量
8	尺寸、外形	逐张/逐件	—	合适的量具

8 检验规则

8.1 检查和验收

钢材的检查和验收由供方进行，需方有权对本标准或合同中所规定的任一检验项目进行检查和验收。

8.2 组批

钢材应成批验收。每批应由同一牌号、同一质量等级、同一炉罐号、同一规格、同一轧制制度或同一热处理制度的钢材组成，每批重量不大于60 t。钢带的组批重量按相应产品标准规定。

各牌号的A级钢或B级钢允许同一牌号、同一质量等级、同一冶炼和浇注方法、不同炉罐号组成混合批。但每批不得多于6个炉罐号，且各炉罐号C含量之差不得大于0.02%，Mn含量之差不得大于0.15%。

对于 Z 向钢的组批，应符合GB/T 5313的规定。

8.3 复验与判定规则

8.3.1 力学性能的复验与判定

钢材的冲击试验结果不符合6.4.2.3的规定时，抽样钢材应不予验收，再从该试验单元的剩余部分取两个抽样产品，在每个抽样产品上各选取新的一组3个试样，这两组试样的试验结果均应合格，否则该批钢材应拒收。钢材拉伸试验的复验与判定应符合GB/T 17505的规定。

8.3.2 其他检验项目的复验与判定

钢材的其他检验项目的复验与判定应符合GB/T 17505的规定。

8.4 力学性能和化学成分试验结果的修约

除非在合同或订单中另有规定，当需要评定试验结果是否符合规定值，所给出力学性能和化学成分试验结果应修约到与规定值的数位相一致，其修约方法应按YB/T 081的规定进行。碳当量应先按公式计算后修约。

9 包装、标志和质量证明书

钢材的包装、标志和质量证明书应符合GB/T 247、GB/T 2101的规定。

ICS 77.140.50
H 46

中华人民共和国国家标准

GB/T 14977—2008
代替 GB/T 14977—1994

热轧钢板表面质量的一般要求

General requirement for surface condition of hot-rolled steel plates

2008-12-06 发布　　　　2009-10-01 实施

中华人民共和国国家质量监督检验检疫总局
中国国家标准化管理委员会　发布

前　言

本标准修改采用 EN 10163-2:2004《热轧钢板、宽扁钢和型钢表面状态的交货要求　第 2 部分:钢板和宽扁钢》。

本标准与 EN10163-2:2004 的主要技术性差异有:

——对缺陷部分增加了 5.3.1.2.1 和 5.3.1.2.3 的规定;

——增加了对焊补时,堆高的具体规定;

——增加了"6 数值修约"一章。

本标准代替 GB/T 14977—1994《热轧钢板表面质量的一般要求》。与原标准对比,主要变化如下:

——将标准的适用范围扩大为 3 mm～400 mm 的钢板;

——增加了"2 规范性引用文件"一章;

——增加了"4 分类"一章,把表面质量分为 2 类,每类又分为 3 级;

——增加钢板表面一般要求;

——对表面不连续的影响面积的测定进行了修改;

——删除了原标准中 4.2.1;

——A 类缺陷增加 5.3.2.2.1;

——对缺陷的修整进行了详细的规定;

——对焊补做了具体的要求。

本标准附录 A 和附录 B 为资料性附录。

本标准由中国钢铁工业协会提出。

本标准由全国钢标准化技术委员会归口。

本标准主要起草单位:首钢总公司、天津钢铁有限公司、冶金工业信息标准研究院、鞍钢股份有限公司。

本标准主要起草人:师莉、张炳成、许克亮、王晓虎、朴志民、王丽萍、孙国庆。

本标准 1994 年首次发布。

热轧钢板表面质量的一般要求

1 范围

本标准规定了热轧钢板表面质量的术语和定义、分类、要求、数值修约。

本标准适用于厚度为 3 mm～400 mm 的单张轧制的热轧钢板和由热轧卷剪切而成的剪切钢板，以下均简称钢板。

2 规范性引用文件

下列文件中的条款通过本标准的引用而成为本标准的条款。凡是注日期的引用文件，其随后所有的修改单(不包括勘误的内容)或修订版均不适用于本标准，然而，鼓励根据本标准达成协议的各方研究是否可使用这些文件的最新版本。凡是不注日期的引用文件，其最新版本适用于本标准。

YB/T 081 冶金技术标准的数值修约与检测数值的判定原则

3 术语和定义

下列术语和定义适用于本标准。

3.1

缺欠 imperfections

除裂纹、结疤和拉裂外，深度和(或)面积不大于规定界限值的表面不连续。

3.2

缺陷 defects

包括所有裂纹、结疤和拉裂，深度和(或)面积大于规定界限值的表面不连续。

注：常见表面不连续的描述见附录 A(资料性附录)。

4 分类

4.1 表面质量分为 A、B 两类：

——A 类：表面质量应符合 5.3.1 和 5.4.1.3 的要求，表面不连续和修磨部分的剩余厚度可以小于钢板允许的最小厚度。

——B 类：表面质量应符合 5.3.2 和 5.4.1.4 的要求，表面不连续和修磨部分的剩余厚度不得小于钢板允许的最小厚度。

4.2 每一类又分为 1、2、3 三级：

——1 级：铲削和(或)修磨后允许焊补，并符合 5.4.2.2.1 要求。

——2 级：只有在双方同意且在合同中注明时，才允许焊补，并符合 5.4.2.2.2 要求。

——3 级：不允许焊补。

注：表 B.1 给出了表面质量的分类及其要求。

5 要求

5.1 钢板表面的一般要求

5.1.1 无论钢板是否除鳞交货，生产厂应采取必要的措施，保证钢板的表面质量达到要求。生产厂可只考虑肉眼可见的表面不连续。轧制和热处理产生的氧化铁皮可能会隐藏表面不连续。

5.1.2 如果用户要求所有肉眼可见的表面不连续在交货前被识别、评价、修整(必要时)，应按除鳞产品订货。

5.1.3　如果用户在随后的除鳞或加工中发现材料有缺陷，且缺陷是由于生产厂造成的，允许生产厂按产品标准的要求进行修整后重新提交。

5.1.4　若合同中或产品标准中引用本标准但没有规定要求的表面质量类别和级别，应视为A类1级。

5.2　表面不连续深度和影响面积的测定

5.2.1　深度的测定

为了区分表面不连续的缺欠和缺陷，必要时测定有代表性的表面不连续的深度。测量应从产品表面进行。修磨去除代表性的表面不连续后测定深度。

5.2.2　影响面积的测定

必要时按如下规定测定表面不连续的影响面积。

5.2.2.1　孤立的表面不连续，沿着表面不连续的周边距其20 mm画一条连续线，或距其边缘20 mm画一个矩形来确定影响面积，如图1所示。

5.2.2.2　聚集状表面不连续：沿着这组表面不连续的周边距其20 mm画一条连续线，或画一个矩形，其纵边和横边距这组表面不连续连线20 mm；若此组表面不连续距钢板边缘不到20 mm，则以钢板边缘为准。如图2所示。

5.2.2.3　条状表面不连续：画一个矩形，其纵边和横边距这组表面不连续的连线20 mm，若此组表面不连续距钢板边缘不到20 mm，则以钢板边缘为准，如图3所示。

5.2.2.4　多个表面不连续边缘间距在40 mm以内可视为一个聚集状表面不连续（包括聚集状表面不连续和条状表面不连续）。

单位为毫米

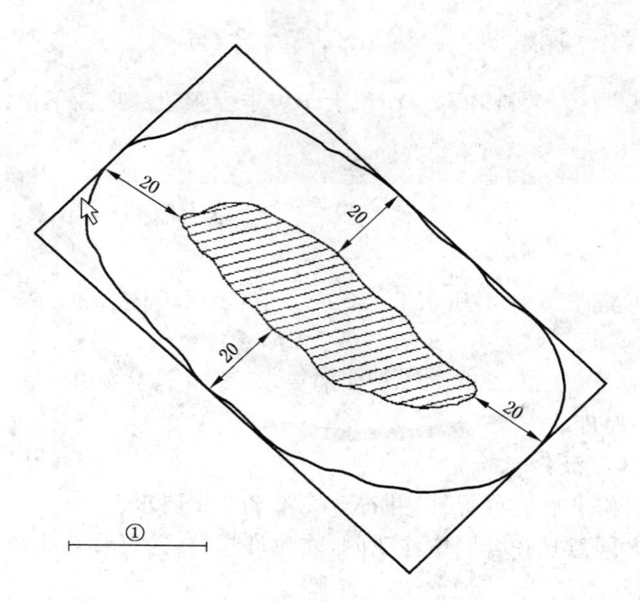

①——水平线。

图1　孤立的表面不连续影响面积的确定

单位为毫米

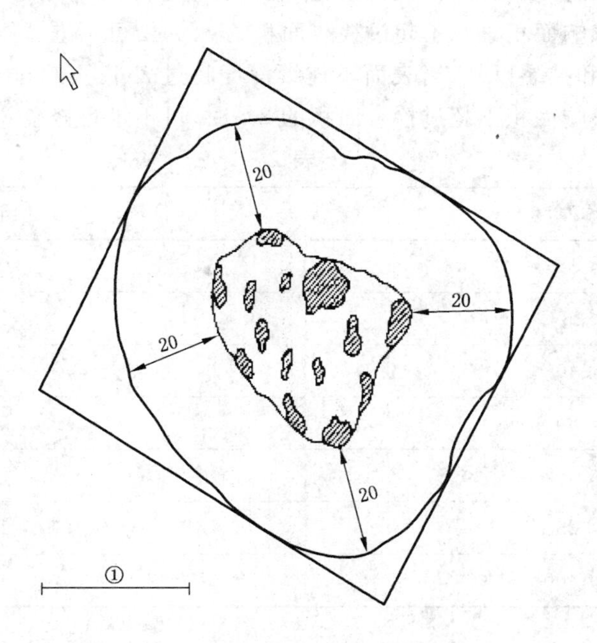

①——水平线。

图 2　聚集状的表面不连续影响面积的确定

单位为毫米

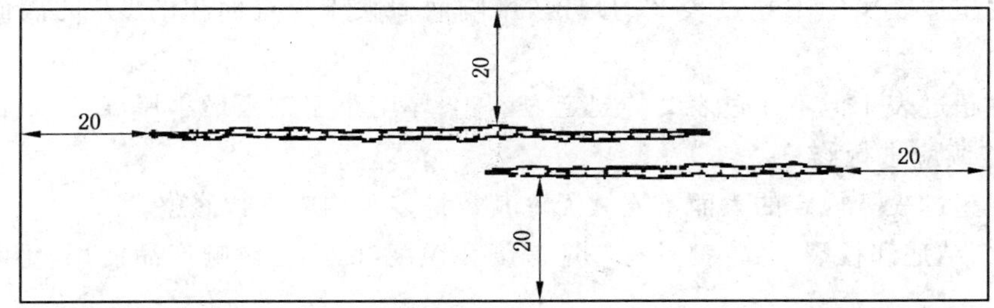

图 3　单个或多个条状表面不连续影响面积的确定

5.3　修整要求

5.3.1　A 类

5.3.1.1　缺欠

5.3.1.1.1　除裂纹、结疤和拉裂以外，当表面不连续深度不超过表 1 规定，且能保证钢板的最小厚度，则认为是生产工艺中所不可避免的，无论数量多少都允许存在。

5.3.1.1.2　除裂纹、结疤和拉裂以外，当表面不连续深度不超过表 1 规定，但剩余厚度小于钢板的最小厚度，且影响面积不超过检查面积 15%，可不进行修整。

表 1

单位为毫米

产品的公称厚度 t	最大允许深度
$3\leqslant t<8$	0.2
$8\leqslant t<25$	0.3
$25\leqslant t<40$	0.4
$40\leqslant t<80$	0.5
$80\leqslant t<250$	0.7
$250\leqslant t\leqslant 400$	1.3

5.3.1.1.3　除裂纹、结疤和拉裂以外，当表面不连续深度超过表1、不超过表2的规定，且剩余厚度不小于钢板的最小厚度，则影响面积总和不超过检查面积的5%时，可不进行修整。

5.3.1.1.4　除裂纹、结疤和拉裂以外，当表面不连续深度超过表1、不超过表2的规定，但钢板剩余厚度小于钢板最小厚度，则影响面积不超过检查面积的2%时，可不进行修整。

表2

单位为毫米

产品的公称厚度 t	最大允许深度
$3 \leqslant t < 8$	0.4
$8 \leqslant t < 25$	0.5
$25 \leqslant t < 40$	0.6
$40 \leqslant t < 80$	0.8
$80 \leqslant t < 150$	0.9
$150 \leqslant t < 250$	1.2
$250 \leqslant t \leqslant 400$	1.5

5.3.1.2　**缺陷**

5.3.1.2.1　深度不超过表1规定，但剩余厚度小于钢板的最小厚度，且影响面积超过检查面积15%的表面不连续应进行修整。

5.3.1.2.2　深度超过表1但不超过表2的规定，影响面积大于检查面积的5%的表面不连续应进行修整。

5.3.1.2.3　深度超过表1但不超过表2的规定，且剩余厚度小于钢板最小厚度，影响面积超过检查面积2%的表面不连续应进行修整。

5.3.1.2.4　深度超过表2规定的表面不连续无论其数量多少均应进行修整。

5.3.1.2.5　裂纹、结疤和拉裂，通常都具有一定深度和锐度，因此会影响产品使用，不考虑其深度与数量均应进行修整。

5.3.2　**B类**

只要表面不连续和修整区域的剩余厚度不小于钢板的最小厚度，5.3.1.1和5.3.1.2适用。

5.4　**修整工艺**

5.4.1　**修磨**

5.4.1.1　修磨时应修磨干净，且修磨面应光滑的过渡到钢板表面。争议时，可通过磁粉探伤或渗透法来证明缺陷已完全清除。

5.4.1.2　允许生产厂对钢板整个表面进行修磨。但修磨后剩余厚度必须保证钢板的最小厚度。

5.4.1.3　A类

5.4.1.3.1　A类缺陷允许其修磨深度超过钢板的最小厚度。

5.4.1.3.2　当修磨深度符合表3的规定时，小于钢板最小厚度的修磨面积不得超过检查面积的15%。

5.4.1.3.3　当修磨深度大于表3、符合表4的规定时，小于钢板最小厚度的单面修磨面积总和不得超过检查面积的2%。若钢板表面积大于12.5 m^2，则小于钢板最小厚度的单个修磨面积不得大于0.25 m^2。

5.4.1.3.4　表4的要求也可适用于钢板表面相对位置有两个修磨面的修磨深度总和。

表 3

单位为毫米

产品的公称厚度 t	小于钢板最小厚度的修磨深度
$3 \leqslant t < 8$	0.3
$8 \leqslant t < 15$	0.4
$15 \leqslant t < 25$	0.5
$25 \leqslant t < 40$	0.6
$40 \leqslant t < 60$	0.7
$60 \leqslant t < 80$	0.8
$80 \leqslant t < 150$	1.0
$150 \leqslant t < 250$	1.2
$250 \leqslant t \leqslant 400$	1.4

表 4

单位为毫米

产品的公称厚度 t	小于钢板最小厚度的修磨深度
$3 \leqslant t < 8$	0.4
$8 \leqslant t < 15$	0.5
$15 \leqslant t < 25$	0.7
$25 \leqslant t < 40$	0.9
$40 \leqslant t < 60$	1.1
$60 \leqslant t < 80$	1.3
$80 \leqslant t < 150$	1.6
$150 \leqslant t < 250$	1.9
$250 \leqslant t \leqslant 400$	2.2

5.4.1.4 B类

钢板修磨后的剩余厚度不应小于钢板的最小厚度。

5.4.2 焊补

5.4.2.1 一般要求

5.4.2.1.1 在焊补前应完全去除钢板上的有害缺陷，去除部分的深度在钢板公称厚度的30%以内。

5.4.2.1.2 钢板边缘焊补之前，从内边缘测量的凹槽深度最多比公称厚度少30 mm。

5.4.2.1.3 钢板焊接部位的边缘上不得有未熔合、咬边、裂纹或其他影响使用的缺陷存在。堆高应高出轧制面1.5 mm以上，然后用铲平或磨平等方法去除堆高；处理后，打磨区域的厚度应保证钢板的最小厚度。

5.4.2.1.4 热处理交货的钢板焊接修补后应进行相应的热处理。

5.4.2.1.5 焊补后应通过超声波、X射线、磁粉探伤或渗透探伤检验。当需方没有指定方法时，由生产厂自行决定。

5.4.2.1.6 若合同中有规定，对于所有的焊补清理，生产厂应提供附带草图的报告，说明缺陷的尺寸和部位以及焊补工艺的全部细节，包括焊接耗材，非破坏性检验和焊后热处理情况。

5.4.2.2 焊补的分类及其限度

5.4.2.2.1 1级：单个焊补面积不得大于0.125 m^2；总焊补面积不超过0.125 m^2 或不超过检验表面的2%(取二者的较大值)。若修磨和焊补区域之间的距离小于其处理面积的平均宽度时，应视为一个区域。

5.4.2.2.2　2级：只有在订货时协商同意并在合同中注明，才允许进行焊补。在这种情况下可以规定与5.4.2.2.1不同的要求。

5.4.2.2.3　3级：不允许焊补。

6　数值修约

数值修约应符合YB/T 081的规定。

附 录 A
（资料性附录）
常见表面不连续的描述

A.1 压入氧化铁皮、凹坑 rolled-in scale and pitting

以各种形状、厚度和频率出现在轧制表面上。

压入氧化铁皮通常由热轧前、热轧或处理过程中氧化铁皮清除不充分造成的。

A.2 压痕、轧痕 indentations and roll marks

这些缺陷可能以固定的距离间隔或无规则地分布在轧件的整个长度和宽度上。

压痕（凹陷）和热轧痕（凸起）通常被认为是由于轧辊或传送辊自然磨损所引起。

A.3 划伤（划痕）、凹槽 scratches , grooves

表面的机械擦伤，它们大多平行或垂直于轧制方向。它们很可能有轻微的翻卷且很少包含氧化铁皮。这种损伤是由于轧件和设备之间相对运动时摩擦造成的。

A.4 重皮 spills,slivers

不规则和鳞片状的细小的表面缺陷。分层沿轧制方向延伸，其程度取决于变形量的大小。在某些部位它们仍然与基体金属相连接，表现为细小的结疤颗粒。

A.5 气泡 blisters

气泡位于表皮以下，其形状和尺寸不同，而且是热轧时显现出来的。

A.6 麻点 sand patches

细小的非金属内部夹杂物，延伸于轧制方向且有明显的颜色。

A.7 裂纹 cracks

表面断裂的细线。

A.8 结疤和疤痕 shell

与基体材料连接的部分重叠材料。

在重皮中有较多的非金属夹杂和（或）氧化铁皮。

A.9 拉裂 seams

拉裂主要是由于半成品中的缺陷在轧制过程中被拉长或延伸引起的。

附 录 B
（资料性附录）
表面质量的分类及其要求

表 B.1 给出了表面质量的分类及其要求。

表 B.1 表面质量的分类及其要求

类别		铲削/修磨修整后焊补	按协议焊补	不允许焊补
A类 （修磨区域的剩余厚度符合 5.4.1.3 的要求）	1级	×		
	2级		×	
	3级			×
B类 （修磨区域的剩余厚度符合 5.4.1.4 的要求）	1级	×		
	2级		×	
	3级			×

ICS 77.140.50
H 46

中华人民共和国国家标准

GB/T 15391—2010
代替 GB/T 15391—1994

宽度小于600 mm冷轧钢带的尺寸、外形及允许偏差

Dimension, shape and tolerances for cold-rolled steel strips with a width less than 600 mm

2010-09-02 发布　　2011-06-01 实施

中华人民共和国国家质量监督检验检疫总局
中国国家标准化管理委员会　发布

前　言

本标准代替 GB/T 15391—1994《宽度小于 600 mm 冷轧钢带的尺寸、外形及允许偏差》。

本标准与原标准对比，主要修订内容如下：

——对分类和代号重新进行了规定；

——取消原标准中的供应厚度负偏差协议条款；

——对宽度允许偏差、不平度重新进行了规定；

——取消了有关重量的规定。

本标准由中国钢铁工业协会提出。

本标准由全国钢标准化技术委员会归口。

本标准起草单位：冶金工业信息标准研究院、江苏省不锈钢制品质量监督检验中心。

本标准主要起草人：王晓虎、董莉、陈安源。

本标准所代替的历次版本发布情况为：

——GB/T 15391—1994。

宽度小于600 mm冷轧钢带的
尺寸、外形及允许偏差

1 范围

本标准规定了宽度小于600 mm冷轧钢带(以下简称钢带)的尺寸、外[illegible]及允许偏差。

本标准适用于轧制宽度小于600 mm、厚度不大于3 mm的冷轧钢带。

2 分类和代号

2.1 按边缘状态分为

切边　　EC

不切边　　EM

2.2 按尺寸精度分为

普通厚度精度　　PT. A

较高厚度精度　　PT. B

普通宽度精度　　PW. A

较高宽度精度　　PW. B

3 尺寸

3.1 钢带的厚度不大于3.00 mm。

3.2 钢带的宽度为6 mm～＜600 mm。

4 尺寸允许偏差

4.1 厚度允许偏差

4.1.1 钢带的厚度允许偏差应符合表1的规定。

表1

单位为毫米

公称厚度	厚度允许偏差			
	普通精度,PT. A		较高精度,PT. B	
	公称宽度		公称宽度	
	＜250	250～＜600	＜250	250～＜600
≤0.10	±0.010	±0.015	±0.005	±0.010
＞0.10～0.15	±0.010	±0.020	±0.005	±0.015
＞0.15～0.25	±0.015	±0.030	±0.010	±0.020
＞0.25～0.40	±0.020	±0.035	±0.015	±0.025
＞0.40～0.70	±0.025	±0.040	±0.020	±0.030
＞0.70～1.00	±0.035	±0.050	±0.025	±0.035
＞1.00～1.50	±0.045	±0.060	±0.035	±0.045
＞1.50～2.50	±0.060	±0.080	±0.045	±0.060
＞2.50～3.00	±0.075	±0.090	±0.060	±0.070

4.1.2 钢带距头尾 15 m 长度范围内的厚度允许偏差比表 1 规定值增加 50%。

4.1.3 钢带距焊缝处 10 m 长度范围内的厚度允许偏差比表 1 规定值增加 100%。

4.2 宽度允许偏差

4.2.1 切边钢带的宽度允许偏差应符合表 2 的规定。

表 2

单位为毫米

公称厚度	宽度允许偏差					
	普通精度,PW. A			较高精度,PW. B		
	公称宽度			公称宽度		
	<125	125～<250	250～<600	<125	125～<250	250～<600
≤0.50	±0.15	±0.20	±0.25	±0.10	±0.13	±0.18
>0.50～1.00	±0.20	±0.25	±0.30	±0.13	±0.18	±0.20
>1.00～3.00	±0.30	±0.35	±0.40	±0.20	±0.25	±0.30

4.2.2 根据需方要求,经供需双方协商,可供应限制宽度负偏差或正偏差的切边钢带。

4.2.3 不切边钢带的宽度允许偏差应符合表 3 的规定。

表 3

单位为毫米

公称宽度	宽度允许偏差	
	普通精度,PW. A	较高精度,PW. B
<125	$^{+3.0}_{0}$	$^{+2.0}_{0}$
125～<250	$^{+4.0}_{0}$	$^{+3.0}_{0}$
250～<400	$^{+5.0}_{0}$	$^{+4.0}_{0}$
400～<600	$^{+6.0}_{0}$	$^{+5.0}_{0}$

5 外形

5.1 不平度

横切定尺钢带的每米不平度应不大于 10 mm。

5.2 镰刀弯

钢带的每米镰刀弯应符合表 4 的规定。

表 4

单位为毫米

公称宽度	镰刀弯	
	不切边,EM	切边,EC
	不大于	
<125	4.0	3.0
125～<250	3.0	2.0
250～<400	2.5	1.5
400～<600	2.0	1.0

5.3 塔形

钢带应成卷交货，钢带卷一侧塔形高度不大于 30 mm。

6 尺寸及外形的测量

6.1 不切边钢带在距离边部不小于 40 mm 处测量；切边钢带在距离边部不小于 15 mm 处测量。钢带的宽度小于 40 mm 时，沿宽度方向的中心部位测量。

6.2 宽度应在垂直于钢带中心线的方位测量。

6.3 测量不平度时，将横切定尺钢带自由地放在平台上，除钢带的本身重量外，不施加任何压力，测量 1 m 长度范围内钢带下表面与平台间的最大距离。

6.4 测量镰刀弯时，将 1 m 长直尺靠紧钢带的凹边，测量钢带边缘与直尺之间的最大距离。

ICS 77.140.20
H 40

中华人民共和国国家标准

GB/T 20878—2007
代替 GB/T 4229—1984

不锈钢和耐热钢　牌号及化学成分

Stainless and heat-resisting steels—Designation and chemical composition

2007-03-09 发布　　2007-10-01 实施

中华人民共和国国家质量监督检验检疫总局
中国国家标准化管理委员会　发布

前　言

本标准规定的牌号及化学成分极限值适用于制、修订不锈钢和耐热钢(包括钢锭和半成品)产品标准时采用。

本标准须与其他技术标准配套使用,不能单独用于订货。

本标准自实施之日起，代替 GB/T 4229—1984《不锈钢板重量计算方法》。

本标准的附录 A、附录 B 和附录 C 均为资料性附录。

本标准由中国钢铁工业协会提出。

本标准由全国钢标准化技术委员会归口。

本标准起草单位:冶金工业信息标准研究院。

本标准主要起草人:栾燕、戴强、刘宝石。

不锈钢和耐热钢　牌号及化学成分

1　范围

本标准规定了不锈钢和耐热钢牌号及其化学成分(见表1～表5),并以资料性附录的形式列入了部分牌号的物理参数、国外标准牌号或近似牌号对照表、不锈钢和耐热钢牌号适用标准等。

本标准规定的牌号及其化学成分适用于制、修订不锈钢和耐热钢(包括钢锭和半成品)产品标准时采用。

2　术语及定义

下列术语和定义适用于本标准。

2.1

不锈钢　stainless steel

以不锈、耐蚀性为主要特性,且铬含量至少为10.5%,碳含量最大不超过1.2%的钢。

2.1.1

奥氏体型不锈钢　austenitic grade stainless steel

基体以面心立方晶体结构的奥氏体组织(γ相)为主,无磁性,主要通过冷加工使其强化(并可能导致一定的磁性)的不锈钢。

2.1.2

奥氏体-铁素体(双相)型不锈钢　austenitic-ferritic(duplex) grade stainless steel

基体兼有奥氏体和铁素体两相组织(其中较少相的含量一般大于15%),有磁性,可通过冷加工使其强化的不锈钢。

2.1.3

铁素体型不锈钢　ferritic grade stainless steel

基体以体心立方晶体结构的铁素体组织(α相)为主,有磁性,一般不能通过热处理硬化,但冷加工可使其轻微强化的不锈钢。

2.1.4

马氏体型不锈钢　martensitic grade stainless steel

基体为马氏体组织,有磁性,通过热处理可调整其力学性能的不锈钢。

2.1.5

沉淀硬化型不锈钢　precipitation hardening grade stainless steel

基体为奥氏体或马氏体组织,并能通过沉淀硬化(又称时效硬化)处理使其硬(强)化的不锈钢。

2.2

耐热钢　heat-resisting steel

在高温下具有良好的化学稳定性或较高强度的钢。

3　确定化学成分极限值的一般准则

3.1　碳

在碳含量大于或等于0.04%时,推荐取两位小数;在碳含量不大于0.030%时,推荐取3位小数。

3.2　锰

除Cr-Ni-Mn钢牌号外,对各类型钢的其他牌号分别推荐用2.00%和1.00%(最大值),但不包括含高硫或硒的易切削钢或需提高氮固溶度的牌号。

3.3 磷

除非由于技术原因有关生产厂推荐用较低的极限值外，奥氏体型钢推荐磷含量不大于0.045%，其他类型钢牌号磷含量不大于0.040%，但不包括易切削钢牌号。

3.4 硫

除非由于特殊技术原因需规定较低的极限值外，各类型钢牌号推荐硫含量不大于0.030%，但不包括易切削钢牌号。

3.5 硅

扁平材和管材推荐硅含量不大于0.75%，长条材和锻件推荐硅含量不大于1.00%，对于同时生产长条和扁平产品的牌号推荐选用硅含量不大于1.00%。选用较低极限值还是较高极限值由具体产品技术要求确定。

3.6 铬

成分上下限范围推荐为2%，如原有成分范围大于3%，则压缩后的成分范围应不小于3%。

3.7 镍

除非由于特殊技术要求较宽的成分范围(一般含量较高)，成分上下限范围推荐不大于3%。

3.8 钼

除非由于特殊技术要求较宽的成分范围，成分上下限范围推荐不大于1%。除特殊技术要求外，钼含量一般应规定上、下限。

3.9 氮

除特殊技术要求外，氮含量一般应规定上、下限。

3.10 铜

除特殊技术要求外，铜含量一般应规定上、下限。

3.11 铌和钽

除非有特殊用途要求标明钽，同时列入铌和钽两个元素时，推荐只列入铌元素。

注：Cb(columbium)和Nb(niobium)表示的是同一种元素，本标准一般用Nb(niobium)。

4 不锈钢和耐热钢牌号的化学成分与应用

4.1 不锈钢和耐热钢牌号按冶金学分类列表，即奥氏体型、奥氏体-铁素体型、铁素体型、马氏体型和沉淀硬化型等。

表1为奥氏体型不锈钢和耐热钢牌号及其化学成分；

表2为奥氏体-铁素体型不锈钢牌号及其化学成分；

表3为铁素体型不锈钢和耐热钢牌号及其化学成分；

表4为马氏体型不锈钢和耐热钢牌号及其化学成分；

表5为沉淀硬化型不锈钢和耐热钢牌号及其化学成分。

4.2 本标准规定的化学成分是用于测定每个牌号总成分中每个元素成分极限值的一种导则。第3章列入了确定每个元素成分的一般准则，本标准中规定的化学成分是依据这些准则确定的。

4.3 本标准中的化学成分在被产品标准采用之前，不作为对任何产品化学成分的要求。

4.4 由于特殊的技术原因，同一牌号在各产品标准中成分要求会有小的变化。允许在产品标准或合同、协议中适当调整化学成分范围，或对残余元素、有害杂质含量作特殊限制规定。如果可能，同一牌号在各不锈钢和耐热钢产品标准之间化学成分最好统一。

表 1 奥氏体型不锈钢和耐热钢牌号及其化学成分

序号	统一数字代号	新牌号	旧牌号	化学成分(质量分数)/%										
				C	Si	Mn	P	S	Ni	Cr	Mo	Cu	N	其他元素
1	S35350	12Cr17Mn6Ni5N	1Cr17Mn6Ni5N	0.15	1.00	5.50～7.50	0.050	0.030	3.50～5.50	16.00～18.00	—	—	0.05～0.25	—
2	S35950	10Cr17Mn9Ni4N		0.12	0.80	8.00～10.50	0.035	0.025	3.50～4.50	16.00～18.00	—	—	0.15～0.25	—
3	S35450	12Cr18Mn9Ni5N	1Cr18Mn8Ni5N	0.15	1.00	7.50～10.00	0.050	0.030	4.00～6.00	17.00～19.00	—	—	0.05～0.25	—
4	S35020	20Cr13Mn9Ni4	2Cr13Mn9Ni4	0.15～0.25	0.80	8.00～10.00	0.035	0.025	3.70～5.00	12.00～14.00	—	—	—	—
5	S35550	20Cr15Mn15Ni2N	2Cr15Mn15Ni2N	0.15～0.25	1.00	14.00～16.00	0.050	0.030	1.50～3.00	14.00～16.00	—	—	0.15～0.30	—
6	S35650	53Cr21Mn9Ni4N[a]	5Cr21Mn9Ni4N[a]	0.48～0.58	0.35	8.00～10.00	0.040	0.030	3.25～4.50	20.00～22.00	—	—	0.35～0.50	—
7	S35750	26Cr18Mn12Si2N[a]	3Cr18Mn12Si2N[a]	0.22～0.30	1.40～2.20	10.50～12.50	0.050	0.030	—	17.00～19.00	—	—	0.22～0.33	—
8	S35850	22Cr20Mn10Ni2Si2N[a]	2Cr20Mn9Ni2Si2N[a]	0.17～0.26	1.80～2.70	8.50～11.00	0.050	0.030	2.00～3.00	18.00～21.00	—	—	0.20～0.30	—
9	S30110	12Cr17Ni7	1Cr17Ni7	0.15	1.00	2.00	0.045	0.030	6.00～8.00	16.00～18.00	—	—	0.10	—
10	S30103	022Cr17Ni7		0.030	1.00	2.00	0.045	0.030	5.00～8.00	16.00～18.00	—	—	0.20	—
11	S30153	022Cr17Ni7N		0.030	1.00	2.00	0.045	0.030	5.00～8.00	16.00～18.00	—	—	0.07～0.20	—
12	S30220	17Cr18Ni9	2Cr18Ni9	0.13～0.21	1.00	2.00	0.035	0.025	8.00～10.50	17.00～19.00	—	—	—	—
13	S30210	12Cr18Ni9[a]	1Cr18Ni9[a]	0.15	1.00	2.00	0.045	0.030	8.00～10.00	17.00～19.00	—	—	0.10	—
14	S30240	12Cr18Ni9Si3[a]	1Cr18Ni9Si3[a]	0.15	2.00～3.00	2.00	0.045	0.030	8.00～10.00	17.00～19.00	—	—	0.10	—

表 1(续)

序号	统一数字代号	新牌号	旧牌号	化学成分(质量分数)/%										
				C	Si	Mn	P	S	Ni	Cr	Mo	Cu	N	其他元素
15	S30317	Y12Cr18Ni9	Y1Cr18Ni9	0.15	1.00	2.00	0.20	≥0.15	8.00～10.00	17.00～19.00	(0.60)	—	—	—
16	S30327	Y12Cr18Ni9Se	Y1Cr18Ni9Se	0.15	1.00	2.00	0.20	0.060	8.00～10.00	17.00～19.00	—	—	—	Se≥0.15
17	S30408	06Cr19Ni10[a]	0Cr18Ni9[a]	0.08	1.00	2.00	0.045	0.030	8.00～11.00	18.00～20.00	—	—	—	—
18	S30403	022Cr19Ni10	00Cr19Ni10	0.030	1.00	2.00	0.045	0.030	8.00～12.00	18.00～20.00	—	—	—	—
19	S30409	07Cr19Ni10		0.04～0.10	1.00	2.00	0.045	0.030	8.00～11.00	18.00～20.00	—	—	—	—
20	S30450	05Cr19Ni10Si2CeN		0.04～0.06	1.00～2.00	0.80	0.045	0.030	9.00～10.00	18.00～19.00	—	—	0.12～0.18	Ce 0.03～0.08
21	S30480	06Cr18Ni9Cu2	0Cr18Ni9Cu2	0.08	1.00	2.00	0.045	0.030	8.00～10.50	17.00～19.00	—	1.00～3.00	—	—
22	S30488	06Cr18Ni9Cu3	0Cr18Ni9Cu3	0.08	1.00	2.00	0.045	0.030	8.50～10.50	17.00～19.00	—	3.00～4.00	—	—
23	S30458	06Cr19Ni10N	0Cr19Ni9N	0.08	1.00	2.00	0.045	0.030	8.00～11.00	18.00～20.00	—	—	0.10～0.16	—
24	S30478	06Cr19Ni9NbN	0Cr19Ni10NbN	0.08	1.00	2.50	0.045	0.030	7.50～10.50	18.00～20.00	—	—	0.15～0.30	Nb 0.15
25	S30453	022Cr19Ni10N	00Cr18Ni10N	0.030	1.00	2.00	0.045	0.030	8.00～11.00	18.00～20.00	—	—	0.10～0.16	—
26	S30510	10Cr18Ni12	1Cr18Ni12	0.12	1.00	2.00	0.045	0.030	10.50～13.00	17.00～19.00	—	—	—	—
27	S30508	06Cr18Ni12	0Cr18Ni12	0.08	1.00	2.00	0.045	0.030	11.00～13.50	16.50～19.00	—	—	—	—
28	S30608	06Cr16Ni18	0Cr16Ni18	0.08	1.00	2.00	0.045	0.030	17.00～19.00	15.00～17.00	—	—	—	—

表 1(续)

序号	统一数字代号	新牌号	旧牌号	化学成分(质量分数)/%										
				C	Si	Mn	P	S	Ni	Cr	Mo	Cu	N	其他元素
29	S30808	06Cr20Ni11		0.08	1.00	2.00	0.045	0.030	10.00~12.00	19.00~21.00	—	—	—	—
30	S30850	22Cr21Ni12N[a]	2Cr21Ni12N[a]	0.15~0.28	0.75~1.25	1.00~1.60	0.040	0.030	10.50~12.50	20.00~22.00	—	—	0.15~0.30	—
31	S30920	16Cr23Ni13[a]	2Cr23Ni13[a]	0.20	1.00	2.00	0.040	0.030	12.00~15.00	22.00~24.00	—	—	—	—
32	S30908	06Cr23Ni13[a]	0Cr23Ni13[a]	0.08	1.00	2.00	0.045	0.030	12.00~15.00	22.00~24.00	—	—	—	—
33	S31010	14Cr23Ni18	1Cr23Ni18	0.18	1.00	2.00	0.035	0.025	17.00~20.00	22.00~25.00	—	—	—	—
34	S31020	20Cr25Ni20[a]	2Cr25Ni20[a]	0.25	1.50	2.00	0.040	0.030	19.00~22.00	24.00~26.00	—	—	—	—
35	S31008	06Cr25Ni20[a]	0Cr25Ni20[a]	0.08	1.50	2.00	0.045	0.030	19.00~22.00	24.00~26.00	—	—	—	—
36	S31053	022Cr25Ni22Mo2N		0.030	0.40	2.00	0.030	0.015	21.00~23.00	24.00~26.00	2.00~3.00	—	0.10~0.16	—
37	S31252	015Cr20Ni18Mo6CuN		0.020	0.80	1.00	0.030	0.010	17.50~18.50	19.50~20.50	6.00~6.50	0.50~1.00	0.18~0.22	—
38	S31608	06Cr17Ni12Mo2[a]	0Cr17Ni12Mo2[a]	0.08	1.00	2.00	0.045	0.030	10.00~14.00	16.00~18.00	2.00~3.00	—	—	—
39	S31603	022Cr17Ni12Mo2	00Cr17Ni14Mo2	0.030	1.00	2.00	0.045	0.030	10.00~14.00	16.00~18.00	2.00~3.00	—	—	—
40	S31609	07Cr17Ni12Mo2[a]	1Cr17Ni12Mo2[a]	0.04~0.10	1.00	2.00	0.045	0.030	10.00~14.00	16.00~18.00	2.00~3.00	—	—	—
41	S31668	06Cr17Ni12Mo2Ti[a]	0Cr18Ni12Mo3Ti[a]	0.08	1.00	2.00	0.045	0.030	10.00~14.00	16.00~18.00	2.00~3.00	—	—	Ti ≥5C
42	S31678	06Cr17Ni12Mo2Nb		0.08	1.00	2.00	0.045	0.030	10.00~14.00	16.00~18.00	2.00~3.00	—	0.10	Nb 10C~1.10

表 1(续)

序号	统一数字代号	新 牌 号	旧 牌 号	化学成分(质量分数)/%										
				C	Si	Mn	P	S	Ni	Cr	Mo	Cu	N	其他元素
43	S31658	06Cr17Ni12Mo2N	0Cr17Ni12Mo2N	0.08	1.00	2.00	0.045	0.030	10.00～13.00	16.00～18.00	2.00～3.00	—	0.10～0.16	—
44	S31653	022Cr17Ni12Mo2N	00Cr17Ni13Mo2N	0.030	1.00	2.00	0.045	0.030	10.00～13.00	16.00～18.00	2.00～3.00	—	0.10～0.16	—
45	S31688	06Cr18Ni12Mo2Cu2	0Cr18Ni12Mo2Cu2	0.08	1.00	2.00	0.045	0.030	10.00～14.00	17.00～19.00	1.20～2.75	1.00～2.50	—	—
46	S31683	022Cr18Ni14Mo2Cu2	00Cr18Ni14Mo2-Cu2	0.030	1.00	2.00	0.045	0.030	12.00～16.00	17.00～19.00	1.20～2.75	1.00～2.50	—	—
47	S31693	022Cr18Ni15Mo3N	00Cr18Ni15Mo3N	0.030	1.00	2.00	0.025	0.010	14.00～16.00	17.00～19.00	2.35～4.20	0.50	0.10～0.20	—
48	S31782	015Cr21Ni26Mo5Cu2		0.020	1.00	2.00	0.045	0.035	23.00～28.00	19.00～23.00	4.00～5.00	1.00～2.00	0.10	—
49	S31708	06Cr19Ni13Mo3	0Cr19Ni13Mo3	0.08	1.00	2.00	0.045	0.030	11.00～15.00	18.00～20.00	3.00～4.00	—	—	—
50	S31703	022Cr19Ni13Mo3[a]	00Cr19Ni13Mo3[a]	0.030	1.00	2.00	0.045	0.030	11.00～15.00	18.00～20.00	3.00～4.00	—	—	—
51	S31793	022Cr18Ni14Mo3	00Cr18Ni14Mo3	0.030	1.00	2.00	0.025	0.010	13.00～15.00	17.00～19.00	2.25～3.50	0.50	0.10	—
52	S31794	03Cr18Ni16Mo5	0Cr18Ni16Mo5	0.04	1.00	2.50	0.045	0.030	15.00～17.00	16.00～19.00	4.00～6.00	—	—	—
53	S31723	022Cr19Ni16Mo5N		0.030	1.00	2.00	0.045	0.030	13.50～17.50	17.00～20.00	4.00～5.00	—	0.10～0.20	—
54	S31753	022Cr19Ni13Mo4N		0.030	1.00	2.00	0.045	0.030	11.00～15.00	18.00～20.00	3.00～4.00	—	0.10～0.22	—
55	S32168	06Cr18Ni11Ti[a]	0Cr18Ni10Ti[a]	0.08	1.00	2.00	0.045	0.030	9.00～12.00	17.00～19.00	—	—	—	Ti 5C～0.70
56	S32169	07Cr19Ni11Ti	1Cr18Ni11Ti	0.04～0.10	0.75	2.00	0.030	0.030	9.00～13.00	17.00～20.00	—	—	—	Ti 4C～0.60

表 1(续)

序号	统一数字代号	新 牌 号	旧 牌 号	化学成分(质量分数)/%										
				C	Si	Mn	P	S	Ni	Cr	Mo	Cu	N	其他元素
57	S32590	45Cr14Ni14W2Mo[a]	4Cr14Ni14W2Mo[a]	0.40～0.50	0.80	0.70	0.040	0.030	13.00～15.00	13.00～15.00	0.25～0.40	—	—	W 2.00～2.75
58	S32652	015Cr24Ni22Mo8Mn3CuN		0.020	0.50	2.00～4.00	0.030	0.005	21.00～23.00	24.00～25.00	7.00～8.00	0.30～0.60	0.45～0.55	—
59	S32720	24Cr18Ni8W2[a]	2Cr18Ni8W2[a]	0.21～0.28	0.30～0.80	0.70	0.030	0.025	7.50～8.50	17.00～19.00	—	—	—	W 2.00～2.50
60	S33010	12Cr16Ni35[a]	1Cr16Ni35[a]	0.15	1.50	2.00	0.040	0.030	33.00～37.00	14.00～17.00	—	—	—	—
61	S34553	022Cr24Ni17Mo5Mn6NbN		0.030	1.00	5.00～7.00	0.030	0.010	16.00～18.00	23.00～25.00	4.00～5.00	—	0.40～0.60	Nb 0.10
62	S34778	06Cr18Ni11Nb[a]	0Cr18Ni11Nb[a]	0.08	1.00	2.00	0.045	0.030	9.00～12.00	17.00～19.00	—	—	—	Nb 10C～1.10
63	S34779	07Cr18Ni11Nb[a]	1Cr19Ni11Nb[a]	0.04～0.10	1.00	2.00	0.045	0.030	9.00～12.00	17.00～19.00	—	—	—	Nb 8C～1.10
64	S38148	06Cr18Ni13Si4[a,b]	0Cr18Ni13Si4[a,b]	0.08	3.00～5.00	2.00	0.045	0.030	11.50～15.00	15.00～20.00	—	—	—	—
65	S38240	16Cr20Ni14Si2[a]	1Cr20Ni14Si2[a]	0.20	1.50～2.50	1.50	0.040	0.030	12.00～15.00	19.00～22.00	—	—	—	—
66	S38340	16Cr25Ni20Si2[a]	1Cr25Ni20Si2[a]	0.20	1.50～2.50	1.50	0.040	0.030	18.00～21.00	24.00～27.00	—	—	—	—

注：表中所列成分除标明范围或最小值外,其余均为最大值。括号内值为允许添加的最大值。

[a] 耐热钢或可作耐热钢使用。

[b] 必要时,可添加上表以外的合金元素。

表2 奥氏体-铁素体型不锈钢牌号及其化学成分

序号	统一数字代号	新牌号	旧牌号	化学成分(质量分数)/%										
				C	Si	Mn	P	S	Ni	Cr	Mo	Cu	N	其他元素
67	S21860	14Cr18Ni11Si4AlTi	1Cr18Ni11Si4AlTi	0.10～0.18	3.40～4.00	0.80	0.035	0.030	10.00～12.00	17.50～19.50	—	—	—	Ti 0.40～0.70 Al 0.10～0.30
68	S21953	022Cr19Ni5Mo3Si2N	00Cr18Ni5Mo3Si2	0.030	1.30～2.00	1.00～2.00	0.035	0.030	4.50～5.50	18.00～19.50	2.50～3.00	—	0.05～0.12	—
69	S22160	12Cr21Ni5Ti	1Cr21Ni5Ti	0.09～0.14	0.80	0.80	0.035	0.030	4.80～5.80	20.00～22.00	—	—	—	Ti 5(C−0.02)～0.80
70	S22253	022Cr22Ni5Mo3N		0.030	1.00	2.00	0.030	0.020	4.50～6.50	21.00～23.00	2.50～3.50	—	0.08～0.20	—
71	S22053	022Cr23Ni5Mo3N		0.030	1.00	2.00	0.030	0.020	4.50～6.50	22.00～23.00	3.00～3.50	—	0.14～0.20	—
72	S23043	022Cr23Ni4MoCuN		0.030	1.00	2.50	0.035	0.030	3.00～5.50	21.50～24.50	0.05～0.60	0.05～0.60	0.05～0.20	—
73	S22553	022Cr25Ni6Mo2N		0.030	1.00	2.00	0.030	0.030	5.50～6.50	24.00～26.00	1.20～2.50	—	0.10～0.20	—
74	S22583	022Cr25Ni7Mo3WCuN		0.030	1.00	0.75	0.030	0.030	5.50～7.50	24.00～26.00	2.50～3.50	0.20～0.80	0.10～0.30	W 0.10～0.50
75	S25554	03Cr25Ni6Mo3Cu2N		0.04	1.00	1.50	0.035	0.030	4.50～6.50	24.00～27.00	2.90～3.90	1.50～2.50	0.10～0.25	—
76	S25073	022Cr25Ni7Mo4N		0.030	0.80	1.20	0.035	0.020	6.00～8.00	24.00～26.00	3.00～5.00	0.50	0.24～0.32	—
77	S27603	022Cr25Ni7Mo4WCuN		0.030	1.00	1.00	0.030	0.010	6.00～8.00	24.00～26.00	3.00～4.00	0.50～1.00	0.20～0.30	W 0.50～1.00 Cr+3.3Mo+16N≥40

注：表中所列成分除标明范围或最小值外，其余均为最大值。

表 3　铁素体型不锈钢和耐热钢牌号及其化学成分

序号	统一数字代号	新牌号	旧牌号	化学成分(质量分数)/%										
				C	Si	Mn	P	S	Ni	Cr	Mo	Cu	N	其他元素
78	S11348	06Cr13Al[a]	0Cr13Al[a]	0.08	1.00	1.00	0.040	0.030	(0.60)	11.50～14.50	—	—	—	Al 0.10～0.30
79	S11168	06Cr11Ti	0Cr11Ti	0.08	1.00	1.00	0.045	0.030	(0.60)	10.50～11.70	—	—	—	Ti 6C～0.75
80	S11163	022Cr11Ti[a]		0.030	1.00	1.00	0.040	0.020	(0.60)	10.50～11.70	—	—	0.030	Ti≥8(C+N) Ti 0.15～0.50 Nb 0.10
81	S11173	022Cr11NbTi[a]		0.030	1.00	1.00	0.040	0.020	(0.60)	10.50～11.70	—	—	0.030	Ti+Nb 8(C+N)+0.08～0.75 Ti≥0.05
82	S11213	022Cr12Ni[a]		0.030	1.00	1.50	0.040	0.015	0.30～1.00	10.50～12.50	—	—	0.030	—
83	S11203	022Cr12[a]	00Cr12[a]	0.030	1.00	1.00	0.040	0.030	(0.60)	11.00～13.50	—	—	—	—
84	S11510	10Cr15	1Cr15	0.12	1.00	1.00	0.040	0.030	(0.60)	14.00～16.00	—	—	—	—
85	S11710	10Cr17[a]	1Cr17[a]	0.12	1.00	1.00	0.040	0.030	(0.60)	16.00～18.00	—	—	—	—
86	S11717	Y10Cr17	Y1Cr17	0.12	1.00	1.25	0.060	≥0.15	(0.60)	16.00～18.00	(0.60)	—	—	—
87	S11863	022Cr18Ti	00Cr17	0.030	0.75	1.00	0.040	0.030	(0.60)	16.00～19.00	—	—	—	Ti 或 Nb 0.10～1.00

表 3(续)

序号	统一数字代号	新牌号	旧牌号	化学成分(质量分数)/%										
				C	Si	Mn	P	S	Ni	Cr	Mo	Cu	N	其他元素
88	S11790	10Cr17Mo	1Cr17Mo	0.12	1.00	1.00	0.040	0.030	(0.60)	16.00～18.00	0.75～1.25	—	—	—
89	S11770	10Cr17MoNb		0.12	1.00	1.00	0.040	0.030	—	16.00～18.00	0.75～1.25	—	—	Nb 5C～0.80
90	S11862	019Cr18MoTi		0.025	1.00	1.00	0.040	0.030	(0.60)	16.00～19.00	0.75～1.50	—	0.025	Ti,Nb,Zr 或其组合 8(C+N)～0.80
91	S11873	022Cr18NbTi		0.030	1.00	1.00	0.040	0.015	(0.60)	17.50～18.50	—	—	—	Ti 0.10～0.60 Nb≥0.30+3C
92	S11972	019Cr19Mo2NbTi	00Cr18Mo2	0.025	1.00	1.00	0.040	0.030	1.00	17.50～19.50	1.75～2.50	—	0.035	(Ti+Nb) [0.20+4(C+N)]～0.80
93	S12550	16Cr25N[a]	2Cr25N[a]	0.20	1.00	1.50	0.040	0.030	(0.60)	23.00～27.00	—	(0.30)	0.25	—
94	S12791	008Cr27Mo[b]	00Cr27Mo[b]	0.010	0.40	0.40	0.030	0.020	—	25.00～27.50	0.75～1.50	—	0.015	—
95	S13091	008Cr30Mo2[b]	00Cr30Mo2[b]	0.010	0.40	0.40	0.030	0.020	—	28.50～32.00	1.50～2.50	—	0.015	—

注:表中所列成分除标明范围或最小值外,其余均为最大值。括号内值为允许添加的最大值。

a 耐热钢或可作耐热钢使用。

b 允许含有小于或等于 0.50%Ni,小于或等于 0.20%Cu,但 Ni+Cu 的含量应小于或等于 0.50%;根据需要,可添加上表以外的合金元素。

表 4　马氏体型不锈钢和耐热钢牌号及其化学成分

序号	统一数字代号	新牌号	旧牌号	化学成分(质量分数)/%										
				C	Si	Mn	P	S	Ni	Cr	Mo	Cu	N	其他元素
96	S40310	12Cr12[a]	1Cr12[a]	0.15	0.50	1.00	0.040	0.030	(0.60)	11.50～13.00	—	—	—	—
97	S41008	06Cr13	0Cr13	0.08	1.00	1.00	0.040	0.030	(0.60)	11.50～13.50	—	—	—	—
98	S41010	12Cr13[a]	1Cr13[a]	0.15	1.00	1.00	0.040	0.030	(0.60)	11.50～13.50	—	—	—	—
99	S41595	04Cr13Ni5Mo		0.05	0.60	0.50～1.00	0.030	0.030	3.50～5.50	11.50～14.00	0.50～1.00	—	—	—
100	S41617	Y12Cr13	Y1Cr13	0.15	1.00	1.25	0.060	≥0.15	(0.60)	12.00～14.00	(0.60)	—	—	—
101	S42020	20Cr13[a]	2Cr13[a]	0.16～0.25	1.00	1.00	0.040	0.030	(0.60)	12.00～14.00	—	—	—	—
102	S42030	30Cr13	3Cr13	0.26～0.35	1.00	1.00	0.040	0.030	(0.60)	12.00～14.00	—	—	—	—
103	S42037	Y30Cr13	Y3Cr13	0.26～0.35	1.00	1.25	0.060	≥0.15	(0.60)	12.00～14.00	(0.60)	—	—	—
104	S42040	40Cr13	4Cr13	0.36～0.45	0.60	0.80	0.040	0.030	(0.60)	12.00～14.00	—	—	—	—
105	S41427	Y25Cr13Ni2	Y2Cr13Ni2	0.20～0.30	0.50	0.80～1.20	0.08～0.12	0.15～0.25	1.50～2.00	12.00～14.00	(0.60)	—	—	—
106	S43110	14Cr17Ni2[a]	1Cr17Ni2[a]	0.11～0.17	0.80	0.80	0.040	0.030	1.50～2.50	16.00～18.00	—	—	—	—

表 4(续)

序号	统一数字代号	新牌号	旧牌号	化学成分(质量分数)/%										
				C	Si	Mn	P	S	Ni	Cr	Mo	Cu	N	其他元素
107	S43120	17Cr16Ni2[a]		0.12～0.22	1.00	1.50	0.040	0.030	1.50～2.50	15.00～17.00	—	—	—	—
108	S44070	68Cr17	7Cr17	0.60～0.75	1.00	1.00	0.040	0.030	(0.60)	16.00～18.00	(0.75)	—	—	—
109	S44080	85Cr17	8Cr17	0.75～0.95	1.00	1.00	0.040	0.030	(0.60)	16.00～18.00	(0.75)	—	—	—
110	S44096	108Cr17	11Cr17	0.95～1.20	1.00	1.00	0.040	0.030	(0.60)	16.00～18.00	(0.75)	—	—	—
111	S44097	Y108Cr17	Y11Cr17	0.95～1.20	1.00	1.25	0.060	≥0.15	(0.60)	16.00～18.00	(0.75)	—	—	—
112	S44090	95Cr18	9Cr18	0.90～1.00	0.80	0.80	0.040	0.030	(0.60)	17.00～19.00	—	—	—	—
113	S45110	12Cr5Mo[a]	1Cr5Mo[a]	0.15	0.50	0.60	0.040	0.030	(0.60)	4.00～6.00	0.40～0.60	—	—	—
114	S45610	12Cr12Mo[a]	1Cr12Mo[a]	0.10～0.15	0.50	0.30～0.50	0.040	0.030	0.30～0.60	11.50～13.00	0.30～0.60	(0.30)	—	—
115	S45710	13Cr13Mo[a]	1Cr13Mo[a]	0.08～0.18	0.60	1.00	0.040	0.030	(0.60)	11.50～14.00	0.30～0.60	(0.30)	—	—
116	S45830	32Cr13Mo	3Cr13Mo	0.28～0.35	0.80	1.00	0.040	0.030	(0.60)	12.00～14.00	0.50～1.00	—	—	—

表 4(续)

序号	统一数字代号	新牌号	旧牌号	化学成分(质量分数)/%										
				C	Si	Mn	P	S	Ni	Cr	Mo	Cu	N	其他元素
117	S45990	102Cr17Mo	9Cr18Mo	0.95～1.10	0.80	0.80	0.040	0.030	(0.60)	16.00～18.00	0.40～0.70	—	—	—
118	S46990	90Cr18MoV	9Cr18MoV	0.85～0.95	0.80	0.80	0.040	0.030	(0.60)	17.00～19.00	1.00～1.30	—	—	V 0.07～0.12
119	S46010	14Cr11MoV[a]	1Cr11MoV[a]	0.11～0.18	0.50	0.60	0.035	0.030	0.60	10.00～11.50	0.50～0.70	—	—	V 0.25～0.40
120	S46110	158Cr12MoV[a]	1Cr12MoV[a]	1.45～1.70	0.40	0.35	0.030	0.025	—	11.00～12.50	0.40～0.60	—	—	V 0.15～0.30
121	S46020	21Cr12MoV[a]	2Cr12MoV[a]	0.18～0.24	0.10～0.50	0.30～0.80	0.030	0.025	0.30～0.60	11.00～12.50	0.80～1.20	0.30	—	V 0.25～0.35
122	S46250	18Cr12MoVNbN[a]	2Cr12MoVNbN[a]	0.15～0.20	0.50	0.50～1.00	0.035	0.030	(0.60)	10.00～13.00	0.30～0.90	—	0.05～0.10	V 0.10～0.40 Nb 0.20～0.60
123	S47010	15Cr12WMoV[a]	1Cr12WMoV[a]	0.12～0.18	0.50	0.50～0.90	0.035	0.030	0.40～0.80	11.00～13.00	0.50～0.70	—	—	W 0.70～1.10 V 0.15～0.30
124	S47220	22Cr12NiWMoV[a]	2Cr12NiMoWV[a]	0.20～0.25	0.50	0.50～1.00	0.040	0.030	0.50～1.00	11.00～13.00	0.75～1.25	—	—	W 0.75～1.25 V 0.20～0.40
125	S47310	13Cr11Ni2W2MoV[a]	1Cr11Ni2W2MoV[a]	0.10～0.16	0.60	0.60	0.035	0.030	1.40～1.80	10.50～12.00	0.35～0.50	—	—	W 1.50～2.00 V 0.18～0.30
126	S47410	14Cr12Ni2WMoVNb[a]	1Cr12Ni2WMoVNb[a]	0.11～0.17	0.60	0.60	0.030	0.025	1.80～2.20	11.00～12.00	0.80～1.20	—	—	W 0.70～1.00 V 0.20～0.30 Nb 0.15～0.30

表 4(续)

序号	统一数字代号	新牌号	旧牌号	化学成分(质量分数)/%										
				C	Si	Mn	P	S	Ni	Cr	Mo	Cu	N	其他元素
127	S47250	10Cr12Ni3Mo2VN		0.08～0.13	0.40	0.50～0.90	0.030	0.025	2.00～3.00	11.00～12.50	1.50～2.00	—	0.020～0.04	V 0.25～0.40
128	S47450	18Cr11NiMoNbVN[a]	2Cr11NiMoNbVN[a]	0.15～0.20	0.50	0.50～0.80	0.020	0.015	0.30～0.60	10.00～12.00	0.60～0.90	0.10	0.04～0.09	V 0.20～0.30 Al 0.30 Nb 0.20～0.60
129	S47710	13Cr14Ni3W2VB[a]	1Cr14Ni3W2VB[a]	0.10～0.16	0.60	0.60	0.300	0.030	2.80～3.40	13.00～15.00	—	—	—	W 1.60～2.20 Ti 0.05 B 0.004 V 0.18～0.28
130	S48040	42Cr9Si2	4Cr9Si2	0.35～0.50	2.00～3.00	0.70	0.035	0.030	0.60	8.00～10.00	—	—	—	—
131	S48045	45Cr9Si3		0.40～0.50	3.00～3.50	0.60	0.030	0.030	0.60	7.50～9.50	—	—	—	—
132	S48140	40Cr10Si2Mo[a]	4Cr10Si2Mo[a]	0.35～0.45	1.90～2.60	0.70	0.035	0.030	0.60	9.00～10.50	0.70～0.90	—	—	—
133	S48380	80Cr20Si2Ni[a]	8Cr20Si2Ni[a]	0.75～0.85	1.75～2.25	0.20～0.60	0.030	0.030	1.15～1.65	19.00～20.50	—	—	—	—

注:表中所列成分除标明范围或最小值外,其余均为最大值。括号内值为允许添加的最大值。

[a] 耐热钢或可作耐热钢使用。

表 5 沉淀硬化型不锈钢和耐热钢牌号及其化学成分

序号	统一数字代号	新牌号	旧牌号	化学成分(质量分数)/%										
				C	Si	Mn	P	S	Ni	Cr	Mo	Cu	N	其他元素
134	S51380	04Cr13Ni8Mo2Al		0.05	0.10	0.20	0.010	0.008	7.50～8.50	12.30～13.20	2.00～3.00	—	0.01	Al 0.90～1.35
135	S51290	022Cr12Ni9Cu2NbTi[a]		0.030	0.50	0.50	0.040	0.030	7.50～9.50	11.00～12.50	0.50	1.50～2.50	—	Ti 0.80～1.40 Nb 0.10～0.50
136	S51550	05Cr15Ni5Cu4Nb		0.07	1.00	1.00	0.040	0.030	3.50～5.50	14.00～15.50	—	2.50～4.50	—	Nb 0.15～0.45
137	S51740	05Cr17Ni4Cu4Nb[a]	0Cr17Ni4Cu4Nb[a]	0.07	1.00	1.00	0.040	0.030	3.00～5.00	15.00～17.50	—	3.00～5.00	—	Nb 0.15～0.45
138	S51770	07Cr17Ni7Al[a]	0Cr17Ni7Al[a]	0.09	1.00	1.00	0.040	0.030	6.50～7.75	16.00～18.00	—	—	—	Al 0.75～1.50
139	S51570	07Cr15Ni7Mo2Al[a]	0Cr15Ni7Mo2Al[a]	0.09	1.00	1.00	0.040	0.030	6.50～7.75	14.00～16.00	2.00～3.00	—	—	Al 0.75～1.50
140	S51240	07Cr12Ni4Mn5Mo3Al	0Cr12Ni4Mn5-Mo3Al	0.09	0.80	4.40～5.30	0.030	0.025	4.00～5.00	11.00～12.00	2.70～3.30	—	—	Al 0.50～1.00
141	S51750	09Cr17Ni5Mo3N		0.07～0.11	0.50	0.50～1.25	0.040	0.030	4.00～5.00	16.00～17.00	2.50～3.20	—	0.07～0.13	—
142	S51778	06Cr17Ni7AlTi[a]		0.08	1.00	1.00	0.040	0.030	6.00～7.50	16.00～17.50	—	—	—	Al 0.40 Ti 0.40～1.20
143	S51525	06Cr15Ni25Ti2Mo-AlVB[a]	0Cr15Ni25Ti2Mo-AlVB[a]	0.08	1.00	2.00	0.040	0.030	24.00～27.00	13.50～16.00	1.00～1.50	—	—	Al 0.35 Ti 1.90～2.35 B 0.001～0.010 V 0.10～0.50

注:表中所列成分除标明范围或最小值外,其余均为最大值。

a 可作耐热钢使用。

附　录　A
（资料性附录）
部分不锈钢和耐热钢牌号的物理性能参数

表 A.1　部分不锈钢和耐热钢牌号的物理性能参数

序号	统一数字代号	新牌号	旧牌号	密度/(kg/dm³) 20℃	熔点/℃	比热容/[kJ/(kg·K)] 0℃～100℃	热导率/[W/(m·K)]		线膨胀系数/(10^{-6}/K)		电阻率/(Ω·mm²/m) 20℃	纵向弹性模量/(kN/mm²) 20℃	磁性
							100℃	500℃	0℃～100℃	0℃～500℃			
奥氏体型													
1	S35350	12Cr17Mn6Ni5N	1Cr17Mn6Ni5N	7.93	1 398～1 453	0.50	16.3		15.7		0.69	197	无[a]
3	S35450	12Cr18Mn9Ni5N	1Cr18Mn8Ni5N	7.93		0.50	16.3	19.0	14.8	18.7	0.69	197	
4	S35020	20Cr13Mn9Ni4	2Cr13Mn9Ni4	7.85		0.49					0.90	202	
9	S30110	12Cr17Ni7	1Cr17Ni7	7.93	1 398～1 420	0.50	16.3	21.5	16.9	18.7	0.73	193	
10	S30103	022Cr17Ni7		7.93		0.50	16.3	21.5	16.9	18.7	0.73	193	
11	S30153	022Cr17Ni7N		7.93		0.50	16.3		16.0	18.0	0.73	200	
12	S30220	17Cr18Ni9	2Cr18Ni9	7.85	1 398～1 453	0.50	18.8	23.5	16.0	18.0	0.73	196	
13	S30210	12Cr18Ni9	1Cr18Ni9	7.93	1 398～1 420	0.50	16.3	21.5	17.3	18.7	0.73	193	
14	S30240	12Cr18Ni9Si3	1Cr18Ni9Si3	7.93	1 370～1 398	0.50	15.9	21.6	16.2	20.2	0.73	193	
15	S30317	Y12Cr18Ni9	Y1Cr18Ni9	7.98	1 398～1 420	0.50	16.3	21.5	17.3	18.4	0.73	193	
16	S30317	Y12Cr18Ni9Se	Y1Cr18Ni9Se	7.93	1 398～1 420	0.50	16.3	21.5	17.3	18.7	0.73	193	
17	S30408	06Cr19Ni10	0Cr18Ni9	7.93	1 398～1 454	0.50	16.3	21.5	17.2	18.4	0.73	193	
18	S30403	022Cr19Ni10	00Cr19Ni10	7.90		0.50	16.3	21.5	16.8	18.3			
19	S30409	07Cr19Ni10		7.90		0.50	16.3	21.5	16.8	18.3	0.73		
21	S30480	06Cr18Ni9Cu2	0Cr18Ni9Cu2	8.00		0.50	16.3	21.5	17.3	18.7	0.72	200	
23	S30458	06Cr19Ni10N	0Cr19Ni9N	7.93	1398～1454	0.50	16.3	21.5	16.5	18.5	0.72	196	
25	S30453	022Cr19Ni10N	00Cr18Ni10N	7.93		0.50	16.3	21.5	16.5	18.5	0.73	200	

表 A.1(续)

序号	统一数字代号	新牌号	旧牌号	密度/(kg/dm³) 20℃	熔点/℃	比热容/[kJ/(kg·K)] 0℃～100℃	热导率/[W/(m·K)]		线膨胀系数/(10^{-6}/K)		电阻率/(Ω·mm²/m) 20℃	纵向弹性模量/(kN/mm²) 20℃	磁性
							100℃	500℃	0℃～100℃	0℃～500℃			
26	S30510	10Cr18Ni12	1Cr18Ni12	7.93	1 398～1 453	0.50	16.3	21.5	17.3	18.7	0.72	193	无[a]
28	S38408	06Cr16Ni18	0Cr16Ni18	8.03	1 430	0.50	16.2		17.3		0.75	193	
29	S30808	06Cr20Ni11		8.00	1 398～1 453	0.50	15.5	21.6	17.3	18.7	0.72	193	
30	S30850	22Cr21Ni12N	2Cr21Ni12N	7.73			20.9 (24℃)			16.5			
31	S30920	16Cr23Ni13	2Cr23Ni13	7.98	1 398～1 453	0.50	13.8	18.7	14.9	18.0	0.78	200	
32	S30908	06Cr23Ni13	0Cr23Ni13	7.98	1 397～1 453	0.50	15.5	18.6	14.9	18.0	0.78	193	
33	S31010	14Cr23Ni18	1Cr23Ni18	7.90	1 400～1 454	0.50	15.9	18.8	15.4	19.2	1.0	196	
34	S31020	20Cr25Ni20	2Cr25Ni20	7.98	1 398～1 453	0.50	14.2	18.6	15.8	17.5	0.78	200	
35	S31008	06Cr25Ni20	0Cr25Ni20	7.98	1 397～1 453	0.50	16.3	21.5	14.4	17.5	0.78	200	
36	S31053	022Cr25Ni22Mo2N		8.02		0.45	12.0		15.8		1.0	200	
37	S31252	015Cr20Ni18Mo6CuN		8.00	1 325～1 400	0.50	13.5 (20℃)		16.5		0.85	200	
38	S31608	06Cr17Ni12Mo2	0Cr17Ni12Mo2	8.00	1 370～1 397	0.50	16.3	21.5	16.0	18.5	0.74	193	
39	S31603	022Cr17Ni12Mo2	00Cr17Ni14Mo2	8.00		0.50	16.3	21.5	16.0	18.5	0.74	193	
41	S31668	06Cr17Ni12Mo2Ti	0Cr18Ni12Mo3Ti	7.90		0.50	16.0	24.0	15.7	17.6	0.75	199	
43	S31658	06Cr17Ni12Mo2N	0Cr17Ni12Mo2N	8.00		0.50	16.3	21.5	16.5	18.0	0.73	200	
44	S31653	022Cr17Ni12Mo2N	00Cr17Ni13Mo2N	8.04		0.47	16.5		15.0			200	
45	S31688	06Cr18Ni12Mo2Cu2	0Cr18Ni12Mo2Cu2	7.96		0.50	16.1	21.7	16.6		0.74	186	
46	S31683	022Cr18Ni14Mo2Cu2	00Cr18Ni14Mo2Cu2	7.96		0.50	16.1	21.7	16.0	18.6	0.74	191	
48	S31782	015Cr21Ni26Mo5Cu2		8.00		0.50	13.7		15.0			188	
49	S31708	06Cr19Ni13Mo3	0Cr19Ni13Mo3	8.00	1 370～1 397	0.50	16.3	21.5	16.0	18.5	0.74	193	

表 A.1(续)

序号	统一数字代号	新牌号	旧牌号	密度/(kg/dm³) 20℃	熔点/℃	比热容/[kJ/(kg·K)] 0℃～100℃	热导率/[W/(m·K)]		线膨胀系数/(10^{-6}/K)		电阻率/(Ω·mm²/m) 20℃	纵向弹性模量/(kN/mm²) 20℃	磁性
							100℃	500℃	0℃～100℃	0℃～500℃			
50	S31703	022Cr19Ni13Mo3	00Cr19Ni13Mo3	7.98	1 375～1 400	0.50	14.4	21.5	16.5		0.79	200	无[a]
53	S31723	022Cr19Ni16Mo5N		8.00		0.50	12.8		15.2				
55	S32168	06Cr18Ni11Ti	0Cr18Ni10Ti	8.03	1398～1427	0.50	16.3	22.2	16.6	18.6	0.72	193	
57	S32590	45Cr14Ni14W2Mo	4Cr14Ni14W2Mo	8.00		0.51	15.9	22.2	16.6	18.0	0.81	177	
59	S32720	24Cr18Ni8W2	2Cr18Ni8W2	7.98		0.50	15.9	23.0	19.5	25.1			
60	S33010	12Cr16Ni35	1Cr16Ni35	8.00	1318～1427	0.46	12.6	19.7	16.6		1.02	196	
62	S34778	06Cr18Ni11Nb	0Cr18Ni11Nb	8.03	1398～1427	0.50	16.3	22.2	16.6	18.6	0.73	193	
64	S38148	06Cr18Ni13Si4	0Cr18Ni13Si4	7.75	1400～1430	0.50	16.3		13.8				
65	S38240	16Cr20Ni14Si2	1Cr20Ni14Si2	7.90		0.50	15.0		16.5		0.85		
奥氏体-铁素体型													
67	S21860	14Cr18Ni11Si4AlTi	1Cr18Ni11Si4AlTi	7.51		0.48	13.0	19.0	16.3	19.7	1.04	180	有
68	S21953	022Cr19Ni5Mo3Si2N	00Cr18Ni5Mo3Si2	7.70		0.46	20.0	24.0 (300℃)	12.2	13.5 (300℃)		196	
69	S22160	12Cr21Ni5Ti	1Cr21Ni5Ti	7.80			17.6	23.0	10.0	17.4	0.79	187	
70	S22253	022Cr22Ni5Mo3N		7.80	1420～1462	0.46	19.0	23.0 (300℃)	13.7	14.7 (300℃)	0.88	186	
72	S23043	022Cr23Ni4MoCuN		7.80		0.50	16.0		13.0			200	
73	S22553	022Cr25Ni6Mo2N		7.80		0.50	21.0	25.0	13.4 (200℃)	24.0 (300℃)		196	
74	S22583	022Cr25Ni7Mo3-WCuN		7.80		0.50		25.0	11.5 (200℃)	12.7 (400℃)	0.75	228	
75	S25554	03Cr25Ni6Mo3Cu2N		7.80		0.46	13.5		12.3			210	
76	S25073	022Cr25Ni7Mo4N		7.80			14		12.0			185 (200℃)	

表 A.1(续)

序号	统一数字代号	新牌号	旧牌号	密度/(kg/dm³) 20℃	熔点/℃	比热容/[kJ/(kg·K)] 0℃～100℃	热导率/[W/(m·K)]		线膨胀系数/(10^{-6}/K)		电阻率/(Ω·mm²/m) 20℃	纵向弹性模量/(kN/mm²) 20℃	磁性
							100℃	500℃	0℃～100℃	0℃～500℃			
铁素体型													
78	S11348	06Cr13Al	0Cr13Al	7.75	1 480～1 530	0.46	24.2		10.8		0.60	200	有
79	S11168	06Cr11Ti	0Cr11Ti	7.75		0.46	25.0		10.6	12.0	0.60		
80	S11163	022Cr11Ti		7.75		0.46	24.9	28.5	10.6	12.0	0.57	201	
83	S11203	022Cr12	00Cr12	7.75		0.46	24.9	28.5	10.6	12.0	0.57	201	
84	S11510	10Cr15	1Cr15	7.70		0.46	26.0		10.3	11.9	0.59	200	
85	S11710	10Cr17	1Cr17	7.70	1 480～1 508	0.46	26.0		10.5	11.9	0.60	200	
86	S11717	Y10Cr17	Y1Cr17	7.78	1 427～1 510	0.46	26.0		10.4	11.4	0.60	200	
87	S11863	022Cr18Ti	00Cr17	7.70		0.46	35.1 (20℃)		10.4		0.60	200	
88	S11790	10Cr17Mo	1Cr17Mo	7.70		0.46	26.0		11.9		0.60	200	
89	S11770	10Cr17MoNb		7.70		0.44	30.0		11.7		0.70	220	
90	S11862	019Cr18MoTi		7.70		0.46	35.1		10.4		0.60	200	
92	S11972	019Cr19Mo2NbTi	00Cr18Mo2	7.75		0.46	36.9		10.6 (200℃)		0.60	200	
94	S12791	008Cr27Mo	00Cr27Mo	7.67		0.46	26.0		11.0		0.64	206	
95	S13091	008Cr30Mo2	00Cr30Mo2	7.64		0.50	26.0		11.0		0.64	210	
马氏体型													
96	S40310	12Cr12	1Cr12	7.80	1 480～1 530	0.46	24.2		9.9	11.7	0.57	200	有
97	S41008	06Cr13	0Cr13	7.75		0.46	25.0		10.6	12.0	0.60	220	
98	S41010	12Cr13	1Cr13	7.70	1 480～1 530	0.46	24.2	28.9	11.0	11.7	0.57	200	
99	S41595	04Cr13Ni5Mo		7.79		0.47	16.30		10.7			201	

表 A.1(续)

序号	统一数字代号	新牌号	旧牌号	密度/(kg/dm³) 20℃	熔点/℃	比热容/[kJ/(kg·K)] 0℃～100℃	热导率/[W/(m·K)]		线膨胀系数/(10^{-6}/K)		电阻率/(Ω·mm²/m) 20℃	纵向弹性模量/(kN/mm²) 20℃	磁性
							100℃	500℃	0℃～100℃	0℃～500℃			
100	S41617	Y12Cr13	Y1Cr13	7.78	1 482～1 532	0.46	25.0		9.9	11.5	0.57	200	有
101	S42020	20Cr13	2Cr13	7.75	1 470～1 510	0.46	22.2	26.4	10.3	12.2	0.55	200	
102	S42030	30Cr13	3Cr13	7.76	1 365	0.47	25.1	25.5	10.5	12.0	0.52	219	
103	S42037	Y30Cr13	Y3Cr13	7.78	1 454～1 510	0.46	25.1		10.3	11.7	0.57	219	
104	S42040	40Cr13	4Cr13	7.75		0.46	28.1	28.9	10.5	12.0	0.59	215	
106	S43110	14Cr17Ni2	1Cr17Ni2	7.75		0.46	20.2	25.1	10.3	12.4	0.72	193	
107	S43120	17Cr16Ni2		7.71		0.46	27.8	31.8	10.0	11.0	0.70	212	
108	S44070	68Cr17	7Cr17	7.78	1 371～1 508	0.46	24.2		10.2	11.7	0.60	200	
109	S44080	85Cr17	8Cr17	7.78	1 371～1 508	0.46	24.2		10.2	11.9	0.60	200	
110	S44096	108Cr17	11Cr17	7.78	1 371～1 482	0.46	24.0		10.2	11.7	0.60	200	
111	S44097	Y108Cr17	Y11Cr17	7.78	1 371～1 482	0.46	24.2		10.1		0.60	200	
112	S44090	95Cr18	9Cr18	7.70	1 377～1 510	0.48	29.3		10.5	12.0	0.60	200	
117	S45990	102Cr17Mo	9Cr18Mo	7.70		0.43	16.0		10.4	11.6	0.80	215	
118	S46990	90Cr18MoV	9Cr18MoV	7.70		0.46	29.3		10.5	12.0	0.65	211	
120	S46110	158Cr12MoV	1Cr12MoV	7.70					10.9	12.2 (600℃)			
122	S46250	18Cr12MoVNbN	2Cr12MoVNbN	7.75			27.2		9.3			218	
124	S47220	22Cr12NiWMoV	2Cr12NiWMoV	7.78		0.46	25.1		10.6 (260℃)	11.5		206	
125	S47310	13Cr11Ni2W2MoV	1Cr11Ni2W2MoV	7.80		0.48	22.2	28.1	9.3	11.7		196	
126	S47410	14Cr12Ni2WMoVNb	1Cr12Ni2WMoVNb	7.80		0.47	23.0	25.1	9.9	11.4			
130	S48040	42Cr9Si2	4Cr9Si2				16.7 (20℃)			12.0	0.79		

表 A.1(续)

序号	统一数字代号	新牌号	旧牌号	密度/(kg/dm³) 20℃	熔点/℃	比热容/[kJ/(kg·K)] 0℃～100℃	热导率/[W/(m·K)]		线膨胀系数/(10^{-6}/K)		电阻率/(Ω·mm²/m) 20℃	纵向弹性模量/(kN/mm²) 20℃	磁性
							100℃	500℃	0℃～100℃	0℃～500℃			
132	S48140	40Cr10Si2Mo	4Cr10Si2Mo	7.62			15.9	25.1	10.4	12.1	0.84	206	有
133	S48380	80Cr20Si2Ni	8Cr20Si2Ni	7.60						12.3 (600℃)	0.95		
沉淀硬化型													
134	S51380	04Cr13Ni8Mo2Al		7.76			14.0		10.4		1.00	195	有
135	S51290	022Cr12Ni9Cu2NbTi		7.7	1 400～1 440	0.46	17.2		10.6		0.90	199	
136	S51550	05Cr15Ni5Cu4Nb		7.78	1 397～1 435	0.46	17.9	23.0	10.8	12.0	0.98	195	
137	S51740	05Cr17Ni4Cu4Nb	0Cr17Ni4Cu4Nb	7.78	1 397～1 435	0.46	17.2	23.0	10.8	12.0	0.98	196	
138	S51770	07Cr17Ni7Al	0Cr17Ni7Al	7.93	1 390～1 430	0.50	16.3	20.9	15.3	17.1	0.80	200	
139	S51570	07Cr15Ni7Mo2Al	0Cr15Ni7Mo2Al	7.80	1 415～1 450	0.46	18.0	22.2	10.5	11.8	0.80	185	
140	S51240	07Cr12Ni4Mn5Mo3Al	0Cr12Ni4Mn5-Mo3Al	7.80			17.6	23.9	16.2	18.9	0.80	195	
141	S51750	09Cr17Ni5Mo3N					15.4		17.3		0.79	203	
143	S51525	06Cr15Ni25Ti2-MoAlVB	0Cr15Ni25Ti2-MoAlVB	7.94	1 371～1 427	0.46	15.1	23.8 (600℃)	16.9	17.6	0.91	198	无[a]

[a] 冷变形后稍有磁性。

附　录　B
（资料性附录）
各国不锈钢和耐热钢牌号对照表

表 B.1　各国不锈钢和耐热钢牌号对照表

序号	中国 GB/T 20878—2007			美国 ASTM A959-04	日本 JIS G4303—1998 JIS G4311—1991	国际 ISO/TS 15510:2003 ISO 4955:2005	欧洲 EN 10088:1—1995 EN 10095—1999 等	前苏联 ГОСТ 5632—1972
	统一数字代号	新　牌　号	旧　牌　号					
1	S35350	12Cr17Mn6Ni5N	1Cr17Mn6Ni5N	S20100,201	SUS201	X12CrMnNiN17-7-5	X12CrMnNiN17-7-5，1.4372	—
2	S35950	10Cr17Mn9Ni4N		—	—	—	—	12X17Г9AH4
3	S35450	12Cr18Mn9Ni5N	1Cr18Mn8Ni5N	S20200,202	SUS202	—	X12CrMnNiN18-9-5，1.4373	12X17Г9AH4
4	S35020	20Cr13Mn9Ni4	2Cr13Mn9Ni4	—	—	—	—	20X13H4Г9
5	S35550	20Cr15Mn15Ni2N	2Cr15Mn15Ni2N	—	—	—	—	—
6	S35650	53Cr21Mn9Ni4N	5Cr21Mn9Ni4N	(S63008)	SUH35	(X53CrMnNiN21-9)	X53CrMnNiN21-9-4，1.4871	55X20Г9AH4
7	S35750	26Cr18Mn12Si2N	3Cr18Mn12Si2N	—	—	—	—	—
8	S35850	22Cr20Mn10Ni3Si2N	2Cr20Mn9Ni3Si2N	—	—	—	—	—
9	S30110	12Cr17Ni7	1Cr17Ni7	S30100,301	SUS301	X5CrNi17-7	(X3CrNiN17-8,1.4319)	—
10	S30103	022Cr17Ni7		S30103,301L	(SUS301L)	—	—	—
11	S30153	022Cr17Ni7N		S30153,301LN	—	X2CrNiN18-7	X2CrNiN18-7,1.4318	—
12	S30220	17Cr18Ni9	2Cr18Ni9	—	—	—	—	17X18H9
13	S30210	12Cr18Ni9	1Cr18Ni9	S30200,302	SUS302	X10CrNi18-8	X10CrNi18-8,1.4310	12X18H9
14	S30240	12Cr18Ni9Si3	1Cr18Ni9Si3	S30215,302B	(SUS302B)	X12CrNiSi18-9-3	—	—
15	S30317	Y12Cr18Ni9	Y1Cr18Ni9	S30300,303	SUS303	X10CrNiS18-9	X8CrNiS18-9,1.4305	—
16	S30327	Y12Cr18Ni9Se	Y1Cr18Ni9Se	S30323,303Se	SUS303Se	—	—	12X18H10E

表 B.1(续)

序号	中国 GB/T 20878—2007			美国 ASTM A959-04	日本 JIS G4303—1998 JIS G4311—1991	国际 ISO/TS 15510:2003 ISO 4955:2005	欧洲 EN 10088:1—1995 EN 10095—1999 等	前苏联 ГОСТ 5632—1972
	统一数字代号	新牌号	旧牌号					
17	S30408	06Cr19Ni10	0Cr18Ni9	S30400,304	SUS304	X5CrNi18-10	X5CrNi18-10,1.4301	—
18	S30403	022Cr19Ni10	00Cr19Ni10	S30403,304L	SUS304L	X2CrNi19-11	X2CrNi19-11,1.4306	03X18H11
19	S30409	07Cr19Ni10		S30409,304H	SUH304H	X7CrNi18-9	X6CrNi18-10, 1.4948	—
20	S30450	05Cr19Ni10Si2CeN		S30415	—	X6CrNiSiNCe19-10	X6CrNiSiNCe19-10, 1.4818	—
21	S30480	06Cr18Ni9Cu2	0Cr18Ni9Cu2	—	SUS304J3	—	—	—
22	S30488	06Cr18Ni9Cu3	0Cr18Ni9Cu3	—	SUSXM7	X3CrNiCu18-9-4	X3CrNiCu18-9-4, 1.4567	—
23	S30458	06Cr19Ni10N	0Cr19Ni9N	S30451,304N	SUS304N1	X5CrNiN19-9	X5CrNiN19-9, 1.4315	—
24	S30478	06Cr19Ni9NbN	0Cr19Ni10NbN	S30452,XM-21	SUS304N2	—	—	—
25	S30453	022Cr19Ni10N	00Cr18Ni10N	S30453,304LN	SUS304LN	X2CrNiN18-9	X2CrNiN18-10,1.4311	—
26	S30510	10Cr18Ni12	1Cr18Ni12	S30500,305	SUS305	X6CrNi18-12	X4CrNi18-12,1.4303	12X18H12T
27	S30508	06Cr18Ni12	0Cr18Ni12		SUS305J1	—	—	—
28	S38408	06Cr16Ni18	0Cr16Ni18	S38400	(SUS384)	(X6CrNi18-16E)	—	—
29	S30808	06Cr20Ni11		S30800,308	SUS308	—	—	—
30	S30850	22Cr21Ni12N	2Cr21Ni12N	(S63017)	SUH37	—	—	—
31	S30920	16Cr23Ni13	2Cr23Ni13	S30900,309	SUH309	—	(X15CrNiSi20-12,1.4828)	20X23H12
32	S30908	06Cr23Ni13	0Cr23Ni13	S30908,309S	SUS309S	X12CrNi23-13	X12CrNi23-13,1.4833	10X23H13
33	S31010	14Cr23Ni18	1Cr23Ni18	—	—	—	—	20X23H18
34	S31020	20Cr25Ni20	2Cr25Ni20	S31000,310	SUH310	X15CrNi25-21	X15CrNi25-21,1.4821	20X25H20C2
35	S31008	06Cr25Ni20	0Cr25Ni20	S31008,310S	SUS310S	X12CrNi23-12	X12CrNi23-12,1.4845	10X23H18
36	S31053	022Cr25Ni22Mo2N		S31050,310MoLN	—	X1CrNiMoN25-22-2	X1CrNiMoN25-22-2, 1.4466	—

表 B.1(续)

序号	中国 GB/T 20878—2007			美国 ASTM A959-04	日本 JIS G4303—1998 JIS G4311—1991	国际 ISO/TS 15510:2003 ISO 4955:2005	欧洲 EN 10088:1—1995 EN 10095—1999 等	前苏联 ГОСТ 5632—1972
	统一数字代号	新牌号	旧牌号					
37	S31252	015Cr20Ni18Mo6CuN		S31254	—	X1CrNiMoN20-18-7	X1CrNiMoN20-18-7, 1.4547	—
38	S31608	06Cr17Ni12Mo2	0Cr17Ni12Mo2	S31600,316	SUS316	X5CrNiMo17-12-2	X5CrNiMo17-12-2,1.4401	—
39	S31603	022Cr17Ni12Mo2	00Cr17Ni14Mo2	S31603,316L	SUS316L	X2CrNiMo17-12-2	X2CrNiMo17-12-2,1.4404	03Х17Н14М2
40	S31609	07Cr17Ni12Mo2	1Cr17Ni12Mo2	S31609,316H	—	—	X3CrNiMo17-13-3,1.4436	—
41	S31668	06Cr17Ni12Mo3Ti	0Cr18Ni12Mo3Ti	S31635,316Ti	SUS316Ti	X6CrNiMoTi17-12-2	X6CrNiMoTi17-12-2, 1.4571	08Х17Н13М3Т
42	S31678	06Cr17Ni12Mo2Nb		S31640,316Nb	—	X6CrNiMoNb17-12-2	X6CrNiMoNb17-12-2, 1.4580	03Х16Н13М3Б
43	S31658	06Cr17Ni12Mo2N	0Cr17Ni12Mo2N	S31651,316N	SUS316N	—	—	—
44	S31653	022Cr17Ni12Mo2N	00Cr17Ni13Mo2N	S31653,316LN	SUS316LN	X2CrNiMoN17-12-3	X2CrNiMoN17-13-3, 1.4429	—
45	S31688	06Cr18Ni12Mo2Cu2	0Cr18Ni12Mo2Cu2	—	SUS316J1	—	—	—
46	S31683	022Cr18Ni14Mo2Cu2	00Cr18Ni14Mo2Cu2	—	SUS316J1L	—	—	—
47	S31693	022Cr18Ni15Mo3N	00Cr18Ni15Mo3N	—	—	—	—	—
48	S31782	015Cr21Ni26Mo5Cu2		N08904,904L	—	—	—	—
49	S31708	06Cr19Ni13Mo3	0Cr19Ni13Mo3	S31700,317	SUS317	—	—	—
50	S31703	022Cr19Ni13Mo3	00Cr19Ni13Mo3	S31703,317L	SUS317L	X2CrNiMo19-14-4	X2CrNiMo18-15-4, 1.4438	03Х16Н15М3
51	S31793	022Cr18Ni14Mo3	00Cr18Ni14Mo3	—	—	—	—	—
52	S31794	03Cr18Ni16Mo5	0Cr18Ni16Mo5	—	SUS317J1	—	—	—
53	S31723	022Cr19Ni16Mo5N		S31726,317LMN	—	X2CrNiMoN18-15-5	X2CrNiMoN17-13-5, 1.4439	—
54	S31753	022Cr19Ni13Mo4N		S31753,317LN	SUS317LN	X2CrNiMoN18-12-4	X2CrNiMoN18-12-4, 1.4434	—

表 B.1(续)

序号	中国 GB/T 20878—2007			美国 ASTM A959-04	日本 JIS G4303—1998 JIS G4311—1991	国际 ISO/TS 15510:2003 ISO 4955:2005	欧洲 EN 10088:1—1995 EN 10095—1999 等	前苏联 ГОСТ 5632—1972
	统一数字代号	新 牌 号	旧 牌 号					
55	S32168	06Cr18Ni11Ti	0Cr18Ni10Ti	S32100,321	SUS321	X6CrNiTi18-10	X6CrNiTi18-10, 1.4541	08X18H10T
56	S32169	07Cr19Ni11Ti	1Cr18Ni11Ti	S32109, 321H	(SUS321H)	X7CrNiTi18-10	X6CrNiTi18-10, 1.4541	12X18H11T
57	S32590	45Cr14Ni14W2Mo	4Cr14Ni14W2Mo	—	—	—	—	45X14H14B2M
58	S32652	015Cr24Ni22Mo8-Mn3CuN		S32654	—	X1CrNiMoCuN24-22-8	(X1CrNiMoCuN24-22-8, 1.4652)	—
59	S32720	24Cr18Ni8W2	2Cr18Ni8W2	—	—	—	—	25X18H8B2
60	S33010	12Cr16Ni35	1Cr16Ni35	N08330,330	SUH330	(X12CrNiSi35-16)	X12CrNiSi35-16,1.4864	—
61	S34553	022Cr24Ni17Mo5-Mn6NbN		S34565	—	X2CrNiMnMoN25-18-6-5	(X2CrNiMnMoN25-18-6-5,1.4565)	—
62	S34778	06Cr18Ni11Nb	0Cr18Ni11Nb	S34700,347	SUS347	X6CrNiNb18-10	X6CrNiNb18-10, 1.4550	08X18H12Б
63	S34779	07Cr18Ni11Nb	1Cr19Ni11Nb	S34709,347H	(SUS347H)	X7CrNiNb18-10	X7CrNiNb18-10, 1.4912	—
64	S38148	06Cr18Ni13Si4	0Cr18Ni13Si4	—	SUSXM15J1	S38100,XM-15	—	—
65	S38240	16Cr20Ni14Si2	1Cr20Ni14Si2	—	—	X15CrNiSi20-12	X15CrNiSi20-12, 1.4828	20X20H14C2
66	S38340	16Cr25Ni20Si2	1Cr25Ni20Si2	—	—	(X15CrNiSi25-21)	(X15CrNiSi25-21, 1.4841)	20X25H20C2
67	S21860	14Cr18Ni11Si4AlTi	1Cr18Ni11Si4AlTi	—	—	—	—	15X18H12C4TЮ
68	S21953	022Cr19Ni5Mo3Si2N	00Cr18Ni5Mo3Si2	S31500	—	—	—	—
69	S22160	12Cr21Ni5Ti	1Cr21Ni5Ti	—	—	—	—	10X21H5T
70	S22253	022Cr22Ni5Mo3N		S31803	SUS329J3L	X2CrNiMoN22-5-3	X2CrNiMoN22-5-3, 1.4462	—
71	S22053	022Cr23Ni5Mo3N		S32205,2205	—	—	—	—
72	S23043	022Cr23Ni4MoCuN		S32304, 2304	—	X2CrNiN23-4	X2CrNiN23-4,1.4362	—
73	S22553	022Cr25Ni6Mo2N		S31200	—	X3CrNiMoN27-5-2	X3CrNiMoN27-5-2, 1.4460	—

表 B.1(续)

序号	中国 GB/T 20878—2007			美国 ASTM A959-04	日本 JIS G4303—1998 JIS G4311—1991	国际 ISO/TS 15510:2003 ISO 4955:2005	欧洲 EN 10088:1—1995 EN 10095—1999 等	前苏联 ГОСТ 5632—1972
	统一数字代号	新 牌 号	旧 牌 号					
74	S22583	022Cr25Ni7Mo3WCuN		S31260	(SUS329J2L)	—	—	—
75	S25554	03Cr25Ni6Mo3Cu2N		S32550, 255	SUS329J4L	X2CrNiMoCuN25-6-3	X2CrNiMoCuN25-6-3, 1.4507	—
76	S25073	022Cr25Ni7Mo4N		S32750, 2507	—	X2CrNiMoN25-7-4	X2CrNiMoN25-7-4, 1.4410	—
77	S27603	022Cr25Ni7Mo4-WCuN		S32760	—	X2CrNiMoWN25-7-4	X2CrNiMoWN25-7-4, 1.4501	—
78	S11348	06Cr13Al	0Cr13Al	S40500,405	SUS405	X6CrAl13	X6CrAl13,1.4002	—
79	S11168	06Cr11Ti	0Cr11Ti	S40900	(SUH409)	X6CrTi12	—	—
80	S11163	022Cr11Ti		S40900	(SUH409L)	X2CrTi12	X2CrTi12,1.4512	—
81	S11173	022Cr11NbTi		S40930	—	—	—	—
82	S11213	022Cr12Ni		S40977	—	X2CrNi12	X2CrNi12,1.4003	—
83	S11203	022Cr12	00Cr12	—	SUS410L	—	—	—
84	S11510	10Cr15	1Cr15	S42900, 429	(SUS429)	—	—	—
85	S11710	10Cr17	1Cr17	S43000	SUS430	X6Cr17	X6Cr17,1.4016	12X17
86	S11717	Y10Cr17	Y1Cr17	S43020, 430F	SUS430F	X7CrS17	X14CrMoS17,1.4104	—
87	S11863	022Cr18Ti	00Cr17	S43035, 439	(SUS430LX)	X3CrTi17	X3CrTi17,1.4510	08X17T
88	S11790	10Cr17Mo	1Cr17Mo	S43400, 434	SUS434	X6CrMo17-1	X6CrMo17-1,1.4113	—
89	S11770	10Cr17MoNb		S43600, 436	—	X6CrMoNb17-1	X6CrMoNb17-1, 1.4526	—
90	S11862	019Cr18MoTi		—	(SUS436L)	—	—	—
91	S11873	022Cr18NbTi		S43940	—	X2CrTiNb18	X2CrTiNb18, 1.4509	—
92	S11972	019Cr19Mo2NbTi	00Cr18Mo2	S44400, 444	(SUS444)	X2CrMoTi18-2	X2CrMoTi18-2,1.4521	—
93	S12550	16Cr25N	2Cr25N	S44600,446	(SUH446)	—	—	—

表 B.1(续)

序号	中国 GB/T 20878—2007			美国 ASTM A959-04	日本 JIS G4303—1998 JIS G4311—1991	国际 ISO/TS 15510:2003 ISO 4955:2005	欧洲 EN 10088:1—1995 EN 10095—1999 等	前苏联 ГОСТ 5632—1972
	统一数字代号	新牌号	旧牌号					
94	S12791	008Cr27Mo	00Cr27Mo	S44627，XM-27	SUSXM27	—	—	—
95	S13091	008Cr30Mo2	00Cr30Mo2	—	SUS447J1	—	—	—
96	S40310	12Cr12	1Cr12	S40300,403	SUS403	—	—	—
97	S41008	06Cr13	0Cr13	S41008，410S	(SUS410S)	X6Cr13	X6Cr13，1.4000	08X13
98	S41010	12Cr13	1Cr13	S41000，410	SUS410	X12Cr13	X12Cr13，1.4006	12X13
99	S41595	04Cr13Ni5Mo		S41500	(SUSF6NM)	X3CrNiMo13-4	X3CrNiMo13-4，1.4313	—
100	S41617	Y12Cr13	Y1Cr13	S41600，416	SUS416	X12CrS13	X12CrS13，1.4005	—
101	S42020	20Cr13	2Cr13	S42000，420	SUS420J1	X20Cr13	X20Cr13，1.4021	20X13
102	S42030	30Cr13	3Cr13	S42000，420	SUS420J2	X30Cr13	X30Cr13，1.4028	30X13
103	S42037	Y30Cr13	Y3Cr13	S42020，420F	SUS420F	X29CrS13	X29CrS13，1.4029	—
104	S42040	40Cr13	4Cr13	—	—	X39Cr13	X39Cr13，1.4031	40X13
105	S41427	Y25Cr13Ni2	Y2Cr13Ni2					25X13H2
106	S43110	14Cr17Ni2	1Cr17Ni2					14X17H2
107	S43120	17Cr16Ni2		S43100，431	SUS431	X17CrNi16-2	X17CrNi16-2，1.4057	—
108	S44070	68Cr17	7Cr17	S44002，440A	SUS440A	—	—	—
109	S44080	85Cr17	8Cr17	S44003，440B	SUS440B	—	—	—
110	S44096	108Cr17	11Cr17	S44004，440C	SUS440C	X105CrMo17	X105CrMo17，1.4125	—
111	S44097	Y108Cr17	Y11Cr17	S44020，440F	SUS440F	—	—	—
112	S44090	95Cr18	9Cr18	—	—	—	—	95X18
113	S45110	12Cr5Mo	1Cr5Mo	(S50200，502)	(STBA25)	(TS37)	—	15X5M
114	S45610	12Cr12Mo	1Cr12Mo	—	—	—	—	—

表 B.1(续)

序号	中国 GB/T 20878—2007			美国 ASTM A959-04	日本 JIS G4303—1998 JIS G4311—1991	国际 ISO/TS 15510:2003 ISO 4955:2005	欧洲 EN 10088:1—1995 EN 10095—1999 等	前苏联 ГОСТ 5632—1972
	统一数字代号	新牌号	旧牌号					
115	S45710	13Cr13Mo	1Cr13Mo	—	SUS410J1	—	—	—
116	S45830	32Cr13Mo	3Cr13Mo	—	—	—	—	—
117	S45990	102Cr17Mo	9Cr18Mo	S44004，440C	SUS440C	X105CrMo17	X105CrMo17，1.4125	—
118	S46990	90Cr18MoV	9Cr18MoV	S44003，440B	SUS440B	—	X90CrMoV18，1.4112	—
119	S46010	14Cr11MoV	1Cr11MoV	—	—	—	—	15X11Mф
120	S46110	158Cr12MoV	1Cr12MoV	—	—	—	—	—
121	S46020	21Cr12MoV	2Cr12MoV	—	—	—	—	—
122	S46250	18Cr12MoVNbN	2Cr12MoVNbN	—	SUH600	—	—	—
123	S47010	15Cr12WMoV	1Cr12WMoV	—	—	—	—	15X12BHMф
124	S47220	22Cr12NiWMoV	2Cr12NiMoWV	(616)	SUH616	—	—	—
125	S47310	13Cr11Ni2W2MoV	1Cr11Ni2W2MoV	—	—	—	—	13X11H2B2Mф
126	S47410	14Cr12Ni2WMoVNb	1Cr12Ni2WMoVNb	—	—	—	—	13X14H3B2ф
127	S47250	10Cr12Ni3Mo2VN		—	—			
128	S47450	18Cr11NiMoNbVN	2Cr11NiMoNbVN	—	—	—	—	—
129	S47710	13Cr14Ni3W2VB	1Cr14Ni3W2VB	—	—	—	—	15X12H2MBфAБ
130	S48040	42Cr9Si2	4Cr9Si2	—	—	—	—	40X9C2
131	S48045	45Cr9Si3		—	SUH1	—	(X45CrSi3，1.4718)	—
132	S48140	40Cr10Si2Mo	4Cr10Si2Mo	—	SUH3	—	(X40CrSiMo10，1.4731)	40X10C2M
133	S48380	80Cr20Si2Ni	8Cr20Si2Ni	—	SUH4	—	(X80CrSiNi20，1.4747)	—
134	S51380	04Cr13Ni8Mo2Al		S13800，XM-13	—	—	—	—
135	S51290	022Cr12Ni9Cu2NbTi		S45500，XM-16	—	—	—	08X15H5Л2T

表 B.1(续)

序号	中国 GB/T 20878—2007			美国 ASTM A959-04	日本 JIS G4303—1998 JIS G4311—1991	国际 ISO/TS 15510:2003 ISO 4955:2005	欧洲 EN 10088:1—1995 EN 10095—1999 等	前苏联 ГОСТ 5632—1972
	统一数字代号	新 牌 号	旧 牌 号					
136	S51550	05Cr15Ni5Cu4Nb		S15500，XM-12	—	—	—	—
137	S51740	05Cr17Ni4Cu4Nb	0Cr17Ni4Cu4Nb	S17400，630	SUS630	X5CrNiCuNb16-4	X5CrNiCuNb16-4，1.4542	—
138	S51770	07Cr17Ni7Al	0Cr17Ni7Al	S17700，631	SUS631	X7CrNi17-7	X7CrNi17-7，1.4568	09Х17Н7Ю
139	S51570	07Cr15Ni7Mo2Al	0Cr15Ni7Mo2Al	S15700，632	—	X8CrNiMoAl15-7-2	X8CrNiMoAl15-7-2，1.4532	—
140	S51240	07Cr12Ni4Mn5Mo3Al	0Cr12Ni4Mn5Mo3Al		—	—	—	—
141	S51750	09Cr17Ni5Mo3N		S35000，633	—	—	—	—
142	S51778	06Cr17Ni7AlTi		S17600，635	—	—	—	—
143	S51525	06Cr15Ni25Ti2-MoAlVB	0Cr15Ni25Ti2-MoAlVB	S66286，660	SUH660	(X6NiCrTiMoVB25-15-2)	—	—

注:括号内牌号是在表头所列标准之外的牌号。

附 录 C
（资料性附录）
不锈钢和耐热钢标准牌号适用标准表

表 C.1 不锈钢和耐热钢标准牌号适用标准表

序号	中国 GB/T 20878—2007			形状									适用标准
	统一数字代号	新牌号	旧牌号	棒	板	带	管	盘条	丝、绳	角钢	坯	锻件	
1	S35350	12Cr17Mn6Ni5N	1Cr17Mn6Ni5N	○		○		○					GB/T 1220、GB/T 4356
2	S39950	10Cr17Mn9Ni4N			○								GJB 2295A
3	S35450	12Cr18Mn9Ni5N	1Cr18Mn8Ni5N	○	○	○		○				○	GB/T 1220、GB/T 4356，GJB 2295A，QJ 501
4	S35020	20Cr13Mn9Ni4	2Cr13Mn9Ni4	○	○	○						○	GJB 2294、GJB 2295A、GJB 3321，QJ 501
5	S35550	20Cr15Mn15Ni2N	2Cr15Mn15Ni2N					○					GB/T 4356
6	S35650	53Cr21Mn9Ni4N	5Cr21Mn9Ni4N	○			○						GB/T 1221、GB/T 12773
7	S35750	26Cr18Mn12Si2N	3Cr18Mn12Si2N	○									GB/T 1221
8	S35850	22Cr20Mn10Ni2Si2N	2Cr20Mn9Ni2Si2N	○									GB/T 1221
9	S30110	12Cr17Ni7	1Cr17Ni7	○	○	○							GB/T 1220、GB/T 3280、YB/T 5310、GB/T 4237、GB/T 4239、GJB 3321
10	S30103	022Cr17Ni7			○	○							GB/T 3280、GB/T 4237
11	S30153	022Cr17Ni7N			○	○							GB/T 3280、GB/T 4237
12	S30220	17Cr18Ni9	2Cr18Ni9	○	○								GJB 2294，GJB 2295A

表 C.1(续)

序号	中国 GB/T 20878—2007			形状									适用标准
	统一数字代号	新牌号	旧牌号	棒	板	带	管	盘条	丝、绳	角钢	坯	锻件	
13	S30210	12Cr18Ni9	1Cr18Ni9	○	○	○	○	○	○	○	○	○	GB/T 1220、GB/T 3280、GB/T 4226、GB/T 4237、GB/T 4238、GB/T 4240、GB/T 4356、GB/T 5310、GB/T 9944、GB/T 12770、GB/T 12771、GB/T 13296、GB/T 14975、GB/T 14976、GJB 2294、GJB 2295A、GJB 3320、YB(T)11、YB/T 5089、YB/T 5133、YB/T 5134、YB/T 5137、YB/T 5309、YB/T 5310、QJ 501
14	S30240	12Cr18Ni9Si3	1Cr18Ni9Si3		○	○							GB/T 4237、GB/T 4238、GB/T 3280
15	S30317	Y12Cr18Ni9	Y1Cr18Ni9	○				○	○				GB/T 1220、GB/T 4226、GB/T 4240、GB/T 4356
16	S30327	Y12Cr18Ni9Se	Y1Cr18Ni9Se	○					○				GB/T 1220、GB/T 4226、GB/T 4240
17	S30408	06Cr19Ni10	0Cr18Ni9	○	○	○	○	○	○	○	○	○	GB/T 1220、GB/T 1221、GB/T 3090、GB/T 3280、GB/T 4226、GB/T 4232、GB/T 4237、GB/T 4238、GB/T 4240、GB/T 4356、GB/T 9944、GB/T 12770、GB/T 12771、GB 13296、GB/T 14975、GB/T 14976、GJB 2294、GJB 2295A、GJB 2296A、GJB 2610、GJB 3321，YB/T 085、YB/T 5089、YB/T 5133、YB/T 5134、YB/T 5309、YB/T 5310、QJ 501
18	S30403	022Cr19Ni10	00Cr19Ni10	○	○	○	○	○	○	○	○		GB/T 1220、GB/T 3089、GB/T 3090、GB/T 3280、GB/T 4226、GB/T 4237、GB/T 4240、GB/T 4356、GB/T 12770、GB/T 12771、GB 13296、GB/T 14975、GB/T 14976，GJB 2294、GJB 2295A、GJB 2610，YB(T)11、YB/T 5089、YB/T 5309

表 C.1(续)

序号	中国 GB/T 20878—2007			形状									适用标准
	统一数字代号	新牌号	旧牌号	棒	板	带	管	盘条	丝、绳	角钢	坯	锻件	
19	S30409	07Cr19Ni10			○	○					○		GB/T 3280、GB/T 4237、YB/T 5089
20	S30450	05Cr19Ni10Si2CeN			○	○							GB/T 3280、GB/T 4237
21	S30480	06Cr18Ni9Cu2	0Cr18Ni9Cu2					○					GB/T 4356
22	S30488	06Cr18Ni9Cu3	0Cr18Ni9Cu3	○				○	○				GB/T 1220、GB/T 4232、GB/T 4356
23	S30458	06Cr19Ni10N	0Cr19Ni9N	○	○	○	○		○				GB/T 1220、GB/T 3280、GB/T 4237、GB/T 4240、GB/T 14975、GB/T 14976
24	S30478	06Cr19Ni9NbN	0Cr19Ni10NbN	○	○	○	○						GB/T 1220、GB/T 3280、GB/T 4237、GB/T 14976
25	S30453	022Cr19Ni10N	00Cr18Ni10N	○	○	○	○						GB/T 1220、GB/T 3280、GB/T 4237、GB/T 14975
26	S30510	10Cr18Ni12	1Cr18Ni12	○	○	○		○	○				GB/T 1220、GB/T 3280、GB/T 4226、GB/T 4232、GB/T 4237、GB/T 4240、GB/T 4356
27	S30508	06Cr18Ni12	0Cr18Ni12	○				○					GB/T 4226、GB/T 4232、GB/T 4356
28	S38408	06Cr16Ni18	0Cr16Ni18						○				GB/T 4232
29	S30808	06Cr20Ni11			○								GB/T 4238
30	S30850	22Cr21Ni12N	2Cr21Ni12N	○			○						GB/T 1221、GB/T 12773
31	S30920	16Cr23Ni13	2Cr23Ni13	○	○		○						GB/T 1221、GB/T 4238、GB/T 13296
32	S30908	06Cr23Ni13	0Cr23Ni13	○	○	○	○	○	○				GB/T 1220、GB/T 1221、GB/T 3280、GB/T 4226、GB/T 4237、GB/T 4238、GB/T 4240、GB/T 4356、GB/T 14976
33	S31010	14Cr23Ni18	1Cr23Ni18	○	○							○	GJB 2294、GJB 2295A、QJ 501
34	S31020	20Cr25Ni20	2Cr25Ni20	○	○		○						GB/T 1221、GB/T 4238、GB/T 13296

表 C.1(续)

序号	中国 GB/T 20878—2007			形状									适用标准
	统一数字代号	新牌号	旧牌号	棒	板	带	管	盘条	丝、绳	角钢	坯	锻件	
35	S31008	06Cr25Ni20	0Cr25Ni20	○	○	○	○	○	○		○	○	GB/T 1220、GB/T 1221、GB/T 3280、GB/T 4226、GB/T 4237、GB/T 4238、GB/T 4240、GB/T 4356、GB/T 12770、GB/T 12771、GB 13296、GB/T 14976、YB/T 5089、QJ 501
36	S31053	022Cr25Ni22Mo2N			○	○							GB/T 3280、GB/T 4237
37	S31252	015Cr20Ni18Mo6CuN											
38	S31608	06Cr17Ni12Mo2	0Cr17Ni12Mo2	○	○	○	○	○	○	○	○		GB/T 1220、GB/T 1221、GB/T 3090、GB/T 3280、GB/T 4226、GB/T 4237、GB/T 4238、GB/T 4240、GB/T 4356、GB/T 12770、GB/T 12771、GB 13296、GB/T 14975、GB/T 14976、YB/T 5089、YB/T 5309
39	S31603	022Cr17Ni12Mo2	00Cr17Ni14Mo2	○	○	○	○	○	○	○	○		GB/T 1220、GB/T 3089、GB/T 3090、GB/T 3280、GB/T 4226、YB/T 5309、GB/T 4237、GB/T 4240、GB/T 4356、GB/T 12770、GB/T 12771、GB 13296、GB/T 14975、GB/T 14976、GJB 2610、YB/T 5089
40	S31609	07Cr17Ni12Mo2	1Cr17Ni12Mo2				○		○		○		GB 13296、YB(T)11、YB/T 5089
41	S31668	06Cr17Ni12Mo2Ti	0Cr18Ni12Mo2Ti	○	○	○	○						GB/T 1220、GB/T 3280、GB/T 4237、GB 13296、GB/T 14975、GB/T 14976
42	S31678	06Cr17Ni12Mo2Nb			○	○							GB/T 3280、GB/T 4237
43	S31658	06Cr17Ni12Mo2N	0Cr17Ni12Mo2N	○	○	○	○						GB/T 1220、GB/T 3280、GB/T 4237、GB/T 14975、GB/T 14976

表 C.1(续)

序号	中国 GB/T 20878—2007			形状									适用标准
	统一数字代号	新牌号	旧牌号	棒	板	带	管	盘条	丝、绳	角钢	坯	锻件	
44	S31653	022Cr17Ni12Mo2N	00Cr17Ni13Mo2N	○	○	○	○						GB/T 1220、GB/T 3280、GB/T 4237、GB/T 14975、GB/T 14976
45	S31688	06Cr18Ni12Mo2Cu2	0Cr18Ni12Mo2Cu2	○	○	○	○						GB/T 1220、GB/T 3280、GB/T 4237、GB/T 14976
46	S31683	022Cr18Ni14Mo2Cu2	00Cr18Ni14Mo2Cu2	○	○	○	○						GB/T 1220、GB/T 3280、GB/T 4237、GB/T 14976
47	S31693	022Cr18Ni15Mo3N	00Cr18Ni15Mo3N	○	○	○			○				GB 4234
48	S31782	015Cr21Ni26Mo5Cu2			○	○							GB/T 3280、GB/T 4237
49	S31708	06Cr19Ni13Mo3	0Cr19Ni13Mo3	○	○	○	○						GB/T 1220、GB/T 1221、GB/T 3280、GB/T 4237、GB/T 4238、GB/T 4356、GB 13296、GB/T 14975、GB/T 14976
50	S31703	022Cr19Ni13Mo3	00Cr19Ni13Mo3	○	○	○	○				○		GB/T 1220、GB/T 3280、GB/T 4237、GB/T 4238、GB 13296、GB/T 14975、GB/T 14976，YB/T 5089
51	S31793	022Cr18Ni14Mo3	00Cr18Ni14Mo3	○	○	○			○				GB 4234
52	S31794	03Cr18Ni16Mo5	0Cr18Ni16Mo5	○									GB/T 1220
53	S31723	022Cr19Ni16Mo5N			○	○							GB/T 3280、GB/T 4237
54	S31753	022Cr19Ni13Mo4N			○	○							GB/T 3280、GB/T 4237
55	S32168	06Cr18Ni11Ti	0Cr18Ni10Ti	○	○	○	○	○	○	○	○		GB/T 1220、GB/T 1221、GB/T 3090、GB/T 3280、GB/T 4226、GB/T 4237、GB/T 4238、GB/T 4240、GB/T 4356、GB/T 12770、GB/T 12771、GB 13296、GB/T 14975、GB/T 14976，GJB 2294、GJB 2295A、GJB 2296A、GJB 2455、GJB 2610、YB/T 5089、YB/T 5309

表 C.1(续)

序号	中国 GB/T 20878—2007			形状									适用标准
	统一数字代号	新牌号	旧牌号	棒	板	带	管	盘条	丝、绳	角钢	坯	锻件	
56	S32169	07Cr19Ni11Ti	1Cr18Ni11Ti				○						GB 13296
57	S32590	45Cr14Ni14W2Mo	4Cr14Ni14W2Mo	○								○	GB/T 1221、GB/T 12773,QJ 501
58	S32652	015Cr24Ni22Mo8Mn3CuN			○	○							GB/T 3280、GB/T 4237
59	S32720	24Cr18Ni8W2	2Cr18Ni8W2	○								○	GJB 2294,QJ 501
60	S33010	12Cr16Ni35	1Cr16Ni35	○	○								GB/T 1221、GB/T 4238
61	S34553	022Cr24Ni17Mo5Mn6NbN			○	○							GB/T 3280、GB/T 4237
62	S34778	06Cr18Ni11Nb	0Cr18Ni11Nb	○		○	○	○	○	○	○		GB/T 1221、GB/T 3280、GB/T 4226、GB/T 4237、GB/T 4238、GB/T 4240、GB/T 12770、GB/T 12771、GB 13296、GB/T 14975、GB/T 14976,GJB 2294,YB/T 5089、YB/T 5309
63	S34779	07Cr18Ni11Nb	1Cr19Ni11Nb			○	○				○		GB 5310、GB 9948、GB 13296,YB/T 5089、YB/T 5137
64	S38148	06Cr18Ni13Si4	0Cr18Ni13Si4	○			○						GB/T 1220、GB/T 1221、GB 13296
65	S38240	16Cr20Ni14Si2	1Cr20Ni14Si2	○									GB/T 1221
66	S38340	16Cr25Ni20Si2	1Cr25Ni20Si2	○		○							GB/T 1221、GB/T 4238
67	S21860	14Cr18Ni11Si4AlTi	1Cr18Ni11Si4AlTi	○	○	○						○	GB/T 1220、GB/T 3280、GB/T 4237,GJB 2294、GJB 2295A,QJ 501
68	S21953	022Cr19Ni5Mo3Si2N	00Cr18Ni5Mo3Si2	○	○	○	○						GB/T 1220、GB/T 3280、GB/T 4237、GB/T 14975、GB/T 14976
69	S22160	12Cr21Ni5Ti	1Cr21Ni5Ti	○	○	○						○	GB/T 3280、GB/T 4237,GJB 2294、GJB 2295A、GJB 2455、QJ 501
70	S22253	022Cr22Ni5Mo3N		○	○	○							GB/T 1220、GB/T 3280、GB/T 4237

表 C.1(续)

序号	中国 GB/T 20878—2007			形状									适用标准
	统一数字代号	新牌号	旧牌号	棒	板	带	管	盘条	丝、绳	角钢	坯	锻件	
71	S22053	022Cr23Ni5Mo3N		○	○	○							GB/T 1220、GB/T 3280、GB/T 4237
72	S23043	022Cr23Ni4MoCuN			○	○							GB/T 3280、GB/T 4237
73	S22553	022Cr25Ni6Mo2N			○	○							GB/T 3280、GB/T 4237
74	S22583	022Cr25Ni7Mo3WCuN											
75	S25554	03Cr25Ni6Mo3Cu2N			○	○							GB/T 3280、GB/T 4237
76	S25073	022Cr25Ni7Mo4N			○	○							GB/T 3280、GB/T 4237
77	S27603	022Cr25Ni7Mo4WCuN			○	○							GB/T 3280、GB/T 4237
78	S11348	06Cr13Al	0Cr13Al	○	○	○	○						GB/T 1220、GB/T 1221、GB/T 3280、GB/T 4237、GB/T 4238、GB/T 12771
79	S11168	06Cr11Ti	0Cr11Ti		○								GB/T 4238
80	S11163	022Cr11Ti			○	○							GB/T 3280、GB/T 4237、GB/T 4238
81	S11173	022Cr11NbTi			○	○							GB/T 3280、GB/T 4237、GB/T 4238
82	S11213	022Cr12Ni			○	○							GB/T 3280、GB/T 4237
83	S11203	022Cr12	00Cr12		○	○							GB/T 1221、GB/T 3280、GB/T 4237
84	S11510	10Cr15	1Cr15		○	○	○						GB/T 3280、GB/T 4237、GB/T 12770
85	S11710	10Cr17	1Cr17	○	○	○	○	○	○	○			GB/T 1220、GB/T 1221、GB/T 3280、GB/T 4226、GB/T 4232、GB/T 4237、GB/T 4238、GB/T 4240、GB/T 4356、GB/T 12770、GB 13296、GB/T 14975、GB/T 14976、GJB 2294、YB/T 5309
86	S11717	Y10Cr17	Y1Cr17	○				○	○				GB/T 1220、GB/T 4226、GB/T 4240、GB/T 4356
87	S11863	022Cr18Ti	00Cr17		○	○	○						GB/T 3280、GB/T 4237、GB/T 12771

表 C.1(续)

序号	中国 GB/T 20878—2007			形状									适用标准
	统一数字代号	新牌号	旧牌号	棒	板	带	管	盘条	丝、绳	角钢	坯	锻件	
88	S11790	10Cr17Mo	1Cr17Mo	○	○	○		○					GB/T 1220、GB/T 3280、GB/T 4237、GB/T 4356
89	S11770	10Cr17MoNb											
90	S11862	019Cr18MoTi			○	○							GB/T 3280、GB/T 4237
91	S11873	022Cr18NbTi			○	○							GB/T 3280、GB/T 4237
92	S11972	019Cr19Mo2NbTi	00Cr18Mo2		○	○	○						GB/T 3280、GB/T 4237、GB/T 12771、YB/T 5133
93	S12550	16Cr25N	2Cr25N	○	○		○						GB/T 1221、GB/T 4238、GB/T 12771
94	S12791	008Cr27Mo	00Cr27Mo	○	○	○	○						GB/T 1220、GB/T 3280、GB/T 4237、GB 13296
95	S13091	008Cr30Mo2	00Cr30Mo2	○	○	○							GB/T 1220、GB/T 3280、GB/T 4237
96	S40310	12Cr12	1Cr12	○	○	○					○		GB/T 1220、GB/T 3280、GB/T 4226、GB/T 4237、GB/T 4238、YB/T 5089
97	S41008	06Cr13	0Cr13	○	○	○	○	○	○			○	GB/T 1220、GB/T 3280、GB/T 4237、GB/T 4356、GB/T 8732、GB/T 12770、GB/T 12771、GB/T 14975、GB/T 14976、QJ 501
98	S41010	12Cr13	1Cr13	○	○	○	○		○		○	○	GB/T 1220、GB/T 1221、GB/T 3280、GB/T 4232、GB/T 4237、GB/T 4238、GB/T 4240、GB/T 4226、GB/T 8732、GB/T 12770、GB/T 14975、GJB 2294、GJB 2295A、GJB 2455、YB/T 5089、QJ 501
99	S41595	04Cr13Ni5Mo			○	○							GB/T 3280、GB/T 4237
100	S41617	Y12Cr13	Y1Cr13	○				○	○				GB/T 1220、GB/T 4240、GB/T 4356、GB/T 4226

表 C.1(续)

序号	中国 GB/T 20878—2007			形状									适用标准
	统一数字代号	新牌号	旧牌号	棒	板	带	管	盘条	丝、绳	角钢	坯	锻件	
101	S42020	20Cr13	2Cr13	○	○	○	○	○	○		○	○	GB/T 1220、GB/T 1221、GB/T 3280、GB/T 4226、GB/T 4237、GB/T 4240、GB/T 4356、GB/T 8732、GB/T 14975，GJB 2294、GJB 2295A、GJB 2455，YB/T 5089、QJ 501
102	S42030	30Cr13	3Cr13	○	○	○	○	○	○		○	○	GB/T 1220、GB/T 3280、GB/T 4226、GB/T 4237、GB/T 4240、GB/T 4356，GJB 2294、GJB 2295A、GJB 2455、GJB 3320、GJB 3321，YB/T 5089、YB/T 5310、QJ 501
103	S42037	Y30Cr13	Y3Cr13	○				○					GB/T 1220、GB/T 4226、GB/T 4356
104	S42040	40Cr13	4Cr13	○	○	○			○		○	○	GB/T 1220、GB/T 3280、GB/T 4237、GB/T 4240、GB/T 4356，GJB 2294、GJB 2295A，YB/T 5089、QJ 501
105	S41427	Y25Cr13Ni2	Y2Cr13Ni2	○								○	GJB 2294，QJ 501
106	S43110	14Cr17Ni2	1Cr17Ni2	○	○	○		○	○		○	○	GB/T 1220、GB/T 1221、GB/T 4240、GB/T 4232、GB/T 4356，GJB 2294、GJB 2295A、GJB 2455，YB/T 5089、QJ 501
107	S43120	17Cr16Ni2		○	○	○							GB/T 1220、GB/T 1221、GB/T 3280、GB/T 4237
108	S44070	68Cr17	7Cr17	○	○	○		○					GB/T 1220、GB/T 3280、GB/T 4237、GB/T 4356、YB/T 096
109	S44080	85Cr17	8Cr17	○				○				○	GB/T 1220、GB/T 4356，YB/T 096、QJ 501
110	S44096	108Cr17	11Cr17	○				○					GB/T 1220、GB/T 4226、GB/T 4356
111	S44097	Y108Cr17	Y11Cr17	○				○					GB/T 1220、GB/T 4356

表 C.1(续)

序号	中国 GB/T 20878—2007			形状									适用标准
	统一数字代号	新牌号	旧牌号	棒	板	带	管	盘条	丝、绳	角钢	坯	锻件	
112	S44090	95Cr18	9Cr18	○				○	○			○	GB/T 1220、GB/T 4240、GB/T 4356，GJB 2294，YB/T 096、QJ 501
113	S45110	12Cr5Mo	1Cr5Mo	○			○				○		GB/T 1221、GB/T 6479、GB 9948，YB/T 5137
114	S45610	12Cr12Mo	1Cr12Mo	○									GB/T 1221、GB/T 8732
115	S45710	13Cr13Mo	1Cr13Mo	○				○			○		GB/T 1220、GB/T 1221、GB/T 4356，YB/T 5089
116	S45830	32Cr13Mo	3Cr13Mo	○				○					GB/T 1220、GB/T 4356
117	S45990	102Cr17Mo	9Cr18Mo	○				○	○				GB/T 1220、GB/T 4356，YB/T 096
118	S46990	90Cr18MoV	9Cr18MoV	○				○					GB/T 1220、GB/T 4356
119	S46010	14Cr11MoV	1Cr11MoV	○									GB/T 1221、GB/T 8732
120	S46110	158Cr12MoV	1Cr12MoV	○									GJB 2294
121	S46020	21Cr12MoV	2Cr12MoV	○									GB/T 8732
122	S46250	18Cr12MoVNbN	2Cr12MoVNbN	○									GB/T 1221
123	S47010	15Cr12WMoV	1Cr12WMoV	○									GB/T 1221、GB/T 8732
124	S47220	22Cr12NiWMoV	2Cr12NiWMoV	○	○								GB/T 8732、GB/T 4238
125	S47310	13Cr11Ni2W2MoV	1Cr11Ni2W2MoV	○	○			○			○	○	GB/T 4356，GJB 2294、GJB 2295A、GJB 2455、QJ 501
126	S47410	14Cr12Ni2WMoVNb	1Cr12Ni2WMoVNb	○							○		GJB 2294、GJB 2455
127	S47250	10Cr12Ni3Mo2VN	1Cr12Ni3Mo2VN		○								GJB 2295A
128	S47450	18Cr11NiMoNbVN	2Cr11NiMoNbVN	○									GB/T 8732
129	S47710	13Cr14Ni3W2VB	1Cr14Ni3W2VB									○	QJ 501

表 C.1(续)

序号	中国 GB/T 20878—2007			形状									适用标准
	统一数字代号	新牌号	旧牌号	棒	板	带	管	盘条	丝、绳	角钢	坯	锻件	
130	S48040	42Cr9Si2	4Cr9Si2	○			○						GB/T 1221、GB/T 12773
131	S48045	45Cr9Si3		○									GB/T 1221
132	S48140	40Cr10Si2Mo	4Cr10Si2Mo	○			○				○	○	GB/T 1221、GB/T 12773，GJB 2294，YB/T 5089、QJ 501
133	S48380	80Cr20Si2Ni	8Cr20Si2Ni	○			○						GB/T 1221、GB/T 12773
134	S51380	04Cr13Ni8Mo2Al			○	○							GB/T 3280、GB/T 4237
135	S51290	022Cr12Ni9Cu2NbTi			○	○							GB/T 3280、GB/T 4237、GB/T 4238
136	S51550	05Cr15Ni5Cu4Nb		○									GB/T 1220
137	S51740	05Cr17Ni4Cu4Nb	0Cr17Ni4Cu4Nb	○	○	○					○	○	GB/T 1220、GB/T 1221、GB/T 4238、GB/T 8732、GJB 2294，YB/T 5089、QJ 501
138	S51770	07Cr17Ni7Al	0Cr17Ni7Al	○	○	○		○	○			○	GB/T 1220、GB/T 1221、GB/T 3280、GB/T 4237、GB/T 4238、GB/T 4356，GJB 2294、GJB 2295A、GJB 3320、GJB 3321，YB/T 5310、QJ 501
139	S51570	07Cr15Ni7Mo2Al	0Cr15Ni7Mo2Al	○	○	○			○				GB/T 1220、GB/T 3280、GB/T 4237、GB/T 4238、GJB 3321、YB(T)11
140	S51240	07Cr12Ni4Mn5Mo3Al	0Cr12Ni4Mn5Mo3Al		○	○			○				GB/T 3280，GJB 3320、GJB 3321
141	S51750	09Cr17Ni5Mo3N			○	○							GB/T 3280、GB/T 4237
142	S51778	06Cr17Ni7AlTi			○	○							GB/T 3280、GB/T 4237、GB/T 4238
143	S51525	06Cr15Ni25Ti2MoAlVB	0Cr15Ni25Ti2MoAlVB	○	○	○							GB/T 1221、GB/T 3280、GB/T 4238

参 考 文 献

GB/T 1220—2007 不锈钢棒

GB/T 1221—2007 耐热钢棒

GB/T 3089—1982 不锈耐酸钢极薄壁无缝钢管

GB/T 3090—1982 不锈钢小直径无缝钢管

GB/T 3280—2007 不锈钢冷轧钢板和钢带

GB/T 3642—1983 S型钎焊不锈钢金属软管

GB/T 4226—1984 不锈钢冷加工钢棒

GB/T 4232—1993 冷顶锻用不锈钢丝

GB/T 4234—2003 外科植入物用不锈钢

GB/T 4237—2007 不锈钢热轧钢板和钢带

GB/T 4238—2007 耐热钢板

GB/T 4240—1993 不锈钢丝

GB/T 4356—2002 不锈钢盘条

GB 5310—1995 高压锅炉用无缝钢管

GB 6479—2000 高压化肥设备用无缝钢管

GB/T 9944—2002 不锈钢丝绳

GB 9948—2006 石油裂化用无缝钢管

GB/T 12770—2002 机械结构用不锈钢焊接钢管

GB/T 12771—2000 流体输送用不锈钢焊接钢管

GB/T 12773 —1991 内燃机气阀钢棒技术条件

GB 13296—1991 锅炉、热交换器用不锈钢无缝钢管

GB/T 14975—2002 结构用不锈钢无缝钢管

GB/T 14976—2002 流体输送用不锈钢无缝钢管

GJB 2294—1995 航空用不锈耐热钢棒规范

GJB 2295A 航空用不锈钢冷轧板规范

GJB 2296A—2005 航空用不锈钢无缝钢管规范

GJB 2455—1995 航空用不锈及耐热钢圆饼和环坯规范

GJB 2610—1996 航天用不锈钢极薄壁无缝管规范

GJB 3320—1998 航空用不锈钢弹簧丝规范

GJB 3321—1998 航空用不锈钢冷轧弹簧带规范

YB/T 085—1996 磁头用不锈钢冷轧钢带

YB/T 096—1997 高碳铬不锈钢丝

YB/T 5089—2007 锻制用不锈钢坯

YB/T 5133—1993 手表用不锈钢冷轧钢带

YB/T 5134—1993 手表用不锈钢扁钢

YB/T 5137—1998 高压无缝钢管用圆管坯

YB(T) 11—1983 弹簧用不锈钢丝

YB/T 5309—2006 不锈钢热轧等边角钢

YB/T 5310—2006 弹簧用不锈钢冷轧钢带

QJ 501—1989 不锈耐酸钢、耐热钢锻件技术条件

ISO/TS 15510:2003 不锈钢——化学成分

ISO 4955:2005　耐热钢和合金
EN 10088-1—1995　不锈钢:不锈钢一览表
EN 10095—1999　耐热钢和镍合金
ASTM A 959-04　压延不锈钢标准牌号化学成分协调导则
JIS G 4303—1998　不锈钢棒
JIS G 4311—1991　耐热钢棒
ГОСТ 5632—1972　耐蚀、耐热及热强高合金钢及合金　牌号和技术要求

二、钢板及钢带

ICS 77.140.50
H 46

中华人民共和国国家标准

GB/T 710—2008
代替 GB/T 710—1991

优质碳素结构钢热轧薄钢板和钢带

Hot-rolled quality carbon structural steel sheets and strips

2008-12-06 发布　　　　2009-10-01 实施

中华人民共和国国家质量监督检验检疫总局
中国国家标准化管理委员会　发布

前　言

本标准代替 GB/T 710—1991《优质碳素结构钢热轧薄钢板和钢带》。

本标准与 GB/T 710—1991 相比主要变化如下：

——增加了热轧薄钢板和钢带订货内容；

——取消了沸腾钢系列牌号；

——调整了各牌号拉伸性能指标；

——提高了最深拉延级、深拉延级晶粒度级别；

——调整了杯突试验厚度范围指标；

——增加了冷弯试验厚度要求；

——修改了复验的规定。

本标准由中国钢铁工业协会提出。

本标准由全国钢标准化技术委员会归口。

本标准起草单位：湖南华菱涟源钢铁有限公司、济钢集团有限公司、首钢总公司、冶金工业信息标准研究院。

本标准主要起草人：周鉴、吴光亮、高玲、师莉、王晓虎、李晓少、何淑芝。

本标准所代替标准的历次版本发布情况为：

GB/T 710—1988、GB/T 710—1991。

优质碳素结构钢热轧薄钢板和钢带

1 范围

本标准规定了优质碳素结构钢热轧薄钢板和钢带的分类、订货内容、尺寸、外形及允许偏差、技术要求、试验方法、检验规则、包装、标志及质量证明书。

本标准适用于厚度小于3 mm、宽度不小于600 mm的优质碳素结构钢热轧薄钢板和钢带(以下简称钢板和钢带)。

2 规范性引用文件

下列文件中的条款通过本标准的引用而成为本标准的条款。凡是注日期的引用文件,其随后所有的修改单(不包括勘误的内容)或修订版均不适用于本标准,然而,鼓励根据本标准达成协议的各方研究是否可使用这些文件的最新版本。凡是不注日期的引用文件,其最新版本适用于本标准。

GB/T 222 钢的成品化学成分允许偏差

GB/T 223.3 钢铁及合金化学分析方法 二安替比林甲烷磷钼酸重量测定磷量

GB/T 223.5 钢铁酸溶硅和全硅含量的测定 还原型硅酸盐分光光度法

GB/T 223.9 钢铁及合金 铝含量的测定 铬天青S分光光度法

GB/T 223.11 钢铁及合金铬含量的测定 可视滴定或电位滴定法

GB/T 223.12 钢铁及合金化学分析方法 碳酸钠分离-二苯碳酰二肼光度法测定铬量

GB/T 223.18 钢铁及合金化学分析方法 硫代硫酸钠分离-碘量法测定铜量

GB/T 223.19 钢铁及合金化学分析方法 新亚铜灵-三氯甲烷萃取光度法测定铜量

GB/T 223.23 钢铁及合金 镍含量的测定 丁二酮肟分光光度法

GB/T 223.36 钢铁及合金化学分析方法 蒸馏分离-中和滴定法测定氮量

GB/T 223.37 钢铁及合金化学分析方法 蒸馏分离-靛酚蓝光度法测定氮量

GB/T 223.53 钢铁及合金化学分析方法 火焰原子吸收分光光度法测定铜量

GB/T 223.54 钢铁及合金化学分析方法 火焰原子吸收分光光度法测定镍量

GB/T 223.58 钢铁及合金化学分析方法 亚砷酸钠-亚硝酸钠滴定法测定锰量

GB/T 223.59 钢铁及合金化学分析方法 磷含量的测定 铋磷钼蓝分光光度法和锑磷钼蓝分光光度法

GB/T 223.60 钢铁及合金化学分析方法 高氯酸脱水重量法测定硅含量

GB/T 223.61 钢铁及合金化学分析方法 磷钼酸铵容量法测定磷量

GB/T 223.62 钢铁及合金化学分析方法 乙酸丁酯萃取光度法测定磷量

GB/T 223.63 钢铁及合金化学分析方法 高碘酸钠(钾)光度法测定锰量

GB/T 223.64 钢铁及合金 锰含量的测定 火焰原子吸收光谱法

GB/T 223.67 钢铁及合金 硫含量的测定 次甲基蓝分光光度法

GB/T 223.68 钢铁及合金化学分析方法 管式炉内燃烧后碘酸钾滴定法测定硫含量

GB/T 223.69 钢铁及合金 碳含量的测定 管式炉内燃烧后气体容量法

GB/T 224 钢的脱碳层深度测定法

GB/T 228 金属材料 室温拉伸试验方法(GB/T 228—2002,eqv ISO 6892:1998)

GB/T 232　金属材料　弯曲试验方法(GB/T 232—1999,eqv ISO 7438:1985)

GB/T 247　钢板和钢带包装、标志及质量证明书的一般规定

GB/T 709　热轧钢板和钢带的尺寸、外形、重量及允许偏差

GB/T 2975　钢及钢产品　力学性能试验取样位置及试样制备(GB/T 2975—1998,eqv ISO 377:1997)

GB/T 4156　金属材料　薄板和薄带埃里克森杯突试验(GB/T 4156—2007,ISO 20482:2003,IDT)

GB/T 4336　碳素钢和中低合金钢火花源原子发射光谱分析方法(常规法)

GB/T 6394　金属平均晶粒度测定法

GB/T 13299　钢的显微组织评定方法

GB/T 17505　钢及钢产品一般交货技术要求(GB/T 17505—1998,eqv ISO 404:1992)

GB/T 20066　钢和铁　化学成分测定用试样的取样和制样方法(GB/T 20066—2006,ISO 14284:1996,IDT)

GB/T 20123　钢铁　总碳硫含量的测定　高频感应炉燃烧后红外吸收法(常规方法)(GB/T 20123—2006,ISO 15350:2000,IDT)

YB/T 081　冶金技术标准的数值修约与检测数值的判定原则

3　分类与代号

钢板和钢带按拉延级别分为三级:

——最深拉延级(Z);

——深拉延级(S);

——普通拉延级(P)。

4　订货内容

4.1　订货合同应包括以下内容:

a)　产品名称(钢板或钢带);

b)　本标准号;

c)　尺寸及精度;

d)　牌号;

e)　重量;

f)　边缘状态(EC或EM);

g)　交货状态;

h)　拉延级别;

i)　特殊要求。

4.2　若订货合同未指明边缘状态、交货状态、厚度精度、拉延级别,则按不切边、热轧状态、普通厚度精度、普通拉延级供货。

订货时,如未说明表面状态,则以热轧表面交货。当表面状态为热轧酸洗表面时,如未说明是否涂油时,则以涂油交货。

5　尺寸、外形及允许偏差

钢板的不平度应符合表1的规定,其他尺寸、外形及允许偏差应符合GB/T 709的规定,45、50牌号的钢板和钢带厚度允许偏差可增加10%。

表 1 钢板的不平度

单位为毫米

公称厚度	公称宽度	下列牌号钢板的不平度，不大于		
		08、08Al、10	15、20、25、30、35	40、45、50
≤2	≤1 200	21	26	32
	>1 200～1 500	25	31	36
	>1 500	30	38	45
>2	≤1 200	18	22	27
	>1 200～1 500	23	29	34
	>1 500	28	35	42

6 技术要求

6.1 钢的牌号和化学成分

6.1.1 钢的牌号

08、08Al、10、15、20、25、30、35、40、45、50。

经供需双方协商可供应其他牌号。

6.1.2 化学成分(熔炼分析)

各牌号化学成分应符合 GB/T 699 的规定。在保证性能的前提下，08、08Al 牌号的热轧钢板和钢带的碳、锰含量下限不限，08Al 酸溶铝含量为 0.015%～0.060%。

6.1.3 钢的成品化学成分允许偏差应按 GB/T 222 的规定。

6.2 冶炼方法

钢由转炉或电炉冶炼。

6.3 交货状态

6.3.1 钢板和钢带一般以热轧状态交货。根据需方要求，经供需双方协商，可按热处理状态供货，热处理方法应在合同中注明。

6.3.2 如需方要求，经供需双方协商，可经酸洗交货。

6.4 力学性能

热轧状态下钢板和钢带的力学性能按表 2 规定。经供需双方协商，可对表 1 中的性能指标进行调整。

表 2 拉伸性能

牌号	拉延级别				
	Z	S 和 P	Z	S	P
	抗拉强度 R_m/MPa		断后伸长率 A/% 不小于		
08、08Al	275～410	≥300	36	35	34
10	280～410	≥335	36	34	32
15	300～430	≥370	34	32	30
20	340～480	≥410	30	28	26
25	—	≥450	—	26	24
30	—	≥490	—	24	22
35	—	≥530	—	22	20
40	—	≥570	—	—	19
45	—	≥600	—	—	17
50	—	≥610	—	—	16

6.5 **弯曲试验**

6.5.1 用08、08Al、10、15、20、25、30、35号钢轧制的钢板和钢带，在交货状态下应进行180°横向弯曲试验，弯心直径符合表3规定。弯曲处不得有裂纹、裂口和分层。

表3 弯曲试验

牌　　号	弯心直径 d	
	板厚 $a \leqslant 2$ mm	板厚 $a > 2$ mm
08、08Al	0	$0.5a$
10	$0.5a$	a
15	a	$1.5a$
20	$2a$	$2.5a$
25、30、35	$2.5a$	$3a$

6.5.2 根据需方要求，表3未列牌号的钢板和钢带，其弯曲试验由供需双方协商。

6.6 **特殊要求**

根据需方要求，经供需双方协商，可进行如下试验。

6.6.1 杯突试验

用08、08Al钢轧制厚度不大于2 mm的钢板和钢带可进行杯突试验，每个测量点的杯突值应符合表4的规定。

表4 杯突试验

单位为毫米

厚　　度	冲压深度，不小于
≤1.0	9.5
>1.0～1.5	10.5
>1.5～2.0	11.5

6.6.2 金相组织

6.6.2.1 晶粒度

用08、08Al、10、15、20号钢轧制的钢板和钢带晶粒度应符合表5规定。

表5 晶粒度

拉延级别	Z		S
牌号	08	08Al、10、15、20	08Al、10、15、20
晶粒度级别	6～9	6～10	6～11

6.6.2.2 带状组织

钢板和钢带的带状组织按GB/T 13299第二评级图评级，15、20牌号的Z级带状组织级别范围为1级、2级、3级。

6.6.2.3 脱碳层

根据需方要求，35、40、45和50号钢的钢板和钢带应检验表面脱碳层、全脱碳层(铁素体)深度(从实际尺寸算起)，单面不得大于钢板和钢带实际厚度的2.5%，双面不得大于4%。

6.6.3 表面硬度、非金属夹杂、显微组织检验的具体要求由双方协商。

6.7 **表面质量**

6.7.1 钢板和钢带表面不应有裂纹、气泡、折叠、夹杂、结疤和压入氧化铁皮，钢板不允许有分层。

6.7.2 钢板和钢带不允许有妨碍检查表面缺陷的薄层氧化铁皮或铁锈及凹凸度不大于钢板和钢带厚度公差之半的麻点、凹面、划痕及其他局部缺陷，且应保证钢板和钢带允许最小厚度。

6.7.3 钢板和钢带表面局部缺陷允许清理，清理处应平滑无棱角，并应保证钢板和钢带允许最小厚度。

6.7.4 在钢带连续生产的过程中，局部的表面缺陷不易发现并去除，因此允许带缺陷交货，但有缺陷部分不得超过每卷钢带总长度的6%。

6.7.5 根据需方要求，经供需双方协商，可供应表面经酸洗处理或其他方法处理的钢带，表面质量要求由双方协商。

7 试验方法

每批钢板和钢带的检验项目、取样数量、取样方法及试验方法应符合表6规定。

表6 检验项目、试样数量、取样方法及试验方法

序号	检验项目	取样数量	取样方法	试验方法
1	化学成分(熔炼分析)	每炉1个	GB/T 20066	GB/T 223、GB/T 4336、GB/T 20123
2	拉伸试验	1个	GB/T 2975	GB/T 228
3	弯曲试验	1个	GB/T 2975	GB/T 232
4	杯突试验	3个	试样长度同板、带宽度，并在中心与边缘三点进行	GB/T 4156
5	晶粒度	1个	GB/T 6394	GB/T 6394
6	带状组织	1个	GB/T 13299	GB/T 13299
7	脱碳	2个	GB/T 224	GB/T 224
8	尺寸、外形	逐张(卷)	—	符合精度要求的适宜量具
9	表面	逐张(卷)	—	目视

8 检验规则

8.1 钢板和钢带的质量由供方质量技术监督部门进行检查和验收。

8.2 钢板和钢带应成批验收，每批由同一牌号、同一炉号、同一厚度、同一拉延级别、同一轧制或热处理制度的钢板和钢带组成，每批重量不大于60 t。轧制卷重大于30 t的钢带和连轧板可按两个轧制卷组批。

8.3 钢板和钢带的复验应符合GB/T 17505的规定。

9 包装、标志及质量证明书

钢板和钢带的包装、标志及质量证明书符合GB/T 247有关规定。

10 数值修约

数值修约应符合YB/T 081的规定。

ICS 77.140.50
H 46

中华人民共和国国家标准

GB/T 711—2008
代替 GB/T 711—1988

优质碳素结构钢热轧厚钢板和钢带

Hot-rolled quality carbon structural steel plates、sheets and wide strips

2008-10-10 发布

2009-05-01 实施

中华人民共和国国家质量监督检验检疫总局
中国国家标准化管理委员会 发布

前　言

本标准代替 GB/T 711—1988《优质碳素结构钢热轧厚钢板和宽钢带》。

本标准与 GB/T 711—1988 相比主要变化如下：

——改变交货状态的规定；

——硫含量降低 0.005%；

——冲击试验由横向变为纵向，并提高冲击吸收能量值；

——检验批重扩大为 60 t。

本标准由中国钢铁工业协会提出。

本标准由全国钢标准化技术委员会归口。

本标准主要起草单位：重庆钢铁股份有限公司、天津钢铁有限公司、首钢总公司、鞍钢股份有限公司、冶金工业信息标准研究院。

本标准主要起草人：朱斌、曾小平、原建华、李树庆、杜大松、师莉、管吉春、宿艳、王晓虎。

本标准所代替标准的历次版本发布情况为：

——GB/T 711—1985、GB/T 711—1988。

优质碳素结构钢热轧厚钢板和钢带

1 范围

本标准规定了优质碳素结构钢热轧厚钢板和钢带的尺寸、外形、重量及允许偏差、技术要求、试验方法、检验规则、包装、标志及质量证明书等。

本标准适用于厚度为 3 mm～60 mm、宽度不小于 600 mm 的优质碳素结构钢热轧厚钢板和钢带。

2 规范性引用文件

下列文件中的条款通过本标准的引用而成为本标准的条款。凡是注日期的引用文件，其随后所有的修改单(不包括勘误的内容)或修订版均不适用于本标准，然而，鼓励根据本标准达成协议的各方研究是否可使用这些文件的最新版本。凡是不注日期的引用文件，其最新版本适用于本标准。

GB/T 222 钢的成品化学成分允许偏差

GB/T 223.3 钢铁及合金化学分析方法 二安替吡啉甲烷磷钼酸重量测定磷量

GB/T 223.5 钢铁 酸溶硅和全硅含量的测定 还原型硅钼酸盐分光光度法

GB/T 223.9 钢铁及合金 铝含量的测定 铬天青 S 分光光度法

GB/T 223.11 钢铁及合金 铬含量的测定 可视滴定或电位滴定法

GB/T 223.12 钢铁及合金化学分析方法 碳酸钠分离-二苯碳酰二肼光度法测定铬量

GB/T 223.18 钢铁及合金化学分析方法 硫代硫酸钠分离-碘量法测定铜量

GB/T 223.19 钢铁及合金化学分析方法 新亚铜灵-三氯甲烷萃取光度法测定铜量

GB/T 223.23 钢铁及合金 镍含量的测定 丁二酮肟分光光度法

GB/T 223.36 钢铁及合金化学分析方法 蒸馏分离-中和滴定法测定氮量

GB/T 223.37 钢铁及合金化学分析方法 蒸馏分离-靛酚蓝光度法测定氮量

GB/T 223.59 钢铁及合金 磷含量的测定 铋磷钼蓝分光光度法和锑磷钼蓝分光光度法

GB/T 223.60 钢铁及合金化学分析方法 高氯酸脱水重量法测定硅含量

GB/T 223.61 钢铁及合金化学分析方法 磷钼酸铵容量法测定磷量

GB/T 223.62 钢铁及合金化学分析方法 乙酸丁酯萃取光度法测定磷量

GB/T 223.63 钢铁及合金化学分析方法 高碘酸钠(钾)光度法测定锰量

GB/T 223.64 钢铁及合金 锰含量的测定 火焰原子吸收光谱法

GB/T 223.67 钢铁及合金 硫含量的测定 次甲基蓝分光光度法

GB/T 223.68 钢铁及合金化学分析方法 管式炉内燃烧后碘酸钾滴定法测定硫含量

GB/T 223.69 钢铁及合金 碳含量的测定 管式炉内燃烧后气体容量法

GB/T 224 钢的脱碳层深度测定法

GB/T 226 钢的低倍组织及缺陷酸蚀检验法

GB/T 228 金属材料 室温拉伸试验方法(GB/T 228—2002,eqv ISO 6892:1998)

GB/T 229 金属材料 夏比摆锤冲击试验方法(GB/T 229—2007,ISO 148-1:2006,MOD)

GB/T 232 金属材料 弯曲试验方法(GB/T 232—1999,eqv ISO 7438:1985)

GB/T 247 钢板和钢带验收、包装、标志及质量证明书的一般规定

GB/T 709 热轧钢板和钢带的尺寸、外形、重量及允许偏差

GB/T 2970 厚钢板超声波检验方法

GB/T 2975 钢及钢产品力学性能试验取样位置及试样制备(GB/T 2975—1998,eqv ISO 377:1997)

GB/T 4336 碳素钢和中低合金钢火花源原子发射光谱分析方法(常规法)

GB/T 17505 钢及钢产品一般交货技术要求(GB/T 17505—1998,eqv ISO 404:1992)

GB/T 20066 钢和铁 化学成分测定用试样的取样和制样方法(GB/T 20066—2006,ISO 14284:1996,IDT)

GB/T 20123 钢铁 总碳硫含量的测定 高频感应炉燃烧后红外吸收法(常规方法)(GB/T 20123—2006,ISO 15350:2000,IDT)

GB/T 20125 低合金钢 多元素含量的测定 电感耦合等离子体原子发射光谱法

YB/T 081 冶金技术标准的数值修约与检测数值的判定原则

3 订货内容

按本标准订货的合同或订单应包括下列内容:

a) 标准编号;

b) 产品名称;

c) 牌号;

d) 交货状态;

e) 尺寸及允许偏差;

f) 重量;

g) 特殊要求。

4 尺寸、外形、重量及允许偏差

钢板和钢带的尺寸、外形、重量及允许偏差应符合 GB/T 709 的规定。

5 技术要求

5.1 牌号和化学成分

5.1.1 钢的牌号和化学成分(熔炼成分)应符合表1的规定。

5.1.1.1 钢中残余元素铬、镍、铜含量供方若能保证,可不进行分析。

5.1.1.2 氧气转炉冶炼的钢其含氮量应不大于0.008%,供方能保证合格,可不进行分析。

5.1.1.3 08钢允许用铝代替硅脱氧,此时,钢中锰含量下限为0.25%,硅含量不大于0.03%,钢中酸溶铝含量为0.015%~0.065%或全铝含量为0.020%~0.070%。

5.1.2 成品钢板和钢带的化学成分允许偏差应符合 GB/T 222 的规定。

表1 化学成分(质量分数) %

牌号	C	Si	Mn	P	S	Cr	Ni	Cu
				不大于				
08F	0.05~0.11	≤0.03	0.25~0.50	0.035	0.035	0.10	0.30	0.25
08	0.05~0.11	0.17~0.37	0.35~0.65	0.035	0.035	0.10	0.30	0.25
10F	0.07~0.13	≤0.07	0.25~0.50	0.035	0.035	0.15	0.30	0.25
10	0.07~0.13	0.17~0.37	0.35~0.65	0.035	0.035	0.15	0.30	0.25

表 1（续） %

牌号	C	Si	Mn	P	S	Cr	Ni	Cu
				不大于				
15F	0.12～0.18	≤0.07	0.25～0.50	0.035	0.035	0.20	0.30	0.25
15	0.12～0.18	0.17～0.37	0.35～0.65	0.035	0.035	0.20	0.30	0.25
20	0.17～0.23	0.17～0.37	0.35～0.65	0.035	0.035	0.20	0.30	0.25
25	0.22～0.29	0.17～0.37	0.50～0.80	0.035	0.035	0.20	0.30	0.25
30	0.27～0.34	0.17～0.37	0.50～0.80	0.035	0.035	0.20	0.30	0.25
35	0.32～0.39	0.17～0.37	0.50～0.80	0.035	0.035	0.20	0.30	0.25
40	0.37～0.44	0.17～0.37	0.50～0.80	0.035	0.035	0.20	0.30	0.25
45	0.42～0.50	0.17～0.37	0.50～0.80	0.035	0.035	0.20	0.30	0.25
50	0.47～0.55	0.17～0.37	0.50～0.80	0.035	0.035	0.20	0.30	0.25
55	0.52～0.60	0.17～0.37	0.50～0.80	0.035	0.035	0.20	0.30	0.25
60	0.57～0.65	0.17～0.37	0.50～0.80	0.035	0.035	0.20	0.30	0.25
65	0.62～0.70	0.17～0.37	0.50～0.80	0.035	0.035	0.20	0.30	0.25
70	0.67～0.75	0.17～0.37	0.50～0.80	0.035	0.035	0.20	0.30	0.25
20Mn	0.17～0.23	0.17～0.37	0.70～1.00	0.035	0.035	0.20	0.30	0.25
25Mn	0.22～0.29	0.17～0.37	0.70～1.00	0.035	0.035	0.20	0.30	0.25
30Mn	0.27～0.34	0.17～0.37	0.70～1.00	0.035	0.035	0.20	0.30	0.25
40Mn	0.37～0.44	0.17～0.37	0.70～1.00	0.035	0.035	0.20	0.30	0.25
50Mn	0.47～0.55	0.17～0.37	0.70～1.00	0.035	0.035	0.20	0.30	0.25
60Mn	0.57～0.65	0.17～0.37	0.70～1.00	0.035	0.035	0.20	0.30	0.25
65Mn	0.62～0.70	0.17～0.37	0.90～1.20	0.035	0.035	0.20	0.30	0.25

5.2 冶炼方法

钢由氧气转炉或电炉冶炼。

5.3 交货状态

5.3.1 钢板和钢带的交货状态应符合表 2 的规定。

5.3.2 钢板应剪切或用火焰切割交货。受设备能力限制时，经供需双方协议，并在合同中注明，允许以毛边状态交货。

5.4 力学性能

5.4.1 钢板和钢带的力学性能应符合表 2 的规定。08Al 钢各项性能应符合 08 钢板和钢带的要求；08～35 号钢冷弯试验应符合表 3 的规定，如供方能保证合格，可不作检验。

5.4.1.1 热处理状态交货的钢板，当其伸长率较表 2 规定提高 2%以上（绝对值）时，允许抗拉强度比表 2 规定降低 40 N/mm^2。

5.4.1.2 钢板和钢带厚度大于 20 mm 时，厚度每增加 1 mm 伸长率允许降低 0.25%（绝对值），厚度≤32 mm 的总降低值应不大于 2%（绝对值），厚度>32 mm 的总降低值应不大于 3%（绝对值）。

5.4.2 经供需双方协议，厚度≥6 mm 的钢材可作 20 ℃或－20 ℃低温冲击试验，10、15、20 钢板的冲击功应符合表 4 的规定，试验温度应在合同中注明。其他牌号的试验温度和冲击吸收能量由双方协议。

表 2 力学性能

牌号	交货状态	抗拉强度 R_m/(N/mm²)	断后伸长率 A/%	牌号	交货状态	抗拉强度 R_m/(N/mm²)	断后伸长率 A/%
		不小于				不小于	
08F	热轧或热处理	315	34	50[a]	热处理	625	16
08		325	33	55[a]		645	13
10F		325	32	60[a]		675	12
10		335	32	65[a]		695	10
15F		355	30	70[a]		715	9
15		370	30	20Mn	热轧或热处理	450	24
20		410	28	25Mn		490	22
25		450	24	30Mn		540	20
30		490	22	40Mn[a]	热处理	590	17
35[a]	热处理	530	20	50Mn[a]		650	13
40[a]		570	19	60Mn[a]		695	11
45[a]		600	17	65Mn[a]		735	9

注：热处理指正火、退火或高温回火。

[a] 经供需双方协议，也可以热轧状态交货，以热处理样坯测定力学性能，样坯尺寸为 $a\times3a\times3a$，a 为钢材厚度。

表 3 冷弯试验

牌号	冷弯试验 180°	
	钢板公称厚度 a/mm	
	≤20	>20
	弯心直径 d	
08、10	0	a
15	$0.5a$	$1.5a$
20	a	$2a$
25、30、35	$2a$	$3a$

表 4 冲击试验

牌　号	纵向 V 型冲击吸收能量 KV_2/J	
	20 ℃	−20 ℃
10	≥34	≥27
15	≥34	≥27
20	≥34	≥27

5.4.2.1 除表 4 列的温度外，可测定其他温度的 V 型冲击吸收能量，其值由双方协议。

5.4.2.2 夏比(V 型缺口)冲击吸收能量，按 3 个试样的算术平均值计算，允许其中 1 个试样的单个值比表 4 规定值低，但应不低于规定值的 70%。

如果没有满足上述条件，可从同一抽样产品上再取 3 个试样进行试验，先后 6 个试样的平均值应不低于规定值,允许有2个试样低于规定值,但其中低于规定值70%的试样只允许1个。

5.4.2.3 对厚度小于12 mm钢板的夏比(V型缺口)冲击试验应采用辅助试样,厚度>8 mm~<12 mm钢板辅助试样尺寸为7.5 mm×10 mm×55 mm,其试验结果应不小于表4规定值的75%,厚度6 mm~8 mm钢板辅助试样尺寸为5 mm×10 mm×55 mm,其试验结果应不小于表4规定值的50%。

5.5 低倍

经供需双方协商,厚度大于10 mm的钢板和钢带可进行低倍组织检查,钢板和钢带不应有肉眼可见的缩孔、夹杂、裂纹和分层。供方能保证质量的情况下,允许用板坯代替钢板检查低倍组织。

5.6 脱碳层

经供需双方协议,35钢和含碳量更高的钢板和钢带,可进行脱碳层检验,总脱碳层深度每面应不大于钢板和钢带实际厚度的2%。

5.7 超声波检验

经供需双方协议,钢板和钢带可进行超声检验,检测方法按GB/T 2970的规定,合格级别在合同中注明。

5.8 表面质量

5.8.1 钢板和钢带表面不应有裂纹、气泡、折叠、夹杂、结疤和压入氧化铁皮,钢板不允许有分层。

5.8.2 钢板和钢带不允许有妨碍检查表面缺陷的薄层氧化铁皮或铁锈及凹凸度不大于钢板和钢带厚度公差之半的麻点、凹面、划痕及其他局部缺陷,且应保证钢板和钢带允许最小厚度。

5.8.3 钢板和钢带表面局部缺陷允许清理,清理处应平滑无棱角,并应保证钢板和钢带允许最小厚度。

5.8.4 在钢带连续生产的过程中,局部的表面缺陷不易发现并去除,因此允许带缺陷交货,但有缺陷部份不得超过每卷钢带总长度的6%。

5.8.5 厚度大于30 mm的钢板和钢带允许火焰切边,但需热处理的钢板,必须在热处理前进行。

6 试验方法

每批钢板和钢带的检验项目、取样数量、取样方法及试验方法应符合表5的规定。

表5 检验项目、试样数量、取样方法及试验方法

序号	检验项目	取样数量	取样方法	试验方法
1	化学成分	每炉1个	GB/T 20066	GB/T 223、GB/T 4336、GB/T 20123、GB/T 20125
2	拉伸试验	1个	GB/T 2975	GB/T 228
3	弯曲试验	1个	GB/T 2975	GB/T 232
4	冲击试验	3个	GB/T 2975	GB/T 229
5	低倍组织	1个	GB/T 226	GB/T 226
6	脱碳层	2个	GB/T 224	GB/T 224
7	超声波检验	逐张	—	GB/T 2970或JB/T 4730.3
8	尺寸、外形	逐张	—	符合精度要求的适宜量具
9	表面	逐张	—	目视

7 检验规则

7.1 钢板和钢带的质量由供方质量技术监督部门进行检查和验收。

7.2 钢板和钢带应成批验收,每批由同一牌号、同一炉号、同一厚度、同一轧制或热处理制度的钢板和

钢带组成，每批重量不大于 60 t。轧制卷重大于 30 t 的钢带和连轧板可按两个轧制卷组批。

7.3 复验

钢板和钢带的复验应符合 GB/T 17505 的规定。

8 包装、标志及质量证明书

钢板和钢带的包装、标志及质量证明书应符合 GB/T 247 的规定。

9 数值修约

数值修约应符合 YB/T 081 的规定。

ICS 77.140.50
H 46

中华人民共和国国家标准

GB 712—2011
代替 GB 712—2000

船舶及海洋工程用结构钢

Ship and ocean engineering structural steel

2011-06-16 发布 2012-02-01 实施

中华人民共和国国家质量监督检验检疫总局
中国国家标准化管理委员会 发布

前 言

本标准中第2、3、4章，第6.6.2以及附录B为推荐性的，其余为强制性的。

本标准按照GB/T 1.1—2009给出的规则起草。

本标准参照中国船级社(CCS)《材料与焊接规范》对GB 712—2000《船体用结构钢》进行修订。

本标准自实施之日起，GB 712—2000《船体用结构钢》废止。

本标准与GB 712—2000相比，主要变化如下：

——修改了标准名称；

——增加了订货内容；

——增加了高强度、超高强度6个钢级的24个牌号和Z向钢Z25、Z35两个级别；

——对钢中P、S等有害元素加严控制；

——增加了高强度、超高强度钢级24个牌号的化学成分、力学性能等；

——增加了表面质量修磨面积的规定；

——钢带的表面质量允许不正常部分减少为6%；

——增加"数值修约"一章；

——增加附录A(钢材的牌号、交货状态和冲击检验批量)、附录B(各船级社规范中规定船体用钢各钢级、牌号的对应关系表)。

本标准的附录A为规范性附录，附录B为资料性附录。

本标准由中国钢铁工业协会提出。

本标准由全国钢标准化技术委员会归口。

本标准主要起草单位：鞍钢股份有限公司、冶金信息标准研究院、重庆钢铁股份有限公司、新余钢铁集团有限公司、天津钢铁集团有限公司、南京钢铁股份有限公司、湖南华菱湘潭钢铁有限公司、江苏沙钢集团有限公司、首钢总公司、湖南华菱涟源钢铁有限公司、中国船级社。

本标准主要起草人：刘徐源、朴志民、王晓虎、赵捷、曹志强、李红、赖朝彬、吴波、徐海泉、黄正玉、师莉、成小军、曹忠孝、马玉璞、原建华、陈英俊、董天真、朱爱玲、李小莉、高燕、李晓波。

本标准所代替标准的历次版本发布情况为：GB 712—1965、GB 712—1979、GB 712—1988、GB 712—2000。

船舶及海洋工程用结构钢

1　范围

本标准规定了船舶及海洋工程用结构钢的分类和牌号、订货内容、尺寸、外形、重量及允许偏差、要求、检验和试验、包装、标志和质量证明书。

本标准适用于制造远洋、沿海和内河航区航行船舶、渔船及海洋工程结构用厚度不大于150 mm的钢板、厚度不大于25.4 mm的钢带及剪切板和厚度或直径不大于50 mm的型钢(以下简称钢材)。

2　规范性引用文件

下列文件对于本文件的应用是必不可少的。凡是注日期的引用文件，仅注日期的版本适用于本文件。凡是不注日期的引用文件，其最新版本(包括所有的修改单)适用于本文件。

GB/T 222　钢的成品化学成分允许偏差

GB/T 223.5　钢铁　酸溶硅和全硅含量的测定　还原型硅钼酸盐分光光度法

GB/T 223.9　钢铁及合金　铝含量的测定　铬天青S分光光度法

GB/T 223.12　钢铁及合金化学分析方法　碳酸钠分离-二苯碳酰二肼光度法测定铬量

GB/T 223.14　钢铁及合金化学分析方法　钽试剂萃取光度法测定钒含量

GB/T 223.16　钢铁及合金化学分析方法　变色酸光度法测定钛量

GB/T 223.19　钢铁及合金化学分析方法　新亚铜灵-三氯甲烷萃取光度法测定铜量

GB/T 223.23　钢铁及合金　镍含量的测定　丁二铜肟分光光度法

GB/T 223.25　钢铁及合金化学分析方法　丁二铜肟重量法测定镍量

GB/T 223.26　钢铁及合金　钼含量的测定　硫氰酸盐分光光度法

GB/T 223.37　钢铁及合金化学分析方法　蒸馏分离-靛酚蓝光度法测定氮量

GB/T 223.40　钢铁及合金　铌含量的测定　氯磺酚S分光光度法

GB/T 223.62　钢铁及合金化学分析方法　乙酸丁酯萃取光度法测定磷量

GB/T 223.63　钢铁及合金化学分析方法　高碘酸钠(钾)光度法测定锰量

GB/T 223.67　钢铁及合金　硫含量的测定　次甲基蓝分光光度法

GB/T 223.69　钢铁及合金　碳含量的测定　管式炉内燃烧后气体容量法

GB/T 228.1　金属材料拉伸　第1部分:室温试验方法(GB/T 228.1—2011,ISO 6892-1:2009,MOD)

GB/T 229　金属材料　夏比摆锤冲击试验方法

GB/T 247　钢板和钢带包装、标志及质量证明书的一般规定

GB/T 709　热轧钢板和钢带的尺寸、外形、重量及允许偏差

GB/T 2101　型钢验收、包装、标志及质量证明书的一般规定

GB/T 2970　厚钢板超声波检验方法

GB/T 2975　钢及钢产品　力学性能试验取样位置及试样的制备

GB/T 4336　碳素钢和中低合金钢　火花源原子发射光谱分析方法(常规法)

GB/T 5313　厚度方向性能钢板

GB/T 17505　钢及钢产品交货一般技术要求

GB/T 20066　钢和铁　化学成分测定用试样的取样和制样方法

GB/T 20123　钢铁　总碳硫含量的测定　高频感应炉燃烧后红外吸收法(常规方法)

GB/T 20124　钢铁　氮含量的测定　惰性气体熔融热导法(常规方法)

GB/T 20125　低合金钢　多元素含量的测定　电感耦合等离子体原子发射光谱法

YB/T 081　冶金技术标准的数值修约与检测数据的判定原则

3 分类及牌号

钢材按强度级别分为：一般强度、高强度和超高强度船舶及海洋工程结构用钢三类。

钢材的牌号、Z向钢级别及用途应符合表1的规定。

表 1

牌　　号	Z向钢	用　途
A、B、D、E	Z25、Z35	一般强度船舶及海洋工程用结构钢
AH32、DH32、EH32、FH32 AH36、DH36、EH36、FH36 AH40、DH40、EH40、FH40	Z25、Z35	高强度船舶及海洋工程用结构钢
AH420、DH420、EH420、FH420 AH460、DH460、EH460、FH460 AH500、DH500、EH500、FH500 AH550、DH550、EH550、FH550 AH620、DH620、EH620、FH620 AH690、DH690、EH690、FH690	Z25、Z35	超高强度船舶及海洋工程用结构钢

4 订货内容

4.1 按本标准订货的合同或订单应包括下列内容：

a) 本标准编号；

b) 牌号；

c) 规格；

d) 重量；

e) 尺寸及尺寸、外形精度；

f) 交货状态；

g) 标志；

h) 特殊要求。

4.2 订货合同对e)～g)项内容未明确时，可由供方自行确定。

5 尺寸、外形、重量及允许偏差

钢板和钢带的尺寸、外形、重量及允许偏差应符合GB/T 709的规定，厚度下偏差为－0.30 mm。

型钢的尺寸、外形、重量及允许偏差应符合相应标准的规定。

6 要求

6.1 牌号和化学成分

6.1.1 一般强度级、高强度级钢材的牌号和化学成分(熔炼分析)应符合表2的规定。以TMCP状态交货的高强度级钢材，其碳当量最大值应符合表3的规定。

6.1.2 超高强度级钢材的牌号和化学成分(熔炼分析)应符合表4的规定。

6.1.3 钢材的化学成分允许偏差应符合GB/T 222的规定。

表 2

<table>
<tr><th rowspan="2">牌号</th><th colspan="14">化学成分[e,f,g,h]（质量分数）/%</th></tr>
<tr><th>C</th><th>Si</th><th>Mn</th><th>P</th><th>S</th><th>Cu</th><th>Cr</th><th>Ni</th><th>Nb</th><th>V</th><th>Ti</th><th>Mo</th><th>N</th><th>Als[d]</th></tr>
<tr><td>A</td><td rowspan="3">≤0.21[a]</td><td>≤0.50</td><td>≥0.50</td><td rowspan="2">≤0.035</td><td rowspan="2">≤0.035</td><td rowspan="4">≤0.35</td><td rowspan="4">≤0.30</td><td rowspan="4">≤0.30</td><td rowspan="4">—</td><td rowspan="4">—</td><td rowspan="4">—</td><td rowspan="4">—</td><td rowspan="4">—</td><td rowspan="2">—</td></tr>
<tr><td>B</td><td rowspan="3">≤0.35</td><td>≥0.80[b]</td></tr>
<tr><td>D</td><td>≥0.60</td><td>≤0.030</td><td>≤0.030</td><td rowspan="2">≥0.015</td></tr>
<tr><td>E</td><td>≤0.18</td><td>≥0.70</td><td>≤0.025</td><td>≤0.025</td></tr>
<tr><td>AH32</td><td rowspan="9">≤0.18</td><td rowspan="12">≤0.50</td><td rowspan="12">0.90～1.60[c]</td><td rowspan="3">≤0.030</td><td rowspan="3">≤0.030</td><td rowspan="12">≤0.35</td><td rowspan="12">≤0.20</td><td rowspan="9">≤0.40</td><td rowspan="12">0.02～0.05</td><td rowspan="12">0.05～0.10</td><td rowspan="12">≤0.02</td><td rowspan="12">≤0.08</td><td rowspan="9">—</td><td rowspan="12">≥0.015</td></tr>
<tr><td>AH36</td></tr>
<tr><td>AH40</td></tr>
<tr><td>DH32</td><td rowspan="6">≤0.025</td><td rowspan="6">≤0.025</td></tr>
<tr><td>DH36</td></tr>
<tr><td>DH40</td></tr>
<tr><td>EH32</td></tr>
<tr><td>EH36</td></tr>
<tr><td>EH40</td></tr>
<tr><td>FH32</td><td rowspan="3">≤0.16</td><td rowspan="3">≤0.020</td><td rowspan="3">≤0.020</td><td rowspan="3">≤0.80</td><td rowspan="3">≤0.009</td></tr>
<tr><td>FH36</td></tr>
<tr><td>FH40</td></tr>
</table>

[a] A 级型钢的 C 含量最大可到 0.23%。

[b] B 级钢材做冲击试验时，Mn 含量下限可到 0.60%。

[c] 当 AH32～EH40 级钢材的厚度≤12.5 mm 时，Mn 含量的最小值可为 0.70%。

[d] 对于厚度大于 25 mm 的 D 级、E 级钢材的铝含量应符合表中规定；可测定总铝含量代替酸溶铝含量，此时总铝含量应不小于 0.020%。经船级社同意，也可使用其他细化晶粒元素。

[e] 细化晶粒元素 Al、Nb、V、Ti 可单独或以任一组合形式加入钢中。当单独加入时，其含量应符合本表的规定；若混合加入两种或两种以上细化晶粒元素时，表中细晶元素含量下限的规定不适用，同时要求 Nb+V+Ti≤0.12%。

[f] 当 F 级钢中含铝时，N≤0.012%。

[g] A、B、D、E 的碳当量 Ceq≤0.40%。碳当量计算公式：Ceq=C+Mn/6。

[h] 添加的任何其他元素，应在质量证明中注明。

表 3

牌号	碳当量[a,b]/%		
	钢材厚度≤50 mm	50 mm<钢材厚度≤100 mm	100 mm<钢材厚度≤150 mm
AH32、DH32、EH32、FH32	≤0.36	≤0.38	≤0.40
AH36、DH36、EH36、FH36	≤0.38	≤0.40	≤0.42
AH40、DH40、EH40、FH40	≤0.40	≤0.42	≤0.45

a 碳当量计算公式：$Ceq = C + Mn/6 + (Cr + Mo + V)/5 + (Ni + Cu)/15$。

b 根据需要，可用裂纹敏感系数 Pcm 代替碳当量，其值应符合船级社接受的有关标准。裂纹敏感系数计算公式：$Pcm = C + Si/30 + Mn/20 + Cu/20 + Ni/60 + Cr/20 + Mo/15 + V/10 + 5B$。

表 4

牌号	化学成分[a,b]（质量分数）/%					
	C	Si	Mn	P	S	N
AH420	≤0.21	≤0.55	≤1.70	≤0.030	≤0.030	≤0.020
AH460						
AH500						
AH550						
AH620						
AH690						
DH420	≤0.20	≤0.55	≤1.70	≤0.025	≤0.025	
DH460						
DH500						
DH550						
DH620						
DH690						
EH420	≤0.20	≤0.55	≤1.70	≤0.025	≤0.025	
EH460						
EH500						
EH550						
EH620						
EH690						
FH420	≤0.18	≤0.55	≤1.60	≤0.020	≤0.020	
FH460						
FH500						
FH550						
FH620						
FH690						

a 添加的合金化元素及细化晶粒元素 Al、Nb、V、Ti 应符合船级社认可或公认的有关标准规定。

b 应采用表 3 中公式计算裂纹敏感系数 Pcm 代替碳当量，其值应符合船级社认可的标准。

6.2 冶炼方法

钢由转炉或电炉冶炼，需要时，应进行炉外精炼。

6.3 交货状态

钢材的交货状态应符合附录 A 的规定。

6.4 力学性能

6.4.1 钢材的力学性能应符合表 5 和表 6 的规定。

6.4.2 对厚度为 6 mm～<12 mm 的钢材取冲击试验试样时，可分别取 5 mm×10 mm×55 mm 和 7.5 mm×10 mm×55 mm 的小尺寸试样，此时冲击功值分别为不小于规定值的 2/3 和 5/6。优先采用较大尺寸的试样。

6.4.3 钢材的冲击试验结果按一组 3 个试样的算术平均值进行计算，允许其中有 1 个试验值低于规定值，但不应低于规定值的 70%。

6.4.4 Z 向钢厚度方向断面收缩率应符合表 7 的规定。3 个试样的算术平均值应不低于表 7 规定的平均值，仅允许其中一个试样的单值低于表 7 规定的平均值，但不得低于表 7 中相应钢级的最小单值。

表 5

<table>
<tr><th rowspan="5">牌号</th><th colspan="3">拉伸试验[a,b]</th><th colspan="7">V 型冲击试验</th></tr>
<tr><th rowspan="4">上屈服强度 R_{Eh}/MPa</th><th rowspan="4">抗拉强度 R_m/MPa</th><th rowspan="4">断后伸长率 A/%</th><th rowspan="4">试验温度/℃</th><th colspan="6">以下厚度(mm)冲击吸收能量 KV_2/J</th></tr>
<tr><th colspan="2">≤50</th><th colspan="2">>50～70</th><th colspan="2">>70～150</th></tr>
<tr><th>纵向</th><th>横向</th><th>纵向</th><th>横向</th><th>纵向</th><th>横向</th></tr>
<tr><th colspan="6">不小于</th></tr>
<tr><td>A[c]</td><td rowspan="4">≥235</td><td rowspan="4">400～520</td><td rowspan="8">≥22</td><td>20</td><td>—</td><td>—</td><td>34</td><td>24</td><td>41</td><td>27</td></tr>
<tr><td>B[d]</td><td>0</td><td rowspan="3">27</td><td rowspan="3">20</td><td rowspan="3">34</td><td rowspan="3">24</td><td rowspan="3">41</td><td rowspan="3">27</td></tr>
<tr><td>D</td><td>−20</td></tr>
<tr><td>E</td><td>−40</td></tr>
<tr><td>AH32</td><td rowspan="4">≥315</td><td rowspan="4">450～570</td><td>0</td><td rowspan="4">31</td><td rowspan="4">22</td><td rowspan="4">38</td><td rowspan="4">26</td><td rowspan="4">46</td><td rowspan="4">31</td></tr>
<tr><td>DH32</td><td>−20</td></tr>
<tr><td>EH32</td><td>−40</td></tr>
<tr><td>FH32</td><td>−60</td></tr>
<tr><td>AH36</td><td rowspan="4">≥355</td><td rowspan="4">490～630</td><td rowspan="4">≥21</td><td>0</td><td rowspan="4">34</td><td rowspan="4">24</td><td rowspan="4">41</td><td rowspan="4">27</td><td rowspan="4">50</td><td rowspan="4">34</td></tr>
<tr><td>DH36</td><td>−20</td></tr>
<tr><td>EH36</td><td>−40</td></tr>
<tr><td>FH36</td><td>−60</td></tr>
<tr><td>AH40</td><td rowspan="4">≥390</td><td rowspan="4">510～660</td><td rowspan="4">≥20</td><td>0</td><td rowspan="4">41</td><td rowspan="4">27</td><td rowspan="4">46</td><td rowspan="4">31</td><td rowspan="4">55</td><td rowspan="4">37</td></tr>
<tr><td>DH40</td><td>−20</td></tr>
<tr><td>EH40</td><td>−40</td></tr>
<tr><td>FH40</td><td>−60</td></tr>
</table>

[a] 拉伸试验取横向试样。经船级社同意，A 级型钢的抗拉强度可超上限。

[b] 当屈服不明显时，可测量 $R_{P0.2}$ 代替上屈服强度。

[c] 冲击试验取纵向试样，但供方应保证横向冲击性能。型钢不进行横向冲击试验。厚度大于 50 mm 的 A 级钢，经细化晶粒处理并以正火状态交货时，可不做冲击试验。

[d] 厚度不大于 25 mm 的 B 级钢、以 TMCP 状态交货的 A 级钢，经船级社同意可不做冲击试验。

表 6

钢级	拉伸试验[a,b]			V型冲击试验		
	上屈服强度 R_{eH}/MPa	抗拉强度 R_m/MPa	断后伸长率 A/%	试验温度/℃	冲击吸收能量 KV_2/J	
					纵向	横向
					不小于	
AH420	≥420	530～680	≥18	0	42	28
DH420				−20		
EH420				−40		
FH420				−60		
AH460	≥460	570～720	≥17	0	46	31
DH460				−20		
EH460				−40		
FH460				−60		
AH500	≥500	610～770	≥16	0	50	33
DH500				−20		
EH500				−40		
FH500				−60		
AH550	≥550	670～830	≥16	0	55	37
DH550				−20		
EH550				−40		
FH550				−60		
AH620	≥620	720～890	≥15	0	62	41
DH620				−20		
EH620				−40		
FH620				−60		
AH690	≥690	770～940	≥14	0	69	46
DH690				−20		
EH690				−40		
FH690				−60		

[a] 拉伸试验取横向试样。冲击试验取纵向试样，但供方应保证横向冲击性能。

[b] 当屈服不明显时，可测量 $R_{P0.2}$ 代替上屈服强度。

表 7

厚度方向断面收缩率/%	Z向性能级别	
	Z25	Z35
3个试样平均值	≥25	≥35
单个试样值	≥15	≥25

6.5 表面质量

6.5.1 钢材表面不应有气泡、结疤、裂纹、折叠、夹杂和压入氧化铁皮等有害缺陷。钢材不应有肉眼可见的分层。

6.5.2 钢材的表面允许有不妨碍检查表面缺陷的薄层氧化铁皮、铁锈及由于压入氧化铁皮和轧辊所造成的不明显的粗糙、网纹、划痕及其他局部缺陷，但其深度不应大于钢材厚度的负偏差，并应保证钢材允许的最小厚度。

6.5.3 钢材的表面缺陷允许用修磨方法清除，清理处应平滑无棱角，清理后钢材任何部位的厚度不应小于公称厚度的93%，且减薄量应不大于3 mm；单个修磨面积应不大于0.25 m^2，局部修磨面积之和不应大于总面积的2%，两个修磨面之间的距离应大于它们的平均宽度，否则认为是一个修磨面。焊补应符合中国船级社规范的规定。

6.5.4 对于钢带，由于没有机会去除表面带缺陷部分，故允许表面带有一定的缺陷，但每卷钢带缺陷部分的长度不应大于钢带总长度的6%。

6.6 无损检验

6.6.1 Z向钢板应进行超声波探伤，探伤级别应在合同中注明。

6.6.2 根据需方要求，经供需双方协议，其他钢板也可进行无损检验。

7 检验和试验

7.1 外观、尺寸和外形检查

7.1.1 钢材的外观应目视检查。

7.1.2 钢材的尺寸和外形用合适的测量工具检查。钢板厚度的测量部位应在距钢板的侧边不小于10 mm任意处，钢带厚度的测量部位应在距钢带的侧边不小于40 mm任意处。

7.2 其他各项检验

每批钢材的检验项目、取样数量、取样方法和试验方法应符合表8的规定。

表8

序号	检验项目	取样数量/个	取样方法	试验方法
1	化学成分	1/炉	GB/T 20066	GB/T 223、GB/T4336 GB/T 20123、GB/T 20124、GB/T 20125
2	拉伸试验	1/批	GB/T 2975	GB/T 228.1
3	冲击试验	3/批	GB/T 2975	GB/T 229
4	Z向钢厚度方向断面收缩	3/批	GB/T 5313	GB/T 5313
5	超声波探伤检验	逐张	—	GB/T 2970
6	表面质量	逐张/逐件	—	目视及测量
7	尺寸、外形	逐张/逐件	—	合适的量具

7.3 组批

7.3.1 钢材应成批验收。每批应由同一牌号、同一炉号、同一交货状态、厚度差小于10 mm的钢材组成。

7.3.2 对于拉伸试验，每批钢材的重量不大于50 t；对于冲击试验，其批量应符合附录A的规定。

7.3.3 Z向钢按轧制坯验收。当Z25钢硫含量不大于0.005%时，可按批检验，每批重量不大于50 t。

7.4 取样位置

7.4.1 拉伸试验试样应在每一批中最厚的钢材上制取。当钢材的厚度不大于 40 mm 时，取全截面矩形试样，试样宽度为 25 mm。当试验机能力不足时，可在试样的一个轧制面加工，使厚度减薄至 25 mm。当钢材的厚度大于 40 mm 时，取圆截面试样，其轴线距钢材表面应为钢材 1/4 厚度处或尽量接近此位置，试样的直径为 14 mm；可根据试验机能力，采用全截面试样。

7.4.2 冲击试验试样也应在每一批中最厚的钢材上制取，其方向为纵向。

当钢材的厚度不大于 40 mm 时，冲击试样应为近表面试样，试样边缘距一个轧制面小于 2 mm；当钢材的厚度大于 40 mm 时，试样轴线应位于钢材 1/4 厚度处或尽量接近此位置。缺口应垂直于原轧制面。

7.5 复验与判定

7.5.1 拉伸试验的复验与判定

钢材拉伸试验的复验与判定按符合 GB/T 17505 的规定。

7.5.2 Z 向钢厚度方向断面收缩率的复验与判定

图 1 规定了允许复验的三种情况。在这些情况下，需要对剩余的 3 个备用试样进行试验。6 个试样的平均值应大于规定的最小平均值，低于平均值的结果不大于 2 个，但不得低于表 7 规定的最小单值。否则该批钢材不能验收。

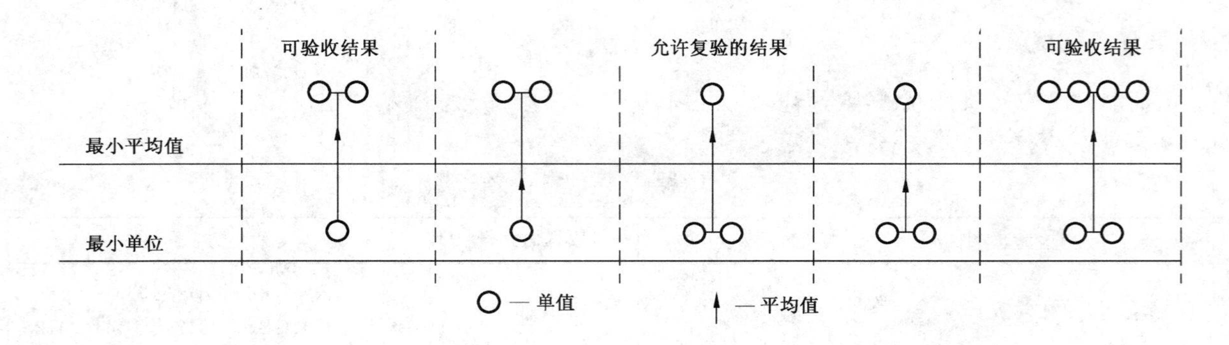

图 1

7.5.3 冲击试验的复验与判定

7.5.3.1 单件钢材的复验

当一组 3 个试样的冲击试验结果不合格时，若低于规定平均值的试样不多于 2 个，且低于规定平均值 70%的试样不多于 1 个，可在原取样钢材附近再取一组 3 个试样进行复验。前后两组 6 个试样的算术平均值不应低于规定的平均值，且低于规定平均值的试样不应超过 2 个，其中低于规定平均值 70%的试样不应超过 1 个，否则该件钢材不能验收。

7.5.3.2 批量钢材的复验

如果单件钢材的复验不符合要求，将该件钢材挑出。可在该批钢材中另取两件钢材，每件钢材各取一组试样进行再验。再验的每组试验结果都应符合要求，否则，该批不能验收。

7.5.4 重新热处理

对复验不合格的钢材，允许进行重新热处理并按新的一批提交验收。

8 包装、标志和质量证明书

钢材的包装、标志和质量证明书应符合 GB/T 247、GB/T 2101 的规定。

9 数值修约

数值修约应符合 YB/T 081 的规定。

附　录　A
（规范性附录）
钢材的牌号、交货状态和冲击检验批量

钢材的牌号、交货状态和冲击检验批量应符合表 A.1～A.3 的规定。

表 A.1

<table>
<tr><th rowspan="3">牌号</th><th rowspan="3">脱氧方法</th><th rowspan="3">产品形式</th><th colspan="5">交　货　状　态</th></tr>
<tr><th colspan="5">钢材厚度 t/mm</th></tr>
<tr><th>$t\leqslant12.5$</th><th>$12.5<t\leqslant25$</th><th>$25<t\leqslant35$</th><th>$35<t\leqslant50$</th><th>$50<t\leqslant150$</th></tr>
<tr><td rowspan="3">A</td><td>沸腾</td><td>型材</td><td>A(—)</td><td colspan="3">—</td><td>—</td></tr>
<tr><td rowspan="2">厚度不大于 50 mm 除沸腾钢外任何方法；厚度大于 50 mm 镇静处理</td><td>板材</td><td colspan="4">A(—)</td><td>N(—)、TM(—)、CR(50)、AR＊(50)</td></tr>
<tr><td>型材</td><td colspan="4">A(—)</td><td>—</td></tr>
<tr><td rowspan="2">B</td><td rowspan="2">厚度不大于 50 mm 除沸腾钢外任何方法；厚度大于 50 mm 镇静处理</td><td>板材</td><td colspan="2" rowspan="2">A(—)</td><td colspan="2" rowspan="2">A(50)</td><td>N(50)、CR(25)、TM(50)、AR＊(25)</td></tr>
<tr><td>型材</td><td>—</td></tr>
<tr><td rowspan="3">D</td><td>镇静处理</td><td>板材
型材</td><td colspan="2">A(50)</td><td colspan="3">—</td></tr>
<tr><td rowspan="2">镇静和细化晶粒处理</td><td>板材</td><td colspan="3" rowspan="2">A(50)</td><td rowspan="2">CR(50)、N(50)、TM(50)
AR＊(25)</td><td>CR(25)、N(50)、TM(50)</td></tr>
<tr><td>型材</td><td>—</td></tr>
<tr><td rowspan="2">E</td><td rowspan="2">镇静和细化晶粒处理</td><td>板材</td><td colspan="5">N(每件)、TM(每件)</td></tr>
<tr><td>型材</td><td colspan="4">N(25)、TM(25)、AR＊(15)、CR＊(15)</td><td>—</td></tr>
</table>

注 1：A-任意状态；AR-热轧；CR-控轧；N-正火；TM(TMCP)-温度-形变控制轧制。AR＊：经船级社特别认可后，可采用热轧状态交货；CR＊经船级社特别认可后，可采用控制轧制状态交货。

注 2：括号内的数值表示冲击试样的取样批量(单位为吨)，(—)表示不作冲击试验。由同一块板坯轧制的所有钢板应视为一件。

注 3：所有钢级的 Z25/Z35，细化晶粒元素、厚度范围、交货状态与相应的钢级一致。

表 A.2

<table>
<tr><th rowspan="3">钢材等级</th><th rowspan="3">细化晶粒元素</th><th rowspan="3">产品型式</th><th colspan="6">交货状态(冲击试验取样批量)</th></tr>
<tr><th colspan="6">厚度 t/mm</th></tr>
<tr><th>$t\leqslant12.5$</th><th>$12.5<t\leqslant20$</th><th>$20<t\leqslant25$</th><th>$25<t\leqslant35$</th><th>$35<t\leqslant50$</th><th>$50<t\leqslant150$</th></tr>
<tr><td rowspan="5">A32
A36</td><td rowspan="2">Nb 和/或 V</td><td>板材</td><td>A(50)</td><td colspan="4">N(50),CR(50),TM(50)</td><td>N(50),CR(50),TM(50)</td></tr>
<tr><td>型材</td><td>A(50)</td><td colspan="4">N(50),CR(50),TM(50),AR＊(25)</td><td>—</td></tr>
<tr><td rowspan="3">Al 或 Al 和 Ti</td><td rowspan="2">板材</td><td colspan="2" rowspan="2">A(50)</td><td colspan="2">AR＊(25)</td><td colspan="2">—</td></tr>
<tr><td colspan="3">N(50),CR(50),TM(50)</td><td>N(50),CR(25),TM(50)</td></tr>
<tr><td>型材</td><td>A(50)</td><td colspan="4">N(50),CR(50),TM(50),AR＊(25)</td><td>—</td></tr>
</table>

表 A.2（续）

钢材等级	细化晶粒元素	产品型式	交货状态（冲击试验取样批量）					
			厚度 t/mm					
			t≤12.5	12.5<t≤20	20<t≤25	25<t≤35	35<t≤50	50<t≤150
A40	任意	板材	A(50)	N(50),CR(50),TM(50)				N(50),TM(50)，QT(每热处理长度)
		型材	A(50)	N(50),CR(50),TM(50)				—
D32 D36	Nb 和/或 V	板材	A(50)	N(50),CR(25),TM(50)				N(50),CR(25),TM(50)
		型材	A(50)	N(50),CR(50),TM(50),AR＊(25)				—
	Al 或 Al 和 Ti	板材	A(50)		AR＊(25)	—		
					N(50),CR(25),TM(50)			N(50),CR(25),TM(50)
		型材	A(50)		N(50),CR(50),TM(50),AR＊(25)			—
D40	任意	板材	N(50),CR(50),TM(50)					N(50),TM(50)，QT(每热处理长度)
		型材	N(50),CR(50),TM(50)					—
E32 E36	任意	板材	N(每件),TM(每件)					
		型材	N(25),TM(25),AR＊(15),CR＊(15)					—
E40	任意	板材	N(每件),TM(每件),QT(每热处理长度)					
		型材	N(25),TM(25),QT(25)					—
F32 F36	任意	板材	N(每件),TM(每件),QT(每热处理长度)					
		型材	N(25),TM(25),QT(25),CR＊(15)					—
F40	任意	板材	N(每件),TM(每件),QT(每一热处理长度)					
		型材	N(25),TM(25),QT(25)					—

注 1：A-任意状态；CR-控轧；N-正火；TM(TMCP)-温度-形变控制轧制；AR＊：经船级社特别认可后，可采用热轧状态交货；CR＊经船级社特别认可后，可采用控制轧制状态交货；QT：淬火加回火。

注 2：括号中的数值表示冲击试样的取样批量(单位为吨)，(—)表示不作冲击试验。

表 A.3

钢材等级	细化晶粒元素	产品型式	交货状态（冲击试验取样批量）	
			厚度 t/mm	供货状态
AH420、AH460、AH500、AH550、AH620、AH690	任意	板材	t≤150	TM(50)、QT(50)、TM+T(50)
		型材	t≤50	
DH420、DH460、DH500、DH550、DH620、DH690	任意	板材	t≤150	TM(50)、QT(50)、TM+T(50)
		型材	t≤50	
EH420、EH460、EH500、EH550、EH620、EH690	任意	板材	t≤150	TM(每件)、QT(每件)、TM+T(每件)
		型材	t≤50	
FH420、FH460、FH500、FH550、FH620、FH690	任意	板材	t≤150	TM(每件)、QT(每件)、TM+T(每件)
		型材	t≤50	

注 1：TM(TMCP)-温度-形变控制轧制；QT-淬火加回火；TM(TMCP)+T-温度-形变控制轧制+回火。

注 2：括号中的数值表示冲击试样的取样批量(单位为吨)。

附 录 B
（资料性附录）
各船级社规范中规定船体用钢各钢级、牌号的对应关系表

各船级社规范中规定钢材各钢级、牌号的对应关系见表 B.1。

表 B.1

本标准	牌号													
	船级社规范													GB 712—2000
	ABS			BV	CCS	DNV	GL		KR	LR	NK	RINA	ZY	
	AR、CR	TMCP	N				AR、CR、N	TMCP						
A	AB/A	AB/A	AB/AN	BVA	CCSA	NV A	GL-A	GL-ATM	KRA	LRA	KA	RINA-A	ZYA	A
B	AB/B	AB/B	AB/BN	BVB	CCSB	NV B	GL-B	GL-BTM	KRB	LRB	KB	RINA-B	ZYB	B
D	AB/D	AB/DN	AB/DN	BVD	CCSD	NV D	GL-D	GL-DTM	KRD	LRD	KD	RINA-D	ZYD	D
E	AB/E	AB/E	AB/EN	BVE	CCSE	NV E	GL-E	GL-ETM	KRE	LRE	KE	RINA-E	—	E
AH32	AB/AH32	AB/AH32	AB/AH32N	BVAH32	CCSAH32	NV A32	GL-A32	GL-A32TM	KRAH32	LRAH32	KA32	RINA-AH32	A32	A32
DH32	AB/DH32	AB/DH32N	AB/DH32N	BVDH32	CCSDH32	NV D32	GL-D32	GL-D32TM	KRDH32	LRDH32	KD32	RINA-DH32	D32	D32
EH32	AB/EH32	AB/EH32	AB/EH32N	BVEH32	CCSEH32	NV E32	GL-E32	GL-E32TM	KREH32	LREH32	KE32	RINA-EH32	E32	E32
FH32	AB/FH32	AB/FH32	AB/FH32N	BVFH32	CCSFH32	NV F32	GL-F32	GL-F32TM	KRFH32	LRFH32	KF32	RINA-FH32	—	—
AH36	AB/AH36	AB/AH36	AB/AH36N	BVAH36	CCSAH36	NV A36	GL-A36	GL-A36TM	KRAH36	LRAH36	KA36	RINA-AH36	A36	A36
DH36	AB/DH36	AB/DH36N	AB/DH36N	BVDH36	CCSDH36	NV D36	GL-D36	GL-D36TM	KRDH36	LRDH36	KD36	RINA-DH36	D36	D36
EH36	AB/EH36	AB/EH36	AB/EH36N	BVEH36	CCSEH36	NV E36	GL-E36	GL-E36TM	KREH36	LREH36	KE36	RINA-EH36	E36	E36
FH36	AB/FH36	AB/FH36	AB/FH36N	BVFH36	CCSFH36	NV F36	GL-F36	GL-F36TM	KRFH36	LRFH36	KF36	RINA-FH36	—	—
AH40	AB/AH40	AB/AH40	AB/AH40N	BVAH40	CCSAH40	NV A40	GL-A40	GL-A40TM	KRAH40	LRAH40	KA40	RINA-AH40	—	—
DH40	AB/DH40	AB/DH40N	AB/DH40N	BVDH40	CCSDH40	NV D40	GL-D40	GL-D40TM	KRDH40	LRDH40	KD40	RINA-DH40	—	—
EH40	AB/EH40	AB/EH40	AB/EH40N	BVEH40	CCSEH40	NV E40	GL-E40	GL-E40TM	KREH40	LREH40	KE40	RINA-EH40	—	—
FH40	AB/FH40	AB/FH40	AB/FH40N	BVFH40	CCSFH40	NV F40	GL-F40	GL-F40TM	KRFH40	LRFH40	KF40	RINA-FH40	—	—
AH420	AB/AQ43	AB/AQ43	AB/AQ43N	BVAH420	CCSAH420	NV A420	GL-A420	GL-A420TM	KRAH43	LRAH42	KA43	RINA-A420	—	—
DH420	AB/DQ43	AB/DQ43	AB/DQ43N	BVDH420	CCSDH420	NV D420	GL-D420	GL-D420TM	KRDH43	LRDH42	KD43	RINA-D420	—	—
EH420	AB/EQ43	AB/EQ43	AB/EQ43N	BVEH420	CCSEH420	NV E420	GL-E420	GL-E420TM	KREH43	LREH42	KE43	RINA-E420	—	—
FH420	AB/FQ43	AB/FQ43	AB/FQ43N	BVFH420	CCSFH420	NV F420	GL-F420	GL-F420TM	KRFH43	LRFH42	KF43	RINA-F420	—	—
AH460	AB/AQ47	AB/AQ47	AB/AQ47N	BVAH460	CCSAH460	NV A460	GL-A460	GL-A460TM	KRAH47	LRAH46	KA47	RINA-A460	—	—
DH460	AB/DQ47	AB/DQ47	AB/DQ47N	BVDH460	CCSDH460	NV D460	GL-D460	GL-D460TM	KRDH47	LRDH46	KD47	RINA-D460	—	—
EH460	AB/EQ47	AB/EQ47	AB/EQ47N	BVEH460	CCSEH460	NV E460	GL-E460	GL-E460TM	KREH47	LREH46	KE47	RINA-E460	—	—
FH460	AB/FQ47	AB/FQ47	AB/FQ47N	BVFH460	CCSFH460	NV F460	GL-F460	GL-F460TM	KRFH47	LRFH46	KF47	RINA-F460	—	—

表 B.1（续）

牌号											
本标准	船级社规范										GB 712—2000
	ABS	BV	CCS	DNV	GL	KR	LR	NK	RINA	ZY	
AH500	AB/AQ51	BVAH500	CCSAH500	NV A500	GL-A500	KRAH51	LRAH50	KA51	RINA-A500	—	—
DH500	AB/DQ51	BVDH500	CCSDH500	NV D500	GL-D500	KRDH51	LRDH50	KD51	RINA-D500	—	—
EH500	AB/EQ51	BVEH500	CCSEH500	NV E500	GL-E500	KREH51	LREH50	KE51	RINA-E500	—	—
FH500	AB/FQ51	BVFH500	CCSFH500	NV F500	GL-F500	KRFH51	LRFH50	KF51	RINA-F500	—	—
AH550	AB/AQ56	BVAH550	CCSAH550	NV A550	GL-A550	KRAH56	LRAH55	KA56	RINA-A550	—	—
DH550	AB/DQ56	BVDH550	CCSDH550	NV D550	GL-D550	KRDH56	LRDH55	KD56	RINA-D550	—	—
EH550	AB/EQ56	BVEH550	CCSEH550	NV E550	GL-E550	KREH56	LREH55	KE56	RINA-E550	—	—
FH550	AB/FQ56	BVFH550	CCSFH550	NV F550	GL-F550	KRFH56	LRFH55	KF56	RINA-F550	—	—
AH620	AB/AQ63	BVAH620	CCSAH620	NV A620	GL-A620	KRAH63	LRAH63	KA63	RINA-A620	—	—
DH620	AB/DQ63	BVDH620	CCSDH620	NV D620	GL-D620	KRDH63	LRDH63	KD63	RINA-D620	—	—
EH620	AB/EQ63	BVEH620	CCSEH620	NV E620	GL-E620	KREH63	LREH63	KE63	RINA-E620	—	—
FH620	AB/FQ63	BVFH620	CCSFH620	NV F620	GL-F620	KRFH63	LRFH63	KF63	RINA-F620	—	—
AH690	AB/AQ70	BVAH690	CCSAH690	NV A690	GL-A690	KRAH70	LRAH70	KA70	RINA-A690	—	—
DH690	AB/DQ70	BVDH690	CCSDH690	NV D690	GL-D690	KRDH70	LRDH70	KD70	RINA-D690	—	—
EH690	AB/EQ70	BVEH690	CCSEH690	NV E690	GL-E690	KREH70	LREH70	KE70	RINA-E690	—	—
FH690	AB/FQ70	BVFH690	CCSFH690	NV F690	GL-F690	KRFH70	LRFH70	KF70	RINA-F690	—	—

ICS 77.140.50
H 46

中华人民共和国国家标准

GB 713—2014
代替 GB 713—2008

锅炉和压力容器用钢板

Steel plates for boilers and pressure vessels

(ISO 9328-2:2011, Steel flat products for pressure purposes—Technical delivery conditions—Part 2: Non-alloy and alloy steels with specified elevated temperature properties, NEQ)

2014-06-24 发布　　2015-04-01 实施

中华人民共和国国家质量监督检验检疫总局
中国国家标准化管理委员会　发布

前　言

本标准中6.4.3、6.4.4、6.8、8.3、8.4为推荐性的，其余为强制性的。

本标准按照GB/T 1.1—2009给出的规则起草。

本标准代替GB 713—2008《锅炉和压力容器用钢板》。

本标准与GB 713—2008相比，主要变化如下：

——扩大钢板厚度范围；

——纳入Q420R、07Cr2AlMoR、12Cr2Mo1VR；

——降低各牌号的S、P含量上限；

——提高各牌号的夏比V型冲击吸收能量指标；

——规定钢锭、电渣重熔坯压缩比；

——规定大单重钢板组批原则。

本标准使用重新起草法参考ISO 9328-2:2011《压力容器用钢板和钢带　供货技术条件　第2部分:规定室温和高温性能的非合金钢和低合金钢》编制，与ISO 9328-2:2011的一致性程度为非等效。

本标准由中国钢铁工业协会提出。

本标准由全国钢标准化技术委员会(SAC/TC 183)归口。

本标准主要起草单位:武汉钢铁(集团)公司、冶金工业信息标准研究院、江苏沙钢集团有限公司、中国通用机械工程总公司、济钢集团有限公司、湖南华菱湘潭钢铁有限公司、南阳汉冶特钢有限公司、福建省三钢(集团)有限责任公司、新余钢铁集团有限公司、重庆钢铁股份有限公司、合肥通用机械研究院、中国特种设备检测研究院。

本标准主要起草人:李书瑞、丁庆丰、王晓虎、秦晓钟、任翠英、黄正玉、孙根领、刘建兵、许少普、罗志文、杨帆、杜大松、章小浒、张政权、李小莉、邵正伟、刘志芳、李晓波、廖琳琳、杨云清。

本标准所代替标准的历次版本发布情况为：

——GB 713—1963、GB 713—1972、GB 713—1986、GB 713—1997、GB 713—2008；

——GB 6654—1996。

锅炉和压力容器用钢板

1 范围

本标准规定了锅炉和压力容器用钢板的订货内容、牌号表示方法、尺寸、外形、重量及允许偏差、技术要求、试验方法、检验规则、包装、标志和质量证明书等。

本标准适用于锅炉和中常温压力容器的受压元件用厚度为3 mm～250 mm的钢板。

2 规范性引用文件

下列文件对于本文件的应用是必不可少的。凡是注日期的引用文件，仅注日期的版本适用于本文件。凡是不注日期的引用文件，其最新版本(包括所有的修改单)适用于本文件。

GB/T 222 钢的成品化学成分允许偏差

GB/T 223.3 钢铁及合金化学分析方法 二安替比林甲烷磷钼酸重量法测定磷量

GB/T 223.9 钢铁及合金 铝含量的测定 铬天青S分光光度法

GB/T 223.11 钢铁及合金 铬含量的测定 可视滴定或电位滴定法(GB/T 223.11—2008，ISO 4937:1986，MOD)

GB/T 223.14 钢铁及合金化学分析方法 钽试剂萃取光度法测定钒含量

GB/T 223.17 钢铁及合金化学分析方法 二安替比林甲烷光度法测定钛量

GB/T 223.18 钢铁及合金化学分析方法 硫代硫酸钠分离-碘量法测定铜量

GB/T 223.23 钢铁及合金 镍含量的测定 丁二酮肟分光光度法

GB/T 223.26 钢铁及合金 钼含量的测定 硫氰酸盐分光光度法

GB/T 223.40 钢铁及合金 铌含量的测定 氯磺酚S分光光度法

GB/T 223.60 钢铁及合金化学分析方法 高氯酸脱水重量法测定硅含量

GB/T 223.63 钢铁及合金化学分析方法 高碘酸钠(钾)光度法测定锰量

GB/T 223.68 钢铁及合金化学分析方法 管式炉内燃烧后碘酸钾滴定法测定硫含量

GB/T 223.69 钢铁及合金 碳含量的测定 管式炉内燃烧后气体容量法

GB/T 223.75 钢铁及合金 硼含量的测定 甲醇蒸馏-姜黄素光度法

GB/T 223.76 钢铁及合金化学分析方法 火焰原子吸收光谱法测定钒量

GB/T 223.77 钢铁及合金化学分析方法 火焰原子吸收光谱法测定钙量

GB/T 228.1 金属材料 拉伸试验 第1部分：室温试验方法(GB/T 228.1—2010，ISO 6892-1:2009 MOD)

GB/T 229 金属材料 夏比摆锤冲击试验方法(GB/T 229—2007，ISO 148-1:2006，MOD)

GB/T 232 金属材料 弯曲试验方法(GB/T 232—2010，ISO 7438:2005，MOD)

GB/T 247 钢板和钢带包装、标志及质量证明书的一般规定

GB/T 709—2006 热轧钢板和钢带的尺寸、外形、重量及允许偏差(GB/T 709—2006，ISO 7452:2002，ISO 16160:2000，NEQ)

GB/T 2970 厚钢板超声波检验方法

GB/T 2975 钢及钢产品 力学性能试验取样位置及试样制备(GB/T 2975—1998，eqv ISO 377:1997)

GB/T 4336　碳素钢和中低合金钢　火花源原子发射光谱分析方法(常规法)

GB/T 4338　金属材料　高温拉伸试验方法(GB/T 4338—2006,ISO 783:1999,MOD)

GB/T 5313　厚度方向性能钢板

GB/T 6803　铁素体钢的无塑性转变温度落锤试验方法

GB/T 8170　数值修约规则与极限数值的表示和判定

GB/T 8650—2006　管线钢和压力容器钢抗氢致开裂评定方法

GB/T 17505　钢及钢产品交货一般技术要求(GB/T 17505—1998,eqv ISO 404:1992)

GB/T 20066　钢和铁　化学成分测定用试样的取样和制样方法(GB/T 20066—2006,ISO 14284:1996,IDT)

GB/T 20123　钢铁　总碳硫含量的测定　高频感应炉燃烧后红外吸收法(常规方法)(GB/T 20123—2006,ISO 15350:2000,IDT)

GB/T 20125　低合金钢　多元素的测定　电感耦合等离子体发射光谱法

GB/T 28297　厚钢板超声自动检测方法

JB/T 4730.3　承压设备无损检测　第3部分:超声检测

3　订货内容

按本标准订货的合同或订单应包括下列内容:

a)　标准编号;

b)　产品名称;

c)　牌号;

d)　尺寸;

e)　交货状态;

f)　重量;

g)　附加技术要求(如降低磷、硫含量,提高冲击吸收能量指标,超声检测等)。

4　牌号表示方法

碳素钢和低合金高强度钢的牌号用屈服强度值和“屈”字、压力容器“容”字的汉语拼音首位字母表示。例如:Q345R。

钼钢、铬-钼钢的牌号,用平均含碳量和合金元素字母,压力容器“容”字的汉语拼音首位字母表示。例如:15CrMoR。

5　尺寸、外形、重量及允许偏差

5.1　钢板的尺寸、外形及允许偏差应符合GB/T 709—2006的规定。

5.1.1　钢板的厚度允许偏差应符合GB/T 709—2006的B类偏差。根据需方要求,可供应符合GB/T 709—2006的C类偏差的钢板。

5.1.2　根据需方要求,经供需双方协议,可供应偏差更严格的钢板。

5.2　钢板按理论重量交货,理论计重采用的厚度为钢板允许的最大厚度和最小厚度的算术平均值。计算用钢板密度为7.85 g/cm^3。

6 技术要求

6.1 牌号与化学成分

6.1.1 钢的牌号和化学成分(熔炼分析)应符合表1的规定。

表1 化学成分

牌号	化学成分(质量分数)/%													
	C[a]	Si	Mn	Cu	Ni	Cr	Mo	Nb	V	Ti	Alt[b]	P	S	其他
Q245R	≤0.20	≤0.35	0.50~1.10	≤0.30	≤0.30	≤0.30	≤0.08	≤0.050	≤0.050	≤0.030	≥0.020	≤0.025	≤0.010	Cu+Ni+Cr+Mo≤0.70
Q345R	≤0.20	≤0.55	1.20~1.70	≤0.30	≤0.30	≤0.30	≤0.08	≤0.050	≤0.050	≤0.030	≥0.020	≤0.025	≤0.010	
Q370R	≤0.18	≤0.55	1.20~1.70	≤0.30	≤0.30	≤0.30	≤0.08	0.015~0.050	≤0.050	≤0.030	—	≤0.020	≤0.010	
Q420R	≤0.20	≤0.55	1.30~1.70	≤0.30	0.20~0.50	≤0.30	≤0.08	0.015~0.050	≤0.100	≤0.030	—	≤0.020	≤0.010	—
18MnMoNbR	≤0.21	0.15~0.50	1.20~1.60	≤0.30	≤0.30	≤0.30	0.45~0.65	0.025~0.050	—	—	—	≤0.020	≤0.010	—
13MnNiMoR	≤0.15	0.15~0.50	1.20~1.60	≤0.30	0.60~1.00	0.20~0.40	0.20~0.40	0.005~0.020	—	—	—	≤0.020	≤0.010	—
15CrMoR	0.08~0.18	0.15~0.40	0.40~0.70	≤0.30	≤0.30	0.80~1.20	0.45~0.60	—	—	—	—	≤0.025	≤0.010	—
14Cr1MoR	≤0.17	0.50~0.80	0.40~0.65	≤0.30	≤0.30	1.15~1.50	0.45~0.65	—	—	—	—	≤0.020	≤0.010	—
12Cr2Mo1R	0.08~0.15	≤0.50	0.30~0.60	≤0.20	≤0.30	2.00~2.50	0.90~1.10	—	—	—	—	≤0.020	≤0.010	—
12Cr1MoVR	0.08~0.15	0.15~0.40	0.40~0.70	≤0.30	≤0.30	0.90~1.20	0.25~0.35	—	0.15~0.30	—	—	≤0.025	≤0.010	—
12Cr2Mo1VR	0.11~0.15	≤0.10	0.30~0.60	≤0.20	≤0.25	2.00~2.50	0.90~1.10	≤0.07	0.25~0.35	≤0.030	—	≤0.010	≤0.005	B≤0.002 0 Ca≤0.015
07Cr2AlMoR	≤0.09	0.20~0.50	0.40~0.90	≤0.30	≤0.30	2.00~2.40	0.30~0.50	—	—	—	0.30~0.50	≤0.020	≤0.010	—

[a] 经供需双方协议,并在合同中注明,C含量下限可不作要求。

[b] 未注明的不作要求。

6.1.1.1 厚度大于 60 mm 的 Q345R 和 Q370R 钢板，碳含量上限可分别提高至 0.22%和 0.20%；厚度大于 60 mm 的 Q245R 钢板，锰含量上限可提高至 1.20%。

6.1.1.2 根据需方要求，07Cr2AlMoR 钢可添加适量稀土元素。

6.1.1.3 Q245R 和 Q345R 钢中可添加微量铌、钒、钛元素，其含量应填写在质量证明书中，上述 3 个元素含量总和应分别不大于 0.050%、0.12%。

6.1.1.4 作为残余元素的铬、镍、铜含量应各不大于 0.30%，钼含量应不大于 0.080%，这些元素的总含量应不大于 0.70%。供方若能保证可不做分析。

6.1.1.5 根据需方要求，Q245R、Q345R、Q370R、Q420R 等牌号可以规定碳当量，其数值由双方商定。碳当量按式(1)计算：

$$CEV(\%) = C + Mn/6 + (Cr + Mo + V)/5 + (Ni + Cu)/15 \qquad \cdots\cdots(1)$$

6.1.2 成品钢板的化学成分允许偏差应符合 GB/T 222 的规定，其中 12Cr2Mo1VR 钢成品化学分析允许偏差：P+0.003%，S+0.002%。

6.2 制造方法

6.2.1 钢由氧气转炉或电炉冶炼，并应经炉外精炼。

6.2.2 连铸坯、钢锭压缩比不小于 3；电渣重熔坯压缩比不小于 2。

6.3 交货状态

6.3.1 钢板交货状态按表 2 规定。

表 2 力学性能和工艺性能

<table>
<tr><th rowspan="3">牌号</th><th rowspan="3">交货状态</th><th rowspan="3">钢板厚度
mm</th><th colspan="3">拉伸试验</th><th colspan="2">冲击试验</th><th>弯曲试验[b]</th></tr>
<tr><th rowspan="2">R_m
MPa</th><th>R_{eL}[a]
MPa</th><th>断后伸长率 A
%</th><th rowspan="2">温度
℃</th><th>冲击吸收能量
KV_2
J</th><th rowspan="2">180°
$b=2a$</th></tr>
<tr><th colspan="2">不小于</th><th>不小于</th></tr>
<tr><td rowspan="6">Q245R</td><td rowspan="12">热轧、控轧或正火</td><td>3～16</td><td rowspan="3">400～520</td><td>245</td><td rowspan="3">25</td><td rowspan="6">0</td><td rowspan="6">34</td><td rowspan="3">$D=1.5a$</td></tr>
<tr><td>>16～36</td><td>235</td></tr>
<tr><td>>36～60</td><td>225</td></tr>
<tr><td>>60～100</td><td>390～510</td><td>205</td><td rowspan="3">24</td><td rowspan="3">$D=2a$</td></tr>
<tr><td>>100～150</td><td>380～500</td><td>185</td></tr>
<tr><td>>150～250</td><td>370～490</td><td>175</td></tr>
<tr><td rowspan="6">Q345R</td><td>3～16</td><td>510～640</td><td>345</td><td rowspan="3">21</td><td rowspan="6">0</td><td rowspan="6">41</td><td>$D=2a$</td></tr>
<tr><td>>16～36</td><td>500～630</td><td>325</td><td rowspan="5">$D=3a$</td></tr>
<tr><td>>36～60</td><td>490～620</td><td>315</td></tr>
<tr><td>>60～100</td><td>490～620</td><td>305</td><td rowspan="3">20</td></tr>
<tr><td>>100～150</td><td>480～610</td><td>285</td></tr>
<tr><td>>150～250</td><td>470～600</td><td>265</td></tr>
</table>

表 2（续）

牌号	交货状态	钢板厚度 mm	拉伸试验			冲击试验		弯曲试验[b]
			R_m MPa	R_{eL}[a] MPa	断后伸长率 A %	温度 ℃	冲击吸收能量 KV_2 J	180° $b=2a$
				不小于			不小于	
Q370R	正火	10～16	530～630	370	20	−20	47	$D=2a$
		>16～36		360				$D=3a$
		>36～60	520～620	340				
		>60～100	510～610	330				
Q420R		10～20	590～720	420	18	−20	60	$D=3a$
		>20～30	570～700	400				
18MnMoNbR	正火加回火	30～60	570～720	400	18	0	47	$D=3a$
		>60～100		390				
13MnNiMoR		30～100	570～720	390	18	0	47	$D=3a$
		>100～150		380				
15CrMoR		6～60	450～590	295	19	20	47	$D=3a$
		>60～100		275				
		>100～200	440～580	255				
14Cr1MoR		6～100	520～680	310	19	20	47	$D=3a$
		>100～200	510～670	300				
12Cr2Mo1R		6～200	520～680	310	19	20	47	$D=3a$
12Cr1MoVR	正火加回火	6～60	440～590	245	19	20	47	$D=3a$
		>60～100	430～580	235				
12Cr2Mo1VR		6～200	590～760	415	17	−20	60	$D=3a$
07Cr2AlMoR	正火加回火	6～36	420～580	260	21	20	47	$D=3a$
		>36～60	410～570	250				

[a] 如屈服现象不明显，可测量 $R_{p0.2}$ 代替 R_{eL}；

[b] a 为试样厚度；D 为弯曲压头直径。

6.3.2 18MnMoNbR、13MnNiMoR 钢板的回火温度应不低于 620 ℃；15CrMoR、14Cr1MoR 钢板的回火温度应不低于 650 ℃；12Cr2Mo1R、12Cr1MoVR、12Cr2Mo1VR 和 07Cr2AlMoR 钢板的回火温度应不低于 680 ℃。

6.3.3 经需方同意，厚度大于 60 mm 的 18MnMoNbR、13MnNiMoR、15CrMoR、14Cr1MoR、12Cr2Mo1R、12Cr1MoVR、12Cr2Mo1VR 钢板可以退火或回火状态交货。此时，这些牌号的试验用样坯应按表 2 交货状态进行热处理，性能按表 2 规定。样坯尺寸（宽度×厚度×长度）应不小于 $3t \times t \times 3t$（t 为钢板厚度）。

6.3.4 经需方同意，厚度大于 60 mm 的铬钼钢板可以正火后加速冷却加回火状态交货。

6.3.5 钢板应以剪切或用火焰切割状态交货。受设备能力限制时，经需方同意，并在合同中注明，允许以毛边状态交货。

6.4 力学和工艺性能

6.4.1 钢板的拉伸试验、夏比（V 型缺口）冲击试验和弯曲试验结果应符合表 2 的规定。

6.4.1.1 厚度大于 60 mm 的钢板，经供需双方协议，并在合同中注明，可不做弯曲试验。

6.4.1.2 根据需方要求，Q245R，Q345R 和 13MnNiMoR 钢板可进行－20 ℃冲击试验，代替表 2 中的 0 ℃冲击试验，其冲击吸收能量值应符合表 2 的规定。

6.4.1.3 夏比（V 型缺口）冲击吸收能量，按 3 个试样的算术平均值计算，允许其中 1 个试样的单个值比表 2 规定值低，但不得低于规定值的 70%。

6.4.1.4 对厚度小于 12 mm 钢板的夏比（V 型缺口）冲击试验应采用辅助试样，＞8 mm～＜12 mm 钢板辅助试样尺寸为 10 mm×7.5 mm×55 mm，其试验结果应不小于表 2 规定值的 75%；6 mm～8 mm 钢板辅助试样尺寸为 10 mm×5 mm×55 mm，其试验结果应不小于表 2 规定值的 50%；厚度小于 6 mm 的钢板不做冲击试验。

6.4.2 根据需方要求，对厚度大于 20 mm 的钢板可进行高温拉伸试验，试验温度应在合同中注明。高温下的规定塑性延伸强度 $R_{p0.2}$ 或下屈服强度 R_{eL} 值应符合表 3 的规定。

表 3 高温力学性能

牌号	厚度 mm	试验温度/℃						
		200	250	300	350	400	450	500
		R_{eL}[a]（或 $R_{p0.2}$）/MPa 不小于						
Q245R	＞20～36	186	167	153	139	129	121	—
	＞36～60	178	161	147	133	123	116	—
	＞60～100	164	147	135	123	113	106	—
	＞100～150	150	135	120	110	105	95	—
	＞150～250	145	130	115	105	100	90	—
Q345R	＞20～36	255	235	215	200	190	180	—
	＞36～60	240	220	200	185	175	165	—
	＞60～100	225	205	185	175	165	155	—
	＞100～150	220	200	180	170	160	150	—
	＞150～250	215	195	175	165	155	145	—
Q370R	＞20～36	290	275	260	245	230	—	—
	＞36～60	275	260	250	235	220	—	—
	＞60～100	265	250	245	230	215	—	—
18MnMoNbR	30～60	360	355	350	340	310	275	—
	＞60～100	355	350	345	335	305	270	—
13MnNiMoR	30～100	355	350	345	335	305	—	—
	＞100～150	345	340	335	325	300	—	—

表 3（续）

牌　号	厚度 mm	试验温度/℃						
		200	250	300	350	400	450	500
		R_{eL}[a]（或 $R_{p0.2}$）/MPa　不小于						
15CrMoR	＞20～60	240	225	210	200	189	179	174
	＞60～100	220	210	196	186	176	167	162
	＞100～200	210	199	185	175	165	156	150
14Cr1MoR	＞20～200	255	245	230	220	210	195	176
12Cr2Mo1R	＞20～200	260	255	250	245	240	230	215
12Cr1MoVR	＞20～100	200	190	176	167	157	150	142
12Cr2Mo1VR	＞20～200	370	365	360	355	350	340	325
07Cr2AlMoR	＞20～60	195	185	175	—	—	—	—

[a] 如屈服现象不明显，屈服强度取 $R_{p0.2}$。

6.4.3　根据需方要求，可进行厚度方向的拉伸试验，在合同中注明技术要求。

6.4.4　根据需方要求，可进行落锤试验，在合同中注明技术要求。

6.5　抗氢致开裂试验

根据需方要求，可规定抗氢致开裂 HIC 用途的碳素钢和低合金钢的附加技术要求（见附录 A），合同中注明合格等级。

6.6　超声检测

根据需方要求，钢板应逐张进行超声检测，检测方法按 JB/T 4730.3、GB/T 2970 或 GB/T 28297 的规定，检测标准和合格级别应在合同中注明。

6.7　表面质量

6.7.1　钢板表面不允许存在裂纹、气泡、结疤、折叠和夹杂等对使用有害的缺陷。钢板侧面不得有分层。

如有上述表面缺陷，允许清理，清理深度从钢板实际尺寸算起，不得超过钢板厚度公差之半，并应保证钢板的最小厚度。缺陷清理处应平滑无棱角。

6.7.2　其他缺陷允许存在，其深度从钢板实际尺寸算起，不得超过厚度允许公差之半，并应保证缺陷处钢板厚度不小于钢板允许最小厚度。

6.8　其他附加要求

根据需方要求，经供需双方协议并在合同中注明，可规定临氢用途铬钼钢板的附加技术要求。

7　试验方法

钢板的检验项目、取样数量、取样方法、试验方法应符合表 4 的规定。

表 4 检验项目、取样数量及试验方法

序号	检验项目	取样数量	取样方法	取样方向	试验方法
1	化学成分	1 个/炉	GB/T 20066	—	GB/T 223、GB/T 4336、GB/T 20123、GB/T 20125
2	拉伸试验	1 个/批	GB/T 2975	横向	GB/T 228.1
3	Z 向拉伸	3 个/批	GB/T 5313	—	GB/T 5313
4	弯曲试验	1 个/批	GB/T 2975	横向	GB/T 232
5	冲击试验	3 个/批	GB/T 2975	横向	GB/T 229
6	高温拉伸	1 个/炉	GB/T 2975	横向	GB/T 4338
7	落锤试验	—	GB/T 6803	—	GB/T 6803
8	抗氢致开裂试验	—	GB/T 8650—2006	—	GB/T 8650—2006
9	超声检测	逐张	—	—	JB/T 4730.3、GB/T 2970 或 GB/T 28297
10	尺寸、外形	逐张	—	—	符合精度要求的适宜量具
11	表面	逐张	—	—	目视

8 检验规则

8.1 钢板检验由供方质量检验部门进行。

8.2 钢板应成批验收，每批钢板由同一牌号、同一炉号、同一厚度、同一轧制或热处理制度的钢板组成，每批重量不大于 30 t。

单张重量超过 30 t 的钢板按轧制张组批。

正火后加速冷却加回火状态交货的钢板，按热处理张组批。

8.3 根据需方要求，经供需双方协商，厚度大于 16 mm 的钢板可逐轧制张进行力学性能检验。

8.4 力学性能试验取样位置按 GB/T 2975 的规定。对于厚度大于 40 mm 的钢板，冲击试样的轴线应位于厚度 1/4 处。

根据需方要求，经供需双方协议，冲击试样的轴线可位于厚度 1/2 处。

8.5 冲击试验结果不符合本标准 6.4.1.3 规定时，应从同一张钢板(或同一样坯)上再取 3 个试样进行试验，前后两组 6 个试样冲击吸收能量的算术平均值不得低于规定值，允许有 2 个试样小于规定值，但其中小于规定值 70%的试样只允许有 1 个。

8.6 其他检验项目的复验和判定按 GB/T 17505 的有关规定执行。

8.7 本标准按修约值比较法，修约规则按 GB/T 8170 的规定。

9 包装、标志和质量证明书

钢板的包装、标志和质量证明书应符合 GB/T 247 的规定。

附　录　A
（规范性附录）
抗氢致开裂(HIC)试验

钢板抗氢致开裂试验及评定方法按 GB/T 8650—2006，采用标准溶液 A。

钢板抗氢致开裂 HIC 试验结果等级（溶液 A）见表 A.1。

表 A.1　钢板抗氢致开裂 HIC 试验结果等级（溶液 A）

等级	CLR/%	CTR/%	CSR/%
Ⅰ	≤5	≤1.5	≤0.5
Ⅱ	≤10	≤3	≤1
Ⅲ	≤15	≤5	≤2

注：CLR——裂纹长度率；
CTR——裂纹厚度率；
CSR——裂纹敏感率。

ICS 77.140.50
H 46

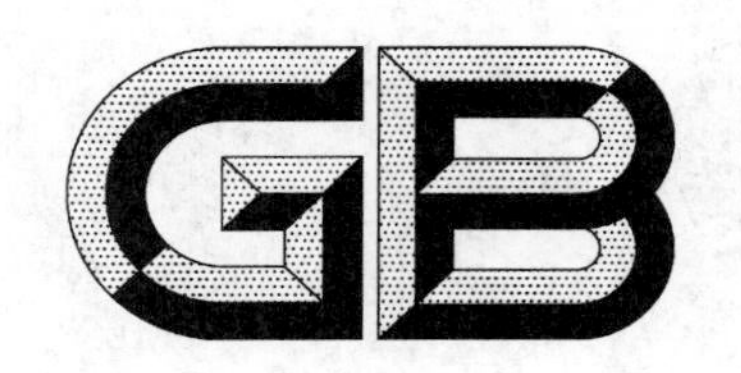

中华人民共和国国家标准

GB/T 714—2008
代替 GB/T 714—2000

桥梁用结构钢

Structural steel for bridge

2008-12-06 发布　　　　2009-10-01 实施

中华人民共和国国家质量监督检验检疫总局
中国国家标准化管理委员会　发布

前　言

本标准参照 EN 10025:2004《结构钢热轧产品》和 ASTM A709:2005《桥梁用结构钢》,结合我国桥梁钢的生产和应用情况,对 GB/T 714—2000《桥梁用结构钢》进行修订。

本标准代替 GB/T 714—2000《桥梁用结构钢》。

与 GB/T 714—2000 相比,本标准主要变化如下:

——增加了 Q460q、Q500q、Q550q、Q620q、Q690q 钢级;

——修改了钢的化学成分的规定,加严了对磷、硫等有害元素的控制;

——修改了碳当量计算公式;

——增加了裂纹敏感系数的规定;

——增加了钢的炉外精炼要求;

——修改了钢材的交货状态;

——修改了钢材厚度效应规定;

——提高了冲击吸收能量值,取消了时效冲击的规定;

——增加了各牌号钢厚度方向性能要求;

——修改了检验规则。

本标准的附录 A 为资料性附录。

本标准由中国钢铁工业协会提出。

本标准由全国钢标准化技术委员会归口。

本标准主要起草单位:鞍钢股份有限公司、冶金工业信息标准研究院、湖南华菱湘潭钢铁有限公司、首钢总公司、邯郸钢铁集团有限责任公司。

本标准主要起草人:刘徐源、朴志民、王晓虎、曹志强、师莉、齐章国、侯华兴、李小莉。

本标准所代替标准的历次版本发布情况为:

GB/T 714—1965、GB/T 714—2000。

桥 梁 用 结 构 钢

1 范围

本标准规定了桥梁用结构钢的牌号表示方法、订货内容、尺寸、外形、重量及允许偏差、技术要求、试验方法、检验规则、包装、标志和质量证明书。

本标准适用于厚度不大于 100 mm 的桥梁用结构钢板、钢带和厚度不大于 40 mm 的桥梁用结构型钢。

2 规范性引用文件

下列文件中的条款通过本标准的引用而成为本标准的条款。凡是注日期的引用文件，其随后的所有修改单(不包括勘误的内容)或修订版本均不适用于本标准，然而，鼓励根据本标准达成协议的各方研究是否可使用这些文件的最新版本。凡是不注日期的引用文件，其最新版本适用于本标准。

GB/T 222　钢的成品化学成分允许偏差

GB/T 223.5　钢铁酸溶硅和全硅含量的测定　还原型硅钼酸盐光度分光法

GB/T 223.9　钢铁及合金铝含量的测定　铬天青 S 分光光度法

GB/T 223.12　钢铁及合金化学分析方法　碳酸钠分离-二苯碳酰二肼光度法测定铬量

GB/T 223.14　钢铁及合金化学分析方法　钽试剂萃取光度法测定钒含量

GB/T 223.16　钢铁及合金化学分析方法　变色酸光度法测定钛量

GB/T 223.19　钢铁及合金化学分析方法　新亚铜灵-三氯甲烷萃取光度法测定铜量

GB/T 223.23　钢铁及合金镍含量的测定　丁二酮肟分光光度法

GB/T 223.26　钢铁及合金　钼含量的测定　硫氰酸盐分光光度法

GB/T 223.37　钢铁及合金化学分析方法　蒸馏分离-靛酚蓝光度法测定氮量

GB/T 223.40　钢铁及合金　铌含量的测定　氯磺酚 S 分光光度法

GB/T 223.62　钢铁及合金化学分析方法　乙酸丁酯萃取光度法测定磷量

GB/T 223.63　钢铁及合金化学分析方法　高碘酸钠(钾)光度法测定锰量

GB/T 223.67　钢铁及合金　硫含量的测定　次甲基蓝分光光度法

GB/T 223.69　钢铁及合金　碳含量的测定　管式炉内燃烧后气体容量法

GB/T 223.78　钢铁及合金化学分析方法　姜黄素直接光度法测定硼含量

GB/T 228　金属材料　室温拉伸试验方法(GB/T 228—2002,eqv ISO 6892:1998)

GB/T 229　金属材料　夏比摆锤冲击试验方法(GB/T 229—2007,ISO 148-1:2006,MOD)

GB/T 232　金属材料　弯曲试验方法(GB/T 232—1999,eqv ISO 7438:1985)

GB/T 247　钢板和钢带、包装、标志及质量证明书的一般规定

GB/T 706　热轧型钢

GB/T 709　热轧钢板和钢带的尺寸、外形、重量及允许偏差

GB/T 2101　型钢验收、包装、标志及质量证明书的一般规定

GB/T 2975　钢及钢产品　力学性能试验取样位置及试样的制备(GB/T 2975—1998,eqv ISO 377:1997)

GB/T 4336　碳素钢和中低合金钢火花源原子发射光谱分析方法(常规法)

GB/T 5313　厚度方向性能钢板(GB/T 5313—1985,eqv ISO 7778:1983)

GB/T 14977　热轧钢板表面质量的一般要求

GB/T 17505　钢及钢产品交货一般技术要求(GB/T 17505—1998,eqv ISO 404:1992)

GB/T 20066　钢和铁　化学成分测定用试样的取样和制样方法(GB/T 20066—2006,ISO 14284:1996,IDT)

GB/T 20125　低合金钢　多元素含量的测定　电感耦合等离子体原子发射光谱法

YB/T 081　冶金技术标准的数值修约与检测数据的判定原则

3　牌号表示方法

钢的牌号由代表屈服强度的汉语拼音字母、屈服强度数值、桥字的汉语拼音字母、质量等级符号等几个部分组成。例如:Q420qD。其中:

Q——桥梁用钢屈服强度的“屈”字汉语拼音的首位字母;

420——屈服强度数值,单位 MPa;

q——桥梁用钢的“桥”字汉语拼音的首位字母;

D——质量等级为 D 级。

当要求钢板具有耐候性能或厚度方向性能时,则在上述规定的牌号后分别加上代表耐候的汉语拼音字母“NH”或厚度方向(Z 向)性能级别的符号,例如:Q420qDNH 或 Q420qDZ15。

4　订货内容

4.1　订货信息

订货时,需方在合同或订单中应提供下列信息:

a)　本标准号;

b)　产品名称(钢板或型钢);

c)　牌号;

d)　规格;

e)　尺寸、外形精度要求;

f)　重量;

g)　交货状态;

h)　特殊要求。

4.2　标记示例

按 GB/T 714—2008 交货的牌号为 Q420qDNH、厚度 30 mm、宽度 3 500 mm、长度 8 000 mm 的钢板,标记为:GB/T 714—2008　Q420qDNH 30×3500×8000。

5　尺寸、外形、重量及允许偏差

桥梁用结构钢板的尺寸、外形、重量及允许偏差应符合 GB/T 709 的规定。

桥梁用结构型钢的尺寸、外形、重量及允许偏差应符合 GB/T 706 的规定。

6　技术要求

6.1　牌号及化学成分

6.1.1　钢的牌号及化学成分(熔炼分析)应符合表 1 的规定。推荐使用的钢牌号及化学成分(熔炼分析)应符合表 2 的规定。

6.1.1.1　当采用全铝(Alt)含量(质量分数)计算钢中铝含量时,全铝含量应不小于 0.020%。

6.1.1.2　钢中固氮合金元素含量应在质量证明书中注明。如供方能保证氮元素含量符合表 1、表 2 的规定,可不进行氮元素含量分析。

表 1

牌号	质量等级	化学成分(质量分数)/%													
		C	Si	Mn	P	S	Nb	V	Ti	Cr	Ni	Cu	Mo	B	N	Als
					不大于											不小于
Q235q	C	≤0.17	≤0.35	≤1.40	0.030	0.030	—	—	—	0.30	0.30	0.30	—	—	0.012	0.015
	D				0.025	0.025										
	E				0.020	0.010										
Q345q	C	≤0.20	≤0.55	0.90～1.70	0.030	0.025	0.06	0.08	0.03	0.80	0.50	0.55	0.20	—	0.012	0.015
	D	≤0.18			0.025	0.020										
	E				0.020	0.010										
Q370q	C	≤0.18	≤0.55	1.00～1.70	0.030	0.025	0.06	0.08	0.03	0.80	0.50	0.55	0.20	0.004	0.012	0.015
	D				0.025	0.020										
	E				0.020	0.010										
Q420q	C	≤0.18	≤0.55	1.00～1.70	0.030	0.025	0.06	0.08	0.03	0.80	0.70	0.55	0.35	0.004	0.012	0.015
	D				0.025	0.020										
	E				0.020	0.010										
Q460q	C	≤0.18	≤0.55	1.00～1.80	0.030	0.020	0.06	0.08	0.03	0.80	0.70	0.55	0.35	0.004	0.012	0.015
	D				0.025	0.015										
	E				0.020	0.010										

表 2

牌号	质量等级	化学成分(质量分数)/%													
		C	Si	Mn[a]	P	S	Nb	V	Ti	Cr	Ni	Cu	Mo	B	N	Als
					不大于											
Q500q	D	≤0.18	≤0.55	1.00～1.70	0.025	0.015	0.06	0.08	0.03	0.80	1.00	0.55	0.40	0.004	0.012	0.015
	E				0.020	0.010										
Q550q	D	≤0.18	≤0.55	1.00～1.70	0.025	0.015	0.06	0.08	0.03	0.80	1.00	0.55	0.40	0.004	0.012	0.015
	E				0.020	0.010										
Q620q	D	≤0.18	≤0.55	1.00～1.70	0.025	0.015	0.06	0.08	0.03	0.80	1.10	0.55	0.60	0.004	0.012	0.015
	E				0.020	0.010										
Q690q	D	≤0.18	≤0.55	1.00～1.70	0.025	0.015	0.09	0.08	0.03	0.80	1.10	0.55	0.60	0.004	0.012	0.015
	E				0.020	0.010										

[a] 当碳含量不大于 0.12%时,Mn 含量上限可达到 2.00%。

6.1.1.3 细化晶粒元素Nb、V、Ti可以单独加入或以任一组合形式加入。当单独加入时，其含量应符合表1、表2所列值，若混合加入两种或两种以上时，总量不大于0.12%。

6.1.1.4 耐候钢、淬火加回火钢的合金元素含量，可根据供需双方协议进行调整。

6.1.2 钢的成品化学成分允许偏差应符合GB/T 222的规定。

6.1.3 经供需双方协商，厚度大于15 mm的保证厚度方向性能的各牌号钢板，其S元素含量应符合表3的规定。

表3

Z向性能级别	Z15	Z25	Z35
S/%	≤0.010	≤0.007	≤0.005

6.1.4 各牌号钢的碳当量(CEV)应符合表4、表5、表6的规定。

碳当量应由熔炼分析成分并采用式(1)计算：

$$CEV = C + Mn/6 + (Cr + Mo + V)/5 + (Ni + Cu)/15 \quad \cdots\cdots\cdots\cdots\cdots\cdots (1)$$

表4

牌号	交货状态	碳当量CEV/%	
		厚度≤50 mm	厚度>50 mm~100 mm
Q345q	热轧、控轧、正火/正火轧制	≤0.42	≤0.43
Q370q		≤0.43	≤0.44
Q420q		≤0.44	≤0.45
Q460q		≤0.46	≤0.50

表5

牌号	交货状态	碳当量CEV/%	
		厚度≤50 mm	厚度>50 mm~100 mm
Q345q	热机械轧制(TMCP)	≤0.38	≤0.40
Q370q		≤0.40	≤0.42
Q420q		≤0.44	≤0.46
Q460q		≤0.45	≤0.47

表6

牌号	交货状态	碳当量CEV/%	
		厚度 50 mm	厚度>50 mm~100 mm
Q460q	淬火+回火、热机械轧制(TMCP)、热机械轧制(TMCP)+回火	≤0.46	≤0.48
Q500q		≤0.46	≤0.56
Q550q		—	—
Q620q		—	—
Q690q		—	—

6.1.5 当各牌号钢的碳含量不大于0.12%时，采用焊接裂纹敏感性指数(Pcm)代替碳当量评估钢材的可焊性，Pcm应采用式(2)由熔炼分析计算，其值应符合表7的规定：

$$Pcm = C + Si/30 + Mn/20 + Cu/20 + Ni/60 + Cr/20 + Mo/15 + V/10 + 5B \quad \cdots\cdots (2)$$

表 7

牌号	Pcm/%	牌号	Pcm/%
Q420q	≤0.20	Q550q	≤0.25
Q460q	≤0.23	Q620q	≤0.25
Q500q	≤0.23	Q690q	≤0.27

6.2 冶炼方法

桥梁用结构钢由转炉或电炉冶炼，并应进行炉外精炼。

6.3 交货状态

Q345q、Q370q、Q420q、Q460q、Q500q、Q550q、Q620q、Q690q 钢材的交货状态应符合表 4～表 6 的规定。

6.4 力学性能

6.4.1 钢材的力学性能应符合表 8 的规定。推荐使用的钢牌号，其力学性能应符合表 9 的规定。

表 8

牌号	质量等级	拉伸试验[a,b]				V 型冲击试验[c]	
		下屈服强度 R_{el}/MPa		抗拉强度 R_m/MPa	断后伸长率 A/%	试验温度/℃	冲击吸收能量 KV_2/J
		厚度/mm					
		≤50	>50～100				
		不小于					不小于
Q235q	C	235	225	400	26	0	34
	D					−20	
	E					−40	
Q345q[d]	C	345	335	490	20	0	47
	D					−20	
	E					−40	
Q370q[d]	C	370	360	510	20	0	47
	D					−20	
	E					−40	
Q420q[d]	C	420	410	540	19	0	47
	D					−20	
	E					−40	
Q460q	C	460	450	570	17	0	47
	D					−20	
	E					−40	

a 当屈服不明显时，可测量 $R_{p0.2}$ 代替下屈服强度。

b 钢板及钢带的拉伸试验取横向试样，型钢的拉伸试验取纵向试样。

c 冲击试验取纵向试样。

d 厚度不大于 16 mm 的钢材，断后伸长率提高 1%(绝对值)。

表 9

牌号	质量等级	拉伸试验[a,b]				V 型冲击试验[c]	
		下屈服强度 R_{eL}/MPa		抗拉强度 R_m/MPa	断后伸长率 A/%	试验温度/℃	冲击吸收能量 KV_2/J
		厚度/mm					
		≤50	>50～100				
		不小于					不小于
Q500q	D	500	480	600	16	−20	47
	E					−40	
Q550q	D	550	530	660	16	−20	47
	E					−40	
Q620q	D	620	580	720	15	−20	47
	E					−40	
Q690q	D	690	650	770	14	−20	47
	E					−40	

a 当屈服不明显时，可测量 $R_{p0.2}$ 代替下屈服强度。

b 拉伸试验取横向试样。

c 冲击试验取纵向试样。

6.4.2 厚度不小于 6 mm 或直径不小于 12 mm 的钢材应做冲击试验，冲击试样尺寸取 10 mm×10 mm×55 mm 的标准试样；当钢材不足以制取标准试样时，应采用 10 mm×7.5 mm×55 mm 或 10 mm×5 mm×55 mm 小尺寸试样，冲击吸收能量应分别为不小于表 8、表 9 规定值的 75%或 50%，优先采用较大尺寸试样。

6.4.3 钢材的冲击试验结果按一组 3 个试样的算术平均值进行计算，允许其中有 1 个试验值低于规定值，但不应低于规定值的 70%。

如果没有满足上述条件，应从同一抽样产品上再取 3 个试样进行试验，先后 6 个试样试验结果的算术平均值不得低于规定值，允许有 2 个试样的试验结果低于规定值，但其中低于规定值 70%的试样只允许有一个。

6.4.4 Z 向钢厚度方向断面收缩率应符合表 10 的规定。3 个试样的平均值应不低于表 10 规定的平均值，仅允许其中一个试样的单值低于表 10 规定的平均值，但不得低于表 10 中相应级别的单个试样值。

表 10

项目	Z 向钢断面收缩率 Z/%		
	Z 向性能级别		
	Z15	Z25	Z35
3 个试样平均值	≥15	≥25	≥35
单个试样值	≥10	≥15	≥25

6.5 工艺性能

钢材的弯曲试验应符合表 11 的规定，弯曲试验后试样弯曲外表面无肉眼可见裂纹。当供方保证时，可不做弯曲试验。

表 11

180°弯曲试验[a]	
厚度≤16 mm	厚度>16 mm
$d=2a$	$d=3a$
注：d 为弯心直径，a 为试样厚度。 [a] 钢板和钢带取横向试样。	

6.6 **表面质量**

6.6.1 钢材表面不应有气泡、结疤、裂纹、折叠、夹杂和压入氧化铁皮等影响使用的有害缺陷。钢材不应有目视可见的分层。

6.6.2 钢材的表面允许有不妨碍检查表面缺陷的薄层氧化铁皮、铁锈及由于压入氧化铁皮和轧辊所造成的不明显的粗糙、网纹、划痕及其他局部缺陷，但其深度不应大于钢材厚度的公差之半，并应保证钢材允许的最小厚度。

6.6.3 钢材的表面缺陷允许用修磨等方法清除，清理处应平滑无棱角，清理深度不应大于钢材厚度的负偏差，并应保证钢材允许的最小厚度。

6.6.4 经供需双方协商，钢材表面质量可执行 GB/T 14977 的规定。

6.7 **特殊要求**

6.7.1 根据供需双方协议，钢材可进行无损检验，其检验标准和级别应在协议或合同中明确。

6.7.2 根据供需双方协议，钢材也可进行其他项目的检验。

7 试验方法

钢材的各项检验的检验项目、取样数量、取样方法和试验方法应符合表 12 的规定。

表 12

序号	检验项目	取样数量	取样方法	试验方法
1	化学成分(熔炼分析)	1 个/炉	GB/T 20066	GB/T 223、GB/T 4336、GB/T 20125
2	拉伸试验	1 个/批	GB/T 2975	GB/T 228
3	弯曲试验	1 个/批	GB/T 2975	GB/T 232
4	冲击试验	3 个/批	GB/T 2975	GB/T 229
5	Z 向钢厚度方向断面收缩率	3 个/批	GB/T 5313	GB/T 5313
6	无损检验	逐张或逐件	按无损检验标准规定	协商

8 检验规则

8.1 **检查和验收**

钢材的检查和验收由供方进行，需方有权对本标准或合同中所规定的任一检验项目进行检查和验收。

8.2 **组批**

钢材应成批验收。每批应由同一牌号、同一炉号、同一规格、同一轧制制度及同一热处理制度的钢材组成。每批重量不大于 60 t。

对于 Z 向钢的厚度方向力学性能试验的批量规定为：在符合上述组批要求下，当 $s \leq 0.005\%$ 时，每批钢材的重量不大于 60 t；否则，Z15 每批不大于 25 t；Z25、Z35 每批为一个轧制坯轧制的钢材。

8.3 复验与判定规则

8.3.1 力学性能的复验与判定

钢材的冲击试验结果不符合6.4.3的规定时，抽样钢材应不予验收，再从该试验单元的剩余部分取两个抽样产品，在每个抽样产品上各选取新的一组3个试样，这两组试样的试验结果均应合格，否则该批钢材应拒收。

钢材拉伸试验的复验与判定应符合GB/T 17505的规定。

8.3.2 Z向钢的厚度方向断面收缩率的复验与判定

当初验结果不满足6.4.4条规定，并且初验的每个试样都不低于表10规定的最小值，允许对剩余的3个备用试样进行复验。新的试验结果应与原来的结果一起取平均值，其值应不小于表10规定的平均值，且6个试样的试验结果低于平均值但不低于最小值的试样不能多于2个，否则该批钢材不能验收。

8.3.3 其他检验项目的复验与判定

钢材的其他检验项目的复验与判定应符合GB/T 247和GB/T 2101的规定。

8.4 力学性能和化学成分试验结果的修约

除非在合同或订单中另有规定，当需要评定试验结果是否符合规定值，所给出力学性能和化学成分试验结果应修约到与规定值的数位相一致，其修约方法应按YB/T 081的规定进行。碳当量、焊接裂纹敏感性指数应先按公式计算后修约。

9 包装、标志和质量证明书

钢材的包装、标志和质量证明书应符合GB/T 247和GB/T 2101的规定。

附　录　A
（资料性附录）
相关标准牌号对照表

本标准与 GB/T 714—2000、GB/T 16270—1996、ASTM A709:2005、EN 10025:2004 的牌号对照见表 A.1。

表 A.1

标准号	GB/T 714—2008	GB/T 714—2000	GB/T 16270—1996	ASTM A 709-05	EN 10025-3:2004	EN 10025-4:2004	EN 10025-6:2004
牌号	Q235q	Q235q	—	36[250]	—	—	—
	Q345q	Q345q	—	50[345]、 50W[345W] HPS 50W [HPS 345W]	S355N、 S355NL	S355M、 S355ML	—
	Q370q	Q370q	—	—	—	—	—
	Q420q	Q420q	Q420	—	S420N、 S420NL	S420M、S420ML	—
	Q460q	—	Q460	—	S460N、 S460NL	S460M、 S460ML	S460Q、S460QL、 S460QL1
	Q500q	—	Q500	HPS 70W [HPS 485W]	—	—	S500Q、S500QL、 S500QL1
	Q550q	—	Q550	—	—	—	S550Q、S550QL、 S550QL1
	Q620q	—	Q620	—	—	—	S620Q、S620QL、 S620QL1
	Q690q	—	Q690	—	—	—	S690Q、S690QL、 S690QL1

ICS 77.140.50
H 46

中华人民共和国国家标准

GB 912—2008
代替 GB/T 912—1989

碳素结构钢和低合金结构钢热轧薄钢板和钢带

Hot-rolled sheets and strips of carbon structural steels and high strength low alloy structural steels

(ISO 4995:2001(E), ISO 4996:1999(E), NEQ)

2008-10-24 发布　　　　2009-10-01 实施

中华人民共和国国家质量监督检验检疫总局
中国国家标准化管理委员会　发布

前　言

本标准为条文强制性标准，本标准中5.1.2、5.4.1、5.4.3、8.2为强制性条款。

本标准与ISO 4995:2001(E)《结构级热轧薄钢板》(英文版)和ISO 4996:1999(E)《高屈服强度结构级热轧薄钢板》(英文版)的一致性程度为非等效。

本标准代替GB/T 912—1989《碳素结构钢和低合金结构钢热轧薄钢板及钢带》。与原标准相比，主要变化如下：

——由推荐性标准改为条文强制性标准；

——取消了原标准中叠轧钢板相关内容；

——调整了产品厚度范围；

——增加了订货内容；

——改变了交货状态；

——修改了表面质量的规定。

本标准由中国钢铁工业协会提出。

本标准由全国钢标准化技术委员会归口。

本标准主要起草单位：广东出入境检验检疫局、冶金工业信息标准研究院、本溪钢铁(集团)有限责任公司。

本标准主要起草人：李成明、彭小钢、王晓虎、张震坤、周崎、张险峰、刘健斌、曹标、裴昱。

本标准所代替标准的历次版本发布情况为：

——GB/T 912—1989。

碳素结构钢和低合金结构钢
热轧薄钢板和钢带

1 范围

本标准规定了碳素结构钢和低合金结构钢热轧薄钢板和钢带的订货内容、尺寸、外形、重量及允许偏差、技术要求、试验方法、检验规则、包装、标志和质量证明书等。

本标准适用于厚度小于 3 mm 的碳素结构钢和低合金结构钢热轧薄钢板和钢带。

2 规范性引用文件

下列文件中的条款通过本标准的引用而成为本标准的条款。凡是注日期的引用文件,其随后所有的修改单(不包括勘误的内容)或修订版均不适用于本标准,然而,鼓励根据本标准达成协议的各方研究是否可使用这些文件的最新版本。凡是不注日期的引用文件,其最新版本适用于本标准。

GB/T 222 钢的成品化学成分允许偏差

GB/T 223.3 钢铁及合金化学分析方法 二安替吡啉甲烷磷钼酸重量测定磷量

GB/T 223.5 钢铁 酸溶硅和全硅含量的测定 还原型硅钼酸盐分光光度法

GB/T 223.10 钢铁及合金化学分析方法 钢铁试剂分离-铬天青 S 光度法测定铝量

GB/T 223.11 钢铁及合金化学分析方法 过硫酸铵氧化容量法测定铬量

GB/T 223.14 钢铁及合金化学分析方法 钽试剂萃取光度法测定钒量

GB/T 223.17 钢铁及合金化学分析方法 二安替吡啉甲烷光度法测定钛量

GB/T 223.18 钢铁及合金化学分析方法 硫代硫酸钠分离-碘量法测定铜量

GB/T 223.19 钢铁及合金化学分析方法 新亚铜灵-三氯甲烷萃取光度法测定铜量

GB/T 223.23 钢铁及合金 镍含量的测定 丁二酮肟分光光度法

GB/T 223.32 钢铁及合金化学分析方法 次磷酸钠还原-碘量法测定砷含量

GB/T 223.37 钢铁及合金化学分析方法 蒸馏分离-靛酚蓝光度法测定氮量

GB/T 223.40 钢铁及合金 铌含量的测定 氯磺酚 S 分光光度法

GB/T 223.58 钢铁及合金化学分析方法 亚砷酸钠-亚硝酸钠滴定法测定锰量

GB/T 223.59 钢铁及合金 磷含量的测定 铋磷钼蓝分光光度法和锑磷钼蓝分光光度法

GB/T 223.60 钢铁及合金化学分析方法 高氯酸脱水重量法测定硅含量

GB/T 223.63 钢铁及合金化学分析方法 高碘酸钠(钾)光度法测定锰量

GB/T 223.64 钢铁及合金 锰含量的测定 火焰原子吸收光谱法

GB/T 223.68 钢铁及合金化学分析方法 管式炉内燃烧后碘酸钾滴定法测定硫含量

GB/T 223.71 钢铁及合金化学分析方法 管式炉内燃烧后重量法测定碳含量

GB/T 223.72 钢铁及合金 硫含量的测定 重量法

GB/T 228 金属材料 室温拉伸试验方法(GB/T 228—2002,eqv ISO 6892:1998)

GB/T 232 金属材料 弯曲试验方法(GB/T 232—1999,eqv ISO 7438:1985)

GB/T 247 钢板和钢带检验、包装、标志及质量证明书的一般规定

GB/T 700 碳素结构钢

GB/T 709 热轧钢板和钢带的尺寸、外形、重量及允许偏差

GB/T 1591 高强度低合金结构钢

GB/T 2975 钢及钢产品力学性能试验取样位置及试样制备(GB/T 2975—1998,eqv ISO 377:1997)

GB/T 4336 碳素钢和中低合金钢火花源原子发射光谱分析方法(常规法)

GB/T 17505 钢及钢产品一般交货技术要求(GB/T 17505—1998,eqv ISO 404:1992)

GB/T 18253 钢及钢产品检验文件的类型(GB/T 18253—2000,eqv ISO 10474:1991)

GB/T 20066 钢和铁 化学成分测定用试样的取样和制样方法(GB/T 20066—2006,ISO 14284:1996 IDT)

YB/T 081 冶金技术标准的数值修约与检测数值的判定原则

3 订货内容

3.1 按本标准订货的合同或订单应包括下列内容:

a) 标准编号;
b) 产品名称(钢板、钢带);
c) 牌号;
d) 尺寸;
e) 边缘状态(切边 EC、不切边 EM);
f) 厚度精度(PT. A、PT. B);
g) 重量;
h) 交货状态;
i) 用途;
j) 特殊要求。

3.2 订货合同对 e)、f)项内容未明确时,按如下规定:

a) 钢带通常不切边交货,由钢带剪切的钢板通常切边交货;
b) 厚度精度按普通精度(PT. A 类)。

4 尺寸、外形、重量及允许偏差

钢板和钢带的尺寸、外形、重量及允许偏差应符合 GB/T 709 的规定。

5 技术要求

5.1 牌号和化学成分

5.1.1 钢的牌号和化学成分应符合 GB/T 700、GB/T 1591 的规定。

5.1.2 钢中砷的含量不大于 0.080%。用含砷矿冶炼生铁所冶炼的钢,砷含量由供需双方协议规定。如原料中不含砷,可不做砷的分析。

5.1.3 成品钢板和钢带的化学成分允许偏差应符合 GB/T 222 的规定。

5.2 冶炼方法

钢由转炉或电炉冶炼。

5.3 交货状态

钢板和钢带以热轧状态或退火状态交货。

5.4 力学性能和工艺性能

5.4.1 钢板和钢带的抗拉强度和伸长率应符合 GB/T 700、GB/T 1591 的规定。但伸长率允许比 GB/T 700 或 GB/T 1591 的规定降低 5%(绝对值)。

5.4.2 根据需方要求,钢板和钢带的屈服强度可按 GB/T 700、GB/T 1591 的规定。

5.4.3 钢板和钢带应做 180°弯曲试验,试样弯心直径应符合 GB/T 700、GB/T 1591 的规定。

5.4.4 根据需方要求，对冷冲压用低合金钢或Q235碳素结构钢，可做弯心直径等于试样厚度的弯曲试验。

5.5 表面质量

5.5.1 钢板和钢带表面不应有结疤、裂纹、折叠、夹杂、气泡和氧化铁皮压入等对使用有害的缺陷。钢板和钢带不得有分层。

5.5.2 钢板和钢带表面允许有不影响使用的薄层氧化铁皮、铁锈和轻微的麻点、划痕等局部缺陷，其凹凸度不得超过钢板和钢带厚度公差之半，并应保证钢板和钢带的允许最小厚度。

5.5.3 钢板表面缺陷允许清理。清理处应平缓无棱角，并应保证钢板的允许最小厚度。

5.5.4 对于钢带，由于没有机会切除有缺陷部分，允许带缺陷交货，但带缺陷部分不应超过每卷钢带总长度的8%。

6 试验方法

6.1 每批钢板和钢带的检验项目、取样数量、取样方法及试验方法应符合表1的规定。

表1 检验项目、取样数量、取样方法及试验方法

序号	检验项目	取样数量(个)	取样方法	试验方法
1	化学成分	1/每炉	GB/T 20066	GB/T 223、GB/T 4336
2	拉伸试验	1	GB/T 2975	GB/T 228
3	弯曲试验	1	GB/T 2975	GB/T 232

6.2 钢板和钢带的表面质量用目视检查。

7 检验规则

7.1 钢板和钢带的检查和验收由供方技术质量监督部门负责，需方有权按本标准或合同所规定的任一检验项目进行检查和验收。

7.2 钢板和钢带应成批验收，每批由同一牌号、同一炉号、同一质量等级、同一交货状态的钢板和钢带组成，每批重量应不大于60 t。

7.3 公称容量比较小的炼钢炉冶炼的钢轧成的钢板和钢带组成的混合批，应符合GB/T 700和GB/T 1591的有关规定。

7.4 钢板和钢带的复验和判定按GB/T 17505的规定。

8 包装、标志和质量证明书

8.1 钢板和钢带的包装、标志及质量证明书应符合GB/T 247的规定。钢板和钢带的质量证明书类型可按GB/T 18253的规定。

8.2 供方应提供钢板和钢带的中文说明标志和中文质量证明书。

9 数值修约

数值修约应符合YB/T 081的规定。

ICS 77.140.50
H 46

中华人民共和国国家标准

GB/T 2518—2008
代替 GB/T 2518—2004

连续热镀锌钢板及钢带

Continuously hot-dip zinc-coated steel sheet and strip

2008-10-10 发布　　2009-05-01 实施

中华人民共和国国家质量监督检验检疫总局
中国国家标准化管理委员会　发布

前　言

本标准在参考EN 10326:2004《连续热浸镀层钢板及钢带——结构钢交货技术条件》(英文版)、EN 10327:2004《连续热浸镀层钢板及钢带——冷成形用低碳钢交货技术条件》(英文版)、EN 10336:2007《连续热浸镀层和电镀镀层钢板及钢带——冷成形用多相钢交货技术条件》(英文版)、EN 10292:2007《连续热浸镀层钢板及钢带——冷成形用较高屈服强度钢交货技术条件》(英文版)、EN 10143:2006《连续热浸镀层钢板及钢带——尺寸和外形公差》(英文版)的基础上,对GB/T 2518—2004《连续热镀锌钢板及钢带》进行了修订。

本标准代替GB/T 2518—2004《连续热镀锌钢板及钢带》。

本标准与GB/T 2518—2004相比,主要变化如下:

——调整了术语和定义的内容;

——增加了牌号表示方法的规定;

——增加了高强度冷成形用热镀锌钢板及钢带的钢种和牌号;

——调整了对化学成分的规定;

——取消了订货所需信息中的默认状态,并取消了标记示例;

——增加了力学性能时效的规定;

——增加了拉伸应变痕的规定;

——修改了镀层粘附性试验的规定;

——修改了镀层表面结构的规定;

——修改了产品后处理方式的规定;

——修改尺寸、外形及允许偏差的规定;

——修改了理论计重的计算方法的规定。

本标准的附录A和附录B是规范性附录,附录C是资料性附录。

本标准由中国钢铁工业协会提出。

本标准由全国钢标准化技术委员会归口。

本标准负责起草单位:宝山钢铁股份有限公司。

本标准参加起草单位:冶金工业信息标准研究院、鞍钢股份有限公司、攀枝花钢铁集团公司、马鞍山钢铁股份有限公司、首钢总公司、中国钢研科技集团公司、武汉钢铁集团公司。

本标准主要起草人:李玉光、孙忠明、徐宏伟、施鸿雁、王晓虎、陈玥、李叙生、方拓野、唐牧、张启富、涂树林、于成峰、黄锦花。

本标准所代替标准的历次版本发布情况为:

——GB/T 2518—1981、GB/T 2518—1988、GB/T 2518—2004。

连续热镀锌钢板及钢带

1 范围

本标准规定了连续热镀锌钢板及钢带(以下简称钢板及钢带)的术语和定义、分类和代号、尺寸、外形、重量、技术要求、检验和试验、包装、标志及质量证明书等要求。

本标准适用于厚度为0.30 mm～5.0 mm的钢板及钢带,主要用于制作汽车、建筑、家电等行业对成形性和耐腐蚀性有要求的内外覆盖件和结构件。

2 规范性引用文件

下列文件中的条款通过本标准的引用而成为本标准的条款。凡是注日期的引用文件,其随后所有的修改单(不包括勘误的内容)或修订版均不适用于本标准,然而,鼓励根据本标准达成协议的各方研究是否可使用这些文件的最新版本。凡是不注日期的引用文件,其最新版本适用于本标准。

GB/T 223.5 钢铁 酸溶硅和全硅含量的测定 还原型硅钼酸盐分光光度法

GB/T 223.9 钢铁及合金 铝含量的测定 铬天青S分光光度法

GB/T 223.12 钢铁及合金化学分析方法 碳酸钠分离-二苯酸铣二肼光度法测定铬量

GB/T 223.13 钢铁及合金化学分析方法 硫酸亚铁铵容量法测定钒量

GB/T 223.14 钢铁及合金化学分析方法 钽试剂萃取光度法测定钒量

GB/T 223.16 钢铁及合金化学分析方法 变色酸光度法测定钛量

GB/T 223.17 钢铁及合金化学分析方法 二安替比咻甲烷光度法测定钛量

GB/T 223.26 钢铁及合金 钼含量的测定 硫氰酸盐分光光度法

GB/T 223.40 钢铁及合金 铌含量的测定 氯磺酚S分光光度法

GB/T 223.59 钢铁及合金 磷含量的测定 锑磷钼蓝分光光度法

GB/T 223.60 钢铁及合金化学分析方法 高氯酸脱水重量法测定硅含量

GB/T 223.63 钢铁及合金化学分析方法 高碘酸钠(钾)光度法测定锰量

GB/T 223.64 钢铁及合金 锰含量的测定 火焰原子吸收光谱法

GB/T 223.78 钢铁及合金化学分析方法 姜黄素直接光度法测定硼含量

GB/T 228 金属材料 室温拉伸试验方法(GB/T 228—2002,eqv ISO 6892:1998)

GB/T 247 钢板和钢带检验、包装、标志及质量证明书的一般规定

GB/T 1839 钢产品镀锌层质量试验方法(GB/T 1839—2003,ISO 1460:1992,MOD)

GB/T 2975 钢及钢产品力学性能试验取样位置及试样制备(GB/T 2975—1998,eqv ISO 377:1997)

GB/T 4336 碳素钢和中低合金钢火花源原子发射光谱分析方法(常规法)

GB/T 5027 金属材料薄板和薄带塑性应变比(r值)的测定(GB/T 5027—2007,ISO 10113:2006,IDT)

GB/T 5028 金属薄板和薄带拉伸应变硬化指数(n值)试验方法(GB/T 5028—1999,eqv ISO 10275:1993)

GB/T 8170—1987 数值修约规则

GB/T 17505 钢及钢产品交货一般技术要求(GB/T 17505—1998,eqv ISO 404:1992)

GB/T 20123　钢铁　总碳硫含量的测定　高频感应炉燃烧后红外吸收法(常规方法)(GB/T 20123—2006,ISO 15350:2000,IDT)

GB/T 20125　低合金钢多元素含量的测定电感耦合等离子体原子发射光谱法(GB/T 20125—2006,JIS G 1258—1989,MOD)

GB/T 20126　非合金钢　低碳含量的测定　第2部分:感应炉(经预加热)内燃烧后红外吸收法(GB/T 20126—2006,ISO 15349-2:1999,IDT)

GB/T 20066　钢和铁　化学成分测定用试样的取样和制样方法(GB/T 20066—2006,ISO 14284:1996,IDT)

GB/T 20564.1—2007　汽车用高强度冷连轧钢板及钢带　第1部分:烘烤硬化钢

3　术语和定义

下列术语和定义适用于本标准。

3.1

热镀纯锌镀层　hot-dip zinc coating(Z)

热镀锌生产线上,将经过预处理的钢带浸入熔融锌液中所得到的镀层。熔融锌液中锌含量应不小于99%。

3.2

热镀锌铁合金镀层　hot-dip zinc-iron alloy coating(ZF)

热镀锌生产线上,将经过预处理的钢带浸入熔融锌液中所得到的镀层。熔融锌液中锌含量应不小于99%。随后,通过合金化处理工艺在整个镀层上形成锌铁合金层,合金镀层中铁含量通常为8%～12%。

3.3

无间隙原子钢　interstitial free steels(Y)

无间隙原子钢是在超低碳钢中加入适量的钛或铌,使钢中的碳、氮间隙原子完全被固定成碳、氮化物,钢中没有间隙原子存在的一类钢。

3.4

烘烤硬化钢　bake hardening steels(B)

在低碳钢或超低碳钢中保留一定量的固溶碳、氮原子,同时可通过添加磷、锰等固溶强化元素来提高强度。加工成形后,在一定温度下烘烤后,由于时效硬化,使钢的屈服强度进一步升高。

3.5

低合金钢　low alloy steels(LA)

在低碳钢或超低碳钢中,通过单一或复合添加铌、钛、钒等微合金元素,形成碳氮化合物粒子析出进行强化,同时,并通过微合金元素的细化晶粒作用,以获得较高的强度。

3.6

双相钢　dual phase steels(DP)

钢的显微组织为铁素体和马氏体,马氏体组织以岛状弥散分布在铁素体基体上。具有低的屈强比和较高的加工硬化性能。与同等屈服强度的高强度低合金钢相比,具有更高的抗拉强度。

3.7

相变诱导塑性钢　transformation induced plasticity steels(TR)

钢的显微组织为铁素体、贝氏体和残余奥氏体,其中,残余奥氏体的含量最少不低于5%。在成形过程中,残余奥氏体可相变为马氏体组织,具有较高的加工硬化率、均匀伸长率和抗拉强度。与同等抗拉强度的双相钢水平相比,具有更高的延伸率。

3.8

复相钢　complex phase steels(CP)

钢的显微组织主要为铁素体和(或)贝氏体组织。在铁素体和(或)贝氏体基体上,通常分布少量的马氏体、残余奥氏体和珠光体组织。通过添加微合金元素 Ti 或 Nb,形成细化晶粒或析出强化的效应。这种钢具有非常高的抗拉强度。与同等抗拉强度的双相钢相比,其屈服强度明显要高很多。这种钢具有较高的能量吸收能力和较高的残余应变能力。

3.9

拉伸应变痕　stretcher strain marks

冷加工成形时,由于时效的原因导致钢板或钢带表面出现的滑移线、"橘子皮"等有损表面外观的缺陷。

4　分类和代号

4.1　牌号命名方法

钢板及钢带的牌号由产品用途代号,钢级代号(或序列号),钢种特性(如有)、热镀代号(D)和镀层种类代号五部分构成,其中热镀代号(D)和镀层种类代号之间用加号"＋"连接。具体规定见 4.1.1～4.1.5。

4.1.1　用途代号

a)　DX:第一位字母 D 表示冷成形用扁平钢材,第二位字母如果为 X,代表基板的轧制状态不规定,第二位字母如果为 C,则代表基板规定为冷轧基板;第二位字母如果为 D,则代表基板规定为热轧基板;

b)　S:表示为结构用钢;

c)　HX:第一位字母 H 代表冷成形用高强度扁平钢材。第二位字母如果为 X,代表基板的轧制状态不规定,第二位字母如果为 C,则代表基板规定为冷轧基板;第二位字母如果为 D,则代表基板规定为热轧基板。

4.1.2　钢级代号(或序列号)

a)　51～57:2 位数字,用以代表钢级序列号;

b)　180～980:3 位数字,用以代表钢级代号;根据牌号命名方法的不同,一般为规定的最小屈服强度或最小屈服强度和最小抗拉强度,单位为 MPa。

4.1.3　钢种特性

钢种特性通常用 1 到 2 位字母表示;其中:

a)　Y 表示钢种类型为无间隙原子钢;

b)　LA 表示钢种类型为低合金钢;

c)　B 表示钢种类型为烘烤硬化钢;

d)　DP 表示钢种类型为双相钢;

e)　TR 表示钢种类型为相变诱导塑性钢;

f)　CP 表示钢种类型为复相钢;

g)　G 表示钢种特性不规定。

4.1.4　热镀代号

热镀代号表示为 D。

4.1.5　镀层代号

纯锌镀层表示为 Z,锌铁合金镀层表示为 ZF。

4.2　牌号命名示例

a)　DC57D＋ZF

表示产品用途为冷成形用，扁平钢材，规定基板为冷轧基板，钢级序列号为57，锌铁合金镀层热镀产品。

b) S350GD+Z

表示产品用途为结构用，规定的最小屈服强度值350 MPa，钢种特性不规定，纯锌镀层热镀产品。

c) HX340LAD+ZF

表示产品用途为冷成形用，高强度扁平钢材，不规定基板状态，规定的最小屈服强度值为340 MPa，钢种类型为高强度低合金钢，锌铁合金镀层热镀产品；

d) HC340/690DPD+Z

表示产品用途为冷成形用，高强度扁平钢材，规定基板为冷轧基板，规定的最小屈服强度值为340 MPa，规定的最小抗拉强度值为590 MPa，钢种类型为双相钢，纯锌镀层热镀产品。

4.3 钢板及钢带的牌号及钢种特性

钢板及钢带的牌号及钢种特性应符合表1的规定。

表 1

牌　　号	钢种特性
DX51D+Z,DX51D+ZF	低碳钢
DX52D+Z,DX52D+ZF	
DX53D+Z,DX53D+ZF	无间隙原子钢
DX54D+Z,DX54D+ZF	
DX56D+Z,DX56D+ZF	
DX57D+Z,DX57D+ZF	
S220GD+Z,S220GD+ZF	结构钢
S250GD+Z,S250GD+ZF	
S280GD+Z,S280GD+ZF	
S320GD+Z,S320GD+ZF	
S350GD+Z,S350GD+ZF	
S550GD+Z,S550GD+ZF	
HX260LAD+Z,HX260LAD+ZF	低合金钢
HX300LAD+Z,HX300LAD+ZF	
HX340LAD+Z,HX340LAD+ZF	
HX380LAD+Z,HX380LAD+ZF	
HX420LAD+Z,HX420LAD+ZF	
HX180YD+Z,HX180YD+ZF	无间隙原子钢
HX220YD+Z,HX220YD+ZF	
HX260YD+Z,HX260YD+ZF	
HX180BD+Z,HX180BD+ZF	烘烤硬化钢
HX220BD+Z,HX220BD+ZF	
HX260BD+Z,HX260BD+ZF	
HX300BD+Z,HX300BD+ZF	

表 1（续）

牌　　号	钢种特性
HC260/450DPD＋Z，HC260/450DPD＋ZF	双相钢
HC300/500DPD＋Z，HC300/500DPD＋ZF	
HC340/600DPD＋Z，HC340/600DPD＋ZF	
HC450/780DPD＋Z，HC450/780DPD＋ZF	
HC600/980DPD＋Z，HC600/980DPD＋ZF	
HC430/690TRD＋Z，HC410/690TRD＋ZF	相变诱导塑性钢
HC470/780TRD＋Z，HC440/780TRD＋ZF	
HC350/600CPD＋Z，HC350/600CPD＋ZF	复相钢
HC500/780CPD＋Z，HC500/780CPD＋ZF	
HC700/980CPD＋Z，HC700/980CPD＋ZF	

4.4　表面质量分类和代号

钢板及钢带按表面质量分类和代号应符合表 2 的规定。

表 2

级　别	代　号
普通级表面	FA
较高级表面	FB
高级表面	FC

4.5　镀层种类、镀层表面结构、表面处理的分类和代号

钢板及钢带的镀层种类、镀层表面结构、表面处理的分类和代号应符合表 3 规定。

表 3

分类项目	类　别		代　号
镀层种类	纯锌镀层		Z
	锌铁合金镀层		ZF
镀层表面结构	纯锌镀层(Z)	普通锌花	N
		小锌花	M
		无锌花	F
	锌铁合金镀层(ZF)	普通锌花	R
表面处理	铬酸钝化		C
	涂油		O
	铬酸钝化＋涂油		CO
	无铬钝化		C5
	无铬钝化＋涂油		CO5
	磷化		P
	磷化＋涂油		PO
	耐指纹膜		AF
	无铬耐指纹膜		AF5
	自润滑膜		SL
	无铬自润滑膜		SL5
	不处理		U

5 订货所需信息

订货时用户需提供下列信息：

a) 产品名称(钢板或钢带)；
b) 本国家标准号；
c) 牌号；
d) 镀层种类及镀层重量代号；
e) 尺寸及其精度(包括厚度、宽度、长度、钢带内径等)；
f) 不平度精度；
g) 镀层表面结构；
h) 表面处理；
i) 表面质量；
j) 重量；
k) 包装方式；
l) 其他(如光整、表面朝向等)。

6 尺寸、外形、重量及允许偏差

6.1 尺寸

6.1.1 钢板及钢带的公称尺寸范围应符合表4规定。经供需双方协商，也可提供其他尺寸规格的钢板及钢带。纵切钢带特指由钢带(母带)经纵切后获得的窄钢带，宽度一般在600 mm以下。

表 4

项　　目		公称尺寸/mm
公称厚度		0.30～5.0
公称宽度	钢板及钢带	600～2 050
	纵切钢带	<600
公称长度	钢板	1 000～8 000
公称内径	钢带及纵切钢带	610或508

6.1.2 钢板及钢带的公称厚度包含基板厚度和镀层厚度。

6.2 尺寸及外形允许偏差

钢板及钢带的尺寸及外形允许偏差应符合附录A(规范性附录)的规定。

6.3 重量

钢板通常按理论重量交货，理论重量的计算方法应符合附录B(规范性附录)的规定。钢带通常按实际重量交货。

7 技术要求

7.1 化学成分

钢的化学成分(熔炼分析)可参考附录C的规定(资料性附录)。如需方对化学成分有要求，应在订货时协商。

7.2 冶炼方法

钢板及钢带所用的钢采用氧气转炉或电炉冶炼，除非另有规定，冶炼方式由供方选择。

7.3 交货状态

钢板及钢带经热镀或热镀加平整(或光整)后交货。

7.4 力学性能

7.4.1 钢板及钢带的力学性能应分别符合表5～表12的规定。除非另行规定，拉伸试样为带镀层试样。

7.4.2 由于时效的影响，钢板及钢带的力学性能会随着储存时间的延长而改变，如屈服强度和抗拉强度的上升，断后伸长率的下降，成形性能变差等，建议用户尽早使用。

7.4.3 对于表5中牌号为DX51D+Z、DX51D+ZF、DX52D+Z、DX52D+ZF的钢板及钢带，应保证在制造后1个月内，钢板及钢带的力学性能符合表5的规定；对于表5中其他牌号的钢板及钢带，应保证在制造后6个月内，钢板及钢带的力学性能符合表5的规定。对于表8中规定牌号的钢板及钢带，应保证在产品制造后3个月内，钢板及钢带的力学性能符合表8的规定。对于表7和表9中规定牌号的钢板及钢带，应保证在制造后6个月内，钢板及钢带的力学性能符合相应表中的规定。对表6、表10、表11和表12中规定牌号的钢板及钢带，其力学性能的时效不作规定。

7.5 拉伸应变痕

7.5.1 对于表5中牌号为DX51D+Z、DX51D+ZF、DX52D+Z、DX52D+ZF的钢板及钢带，应保证其在制造后1个月内使用时不出现拉伸应变痕；对于表5中其他牌号的钢板及钢带，应保证其在制造后6个月内使用时不出现拉伸应变痕。对于表8中规定牌号的钢板及钢带，应保证在制造后3个月内使用时不出现拉伸应变痕。对于表7和表9中规定牌号的钢板及钢带，应保证在制造后6个月内使用时不出现拉伸应变痕。对表6、表10、表11和表12中规定牌号的钢板及钢带，其拉伸应变痕不作规定。

7.5.2 随着存储时间的延长，受时效的影响，所有牌号的钢均可能产生拉伸应变痕，建议用户尽快使用。

7.5.3 如对拉伸应变痕有特殊要求，应在订货时协商并在合同中注明。

7.6 镀层粘附性应采用适当的试验方法进行试验，试验方法由供方选择。

表5

牌号	屈服强度[a,b] R_{eL}或$R_{P0.2}$/MPa	抗拉强度 R_m/MPa	断后伸长率[c] A_{80}/% 不小于	r_{90} 不小于	n_{90} 不小于
DX51D+Z，DX51D+ZF	—	270～500	22	—	—
DX52D+Z[f]，DX52D+ZF[f]	140～300	270～420	26	—	—
DX53D+Z，DX53D+ZF	140～260	270～380	30	—	—
DX54D+Z	120～220	260～350	36	1.6	0.18
DX54D+ZF			34	1.4	0.18
DX56D+Z	120～180	260～350	39	1.9[d]	0.21
DX56D+ZF			37	1.7[d,e]	0.20[e]
DX57D+Z	120～170	260～350	41	2.1[d]	0.22
DX57D+ZF			39	1.9[d,e]	0.21[e]

a 无明显屈服时采用$R_{P0.2}$，否则采用R_{eL}。

b 试样为GB/T 228中的P6试样，试样方向为横向。

c 当产品公称厚度大于0.5 mm，但不大于0.7 mm时，断后伸长率允许下降2%；当产品公称厚度不大于0.5 mm时，断后伸长率允许下降4%。

d 当产品公称厚度大于1.5 mm，r_{90}允许下降0.2。

e 当产品公称厚度小于等于0.7 mm时，r_{90}允许下降0.2。n_{90}允许下降0.01。

f 屈服强度值仅适用于光整的FB、FC级表面的钢板及钢带。

表 6

牌　　号	屈服强度[a,b] R_{eH} 或 $R_{P0.2}$ / MPa 不小于	抗拉强度[c] R_m / MPa 不小于	断后伸长率[d] A_{80} / % 不小于
S220GD+Z,S220GD+ZF	220	300	20
S250GD+Z,S250GD+ZF	250	330	19
S280GD+Z,S280GD+ZF	280	360	18
S320GD+Z,S320GD+ZF	320	390	17
S350GD+Z,S350GD+ZF	350	420	16
S550GD+Z,S550GD+ZF	550	560	—

a 无明显屈服时采用 $R_{P0.2}$，否则采用 R_{eH}。

b 试样为 GB/T 228 中的 P6 试样，试样方向为纵向。

c 除 S550GD+Z 和 S550GD+ZF 外，其他牌号的抗拉强度可要求 140 MPa 的范围值。

d 当产品公称厚度大于 0.5 mm，但不大于 0.7 mm 时，断后伸长率允许下降 2%；当产品公称厚度不大于 0.5 mm 时，断后伸长率允许下降 4%。

表 7

牌　　号	屈服强度[a,b] R_{eL} 或 $R_{P0.2}$ / MPa	抗拉强度 R_m / MPa	断后伸长率[c] A_{80} / % 不小于	r_{90}[d] 不小于	n_{90} 不小于
HX180YD+Z	180～240	340～400	34	1.7	0.18
HX180YD+ZF			32	1.5	0.18
HX220YD+Z	220～280	340～410	32	1.5	0.17
HX220YD+ZF			30	1.3	0.17
HX260YD+Z	260～320	380～440	30	1.4	0.16
HX260YD+ZF			28	1.2	0.16

a 无明显屈服时采用 $R_{P0.2}$，否则采用 R_{eL}。

b 试样为 GB/T 228 中的 P6 试样，试样方向为横向。

c 当产品公称厚度大于 0.5 mm，但不大于 0.7 mm 时，断后伸长率（A_{80}）允许下降 2%；当产品公称厚度不大于 0.5 mm 时，断后伸长率（A_{80}）允许下降 4%。

d 当产品公称厚度大于 1.5 mm 时，r_{90} 允许下降 0.2。

表 8

牌号	屈服强度[a,b] R_{eL} 或 $R_{P0.2}$/MPa	抗拉强度 R_m/MPa	断后伸长率[c] A_{80}/% 不小于	r_{90}^{d} 不小于	n_{90} 不小于	烘烤硬化值 BH_2/MPa 不小于
HX180BD+Z	180～240	300～360	34	1.5	0.16	30
HX180BD+ZF			32	1.3	0.16	30
HX220BD+Z	220～280	340～400	32	1.2	0.15	30
HX220BD+ZF			30	1.0	0.15	30
HX260BD+Z	260～320	360～440	28	—	—	30
HX260BD+ZF			26	—	—	30
HX300BD+Z	300～360	400～480	26	—	—	30
HX300BD+ZF			24	—	—	30

[a] 无明显屈服时采用 $R_{P0.2}$，否则采用 R_{eL}。

[b] 试样为 GB/T 228 中的 P6 试样，试样方向为横向。

[c] 当产品公称厚度大于 0.5 mm，但不大于 0.7 mm 时，断后伸长率允许下降 2%；当产品公称厚度不大于 0.5 mm 时，断后伸长率允许下降 4%。

[d] 当产品公称厚度大于 1.5 mm 时，r_{90} 允许下降 0.2。

表 9

牌号	屈服强度[a,b] R_{eL} 或 $R_{P0.2}$/MPa	抗拉强度 R_m/MPa	断后伸长率[c] A_{80}/% 不小于
HX260LAD+Z	260～330	350～430	26
HX260LAD+ZF			24
HX300LAD+Z	300～380	380～480	23
HX300LAD+ZF			21
HX340LAD+Z	340～420	410～510	21
HX340LAD+ZF			19
HX380LAD+Z	380～480	440～560	19
HX380LAD+ZF			17
HX420LAD+Z	420～520	470～590	17
HX420LAD+ZF			15

[a] 无明显屈服时采用 $R_{P0.2}$，否则采用 R_{eL}。

[b] 试样为 GB/T 228 中的 P6 试样，试样方向为横向。

[c] 当产品公称厚度大于 0.5 mm，但小于等于 0.7 mm 时，断后伸长率允许下降 2%；当产品公称厚度不大于 0.5 mm 时，断后伸长率允许下降 4%。

表 10

牌　　号	屈服强度[a,b] R_{eL} 或 $R_{P0.2}$/MPa	抗拉强度 R_m/MPa 不小于	断后伸长率[c] A_{80}/% 不小于	n_0 不小于	烘烤硬化值 BH_2/MPa 不小于
HC260/450DPD+Z	260～340	450	27	0.16	30
HC260/450DPD+ZF			25		30
HC300/500DPD+Z	300～380	500	23	0.15	30
HC300/500DPD+ZF			21		30
HC340/600DPD+Z	340～420	600	20	0.14	30
HC340/600DPD+ZF			18		30
HC450/780DPD+Z	450～560	780	14	—	30
HC450/780DPD+ZF			12		30
HC600/980DPD+Z	600～750	980	10	—	30
HC600/980DPD+ZF			8		30

a 无明显屈服时采用 $R_{P0.2}$，否则采用 R_{eL}。

b 试样为 GB/T 228 中的 P6 试样，试样方向为纵向。

c 当产品公称厚度大于 0.5 mm，但小于等于 0.7 mm 时，断后伸长率允许下降 2%；当产品公称厚度不大于 0.5 mm 时，断后伸长率允许下降 4%。

表 11

牌　　号	屈服强度[a,b] R_{eL} 或 $R_{P0.2}$/MPa	抗拉强度 R_m/MPa 不小于	断后伸长率[c] A_{80}/% 不小于	n_0 不小于	烘烤硬化值 BH_2/MPa 不小于
HC430/690TRD+Z	430～550	690	23	0.18	40
HC430/690TRD+ZF			21		40
HC470/780TRD+Z	470～600	780	21	0.16	40
HC470/780TRD+ZF			18		40

a 无明显屈服时采用 $R_{P0.2}$，否则采用 R_{eL}。

b 试样为 GB/T 228 中的 P6 试样，试样方向为纵向。

c 当产品公称厚度大于 0.5 mm，但小于等于 0.7 mm 时，断后伸长率允许下降 2%；当产品公称厚度不大于 0.5 mm 时，断后伸长率允许下降 4%。

表 12

牌　　号	屈服强度[a,b] R_{eL} 或 $R_{P0.2}$/MPa	抗拉强度 R_m/MPa 不小于	断后伸长率[c] A_{80}/% 不小于	烘烤硬化值 BH_2/MPa 不小于
HC350/600CPD+Z	350～500	600	16	30
HC350/600CPD+ZF			14	
HC500/780CPD+Z	500～700	780	10	30
HC500/780CPD+ZF			8	

表 12（续）

牌　　号	屈服强度[a,b] R_{eL} 或 $R_{P0.2}$/MPa	抗拉强度 R_m/MPa 不小于	断后伸长率[c] A_{80}/% 不小于	烘烤硬化值 BH_2/MPa 不小于
HC700/980CPD+Z	700～900	980	7	30
HC700/980CPD+ZF			5	

a 无明显屈服时采用 $R_{P0.2}$，否则采用 R_{eL}。

b 试样为 GB/T 228 中的 P6 试样，试样方向为纵向。

c 当产品公称厚度大于 0.5 mm，但小于等于 0.7 mm 时，断后伸长率允许下降 2%；当产品公称厚度不大于 0.5 mm 时，断后伸长率允许下降 4%。

7.7 镀层重量

7.7.1 可供的公称镀层重量范围应符合表 13 的规定。经供需双方协商，亦可提供其他镀层重量。

7.7.2 推荐的公称镀层重量及相应的镀层代号应符合表 14 的规定。经供需双方协商，等厚公称镀层重量也可用单面镀层重量进行表示。

例如：热镀锌镀层 Z 250 可表示为 Z 125/125，热镀锌铁合金镀层 ZF 180 可表示为 ZF 90/90。

7.7.3 对于等厚镀层，镀层重量三点试验平均值应不小于规定公称镀层重量；镀层重量单点试验值应不小于规定公称镀层重量的 85%。单面单点镀层重量试验值应不小于规定公称镀层重量的 34%。

7.7.4 对于差厚镀层，公称镀层重量及镀层重量试验值应符合表 15 的规定。

表 13

镀层形式	适用的镀层表面结构	下列镀层种类的公称镀层重量范围[a]/(g/m²)	
		纯锌镀层(Z)	锌铁合金镀层(ZF)
等厚镀层	N、M、F、R	50～600	60～180
差厚镀层[b]	N、M、F	25～150(每面)	—

a 50 g/m² 镀层(纯锌和锌铁合金)的厚度约为 7.1 μm。

b 对于差厚镀层形式，镀层较重面的镀层重量与另一面的镀层重量比值应不大于 3。

表 14

镀层种类	镀层形式	推荐的公称镀层重量/(g/m²)	镀层代号
Z	等厚镀层	60	60
		80	80
		100	100
		120	120
		150	150
		180	180
		200	200
		220	220
		250	250
		275	275
		350	350
		450	450
		600	600

表 14（续）

<table>
<tr><th>镀层种类</th><th>镀层形式</th><th>推荐的公称镀层重量/(g/m²)</th><th>镀层代号</th></tr>
<tr><td>ZF</td><td>等厚镀层</td><td>60
90
120
140</td><td>60
90
120
140</td></tr>
<tr><td>Z</td><td>差厚镀层</td><td>30/40
40/60
40/100</td><td>30/40
40/60
40/100</td></tr>
</table>

表 15

<table>
<tr><th rowspan="2">镀层种类</th><th rowspan="2">镀层形式</th><th rowspan="2">镀层代号</th><th colspan="2">公称镀层重量/(g/m²)
不小于</th></tr>
<tr><th>单面三点平均值</th><th>单面单点值</th></tr>
<tr><td>Z</td><td>差厚镀层</td><td>A/B[a]</td><td>A/B[a]</td><td>(0.85×A)/(0.85×B)</td></tr>
<tr><td colspan="5">[a] A、B分别为钢板及钢带上、下表面(或内、外表面)对应的公称镀层重量(g/m²)。</td></tr>
</table>

7.8 镀层表面结构

7.8.1 钢板及钢带的镀层表面结构应符合表16的规定。

7.8.2 对于纯锌镀层，如要求表面结构为明显锌花时，应在订货时注明。当普通锌花镀层表面结构的产品不能满足用户对表面外观的质量要求时，可订购小锌花镀层表面结构或无锌花镀层表面结构的产品。

表 16

<table>
<tr><th>镀层种类</th><th>镀层表面结构</th><th>代　号</th><th>特　　征</th></tr>
<tr><td rowspan="3">Z</td><td>普通锌花</td><td>N</td><td>锌层在自然条件下凝固得到的肉眼可见的锌花结构</td></tr>
<tr><td>小锌花</td><td>M</td><td>通过特殊控制方法得到的肉眼可见的细小锌花结构</td></tr>
<tr><td>无锌花</td><td>F</td><td>通过特殊控制方法得到的肉眼不可见的细小锌花结构</td></tr>
<tr><td>ZF</td><td>普通锌花</td><td>R</td><td>通过对纯锌镀层的热处理后获得的镀层表面结构，该表面结构通常灰色无光</td></tr>
</table>

7.9 表面处理

钢板及钢带通常进行以下表面处理。

7.9.1 铬酸钝化(C)和无铬钝化(C5)

该表面处理可减少产品在运输和储存期间表面产生白锈。采用铬酸钝化处理方式，存在表面产生摩擦黑点的风险。无铬钝化处理时，应限制钝化膜中对人体健康有害的六价铬成分。

7.9.2 铬酸钝化＋涂油(CO)和无铬钝化＋涂油(CO5)

该表面处理可进一步减少产品在运输和储存期间表面产生白锈。无铬钝化处理时，应限制钝化膜中对人体健康有害的六价铬成分。

7.9.3 磷化(P)和磷化＋涂油(PO)

该表面处理可减少产品在运输和储存期间表面产生白锈，并可改善钢板的成型性能。

7.9.4 耐指纹膜(AF)和无铬耐指纹膜(AF5)

该表面处理可减少产品在运输和储存期间表面产生白锈。无铬耐指纹膜处理时，应限制耐指纹膜中对人体健康有害的六价铬成分。

7.9.5 自润滑膜(SL)和无铬自润滑膜(SL5)

该表面处理可减少产品在运输和储存期间表面产生白锈，并可较好改善钢板的成型性能。无铬自润滑膜处理时，应限制自润滑膜中对人体健康有害的六价铬成分。

7.9.6 涂油处理(O)

该表面处理可减少产品在运输和储存期间表面产生白锈，所涂的防锈油一般不作为后续加工用的轧制油和冲压润滑油。

7.9.7 不处理(U)

该表面处理仅适用于需方在订货期间明确提出不进行表面处理的情况，并需在合同中注明。这种情况下，钢板及钢带在运输和储存期间表面较易产生白锈和黑点，用户在选用该处理方式时应慎重。

7.10 表面质量

7.10.1 钢板及钢带表面不应有漏镀、镀层脱落、肉眼可见裂纹等影响用户使用的缺陷。不切边钢带边部允许存在微小锌层裂纹和白边。

7.10.2 钢板及钢带各级别表面质量特征应符合表17的规定。

7.10.3 由于在连续生产过程中，钢带表面的局部缺陷不易发现和去除，因此，钢带允许带缺陷交货，但有缺陷的部分应不超过每卷总长度的6%。

表 17

级别	表面质量特征
FA	表面允许有缺欠，例如小锌粒、压印、划伤、凹坑、色泽不均、黑点、条纹、轻微钝化斑、锌起伏等。该表面通常不进行平整(光整)处理
FB	较好的一面允许有小缺欠，例如光整压印、轻微划伤、细小锌花、锌起伏和轻微钝化斑。另一面至少为表面质量FA。该表面通常进行平整(光整)处理
FC	较好的一面必须对缺欠进一步限制，即较好的一面不应有影响高级涂漆表面外观质量的缺欠。另一面至少为表面质量FB。该表面通常进行平整(光整)处理

8 检验和试验

8.1 每批钢板及钢带的检验项目、试样数量、取样方法和试验方法应符合表18的规定。

8.2 钢板及钢带的外观表面质量用肉眼检查。

8.3 钢板及钢带的尺寸、外形应用合适的测量工具测量。厚度测量部位为距边部不小于40 mm的任意点。

8.4 r_{90}是在15%应变时计算得到的；均匀延伸小于15%时，以均匀延伸结束时的应变进行计算。n_{90}(或n_0)值是在10%～20%应变范围内计算得到的，当均匀伸长率小于20%时，应变范围为10%至均匀伸长结束。

8.5 钢板及钢带应按批检验，每个检验批由不大于30 t的同牌号、同规格、同一镀层重量、同镀层表面结构和同表面处理的钢材组成。对于单个卷重大于30 t的钢带，每卷作为一个检验批。

8.6 钢板及钢带的复验应符合GB/T 17505的规定。

表 18

检验项目	试样数量	取样方法	试验方法	取样位置
化学分析	1/炉	GB/T 20066	GB/T 223、GB/T 4336、GB/T 20123、GB/T 20125、GB/T 20126	—
拉伸试验	1	GB/T 2975	GB/T 228	试样位置距边部应不小于 50 mm
r_{90} 值	1	GB/T 2975	GB/T 5027	—
n_{90}(或 n_0)值	1	GB/T 2975	GB/T 5028	—
BH_2 值	1	GB/T 2975	GB/T 20564.1 附录 A	—
镀层重量	1 组 3 个	单个试样的面积不小于 5 000 mm^2	GB/T 1839	如图 1

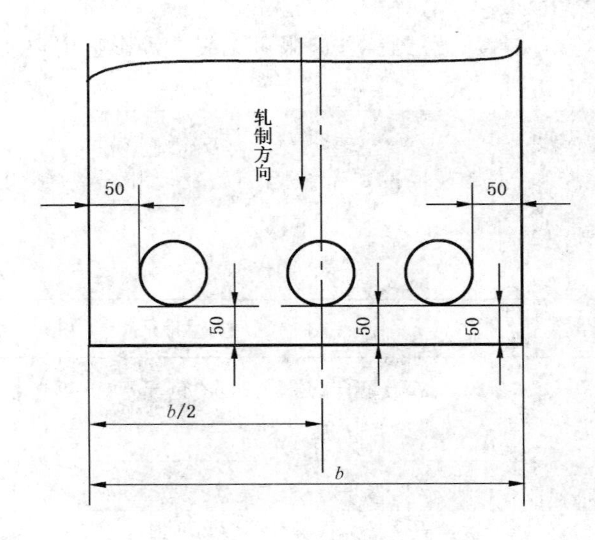

b——钢板或钢带的宽度。

图 1 镀层重量试样的取样位置

9 包装、标志和质量证明书

钢板及钢带的包装、标志及质量证明书应符合 GB/T 247 的规定。如需方对包装有特殊要求,可在订货时协商。

10 数值修约规则

数值修约规则应符合 GB/T 8170 的规定。

附　录　A
（规范性附录）
钢板及钢带的尺寸、外形允许偏差

A.1　厚度允许偏差

A.1.1　对于规定的最小屈服强度小于260 MPa的钢板及钢带，其厚度允许偏差应符合表A.1的规定。

表A.1　　单位为毫米

公称厚度	下列公称宽度时的厚度允许偏差[a]					
	普通精度　PT.A			高级精度　PT.B		
	≤1 200	>1 200～1 500	>1 500	≤1 200	>1 200～1 500	>1 500
0.20～0.40	±0.04	±0.05	±0.06	±0.030	±0.035	±0.040
>0.40～0.60	±0.04	±0.05	±0.06	±0.035	±0.040	±0.045
>0.60～0.80	±0.05	±0.06	±0.07	±0.040	±0.045	±0.050
>0.80～1.00	±0.06	±0.07	±0.08	±0.045	±0.050	±0.060
>1.00～1.20	±0.07	±0.08	±0.09	±0.050	±0.060	±0.070
>1.20～1.60	±0.10	±0.11	±0.12	±0.060	±0.070	±0.080
>1.60～2.00	±0.12	±0.13	±0.14	±0.070	±0.080	±0.090
>2.00～2.50	±0.14	±0.15	±0.16	±0.090	±0.100	±0.110
>2.50～3.00	±0.17	±0.17	±0.18	±0.110	±0.120	±0.130
>3.00～5.00	±0.20	±0.20	±0.21	±0.15	±0.16	±0.17
>5.00～6.50	±0.22	±0.22	±0.23	±0.17	±0.18	±0.19

[a] 钢带焊缝附近10 m范围的厚度允许偏差可超过规定值的50%，对双面镀层重量之和不小于450 g/m^{2}的产品，其厚度允许偏差应增加±0.01 mm。

A.1.2　对于规定的最小屈服强度不小于260 MPa，但小于360 MPa的钢板及钢带，以及牌号为DX51D+Z、DX51D+ZF、S550GD+Z、S550GD+ZF的钢板及钢带，其厚度允许偏差应符合表A.2的规定。

表A.2　　单位为毫米

公称厚度	下列公称宽度时的厚度允许偏差[a]					
	普通精度　PT.A			高级精度　PT.B		
	≤1 200	>1 200～1 500	>1 500	≤1 200	>1 200～1 500	>1 500
0.20～0.40	±0.05	±0.06	±0.07	±0.035	±0.040	±0.045
>0.40～0.60	±0.05	±0.06	±0.07	±0.040	±0.045	±0.050
>0.60～0.80	±0.06	±0.07	±0.08	±0.045	±0.050	±0.060
>0.80～1.00	±0.07	±0.08	±0.09	±0.050	±0.060	±0.070
>1.00～1.20	±0.08	±0.09	±0.11	±0.060	±0.070	±0.080

表 A.2（续）

单位为毫米

公称厚度	下列公称宽度时的厚度允许偏差[a]					
	普通精度 PT.A			高级精度 PT.B		
	≤1 200	>1 200～1 500	>1 500	≤1 200	>1 200～1 500	>1 500
>1.20～1.60	±0.11	±0.13	±0.14	±0.070	±0.080	±0.090
>1.60～2.00	±0.14	±0.15	±0.16	±0.080	±0.090	±0.110
>2.00～2.50	±0.16	±0.17	±0.18	±0.110	±0.120	±0.130
>2.50～3.00	±0.19	±0.20	±0.20	±0.130	±0.140	±0.150
>3.00～5.00	±0.22	±0.24	±0.25	±0.17	±0.18	±0.19
>5.00～6.50	±0.24	±0.25	±0.26	±0.19	±0.20	±0.21

[a] 钢带焊缝附近10 m范围的厚度允许偏差可超过规定值的50%，对双面镀层重量之和不小于450 g/m² 的产品，其厚度允许偏差应增加±0.01 mm。

A.1.3 对于规定的最小屈服强度不小于360 MPa、但小于等于420 MPa的钢板及钢带，其厚度允许偏差应符合表A.3的规定。

表 A.3

单位为毫米

公称厚度	下列公称宽度时的厚度允许偏差[a]					
	普通精度 PT.A			高级精度 PT.B		
	≤1 200	>1 200～1 500	>1 500	≤1 200	>1 200～1 500	>1 500
0.35～0.40	±0.05	±0.06	±0.07	±0.040	±0.045	±0.050
>0.40～0.60	±0.06	±0.07	±0.08	±0.045	±0.050	±0.060
>0.60～0.80	±0.07	±0.08	±0.09	±0.050	±0.060	±0.070
>0.80～1.00	±0.08	±0.09	±0.11	±0.060	±0.070	±0.080
>1.00～1.20	±0.10	±0.11	±0.12	±0.070	±0.080	±0.090
>1.20～1.60	±0.13	±0.14	±0.16	±0.080	±0.090	±0.110
>1.60～2.00	±0.16	±0.17	±0.19	±0.090	±0.110	±0.120
>2.00～2.50	±0.18	±0.20	±0.21	±0.120	±0.130	±0.140
>2.50～3.00	±0.22	±0.22	±0.23	±0.140	±0.150	±0.160
>3.00～5.00	±0.22	±0.24	±0.25	±0.17	±0.18	±0.19
>5.00～6.50	±0.24	±0.25	±0.26	±0.19	±0.20	±0.21

[a] 钢带焊缝附近10 m范围的厚度允许偏差可超过规定值的50%，对双面镀层重量之和不小于450 g/m² 的产品，其厚度允许偏差应增加±0.01 mm。

A.1.4 对于规定的最小屈服强度大于420 MPa、但小于等于900 MPa的钢板及钢带，其厚度允许偏差应符合A.4的规定。

表 A.4

单位为毫米

公称厚度	下列公称宽度时的厚度允许偏差[a]					
	普通精度 PT.A			高级精度 PT.B		
	≤1 200	>1 200～1 500	>1 500	≤1 200	>1 200～1 500	>1 500
0.35～0.40	±0.06	±0.07	±0.08	±0.045	±0.050	±0.060
>0.40～0.60	±0.06	±0.08	±0.09	±0.050	±0.060	±0.070
>0.60～0.80	±0.07	±0.09	±0.11	±0.060	±0.070	±0.080
>0.80～1.00	±0.09	±0.11	±0.12	±0.070	±0.080	±0.090
>1.00～1.20	±0.11	±0.13	±0.14	±0.080	±0.090	±0.110
>1.20～1.60	±0.15	±0.16	±0.18	±0.090	±0.110	±0.120
>1.60～2.00	±0.18	±0.19	±0.21	±0.110	±0.120	±0.140
>2.00～2.50	±0.21	±0.22	±0.24	±0.140	±0.150	±0.170
>2.50～3.00	±0.24	±0.25	±0.26	±0.170	±0.180	±0.190
>3.00～5.00	±0.26	±0.27	±0.28	±0.23	±0.24	±0.26
>5.00～6.50	±0.28	±0.29	±0.30	±0.25	±0.26	±0.28

[a] 钢带焊缝附近 10 m 范围的厚度允许偏差可超过规定值的 50%，对双面镀层重量之和不小于 450 g/m^2 的产品，其厚度允许偏差应增加±0.01 mm。

A.1.5 对于由钢带纵切而成的纵切钢带，其厚度允许偏差应符合未纵切前钢带（母带）的厚度允许偏差。

A.2 宽度允许偏差

A.2.1 对于宽度不小于 600 mm 的钢带，其宽度允许偏差应符合表 A.5 的规定。

A.2.2 对于宽度小于 600 mm 的纵切钢带，其宽度允许偏差应符合表 A.6 的规定。

表 A.5

单位为毫米

公称宽度	宽度允许偏差	
	普通精度 PW.A	高级精度 PW.B
600～1 200	$^{+5}_{0}$	$^{+2}_{0}$
>1 200～1 500	$^{+6}_{0}$	$^{+2}_{0}$
>1 500～1 800	$^{+7}_{0}$	$^{+3}_{0}$
>1 800	$^{+8}_{0}$	$^{+3}_{0}$

表 A.6 单位为毫米

	公称厚度	公称宽度			
		<125	125～<250	250～<400	400～<600
普通精度 PW.A	<0.6	$^{+0.4}_{0}$	$^{+0.5}_{0}$	$^{+0.7}_{0}$	$^{+1.0}_{0}$
	0.60～<1.0	$^{+0.5}_{0}$	$^{+0.6}_{0}$	$^{+0.9}_{0}$	$^{+1.2}_{0}$
	1.0～<2.0	$^{+0.6}_{0}$	$^{+0.8}_{0}$	$^{+1.1}_{0}$	$^{+1.4}_{0}$
	2.0～<3.0	$^{+0.7}_{0}$	$^{+1.0}_{0}$	$^{+1.3}_{0}$	$^{+1.6}_{0}$
	3.0～<5.0	$^{+0.8}_{0}$	$^{+1.1}_{0}$	$^{+1.4}_{0}$	$^{+1.7}_{0}$
	5.0～<6.5	$^{+0.9}_{0}$	$^{+1.2}_{0}$	$^{+1.5}_{0}$	$^{+1.8}_{0}$
高级精度 PW.B	<0.6	$^{+0.2}_{0}$	$^{+0.2}_{0}$	$^{+0.3}_{0}$	$^{+0.5}_{0}$
	0.60～<1.0	$^{+0.2}_{0}$	$^{+0.3}_{0}$	$^{+0.4}_{0}$	$^{+0.6}_{0}$
	1.0～<2.0	$^{+0.3}_{0}$	$^{+0.4}_{0}$	$^{+0.5}_{0}$	$^{+0.7}_{0}$
	2.0～<3.0	$^{+0.4}_{0}$	$^{+0.5}_{0}$	$^{+0.6}_{0}$	$^{+0.8}_{0}$
	3.0～<5.0	$^{+0.5}_{0}$	$^{+0.6}_{0}$	$^{+0.7}_{0}$	$^{+0.9}_{0}$
	5.0～<6.5	$^{+0.6}_{0}$	$^{+0.7}_{0}$	$^{+0.8}_{0}$	$^{+1.0}_{0}$

A.3 长度允许偏差

钢板的长度允许偏差应符合表 A.7 的规定。

表 A.7 单位为毫米

公称长度	长度允许偏差	
	普通精度 PL.A	高级精度 PL.B
<2 000	$^{+6}_{0}$	$^{+3}_{0}$
≥2 000	$^{+0.3\%\times L}_{0}$	$^{+0.15\%\times L}_{0}$
注：L 为钢板的长度。		

A.4 不平度

A.4.1 不平度允许偏差要求仅适用于钢板。钢板的不平度是指将钢板自由放置在测量平台上，测得的钢板下表面和测量平台之间的最大距离。

A.4.2 对规定最小屈服强度小于 260 MPa 的钢板，不平度最大允许偏差应符合表 A.8 的规定。

表 A.8

单位为毫米

规定的最小屈服强度 MPa	公称宽度/mm	下列公称厚度时的不平度/mm							
		普通精度 PF.A				高级精度 PF.B			
		<0.70	0.70～<1.60	1.6～<3.0	3.0～6.5	<0.70	0.70～<1.60	1.6～<3.0	3.0～6.5
<260	<1 200	10	8	8	15	5	4	3	8
	1 200～<1 500	12	10	10	18	6	5	4	9
	≥1 500	17	15	15	23	8	7	6	12

A.4.3 对规定最小屈服强度不小于 260 MPa，但小于 360 MPa 的钢板，以及牌号为 DX51D＋Z、DX51D＋ZF 和 S550GD＋Z、S550GD＋ZF 的钢板，其不平度最大允许偏差应符合表 A.9 的规定。

表 A.9

单位为毫米

规定的最小屈服强度 MPa	公称宽度/mm	下列公称厚度时的不平度/mm							
		普通精度 PF.A				高级精度 PF.B			
		<0.70	0.70～<1.60	1.6～<3.0	3.0～6.5	<0.70	0.70～<1.60	1.6～<3.0	3.0～6.5
260～<360	<1 200	13	10	10	18	8	6	5	9
	1 200～<1 500	15	13	13	25	9	8	6	12
	≥1 500	20	19	19	28	12	10	9	14

A.4.4 规定的最小屈服强度不小于 360 MPa 的钢板，其不平度最大允许偏差可由供需双方在订货时协商。

A.5 脱方度

脱方度为钢板或钢带的宽边向轧制方向边部的垂直投影长度，如图 A.1 所示。脱方度应不大于钢板实际宽度的 1%。

A.6 镰刀弯

A.6.1 镰刀弯是指钢板及钢带的侧边与连接测量部分两端点的直线之间的最大距离。它在产品呈凹形的一侧测量，如图 A.1 所示。

A.6.2 切边状态交货的钢板及钢带的镰刀弯，在任意 2 000 mm 长度上应不大于 5 mm；当钢板的长度小于 2 000 mm 时，其镰刀弯应不大于钢板实际长度的 0.25%。

A.6.3 对于纵切钢带，当规定的屈服强度不大于 260 MPa 时，可规定其镰刀弯在任意 2 000 mm 长度上不大于 2 mm。

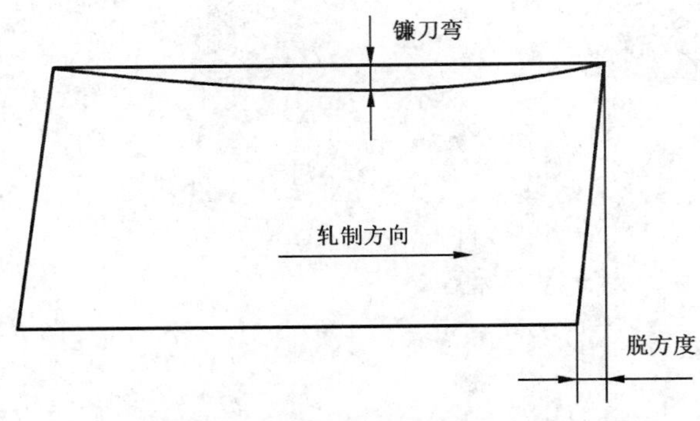

图 A.1 脱方度和镰刀弯

附　录　B
（规范性附录）
理论计重时的重量计算方法

B.1　镀层公称厚度的计算方法

公称镀层厚度＝〔两面镀层公称重量之和(g/m^2)/ 50(g/m^2)〕×7.1×10^{-3}(mm)

B.2　钢板理论计重时的重量计算方法按表 B.1 的规定。

表 **B.1**

计算顺序		计算方法	结果的修约
基板的基本重量/(kg/(mm·m^2))		7.85(厚度 1 mm·面积 1 m^2 的重量)	—
基板的单位重量/(kg/m^2)		基板基本重量(kg/(mm·m^2))×(订货公称厚度－公称镀层厚度[a])(mm)	修约到有效数字 4 位
镀后的单位重量/(kg/m^2)		基板单位重量(kg/m^2)＋公称镀层重量(kg/m^2)	修约到有效数字 4 位
钢板	钢板的面积/m^2	宽度(mm)×长度(mm)×10^{-6}	修约到有效数字 4 位
	1 块钢板重量/kg	镀锌后的单位重量(kg/m^2)×面积(m^2)	修约到有效数字 3 位
	单捆重量/kg	1 块钢板重量(kg)×1 捆中同规格钢板块数	修约到 kg 的整数值
	总重量/kg	各捆重量(kg)相加	kg 的整数值

附 录 C
（资料性附录）
钢的化学成分

C.1 钢的化学成分(熔炼分析)参考值见表 C.1～表 C.4。

表 C.1

牌号	化学成分(熔炼分析)(质量分数)/%,不大于					
	C	Si	Mn	P	S	Ti
DX51D+Z,DX51D+ZF DX52D+Z,DX52D+ZF DX53D+Z,DX53D+ZF DX54D+Z,DX54D+ZF DX56D+Z,DX56D+ZF DX57D+Z,DX57D+ZF	0.12	0.50	0.60	0.10	0.045	0.30

表 C.2

牌号	化学成分(熔炼分析)(质量分数)/%,不大于				
	C	Si	Mn	P	S
S220GD+Z,S220GD+ZF S250GD+Z,S250GD+ZF S280GD+Z,S280GD+ZF S320GD+Z,S320GD+ZF S350GD+Z,S350GD+ZF S550GD+Z,S550GD+ZF	0.20	0.60	1.70	0.10	0.045

表 C.3

牌号	化学成分(熔炼分析)(质量分数)/%							
	C 不大于	Si 不大于	Mn 不大于	P 不大于	S 不大于	Alt 不小于	Ti[a] 不大于	Nb[a] 不大于
HX180YD+Z,HX180YD+ZF	0.01	0.10	0.70	0.06	0.025	0.02	0.12	—
HX220YD+Z,HX220YD+ZF	0.01	0.10	0.90	0.08	0.025	0.02	0.12	—
HX260YD+Z,HX260YD+ZF	0.01	0.10	1.60	0.10	0.025	0.02	0.12	—
HX180BD+Z,HX180BD+ZF	0.04	0.50	0.70	0.06	0.025	0.02	—	—
HX220BD+Z,HX220BD+ZF	0.06	0.50	0.70	0.08	0.025	0.02	—	—
HX260BD+Z,HX260BD+ZF	0.11	0.50	0.70	0.10	0.025	0.02	—	—
HX300BD+Z,HX300BD+ZF	0.11	0.50	0.70	0.12	0.025	0.02	—	—
HX260LAD+Z,HX260LAD+ZF	0.11	0.50	0.60	0.025	0.025	0.015	0.15	0.09
HX300LAD+Z,HX300LAD+ZF	0.11	0.50	1.00	0.025	0.025	0.015	0.15	0.09
HX340LAD+Z,HX340LAD+ZF	0.11	0.50	1.00	0.025	0.025	0.015	0.15	0.09
HX380LAD+Z,HX380LAD+ZF	0.11	0.50	1.40	0.025	0.025	0.015	0.15	0.09
HX420LAD+Z,HX420LAD+ZF	0.11	0.50	1.40	0.025	0.025	0.015	0.15	0.09

[a] 可以单独或复合添加 Ti 和 Nb。也可添加 V 和 B,但是这些合金元素的总含量不大于 0.22%。

表 C.4

<table>
<tr><th rowspan="2">牌　　号</th><th colspan="10">化学成分（熔炼分析）（质量分数）/%
不大于</th></tr>
<tr><th>C</th><th>Si</th><th>Mn</th><th>P</th><th>S</th><th>Alt</th><th>Cr+Mo</th><th>Nb+Ti</th><th>V</th><th>B</th></tr>
<tr><td>HC260/450DPD+Z,HC260/450DPD+ZF</td><td rowspan="2">0.14</td><td rowspan="5">0.80</td><td rowspan="2">2.00</td><td rowspan="5">0.080</td><td rowspan="5">0.015</td><td rowspan="5">2.00</td><td rowspan="5">1.00</td><td rowspan="5">0.15</td><td rowspan="5">0.20</td><td rowspan="5">0.005</td></tr>
<tr><td>HC300/500DPD+Z,HC300/500DPD+ZF</td></tr>
<tr><td>HC340/600DPD+Z,HC340/600DPD+ZF</td><td>0.17</td><td>2.20</td></tr>
<tr><td>HC450/780DPD+Z,HC450/780DPD+ZF</td><td>0.18</td><td rowspan="2">2.50</td></tr>
<tr><td>HC600/980DPD+Z,HC600/980DPD+ZF</td><td>0.23</td></tr>
<tr><td>HC430/690TRD+Z,HC430/690TRD+ZF</td><td rowspan="2">0.32</td><td rowspan="2">2.20</td><td rowspan="2">2.50</td><td rowspan="2">0.120</td><td rowspan="2">0.015</td><td rowspan="2">2.00</td><td rowspan="2">0.60</td><td rowspan="2">0.20</td><td rowspan="2">0.20</td><td rowspan="2">0.005</td></tr>
<tr><td>HC470/780TRD+Z,HC470/780TRD+ZF</td></tr>
<tr><td>HC350/600CPD+Z,HC350/600CPD+ZF</td><td rowspan="2">0.18</td><td rowspan="3">0.80</td><td rowspan="3">2.20</td><td rowspan="3">0.080</td><td rowspan="3">0.015</td><td rowspan="3">2.00</td><td rowspan="2">1.00</td><td rowspan="3">0.15</td><td rowspan="2">0.20</td><td rowspan="3">0.005</td></tr>
<tr><td>HC500/780CPD+Z,HC500/780CPD+ZF</td></tr>
<tr><td>HC700/980CPD+Z,HC700/980CPD+ZF</td><td>0.23</td><td>1.20</td><td>0.22</td></tr>
</table>

ICS 77.140.50
H 46

中华人民共和国国家标准

GB/T 2520—2008
代替 GB/T 2520—2000

冷轧电镀锡钢板及钢带

Cold-reduced electrolytic tinplate

2008-09-11 发布　　2009-05-01 实施

中华人民共和国国家质量监督检验检疫总局
中国国家标准化管理委员会 发布

前　言

本标准在参考 JIS G3303:2008《镀锡板及镀锡原板》(日文版)、ASTM A623M-06a《镀锡产品一般要求》(英文版)、ASTM A624M-03《一次冷轧电镀锡产品标准规范》(英文版)、ASTM A625M-03《一次冷轧镀锡原板标准规范》(英文版)、ASTM A626M-03《二次冷轧电镀锡产品标准规范》(英文版)、ASTM A650M-03《二次轧制镀锡原板标准规范》(英文版)、ISO 11949:1995《冷轧电镀锡板》(英文版)以及 EN10202:2001《冷轧电镀锡和电解铬钢板》(英文版)的基础上,对 GB/T 2520—2000《冷轧电镀锡薄钢板》进行了修订。

本标准代替 GB/T 2520—2000。

本标准与 GB/T 2520—2000 相比主要变化如下:

——修改了标准的中文名称;

——修改了术语和定义的内容;

——修改镀锡量代号表示方法;

——增加直边板和花边板的代号;

——采用调质度替代原钢级的表示方法;

——取消表面质量中Ⅰ级和Ⅱ级的规定;

——增加牌号的标记示例;

——增加订货所需信息;

——修改了尺寸及外形允许偏差的规定;

——修改了最小平均镀锡量的偏差范围和修约规定;

——修改了差厚锡层镀锡板的标识方法;

——取消一次冷轧镀锡板按镀锡板厚度划分硬度值范围的表示方法;

——增加二次冷轧镀锡板的硬度要求;

——修改二次冷轧镀锡板的力学性能要求;

——修改了用于生产镀锡板的锡锭的纯度的要求,并增加了对铅含量的要求;

——修改了硬度试验单个样片的测定次数;

——增加 K 板和 J 板相关指标的检测方法;

——修改了检验批规则。

本标准的附录 A、附录 C 为规范性附录,附录 B、附录 D 为资料性附录。

本标准由中国钢铁工业协会提出。

本标准由全国钢标准化技术委员会归口。

本标准起草单位:宝山钢铁股份有限公司。

本标准参加起草单位:武汉钢铁集团公司、冶金工业信息标准研究院。

本标准主要起草人:李玉光、施伟、孙忠明、徐宏伟、王晓虎、施鸿雁、涂树林、于成峰。

本标准所代替标准的历次版本发布情况为:

——GB/T 2520—1981、GB/T 2520—1988、GB/T 2520—2000。

冷轧电镀锡钢板及钢带

1 范围

本标准规定了冷轧电镀锡钢板及钢带的分类和代号、尺寸、外形、重量、技术要求、检验和试验、包装、标志和质量证明书等。

本标准适用于公称厚度为0.15 mm～0.60 mm的一次冷轧电镀锡钢板及钢带以及公称厚度为0.12 mm～0.36 mm的二次冷轧电镀锡钢板及钢带(以下简称钢板及钢带)。

2 规范性引用文件

下列文件中的条款通过本标准的引用而成为本标准的条款。凡是注日期的引用文件,其随后所有的修改单(不包括勘误的内容)或修订版均不适用于本标准,然而,鼓励根据本标准达成协议的各方研究是否可使用这些文件的最新版本。凡是不注日期的引用文件,其最新版本适用于本标准。

GB/T 228 金属材料 室温拉伸试验方法(GB/T 228—2002,eqv ISO 6892:1998)

GB/T 230.1 金属洛氏硬度试验 第1部分:试验方法(A、B、C、D、E、F、G、H、K、N、T标尺)(GB/T 230.1—2004,ISO 6508-1:1999,MOD)

GB/T 247 钢板和钢带检验、包装、标志及质量证明书的一般规定

GB/T 708 冷轧钢板和钢带的尺寸、外形、重量及允许偏差

GB/T 728—1998 锡锭

GB/T 1838 镀锡钢板(带)镀锡量试验方法

GB/T 8170 数值修约规则

GB/T 17505 钢及钢产品交货一般技术要求(GB/T 17505—1998,eqv ISO 404:1992)

GB/T 22316 电镀锡钢板耐腐蚀性试验方法

YB/T 136—1998 镀锡钢板(带)表面油和铬的试验方法

3 术语和定义

下列术语及定义适用于本标准。

3.1

电镀锡板 electrolytic tinplate

通过连续电镀锡作业获得的在两面镀覆锡层的冷轧低碳钢钢板或钢带。

3.2

差厚镀层电镀锡板 differentially coated electrolytic tinplate

两面具有不同重量锡镀层的电镀锡板。

3.3

一次冷轧 single cold-reduced

钢基板经过冷轧减薄获得要求的厚度,随后进行退火和平整。

3.4

二次冷轧 double cold-reduced

钢基板经过一次冷轧并完成退火平整后,再进行第二次较大压下量的冷轧减薄。

3.5

罩式退火 box annealing (BA)

冷轧钢带以卷紧状态,在控制气氛中,按照设定的时间和温度周期进行退火的过程。

3.6

连续退火　continuous annealing (CA)

冷轧钢带以展开状态，在控制气氛中，按照设定的时间和温度周期进行退火的过程。

3.7

化学处理的电镀锡板　chemical treated electrolytic tinplate

对电镀锡板表面进行相应的化学钝化处理，使电镀锡板的表面特性满足规定的最终用途。

3.8

化学钝化　chemical chromate treated

电镀锡后的钢带浸入重铬酸盐溶液中，在不通电的情况下进行化学钝化处理。

3.9

电化学钝化　electrolytic chromate treated

电镀锡后的钢带浸入重铬酸盐溶液中，在通电的情况下进行阴极电化学钝化处理。

3.10

低铬钝化　low chromate treated

化学钝化处理的一种，其中表面钝化膜中铬含量的目标值应控制在 1.5 mg/m^2 以下。

3.11

K 板　K plate

对某些电化学脱锡作用较强的食品，应使用具有良好耐蚀性的镀锡板，其镀锡量应不低于 5.6/2.8 g/m^2，经过酸滞(PL)、铁溶出值(ISV)、锡晶粒度(TCS)、合金-锡电偶合(ATC)等四项特殊试验后，其目标值应符合下述要求：

PL $\leqslant$ 10 s；

TCS $\leqslant$ 9 级；

ISV $\leqslant$ 20 μg；

ATC $\leqslant$ 0.12 $\mu A/cm^2$。

3.12

J 板　J plate

对某些电化学脱锡作用较强的食品，应使用具有良好耐蚀性的镀锡板，其镀锡量应不低于 5.6/2.8 g/m^2，经过酸滞(PL)、铁溶出值(ISV)、锡晶粒度(TCS)等三项特殊试验后，其目标值应符合 3.11 所列的相应要求，而合金呈现酸性镀锡法通常所具有的浅灰色。

4　分类和代号

4.1　钢板及钢带的分类及代号应符合表 1 的规定。

表 1

分类方式	类　别	代　号
原板钢种	—	MR,L,D
调质度	一次冷轧钢板及钢带	T-1,T-1.5,T-2,T-2.5,T-3,T-3.5,T-4,T-5
	二次冷轧钢板及钢带	DR-7M,DR-8,DR-8M,DR-9,DR-9M,DR-10
退火方式	连续退火	CA
	罩式退火	BA
差厚镀锡标识	薄面标识方法	D
	厚面标识方法	A

表 1（续）

分类方式	类　别	代　号
表面状态	光亮表面	B
	粗糙表面	R
	银色表面	S
	无光表面	M
钝化方式	化学钝化	CP
	电化学钝化	CE
	低铬钝化	LCr
边部形状	直边	SL
	花边	WL

4.2　牌号及标记示例

4.2.1　普通用途的钢板及钢带，其牌号通常由原板钢种、调质度代号和退火方式构成。

例如：MR T-2.5 CA，L T-3 BA，MR DR-8 BA

4.2.2　用于制作二片拉拔罐(DI)的钢板及钢带，原板钢种只适用于 D 钢种。其牌号由原板钢种 D、调质度代号、退火方式和代号 DI 构成。

例如：D T-2.5 CA DI

4.2.3　用于制作盛装酸性内容物的素面（镀锡量 5.6/2.8 g/m^2 以上）食品罐的钢板及钢带，即 K 板，原板钢种通常为 L 钢种。其牌号通常由原板钢种 L、调质度代号、退火方式和代号 K 构成。

例如：L T-2.5 CA K

4.2.4　用于制作盛装蘑菇等要求低铬钝化处理的食品罐的钢板及钢带，原板钢种通常为 MR 钢种和 L 钢种。其牌号由原板钢种 MR 或 L、调质度代号、退火方式和代号 LCr 构成。

例如：MR T-2.5 CA LCr

5　订货所需信息

订货时用户应提供如下信息：

a)　产品名称(钢板或钢带)；

b)　本产品标准号；

c)　牌号；

d)　尺寸规格(宽度、长度、内径等)；

e)　镀锡量代号；

f)　表面处理方式；

g)　差厚镀锡标识方法；

h)　边部形状；

i)　包装方式；

j)　用途；

k)　张数或重量；

l)　其他。

6 尺寸、外形、重量及允许偏差

6.1 尺寸

6.1.1 钢板及钢带的公称厚度小于0.50 mm时，按0.01 mm的倍数进级。钢板及钢带的公称厚度大于等于0.50 mm时，按0.05 mm的倍数进级。

6.1.2 如要求标记轧制宽度方向，可在表示轧制宽度方向的数字后面加上字母W。

例如：0.26×832W×760。

6.1.3 钢卷内径可为406 mm、420 mm、450 mm或508 mm。

6.2 尺寸允许偏差

6.2.1 厚度允许偏差

钢板及钢带的厚度允许偏差应不大于公称厚度的±7%。厚度测量位置为距钢板及钢带两侧边部不小于10 mm的任意点。

6.2.2 薄边

薄边是钢板及钢带沿宽度方向上厚度的变化，其特征是在靠近钢板及钢带的边缘发生厚度减薄。距钢板及钢带两侧边部6 mm处测得的厚度，与沿钢板及钢带宽度方向中间位置测得的实际厚度的偏差，应不大于中间位置测得的实际厚度的8.0%。

6.2.3 宽度允许偏差

钢板及钢带的宽度允许偏差为0 mm～+3 mm。

6.2.4 长度允许偏差

钢板的长度允许偏差为0 mm～+3 mm。

6.3 外形

6.3.1 脱方度应不大于钢板宽度的0.15%。

6.3.2 每任意1 000 mm长度上，镰刀弯应不大于1 mm。

6.3.3 不平度仅适用于钢板。在钢板任意1 000 mm长度上的不平度应不大于3 mm。

6.4 花边板的边部形状及尺寸、外形允许偏差应由供需双方在订货时协商。

6.5 其他尺寸、外形、重量及允许偏差应符合GB/T 708的规定。

6.6 钢带中的焊缝

6.6.1 在每个钢带中，任意10 000 m长度上的焊缝总数不应大于3个。

6.6.2 钢带中的焊缝应采用冲孔进行标记，并应附加目视可见的标识，例如在焊缝位置处插入一个软质的标签。经供需双方协商，也可采用的其他标识方法。

6.6.3 焊缝处的厚度应不大于钢带公称厚度的1.5倍。

6.6.4 焊缝搭接总长度(a)应不大于10 mm，自由搭接长度(b)应不大于5 mm。如图1所示。

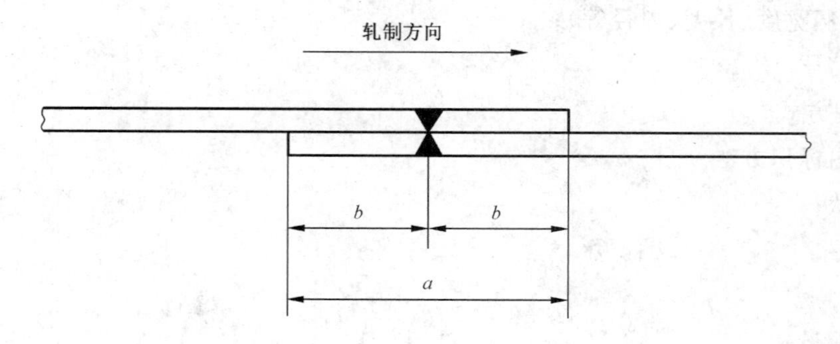

a——搭接总长度；

b——自由搭接长度。

图1 搭接焊接头

7 技术要求

7.1 镀锡量

7.1.1 钢板及钢带的镀锡量代号、公称镀锡量及最小平均镀锡量应符合表2的规定。对表2规定以外的其他镀锡量，可在订货时协商。

7.1.2 镀锡量代号中斜线上面的数字表示钢板上表面或钢带外表面的镀锡量，斜线下面的数字表示钢板下表面或钢带内表面的镀锡量。

7.1.3 对于差厚镀锡产品，上下表面的镀锡量可以互换。

7.1.4 镀锡量的允许偏差应符合表3的规定。

7.1.5 镀锡量每面三点试验值的平均值应不小于相应面的最小平均镀锡量，每面单点试验值应不小于相应面的最小平均镀锡量的80%。最小平均镀锡量按相对于公称镀锡量的百分比(%)计算时，修约到0.05 g/m^2。

7.1.6 差厚镀锡钢板及钢带可采用薄面标识的方法(D)或厚面标识的方法(A)进行标识。如采用薄面标识的方法，可使用1条宽度约为2mm的连续直线，在薄镀锡面靠近钢板或钢带边部的位置进行标识，表示为在薄镀锡量代号后加字母D，例如2.8D/5.6。如采用厚面标识的方法，标识方法应符合附录A的规定，表示为在厚镀锡量代号后加字母A，例如2.8/5.6A。如需对差厚镀锡板采用其他标记方法进行标记，可由供需双方协商，并在合同中注明。

表2

镀锡方式	镀锡量代号	公称镀锡量/(g/m^2)	最小平均镀锡量/(g/m^2)
等厚镀锡	1.1/1.1	1.1/1.1	0.90/0.90
	2.2/2.2	2.2/2.2	1.80/1.80
	2.8/2.8	2.8/2.8	2.45/2.45
	5.6/5.6	5.6/5.6	5.05/5.05
	8.4/8.4	8.4/8.4	7.55/7.55
	11.2/11.2	11.2/11.2	10.1/10.1
差厚镀锡	1.1/2.8	1.1/2.8	0.90/2.45
	1.1/5.6	1.1/5.6	0.90/5.05
	2.8/5.6	2.8/5.6	2.45/5.05
	2.8/8.4	2.8/8.4	2.45/7.55
	5.6/8.4	5.6/8.4	5.05/7.55
	2.8/11.2	2.8/11.2	2.45/10.1
	5.6/11.2	5.6/11.2	5.05/10.1
	8.4/11.2	8.4/11.2	7.55/10.1
	2.8/15.1	2.8/15.1	2.45/13.6
	5.6/15.1	5.6/15.1	5.05/13.6

表3

单面镀锡量(m)的范围/(g/m^2)	最小平均镀锡量相对于公称镀锡量的百分比/%
$1.0 \leqslant m < 2.8$	80
$2.8 \leqslant m < 5.6$	87
$5.6 \leqslant m$	90

7.2 调质度

7.2.1 一次冷轧钢板及钢带的硬度(HR30Tm)应符合表4的规定。二次冷轧钢板及钢带的硬度(HR30Tm)应符合表5的规定。钢板及钢带的调质度用洛氏硬度(HR30Tm)的值来表示。

表 4

调质度代号	表面硬度 HR30Tm[a]
T-1	49±4
T-1.5	51±4
T-2	53±4
T-2.5	55±4
T-3	57±4
T-3.5	59±4
T-4	61±4
T-5	65±4

a 硬度为2个试样的平均值,允许其中1个试验值超出规定允许范围1个单位。

表 5

调质度代号	表面硬度 HR30Tm[a]
DR-7M	71±5
DR-8/DR-8M	73±5
DR-9	76±5
DR-9M	77±5
DR-10	80±5

a 硬度为2个试样的平均值,允许其中1个试验值超出规定允许范围1个单位。

7.2.2 如对二次冷轧钢板及钢带的屈服强度有要求,可在订货时协商。各调质度代号的屈服强度目标值可参考表6的规定。

表 6

调质度代号	屈服强度目标值[a,b,c]/MPa
DR-7M	520
DR-8	550
DR-8M	580
DR-9	620
DR-9M	660
DR-10	690

a 屈服强度是根据需要而测定的参考值。

b 屈服强度可采用拉伸试验或回弹试验进行测定。屈服强度为2个试样的平均值,试样方向为纵向。通常情况下,屈服强度按附录B(资料性附录)所规定的回弹试验换算而来的。仲裁时采用拉伸试验的方法测定。

c 对于拉伸试验,试样的平行部分宽度为(12.5±1) mm,标距 L_0=50 mm。试验前,试样应在200 ℃下人工时效20 min。

7.2.3 退火方法有罩式退火法和连续退火法。对于不同的退火方式,即使钢板及钢带的 HR30Tm 值相等,除硬度以外的其他力学性能指标也不一定相同,如屈服强度、抗拉强度、断后伸长率等指标。

7.3 表面状态

钢板及钢带的表面状态,按原板的表面特征以及镀锡后是否进行锡层软熔处理来区分。各表面状态的特征应符合表 7 的规定。

表 7

成品	代号	区分	特征
一次冷轧钢板及钢带	B	光亮表面	在具有极细磨石花纹的光滑表面的原板上镀锡后进行锡的软熔处理得到的有光泽的表面
	R	粗糙表面	在具有一定方向性的磨石花纹为特征的原板上镀锡后进行锡的软熔处理得到的有光泽的表面
	S	银色表面	在具有粗糙无光泽表面的原板上镀锡后进行锡的软熔处理得到的有光泽的表面
	M	无光表面	在具有一般无光泽表面的原板上镀锡后不进行锡的软熔处理的无光表面
二次冷轧钢板及钢带	R	粗糙表面	在具有一定方向性的磨石花纹为特征的原板上镀锡后进行锡的软熔处理得到的有光泽的表面
	M	无光表面	在具有一般无光泽表面的原板上镀锡后不进行锡的软熔处理的无光泽表面

7.4 钝化方式

钢板及钢带表面钝化方式分为化学钝化、电化学钝化和低铬钝化。如订货时未注明表面处理方式,则采用电化学钝化处理。

7.5 表面涂油

钢板及钢带应在镀锡层表面涂油。涂油种类可以是 CSO、DOS、DOS-A 或 ATBC 等。除非协议另有规定,通常采用 DOS 油。

7.6 表面质量

镀锡层表面不得有针孔、伤痕、凹坑、皱折、锈蚀等对使用上有影响的缺陷,但轻微的夹杂、刮伤、压痕、油迹等不影响使用的缺欠则允许存在。但对于钢带,由于没有机会切除钢带缺陷部分,因此钢带允许带缺陷交货,但有缺陷部分的长度不得超过每卷总长度的 8%。

7.7 原板钢种类型应符合表 8 的规定。根据需方要求,经供需双方协商,也可使用其他钢种。

表 8

原板钢种类型	特性
MR	绝大多数食品包装和其他用途镀锡板钢基,非金属夹杂物含量与 L 类钢相近,残余元素含量的限制没有 L 类钢严格
L	高耐蚀性用镀锡板钢基,非金属夹杂物及残余元素含量低,能改善某些食品罐内壁的耐蚀性
D	铝镇静钢,超深冲耐时效用镀锡板钢基,能使垂直于弯曲方向的折痕和拉伸变形现象减至最低程度

7.8 钢板及钢带镀锡用的锡原料应符合 GB/T 728—1998 中牌号为 Sn99.90 的规定，且铅含量应不大于 0.01%。

8 检验和试验

8.1 钢板及钢带的尺寸、外形应用合适的测量工具测量。

8.2 钢板及钢带的外观用肉眼检测。

8.3 钢板及钢带应按批检验，每个检验批应由不大于 30 t 的同一牌号、同一规格、同一镀锡量代号及同一表面状态的钢板或钢带组成。

8.4 每批钢板及钢带的检验项目、试样数量、取样方法和试验方法应符合表 9 的规定。

表 9

检验项目	试样数量（个）	取样位置	试验方法
硬度	2	取样位置见图 2	GB/T 230.1
镀锡量	3		GB/T 1838
屈服强度	2		GB/T 228 或附录 B(资料性附录)
表面铬含量	1	沿钢板或钢带宽度方向的中间位置取 1 个试样	YB/T 136—1998
PL	2	沿钢板或钢带宽度方向的中间位置和边部位置各取 1 个试样，边部试样距边部的距离为 25 mm	GB/T 22316
TCS	3	沿钢板或钢带宽度方向的中间位置取 1 个试样，在两侧边部位置各取 1 个试样，边部试样距边部的距离为 25 mm	
ISV	1	沿钢板或钢带宽度方向的中间位置取 1 个试样	
ATC	1	沿钢板或钢带宽度方向的中间位置取 1 个试样	

8.5 对于硬度试验，一个试样通常测定三点。当三点的极差值(即：最大值－最小值)大于 1.0 时，应再追加测定 2 点，然后，去掉 5 点中的最大值和最小值，再求出三点的平均值，作为试验值。当对测定结果提出异议时，应除去镀锡层再测定。如因表面粗糙度的影响而对测定值提出异议时，应将试样表面研磨后再测定。

8.6 当钢板及钢带公称厚度不大于 0.20 mm 时，硬度测定应采用 HR15T，然后按附录 C(规范性附录)的规定换算为 HR30Tm。

8.7 钢板及钢带的复验应符合 GB/T 17505 的规定。

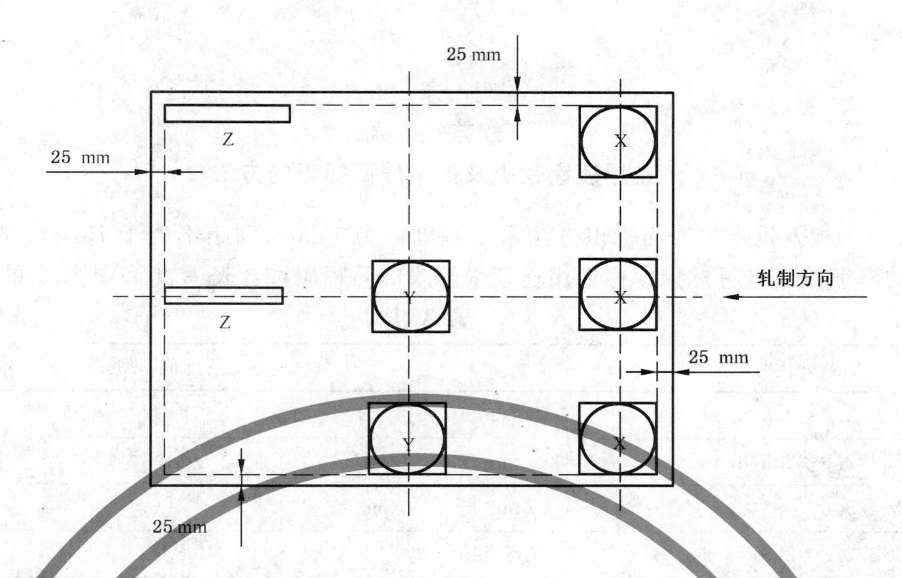

X——镀锡量试验试样；
Y——硬度试验试样；
Z——拉伸试验试样。

图 2 试样取样位置

9 包装、标志及质量证明书

钢板及钢带的包装、标志及质量证明书应符合 GB/T 247 的规定。

10 数值修约规则

数值修约规则应符合 GB/T 8170 的规定。

11 国内外相关标准调质度代号近似对照

本标准调质度代号与国外相关标准调质度代号（或钢级代号）的近似对照可参见附录 D（资料性附录）。

附　录　A
（规范性附录）
差厚镀锡钢板及钢带厚面标识的方法

A.1　差厚镀锡钢板及钢带的厚面标识方法采用宽度约为 1 mm、间距不大于 75 mm 的连续平行线在钢板及钢带的厚镀锡面进行标识。标识用连续平行线的间距应符合表 A.1 和图 A.1 的规定。

表 A.1

镀锡量代号	线　条　间　距
5.6/2.8　2.8/5.6	12.5 mm
8.4/2.8　2.8/8.4	25 mm
8.4/5.6　5.6/8.4	25 mm 与 12.5 mm 交替
11.2/2.8　2.8/11.2	37.5 mm
11.2/5.6　5.6/11.2	37.5 mm 与 12.5 mm 交替
11.2/8.4　8.4/11.2	37.5 mm 与 25 mm 交替
15.1/5.6　5.6/15.1	50 mm 与 12.5 mm 交替
镀锡量代号为 2.8/1.1、1.1/2.8、5.6/1.1、1.1/5.6、15.1/2.8 和 2.8/15.1 的标识方法由供需双方协商。	

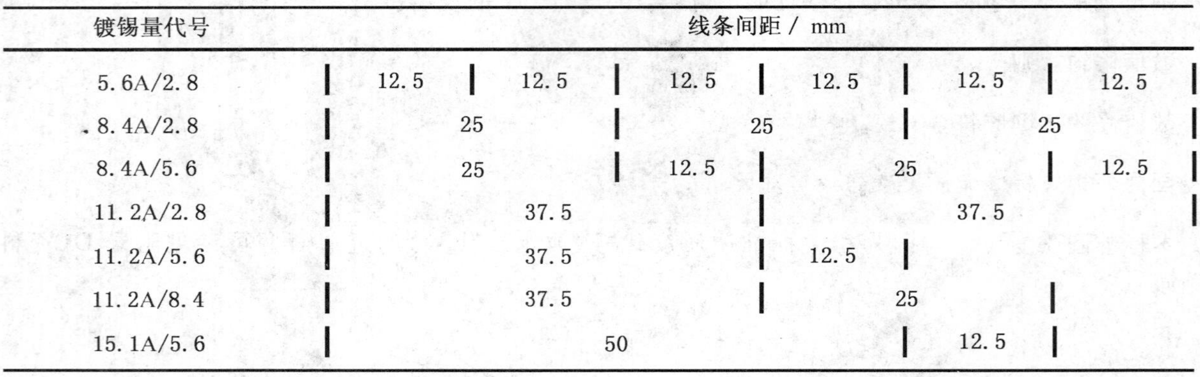

镀锡量代号	线条间距 / mm
5.6A/2.8	┃ 12.5 ┃ 12.5 ┃ 12.5 ┃ 12.5 ┃ 12.5 ┃ 12.5 ┃
8.4A/2.8	┃ 25 ┃ 25 ┃ 25 ┃
8.4A/5.6	┃ 25 ┃ 12.5 ┃ 25 ┃ 12.5 ┃
11.2A/2.8	┃ 37.5 ┃ 37.5 ┃
11.2A/5.6	┃ 37.5 ┃ 12.5 ┃
11.2A/8.4	┃ 37.5 ┃ 25 ┃
15.1A/5.6	┃ 50 ┃ 12.5 ┃

图 A.1　差厚镀锡标识线条间距

附　录　B
（资料性附录）
二次冷轧板回弹试验方法

B.1　原理

先测量矩形试验的厚度，再作绕过圆柱形心轴180°的弯曲，然后松开，测量回弹角，为评定二次冷轧板的屈服强度提供一种简单便捷的方法。

B.2　试样

从二次冷轧镀锡板的每张试样钢板上，在边部和中部沿轧制方向取两条200 mm×25 mm的试样，边部试样离钢板边部的距离不小于25 mm。试验前，试样在200 ℃下人工时效20 min。

B.3　试验

B.3.1　试验仪器

回弹试验仪。

B.3.2　试验步骤

B.3.2.1　测量试样厚度，精确到0.001 mm。

B.3.2.2　把试样插入回弹试验仪，以适度的压力上好夹紧螺丝，把试样固定在试验位置。

B.3.2.3　平稳摆动成形臂，使试样绕过轴心弯曲180°。

B.3.2.4　使成形臂回复到起始位置，沿着试样直接观察读取和记录回弹角，然后卸去试样。

B.3.2.5　根据试样厚度和回弹角的测定值，在与回弹仪配套的列线图板上测量回弹指数(SBI)。

B.3.2.6　为了保证试样结果的准确性，应当用标准试样或另一台基准回弹试验仪，校准在用的回弹试验仪。

B.4　试验结果报告

在日常检验中，可以用已知$R_{P0.2}$的试样测定回弹指数的方法，得到符合本标准规定的回弹指数范围，直接用回弹指数签发试验报告。

也可以用以下换算公式$R_{P0.2}=6.9\times SBI(MPa)$，把回弹指数换算为$R_{P0.2}$以后，再签发试验报告。回弹试验不是仲裁方法，发生异议时，应以拉伸试验为准。

附 录 C
（规范性附录）
HR15T 和 HR30Tm 换算表

表 C.1

HR15T	换算 HR30Tm	HR15T	换算 HR30Tm
93.0	82.0	83.0	62.5
92.5	81.5	82.5	61.5
92.0	80.5	82.0	60.5
91.5	79.0	81.5	59.5
91.0	78.0	81.0	58.5
90.5	77.5	80.5	57.0
90.0	76.0	80.0	56.0
89.5	75.5	79.5	55.0
89.0	74.5	79.0	54.0
88.5	74.0	78.5	53.0
88.0	73.0	78.0	51.5
87.5	72.0	77.5	51.0
87.0	71.0	77.0	49.5
86.5	70.0	76.5	49.0
86.0	69.0	76.0	47.5
85.5	68.0	75.5	47.0
85.0	67.0	75.0	45.5
84.5	66.0	74.5	44.5
84.0	65.0	74.0	43.5
83.5	63.5	73.5	42.5

附　录　D
（资料性附录）
本标准调质度代号与相关标准调质度代号（或钢级代号）的对照

表 D.1

标准号		GB/T 2520—2008	JIS G3303:2008	ASTM A623M-06a	DIN EN 10202:2001	ISO 11949:1995	GB/T 2520—2000
调质度代号	一次冷轧钢板及钢带	T-1	T-1	T-1（T49）	TS230	TH50+SE	TH50+SE
		T1.5	—	—	—	—	—
		T-2	T-2	T-2（T53）	TS245	TH52+SE	TH52+SE
		T-2.5	T-2.5	—	TS260	TH55+SE	TH55+SE
		T-3	T-3	T-3（T57）	TS275	TH57+SE	TH57+SE
		T-3.5	—	—	TS290	—	—
		T-4	T-4	T-4（T61）	TH415	TH61+SE	TH61+SE
		T-5	T-5	T-5（T65）	TH435	TH65+SE	TH65+SE
	二次冷轧钢板及钢带	DR-7M	—	DR-7.5	TH520	—	—
		DR-8	DR-8	DR-8	TH550	T550+SE	T550+SE
		DR-8M	—	DR-8.5	TH580	T580+SE	T580+SE
		DR-9	DR-9	DR-9	TH620	T620+SE	T620+SE
		DR-9M	DR-9M	DR-9.5	—	T660+SE	T660+SE
		DR-10	DR-10	—	—	T690+SE	T690+SE

ICS 77.140.40
H 53

中华人民共和国国家标准

GB/T 2521—2008
代替 GB/T 2521—1996

冷轧取向和无取向电工钢带(片)

Cold-rolled grain-oriented and non-oriented electrical steel strip (sheet)

(IEC 60404-8-7:1998, Specification of individual materials—Cold-rolled grain-oriented electrical steel sheet and strip delivered in the fully-processed state;
IEC 60404-8-4:1998, Specifications for individual materials—Cold-rolled non-oriented electrical steel sheet and strip delivered in the fully-processed state;MOD)

2008-09-11 发布　　　　2009-05-01 实施

中华人民共和国国家质量监督检验检疫总局
中国国家标准化管理委员会　发布

前言

本标准修改采用 IEC 60404-8-7:1998《全工艺冷轧取向电工钢带(片)交货技术条件》和 IEC 60404-8-4:1998《全工艺冷轧无取向电工钢带(片)交货技术条件》。

本标准根据 IEC 60404-8-7:1998 和 IEC 60404-8-4:1998 重新起草为一个标准。为了方便比较,在资料性附录 B 中列出了本国家标准条款和国际标准条款的对照一览表。

有关技术性差异已编入正文中并在它们所涉及的条款的页边空白处用垂直单线标识。在附录 C 中给出了这些技术性差异及其原因的一览表以供参考。

为了便于使用,本标准还做了下列编辑性修改:

a) 第 3 章"定义"改为"术语及定义";

b) 删除 IEC 标准前言。

本标准代替 GB/T 2521—1996《冷轧晶粒取向、无取向磁性钢带(片)》。

本标准与 GB/T 2521—1996 相比主要变化如下:

a) 取向电工钢用两个表格分别表示普通级电工钢和高磁导率级电工钢,增加了 0.23 mm 的厚度规格牌号;

b) 普通级取向电工钢 0.27 mm 厚度规格增加了 27Q110 牌号,0.30 mm 厚度规格增加了 30Q120 牌号,删除了 35Q165 牌号;

c) 高磁导率级取向电工钢 0.27 mm 厚度规格增加了 27QG090、27QG095、27QG105 牌号,0.30 mm厚度规格增加了 30QG105 牌号、删除了 30QG130 低牌号,0.35 mm 厚度规格增加了 35QG115 牌号;

d) 将无取向电工钢 50W540 牌号修订为 50W530 牌号;

e) 加严了厚度尺寸允许偏差;

f) 增加了残余曲率条款和附录 A《不平度、镰刀弯、毛刺高度和残余曲率的测试图》;

g) 增加了"订货资料"条款;

h) 增加了附录 A、附录 B、附录 C。

本标准的附录 A 是规范性附录,附录 B、附录 C 是资料性附录。

本标准由中国钢铁工业协会提出。

本标准由全国钢标准化技术委员会归口。

本标准主要起草单位:武汉钢铁(集团)公司、冶金工业信息标准研究院、鞍钢股份有限公司。

本标准主要起草人:杨春甫、王晓虎、姚腊红、亓福荣、刘其中、齐兵。

本标准所代替标准的历次版本发布情况为:

——GB/T 2521—1981、GB/T 2521—1988、GB/T 2521—1996。

冷轧取向和无取向电工钢带(片)

1 范围

本标准规定了公称厚度为0.23 mm、0.27 mm、0.30 mm、0.35 mm的冷轧取向和公称厚度为0.35 mm、0.50 mm、0.65 mm的冷轧无取向电工钢带(片)的分类、牌号、一般要求、技术要求、检查和测试、包装、标志和质量证明书等。

本标准适用于全工艺状态供货、在磁路结构中使用的冷轧取向和冷轧无取向电工钢带(片)。

2 规范性引用文件

下列文件中的条款通过本标准的引用而成为本标准的条款。凡是注日期的引用文件，其随后所有的修改单(不包括勘误的内容)或修订版均不适用于本标准，然而，鼓励根据本标准达成协议的各方研究是否可使用这些文件的最新版本。凡是不注日期的引用文件，其最新版本适用于本标准。

GB/T 228 金属材料 室温拉伸试验方法(GB/T 228—2002,ISO 6894:1998,EQV)

GB/T 235 金属材料 厚度等于或小于3 mm薄板和薄带 反复弯曲试验方法(GB/T 235—1988,ISO 7799:1985,MOD)

GB/T 247 钢板和钢带检验、包装、标志及质量证明书的一般规定

GB/T 2522 电工钢片(带)表面绝缘电阻、涂层附着性测试方法(GB/T 2522—2007,IEC 60404-11:1999,MOD)

GB/T 3655 用爱泼斯坦方圈测量电工钢片(带)磁性能的方法(GB/T 3655—2000,IEC 60404-2:1996,NEQ)

GB/T 9637 电工术语 磁性材料与元件(GB/T 9637—2001,IEC 60050(221):1990,EQV)

GB/T 13789 单片电工钢片(带)磁性能测量方法(GB/T 13789—1992,IEC 60404-3,EQV)

GB/T 17505 钢及钢产品交货一般技术要求(GB/T 17505—1998,ISO 404:1992(E),MOD)

GB/T 18253 钢及钢产品检验文件的类型(GB/T 18253—2000,ISO 10474:1991,MOD)

GB/T 19289 电工钢片(带)密度、电阻率和叠装系数测量方法(GB/T 19289—2003,IEC 60404-13:1995,MOD)

3 术语及定义

GB/T 9637确立的与磁特性有关的以及下列术语和定义适用于本标准。

3.1

比总损耗 specific total loss

当磁极化强度随时间按正弦规律变化，其峰值为某一标定值，变化频率为某一标定频率时，单位质量的铁芯所消耗的功率为比总损耗，单位为瓦特每公斤(W/kg)。

3.2

磁极化强度 magnetic polarization

铁芯试样从退磁状态，在标定频率下磁极化强度按正弦规律变化，当交流磁场的峰值达到某一标定值时，铁芯试样所达到的磁极化强度的峰值，单位为特斯拉(T)。

3.3

镰刀弯 edge camber

指侧边与连接测量部两端点连线之间的最大距离。

3.4

不平度　flatness(波形因数　wave factor)

钢板或钢带表面的上下起伏,即不平直的量度,它用最大波(全波)的高度 h 与波长 L 之比的百分数表示。

3.5

弯曲次数　number of bends

在基板用肉眼目视观测到第一次出现裂纹前的最大反复弯曲次数。

4　分类

按晶粒取向程度,本标准规定的电工钢分为取向电工钢和无取向电工钢。

牌号是按照以瓦特每公斤表示的比总损耗的最大值和材料的公称厚度分类的。

取向电工钢牌号分成两类:普通级和高磁导率级。

5　牌号

钢的牌号是按照下列给出的次序组成:

1)　以 mm 为单位,材料公称厚度的 100 倍;

2)　特征字符:

——Q 为普通级取向电工钢;

——QG 为高磁导率级取向电工钢;

——W 为无取向电工钢;

3)　取向电工钢,磁极化强度在 1.7T 和频率在 50 Hz,以瓦特每公斤为单位及相应厚度产品的最大比总损耗值的 100 倍;

4)　无取向电工钢,磁极化强度在 1.5T 和频率在 50 Hz,以瓦特每公斤为单位及相应厚度产品的最大比总损耗值的 100 倍。

例如:

30Q130 表示公称厚度为 0.30 mm、比总损耗 $P1.7/50$ 为 1.30 W/kg 的普通级取向电工钢。

30QG110 表示公称厚度为 0.30 mm、比总损耗 $P1.7/50$ 为 1.10 W/kg 的高磁导率级取向电工钢。

50W400 表示公称厚度为 0.50 mm、比总损耗 $P1.5/50$ 为 4.0 W/kg 的无取向电工钢。

6　一般要求

6.1　生产工艺

钢的生产工艺和化学成分由制造方决定。

6.2　供货形式

钢带以卷供货,钢片以箱供货。

卷、箱的重量应符合订货要求。

推荐钢卷内径为 510 mm。

取向电工钢卷重一般为 2 t~3 t,无取向电工钢卷重一般不小于 3 t。

组成每箱的片,应使侧面必须平直地堆叠,近似垂直于上表面。

钢卷应由同一宽度的钢带卷成,卷的侧面应尽量平直。

钢卷应非常紧的卷绕以使它们在自重下不塌卷。

钢带可能由于去除缺陷而产生接带,接带处应做出标记。

钢带焊缝和接带前后部分应为同一牌号。

焊缝处应平整,不影响材料后续加工。

6.3　交货条件

一般供应的冷轧取向、无取向电工钢带(片)在两面涂有绝缘涂层。绝缘涂层的种类一般由生产者确定。用户有特殊要求时，应符合订货协议。

6.4　表面质量

钢带(片)表面应光滑、清洁，不应有锈蚀，不允许有妨碍使用的孔洞、重皮、折印、分层、气泡等缺陷。分散的擦伤、划伤、气泡、沙眼、裂缝、结疤、麻点、凹坑、凸包等缺陷，如果它们在厚度公差范围之内并不影响所供材料的正确使用时是允许的。

材料表面的绝缘涂层应牢固地粘附，以使它们在剪切操作中和在生产方推荐的消除应力退火条件下退火时不脱落，涂层颜色应均匀。

注：如果在协议中规定产品浸没在液体中使用时，需确保液体和涂层之间的兼容性。

6.5　剪切适应性

当使用合适的剪切设备剪切时，材料应满足在任何部位都能被剪切或冲压成通常的形状。

7　技术要求

7.1　磁特性

7.1.1　概述

在6.3条件下提供的取向电工钢的特性应符合表1和表2的规定，无取向电工钢的特性应符合表3的规定。时效试样也应满足这些特性。

表1　普通级取向电工钢带(片)的磁特性和工艺特性

牌号	公称厚度/mm	最大比总损耗/(W/kg) $P1.5$		最大比总损耗/(W/kg) $P1.7$		最小磁极化强度/T H=800 A/m	最小叠装系数
		50 Hz	60 Hz	50 Hz	60 Hz	50 Hz	
23Q110	0.23	0.73	0.96	1.10	1.45	1.78	0.950
23Q120	0.23	0.77	1.01	1.20	1.57	1.78	0.950
23Q130	0.23	0.80	1.06	1.30	1.65	1.75	0.950
27Q110	0.27	0.73	0.97	1.10	1.45	1.78	0.950
27Q120	0.27	0.80	1.07	1.20	1.58	1.78	0.950
27Q130	0.27	0.85	1.12	1.30	1.68	1.78	0.950
27Q140	0.27	0.89	1.17	1.40	1.85	1.75	0.950
30Q120	0.30	0.79	1.06	1.20	1.58	1.78	0.960
30Q130	0.30	0.85	1.15	1.30	1.71	1.78	0.960
30Q140	0.30	0.92	1.21	1.40	1.83	1.78	0.960
30Q150	0.30	0.97	1.28	1.50	1.98	1.75	0.960
35Q135	0.35	1.00	1.32	1.35	1.80	1.78	0.960
35Q145	0.35	1.03	1.36	1.45	1.91	1.78	0.960
35Q155	0.35	1.07	1.41	1.55	2.04	1.78	0.960

注：多年来习惯上采用磁感应强度，实际上爱泼斯坦方圈测量的是磁极化强度。定义为：$J=B-\mu_0 H$

式中：J 是磁极化强度；B 是磁感应强度；μ_0 是真空磁导率；$4\pi\times10^{-7}H\times m^{-1}$；$H$ 是磁场强度。

表 2　高磁导率级取向电工钢带(片)的磁特性和工艺特性

牌号	公称厚度/mm	最大比总损耗/(W/kg) P1.7		最小磁极化强度/T H=800 A/m	最小叠装系数
		50 Hz	60 Hz	50 Hz	
23QG085[a]	0.23	0.85	1.12	1.85	0.950
23QG090[a]	0.23	0.90	1.19	1.85	0.950
23QG095	0.23	0.95	1.25	1.85	0.950
23QG100	0.23	1.00	1.32	1.85	0.950
27QG090[a]	0.27	0.90	1.19	1.85	0.950
27QG095[a]	0.27	0.95	1.25	1.85	0.950
27QG100	0.27	1.00	1.32	1.88	0.950
27QG105	0.27	1.05	1.36	1.88	0.950
27QG110	0.27	1.10	1.45	1.88	0.950
30QG105	0.30	1.05	1.38	1.88	0.960
30QG110	0.30	1.10	1.46	1.88	0.960
30QG120	0.30	1.20	1.58	1.85	0.960
35QG115	0.35	1.15	1.51	1.88	0.960
35QG125	0.35	1.25	1.64	1.88	0.960
35QG135	0.35	1.35	1.77	1.88	0.960

注 1：多年来习惯上采用磁感应强度，实际上爱泼斯坦方圈测量的是磁极化强度。定义为：$J=B-\mu_0 H$

式中：J 是磁极化强度；B 是磁感应强度；μ_0 是真空磁导率：$4\pi\times10^{-7} H\times m^{-1}$；$H$ 是磁场强度。

注 2：在 800 A/m 的磁场下，B 和 J 之间的差值达到 0.001 T。

注 3：$P1.5$ 和 $P1.7/60$ 作为参考值，不作为交货依据。

[a] 该级别的钢可以磁畴细化状态交货。

表 3　无取向电工钢带(片)的磁特性和工艺特性

牌号	公称厚度/mm	理论密度/(kg/dm³)	最大比总损耗/(W/kg) P1.5		最小磁极化强度/T 50 Hz			最小弯曲次数	最小叠装系数
			50 Hz	60 Hz	H=2 500 A/m	H=5 000 A/m	H=10 000 A/m		
35W230	0.35	7.60	2.30	2.90	1.49	1.60	1.70	2	0.950
35W250		7.60	2.50	3.14	1.49	1.60	1.70	2	
35W270		7.65	2.70	3.36	1.49	1.60	1.70	2	
35W300		7.65	3.00	3.74	1.49	1.60	1.70	3	
35W330		7.65	3.30	4.12	1.50	1.61	1.71	3	
35W360		7.65	3.60	4.55	1.51	1.62	1.72	5	
35W400		7.65	4.00	5.10	1.53	1.64	1.74	5	
35W440		7.70	4.40	5.60	1.53	1.64	1.74	5	

表 3（续）

牌号	公称厚度/mm	理论密度/(kg/dm³)	最大比总损耗/(W/kg) P1.5		最小磁极化强度/T 50 Hz			最小弯曲次数	最小叠装系数
			50 Hz	60 Hz	H=2 500 A/m	H=5 000 A/m	H=10 000 A/m		
50W230	0.50	7.60	2.30	3.00	1.49	1.60	1.70	2	0.970
50W250		7.60	2.50	3.21	1.49	1.60	1.70	2	
50W270		7.60	2.70	3.47	1.49	1.60	1.70	2	
50W290		7.60	2.90	3.71	1.49	1.60	1.70	2	
50W310		7.65	3.10	3.95	1.49	1.60	1.70	3	
50W330		7.65	3.30	4.20	1.49	1.60	1.70	3	
50W350		7.65	3.50	4.45	1.50	1.60	1.70	5	
50W400		7.70	4.00	5.10	1.53	1.63	1.73	5	
50W470		7.70	4.70	5.90	1.54	1.64	1.74	10	
50W530		7.70	5.30	6.66	1.56	1.65	1.75	10	
50W600		7.75	6.00	7.55	1.57	1.66	1.76	10	
50W700		7.80	7.00	8.80	1.60	1.69	1.77	10	
50W800		7.80	8.00	10.10	1.60	1.70	1.78	10	
50W1000		7.85	10.00	12.60	1.62	1.72	1.81	10	
50W1300		7.85	13.00	16.40	1.62	1.74	1.81	10	
65W600	0.65	7.75	6.00	7.71	1.56	1.66	1.76	10	0.970
65W700		7.75	7.00	8.98	1.57	1.67	1.76	10	
65W800		7.80	8.00	10.26	1.60	1.70	1.78	10	
65W1000		7.80	10.00	12.77	1.61	1.71	1.80	10	
65W1300		7.85	13.00	16.60	1.61	1.71	1.80	10	
65W1600		7.85	16.00	20.40	1.61	1.71	1.80	10	

注 1：多年来习惯上采用磁感应强度，实际上爱泼斯坦方圈测量的是磁极化强度。定义为：$J=B-\mu_0 H$

式中：J 是磁极化强度；B 是磁感应强度；μ_0 是真空磁导率：$4\pi\times10^{-7} H\times m^{-1}$；$H$ 是磁场强度。

注 2：$P1.5/60$；H=2 500 A/m、H=10 000 A/m 的磁极化强度值作为参考值，不作为交货依据。

取向电工钢测试试样全部在钢带的纵向取样，无取向电工钢的测试试样在钢带的纵向和横向取样，片数为纵横向各半。

用爱泼斯坦方圈测试时，取向电工钢测试试样应在生产厂提供的条件下进行消除应力退火。

用单片测试仪测试时，试样不进行消除应力退火。

7.1.2 最小磁极化强度

频率在 50 Hz、磁场强度在 800 A/m(峰值)下，取向电工钢的最小磁极化强度应符合表 1 和表 2 的规定。

频率在 50 Hz、磁场强度在 5 000 A/m(峰值)下，无取向电工钢的最小磁极化强度应符合表 3 的规定。

7.1.3 最大比总损耗

频率在 50 Hz 或 60 Hz，取向电工钢的最大比总损耗应符合表 1 和表 2 的规定。

频率在 50 Hz 或 60 Hz，无取向电工钢的最大比总损耗应符合表 3 的规定。

7.2 几何特性和偏差

7.2.1 厚度

取向电工钢的公称厚度是 0.23 mm、0.27 mm、0.30 mm、0.35 mm。

无取向电工钢的公称厚度是 0.35 mm、0.50 mm、0.65 mm。

7.2.1.1 厚度差

厚度差是指下列之间的差别：

——同一个验收批内公称厚度的允许偏差；

——平行于轧制方向上一张钢片或一定长度钢带上的厚度偏差，以下称纵向厚度偏差；

——垂直于轧制方向上厚度的偏差。这种偏差仅仅适用于宽度大于 150 mm 的材料以下称横向厚度偏差。

7.2.1.1.1 取向电工钢

同一验收批内除 0.23 mm 厚度的钢带的厚度偏差不超过±0.025 mm 外，其他厚度规格钢带的厚度偏差应不超过±0.030 mm，焊缝处厚度增加值应不超过 0.050 mm。

任意 2 m 长钢带或一张钢片上纵向厚度偏差应不超过 0.030 mm。

对于宽度大于 150 mm 的材料，在离边部最小 30 mm 处，测试的横向厚度偏差应不超过 0.020 mm。对于窄带，需要另外签订协议。

7.2.1.1.2 无取向电工钢

同一验收批内公称厚度允许偏差，对于厚度 0.35 mm 的材料应不超过公称厚度的±0.028 mm；对于厚度 0.50 mm，0.65 mm 的材料应不超过公称厚度的±0.040 mm。焊缝处厚度增加值不应超过0.050 mm。

公称厚度 0.35 mm 的 2 m 长钢带或一张钢片上，纵向厚度偏差应不超过 0.018 mm。

公称厚度 0.50 mm 的 2 m 长钢带或一张钢片上，纵向厚度偏差应不超过 0.025 mm。

公称厚度 0.65 mm 的 2 m 长钢带或一张钢片上，纵向厚度偏差应不超过 0.040 mm。

公称厚度 0.35 mm、0.50 mm 的材料，横向厚度偏差应不超过 0.020 mm。公称厚度 0.65 mm 的材料，横向厚度偏差应不超过 0.030 mm。在离边部最小 30 mm 处测试的这些偏差只适用于宽度大于 150 mm 的材料，对于窄带，需要另外签订协议。

7.2.2 宽度

材料的宽度可以在生产方指定的宽度范围内选择，可以切边或毛边状态交货。

切边交货的电工钢带(片)允许偏差应为 $^{+1.5}_{0}$ mm。

表 4 取向电工钢宽度偏差

单位为毫米

公称宽度 L	宽度偏差[a]
$L \leq 150$	$^{0}_{-0.2}$
$150 < L \leq 400$	$^{0}_{-0.3}$
$400 < L \leq 750$	$^{0}_{-0.5}$
>750	$^{0}_{-0.6}$

[a] 经协议，宽度偏差可全部为正偏差。

7.2.2.1 取向电工钢

取向电工钢的公称宽度一般不大于 1 000 mm。

取向电工钢的宽度偏差：以最终使用宽度交货的材料，宽度偏差应符合表 4 的规定。

7.2.2.2 无取向电工钢

无取向电工钢的公称宽度一般不大于 1 300 mm。

无取向电工钢宽度偏差:以最终使用宽度交货的材料,宽度偏差应符合表 5 的规定。

表 5 无取向电工钢宽度偏差

单位为毫米

公称宽度 L	宽度偏差[a]
$L \leqslant 150$	$^{+0.2}_{0}$
$150 < L \leqslant 300$	$^{+0.3}_{0}$
$300 < L \leqslant 600$	$^{+0.5}_{0}$
$600 < L \leqslant 1\,000$	$^{+1.0}_{0}$
$1\,000 < L \leqslant 1\,250$	$^{+1.5}_{0}$

a 经协议,宽度偏差可为负偏差。

7.2.3 长度

钢片的长度偏差应为全长的 $^{+0.5}_{0}\%$,但最大不超过 6 mm。

7.2.4 镰刀弯

取向电工钢的镰刀弯的检测只适用于宽度大于 150 mm 的材料。长度为 2 m 材料的镰刀弯不应超过 1.0 mm。

无取向电工钢的镰刀弯的检测只适用于宽度大于 30 mm 的材料。长度为 2 m 材料的镰刀弯不应超过:

$L>150$ mm 时为 1.0 mm;30 mm$<L\leqslant150$ mm 时为 2.0 mm。

7.2.5 不平度(波形因数)

不平度的检验适用于宽度大于 150 mm 的材料。取向电工钢的不平度应不超过 1.5%;无取向电工钢的不平度应不超过 2.0%。

7.2.6 残余曲率

用户对残余曲率有要求并在协议中规定时才进行检验。残余曲率的检验适用于宽度大于 150 mm 材料。钢片的残余曲率是通过测试钢片的底边和支撑板间的距离确定,应不超过 35 mm。钢卷的残余曲率应符合订货协议。

7.2.7 毛刺高度

剪切毛刺高度的测定仅适用于以最终使用宽度交货的材料。取向电工钢剪切毛刺高度应不超过 0.025 mm,无取向电工钢剪切毛刺高度应不超过 0.035 mm。

7.3 工艺特性

7.3.1 密度

用于计算磁特性、叠装系数的约定密度,取向电工钢为 7.65 kg/dm^3,无取向电工钢各牌号的约定密度应符合表 3 的规定。

7.3.2 叠装系数

取向电工钢的最小叠装系数应符合表 1 和表 2 的规定。无取向电工钢的最小叠装系数应符合表 3 的规定,表中规定的叠装系数最小值理论上是在无绝缘涂层状态下测量的。

7.3.3 弯曲次数

取向电工钢平行于轧制方向测试试样的最小弯曲次数应不小于 1 次。

无取向电工钢垂直于轧制方向测试试样的最小弯曲次数应符合表3的规定。

7.3.4 绝缘涂层电阻

根据需方要求，可以提供交货状态下绝缘涂层电阻的参考最小值，单位为 $\Omega \cdot mm^2$。

7.3.5 力学性能

根据需方要求，经供需双方协议，无取向钢带(片)的力学性能可按表6的规定。

表6 无取向钢电工钢带(片)力学性能

<table>
<tr><th>牌号</th><th>抗拉强度 R_m/(N/mm²)
≥</th><th>伸长率 A/%
≥</th><th>牌号</th><th>抗拉强度 R_m/(N/mm²)
≥</th><th>伸长率 A/%
≥</th></tr>
<tr><td>35W230</td><td>450</td><td rowspan="2">10</td><td>50W400</td><td>400</td><td>14</td></tr>
<tr><td>35W250</td><td>440</td><td>50W470</td><td>380</td><td rowspan="2">16</td></tr>
<tr><td>35W270</td><td>430</td><td rowspan="2">11</td><td>50W530</td><td>360</td></tr>
<tr><td>35W300</td><td>420</td><td>50W600</td><td>340</td><td>21</td></tr>
<tr><td>35W330</td><td>410</td><td rowspan="2">14</td><td>50W700</td><td>320</td><td rowspan="11">22</td></tr>
<tr><td>35W360</td><td>400</td><td>50W800</td><td>300</td></tr>
<tr><td>35W400</td><td>390</td><td rowspan="2">16</td><td>50W1000</td><td>290</td></tr>
<tr><td>35W440</td><td>380</td><td>50W1300</td><td>290</td></tr>
<tr><td>50W230</td><td>450</td><td rowspan="4">10</td><td>65W600</td><td>340</td></tr>
<tr><td>50W250</td><td>450</td><td>65W700</td><td>320</td></tr>
<tr><td>50W270</td><td>450</td><td>65W800</td><td>300</td></tr>
<tr><td>50W290</td><td>440</td><td>65W1000</td><td>290</td></tr>
<tr><td>50W310</td><td>430</td><td rowspan="3">11</td><td>65W1300</td><td>290</td></tr>
<tr><td>50W330</td><td>425</td><td>65W1600</td><td>290</td></tr>
<tr><td>50W350</td><td>420</td><td></td><td></td></tr>
</table>

8 检查和测试

8.1 概述

按本标准签订订货协议时，协议可含有按引用文件中的电工钢检验标准指定或不指定检验项目的条款，在没有指定检验项目的条款时，制造方应提供所供材料的最大比总损耗值和最小磁极化强度值。

在指定检验项目要求订货时，应明确 GB/T 18253 涉及的检验内容。

一般以一卷组成一个验收批。允许有由同一级别、同一公称厚度的钢带并卷组成验收批。

除特殊协议外，以上规定适用于表面绝缘电阻和形状尺寸偏差的检查。

当产品以分卷的形式供货时，原验收批上的测试结果适用于该分卷。

8.2 取样

应从每一个验收批上取测试试样。

磁性试样应从每卷头尾各取一副试样。

试样应从离钢卷头尾不小于3 m处截取，且应避开焊缝和接带区域。对钢片产品，试样应优先从捆包的上部选取。

通过合理地安排测试次序，同一副试样可以用于测试多种特性。

8.3 试样制备

8.3.1 磁特性

用25 cm爱泼斯坦方圈测试材料的最大比总损耗和最小磁极化强度时，一副试样由4倍的样片组成，推荐重量为0.50 kg左右。试样的取样方法、尺寸及尺寸偏差应符合GB/T 3655的规定。取向电工钢测试前，试样应在生产者规定的条件下进行消除应力退火。

用GB/T 13789规定的单片法测试最大比总损耗和最小磁极化强度时，单片试样的取样方法、尺寸及尺寸偏差应符合GB/T 13789的规定。

测试时效试样的最大比总损耗时，时效试样应在225 ℃±5 ℃温度中持续保温24 h，而后空冷到环境温度。

8.3.2 几何特性和偏差

测试厚度、宽度、平面度和镰刀弯的试样为2 m长的钢带或一张钢片。

测试残余曲率的试样为$(500^{+2.5}_{0})$mm长、宽度等于交货宽度的钢带或钢片。

8.3.3 工艺特性

8.3.3.1 叠装系数

取向电工钢试样至少由相同尺寸的24片组成，无取向电工钢试样至少由相同尺寸的16片组成。在有争议的情况下，试样应由100片组成。试样最小宽度20 mm，最小表面积5 000 mm^2。试样的宽度和长度偏差小于等于±0.1 mm。测试前试样应仔细地去除毛刺。

8.3.3.2 弯曲次数

取向电工钢在沿轧制方向取最小宽度20 mm的1片试样，无取向电工钢沿垂直轧制方向取最小宽度20 mm的1片试样。试样应避开母材的边缘。

试样应防止变形并保持平整。

8.3.3.3 绝缘涂层电阻

宽度大于等于600 mm的钢带，应在材料的整个宽度上选择1片横向试样。每一片试样的宽度取决于所使用的测试方法，法兰克林法试样宽度采用50 mm。

宽度小于600 mm的钢带或钢片，选择检查绝缘涂层电阻的试样尺寸应符合订货协议。

根据订货协议，测试前试样可能需要按照生产者提供的条件进行热处理。

8.3.4 力学性能

无取向电工钢力学性能的测试按GB/T 228的规定取样。

8.4 测试方法

对于规定的每一个特性，每一个验收批都应进行测试。除非另有规定，测试应在(23±5)℃的温度下进行。

8.4.1 磁特性

磁特性应按照GB/T 3655标准进行测试。通过协议也可按照GB/T 13789标准进行测试，这时测试值也应符合表1、表2和表3的规定。

对一些磁畴细化电工钢，试验应按照生产方的要求采用GB/T 13789的单片方法。

注：对同一材料按GB/T 3655和GB/T 13789两种方法所得结果会有差异。

8.4.2 几何特性和偏差

8.4.2.1 厚度

取向电工钢的厚度在距离钢片或钢带边部大于30 mm的任何地方进行测试。

无取向电工钢的厚度在距离钢带或钢片边部大于30 mm(毛边45 mm)的任何地方进行测试。

厚度的测试应使用精度为0.001 mm的千分尺进行。

8.4.2.2 宽度

宽度应沿垂直钢带或钢片的纵轴测试。

8.4.2.3 镰刀弯

用直尺紧靠钢(片)带的凹侧边,测量直尺与凹侧边的最大距离,参照附录A图A.1。

8.4.2.4 不平度(波形因数)

将钢片自由地放在固定平台上,除钢片自身重量外,不施加任何压力,用直尺测量钢带最大波(全波)的高度 h 和波长 l,不平度等于 $(h/l)\times100\%$,参照附录A图A.2。

8.4.2.5 残余曲率

钢带纵向的残余曲率应按照附录A图A.3测试。

8.4.2.6 毛刺高度

用千分尺测量钢带(片)的剪切处和内侧的厚度,毛刺高度等于两者厚度之差,参照附录A图A.4。

8.4.3 工艺特性

8.4.3.1 叠装系数

叠装系数应按GB/T 19289测试。

8.4.3.2 弯曲次数

弯曲次数应按GB/T 235测试。弯曲测试是把测试试样的每一面从它的初始位置交替地弯曲到90°。圆柱支座半径应选择5 mm。

从初始位置弯曲90°后再返回到初始位置计算为一次弯曲。

在基板上用肉眼第一次看到裂纹时应停止测试,最后的弯曲不计作弯曲次数。

8.4.3.3 绝缘涂层电阻

绝缘涂层电阻按GB/T 2522标准进行测试。

8.4.4 力学性能

力学性能按GB/T 228标准进行测试。

8.5 复验

当某一项性能的检验结果不符合本标准规定时,应取双倍试样复验,复验应按GB/T 247标准进行。

9 包装、标志和质量证明书

9.1 包装、标志

钢带(片)的包装、标志应符合GB/T 247的规定。

9.2 质量证明书

提交的每批钢带(片)应附有证明该批钢带(片)所应检验的性能符合本标准规定及订货合同的质量证明书。质量证明书的条款应符合GB/T 247的规定。

10 异议

在所有的情况下,异议的条款和条件应符合GB/T 17505的规定。

11 订货资料

按本标准订货时应提供下列资料:

a) 标准编号;

b) 牌号;

c) 产品名称(钢带或钢片);

d) 数量;

e) 钢片或钢带的尺寸;

f) 钢卷或钢片(捆)重量的限定;

g) 其他特殊要求。

附　录　A
（规范性附录）
几种测试方法示例图

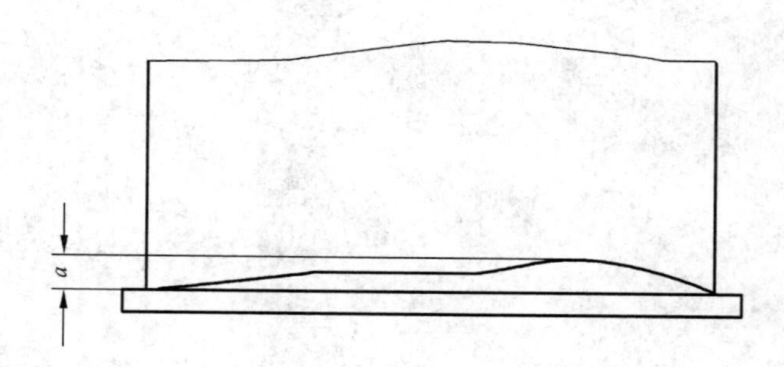

图 A.1　镰刀弯测试图

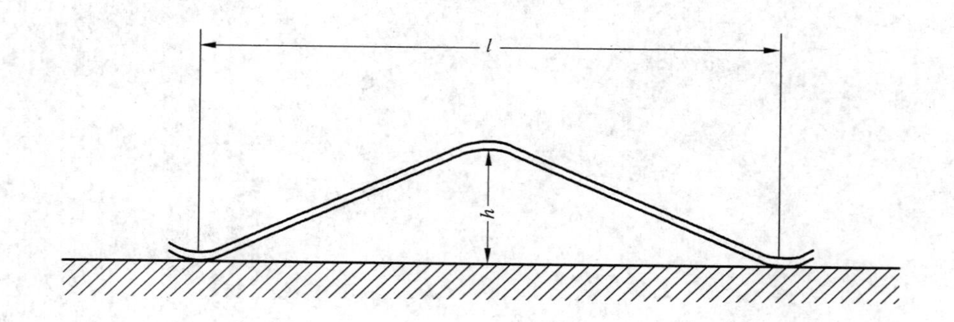

图 A.2　不平度（波形因数）测试图

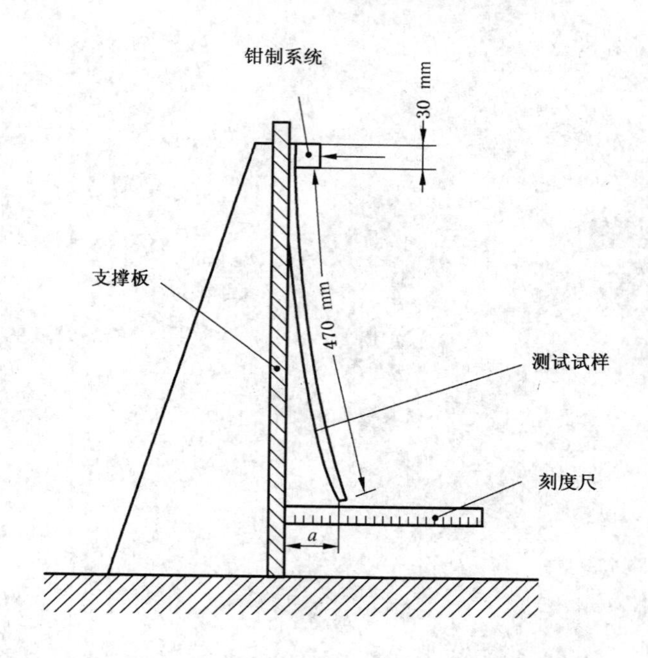

图 A.3　残余曲率测试图

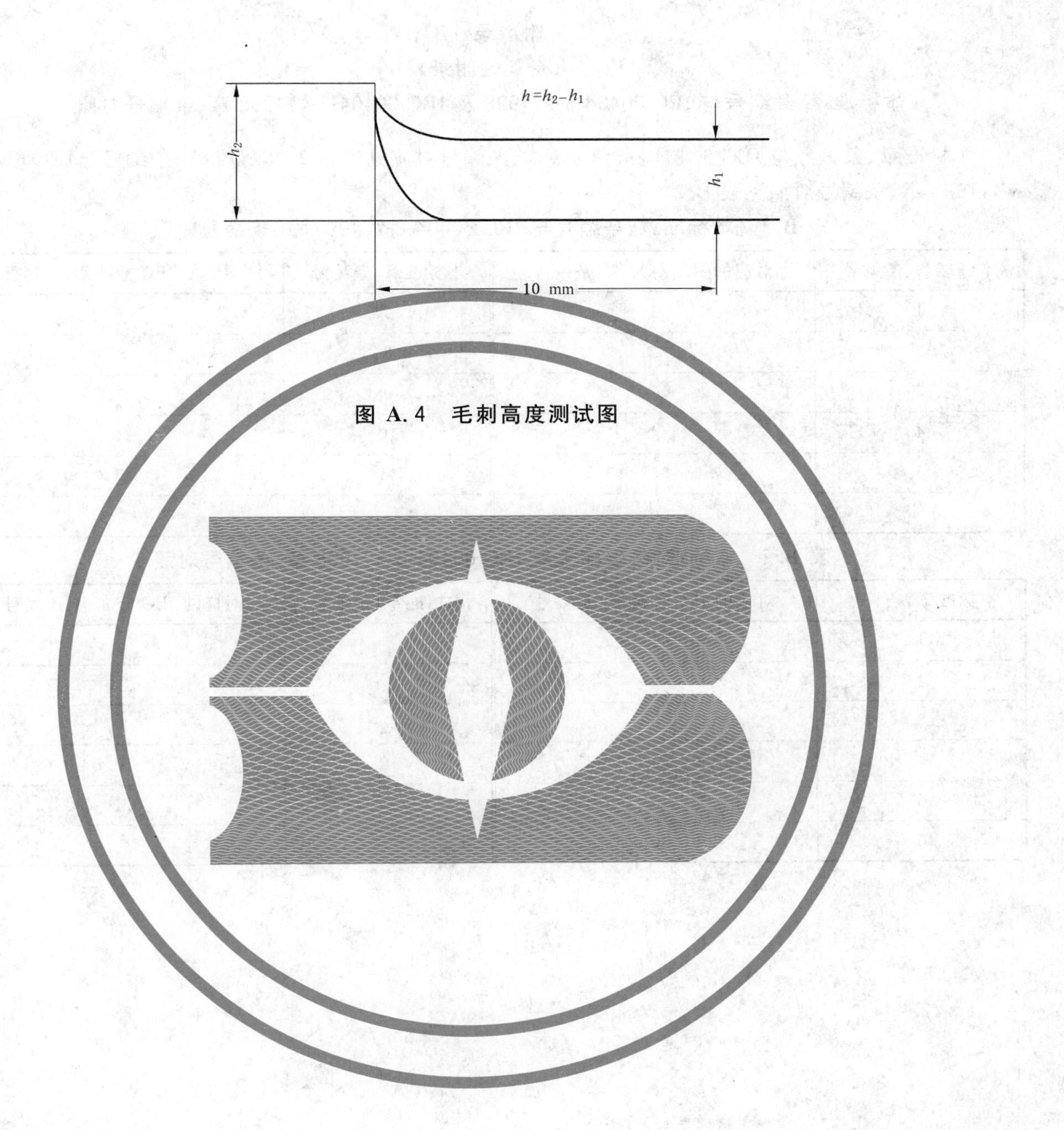

图 A.4 毛刺高度测试图

附 录 B
（资料性附录）
本标准章、条编号与 IEC 60404-8-7：1998 及 IEC 60404-8-4：1998 章、条编号对照

本标准章、条编号与 IEC 60404-8-7：1998 章、条编号对照见表 B.1，本标准章、条编号与IEC 60404-8-4：1998 章、条编号对照见表 B.2。

表 B.1 本标准章、条编号与 IEC 60404-8-7：1998 章、条编号对照

本标准章、条编号	对应的 IEC 标准章、条编号	本标准章、条编号	对应的 IEC 标准章、条编号
1	1	7	7
2	2	8	8
3	3	9	9
4	4	10	10
5	5	11	11
6	6		

表 B.2 本标准章、条编号与 IEC 60404-8-4：1998 章、条编号对照

本标准章、条编号	对应的 IEC 标准章、条编号	本标准章、条编号	对应的 IEC 标准章、条编号
1	1	7	7
2	2	8	8
3	3	9	9
4	4	10	10
5	5	11	11
6	6		

附　录　C
（资料性附录）
本标准与 IEC 60404-8-7:1998 及 IEC 60404-8-4:1998 的技术性差异及原因

本标准与 IEC 60404-8-7:1998 标准的技术性差异及原因见表 C.1，本标准与 IEC 60404-8-4:1998 标准的技术性差异及原因见表 C.2。

表 C.1　本标准与 IEC 60404-8-7:1998 标准的技术性差异及原因

本标准章条编号	技术性差异	原　　因
综合	增加无取向钢各条款	根据国内标准体系，将取向和无取向钢合订为一个标准
2	引用国内对应标准	国内标准是采用对应的 IEC 或 ISO 标准制、修订的
5	牌号按国内电工钢命名规定命名	以使国内电工钢牌号统一、系列化
7.1	将高磁导率取向电工钢的 M103-27P5 牌号修订为 27QG105 牌号； 普通级取向电工钢 0.27 mm 厚度规格增加了 27Q110 牌号，0.30 mm 厚度规格增加了 30Q120 牌号，0.35 mm 厚度规格增加了 35Q135 牌号	使各牌号级差设置为等比级差，尾数均为 0 和 5。 根据国内生产情况，各规格增加 1 个高牌号。取向电工钢增加了 0.23 mm 厚度规格的牌号
9	增加包装、标志质量证明书的具体内容	根据 GB/T 1.1 及我国标准一般要求
附录 A		为了方便生产者测试用户要求的相关项目，特增加了“不平度、镰刀弯、毛刺高度和残余曲率的测试图”

表 C.2　本标准与 IEC 60404-8-4:1998 标准的技术性差异及原因

本标准章条编号	技术性差异	原　　因
综合	增加取向钢各条款	根据国内标准体系，将取向和无取向钢合订为一个标准
2	引用国内对应标准	国内标准是采用对应的 IEC 或 ISO 标准制、修订的
5	牌号按国内电工钢命名规定命名	以使国内电工钢牌号统一、系列化
7.1	无取向电工钢去掉了 1.0 mm 厚度规格，0.35 mm 厚度规格去掉了 M235-35A5 牌号、增加了 35W400、35W440 牌号，0.50 mm 厚度规格去掉了 M940-50A5 牌号、增加了 50W1300 牌号，0.65 mm 厚度规格去掉了 M600-65A5 以上 6 个高牌号	由于 1.0 mm 厚度规格无取向电工钢涡流损耗太大，一般电机很少使用，国内也很少生产，所以去掉了该规格。因为 0.50 mm 规格已有高牌号钢，所以 0.60 mm 规格没有必要再重复设置
7.2.1.1.2	尺寸公差用数据表示，没有采用百分数表示	为了方便测试

表 C.2（续）

本标准章条编号	技术性差异	原　　因
7.3.5	增加了力学性能表	根据审定意见增加
9	增加包装、标志质量证明书的具体内容	根据 GB/T 1.1 及我国标准一般要求
附录 A		为了方便生产者测试用户要求的相关项目，特增加了“不平度、镰刀弯、毛刺高度和残余曲率的测试图”

ICS 77.140.50
H 46

中华人民共和国国家标准

GB/T 3273—2005
代替 GB/T 3273—1989

汽车大梁用热轧钢板和钢带

Hot-rolled steel plates (sheets) and strips for automobile frames

2005-07-21 发布　　2006-01-01 实施

中华人民共和国国家质量监督检验检疫总局
中国国家标准化管理委员会　发布

前　言

本标准代替 GB/T 3273—1989《汽车大梁用热轧钢板》。

本标准与原标准相比,对下列主要内容进行了修改：

——增加钢带的内容；

——扩展钢板、钢带的尺寸范围中的厚度组距范围和钢板长度范围；

——厚度精度进行分级,增加宽度≤600 mm 的组距,并加严各组距的厚度公差；

——加严不切边钢板、钢带和宽度≤1 000 mm 切边钢板的宽度允许偏差；

——缩小不切边钢板的总镰刀弯,明确切边钢板镰刀弯要求的具体值;增加＞10 m 长度的镰刀弯要求；

——用强度级别牌号代替原牌号,增加了 420 L、440 L 和 550 L 三个牌号；

——调整牌号的化学成分,降低 P、S 的含量；

——提高晶粒度的要求级别；

本标准的附录 A 为资料性附录。

本标准由中国钢铁工业协会提出。

本标准由全国钢标准化技术委员会归口。

本标准主要起草单位:四川川投长城特殊钢股份有限公司、冶金工业信息标准研究院。

本标准主要起草人:陈晋阳、洪泉富、黄颖、彭声通、谢元林、夏万勇。

本标准 1982 年首次发布,1989 年第一次修订。

汽车大梁用热轧钢板和钢带

1 范围

本标准规定了汽车大梁(纵梁、横梁)用热轧钢板和钢带的尺寸、外形、技术要求、试验方法、检验规则、包装标志及质量证明书等。

本标准适用于制造汽车大梁用厚度为1.6 mm～14.0 mm的低合金钢热轧钢板和钢带(以下简称钢板、钢带)。

2 规范性引用文件

下列文件中的条款通过本标准的引用而成为本标准的条款。凡是注日期的引用文件,其随后所有的修改单(不包括勘误的内容)或修订版均不适用于本标准,然而,鼓励根据本标准达成协议的各方研究是否可使用这些文件的最新版本。凡是不注日期的引用文件,其最新版本适用于本标准。

GB/T 222—1984 钢的化学分析用试样取样法及成品化学成分允许偏差
GB/T 223.3 钢铁及合金化学分析方法 二安替吡啉甲烷磷钼酸重量法测定磷量
GB/T 223.5 钢铁及合金化学分析方法 还原型硅钼酸盐光度法测定酸溶硅含量
GB/T 223.11 钢铁及合金化学分析方法 过硫酸铵氧化容量法测定铬量
GB/T 223.12 钢铁及合金化学分析方法 碳酸钠分离-二苯碳酰二肼光度法测定铬量
GB/T 223.13 钢铁及合金化学分析方法 硫酸亚铁铵容量法测定钒量
GB/T 223.14 钢铁及合金化学分析方法 钽试剂萃取光度法测定钒量
GB/T 223.16 钢铁及合金化学分析方法 变色酸光度法测定钛量
GB/T 223.18 钢铁及合金化学分析方法 硫代硫酸钠分离-碘量法测定铜量
GB/T 223.19 钢铁及合金化学分析方法 新亚铜灵-三氯甲烷萃取光度法测定铜量
GB/T 223.23 钢铁及合金化学分析方法 丁二酮肟分光光度法测定镍量
GB/T 223.24 钢铁及合金化学分析方法 萃取分离-丁二酮肟分光光度法测定镍量
GB/T 223.39 钢铁及合金化学分析方法 氯磺酚S光度法测定铌量
GB/T 223.49 钢铁及合金化学分析方法 萃取分离-偶氮氯膦mA分光光度法测定稀土量
GB/T 223.53 钢铁及合金化学分析方法 火焰原子吸收分光光度法测定铜量
GB/T 223.54 钢铁及合金化学分析方法 火焰原子吸收分光光度法测定镍量
GB/T 223.58 钢铁及合金化学分析方法 亚砷酸钠-亚硝酸钠滴定法测定锰量
GB/T 223.59 钢铁及合金化学分析方法 锑磷钼蓝光度法测定磷量
GB/T 223.60 钢铁及合金化学分析方法 高氯酸脱水重量法测定硅含量
GB/T 223.61 钢铁及合金化学分析方法 磷钼酸铵容量法测定磷量
GB/T 223.62 钢铁及合金化学分析方法 乙酸丁酯萃取光度法测定磷量
GB/T 223.63 钢铁及合金化学分析方法 高碘酸钠(钾)光度法测定锰量
GB/T 223.64 钢铁及合金化学分析方法 火焰原子吸收光谱法测定锰量
GB/T 223.67 钢铁及合金化学分析方法 还原蒸馏-次甲基蓝光度法测定硫量
GB/T 223.68 钢铁及合金化学分析方法 管式炉内燃烧后碘酸钾滴定法测定硫含量
GB/T 223.69 钢铁及合金化学分析方法 管式炉内燃烧后气体容量法测定碳含量
GB/T 223.71 钢铁及合金化学分析方法 管式炉内燃烧后重量法测定碳含量
GB/T 223.72 钢铁及合金化学分析方法 氧化铝色层分离-硫酸钡重量法测定硫量

GB/T 223.76 钢铁及合金化学分析方法 火焰原子吸收光谱法测定钒量
GB/T 228 金属材料 室温拉伸试验方法(GB/T 228—2002,eqv ISO 6892:1998)
GB/T 232 金属材料 弯曲试验方法(GB/T 232—1999,eqv ISO 7438:1985)
GB/T 247 钢板和钢带检验、包装、标志及质量证明书的一般规定
GB/T 709 热轧钢板和钢带的尺寸、外形、重量及允许偏差
GB/T 2975 钢及钢产品力学性能试样取样位置及试样制备
GB/T 4336 碳素钢和中低合金钢的火花源原子发射光谱分析方法(常规法)
GB/T 6394 金属平均晶粒度测定法
GB/T 13299 钢的显微组织评定方法
YB/T 081 冶金技术标准的数值修约与检验数值的判定原则

3 分类及代号

3.1 钢的牌号由抗拉强度下限值和汉语拼音“梁”的首位字母 L 两个部分组成。

例如:510 L

510——代表抗拉强度的下限,单位为 N/mm^2。

L——代表汽车纵、横梁。

3.2 按边缘状态分

切边 EC

不切边 EM

3.3 按厚度精度分

普通精度 PT.A

较高精度 PT.B

4 订货内容

按本标准订货的合同或订单应包括下列内容:

a) 标准编号;
b) 产品名称;
c) 牌号;
d) 交货重量(数量);
e) 尺寸规格;
f) 交货状态;
g) 边缘状态;
h) 厚度精度;
i) 特殊要求(见 7)。

5 尺寸、外形及允许偏差

5.1 尺寸

5.1.1 尺寸范围

钢板和钢带的尺寸范围应符合表 1 的规定。

表 1 钢板和钢带的尺寸范围 单位为毫米

钢板和钢带的厚度	钢板和钢带的宽度	钢板的长度
1.6～14.0	210～2 200	2 000～12 000

5.1.2 根据需方要求，经供需双方协议，可供应表1尺寸范围以外的钢板和钢带。

5.2 厚度允许偏差

5.2.1 钢板和钢带的厚度允许偏差应符合表2的规定。

5.2.2 根据需方要求，可以在公差带范围内调整正、负偏差。

表2 钢板和钢带的厚度允许偏差

单位为毫米

公称厚度	在下列宽度时的厚度允许偏差									
	≤600		>600～1 200		>1 200～1 500		>1 500～1 800		>1 800	
	普通精度（PT.A）	较高精度（PT.B）	普通精度（PT.A）	较高精度（PT.B）	普通精度（PT.A）	较高精度（PT.B）	普通精度（PT.A）	较高精度（PT.B）	普通精度（PT.A）	较高精度（PT.B）
≤2.50	±0.18	—	±0.19	—	±0.20	—	±0.21	—	—	—
>2.50～3.00	±0.19	—	±0.20	—	±0.21	—	±0.22	—	±0.25	—
>3.00～4.00	±0.23	±0.21	±0.24	±0.22	±0.26	±0.24	±0.28	±0.26	±0.31	±0.27
>4.00～5.00	±0.27	±0.23	±0.28	±0.24	±0.31	±0.26	±0.34	±0.28	±0.37	±0.29
>5.00～6.00	±0.31	±0.25	±0.32	±0.26	±0.35	±0.28	±0.38	±0.29	±0.42	±0.31
>6.00～8.00	±0.36	±0.28	±0.38	±0.29	±0.41	±0.30	±0.44	±0.31	±0.48	±0.35
>8.00～10.00	±0.39	±0.31	±0.41	±0.32	±0.44	±0.33	±0.47	±0.34	±0.51	±0.40
>10.00～12.50	±0.42	±0.34	±0.44	±0.35	±0.47	±0.36	±0.50	±0.37	±0.54	±0.43
>12.50～14.00	±0.45	±0.37	±0.47	±0.38	±0.50	±0.39	±0.53	±0.40	±0.57	±0.46

5.3 宽度允许偏差

5.3.1 不切边钢板和钢带、切边钢板和宽度大于或等于600 mm的切边钢带的宽度允许偏差应符合表3的规定。

表3 钢板和钢带的宽度允许偏差

单位为毫米

钢板或钢带状态	不切边钢板和钢带		切边钢板			切边钢带	
钢板或钢带宽度	≤1 000	>1 000	210～1 000	>1 000～1 500	>1 500	600～1 000	>1 000
宽度允许偏差	$^{+20}_{0}$	$^{+25}_{0}$	$^{+5}_{0}$	$^{+10}_{0}$	$^{+15}_{0}$	$^{+5}_{0}$	$^{+10}_{0}$

5.3.2 宽度小于600 mm的纵剪钢带的宽度允许偏差应符合表4的规定。

表4 宽度小于600 mm的纵剪钢带的宽度允许偏差

单位为毫米

公称宽度	厚度			
	≤4.0	>4.0～6.0	>6.0～8.0	>8.0
210～250	±0.5	±1.0	±1.2	±1.4
>250～<600	±1.0	±1.0	±1.2	±1.4

5.4 钢板的长度允许偏差

钢板的长度允许偏差应符合表 5 的规定。

表 5 钢板的长度允许偏差

单位为毫米

公称厚度	≤4.0		>4.0～14.0		
钢板长度	≤1 500	>1 500	≤2 000	>2 000～6 000	>6 000
长度允许偏差	$^{+10}_{0}$	$^{+15}_{0}$	$^{+10}_{0}$	$^{+25}_{0}$	$^{+30}_{0}$

5.5 外形

5.5.1 不切边钢板的镰刀弯应符合表 6 的规定。

5.5.2 切边钢板的镰刀弯应符合表 7 的规定。

表 6 不切边钢板的镰刀弯

单位为毫米

钢板长度	2 000～4 000	>4 000～7 000	>7 000～10 000	>10 000
镰刀弯	≤10	≤20	≤24	≤26

表 7 切边钢板的镰刀弯

单位为毫米

<table>
<tr><th rowspan="2">长 度</th><th colspan="4">宽 度</th></tr>
<tr><th><250</th><th>≥250～<630</th><th>≥630～<1 000</th><th>≥1 000</th></tr>
<tr><td><2 500</td><td rowspan="5">任意每 2 000 为 8</td><td>5</td><td>4</td><td>3</td></tr>
<tr><td>≥2 500～<4 000</td><td>8</td><td>6</td><td>5</td></tr>
<tr><td>≥4 000～<6 300</td><td>12</td><td>10</td><td>8</td></tr>
<tr><td>≥6 300～<10 000</td><td>20</td><td>16</td><td>12</td></tr>
<tr><td>≥10 000</td><td>任意每 10 000 为 20</td><td>任意每 10 000 为 16</td><td>任意每 10 000 为 12</td></tr>
</table>

5.5.3 钢带的镰刀弯每米不得大于 3 mm。若有特殊要求，双方协商。

5.5.4 钢板和钢带的其他外形应符合 GB/T 709 的有关规定。

6 技术要求

6.1 钢的牌号和化学成分

6.1.1 钢的牌号和化学成分(熔炼分析)应符合表 8 的规定。

表 8 钢的牌号和化学成分(熔炼分析)

序号	统一数字代号	牌 号	化学成分(质量分数)/%				
			C	Si	Mn	P	S
1	L11381	370 L	≤0.12	≤0.50	≤0.60	≤0.030	≤0.030
2	L12431	420 L	≤0.12	≤0.50	≤1.20	≤0.030	≤0.030
3	L13451	440 L	≤0.18	≤0.50	≤1.40	≤0.030	≤0.030
4	L14521	510 L	≤0.20	≤1.00	≤1.60	≤0.030	≤0.030
5	L15561	550 L	≤0.20	≤1.00	≤1.60	≤0.030	≤0.030
注：新牌号与原牌号的对照见附录 A。							

6.1.2 在保证性能的前提下，为改善钢的性能，可加入 Ti、V、Nb 和稀土元素(RE)，加入方式，可有选择的加入一种或同时加入几种。但 Ti、V、Nb 总含量应小于或等于 0.25%，稀土元素(RE)加入量应小于或等于 0.20%。

6.1.3 各牌号钢的 Ni、Cr、Cu 残余元素含量,各不大于 0.30%,供方若能保证可不作分析。

6.1.4 成品钢板和钢带化学成分的允许偏差应符合 GB/T 222—1984 表 1 的规定。

6.2 交货状态

钢板和钢带应在热轧状态或热处理状态下交货(未注明时为热轧状态)。用户要求时,经供需双方协商并在合同中注明,钢板和钢带也可酸洗涂油交货。

6.3 力学性能和工艺性能

钢板和钢带的力学性能和工艺性能应符合表 9 的规定。510 L 的工艺性能,根据用户要求并在合同中注明,厚度为 1.6 mm~6.0 mm 的钢板钢带,冷弯试验弯心直径 d 可以等于 0.5 a。

表 9 钢板和钢带的力学性能和工艺性能

序号	牌号	厚度规格/mm	下屈服强度 R_{eL}/(N/mm²) 不小于	抗拉强度 R_m/(N/mm²)	断后伸长率 A/% 不小于	宽冷弯 180° b=35 mm	
						厚度≤12.0 mm	厚度>12.0 mm
1	370 L	1.6~14.0	245	370~480	28	d=0.5a	d=a
2	420 L	1.6~14.0	280	420~520	26	d=0.5a	d=a
3	440 L	1.6~14.0	305	440~540	26	d=0.5a	d=a
4	510 L	1.6~14.0	355	510~630	24	d=a	d=2.0a
5	550 L	1.6~8.0	400	550~670	23	d=a	—

注:a 为试样厚度;b 为冷弯试样的宽度;d 为弯心直径。

6.4 高倍检验

6.4.1 厚度不大于 8.0 mm 的钢板、钢带晶粒度应不小于 8 级;厚度大于 8.0 mm 的钢板、钢带晶粒度应不小于 7 级;其相邻级别不得超过三个级别。供方若能保证可不作检验。

6.4.2 钢板和钢带的带状组织应不大于 2 级。大于 2 级但不大于 3 级的钢板、钢带也可交货。

6.5 表面质量

6.5.1 钢板和钢带表面不得有裂纹、气泡、夹杂、结疤、折叠和明显的划痕。钢板和钢带不得有分层。表面如有上述缺陷,允许清理,其清理深度不得超过钢板厚度允许公差之半。其他缺陷允许存在,但其深度或高度不得超过钢板钢带厚度允许公差之半。

6.5.2 在钢带连续生产的过程中,局部的表面缺陷不易发现并去除,因此允许带缺陷交货,但有缺陷部分不得超过每卷钢带总长度的 8%。

7 特殊要求

根据需方要求,并经供需双方协议,可供应下列特殊要求的钢板和钢带:

a) 常温冲击或低温冲击检验;

b) 其他特殊要求。

8 试验方法

8.1 拉伸试样的取样方向

当钢板和钢带的宽度小于 600 mm 时,试样应沿轧制方向截取;当钢板和钢带的宽度等于或大于 600 mm 时,试样应沿垂直于轧制方向截取。

8.2 每批钢板和钢带检验的试样数量、取样方法和试验方法应符合表 10 的规定。

表 10 钢板和钢带检验的试样数量、取样方法和试验方法

序号	试验项目	试样数量,个	取样方法	试验方法
1	化学分析	1(每炉罐号)	GB/T 222	GB/T 223 GB/T 4336
2	拉伸试验	1	GB/T 2975	GB/T 228
3	冷弯试验	1	GB/T 2975	GB/T 232
4	常温冲击	3	协议	协议
5	低温冲击	3	协议	协议
6	晶粒度	1	—	GB/T 6394
7	带状组织	1	—	GB/T 13299

9 检验规则

9.1 钢板和钢带应成批验收。每批应由同一炉(罐)号、同一轧制制度、同一规格、同一交货状态、同一热处理制度(指经热处理的钢板和钢带)的钢板或钢带组成。

9.2 钢板和钢带的其他检验规则应按 GB/T 247 进行。

10 包装、标志和质量证明书

钢板和钢带的包装、标志和质量证明书应符合 GB/T 247 的规定。

附 录 A
（资料性附录）
新标准牌号与原标准牌号的对照

A.1 新标准牌号与原标准牌号的对照见表 A.1。

表 A.1 新标准牌号与原标准牌号的对照

GB/T 3273—2005	GB 3273—1989
370 L	06TiL
420 L	—
440 L	—
510 L	10TiL、09SiVL、16MnL、16MnREL
550 L	—

ICS 77.140.50
H 46

中华人民共和国国家标准

GB/T 3274—2007
代替 GB/T 3274—1988

碳素结构钢和低合金结构钢热轧厚钢板和钢带

Hot-rolled plates and strips of carbon structural steels and high strength low alloy structural steels

2007-08-14 发布　　2008-03-01 实施

中华人民共和国国家质量监督检验检疫总局
中国国家标准化管理委员会　发布

前　言

本标准与 ISO 630:1995《结构钢》、ISO 13976:2005《结构级热轧厚钢板卷》的一致性程度为非等效。

本标准代替 GB/T 3274—1988《碳素结构钢和低合金结构钢热轧厚钢板和钢带》。与原标准对比，主要变化如下：

——引用标准增加了 GB/T 14977、GB/T 18253；

——增加了订货内容；

——修改了表面质量的规定；

——增加了焊接修补的规定；

——修改了组批的规定。

本标准由中国钢铁工业协会提出。

本标准由全国钢标准化技术委员会归口。

本标准主要起草单位：鞍钢股份有限公司、天津钢铁有限公司、冶金工业信息标准研究院、济南钢铁股份有限公司。

本标准主要起草人：刘徐源、王晓虎、许克亮、朴志民、吴波、孙根领、唐一凡。

本标准 1988 年首次发布。

碳素结构钢和低合金结构钢热轧厚钢板和钢带

1 范围

本标准规定了碳素结构钢和低合金结构钢热轧厚钢板和钢带的订货内容、尺寸、外形、重量及允许偏差、技术要求、试验方法、检验规则、包装、标志和质量证明书等。

本标准适用于厚度为 3 mm～400 mm 碳素结构钢和低合金结构钢热轧厚钢板和厚度为 3 mm～25.4 mm 热轧钢带。

2 规范性引用文件

下列文件中的条款通过本标准的引用而成为本标准的条款。凡是注日期的引用文件，其随后所有的修改单(不包括勘误的内容)或修订版均不适用于本标准，然而，鼓励根据本标准达成协议的各方研究是否可使用这些文件的最新版本。凡是不注日期的引用文件，其最新版本适用于本标准。

GB/T 222 钢的成品化学成分允许偏差

GB/T 223.3 钢铁及合金化学分析方法 二安替吡啉甲烷磷钼酸重量法测定磷量

GB/T 223.5 钢铁及合金化学分析方法 还原型硅钼酸盐光度法测定酸溶硅含量

GB/T 223.10 钢铁及合金化学分析方法 钢铁试剂分离-铬天青S光度法测定铝量

GB/T 223.11 钢铁及合金化学分析方法 过硫酸铵氧化容量法测定铬量

GB/T 223.14 钢铁及合金化学分析方法 钽试剂萃取光度法测定钒量

GB/T 223.17 钢铁及合金化学分析方法 二安替吡啉甲烷光度法测定钛量

GB/T 223.18 钢铁及合金化学分析方法 硫代硫酸钠分离-碘量法测定铜量

GB/T 223.19 钢铁及合金化学分析方法 新亚铜灵-三氯甲烷萃取光度法测定铜量

GB/T 223.23 钢铁及合金化学分析方法 丁二酮肟分光光度法测定镍量

GB/T 223.24 钢铁及合金化学分析方法 萃取分离-丁二酮肟分光光度法测定镍量

GB/T 223.32 钢铁及合金化学分析方法 次磷酸钠还原-碘量法测定砷含量

GB/T 223.37 钢铁及合金化学分析方法 蒸馏分离-靛酚蓝光度法测定氮量

GB/T 223.40 钢铁及合金 铌含量的测定 氯磺酚S分光光度法

GB/T 223.58 钢铁及合金化学分析方法 亚砷酸钠-亚硝酸钠滴定法测定锰量

GB/T 223.59 钢铁及合金化学分析方法 锑磷钼蓝光法测定磷量

GB/T 223.60 钢铁及合金化学分析方法 高氯酸脱水重量法测定硅含量

GB/T 223.63 钢铁及合金化学分析方法 高碘酸钠(钾)光度法测定锰量

GB/T 223.64 钢铁及合金化学分析方法 火焰原子吸收光谱法测定锰量

GB/T 223.68 钢铁及合金化学分析方法 管式炉内燃烧后碘酸钾滴定法测定硫含量

GB/T 223.71 钢铁及合金化学分析方法 管式炉内燃烧后重量法测定碳含量

GB/T 223.72 钢铁及合金化学分析方法 氧化铝色层分离-硫酸钡重量法测定硫量

GB/T 228 金属材料 室温拉伸试验方法 (GB/T 228—2002,eqv ISO 6892:1998)

GB/T 229 金属夏比缺口冲击试验方法(GB/T 229—1994,eqv ISO 83:1976,eqv ISO 148:1983)

GB/T 232 金属材料 弯曲试验方法(GB/T 232—1999,eqv ISO 7438:1985)

GB/T 247 钢板和钢带检验、包装、标志及质量证明书的一般规定

GB/T 700　碳素结构钢

GB/T 709　热轧钢板和钢带的尺寸、外形、重量及允许偏差

GB/T 1591　高强度低合金结构钢

GB/T 2975　钢及钢产品力学性能试验取样位置及试样制备(GB/T 2975—1998,eqv ISO 377:1997)

GB/T 4336　碳素钢和中低合金钢火花源原子发射光谱分析方法(常规法)

GB/T 14977　热轧钢板表面质量的一般要求

GB/T 17505　钢及钢产品一般交货技术要求(GB/T 17505—1998,eqv ISO 404:1992)

GB/T 18253　钢及钢产品检验文件的类型(GB/T 18253—2000,eqv ISO 10474:1991)

GB/T 20066　钢和铁　化学成分测定用试样的取样和制样方法(GB/T 20066—2006,ISO 14284:1996,IDT)

YB/T 081　冶金技术标准的数值修约与检测数值的判定原则

3　订货内容

3.1　按本标准订货的合同或订单应包括下列内容:

a)　标准编号;

b)　产品名称(单轧钢板、连轧钢板、钢带);

c)　牌号;

d)　尺寸;

e)　边缘状态(切边 EC、不切边 EM);

f)　单轧钢板厚度偏差种类(N、A、B、C);

g)　钢带和连轧钢板厚度精度(PT. A、PT. B);

h)　重量;

i)　交货状态;

j)　用途;

k)　特殊要求。

3.2　订货合同对 e)～g)项内容未明确时,按如下规定:

a)　单轧钢板通常切四边交货;钢带通常不切边交货,由钢带剪切的钢板通常切边交货;

b)　单轧钢板厚度偏差种类按对称偏差(N 类);

c)　钢带和连轧钢板厚度精度按普通精度(PT. A 类)。

4　尺寸、外形、重量及允许偏差

钢板和钢带的尺寸、外形、重量及允许偏差应符合 GB/T 709 的规定。

5　技术要求

5.1　牌号和化学成分

钢的牌号和化学成分应符合 GB/T 700、GB/T 1591 的规定。成品钢板和钢带的化学成分允许偏差应符合 GB/T 222 的规定。

5.2　冶炼方法

钢由转炉或电炉冶炼。

5.3　交货状态

钢板和钢带以热轧、控轧或热处理状态交货。

5.4 力学性能和工艺性能

钢板和钢带的力学和工艺性能应符合 GB/T 700、GB/T 1591 的规定。

5.5 表面质量

5.5.1 钢板和钢带表面不应有结疤、裂纹、折叠、夹杂、气泡和氧化铁皮压入等对使用有害的缺陷。钢板和钢带不得有分层。

5.5.2 钢板和钢带表面允许有不影响使用的薄层氧化铁皮、铁锈和轻微的麻点、划痕等局部缺陷，其凹凸度不得超过钢板和钢带厚度公差之半，并应保证钢板和钢带的允许最小厚度。

5.5.3 钢板表面缺陷允许清理。清理处应平缓无棱角，并应保证钢板的允许最小厚度。

5.5.4 对于钢带，由于没有机会切除有缺陷部分，允许带缺陷交货，但带缺陷部分不应超过每卷钢带总长度的 8%。

5.5.5 供需双方协商，表面质量可执行 GB/T 14977 的规定。

5.6 焊接修补

钢板表面存在不能按 5.5.3 规定清理的缺陷，经供需双方协商，可进行焊接修补，并应满足以下要求：

a) 采用适当的焊接方法；

b) 在焊补前采用铲平或磨平等适当的方法完全除去钢板上的有害缺陷，除去部分的深度在钢板公称厚度的 20%以内，单面的修磨面积合计应在钢板面积的 2%以内；

c) 钢板焊接部位的边缘上不得有咬边或重叠。堆高应高出轧制面 1.5 mm 以上，然后用铲平或磨平等方法除去堆高；

d) 热处理钢板焊接修补后应再次进行热处理。

6 试验方法

6.1 每批钢板和钢带的检验项目、取样数量、取样方法及试验方法应符合表 1 的规定。

表 1 检验项目、取样数量及试验方法

序号	检验项目	取样数量(个)	取样方法	试验方法
1	化学成分	1/每炉	GB/T 20066	GB/T 223、GB/T 4336
2	拉伸试验	1	GB/T 2975	GB/T 228
3	弯曲试验	1	GB/T 2975	GB/T 232
4	冲击试验	3	GB/T 2975	GB/T 229

6.2 钢板和钢带的表面质量用肉眼检查。

7 检验规则

7.1 钢板和钢带的检查和验收由供方技术质量监督部门负责，需方有权按本标准或合同所规定的任一检验项目进行检查和验收。

7.2 钢板和钢带应成批验收，每批由同一牌号、同一炉号、同一质量等级、同一交货状态的钢板和钢带组成，每批重量应不大于 60 t。轧制卷重大于 30 t 的钢带和连轧板可按两个轧制卷组批。

7.3 同一批最小钢板厚度大于 10 mm 时，厚度差应不大于 5 mm；同一批最小钢板厚度不大于 10 mm 时，厚度差应不大于 2 mm。应在同一批中最厚钢板上取样。

7.4 公称容量比较小的炼钢炉冶炼的钢轧成的钢板和钢带组成的混合批，应符合 GB/T 700 和 GB/T 1591的有关规定。

7.5 钢板和钢带的复验和判定按 GB/T 17505 的规定。

8 包装、标志和质量证明书

钢板和钢带的包装、标志及质量证明书应符合 GB/T 247 的规定。钢板和钢带的质量证明书类型可按 GB/T 18253 的规定。

9 数值修约

数值修约应符合 YB/T 081 的规定。

前　　言

本标准此次修订对下列主要技术内容进行了修改：

——成品化学成分允许偏差；

——球化组织合格级别；

——厚钢板脱碳层深度。

本标准自实施之日起，代替GB/T 3278—1982《碳素工具钢热轧钢板》。

本标准由国家冶金工业局提出。

本标准由全国钢标准化技术委员会归口。

本标准由重庆特殊钢公司、冶金工业信息标准研究院负责起草。

本标准主要起草人：谢静红、黄　颖、徐茂君、钱富根、邓濂献

本标准于1982年7月9日首次发布。

中华人民共和国国家标准

GB/T 3278—2001

代替 GB/T 3278—1982

碳素工具钢热轧钢板

Hot-rolled carbon tool steel sheets and plates

1 范围

本标准规定了碳素工具钢热轧钢板的尺寸、外形及允许偏差、技术要求、试验方法、检验规则、包装、标志及质量证明书等。

本标准适用于厚度 0.7 mm～15 mm 的碳素工具钢热轧钢板。

2 引用标准

下列标准所包含的条文，通过在本标准中引用而构成为本标准的条文。本标准出版时，所示版本均为有效。所有标准都会被修订，使用本标准的各方应探讨使用下列标准最新版本的可能性。

GB/T 222—1984　钢的化学分析用试样取样法及成品化学成分允许偏差

GB/T 224—1987　钢的脱碳层深度测定法

GB/T 2310—1984　金属布氏硬度试验方法

GB/T 247—1997　钢板和钢带验收、包装、标志及质量证明书的一般规定

GB/T 709—1988　热轧钢板和钢带的尺寸、外形、重量及允许偏差

GB/T 1298—1986　碳素工具钢技术条件

GB/T 13298—1991　金属显微组织检验方法

GB/T 13302—1991　钢中石墨碳显微评定方法

3 尺寸、外形及允许偏差

3.1 尺寸及允许偏差

钢板的尺寸及允许偏差应符合 GB/T 709 的规定。

3.2 外形

钢板不平度不得大于表 1 的规定。

表 1

mm

公称厚度	测量单位长度	不平度
<2	1 000	20
2～4		15
>4		10

4 技术要求

4.1 牌号及化学成分

4.1.1 钢的牌号和化学成分(熔炼分析)应符合 GB/T1298 的规定。

4.1.2 成品钢板化学成分允许偏差应符合 GB/T 222—1984 中表 2 的规定。

4.2 交货状态

中华人民共和国国家质量监督检验检疫总局 2001-09-15 批准　　2002-02-01 实施

4.2.1 钢板应在退火状态下交货。经供需双方协议,钢板也可在其他状态下交货。

4.2.2 钢板应经矫平及切边后交货,经需方同意亦可带圆角交货。

4.2.3 根据需方要求,并在合同中注明,钢板可经酸洗后交货。

4.3 硬度

4.3.1 钢板在退火状态下的硬度应符合表2的规定。根据需方要求,经供需双方协议,可以供应比表2所列硬度值低的钢板。

表 2

牌号	布氏硬度 HBS 不大于
T7、T7A、T8、T8A、T8Mn	207
T9、T9A、T10、T10A	223
T11、T11A、T12、T12A、T13、T13A	229

4.3.2 厚度不大于1.5 mm的钢板,可不检查硬度,但须做拉伸试验,以供参考。

4.4 显微组织

4.4.1 退火组织

4.4.1.1 钢板退火状态下的球化组织应不大于4级,并按GB/T 1298所附第一评级图评定。用于制造量具、刃具的钢板球化组织为2~4级(并在合同中注明),同时不应有石墨碳存在。

4.4.1.2 经需方同意,退火组织可不作为考核条件,仅供参考。

4.4.2 网状碳化物

4.4.2.1 钢板的网状碳化物应不大于3级,并按GB/T 1298所附第二评级图评定。经供需双方协议,可供应网状碳化物不大于2级的钢板。

4.4.2.2 T7、T7A、T8、T8A、T8Mn钢板,若供方能保证残余破碎的网状碳化物合格,可不做检验。

4.4.2.3 热轧状态交货的钢板不检验网状碳化物。

4.4.3 脱碳层

4.4.3.1 薄钢板的全脱碳层(铁素体)深度,一面不得超过钢板公称厚度的3%,两面之和不得超过5%。经供需双方协议,亦可供应一面总脱碳层(铁素体+过渡层)深度不超过钢板公称厚度5%的钢板。

4.4.3.2 厚钢板一面总脱碳层深度不得超过钢板公称厚度的8%。

4.5 表面质量

4.5.1 钢板不应有分层,表面不应有气泡、夹杂、结疤和裂纹。如有上述缺陷,允许用修磨方法清除,但应保证钢板允许的最小厚度。

4.5.2 钢板表面允许有深度或高度在厚度公差范围内,且不应使钢板超过允许最小厚度的下列缺陷:一般轻微的麻点和局部的深麻点、凹坑、压痕、划痕。允许有不妨碍检查表面缺陷的薄层氧化铁皮和经酸洗后的浅黄色薄膜,以及由于氧化铁皮脱落所造成的不显著的粗糙面。

5 试验方法

每批钢板的检验项目、取样数量、取样部位和试验方法应符合表3的规定。

表 3

序号	检验项目	取样数量和部位	试验方法
1	化学成分	每炉罐1个GB/T 222	GB/T 1298
2	退火硬度	每张检验用钢板的两端各取一个	GB/T 231
3	显微组织	每张检验用钢板的两端各取一个	GB/T 13298
4	石墨碳	每张检验用钢板的两端各取一个	GB/T 13302
5	脱碳层	每张检验用钢板的两端各取一个	GB/T 224
6	尺寸	—	千分尺、样板
7	表面质量	—	目视

6 检验规则

6.1 检查和验收

钢板的检查和验收由供方技术监督部门进行。必要时需方有权按本标准进行检查和验收。

6.2 组批规则

6.2.1 钢板应成批验收,每批钢板应由同一炉罐号、同一厚度和同一热处理炉次(连续炉则为同一热处理制度)的钢板组成。

6.2.2 每批钢板中选取两张检验用钢板,由一垛的上部和下部(或中部)各取一张。当薄钢板批量不大于20张时,选取1张检验用钢板,由一垛钢板的上部选取。

6.3 取样数量和取样部位

钢板检验的试样数量和取样部位应符合表3规定。

6.4 复验与判定规则

钢板复验与判定规则应符合GB/T 247的规定。

7 包装、标志和质量证明书

钢板的包装、标志和质量证明书应符合GB/T 247的规定。

ICS 77.140.50
H 46

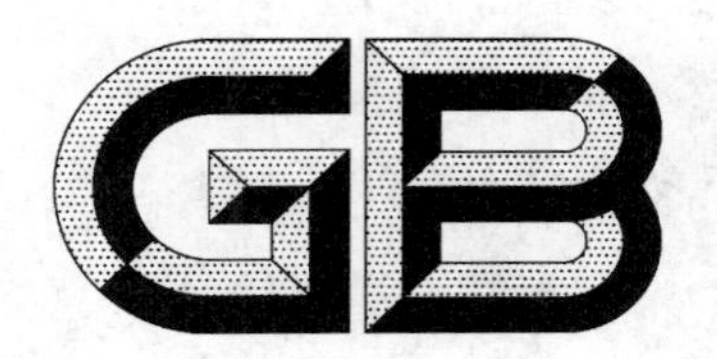

中华人民共和国国家标准

GB/T 3279—2009
代替 GB/T 3279—1989

弹簧钢热轧钢板

Hot-rolled spring steel sheets and plates

2009-10-30 发布　　　　2010-05-01 实施

中华人民共和国国家质量监督检验检疫总局
中国国家标准化管理委员会　发布

前 言

本标准代替 GB/T 3279—1989《弹簧钢热轧薄钢板》。

本标准与 GB/T 3279—1989 相比，主要变化如下：

——标准名称修改为《弹簧钢热轧钢板》；

——增加了厚度大于 4 mm～15 mm 的弹簧钢热轧钢板及相应技术要求；

——增加了“订货内容”条款；

——取消了 55Si2Mn 牌号；

——增加了“冶炼方法”条款；

——修改了钢板的尺寸、外形及允许偏差的规定；

——增加了厚度 3 mm～15 mm 钢板的力学性能的规定；

——增加了厚度大于 4 mm～15 mm 钢板脱碳的规定。

本标准由中国钢铁工业协会提出。

本标准由全国钢标准化技术委员会归口。

本标准主要起草单位：重庆东华特殊钢有限责任公司、冶金工业信息标准研究院。

本标准主要起草人：李庆艳、谢静红、刘宝石、戴强、栾燕。

本标准所代替标准的历次版本发布情况为：

——GB/T 3279—1982、GB/T 3279—1989。

弹簧钢热轧钢板

1 范围

本标准规定了弹簧钢热轧钢板的订货内容、尺寸、外形及允许偏差、技术要求、试验方法、检验规则、包装、标志及质量证明书。

本标准适用于厚度不大于15 mm的弹簧钢热轧钢板。

2 规范性引用文件

下列文件中的条款通过本标准的引用而成为本标准的条款。凡是注日期的引用文件，其随后所有的修改单(不包括勘误的内容)或修订版均不适用于本标准，然而，鼓励根据本标准达成协议的各方研究是否可使用这些文件的最新版本。凡是不注日期的引用文件，其最新版本适用于本标准。

GB/T 222 钢的成品化学成分允许偏差

GB/T 223.3 钢铁及合金化学分析方法 二安替比林甲烷磷钼酸重量法测定磷量

GB/T 223.5 钢铁 酸溶硅和全硅含量的测定 还原型硅钼酸盐分光光度法

GB/T 223.11 钢铁及合金 铬含量的测定 可视滴定或电位滴定法

GB/T 223.13 钢铁及合金化学分析方法 硫酸亚铁铵滴定法测定钒量

GB/T 223.18 钢铁及合金化学分析方法 硫代硫酸钠分离-碘量法测定铜量

GB/T 223.19 钢铁及合金化学分析方法 新亚铜灵-三氯甲烷萃取光度法测定铜量

GB/T 223.23 钢铁及合金 镍含量的测定 丁二酮肟分光光度法

GB/T 223.43 钢铁及合金 钨含量的测定 重量法和分光光度法

GB/T 223.58 钢铁及合金化学分析方法 亚砷酸钠-亚硝酸钠滴定法测定锰量

GB/T 223.59 钢铁及合金 磷含量的测定 铋磷钼蓝分光光度法和锑磷钼蓝分光光度法

GB/T 223.60 钢铁及合金化学分析方法 高氯酸脱水重量法测定硅含量

GB/T 223.61 钢铁及合金化学分析方法 磷钼酸铵容量法测定磷量

GB/T 223.64 钢铁及合金 锰含量的测定 火焰原子吸收光谱法

GB/T 223.67 钢铁及合金 硫含量的测定 次甲基蓝分光光度法

GB/T 223.71 钢铁及合金化学分析方法 管式炉内燃烧后重量法测定碳含量

GB/T 223.72 钢铁及合金 硫含量的测定 重量法

GB/T 223.75 钢铁及合金 硼含量的测定 甲醇蒸馏-姜黄素光度法

GB/T 223.76 钢铁及合金化学分析方法 火焰原子吸收光谱法测定钒量

GB/T 224 钢的脱碳层深度测定法

GB/T 226 钢的低倍组织及缺陷酸蚀检验法(GB/T 226—1991,neq ISO 4969:1980)

GB/T 228 金属材料 室温拉伸试验方法(GB/T 228—2002,eqv ISO 6892:1998)

GB/T 247 钢板和钢带检验、包装、标志及质量证明书的一般规定

GB/T 709—2006 热轧钢板和钢带的尺寸、外形、重量及允许偏差

GB/T 1222 弹簧钢

GB/T 2975 钢及钢产品 力学性能试验取样位置及试样制备(GB/T 2975—1998,eqv ISO 377:1997)

GB/T 4336 碳素钢和中低合金钢 火花源原子发射光谱分析方法(常规法)

GB/T 13302 钢中石墨碳显微评定方法

GB/T 17505　钢及钢产品交货一般技术条件(GB/T 17505—1998,eqv ISO 404:1992)

GB/T 20066　钢和铁　化学成分测定用试样的取样和制样方法(GB/T 20066—2006,ISO 14284:1996,IDT)

3　订货内容

按本标准订货的合同或订单应包括以下内容:

a)　产品名称;

b)　牌号;

c)　标准号;

d)　规格;

e)　重量(或数量);

f)　加工用途;

g)　交货状态;

h)　其他。

4　尺寸、外形及允许偏差

4.1　厚度3 mm～15 mm钢板的尺寸、外形及允许偏差应符合GB/T 709—2006的规定,热轧单轧钢板的厚度允许偏差未注明时按A类偏差。

4.2　厚度小于3 mm钢板的尺寸及允许偏差应符合表1的规定。

表1　　单位为毫米

公称厚度	在下列宽度时的厚度允许偏差		
	600～750	>750～1 000	>1 000～1 500
>0.35～0.50	±0.07	±0.07	—
>0.50～0.60	±0.08	±0.08	—
>0.60～0.75	±0.09	±0.09	—
>0.75～0.90	±0.10	±0.10	—
>0.90～1.10	±0.11	±0.12	—
>1.10～1.20	±0.12	±0.13	±0.15
>1.20～1.30	±0.13	±0.14	±0.15
>1.30～1.40	±0.14	±0.15	±0.18
>1.40～1.60	±0.15	±0.15	±0.18
>1.60～1.80	±0.15	±0.17	±0.18
>1.80～2.00	±0.16	±0.17	±0.18
>2.00～2.20	±0.17	±0.18	±0.19
>2.20～2.50	±0.18	±0.19	±0.20
>2.50～<3.00	±0.19	±0.20	±0.21

4.3　经供需双方协议,并在合同中注明,可供应其他尺寸的钢板。

4.4　经供需双方协议,并在合同中注明,可供应更高轧制精度的钢板。

4.5　不平度

钢板的不平度应符合表2的规定。

表 2

单位为毫米

公称厚度	不平度 每米不大于
≤1.5	18
>1.5～5	13
>5～8	12
>8～15	11

5 技术要求

5.1 牌号和化学成分

5.1.1 弹簧钢的牌号和化学成分应符合 GB/T 1222 的规定。

5.1.2 成品钢材化学成分允许偏差应符合 GB/T 222 的规定。

5.2 冶炼方法

除非合同中有规定，冶炼方法由生产厂自行选择。

5.3 交货状态

5.3.1 钢板以退火或高温回火状态交货。根据需方要求，经双方协议也可以其他热处理状态交货。

5.3.2 钢板应切边交货。按其他边缘状态交货时应在合同中注明。

5.3.3 根据需方要求，钢板可酸洗交货。

5.4 力学性能

以退火或高温回火交货状态下钢板的力学性能应符合表 3 的规定。表中未列牌号的力学性能由供需双方协议规定。

表 3

序号	牌　号	力学性能			
		厚度小于 3 mm		厚度 3 mm～15 mm	
		抗拉强度 R_m/(N/mm^2) 不大于	断后伸长率 $A_{11.3}$[a]/% 不小于	抗拉强度 R_m/(N/mm^2) 不大于	断后伸长率 A/% 不小于
1	85	800	10	785	10
2	65Mn	850	12	850	12
3	60Si2Mn	950	12	930	12
4	60Si2MnA	950	13	930	13
5	60Si2CrVA	1 100	12	1 080	12
6	50CrVA	950	12	930	12

[a] 厚度不大于 0.90 mm 的钢板，断后伸长率仅供参考。

5.5 低倍组织

钢板或钢坯的酸浸低倍组织不应有目视可见的缩孔、裂纹和夹杂。供方若能保证低倍组织合格可不检验。

5.6 脱碳

5.6.1 硅合金弹簧钢板每面全脱碳层（铁素体）深度不应超过钢板公称厚度的 3%，两面之和不得超过 5%。

5.6.2 其他弹簧钢板每面全脱碳层(铁素体)深度不应超过钢板公称厚度的2.5%,两面之和不得超过4.0%。

5.6.3 经供需双方协议,可供应每面总脱碳层(铁素体+过渡层)深度不超过5%的钢板。

5.7 石墨碳

厚度不大于4 mm的硅合金弹簧钢板在交货状态下的石墨碳不应大于1级。

5.8 表面质量

5.8.1 钢板不应有分层,表面不得有裂纹、气泡、折叠、结疤和夹杂。上述缺陷允许用修磨的方法清除,清理深度不应使钢板小于允许最小厚度。

5.8.2 钢板表面允许有深度或高度不大于厚度公差,且不使钢板超过最小或最大允许厚度轻微的麻点和局部的深麻点、凹坑、压痕、划伤和薄层氧化铁皮;经酸洗交货的钢板允许有浅黄色薄膜及氧化铁皮脱落造成的不显著的粗糙面。

5.8.3 根据需方要求,表面允许缺陷深度可不大于钢板厚度公差之半,且应保证钢板的最小厚度。

6 试验方法

每批钢板的检验项目、取样数量、取样部位及试验方法应符合表4的规定。

表4

序号	检验项目	取样数量	取样部位	试验方法
1	化学成分	1/炉	GB/T 20066	GB/T 223、GB/T 4336
2	拉伸	2	GB/T 2975	GB/T 228
3	低倍组织	2	7.3.2、7.3.3或不同张钢板上或靠近钢锭帽口端的板坯上	GB/T 226
4	脱碳层	2	7.3.2、7.3.3	GB/T 224
5	石墨碳	2	7.3.2、7.3.3	GB/T 13302
6	尺寸	逐张	整张钢板	千分尺或样板
7	表面	逐张	整张钢板	目视

7 检验规则

7.1 检查和验收

7.1.1 钢板出厂的检查和验收由供方质量技术监督部门进行。

7.1.2 供方必须保证交货的钢板符合本标准或合同的规定,必要时,需方有权对本标准或合同所规定的任一检验项目进行检查和验收。

7.2 组批规则

钢板应按批进行检查和验收,每批钢板应由同一牌号、同一炉号、同一厚度、同一交货状态、同一热处理炉次的钢板组成。

7.3 取样数量及取样部位

7.3.1 每批钢板的取样数量及取样部位应符合表4的规定。

7.3.2 每批在一垛的上部和下部各取一张检验用钢板。

7.3.3 批量不大于20张时,可在一张检验用钢板的两端各取一个试样。

7.3.4 检验用试样距钢板边缘应不小于40 mm。

7.4 复验与判定规则

钢板的复验与判定规则应符合 GB/T 17505 的规定。

8 包装、标志和质量证明书

钢板的包装、标志和质量证明书应符合 GB/T 247 的规定。

ICS 77.140.50
H 46

中华人民共和国国家标准

GB/T 3280—2007
代替 GB/T 3280—1992，部分代替 GB/T 4239—1991

不锈钢冷轧钢板和钢带

Cold rolled stainless steel plate，sheet and strip

2007-03-09 发布　　2007-10-01 实施

中华人民共和国国家质量监督检验检疫总局
中国国家标准化管理委员会　发布

前　言

本标准参照国际标准ISO 9445:2002《连续冷轧不锈钢窄带、宽带、定尺钢板及定尺薄钢板——尺寸和形状公差》和ASTM A240/A240M-05a《压力容器用铬、铬镍不锈钢厚板、薄板及钢带》等国外先进标准，对GB/T 3280—1992《不锈钢冷轧钢板》和GB/T 4239—1991《不锈钢和耐热钢冷轧钢带》两个标准合并修订而成。

本标准代替GB/T 3280—1992《不锈钢冷轧钢板》，部分代替GB/T 4239—1991《不锈钢和耐热钢冷轧钢带》。

本标准与原标准对比，主要修订内容如下：

——增加宽钢带卷切定尺钢板和纵剪宽钢带及其卷切定尺钢带Ⅰ的相关内容。

——调整规范性引用文件。

——增加“术语符号”和“订货内容”2章。

——调整钢板和钢带的尺寸精度、外形以及测量方法；增加对钢带边浪的具体规定。

——修改牌号的命名方法和序号；增加新旧牌号对比。

——增加29个牌号，对引进牌号采用相应标准中牌号的化学成分、力学性能及热处理制度。

——对19牌号的化学成分进行调整。

——取消14个牌号。

——取消厚度大于4 mm钢板(或钢坯)的横向酸浸低倍检验要求。

——对表面加工类型做重新规定。

——取消原标准中表面质量特征的组别之分。

——增加附录A《不锈钢的热处理制度》。

——增加附录B《不锈钢的特性及用途》。

本标准的附录A、附录B均为资料性附录。

本标准由中国钢铁工业协会提出。

本标准由全国钢标准化技术委员会归口。

本标准主要起草单位：太原钢铁(集团)有限公司、冶金工业信息标准研究院。

本标准主要起草人：牛晓玲、董莉、李学锋、任建新、刘洪涛、弓建忠。

本标准所代替标准的历次版本发布情况为：

——GB 3280—84，GB/T 3280—1992；

——GB 4239—84，GB/T 4239—1991。

不锈钢冷轧钢板和钢带

1 范围

本标准规定了不锈钢冷轧钢板和钢带的牌号、尺寸、允许偏差及外形、技术要求、试验方法、检验规则、包装、标志及产品质量证明书。

本标准适用于耐腐蚀不锈钢冷轧宽钢带(以下称宽钢带)及其卷切定尺钢板(以下称卷切钢板)、纵剪冷轧宽钢带(以下称纵剪宽钢带)及其卷切定尺钢带(以下称卷切钢带Ⅰ)、冷轧窄钢带(以下称窄钢带)及其卷切定尺钢带(以下称卷切钢带Ⅱ),也适用于单张轧制的钢板。

2 规范性引用文件

下列文件中的条款通过本标准的引用而成为本标准的条款。凡是注日期的引用文件,其随后所有的修改单(不包括勘误的内容)或修订版均不适用于本标准,然而,鼓励根据本标准达成协议的各方研究是否可使用这些文件的最新版本。凡是不注日期的引用文件,其最新版本适用于本标准。

GB/T 222 钢的成品化学成分允许偏差

GB/T 223.3 钢铁及合金化学分析方法 二安替吡啉甲烷磷钼酸重量法测定磷量

GB/T 223.4 钢铁及合金化学分析方法 硝酸铵氧化容量法测定锰量

GB/T 223.5 钢铁及合金化学分析方法 还原型硅钼酸盐光度法测定酸溶硅含量

GB/T 223.8 钢铁及合金化学分析方法 氟化钠分离-EDTA 滴定法测定铝含量

GB/T 223.9 钢铁及合金化学分析方法 铬天青 S 光度法测定铝量

GB/T 223.10 钢铁及合金化学分析方法 铜铁试剂分离-铬天青 S 光度法测定铝量

GB/T 223.11 钢铁及合金化学分析方法 过硫酸铵氧化容量法测定铬量

GB/T 223.16 钢铁及合金化学分析方法 变色酸光度法测定钛量

GB/T 223.18 钢铁及合金化学分析方法 硫代硫酸钠分离-碘量法测定铜量

GB/T 223.19 钢铁及合金化学分析方法 新亚铜灵-三氯甲烷萃取光度法测定铜量

GB/T 223.23 钢铁及合金化学分析方法 丁二酮肟分光光度法测定镍量

GB/T 223.24 钢铁及合金化学分析方法 萃取分离-丁二酮肟分光光度法测定镍量

GB/T 223.25 钢铁及合金化学分析方法 丁二酮肟重量法测定镍量

GB/T 223.26 钢铁及合金化学分析方法 硫氰酸盐直接光度法测定钼量

GB/T 223.27 钢铁及合金化学分析方法 硫氰酸盐-乙酸丁酯萃取分光光度法测定钼量

GB/T 223.28 钢铁及合金化学分析方法 α-安息香肟重量法测定钼量

GB/T 223.36 钢铁及合金化学分析方法 蒸馏分离-中和滴定法测定氮量

GB/T 223.40 钢铁及合金化学分析方法 离子交换分离-氯磺酚 S 光度法测定铌量

GB/T 223.53 钢铁及合金化学分析方法 火焰原子吸收分光光度法测定铜量

GB/T 223.58 钢铁及合金化学分析方法 亚砷酸钠-亚硝酸钠滴定法测定锰量

GB/T 223.60 钢铁及合金化学分析方法 高氯酸脱水重量法测定硅含量

GB/T 223.61 钢铁及合金化学分析方法 磷钼酸铵容量法测定磷量

GB/T 223.68 钢铁及合金化学分析方法 管式炉内燃烧后碘酸钾滴定法测定硫含量

GB/T 223.69 钢铁及合金化学分析方法 管式炉内燃烧后气体容量法测定碳含量

GB/T 228 金属材料 室温拉伸试验方法(GB/T 228—2002,eqv ISO 6892:1998)

GB/T 230.1 金属洛氏硬度试验 第1部分:试验方法(A、B、C、D、E、F、G、H、K、N、T 标尺)

(GB/T 230.1—2004,ISO 6508-1:1999,MOD)

GB/T 231.1 金属布氏硬度试验 第1部分:试验方法(GB/T 231.1—2002,eqv ISO 6506-1:1999)

GB/T 232 金属材料 弯曲试验方法[GB/T 232—1999,eqv ISO 7438:1985(E)]

GB/T 247 钢板和钢带验收、包装、标志及质量证明书的一般规定

GB/T 708 冷轧钢板和钢带的尺寸、外形、重量及允许偏差

GB/T 1172 黑色金属硬度及强度换算值

GB/T 2975 钢及钢产品力学性能试验取样位置及试样制备(GB/T 2975—1998,eqv ISO 377:1997)

GB/T 4334.1 不锈钢 10%草酸浸蚀试验方法

GB/T 4334.2 不锈钢 硫酸-硫酸铁腐蚀试验方法

GB/T 4334.3 不锈钢 65%硝酸腐蚀试验方法

GB/T 4334.5 不锈钢 硫酸-硫酸铜腐蚀试验方法

GB/T 4340.1 金属维氏硬度试验 第1部分:试验方法(GB/T 4340.1—1999,eqv ISO 6507-1:1987)

GB/T 9971—2004 原料纯铁

GB/T 10125 人造气氛中的腐蚀试验 盐雾试验(SS试验)

GB/T 11170 不锈钢的光电发射光谱分析方法

GB/T 20066 钢和铁 化学成分测定用试样的取样和制样方法(GB/T 20066—2006,ISO 14284:1996,IDT)

GB/T 20878 不锈钢和耐热钢 牌号及化学成分

3 术语符号

下列术语符号适用于本标准:

低冷作硬化状态 H 1/4
半冷作硬化状态 H 1/2
冷作硬化状态 H
特别冷作硬化状态 H2
切边钢带 EC
不切边钢带 EM
宽度较高精度 PW
厚度较高精度 PT
长度较高精度 PL
不平度较高级 PF

4 订货内容

根据本标准订货,在合同中应注明下列技术内容:

a) 产品名称(或品名);

b) 牌号;

c) 标准编号;

d) 尺寸及精度;

e) 重量或数量;

f) 表面加工类型;

g) 交货状态；

h) 标准中应由供需双方协商并在合同中注明的项目或指标，如未注明，则由供方选择；

i) 需方提出的其他特殊要求，经供需双方协商确定，并在合同中注明。

5 尺寸、外形、重量及允许偏差

5.1 尺寸及允许偏差

5.1.1 宽钢带及卷切钢板、纵剪宽钢带及卷切钢带Ⅰ、窄钢带及卷切钢带Ⅱ的公称尺寸范围见表1，其具体规定应执行GB/T 708。如需方要求并经双方协商可供应其他尺寸的产品。

表1 公称尺寸范围

单位为毫米

形态	公称厚度	公称宽度
宽钢带、卷切钢板	≥0.10～≤8.00	≥600～<2 100
纵剪宽钢带、卷切钢带Ⅰ	≥0.10～≤8.00	<600
窄钢带、卷切钢带Ⅱ	≥0.01～≤3.00	<600

5.1.2 厚度允许偏差

5.1.2.1 宽钢带及卷切钢板、纵剪宽钢带及卷切钢带Ⅰ的厚度允许偏差应符合表2普通精度的规定，如需方要求并在合同中注明时，可执行表2中较高精度(PT)的规定。

表2 宽钢带及卷切钢板、纵剪宽钢带及卷切钢带Ⅰ的厚度允许偏差

单位为毫米

公称厚度	厚度允许偏差					
	宽度≤1 000		1 000<宽度≤1 300		1 300<宽度≤2 100	
	普通精度	较高精度	普通精度	较高精度	普通精度	较高精度
≥0.10～<0.20	±0.025	±0.015	—	—	—	—
≥0.20～<0.30	±0.030	±0.020	—	—	—	—
≥0.30～<0.50	±0.04	±0.025	±0.045	±0.030	—	—
≥0.50～<0.60	±0.045	±0.030	±0.05	±0.035	—	—
≥0.60～<0.80	±0.05	±0.035	±0.055	±0.040	—	—
≥0.80～<1.00	±0.055	±0.040	±0.06	±0.045	±0.065	±0.050
≥1.00～<1.20	±0.06	±0.045	±0.07	±0.050	±0.075	±0.055
≥1.20～<1.50	±0.07	±0.050	±0.08	±0.055	±0.09	±0.060
≥1.50～<2.00	±0.08	±0.055	±0.09	±0.060	±0.10	±0.070
≥2.00～<2.50	±0.09	—	±0.10	—	±0.11	—
≥2.50～<3.00	±0.11	—	±0.12	—	±0.12	—
≥3.00～<4.00	±0.13	—	±0.14	—	±0.14	—
≥4.00～<5.00	±0.14	—	±0.15	—	±0.15	—
≥5.00～<6.50	±0.15	—	±0.16	—	±0.16	—
≥6.50～≤8.00	±0.16	—	±0.17	—	±0.17	—

5.1.2.2 宽钢带头尾不正常部分(总长度不大于25 000 mm)的厚度偏差值允许比正常部分增加50%。

5.1.2.3 窄钢带及卷切钢带Ⅱ的厚度允许偏差应符合表3中普通精度的规定，如需方要求并在合同中注明时，可执行表3中较高精度(PT)的规定。

表3　窄钢带及卷切钢带Ⅱ的厚度允许偏差　单位为毫米

公称厚度	厚度允许偏差					
	宽度＜125		125≤宽度＜250		250≤宽度＜600	
	普通精度	较高精度	普通精度	较高精度	普通精度	较高精度
≥0.05～＜0.10	±0.10*t*	±0.06*t*	±0.12*t*	±0.10*t*	±0.15*t*	±0.10*t*
≥0.10～＜0.20	±0.010	±0.008	±0.015	±0.012	±0.020	±0.015
≥0.20～＜0.30	±0.015	±0.012	±0.020	±0.015	±0.025	±0.020
≥0.30～＜0.40	±0.020	±0.015	±0.025	±0.020	±0.030	±0.025
≥0.40～＜0.60	±0.025	±0.020	±0.030	±0.025	±0.035	±0.030
≥0.60～＜1.00	±0.030	±0.025	±0.035	±0.030	±0.040	±0.035
≥1.00～＜1.50	±0.035	±0.030	±0.040	±0.035	±0.045	±0.040
≥1.50～＜2.00	±0.040	±0.035	±0.050	±0.040	±0.060	±0.050
≥2.00～＜2.50	±0.050	±0.040	±0.060	±0.050	±0.070	±0.060
≥2.50～≤3.00	±0.060	±0.050	±0.070	±0.060	±0.080	±0.070
供需双方协商，偏差值可全为正偏差、负偏差或正负偏差不对称分布，但公差值应在表列范围之内。 厚度小于0.05时，由供需双方协定。 如需方要求较高精度时，应保证钢带任意一点的厚度偏差。 钢带边部毛刺高度应小于或等于产品公称厚度×10%。						
注：*t* 为公称厚度。						

5.1.3　宽度允许偏差

5.1.3.1　切边(EC)宽钢带及卷切钢板、纵剪宽钢带及卷切钢带Ⅰ的宽度允许偏差应符合表4普通精度的规定，如需方要求并在合同中注明时，可执行表4中的较高精度(PW)的规定。

表4　切边宽钢带及卷切钢板、纵剪宽钢带及卷切钢带Ⅰ宽度允许偏差　单位为毫米

公称厚度	宽度允许偏差							
	宽度≤125		125＜宽度≤250		250＜宽度≤600		600＜宽度≤1 000	宽度＞1 000
	普通精度	较高精度	普通精度	较高精度	普通精度	较高精度	普通精度	普通精度
＜1.00	+0.5 0	+0.3 0	+0.5 0	+0.3 0	+0.7 0	+0.6 0	+1.5 0	+2.0 0
≥1.00～＜1.50	+0.7 0	+0.4 0	+0.7 0	+0.5 0	+1.0 0	+0.7 0	+1.5 0	+2.0 0
≥1.50～＜2.50	+1.0 0	+0.6 0	+1.0 0	+0.7 0	+1.2 0	+0.9 0	+2.0 0	+2.5 0
≥2.50～＜3.50	+1.2 0	+0.8 0	+1.2 0	+0.9 0	+1.5 0	+1.0 0	+3.0 0	+3.0 0
≥3.50～≤8.00	+2.0 0	—	+2.0 0	—	+2.0 0	—	+4.0 0	+4.0 0
经需方同意，产品可小于公称宽度交货，但不应超出表列公差范围。 经需方同意，对于需二次修边的纵剪产品其宽度偏差可增加到5。								

5.1.3.2 不切边(EM)宽钢带及卷切钢板的宽度允许偏差应符合表5的规定。

表5 不切边宽钢带及卷切钢板宽度允许偏差

单位为毫米

边缘状态	宽度允许偏差		
	600≤宽度<1 000	1 000≤宽度<1 500	宽度≥1 500
轧制边缘	+25 0	+30 0	+30 0

5.1.3.3 切边(EC)窄钢带及卷切钢带Ⅱ的宽度允许偏差应符合表6普通精度的规定，如需方要求并在合同中注明时，可执行表6中较高精度(PW)的规定。

表6 切边窄钢带及卷切钢带Ⅱ宽度允许偏差

单位为毫米

公称厚度	宽度允许偏差							
	宽度≤40		40<宽度≤125		125<宽度≤250		250<宽度≤600	
	普通精度	较高精度	普通精度	较高精度	普通精度	较高精度	普通精度	较高精度
≥0.05~<0.25	+0.17 0	+0.13 0	+0.20 0	+0.15 0	+0.25 0	+0.20 0	+0.50 0	+0.50 0
≥0.25~<0.50	+0.20 0	+0.15 0	+0.25 0	+0.20 0	+0.30 0	+0.22 0	+0.60 0	+0.50 0
≥0.50~<1.00	+0.25 0	+0.20 0	+0.30 0	+0.22 0	+0.40 0	+0.25 0	+0.70 0	+0.60 0
≥1.00~<1.50	+0.30 0	+0.22 0	+0.35 0	+0.25 0	+0.50 0	+0.30 0	+0.90 0	+0.70 0
≥1.50~<2.50	+0.35 0	+0.25 0	+0.40 0	+0.30 0	+0.60 0	+0.40 0	+1.0 0	+0.80 0
≥2.50~<3.00	+0.40 0	+0.30 0	+0.50 0	+0.40 0	+0.65 0	+0.50 0	+1.2 0	+1.0 0
注：经供需双方协商，宽度偏差可全为正偏差或负偏差，但公差值应不超出表列范围。								

5.1.3.4 不切边(EM)窄钢带及卷切钢带Ⅱ的宽度允许偏差由供需双方协商确定。

5.1.4 长度允许偏差

5.1.4.1 卷切钢板及卷切钢带Ⅰ的长度允许偏差应符合表7普通精度的规定，如需方要求并在合同中注明时，可执行表7较高精度(PL)的规定。

表7 卷切钢板及卷切钢带Ⅰ的长度允许偏差

单位为毫米

公称长度	长度允许偏差	
	普通精度	较高精度
≤2 000	+5 0	+3 0
>2 000	+0.002 5×公称长度 0	+0.001 5×公称长度 0

5.1.4.2 卷切钢带Ⅱ的长度允许偏差应符合表8普通精度的规定，如需方要求并在合同中注明时，可执行表8较高精度(PL)的规定。

表 8　卷切钢带Ⅱ的长度允许偏差　　单位为毫米

公称长度	长度允许偏差	
	普通精度	较高精度
≤2 000	+3 0	+1.5 0
>2 000～≤4 000	+5 0	+2 0
公称长度大于 4 000 的卷切钢带Ⅱ的长度允许偏差由供需双方协商确定。		

5.2　外形

5.2.1　不平度

5.2.1.1　卷切钢板及卷切钢带Ⅰ的不平度应符合表 9 普通级的规定，如需方要求并在合同中注明时，可执行表 9 中较高级(PF)的规定。

表 9　卷切钢板及卷切钢带Ⅰ的不平度　　单位为毫米

公称长度	不平度	
	普通级	较高级
≤3 000	≤10	≤7
>3 000	≤12	≤8
表 9 不适用于冷作硬化钢板及 2D 产品。		

5.2.1.2　卷切钢带Ⅱ的不平度应符合表 10 普通级的规定，如需方要求并在合同中注明时，可执行表 10 中较高级(PF)的规定。

表 10　卷切钢带Ⅱ的不平度　　单位为毫米

公称长度	不平度	
	普通级	较高级
任意长度	≤10	≤7
表 10 不适用于冷作硬化钢板及 2D 产品。		

5.2.1.3　对冷作硬化处理后的卷切钢板不平度应符合表 11 规定。

表 11　不同冷作硬化状态下卷切钢板的不平度　　单位为毫米

公称宽度	厚　　度	不平度		
		H1/4	H1/2	H、H2
≥600～<900	≥0.10～<0.40	≤19	≤23	按供需双方协议规定
	≥0.40～<0.80	≤16	≤23	
	≥0.80	≤13	≤19	
≥900～<1 219	≥0.10～<0.40	≤26	≤29	按供需双方协议规定
	≥0.40～<0.80	≤19	≤29	
	≥0.80	≤16	≤26	
表 11 仅适用于奥氏体型和奥氏体·铁素体型除软板及深冲板之外的钢种。				

5.2.2　镰刀弯

5.2.2.1　宽钢带及卷切钢板、纵剪宽钢带及卷切钢带Ⅰ的镰刀弯应符合表 12 的规定。冷作硬化卷切钢板的镰刀弯由供需双方协商确定。

表 12　宽钢带及卷切钢板、纵剪宽钢带及卷切钢带Ⅰ的镰刀弯　　单位为毫米

公称宽度	任意 1 000 长度上的镰刀弯
≥10～<40	≤2.5
≥40～<125	≤2.0
≥128～<600	≤1.5
≥600～<2 100	≤1.0

5.2.2.2　窄钢带及卷切钢带Ⅱ的镰刀弯应符合表 13 普通精度的规定，如需方要求并在合同中注明时，可执行表 13 中较高精度的规定。冷作硬化卷切钢板的镰刀弯由供需双方协商确定。

表 13　窄钢带及卷切钢带Ⅱ的镰刀弯　　单位为毫米

公称宽度	任意 1 000 长度上的镰刀弯	
	普通精度	较高精度
≥10～<25	≤4.0	≤1.5
≥25～<40	≤3.0	≤1.25
≥40～<125	≤2.0	≤1.0
≥125～<600	≤1.5	≤0.75

5.2.3　切斜度

5.2.3.1　卷切钢板及卷切钢带Ⅰ的切斜度应不大于产品公称宽度×0.5%或符合表 14 的规定。

表 14　卷切钢板及卷切钢带Ⅰ的切斜度　　单位为毫米

卷切钢板长度	对角线最大差值
≤3 000	≤6
>3 000～≤6 000	≤10
>6 000	≤15

5.2.3.2　卷切钢带Ⅱ的切斜度应符合表 15 的规定。

表 15　卷切钢带Ⅱ的切斜度　　单位为毫米

公称宽度	切斜度
≥250	≤公称宽度×0.5%
<250	供需双方协商

5.2.4　宽钢带、纵剪宽钢带、窄钢带的边浪应符合如下规定：边浪＝浪高 h/浪形长度 L

经平整或矫直后的窄钢带：厚度≤1.0 mm，边浪≤0.03；厚度>1.0 mm，边浪≤0.02；

宽钢带或纵剪宽钢带：边浪≤0.03；

冷作硬化钢带及 2D 产品的边浪由供需双方协商确定。

5.2.5　钢卷外形

钢卷应牢固成卷并尽量保持圆柱形和不卷边。钢卷内径应在合同中注明。

钢卷塔形应符合：切边钢卷及纵剪宽钢带不大于 35 mm；不切边钢卷不大于 70 mm。

5.3　单张轧制钢板的尺寸、外形及允许偏差由供需双方协商确定。

5.4　测量方法

5.4.1　尺寸的测量

5.4.1.1　厚度测量

5.4.1.1.1　宽钢带及卷切钢板、纵剪宽钢带及卷切钢带Ⅰ：

a) 不切边状态距钢带边部不小于 30 mm 的任意点测量；切边状态距钢带边部不小于 20 mm 的任意点测量。

b) 纵剪宽钢带及卷切钢带Ⅰ，宽度不大于 30 mm 时，沿钢带宽度方向的中心部位测量。

5.4.1.1.2 窄钢带及卷切钢带Ⅱ：宽度大于 20 mm 时，距边部不小于 10 mm 任意点测量；宽度不大于 20 mm 时，沿钢带宽度方向的中心部位测量。

5.4.1.2 外形的测量

5.4.1.2.1 不平度：钢板在自重状态下平放于平台上，测量钢板任意方向的下表面与平台间的最大距离。

5.4.1.2.2 镰刀弯：测量方法见图 1，可用 1 m 直尺测量。窄钢带的测量位置在钢卷头尾 3 圈之外。

5.4.1.2.3 切斜度：测量方法见图 2。

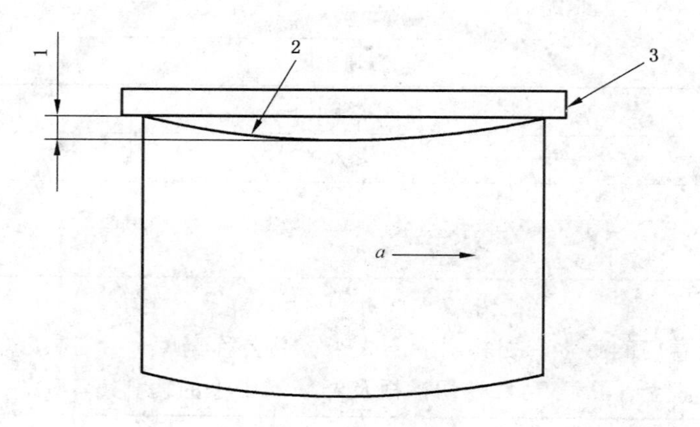

1——镰刀弯；
2——钢带边沿；
3——平直基准；
a——轧制方向。

图 1 镰刀弯测量方法

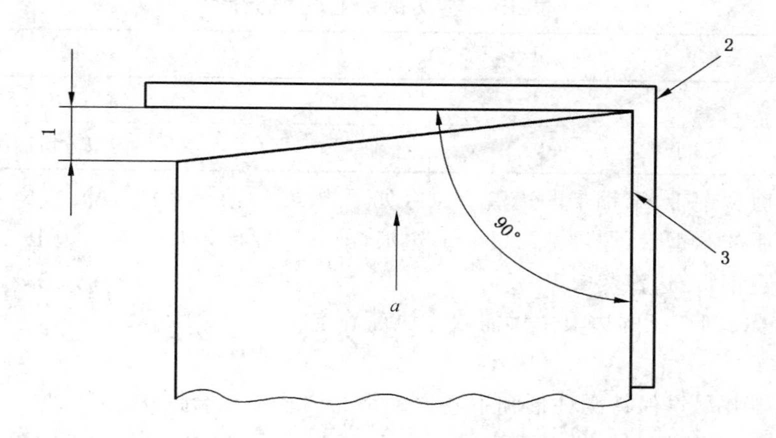

1——切斜度；
2——直角尺；
3——侧边；
a——轧制方向。

图 2 切斜度测量方法

5.4.1.2.4 边浪:测量方法见图3。

钢带的边浪测量仅适用于产品边部。

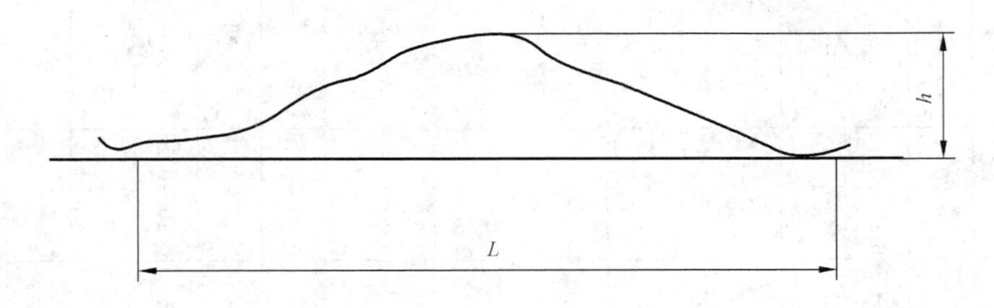

h——边浪高度;

L——边浪波长。

图3 边浪测量方法

5.5 重量

钢板和钢带按实际重量或理论重量交货。按理论重量交货时,钢的密度按GB/T 20878—2007附录A计算,未规定者,由供需双方协商。

6 技术要求

6.1 牌号、分类及化学成分

6.1.1 钢的牌号、分类及化学成分(熔炼分析)应符合表16~表20的规定。

6.1.2 成品化学成分允许偏差应符合GB/T 222的规定。

6.2 冶炼方法:优先采用粗炼钢水加炉外精炼。

6.3 交货状态

6.3.1 钢板和钢带经冷轧后,可经热处理及酸洗或类似处理后交货。当进行光亮热处理时,可省去酸洗等处理。热处理制度参见附录A。

6.3.2 根据需方要求,钢板和钢带可按不同冷作硬化状态交货。

6.3.3 对于沉淀硬化型钢的热处理,需方应在合同中注明热处理的种类,并应说明是对钢带、钢板本身还是对试样进行热处理。

6.3.4 必要时可进行矫直、平整或研磨。

表 16 奥氏体型钢的化学成分

GB/T 20878 中序号	新牌号	旧牌号	化学成分(质量分数)/%										
			C	Si	Mn	P	S	Ni	Cr	Mo	Cu	N	其他元素
9	12Cr17Ni7	1Cr17Ni7	0.15	1.00	2.00	0.045	0.030	6.00～8.00	16.00～18.00	—	—	0.10	—
10	022Cr17Ni7[a]		0.030	1.00	2.00	0.045	0.030	6.00～8.00	16.00～18.00	—	—	0.20	—
11	022Cr17Ni7N[a]		0.030	1.00	2.00	0.045	0.030	6.00～8.00	16.00～18.00	—	—	0.07～0.20	—
13	12Cr18Ni9	1Cr18Ni9	0.15	0.75	2.00	0.045	0.030	8.00～10.00	17.00～19.00	—	—	0.10	—
14	12Cr18Ni9Si3	1Cr18Ni9Si3	0.15	2.00～3.00	2.00	0.045	0.030	8.00～10.00	17.00～19.00	—	—	0.10	—
17	06Cr19Ni10[a]	0Cr18Ni9	0.08	0.75	2.00	0.045	0.030	8.00～10.50	18.00～20.00	—	—	0.10	—
18	022Cr19Ni10[a]	00Cr19Ni10	0.030	0.75	2.00	0.045	0.030	8.00～12.00	18.00～20.00	—	—	0.10	—
19	07Cr19Ni10[a]		0.04～0.10	0.75	2.00	0.045	0.030	8.00～10.50	18.00～20.00	—	—	—	—
20	05Cr19Ni10Si2N		0.04～0.06	1.00～2.00	0.80	0.045	0.030	9.00～10.00	18.00～19.00	—	—	0.12～0.18	Ce:0.03～0.08
23	06Cr19Ni10N[a]	0Cr19Ni9N	0.08	0.75	2.00	0.045	0.030	8.00～10.50	18.00～20.00	—	—	0.10～0.16	—
24	06Cr19Ni9NbN[a]	0Cr19Ni10NbN	0.08	1.00	2.50	0.045	0.030	7.50～10.50	18.00～20.00	—	—	0.15～0.30	Nb:0.15
25	022Cr19Ni10N[a]	00Cr18Ni10N	0.030	0.75	2.00	0.045	0.030	8.00～12.00	18.00～20.00	—	—	0.10～0.16	—
26	10Cr18Ni12	1Cr18Ni12	0.12	0.75	2.00	0.045	0.030	10.50～13.00	17.00～19.00	—	—	—	—
32	06Cr23Ni13	0Cr23Ni13	0.08	0.75	2.00	0.045	0.030	12.00～15.00	22.00～24.00	—	—	—	—
35	06Cr25Ni20	0Cr25Ni20	0.08	1.50	2.00	0.045	0.030	19.00～22.00	24.00～26.00	—	—	—	—
36	022Cr25Ni22Mo2N[a]		0.020	0.50	2.00	0.030	0.010	20.50～23.50	24.00～26.00	1.60～2.60	—	0.09～0.15	—
38	06Cr17Ni12Mo2[a]	0Cr17Ni12Mo2	0.08	0.75	2.00	0.045	0.030	10.00～14.00	16.00～18.00	2.00～3.00	—	0.10	—

表 16(续)

GB/T 20878 中序号	新牌号	旧牌号	化学成分(质量分数)/%										
			C	Si	Mn	P	S	Ni	Cr	Mo	Cu	N	其他元素
39	022Cr17Ni12Mo2[a]	00Cr17Ni14Mo2	0.030	0.75	2.00	0.045	0.030	10.00～14.00	16.00～18.00	2.00～3.00	—	0.10	—
41	06Cr17Ni12Mo2Ti[a]	0Cr18Ni12Mo3Ti	0.08	0.75	2.00	0.045	0.030	10.00～14.00	16.00～18.00	2.00～3.00	—	—	Ti≥5C
42	06Cr17Ni12Mo2Nb		0.08	0.75	2.00	0.045	0.030	10.00～14.00	16.00～18.00	2.00～3.00	—	0.10	Nb:10C～1.10
43	06Cr17Ni12Mo2N[a]	0Cr17Ni12Mo2N	0.08	0.75	2.00	0.045	0.030	10.00～14.00	16.00～18.00	2.00～3.00	—	0.10～0.16	—
44	022Cr17Ni12Mo2N[a]	00Cr17Ni13Mo2N	0.030	0.75	2.00	0.045	0.030	10.00～14.00	16.00～18.00	2.00～3.00	—	0.10～0.16	—
45	06Cr18Ni12Mo2Cu2	0Cr18Ni12Mo2Cu2	0.08	1.00	2.00	0.045	0.030	10.00～14.00	17.00～19.00	1.20～2.75	1.00～2.50	—	—
48	015Cr21Ni26Mo5Cu2		0.020	1.00	2.00	0.045	0.035	23.00～28.00	19.00～23.00	4.00～5.00	1.00～2.00	0.10	—
49	06Cr19Ni13Mo3[a]	0Cr19Ni13Mo3	0.08	0.75	2.00	0.045	0.030	11.00～15.00	18.00～20.00	3.00～4.00	—	0.10	—
50	022Cr19Ni13Mo3	00Cr19Ni13Mo3	0.030	0.75	2.00	0.045	0.030	11.00～15.00	18.00～20.00	3.00～4.00	—	0.10	—
53	022Cr19Ni16Mo5N		0.030	0.75	2.00	0.045	0.030	13.50～17.50	17.00～20.00	4.00～5.00	—	0.10～0.20	—
54	022Cr19Ni13Mo4N		0.030	0.75	2.00	0.045	0.030	11.00～15.00	18.00～20.00	3.00～4.00	—	0.10～0.22	—
55	06Cr18Ni11Ti[a]	0Cr18Ni10Ti	0.08	0.75	2.00	0.045	0.030	9.00～12.00	17.00～19.00	—	—	0.10	Ti≥5C
58	015Cr24Ni22Mo8Mn-3CuN		0.020	0.50	2.00～4.00	0.030	0.005	21.00～23.00	24.00～25.00	7.00～8.00	0.30～0.60	0.45～0.55	—
61	022Cr24Ni17Mo5Mn-6NbN		0.030	1.00	5.00～7.00	0.030	0.010	16.00～18.00	23.00～25.00	4.00～5.00	—	0.40～0.60	Nb:0.10
62	06Cr18Ni11Nb[a]	0Cr18Ni11Nb	0.08	0.75	2.00	0.045	0.030	9.00～13.00	17.00～19.00	—	—	—	Nb:10C～1.00

注：表中所列成分除标明范围或最小值，其余均为最大值。

a 为相对于 GB/T 20878 调整化学成分的牌号。

表 17　奥氏体·铁素体型钢的化学成分

GB/T 20878 中序号	新牌号	旧牌号	化学成分(质量分数)/%										
			C	Si	Mn	P	S	Ni	Cr	Mo	Cu	N	其他元素
67	14Cr18Ni11Si4AlTi	1Cr18Ni11Si4AlTi	0.10～0.18	3.40～4.00	0.80	0.035	0.030	10.00～12.00	17.50～19.50	—	—	—	Ti:0.40～0.70 Al:0.10～0.30
68	022Cr19Ni5Mo3Si2N	00Cr18Ni5Mo3Si2	0.030	1.30～2.00	1.00～2.00	0.030	0.030	4.50～5.50	18.00～19.50	2.50～3.00	—	0.05～0.10	—
69	12Cr21Ni5Ti	1Cr21Ni5Ti	0.09～0.14	0.80	0.80	0.035	0.030	4.80～5.80	20.00～22.00	—	—	—	Ti:5(C−0.02)～0.80
70	022Cr22Ni5Mo3N		0.030	1.00	2.00	0.030	0.020	4.50～6.50	21.00～23.00	2.50～3.50	—	0.08～0.20	—
71	022Cr23Ni5Mo3N		0.030	1.00	2.00	0.030	0.020	4.50～6.50	22.00～23.00	3.00～3.50	—	0.14～0.20	—
72	022Cr23Ni4MoCuN		0.030	1.00	2.50	0.040	0.030	3.00～5.50	21.50～24.50	0.05～0.60	0.05～0.60	0.05～0.20	—
73	022Cr25Ni6Mo2N		0.030	1.00	2.00	0.030	0.030	5.50～6.50	24.00～26.00	1.50～2.50	—	0.10～0.20	—
74	022Cr25Ni7Mo4W-CuN		0.030	1.00	1.00	0.030	0.010	6.00～8.00	24.00～26.00	3.00～4.00	0.50～1.00	0.20～0.30	W:0.50～1.00
75	03Cr25Ni6Mo3Cu2N		0.04	1.00	1.50	0.040	0.030	4.50～6.50	24.00～27.00	2.90～3.90	1.50～2.50	0.10～0.25	—
76	022Cr25Ni7Mo4N		0.030	0.80	1.20	0.035	0.020	6.00～8.00	24.00～26.00	3.00～5.00	0.50	0.24～0.32	—

注：表中所列成分除标明范围或最小值，其余均为最大值。

表 18　铁素体型钢的化学成分

GB/T 20878 中序号	新牌号	旧牌号	化学成分(质量分数)/%										
			C	Si	Mn	P	S	Ni	Cr	Mo	Cu	N	其他元素
78	06Cr13Al	0Cr13Al	0.08	1.00	1.00	0.040	0.030	(0.60)	11.50～14.50	—	—	—	Al:0.10～0.30
80	022Cr11Ti		0.030	1.00	1.00	0.040	0.020	(0.60)	10.50～11.70	—	—	0.030	Ti≥8(C+N), Ti:0.15～0.50; Cb:0.10

表 18(续)

GB/T 20878 中序号	新牌号	旧牌号	化学成分(质量分数)/%										
			C	Si	Mn	P	S	Ni	Cr	Mo	Cu	N	其他元素
81	022Cr11NbTi		0.030	1.00	1.00	0.040	0.020	(0.60)	10.50～11.70	—	—	0.030	Ti+Nb:8(C+N)+0.08～0.75
82	022Cr12Ni		0.030	1.00	1.50	0.040	0.015	0.30～1.00	10.50～12.50	—	—	0.030	—
83	022Cr12	00Cr12	0.030	1.00	1.00	0.040	0.030	(0.60)	11.00～13.50	—	—	—	—
84	10Cr15	1Cr15	0.12	1.00	1.00	0.040	0.030	(0.60)	14.00～16.00	—	—	—	—
85	10Cr17	1Cr17	0.12	1.00	1.00	0.040	0.030	0.75	16.00～18.00	—	—	—	—
87	022Cr17Ti[a]	00Cr17	0.030	0.75	1.00	0.035	0.030	—	16.00～19.00	—	—	—	Ti 或 Nb:0.10～1.00
88	10Cr17Mo	1Cr17Mo	0.12	1.00	1.00	0.040	0.030	—	16.00～18.00	0.75～1.25	—	—	—
90	019Cr18MoTi		0.025	1.00	1.00	0.040	0.030	—	16.00～19.00	0.75～1.50		0.025	Ti,Nb,Zr 或其组合:8×(C+N)～0.80
91	022Cr18NbTi		0.030	1.00	1.00	0.040	0.015	—	17.50～18.50	—	—	—	Ti:0.10～0.60 Nb:≥0.30+3C
92	019Cr19Mo2NbTi	00Cr18Mo2	0.025	1.00	1.00	0.040	0.030	1.00	17.50～19.50	1.75～2.50	—	0.035	(Ti+Nb):[0.20+4(C+N)]～0.80
94	008Cr27Mo	00Cr27Mo	0.010	0.40	0.40	0.030	0.020	—	25.00～27.50	0.75～1.50	—	0.015	(Ni+Cu)≤0.50
95	008Cr30Mo2	00Cr30Mo2	0.010	0.40	0.40	0.030	0.020	—	28.50～32.00	1.50～2.50	—	0.015	(Ni+Cu)≤0.50

注：表中所列成分除标明范围或最小值,其余均为最大值。括号内值为允许含有的最大值。

a 为相对于 GB/T 20878 调整化学成分的牌号。

表 19　马氏体型钢的化学成分

GB/T 20878 中序号	新牌号	旧牌号	化学成分(质量分数)/%										
			C	Si	Mn	P	S	Ni	Cr	Mo	Cu	N	其他元素
96	12Cr12	1Cr12	0.15	0.50	1.00	0.040	0.030	(0.60)	11.50～13.00	—	—	—	—
97	06Cr13	0Cr13	0.08	1.00	1.00	0.040	0.030	(0.60)	11.50～13.50	—	—	—	—
98	12Cr13[a]	1Cr13	0.15	1.00	1.00	0.040	0.030	(0.60)	11.50～13.50	—	—	—	—
99	04Cr13Ni5Mo		0.05	0.60	0.50～1.00	0.030	0.030	3.50～5.50	11.50～14.00	0.50～1.00	—	—	—

表 19(续)

GB/T 20878 中序号	新牌号	旧牌号	化学成分(质量分数)/%										
			C	Si	Mn	P	S	Ni	Cr	Mo	Cu	N	其他元素
101	20Cr13	2Cr13	0.16～0.25	1.00	1.00	0.040	0.030	(0.60)	12.00～14.00	—	—	—	—
102	30Cr13	3Cr13	0.26～0.35	1.00	1.00	0.040	0.030	(0.60)	12.00～14.00	—	—	—	—
104	40Cr13	4Cr13	0.36～0.45	0.80	0.80	0.040	0.030	(0.60)	12.00～14.00	—	—	—	—
107	17Cr16Ni2[a]		0.12～0.20	1.00	1.00	0.025	0.015	2.00～3.00	15.00～18.00	—	—	—	—
108	68Cr17	7Cr17	0.60～0.75	1.00	1.00	0.040	0.030	(0.60)	16.00～18.00	(0.75)	—	—	—

注：表中所列成分除标明范围或最小值，其余均为最大值。括号内值为允许含有的最大值。

a 为相对于 GB/T 20878 调整化学成分的牌号。

表 20 沉淀硬化型钢的化学成分

GB/T 20878 中序号	新牌号	旧牌号	化学成分(质量分数)/%										
			C	Si	Mn	P	S	Ni	Cr	Mo	Cu	N	其他元素
134	04Cr13Ni8Mo2Al[a]		0.05	0.10	0.20	0.010	0.008	7.50～8.50	12.30～13.25	2.00～2.50	—	0.01	Al:0.90～1.35
135	022Cr12Ni9Cu2NbTi[a]		0.05	0.50	0.50	0.040	0.030	7.50～9.50	11.00～12.50	0.50	1.50～2.50	—	Ti:0.80～1.40 (Nb+Ta):0.10～0.50
138	07Cr17Ni7Al	0Cr17Ni7Al	0.09	1.00	1.00	0.040	0.030	6.50～7.75	16.00～18.00	—	—	—	Al:0.75～1.50
139	07Cr15Ni7Mo2Al	0Cr15Ni7Mo2Al	0.090	1.00	1.00	0.040	0.030	6.50～7.75	14.00～16.00	2.00～3.00	—	—	Al:0.75～1.50
141	09Cr17Ni5Mo3N[a]		0.07～0.11	0.50	0.50～1.25	0.040	0.030	4.00～5.00	16.00～17.00	2.50～3.20	—	0.07～0.13	—
142	06Cr17Ni7AlTi		0.08	1.00	1.00	0.040	0.030	6.00～7.50	16.00～17.50	—	—	—	Al:0.40 Ti:0.40～1.20

注：表中所列成分除标明范围或最小值，其余均为最大值。

a 为相对于 GB/T 20878 调整化学成分的牌号。

6.4 力学性能

经热处理的各类型钢板和钢带的力学性能应符合6.4.1～6.4.5的规定。各类钢板和钢带的规定非比例延伸强度及硬度试验、退火状态的铁素体型和马氏体型钢的弯曲试验，仅当需方要求并在合同中注明时才进行检验。对于几种硬度试验，可根据钢板和钢带的不同尺寸和状态选择其中一种方法试验。

6.4.1 经固溶处理的奥氏体型钢板和钢带的力学性能应符合表21的规定。

表21 经固溶处理的奥氏体型钢的力学性能

GB/T 20878中序号	新牌号	旧牌号	规定非比例延伸强度 $R_{P0.2}$/MPa	抗拉强度 R_m/MPa	断后伸长率 A/%	硬度值[a] HBW	硬度值[a] HRB	硬度值[a] HV
			不小于			不大于		
9	12Cr17Ni7	1Cr17Ni7	205	515	40	217	95	218
10	022Cr17Ni7		220	550	45	241	100	—
11	022Cr17Ni7N		240	550	45	241	100	—
13	12Cr18Ni9	1Cr18Ni9	205	515	40	201	92	210
14	12Cr18Ni9Si3	1Cr18Ni9Si3	205	515	40	217	95	220
17	06Cr19Ni10	0Cr18Ni9	205	515	40	201	92	210
18	022Cr19Ni10	00Cr19Ni10	170	485	40	201	92	210
19	07Cr19Ni10		205	515	40	201	92	210
20	05Cr19Ni10Si2NbN		290	600	40	217	95	—
23	06Cr19Ni10N	0Cr19Ni9N	240	550	30	201	92	220
24	06Cr19Ni9NbN	0Cr19Ni10NbN	345	685	35	250	100	260
25	022Cr19Ni10N	00Cr18Ni10N	205	515	40	201	92	220
26	10Cr18Ni12	1Cr18Ni12	170	485	40	183	88	200
32	06Cr23Ni13	0Cr23Ni13	205	515	40	217	95	220
35	06Cr25Ni20	0Cr25Ni20	205	515	40	217	95	220
36	022Cr25Ni22Mo2N		270	580	25	217	95	—
38	06Cr17Ni12Mo2	0Cr17Ni12Mo2	205	515	40	217	95	220
39	022Cr17Ni12Mo2	00Cr17Ni14Mo2	170	485	40	217	95	220
41	06Cr17Ni12Mo2Ti	0Cr18Ni12Mo3Ti	205	515	40	217	95	220
42	06Cr17Ni12Mo2Nb		205	515	30	217	95	—
43	06Cr17Ni12Mo2N	0Cr17Ni12Mo2N	240	550	35	217	95	220
44	022Cr17Ni12Mo2N	00Cr17Ni13Mo2N	205	515	40	217	95	220
45	06Cr18Ni12Mo2Cu2	0Cr18Ni12Mo2Cu2	205	520	40	187	90	200
48	015Cr21Ni26Mo5Cu2		220	490	35	—	90	—
49	06Cr19Ni13Mo3	0Cr19Ni13Mo3	205	515	35	217	95	220
50	022Cr19Ni13Mo3	00Cr19Ni13Mo3	205	515	40	217	95	220
53	022Cr19Ni16Mo5N		240	550	40	223	96	—

表 21(续)

GB/T 20878中序号	新牌号	旧牌号	规定非比例延伸强度 $R_{P0.2}$/MPa	抗拉强度 R_m/MPa	断后伸长率 A/%	硬度值[a]		
						HBW	HRB	HV
			不小于			不大于		
54	022Cr19Ni13Mo4N		240	550	40	217	95	—
55	06Cr18Ni11Ti	0Cr18Ni10Ti	205	515	40	217	95	220
58	015Cr24Ni22Mo8Mn3CuN		430	750	40	250	—	—
61	022Cr24Ni17Mo5Mn6NbN		415	795	35	241	100	—
62	06Cr18Ni11Nb	0Cr18Ni11Nb	205	515	40	201	92	210

[a] 未给出 HV 值的牌号,请各单位在生产中注意积累数据,以利于在适当的时候再对本标准进行修订、补充。此前,建议参照 GB/T 1172 进行换算。下同。

6.4.2 不同冷作硬化状态钢板和钢带的力学性能应符合表 22～表 25 的规定。表中未列的牌号以冷作硬化状态交货时的力学性能及硬度由供需双方协商确定并在合同中注明。

表 22 H1/4 状态的钢材力学性能

GB/T 20878中序号	新牌号	旧牌号	规定非比例延伸强度 $R_{P0.2}$/MPa	抗拉强度 R_m/MPa	断后伸长率 A/%		
					厚度 <0.4 mm	厚度 ≥0.4 mm～<0.8 mm	厚度 ≥0.8 mm
			不小于				
9	12Cr17Ni7	1Cr17Ni7	515	860	25	25	25
10	022Cr17Ni7		515	825	25	25	25
11	022Cr17Ni7N		515	825	25	25	25
13	12Cr18Ni9	1Cr18Ni9	515	860	10	10	12
17	06Cr19Ni10	0Cr18Ni9	515	860	10	10	12
18	022Cr19Ni10	00Cr19Ni10	515	860	8	8	10
23	06Cr19Ni10N	0Cr19Ni9N	515	860	12	12	12
25	022Cr19Ni10N	00Cr18Ni10N	515	860	10	10	12
38	06Cr17Ni12Mo2	0Cr17Ni12Mo2	515	860	10	10	10
39	022Cr17Ni12Mo2	00Cr17Ni14Mo2	515	860	8	8	8
41	06Cr17Ni12Mo2Ti	0Cr18Ni12Mo3Ti	515	860	12	12	12

表 23 H1/2 状态的钢材力学性能

GB/T 20878中序号	新牌号	旧牌号	规定非比例延伸强度 $R_{P0.2}$/MPa	抗拉强度 R_m/MPa	断后伸长率 A/%		
					厚度 <0.4 mm	厚度 ≥0.4 mm～<0.8 mm	厚度 ≥0.8 mm
			不小于		不小于		
9	12Cr17Ni7	1Cr17Ni7	760	1 035	15	18	18
10	022Cr17Ni7		690	930	20	20	20
11	022Cr17Ni7N		690	930	20	20	20

表 23(续)

GB/T 20878 中序号	新牌号	旧牌号	规定非比例延伸强度 $R_{P0.2}$/MPa	抗拉强度 R_m/MPa	断后伸长率 A/%		
					厚度 <0.4 mm	厚度 ≥0.4 mm~<0.8 mm	厚度 ≥0.8 mm
			不小于		不小于		
13	12Cr18Ni9	1Cr18Ni9	760	1 035	9	10	10
17	06Cr19Ni10	0Cr18Ni9	760	1 035	6	7	7
18	022Cr19Ni10	00Cr19Ni10	760	1 035	5	6	6
23	06Cr19Ni10N	0Cr19Ni9N	760	1 035	6	8	8
25	022Cr19Ni10N	00Cr18Ni10N	760	1 035	6	7	7
38	06Cr17Ni12Mo2	0Cr17Ni12Mo2	760	1 035	6	7	7
39	022Cr17Ni12Mo2	00Cr17Ni14Mo2	760	1 035	5	6	6
43	06Cr17Ni12Mo2N	0Cr17Ni12Mo2N	760	1 035	6	8	8

表 24 H 状态的钢材力学性能

GB/T 20878 中序号	新牌号	旧牌号	规定非比例延伸强度 $R_{P0.2}$/MPa	抗拉强度 R_m/MPa	断后伸长率 A/%		
					厚度 <0.4 mm	厚度 ≥0.4 mm~<0.8 mm	厚度 ≥0.8 mm
			不小于		不小于		
9	12Cr17Ni7	1Cr17Ni7	930	1 205	10	12	12
13	12Cr18Ni9	1Cr18Ni9	930	1 205	5	6	6

表 25 H2 状态的钢材力学性能

GB/T 20878 中序号	新牌号	旧牌号	规定非比例延伸强度 $R_{P0.2}$/MPa	抗拉强度 R_m/MPa	断后伸长率 A/%		
					厚度 <0.4 mm	厚度 ≥0.4 mm~<0.8 mm	厚度 ≥0.8 mm
			不小于		不小于		
9	12Cr17Ni7	1Cr17Ni7	965	1 275	8	9	9
13	12Cr18Ni9	1Cr18Ni9	965	1 275	3	4	4

6.4.3 经固溶处理的奥氏体·铁素体型钢板和钢带的力学性能应符合表 26 的规定。

表 26 经固溶处理的奥氏体·铁素体型钢力学性能

GB/T 20878 中序号	新牌号	旧牌号	规定非比例延伸强度 $R_{P0.2}$/MPa	抗拉强度 R_m/MPa	断后伸长率 A/%	硬度值	
						HBW	HRC
			不小于			不大于	
67	14Cr18Ni11Si4AlTi	1Cr18Ni11Si4AlTi	—	715	25	—	—
68	022Cr19Ni5Mo3Si2N	00Cr18Ni5Mo3Si2	440	630	25	290	31

表 26(续)

GB/T 20878 中序号	新牌号	旧牌号	规定非比例延伸强度 $R_{P0.2}$/MPa	抗拉强度 R_m/MPa	断后伸长率 A/%	硬度值 HBW	硬度值 HRC
			不小于			不大于	
69	12Cr21Ni5Ti	1Cr21Ni5Ti	—	635	20	—	—
70	022Cr22Ni5Mo3N		450	620	25	293	31
71	022Cr23Ni5Mo3N		450	620	25	293	31
72	022Cr23Ni4MoCuN		400	600	25	290	31
73	022Cr25Ni6Mo2N		450	640	25	295	31
74	022Cr25Ni7Mo4WCuN		550	750	25	270	—
75	03Cr25Ni6Mo3Cu2N		550	760	15	302	32
76	022Cr25Ni7Mo4N		550	795	15	310	32
奥氏体·铁素体双相不锈钢不需要做冷弯试验。							

6.4.4 经退火处理的铁素体型、马氏体型钢板和钢带的力学性能应符合表 27 和表 28 的规定。

表 27 经退火处理的铁素体型钢的力学性能

GB/T 20878 中序号	新牌号	旧牌号	规定非比例延伸强度 $R_{P0.2}$/MPa	抗拉强度 R_m/MPa	断后伸长率 A/%	冷弯 180°	硬度值 HBW	硬度值 HRB	硬度值 HV
			不小于				不大于		
78	06Cr13Al	0Cr13Al	170	415	20	$d=2a$	179	88	200
80	022Cr11Ti		275	415	20	$d=2a$	197	92	200
81	022Cr11NbTi		275	415	20	$d=2a$	197	92	200
82	022Cr12Ni		280	450	18	—	180	88	—
83	022Cr12	00Cr12	195	360	22	$d=2a$	183	88	200
84	10Cr15	1Cr15	205	450	22	$d=2a$	183	89	200
85	10Cr17	1Cr17	205	450	22	$d=2a$	183	89	200
87	022Cr18Ti	00Cr17	175	360	22	$d=2a$	183	88	200
88	10Cr17Mo	1Cr17Mo	240	450	22	$d=2a$	183	89	200
90	019Cr18MoTi		245	410	20	$d=2a$	217	96	230
91	022Cr18NbTi		250	430	18	—	180	88	—
92	019Cr19Mo2NbTi	00Cr18Mo2	275	415	20	$d=2a$	217	96	230
94	008Cr27Mo	00Cr27Mo	245	410	22	$d=2a$	190	90	200
95	008Cr30Mo2	00Cr30Mo2	295	450	22	$d=2a$	209	95	220
注:"—"表示目前尚无数据提供,需在生产使用过程中积累数据。d:弯芯直径　a:钢板厚度。									

表 28　经退火处理的马氏体型钢的力学性能

GB/T 20878 中序号	新牌号	旧牌号	规定非比例延伸强度 $R_{P0.2}$/MPa	抗拉强度 R_m/MPa	断后伸长率 A/%	冷弯 180°	硬度值		
							HBW	HRB	HV
			不小于				不大于		
96	12Cr12	1Cr12	205	485	20	$d=2a$	217	96	210
97	06Cr13	0Cr13	205	415	20	$d=2a$	183	89	200
98	12Cr13	1Cr13	205	450	20	$d=2a$	217	96	210
99	04Cr13Ni5Mo		620	795	15	—	302	32[a]	—
101	20Cr13	2Cr13	225	520	18	—	223	97	234
102	30Cr13	3Cr13	225	540	18	—	235	99	247
104	40Cr13	4Cr13	225	590	15	—	—	—	—
107	17Cr16Ni2[b]		690	880～1 080	12	—	262～326	—	—
			1 050	1 350	10	—	388	—	—
108	68Cr17	1Cr12	245	590	15	—	255	25[a]	269

a　为 HRC 硬度值。

b　表列为淬火、回火后的力学性能。d:弯芯直径　a:钢板厚度。

6.4.5　经固溶处理的沉淀硬化型钢板和钢带的试样的力学性能应符合表 29 的规定，根据需方指定并经时效处理的试样的力学性能应符合表 30 的规定。

表 29　经固溶处理的沉淀硬化型钢试样的力学性能

GB/T 20878 中序号	新牌号	旧牌号	钢材厚度/mm	规定非比例延伸强度 $R_{P0.2}$/MPa	抗拉强度 R_m/MPa	断后伸长率 A/%	硬度值	
							HRC	HBW
				不大于		不小于	不大于	
134	04Cr13Ni8Mo2Al		≥0.10～<8.0	—	—	—	38	363
135	022Cr12Ni9Cu2NbTi		≥0.30～≤8.0	1 105	1 205	3	36	331
138	07Cr17Ni7Al	0Cr17Ni7Al	≥0.10～<0.30	450	1 035	—	—	—
			≥0.30～≤8.0	380	1 035	20	92[a]	—
139	07Cr15Ni7Mo2Al	0Cr15Ni7Mo2Al	≥0.10～≤8.0	450	1 035	25	100[a]	—
141	09Cr17Ni5Mo3N		≥0.10～<0.30	585	1 380	8	30	—
			≥0.30～≤8.0	585	1 380	12	30	—
142	06Cr17Ni7AlTi		≥0.10～<1.50	515	825	4	32	—
			≥1.50～≤8.0	515	825	5	32	—

a　为 HRB 硬度值。

表 30　沉淀硬化处理后的沉淀硬化型钢试样的力学性能

GB/T 20878 中序号	新牌号	旧牌号	钢材厚度/mm	处理[a]温度/℃	非比例延伸强度 $R_{P0.2}$/MPa	抗拉强度 R_m/MPa	断后[b]伸长率 A/%	硬度值	
								HRC	HB
					不小于			不小于	
134	04Cr13Ni8Mo2Al		≥0.10～<0.50	510±6	1 410	1 515	6	45	—
			≥0.50～<5.0		1 410	1 515	8	45	—
			≥5.0～≤8.0		1 410	1 515	10	45	—
			≥0.10～<0.50	538±6	1 310	1 380	6	43	—
			≥0.50～<5.0		1 310	1 380	8	43	—
			≥5.0～≤8.0		1 310	1 380	10	43	—
135	022Cr12Ni9Cu-2NbTi		≥0.10～<0.50	510±6 或 482±6	1 410	1 525	—	44	—
			≥0.50～<1.50		1 410	1 525	3	44	—
			≥1.50～≤8.0		1 410	1 525	4	44	—
138	07Cr17Ni7Al	0Cr17Ni7Al	≥0.10～<0.30	760±15	1 035	1 240	3	38	—
			≥0.30～<5.0	15±3	1 035	1 240	5	38	—
			≥5.0～≤8.0	566±6	965	1 170	7	43	352
			≥0.10～<0.30	954±8	1 310	1 450	1	44	—
			≥0.30～<5.0	−73±6	1 310	1 450	3	44	—
			≥5.0～≤8.0	510±6	1 240	1 380	6	43	401
139	07Cr15Ni7Mo2Al	0Cr15Ni7Mo-2Al	≥0.10～<0.30	760±15	1 170	1 310	3	40	—
			≥0.30～<5.0	15±3	1 170	1 310	5	40	—
			≥5.0～≤8.0	566±6	1 170	1 310	4	40	375
			≥0.10～<0.30	954±8	1 380	1 550	2	46	—
			≥0.30～<5.0	−73±6	1 380	1 550	4	46	—
			≥5.0～≤8.0	510±6	1 380	1 550	4	45	429
			≥0.10～≤1.2	冷轧	1 205	1 380	1	41	—
			≥0.10～≤1.2	冷轧+482	1 580	1 655	1	46	—
141	09Cr17Ni5Mo3N		≥0.10～<0.30	455±8	1 035	1 275	6	42	—
			≥0.30～≤5.0		1 035	1 275	8	42	—
			≥0.10～<0.30	540±8	1 000	1 140	6	36	—
			≥0.30～≤5.0		1 000	1 140	8	36	—
142	06Cr17Ni7AlTi		≥0.10～<0.80	510±8	1 170	1 310	3	39	—
			≥0.80～<1.50		1 170	1 310	4	39	—
			≥1.50～≤8.0		1 170	1 310	5	39	—
			≥0.10～<0.80	538±8	1 105	1 240	3	37	—
			≥0.80～<1.50		1 105	1 240	4	37	—
			≥1.50～≤8.0		1 105	1 240	5	37	—
			≥0.10～<0.80	566±8	1 035	1 170	3	35	—
			≥0.80～<1.50		1 035	1 170	4	35	—
			≥1.50～≤8.0		1 035	1 170	5	35	—

a　为推荐性热处理温度，供方应向需方提供推荐性热处理制度。

b　适用于沿宽度方向的试验，垂直于轧制方向且平行于钢板表面。

6.4.6 沉淀硬化型钢固溶处理状态的弯曲试验应符合表31的规定。

表31 沉淀硬化型钢固溶处理状态的弯曲试验

GB/T 20878 中序号	新牌号	旧牌号	厚度/mm	冷弯角度/(°)	弯芯直径
135	022Cr12Ni9Cu2NbTi		≥0.10 ≤5.0	180	$d=6a$
138	07Cr17Ni7Al	0Cr17Ni7Al	≥0.10 <5.0 ≥5.0 ≤7.0	180 180	$d=a$ $d=3a$
139	07Cr15Ni7Mo2Al	0Cr15Ni7Mo2Al	≥0.10 <5.0 ≥5.0 ≤7.0	180 180	$d=a$ $d=3a$
141	09Cr17Ni5Mo3N		≥0.10 ≤5.0	180	$d=2a$
注：d 弯芯直径，a 试验钢板厚度。					

6.5 耐腐蚀性能

6.5.1 钢板和钢带按表32～表35进行耐晶间腐蚀试验，试验方法由供需双方协商确定并在合同中注明，未注明时，可不作试验。对于Mo≥3%的低碳不锈钢，试验前的敏化处理应由供需双方协商。

6.5.2 如需方要求其他耐腐蚀试验，或对表32～表35未列入的牌号需进行耐腐蚀试验时，其试验方法和要求，由供需双方协商确定并在合同中注明。

表32 10%草酸浸蚀试验的判别

<table>
<tr><th>GB/T 20878 中序号</th><th>新牌号</th><th>旧牌号</th><th>试验状态</th><th>硫酸-硫酸铁腐蚀试验</th><th>65%硝酸腐蚀试验</th><th>硫酸-硫酸铜腐蚀试验</th></tr>
<tr><td>17
19</td><td>06Cr19Ni10
07Cr19Ni10</td><td>0Cr18Ni9</td><td rowspan="2">固溶处理
(交货状态)</td><td rowspan="2">沟状组织</td><td>沟状组织
凹状组织Ⅱ</td><td rowspan="2">沟状组织</td></tr>
<tr><td>38
45
49</td><td>06Cr17Ni12Mo2
06Cr18Ni12Mo2Cu2
06Cr19Ni13Mo3</td><td>0Cr17Ni12Mo2
0Cr18Ni12Mo2Cu2
0Cr19Ni13Mo3</td><td>—</td></tr>
<tr><td>18</td><td>022Cr19Ni10</td><td>00Cr19Ni10</td><td rowspan="3">敏化组织</td><td rowspan="2">沟状组织</td><td>沟状组织
凹状组织Ⅱ</td><td rowspan="3">沟状组织</td></tr>
<tr><td>39
50</td><td>022Cr17Ni12Mo2
022Cr19Ni13Mo3</td><td>00Cr17Ni14Mo2
00Cr19Ni13Mo3</td><td>—</td></tr>
<tr><td>41
55
62</td><td>06Cr17Ni12Mo2Ti
06Cr18Ni11Ti
06Cr18Ni11Nb</td><td>0Cr18Ni12Mo3Ti
0Cr18Ni10Ti
0Cr18Ni11Nb</td><td>—</td><td></td></tr>
</table>

表33 硫酸-硫酸铁腐蚀试验的腐蚀减量

GB/T 20878 中序号	新牌号	旧牌号	试验状态	腐蚀减量/[g/(m²·h)]
17 19 38 45 49	06Cr19Ni10 07Cr19Ni10 06Cr17Ni12Mo2 06Cr18Ni12Mo2Cu2 06Cr19Ni13Mo3	0Cr18Ni9 0Cr17Ni12Mo2 0Cr18Ni12Mo2Cu2 0Cr19Ni13Mo3	固溶处理 (交货状态)	按供需双方协议
18 39 50	022Cr19Ni10 022Cr17Ni12Mo2 022Cr19Ni13Mo3	00Cr19Ni10 00Cr17Ni14Mo2 00Cr19Ni13Mo3	敏化处理	按供需双方协议

表 34 65%硝酸腐蚀试验的腐蚀减量

GB/T 20878 中序号	新牌号	旧牌号	试验状态	腐蚀减量/[g/(m²·h)]
17 19	06Cr19Ni10 07Cr19Ni10	0Cr18Ni9	固溶处理 (交货状态)	按供需双方协议
18	022Cr19Ni10	00Cr19Ni10	敏化处理	按供需双方协议

表 35 硫酸-硫酸铜腐蚀试验后弯曲面状态

GB/T 20878 中序号	新牌号	旧牌号	试验状态	试验后弯曲面状态
17 19 38 45 49	06Cr19Ni10 07Cr19Ni10 06Cr17Ni12Mo2 06Cr18Ni12Mo2Cu2 06Cr19Ni13Mo3	0Cr18Ni9 0Cr17Ni12Mo2 0Cr18Ni12Mo2Cu2 0Cr19Ni13Mo3	固溶处理 (交货状态)	不得有晶间腐蚀裂纹
18 39 41 50 55 62	022Cr19Ni10 022Cr17Ni12Mo2 06Cr17Ni12Mo2Ti 022Cr19Ni13Mo3 06Cr18Ni11Ti 06Cr18Ni11Nb	00Cr19Ni10 00Cr17Ni14Mo2 0Cr18Ni12Mo3Ti 00Cr19Ni13Mo3 0Cr18Ni10Ti 0Cr18Ni11Nb	敏化处理	不得有晶间腐蚀裂纹

6.5.3 如需方要求并在合同中注明可对钢板和钢带进行盐雾腐蚀试验,试验方法执行 GB/T 10125 的规定。

6.6 表面加工及质量要求

6.6.1 表面加工类型见表 36,需方应根据使用需求指定钢板表面加工类型,并在合同中注明。

表 36 表面加工类型

简称	加工类型	表面状态	备注
2D 表面	冷轧、热处理、酸洗或除鳞	表面均匀、呈亚光状	冷轧后热处理、酸洗。亚光表面经酸洗或除鳞产生。可用毛面辊进行平整。毛面加工便于在深冲时将润滑剂保留在钢板表面。这种表面适用于加工深冲部件,但这些部件成型后还需进行抛光处理
2B 表面	冷轧、热处理、酸洗或除鳞、光亮加工	较 2D 表面光滑平直	在 2D 表面的基础上,对经热处理、除鳞后的钢板用抛光辊进行小压下量的平整。属最常用的表面加工。除极为复杂的深冲外,可用于任何用途
BA 表面	冷轧、光亮退火	平滑、光亮、反光	冷轧后在可控气氛炉内进行光亮退火。通常采用干氢或干氢与干氮混合气氛,以防止退火过程中的氧化现象。也是后工序再加工常用的表面加工
3# 表面	对单面或双面进行刷磨或亚光抛光	无方向纹理、不反光	需方可指定抛光带的等级或表面粗糙度。由于抛光带的等级或表面粗糙度的不同,表面所呈现的状态不同。这种表面适用于延伸产品还需进一步加工的场合。若钢板或钢带做成的产品不进行另外的加工或抛光处理时,建议用 4# 表面

表 36(续)

简称	加工类型	表面状态	备　注
4# 表面	对单面或双面进行通用抛光	无方向纹理、反光	经粗磨料粗磨后,再用粒度为 120# ～150# 或更细的研磨料进行精磨。这种材料被广泛用于餐馆设备、厨房设备、店辅门面、乳制品设备等
6# 表面	单面或双面亚光缎面抛光,坦皮科研磨	呈亚光状、无方向纹理	表面反光率较 4# 表面差。是用 4# 表面加工的钢板在中粒度研磨料和油的介质中经坦皮科刷磨而成。适用于不要求光泽度的建筑物和装饰。研磨粒度可由需方指定
7# 表面	高光泽度表面加工	光滑、高反光度	是由优良的基础表面进行擦磨而成。但表面磨痕无法消除。该表面主要适用于要求高光泽度的建筑物外墙装饰
8# 表面	镜面加工	无方向纹理、高反光度、影像清晰	该表面是用逐步细化的磨料抛光和用极细的铁丹大量擦磨而成。表面不留任何擦磨痕迹。该表面被广泛用于模压板、镜面
TR 表面	冷作硬化处理	应材质及冷作量的大小而变化	对退火除鳞或光亮退火的钢板进行足够的冷作硬化处理。大大提高强度水平
HL 表面	冷轧、酸洗、平整、研磨	呈连续性磨纹状	用适当粒度的研磨材料进行抛光,使表面呈连续性磨纹
单面抛光的钢板,另一面需进行粗磨,以保证必要的平直度。 标准的抛光工艺在不同的钢种上所产生的效果不同。对于一些关键性的应用,订单中需要附“典型标样”做参照,以便于取得一致的看法。			

6.6.2　钢板及钢带表面质量

6.6.2.1　钢板不得有影响使用的缺陷。允许有个别深度小于厚度公差之半的轻微麻点、擦划伤、压痕、凹坑、辊印和色差等不影响使用的缺陷。允许局部修磨,但应保证钢板最小厚度。

6.6.2.2　钢带不得有影响使用的缺陷。但成卷交货的钢带由于一般没有除去缺陷的机会,允许有少量不正常的部分。对不经抛光的钢带,表面允许有个别深度小于厚度公差之半的轻微麻点、擦划伤、压痕、凹坑、辊印和色差。

6.6.2.3　钢带边缘应平整。切边钢带边缘不允许有深度大于宽度公差之半的切割不齐和大于钢带厚度公差的毛刺;不切边钢带不允许有大于宽度公差的裂边。

6.7　特殊要求

根据需方要求,可对钢的化学成分、力学性能作特殊要求,或补充规定非金属夹杂物、无损检验等项目,具体内容由供需双方协商确定。

7　试验方法

每批钢板或钢带的检验项目及试验方法应符合表 37 的规定。

表 37　取样方法、数量及试验方法

序号	检验项目	取样方法及部位	取样数量	试验方法
1	化学成分	GB/T 20066	1	GB/T 223、GB/11170 及 GB/T 9971—2004 中的附录 A
2	拉伸试验	GB/T 2975 取横向试样	1	GB/T 228

表 37(续)

序号	检验项目	取样方法及部位	取样数量	试验方法
3	弯曲试验	GB/T 232	1	GB/T 232
4	硬度	任一张或任一卷	1	GB/T 230.1,GB/T 231.1,GB/T 4340
5	耐腐蚀性	GB/T 4334	2	GB/T 4334
6	尺寸外形	逐张或逐卷	—	本标准第 5 章
7	表面质量	逐张或逐卷	—	目视

8 检验规则

8.1 检查和验收

钢板和钢带的质量由供方质量监督部门负责检查和验收。供方必须保证交货的钢材符合有关标准的规定,需方有权按相应标准的规定进行检查和验收。

8.2 组批规则

钢板或钢带应成批提交验收,每批由同一牌号、同一炉号、同一厚度和同一热处理制度的钢板或钢带组成。

8.3 取样部位及取样数量

钢板或钢带的取样部位及取样数量应符合表 37 的规定。

8.4 复验和判定规则

若某项试验结果不符合本标准要求,允许按 GB/T 247 进行复验。

9 包装、标志及质量证明书

钢板和钢带的包装、标志及质量证明书应符合 GB/T 247 的规定。

附 录 A
（资料性附录）
不锈钢的热处理制度

表 A.1 奥氏体型钢的热处理制度 单位为摄氏度

GB/T 20878 中序号	新牌号	旧牌号	热处理温度及冷却方式
9	12Cr17Ni7	1Cr17Ni7	≥1 040 水冷或其他方式快冷
10	022Cr17Ni7		≥1 040 水冷或其他方式快冷
11	022Cr17Ni7N		≥1 040 水冷或其他方式快冷
13	12Cr18Ni9	1Cr18Ni9	≥1 040 水冷或其他方式快冷
14	12Cr18Ni9Si3	1Cr18Ni9Si3	≥1 040 水冷或其他方式快冷
17	06Cr19Ni10	0Cr18Ni9	≥1 040 水冷或其他方式快冷
18	022Cr19Ni10	00Cr19Ni10	≥1 040 水冷或其他方式快冷
19	07Cr19Ni10		≥1 095 水冷或其他方式快冷
20	05Cr19Ni10Si2N		≥1 040 水冷或其他方式快冷
23	06Cr19Ni10N	0Cr19Ni9N	≥1 040 水冷或其他方式快冷
24	06Cr19Ni9NbN	0Cr19Ni10NbN	≥1 040 水冷或其他方式快冷
25	022Cr19Ni10N	00Cr18Ni10N	≥1 040 水冷或其他方式快冷
26	10Cr18Ni12	1Cr18Ni12	≥1 040 水冷或其他方式快冷
32	06Cr23Ni13	0Cr23Ni13	≥1 040 水冷或其他方式快冷
35	06Cr25Ni20	0Cr25Ni20	≥1 040 水冷或其他方式快冷
36	022Cr25Ni22Mo2N		≥1 040 水冷或其他方式快冷
38	06Cr17Ni12Mo2	0Cr17Ni12Mo2	≥1 040 水冷或其他方式快冷
39	022Cr17Ni12Mo2	00Cr17Ni14Mo2	≥1 040 水冷或其他方式快冷
41	06Cr17Ni12Mo2Ti	0Cr18Ni12Mo3Ti	≥1 040 水冷或其他方式快冷
42	06Cr17Ni12Mo2Nb		≥1 040 水冷或其他方式快冷
43	06Cr17Ni12Mo2N	0Cr17Ni12Mo2N	≥1 040 水冷或其他方式快冷
44	022Cr17Ni12Mo2N	00Cr17Ni13Mo2N	≥1 040 水冷或其他方式快冷
45	06Cr18Ni12Mo2Cu2	0Cr18Ni12Mo2Cu2	1 010～1 150 水冷或其他方式快冷
48	015Cr21Ni26Mo5Cu2		
49	06Cr19Ni13Mo3	0Cr19Ni13Mo3	≥1 040 水冷或其他方式快冷
50	022Cr19Ni13Mo3	00Cr19Ni13Mo3	≥1 040 水冷或其他方式快冷
53	022Cr19Ni16Mo5N		≥1 040 水冷或其他方式快冷
54	022Cr19Ni13Mo4N		≥1 040 水冷或其他方式快冷
55	06Cr18Ni11Ti	0Cr18Ni10Ti	≥1 040 水冷或其他方式快冷
58	015Cr24Ni22Mo8Mn3CuN		≥1 150 水冷或其他方式快冷

表 A.1(续)

单位为摄氏度

GB/T 20878 中序号	新牌号	旧牌号	热处理温度及冷却方式
61	022Cr24Ni17Mo5Mn6NbN		1 120～1 170 水冷或其他方式快冷
62	06Cr18Ni11Nb	0Cr18Ni11Nb	≥1 040 水冷或其他方式快冷

表 A.2 奥氏体·铁素体型钢的热处理制度

单位为摄氏度

GB/T 20878 中序号	新牌号	旧牌号	热处理温度及冷却方式
67	14Cr18Ni11Si4AlTi	1Cr18Ni11Si4AlTi	1 000～1 050,水冷或其他方式快冷
68	022Cr19Ni5Mo3Si2N	00Cr18Ni5Mo3Si2	950～1 050 水冷
69	12Cr21Ni5Ti	1Cr21Ni5Ti	950～1 050,水冷或其他方式快冷
70	022Cr22Ni5Mo3N		1 040～1 100,水冷或其他方式快冷
71	022Cr23Ni5Mo3N		1 040～1 100,水冷,除钢卷在连续退火线水冷或类似方式快冷
72	022Cr23Ni4MoCuN		950～1 050,水冷或其他方式快冷
73	022Cr25Ni6Mo2N		1 025～1 125,水冷或其他方式快冷
74	022Cr25Ni7Mo4WCuN		1 050～1 125,水冷或其他方式快冷
75	03Cr25Ni6Mo3Cu2N		1 050～1 100,水冷或其他方式快冷
76	022Cr25Ni7Mo4N		1 050～1 100 水冷

表 A.3 铁素体型钢的热处理制度

单位为摄氏度

GB/T 20878 中序号	新牌号	旧牌号	退火处理温度及冷却方式
78	06Cr13Al	0Cr13Al	780～830,快冷或缓冷
80	022Cr11Ti		800～900,快冷或缓冷
81	022Cr11NbTi		800～900,快冷或缓冷
82	022Cr12Ni		700～820,快冷或缓冷
83	022Cr12	00Cr12	700～820,快冷或缓冷
84	10Cr15	1Cr15	780～850,快冷或缓冷
85	10Cr17	1Cr17	780～800,空冷
87	022Cr18Ti	00Cr17	780～950,快冷或缓冷
88	10Cr17Mo	1Cr17Mo	780～850,快冷或缓冷
90	019Cr18MoTi		
91	022Cr18NbTi		
92	019Cr19Mo2NbTi	00Cr18Mo2	800～1 050,快冷
94	008Cr27Mo	00Cr27Mo	900～1 050,快冷
95	008Cr30Mo2	00Cr30Mo2	800～1 050,快冷

表 A.4 马氏体型钢的热处理制度

单位为摄氏度

GB/T 20878 中序号	新牌号	旧牌号	退火处理	淬火	回火
96	12Cr12	1Cr12	约 750 快冷,或 800～900 缓冷		
97	06Cr13	0Cr13	约 750 快冷,或 800～900 缓冷		
98	12Cr13	1Cr13	约 750 快冷,或 800～900 缓冷		
99	04Cr13Ni5Mo				
101	20Cr13	2Cr13	约 750 快冷,或 800～900 缓冷		
102	30Cr13	3Cr13	约 750 快冷,或 800～900 缓冷	980～1 040 快冷	150～400 空冷
104	40Cr13	4Cr13	约 750 快冷,或 800～900 缓冷	1 050～1 100 油冷	200～300 空冷
107	17Cr16Ni2			1 010±10 油冷	605±5 空冷
				1 000～1 030 油冷	300～380 空冷
108	68Cr17	1Cr12	约 750 快冷,或 800～900 缓冷	1 010～1 070 快冷	150～400 空冷

表 A.5 沉淀硬化型钢的热处理制度

GB/T 20878 中序号	新牌号	旧牌号	固溶处理	沉淀硬化处理
134	04Cr13Ni8Mo2Al		927℃±15℃,按要求冷却至 60℃以下	510℃±6℃,保温 4 h,空冷
				538℃±6℃,保温 4 h,空冷
135	022Cr12Ni9Cu2NbTi		829℃±15℃,水冷	480℃±6℃,保温 4 h,空冷
				510℃±6℃,保温 4 h,空冷
138	07Cr17Ni7Al	0Cr17Ni7Al	1 065℃±15℃水冷	954℃±8℃保温 10 min,快冷至室温,24 h内冷至−73℃±6℃,保温 8 h,在空气中升至室温,再加热到 510℃±6℃,保温 1 h后空冷
				760℃±15℃保温 90 min,1 h 内冷却至 15℃±3℃,保温 30 min,再加热至 566℃±6℃,保温 90 min 后空冷
139	07Cr15Ni7Mo3Al	0Cr17Ni7Al	1 040℃±15℃水冷	954℃±8℃保温 10 min,快冷至室温,24 h内冷至−73℃±6℃,保温 8 h,在空气中升至室温。再加热到 510℃±6℃,保温 1 h 后空冷
				760℃±15℃保温 90 min,1 h 内冷却至 15℃±3℃,保温 30 min,再加热至 566℃±6℃,保温 90 min 后空冷
141	09Cr17Ni5Mo3N		930℃±15℃水冷,在−75℃以下保持 3 h	455℃±8℃,保温 3 h,空冷
				540℃±8℃,保温 3 h,空冷
142	06Cr17Ni7AlTi		1 038℃±15℃,空冷	510℃±8℃,保温 30 min,空冷
				538℃±8℃,保温 30 min,空冷
				566℃±8℃,保温 30 min,空冷

附　录　B
（资料性附录）
不锈钢的特性和用途

表 B.1　不锈钢的特性和用途表

类型	GB/T 20878 中序号	新牌号	旧牌号	特性和用途
奥氏体型	9	12Cr17Ni7	1Cr17Ni7	经冷加工有高的强度。用于铁道车辆，传送带螺栓螺母等
	10	022Cr17Ni7		
	11	022Cr17Ni7N		
	13	12Cr18Ni9	1Cr18Ni9	经冷加工有高的强度，但伸长率比 12Cr17Ni7 稍差。用于建筑装饰部件
	14	12Cr18Ni9Si3	1Cr18Ni9Si3	耐氧化性比 12Cr18Ni9 好，900℃以下与 06Cr25Ni20 具有相同的耐氧化性和强度。用于汽车排气净化装置、工业炉等高温装置部件
	17	06Cr19Ni10	0Cr18Ni9	在固溶态钢的塑性、韧性、冷加工性良好，在氧化性酸和大气、水等介质中耐蚀性好，但在敏态或焊接后有晶腐倾向。耐蚀性优于 12Cr18Ni9。适于制造深冲成型部件和输酸管道、容器等
	18	022Cr19Ni10	00Cr19Ni10	比 06Cr19Ni10 碳含量更低的钢，耐晶间腐蚀性优越，焊接后不进行热处理
	19	07Cr19Ni10		具有耐晶间腐蚀性
	20	05Cr19Ni10Si2N		填加 N，提高钢的强度和加工硬化倾向，塑性不降低。改善钢的耐点蚀、晶腐性，可承受更重的负荷，使材料的厚度减少。用于结构用强度部件
	23	06Cr19Ni10N	0Cr19Ni9N	在牌号 06Cr19Ni10 上加 N，提高钢的强度和加工硬化倾向，塑性不降低。改善钢的耐点蚀、晶腐性，使材料的厚度减少。用于有一定耐腐要求，并要求较高强度和减速轻重量的设备、结构部件
	24	06Cr19Ni9NbN	0Cr19Ni10NbN	在牌号 06Cr19Ni10 上加 N 和 Nb，提高钢的耐点蚀、晶腐性能，具有与 06Cr19Ni10N 相同的特性和用途
	25	022Cr19Ni10N	00Cr18Ni10N	06Cr19Ni10N 的超低碳钢，因 06Cr19Ni10N 在 450～900℃加热后耐晶腐性将明显下降。因此对于焊接设备构件，推荐 022Cr19Ni10N
	26	10Cr18Ni12	1Cr18Ni12	与 06Cr19Ni10 相比，加工硬化性低。用于施压加工，特殊拉拔，冷墩等
	32	06Cr23Ni13	0Cr23Ni13	耐腐蚀性比 06Cr19Ni10 好，但实际上多作为耐热钢使用

表 B.1(续)

类型	GB/T 20878 中序号	新牌号	旧牌号	特性和用途
奥氏体型	35	06Cr25Ni20	0Cr25Ni20	抗氧化性比 06Cr23Ni13 好,但实际上多作为耐热钢使用
	36	022Cr25Ni22Mo2N		钢中加 N 提高钢的耐孔蚀性,且使钢具有更高的强度和稳定的奥氏体组织。适用于尿素生产中汽提塔的结构材料,性能远优于 022Cr17Ni12Mo2
	38	06Cr17Ni12Mo2	0Cr17Ni12Mo2	在海水和其他各种介质中,耐腐蚀性比 06Cr19Ni10 好。主要用于耐点蚀材料
	39	022Cr17Ni12Mo2	00Cr17Ni14Mo2	为 06Cr17Ni12Mo2 的超低碳钢,节 Ni 钢种
	41	06Cr17Ni12Mo2Ti	0Cr18Ni12Mo3Ti	有良好的耐晶间腐蚀性,用于抵抗硫酸、磷酸、甲酸、乙酸的设备
	42	06Cr17Ni12Mo2Nb		比 06Cr17Ni12Mo2 具有更好的耐晶间腐蚀性
	43	06Cr17Ni12Mo2N	0Cr17Ni12Mo2N	在牌号 06Cr17Ni12Mo2 中加入 N,提高强度,不降低塑性,使材料的使用厚度减薄。用于耐腐蚀性较好的强度较高的部件
	44	022Cr17Ni12Mo2N	00Cr17Ni13Mo2N	用途与 06Cr17Ni12Mo2N 相同但耐晶间腐蚀性更好
	45	06Cr18Ni12Mo2Cu2	0Cr18Ni12Mo2Cu2	耐腐蚀性、耐点蚀性比 06Cr17Ni12Mo2 好。用于耐硫酸材料
	48	015Cr21Ni26Mo5Cu2		高 Mo 不锈钢,全面耐硫酸、磷酸、醋酸等腐蚀,又可解决氯化物孔蚀、缝隙腐蚀和应力腐蚀问题。主要用于石化、化工、化肥、海洋开发等的塔、槽、管、换热器等
	49	06Cr19Ni13Mo3	0Cr19Ni13Mo3	耐点蚀性比 06Cr17Ni12Mo2 好,用于染色设备材料等
	50	022Cr19Ni13Mo3	00Cr19Ni13Mo3	为 06Cr19Ni13Mo3 的超低碳钢,比 06Cr19Ni13Mo3 耐晶间腐蚀性
	53	022Cr19Ni16Mo5N		高 Mo 不锈钢,钢中含 0.10%~0.20%,使其耐孔蚀性能进一步提高,此钢种在硫酸、甲酸、醋酸等介质中的耐蚀性要比一般含 2%~4%Mo 的常用 Cr—Ni 钢更好
	54	022Cr19Ni13Mo4N		
	55	06Cr18Ni11Ti	0Cr18Ni10Ti	添加 Ti 提高耐晶间腐蚀性,不推荐作装饰部件
	58	015Cr24Ni22Mo8Mn3CuN		
	61	022Cr24Ni17Mo5Mn6NbN		
	62	06Cr18Ni11Nb	0Cr18Ni11Nb	含 Nb 提高耐晶间腐蚀性

表 B.1(续)

类型	GB/T 20878 中序号	新牌号	旧牌号	特性和用途
奥氏体·铁素体型	67	14Cr18Ni11Si4AlTi	1Cr18Ni11Si4AlTi	用于制作抗高温浓硝酸介质的零件和设备
	68	022Cr19Ni5Mo3Si2N	00Cr18Ni5Mo3Si2	耐应力腐蚀破裂性能良好，耐点蚀性能与022Cr17Ni14Mo2相当，具有较高强度，适用于含氯离子的环境，用于炼油、化肥、造纸、石油、化工等工业制造热交换器、冷凝器等
	69	12Cr21Ni5Ti	1Cr21Ni5Ti	用于化学工业、食品工业耐酸腐蚀的容器及设备
	70	022Cr22Ni5Mo3N		对含硫化氢、二氧化碳、氯化物的环境具有阻抗性，用于油井管，化工储罐用材，各种化学装置等
	71	022Cr23Ni5Mo3N		
	72	022Cr23Ni4MoCuN		具有双相组织，优异的耐应力腐蚀断裂和其他形式耐蚀的性能以及良好的焊接性。储罐和容器用材
	73	022Cr25Ni6Mo2N		用于耐海水腐蚀部件等
	74	022Cr25Ni7Mo4WCuN		在022Cr25Ni7Mo3N钢中加入W、Cu提高Cr25型双相钢的性能。特别是耐氯化物点蚀和缝隙腐蚀性能更佳，主要用于以水(含海水、卤水)为介质的热交换设备
	75	03Cr25Ni6Mo3Cu2N		该钢具有良好的力学性能和耐局部腐蚀性能，尤其是耐磨损腐蚀性能优于一般的不锈钢。海水环境中的理想材料，适用作舰船用的螺旋推进器、轴、潜艇密封件等，而且在化工、石油化工、天然气、纸浆、造纸等应用
	76	022Cr25Ni7Mo4N		是双相不锈钢中耐局部腐蚀最好的钢，特别是耐点蚀最好，并具有高强度、耐氯化物应力腐蚀、可焊接的特点。非常适用于化工、石油、石化和动力工业中以河水、地下水和海水等为冷却介质的换热设备
铁素体型	78	06Cr13Al	0Cr13Al	从高温下冷却不产生显著硬化，用于气轮机材料，淬火用部件，复合钢材等
	80	022Cr11Ti		超低碳钢，焊接性能好，用于汽车排气处理装置
	81	022Cr11NbTi		在钢中加入Nb+Ti细化晶粒，提高铁素体钢的耐晶间腐蚀性、改善焊后塑性，性能比022Cr11Ti更好，用于汽车排气处理装置
	82	022Cr12Ni		用于压力容器装置
	83	022Cr12	00Cr12	焊接部位弯曲性能、加工性能、耐高温氧化性能好。用于汽车排气处理装置、锅炉燃烧室、喷嘴
	84	10Cr15	1Cr15	为10Cr17改善焊接性的钢种

表 B.1(续)

类型	GB/T 20878 中序号	新牌号	旧牌号	特性和用途
铁素体型	85	10Cr17	1Cr17	耐蚀性良好的通用钢种,用于建筑内装饰、重油燃烧器部件、家庭用具、家用电器部件。脆性转变温度均在室温以上,而且对缺口敏感,不适于制作室温以下的承载备件
	87	022Cr18Ti	00Cr17	降低10Cr17Mo中的C和N,单独或复合加入Ti、Nb或Zr,使加工性和焊接性改善,用于建筑内外装饰、车辆部件、厨房用具、餐具
	88	10Cr17Mo	1Cr17Mo	在钢中加入Mo,提高钢的耐点蚀、耐缝隙腐蚀性及强度等
	90	019Cr18MoTi		在钢中加入Mo,提高钢的耐点蚀、耐缝隙腐蚀性及强度等
	91	022Cr18NbTi		在牌号10Cr17中加入Ti或Nb,降低碳含量,改善加工性、焊接性能。用于温水槽、热水供应器、卫生器具、家庭耐用机器、自行车轮缘
	92	019Cr19Mo2NbTi	00Cr18Mo2	含Mo比022Cr18MoTi多,耐腐蚀性提高,耐应力腐蚀破裂性好,用于贮水槽太阳能温水器、热交换器、食品机器、染色机械等
	94	008Cr27Mo	00Cr27Mo	用于性能、用途、耐蚀性和软磁性与008Cr30Mo2类似的用途
	95	008Cr30Mo2	00Cr30Mo2	高Cr—Mo系,C、N降至极低。耐蚀性很好,耐卤离子应力腐蚀破裂、耐点蚀性好。用于制作与醋酸、乳酸等有机酸有关的设备、制造苛性碱设备
马氏体型	96	12Cr12	1Cr12	用于汽轮机叶片及高应力部件的不锈耐热钢
	97	06Cr13	0Cr13	比12Cr13的耐蚀性、加工成形性更优良的钢种
	98	12Cr13	1Cr13	具有良好的耐蚀性,机械加工性,一般用途,刃具类
	99	04Cr13Ni5Mo		适用于厚截面尺寸的要求焊接性能良好的使用条件,如大型的水电站转轮和转轮下环等
	101	20Cr13	2Cr13	淬火状态下硬度高,耐蚀性良好。用于汽轮机叶片
	102	30Cr13	3Cr13	比20Cr13淬火后的硬度高,作刃具、喷嘴、阀座、阀门等
	104	40Cr13	4Cr13	比30Cr13淬火后的硬度高,作刃具、餐具、喷嘴、阀座、阀门等
	107	17Cr16Ni2		用于具有较高程度的耐硝酸、有机酸腐蚀性的零件、容器和设备
	108	68Cr17	7Cr17	硬化状态下,坚硬,韧性高,用于刃具、量具、轴承

表 B.1(续)

类型	GB/T 20878 中序号	新牌号	旧牌号	特性和用途
沉淀硬化型	134	04Cr13Ni8Mo2Al		
	135	022Cr12Ni9Cu2NbTi		
	138	07Cr17Ni7Al	0Cr17Ni7Al	添加Al的沉淀硬化钢种。用于弹簧、垫圈、计器部件
	139	07Cr15Ni7Mo2Al	0Cr15Ni7Mo2Al	用于有一定耐蚀要求的高强度容器、零件及结构件
	141	09Cr17Ni5Mo3N		
	142	06Cr17Ni7AlTi		

ICS 77.140.50
H 46

中华人民共和国国家标准

GB 3531—2014
代替 GB 3531—2008

低温压力容器用钢板

Steel plates for low temperature pressure vessels

2014-06-24 发布　　　　2015-04-01 实施

中华人民共和国国家质量监督检验检疫总局
中国国家标准化管理委员会　发布

前言

本标准中5.1.2、6.4.4、6.5.2、8.3为推荐性的，其余为强制性的。

本标准按照GB/T 1.1—2009给出的规则起草。

本标准代替GB 3531—2008《低温压力容器用低合金钢钢板》。

本标准与GB 3531—2008相比，主要技术变化如下：

——标准名称修改为“低温压力容器用钢板”；

——增加15MnNiNbDR、08Ni3DR和06Ni9DR三个牌号；

——加严钢中有害元素磷、硫的控制；

——提高各牌号低温冲击吸收能量。

本标准由中国钢铁工业协会提出。

本标准由全国钢标准化技术委员会(SAC/TC 183)归口。

本标准主要起草单位：重庆钢铁股份有限公司、冶金工业信息标准研究院、中国通用机械工程总公司、湖南华菱湘潭钢铁有限公司、武汉钢铁(集团)公司、南京钢铁股份有限公司。

本标准主要起草人：杜大松、王绍斌、王晓虎、秦晓钟、任翠英、刘建兵、李书瑞、楚觉非、谢朝忠、李小莉、叶国华、丁庆丰、霍松波、王鑫、高燕。

本标准所代替标准历次版本发布情况为：

——GB 3531—1983、GB 3531—1996、GB 3531—2008。

低温压力容器用钢板

1 范围

本标准规定了低温压力容器用钢板的订货内容、牌号表示方法、尺寸、外形、重量及允许偏差、技术要求、试验方法、检验规则、包装、标志及质量证明书等。

本标准适用于制造－196 ℃～<－20 ℃低温压力容器用厚度为5 mm～120 mm的钢板。

2 规范性引用文件

下列文件对于本文件的应用是必不可少的。凡是注日期的引用文件，仅注日期的版本适用于本文件。凡是不注日期的引用文件，其最新版本(包括所有的修改单)适用于本文件。

GB/T 222　钢的成品化学成分允许偏差

GB/T 223.3　钢铁及合金化学分析方法　二安替比林甲烷磷钼酸重量法测定磷量

GB/T 223.9　钢铁及合金　铝含量的测定　铬天青S分光光度法

GB/T 223.11　钢铁及合金　铬含量的测定　可视滴定或电位滴定法

GB/T 223.12　钢铁及合金化学分析方法　碳酸钠分离-二苯碳酰二肼光度法测定铬量

GB/T 223.14　钢铁及合金化学分析方法　钽试剂萃取光度法测定钒含量

GB/T 223.17　钢铁及合金化学分析方法　二安替比林甲烷光度法测定钛量

GB/T 223.19　钢铁及合金化学分析方法　新亚铜灵-三氯甲烷萃取光度法测定铜量

GB/T 223.23　钢铁及合金　镍含量的测定　丁二酮肟分光光度法

GB/T 223.26　钢铁及合金　钼含量的测定　硫氰酸盐分光光度法

GB/T 223.40　钢铁及合金　铌含量的测定　氯磺酚S分光光度法

GB/T 223.49　钢铁及合金化学分析方法　萃取分离-偶氮氯膦mA分光光度法测定稀土总量

GB/T 223.53　钢铁及合金化学分析方法　火焰原子吸收分光光度法测定铜量

GB/T 223.54　钢铁及合金化学分析方法　火焰原子吸收分光光度法测定镍量

GB/T 223.60　钢铁及合金化学分析方法　高氯酸脱水重量法测定硅含量

GB/T 223.62　钢铁及合金化学分析方法　乙酸丁酯萃取光度法测定磷量

GB/T 223.63　钢铁及合金化学分析方法　高碘酸钠(钾)光度法测定锰量

GB/T 223.68　钢铁及合金化学分析方法　管式炉内燃烧后碘酸钾滴定法测定硫含量

GB/T 223.69　钢铁及合金　碳含量的测定　管式炉内燃烧后气体容量法

GB/T 223.76　钢铁及合金化学分析方法　火焰原子吸收光谱法测定钒量

GB/T 228.1　金属材料　拉伸试验　第1部分:室温试验方法

GB/T 229　金属材料　夏比摆锤冲击试验方法

GB/T 232　金属材料　弯曲试验方法

GB/T 247　钢板和钢带包装、标志及质量证明书的一般规定

GB/T 709—2006　热轧钢板和钢带的尺寸、外形、重量及允许偏差

GB/T 2970　厚钢板超声波检验方法

GB/T 2975　钢及钢产品　力学性能试验取样位置及试样制备

GB/T 4336　碳素钢和中低合金钢　火花源原子发射光谱分析方法(常规法)

GB/T 8170　数值修约规则与极限数值的表示和判定

GB/T 17505　钢及钢产品交货一般技术要求

GB/T 20066　钢和铁　化学成分测定用试样的取样和制样方法

GB/T 20123　钢铁　总碳硫含量的测定　高频感应炉燃烧后红外吸收法(常规方法)

GB/T 20125　低合金钢　多元素的测定　电感耦合等离子体发射光谱法

GB/T 28297　厚钢板超声自动检测方法

JB/T 4730.3　承压设备无损检测　第3部分:超声检测

3　订货内容

按本标准订货的合同或订单应包括下列内容:

a)　标准编号;

b)　产品名称;

c)　牌号;

d)　交货状态;

e)　尺寸;

f)　重量;

g)　附加技术要求(如超声检测等)。

4　牌号表示方法

钢的牌号用平均碳含量、合金元素字母和低温压力容器"低"和"容"的汉语拼音的首位字母表示。例如:16MnDR。

5　尺寸、外形、重量及允许偏差

5.1　钢板的尺寸、外形及允许偏差应符合GB/T 709—2006的规定。

5.1.1　钢板厚度允许偏差按GB/T 709—2006中的B类要求。根据需方要求,并在合同中注明,也可供应符合GB/T 709—2006的C类偏差的钢板。

5.1.2　根据需方要求,经供需双方协议,可供应偏差更严格的钢板。

5.2　钢板按理论重量交货,理论计重采用的厚度为钢板允许的最大厚度和最小厚度的算术平均值。06Ni9DR密度为7.89g/cm^3,其他钢的密度为7.85g/cm^3。

6　技术要求

6.1　牌号和化学成分

6.1.1　钢的牌号和化学成分(熔炼成分)应符合表1的规定。

表 1 化学成分

牌 号	化学成分(质量分数)/%									
	C	Si	Mn	Ni	Mo	V	Nb	Alt[a]	P	S
									不大于	
16MnDR	≤0.20	0.15~0.50	1.20~1.60	≤0.40	—	—	—	≥0.020	0.020	0.010
15MnNiDR	≤0.18	0.15~0.50	1.20~1.60	0.20~0.60	—	≤0.05	—	≥0.020	0.020	0.008
15MnNiNbDR	≤0.18	0.15~0.50	1.20~1.60	0.30~0.70	—	—	0.015~0.040	—	0.020	0.008
09MnNiDR	≤0.12	0.15~0.50	1.20~1.60	0.30~0.80	—	—	≤0.040	≥0.020	0.020	0.008
08Ni3DR	≤0.10	0.15~0.35	0.30~0.80	3.25~3.70	≤0.12	≤0.05	—	—	0.015	0.005
06Ni9DR	≤0.08	0.15~0.35	0.30~0.80	8.50~10.00	≤0.10	≤0.01	—	—	0.008	0.004

[a] 可以用测定 Als 代替 Alt,此时 Als 含量应不小于 0.015%;当钢中 Nb+V+Ti≥0.015%时,Al 含量不作验收要求。

6.1.1.1 为改善钢板的性能,钢中可添加 Nb、V、Ti 等元素,Nb+V+Ti≤0.12%,元素质量分数应在质量证明书中注明。

6.1.1.2 作为残余元素,铬、铜质量分数应各不大于 0.25%,镍质量分数应不大于 0.40%,钼质量分数应不大于 0.08%。供方若能保证合格可不做分析。

6.1.2 成品钢板的化学成分允许偏差应符合 GB/T 222 的规定,其中 08Ni3DR、06Ni9DR 钢 P、S 成品化学分析允许偏差:P+0.003%,S+0.002%。

6.2 制造方法

6.2.1 钢由氧气转炉或电炉冶炼,并采用炉外精炼工艺。

6.2.2 连铸坯、钢锭压缩比不小于 3;电渣重熔坯压缩比不小于 2。

6.3 交货状态

6.3.1 钢板的交货状态应符合表 2 的规定。

6.3.2 08Ni3DR 回火温度应不低于 600 ℃,06Ni9DR 回火温度应不低于 540 ℃。

6.3.3 经需方同意,厚度大于 60 mm 的 09MnNiDR、08Ni3DR 钢板可以正火后加速冷却加回火交货。

6.4 力学性能和工艺性能

6.4.1 钢板的拉伸试验、夏比(V 型缺口)低温冲击试验、弯曲试验应符合表 2 的规定。

表 2　力学性能、工艺性能

牌号	交货状态	钢板公称厚度 mm	拉伸试验			冲击试验		弯曲试验[c]
			抗拉强度 R_m MPa	屈服强度[a] R_{eL} MPa	断后伸长率 A %	温度 ℃	冲击吸收能量,KV_2 J	180° $b=2a$
				不小于			不小于	
16MnDR	正火或正火+回火	6～16	490～620	315	21	−40	47	$D=2a$
		＞16～36	470～600	295				$D=3a$
		＞36～60	460～590	285				
		＞60～100	450～580	275		−30	47	
		＞100～120	440～570	265				
15MnNiDR		6～16	490～620	325	20	−45	60	$D=3a$
		＞16～36	480～610	315				
		＞36～60	470～600	305				
15MnNiNbDR		10～16	530～630	370	20	−50	60	$D=3a$
		＞16～36	530～630	360				
		＞36～60	520～620	350				
09MnNiDR		6～16	440～570	300	23	−70	60	$D=2a$
		＞16～36	430～560	280				
		＞36～60	430～560	270				
		＞60～120	420～550	260				
08Ni3DR	正火或正火+回火或淬火+回火	6～60	490～620	320	21	−100	60	$D=3a$
		＞60～100	480～610	300				
06Ni9DR	淬火加回火[b]	5～30	680～820	560	18	−196	100	$D=3a$
		＞30～50		550				

[a] 当屈服现象不明显时,可测量 $R_{p0.2}$ 代替 R_{eL}。

[b] 对于厚度不大于 12 mm 的钢板可两次正火加回火状态交货。

[c] a 为试样厚度;D 为弯曲压头直径。

6.4.2　夏比(V 型缺口)低温冲击吸收能量,按 3 个试样的算术平均值计算,允许其中 1 个试样的单个值比表 2 规定值低,但不得低于规定值的 70%。

6.4.3　对厚度小于 12 mm 钢板的夏比(V 型缺口)冲击试验应采用辅助试样,＞8 mm～＜12 mm 钢板辅助试样尺寸为 10 mm×7.5 mm×55 mm,其试验结果应不小于表 2 规定值的 75%;6 mm～8 mm 钢板辅助试样尺寸为 10 mm×5 mm×55 mm,其试验结果应不小于表 2 规定值的 50%;厚度小于 6 mm 的钢板不做冲击试验。

6.4.4　经供需双方协议,并在合同中注明,钢板的低温冲击吸收能量可按高于表 2 的值交货,具体值在合同中注明。

6.4.5　当供方保证弯曲合格时,可不做弯曲试验。

6.5 超声检测

6.5.1 厚度大于 20 mm 的正火或正火加回火状态交货钢板以及厚度大于 16 mm 的淬火加回火状态交货的钢板供方应逐张进行超声检测。

6.5.2 其他厚度钢板经供需双方协商也可逐张进行超声检测。

6.5.3 超声检验标准按 JB/T 4730.3、GB/T 2970 或 GB/T 28297 执行，检验标准和合格级别在合同中注明。

6.6 表面质量

6.6.1 钢板表面不允许存在裂纹、气泡、结疤、折叠和夹杂等对使用有害的缺陷。钢板不得有分层。

如有上述表面缺陷允许清理，清理深度从钢板实际尺寸算起，应不大于钢板厚度公差之半，并应保证清理处钢板的最小厚度，缺陷清理处应平滑无棱角。

6.6.2 其他缺陷允许存在，其深度从钢板实际尺寸算起，不得超过钢板厚度允许公差之半，并应保证缺陷处钢板厚度不小于钢板允许最小厚度。

7 试验方法

钢板的检验项目、取样数量、取样方法及试验方法应符合表 3 的规定。

表 3 检验项目、取样数量及试验方法

序号	检验项目	取样数量	取样方法	取样方向	试验方法
1	化学成分	每炉 1 个	GB/T 20066	—	GB/T 223 、GB/T 4336、GB/T 20123、GB/T 20125
2	拉伸试验	每批 1 个	GB/T 2975	横向	GB/T 228.1
3	弯曲试验	每批 1 个	GB/T 2975	横向	GB/T 232
4	低温冲击	每批 3 个	GB/T 2975	横向	GB/T 229
5	超声检测	逐张	—	—	GB/T 2970、GB/T 28297、JB/T 4730.3
6	尺寸、外形	逐张	—	—	符合精度要求的适宜量具
7	表面	逐张	—	—	目视

8 检验规则

8.1 钢板的质量由供方质量技术监督部门进行检查和验收。

8.2 钢板应成批验收，每批钢板由同一牌号、同一炉号、同一厚度、同一热处理制度的钢板组成，每批重量不大于 30 t，单张重量超过 30 t 的钢板按张组批。

06Ni9DR 钢板和以正火加回火、淬火加回火状态交货的 08Ni3DR 钢板应逐热处理张进行力学性能试验。

8.3 根据需方要求，经供需双方协商，厚度大于 16 mm 的钢板可逐热处理张进行力学性能检验。

8.4 力学性能试验取样位置按 GB/T 2975 的规定，对于厚度大于 40 mm 的钢板，冲击试样的轴线应位于厚度四分之一处。

8.5 夏比(V型缺口)低温冲击试验结果,不符合6.4规定时,应从同一张钢板(或同一样坯)上再取3个试样进行复验,前后两组6个试样的冲击吸收能量平均值不得低于规定值,允许有2个试样小于规定值,但其中小于规定值70%的试样只允许有1个。

8.6 其他检验项目的复验与判定规则按GB/T 17505的有关规定执行。

9 包装、标志及质量证明书

钢板的包装、标志及质量证明书应符合GB/T 247的规定。

10 数值修约

本标准按修约值比较法,修约规则按GB/T 8170的规定。

ICS 77.140.50
H 46

中华人民共和国国家标准

GB/T 4171—2008
代替 GB/T 4171、GB/T 4172—2000、GB/T 18982—2003

耐候结构钢

Atmospheric corrosion resisting structural steel

2008-10-10 发布　　2009-05-01 实施

中华人民共和国国家质量监督检验检疫总局
中国国家标准化管理委员会　发布

前　言

本标准参考了 EN 10025-5:2004《结构钢热轧产品——第5部分:改善耐大气腐蚀性结构钢交货技术条件》、ISO 4952:2006《改善耐大气腐蚀性结构钢》、ISO 5952:2005《改善耐大气腐蚀性结构用热连轧钢板》、ASTM A242/A242M-04《高强度低合金结构钢》、ASTM A588/A588M-05《最小屈服点为50 ksi [345 MPa]高强度低合金耐大气腐蚀钢》、ASTM A606-04《耐大气腐蚀的高强度低合金热轧及冷轧钢板和钢带》、ASTM A871/A871M-03《耐大气腐蚀的高强度低合金钢板》、JIS G 3114:2004《焊接结构用耐候钢》和 JIS G 3125:2004《高耐候性轧制钢材》等,结合国内耐候钢的发展和应用情况,对GB/T 4171—2000《高耐候结构钢》、GB/T 4172—2000《焊接结构用耐候钢》、GB/T 18982—2003《集装箱用耐腐蚀钢板及钢带》进行了整合修订。

本标准代替 GB/T 4171—2000《高耐候结构钢》、GB/T 4172—2000《焊接结构用耐候钢》和GB/T 18982—2003《集装箱用耐腐蚀钢板及钢带》。

本标准与上述三个标准相比,对下列主要技术内容进行了修改:

——重新制定标准名称;

——重新制定钢牌号;

——重新制定各牌号的化学成分和力学性能;

——增加了关于评估耐大气腐蚀性相对大小的附录。

本标准的附录 A、附录 B、附录 C、附录 D 为资料性附录。

本标准由中国钢铁工业协会提出。

本标准由全国钢标准化技术委员会归口。

本标准主要起草单位:鞍钢股份有限公司、冶金工业信息标准研究院、广州珠江钢铁有限责任公司、首钢总公司、安阳钢铁集团有限责任公司。

本标准主要起草人:管吉春、朴志民、王晓虎、李烈军、李轲新、韦弦。

本标准所代替标准的历次版本发布情况为:

——GB/T 4171—84、GB/T 4171—2000;

——GB/T 4172—84、GB/T 4172—2000;

——GB/T 18982—2003。

耐候结构钢

1 范围

本标准规定了耐候结构钢的尺寸、外形、重量及允许偏差、技术要求、试验方法、检验规则、包装、标志及质量证明书。

本标准适用于车辆、桥梁、集装箱、建筑、塔架和其他结构用具有耐大气腐蚀性能的热轧和冷轧的钢板、钢带和型钢。耐候钢可制作螺栓连接、铆接和焊接的结构件。

2 规范性引用文件

下列文件中的条款通过本标准的引用而成为本标准的条款。凡是注日期的引用文件，其随后所有的修改单(不包括勘误的内容)或修订版均不适用于本标准，然而，鼓励根据本标准达成协议的各方研究是否可使用这些文件的最新版本。凡是不注日期的引用文件，其最新版本适用于本标准。

GB/T 222 钢的成品化学成分允许偏差

GB/T 223.3 钢铁及合金化学分析方法 二安替比林甲烷磷钼酸重量法测定磷量

GB/T 223.5 钢铁 酸溶硅和全硅含量的测定 还原型硅钼酸盐分光光度法

GB/T 223.9 钢铁及合金 铝含量的测定 铬天青S分光光度法

GB/T 223.11 钢铁及合金 铬含量的测定 可视滴定或电位滴定法

GB/T 223.14 钢铁及合金化学分析方法 钽试剂萃取光度法测定钒含量

GB/T 223.16 钢铁及合金化学分析方法 变色酸光度法测定钛量

GB/T 223.19 钢铁及合金化学分析方法 新亚铜灵-三氯甲烷萃取光度法测定铜量

GB/T 223.23 钢铁及合金 镍含量的测定 丁二酮肟分光光度法

GB/T 223.26 钢铁及合金 钼含量的测定 硫氰酸盐分光光度法

GB/T 223.30 钢铁及合金化学分析方法 对溴苦杏仁酸沉淀分离-偶氮胂Ⅲ分光分度法测定锆量

GB/T 223.40 钢铁及合金 铌含量的测定 氯磺酚S分光光度法

GB/T 223.59 钢铁及合金 磷含量的测定 铋磷钼蓝分光光度法 锑磷钼蓝分光光度法

GB/T 223.60 钢铁及合金化学分析方法 高氯酸脱水重量法测定硅含量

GB/T 223.61 钢铁及合金化学分析方法 磷钼酸胺容量法测定磷量

GB/T 223.62 钢铁及合金化学分析方法 乙酸丁酯萃取光度法测定磷量

GB/T 223.63 钢铁及合金化学分析方法 高碘酸钠(钾)光度法测定锰量

GB/T 223.64 钢铁及合金 锰含量的测定 火焰原子吸收光谱法

GB/T 223.67 钢铁及合金 硫含量的测定 次甲基蓝分光光度法

GB/T 223.68 钢铁及合金化学分析方法 管式炉内燃烧后碘酸钾滴定法测定硫含量

GB/T 223.69 钢铁及合金 碳含量的测定 管式炉内燃烧后气体容量法

GB/T 223.71 钢铁及合金化学分析方法 管式炉内燃烧后重量法测定碳含量

GB/T 223.72 钢铁及合金 硫含量的测定 重量法

GB/T 223.76 钢铁及合金化学分析方法 火焰原子吸收光谱法测定钒量

GB/T 228 金属材料 室温拉伸试验方法(GB/T 228—2002,eqv ISO 6892:1998)

GB/T 229 金属材料 夏比摆锤冲击试验方法(GB/T 229—2007,ISO 148-1:2006,MOD)

GB/T 232 金属材料 弯曲试验方法(GB/T 232—1999,eqv ISO 7438:1985)

GB/T 247　钢板和钢带检验、包装、标志及质量证明书的一般规定

GB/T 708　冷轧钢板和钢带的尺寸、外形、重量及允许偏差

GB/T 709　热轧钢板和钢带的尺寸、外形、重量及允许偏差

GB/T 2101　型钢验收、包装、标志及质量证明书的一般规定

GB/T 2975　钢及钢产品力学性能试样取样位置及试样制备(GB/T 2975—1998,eqv ISO 377:1997)

GB/T 4336　碳素钢和中低合金钢火花源原子发射光谱分析方法(常规法)

GB/T 6394　金属平均晶粒度测定法

GB/T 10561　钢中非金属夹杂物含量的测定　标准评级图显微检验法(GB/T 10561—2005,ISO 4967:1998(E),IDT)

GB/T 17505　钢及钢产品一般交货技术要求(GB/T 17505—1998,eqv ISO 404:1992)

GB/T 20066　钢和铁　化学成分测定用试样的取样和制样方法(GB/T 20066—2006,ISO 14284:1996, IDT)

GB/T 20125　低合金钢　多元素含量的测定　电感耦合等离子体原子发射光谱法

YB/T 081　冶金技术标准的数值修约与检测数值的判定原则

3　术语和定义

本标准采用下列术语和定义:

3.1

耐候钢　atmospheric corrosion resisting steel

通过添加少量的合金元素如Cu、P、Cr、Ni等,使其在金属基体表面上形成保护层,以提高耐大气腐蚀性能的钢。

4　分类和代号

4.1　分类

各牌号的分类及用途见表1。

表1

类别	牌　号	生产方式	用　途
高耐候钢	Q295GNH 、Q355GNH	热轧	车辆、集装箱、建筑、塔架或其他结构件等结构用,与焊接耐候钢相比,具有较好的耐大气腐蚀性能
	Q265GNH、Q310GNH	冷轧	
焊接耐候钢	Q235NH、Q295NH、Q355NH Q415NH、Q460NH、Q500NH Q550NH	热轧	车辆、桥梁、集装箱、建筑或其他结构件等结构用,与高耐候钢相比,具有较好的焊接性能

4.2　牌号表示方法

钢的牌号由"屈服强度"、"高耐候"或"耐候"的汉语拼音首位字母"Q"、"GNH"或"NH"、屈服强度的下限值以及质量等级(A、B、C、D、E)组成。

例如:Q355GNHC

Q——屈服强度中"屈"字汉语拼音的首位字母;

355——钢的下屈服强度的下限值,单位为N/mm^2;

GNH——分别为"高"、"耐"和"候"字汉语拼音的首位字母;

C——质量等级。

5 订货内容

订货时用户需提供以下信息：

a) 本标准号；

b) 产品名称(钢板、钢带或型钢)；

c) 牌号；

d) 规格及尺寸外形允许偏差；

e) 交货状态；

f) 重量；

g) 其他要求。

6 尺寸、外形、重量及允许偏差

6.1 尺寸

不同牌号的供货尺寸范围见表2。经供需双方协商，可以供表2以外的规格。

表2

单位为毫米

牌 号	厚度或直径	
	钢板和钢带	型 钢
Q235NH	≤100	≤100
Q295NH	≤100	≤100
Q295GNH	≤20	≤40
Q355NH	≤100	≤100
Q355GNH	≤20	≤40
Q415NH	≤60	—
Q460NH	≤60	—
Q500NH	≤60	—
Q550NH	≤60	—
Q265GNH	≤3.5	—
Q310GNH	≤3.5	—

6.2 尺寸允许偏差

6.2.1 热轧钢板和钢带的尺寸、外形、重量及允许偏差应符合GB/T 709的规定。

6.2.2 冷轧钢板和钢带的尺寸、外形、重量及允许偏差应符合GB/T 708的规定。

6.2.3 型钢的尺寸、外形、重量及允许偏差应符合有关产品标准的规定。

7 技术要求

7.1 钢的牌号和化学成分

7.1.1 钢的牌号和化学成分(熔炼分析)应符合表3的规定。

表 3

牌号	化学成分(质量分数)/%							
	C	Si	Mn	P	S	Cu	Cr	Ni	其他元素
Q265GNH	≤0.12	0.10~0.40	0.20~0.50	0.07~0.12	≤0.020	0.20~0.45	0.30~0.65	0.25~0.50[e]	a,b
Q295GNH	≤0.12	0.10~0.40	0.20~0.50	0.07~0.12	≤0.020	0.25~0.45	0.30~0.65	0.25~0.50[e]	a,b
Q310GNH	≤0.12	0.25~0.75	0.20~0.50	0.07~0.12	≤0.020	0.20~0.50	0.30~1.25	≤0.65	a,b
Q355GNH	≤0.12	0.20~0.75	≤1.00	0.07~0.15	≤0.020	0.25~0.55	0.30~1.25	≤0.65	a,b
Q235NH	≤0.13[f]	0.10~0.40	0.20~0.60	≤0.030	≤0.030	0.25~0.55	0.40~0.80	≤0.65	a,b
Q295NH	≤0.15	0.10~0.50	0.30~1.00	≤0.030	≤0.030	0.25~0.55	0.40~0.80	≤0.65	a,b
Q355NH	≤0.16	≤0.50	0.50~1.50	≤0.030	≤0.030	0.25~0.55	0.40~0.80	≤0.65	a,b
Q415NH	≤0.12	≤0.65	≤1.10	≤0.025	≤0.030[d]	0.20~0.55	0.30~1.25	0.12~0.65[e]	a,b,c
Q460NH	≤0.12	≤0.65	≤1.50	≤0.025	≤0.030[d]	0.20~0.55	0.30~1.25	0.12~0.65[e]	a,b,c
Q500NH	≤0.12	≤0.65	≤2.0	≤0.025	≤0.030[d]	0.20~0.55	0.30~1.25	0.12~0.65[e]	a,b,c
Q550NH	≤0.16	≤0.65	≤2.0	≤0.025	≤0.030[d]	0.20~0.55	0.30~1.25	0.12~0.65[e]	a,b,c

[a] 为了改善钢的性能,可以添加一种或一种以上的微量合金元素:Nb 0.015%~0.060%,V 0.02%~0.12%,Ti 0.02%~0.10%,Alt ≥0.020%。若上述元素组合使用时,应至少保证其中一种元素含量达到上述化学成分的下限规定。

[b] 可以添加下列合金元素:Mo≤0.30%,Zr≤0.15%。

[c] Nb、V、Ti 等三种合金元素的添加总量不应超过 0.22%。

[d] 供需双方协商,S 的含量可以不大于 0.008%。

[e] 供需双方协商,Ni 含量的下限可不做要求。

[f] 供需双方协商,C 的含量可以不大于 0.15%。

7.1.2 成品钢材化学成分的允许偏差应符合 GB/T 222 的规定。

7.2 冶炼方法

钢采用转炉或电炉冶炼,且为镇静钢。除非需方有特殊要求,冶炼方法由供方选择。

7.3 交货状态

热轧钢材以热轧、控轧或正火状态交货,牌号为 Q460NH、Q500NH、Q550NH 的钢材可以淬火加回火状态交货,冷轧钢材一般以退火状态交货。

7.4 力学性能和工艺性能

7.4.1 钢材的力学性能和工艺性能应符合表 4 的规定。

表 4

牌 号	拉伸试验[a]									180°弯曲试验弯心直径		
	下屈服强度 R_{eL}/(N/mm²) 不小于				抗拉强度 R_m/(N/mm²)	断后伸长率 A/% 不小于						
	≤16	>16~40	>40~60	>60		≤16	>16~40	>40~60	>60	≤6	>6~16	>16
Q235NH	235	225	215	215	360~510	25	25	24	23	a	a	$2a$
Q295NH	295	285	275	255	430~560	24	24	23	22	a	$2a$	$3a$
Q295GNH	295	285	—	—	430~560	24	24	—	—	a	$2a$	$3a$
Q355NH	355	345	335	325	490~630	22	22	21	20	a	$2a$	$3a$
Q355GNH	355	345	—	—	490~630	22	22	—	—	a	$2a$	$3a$
Q415NH	415	405	395	—	520~680	22	22	20	—	a	$2a$	$3a$
Q460NH	460	450	440	—	570~730	20	20	19	—	a	$2a$	$3a$
Q500NH	500	490	480	—	600~760	18	16	15	—	a	$2a$	$3a$
Q550NH	550	540	530	—	620~780	16	16	15	—	a	$2a$	$3a$
Q265GNH	265	—	—	—	≥410	27	—	—	—	a	—	—
Q310GNH	310	—	—	—	≥450	26	—	—	—	a	—	—

注：a 为钢材厚度。

[a] 当屈服现象不明显时，可以采用 $R_{P0.2}$。

7.4.2 钢材的冲击性能应符合表 5 的规定。

表 5

质量等级	V 型缺口冲击试验[a]		
	试样方向	温度/℃	冲击吸收能量 KV_2/J
A	纵向	—	—
B	纵向	+20	≥47
C	纵向	0	≥34
D	纵向	−20	≥34
E	纵向	−40	≥27[b]

[a] 冲击试样尺寸为 10 mm×10 mm×55 mm。

[b] 经供需双方协商，平均冲击功值可以≥60 J。

7.4.2.1 经供需双方协商，高耐候钢可以不作冲击试验。

7.4.2.2 冲击试验结果按三个试样的平均值计算，允许其中一个试样的冲击吸收能量小于规定值，但不得低于规定值的 70%。

7.4.2.3 厚度不小于 6 mm 或直径不小于 12 mm 的钢材应做冲击试验。对于厚度≥6 mm~<12 mm 或直径≥12 mm~<16 mm 的钢材做冲击试验时，应采用 10 mm×5 mm×55 mm 或 10 mm×7.5 mm×55 mm 小尺寸试样，其试验结果应不小于表 5 规定值的 50%或 75%。应尽可能取较大尺寸的冲击试样。

7.5 其他要求

根据需方要求，经供需双方协商，并在合同中注明，可增加以下检验项目。

a) 晶粒度

钢材的晶粒度应不小于 7 级，晶粒度不均匀性应在三个相邻级别范围内。

b) 非金属夹杂物

钢材的非金属夹杂物应按 GB/T 10561 的 A 法进行检验，其结果应符合表 6 的规定。

表 6

A	B	C	D	DS
≤2.5	≤2.0	≤2.5	≤2.0	≤2.0

7.6 表面质量

7.6.1 钢材表面不得有裂纹、结疤、折叠、气泡、夹杂和分层等对使用有害的缺陷。如有上述缺陷，允许清除，清除的深度不得超过钢材厚度公差之半。清除处应圆滑无棱角。型钢表面缺陷不得横向铲除。

7.6.2 热轧钢材表面允许存在其他不影响使用的缺陷，但应保证钢材的最小厚度。

7.6.3 冷轧钢板和钢带表面允许有轻微的擦伤、氧化色、酸洗后浅黄色薄膜、折印、深度或高度不大于公差之半的局部麻点、划伤和压痕。

7.6.4 钢带允许带缺陷交货，但有缺陷的部分不得超过钢带总长度的 8%。

8 试验方法

8.1 钢材的外观应目视检查。

8.2 钢材的尺寸、外形应用合适的测量工具测量。

8.3 每批钢材的检验项目、试样数量、取样方法和试验方法应符合表 7 的规定。

表 7

序号	试验项目	试样数量	取样方法	试验方法
1	化学分析	1 个/炉	GB/T 20066	GB/T 223、GB/T 4336、GB/T 20125
2	拉伸试验	1 个/批	GB/T 2975	GB/T 228
3	弯曲试验	1 个/批	GB/T 2975	GB/T 232
4	冲击试验	1 组(3 个)/批	GB/T 2975	GB/T 229
5	晶粒度	1 个/批	GB/T 6394	GB/T 6394
6	非金属夹杂物	1 个/批	GB/T 10561	GB/T 10561

9 检验规则

9.1 组批规则

钢材应成批验收。每批由同一牌号、同一炉号、同一规格、同一轧制制度和同一交货状态的钢材组成；冷轧产品每批重量不得超过 30 t。

9.2 复验

9.2.1 如果冲击试验结果不符合规定时，应从同一取样产品上再取 3 个试样进行试验，先后 6 个试样的平均值应不小于表 5 的规定值，允许其中有 2 个试样低于规定值，但低于规定值 70%的试样只允许有一个。

9.2.2 钢材的其他复验应符合 GB/T 17505 或 GB/T 2101 的规定。

9.3 数值修约

除非在合同或订单中另有规定，当需要评定试验结果是否符合规定值时，其修约方法应按 YB/T 081的规定进行。

10 包装、标志和质量证明书

钢材的包装、标志和质量证明书应符合 GB/T 247 或 GB/T 2101 的规定。

附　录　A
（资料性附录）
新旧牌号及相近牌号对照表

本标准的牌号与旧牌号及相近牌号对照见表 A.1。

表 A.1

GB/T 4171—2008	GB/T 4171—2000	GB/T 4172—2000	GB/T 18982—2003	TB/T 1979—2003
Q235NH	—	Q235NH	—	—
Q295NH	—	Q295NH	—	—
Q295GNH	Q295GNHL	—	—	09CuPCrNi-B
Q355NH	—	Q355NH	—	—
Q355GNH	Q345GNHL	—	—	09CuPCrNi-A
Q415NH	—	—	—	—
Q460NH	—	—	—	—
Q500NH	—	—	—	—
Q550NH	—	—	—	—
Q265GNH	Q295GNHL	—	—	09CuPCrNi-B
Q310GNH	—	—	Q310GNHLJ	09CuPCrNi-A

附　录　B

（资料性附录）

本标准牌号与国外相近牌号对照表

本标准的牌号与国外相近牌号对照见表 B.1。

表 B.1

GB/T 4171—2008	ISO 4952：2006	ISO 5952：2005	EN 10025-5：2004	JIS G 3114：2004	JIS G 3125：2004	ASTM			
						A242M-04	A588M-05	A606-04	A871M-03
Q235NH	S235W	HSA235W	S235J0W S235J2W	SMA400AW SMA400BW SMA400CW	—	—	—	—	—
Q295NH	—	—	—	—	—	—	—	—	—
Q295GNH	—	—	—	—	—	—	—	—	—
Q355NH	S355W	HSA355W2	S355J0W S355J2W S355K2W	SMA490AW SMA490BW SMA490CW	—	—	Grade K	—	—
Q355GNH	S355WP	HSA355W1	S355J0WP S355J2WP	—	SPA-H	Type1	—	—	—
Q415NH	S415W	—	—	—	—	—	—	—	60
Q460NH	S460W	—	—	SMA570W SMA570P	—	—	—	—	65
Q500NH	—	—	—	—	—	—	—	—	—
Q550NH	—	—	—	—	—	—	—	—	—
Q265GNH	—	—	—	—	—	—	—	—	—
Q310GNH	—	—	—	—	SPA-C		—	Type4	—

注 1：本表只是钢级的对照，未包括牌号的质量等级。

注 2：A242M、A588M、A606 等标准中只规定一个钢级，没有牌号，但有多个化学成分与其对应，本表只列出与本标准相似的化学成分的代号。

附 录 C
（资料性附录）
改善耐大气腐蚀性能钢材的附加信息

自保护氧化层的耐腐蚀的效果与其组成成分以及钢中合金元素及其化合物的作用有关。耐大气腐蚀性能取决于基板的自动保护氧化层的形成过程中干湿交替的气候条件。所提供的保护作用与环境以及主要是在结构中的部位等其他条件有关。

在结构件的设计及生产过程中，对于表面自动保护氧化层的形成及再生应作出规定。对于设计者来说，在计算过程中考虑裸露钢材的腐蚀，或者是提高产品的厚度对浸蚀进行补偿。

在空气中含有某些特殊的化学物质或者结构件长时间与水接触、或一直裸露在潮湿的空气中、或在海洋性气候中使用时，建议采用常规表面保护。在涂漆前需去除产品表面的氧化铁皮。在相同条件下，涂漆后耐大气腐蚀钢的腐蚀敏感程度小于一般的结构钢。

非暴露结构件的表面与制造过程有关，需保持通风。否则需进行适当的表面保护。保护程度与最敏感的气候条件和结构件在腐蚀过程中的有效期有关。因此，就不同的用途选用何种合适的产品这一问题，使用方应与制造方进行协商。

附 录 D
（资料性附录）
评估低合金钢的耐大气腐蚀性指南

本附录译自 ISO 5952:2005 的附录 A，与此相关的详细内容可以参见 ASTM G101。参照此附录，可以对各牌号耐腐蚀性的相对大小进行评估。在 ASTM 相关标准中，钢材具有较好的耐大气腐蚀性能时，要求其按本附录计算出的耐腐蚀性指数应为 6.0 或 6.0 以上。

D.1 范围

本附录提供通过化学成分对低合金钢的耐大气腐蚀性进行评估的一种方法。

本方法利用基于钢的化学成分的预测公式计算钢的耐腐蚀性指数。

由于世界上有多种耐腐蚀性指数正在使用，因此当选择一种指数时，考虑到不同的使用环境和钢的化学成分是必要的。基于使用环境和钢的化学成分的不同，任何指数都可能不适用，因此，由供需双方共同来确定使用那种指数以及在预计的使用环境中该指数的大小是必要的。

D.2 术语

低合金钢是含有合金元素总量大于 1%但小于 5%的碳钢。

注：大多数"低合金耐候钢"含有添加的 Cr 和 Cu 元素，也可能含有添加的 Si、Ni、P 或其他的能增加耐大气腐蚀性能的合金元素。

D.3 方法

D.3.1 Legault 和 Leckie 公布了基于钢的化学成分来预测暴露于不同大气环境下 15.5 年后的低合金钢的腐蚀情况的公式。该公式是以 Larrabee 和 Coburn 公布的大量数据为基础的。

D.3.2 为了使用，工业环境（Kearny，N. J.）下的 Legault-Leckie 公式被修改以便能计算基于化学成分的耐大气腐蚀性指数。这些修改包括常量的删除和公式中变量符号的变动。修改后的耐大气腐蚀性指数（I）计算公式如下。指数越大，钢的耐腐蚀性能越好。

$$I=26.01(\%Cu)+3.88(\%Ni)+1.20(\%Cr)+1.49(\%Si)+17.28(\%P)-7.29(\%Cu)(\%Ni)-9.10(\%Ni)(\%P)-33.39(\%Cu)^2$$

D.3.3 预测公式应使用在钢的化学成分满足 Larrabee—Coburn 试验时的化学成分范围的情况下。这些化学成分范围如下：

Cu　0.012%～0.51%

Ni　0.05%～1.1%

Cr　0.10%～1.3%

Si　0.10%～0.64%

P　0.01%～0.12%

D.3.4 最小允许耐大气腐蚀性指数应由制造商（供应商）和购买商双方协议确定。

ICS 77.140.50
H 46

中华人民共和国国家标准

GB/T 4237—2007
代替 GB/T 4237—1992

不锈钢热轧钢板和钢带

Hot rolled stainless steel plate, sheet and strip

2007-03-09 发布　　2007-10-01 实施

中华人民共和国国家质量监督检验检疫总局
中国国家标准化管理委员会　发布

前　言

本标准参照国际标准 ISO 9444:2002《连续热不锈钢窄带、宽带、定尺钢板及定尺薄钢板——尺寸和形状公差》和 ASTM A240/A240M-05a《压力容器用耐热铬、铬镍不锈钢厚板、薄板及钢带》等国外先进标准，对 GB/T 4237—1992《不锈钢热轧钢板》进行修订。

本标准代替 GB/T 4237—1992《不锈钢热轧钢板》。

本标准与原标准对比，主要修订内容如下：

——增加卷切定尺钢板及卷切定尺钢带的内容。

——调整规范性引用文件。

——增加术语符号一章。

——增加订货内容一章。

——调整热轧钢板、钢带的尺寸精度、外形以及测量方法。

——增加冷轧用宽钢带同卷厚度差的规定。

——增加 29 个牌号，对引进的牌号采用相应标准中牌号的化学成分、力学性能及热处理制度。

——取消 14 个牌号。

——对 19 个牌号的化学成分进行调整。

——取消厚度大于 4 mm 钢板（或钢坯）的横向酸浸低倍试验要求。

——增加表面加工类型，取消了原标准中表面质量特征的组别之分。

——增加附录 A《不锈钢的热处理制度》。

——增加附录 B《不锈钢的特性及用途》。

本标准的附录 A、附录 B 为资料性附录。

本标准由中国钢铁工业协会提出。

本标准由全国钢标准化技术委员会归口。

本标准主要起草单位：太原钢铁（集团）有限公司、冶金工业信息标准研究院。

本标准主要起草人：牛晓玲、高宗仁、董莉、郝瑞琴、王晓虎、张建生。

本标准所代替标准的历次版本发布情况为：

——GB/T 4237—1984、GB/T 4237—1992。

不锈钢热轧钢板和钢带

1 范围

本标准规定了不锈钢热轧钢板和钢带的牌号、尺寸、允许偏差及外形、技术要求、试验方法、检验规则、包装、标志及产品质量证明书。

本标准适用于由可逆式轧机轧制的耐腐蚀不锈钢热轧厚钢板(以下称厚钢板)、由连续式轧机轧制的耐腐蚀不锈钢热轧宽钢带(以下称宽钢带)及其卷切定尺钢板(以下称卷切钢板)、纵剪宽钢带,也适用于耐腐蚀不锈钢热轧窄钢带(以下称窄钢带)及其卷切定尺钢带(以下称卷切钢带)。

2 规范性引用文件

下列文件中的条款通过本标准的引用而成为本标准的条款。凡是注日期的引用文件,其随后所有的修改单(不包括勘误的内容)或修订版均不适用于本标准。然而,鼓励根据本标准达成协议的各方研究是否可使用这些文件的最新版本。凡是不注日期的引用文件,其最新版本适用于本标准。

GB/T 222 钢的成品化学成分允许偏差

GB/T 223.3 钢铁及合金化学分析方法 二安替吡啉甲烷磷钼酸重量法测定磷量

GB/T 223.4 钢铁及合金化学分析方法 硝酸铵氧化容量法测定锰量

GB/T 223.5 钢铁及合金化学分析方法 还原型硅钼酸盐光度法测定酸溶硅含量

GB/T 223.8 钢铁及合金化学分析方法 氟化钠分离-EDTA 滴定法测定铝含量

GB/T 223.9 钢铁及合金化学分析方法 铬天青光度法测定铝量

GB/T 223.10 钢铁及合金化学分析方法 铜铁试剂分离-铬天青 S 光度法测定铝量

GB/T 223.11 钢铁及合金化学分析方法 过硫酸铵氧化容量法测定铬量

GB/T 223.16 钢铁及合金化学分析方法 变色酸光度法测定钛量

GB/T 223.18 钢铁及合金化学分析方法 硫代硫酸钠分离-碘量法测定铜量

GB/T 223.19 钢铁及合金化学分析方法 新亚铜灵-三氯甲烷萃取光度法测定铜量

GB/T 223.23 钢铁及合金化学分析方法 丁二酮肟分光光度法测定镍量

GB/T 223.24 钢铁及合金化学分析方法 萃取分离-丁二酮肟分光光度法测定镍量

GB/T 223.25 钢铁及合金化学分析方法 丁二酮肟重量法测定镍量

GB/T 223.26 钢铁及合金化学分析方法 硫氰酸盐直接光度法测定钼量

GB/T 223.27 钢铁及合金化学分析方法 硫氰酸盐-乙酸丁酯萃取分光光度法测定钼量

GB/T 223.28 钢铁及合金化学分析方法 α-安息香肟重量法测定钼量

GB/T 223.36 钢铁及合金化学分析方法 蒸馏分离-中和滴定法测定氮量

GB/T 223.40 钢铁及合金化学分析方法 离子交换分离-氯磺酚 S 光度法测定铌量

GB/T 223.53 钢铁及合金化学分析方法 火焰原子吸收分光光度法测定铜量

GB/T 223.58 钢铁及合金化学分析方法 亚砷酸钠-亚硝酸钠滴定法测定锰量

GB/T 223.60 钢铁及合金化学分析方法 高氯酸脱水重量法测定硅含量

GB/T 223.61 钢铁及合金化学分析方法 磷钼酸铵容量法测定磷量

GB/T 223.68 钢铁及合金化学分析方法 管式炉内燃烧后碘酸钾滴定法测定硫含量

GB/T 223.69 钢铁及合金化学分析方法 管式炉内燃烧后气体容量法测定碳含量

GB/T 228 金属材料 室温拉伸试验方法(GB/T 228—2002,eqv ISO 6892:1998)

GB/T 230.1 金属洛氏硬度试验 第1部分:试验方法(A、B、C、D、E、F、G、H、K、N、T 标尺)

(GB/T 230.1—2004,ISO 6508-1:1999,MOD)

GB/T 231.1　金属布氏硬度试验　第1部分:试验方法(GB/T 231.1—2002,eqv ISO 6506-1:1999)

GB/T 232　金属材料　弯曲试验方法[GB/T 232—1999,eqv ISO 7438:1985(E)]

GB/T 247　钢板和钢带验收、包装、标志和质量证明书的一般规定

GB/T 709　热轧钢板和钢带的尺寸、外形、重量及允许偏差

GB/T 1172　黑色金属硬度及强度换算值

GB/T 2975　钢及钢产品力学性能试样取样位置及试样制备(GB/T 2975—1998,eqv ISO 377:1997)

GB/T 4334.1　不锈钢　10%草酸浸蚀试验方法

GB/T 4334.2　不锈钢　硫酸-硫酸铁腐蚀试验方法

GB/T 4334.3　不锈钢　65%硝酸腐蚀试验方法

GB/T 4334.5　不锈钢　硫酸-硫酸铜腐蚀试验方法

GB/T 4340.1　金属维氏硬度试验　第1部分:试验方法(GB/T 4340.1—1999,eqv ISO 6507-1:1987)

GB/T 9971—2004　原料纯铁

GB/T 10125　人造气氛中的腐蚀试验　盐雾试验(SS试验)

GB/T 11170　不锈钢的光电发射光谱分析方法

GB/T 20066　钢和铁　化学成分测定用试样的取样和制样方法(GB/T 20066—2006,ISO 14284:1996,IDT)

GB/T 20878　不锈钢和耐热钢　牌号及化学成分

3　术语符号

下列术语符号适用于本标准:

切边钢带	EC
不切边钢带	EM
厚度较高精度	PT
厚度高级精度	PC
不平度较高级	PF

4　订货内容

根据本标准订货,在合同中应注明以下技术内容:

a)　产品名称(或品名);

b)　牌号;

c)　标准编号;

d)　尺寸及精度;

e)　重量或数量;

f)　表面加工类型;

g)　交货状态;

h)　标准中应由供需双方协商并应在合同中注明的项目或指标,如未注明则由供方选择;

i)　需方提出的其他特殊要求,经供需双方协商确定后应在合同中注明。

5 尺寸、允许偏差、外形及重量

5.1 尺寸及允许偏差

5.1.1 钢板和钢带的公称尺寸范围见表1,其具体规定执行GB/T 709。经双方协商可供其他尺寸的产品。

表1 公称尺寸范围 单位为毫米

形　态	公称厚度	公称宽度
厚钢板	＞3.0～≤200	≥600～≤2 500
宽钢带、卷切钢板、纵剪宽钢带	≥2.0～≤13.0	≥600～≤2 500
窄钢带、卷切钢带	≥2.0～≤13.0	＜600

5.1.2 厚度允许偏差

5.1.2.1 厚钢板厚度允许偏差应符合表2普通精度的规定,如需方要求并在合同中注明可执行较高精度(PT)。

表2 厚钢板厚度允许偏差 单位为毫米

公称厚度	公称宽度							
	≤1 000		＞1 000～≤1 500		＞1 500～≤2 000		＞2 000～≤2 500	
	普通精度	较高精度	普通精度	较高精度	普通精度	较高精度	普通精度	较高精度
＞3.0～≤4.0	±0.28	±0.25	±0.31	±0.28	±0.33	±0.31	±0.36	±0.32
＞4.0～≤5.0	±0.31	±0.28	±0.33	±0.30	±0.36	±0.34	±0.41	±0.36
＞5.0～≤6.0	±0.34	±0.31	±0.36	±0.33	±0.40	±0.37	±0.45	±0.40
＞6.0～≤8.0	±0.38	±0.35	±0.40	±0.36	±0.44	±0.40	±0.50	±0.45
＞8.0～≤10.0	±0.42	±0.39	±0.44	±0.40	±0.48	±0.43	±0.55	±0.50
＞10.0～≤13.0	±0.45	±0.42	±0.48	±0.44	±0.52	±0.47	±0.60	±0.55
＞13.0～≤25.0	±0.50	±0.45	±0.53	±0.48	±0.57	±0.52	±0.65	±0.60
＞25.0～≤30.0	±0.53	±0.48	±0.56	±0.51	±0.60	±0.55	±0.70	±0.65
＞30.0～≤34.0	±0.55	±0.50	±0.60	±0.55	±0.65	±0.60	±0.75	±0.70
＞34.0～≤40.0	±0.65	±0.60	±0.70	±0.65	±0.70	±0.65	±0.85	±0.80
＞40.0～≤50.0	±0.75	±0.70	±0.80	±0.75	±0.85	±0.80	±1.0	±0.95
＞50.0～≤60.0	±0.90	±0.85	±0.95	±0.90	±1.0	±0.95	±1.1	±1.05
＞60.0～≤80.0	±0.90	±0.85	±0.95	±0.90	±1.3	±1.25	±1.4	±1.35
＞80.0～≤100.0	±1.0	±0.95	±1.0	±0.95	±1.5	±1.45	±1.6	±1.55
＞100.0～≤150.0	±1.1	±1.05	±1.1	±1.05	±1.7	±1.65	±1.8	±1.75
＞150.0～≤200.0	±1.2	±1.15	±1.2	±1.15	±2.0	±1.95	±2.1	±2.05

5.1.2.2 钢带、卷切钢板和卷切钢带厚度允许偏差应符合表3的规定。

表 3 钢带、卷切钢板和卷切钢带的厚度允许偏差

单位为毫米

公称厚度	公称宽度							
	≤1 200		＞1 200～≤1 500		＞1 500～≤1 800		＞1 800～≤2 500	
	普通精度	较高精度	普通精度	较高精度	普通精度	较高精度	普通精度	较高精度
＞2.0～≤2.5	±0.22	±0.20	±0.25	±0.23	±0.29	±0.27		
＞2.5～≤3.0	±0.25	±0.23	±0.28	±0.26	±0.31	±0.28	±0.33	±0.31
＞3.0～≤4.0	±0.28	±0.26	±0.31	±0.28	±0.33	±0.31	±0.35	±0.32
＞4.0～≤5.0	±0.31	±0.28	±0.33	±0.30	±0.36	±0.33	±0.38	±0.35
＞5.0～≤6.0	±0.33	±0.31	±0.36	±0.33	±0.38	±0.35	±0.40	±0.37
＞6.0～≤8.0	±0.38	±0.35	±0.39	±0.36	±0.40	±0.37	±0.46	±0.43
＞8.0～≤10.0	±0.42	±0.39	±0.43	±0.40	±0.45	±0.41	±0.53	±0.49
＞10.0～≤13.0	±0.45	±0.42	±0.47	±0.44	±0.49	±0.45	±0.57	±0.53
注：钢带包括窄钢带、宽钢带及纵剪宽钢带。								

5.1.2.3 窄钢带及其卷切钢带高级精度(PC)的厚度允许偏差应符合表 4 规定。

表 4 窄钢带、卷切钢带高级精度的厚度允许偏差

单位为毫米

公称厚度	厚度允许偏差
≥2.0～≤4.0	±0.17
＞4.0～≤5.0	±0.18
＞5.0～≤6.0	±0.20
＞6.0～≤8.0	±0.21
＞8.0～≤10.0	±0.23
＞10.0～≤13.0	±0.25
表中所列厚度允许偏差仅对同一牌号、同一尺寸订货量大于 2 个钢卷的合同有效，其他情况由供需双方协商确定并在合同中注明。	

5.1.2.4 宽钢带用作冷轧原料时，同一卷钢带的厚度差应符合表 5 规定。

表 5 冷轧用宽钢带的同卷厚度差

单位为毫米

公称厚度	同卷厚度差		
	宽度≤1 200	1 200＜宽度≤1 500	1 500＜宽度≤2 500
≥2.0～≤3.0	≤0.22	≤0.27	≤0.33
＞3.0～≤13.0	≤0.28	≤0.32	≤0.40

5.1.2.5 窄钢带用作冷轧原料时，同一卷钢带的厚度差应符合表 6 规定。

表 6 冷轧用窄钢带的同卷厚度差

单位为毫米

公称厚度	同卷厚度差
≤4.0	0.14
＞4.0～≤13.0	0.17

5.1.3 宽度允许偏差

5.1.3.1 厚钢板的宽度允许偏差应符合表 7 的规定。

表 7　厚钢板的宽度允许偏差

单位为毫米

公称厚度	公称宽度	宽度允许偏差
≥2～≤4	≤800 >800	+5 +8
>4～≤16	≤1 500 >1 500	+8 +13
>16～≤60	所有宽度	+28
>60	所有宽度	+32

5.1.3.2　宽钢带、卷切钢板、纵剪宽钢带的宽度允许偏差应符合表 8 规定。

表 8　宽钢带、卷切钢板、纵剪宽钢带的宽度允许偏差

单位为毫米

公称宽度	轧制边	切　边
≥600～≤2 500	+20 0	+5 0
切边宽钢带及卷切钢板的宽度允许偏差仅适用于厚度不大于 10 的产品，当厚度在大于 10 时由供需双方协商确定。		

5.1.3.3　窄钢带及卷切钢带的宽度允许偏差应符合表 9 的规定。

表 9　窄钢带及卷切钢带的宽度允许偏差

单位为毫米

边缘状态	公称宽度	宽度允许偏差				
		厚度≤3.0	3.0<厚度≤5.0	5.0<厚度≤7.0	7.0<厚度≤8.0	8.0<厚度≤13.0
切边 (EC)	<250	+0.5 0	+0.7 0	+0.8 0	+0.12 0	+1.8 0
	≥250～<600	+0.6 0	+0.8 0	+1.0 0	+1.4 0	+2.0 0
不切边 (EM)	由供需双方协商，并在合同中注明					

5.1.4　长度允许偏差

厚钢板、卷切钢板及卷切钢带的长度允许偏差应符合表 10 的规定，经供需双方协商可供其他尺寸的产品。

表 10　厚钢板、卷切钢板及卷切钢带的长度允许偏差

单位为毫米

公称长度	长度允许偏差
<2 000	+10 0
≥2 000～<20 000	+0.005×公称长度 0

5.2　外形

5.2.1　厚钢板、宽钢带及卷切钢板的镰刀弯应符合表 11 的规定。

表 11 厚钢板、宽钢带及卷切钢板的镰刀弯

单位为毫米

形态	公称长度	边缘状态	测量长度	镰刀弯
宽钢带	—	切边(纵剪)	任意 5 000	≤15
		不切边	任意 5 000	≤20
厚钢板 卷切钢板	<5 000	切边或不切边	实际长度 L	≤长度×0.4%
	≥5 000	切边(纵剪)	任意 5 000	≤15
	≥5 000	不切边	任意 5 000	≤20

5.2.2 窄钢带及卷切钢带的镰刀弯应符合表 12 的规定。

表 12 窄钢带及卷切钢带的镰刀弯

单位为毫米

	公称厚度	公称宽度	任意 2 000 长度上的镰刀弯
卷切钢带	≥2	<40	≤10
		≥40～<600	≤8
	<2	由供需双方协商确定	
窄钢带	由供需双方协商确定		
长度不足 2 000 的卷切钢带的镰刀弯按 2 000 执行。			

5.2.3 厚钢板、卷切钢板及卷切钢带的切斜度应不大于其公称宽度的 1%。

5.2.4 不平度

5.2.4.1 厚钢板的不平度

厚钢板的不平度应符合表 13 的规定。

表 13 厚钢板的不平度

单位为毫米

厚 度	每米不平度
≤25	≤15
>25	由供需双方协商确定

5.2.4.2 卷切钢板的不平度应符合表 14 普通级的规定，如需方要求并在合同中注明可执行较高级(PF)。

表 14 卷切钢板的不平度

单位为毫米

公称厚度	公称宽度	不平度	
		普通级	较高级(PG)
≤13.0	≥600～≤1 200	26	23
	≥1 200～≤1 500	33	30
	>1 500	42	38

5.2.4.3 卷切钢带的不平度

任意 2 000 mm 长度上的不平度应不大于 15 mm，当长度不足 2 000 mm 时，其不平度为不大于 15 mm。

5.2.5 钢卷的外形

钢卷应牢固成卷并尽量保持圆柱形和不卷边。

切边(纵剪)钢卷的塔形应不大于 35 mm，不切边钢卷的塔形应不大于 70 mm。

5.2.6 重量

5.2.6.1 钢板重量

钢板按理论或实际重量交货。计算重量时钢的密度应符合 GB/T 20878 规定。

5.2.6.2 钢带重量

钢带按实际重量交货。

5.3 尺寸及外形测量

5.3.1 尺寸测量位置

5.3.1.1 厚度测量位置

5.3.1.1.1 厚钢板：距钢板边部不小于 40 mm 处。

5.3.1.1.2 宽钢带、卷切钢板：不切边状态，距钢带边部不小于 40 mm 处；切边(纵剪)状态，距钢带边部不小于 25 mm 处。

对于不切头尾交货的宽钢带及其纵剪宽钢带，表列厚度偏差不适用于头尾不正常部分，其长度按下列公式计算：长度(m)=90/公称厚度(mm)，但每卷总长度不得超过 20 m。

5.3.1.1.3 窄钢带及卷切钢带：宽度不大于 30 mm 时，沿宽度方向的中心部位测量。宽度大于 30 mm 时，切边(纵剪)状态，距钢带边部不小于 10 mm 的任意点测量；不切边状态，距钢带边部不小于 15 mm 的任意点测量。

对于不切头尾交货的窄钢带，在距钢带头尾各 3 000 mm 之外测量；切头尾钢带，在距钢带头、尾各 2 000 mm 之外测量。

5.3.1.2 宽度测量位置：垂直于轧制方向。不切边钢带头尾不正常部分除外。

5.3.2 外形测量方法

5.3.2.1 镰刀弯：测量方法见图 1，钢带头尾不正常部分除外。

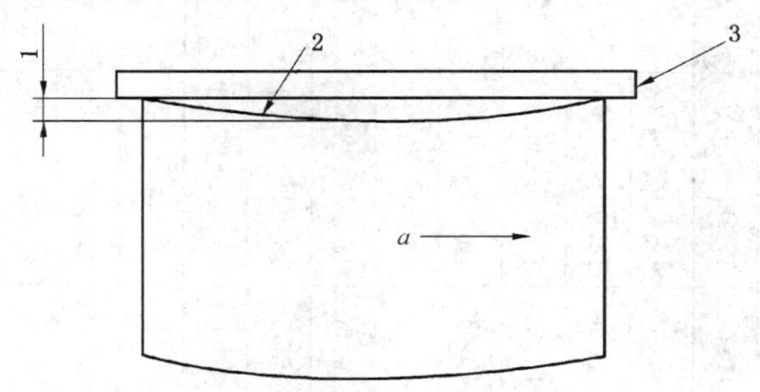

1——镰刀弯；
2——钢带边沿；
3——平直基准；
a——轧制方向。

图 1 镰刀弯测量方法

5.3.2.2 切斜度：测量方法见图 2。

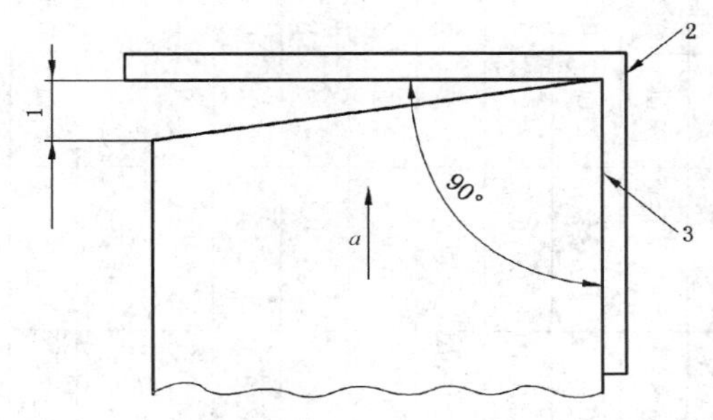

1——切斜度；
2——直角尺；
3——侧边；
a——轧制方向。

图 2 切斜度测量方法

5.3.2.3 钢板不平度测量方法：将钢板在自重状态下平放于平台上，测量钢板任意方向的下表面与平台水平面的最大距离。

6 技术要求

6.1 冶炼方法

优先采用粗炼钢水加炉外精炼工艺。

6.2 化学成分

6.2.1 钢的类别、牌号及化学成分(熔炼分析)应符合表 15～表 19 的规定。

6.2.2 钢板及钢带的化学成分允许偏差应符合 GB/T 222 的规定。

表 15 奥氏体型钢的化学成分

GB/T 20878 中序号	新牌号	旧牌号	化学成分(质量分数)/%										
			C	Si	Mn	P	S	Ni	Cr	Mo	Cu	N	其他元素
9	12Cr17Ni7	1Cr17Ni7	0.15	1.00	2.00	0.045	0.030	6.00～8.00	16.00～18.00	—	—	0.10	—
10	022Cr17Ni7[a]		0.030	1.00	2.00	0.045	0.030	6.00～8.00	16.00～18.00	—	—	0.20	—
11	022Cr17Ni7N[a]		0.030	1.00	2.00	0.045	0.030	6.00～8.00	16.00～18.00	—	—	0.07～0.20	—
13	12Cr18Ni9	1Cr18Ni9	0.15	0.75	2.00	0.045	0.030	8.00～10.00	17.00～19.00	—	—	0.10	—
14	12Cr18Ni9Si3	1Cr18Ni9Si3	0.15	2.00～3.00	2.00	0.045	0.030	8.00～10.00	17.00～19.00	—	—	0.10	—
17	06Cr19Ni10[a]	0Cr18Ni9	0.08	0.75	2.00	0.045	0.030	8.00～10.50	18.00～20.00	—	—	0.10	—
18	022Cr19Ni10[a]	00Cr19Ni10	0.030	0.75	2.00	0.045	0.030	8.00～12.00	18.00～20.00	—	—	0.10	—
19	07Cr19Ni10[a]		0.04～0.10	0.75	2.00	0.045	0.030	8.00～10.50	18.00～20.00	—	—	—	—
20	05Cr19Ni10Si2N		0.04～0.06	1.00～2.00	0.80	0.045	0.030	9.00～10.00	18.00～19.00	—	—	0.12～0.18	Ce:0.03～0.08
23	06Cr19Ni10N[a]	0Cr19Ni9N	0.08	0.75	2.00	0.045	0.030	8.00～10.50	18.00～20.00	—	—	0.10～0.16	—
24	06Cr19Ni9NbN[a]	0Cr19Ni10NbN	0.08	1.00	2.50	0.045	0.030	7.50～10.50	18.00～20.00	—	—	0.15～0.30	Nb:0.15
25	022Cr19Ni10N[a]	00Cr18Ni10N	0.030	0.75	2.00	0.045	0.030	8.00～12.00	18.00～20.00	—	—	0.10～0.16	—
26	10Cr18Ni12	1Cr18Ni12	0.12	0.75	2.00	0.045	0.030	10.50～13.00	17.00～19.00	—	—	—	—
32	06Cr23Ni13	0Cr23Ni13	0.08	0.75	2.00	0.045	0.030	12.00～15.00	22.00～24.00	—	—	—	—
35	06Cr25Ni20	0Cr25Ni20	0.08	1.50	2.00	0.045	0.030	19.00～22.00	24.00～26.00	—	—	—	—
36	022Cr25Ni22Mo2N[a]		0.020	0.50	2.00	0.030	0.010	20.50～23.50	24.00～26.00	1.60～2.60	—	0.09～0.15	—
38	06Cr17Ni12Mo2[a]	0Cr17Ni12Mo2	0.08	0.75	2.00	0.045	0.030	10.00～14.00	16.00～18.00	2.00～3.00	—	0.10	—
39	022Cr17Ni12Mo2[a]	00Cr17Ni14Mo2	0.030	0.75	2.00	0.045	0.030	10.00～14.00	16.00～18.00	2.00～3.00	—	0.10	—
41	06Cr17Ni12Mo2Ti[a]	0Cr18Ni12Mo3Ti	0.08	0.75	2.00	0.045	0.030	10.00～14.00	16.00～18.00	2.00～3.00	—	—	Ti≥5C
42	06Cr17Ni12Mo2Nb		0.08	0.75	2.00	0.045	0.030	10.00～14.00	16.00～18.00	2.00～3.00	—	0.10	Nb:10C～1.10
43	06Cr17Ni12Mo2N[a]	0Cr17Ni12Mo2N	0.08	0.75	2.00	0.045	0.030	10.00～14.00	16.00～18.00	2.00～3.00	—	0.10～0.16	—
44	022Cr17Ni12Mo2N[a]	00Cr17Ni13Mo2N	0.030	0.75	2.00	0.045	0.030	10.00～14.00	16.00～18.00	2.00～3.00	—	0.10～0.16	—

表 15（续）

GB/T 20878 中序号	新牌号	旧牌号	化学成分(质量分数)/%										
			C	Si	Mn	P	S	Ni	Cr	Mo	Cu	N	其他元素
45	06Cr18Ni12Mo2Cu2	0Cr18Ni12Mo2Cu2	0.08	1.00	2.00	0.045	0.030	10.00～14.00	17.00～19.00	1.20～2.75	1.00～2.50	—	—
48	015Cr21Ni26Mo5Cu2		0.020	1.00	2.00	0.045	0.035	23.00～28.00	19.00～23.00	4.00～5.00	1.00～2.00	0.10	—
49	06Cr19Ni13Mo3[a]	0Cr19Ni13Mo3	0.08	0.75	2.00	0.045	0.030	11.00～15.00	18.00～20.00	3.00～4.00	—	0.10	—
50	022Cr19Ni13Mo3	00Cr19Ni13Mo3	0.030	0.75	2.00	0.045	0.030	11.00～15.00	18.00～20.00	3.00～4.00	—	0.10	—
53	022Cr19Ni16Mo5N		0.030	0.75	2.00	0.045	0.030	13.50～17.50	17.00～20.00	4.00～5.00	—	0.10～0.20	—
54	022Cr19Ni13Mo4N		0.030	0.75	2.00	0.045	0.030	11.00～15.00	18.00～20.00	3.00～4.00	—	0.10～0.22	—
55	06Cr18Ni11Ti[a]	0Cr18Ni10Ti	0.08	0.75	2.00	0.045	0.030	9.00～12.00	17.00～19.00	—	—	0.10	Ti≥5C
58	015Cr24Ni22Mo8Mn3CuN		0.020	0.50	2.00～4.00	0.030	0.005	21.00～23.00	24.00～25.00	7.00～8.00	0.30～0.60	0.45～0.55	—
61	022Cr24Ni17Mo5Mn6NbN		0.030	1.00	5.00～7.00	0.030	0.010	16.00～18.00	23.00～25.00	4.00～5.00	—	0.40～0.60	Nb:0.10
62	06Cr18Ni11Nb[a]	0Cr18Ni11Nb	0.08	0.75	2.00	0.045	0.030	9.00～13.00	17.00～19.00	—	—	—	Nb:10C～1.00

注：表中所列成分除标明范围或最小值，其余均为最大值。

a 为相对于 GB/T 20878 调整化学成分的牌号。

表 16 奥氏体·铁素体型钢的化学成分

GB/T 20878 中序号	新牌号	旧牌号	化学成分(质量分数)/%										
			C	Si	Mn	P	S	Ni	Cr	Mo	Cu	N	其他元素
67	14Cr18Ni11Si4AlTi	1Cr18Ni11Si4AlTi	0.10～0.18	3.40～4.00	0.80	0.035	0.030	10.00～12.00	17.50～19.50	—	—	—	Ti:0.40～0.70 Al:0.10～0.30
68	022Cr19Ni5Mo3Si2N	00Cr18Ni5Mo3Si2	0.030	1.30～2.00	1.00～2.00	0.030	0.030	4.50～5.50	18.00～19.50	2.50～3.00	—	0.05～0.10	—
69	12Cr21Ni5Ti	1Cr21Ni5Ti	0.09～0.14	0.80	0.80	0.035	0.030	4.80～5.80	20.00～22.00	—	—	—	Ti:5(C-0.02)～0.80
70	022Cr22Ni5Mo3N		0.030	1.00	2.00	0.030	0.020	4.50～6.50	21.00～23.00	2.50～3.50	—	0.08～0.20	—
71	022Cr23Ni5Mo3N		0.030	1.00	2.00	0.030	0.020	4.50～6.50	22.00～23.00	3.00～3.50	—	0.14～0.20	—
72	022Cr23Ni4MoCuN		0.030	1.00	2.50	0.040	0.030	3.00～5.50	21.50～24.50	0.05～0.60	0.05～0.60	0.05～0.20	—
73	022Cr25Ni6Mo2N		0.030	1.00	2.00	0.030	0.030	5.50～6.50	24.00～26.00	1.50～2.50	—	0.10～0.20	—
74	022Cr25Ni7Mo4WCuN		0.030	1.00	1.00	0.030	0.010	6.00～8.00	24.00～26.00	3.00～4.00	0.50～1.00	0.20～0.30	W:0.50～1.00
75	03Cr25Ni6Mo3Cu2N		0.04	1.00	1.50	0.040	0.030	4.50～6.50	24.00～27.00	2.90～3.90	1.50～2.50	0.10～0.25	—
76	022Cr25Ni7Mo4N		0.030	0.80	1.20	0.035	0.020	6.00～8.00	24.00～26.00	3.00～5.00	0.50	0.24～0.32	—

注：表中所列成分除标明范围或最小值，其余均为最大值。

表 17　铁素体型钢的化学成分

GB/T 20878的序号	新牌号	旧牌号	化学成分(质量分数)/%										
			C	Si	Mn	P	S	Ni	Cr	Mo	Cu	N	其他元素
78	06Cr13Al	0Cr13Al	0.08	1.00	1.00	0.040	0.030	(0.60)	11.50～14.50	—	—	—	Al:0.10～0.30
80	022Cr11Ti		0.030	1.00	1.00	0.040	0.020	(0.60)	10.50～11.70	—	—	0.030	Ti≥8(C+N), Ti:0.15～0.50;Cb:0.10
81	022Cr11NbTi		0.030	1.00	1.00	0.040	0.020	(0.60)	10.50～11.70	—	—	0.030	Ti+Nb:8(C+N)+0.08～0.75
82	022Cr12Ni		0.030	1.00	1.50	0.040	0.015	0.30～1.00	10.50～12.50	—	—	0.030	—
83	022Cr12	00Cr12	0.030	1.00	1.00	0.040	0.030	(0.60)	11.00～13.50	—	—	—	—
84	10Cr15	1Cr15	0.12	1.00	1.00	0.040	0.030	(0.60)	14.00～16.00	—	—	—	—
85	10Cr17	1Cr17	0.12	1.00	1.00	0.040	0.030	0.75	16.00～18.00	—	—	—	—
87	022Cr17Ti[a]	00Cr17	0.030	0.75	1.00	0.035	0.030	—	16.00～19.00	—	—	—	Ti 或 Nb:0.10～1.00
88	10Cr17Mo	1Cr17Mo	0.12	1.00	1.00	0.040	0.030	—	16.00～18.00	0.75～1.25	—	—	—
90	019Cr18MoTi		0.025	1.00	1.00	0.040	0.030	—	16.00～19.00	0.75～1.50		0.025	Ti,Nb,Zr 或其组合: 8×(C+N)～0.80
91	022Cr18NbTi		0.030	1.00	1.00	0.040	0.015	—	17.50～18.50	—	—	—	Ti:0.10～0.60 Nb:≥0.30+3C
92	019Cr19Mo2NbTi	00Cr18Mo2	0.025	1.00	1.00	0.040	0.030	1.00	17.50～19.50	1.75～2.50	—	0.035	(Ti+Nb):[0.20+4(C+N)]～0.80
94	008Cr27Mo	00Cr27Mo	0.010	0.40	0.40	0.030	0.020		25.00～27.50	0.75～1.50	—	0.015	(Ni+Cu)≤0.50
95	008Cr30Mo2	00Cr30Mo2	0.010	0.40	0.40	0.030	0.020		28.50～32.00	1.50～2.50	—	0.015	(Ni+Cu)≤0.50

注：表中所列成分除标明范围或最小值，其余均为最大值。括号内值为允许含有的最大值。

a　为相对于 GB/T 20878 调整化学成分的牌号。

表 18　马氏体型钢的化学成分

GB/T 20878 的序号	新牌号	旧牌号	化学成分(质量分数)/%										
			C	Si	Mn	P	S	Ni	Cr	Mo	Cu	N	其他元素
96	12Cr12	1Cr12	0.15	0.50	1.00	0.040	0.030	(0.60)	11.50～13.00	—	—	—	—
97	06Cr13	0Cr13	0.08	1.00	1.00	0.040	0.030	(0.60)	11.50～13.50	—	—	—	—
98	12Cr13[a]	1Cr13	0.15	1.00	1.00	0.040	0.030	(0.60)	11.50～13.50	—	—	—	—
99	04Cr13Ni5Mo		0.05	0.60	0.50～1.00	0.030	0.030	3.50～5.50	11.50～14.00	0.50～1.00	—	—	—
101	20Cr13	2Cr13	0.16～0.25	1.00	1.00	0.040	0.030	(0.60)	12.00～14.00	—	—	—	—
102	30Cr13	3Cr13	0.26～0.35	1.00	1.00	0.040	0.030	(0.60)	12.00～14.00	—	—	—	—
104	40Cr13	4Cr13	0.36～0.45	0.80	0.80	0.040	0.030	(0.60)	12.00～14.00	—	—	—	—
107	17Cr16Ni2[a]		0.12～0.20	1.00	1.00	0.025	0.015	2.00～3.00	15.00～18.00	—	—	—	—
108	68Cr17	7Cr17	0.60～0.75	1.00	1.00	0.040	0.030	(0.60)	16.00～18.00	(0.75)	—	—	—

注：表中所列成分除标明范围或最小值，其余均为最大值。括号内值为允许含有的最大值。

[a] 为相对于 GB/T 20878 调整化学成分的牌号。

表 19　沉淀硬化型钢的化学成分

GB/T 20878 的序号	新牌号	旧牌号	化学成分(质量分数)/%										
			C	Si	Mn	P	S	Ni	Cr	Mo	Cu	N	其他元素
134	04Cr13Ni8Mo2Al[a]		0.05	0.10	0.20	0.010	0.008	7.50～8.50	12.30～13.25	2.00～2.50	—	0.01	Al:0.90～1.35
135	022Cr12Ni9Cu2NbTi[a]		0.05	0.50	0.50	0.040	0.030	7.50～9.50	11.00～12.50	0.50	1.50～2.50	—	Ti:0.80～1.40 (Nb+Ta):0.10～0.50
138	07Cr17Ni7Al	0Cr17Ni7Al	0.09	1.00	1.00	0.040	0.030	6.50～7.75	16.00～18.00	—	—	—	Al:0.75～1.50
139	07Cr15Ni7Mo2Al	0Cr15Ni7Mo2Al	0.090	1.00	1.00	0.040	0.030	6.50～7.75	14.00～16.00	2.00～3.00	—	—	Al:0.75～1.50
141	09Cr17Ni5Mo3N[a]		0.07～0.11	0.50	0.50～1.25	0.040	0.030	4.00～5.00	16.00～17.00	2.50～3.20	—	0.07～0.13	—
142	06Cr17Ni7AlTi		0.08	1.00	1.00	0.040	0.030	6.00～7.50	16.00～17.50	—	—	—	Al:0.40,Ti:0.40～1.20

注：表中所列成分除标明范围或最小值，其余均为最大值。

[a] 为相对于 GB/T 20878 调整化学成分的牌号。

6.3　交货状态

钢板和钢带经热轧后，可经热处理及酸洗或类似的处理后交货。如需方同意，可省去酸洗等处理。热处理制度可参照附录A。

对于沉淀硬化型钢的热处理，需方应在合同中注明对钢板或试样、钢带或试样进行热处理的种类，如未注明，以固溶状态交货。

6.4　力学性能

经热处理的钢板和钢带的力学性能应符合6.4.1～6.4.5的规定。

钢板和钢带的规定非比例延伸强度、硬度试验和弯曲试验仅在需方要求并在合同中注明时才进行检验。对于硬度试验，可根据钢板和钢带的不同尺寸和状态按其中一种方法检验。经退火处理的铁素体型和马氏体型的钢板和钢带进行弯曲试验时，其外表面不得有肉眼可见裂纹产生。

用作冷轧原料的钢板、钢带的力学性能仅在需方要求并在合同中注明时方进行检验。

6.4.1　经固溶处理的奥氏体型钢板和钢带的力学性能应符合表20规定。

表20　经固溶处理的奥氏体型钢的力学性能

GB/T 20878 中序号	新牌号	旧牌号	规定非比例延伸强度 $R_{p0.2}$/MPa	抗拉强度 R_m/MPa	断后伸长率 A/%	硬度值		
						HBW	HRB	HV
			不小于			不大于		
9	12Cr17Ni7	1Cr17Ni7	205	515	40	217	95	218
10	022Cr17Ni7		220	550	45	241	100	—
11	022Cr17Ni7N		240	550	45	241	100	—
13	12Cr18Ni9	1Cr18Ni9	205	515	40	201	92	210
14	12Cr18Ni9Si3	1Cr18Ni9Si3	205	515	40	217	95	220
17	06Cr19Ni10	0Cr18Ni9	205	515	40	201	92	210
18	022Cr19Ni10	00Cr19Ni10	170	485	40	201	92	210
19	07Cr19Ni10		205	515	40	201	92	210
20	05Cr19Ni10Si2N		290	600	40	217	95	—
23	06Cr19Ni10N	0Cr19Ni9N	240	550	30	201	92	220
24	06Cr19Ni9NbN	0Cr19Ni10NbN	345	685	35	250	100	260
25	022Cr19Ni10N	00Cr18Ni10N	205	515	40	201	92	220
26	10Cr18Ni12	1Cr18Ni12	170	485	40	183	88	200
32	06Cr23Ni13	0Cr23Ni13	205	515	40	217	95	220
35	06Cr25Ni20	0Cr25Ni20	205	515	40	217	95	220
36	022Cr25Ni22Mo2N		270	580	25	217	95	—
38	06Cr17Ni12Mo2	0Cr17Ni12Mo2	205	515	40	217	95	220
39	022Cr17Ni12Mo2	00Cr17Ni14Mo2	170	485	40	217	95	220
41	06Cr18Ni12Mo2Ti	0Cr18Ni12Mo3Ti	205	515	40	217	95	220
42	06Cr17Ni12Mo2Nb		205	515	30	217	95	—
43	06Cr17Ni12Mo2N	0Cr17Ni12Mo2N	240	550	35	217	95	220

表 20（续）

GB/T 20878 中序号	新牌号	旧牌号	规定非比例延伸强度 $R_{p0.2}$/MPa	抗拉强度 R_m/MPa	断后伸长率 A/%	硬度值		
						HBW	HRB	HV
			不小于			不大于		
44	022Cr17Ni12Mo2N	00Cr17Ni13Mo2N	205	515	40	217	95	220
45	06Cr18Ni12Mo2Cu2	0Cr18Ni12Mo2Cu2	205	520	40	187	90	200
48	015Cr21Ni26Mo5Cu2		220	490	35	—	90	—
49	06Cr19Ni13Mo3	0Cr19Ni13Mo3	205	515	35	217	95	220
50	022Cr19Ni13Mo3	00Cr19Ni13Mo3	205	515	40	217	95	220
53	022Cr19Ni16Mo5N		240	550	40	223	96	—
54	022Cr19Ni13Mo4N		240	550	40	217	95	—
55	06Cr18Ni11Ti	0Cr18Ni10Ti	205	515	40	217	95	220
58	015Cr24Ni22Mo8Mn3CuN		430	750	40	250	—	—
61	022Cr24Ni17Mo5Mn6NbN		415	795	35	241	100	—
62	06Cr18Ni11Nb	0Cr18Ni11Nb	205	515	40	201	92	210

注：未给出 HV 值的牌号，请各单位在生产中注意积累数据，以利于在适当的时候再对本标准进行修订、补充。此前，建议参照 GB/T 1172—1999 进行换算。

6.4.2　经固溶处理的奥氏体·铁素体型钢板和钢带的力学性能应符合表 21 规定。

表 21　经固溶处理的奥氏体·铁素体型钢力学性能

GB/T 20878 中序号	新牌号	旧牌号	规定非比例延伸强度 $R_{p0.2}$/MPa	抗拉强度 R_m/MPa	断后伸长率 A/%	硬度值	
						HBW	HRC
			不小于			不大于	
67	14Cr18Ni11Si4ALTi	1Cr18Ni11Si4ALTi	—	715	25	—	—
68	022Cr19Ni5Mo3Si2N	00Cr18Ni5Mo3Si2	440	630	25	290	31
69	12Cr21Ni5Ti	1Cr21Ni5Ti	350	635	20	—	—
70	022Cr22Ni5Mo3N		450	620	25	293	31
71	022Cr23Ni5Mo3N		450	620	25	293	31
72	022Cr23Ni4MoCuN		400	600	25	290	31
73	022Cr25Ni6Mo2N		450	640	25	295	30
74	022Cr25Ni7Mo4WCuN		550	750	25	270	—
75	03Cr25Ni6Mo3Cu2N		550	760	15	302	32
76	022Cr25Ni7Mo4N		550	795	15	310	32

6.4.3 经退火处理的铁素体型钢板和钢带的力学性能应符合表22的规定。

表22 经退火处理的铁素体型钢的力学性能

GB/T 20878 中序号	新牌号	旧牌号	规定非比例延伸强度 $R_{p0.2}$/MPa	抗拉强度 R_m/MPa	断后伸长率 A/%	冷弯180° d:弯芯直径 a:钢板厚度	硬度值		
							HBW	HRB	HV
			不小于				不大于		
78	06Cr13Al	0Cr13Al	170	415	20	$d=2a$	179	88	200
80	022Cr12		195	360	22	$d=2a$	183	88	200
81	022Cr12Ni		280	450	18	—	180	88	—
82	022Cr11NbTi		275	415	20	$d=2a$	197	92	200
83	022Cr11Ti	00Cr12	275	415	20	$d=2a$	197	92	200
84	10Cr15	1Cr15	205	450	22	$d=2a$	183	89	200
85	10Cr17	1Cr17	205	450	22	$d=2a$	183	89	200
87	022Cr18Ti	00Cr17	175	360	22	$d=2a$	183	88	200
88	10Cr17Mo	1Cr17Mo	240	450	22	$d=2a$	183	89	200
90	019Cr18MoTi		245	410	20	$d=2a$	217	96	230
91	022Cr18NbTi		250	430	18	—	180	88	—
92	019Cr19Mo2NbTi	00Cr18Mo2	275	415	20	$d=2a$	217	96	230
94	008Cr27Mo	00Cr27Mo	245	410	22	$d=2a$	190	90	200
95	008Cr30Mo2	00Cr30Mo2	295	450	22	$d=2a$	209	95	220

注:未给出HV值的牌号,请各单位在生产中注意积累数据,以利于在适当的时候再对本标准进行修订、补充。此前,建议参照GB/T 1172—1999进行换算。

6.4.4 经退火处理的马氏体型钢板和钢带的力学性能应符合表23的规定。

表23 经退火处理的马氏体型钢的力学性能

GB/T 20878 中序号	新牌号	旧牌号	规定非比例延伸强度 $R_{p0.2}$/MPa	抗拉强度 R_m/MPa	断后伸长率 A/%	冷弯180° d:弯芯直径 a:钢板厚度	硬度值		
							HB	HRB	HV
			不小于				不大于		
96	12Cr12	1Cr12	205	485	20	$d=2a$	217	96	210
97	06Cr13	0Cr13	205	415	20	$d=2a$	183	89	200
98	12Cr13	1Cr13	205	450	20	$d=2a$	217	96	210
99	04Cr13Ni5Mo		620	795	15	—	302	32[a]	—
101	20Cr13	2Cr13	225	520	18	—	223	97	234
102	30Cr13	3Cr13	225	540	18	—	235	99	247
104	40Cr13	4Cr13	225	590	15	—	—	—	—
107	17Cr16Ni2		690	880～1 080	12	—	262～326	—	—
			1 050	1 350	10	—	388	—	—
108	68Cr17	1Cr12	245	590	15	—	255	25[a]	269

注:表列为经淬火、回火后的力学性能。

a 为HRC硬度值。

6.4.5 经固溶处理的沉淀硬化型钢板和钢带的试样的力学性能应符合表24的规定。按需方指定的沉淀硬化热处理后的试样的力学性能应符合表25的规定。

表24 经固溶处理的沉淀硬化型钢试样的力学性能

GB/T 20878中序号	新牌号	旧牌号	钢材厚度/mm	规定非比例延伸强度 $R_{p0.2}$/MPa	抗拉强度 R_m/MPa	断后伸长率 A/%	硬度值	
							HRC	HBW
				不大于		不小于	不大于	
134	04Cr13Ni8Mo2Al		≥2 ≤102	—	—	—	38	363
135	022Cr12Ni9Cu2NbTi		≥2 ≤102	1 105	1 205	3	36	331
138	07Cr17Ni7Al	0Cr17Ni7Al	≥2 ≤102	380	1 035	20	92[a]	—
139	07Cr15Ni7Mo2Al	0Cr15Ni7Mo2Al	≥2 ≤102	450	1 035	25	100[a]	—
141	09Cr17Ni5Mo3N		≥2 ≤102	585	1 380	12	30	—
142	06Cr17Ni7AlTi		≥2 ≤102	515	825	5	32	—

a 为HRB硬度值。

表25 沉淀硬化处理后沉淀硬化型钢试样的力学性能

GB/T 20878中序号	新牌号	旧牌号	钢材厚度/mm	处理[a]温度/℃	规定非比例延伸强度 $R_{p0.2}$/MPa	抗拉强度 R_m/MPa	断后伸长率 A/%	硬度值	
								HRC	HBW
					不小于			不小于	
134	04Cr13Ni8Mo2Al		≥2 <5	510±5	1 410	1 515	8	45	—
			≥5 <16		1 410	1 515	10	45	—
			≥16 ≤100		1 410	1 515	10	45	429
			≥2 <5	540±5	1 310	1 380	8	43	—
			≥5 <16		1 310	1 380	10	43	—
			≥16 ≤100		1 310	1 380	10	43	401
135	022Cr12Ni9Cu2NbTi		≥2	480±6 或 510±5	1 410	1 525	4	44	—
138	07Cr17Ni7Al	0Cr17Ni7Al	≥2 <5	760±15 15±3 566±6	1 035	1 240	6	38	—
			≥5 ≤16		965	1 170	7	38	352
			≥2 <5	954±8 −73±6 510±6	1 310	1 450	4	44	—
			≥5 ≤16		1 240	1 380	6	43	401
139	07Cr15Ni7Mo2Al	0Cr15Ni7Mo2Al	≥2 <5	760±15 15±3 566±6	1 170	1 310	5	40	—
			≥5 ≤16		1 170	1 310	4	40	375
			≥2 <5	954±8 −73±6 510±6	1 380	1 550	4	46	—
			≥5 ≤16		1 380	1 550	4	45	429

表 25（续）

GB/T 20878 中序号	新牌号	旧牌号	钢材厚度/mm	处理[a]温度/℃	规定非比例延伸强度 $R_{p0.2}$/MPa	抗拉强度 R_m/MPa	断后伸长率 A/%	硬度值 HRC	硬度值 HBW
					不小于			不小于	
141	09Cr17Ni5Mo3N		≥2 ≤5	455±10	1 035	1 275	8	42	—
			≥2 ≤5	540±10	1 000	1 140	8	36	—
142	06Cr17Ni7AlTi		≥2 <3	510±10	1 170	1 310	5	39	—
			≥3		1 170	1 310	8	39	363
			≥2 <3	540±10	1 105	1 240	5	37	—
			≥3		1 105	1 240	8	38	352
			≥2 <3	565±10	1 035	1 170	5	35	—
			≥3		1 035	1 170	8	36	331

[a] 为推荐性热处理温度。供方应向需方提供推荐性热处理制度。

6.4.6 沉淀硬化型钢固溶处理后弯曲试验应符合表 26 的要求。

表 26 沉淀硬化型钢固溶处理状态的弯曲试验

GB/T 20878 序号	新牌号	旧牌号	厚度/mm	冷弯 180° d:弯芯直径 a:钢板厚度
135	022Cr12Ni9Cu2NbTi		≥2 ≤5	$d=6a$
138	07Cr17Ni7Al	0Cr17Ni7Al	≥2 <5 ≥5 ≤7	$d=a$ $d=3a$
139	07Cr15Ni7Mo2Al	0Cr15Ni7Mo2Al	≥2 <5 ≥5 ≤7	$d=a$ $d=3a$
141	09Cr17Ni5Mo3N		≥2 ≤5	$d=2a$

6.5 **耐腐蚀性能**

钢板和钢带按 6.5.1～6.5.4 进行耐晶间腐蚀试验，试验方法由供需双方协商确定并在合同中注明，合同中未注明时可不作试验。对于钼(Mo)不小于 3%的低碳不锈钢，试验前的敏化处理应由供需双方协商。当需方要求其他腐蚀试验时，或对表 27～表 30 中未列入的牌号需进行耐腐蚀试验时，其试验方法和要求，由供需双方协商确定并在合同中注明。

6.5.1 10%草酸浸蚀试验后的侵蚀组织判别应符合表 25 的规定。

表 27 10%草酸浸蚀试验的判别

GB/T 20878 序号	新牌号	旧牌号	试验状态	硫酸-硫酸铁腐蚀试验	65%硝酸腐蚀试验	硫酸-硫酸铜腐蚀试验
17 19	06Cr19Ni10 07Cr19Ni10	0Cr18Ni9	固溶处理（交货状态）	沟状组织	沟状组织 凹状组织Ⅱ	沟状组织
38 45 49	06Cr17Ni12Mo2 06Cr18Ni12Mo2Cu2 06Cr19Ni13Mo3	0Cr17Ni12Mo2 0Cr18Ni12Mo2Cu2 0Cr19Ni13Mo3			—	

表 27（续）

GB/T 20878 序号	新牌号	旧牌号	试验状态	硫酸-硫酸铁腐蚀试验	65%硝酸腐蚀试验	硫酸-硫酸铜腐蚀试验
18	022Cr19Ni10	00Cr19Ni10	敏化处理	沟状组织	沟状组织 凹状组织Ⅱ	沟状组织
39 50	022Cr17Ni12Mo2 022Cr19Ni13Mo3	00Cr17Ni14Mo2 00Cr19Ni13Mo3	敏化处理	沟状组织	—	沟状组织
41 55 62	06Cr18Ni12Mo2Ti 06Cr18Ni11Ti 06Cr18Ni11Nb	0Cr18Ni12Mo3Ti 0Cr18Ni10Ti 0Cr18Ni11Nb	敏化处理	—	—	沟状组织

6.5.2　硫酸-硫酸铁腐蚀试验的腐蚀减量应符合表 28 的规定。

表 28　硫酸-硫酸铁腐蚀试验的腐蚀减量

GB/T 20878 序号	新牌号	旧牌号	试验状态	腐蚀减量/[g/(m² · h)]
17 19 38 45 49	06Cr19Ni10 07Cr19Ni10 09Cr17Ni12Mo2 06Cr18Ni12Mo2Cu2 06Cr19Ni13Mo3	0Cr18Ni9 0Cr17Ni12Mo2 0Cr18Ni12Mo2Cu2 0Cr19Ni13Mo3	固溶处理 （交货状态）	按供需双方协议
18 39 50	022Cr19Ni10 022Cr17Ni12Mo2 022Cr19Ni13Mo3	00Cr19Ni10 00Cr17Ni14Mo2 00Cr19Ni13Mo3	敏化处理	按供需双方协议

6.5.3　65%硝酸腐蚀试验的腐蚀减量应符合表 29 的规定。

表 29　65%硝酸腐蚀试验的腐蚀减量

GB/T 20878 序号	新牌号	旧牌号	试验状态	腐蚀减量/[g/(m² · h)]
17 19	06Cr19Ni10 07Cr19Ni10	0Cr18Ni9	固溶处理 （交货状态）	按供需双方协议
18	022Cr19Ni10	00Cr19Ni10	敏化处理	按供需双方协议

6.5.4　硫酸-硫酸铜腐蚀试验的弯曲面状态应符合表 30 的规定。

表 30　硫酸-硫酸铜腐蚀试验后弯曲面状态

GB/T 20878 序号	新牌号	旧牌号	试验状态	试验后弯曲面状态
17 19 38 45 49	06Cr19Ni10 07Cr19Ni10 06Cr17Ni12Mo2 06Cr18Ni12Mo2Cu2 06Cr19Ni13Mo3	0Cr18Ni9 0Cr17Ni12Mo2 0Cr18Ni12Mo2Cu2 0Cr19Ni13Mo3	固溶处理 （交货状态）	不允许有晶间腐蚀裂纹
18 39 41 50 55 62	022Cr19Ni10 022Cr17Ni12Mo2 06Cr18Ni12Mo2Ti 022Cr19Ni13Mo3 06Cr18Ni11Ti 06Cr18Ni11Nb	00Cr19Ni10 00Cr17Ni14Mo2 0Cr18Ni12Mo3Ti 00Cr19Ni13Mo3 0Cr18Ni10Ti 0Cr18Ni11Nb	敏化处理	不允许有晶间腐蚀裂纹

6.5.5 若需方要求并在合同中注明，可对钢板和钢带进行盐雾腐蚀试验，试验方法按 GB/T 10125 规定执行。

6.6 表面加工及质量要求

6.6.1 钢板及钢带的表面加工类型见表 31，需方应根据使用需求指定加工类型，并在合同中注明。

表 31 表面加工类型

简称	加工类型	表面状态	备注
1U	热轧、不热处理、不去氧化皮	有轧制氧化皮	用于进一步加工，例如再轧制钢带
1C	热轧、热处理、不去氧化皮	有轧制氧化皮	用于进一步除氧化皮或机加工部件，或某些耐热用途
1E	热轧、热处理、机械除氧化皮	无氧化皮	机械除氧化皮的方法(粗磨或喷丸)取决于产品种类，除另有规定外，由生产厂选择
1D	热轧、热处理、酸洗	无氧化皮	适用于确保良好耐腐蚀性能的大多数钢的标准。是进一步加工产品常用的精加工。允许有研磨痕迹

6.6.2 钢板及钢带表面质量

钢板和钢带不允许存在有影响使用的缺陷。经酸洗后的钢板和钢带表面不允许有氧化皮及过酸洗。允许对钢板表面局部缺陷进行修磨清理，但应保证钢板的最小厚度。由于钢带一般没有除掉缺陷的机会，允许带有少量不正常的部分。

6.7 特殊要求

若需方要求并经供需双方商定，可对钢的化学成分、力学性能、耐腐蚀性能及非金属夹杂物等提出特殊技术要求，或补充规定无损探伤等特殊检验项目，具体要求和试验方法应由供需双方协商确定。

7 试验方法

每批钢板或钢带的检验项目及试验方法应符合表 32 的规定。

表 32 钢板和钢带检验项目，取样数量、部位及试验方法

序号	检验项目	取样数量	取样方法及部位	试验方法
1	化学成分	1	GB/T 20066	GB/T 223、GB/T 11170 及 GB/T 9971—2004 中的附录 A
2	拉伸试验	1	GB/T 2975	GB/T 228
3	弯曲试验	1	GB/T 232	GB/T 232
4	硬度	1	任一张或卷	GB/T 230.1、GB/T 231.1、GB/T 4340.1
5	耐腐蚀性能	2	不同张或卷钢板	GB/T 4334.1～GB/T 4334.3、GB/T 4334.5
6	尺寸、外形	逐张或逐卷	—	见 5.3
7	表面质量	逐张或逐卷	—	目视

8 检验规则

8.1 检查和验收

钢板和钢带的质量由供方质量监督部门负责检查和验收。供方必须保证交货的钢材符合有关标准的规定，需方有权按相应标准的规定进行检查和验收。

8.2 组批规则

钢板和钢带应成批提交验收，每批由同一牌号、同一炉号、同一厚度和同一热处理制度的钢板和钢带组成。

8.3 取样部位及取样数量

钢板或钢带的取样部位及取样数量应符合表32的规定。

8.4 复验和判定规则

若某项试验结果不符合本标准要求时,允许按GB/T 247进行复验。

9 包装、标志和质量证明书

钢板和钢带的包装、标志和质量证明书应符合GB/T 247的规定。

附　录　A
（资料性附录）
不锈钢的热处理制度

表 A.1　奥氏体型钢的热处理制度

单位为摄氏度

GB/T 20878 序号	新牌号	旧牌号	处理温度及冷却方式
9	12Cr17Ni7	1Cr17Ni7	≥1 040 水冷或其他方式快冷
10	022Cr17Ni7		≥1 040 水冷或其他方式快冷
11	022Cr17Ni7N		≥1 040 水冷或其他方式快冷
13	12Cr18Ni9	1Cr18Ni9	≥1 040 水冷或其他方式快冷
14	12Cr18Ni9Si3	1Cr18Ni9Si3	≥1 040 水冷或其他方式快冷
17	06Cr19Ni10	0Cr18Ni9	≥1 040 水冷或其他方式快冷
18	022Cr19Ni10	00Cr19Ni10	≥1 040 水冷或其他方式快冷
19	07Cr19Ni10		≥1 095 水冷或其他方式快冷
20	05Cr19Ni10Si2N		≥1 040 水冷或其他方式快冷
23	06Cr19Ni10N	0Cr19Ni9N	≥1 040 水冷或其他方式快冷
24	06Cr19Ni9NbN	0Cr19Ni10NbN	≥1 040 水冷或其他方式快冷
25	022Cr19Ni10N	00Cr18Ni10N	≥1 040 水冷或其他方式快冷
26	10Cr18Ni12	1Cr18Ni12	≥1 040 水冷或其他方式快冷
32	06Cr23Ni13	0Cr23Ni13	≥1 040 水冷或其他方式快冷
35	06Cr25Ni20	0Cr25Ni20	≥1 040 水冷或其他方式快冷
36	022Cr25Ni22Mo2N		≥1 040 水冷或其他方式快冷
38	06Cr17Ni12Mo2	0Cr17Ni12Mo2	≥1 040 水冷或其他方式快冷
39	022Cr17Ni12Mo2	00Cr17Ni14Mo2	≥1 040 水冷或其他方式快冷
41	06Cr18Ni12Mo2Ti	0Cr18Ni12Mo3Ti	≥1 040 水冷或其他方式快冷
42	06Cr17Ni12Mo2Nb		≥1 040 水冷或其他方式快冷
43	06Cr17Ni12Mo2N	0Cr17Ni12Mo2N	≥1 040 水冷或其他方式快冷
44	022Cr17Ni12Mo2N	00Cr17Ni13Mo2N	≥1 040 水冷或其他方式快冷
45	06Cr18Ni12Mo2Cu2	0Cr18Ni12Mo2Cu2	1 010～1 150 水冷或其他方式快冷
48	015Cr21Ni26Mo5Cu2		
49	06Cr19Ni13Mo3	0Cr19Ni13Mo3	≥1 040 水冷或其他方式快冷
50	022Cr19Ni13Mo3	00Cr19Ni13Mo3	≥1 040 水冷或其他方式快冷
53	022Cr19Ni16Mo5N		≥1 040 水冷或其他方式快冷
54	022Cr19Ni13Mo4N		≥1 040 水冷或其他方式快冷
55	06Cr18Ni11Ti	0Cr18Ni10Ti	≥1 040 水冷或其他方式快冷
58	015Cr24Ni22Mo8Mn3CuN		≥1 150 水冷或其他方式快冷
61	022Cr24Ni17Mo5Mn6NbN		1 120～1 170 水冷或其他方式快冷
62	06Cr18Ni11Nb	0Cr18Ni11Nb	≥1 040 水冷或其他方式快冷

表 A.2　奥氏体·铁素体型钢的热处理制度

单位为摄氏度

GB/T 20878 序号	新牌号	旧牌号	热处理温度冷却方式
67	14Cr18Ni11Si4AlTi	1Cr18Ni11Si4AlTi	1 000～1 050,水冷或其他方式快冷
68	022Cr19Ni5Mo3Si2N	00Cr18Ni5Mo3Si2	950～1 050,水冷或其他方式快冷
69	12Cr21Ni5Ti	1Cr21Ni5Ti	950～1 050,水冷或其他方式快冷
70	022Cr22Ni5Mo3N		1 040～1 100,水冷或其他方式快冷
71	022Cr23Ni5Mo3N		1 040～1 100,水冷,除钢卷在连续退火线水冷或类似方式快冷
72	022Cr23Ni4MoCuN		950～1 050,水冷或其他方式快冷
73	022Cr25Ni6Mo2N		1 050～1100 水冷
74	022Cr25Ni7Mo4WCuN		1 050～1 125,水冷或其他方式快冷
75	03Cr25Ni6Mo3Cu2N		1 050～1 100,水冷或其他方式快冷
76	022Cr25Ni7Mo4N		1 025～1 125,水冷或其他方式快冷

表 A.3　铁素体型钢的热处理制度

单位为摄氏度

GB/T 20878 序号	新牌号	旧牌号	退火处理温度及冷却方式
78	06Cr13Al	0Cr13Al	780～830,快冷或缓冷
80	022Cr11Ti		800～900,快冷或缓冷
81	022Cr11NbTi		800～900,快冷或缓冷
82	022Cr12Ni		700～820,快冷或缓冷
83	022Cr12	00Cr12	700～820,快冷或缓冷
84	10Cr15	1Cr15	780～850,快冷或缓冷
85	10Cr17	1Cr17	780～850,快冷或缓冷
87	022Cr18Ti	00Cr17	700～800,空冷
88	10Cr17Mo	1Cr17Mo	780～850,快冷或缓冷
90	019Cr18MoTi		780～950,快冷或缓冷
91	022Cr18NbTi		
92	019Cr19Mo2NbTi	00Cr18Mo2	800～1 050,快冷
94	008Cr27Mo	00Cr27Mo	900～1 050,快冷
95	008Cr30Mo2	00Cr30Mo2	800～1 050,快冷

表 A.4　马氏体型钢的热处理制度

单位为摄氏度

GB/T 20878 序号	新牌号	旧牌号	退火处理	淬火	回火
96	12Cr12	1Cr12	约 750 快冷,或 800～900 缓冷		
97	06Cr13	0Cr13	约 750 快冷,或 800～900 缓冷		
98	12Cr13	1Cr13	约 750 快冷,或 800～900 缓冷		
99	04Cr13Ni5Mo				
101	20Cr13	2Cr13	约 750 快冷,或 800～900 缓冷		

表 A.4（续）

单位为摄氏度

GB/T 20878 序号	新牌号	旧牌号	退火处理	淬火	回火
102	30Cr13	3Cr13	约750快冷，或800～900缓冷	980～1 040快冷	150～400空冷
104	40Cr13	4Cr13	约750快冷，或800～900缓冷	1 050～1 100油冷	200～300空冷
107	17Cr16Ni2			1 010±10油冷	605±5空冷
				1 000～1 030油冷	300～380空冷
108	68Cr17	4Cr13	约750快冷，或800～900缓冷	1 010～1 070快冷	150～400空冷

表 A.5 沉淀硬化型钢的热处理制度

GB/T 20878 序号	新牌号	旧牌号	固溶处理	沉淀硬化处理
134	04Cr13Ni8Mo2Al		927℃±15℃，按要求冷却至60℃以下	510℃±6℃，保温4 h，空冷。 538℃±6℃，保温4 h，空冷
135	022Cr12Ni9Cu2NbTi		829℃±15℃，水冷	480℃±6℃，保温4 h，空冷，或510℃±6℃，保温4 h，空冷
138	07Cr17Ni7Al	0Cr17Ni7Al	1 065℃±15℃水冷	954℃±8℃保温10 min，快冷至室温，24 h内冷至－73℃±6℃，保温8 h，在空气中升至室温，再加热到510℃±6℃，保温1 h后空冷
				760℃±15℃保温90 min，1 h内冷却至15℃±3℃，保温30 min，再加热至566℃±6℃，保温90 min后空冷
139	07Cr15Ni7Mo3Al	0Cr15Ni7Mo2Al	1 040℃±15℃水冷	954℃±8℃保温10 min，快冷至室温，24 h内冷至－73℃±6℃，保温8 h，在空气中升至室温。再加热到510℃±6℃，保温1 h后空冷
				760℃±15℃保温90 min，1 h内冷却至15℃±3℃，保温30 min，再加热至566℃±6℃，保温90 min后空冷
141	09Cr17Ni5Mo3N		930℃±15℃，水冷，在－75℃及以下保持3 h以上	455℃±8℃，保温3 h，空冷。 540℃±8℃，保温3 h，空冷
142	06Cr17Ni7AlTi		1 038℃±15℃，空冷	510℃±8℃，保温30 min，空冷。 538℃±8℃，保温30 min，空冷。 566℃±8℃，保温30 min，空冷

附 录 B
（资料性附录）
不锈钢的特性和用途

表 B.1 不锈钢的特性和用途

类型	GB/T 20878 序号	新牌号	旧牌号	特性和用途
奥氏体型	9	12Cr17Ni7	1Cr17Ni7	经冷加工有高的强度。用于铁道车辆，传送带螺栓螺母等
	10	022Cr17Ni7		
	11	022Cr17Ni7N		
	13	12Cr18Ni9	1Cr18Ni9	经冷加工有高的强度，但伸长率比 022Cr17Ni7 稍差。用于建筑装饰部件
	14	12Cr18Ni9Si3	1Cr18Ni9Si3	耐氧化性比 12Cr18Ni9 好，900℃以下与 06Cr25Ni20 具有相同的耐氧化性和强度。用于汽车排气净化装置、工业炉等高温装置部件
	17	06Cr19Ni10	0Cr18Ni9	作为不锈耐热钢使用最广泛，用于食品设备，一般化工设备，原子能工业等
	18	022Cr19Ni10	00Cr19Ni10	比 06Cr19Ni9 碳含量更低的钢，耐晶间腐蚀性优越，焊接后不进行热处理
	19	07Cr19Ni10		在固溶态钢的塑性、韧性、冷加工性良好，在氧化性酸和大气、水等介质中耐蚀性好，但在敏化态或焊接后有晶腐倾向。耐蚀性优于 12Cr18Ni9。适于制造深冲成型部件和输酸管道、容器等
	20	05Cr19Ni10Si2N		填加 N，提高钢的强度和加工硬化倾向，塑性不降低。改善钢的耐点蚀、晶腐性，可承受更重的负荷，使材料的厚度减少。用于结构用强度部件
	23	06Cr19Ni10N	0Cr19Ni9N	在牌号 06Cr19Ni9 上加 N，提高钢的强度和加工硬化倾向，塑性不降低。改善钢的耐点蚀、晶腐性，使材料的厚度减少。用于有一定耐腐要求，并要求较高强度和减速轻重量的设备、结构部件
	24	06Cr19Ni9NbN	0Cr19Ni10NbN	在牌号 06Cr19Ni9 上加 N 和 Nb，提高钢的耐点蚀、晶腐性能，具有与 06Cr19Ni9N 相同的特性和用途
	25	022Cr19Ni10N	00Cr18Ni10N	06Cr19Ni9N 的超低碳钢，因 06Cr19Ni9N 在 450～900℃加热后耐晶腐性将明显下降。因此对于焊接设备构件，推荐 022Cr19Ni10N

表 B.1(续)

类型	GB/T 20878 序号	新牌号	旧牌号	特性和用途
奥氏体型	26	10Cr18Ni12	1Cr18Ni12	与06Cr19Ni9相比,加工硬化性低。用于施压加工,特殊拉拔,冷墩等
	32	06Cr23Ni13	0Cr23Ni13	耐腐蚀性比06Cr19Ni9好,但实际上多作为耐热钢使用
	35	06Cr25Ni20	0Cr25Ni20	抗氧化性比06Cr23Ni13好,但实际上多作为耐热钢使用
	36	022Cr25Ni22Mo2N		钢中加N提高钢的耐孔蚀性,且使钢有具有更高的强度和稳定的奥氏体组织。适用于尿素生产中汽提塔的结构材料,性能远优于022Cr17Ni12Mo2
	38	06Cr17Ni12Mo2	0Cr17Ni12Mo2	在海水和其他各种介质中,耐腐蚀性比08Cr19Ni9好。主要用于耐点蚀材料
	39	022Cr17Ni12Mo2	00Cr17Ni14Mo2	为06Cr17Ni12Mo2的超低碳钢,节Ni钢种
	41	06Cr18Ni12Mo2Ti	0Cr18Ni12Mo3Ti	有良好的耐晶间腐蚀性,用于抵抗硫酸、磷酸、甲酸、乙酸的设备
	42	06Cr17Ni12Mo2Nb		
	43	06Cr17Ni12Mo2N	0Cr17Ni12Mo2N	在牌号06Cr17Ni12Mo2中加入N,提高强度,不降低塑性,使材料的使用厚度减薄。用于耐腐蚀性较好的强度较高的部件
	44	022Cr17Ni12Mo2N	00Cr17Ni13Mo2N	在牌号022Cr17Ni12Mo2中加入N,具有与022Cr17Ni12Mo2同样特性,用途与06Cr17Ni12Mo2N相同但耐晶间腐蚀性更好
	45	06Cr18Ni12Mo2Cu2	0Cr18Ni12Mo2Cu2	耐腐蚀性、耐点蚀性比06Cr17Ni12Mo2好。用于耐硫酸材料
	48	015Cr21Ni26Mo5Cu2		高Mo不锈钢,全面耐硫酸、磷酸、醋酸等腐蚀,又可解决氯化物孔蚀、缝隙腐蚀和应力腐蚀问题。主要用于石化、化工、化肥、海洋开发等的塔、槽、管、换热器等
	49	06Cr19Ni13Mo3	0Cr19Ni13Mo3	耐点蚀性比06Cr17Ni12Mo2好,用于染色设备材料等
	50	022Cr19Ni13Mo3	00Cr19Ni13Mo3	为06Cr19Ni13Mo3的超低碳钢,比06Cr19Ni13Mo3耐晶间腐蚀性好
	53	022Cr19Ni16Mo5N		高Mo不锈钢,钢中含0.10%～0.20%,使其耐孔蚀性能进一步提高,此钢种在硫酸、甲酸、醋酸等介质中的耐蚀性要比一般含2%～4%Mo的常用Cr-Ni钢更好

表 B.1(续)

类型	GB/T 20878 序号	新牌号	旧牌号	特性和用途
奥氏体型	54	022Cr19Ni13Mo4N		
	55	06Cr18Ni11Ti	0Cr18Ni10Ti	添加 Ti 提高耐晶间腐蚀性,不推荐作装饰部件
	58	015Cr24Ni22Mo8Mn3CuN		
	61	022Cr24Ni17Mo5Mn6NbN		
	62	06Cr18Ni11Nb	0Cr18Ni11Nb	含 Nb 提高耐晶间腐蚀性
奥氏体·铁素体型	67	14Cr18Ni11Si4AlTi	1Cr18Ni11Si4AlTi	用于制作抗高温浓硝酸介质的零件和设备
	68	022Cr19Ni5Mo3Si2N	00Cr18Ni5Mo3Si2	耐应力腐蚀破裂性能良好,耐点蚀性能与03Cr17Ni13Mo4 相当,具有较高强度,适用于含氯离子的环境,用于炼油、化肥、造纸、石油、化工等工业制造热交换器、冷凝器等
	69	12Cr21Ni5Ti	1Cr21Ni5Ti	特别适用于制造航空动机壳体和火前发动机燃烧室外壳
	70	022Cr22Ni5Mo3N		对含硫化氢、二氧化碳、氯化物的环境具有阻抗性,用于油井管,化工储罐用材,各种化学装置等
	71	022Cr23Ni5Mo3N		
	72	022Cr23Ni4MoCuN		具有双相组织,优异的耐应力腐蚀断裂和其他形式耐蚀的性能以及良好的焊接性。储罐和容器用材
	73	022Cr25Ni6Mo2N		调高含钼量、调低含碳量。用于耐海水腐蚀部件等
	74	022Cr25Ni7Mo4WCuN		在 022Cr25Ni7Mo4N 钢中加入 W、Cu 提高 Cr25 型双相钢的性能。特别是耐氯化物点蚀和缝隙腐蚀性能更佳,主要用于以水(含海水、卤水)为介质的热交换设备
	75	03Cr25Ni6Mo3Cu2N		该钢具有良好的力学性能和耐局部腐蚀性能,尤其是耐磨损腐蚀性能优于一般的不锈钢。海水环境中的理想材料,适用作舰船用的螺旋推进器、轴、潜艇密封件等,而且在化工、石油化工、天然气、纸浆、造纸等应用
	76	022Cr25Ni7Mo4N		是双相不锈钢中耐局部腐蚀最好的钢,特别是耐点蚀最好,并具有高强度、耐氯化物应力腐蚀、可焊接的特点。非常适用于化工、石油、石化和动力工业中以河水、地下水和海水等为冷却介质的换热设备

表 B.1(续)

类型	GB/T 20878 序号	新牌号	旧牌号	特性和用途
铁素体型	78	06Cr13Al	0Cr13Al	从高温下冷却不产生显著硬化,用于气轮机材料,淬火用部件,复合钢材等
	80	022Cr11Ti		超低碳钢,焊接性能好,用于汽车排气处理装置
	81	022Cr11NbTi		在钢中加入 Nb+Ti 细化晶粒,提高铁素体钢的耐晶间腐蚀性、改善焊后塑性,性能比 022Cr11Ti 更好,用于汽车排气处理装置
	82	022Cr12Ni		用于压力容器
	83	022Cr12	00Cr12	含碳量低,焊接部位弯曲性能、加工性能、耐高温氧化性能好。用于汽车排气处理装置、锅炉燃烧室、喷嘴
	84	10Cr15	1Cr15	为 10Cr17 改善焊接性的钢种
	85	10Cr17	1Cr17	耐蚀性良好的通用钢种,用于建筑内装饰、重油燃烧器部件、家庭用具、家用电器部件。脆性转变温度均在室温以上,而且对缺口敏感,不适于制作室温以下的承载备件
	87	022Cr18Ti	00Cr17	含碳量较 10Cr17 低,而且含有稳定化元素 Ti,耐蚀性优于 10Cr17。脆性转变温度均在室温以上,而且对缺口敏感,不适于制作室温以下的承载备件
	88	10Cr17Mo	1Cr17Mo	在钢中加入 Mo,提高钢的耐点蚀、耐缝隙腐蚀性及强度等
	90	019Cr18MoTi		降低 10Cr17Mo 中的 C 和 N,单独或复合加入 Ti、Nb 或 Zr,使加工性和焊接性改善,用于建筑内外装饰、车辆部件、厨房用具、餐具
	91	022Cr18NbTi		在牌号 10Cr17 中加入 Ti 或 Nb,降低碳含量,改善加工性、焊接性能。用于温水槽、热水供应器、卫生器具、家庭耐用机器、自行车轮缘
	92	019Cr19Mo2NbTi	00Cr18Mo2	含 Mo 比 019Cr18MoTi 多,耐腐蚀性提高,耐应力腐蚀破裂性好,用于贮水槽太阳能温水器、热交换器、食品机器、染色机械等
	94	008Cr27Mo	00Cr27Mo	性能、用途、耐蚀性和软磁性与 008Cr30Mo2 类似的用途
	95	008Cr30Mo2	00Cr30Mo2	高 Cr-Mo 系,C、N 降至极低。耐蚀性很好,耐卤离子应力腐蚀破裂、耐点蚀性好。用于制作与醋酸、乳酸等有机酸有关的设备、制造苛性碱设备

表 B.1(续)

类型	GB/T 20878 序号	新牌号	旧牌号	特性和用途
马氏体型	96	12Cr12	1Cr12	用于汽轮机叶片及高应力部件的不锈耐热钢
	97	06Cr13	0Cr13	比12Cr13的耐蚀性、加工成形性更优良的钢种
	98	12Cr13	1Cr13	具有良好的耐蚀性,机械加工性,一般用途,刃具类
	99	04Cr13Ni5Mo		适用于厚截面尺寸的要求焊接性能良好的使用条件,如大型的水电站转轮和转轮下环等
	101	20Cr13	2Cr13	淬火状态下硬度高,耐蚀性良好。用于汽轮机叶片
	102	30Cr13	3Cr13	比20Cr13淬火后的硬度高,作刃具、喷嘴、阀座、阀门等
	104	40Cr13	4Cr13	比30Cr13淬火后的硬度高,作刃具、餐具、喷嘴、阀座、阀门等
	107	17Cr16Ni2		用于具有较高程度的耐硝酸、有机酸腐蚀性的零件、容器和设备
	108	68Cr17		硬化状态下,坚硬,但比12Cr17韧性高,用于刃具、量具、轴承
沉淀硬化型	134	04Cr13Ni8Mo2Al		
	135	022Cr12Ni9Cu2NbTi		
	138	07Cr17Ni7Al	0Cr17Ni7Al	添加Al的沉淀硬化钢种。用于弹簧、垫圈、计器部件
	139	07Cr15Ni7Mo2Al	0Cr15Ni7Mo2Al	用于有一定耐蚀要求的高强度容器、零件及结构件
	141	09Cr17Ni5Mo3N		
	142	06Cr17Ni7AlTi		

ICS 77.140.50
H 46

中华人民共和国国家标准

GB/T 4238—2007
代替 GB/T 4238—1992、部分代替 GB/T 4239—1991

耐热钢钢板和钢带

Heat-resisting steel plate, sheet and strip

2007-03-09 发布　　　　2007-10-01 实施

中华人民共和国国家质量监督检验检疫总局
中国国家标准化管理委员会　发布

前　言

本标准参照国际标准 ISO 4955:1994《耐热钢和耐热合金》和 ASTM A167:1999《不锈耐热铬-镍钢厚板、薄板和钢带》、ASTM A176:1999《不锈耐热铬钢厚板、薄板和钢带》、ASTM A240/A240M:05a《压力容器用耐热铬、铬镍不锈钢厚板、薄板及钢带》等国外先进标准，对 GB/T 4238—1992《耐热钢板》修订而成。

本标准代替 GB/T 4238—1992《耐热钢板》，部分代替 GB/T 4239—1991《不锈钢和耐热钢冷轧钢带》。

本标准与原标准对比，主要修订内容如下：

——增加热轧钢带和冷轧钢带的内容。

——调整规范性引用文件。

——增加订货内容。

——增加 14 个牌号，对引进的牌号采用相应标准中的化学成分、力学性能、热处理制度等。

——取消 7 个牌号。

——对 3 个牌号的化学成分进行调整。

——取消低倍检验要求。

——增加附录 A《耐热钢的热处理制度》。

——增加附录 B《耐热钢的特性和用途》。

本标准的附录 A、附录 B 为资料性附录。

本标准由中国钢铁工业协会提出。

本标准由全国钢标准化技术委员会归口。

本标准主要起草单位：太原钢铁(集团)有限公司、冶金工业信息标准研究院。

本标准主要起草人：牛晓玲、董莉、任永秀、单家富、郝金红、刘洪涛。

本标准所代替标准的历次版本发布情况为：

——GB/T 4238—1984，GB/T 4238—1992；

——GB/T 4239—1984，GB/T 4239—1991。

耐热钢钢板和钢带

1 范围

本标准规定了耐热钢钢板和钢带的牌号、尺寸、允许偏差及外形、技术要求、试验方法、检验规则、包装、标志及产品品质证明书。

本标准适用于热轧和冷轧耐热钢板和钢带。

2 规范性引用文件

下列文件中的条款通过本标准的引用而成为本标准的条款。凡是注日期的引用文件，其随后所有的修改单(不包括勘误的内容)或修订版均不适用于本标准。然而，鼓励根据本标准达成协议的各方研究是否可使用这些文件的最新版本。凡是不注日期的引用文件，其最新版本适用于本标准。

GB/T 222　钢的成品化学成分允许偏差

GB/T 223.3　钢铁及合金化学分析方法　二安替吡啉甲烷磷钼酸重量法测定磷量

GB/T 223.4　钢铁及合金化学分析方法　硝酸铵氧化容量法测定锰量

GB/T 223.5　钢铁及合金化学分析方法　还原型硅钼酸盐光度法测定酸溶硅含量

GB/T 223.8　钢铁及合金化学分析方法　氟化钠分离-EDTA 滴定法测定铝含量

GB/T 223.9　钢铁及合金化学分析方法　铬天青光度法测定铝量

GB/T 223.10　钢铁及合金化学分析方法　铜铁试剂分离-铬天青 S 光度法测定铝量

GB/T 223.11　钢铁及合金化学分析方法　过硫酸铵氧化容量法测定铬量

GB/T 223.16　钢铁及合金化学分析方法　变色酸光度法测定钛量

GB/T 223.18　钢铁及合金化学分析方法　硫代硫酸钠分离-碘量法测定铜量

GB/T 223.19　钢铁及合金化学分析方法　新亚铜灵-三氯甲烷萃取光度法测定铜量

GB/T 223.23　钢铁及合金化学分析方法　丁二酮肟分光光度法测定镍量

GB/T 223.24　钢铁及合金化学分析方法　萃取分离-丁二酮肟分光光度法测定镍量

GB/T 223.25　钢铁及合金化学分析方法　丁二酮肟重量法测定镍量

GB/T 223.26　钢铁及合金化学分析方法　硫氰酸盐直接光度法测定钼量

GB/T 223.27　钢铁及合金化学分析方法　硫氰酸盐-乙酸丁酯萃取分光光度法测定钼量

GB/T 223.28　钢铁及合金化学分析方法　α-安息香肟重量法测定钼量

GB/T 223.36　钢铁及合金化学分析方法　蒸馏分离-中和滴定法测定氮量

GB/T 223.40　钢铁及合金化学分析方法　离子交换分离-氯磺酚 S　光度法测定铌量

GB/T 223.43　钢铁及合金化学分析方法　钨量的测定

GB/T 223.53　钢铁及合金化学分析方法　火焰原子吸收分光光度法测定铜量

GB/T 223.58　钢铁及合金化学分析方法　亚砷酸钠-亚硝酸钠滴定法测定锰量

GB/T 223.60　钢铁及合金化学分析方法　高氯酸脱水重量法测定硅含量

GB/T 223.61　钢铁及合金化学分析方法　磷钼酸铵容量法测定磷量

GB/T 223.68　钢铁及合金化学分析方法　管式炉内燃烧后碘酸钾滴定法测定硫含量

GB/T 223.69　钢铁及合金化学分析方法　管式炉内燃烧后气体容量法测定碳含量

GB/T 228　金属材料　室温拉伸试验方法(GB/T 228—2002,eqv ISO 6892:1998)

GB/T 230.1　金属洛氏硬度试验　第 1 部分:试验方法(A、B、C、D、E、F、G、H、K、N、T 标尺)(GB/T 230.1—2004,ISO 6508-1:1999,MOD)

GB/T 231.1 金属布氏硬度试验 第1部分：试验方法(GB/T 231.1—2002，eqv ISO 6506-1：1999)

GB/T 232 金属材料 弯曲试验方法[GB/T 232—1999，eqv ISO 7438：1985(E)]

GB/T 247 钢板和钢带验收、包装、标志和质量证明书的一般规定

GB/T 2975 钢及钢产品力学性能试样取样位置及试样制备(GB/T 2975—1998，eqv ISO 377：1997)

GB/T 3280 不锈钢冷轧钢板和钢带

GB/T 4237 不锈钢热轧钢板和钢带

GB/T 4340.1 金属维氏硬度试验 第一部分：试验方法(GB/T 4340.1—1999，eqv 6507-1：1987)

GB/T 9971—2004 原料纯铁

GB/T 11170 不锈钢的光电发射光谱分析方法

GB/T 20066 钢和铁 化学成分测定用试样的取样和制样方法(GB/T 20066—2006，ISO 14284：1996，IDT)

GB/T 20878 不锈钢和耐热钢 牌号及化学成分

3 订货内容

根据本标准订货，在合同中应注明以下技术内容：

a) 产品名称(或品名)；

b) 牌号；

c) 标准编号；

d) 尺寸及精度；

e) 重量或数量；

f) 表面加工类型；

g) 交货状态；

h) 标准中应由供需双方协商，并在合同中注明项目或指标，如未注明则由供方选择；

i) 需方提出的其他特殊要求，经供需双方协商确定后应在合同中注明。

4 尺寸、外形、重量及允许偏差

冷轧钢板和钢带的尺寸外形、质量及允许偏差应符合 GB/T 3280 的相应规定；热轧钢板和钢带的尺寸外形、重量及允许偏差应符合 GB/T 4237 的相应规定。

5 技术要求

5.1 冶炼方法

优先采用粗炼钢水加炉外精炼工艺。

5.2 化学成分

5.2.1 钢的牌号、类别及化学成分(熔炼分析)应符合表1～表4的规定。

5.2.2 钢板和钢带的化学成分允许偏差应符合 GB/T 222 的规定。

表 1 奥氏体型耐热钢的化学成分

GB/T 20878 中序号	新牌号	旧牌号	化学成分(质量分数)/%										
			C	Si	Mn	P	S	Ni	Cr	Mo	N	V	其他
13	12Cr18Ni9	1Cr18Ni9	0.15	0.75	2.00	0.045	0.030	8.00～11.00	17.00～19.00	—	0.10	—	—
14	12Cr18Ni9Si3	1Cr18Ni9Si3	0.15	2.00～3.00	2.00	0.045	0.030	8.00～10.00	17.00～19.00	—	0.10	—	—
17	06Cr19Ni9[a]	0Cr18Ni9	0.08	0.75	2.00	0.045	0.030	8.00～10.50	18.00～20.00	—	0.10	—	—
19	07Cr19Ni10	—	0.04～0.10	0.75	2.00	0.045	0.030	8.00～10.50	18.00～20.00	—	—	—	—
29	06Cr20Ni11	—	0.08	0.75	2.00	0.045	0.030	10.00～12.00	19.00～21.00	—	—	—	—
31	16Cr23Ni13	2Cr23Ni13	0.20	0.75	2.00	0.045	0.030	12.00～15.00	22.00～24.00	—	—	—	—
32	06Cr23Ni13	0Cr23Ni13	0.08	0.75	2.00	0.045	0.030	12.00～15.00	22.00～24.00	—	—	—	—
34	20Cr25Ni20	2Cr25Ni20	0.25	1.50	2.00	0.045	0.030	19.00～22.00	24.00～26.00	—	—	—	—
35	06Cr25Ni20	0Cr25Ni20	0.08	1.50	2.00	0.045	0.030	19.00～22.00	24.00～26.00	—	—	—	—
38	06Cr17Ni12Mo2	0Cr17Ni12Mo2	0.08	0.75	2.00	0.045	0.030	10.00～14.00	16.00～18.00	2.00～3.00	0.10	—	—
49	06Cr19Ni13Mo3	0Cr19Ni13Mo3	0.08	0.75	2.00	0.045	0.030	11.00～15.00	18.00～20.00	3.00～4.00	0.10	—	—
55	06Cr18Ni11Ti	0Cr18Ni10Ti	0.08	0.75	2.00	0.045	0.030	9.00～12.00	17.0～19.00	—	—	—	Ti≥5C
60	12Cr16Ni35	1Cr16Ni35	0.15	1.50	2.00	0.045	0.030	33.00～37.00	14.00～17.00	—	—	—	—
62	06Cr18Ni11Nb[a]	0Cr18Ni11Nb	0.08	0.75	2.00	0.045	0.030	9.00～13.00	17.00～19.00	—	—	—	Nb:10×C～0.10
66	16Cr25Ni20Si2	1Cr25Ni20Si2	0.20	1.50～2.50	1.50	0.045	0.030	18.00～21.00	24.00～27.00	—	—	—	—

a 为相对于 GB/T 20878 调整化学成分的牌号。

表 2 铁素体型耐热钢的化学成分

GB/T 20878 中序号	新牌号	旧牌号	化学成分(质量分数)/%							
			C	Si	Mn	P	S	Cr	Ni	N	其他
78	06Cr13Al	0Cr13Al	0.08	1.00	1.00	0.040	0.030	11.50～14.50	0.60	—	Al:0.10～0.30
80	022Cr11Ti[a]	—	0.030	1.00	1.00	0.040	0.030	10.50～11.70	0.60	0.030	Ti:6C～0.75
81	022Cr11NbTi[a]	—	0.030	1.00	1.00	0.040	0.020	10.50～11.70	0.60	0.030	Ti+Nb:8(C+N)+0.08～0.75
85	10Cr17	1Cr17	0.12	1.00	1.00	0.040	0.030	16.00～18.00	0.75	—	—
93	16Cr25N	2Cr25N	0.20	1.00	1.50	0.040	0.030	23.00～27.00	0.75	0.25	—

a 为相对于 GB/T 20878 调整化学成分的牌号。

表 3　马氏体型耐热钢的化学成分

GB/T 20878 中序号	新牌号	旧牌号	化学成分(质量分数)/%									
			C	Si	Mn	P	S	Cr	Ni	Mo	N	其他
96	12Cr12	1Cr12	0.15	0.50	1.00	0.040	0.030	11.50～13.00	0.60	—	—	—
98	12Cr13[a]	1Cr13	0.15	1.00	1.00	0.040	0.030	11.50～13.50	0.75	0.50	—	—
124	22Cr12NiMoWV	2Cr12NiMoWV	0.20～0.25	0.50	0.50～1.00	0.025	0.025	11.00～12.50	0.50～1.00	0.90～1.25	—	V:0.20～0.30 W:0.90～1.25

a　为相对于 GB/T 20878 调整化学成分的牌号。

表 4　沉淀硬化型耐热钢的化学成分

GB/T 20878 中序号	新牌号	旧牌号	化学成分(质量分数)/%										
			C	Si	Mn	P	S	Cr	Ni	Cu	Al	Mo	其他
135	022Cr12Ni9Cu-2NbTi[a]	—	0.05	0.50	0.50	0.040	0.030	11.00～12.50	7.50～9.50	1.50～2.50	—	0.50	Ti:0.80～1.40 (Nb+Ta):0.10～0.50
137	05Cr17Ni4Cu4Nb	0Cr17Ni4Cu4Nb	0.07	1.00	1.00	0.040	0.030	15.00～17.50	3.00～5.00	3.00～5.00	—	—	Nb:0.15～0.45
138	07Cr17Ni7Al	0Cr17Ni7Al	0.09	1.00	1.00	0.040	0.030	16.00～18.00	6.50～7.75	—	0.75～1.50	—	—
139	07Cr15Ni7Mo2Al	—	0.09	1.00	1.00	0.040	0.030	14.00～16.00	6.50～7.75	—	0.75～1.50	2.00～3.00	—
142	06Cr17Ni7AlTi	—	0.08	1.00	1.00	0.040	0.030	16.00～17.50	6.00～7.50	—	0.40	—	Ti:0.40～1.20
143	06Cr15Ni25Ti-2MoAlVB	0Cr15Ni25Ti-2MoAlVB	0.08	1.00	2.00	0.040	0.030	13.50～16.00	24.00～27.00	—	0.35	1.00～1.50	Ti:1.90～2.35 V:0.10～0.50 B:0.001～0.010

注：表 1～表 4 中所列成分除标明范围或最小值外，其余均为最大值。

a　为相对于 GB/T 20878 调整化学成分的牌号。

5.3 交货状态

钢板和钢带经冷轧或热轧后，可经热处理及酸洗或类似处理后的状态交货。经需方同意也可省去酸洗等处理。热处理制度可参照附录A。

对于沉淀硬化型钢的热处理，需方应在合同中注明对钢板或试样、钢带或试样热处理的种类，如未注明则以固溶状态交货。

5.4 力学性能

经热处理的钢板和钢带的力学性能应符合5.4.1～5.4.5的规定。

钢板和钢带的规定非比例延伸强度和硬度试验、经退火处理的铁素体型耐热钢和马氏体型耐热钢的弯曲试验，仅当需方要求并在合同中注明时才进行检验。对于几种不同硬度的试验可根据钢板和钢带的不同尺寸和状态按其中一种方法检验。经退火处理的铁素体型耐热钢和马氏体型耐热钢的钢板和钢带进行弯曲试验时，其外表面不允许有目视可见的裂纹产生。

用作冷轧原料的钢板和钢带的力学性能仅当需方要求并在合同中注明时方进行检验。

5.4.1 经固溶处理的奥氏体型耐热钢板和钢带的力学性能应符合表5的规定。

表5 经固溶处理的奥氏体型耐热钢的力学性能

GB/T 20878 中序号	新牌号	旧牌号	拉伸试验			硬度试验		
			规定非比例延伸强度 $R_{p0.2}$/MPa	抗拉强度 R_m/MPa	断后伸长率 A/%	HBW	HRB	HV
			不小于			不大于		
13	12Cr18Ni9	1Cr18Ni9	205	515	40	201	92	210
14	12Cr18Ni9Si3	1Cr18Ni9Si3	205	515	40	217	95	220
17	06Cr19Ni9	0Cr18Ni9	205	515	40	201	92	210
19	07Cr19Ni10	—	205	515	40	201	92	210
29	06Cr20Ni11	—	205	515	40	183	88	—
31	16Cr23Ni13	2Cr23Ni13	205	515	40	217	95	220
32	06Cr23Ni13	0Cr23Ni13	205	515	40	217	95	220
34	20Cr25Ni20	2Cr25Ni20	205	515	40	217	95	220
35	06Cr25Ni20	0Cr25Ni20	205	515	40	217	95	220
38	06Cr17Ni12Mo2	0Cr17Ni12Mo2	205	515	40	217	95	220
49	06Cr19Ni13Mo3	0Cr19Ni13Mo3	205	515	35	217	95	220
55	06Cr18Ni11Ti	0Cr18Ni10Ti	205	515	40	217	95	220
60	12Cr16Ni35	1Cr16Ni35	205	560	—	201	95	210
62	06Cr18NiNb	0Cr18Ni11Nb	205	515	40	201	92	210
66	16Cr25Ni20Si2[a]	1Cr25Ni20Si2	—	540	35	—	—	—

a 16Cr25Ni20Si2钢板厚度大于25 mm时，力学性能仅供参考。

5.4.2 经退火处理的铁素体型耐热钢板和钢带的力学性能应符合表6的规定。

5.4.3 经退火处理的马氏体型耐热钢板和钢带的力学性能应符合表7的规定。

表 6 经退火处理的铁素体型耐热钢的力学性能

GB/T 20878 中序号	新牌号	旧牌号	拉伸试验			硬度试验			弯曲试验	
			规定非比例延伸强度 $R_{p0.2}$/MPa	抗拉强度 R_m/MPa	断后伸长率 A/%	HBW	HRB	HV	弯曲角度	d—弯芯直径 a—钢板厚度
			不小于			不大于				
78	06Cr13Al	0Cr13Al	170	415	20	179	88	200	180°	$d=2a$
80	022Cr11Ti	—	275	415	20	197	92	200	180°	$d=2a$
81	022Cr11NbTi	—	275	415	20	197	92	200	180°	$d=2a$
85	10Cr17	1Cr17	205	450	22	183	89	200	180°	$d=2a$
93	16Cr25N	2Cr25N	275	510	20	201	95	210	135°	—

表 7 经退火处理的马氏体型耐热钢的力学性能

GB/T 20878 中序号	新牌号	旧牌号	拉伸试验			硬度试验			弯曲试验	
			规定非比例延伸强度 $R_{p0.2}$/MPa	抗拉强度 R_m/MPa	断后伸长率 A/%	HBW	HRB	HV	弯曲角度	d—弯芯直径 a—钢板厚度
			不小于			不大于				
96	12Cr12	1Cr12	205	485	25	217	88	210	180°	$d=2a$
98	12Cr13	1Cr13	—	690	15	217	96	210	—	—
124	22Cr12NiMoWV	2Cr12Ni-MoWV	275	510	20	200	95	210	—	$a\geqslant 3$ mm, $d=a$

5.4.4 经固溶处理的沉淀硬化型耐热钢板及钢带的力学性能应符合表 8 的规定。按需方指定的沉淀硬化热处理后的试样的力学性能应符合表 9 的规定。

表 8 经固溶处理的沉淀硬化型耐热钢试样的力学性能

GB/T 20878 中序号	新牌号	旧牌号	钢材厚度 /mm	规定非比例延伸强度 $R_{p0.2}$/MPa	抗拉强度 R_m/MPa	断后伸长率 A/%	硬度值	
							HRC	HBW
135	022Cr12Ni9Cu2NbTi	—	≥0.30～≤100	≤1 105	≤1 205	≥3	≤36	≤331
137	05Cr17Ni4Cu4Nb	0Cr17Ni4Cu4Nb	≥0.4～<100	≤1 105	≤1 255	≥3	≤38	≤363
138	07Cr17Ni7Al	0Cr17Ni7Al	≥0.1～<0.3	≤450	≤1 035	—	—	—
			≥0.3～≤100	≤380	≤1 035	≥20	≤92[b]	—
139	07Cr15Ni7Mo2Al	—	≥0.10～≤100	≤450	≤1 035	≥25	≤100[b]	—
142	06Cr17Ni7AlTi	—	≥0.10～<0.80	≤515	≤825	≥3	≤32	—
			≥0.80～<1.50	≤515	≤825	≥4	≤32	—
			≥1.50～≤100	≤515	≤825	≥5	≤32	—

表 8(续)

GB/T 20878 中序号	新牌号	旧牌号	钢材厚度/mm	规定非比例延伸强度 $R_{p0.2}$/MPa	抗拉强度 R_m/MPa	断后伸长率 A/%	硬度值	
							HRC	HBW
143	06Cr15Ni25Ti2MoAlVB[a]	0Cr15Ni25Ti2MoAlVB	≥2	—	≥725	≥25	≤91[b]	≤192
			≥2	≥590	≥900	≥15	≤101[b]	≤248

a 为时效处理后的力学性能。

b 为 HRB 硬度值。

表 9 经沉淀硬化处理的耐热钢试样的力学性能

GB/T 20878 中序号	牌号	钢材厚度/mm	处理温度/℃	规定非比例延伸强度 $R_{p0.2}$/MPa	抗拉强度 R_m/MPa	断后[a]伸长率 A/%	硬度值	
				不小于			HRC	HBW
135	022Cr12Ni9Cu2NbTi	≥0.10～<0.75	510±10 或 480±6	1 410	1 525	—	≥44	—
		≥0.75～<1.50		1 410	1 525	3	≥44	—
		≥1.50～≤16		1 410	1 525	4	≥44	—
137	05Cr17Ni4Cu4Nb	≥0.1～<5.0	482±10	1 170	1 310	5	40～48	—
		≥5.0～<16		1 170	1 310	8	40～48	388～477
		≥16～≤100		1 170	1 310	10	40～48	388～477
		≥0.1～<5.0	496±10	1 070	1 170	5	38～46	—
		≥5.0～<16		1 070	1 170	8	38～47	375～477
		≥16～≤100		1 070	1 170	10	38～47	375～477
		≥0.1～<5.0	552±10	1 000	1 070	5	35～43	—
		≥5.0～<16		1 000	1 070	8	33～42	321～415
		≥16～≤100		1 000	1 070	12	33～42	321～415
		≥0.1～<5.0	579±10	860	1 000	5	31～40	—
		≥5.0～<16		860	1 000	9	29～38	293～375
		≥16～≤100		860	1 000	13	29～38	293～375
		≥0.1～<5.0	593±10	790	965	5	31～40	—
		≥5.0～<16		790	965	10	29～38	293～375
		≥16～≤100		790	965	14	29～38	293～375
		≥0.1～<5.0	621±10	725	930	8	28～38	—
		≥5.0～<16		725	930	10	26～36	269～352
		≥16～≤100		725	930	16	26～36	269～352
		≥0.1～<5.0	760±10 621±10	515	790	9	26～36	255～331
		≥5.0～<16		515	790	11	24～34	248～321
		≥16～≤100		515	790	18	24～34	248～321

表 9(续)

GB/T 20878 中序号	牌　号	钢材厚度/mm	处理温度/℃	规定非比例延伸强度 $R_{p0.2}$/MPa	抗拉强度 R_m/MPa	断后[a]伸长率 A/%	硬度值	
				不小于			HRC	HBW
138	07Cr17Ni7Al	≥0.05～<0.30	760±15	1 035	1 240	3	≥38	—
		≥0.30～<5.0	15±3	1 035	1 240	5	≥38	—
		≥5.0～≤16	566±6	965	1 170	7	≥38	≥352
		≥0.05～<0.30	954±8	1 310	1 450	1	≥44	—
		≥0.30～<5.0	−73±6	1 310	1 450	3	≥44	—
		≥5.0～≤16	510±6	1 240	1 380	6	≥43	≥401
139	07Cr15Ni7Mo2Al	≥0.05～<0.30	760±15	1 170	1 310	3	≥40	—
		≥0.30～<5.0	15±3	1 170	1 310	5	≥40	—
		≥5.0～≤16	566±10	1 170	1 310	4	≥40	≥375
		≥0.05～<0.30	954±8	1 380	1 550	2	≥46	—
		≥0.30～<5.0	−73±6	1 380	1 550	4	≥46	—
		≥5.0～≤16	510±6	1 380	1 550	4	≥45	≥429
142	06Cr17Ni7AlTi	≥0.10～<0.80	510±8	1 170	1 310	3	≥39	—
		≥0.80～<1.50		1 170	1 310	4	≥39	—
		≥1.50～≤16		1 170	1 310	5	≥39	—
		≥0.10～<0.75	538±8	1 105	1 240	3	≥37	—
		≥0.75～<1.50		1 105	1 240	4	≥37	—
		≥1.50～≤16		1 105	1 240	5	≥37	—
		≥0.10～<0.75	566±8	1 035	1 170	3	≥35	—
		≥0.75～<1.50		1 035	1 170	4	≥35	—
		≥1.50～≤16		1 035	1 170	5	≥35	—
143	06Cr15Ni25Ti-2MoAlVB	≥2.0～<8.0	700～760	590	900	15	≥101	≥248

注：表中所列为推荐性热处理温度。供方应向需方提供推荐性热处理制度。

a　适用于沿宽度方向的试验。垂直于轧制方向且平行于钢板表面。

5.4.5　经固溶处理的沉淀硬化型钢的弯曲试验应符合表 10 要求。

表 10　经固溶处理的沉淀硬化型耐热钢的弯曲试验

GB/T 20878 中序号	新牌号	旧牌号	厚度/mm	冷弯 180° d—弯芯直径 a—钢板厚度
135	022Cr12Ni9Cu2NbTi		≥2.0～≤5.0	$d=6a$
138	07Cr17Ni7Al	0Cr17Ni7Al	≥2.0～<5.0	$d=a$
			≥5.0～≤7.0	$d=3a$
139	07Cr15Ni7Mo2Al		≥2.0～<5.0	$d=a$
			≥5.0～≤7.0	$d=3a$

5.5 表面加工类型

耐热钢冷轧钢板和钢带、热轧钢板和钢带的表面加工类型应分别符合 GB/T 3280、GB/T 4237 的规定。

5.6 表面质量

钢板和钢带不允许有分层，表面不允许存在裂纹、气泡、夹杂、结疤等对使用有害的缺陷。并应符合 GB/T 3280、GB/T 4237 的规定。

5.7 特殊要求

根据需方要求并经供需双方商定，可对钢的化学成分、力学性能、非金属夹杂物、高温性能规定特殊技术要求，或补充规定无损检验等特殊检验项目，具体要求和试验方法应由供需双方协商确定。

6 试验方法

每批钢板或钢带的检验项目，取样数量、取样部位及试验方法应符合表 11 规定。

表 11 钢板或钢带检验项目，取样数量、部位及试验方法

序号	检验项目	取样数量	取样方法及部位	试验方法
1	化学成分	1	GB/T 20066	GB/T 223、GB/T 11170 及 GB/T 9971—2004 中的附录 A
2	拉伸试验	1	GB/T 2975	GB/T 228
3	弯曲试验	1	GB/T 232	GB/T 232
4	硬度	1	任一张或卷	GB/T 230.1、GB/T 231.1、GB/T 4340.1
5	尺寸、外形	逐张或逐卷	—	GB/T 3280、GB/T 4237
6	表面质量	逐张或逐卷	—	目视

7 检验规则

7.1 检查和验收

钢板和钢带的质量检验由供方质量监督部门负责。供方必须保证交货的钢材符合本标准的规定，需方有权按相应标准的规定进行检查和验收。

7.2 组批规则

钢板或钢带应成批提交验收，每批由同一牌号、同一炉号、同一厚度和同一热处理制度的钢板和钢带组成。

7.3 取样部位及取样数量

钢板或钢带的取样部位及取样数量应符合表 11 的规定。

7.4 复验和判定规则

若某项试验结果不符合本标准要求时，允许按 GB/T 247 进行复验。

8 包装、标志和质量证明书

钢板和钢带的包装、标志和质量证明书应符合 GB/T 247 的规定。

附　录　A
（资料性附录）
耐热钢板及钢带的热处理制度

表 A.1　奥氏体型耐热钢的热处理制度　　单位为摄氏度

GB/T 20878 中序号	新牌号	旧牌号	固溶处理
13	12Cr18Ni9	1Cr18Ni9	≥1 040 水冷或其他方式快冷
14	12Cr18Ni9Si3	1Cr18Ni9Si3	≥1 400 水冷或其他方式快冷
17	06Cr19Ni10	0Cr18Ni9	≥1 040 水冷或其他方式快冷
19	07Cr19Ni10	—	≥1 040 水冷或其他方式快冷
29	06Cr20Ni11	—	≥1 400，水冷或其他方式快冷
31	16Cr23Ni13	2Cr23Ni13	≥1 400，水冷或其他方式快冷
32	06Cr23Ni13	0Cr23Ni13	≥1 040，水冷或其他方式快冷
34	20Cr25Ni20	2Cr25Ni20	≥1 400 水冷或其他方式快冷
35	06Cr25Ni20	0Cr25Ni20	≥1 040，水冷或其他方式快冷
38	06Cr17Ni12Mo2	0Cr17Ni12Mo2	≥1 040 水冷或其他方式快冷
49	06Cr19Ni13Mo3	0Cr19Ni13Mo3	≥1 040 水冷或其他方式快冷
55	06Cr18Ni11Ti	0Cr18Ni10Ti	≥1 095 水冷或其他方式快冷
60	12Cr16Ni35	1Cr16Ni35	1 030～1 180 快冷
62	06Cr18Ni11Nb	0Cr18Ni11Nb	≥1 040 水冷或其他方式快冷
66	16Cr25Ni20Si2	1Cr25Ni20Si2	1 080～1 130，快冷

表 A.2　铁素体型耐热钢的热处理制度　　单位为摄氏度

GB/T 20878 中序号	新牌号	旧牌号	退火处理
78	06Cr13Al	0Cr13Al	780～830 快冷或缓冷
80	022Cr11Ti	—	800～900 快冷或缓冷
81	022Cr11NbTi	—	800～900 快冷或缓冷
85	10Cr17	1Cr17	780～850 快冷或缓冷
93	16Cr25N	2Cr25N	780～880 快冷

表 A.3　马氏体型耐热钢的热处理制度　　单位为摄氏度

GB/T 20878 中序号	新牌号	旧牌号	退火处理
96	12Cr12	1Cr12	约 750 快冷或 800～900 缓冷
98	12Cr13	1Cr13	约 750 快冷或 800～900 缓冷
124	22Cr12NiMoWV	2Cr12NiMoWV	—

表 A.4 沉淀硬化型钢的热处理制度

单位为摄氏度

GB/T 20878 中序号	新牌号	旧牌号	固溶处理	沉淀硬化处理
135	022Cr12Ni9Cu2NbTi	—	829±15,水冷	480±6,保温 4 h,空冷,或 510±6,保温 4 h,空冷
137	05Cr17Ni4Cu4Nb	0Cr17Ni4Cu4Nb	1 050±25,水冷	482±10,保温 1 h,空冷。 496±10,保温 4 h,空冷。 552±10,保温 4 h,空冷。 579±10,保温 4 h,空冷。 593±10,保温 4 h,空冷。 621±10,保温 4 h,空冷。 760±10,保温 2 h,空冷 621±10,保温 4 h,空冷
138	07Cr17Ni7Al	0Cr17Ni7Al	1 065±15,水冷	954±8 保温 10 min,快冷至室温,24 h 内冷至−73±6,保温不小于 8 h。在空气中加热至室温。加热到 510±6,保温 1 h,空冷
				760±15 保温 90 min,1 h 内冷却至 15±3。保温≥30 min,加热至 566±6,保温 90 min,空冷
139	07Cr15Ni7Mo2Al	—	1 040±15,水冷	954±8 保温 10 min,快冷至室温,24 h 内冷至−73±6,保温不小于 8 h。在空气中加热至室温。加热到 510±6,保温 1 h,空冷
				760±15 保温 90 min,1 h 内冷却至 15±3。保温≥30 min,加热至 566±6,保温 90 min,空冷
142	06Cr17Ni7AlTi	—	1 038±15,空冷	510±8,保温 30 min,空冷。 538±8,保温 30 min,空冷。 566±8,保温 30 min,空冷
143	06Cr15Ni25Ti2Mo-AlVB	0Cr15Ni25Ti-2MoAlVB	885~915,快冷或 965~995,快冷	700~760 保温 16 h,空冷或缓冷

附 录 B
（资料性附录）
耐热钢的特性和用途

表 B.1 耐热钢的特性和用途

类型	GB/T 20878 中序号	新牌号	旧牌号	特性和用途
奥氏体型	13	12Cr18Ni9	1Cr18Ni9	
	14	12Cr18Ni9Si3	1Cr18Ni9Si3	耐氧化性优于12Cr18Ni9，在900℃以下具有与SUS301S相同的耐氧化性及强度。汽车排气净化装置，工业炉等高温装置部件
	17	06Cr19Ni9	0Cr18Ni9	作为不锈钢、耐热钢被广泛使用，食品设备，一般化工设备、原子能工业
	19	07Cr19Ni10	—	
	29	06Cr20Ni11	—	
	31	16Cr23Ni13	2Cr23Ni13	承受980℃以下反复加热的抗氧化钢。加热炉部件，重油燃烧器
	32	06Cr23Ni13	0Cr23Ni13	比06Cr19Ni9耐氧化性好，可承受980℃以下反复加热。炉用材料
	34	20Cr25Ni20	2Cr25Ni20	承受1 035℃以下反复加热的抗氧化钢。炉用部件、喷嘴、燃烧室
	35	06Cr25Ni20	0Cr25Ni20	比16Cr23Ni13抗氧化性好，可承受1 035℃加热。炉用材料，汽车净化装置用料
	60	12Cr16Ni35	1Cr16Ni35	抗渗碳，氮化性大的钢种，1 035℃以下反复加热。炉用钢料、石油裂解装置
	38	06Cr17Ni12Mo2	0Cr17Ni12Mo2	高温具有优良的蠕变强度，作热交换用部件，高温耐蚀螺栓
	49	06Cr19Ni13Mo3	0Cr19Ni13Mo3	高温具有良好的蠕变强度，作热交换用部件
	55	06Cr18Ni11Ti	0Cr18Ni10Ti	作在400～900℃腐蚀条件下使用的部件，高温用焊接结构部件
	62	06Cr18Ni11Nb	0Cr18Ni11Nb	作在400～900℃腐蚀条件下使用的部件，高温用焊接结构部件
	66	16Cr25Ni20Si2	1Cr25Ni20Si2	在600～800℃有析出相的脆化倾向，适于承受应力的各种炉用构件
铁素体型	78	06Cr13Al	0Cr13Al	由于冷却硬化小，作燃气透平压缩机叶片、退火箱、淬火台架
	80	022Cr11Ti	—	
	81	022Cr11NbTi	—	比022Cr11Ti具有更好的焊接性能、汽车排气阀净化装置用材料
	85	10Cr17	1Cr17	作900℃以下耐氧化部件，散热器，炉用部件、喷油嘴
	93	16Cr25N	2Cr25N	耐高温腐蚀性强，1 082℃以下不产生易剥落的氧化皮，用于燃烧室

表 B.1(续)

类型	GB/T 20878 中序号	新牌号	旧牌号	特 性 和 用 途
马氏体型	96	12Cr12	1Cr12	作为汽轮机叶片以及高应力部件的良好不锈耐热钢
	98	12Cr13	1Cr13	作 800℃以下耐氧化用部件
	124	22Cr12NiMoWV	2Cr12NiMoWV	
沉淀硬化型	135	022Cr12Ni9Cu2NbTi	—	
	137	05Cr17Ni14Cu4Nb	0Cr17Ni4Cu4Nb	添加 Cu 的沉淀硬化性的钢种，轴类、汽轮机部件，胶合压板，钢带输送机用
	138	07Cr17Ni7Al	0Cr17Ni7Al	添加 Al 的沉淀硬化型钢种。作高温弹簧、膜片、固定器、波纹管
	139	07Cr15Ni7Mo2Al	—	用于有一定耐蚀要求的高强度容器、零件及结构件
	142	06Cr17Ni7AlTi	—	
	143	06Cr15Ni25Ti2Mo-AlVB	0Cr15Ni25Ti2Mo-AlVB	耐 700℃高温的汽轮机转子，螺栓、叶片、轴

ICS 77.140.50
H 46

中华人民共和国国家标准

GB/T 5065—2004

热镀铅锡合金碳素钢冷轧薄钢板及钢带

Hot-dip lead-tin alloy coated cold rolled carbon steel sheets and strips

2004-03-24 发布　　2004-09-01 实施

中华人民共和国国家质量监督检验检疫总局
中国国家标准化管理委员会　发布

前　言

本标准是在 YB/T 5130—1993《热镀铅合金冷轧碳素薄钢板》基础上，参考 ISO 4999:1999《普通、冲压及结构用连续热镀铅锡合金冷轧碳素薄钢板》及 ASTM A308—1999《热镀铅锡合金薄钢板》制定的。

本标准自实施之日起，YB/T 5130—1993《热镀铅合金冷轧碳素薄钢板》作废。

本标准与 YB/T 5130—1993 相比主要变化如下：

——标准名称修订为《热镀铅锡合金冷轧碳素薄钢板及钢带》；

——增加了牌号及有关表示方法；

——将原标准具体钢号改为按牌号规定化学成分；

——拉延级别的“分类”增加了“超深冲无时效”级；

——不平度比原标准加严 2 mm；

——取消了原标准中关于“显微组织”的规定；

——镀层重量由原标准中只有 200 g/m^2(双面)1 档改为按镀层厚度分为 7 个档次，形成系列；

——组批重量每批不大于 10 t 改成 20 t。

本标准的附录 A 是规范性附录；

本标准由中国钢铁工业协会提出。

本标准由全国钢标准化技术委员会归口。

本标准起草单位：重庆钢铁(集团)公司、冶金工业信息标准研究院。

本标准主要起草人：宿艳、袁思胜、黄颖、曾谨涛、黄云。

本标准所代替标准的历次版本发布情况为：

——GB 5085—1985。

热镀铅锡合金碳素钢冷轧薄钢板及钢带

1 范围

本标准规定了用热浸镀方法镀铅锡合金的定尺长度或成卷的冷轧薄钢板及钢带(以下简称钢板(带))的尺寸、外形、重量及允许偏差、技术要求、试验方法、检验规则、包装、标志及质量证明书等。

本标准适用于厚度范围为0.5 mm~2.0 mm的,用于制造汽车油箱、贮油容器及需要易焊接和抗腐蚀冲压制品的碳素钢冷轧钢板(带)。

2 规范性引用文件

下列文件中的条款通过本标准的引用而成为本标准的条款。凡是注日期的引用文件,其随后所有的修改单(不包括勘误的内容)或修订版均不适用于本标准,然而,鼓励根据本标准达成协议的各方研究是否可使用这些文件的最新版本。凡是不注日期的引用文件,其最新版本适用于本标准。

GB/T 222—1984 钢的化学分析用试样取样法及成品化学成分允许偏差

GB/T 223.5 钢铁及合金化学分析方法 还原型硅钼酸盐光度法测定酸溶硅含量

GB/T 223.9 钢铁及合金化学分析方法 铬天青S光度法测定铝含量

GB/T 223.11 钢铁及合金化学分析方法 过硫酸铵氧化容量法测定铬量

GB/T 223.18 钢铁及合金化学分析方法 硫代硫酸钠分离-碘量法测定铜量

GB/T 223.23 钢铁及合金化学分析方法 丁二酮肟分光光度法测定镍量

GB/T 223.58 钢铁及合金化学分析方法 亚砷酸钠-亚硝酸钠滴定法测定锰量

GB/T 223.61 钢铁及合金化学分析方法 磷钼酸铵容量法测定磷含量

GB/T 223.68 钢铁及合金化学分析方法 管式炉内燃烧后碘酸钾滴定法测定硫含量

GB/T 223.69 钢铁及合金化学分析方法 管式炉内燃烧后气体容量法测定碳含量

GB/T 228 金属材料 室温拉伸试验方法

GB/T 232 金属材料 弯曲试验方法

GB/T 247 钢板和钢带检验、包装、标志及质量证明书的一般规定

GB/T 708 冷轧钢板和钢带的尺寸、外形、重量及允许偏差

GB/T 2975 钢及钢产品 力学性能试验取样位置及试样制备

GB/T 4156 金属杯突试验方法(厚度0.2 mm~2 mm)

GB/T 4336 碳素钢和中低合金钢 火花源原子发射光谱分析方法(常规法)

GB/T 5027 金属薄板和薄带塑性应变比(r值)试验方法

GB/T 5028 金属薄板和薄带拉伸应变硬化指数(n值)试验方法

3 订货内容

按本标准订货的合同或订单应包括以下内容:

a) 标准号;

b) 产品名称;

c) 牌号;

d) 交货重量(净含量)或数量;

e) 规格(长度、宽度、厚度,按卷状供货时内、外径要求);

f) 镀层重量(镀层代号);

g) 生产厂名称。

4 牌号表示方法、代号及分类

4.1 牌号表示方法

钢板(带)的牌号由代表"铅"、"锡"的英文字头"LT"和代表"拉延级别顺序号"的"01、02、03、04、05"表示,牌号为LT01、LT02、LT03、LT04、LT05。

4.2 分类

4.2.1 按拉延级别分

钢板(带)按拉延级别分为普通拉延级(01)、深拉延级(02)、极深拉延级(03)、最深拉延级(04)、超深冲无时效级(05)。

4.2.2 按表面质量分为普通级表面(FA)、较高级表面(FB)、高级表面(FC)。

5 尺寸、外形、重量及允许偏差

5.1 尺寸

5.1.1 钢板(带)厚度为0.5 mm~2.0 mm,牌号LT05的厚度范围为0.7 mm~1.5 mm。

5.1.2 钢板(带)宽度为600 mm~1 200 mm。

5.1.3 钢板长度为1 500 mm~3 000 mm。

5.1.4 成卷供应时,钢卷内径、外径、重量应在合同中注明。

5.2 尺寸允许偏差

5.2.1 钢板(带)尺寸允许偏差应符合GB/T 708的规定,当需方无特殊要求时,按B级精度交货。有特殊要求应在订货合同中注明。

5.3 外形

5.3.1 切斜度和镰刀弯应符合GB/T 708的规定。

5.3.2 钢板不平度应符合表1规定。

表1 钢板不平度

单位为毫米每米

表面级别	不平度,不大于
FA	16
FB	12
FC	8

5.3.3 钢带卷的一侧塔形应符合GB/T 708的规定。

5.4 重量

钢板(带)按实际重量交货。

5.5 标记示例

牌号LT04,表面质量级别FC,镀层重量200 g/m²,尺寸规格为1.2 mm×1 000 mm×2 000 mm的钢板标记示例为:

LT04—1.2×1000×2000-FC-200-GB/T 5065—2004

6 技术要求

6.1 化学成分

6.1.1 钢的化学成分(熔炼分析)应符合表2的规定。

表 2 化学成分(熔炼分析)

牌 号	化学成分(质量分数)/%									
	C	Si	Mn	P	S	Als	Ti	Cr	Ni	Cu
LT01、LT02、LT03	0.05～0.11	≤0.03	0.25～0.65	≤0.035	≤0.035	0.02～0.07	—	≤0.10	≤0.30	≤0.25
LT04	≤0.08	≤0.03	≤0.40	≤0.020	≤0.025	0.02～0.07	—	≤0.08	≤0.10	≤0.15
LT05	≤0.01	≤0.03	≤0.30	≤0.020	≤0.020	—	≤0.20	≤0.08	≤0.10	≤0.15
注：根据需要，牌号 LT04 可适当添加 Ti、Nb 等合金元素，此时对 Als 不作要求；牌号 LT05 可适当添加 Nb 等合金元素。										

6.1.2 钢板(带)的化学成分允许偏差应符合 GB/T 222 的规定。

6.2 交货状态

钢板(带)应经涂油交货。

6.3 力学性能

钢板(带)的屈服点、抗拉强度、断后伸长率、拉伸应变硬化指数、塑性应变比应符合表 3 规定。

表 3 力学性能

牌号	R_{eL}/MPa	R_m/MPa	A/% $b_0=20$ mm，$L_0=80$ mm	n	r
				$b_0=20$ mm，$L_0=80$ mm	
LT01	—	275～390	≥28	—	—
LT02	—	275～410	≥30	—	—
LT03	—	275～410	≥32	—	—
LT04	≤230	275～350	≥36	—	—
LT05	≤180	270～330	≥40	n_{90} ≥0.20	r_{90} ≥1.9
注 1：拉伸试验取横向试样。					
注 2：b_0 为试样宽度，L_0 为试样标距。					

6.4 工艺性能

6.4.1 弯曲性能

钢板(带)(钢基)应在冷状态下做 180°弯曲试验，其弯心直径 $d=0$，弯曲处不得有裂纹和分层。

6.4.2 杯突试验

牌号 LT01、LT02、LT03、LT04 的钢板(带)在供货状态下进行杯突试验，杯突值(冲压深度)应符合表 4 规定。

表 4 钢板(带)杯突值 单位为毫米

厚度	冲压深度，不小于			
	LT04	LT03	LT02	LT01
0.5	9.3	9.0	8.4	8.0
0.6	9.6	9.4	8.9	8.5
0.7	10.1	9.7	9.2	8.9
0.8	10.5	10.0	9.5	9.3

表 4(续)

单位为毫米

厚度	冲压深度,不小于			
	LT04	LT03	LT02	LT01
0.9	10.7	10.3	9.9	9.6
1.0	10.8	10.5	10.1	9.9
1.1	11.0	10.8	10.4	10.2
1.2	11.2	11.0	10.6	10.4
1.3	11.3	11.2	10.8	10.6
1.4	11.4	11.3	11.0	10.8
1.5	11.6	11.5	11.2	11.0
1.6	11.8	11.6	11.4	11.2
1.7	12.0	11.8	11.6	11.4
1.8	12.1	11.9	11.7	11.5
1.9	12.2	12.0	11.8	11.7
2.0	12.3	12.1	11.9	11.8

6.5 镀层

6.5.1 镀层重量应符合表 5 的规定。

表 5 镀层重量

单位为克每平方米

镀层代号	两面三点试验平均镀层重量 不小于	两面单点试验镀层重量 不小于
075	75	60
100	100	75
120	120	90
150	150	110
170	170	125
200	200	165
260	260	215

6.5.2 镀铅锡钢板(带)应做 180°冷弯试验,试样宽度为 25 mm,弯心直径 $d=0$,弯曲处外侧应无镀层开裂和镀层脱落。

6.5.3 在镀层铅锡合金中,以铅为主,锡含量应不小于 9%,也可含有一定量的锑。

6.6 表面质量

6.6.1 镀层应均匀,表面不得有裂纹、夹杂和漏镀。

6.6.2 钢板表面允许有不破坏镀层的下列缺陷,见表 6。

表 6 钢板表面允许缺陷

表面级别	钢板表面允许缺陷
FC	1 距钢板一端的尾瘤宽度不大于 15 mm。钢板表面上铅合金溢流不大于钢板厚度的正偏差。 2 轻微的擦伤、划痕和压痕。每面有不超过钢板厚度公差之半的细小的铅粒、麻点和高低不平点、锖色斑点和溶剂斑点。

表 6(续)

表面级别	钢板表面允许缺陷
FB	1 距角端 20 mm 以内的折弯或缺角。 2 钢板裂边深度不大于 5 mm。 3 FC 表面允许有的缺陷。
FA	1 距角端 30 mm 以内的折弯或缺角。 2 钢板裂边深度不大于 10 mm。 3 FB 表面上允许有的缺陷。

6.6.3 钢带表面允许存在钢板表面允许有的缺陷，但长度不应超过总长度的 8%。

7 试验方法

7.1 钢板(带)的表面质量用目视检查。

7.2 钢板(带)的尺寸、外形应用合适的测量量具和工具测量。

7.3 每批钢板(带)的检验项目、取样数量、取样部位和试验方法应符合表 7 规定。

表 7 钢板(带)的检验项目、取样数量和试验方法

序号	检验项目	取样数量	取样部位	试验方法
1	化学成分 (熔炼分析)	1(每炉罐号)	GB/T 222	GB/T 223 相关标准 GB/T 4336
2	拉伸	1	GB/T 2975	GB/T 228
3	弯曲	2(钢基、镀层各 1)	GB/T 2975	GB/T 232
4	n、r 值	1	GB/T 2975	GB/T 5027、GB/T 5028
5	杯突	1		GB/T 4156
6	镀层重量	见附录 A		

7.4 拉伸试验是对基体钢板(带)的测试，试样的两端应除去镀层测量基体钢板(带)的厚度，以便计算横截面积。

7.5 钢板(带)检验取样部位如图 1 所示。

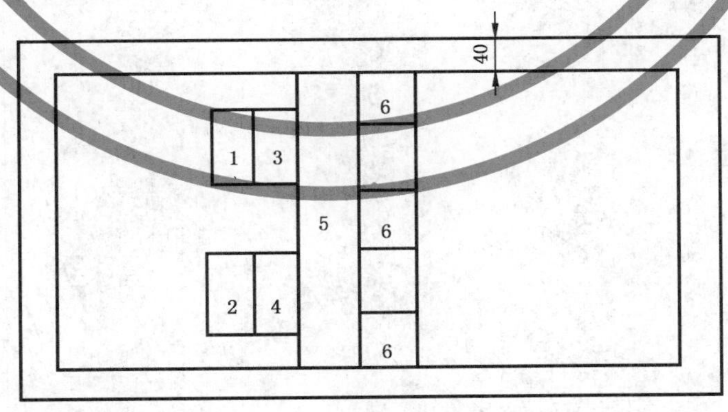

1——钢基拉力试验取样部位；

2——n、r 值试验取样部位；

3——钢基弯曲试验取样部位；

4——铅层弯曲取样部位；

5——杯突试验取样部位；

6——铅层重量试验取样部位。

图 1 钢板(带)检验取样部位

8 检验规则

8.1 钢板(带)应按批检验,每批由同一牌号、同一镀层厚度、同一规格、同一表面质量的镀铅锡合金板组成,每批重量不大于 20 t。对于卷重大于 30 t 钢带,以每卷作为一个检验批。如需方对包装、重量等有特殊要求时,应在合同中注明。

8.2 取样

自每批中任选一张或一卷距端头 1 000 mm 以外处切取。

8.3 复验

复验规则应符合 GB/T 247 的规定。

9 包装、标志、质量证明书

包装、标志、质量证明书应符合 GB/T 247 的规定。

附 录 A
（规范性附录）
热镀铅锡合金碳素钢冷轧薄钢板及钢带的镀层重量测定方法

A.1 总则

本附录适用于点滴方法测定热镀铅锡合金碳素钢冷轧薄钢板及钢带的镀层重量的测定。

A.2 试样

切取或冲取3个面积为2 500 mm^2 或5 000 mm^2 的矩形或圆形试样，试样应取自钢板中心及靠近两边、距边部不低于40 mm处。

试样先用汽油、苯或其它溶剂清洗，再用酒精清洗，然后烘干称重。

A.3 剥除

把试样放入盛有10%氢氧化钠溶液的烧杯中，加热溶液并陆续添加分量不多的过氧化钠或氧化氢。当全部镀层脱落后（肉眼观察）取出试样用水冲洗、酒精清洗，烘干重新称重。

A.4 计算

当使用面积为2 500 mm^2 或5 000 mm^2 的试样时，以克为单位的重量差乘以400或200即等于以克为单位的每平方米钢板的镀层重量。

ICS 77.140.50
H 46

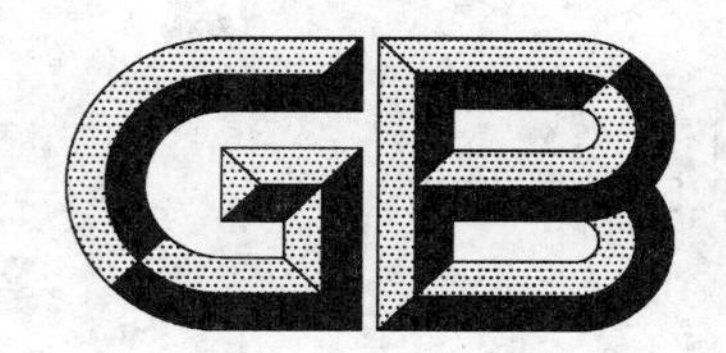

中华人民共和国国家标准

GB/T 5213—2008
代替 GB/T 5213—2001

冷轧低碳钢板及钢带

Cold rolled low carbon steel sheet and strip

2008-10-10 发布　　　　2009-05-01 实施

中华人民共和国国家质量监督检验检疫总局
中国国家标准化管理委员会　发布

前　言

本标准根据国内冷轧低碳钢板及钢带的生产、使用情况，同时参考 EN 10130:2006《冷成型用冷轧低碳扁平钢材——交货技术条件》(英文版)，对 GB/T 5213—2001《深冲压用冷轧薄钢板及钢带》进行了修订。

本标准代替 GB/T 5213—2001《深冲压用冷轧薄钢板及钢带》。

本标准与 GB/T 5213—2001 相比，对下列主要技术内容进行了修改：

——标准名称修改为《冷轧低碳钢板及钢带》；

——修改了牌号命名方法；

——增加了一般用和冲压用钢级 DC01，DC03 以及特超深冲用钢级 DC07；

——表面质量级别由两种修改为三种；

——尺寸、外形、重量及允许偏差直接采用 GB/T 708；

——调整了对化学成分的规定；

——取消 SC1 按拉延级别分为 F、HF 和 ZF 三个级别的规定以及杯突、弯曲和金相的规定；

——表面结构中增加了粗糙度 Ra 的要求；

——对于钢带状态交货的产品，其表面有缺陷的部分的长度由 8%调整为 6%。

本标准附录 A、附录 B 为资料性附录。

本标准由中国钢铁工业协会提出。

本标准由全国钢标准化技术委员会归口。

本标准负责起草单位：宝山钢铁股份有限公司。

本标准参加起草单位：鞍钢股份有限公司、马鞍山钢铁股份有限公司、冶金工业信息标准研究院。

本标准主要起草人：李玉光、涂树林、徐宏伟、孙忠明、王晓虎、陈玥、杨兴亮、施鸿雁、于成峰、黄锦花。

本标准所替代标准的历次版本发布情况为：

——GB/T 5213—1985、GB/T 5213—2001。

冷轧低碳钢板及钢带

1 范围

本标准规定了冷轧低碳钢板及钢带(以下简称钢板及钢带)的分类和代号、尺寸、外形、重量、技术要求、检验和试验、包装、标志及质量证明书等内容。

本标准适用于汽车、家电等行业使用的厚度为0.30 mm~3.5 mm冷轧低碳钢板及钢带。

2 规范性引用文件

下列文件中的条款通过本标准的引用而成为本标准的条款。凡是注日期的引用文件,其随后所有的修改单(不包括勘误的内容)或修订版均不适用于本标准,然而,鼓励根据本标准达成协议的各方研究是否可使用这些文件的最新版本。凡是不注日期的引用文件,其最新版本适用于本标准。

GB/T 223.9 钢铁及合金 铝含量的测定 铬天青S分光光度法

GB/T 223.16 钢铁及合金化学分析方法 变色酸光度法测定钛量

GB/T 223.17 钢铁及合金化学分析方法 二安替比林甲烷光度法测定钛量

GB/T 223.40 钢铁及合金 铌含量的测定 氯磺酚S分光光度法

GB/T 223.59 钢铁及合金 磷含量的测定 铋磷钼蓝分光光度法和锑磷钼蓝分光光度法

GB/T 223.63 钢铁及合金化学分析方法 高碘酸钠(钾)光度法测定锰量

GB/T 223.64 钢铁及合金 锰含量的测定 火焰原子吸收光谱法

GB/T 228 金属材料 室温拉伸试验方法(GB/T 228—2002,eqv ISO 6892:1998)

GB/T 247 钢板和钢带检验、包装、标志及质量证明书的一般规定

GB/T 708 冷轧钢板和钢带的尺寸、外形、重量及允许偏差

GB/T 2523 冷轧薄钢板(带)表面粗糙度测量方法

GB/T 2975 钢及钢产品力学性能试验取样位置及试样制备(GB/T 2975—1998,eqv ISO 377:1997)

GB/T 4336 碳素钢和中低合金钢 火花源原子发射光谱分析方法(常规法)

GB/T 5027 金属材料薄板和薄带塑性应变比(r值)的测定(GB/T 5027—2007,ISO 10113:2006,IDT)

GB/T 5028 金属薄板和薄带拉伸应变硬化指数(n值)试验方法(GB/T 5028—1999,eqv ISO 10275:1993)

GB/T 8170 数值修约规则

GB/T 17505 钢及钢产品交货一般技术要求(GB/T 17505—1998,eqv ISO 404:1992)

GB/T 20066 钢和铁 化学成分测定用试样的取样和制样方法(GB/T 20066—2006,ISO 14284:1996,IDT)

GB/T 20123 钢铁 总碳硫含量的测定高频感应炉燃烧后红外吸收法(常规方法)(GB/T 20123—2006,ISO 15350:2000,IDT)

GB/T 20125 低合金钢 多元素含量的测定 电感耦合等离子体原子发射光谱法

GB/T 20126 非合金钢 低碳含量的测定 第2部分:感应炉(经预加热)内燃烧后红外吸收法

3 分类和代号

3.1 牌号命名方法

钢板及钢带的牌号由三部分组成,第一部分为字母“D”,代表冷成形用钢板及钢带,第二部分为字

母“C”,代表轧制条件为冷轧;第三部分为两位数字序列号,即01、03、04等。

示例:DC01

D——表示冷成形用钢板及钢带

C——表示轧制条件为冷轧

01——表示数字序列号

3.2 钢板及钢带按用途分类如表1的规定。

表1

牌　　号	用　　途
DC01	一般用
DC03	冲压用
DC04	深冲用
DC05	特深冲用
DC06	超深冲用
DC07	特超深冲用

3.3 钢板及钢带按表面质量分类如表2的规定。

表2

级　　别	代　　号
较高级表面	FB
高级表面	FC
超高级表面	FD

3.4 钢板及钢带按表面结构分类如表3的规定。

表3

表　面　结　构	代　　号
光亮表面	B
麻面	D

4 订货所需信息

4.1 用户订货时应提供如下信息:

a) 产品名称(钢板或钢带);

b) 本产品标准号;

c) 牌号;

d) 规格及尺寸、不平度精度;

e) 表面质量级别;

f) 表面结构;

g) 边缘状态;

h) 包装方式;

i) 重量;

j) 用途;

k) 其他特殊要求(如表面朝向等)。

4.2 如订货合同中未注明尺寸和不平度精度、表面质量级别、表面结构种类、边缘状态及包装等信息,则本标准产品按普通的尺寸和不平度精度、较高级表面、表面结构为麻面的切边钢板或切边钢带供货，并按供方提供的包装方式包装。

5 尺寸、外形、重量及允许偏差

钢板及钢带的尺寸、外形、重量及允许偏差应符合 GB/T 708 的规定。

6 技术要求

6.1 化学成分

钢的化学成分(熔炼分析)参考值见附录 A。如需方对化学成分有要求，应在订货时协商。

6.2 冶炼方法及制造过程

钢板及钢带所用的钢采用氧气转炉或电炉冶炼，除非另有规定，冶炼方式由供方选择。

6.3 交货状态

6.3.1 钢板及钢带以退火后平整状态交货。

6.3.2 钢板及钢带通常涂油供货，所涂油膜应能用碱水溶液去除，在通常的包装、运输、装卸和储存条件下，供方应保证自生产完成之日起 6 个月内不生锈。如需方要求不涂油供货，应在订货时协商。

注：对于需方要求的不涂油产品，供方应不承担产品锈蚀的风险。订货时，需方应被告知，在运输、装卸、储存和使用过程中，不涂油产品表面易产生轻微划伤。

6.4 力学性能

钢板及钢带的力学性能应符合表 4 的规定。

表 4

牌号	屈服强度[a,b] R_{eL} 或 $R_{P0.2}$/MPa 不大于	抗拉强度 R_m/MPa	断后伸长率[c,d] A_{80}/% (L_0=80 mm,b=20 mm) 不小于	r_{90} 值[e] 不小于	n_{90} 值[e] 不小于
DC01	280[f]	270～410	28	—	—
DC03	240	270～370	34	1.3	—
DC04	210	270～350	38	1.6	0.18
DC05	180	270～330	40	1.9	0.20
DC06	170	270～330	41	2.1	0.22
DC07	150	250～310	44	2.5	0.23

a 无明显屈服时采用 $R_{P0.2}$，否则采用 R_{eL}。当厚度大于 0.50 mm 且不大于 0.70 mm 时，屈服强度上限值可以增加 20 MPa；当厚度不大于 0.50 mm 时，屈服强度上限值可以增加 40 MPa。

b 经供需双方协商同意，DC01、DC03、DC04 屈服强度的下限值可设定为 140 MPa，DC05、DC06 屈服强度的下限值可设定为 120 MPa，DC07 屈服强度的下限值可设定为 100 MPa。

c 试样为 GB/T 228 中的 P6 试样，试样方向为横向。

d 当厚度大于 0.50 mm 且不大于 0.70 mm 时，断后伸长率最小值可以降低 2%(绝对值)；当厚度不大于 0.50 mm 时，断后伸长率最小值可以降低 4%(绝对值)。

e r_{90} 值和 n_{90} 值的要求仅适用于厚度不小于 0.50 mm 的产品。当厚度大于 2.0 mm 时，r_{90} 值可以降低 0.2。

f DC01 的屈服强度上限值的有效期仅为从生产完成之日起 8 天内。

6.5 拉伸应变痕

6.5.1 产品退火后，为了避免在后续成形过程中出现拉伸应变痕，制造厂通常要进行适度平整。但随着存储时间的延长，由于受时效的影响，形成拉伸应变痕的趋势会重新出现，因此建议用户应该尽快使用。

6.5.2 钢板及钢带拉伸应变痕的规定如表5所示。

表5

牌　号	拉伸应变痕
DC01	室温储存条件下，表面质量为FD的钢板及钢带自生产完成之日起3个月内使用时不应出现拉伸应变痕
DC03	室温储存条件下，钢板及钢带自生产完成之日起6个月内使用时不应出现拉伸应变痕
DC04	室温储存条件下，钢板及钢带自生产完成之日起6个月内使用时不应出现拉伸应变痕
DC05	室温储存条件下，钢板及钢带自生产完成之日起6个月内使用时不应出现拉伸应变痕
DC06	室温储存条件下，钢板及钢带使用时不出现拉伸应变痕
DC07	室温储存条件下，钢板及钢带使用时不出现拉伸应变痕

6.6 表面质量

6.6.1 钢板及钢带表面不应有结疤、裂纹、夹杂等对使用有害的缺陷，钢板及钢带不得有分层。

6.6.2 钢板及钢带各表面质量级别的特征如表6所述。

6.6.3 对于钢带，由于没有机会切除带缺陷部分，因此允许带缺陷交货，但有缺陷部分应不超过每卷总长度的6%。

表6

级　别	代　号	特　征
较高级表面	FB	表面允许有少量不影响成形性及涂、镀附着力的缺陷，如轻微的划伤、压痕、麻点、辊印及氧化色等
高级表面	FC	产品两面中较好的一面无肉眼可见的明显缺陷，另一面至少应达到FB的要求
超高级表面	FD	产品两面中较好的一面不应有影响涂漆后的外观质量或电镀后的外观质量的缺陷，另一面至少应达到FB的要求

6.7 表面结构

表面结构为麻面(D)时，平均粗糙度 Ra 目标值为大于0.6 μm且不大于1.9 μm；表面结构为光亮表面(B)时，平均粗糙度 Ra 目标值为不大于0.9 μm。如需方对粗糙度有特殊要求，应在订货时协商。

7 检验和试验

7.1 钢板及钢带的外观用肉眼检查。

7.2 钢板及钢带的尺寸、外形应用合适的测量工具测量。

7.3 r_{90} 值是在15%应变时计算得到的，均匀延伸小于15%时，以均匀延伸结束时的应变计算。n_{90} 值是在10%～20%应变范围内计算得到的，均匀延伸小于20%时，应变范围为10%至均匀延伸结束时的应变。

7.4 钢板及钢带的检验项目、试样数量、取样方法和试验方法应符合表7的规定。

表7

序号	检验项目	试样数量(个)	取样方法	试验方法
1	化学分析	1/炉	GB/T 20066	GB/T 223、GB/T 4336、GB/T 20123、GB/T 20125、GB/T 20126
2	拉伸试验	1/批	GB/T 2975	GB/T 228
3	塑性应变比(r_{90}值)	1/批	GB/T 2975	GB/T 5027和7.3
4	应变硬化指数(n_{90}值)	1/批	GB/T 2975	GB/T 5028和7.3
5	表面粗糙度	—	GB/T 2975	GB/T 2523

7.5 钢板及钢带应按批验收，每个检验批应由同一牌号、同一规格、同一加工状态的钢板或钢带组成。每批的重量应不大于 30 t，对于卷重大于 30 t 的钢带，每卷作为一个检验批。

7.6 钢板及钢带的复验应符合 GB/T 17505 的规定。

8 包装、标志及质量证明书

钢板及钢带的包装、标志及质量证明书应符合 GB/T 247 的规定。如需方对包装重量有特殊要求，应在合同中注明。

9 数值修约

数值修约按 GB/T 8170 的规定。

10 国内外牌号近似对照

本标准牌号与国内外标准牌号的近似对照见附录 B。

附　录　A
（资料性附录）
钢的化学成分

A.1　钢的化学成分（熔炼分析）参考值见表 A.1。

表 A.1

%（质量分数）

牌　号	C	Mn	P	S	Al_t[a]	Ti[b]
DC01	≤0.12	≤0.60	≤0.045	≤0.045	≥0.020	—
DC03	≤0.10	≤0.45	≤0.035	≤0.035	≥0.020	—
DC04	≤0.08	≤0.40	≤0.030	≤0.030	≥0.020	—
DC05	≤0.06	≤0.35	≤0.025	≤0.025	≥0.015	—
DC06	≤0.02	≤0.30	≤0.020	≤0.020	≥0.015	≤0.30[c]
DC07	≤0.01	≤0.25	≤0.020	≤0.020	≥0.015	≤0.20[c]

[a] 对于牌号 DC01、DC03 和 DC04，当 C≤0.01 时 Al_t≥0.015。

[b] DC01、DC03、DC04 和 DC05 也可以添加 Nb 或 Ti。

[c] 可以用 Nb 代替部分 Ti，钢中 C 和 N 应全部被固定。

附 录 B
（资料性附录）
国内外牌号近似对照

B.1 本标准牌号与被替代标准及国内外标准的近似对照见表 B.1。

表 B.1

GB/T 5213—2008	GB/T 5213—2001 GB/T 13237—1991	EN 10130-2006	JIS G 3141-2005	ISO 3574:1999	ASTM A 1008M-07
DC01	08Al	DC01	SPCC	CR1	CS Type C
DC03	—	DC03	SPCD	CR2	CS Type A,B
DC04	SC1	DC04	SPCE	CR3	DS Type A,B
DC05	SC2	DC05	SPCF	CR4	DDS
DC06	SC3	DC06	SPCG	CR5	EDDS
DC07	—	DC07	—	—	—

ICS 77.140.50
H 46

中华人民共和国国家标准

GB/T 5313—2010
代替 GB/T 5313—1985

厚度方向性能钢板

Steel plates with through-thickness characteristics

2010-12-23 发布 2011-09-01 实施

中华人民共和国国家质量监督检验检疫总局
中国国家标准化管理委员会 发布

前　言

本标准按照 GB/T 1.1—2009 给出的规则起草。

本标准参照 EN 10164:2004《改进垂直于产品表面变形性能的钢产品》，结合我国厚度方向性能钢板的生产和应用情况，对 GB/T 5313—1985《厚度方向性能钢板》进行修订。

本标准代替 GB/T 5313—1985《厚度方向性能钢板》，本标准与 GB/T 5313—1985 相比主要有以下变化：

——取消了适用钢板的屈服强度级别；

——钢板的最大厚度由 150 mm 提高到 400 mm；

——修改了试样的制备和检验规定。

本标准的附录 A 和附录 B 为规范性附录。

本标准由中国钢铁工业协会提出。

本标准由全国钢标准化技术委员会(SAC/TC 183)归口。

本标准起草单位：河北钢铁集团舞阳钢铁有限责任公司、江苏沙钢集团有限公司、湖南华菱湘潭钢铁有限公司、天津钢铁集团有限公司、新余钢铁集团有限公司、冶金工业信息标准研究院、安阳钢铁股份有限公司、首钢总公司。

本标准主要起草人：赵文忠、张华红、谢良法、常跃峰、李晓波、李小莉、曾小平、张均生、王晓虎、李子林、师莉、王永然、吕瑞国。

本标准所代替标准的历次版本发布情况为：

——GB/T 5313—1985。

厚度方向性能钢板

1 范围

本标准规定了钢板的厚度方向性能级别、试验方法及检验规则。厚度方向性能级别是对钢板的抗层状撕裂的能力提供的一种量度，厚度方向性能采用厚度方向拉伸试验的断面收缩率来评定。

本标准适用于厚度为15 mm～400 mm的镇静钢钢板。

2 规范性引用文件

下列文件对于本文件的应用是必不可少的。凡是注日期的引用文件，仅注日期的版本适用于本文件。凡是不注日期的引用文件，其最新版本(包括所有的修改单)适用于本文件。

GB/T 228.1 金属材料 拉伸试验 第1部分：室温试验方法(GB/T 228.1—2010，ISO 6892-1：2009，MOD)

GB/T 17505 钢及钢产品交货一般技术要求

3 牌号表示方法

按本标准订货的厚度方向性能钢板的牌号，由产品原牌号和要求的厚度方向性能级别组成。

例如：Q345GJDZ25

Q345GJD——为GB/T 19879中的原牌号；

Z25——为根据本标准所要求的厚度方向性能级别。

4 技术要求

4.1 不同厚度方向性能级别所对应的钢的硫含量(熔炼分析)应符合表1的规定。

4.2 钢板厚度方向性能级别及所对应的断面收缩率的平均值和单个试样最小值应符合表2的规定。

4.3 按本标准订货的钢板，应进行超声波探伤检验，探伤方法和合格级别经供需双方协商在合同中注明。

4.4 按本标准订货的钢板，经供需双方协商可采用补充要求，具体内容见附录A。

表1 硫含量(熔炼分析)

厚度方向性能级别	硫含量(质量分数)/%
Z15	≤0.010
Z25	≤0.007
Z35	≤0.005

表 2 厚度方向性能级别及断面收缩率值

厚度方向性能级别	断面收缩率 Z/%	
	三个试样的最小平均值	单个试样最小值
Z15	15	10
Z25	25	15
Z35	35	25

5 样坯和试样制备

5.1 取样

样坯应在沿钢板主轧制方向(纵向)的一端的中部切取(宽度 1/2 处),对于钢锭成材的钢板,应确保取在对应钢锭头部端。该样坯足以制备 6 个试样,其中 3 个为备用。应确保在最终试样的加工过程中伴随的热影响或加工硬化区被去除。

5.2 试样制备

应从按 5.1 的要求切取的样坯上,按照下列步骤制备带延伸部分或不带延伸部分的试样,试样的轴线应垂直于钢板表面。带延伸部分的试样规定如下:

1) 对于 15 mm≤t≤20 mm,应有延伸部分,t 为产品厚度;

2) 对于 t>20 mm,可选择延伸部分,t 为产品厚度。

5.3 带延伸部分的试样(见图 B.1)

焊接前,应先清除试样表面的所有铁锈、氧化铁皮、油脂等杂物。

1) 采用摩擦焊或其他合适方法以保证热影响区最小的方式,将延伸部分焊接到试样的两个表面上。

2) 试样直径 d_0 如下:

对于 15 mm≤t≤25 mm,t 为产品厚度,d_0=6 mm 或 10 mm;

对于 t>25 mm,t 为产品厚度,d_0=10 mm。

3) 试样的平行长度 L_C 应至少为 1.5 d_0 且不超过 80 mm,热影响区应在 L_C 之外。

5.4 不带延伸部分的试样(见图 B.2、图 B.3)

1) 试样直径 d_0 如下:

对于 20 mm≤t≤40 mm,t 为产品厚度,d_0=6 mm 或 10 mm;

对于 40 mm<t≤400 mm,t 为产品厚度,d_0=10 mm;

2) 试样的平行长度 L_C 应至少为 1.5 d_0 且不超过 80 mm;

3) 对于 t≤80 mm 的产品,试样总长度 L_t 应等于产品全厚度 t。

5.5 对于 80 mm<t≤400 mm 的产品,试样总长度 L_t 应使 L_C 包括产品厚度 1/4 位置。

6 试验方法

厚度方向拉伸试验应按照 GB/T 228.1 进行,断面收缩率应按照 GB/T 228.1 测定。断面收缩率(%)按式(1)计算:

$$Z=\left(\frac{S_o-S_u}{S_o}\right)\times 100 \qquad \cdots\cdots(1)$$

$$S_o = \frac{\pi}{4} d_0^2 \qquad \cdots\cdots (2)$$

$$S_u = \frac{\pi}{4}\left(\frac{d_1 + d_2}{2}\right)^2 \qquad \cdots\cdots (3)$$

式中：

S_o——试样原始横截面积，单位为平方毫米(mm^2)；

S_u——试样断裂后的最小横截面积，单位为平方毫米(mm^2)。

d_1 和 d_2 为两个互相垂直的直径的测量值。如果断面呈椭圆形，则 d_1 和 d_2 表示椭圆的两根轴。

7 检验规则

7.1 组批规则

Z25、Z35 级钢板应逐轧制张进行钢板厚度方向性能检验。

Z15 级钢板按批进行钢板厚度方向性能检验，每批钢板由同一牌号、同一炉号、同一厚度、同一交货状态的钢板组成，每批重量不大于 50 t。需方有要求时，也可逐轧制张检验。

7.2 检验

一组三个试样断面收缩率的平均值应符合规定的平均值，允许其中一个试样的断面收缩率值低于规定最小平均值，但不得低于规定的单个试样最小值。

当不能满足上述要求时，则用备用的 3 个试样进行附加试验，前后两组 6 个试样的断面收缩率应同时满足下列条件，才能确认试验单元符合要求。

1） 6 个试样的平均值应大于或等于规定的最小平均值；

2） 6 个试样的单值中最多允许有两个小于规定的最小平均值；

3） 6 个试样的单值中最多允许有 1 个小于规定的单个试样最小值。

若不能满足上述条件，样坯所代表的产品将被拒收。

7.3 复验

7.3.1 Z15 级钢板按批检验时，复验应符合 GB/T 17505 中对序贯试验的规定。

7.3.2 供方对复验不合格的钢板，可以进行热处理或重新热处理后，再进行试验，以判定合格与否。

7.4 重验

如果试样加工不当或焊接不良，则试样应作废。若试样断裂在焊缝处、热影响区或延伸部分，则试样应无效。此时可在同一样坯上补取试样重做试验。

附 录 A
（规范性附录）
补充要求

下列补充要求只有在经供需双方协商一致，并在合同中注明后才使用。

A.1 厚度方向试验时的抗拉强度值要求。

A.2 其他取样部位的要求。

附　录　B
（规范性附录）
试样的制备和类型

单位为毫米

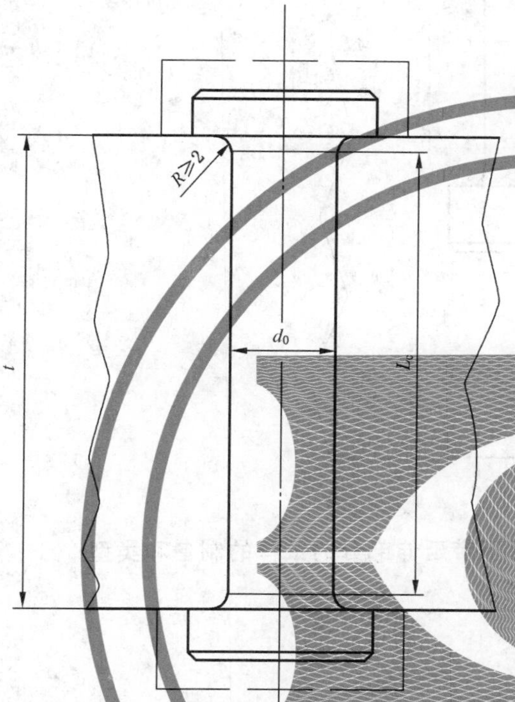

图 B.1　带两个延伸部分的试样的制备和类型

单位为毫米

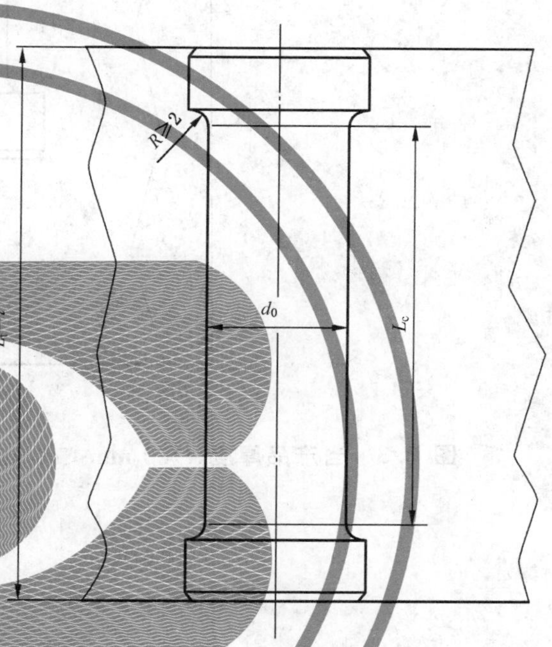

图 B.2　不带延伸部分的试样的制备和类型

单位为毫米

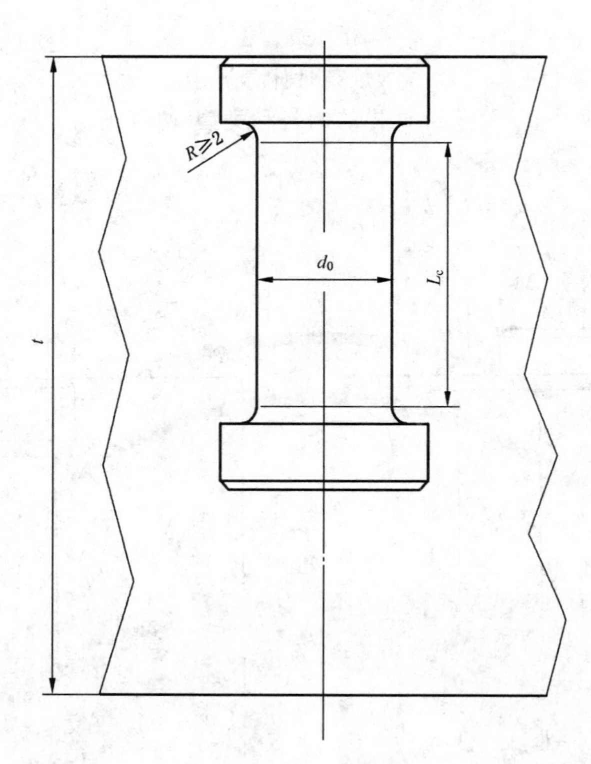

图 B.3 当产品厚度(t)80 mm<t≤400 mm 时不带延伸部分的试样的制备和类型

参 考 文 献

[1] GB/T 19879 建筑结构用钢板

ICS 77.140.50
H 46

中华人民共和国国家标准

GB 6653—2008
代替 GB 6653—1994

焊接气瓶用钢板和钢带

Steel plates and strips for welded gas cylinders

2008-12-23 发布　　　　2009-12-01 实施

中华人民共和国国家质量监督检验检疫总局
中国国家标准化管理委员会　发布

前　言

本标准中6.1.5、6.6、6.7.4为推荐性条款，其余条款为强制性条款。

本标准参考了ISO 4978:1983《焊接气瓶用轧制扁钢制品》、EN 10120:1996《焊接气瓶用钢板和钢带》、JIS G 3116:2005《高压气体容器用钢板和钢带》，结合国内生产厂的实际情况和用户使用情况，对GB 6653—1994《焊接气瓶用钢板》进行修订。

本标准自实施之日起，GB 6653—1994《焊接气瓶用钢板》废止。

本标准与GB 6653—1994标准相比，主要变化如下：

——修改标准名称；

——扩展厚度规格范围；

——取消HP245、HP365牌号，增加HP235牌号；

——调整各牌号的化学成分和力学性能；

——取消平炉的冶炼方法；

——修改对非金属夹杂物的要求。

本标准由中国钢铁工业协会提出。

本标准由全国钢标准化技术委员会归口。

本标准主要起草单位：鞍钢股份有限公司、冶金工业信息标准研究院、山西太钢不锈钢股份有限公司、武汉钢铁集团公司。

本标准主要起草人：管吉春、朴志民、王晓虎、郝瑞琴。

本标准所代替标准的历次版本发布情况为：

——GB 6653—1986、GB 6653—1994。

焊接气瓶用钢板和钢带

1 范围

本标准规定了焊接气瓶用钢板和钢带的尺寸、外形、重量及允许偏差、技术要求、试验方法、检验规则、包装、标志及质量证明书。

本标准适用于焊接气瓶用厚度为 2.0 mm～14.0 mm 的热轧钢板和钢带及厚度为 1.5 mm～4.0 mm的冷轧钢板和钢带。

2 规范性引用文件

下列文件中的条款通过本标准的引用而成为本标准的条款。凡是注日期的引用文件，其随后所有的修改单(不包括勘误的内容)或修订版均不适用于本标准，然而，鼓励根据本标准达成协议的各方研究是否可使用这些文件的最新版本。凡是不注日期的引用文件，其最新版本适用于本标准。

GB/T 222　钢的成品化学成分允许偏差
GB/T 223.9　钢铁及合金　铝含量的测定　铬天青S分光光度法
GB/T 223.12　钢铁及合金化学分析方法　碳酸钠分离-二苯碳酰二肼光度法测定铬量
GB/T 223.14　钢铁及合金化学分析方法　钽试剂萃取光度法测定钒含量
GB/T 223.16　钢铁及合金化学分析方法　变色酸光度法测定钛量
GB/T 223.19　钢铁及合金化学分析方法　新亚铜灵-三氯甲烷萃取光度法测定铜量
GB/T 223.23　钢铁及合金　镍含量的测定　丁二酮肟分光光度法
GB/T 223.26　钢铁及合金　钼含量的测定　硫氰酸盐分光光度法
GB/T 223.40　钢铁及合金　铌含量的测定　氯磺酚S分光光度法
GB/T 223.49　钢铁及合金化学分析方法　萃取分离-偶氮氯膦 mA 分光光度法测定稀土总量
GB/T 223.53　钢铁及合金化学分析方法　火焰原子吸收分光光度法测定铜量
GB/T 223.54　钢铁及合金化学分析方法　火焰原子吸收分光光度法测定镍量
GB/T 223.58　钢铁及合金化学分析方法　亚砷酸钠-亚硝酸钠滴定法测定锰量
GB/T 223.59　钢铁及合金　磷含量的测定　铋磷钼蓝分光光度法和锑磷钼蓝分光光度法
GB/T 223.60　钢铁及合金化学分析方法　高氯酸脱水重量法测定硅含量
GB/T 223.62　钢铁及合金化学分析方法　乙酸丁酯萃取光度法测定磷量
GB/T 223.63　钢铁及合金化学分析方法　高碘酸钠(钾)光度法测定锰量
GB/T 223.64　钢铁及合金　锰含量的测定　火焰原子吸收光谱法
GB/T 223.67　钢铁及合金　硫含量的测定　次甲基蓝分光光度法
GB/T 223.68　钢铁及合金化学分析方法　管式炉内燃烧后碘酸钾滴定法测定硫含量
GB/T 223.69　钢铁及合金　碳含量的测定　管式炉内燃烧后气体容量法
GB/T 223.71　钢铁及合金化学分析方法　管式炉内燃烧后重量法测定碳含量
GB/T 223.72　钢铁及合金　硫含量的测定　重量法
GB/T 223.76　钢铁及合金化学分析方法　火焰原子吸收光谱法测定钒量
GB/T 228　金属材料　室温拉伸试验方法(GB/T 228—2002,eqv ISO 6892:1998)
GB/T 229　金属材料　夏比摆锤冲击试验方法(GB/T 229—2007,ISO 148-1:2006,MOD)
GB/T 232　金属材料　弯曲试验方法(GB/T 232—1999,eqv ISO 7438:1985)
GB/T 247　钢板和钢带包装、标志及质量证明书的一般规定
GB/T 708　冷轧钢板和钢带的尺寸、外形、重量及允许偏差

GB/T 709　热轧钢板和钢带的尺寸、外形、重量及允许偏差

GB/T 2975　钢及钢产品　力学性能试样取样位置及试样制备(GB/T 2975—1998,eqv ISO 377:1997)

GB/T 4336　碳素钢和中低合金钢火花源原子发射光谱分析方法(常规法)

GB/T 6394　金属平均晶粒度测定法

GB/T 10561　钢中非金属夹杂物含量的测定　标准评级图显微检验法(GB/T 10561—2005,ISO 4967:1998,IDT)

GB/T 14977　热轧钢板表面质量的一般要求

GB/T 17505　钢及钢产品一般交货技术要求(GB/T 17505—1998,eqv ISO 404:1992)

GB/T 20066　钢和铁　化学成分测定用试样的取样和制样方法(GB/T 20066—2006,ISO 14284:1996,IDT)

GB/T 20125　低合金钢　多元素含量的测定　电感耦合等离子体原子发射光谱法

YB/T 081　冶金技术标准的数值修约与检测数值的判定原则

3　牌号表示方法

钢的牌号由“焊瓶”的汉语拼音首位字母“HP”和下屈服强度下限值两个部分组成。

例如:HP295,其中:

——HP:焊接气瓶中“焊瓶”的汉语拼音首位字母;

——295:钢的下屈服强度的下限值,单位为牛顿每平方毫米(N/mm^2)。

4　订货内容

订货时用户需提供以下信息:

a)　本标准号;

b)　牌号;

c)　规格及尺寸公差;

d)　重量;

e)　产品类型(钢板或钢带);

f)　交货状态;

g)　其他要求。

5　尺寸、外形、重量及允许偏差

5.1　热轧钢板和钢带的尺寸、外形、重量及允许偏差应符合 GB/T 709 的规定。

5.2　冷轧钢板和钢带的尺寸、外形、重量及允许偏差应符合 GB/T 708 的规定。

6　技术要求

6.1　钢的牌号和化学成分

6.1.1　钢的牌号和化学成分(熔炼分析)应符合表 1 规定。

表 1

牌　号	化学成分[a,b](质量分数)/%					
	C	Si	Mn	P	S	Al_s
HP235	≤0.16	≤0.10[c]	≤0.80	≤0.025	≤0.015	≥0.015
HP265	≤0.18	≤0.10[c]	≤0.80	≤0.025	≤0.015	≥0.015
HP295	≤0.18	≤0.10[c]	≤1.00	≤0.025	≤0.015	≥0.015

表 1(续)

牌 号	化学成分[a,b](质量分数)/%					
	C	Si	Mn	P	S	Al_s
HP325	≤0.20	≤0.35	≤1.50	≤0.025	≤0.015	≥0.015
HP345	≤0.20	≤0.35	≤1.50	≤0.025	≤0.015	≥0.015

[a] 对于 HP265、HP295,碳含量比规定最大碳含量每降低 0.01%,锰含量则允许比规定最大锰含量提高 0.05%,但对于 HP265,最大锰含量不允许超过 1.00%;对于 HP295,最大锰含量不允许超过 1.20%。

[b] 酸溶铝含量可以用测定全铝含量代替,此时全铝含量应不小于 0.020%。

[c] 对于厚度≥6 mm 的钢板或钢带,允许 $w(Si)$≤0.35%。

6.1.2 冷轧退火钢板在保证性能的情况下,HP235、HP265 的碳含量上限允许到 0.20%,锰含量上限允许到 1.00%。

6.1.3 为改善钢的性能,各牌号钢中可加入 V、Nb、Ti 等微量元素的一种或几种,但应符合以下规定:$w(V)$≤0.12%,$w(Nb)$≤0.06%,$w(Ti)$≤0.20%。

6.1.4 各牌号钢中残余元素 Cr、Ni、Mo 含量应各不大于 0.30%,Cu 含量应不大于 0.20%,供方若能保证可不作分析。

6.1.5 为改善钢的内在质量,各牌号钢中可加入适量稀土元素。

6.1.6 成品钢板和钢带化学成分的允许偏差应符合 GB/T 222 的规定。

6.2 冶炼方法

钢采用转炉或电炉冶炼,且为镇静钢。除非需方有特殊要求,冶炼方法由供方选择。

6.3 交货状态

热轧钢板和钢带应以热轧、控轧或热处理状态交货,冷轧钢板和钢带以退火状态交货。

6.4 力学性能和工艺性能

6.4.1 钢板和钢带的力学性能和工艺性能应符合表 2 和表 3 的规定。

表 2

牌 号	拉伸试验[a,b]				180°弯曲试验[a,c] 弯心直径 (b≥35 mm)
	下屈服强度 R_{eL} N/mm²	抗拉强度 R_m N/mm²	断后伸长率/%		
			$A_{80\ mm}$ (L_0=80 mm,b=20 mm)	A	
			<3 mm	≥3 mm	
HP235	≥235	380~500	≥23	≥29	1.5a
HP265	≥265	410~520	≥21	≥27	1.5a
HP295	≥295	440~560	≥20	≥26	2.0a
HP325	≥325	490~600	≥18	≥22	2.0a
HP345	≥345	510~620	≥17	≥21	2.0a

注:a 为钢材厚度。

[a] 拉伸试验、弯曲试验均取横向试样。

[b] 当屈服现象不明显时,采用 $R_{p0.2}$。

[c] 弯曲试样仲裁试样宽度 b=35 mm。

表 3

牌　号	V型冲击试验			
	试样方向	试样尺寸/mm	试验温度/℃	冲击吸收能量 KV_2/J
HP235 HP265 HP295 HP325 HP345	横向	10×5×55	室温	≥18
		10×7.5×55		≥23
		10×10×55		≥27

6.4.2　冲击试验结果按3个试样的平均值计算，允许其中一个试样的冲击吸收能量小于规定值，但不得低于规定值的70%。

6.4.3　厚度6 mm～＜12 mm的钢板和钢带做冲击试验时应采用小尺寸试样，其冲击吸收能量值应符合表3或表4的规定。对于厚度＞8 mm～＜12 mm的钢板和钢带采用10 mm×7.5 mm×55 mm小尺寸试样，对于厚度6 mm～8 mm的钢板和钢带采用10 mm×5 mm×55 mm小尺寸试样。厚度＜6 mm的钢板和钢带不做冲击试验。

表 4

牌　号	V型冲击试验			
	试样方向	试样尺寸/mm	试验温度/℃	冲击吸收能量 KV_2/J
HP235 HP265 HP295 HP325 HP345	横向	10×5×55	−40	≥14
		10×7.5×55		≥17
		10×10×55		≥20

6.5　晶粒度

钢板和钢带的晶粒度应不小于6级，晶粒度不均匀性应在3个相邻级别范围内。如供方能保证，可不做检验。

6.6　其他要求

根据需方要求，经供需双方协商并在合同中注明，可增加以下检验项目。

a)　钢板和钢带−40 ℃的V型冲击试验应符合表4的规定。当做−40 ℃冲击试验时，可代替表3中的室温冲击试验。

b)　钢板和钢带的屈强比不大于0.8。

c)　钢板和钢带的非金属夹杂物应符合表5的规定。

表 5

类　别	A	B	C	D	DS	总量
级　别	≤2.5	≤2.0	≤2.5	≤2.0	≤2.5	≤8.0

6.7　表面质量

6.7.1　钢板和钢带表面不得有裂纹、结疤、折叠、气泡、夹杂和分层等对使用有害的缺陷。钢板和钢带如有上述缺陷时，允许清理，但其清理深度以实际尺寸算起不得超过钢板或钢带厚度的负偏差，并应保证钢板或钢带的最小厚度。清理处应平滑、无棱角。

6.7.2　钢板和钢带表面允许有深度(高度)不超过钢板或钢带厚度公差之半的局部麻点、凹面、划痕及其他轻微缺陷，但应保证钢板或钢带的最小厚度。

6.7.3　钢带允许带缺陷交货，但有缺陷部分的长度不得超过钢带总长度的8%。

6.7.4 供需双方协商，钢板表面质量可执行 GB/T 14977 的规定。

7 试验方法

7.1 钢板和钢带的外观应目视检查。

7.2 钢板和钢带的尺寸、外形应用合适的测量工具测量。

7.3 每批钢板或钢带的检验项目、试样数量、取样方法和试验方法应符合表 6 的规定。

表 6

序号	试验项目	试样数量	取样方法	试验方法
1	化学分析	1 个/炉	GB/T 20066	GB/T 223、GB/T 4336、GB/T 20125
2	拉伸试验	1(2)个/批	GB/T 2975	GB/T 228
3	弯曲试验	1(2)个/批	GB/T 2975	GB/T 232
4	冲击试验	3 个/批	GB/T 2975	GB/T 229
5	晶粒度	1(2)个/批	GB/T 6394	GB/T 6394
6	非金属夹杂物	1(2)个/批	GB/T 10561	GB/T 10561
注：括号内数字为冷轧退火钢板取样数量。				

8 检验规则

8.1 组批规则

钢板和钢带应成批验收。每批应由同一牌号、同一炉号、同一厚度和同一轧制制度或热处理制度的钢板或钢带组成，每批重量不得超过 60 t。轧制卷重大于 30 t 的钢带或连轧钢板可按两个轧制卷组批。

8.2 复验

8.2.1 如果冲击试验结果不符合规定时，应从同一取样产品上再取 3 个试样进行试验，先后 6 个试样的平均值应不小于表 3 或表 4 的规定值，允许其中有 2 个试样低于规定值，但低于规定值 70% 的试样只允许有一个。

8.2.2 钢板和钢带的其他复验应符合 GB/T 17505 的规定。

8.3 数值修约

除非在合同或订单中另有规定，当需要评定试验结果是否符合规定值时，其修约方法应按 YB/T 081的规定进行。

9 包装、标志和质量证明书

钢板和钢带的包装、标志和质量证明书应符合 GB/T 247 的规定。

ICS 77.140.40
H 53

中华人民共和国国家标准

GB/T 6983—2008
代替 GB/T 6983—1986;GB/T 6984—1986;GB/T 6985—1986

电磁纯铁

Soft magnetic iron

2008-09-11 发布　　2009-05-01 实施

中华人民共和国国家质量监督检验检疫总局
中国国家标准化管理委员会　发布

前　言

本标准根据电磁纯铁产品的发展趋势，并国内生产使用情况，对 GB/T 6983—1986《电磁纯铁棒材技术条件》、GB/T 6984—1986《电磁纯铁热轧厚板技术条件》和 GB/T 6985—1986《电磁纯铁冷轧薄板》三个标准进行合并修订。

本标准代替 GB/T 6983—1986、GB/T 6984—1986 和 GB/T 6985—1986。与 GB/T 6983—1986、GB/T 6984—1986 和 GB/T 6985—1986 相比主要变化如下：

——标准名称改为“电磁纯铁”；

——对牌号及化学成分进行较大修改，取消了 DT3、DT3A 牌号，成分结构更适应于电磁纯铁材料发展的需要；

——调整了标准的品种范围，增加了连铸方坯、连铸矩形坯、连铸板坯、初轧坯、热轧盘条品种，对新增品种增加了相应的规定；

——增加、修改了规范性引用文件；

——增加了产品的订货内容；

——增加了产品的牌号的说明；

——增加或修改了电磁纯铁冷轧薄板(带)的尺寸、外形、重量及偏差和表面质量的规定，取消了电磁纯铁冷轧薄板有关超级精度的规定；

——增加了“电磁纯铁产品出厂磁性检验一般只检测矫顽力(Hc)，并根据矫顽力值判定牌号”的规定；修改了磁性能检验试样热处理工艺和矫顽力磁时效增值检验的规定；修改了矫顽力磁时效增值(ΔHc)的表述；

——增加了对直径小于 60 mm 的圆钢及热轧盘条的磁性能检验方法；

——增加了电磁纯铁连铸坯、初轧坯、直径大于 150 mm 的圆棒、厚度大于 20 mm 的热轧板材有关磁性检验和交货牌号的规定；

——增加了热轧板材力学性能检验及技术指标要求，适当修改了热轧及锻制圆钢的力学性能指标，并修改了技术指标表示符号和单位名称；

——增加了电磁纯铁圆棒关于低倍取样方法的规定；增加了电磁纯铁板材矫顽力试样和冷弯试样取样方法的规定。

本标准的附录 A 为规范性附录，附录 B 为资料性附录。

本标准由中国钢铁工业协会提出。

本标准由全国钢标准化技术委员会归口。

本标准起草单位：山西太钢不锈钢股份有限公司、冶金工业信息标准研究院。

本标准主要起草人：赵昱臻、王晓虎、郝瑞琴、张建生、李慧峰。

本标准所代替标准的历次版本发布情况为：

——GB/T 6983—1986；

——GB/T 6984—1986；

——GB/T 6985—1986。

电 磁 纯 铁

1 范围

本标准规定了电磁纯铁的产品分类、尺寸、外形、重量、技术要求、试验方法、检验规则、包装标志和质量证明书等。

本标准适用于电磁纯铁热轧圆棒、锻制圆棒、冷拉圆棒、热轧盘条、热轧板(带)、冷轧薄板(带),也适用于最终用途的电磁纯铁连铸方坯、连铸矩形坯、连铸板坯和初轧坯。

注:电磁纯铁在国际上也称为软磁铁。

2 规范性引用文件

下列标准中的条款通过本标准的引用而构成为本标准的条款。凡是注日期的引用文件,其随后所有的修改单(不包括勘误的内容)或修订版均不适用于本标准,然而,鼓励根据本标准达成协议的各方研究是否可使用这些文件的最新版本。凡是不注日期的引用文件,其最新版本适用于本标准。

GB/T 222 钢的成品化学成分允许偏差

GB/T 226 钢的低倍组织及缺陷酸蚀检验法

GB/T 228 金属材料 室温拉伸试验方法(GB/T 228—2002,eqv ISO 6892:1998)

GB/T 232 金属弯曲试验方法(GB/T 232—1999,eqv ISO 7438:1985)

GB/T 247 钢板和钢带验收、包装、标志及质量证明书

GB/T 699 优质碳素结构钢

GB/T 701 低碳钢热轧圆盘条

GB/T 702 热轧圆钢和方钢尺寸、外形、重量及允许偏差

GB/T 708 冷轧钢板和钢带的尺寸、外形、重量及允许偏差

GB/T 709 热轧钢板和钢带的尺寸、外形、重量及允许偏差

GB/T 711 优质碳素结构钢热轧厚钢板和钢带

GB/T 905 冷拉圆钢、方钢、六角钢尺寸、外形、重量及允许偏差

GB/T 908 锻制钢棒尺寸、外形、重量及允许偏差

GB/T 2101 型钢验收、包装、标志及质量证明书的一般规定

GB/T 2975 钢及钢产品力学性能试验取样位置及试样制备(GB/T 2975—1998,eqv ISO 377:1997)

GB/T 3078 优质结构钢冷拉钢材

GB/T 3656 电工用纯铁磁性能测量方法

GB/T 4340.1 金属维氏硬度试验 第1部分:试验方法(GB/T 4340.1—1999,eqv ISO 6507.1:1997)

GB/T 13237 优质碳素结构钢冷轧薄钢板和钢带

GB/T 14981 热轧盘条尺寸、外形、重量及允许偏差

GB/T 20066 钢和铁 化学成分用试样的取样和制样方法(GB/T 20066—2006,ISO 14284:1996,IDT)

YB/T 001 初轧坯尺寸、外形、重量及允许偏差

YB/T 004 初轧坯和钢坯技术条件

YB/T 2011 连续铸钢方坯和矩形坯

YB/T 2012　连续铸钢板坯

钢中各元素的化学分析方法的规范性引用文件见附录A(规范性附录)。

3　订货内容

按本标准订货的合同或订货单应包括以下内容：

a)　标准编号；

b)　产品名称；

c)　产品牌号；

d)　交货数量(重量)；

e)　尺寸及外形；

f)　交货状态；

g)　表面质量；

h)　标志和包装；

i)　材料最终用途——如果可能，需说明材料是否要机械加工、热压力加工、冷压力加工、冲切成片及冷弯成形、深拉成形等，这将有助于供方提供用户便于制造加工的最合适的材料；

j)　其他特殊要求。

4　牌号

4.1　电磁纯铁的牌号用汉语拼音大写字母和阿拉伯数字表示，“DT”代表电磁纯铁名称中“电”和“铁”汉语拼音的首位字母，“DT”后面的数字“4”为代号。

4.2　电磁纯铁牌号中代号后面的字母表示电磁性能等级，即“A”为高级，“E”为特级，“C”为超级。

5　分类

电磁纯铁产品分为钢坯、热轧和锻制圆棒、热轧盘条、热轧板(带)、冷轧薄板(带)、冷拉圆棒。

6　尺寸、外形、重量及允许偏差

6.1　尺寸、外形及允许偏差

电磁纯铁产品尺寸、外形及允许偏差应符合表1中相应标准的规定。根据需方要求，经供需双方协商，也可提供表1以外的其他尺寸偏差产品。

表1

品　种	执行标准	品　种	执行标准
连铸方坯和矩形坯	YB/T 2011	锻制圆棒	GB/T 908
连铸板坯	YB/T 2012	热轧板(带)	GB/T 709
初轧坯	YB/T 001	冷拉圆棒	GB/T 905
热轧圆棒	GB/T 702	冷轧薄板(带)[a]	GB/T 708
热轧盘条	GB/T 14981	—	—

[a] 电磁纯铁冷轧薄板(带)的厚度允许偏差应符合GB/T 708的A级精度；冷轧态的钢带不检测不平度；经供需双方协议，可供应5.0 mm以上厚度的冷轧板。

6.2 重量

电磁纯铁产品按实际重量交货。

7 技术要求

7.1 化学成分

电磁纯铁化学成分(熔炼分析)参考值见附录B,化学成分应在质量证明书上注明。成品化学成分允许偏差应符合GB/T 222的规定。

7.2 电磁性能

7.2.1 电磁纯铁产品试样按8.2的规定进行退火后,按GB/T 3656测量磁性,电磁性能应符合表2规定。在试验结果足以反映产品质量前提下,产品的判废或交货试验也可采用其他类型的试验方法。

7.2.2 电磁纯铁产品出厂磁性检验一般只检测矫顽力(Hc),并根据矫顽力值判定牌号。根据需方要求并在合同中注明,可测量矫顽力时效增值(ΔHc)、最大磁导率(μ_m)和指定点的磁感应值(B)或磁化曲线。

7.2.3 电磁纯铁试样的矫顽力时效增值(ΔHc),是指试样按8.3规定进行人工时效处理后的矫顽力测量值减去人工时效前的矫顽力测量值($\Delta Hc = Hc_{时效后} - Hc_{时效前}$)。

表2

磁性等级	牌号	矫顽力 Hc/(A/m) ≤	矫顽力时效增值 ΔHc/(A/m) ≤	最大磁导率 μ_m/(H/m) ≥	磁感应强度 B/T						
					B_{200}	B_{300}	B_{500}	$B_{1\,000}$	$B_{2\,500}$	$B_{5\,000}$	$B_{10\,000}$
普通级	DT4	96.0	9.6	0.007 5	≥1.20	≥1.30	≥1.40	≥1.50	≥1.62	≥1.71	≥1.80
高级	DT4A	72.0	7.2	0.008 8							
特级	DT4E	48.0	4.8	0.011 3							
超级	DT4C	32.0	4.0	0.015 1							

注:B_{200}、B_{300}、B_{500}……$B_{10\,000}$分别表示磁场强度为200 A/m、300 A/m、500 A/m……10 000 A/m时的磁感应强度。

7.3 表面质量

电磁纯铁产品表面质量应符合表3中相应标准的规定。

表3

品　种	执行标准	品　种	执行标准
电磁纯铁连铸方坯和矩形坯	YB/T 2011	电磁纯铁锻制圆棒	GB/T 699
电磁纯铁连铸板坯	YB/T 2012	电磁纯铁热轧板(带)	GB/T 711
电磁纯铁初轧坯	YB/T 004	电磁纯铁冷拉圆棒	GB/T 3078
电磁纯铁热轧圆棒	GB/T 699	电磁纯铁冷轧薄板(带)	GB/T 13237
电磁纯铁热轧盘条	GB/T 701	—	—

7.4 低倍组织

电磁纯铁热轧圆棒、锻制圆棒、冷拉圆棒和截面尺寸小于 250 mm×250 mm 的初轧坯的横向低倍组织不得有残余缩孔、分层和夹杂。

7.5 冷弯性能

电磁纯铁热轧板(带)和退火态的冷轧薄板(带)应进行冷弯检验,试样经 180°弯曲后,弯曲处不应有肉眼可见的裂纹、裂口和分层。弯心直径按表 4 规定。

表 4

单位为毫米

纯铁板厚度 a	弯心直径 d
<8	a
8～20	$2a$
厚度大于 20 的热轧板不作冷弯检验。	

7.6 力学性能

7.6.1 根据需方要求,锻制圆棒、热轧圆棒和热轧板材可检验力学性能,其结果应符合表 5 规定。

表 5

力学性能		表面硬度
抗拉强度 R_m/MPa	断后伸长率 A/%	维氏硬度 HV5
≥265	≥25	≤195

7.6.2 以软化退火状态交货的电磁纯铁冷轧薄板(带)应进行表面维氏硬度检验,每个试样测量 3 个点,取平均值作为单个试样的测量结果,硬度值应为 85 HV5～140 HV5。

8 试验方法

8.1 检验项目、取样部位和试验方法

检验项目、取样部位和试验方法应符合表 6 的规定。

表 6

检验项目	取样个数	取样部位	试验方法
化学成分	1	GB/T 20066	附录 A
电磁性能[b]	2[a]	不同根圆棒、不同根盘条或任意两张板材(板材取横向矫顽力试样)	GB/T 3656
低　倍	2	不同根圆棒(模铸产品相当于锭头部;连铸坯任意部位)	GB/T 226
拉　伸	2[a]	GB/T 2975	GB/T 228
冷　弯	2[a]	GB/T 2975(取横向试样)	GB/T 232
硬　度	2[a]	不同根圆棒或任意两张板材	GB/T 4340
表　面	逐支或逐张(卷)	—	目视
尺　寸	逐支或逐张(卷)	—	通用量具

[a] 按卷供货的电磁纯铁产品每卷取 1 个样。

[b] 电磁纯铁连铸坯、初轧坯、直径大于 150 mm 的圆钢、厚度大于 20 mm 的热轧板材一般不检验磁性能,以 DT4 牌号交货。根据需方要求,供需双方对上述品种的取样方法协商后可进行磁性能检验,结果供参考。直径小于 60 mm 的电磁纯铁圆棒及热轧盘条一般不检验最大磁导率和磁感应强度。但可以根据需方要求可检验磁感应强度或最大磁导率,试样尺寸由供方自定,或者采用产品制造早期的较大断面的母材制取标准试样后测量磁性能,结果供参考。

8.2 磁性检验试样退火工艺

作磁性能检验的试样应进行退火，退火宜采用真空或惰性气体保护，也可以采用脱碳气氛，防止试样发生氧化、增碳、锈蚀等影响检验结果准确性的质量变化。

退火工艺：真空或惰性气体保护退火时，随炉升温到 900 ℃±10 ℃保温 1 h，保温结束后以低于 50 ℃/h 的速度冷却到 500 ℃以下或室温出炉；如果采用脱碳气氛进行退火，则随炉升温到 800 ℃，然后经不小于 2 h 的时间加热到 900 ℃±10 ℃保温 4 h，保温结束后以低于 50 ℃/h 的速度冷却到 500 ℃以下或室温出炉。

供方也可以对磁性检验的试样采用其他退火工艺，但应在质量证明书中注明。

8.3 人工时效工艺

人工时效检验试样的时效处理工艺：130 ℃下保温 50 h，然后出炉空冷。经供需双方协议，亦可采用其他人工时效工艺。

9 检验规则

9.1 检查和验收

电磁纯铁坯（或材）产品由供方技术监督部门进行检查和验收。需方有权按相应标准规定进行复查。

9.2 组批规则

电磁纯铁坯（或材）产品应成批验收。每批应由同一牌号、同一炉号、同一加工方法、同一规格和同一交货状态的电磁纯铁坯（或材）组成。

9.3 取样数量和取样部位

每批电磁纯铁坯（或材）产品的取样数量和取样部位应符合表 6 的规定。

9.4 复验和判定规则

电磁纯铁坯（或材）的复验和判定规则应符合表 7 的规定。

表 7

品　种	执行标准	品　种	执行标准
连铸方坯和矩形坯	GB/T 2011	锻制圆棒	GB/T 2101
连铸板坯	YB/T 2012	冷拉圆棒	GB/T 2101
初轧坯	GB/T 2101	热轧板(带)	GB/T 247
热轧圆棒	GB/T 2101	冷轧薄板(带)	GB/T 247
热轧盘条	GB/T 2101	—	—

9.5 包装、标志及质量证明书

9.5.1 电磁纯铁连铸坯、初轧坯、圆棒、热轧盘条的包装、标志及质量证明书应符合 GB/T 2101 的有关规定。

9.5.2 电磁纯铁热轧板（带）和冷轧薄板（带）的包装、标志及质量证明书应符合 GB/T 247 的有关规定。

附　录　A
（规范性附录）
化学分析方法规范性引用文件

A.1　化学分析方法引用标准

GB/T 223.3　钢铁及合金化学分析方法　二安替比林甲烷磷钼酸重量法测定磷量
GB/T 223.5　钢铁及合金化学分析方法　还原型硅钼酸盐光度法测定酸溶硅含量
GB/T 223.8　钢铁及合金化学分析方法　氟化钠分离-EDTA滴定法测定铝含量
GB/T 223.9　钢铁及合金　铝含量的测定　铬天青S分光光度法
GB/T 223.11　钢铁及合金化学分析方法　过硫酸铵氧化容量法测定铬量
GB/T 223.12　钢铁及合金化学分析方法　碳酸钠分离-二苯碳酰二肼光度法测定铬含量
GB/T 223.16　钢铁及合金化学分析方法　变色酸光度法测定钛量
GB/T 223.17　钢铁及合金化学分析方法　二安替吡啉甲烷光度法测定钛量
GB/T 223.18　钢铁及合金化学分析方法　硫代硫酸钠分离-碘量法测定铜量
GB/T 223.19　钢铁及合金化学分析方法　新亚铜灵-三氯甲烷萃取光度法测定铜量
GB/T 223.23　钢铁及合金　镍含量的测定　丁二酮肟分光光度法
GB/T 223.53　钢铁及合金化学分析方法　火焰原子吸收分光光度法测定铜量
GB/T 223.54　钢铁及合金化学分析方法　火焰原子吸收分光光度法测定镍量
GB/T 223.58　钢铁及合金化学分析方法　亚砷酸钠-亚硝酸钠滴定法测定锰量
GB/T 223.59　钢铁及合金化学分析方法　锑磷钼蓝光度法测定磷量
GB/T 223.60　钢铁及合金化学分析方法　高氯酸脱水重量法测定硅含量
GB/T 223.61　钢铁及合金化学分析方法　磷钼酸铵容量法测定磷量
GB/T 223.62　钢铁及合金化学分析方法　乙酸丁酯萃取光度法测定磷量
GB/T 223.63　钢铁及合金化学分析方法　高碘酸钠(钾)光度法测定锰量
GB/T 223.64　钢铁及合金化学分析方法　火焰原子吸收光谱法测定锰量
GB/T 223.67　钢铁及合金化学分析方法　还原蒸馏-次甲基蓝光度法测定硫量
GB/T 223.68　钢铁及合金化学分析方法　管式炉内燃烧后碘酸钾滴定法测定硫含量
GB/T 223.69　钢铁及合金化学分析方法　管式炉内燃烧后气体容量法测定碳含量
GB/T 223.71　钢铁及合金化学分析方法　管式炉内燃烧后重量法测定碳含量
GB/T 223.72　钢铁及合金化学分析方法　氧化铝色层分离-硫酸钡重量法测定硫量
GB/T 4336　碳素钢和中低合金钢火花源原子发射光谱分析方法(常规法)
GB/T 9971—2004　原料纯铁(附录A和附录B)

附 录 B
（资料性附录）
电磁纯铁化学成分(熔炼分析)参考值

电磁纯铁化学成分(熔炼分析)参考值见表 B.1。

表 B.1

牌号	化学成分(质量分数)/%									
	C	Si	Mn	P	S	Al	Ti	Cr	Ni	Cu
DT4、DT4A、DT4E、DT4C	≤0.010	≤0.10	≤0.25	≤0.015	≤0.010	0.20～0.80	≤0.02	≤0.10	≤0.05	≤0.05

ICS 77.140.50
H 46

中华人民共和国国家标准

GB/T 8165—2008
代替 GB/T 8165—1997、GB/T 17102—1997

不锈钢复合钢板和钢带

Stainless steel clad plates, sheets and strips

2008-09-11 发布　　　　2009-05-01 实施

中华人民共和国国家质量监督检验检疫总局
中国国家标准化管理委员会　发布

前言

本标准对 GB/T 8165—1997《不锈钢复合钢板和钢带》和 GB/T 17102—1997《不锈复合钢冷轧薄钢板和钢带》进行合并修订。

本标准代替 GB/T 8165—1997、GB/T 17102—1997 标准。与 GB/T 8165—1997、GB/T 17102—1997 相比，主要变化如下：

——调整了复合板(带)的材质、类型；

——修改了结合率的判定方法；

——修改了性能检测方法。

本标准的附录 A 为规范性附录。

本标准由中国钢铁工业协会提出。

本标准由全国钢标准化技术委员会归口。

本标准主要起草单位：山西太钢不锈钢股份有限公司、冶金工业信息标准研究院。

本标准主要起草人：李国平、弓建忠、王晓虎、常太根、范述宁、董莉。

本标准所代替标准的历次版本发布情况为：

——GB/T 8165—1987、GB/T 8165—1997；

——GB/T 17102—1997。

不锈钢复合钢板和钢带

1 范围

本标准规定了采用爆炸法、爆炸轧制法和轧制法生产的不锈钢复合钢板和钢带(以下简称“复合板(带)”)的术语和定义、分类和代号、尺寸、外形、重量、技术要求、试验方法、检验规则、包装、标志及质量证明书等。

本标准适用于以不锈钢做复层、碳素钢和低合金钢做基层的复合钢板(带)。包括用于制造石油、化工、轻工、海水淡化、核工业的各类压力容器、贮罐等结构件的不锈钢复层厚度≥1 mm 的复合中厚板,以及用于轻工机械、食品、炊具、建筑、装饰、焊管、铁路客车、医药卫生、环境保护等行业的设备或用具制造需要的复层厚度≤0.8 mm 的单面、双面对称和非对称复合钢带及其剪切钢板。

2 规范性引用文件

下列文件中的条款通过本标准的引用而成为本标准的条款。凡是注日期的引用文件,其随后所有的修改单(不包括勘误的内容)或修订版均不适用于本标准,然而,鼓励根据本标准达成协议的各方研究是否可使用这些文件的最新版本。凡是不注日期的引用文件,其最新版本适用于本标准。

GB/T 247 钢板和钢带验收、包装、标识及质量证明书的一般规定
GB/T 708 冷轧钢板和钢带的尺寸、外形、重量及允许偏差
GB/T 709 热轧钢板和钢带的尺寸、外形、重量及允许偏差
GB/T 710 优质碳素结构钢热轧薄钢板和钢带
GB/T 711 优质碳素结构钢热轧厚钢板和钢带
GB 713 锅炉和压力容器用钢板
GB/T 2975 钢及钢产品 力学性能试验取样位置及试样制备(GB/T 2975—1998,eqv ISO 377:1997)
GB/T 3274 碳素结构钢和低合金结构钢热轧厚钢板和钢带
GB/T 3280 不锈钢冷轧钢板和钢带
GB 3531 低温压力容器用低合金钢钢板
GB/T 4156 金属杯突试验方法
GB/T 4237 不锈钢热轧钢板和钢带
GB/T 4334 金属和合金的腐蚀 不锈钢晶间腐蚀试验方法
GB/T 6396 复合钢板力学及工艺性能试验方法
JB/T 10061 A 型脉冲反射式超声探伤仪通用技术条件

3 术语和定义

本标准采用下列术语和定义:

3.1

不锈钢复合钢板和钢带 stainless steel clad plates, sheets and strips

以碳素钢或低合金钢为基层,采用爆炸法或其他方法,在其一面或两面整体连续地包覆一定厚度不锈钢的复合材料。

3.2

复层 cladding metal

复合钢板中接触工作介质和大气的不锈钢。

3.3

基层　base metal

复合钢板中主要承受结构强度的碳素钢或低合金钢。

3.4

爆炸法　explosion method

以爆炸方法实现复、基层间冶金焊合的复合方法。

3.5

爆炸轧制法　exploded rolling method

以爆炸方法进行复、基层坯料的初始焊合，再进行轧制焊合的复合方法。

3.6

轧制复合法　rolled compounding method

不进行爆炸，只在轧制过程中实现复合的复合方法。

3.7

复合界面　compound contact interface

复合钢板复层和基层之间的分界面。

3.8

结合率　union rate

复合钢板复、基层间呈冶金焊合状态的面积占总界面面积的百分率。

3.9

修补焊接　patched welding

按一定要求除去未结合部分的复层，在基层上堆焊不锈钢，然后进行各种处理，使复合钢板复层保持原有性能的作业。

4　分类和代号

4.1　制造方法

4.1.1　复合钢板(带)的不锈钢复层可以在碳素钢、低合金钢基层的一面或双面进行复合。

4.1.2　复合钢板(带)可以采用爆炸法(代号 B)、轧制法(代号 R)或爆炸轧制法(代号 BR)制造。

4.2　分类级别

按制造方法和用途，复合钢板(带)的分类级别及代号见表 1。

表 1

级别	代号			用途
	爆炸法	轧制法	爆炸轧制法	
Ⅰ级	BⅠ	RⅠ	BRⅠ	适用于不允许有未结合区存在的、加工时要求严格的结构件上
Ⅱ级	BⅡ	RⅡ	BRⅡ	适用于可允许有少量未结合区存在的结构件上
Ⅲ级	BⅢ	RⅢ	BRⅢ	适用于复层材料只作为抗腐蚀层来使用的一般结构件上

5　订货内容

按本标准订货的合同或订单应包括下列内容：

a) 标准编号;
b) 产品名称;
c) 牌号:复层牌号+基层牌号;
d) 产品级别和代号;
e) 尺寸及偏差;
f) 重量;
g) 交货状态;
h) 用途;
i) 特殊要求。

6 尺寸、外形、重量及允许偏差

6.1 尺寸

6.1.1 复合中厚板总公称厚度不小于6.0 mm。轧制复合带及其剪切钢板总公称厚度为0.8 mm~6.0 mm,见表2。供需双方协商也可供0.8 mm~6.0 mm的其他公称厚度规格或其他复层厚度规格。

表2

单位为毫米

轧制复合板(带)总公称厚度	复层厚度 不小于			表示法	
	对称型 AB面	非对称型		对称型	非对称型
		A面	B面		
0.8	0.09	0.09	0.06	总厚度(复×2+基) 例:3.0(0.25×2+2.50)	总厚度 (A面复层+B面复层+基层) 例:1.5(0.20+0.13+1.17)
1.0	0.12	0.12	0.06		
1.2	0.14	0.14	0.06		
1.5	0.16	0.16	0.08		
2.0	0.18	0.18	0.10		
2.5	0.22	0.22	0.12		
3.0	0.25	0.25	0.15		
3.5~6.0	0.30	0.30	0.15		
注:A面为钢板较厚复层面。					

6.1.2 复合中厚板公称宽度1 450 mm~4 000 mm,轧制复合带及其剪切钢板公称宽度为900 mm~1 200 mm。也可根据需方需要,由供需双方协商确定。

6.1.3 复合中厚板公称长度为4 000 mm~10 000 mm。也可根据需方需要,由供需双方协商确定。轧制复合带可成卷交货,其剪切钢板公称长度为2 000 mm,或其他定尺。成卷交货的钢带内径应在合同中注明。

6.1.4 单面复合中厚板的复层公称厚度1.0 mm~18 mm,通常为2 mm~4 mm。也可根据需方需要,由供需双方协商确定。

6.1.5　单面复合中厚板的基层最小厚度为5 mm，也可根据需方需要，由供需双方协商确定。

6.1.6　单面或双面复合板（带）用于焊接时复层最小厚度为0.3 mm，用于非焊接时复层最小厚度为0.06 mm。

6.2　尺寸允许偏差

6.2.1　复合中厚板

6.2.1.1　厚度允许偏差应符合表3的规定。

表3

复层厚度允许偏差		复合中厚板总厚度允许偏差		
Ⅰ级、Ⅱ级	Ⅲ级	复合中厚板总公称厚度/mm	允许偏差/%	
			Ⅰ级、Ⅱ级	Ⅲ级
不大于复层公称尺寸的±9%，且不大于1 mm	不大于复层公称尺寸的±10%，且不大于1 mm	6～7	+10 −8	±9
		>7～15	+9 −7	±8
		>15～25	+8 −6	±7
		>25～30	+7 −5	±6
		>30～60	+6 −4	±5
		>60	协商	协商

6.2.1.2　宽度允许偏差，应符合表4要求。

表4　　　　单位为毫米

公　称　厚　度	下列宽度的宽度允许偏差			
	<1 450	≥1 450		
		Ⅰ　级	Ⅱ　级	Ⅲ　级
6～7	按GB/T 709	+6 0	+10 0	+15 0
>7～25		+20 0	+25 0	+30 0
>25		+25 0	+30 0	+35 0

6.2.1.3　长度允许偏差，按基层钢板标准相应的规定。特殊要求由供需双方协商。

6.2.1.4　不平度，每米不平度应符合表5要求。不允许有明显凹凸不平。

表 5

单位为毫米

复合钢板总公称厚度	下列宽度的允许不平度	
	1 000～1 450	>1 450
6～8	9	10
>8～15	8	9
>15～25	8	9
>25	7	8

6.2.2 轧制复合带及其剪切的钢板

6.2.2.1 厚度允许偏差应符合表 6 的规定。

表 6

单位为毫米

公称厚度	复层厚度允许偏差	厚度允许偏差	
		A 级精度	B 级精度
0.8～1.0	不大于复层公称尺寸的±10%	±0.07	±0.08
>1.0～1.2		±0.08	±0.10
>1.2～1.5		±0.10	±0.12
>1.5～2.0		±0.12	±0.14
>2.0～2.5		±0.13	±0.16
>2.5～3.0		±0.15	±0.17
>3.0～3.5		±0.17	±0.19
>3.5～4.0		±0.18	±0.20
>4.0～5.0		±0.20	±0.22
>5.0～6.0		±0.22	±0.25

6.2.2.2 宽度和长度的允许偏差应符合 GB/T 708 的规定。

成卷交货时钢卷头、尾厚度不正常的长度各不超过 6 000 mm。

6.2.2.3 不平度

不平度应不大于 10 mm/m。

6.3 重量

复合板按理论重量交货或实际重量交货。按理论计重时，复合板重量为基层及复层各自相关标准中规定的理论重量之和。钢带按实际重量交货。

7 技术要求

7.1 复合板(带)复层和基层材料应符合表 7 的规定。根据需方要求也可选用表 7 以外的牌号。材料的组合由需方决定。复层和基层钢板均应是符合各自相应标准的合格钢板，应有质量证明书或其复印件。

表 7

复层材料		基层材料	
标准号	GB/T 3280、GB/T 4237	标准号	GB/T 3274、GB 713、GB 3531、GB/T 710
典型钢号	06Cr13 06Cr13Al 022Cr17Ti 06Cr19Ni10 06Cr18Ni11Ti 06Cr17Ni12Mo2 022Cr17Ni12Mo2 022Cr25Ni7Mo4N 022Cr22Ni5Mo3N 022Cr19Ni5Mo3Si2N 06Cr25Ni20 06Cr23Ni13	典型钢号	Q235-A、B、C Q345-A、B、C Q245R、Q345R、15CrMoR 09MnNiDR 08Al
注：根据需方要求也可选用表 7 以外的牌号，其质量应符合相应标准并有质量证明书。			

7.2 界面结合率

7.2.1 复合中厚板

7.2.1.1 复层与基层间面积结合率应符合表 8 的规定。

7.2.1.2 复合钢板的结合率达不到表 8 规定时，允许对复合缺陷的复层进行熔焊修补，这种修补应满足以下要求。

7.2.1.2.1 去掉缺陷部分的复层后，基层下挖 0.2 mm～0.5 mm。

7.2.1.2.2 应由相应资质的焊工按经评定合格的焊接工艺进行补焊，并做出补焊记录，补焊记录应提交需方。

7.2.1.2.3 补焊必须经超声波探伤检查合格后再进行着色检查，补焊表面不应有裂纹、气孔。在合同中注明压力容器用的复合钢板，缺陷部位最多允许修补 2 次。表面必须打磨光洁，并保证钢板最小厚度。

7.2.2 轧制复合带及其剪切钢板

7.2.2.1 轧制复合带及其剪切钢板每面的复基层间的面积结合率各不小于 99%（检测方法见附录 A）。

7.2.2.2 轧制复合带及其剪切钢板不允许进行熔焊修补。

表 8

界面结合级别	类别	结合率/%	未结合状态	检测细则
Ⅰ级	BⅠ BRⅠ RⅠ	100	单个未结合区长度不大于 50 mm，面积不大于 900 mm² 以下的未结合区不计	见附录 A
Ⅱ级	BⅡ BRⅡ RⅡ	≥99	单个未结合区长度不大于 50 mm，面积不大于 2 000 mm²	
Ⅲ级	BⅢ BRⅢ RⅢ	≥95	单个未结合区长度不大于 75 mm，面积不大于 4 500 mm²	

7.3 力学性能

7.3.1 复合中厚板

常规力学性能应符合表9的要求。

表9

级　别	界面抗剪强度 τ/MPa	上屈服强度[a] R_{eH}/MPa	抗拉强度 R_m/MPa	断后伸长率 A/%	冲击吸收能量 KV_2/J
Ⅰ级 Ⅱ级	≥210	不小于基层对应厚度钢板标准值[b]	不小于基层对应厚度钢板标准下限值，且不大于上限值35 MPa[c]	不小于基层对应厚度钢板标准值[d]	应符合基层对应厚度钢板的规定[e]
Ⅲ级	≥200				

a 屈服现象不明显时，按 $R_{p0.2}$。

b 复合钢板和钢带的屈服下限值亦可按式(1)计算：

$$R_p = \frac{t_1 R_{p1} + t_2 R_{p2}}{t_1 + t_2} \qquad \cdots\cdots(1)$$

式中：R_{p1}——复层钢板的屈服点下限值，单位为兆帕(MPa)；

R_{p2}——基层钢板的屈服点下限值，单位为兆帕(MPa)；

t_1——复层钢板的厚度，单位为毫米(mm)；

t_2——基层钢板的厚度，单位为毫米(mm)。

c 复合钢板和钢带的抗拉强度下限值亦可按式(2)计算：

$$R_m = \frac{t_1 R_{m1} + t_2 R_{m2}}{t_1 + t_2} \qquad \cdots\cdots(2)$$

式中：R_{m1}——复层钢板的抗拉强度下限值，单位为兆帕(MPa)；

R_{m2}——基层钢板的抗拉强度下限值，单位为兆帕(MPa)；

t_1——复层钢板的厚度，单位为毫米(mm)；

t_2——基层钢板的厚度，单位为毫米(mm)。

d 当复层伸长率标准值小于基层标准值、复合钢板伸长率小于基层、但又不小于复层标准值时，允许剖去复层仅对基层进行拉伸试验，其伸长率应不小于基层标准值。

e 复合钢板复层不做冲击试验。

7.3.2 轧制复合带及其剪切钢板

应符合基层材料相应标准的规定。当基层选用深冲钢时，其力学性能应符合表10的规定。复层为06Cr13钢时，其力学性能按复层为铁素体不锈钢的规定。

表10

基　层　钢　号	上屈服强度[a] R_{eH}/MPa	抗拉强度 R_m/MPa	断后伸长率 A/%	
			复层为奥氏体不锈钢	复层为铁素体不锈钢
08Al	≤350	345～490	≥28	≥18

a 屈服现象不明显时，按 $R_{p0.2}$。

7.4 工艺性能

7.4.1 冷弯性能

7.4.1.1 复合中厚板弯曲试验条件及结果应符合表11的规定。

表 11

总公称厚度/mm	试样宽度/mm	弯曲角度	弯芯直径 d		试验结果	
			内　弯	外　弯	内　弯	外　弯
≤25	$b=2a$	180°	$a<20$ mm, $d=2a$ $a\geqslant 20$ mm, $d=3a$	$a<20$ mm, $d=2a$ $a\geqslant 20$ mm, $d=3a$	在弯曲部分的外侧不得产生肉眼可见的裂纹	
>25	$b=2a$	180°	加工复层厚度至 25 mm，弯芯直径按基层钢板标准	加工基层厚度至 25 mm，弯芯直径按基层钢板标准		
注：a 为复合钢板总公称厚度。						

7.4.1.2　轧制复合带及其剪切钢板弯曲试验条件及结果应符合表 12 的规定。复材不锈钢板标准中没有弯曲试验规定时，可不作外弯试验，如需方要求，则弯芯直径 $d=4a$。双面对称型复合钢板任做一个弯曲试验、非对称复合钢板进行外弯试验时复层厚度大的 A 面在外侧。

表 12

总公称厚度/mm	试样宽度 b/mm	弯曲角度	弯芯直径 d	内弯、外弯试验结果
0.8～6.0	$b=10$	180°	$d=2a$	在弯曲部分的外侧不得产生裂纹
注：a 为复合钢板总厚度。				

7.4.2　轧制复合带及其剪切钢板的杯突试验

当基层为 08Al 钢时的双面对称轧制复合带及其剪切钢板，经供需双方协商并在合同中注明交货状态的可进行杯突试验，其每个测量点的杯突值应符合表 13 的规定。基层为其他牌号时，不进行杯突试验。

表 13

单位为毫米

公称厚度	拉　延　级　别
	冲压深度　不小于
0.8	9.3
1.0	9.6
1.2	10.0
1.5	10.3
2.0	11.0
注：中间厚度的轧制复合板(带)，其杯突试验值按内插法计算。	

7.5　表面质量

7.5.1　复合中厚板复层表面不应有气泡、结疤、裂纹、夹杂、折叠等缺陷。允许研磨清除上述缺陷，但清除后，应保证复层最小厚度，否则应进行补焊。基层表面质量应符合相应标准的规定。

7.5.2　轧制复合卷板表面不应有气泡、裂纹、结疤、拉裂和夹杂。不允许有分层。成卷交货时，钢带表面质量的不正常部位应不超过钢带总长度的 10%。

7.5.3　轧制复合板(带)表面加工等级应符合表 14 的规定，表面质量等级应符合表 15 规定，表面质量分组应符合 GB/T 4237、GB/T 3280 的有关规定。

表 14

表面加工等级	表面加工要求
No. 1	热轧后进行热处理、酸洗或类似的处理
No. 2B	冷轧后进行热处理、酸洗或类似的处理，最后经冷轧获得适当的粗糙度

表 15

等　级	表面质量特征
Ⅰ级表面	钢板表面允许有深度不大于钢板厚度公差之半，且不使钢板小于允许最小厚度的轻微麻点、轻微划伤、凹坑和辊印。 钢板反面超出上述范围的缺陷允许用砂轮清除，清除深度不得大于钢板厚度公差
Ⅱ级表面	钢板表面允许有深度不大于钢板厚度公差之半，且不使钢板小于允许最小厚度的下列缺陷。正面：一般的轻微麻点、轻微划伤、凹坑和辊印。反面：一般的轻微麻点、局部的深麻点、轻微划伤、凹坑和辊印。 钢板两面超出上述范围的缺陷允许用砂轮清除，清除深度正面不得大于钢板复层厚度之半，反面不得大于钢板厚度公差

7.6　复层晶间腐蚀试验

复合钢板(带)用不锈钢复层应按 GB/T 3280、GB/T 4237 标准规定，经晶间腐蚀检验合格后进行复合。复合钢板成品可根据需方要求，按 GB/T 4334 的规定进行晶间腐蚀检验。

7.7　交货状态

复合钢板(带)应经热处理，复层表面应经酸洗钝化或抛光处理交货。根据供需双方协议也可以热轧状态交货。

8　试验方法

8.1　复合中厚板的检验项目按表 16 规定。

表 16

检验项目	Ⅰ　级	Ⅱ　级	Ⅲ　级
	BⅠ BRⅠ RⅠ	BⅡ BRⅡ RⅡ	BⅢ BRⅢ RⅢ
拉伸试验	○	○	○
外弯试验	△	△	△
内弯试验	○	○	△
剪切试验	○	○	○
冲击试验	○	○	△
超声波检验	○	○	○
晶间腐蚀	△	△	△
外形尺寸	○	○	○
表面质量	○	○	○
复层厚度	○	○	○

注：○—表示必须进行的检验项目；
　　△—表示按需方要求的检验项目。

8.2　每批复合中厚板的检验项目、取样数量、取样方法及试验方法应符合表 17 的规定。

表 17

序号	检验项目	取样数量	取样方法	试验方法
1	拉伸	1	GB/T 6396	GB/T 6396
2	外弯	1	GB/T 6396	GB/T 6396
3	内弯	1	GB/T 6396	GB/T 6396
4	抗剪强度	2	GB/T 6396	GB/T 6396
5	冲击	3	GB/T 6396	GB/T 6396
6	超声波探伤	逐张	每批纵向	附录 A
7	晶间腐蚀	2	—	GB/T 4334
8	外形尺寸	逐张	—	精度合适的量具
9	表面质量	逐张	—	目视
10	复层厚度	2	—	GB/T 6396

8.3 每批轧制复合带及其剪切钢板的检验项目、取样数量、取样方法及试验方法应符合表 18 的规定。

表 18

序号	检验项目	取样数量	取样方法	试验方法
2	拉伸	2	GB/T 6396	GB/T 6396
3	冷弯	2	GB/T 6396	GB/T 6396
4	杯突	1	GB 4156	GB 4156
5	外形尺寸	逐张	—	—
6	复层厚度	2	—	GB/T 6396

9 检验规则

9.1 不锈钢复合板(带)的检查和验收由供方质量监督部门进行。

9.2 不锈钢复合板(带)应按批检验交货。每批由同一牌号的基层和复层、同一规格、同一生产工艺、同一热处理制度的钢板组成。

9.3 不锈钢复合板(带)如有不合格项目时,应从该批中另取双倍数量的试样进行不合格项目的复验(冲击试样按有关标准规定执行),复验不合格时不允许出厂。对于复合中厚板,此时可逐张取样,检验合格后按张交货。

10 包装、标志及质量证明书

10.1 不锈钢复合板(带)的包装、标志及质量证明书应执行 GB/T 247 标准的规定。

10.2 不锈钢复合板(带)的包装、标志及质量证明书还应符合以下具体规定。

10.2.1 不锈钢复合板(带)的包装应采取适当方式,以避免复板的擦伤、划伤。

10.2.2 不锈钢复合中厚板应在每张钢板复层的同一部位做产品标志,轧制复合卷板应按箱或卷贴产品标识,产品标志须注明:

a) 批号;

b) 牌号:复层牌号+基层牌号;

c) 尺寸:(复层厚度+基层厚度)×宽度×长度;

d) 复合中厚板需注明制造方法类别和界面焊合状态等级,轧制复合板(带)需注明表面组别;

e) 标准编号;

f) 商标、厂名;

g) 出厂日期。

附　录　A
（规范性附录）
不锈钢复合板(带)超声波检验方法

A.1　范围

本检测方法适用于不锈钢复合板的超声波检验，用以确定复合板的结合状态。

A.2　一般要求

A.2.1　检测人员

进行复合板超声波检测的人员应经过技术培训，并取得相应的无损检测人员资格等级证书，其中检测报告签发人员应具备Ⅱ级或Ⅲ级资格。

A.2.2　检测仪器

采用A型脉冲反射式超声波探伤仪，探伤仪指标应符合JB/T 10061的规定。

A.2.3　探头晶片面积一般不应大于500 mm^2。且任一边长原则上不大于25 mm。频率为2.5 MHz～5 MHz。

A.2.4　检测面

一般从复层表面进行检测，当需要时可从基层表面进行检测。检测表面不得有影响检测的氧化皮。油污及锈蚀等其他污物。

A.2.5　耦合方式

直接接触法或水浸法。

A.2.6　耦合剂

应选用机油、甘油、水等透声性好，且不损伤检测表面的耦合剂。

A.2.7　探头的移动速度

探头的移动速度应不大于150 mm/s。当采用自动报警装置扫查时，不受此限。

A.2.8　扫查方式

沿钢板宽度方向，间隔50 mm的平行扫查，也可采用100%扫查。

在坡口预定线两侧各50 mm内应作100%扫查。

根据合同、技术协议书或图样的要求，可采用其他扫查形式。

A.3　灵敏度的确定

A.3.1　基准灵敏度

探头置于复合钢板完全结合部位，调节第一次底波高度为荧光屏满刻度的80%。以此作为基准灵敏度。

A.3.2　扫查灵敏度

扫查灵敏度通常不低于基准灵敏度。

A.4　检测时间

应在复合钢板复合、热处理、校平剪切或切割后进行超声波检测。

A.5　未结合区的确定

在基准灵敏度的情况下，第一次底波高度低于荧光屏满刻度的5%，且明显有未结合缺陷反射波存在时(≥5%),该部位称为未结合区。移动探头,使第一次底波升高到40%,此时探头中心作为未结合区边界点。

A.6 未结合区的评定

A.6.1 未结合区指示长度的评定

一个未结合区按其指示的最大长度作为该未结合区的指示长度。若单个未结合区的指示长度小于30 mm时可不作记录。

A.6.2 未结合区面积的评定

多个相邻的未结合区,当其最小间距小于或等于20 mm时,应作为单个未结合区处理,其面积为各个未结合区面积之和。未结合区面积小于900 mm^2 时可不作记录。

A.6.3 未结合率的评定

未结合区总面积占复合板总面积的百分比。

A.7 质量分级

A.7.1 复合板质量分级按表8的规定。

A.7.2 在坡口的预定线两侧各50 mm(板厚大于100 mm时以板厚的一半为准)的范围内,未结合的指示长度大于或等于30 mm时判为不合格,可以按照7.2.1.2的规定进行修复。

A.7.3 在任一平方米内不作记录的未结合区应不超过两处。

A.8 结合率

结合率计算公式如下:

$$J = (S - S_1)/S \times 100\%$$

式中:

J——结合率,%;

S——复合钢板的面积,单位为平方厘米(cm^2);

S_1——未结合区的总面积,单位为平方厘米(cm^2)。

A.9 检验报告

复合钢板超声波检验报告应包括下列内容:

a) 委托单位、检验报告编号;
b) 复材与基材的钢号及厚度;
c) 复合钢板的级别代号、批号、钢板编号及尺寸;
d) 探伤仪型号、探头直径及频率,耦合剂;
e) 检验标准;
f) 检验结果:以示意图表示未结合区位置、形状及尺寸(长度及面积),结合率数值,并按相应标准对每张钢板做出合格与否的结论;
g) 检验日期;
h) 检验人员及审核人员签字。

ICS 77.140.50
H 46

中华人民共和国国家标准

GB/T 9941—2009
代替 GB/T 9941—1988

高速工具钢钢板

High speed tool steel sheets and plates

2009-10-30 发布　　　　2010-05-01 实施

中华人民共和国国家质量监督检验检疫总局
中国国家标准化管理委员会　发布

前　言

本标准代替 GB/T 9941—1988《高速工具钢钢板技术条件》。

本标准与 GB/T 9941—1988 相比，主要变化如下：

——标准名称修改为《高速工具钢钢板》；

——增加了“订货内容”条款；

——增加了“冶炼方法”条款；

——热轧钢板的最小宽度及最小长度调整为 500 mm；

——增加了“根据需方要求，并在合同中注明，钢板可酸洗交货”；

——增加了 W6Mo5Cr4V2Co5 牌号及相关技术要求；

——布氏硬度检验规格由厚度大于 1.3 mm 调整为厚度大于 1.5 mm；

——增加了电渣钢的组批规则及取样数量和取样部位的规定。

本标准由中国钢铁工业协会提出。

本标准由全国钢标准化技术委员会归口。

本标准主要起草单位：重庆东华特殊钢有限责任公司、浙江缙云韩立锯业有限公司、河冶科技股份公司、冶金工业信息标准研究院。

本标准主要起草人：李庆艳、谢静红、陈立田、潘伟华、吴立志、刘宝石。

本标准所代替标准的历次版本发布情况为：

——GB/T 9941—1988。

高速工具钢钢板

1 范围

本标准规定了高速工具钢钢板的订货内容、尺寸、外形及允许偏差、技术要求、试验方法、检验规则、包装、标志及质量证明书。

本标准适用于厚度不大于4 mm的冷轧钢板和厚度不大于10 mm的热轧钢板。

2 规范性引用文件

下列文件中的条款通过本标准的引用而成为本标准的条款。凡是注日期的引用文件，其随后所有的修改单(不包括勘误的内容)或修订版均不适用于本标准，然而，鼓励根据本标准达成协议的各方研究是否可使用这些文件的最新版本。凡是不注日期的引用文件，其最新版本适用于本标准。

GB/T 223.5 钢铁 酸溶硅和全硅含量的测定 还原型硅钼酸盐分光光度法

GB/T 223.8 钢铁及合金化学分析方法 氟化钠分离-EDTA滴定法测定铝量

GB/T 223.11 钢铁及合金 铬含量的测定 可视滴定或电位滴定法

GB/T 223.13 钢铁及合金化学分析方法 硫酸亚铁铵滴定法测定钒含量

GB/T 223.19 钢铁及合金化学分析方法 新亚铜灵-三氯甲烷萃取光度法测定铜量

GB/T 223.20 钢铁及合金化学分析方法 电位滴定法测定钴量

GB/T 223.22 钢铁及合金化学分析方法 亚硝酸R盐分光光度法测定钴量

GB/T 223.23 钢铁及合金 镍含量的测定 丁二酮肟分光光度法

GB/T 223.26 钢铁及合金 钼含量的测定 硫氰酸盐分光光度法

GB/T 223.28 钢铁及合金化学分析方法 α-安息香肟重量法测定钼量

GB/T 223.43 钢铁及合金 钨含量的测定 重量法和分光光度法

GB/T 223.53 钢铁及合金化学分析方法 火焰原子吸收分光光度法测定铜量

GB/T 223.54 钢铁及合金化学分析方法 火焰原子吸收分光光度法测定镍量

GB/T 223.58 钢铁及合金化学分析方法 亚砷酸钠-亚硝酸钠滴定法测定锰量

GB/T 223.59 钢铁及合金 磷含量的测定 铋磷钼蓝分光光度法和锑磷钼蓝分光光度法

GB/T 223.60 钢铁及合金化学分析方法 高氯酸脱水重量法测定硅含量

GB/T 223.62 钢铁及合金化学分析方法 乙酸丁酯萃取光度法测定磷量

GB/T 223.63 钢铁及合金化学分析方法 高碘酸钠(钾)光度法测定锰量

GB/T 223.64 钢铁及合金 锰含量的测定 火焰原子吸收光谱法

GB/T 223.65 钢铁及合金化学分析方法 火焰原子吸收光谱法测定钴量

GB/T 223.66 钢铁及合金化学分析方法 硫氰酸盐-盐酸氯丙嗪-三氯甲烷萃取光度法测定钨量

GB/T 223.67 钢铁及合金 硫含量的测定 次甲基蓝分光光度法

GB/T 223.68 钢铁及合金化学分析方法 管式炉内燃烧后碘酸钾滴定法测定硫含量

GB/T 223.69 钢铁及合金 碳含量的测定 管式炉内燃烧后气体容量法

GB/T 223.72 钢铁及合金 硫含量的测定 重量法

GB/T 223.76 钢铁及合金化学分析方法 火焰原子吸收光谱法测定钒量

GB/T 224 钢的脱碳层深度测定法

GB/T 226 钢的低倍组织及缺陷酸蚀检验法

GB/T 231.1 金属布氏硬度试验 第1部分：试验方法(GB/T 231.1—2002，eqv ISO 6506-1：1999)

GB/T 247　钢板和钢带检验、包装、标志及质量证明书的一般规定

GB/T 708　冷轧钢板和钢带的尺寸、外形、重量及允许偏差

GB/T 709—2006　热轧钢板和钢带的尺寸、外形、重量及允许偏差

GB/T 9943　高速工具钢

GB/T 14979　钢的共晶碳化物不均匀度评定法

GB/T 17505　钢及钢产品交货一般技术条件

GB/T 20066　钢和铁　化学成分测定用试样的取样和制样方法(GB/T 20066—2006,ISO 14284:1996,IDT)

GB/T 20123　钢铁　总碳硫含量的测定　高频感应炉燃烧后红外吸收法(常规方法)

3　订货内容

按本标准订货的合同或订单应包括以下内容:

a)　产品名称;

b)　牌号;

c)　标准号;

d)　规格;

e)　重量(或数量);

f)　加工用途;

g)　交货状态;

h)　其他。

4　尺寸、外形及允许偏差

4.1　冷轧钢板的尺寸、外形及允许偏差应符合 GB/T 708 的规定。

4.2　厚度 3 mm～10 mm 热轧钢板的尺寸、外形及允许偏差应符合 GB/T 709—2006 的规定,热轧单轧钢板的厚度允许偏差未注明时按 A 类偏差,但钢板的最小宽度为 500 mm,最小长度为 500 mm。

4.3　厚度小于 3 mm 热轧钢板的尺寸及允许偏差应符合表 1 的规定。

表 1

单位为毫米

公称厚度	在下列宽度时的厚度允许偏差		
	500～750	>750～1 000	>1 000～1 500
>0.35～0.50	±0.07	±0.07	—
>0.50～0.60	±0.08	±0.08	—
>0.60～0.75	±0.09	±0.09	—
>0.75～0.90	±0.10	±0.10	—
>0.90～1.10	±0.11	±0.12	—
>1.10～1.20	±0.12	±0.13	±0.15
>1.20～1.30	±0.13	±0.14	±0.15
>1.30～1.40	±0.14	±0.15	±0.18
>1.40～1.60	±0.15	±0.15	±0.18
>1.60～1.80	±0.15	±0.17	±0.18
>1.80～2.00	±0.16	±0.17	±0.18
>2.00～2.20	±0.17	±0.18	±0.19
>2.20～2.50	±0.18	±0.19	±0.20
>2.50～<3.00	±0.19	±0.20	±0.21

4.4 经供需双方协议，可供应其他尺寸的钢板。

4.5 经供需双方协议，并在合同中注明，可供应更高轧制精度的钢板。

4.6 不平度

钢板的不平度应符合表2的规定。

表2

单位为毫米

公称厚度	不平度 每米不大于	
	热轧钢板	冷轧钢板
＜3	20	15
3～4	15	15
＞4～10	15	—

5 技术要求

5.1 牌号和化学成分

5.1.1 钢板由下列牌号的钢制成：W6Mo5Cr4V2、W9Mo3Cr4V、W6Mo5Cr4V2Al、W6Mo5Cr4V2Co5、W18Cr4V。

5.1.2 钢的化学成分(熔炼成分)和成品钢板的化学成分允许偏差应符合GB/T 9943的规定。

5.2 冶炼方法

钢应用电炉或电渣重熔方法冶炼。当要求采用电渣重熔冶炼时，应在合同中注明。

5.3 交货状态

5.3.1 钢板以退火状态交货。

5.3.2 根据需方要求，并在合同中注明，钢板可酸洗交货。

5.4 硬度

5.4.1 钢板交货状态布氏硬度值应符合表3的规定。

表3

牌　号	交货状态硬度，HBW，不大于
W6Mo5Cr4V2、W9Mo3Cr4V、W18Cr4V	255
W6Mo5Cr4V2Al、W6Mo5Cr4V2Co5	285

5.4.2 厚度不大于1.5 mm的钢板，供方能保证交货状态硬度符合表3的规定时，可不检验交货状态硬度。

5.5 共晶碳化物不均匀度

钢板的共晶碳化物不均匀度按GB/T 14979所附评级图进行评定，检验结果应符合表4的规定。要求按1组交货时，应在合同中注明，未注明时按2组规定。

表4

组　别	共晶碳化物不均匀度/级，不大于
1组	2
2组	3

5.6 脱碳

5.6.1 冷轧钢板的总脱碳层(铁素体+过渡层)深度，每面不大于公称厚度的2%。

5.6.2 热轧钢板的总脱碳层(铁素体+过渡层)深度，每面不大于公称厚度的4%。

5.7 低倍组织

钢板或钢坯的酸浸低倍组织不应有目视可见的缩孔残余、裂纹和夹杂。

5.8 表面质量

5.8.1 钢板不应有分层，表面不应有气泡、夹杂、结疤和裂纹。

5.8.2 热轧钢板表面允许有深度在公差范围内，且不使钢板小于允许最小厚度的麻点、压痕、划伤和薄层氧化铁皮。

5.8.3 冷轧钢板表面允许有深度不超过公差之半，且不使钢板小于允许最小厚度麻点、小划痕、压痕、个别凹坑和辊印。

5.8.4 钢板的局部缺陷允许清理，清理深度不应使钢板小于允许最小厚度。

6 试验方法

每批钢板的检验项目、取样数量、取样部位及试验方法应符合表5的规定。

表5

序号	检验项目	取样数量/个	取样部位	试验方法
1	化学成分	1/炉	GB/T 20066	GB/T 223、GB/T 20123
2	硬度	2	不同张钢板或7.3.4	GB/T 231.1
3	脱碳	2	不同张钢板或7.3.4	GB/T 224
4	共晶碳化物不均匀度	2	不同张钢板或7.3.4	GB/T 14979
5	低倍组织	2	不同张钢板上或7.3.4或靠近钢锭帽口端的板坯上	GB/T 226
6	尺寸	逐张	整张钢板	千分尺、样板
7	表面	逐张	整张钢板	目视

7 检验规则

7.1 检查和验收

7.1.1 钢板出厂的检查和验收由供方质量技术监督部门进行。

7.1.2 供方必须保证交货的钢板符合本标准或合同的规定，必要时，需方有权对本标准或合同所规定的任一检验项目进行检查和验收。

7.2 组批规则

钢板应按批进行检查和验收，每批钢板应由同一牌号、同一炉号、同一厚度、同一热处理炉次的钢板组成。采用电渣重溶冶炼的钢，在工艺稳定且能保证各项要求的条件下，允许以自耗电极的熔炼母炉号组批交货，含Al钢只能按电渣炉号组批。

7.3 取样数量及取样部位

7.3.1 电炉钢，每批钢板的取样数量及取样部位应符合表5的规定。

7.3.2 电渣钢按熔炼母炉号组批时，每个电渣炉号化学成分合格时，任取一个电渣锭化学成分报出，代表整个母炉化学成分(含Al钢除外)，其他项目取样数量和取样部位按表5规定。

7.3.3 电渣钢按电渣炉号组批时，化学成分按每个电渣炉号取1个试样，其他项目按母炉组批，取样数量及取样部位应符合表5的规定。

7.3.4 成垛热处理的钢板，每批在一垛的上部和下部各取一张检验用钢板，从其任一端各取一个试样；当厚度不大于4 mm的钢板批量不超过20张以及厚度大于4 mm的钢板批量不超过10张时，每批只取一张检验用钢板，在其两端各取一个试样。

7.3.5 检验用试样距钢板边缘应不小于 40 mm。

7.4 复验与判定规则

钢板的复验与判定规则应符合 GB/T 17505 的规定。

8 包装、标志和质量证明书

钢板的包装、标志和质量证明书应符合 GB/T 247 的规定。

ICS 77.140.50
H 46

中华人民共和国国家标准

GB/T 11251—2009
代替 GB/T 11251—1989

合金结构钢热轧厚钢板

Hot-rolled alloy structural steel plates

2009-10-30 发布　　2010-05-01 实施

中华人民共和国国家质量监督检验检疫总局
中国国家标准化管理委员会　发布

前 言

本标准代替 GB/T 11251—1989《合金结构钢热轧厚钢板》。

本标准与原标准相比，主要变化如下：

——增加了“订货内容”；

——钢板尺寸外形及允许偏差按 GB/T 709—2006 规定；

——调整了 25CrMnSiA 和 30CrMnSiA 的布氏硬度值；

——修改了弯曲试验取样数量；

——增加了弯曲试验后“试样弯曲处的外表面不应有裂纹或分层”的规定。

本标准由中国钢铁工业协会提出。

本标准由全国钢标准化技术委员会归口。

本标准主要起草单位：重庆东华特殊钢有限责任公司、冶金工业信息标准研究院。

本标准主要起草人：谢静红、李庆艳、刘宝石、戴强、栾燕。

本标准所代替标准的历次版本发布情况为：

——GB/T 11251—1989。

合金结构钢热轧厚钢板

1 范围

本标准规定了合金结构钢热轧厚钢板的订货内容、尺寸、外形及允许偏差、技术要求、试验方法、检验规则、包装、标志及质量证明书。

本标准适用于厚度大于 4 mm～30 mm 的合金结构钢热轧厚钢板。

2 规范性引用文件

下列文件中的条款通过本标准的引用而成为本标准的条款。凡是注日期的引用文件，其随后所有的修改单(不包括勘误的内容)或修订版均不适用于本标准，然而，鼓励根据本标准达成协议的各方研究是否可使用这些文件的最新版本。凡是不注日期的引用文件，其最新版本适用于本标准。

GB/T 222 钢的成品化学成分允许偏差

GB/T 223.3 钢铁及合金化学分析方法 二安替比林甲烷磷钼酸重量法测定磷量

GB/T 223.4 钢铁及合金 锰含量的测定 电位滴定或可视滴定法

GB/T 223.5 钢铁 酸溶硅和全硅含量的测定 还原型硅钼酸盐分光光度法

GB/T 223.8 钢铁及合金化学分析方法 氟化钠分离-EDTA 滴定法测定铝量

GB/T 223.9 钢铁及合金 铝含量的测定 铬天青 S 分光光度法

GB/T 223.11 钢铁及合金 铬含量的测定 可视滴定或电位滴定法

GB/T 223.12 钢铁及合金化学分析方法 碳酸钠分离-二苯碳酰二肼光度法测定铬量

GB/T 223.13 钢铁及合金化学分析方法 硫酸亚铁铵滴定法测定钒含量

GB/T 223.14 钢铁及合金化学分析方法 钽试剂萃取光度法测定钒含量

GB/T 223.16 钢铁及合金化学分析方法 变色酸光度法测定钛量

GB/T 223.17 钢铁及合金化学分析方法 二安替比林甲烷光度法测定钛量

GB/T 223.18 钢铁及合金化学分析方法 硫代硫酸钠分离-碘量法测定铜量

GB/T 223.19 钢铁及合金化学分析方法 新亚铜灵-三氯甲烷萃取光度法测定铜量

GB/T 223.23 钢铁及合金 镍含量的测定 丁二酮肟分光光度法

GB/T 223.25 钢铁及合金化学分析方法 丁二酮肟重量法测定镍量

GB/T 223.26 钢铁及合金 钼含量的测定 硫氰酸盐分光光度法

GB/T 223.43 钢铁及合金 钨含量的测定 重量法和分光光度法

GB/T 223.49 钢铁及合金化学分析方法 萃取分离-偶氮氯膦 mA 分光光度法测定稀土总量

GB/T 223.54 钢铁及合金化学分析方法 火焰原子吸收分光光度法测定镍量

GB/T 223.58 钢铁及合金化学分析方法 亚砷酸钠-亚硝酸钠滴定法测定锰量

GB/T 223.59 钢铁及合金 磷含量的测定 铋磷钼蓝分光光度法和锑磷钼蓝分光光度法

GB/T 223.60 钢铁及合金化学分析方法 高氯酸脱水重量法测定硅含量

GB/T 223.61 钢铁及合金化学分析方法 磷钼酸铵容量法测定磷量

GB/T 223.62 钢铁及合金化学分析方法 乙酸丁酯萃取光度法测定磷量

GB/T 223.63 钢铁及合金化学分析方法 高碘酸钠(钾)光度法测定锰量

GB/T 223.64 钢铁及合金 锰含量的测定 火焰原子吸收光谱法

GB/T 223.66 钢铁及合金化学分析方法 硫氰酸盐-盐酸氯丙嗪-三氯甲烷萃取光度法测定钨量
GB/T 223.67 钢铁及合金 硫含量的测定 次甲基蓝分光光度法
GB/T 223.68 钢铁及合金化学分析方法 管式炉内燃烧后碘酸钾滴定法测定硫含量
GB/T 223.69 钢铁及合金 碳含量的测定 管式炉内燃烧后气体容量法
GB/T 223.71 钢铁及合金化学分析方法 管式炉内燃烧后重量法测定碳含量
GB/T 223.72 钢铁及合金 硫含量的测定 重量法
GB/T 223.75 钢铁及合金 硼含量的测定 甲醇蒸馏-姜黄素光度法
GB/T 223.76 钢铁及合金化学分析方法 火焰原子吸收光谱法测定钒量
GB/T 224 钢的脱碳层深度测定法
GB/T 226 钢的低倍组织及缺陷酸蚀检验法(GB/T 226—1991,neq ISO 4969:1980)
GB/T 228 金属材料 室温拉伸试验方法(GB/T 228—2002,eqv ISO 6892:1998)
GB/T 229 金属材料 夏比摆锤冲击试验方法(GB/T 229—2007, ISO 148-1:2006,MOD)
GB/T 231.1 金属布氏硬度试验 第1部分:试验方法(GB/T 231.1—2002,eqv ISO 6506-1:1999)
GB/T 232 金属材料 弯曲试验方法(GB/T 232—1999,eqv ISO 7438:1985)
GB/T 247 钢板和钢带检验、包装、标志及质量证明书的一般规定
GB/T 709—2006 热轧钢板和钢带的尺寸、外形、重量及允许偏差
GB/T 2975 钢及钢产品 力学性能试验取样位置及试样制备(GB/T 2975—1998,eqv ISO 377:1997)
GB/T 3077 合金结构钢
GB/T 13298 金属显微组织检验方法
GB/T 13299 钢的显微组织评定方法
GB/T 17505 钢及钢产品交货一般技术条件(GB/T 17505—1998,eqv ISO 404:1992)
GB/T 20066 钢和铁 化学成分测定用试样的取样和制样方法(GB/T 20066—2006,ISO 14284:1996,IDT)

3 订货内容

按本标准订货的合同或订单应包括以下内容:

a) 产品名称;
b) 牌号;
c) 标准号;
d) 规格;
e) 重量(或数量);
f) 加工用途;
g) 交货状态;
h) 其他。

4 尺寸、外形及允许偏差

钢板的尺寸、外形及允许偏差应符合GB/T 709—2006的规定,单轧钢板的厚度允许偏差未注明时按A类偏差。

5 技术要求

5.1 牌号和化学成分

5.1.1 钢的常用牌号和化学成分应符合GB/T 3077的规定。

5.1.2 成品钢材化学成分允许偏差应符合 GB/T 222 的规定。

5.2 交货状态

5.2.1 钢板应以热处理(退火、正火、正火后回火)状态交货。除非合同中注明,否则热处理方法由供方确定。

5.2.2 若能保证达到本标准规定的力学性能,也可采用控制轧制和轧制后控制温度的方法代替正火。

5.2.3 根据需方要求,钢板可酸洗交货。

5.2.4 钢板应切边交货。按其他边缘状态交货时应在合同中注明。成卷交货的钢板可不切纵边。

5.3 力学性能

5.3.1 以退火状态交货的钢板,力学性能应符合表 1 的规定。25CrMnSiA、30CrMnSiA 的布氏硬度值仅当需方要求时才测定。

5.3.2 正火状态交货的钢板,在伸长率符合表 1 规定的情况下,抗拉强度上限允许较表 1 提高 50 MPa。

5.3.3 厚度大于 20 mm 的钢板,厚度每增加 1 mm,伸长率允许较表 1 规定降低 0.25%(绝对值),但不应超过 2%(绝对值)。

5.3.4 表 1 中未列牌号的力学性能由供需双方协议规定。

表 1

序号	牌号	力学性能		
		抗拉强度 R_m/(N/mm²)	断后伸长率 A/% 不小于	布氏硬度 HBW 不大于
1	45Mn2	600~850	13	—
2	27SiMn	550~800	18	—
3	40B	500~700	20	—
4	45B	550~750	18	—
5	50B	550~750	16	—
6	15Cr	400~600	21	—
7	20Cr	400~650	20	—
8	30Cr	500~700	19	—
9	35Cr	550~750	18	—
10	40Cr	550~800	16	—
11	20CrMnSiA	450~700	21	—
12	25CrMnSiA	500~700	20	229
13	30CrMnSiA	550~750	19	229
14	35CrMnSiA	600~800	16	—

5.3.5 经供需双方协商,25CrMnSiA 和 30CrMnSiA 钢板可测定试样淬火、回火状态的力学性能。试样热处理制度和试验结果应符合表 2 的规定。厚度不大于 12 mm 的钢板可在板坯上取样检验。

表 2

牌号	试样热处理制度				力学性能		
	淬火		回火		抗拉强度 R_m/(N/mm²)	断后伸长率 A/%	冲击吸收能量 KU_2/J
	温度/℃	冷却剂	温度/℃	冷却剂	不小于		
25CrMnSiA	850～890	油	450～550	水、油	980	10	39
30CrMnSiA	860～900	油	470～570	油	1 080	10	39

5.4 供冲压用(合同中注明)厚度不大于 10 mm 的钢板,应在冷状态下进行弯曲试验,试样弯至 180°,弯心直径 $d=2a$(a 为试样厚度),试样弯曲处的外表面不应有裂纹或分层。

5.5 低倍

钢板或钢坯的酸浸低倍组织不应有目视可见的缩孔、裂纹和夹杂。

5.6 脱碳

5.6.1 根据需方要求,可检验钢板的脱碳层深度。厚度不大于 20 mm 钢板,全脱碳层(铁素体)深度每面不应超过钢板公称厚度的 2.5%,两面之和不超过 4.0%;厚度大于 20 mm 钢板,每面不应超过钢板公称厚度的 2.0%。

5.6.2 经供需双方协商,并在合同中注明,可供应每面总脱碳层(铁素体+过渡层)深度不超过公称厚度 5.0%的钢板。

5.7 显微组织

根据需方要求,25CrMnSiA 和 30CrMnSiA 钢板可检查带状组织,结果不应大于 3 级。经供需双方协商,并在合同中注明,可供应带状组织不大于 2 级的钢板。

5.8 表面质量

5.8.1 钢板不应有分层,表面不应有裂纹、气泡、结疤和夹杂。上述缺陷允许用修磨的方法清除,清除深度不应使钢板小于允许最小厚度。

5.8.2 钢板表面允许存在的缺陷和深度应符合表 3 的规定。要求 1 组表面时,应在合同中注明。

表 3

组　别	允许缺陷	允许缺陷深度
1	麻点、划伤、压痕、凹坑和薄层氧化铁皮。 经酸洗交货的钢板允许有不显著的粗糙面和由酸洗造成的浅黄色薄膜	不大于钢板厚度公差之半,且应保证钢板的最小厚度
2		不大于钢板公差之半

6 试验方法

每批钢板的检验项目、取样数量、取样部位及试验方法应符合表 4 的规定。

表 4

序号	检验项目	取样数量/个	取样部位	试验方法
1	化学成分	1/炉	GB/T 20066	GB/T 223
2	硬度	2	7.3.2、7.3.3	GB/T 231.1
3	拉伸	2	GB/T 2975 7.3.2、7.3.3	GB/T 228,P9 或 P11 比例试样,尺寸大于 25 mm 可采用 R4 比例试样

表 4（续）

序号	检验项目	取样数量/个	取样部位	试验方法
4	冲击	2	GB/T 2975 7.3.2、7.3.3	GB/T 229
5	弯曲	1	任一张钢板或卷	GB/T 232
6	低倍组织	2	不同张钢板或 7.3.2、7.3.3 或靠近钢锭帽口端的钢坯上	GB/T 226
7	脱碳	2	7.3.2、7.3.3	GB/T 224
8	显微组织	2	7.3.2、7.3.3	GB/T 13298 GB/T 13299
9	尺寸	逐张	整张钢板	千分尺、样板
10	表面	逐张	整张钢板	目视

7 检验规则

7.1 检查和验收

7.1.1 钢板出厂的检查和验收由供方质量技术监督部门进行。

7.1.2 供方必须保证交货的钢板符合本标准或合同的规定，必要时，需方有权对本标准或合同所规定的任一检验项目进行检查和验收。

7.2 组批规则

钢板应按批检查和验收，每批应由同一炉号、同一厚度、同一组别和同一热处理炉次（连续式炉为同一热处理制度）的钢板组成。

7.3 取样数量及取样部位

7.3.1 每批钢板的取样数量及取样部位应符合表 4 的规定。

7.3.2 成垛热处理的钢板，每批在一垛的上部和下部各取一张检验用钢板；连续式炉热处理的钢板，从一批热处理的开始和末尾各取一张检验用钢板。每张检验用钢板各取 1 个试样。

批量不超过 10 张钢板时，只取一张检验用钢板，在钢板的两端各取 1 个试样。

7.3.3 成卷热处理的钢板，每批由热处理炉的上层和下层卷的外端各取 1 个试样。

7.3.4 检验用试样应距钢板边缘不小于 40 mm。

7.3.5 复验与判定规则

钢板的复验与判定规则应符合 GB/T 17505 的规定。

8 包装、标志和质量证明书

钢板的包装、标志和质量证明书应符合 GB/T 247 的规定。

ICS 77.140.50
H 46

中华人民共和国国家标准

GB/T 11253—2007
代替 GB/T 11253—1989

碳素结构钢冷轧薄钢板及钢带

Cold-rolled sheets and strips of carbon structural steels

(ISO 4997:1999 Cold-reduced carbon steel sheet of structural quality,NEQ)

2007-10-25 发布 2008-04-01 实施

中华人民共和国国家质量监督检验检疫总局
中国国家标准化管理委员会 发布

前　言

本标准与 ISO 4997:1999《结构级碳素钢冷轧薄钢板》的一致性程度为非等效。

本标准代替 GB/T 11253—1989《碳素结构钢和低合金结构钢冷轧薄钢板及钢带》。与原标准相比，主要变化如下：

——厚度范围修改为不大于 3 mm；

——增加了订货内容；

——增加了钢板及钢带表面涂油供货状态及要求；

——修改了钢的牌号和化学成分；

——修改了测量断后伸长率的标距，并重新设置了断后伸长率；

——钢带的表面质量进行分级，允许不正常部分由 8%减少为 6%。

本标准由中国钢铁工业协会提出。

本标准由全国钢标准化技术委员会归口。

本标准主要起草单位：鞍钢股份有限公司、冶金工业信息标准研究院、广东出入境检验检疫局。

本标准主要起草人：王越、王晓虎、陈玥、朴志民、李成明。

本标准 1989 年首次发布。

碳素结构钢冷轧薄钢板及钢带

1 范围

本标准规定了碳素结构钢冷轧薄钢板及钢带的订货内容、尺寸、外形、重量及允许偏差、技术要求、试验方法、检验规则、包装、标志和质量证明书等。

本标准适用于厚度不大于3 mm,宽度不小于600 mm的碳素结构钢冷轧薄钢板及钢带(以下简称钢板及钢带)。单张冷轧钢板亦可参照执行。

2 规范性引用文件

下列文件中的条款通过本标准的引用而成为本标准的条款。凡是注日期的引用文件,其随后所有的修改单(不包括勘误的内容)或修订版均不适用于本标准,然而,鼓励根据本标准达成协议的各方研究是否可使用这些文件的最新版本。凡是不注日期的引用文件,其最新版本适用于本标准。

GB/T 222 钢的成品化学成分允许偏差

GB/T 223.3 钢铁及合金化学分析方法 二安替比林甲烷磷钼酸重量法测定磷量

GB/T 223.10 钢铁及合金化学分析方法 铜铁试剂分离-铬天青S光度法测定铝含量

GB/T 233.11 钢铁及合金化学分析方法 过硫酸铵氧化容量法测定铬量

GB/T 223.18 钢铁及合金化学分析方法 硫代硫酸钠分离-碘量法测定铜量

GB/T 223.19 钢铁及合金化学分析方法 新亚铜灵-三氯甲烷萃取光度法测定铜量

GB/T 223.24 钢铁及合金化学分析方法 萃取分离-丁二酮肟分光光度法测定镍量

GB/T 223.32 钢铁及合金化学分析方法 次磷酸钠还原-碘量法测定砷量

GB/T 223.37 钢铁及合金化学分析方法 蒸馏分离-靛酚蓝光度法测定氮量

GB/T 223.58 钢铁及合金化学分析方法 亚砷酸钠-亚硝酸钠滴定法测定锰量

GB/T 223.59 钢铁及合金化学分析方法 锑磷钼蓝光度法测定磷量

GB/T 223.60 钢铁及合金化学分析方法 高氯酸脱水重量法测定硅含量

GB/T 223.63 钢铁及合金化学分析方法 高碘酸钠(钾)光度法测定锰量

GB/T 223.64 钢铁及合金化学分析方法 火焰原子吸收光谱法测定锰量

GB/T 223.68 钢铁及合金化学分析方法 管式炉内燃烧后碘酸钾滴定法测定硫含量

GB/T 223.71 钢铁及合金化学分析方法 管式炉内燃烧后重量法测定碳含量

GB/T 223.72 钢铁及合金化学分析方法 氧化铝色层分离-硫酸钡重量法测定硫量

GB/T 228 金属材料 室温拉伸试验方法 GB/T 228—2002,eqv ISO 6892:1998)

GB/T 232 金属材料 弯曲试验方法(GB/T 232—1999,eqv ISO 7438:1985)

GB/T 247 钢板和钢带验收、包装、标志及质量证明书的一般规定

GB/T 708 冷轧钢板和钢带的尺寸、外形、重量及允许偏差

GB/T 2975 钢及钢产品 力学性能试验取样位置及试样制备(GB/T 2975—1998,eqv ISO 377:1997)

GB/T 4336 碳素钢和中低合金钢 火花源原子发射光谱分析方法(常规法)

GB/T 17505 钢及钢产品交货一般技术要求(GB/T 17505—1998,eqv ISO 404:1992)

GB/T 20066 钢和铁 化学成分测定用试样的取样和制样方法(GB/T 20066—2006,ISO 14284:1996,IDT)

3 分类及代号

3.1 钢板及钢带按表面质量分为：

较高级表面　　FB

高级表面　　FC

3.2 钢板及钢带按表面结构分为：

光亮表面　　B:其特征为轧辊经磨床精加工处理。

粗糙表面　　D:其特征为轧辊磨床加工后喷丸等处理。

4 订货内容

4.1 订货时，顾客应提供下列信息：

a) 标准编号；
b) 产品名称(钢板或钢带)；
c) 牌号；
d) 尺寸；
e) 尺寸及不平度精度；
f) 带卷尺寸(内径、外径)；
g) 重量；
h) 表面质量级别；
i) 边缘状态(切边 EC、不切边 EM)；
j) 包装方式；
k) 用途；
l) 特殊要求(本标准规定项目之外的要求等)。

4.2 如订货合同中未注明尺寸及不平度精度、表面质量级别、边缘状态和包装方式等信息，则本标准产品按普通级尺寸及不平度精度、较高级表面质量的切边钢板或钢带供货，并按供方提供的包装方式包装。

5 尺寸、外形、重量及允许偏差

钢板和钢带的尺寸、外形、重量及允许偏差应符合 GB/T 708 的规定。

6 技术要求

6.1 牌号和化学成分

6.1.1 钢的牌号和化学成分(熔炼分析)应符合表 1 规定。

表 1

牌号	化学成分(质量分数)/%，不大于				
	C	Si	Mn	P[a]	S
Q195	0.12	0.30	0.50	0.035	0.035
Q215	0.15	0.35	1.20	0.035	0.035
Q235	0.22	0.35	1.40	0.035	0.035
Q275	0.24	0.35	1.50	0.035	0.035
[a] 经需方同意，P 为固溶强化元素添加时，上限应不大于 0.12%。					

6.1.1.1 当采用铝脱氧时，钢中酸溶铝含量应不小于0.015%，或总铝含量应不小于0.020%。

6.1.1.2 钢中残余元素铬、镍、铜含量应各不大于0.30%，氮含量应不大于0.008%。如供方能保证，均可不做分析。

6.1.1.2.1 氮含量允许超过6.1.1.2的规定值，但氮含量每增加0.001%，磷的最大含量应减少0.005%，熔炼分析氮的最大含量应不大于0.012%；如果钢中的酸溶铝含量不小于0.015%或总铝含量不小于0.020%，氮含量的上限值可以不受限制。固定氮的元素应在质量证明书中注明。

6.1.1.3 钢中砷的含量应不大于0.080%。用含砷矿冶炼生铁所冶炼的钢，砷含量由供需双方协议规定。如原料中不含砷，可不做砷的分析。

6.1.1.4 在保证钢材力学性能符合本标准规定情况下，各牌号碳、锰、硅含量可以不作为交货条件，但其含量应在质量证明书中注明。

6.1.1.5 成品钢材的化学成分允许偏差应符合GB/T 222的规定。

氮含量允许超过规定值，但应符合6.1.1.2.1的要求，成品分析氮含量的最大值应不大于0.014%；如果钢中的铝含量达到6.1.1.2.1规定的含量，并在质量证明书中注明，氮含量上限值可不受限制。

6.2 冶炼方法

钢由氧气转炉或电炉冶炼，除非需方有特殊要求，并在合同中注明，冶炼方法一般由供方自行决定。

6.3 交货状态

6.3.1 钢板及钢带以退火后平整状态交货。经供需双方协议，亦可以其他热处理状态交货，此时力学性能由供需双方协议规定。

6.3.2 钢板及钢带通常涂油后供货，所涂油膜应能用碱性或其他常用的除油液去除。在通常的包装、运输、装卸及贮存条件下，供方应保证对涂油产品自出厂之日起6个月内不生锈。经供需双方协议并在合同中注明，也可不涂油供货。

6.4 力学性能

6.4.1 钢板及钢带的横向拉伸试验结果应符合表2的规定。

表2

牌号	下屈服强度 R_{eL}[a]/(N/mm²)	抗拉强度 R_m/(N/mm²)	断后伸长率/%	
			$A_{50\ mm}$	$A_{80\ mm}$
Q195	≥195	315～430	≥26	≥24
Q215	≥215	335～450	≥24	≥22
Q235	≥235	370～500	≥22	≥20
Q275	≥275	410～540	≥20	≥18

a 无明显屈服时采用 $R_{p0.2}$。

6.4.2 钢板及钢带应作180°弯曲试验，弯心直径应符合表3的规定。试样弯曲处的外面和侧面不应有肉眼可见的裂纹。

表3

牌号	弯曲试验[a,b]	
	试样方向	弯心直径 d
Q195	横	0.5 a
Q215	横	0.5 a
Q235	横	1 a
Q275	横	1 a

a 试样宽度 B ≥20 mm，仲裁试验时 B =20 mm。

b a 为试样厚度。

6.4.3 如供方能保证其弯曲性能，可不进行该试验。

6.5 表面质量

6.5.1 钢板及钢带表面不得有气泡、裂纹、结疤、折叠和夹杂等对使用有害的缺陷。钢板及钢带不应有分层。

6.5.2 钢板及钢带各表面质量级别的特征如表4的规定。

表 4

级别	名称	特　征
FB	较高级表面	表面允许有少量不影响成型性的缺陷，如小气泡、小划痕、小辊印、轻微划伤及氧化色等允许存在
FC	高级表面	产品两面中较好的一面应对缺陷进一步限制，无目视可见的明显缺陷，另一面应达到FB表面的要求

6.5.3 对于钢带，在连续生产过程中，由于局部的表面缺陷不易发现和去除，因此允许带缺陷交货，但有缺陷部分应不超过每卷总长度的6%。

7 试验方法

7.1 每批钢板和钢带的检验项目、取样数量、取样方法及试验方法应符合表5的规定。

表 5 检验项目、取样数量及试验方法

序号	检验项目	取样数量(个)	取样方法	试验方法
1	化学成分	1/每炉	GB/T 20066	GB/T 223、GB/T 4336
2	拉伸试验	1	GB/T 2975	GB/T 228
3	弯曲试验	1	GB/T 2975	GB/T 232

7.2 钢板和钢带的表面质量用肉眼检查。

8 检验规则

8.1 钢板和钢带的检查和验收由供方技术质量监督部门负责，需方有权按本标准或合同所规定的任一检验项目进行检查和验收。

8.2 钢板及钢带应成批验收，每批由同一牌号、同一炉号、同一规格和同一工艺制度的钢板及钢带组成，每批重量应不大于60 t。

8.3 钢板和钢带的复验和判定按GB/T 17505的规定。

9 包装、标志和质量证明书

钢板和钢带的包装、标志及质量证明书应符合GB/T 247的规定。钢板和钢带的质量证明书类型可按GB/T 18253的规定。

参考文献

GB/T 18253 钢及钢产品检验文件的类型(GB/T 18253—2000,eqv ISO 10474:1991)

ICS 77.140.50
H 46

中华人民共和国国家标准

GB/T 12754—2006
代替 GB/T 12754—1991

彩色涂层钢板及钢带

Prepainted steel sheet

2006-02-05 发布　　2006-08-01 实施

中华人民共和国国家质量监督检验检疫总局
中国国家标准化管理委员会　发布

前　言

本标准是在总结我国彩色涂层钢板及钢带的生产、使用情况，同时参考 EN 10169-1：2003《连续有机涂层（卷涂）钢板产品　第一部分：一般信息（定义、材料、公差、试验方法）》（英文版）、ENV 10169-2：1999《连续有机涂层（卷涂）钢板产品　第二部分：建筑外用产品》（英文版）、EN 10169-3：2003《连续有机涂层（卷涂）钢板产品　第三部分：建筑内用产品》（英文版）、AS/NZS 2728：1997《建筑内/外用预涂层金属板材的性能要求》、ASTM A755M-03《以热镀金属镀层钢板为基板并采用卷涂工艺生产的建筑外用预涂层钢板》的基础上对 GB/T 12754—1991《彩色涂层钢板及钢带》进行了修订。

本标准代替 GB/T 12754—1991《彩色涂层钢板及钢带》。

本标准与 GB/T 12754—1991 相比主要变化如下：

——增加第 3 章“术语和定义”；

——增加牌号命名方法的规定，给出了彩涂板的牌号；

——基板类型中增加了热镀铝锌合金基板和热镀锌铝合金基板，取消了冷轧基板；

——面漆种类中增加了高耐久性聚酯和聚偏氟乙烯，取消了丙烯酸、塑料溶胶和有机溶胶；

——增加涂层结构和热镀锌基板表面结构的分类；

——增加第 5 章“订货所需信息”；

——调整可供尺寸范围；

——增加彩涂板厚度允许偏差的规定，修改了长度、宽度、外形允许偏差（见附录 A）；

——增加彩涂板的力学性能的规定（见附录 B）；

——增加基板类型和镀层重量的规定；

——对正面涂层性能指标重新进行了分类、调整、补充和完善，增加了反面涂层性能的规定；

——表面质量中增加了老化导致的缺陷的说明；

——增加资料性附录“国内外彩涂板常用基板近似牌号（钢级）对照表”（见附录 C）；

——增加资料性附录“彩涂板使用环境腐蚀性的描述”（见附录 D）；

——增加资料性附录“彩涂板的选择”（见附录 E）；

——增加资料性附录“彩涂板的储存、运输和装卸”（见附录 F）；

——增加资料性附录“彩涂板的加工”（见附录 G）；

——增加资料性附录“彩涂板的使用寿命和耐久性”（见附录 H）；

——增加资料性附录“彩涂板大气暴露试验场”（见附录 I）。

本标准的附录 A、附录 B 是规范性附录，附录 C、附录 D、附录 E、附录 F、附录 G、附录 H 和附录 I 是资料性附录。

本标准由中国钢铁工业协会提出。

本标准由全国钢标准化技术委员会归口。

本标准负责起草单位：宝山钢铁股份有限公司。

本标准参加起草单位：武汉钢铁公司、迅兴金属建材有限公司、冶金工业信息标准研究院、北京首钢富路仕彩涂板有限公司。

本标准主要起草人：李玉光、徐宏伟、涂树林、王晓虎、孙忠明、施鸿雁、黄锦花、郗钊。

本标准所代替标准的历次版本发布情况为：

GB/T 12754—1991。

彩色涂层钢板及钢带

1 范围

本标准规定了彩色涂层钢板及钢带的术语和定义、分类和代号、尺寸、外形、重量、技术要求、检验和试验、包装、标志及质量证明书等。

本标准适用于建筑内、外用途的彩色涂层钢板及钢带(以下简称为彩涂板)。家电及其他用途的彩涂板可参考使用。

2 规范性引用文件

下列文件中的条款通过本标准的引用而成为本标准的条款。凡是注日期的引用文件,其随后所有的修改单(不包括勘误的内容)或修订版均不适用于本标准,然而,鼓励根据本标准达成协议的各方研究是否可使用这些文件的最新版本。凡是不注日期的引用文件,其最新版本适用于本标准。

GB/T 228 金属材料 室温拉伸试验方法(eqv ISO 6892:1998)

GB/T 247 钢板和钢带检验、包装、标志及质量证明书的一般规定

GB/T 1766—1995 色漆和清漆 涂层老化的评级方法

GB/T 1839 钢产品镀锌层质量试验方法

GB/T 2975 钢及钢产品力学性能试验取样位置及试样制备(eqv ISO 377:1997)

GB/T 13448 彩色涂层钢板及钢带试验方法

GB/T 17505 钢及钢产品交货一般技术要求(eqv ISO 404:1992(E))

3 术语和定义

下列术语和定义适用于本标准。

3.1

彩涂板 prepainted steel sheet

在经过表面预处理的基板上连续涂覆有机涂料(正面至少为二层),然后进行烘烤固化而成的产品。

3.2

基板 steel substrate

用于涂覆涂料的钢带。

3.3

正面 top side

通常指彩涂板两个表面中对颜色、涂层性能、表面质量等有较高要求的一面。

3.4

反面 bottom side

彩涂板相对于正面的另一个表面。

3.5

建筑外用 building exterior applications

受外部大气环境影响的用途。

3.6

建筑内用 building interior applications

受内部气氛影响的用途。

3.7

硬度　hardness

涂层抵抗擦划伤、摩擦、碰撞、压入等机械作用的能力。

3.8

柔韧性　flexibility

涂层与基板共同变形而不发生破坏的能力。

3.9

附着力　adhesion

涂层间或涂层与基板间结合的牢固程度。

3.10

使用寿命　life to the first major maintenance

从生产结束时开始到原始涂层的性能下降到必须对其进行大修才能维持其对基板的保护作用时的间隔时间。

3.11

耐久性　durability

涂层达到规定使用寿命的能力。

3.12

老化　weathering

涂层在使用环境的影响下性能逐渐发生劣化的现象。

4　分类和代号

4.1　牌号命名方法

彩涂板的牌号由彩涂代号、基板特性代号和基板类型代号三个部分组成，其中基板特性代号和基板类型代号之间用加号"＋"连接。

4.1.1　彩涂代号

彩涂代号用"涂"字汉语拼音的第一个字母"T"表示。

4.1.2　基板特性代号

a)　冷成形用钢

电镀基板时由三个部分组成，其中第一部分为字母"D"，代表冷成形用钢板；第二部分为字母"C"，代表轧制条件为冷轧；第三部分为两位数字序号，即01、03和04。

热镀基板时由四个部分组成，其中第一和第二部分与电镀基板相同，第三部分为两位数字序号，即51、52、53和54；第四部分为字母"D"，代表热镀。

b)　结构钢

由四个部分组成，其中第一部分为字母"S"，代表结构钢；第二部分为3位数字，代表规定的最小屈服强度(单位为MPa)，即250、280、300、320、350、550；第三部分为字母"G"，代表热处理；第四部分为字母"D"，代表热镀。

4.1.3　基板类型代号

"Z"代表热镀锌基板、"ZF"代表热镀锌铁合金基板、"AZ"代表热镀铝锌合金基板、"ZA"代表热镀锌铝合金基板，"ZE"代表电镀锌基板。

4.2　彩涂板的牌号及用途

彩涂板的牌号及用途如表1。

表 1

彩涂板的牌号					用途
热镀锌基板	热镀锌铁合金基板	热镀铝锌合金基板	热镀锌铝合金基板	电镀锌基板	
TDC51D+Z	TDC51D+ZF	TDC51D+AZ	TDC51D+ZA	TDC01+ZE	一般用
TDC52D+Z	TDC52D+ZF	TDC52D+AZ	TDC52D+ZA	TDC03+ZE	冲压用
TDC53D+Z	TDC53D+ZF	TDC53D+AZ	TDC53D+ZA	TDC04+ZE	深冲压用
TDC54D+Z	TDC54D+ZF	TDC54D+AZ	TDC54D+ZA	—	特深冲压用
TS250GD+Z	TS250GD+ZF	TS250GD+AZ	TS250GD+ZA	—	结构用
TS280GD+Z	TS280GD+ZF	TS280GD+AZ	TS280GD+ZA	—	
—	—	TS300GD+AZ	—	—	
TS320GD+Z	TS320GD+ZF	TS320GD+AZ	TS320GD+ZA	—	
TS350GD+Z	TS350GD+ZF	TS350GD+AZ	TS350GD+ZA	—	
TS550GD+Z	TS550GD+ZF	TS550GD+AZ	TS550GD+ZA	—	

4.3 彩涂板的分类及代号

彩涂板的分类及代号如表 2。如需表 2 以外用途、基板类型、涂层表面状态、面漆种类、涂层结构和热镀锌基板表面结构的彩涂板应在订货时协商。

表 2

分类	项目	代号
用途	建筑外用	JW
	建筑内用	JN
	家电	JD
	其他	QT
基板类型	热镀锌基板	Z
	热镀锌铁合金基板	ZF
	热镀铝锌合金基板	AZ
	热镀锌铝合金基板	ZA
	电镀锌基板	ZE
涂层表面状态	涂层板	TC
	压花板	YA
	印花板	YI
面漆种类	聚酯	PE
	硅改性聚酯	SMP
	高耐久性聚酯	HDP
	聚偏氟乙烯	PVDF
涂层结构	正面二层、反面一层	2/1
	正面二层、反面二层	2/2
热镀锌基板表面结构	光整小锌花	MS
	光整无锌花	FS

5 订货内容

订货时需方应提供如下信息：

a) 产品名称（钢板或钢带）

b) 本产品标准号

c) 牌号

d) 产品规格

e) 尺寸、不平度精度

f) 钢卷内径（钢带时）

g) 基板镀层重量

h) 基板表面结构（热镀锌基板时）

i) 涂层结构

j) 涂层表面状态

k) 面漆种类和颜色

l) 重量

m) 包装方式

n) 用途

o) 其他特殊要求

6 尺寸、外形、重量及允许偏差

6.1 尺寸

6.1.1 彩涂板的尺寸范围按表3的规定。

6.1.2 彩涂板的厚度为基板的厚度，不包含涂层厚度。

6.1.3 彩涂板的尺寸允许偏差应符合附录A的规定。

表3

单位为毫米

项目	公称尺寸
公称厚度	0.20～2.0
公称宽度	600～1 600
钢板公称长度	1 000～6 000
钢卷内径	450、508或610

6.2 外形

彩涂板的外形允许偏差应符合附录A的规定。

6.3 重量

彩涂板按实际重量交货。

6.4 特殊要求

如对尺寸、外形、重量及允许偏差有特殊要求应在订货时协商。

7 技术要求

7.1 力学性能

7.1.1 彩涂板的力学性能应符合附录B的规定，如对力学性能有特殊要求应在订货时协商。

7.1.2 供方如能保证，可以用基板的力学性能代替彩涂板的力学性能。

7.2 **基板类型和镀层重量**

7.2.1 彩涂板的基板类型如表2,如需其他类型的基板应在订货时协商。

7.2.2 热镀锌基板、热镀锌铁合金基板、热镀铝锌合金基板和热镀锌铝合金基板应进行光整处理,其中热镀锌基板的表面结构应为光整小锌花或光整无锌花,如采用其他表面结构的基板应在订货时协商。

7.2.3 各类型基板在不同腐蚀性环境中推荐使用的公称镀层重量如表4。

表4

单位为克/平方米

基板类型	公称镀层重量		
	使用环境的腐蚀性		
	低	中	高
热镀锌基板	90/90	125/125	140/140
热镀锌铁合金基板	60/60	75/75	90/90
热镀铝锌合金基板	50/50	60/60	75/75
热镀锌铝合金基板	65/65	90/90	110/110
电镀锌基板	40/40	60/60	—
注:使用环境的腐蚀性很低和很高时,镀层重量由供需双方在订货时协商。			

7.2.4 镀层重量每面三个试样平均值应不小于相应面的公称镀层重量,单个试样值应不小于相应面公称镀层重量的85%。

7.3 **正面涂层性能**

7.3.1 **涂料种类**

7.3.1.1 彩涂板的面漆种类见表2,如需其他种类的面漆应在订货时协商。

7.3.1.2 底漆种类通常由供方确定,需方如有要求应在订货时协商。

7.3.2 **涂层厚度**

7.3.2.1 涂层厚度为初涂层和精涂层厚度之和。

7.3.2.2 涂层厚度应不小于20 μm,如小于20 μm应在订货时协商,

7.3.2.3 涂层厚度为三个试样平均值,单个试样值应不小于最小规定值的90%。

7.3.3 **涂层色差**

涂层色差通常由供方确定,需方如有要求应在订货时协商。

7.3.4 **涂层光泽**

7.3.4.1 涂层光泽使用60°镜面光泽,光泽分为低、中、高三级,各级别的光泽度应符合表5的规定。

表5

级别(代号)	光泽度
低(A)	≤40
中(B)	>40～≤70
高(C)	>70

7.3.4.2 光泽度三个试样值均应符合表5的相应规定,每批产品光泽度差值应不大于10个光泽单位。

7.3.4.3 涂层光泽通常按低、中光泽供货,需高光泽时应在合同中注明,如对光泽度有特殊要求应在订货时协商。

7.3.5 **涂层硬度**

涂层硬度通常用铅笔硬度试验进行评价,如需用耐磨性、耐划伤等试验作进一步评价应在订货时协商。

7.3.5.1 **铅笔硬度试验**

7.3.5.1.1 各种面漆的铅笔硬度应符合表6的规定，如对铅笔硬度有特殊要求应在订货时协商。

表6

面漆种类	铅笔硬度 不小于
聚酯	F
硅改性聚酯	
高耐久性聚酯	HB
聚偏氟乙烯	

7.3.5.1.2 铅笔硬度三个试样值均应符合表6的相应规定。

7.3.6 **涂层柔韧性/附着力**

涂层柔韧性/附着力通常用弯曲试验和反向冲击试验进行评价，如需用划格、杯突等试验作进一步评价应在订货时协商。

7.3.6.1 **弯曲试验**

7.3.6.1.1 弯曲性能分为低、中、高三级，各级别的T弯值应符合表7的规定。

7.3.6.1.2 弯曲试验三个试样值均应符合表7的相应规定。

7.3.6.1.3 弯曲试样用胶带剥离后弯曲处不应有涂层剥落，距试样边部10 mm以内的涂层脱落不计，如要求弯曲处无肉眼可见的开裂应在订货时协商。

表7

级别(代号)	T弯值 不大于
低(A)	5T
中(B)	3T
高(C)	1T

7.3.6.1.4 T弯通常按低级供货，需中、高级时应在合同中注明，如对T弯值有特殊要求应在订货时协商。

7.3.6.1.5 彩涂板的厚度大于0.80 mm或规定的最小屈服强度不小于550 MPa时对T弯值不作要求。

7.3.6.2 **反向冲击试验**

7.3.6.2.1 反向冲击性能分为低、中、高三级，各级别的冲击功应符合表8的规定。

表8

单位为焦耳

级别(代号)	冲击功 不小于
低(A)	6
中(B)	9
高(C)	12

7.3.6.2.2 反向冲击试验三个试样值均应符合表8的相应规定。

7.3.6.2.3 反向冲击试样用胶带剥离后变形区不应有涂层剥落，如要求变形区无肉眼可见的开裂应在订货时协商。

7.3.6.2.4 反向冲击通常按低级供货，需中、高级时应在订货时说明，如对冲击功有特殊要求应在订货时协商。

7.3.6.2.5 彩涂板的厚度小于0.40 mm或规定的最小屈服强度不小于550 MPa时对冲击功不作要求。

7.3.7 **涂层耐久性**

涂层耐久性通常用耐中性盐雾试验和紫外灯加速老化试验进行评价，如需用氙灯加速老化、耐湿热和耐二氧化硫湿热等试验作进一步评价应在订货时协商。

7.3.7.1 **耐中性盐雾试验**

7.3.7.1.1 各种面漆的耐中性盐雾试验时间应符合表9的规定，如对试验时间有特殊要求应在订货时协商。

表 9

单位为小时

面漆种类	耐中性盐雾试验时间 不小于
聚酯	480
硅改性聚酯	600
高耐久性聚酯	720
聚偏氟乙烯	960

7.3.7.1.2 耐中性盐雾试验三个试样值均应符合表9的相应规定。

7.3.7.1.3 在表9规定的时间内，试样起泡密度等级和起泡大小等级应不大于GB/T 1766中规定的3级，但不允许起泡密度等级和起泡大小等级同时为3级。

7.3.7.1.4 供方如能保证，可不做耐中性盐雾检验。

7.3.7.2 **紫外灯加速老化试验**

7.3.7.2.1 各种面漆的紫外灯加速老化试验时间应符合表10的规定，如对试验时间有特殊要求应在订货时协商。

表 10

单位为小时

面漆种类	试验时间 不小于	
	UVA-340	UVB-313
聚酯	600	400
硅改性聚酯	720	480
高耐久性聚酯	960	600
聚偏氟乙烯	1 800	1 000

7.3.7.2.2 紫外灯加速老化试验三个试样值均应符合表10的相应规定。

7.3.7.2.3 在表10规定的时间内，试样应无起泡、开裂，粉化应不大于GB/T 1766中规定的1级。

7.3.7.2.4 面漆为聚酯和硅改性聚酯时通常用UVA-340进行评价，如用UVB-313进行评价应在订货时说明。面漆为高耐久性聚酯和聚偏氟乙烯时通常用UVB-313进行评价，如用UVA-340进行评价应在合同中注明。

7.3.7.2.5 供方如能保证，可不做紫外灯加速老化检验。

7.3.8 **其他性能**

如对耐有机溶剂、耐酸碱、耐污染、耐沸水和耐干热等性能有要求应在订货时协商。

7.4 **反面涂层性能**

7.4.1 **涂层厚度**

涂层为一层时，其厚度应不小于5 μm。涂层为二层时，其厚度应不小于12 μm，如小于12 μm应在订货时协商。

7.4.2 **其他性能**

涂料种类、涂层色差、涂层光泽、涂层硬度、涂层柔韧性/附着力、涂层耐久性等性能通常由供方确定，需方如有要求应在订货时协商。

7.5 表面质量

7.5.1 钢板表面不应有气泡、缩孔、漏涂等对使用有害的缺陷。

7.5.2 对于钢卷，由于没有机会切除带缺陷部分，因此钢卷允许带缺陷交货，但有缺陷的部分应不超过每卷总长度的5%。

7.5.3 彩涂板在使用过程中会发生老化，出现失光、变色、粉化、起泡、开裂、剥落和生锈等缺陷，如对使用过程中出现以上缺陷有要求应在订货时协商。

7.6 印花板

正面涂层性能由供需双方在订货时协商，其他技术要求应符合7.1、7.2、7.4和7.5的规定。

7.7 压花板

7.7.1 压花板的技术要求由供需双方在订货时协商。

7.7.2 供方应保证压花前的彩涂板的技术要求符合7.1、7.2、7.3、7.4和7.5的规定。

8 检验、试验和复验

8.1 彩涂板的外观用肉眼检查。

8.2 彩涂板的尺寸、外形应用合适的测量工具测量。

8.3 每批彩涂板的检验项目、试样数量、试样位置和试验方法应符合表11的规定。

表 11

<table>
<tr><th>序号</th><th>检验项目</th><th>试样数量</th><th>试样位置</th><th>试验方法</th><th>备　注</th></tr>
<tr><td>1</td><td>涂层厚度</td><td rowspan="8">3个/批</td><td rowspan="8">在板宽的1/2处取一个，在两边距边部50 mm处各取一个</td><td rowspan="7">GB/T 13448</td><td>测量点为距边部不小于50 mm的任意点</td></tr>
<tr><td>2</td><td>镜面光泽</td><td>—</td></tr>
<tr><td>3</td><td>铅笔硬度</td><td>—</td></tr>
<tr><td>4</td><td>弯曲</td><td>试样方向为纵向（沿轧制方向）</td></tr>
<tr><td>5</td><td>反向冲击</td><td>—</td></tr>
<tr><td>6</td><td>耐中性盐雾</td><td>平板试样</td></tr>
<tr><td>7</td><td>紫外灯加速老化</td><td>UVA-340采用12小时为一循环周期：8 h紫外光照，黑板温度60℃±3℃，4 h冷凝，黑板温度50℃±3℃。
UVB-313采用8小时为一循环周期：4 h紫外光照，黑板温度60℃±3℃，4 h冷凝，黑板温度50℃±3℃</td></tr>
<tr><td>8</td><td>镀层重量</td><td>GB/T 1839</td><td>—</td></tr>
<tr><td>9</td><td>拉伸试验</td><td>1个/批</td><td>GB/T 2975</td><td>GB/T 228</td><td>拉伸试样不去除镀层</td></tr>
</table>

8.4 彩涂板应按批检验，每批应由不大于30吨的同牌号、同规格、同镀层重量，以及涂层厚度、涂料种类和颜色相同的彩涂板组成。

8.5 彩涂板的复验应符合GB/T 17505的规定。

9 包装、标志及质量证明书

彩涂板的包装、标志及质量证明书应符合GB/T 247的规定；另外，标志中还应包括基板镀层重量、面漆种类、颜色等内容。

10 国内外彩涂板常用基板近似牌号(钢级)对照表

国内外彩涂板常用基板近似牌号(钢级)对照表见附录C。

11 彩涂板使用环境腐蚀性的描述

彩涂板使用环境腐蚀性的描述见附录D。

12 彩涂板的选择

彩涂板的选择见附录E。

13 彩涂板的储存、运输和装卸

彩涂板的储存、运输和装卸见附录F。

14 彩涂板的加工

彩涂板的加工见附录G。

15 彩涂板的使用寿命和耐久性

彩涂板的使用寿命和耐久性见附录H。

16 彩涂板大气暴露试验场

彩涂板大气暴露试验场见附录I。

附　录　A
（规范性附录）
彩涂板的尺寸、外形允许偏差

A.1　尺寸允许偏差

A.1.1　厚度允许偏差

A.1.1.1　热镀基板彩涂板的厚度（不包括涂层）允许偏差

热镀基板（热镀锌基板、热镀锌铁合金基板、热镀铝锌合金基板、热镀锌铝合金基板）彩涂板的厚度允许偏差应符合表A.1的规定，其中TDC51D和TS550GD系列彩涂板的厚度允许偏差应符合表A.1中规定的最小屈服强度不大于280 MPa的相应规定。

表 A.1

规定的最小屈服强度/MPa	公称厚度/mm	下列公称宽度时的厚度允许偏差/mm					
		普通精度 PT.A			高级精度 PT.B		
		≤1 200	>1 200~1 500	>1 500	≤1 200	>1 200~1 500	>1 500
<280	0.30~0.40	±0.05	±0.06	—	±0.03	±0.04	—
	>0.40~0.60	±0.06	±0.07	±0.08	±0.04	±0.05	±0.06
	>0.60~0.80	±0.07	±0.08	±0.09	±0.05	±0.06	±0.06
	>0.80~1.00	±0.08	±0.09	±0.10	±0.06	±0.07	±0.07
	>1.00~1.20	±0.09	±0.10	±0.11	±0.07	±0.08	±0.08
	>1.20~1.60	±0.11	±0.12	±0.12	±0.08	±0.09	±0.09
	>1.60~2.00	±0.13	±0.14	±0.14	±0.09	±0.10	±0.10
≥280	0.30~0.40	±0.06	±0.07	—	±0.04	±0.05	—
	>0.40~0.60	±0.07	±0.08	±0.09	±0.05	±0.06	±0.07
	>0.60~0.80	±0.08	±0.09	±0.11	±0.06	±0.07	±0.07
	>0.80~1.00	±0.09	±0.11	±0.12	±0.07	±0.08	±0.08
	>1.00~1.20	±0.11	±0.12	±0.13	±0.08	±0.09	±0.09
	>1.20~1.60	±0.13	±0.14	±0.14	±0.09	±0.11	±0.11
	>1.60~2.00	±0.15	±0.17	±0.17	±0.11	±0.12	±0.12

A.1.1.2　电镀锌基板彩涂板的厚度（不包括涂层）允许偏差

电镀锌基板彩涂板的厚度允许偏差应符合表A.2的规定。

A.1.1.3　彩涂板的厚度小于0.30 mm时的厚度允许偏差由供需双方协商。

A.1.2　宽度允许偏差

A.1.2.1　热镀基板彩涂板的宽度允许偏差

热镀基板彩涂板的宽度允许偏差应符合表A.3的规定。

A.1.2.2　电镀锌基板彩涂板的宽度允许偏差

电镀锌基板彩涂板的宽度允许偏差应符合表A.4的规定。

表 A.2 单位为毫米

公称厚度	下列公称宽度时的厚度允许偏差					
	普通精度 PT.A			高级精度 PT.B		
	≤1 200	>1 200～1 500	>1 500	≤1 200	>1 200～1 500	>1 500
0.30～0.40	±0.04	±0.05	—	±0.025	±0.035	—
>0.40～0.60	±0.05	±0.06	±0.07	±0.035	±0.045	±0.05
>0.60～0.80	±0.06	±0.07	±0.08	±0.045	±0.05	±0.05
>0.80～1.00	±0.07	±0.08	±0.09	±0.05	±0.06	±0.06
>1.00～1.20	±0.08	±0.09	±0.10	±0.06	±0.07	±0.07
>1.20～1.60	±0.10	±0.11	±0.11	±0.07	±0.08	±0.08
>1.60～2.00	±0.12	±0.13	±0.13	±0.08	±0.09	±0.09

表 A.3 单位为毫米

公称宽度	宽度允许偏差	
	普通精度 PW.A	高级精度 PW.B
≤1 200	$^{+5}_{0}$	$^{+2}_{0}$
>1 200～1 500	$^{+6}_{0}$	$^{+2}_{0}$
>1 500	$^{+7}_{0}$	$^{+3}_{0}$

表 A.4 单位为毫米

公称宽度	宽度允许偏差	
	普通精度 PW.A	高级精度 PW.B
≤1 200	$^{+4}_{0}$	$^{+2}_{0}$
>1 200～1 500	$^{+5}_{0}$	$^{+2}_{0}$
>1 500	$^{+6}_{0}$	$^{+3}_{0}$

A.1.3 长度允许偏差

彩涂板的长度允许偏差应符合表 A.5 的规定。

表 A.5 单位为毫米

公称长度	长度允许偏差	
	普通精度 PL.A	高级精度 PL.B
≤2 000	$^{+6}_{0}$	$^{+3}_{0}$
>2 000	$^{+0.003×公称长度}_{0}$	$^{+0.001\ 5×公称长度}_{0}$

A.2 外形允许偏差

A.2.1 脱方度

钢板应切成直角,脱方度应不大于钢板宽度的1%。

A.2.2 镰刀弯

彩涂板的镰刀弯在任意2 000 mm长度上应不大于6 mm。钢板的长度不大于2 000 mm时,其镰刀弯应不大于钢板实际长度的0.3%。

A.2.3 不平度

钢板的不平度应符合表A.6的规定,其中TDC51D系列钢板的不平度应符合表A.6中规定的最小屈服强度小于280MPa的相应规定,规定的最小屈服强度大于350 MPa的钢板的不平度由供需双方协商。

表 A.6

规定的最小屈服强度/MPa	公称宽度/mm	下列公称厚度时的不平度/mm 不大于					
		普通精度 PF.A			高级精度 PF.B		
		＜0.70	0.70～＜1.2	≥1.2～2.0	＜0.70	0.70～＜1.2	≥1.2～2.0
＜280	≤1 200	10	8	6	5	4	3
	＞1 200～1 500	13	10	8	6	5	4
	＞1 500	18	15	13	8	7	6
280～≤350	≤1 200	13	11	8	8	6	5
	＞1 200～1 500	16	13	11	9	8	6
	＞1 500	21	18	17	12	10	9

A.3 厚度的测量点为距边部不小于20 mm的任意点。

附 录 B
（规范性附录）
彩涂板的力学性能

B.1 热镀基板彩涂板的力学性能

热镀基板彩涂板的力学性能应符合表 B.1 和表 B.2 的规定。

表 B.1

牌号	屈服强度[a]/MPa	抗拉强度/MPa	断后伸长率(L_0=80 mm，b=20 mm)/% 不小于 公称厚度/mm ≤0.7	>0.70
TDC51D+Z、TDC51D+ZF、TDC51D+AZ、TDC51D+ZA	—	270～500	20	22
TDC52D+Z、TDC52D+ZF、TDC52D+AZ、TDC52D+ZA	140～300	270～420	24	26
TDC53D+Z、TDC53D+ZF、TDC53D+AZ、TDC53D+ZA	140～260	270～380	28	30
TDC54D+Z、TDC54D+AZ、TDC54D+ZA	140～220	270～350	34	36
TDC54D+ZF	140～220	270～350	32	34

注：拉伸试验试样的方向为横向（垂直轧制方向）。

a 当屈服现象不明显时采用 $R_{P0.2}$，否则采用 R_{eL}。

表 B.2

牌号	屈服强度[a]/MPa 不小于	抗拉强度/MPa 不小于	断后伸长率(L_0=80 mm，b=20 mm)/% 不小于 公称厚度/mm ≤0.70	>0.70
TS250GD+Z、TS250GD+ZF、TS250GD+AZ、TS250GD+ZA	250	330	17	19
TS280GD+Z、TS280GD+ZF、TS280GD+AZ、TS280GD+ZA	280	360	16	18
TS300GD+AZ	300	380	16	18
TS320GD+Z、TS320GD+ZF、TS320GD+AZ、TS320GD+ZA	320	390	15	17
TS350GD+Z、TS350GD+ZF、TS350GD+AZ、TS350GD+ZA	350	420	14	16
TS550GD+Z、TS550GD+ZF、TS550GD+AZ、TS550GD+ZA	550	560	—	—

注：拉伸试验试样的方向为纵向（沿轧制方向）。

a 当屈服现象不明显时采用 $R_{P0.2}$，否则采用 R_{eH}。

B.2 电镀锌基板彩涂板的力学性能

电镀锌基板彩涂板的力学性能应符合表 B.3 的规定。

表 B.3

牌　　号	屈服强度[a,b]/MPa	抗拉强度/MPa 不小于	断后伸长率(L_0=80 mm,b=20 mm)/% 不小于		
			公称厚度/mm		
			≤0.50	0.50～≤0.7	>0.7
TDC01+ZE	140～280	270	24	26	28
TDC03+ZE	140～240	270	30	32	34
TDC04+ZE	140～220	270	33	35	37

注:拉伸试验试样的方向为横向(垂直轧制方向)。

a 当屈服现象不明显时采用 $R_{P0.2}$,否则采用 R_{eL}。

b 公称厚度 0.50～≤0.7 mm 时,屈服强度允许增加 20 MPa;公称厚度≤0.50 mm 时,屈服强度允许增加 40 MPa。

附 录 C
（资料性附录）
国内外彩涂板常用基板近似牌号(钢级)对照表

C.1 热镀锌基板和热镀锌铁合金基板

热镀锌基板和热镀锌铁合金基板国内外近似牌号(钢级)对照表见表C.1。

表 C.1

EN 10142：2000、 EN 10147：2000	JIS G 3302：1998	ASTM A653M-04a	GB/T 2518—2004
DX51D+Z、DX51D+ZF	SGCC	CS	02
DX52D+Z、DX52D+ZF	SGCD1	FS	03
DX53D+Z、DX53D+ZF	SGCD2	DDS	04
DX54D+Z、DX54D+ZF	SGCD3	—	05
S250GD+Z、S250GD+ZF	SGC340	SS255	250
S280GD+Z、S280GD+ZF	—	SS275	280
S320GD+Z、S320GD+ZF	—	—	320
S350GD+Z、S350GD+ZF	SGC440	SS340	350
S550GD+Z、S550GD+ZF	SGC570	SS550	550

C.2 热镀铝锌合金基板

热镀铝锌合金基板国外近似牌号(钢级)对照表见表C.2。

表 C.2

EN 10215：1995	JIS G 3321：1998	ASTM A792M-03	AS/NZS 1397：2001
DX51D+AZ	SGLCC	CS	G2
DX52D+AZ	SGLCD	FS	G3
DX53D+AZ	—	DS	—
DX54D+AZ	—	—	—
S250GD+AZ	—	SS255	G250
S280GD+AZ	—	SS275	—
—	SGLC400	—	G300
S320GD+AZ	—	—	—
S350GD+AZ	SGLC440	SS340	G350
S550GD+AZ	SGLC570	SS550	G550

C.3 热镀锌铝合金基板

热镀锌铝合金基板国外近似牌号(钢级)对照表见表C.3。

表 C.3

EN 10214：1995	JIS G 3317：1994	ASTM A875M-02a
DX51D+ZA	SZACC	CS
DX52D+ZA	SZACD1	FS
DX53D+ZA	SZACD2	DDS
DX54D+ZA	SZACD3	—
S250GD+ZA	SZAC340	SS255
S280GD+ZA	—	SS275
S320GD+ZA	—	—
S350GD+ZA	SZAC440	SS340
S550GD+ZA	SZAC570	SS550

C.4 电镀锌基板

电镀锌基板国外近似牌号(钢级)对照表见表 C.4。

表 C.4

EN 10152:2003	JIS G 3313：1998	ASTM A591M-98
DC01+ZE	SECC	CS
DC03+ZE	SECD	DS
DC04+ZE	SECE	DDS

附　录　D
（资料性附录）
彩涂板使用环境腐蚀性的描述

D.1　彩涂板使用时可能直接或部分暴露于外部环境即大气环境中，此时主要考虑大气环境的腐蚀。另外，也可能在相对封闭的内部环境即内部气氛中使用，此时主要考虑内部气氛的腐蚀。

D.2　使用环境腐蚀性等级

GB/T 19292.1—2003《金属和合金的腐蚀　大气腐蚀性　分类》(ISO 9223:1992,IDT)根据碳钢、锌、铝等金属第一年腐蚀速率测量值对大气腐蚀性进行了分类，但是彩涂板还缺乏使用环境（指大气环境和内部气氛）腐蚀性分类的数据，因此本标准仅定性的将大气环境和内部气氛腐蚀性分为5个等级即C1、C2、C3、C4、C5，其腐蚀性依次增强。表D.1示例性的给出了不同腐蚀性等级对应的典型大气环境和内部气氛。

表 D.1

腐蚀性	腐蚀性等级	典型大气环境示例	典型内部气氛示例
很低	C1	—	干燥清洁的室内场所，如办公室、学校、住宅、宾馆
低	C2	大部分乡村地区、污染较轻的城市	室内体育场、超级市场、剧院
中	C3	污染较重的城市、一般工业区、低盐度海滨地区	厨房、浴室、面包烘烤房
高	C4	污染较重的工业区、中等盐度海滨地区	游泳池、洗衣房、酿酒车间、海鲜加工车间、蘑菇栽培场
很高	C5	高湿度和腐蚀性工业区、高盐度海滨地区	酸洗车间、电镀车间、造纸车间、制革车间、染房

D.3　大气环境腐蚀性

D.3.1　影响彩涂板耐大气腐蚀性的关键因素是大气中腐蚀介质的种类、浓度和涂层表面被潮湿薄膜覆盖的时间即潮湿时间。腐蚀介质的种类越多、浓度越高，潮湿时间越长，大气的腐蚀性越高。

D.3.2　GB/T 15957—1995《大气环境腐蚀性分类》根据大气环境中存在的腐蚀介质（主要是二氧化硫和氯化物）及其浓度将大气环境分为乡村大气、城市大气、工业大气和海洋大气四种类型。但实际大气环境是复杂多样的，可能还存在硫化氢、氟化氢、氮的氧化物、工业粉尘等各种各样的腐蚀介质，因此GB/T 15957中的大气环境分类并不完善，也不可能包括所有的大气环境，对此应有充分的认识。另外，在特定作业环境中，如化工厂、冶炼厂、火力发电厂等场所周围的大气环境即微观环境可能与该地区的大气环境存在很大差异，此时微观环境可能比大气环境更重要，因此应尽可能对微观环境的腐蚀性做出准确的判断，并在分析大气腐蚀性时给予特别关注。

D.3.3　潮湿时间取决于气候条件，如相对湿度、温度、光照时间、风力等因素。潮湿薄膜的形成通常与下列因素有关：

a）　大气相对湿度增大；

b）　涂层表面温度达到露点或露点以下产生冷凝作用；

c）　涂层表面沉积吸潮性物质；

d）　结露、降雨、融雪等直接湿润涂层表面。

采取通风、干燥、清洁等措施可以减少潮湿薄膜的形成，缩短潮湿的时间。

D.4　内部气氛腐蚀性

D.4.1　与大气环境腐蚀性相同，影响彩涂板耐内部气氛腐蚀性的关键因素也是内部气氛中腐蚀介质的种类、浓度和潮湿时间。腐蚀介质的种类越多、浓度越高，潮湿时间越长，内部气氛的腐蚀性越高。

D.4.2　在分析内部气氛的腐蚀性时，应首先研究内部气氛中包含的腐蚀介质的种类和浓度。

D.4.3　潮湿时间取决于内部气氛的相对湿度、温度、通风条件等因素。潮湿薄膜的形成通常与下列因素有关：

a）　内部气氛的相对湿度增大；

b）　涂层表面温度达到露点或露点以下产生冷凝作用；

c）　涂层表面沉积吸潮性物质；

d）　涂层表面被直接湿润。

采取通风、干燥、清洁等措施可以减少潮湿薄膜的形成，缩短潮湿的时间。

D.5　其他腐蚀(老化)因素

D.5.1　光照

光照(特别是紫外光)是导致涂层老化的主要原因之一，彩涂板在使用过程中通常会受到光照的影响，因此光照强度和光照时间是分析环境腐蚀性时必须考虑的重要因素。

D.5.2　温度

涂层长时间处于温度过高、过低或温差过大的环境中会加速涂层老化。

D.5.3　化学品

彩涂板在使用过程中应尽量避免与酸碱、有机溶剂、洗涤剂、清洁剂等化学品直接接触，以免腐蚀涂层。

D.5.4　沉积物

工业粉尘、悬浮颗粒等物质长时间沉积在涂层表面易导致涂层老化。

D.5.5　微生物

在潮湿、通风不畅的环境下涂层表面容易长霉菌，降低彩涂板的使用寿命。

D.5.6　机械磨损

彩涂板表面经受风沙吹打、机械摩擦的作用后会发生磨蚀。

D.5.7　水和土壤腐蚀

应尽可能避免彩涂板与水和土壤直接接触，以减少由此导致的腐蚀。

D.5.8　与其他材料的相互作用

彩涂板有时可能与其他材料接触或一同使用，由于材料性质不同，因此应注意材料之间是否会发生相互影响。

D.6　实际使用环境中存在多种影响因素并存在且相互影响，此时应找出主要影响因素，并尽可能确定这些因素之间的关系，从而对使用环境做出全面、准确的判断。

附 录 E
（资料性附录）
彩涂板的选择

E.1 合理的选材不仅可以满足使用要求，而且可以最大限度的降低成本。如果选材不当，其结果可能是材料性能超过了使用要求，造成不必要的浪费，也可能是达不到使用要求，造成降级或无法使用。因此，需方应高度重视合理选材的重要性，必要时应向有关专家咨询。

E.2 彩涂板的选择主要指力学性能、基板类型和镀层重量、正面涂层性能和反面涂层性能的选择。用途、使用环境的腐蚀性、使用寿命、耐久性、加工方式和变形程度等是选材时考虑的重要因素。

E.3 力学性能、基板类型和镀层重量的选择

E.3.1 力学性能主要依据用途、加工方式和变形程度等因素进行选择。在强度要求不高、变形不复杂时，可采用 TDC51D、TDC52D 系列的彩涂板。当对成形性有较高要求时就应选择 TDC53D、TDC54D 系列的彩涂板。对于有承重要求的构件，应根据设计要求选择合适的结构钢，如 TS280GD、TS350GD 系列的彩涂板。剪切、弯曲、辊压等是彩涂板常用的加工方式，订货时应根据每种加工方式的特点进行选择。实际生产时通常用基板的力学性能代替彩涂板的力学性能，而彩涂工艺可能导致基板的力学性能发生变化。另外，力学性能也可能随储存时间的增加而发生变化。这些都会增加彩涂板加工成形时出现吕德斯带或折痕的可能性，对此应予以注意。

E.3.2 基板类型和镀层重量主要依据用途、使用环境的腐蚀性、使用寿命和耐久性等因素进行选择。防腐是彩涂板的主要功能之一，基板类型和镀层重量是影响彩涂板耐腐蚀性的主要因素，建筑用彩涂板通常选用热镀锌基板和热镀铝锌合金基板，主要是因为这两种基板的耐蚀性较好。电镀锌基板受工艺限制，锌层通常较薄，耐蚀性相对较差，且生产成本较高，因此很少使用。镀层重量应根据使用环境的腐蚀性来确定，在腐蚀性高的环境中应使用耐蚀性好、镀层重量大的基板，以确保达到规定的使用寿命和耐久性。另外，选择基板时还应注意各类基板切口耐腐蚀性的差异。

E.4 正面涂层性能的选择

E.4.1 正面涂层性能的选择主要指涂料种类、涂层厚度、涂层色差、涂层光泽、涂层硬度、涂层柔韧性/附着力、涂层耐久性以及其他性能的选择。

E.4.2 涂料种类

E.4.2.1 **面漆**

常用的面漆有聚酯、硅改性聚酯、高耐久性聚酯和聚偏氟乙烯，不同面漆的硬度、柔韧性/附着力、耐久性等方面存在一定的差异。聚酯是目前使用量最大的涂料，耐久性一般，涂层的硬度和柔韧性好，价格适中。硅改性聚酯通过有机硅对聚酯进行改性，耐久性和光泽、颜色的保持性有所提高，但涂层的柔韧性略有降低。高耐久性聚酯既有聚酯的优点，又在耐久性方面进行了改进，性价比较高。聚偏氟乙烯的耐久性优异，涂层的柔韧性好，但硬度相对较低，可提供的颜色也较少，价格昂贵。各种面漆详细的性能指标可参考有关资料或向专家咨询。面漆主要根据用途、使用环境的腐蚀性、使用寿命、耐久性、加工方式和变形程度等因素来确定。

E.4.2.2 **底漆**

常用的底漆有环氧、聚酯和聚氨酯，不同底漆的附着力、柔韧性、耐腐蚀性等方面存在一定的差异。环氧与基板的结合力良好，耐腐蚀性较高，但柔韧性不如其他底漆。聚酯与基板的结合力好，柔韧性优异，但耐腐蚀性不如环氧。聚氨酯是综合性能相对较好的底漆。各种底漆详细的性能指标可参考有关资料或向专家咨询。底漆通常由供方根据生产工艺、用途、使用环境的腐蚀性以及与面漆的匹配关系来选择。

E.4.3 涂层厚度

涂层厚度与彩涂板的耐腐蚀性有密切关系，耐腐蚀性通常随涂层厚度的增加而升高，订货时应根据使用环境的腐蚀性、使用寿命和耐久性等因素来确定合适的涂层厚度。

E.4.4 涂层色差

彩涂板在生产和使用过程中都可能出现色差，由于色差受生产组织、颜色深浅、使用时间、使用环境、用途等多种因素的影响，因此通常由供需双方在订货时协商。

E.4.5 涂层光泽

涂层光泽主要依据用途和使用习惯进行选择。例如，建筑用彩涂板通常选择中、低光泽，家电用彩板通常选择高光泽。

E.4.6 涂层硬度

涂层硬度是涂层抵抗擦划伤、摩擦、碰撞、压入等机械作用的能力，与彩涂板的耐划伤性、耐磨性、耐压痕性等性能有密切联系，主要依据用途、加工方式、储存运输条件等因素进行选择。

E.4.7 涂层柔韧性/附着力

涂层柔韧性/附着力与彩涂板的可加工性有密切联系，主要依据加工方式、变形程度等进行选择。在变形速度快、变形程度大时应选择冲击功高和T弯值小的彩涂板。

E.4.8 涂层耐久性

涂层耐久性是彩涂板在使用过程中体现出来的性能，通常用使用寿命的长短进行衡量。涂层耐久性与涂料种类、涂层厚度、使用环境的腐蚀性等因素有密切的关系。大气暴露试验是评价涂层耐久性比较可靠的方法，但是大气暴露试验存在试验时间长、试验成本高、管理难度大等问题，因此主要用于基础研究和科研开发。为了满足生产、验收等工作的需要，人们开发了一系列人工老化试验来对耐久性进行评价，其中较常用的是耐中性盐雾试验和紫外灯加速老化试验。前者主要评价涂层耐氯离子腐蚀的能力，后者主要评价涂层耐光(特别是紫外光)老化的能力。此外，彩涂板可能会用于酸雨、潮湿等特殊环境，此时还应选择相应的人工老化试验进行评价。需要注意的是由于人工老化试验通常无法完全模拟实际使用环境，因此确定人工老化试验结果和实际使用寿命之间直接和确切的对应关系是非常困难的。

E.4.9 其他性能

某些使用环境要求彩涂板具有良好的耐有机溶剂性、耐酸碱性、耐污染性等性能，对于这些特殊性能应给予足够重视，以便满足使用的要求。

E.5 反面涂层性能的选择

反面涂层的性能通常由供方根据用途、使用环境来选择。使用环境的腐蚀性不高时，反面通常只涂覆一层，主要起装饰作用。如果反面粘贴隔热材料，应在订货时说明，以便供方在反面涂覆有良好粘结性能的涂料。使用环境的腐蚀性高时应涂覆二层，以提高耐腐蚀性。

附 录 F
（资料性附录）
彩涂板的储存、运输和装卸

F.1 储存、运输和装卸是影响彩涂板质量的重要环节，如果操作不当，储存、运输和装卸过程中可能出现划伤、压印、腐蚀等各种缺陷。为尽可能减少和避免各类缺陷的产生，下面简要介绍一些操作中的注意事项。关于储存、运输和装卸方面的具体规定可参考有关资料或向专家咨询。

F.2 储存

a) 彩涂板应存放在干净整洁的环境中，避免各种腐蚀性介质的侵蚀。

b) 储存场地的地面应平坦、无硬物并有足够的承重能力。

c) 卧式钢卷应放在橡皮垫、垫木、托架等装置上，捆带锁扣应朝上，不能直接放在地面上或运输工具上。

d) 为避免产生压伤，钢卷通常不堆垛存放。钢板堆垛存放时应严格限制堆垛层数，将重量和尺寸大的板包放在下面。

e) 产品应存放在干燥通风的室内环境中，避免露天存放以及存放在易发生结露和温差变化大的地方。

f) 储存场地应留有足够的空间供吊运设备使用。

g) 应对钢板和钢卷的存储位置进行合理的安排以便于取用，尽可能减少不必要的移动。

h) 应注意彩涂板的力学性能和涂层性能可能会随储存时间的增加而变化。

F.3 运输和装卸

a) 产品应按照出厂时的状态进行运输，不能随意拆卸原有包装。

b) 装卸时吊具与产品间应加橡皮垫以防止发生碰伤，有条件的情况下应使用专用吊具。

c) 运输车辆的车厢应打扫干净，车底板上应铺橡皮垫或其他防护装置，车厢四周也应采取必要的防护措施，防止包装产生压痕或碰伤。

d) 立式包装的钢卷在运输和装卸时也应保持立式。

e) 产品应固定牢固，避免在运输时产生相对移动或滚动而造成产品损伤或发生意外事故。

f) 钢板在取出时不能拖拉，以防止切口和切断时产生的毛刺擦伤下面的钢板。钢板应轻拿轻放，不要碰到其他硬物。

附　录　G
（资料性附录）
彩涂板的加工

G.1　加工是影响彩涂板质量的重要环节，为了保证产品质量，下面简要介绍加工时的一些注意事项。关于加工方面的具体规定可参考有关资料或向专家咨询。

G.2　彩涂板因其表面有涂层，因此在加工时与普通冷轧板和镀层板存在很多不同的地方，最主要的区别就是必须在保证涂层完好的前提下进行成形加工。加工时的注意事项如下：

a）力学性能（如屈服强度、抗拉强度、伸长率）是衡量成形性的重要指标，是确定和调整加工工艺的重要参数，是加工时考虑的主要因素之一。

b）涂层性能（如铅笔硬度、T弯值、冲击功）与加工性能有密切的联系，是加工时考虑的另一个主要因素。

c）彩涂板的部分力学性能（如屈服强度、伸长率）和部分涂层性能（如铅笔硬度、T弯值、冲击功）通常会随储存时间的增加而变化，从而对加工成形产生影响，对此应给予足够的重视。

d）零件的形状复杂、变形程度较大时，应采用多道次成形。如果一次成形，可能会因变形量过大破坏涂层的附着力。

e）加工时应根据模具形状、变形特点、工艺条件等因素设定合适的间隙，间隙设定时应考虑涂层的厚度。

f）大多数涂层可作为固体润滑剂，并可满足多数成形工艺的润滑要求，有些涂料可通过调整配方提高涂层的润滑性。如涂层的润滑性不足，可通过涂油、涂蜡、覆可剥离保护膜等方法提高润滑性。但应注意湿润滑剂容易吸污物，应在安装前清除，可剥离保护膜在加工结束后也应尽快去除。

g）应根据设备状况、工艺条件、零件形状等因素设定合理的加工速度，变形速度过高容易导致涂层剥落。温度低时涂层的柔韧性降低，因此应避免低温加工。若环境温度较低，应将材料预热到一定温度后再进行加工。

h）加工时产生的切口断面易发生腐蚀，因此应采取必要的防护措施，如涂防护涂料、嵌封条等。

i）加工时应尽量减少切断面的毛刺，防止毛刺划伤表面。

j）应保持所有与涂层接触的表面干净整洁，及时清理加工时产生的切屑和金属颗粒，防止异物损坏涂层表面。

k）加工时应尽量减少成型辊辊面或模具表面的磨损，保持接触面光洁，防止涂层表面产生压痕、划伤等缺陷。

l）应尽可能采用工厂预先装配然后再送现场进行安装的施工方式，安装时应采取保护措施防止损坏涂层。

m）加工时如发现涂层表面破损应及时采用专用修补涂料进行修补，防止破损处发生腐蚀。

附 录 H
（资料性附录）
彩涂板的使用寿命和耐久性

使用寿命和耐久性是工程设计、产品设计时考虑的重要指标，并与投资、选材、维护等工作密切相关。本标准根据实际使用要求将彩涂板的使用寿命和耐久性分为5个级别，如表H.1和表H.2的规定。

表 H.1

使用寿命	使用寿命等级	使用时间/年
短	L1	≤5
中	L2	>5～10
较长	L3	>10～15
长	L4	>15～20
很长	L5	>20

表 H.2

耐久性	耐久性等级	使用时间/年
低	D1	≤5
中	D2	>5～10
较高	D3	>10～15
高	D4	>15～20
很高	D5	>20

附　录　I
（资料性附录）
彩涂板大气暴露试验场

I.1　目前，国内可进行彩涂板大气暴露试验的场地很多，本标准选取了国家材料环境腐蚀试验站网中的部分试验场供参考，如需要也可选择其他合适的试验场。

I.2　国内部分大气暴露试验场介绍

I.2.1　北京大气暴露试验场

北京大气暴露试验场位于北京西郊，该地区年平均气温不高，温差大，湿度不大。因处于市郊乡村环境，故大气中的污染物较少。可作为暖温带亚湿润乡村气候地区的试验场地。

I.2.2　沈阳大气暴露试验场

沈阳大气暴露试验场位于沈阳市区，该地区年平均气温较低，温差大，湿度不大。因处于市区，故二氧化硫、氮氧化物等为主要的大气污染物。可作为中温带亚湿润城市气候地区的试验场地。

I.2.3　海拉尔大气暴露试验场

海拉尔大气暴露试验场位于内蒙古自治区海拉尔市郊，该地区年平均气温低，温差大，湿度不大，日照时间长且辐射强。因处于草原地区，常年风速较大，空气清新。可作为中温带亚干旱乡村气候地区的试验场地。

I.2.4　青岛大气暴露试验场

青岛大气暴露试验场位于山东省青岛市小麦岛上，该地区年平均气温不高，温差不大，湿度适中。因处于四周环海地区，故大气中海盐粒子的含量较高。可作为暖温带湿润海洋气候地区的试验场地。

I.2.5　武汉大气暴露试验场

武汉大气暴露试验场位于武汉市内，该地区年平均气温较高，温差不大，湿度较大。因处于市区，故二氧化硫、氮氧化物等为主要的大气污染物。可作为北亚热带湿润城市气候地区的试验场地。

I.2.6　广州大气暴露试验场

广州大气暴露试验场位于广州花都区，该地区年平均气温高，温差小，湿度大，日照时间虽然不长但辐射强。因靠近市区，故也存在一定程度的大气污染。可作为南亚热带湿润城市气候地区的试验场地。

I.2.7　琼海大气暴露试验场

琼海大气暴露试验场位于海南省琼海市郊，该地区年平均气温高，温差小，湿度大，日照充足且辐射强。因处于乡村地区，故大气污染物较少。可作为北热带湿润乡村气候地区的试验场地。

I.2.8　万宁大气暴露试验场

万宁大气暴露试验场位于海南省万宁市的海边，该地区年平均气温高，温差小，湿度大，日照充足且辐射强。因靠近海边，故大气中海盐粒子的含量较高。可作为北热带湿润海洋气候地区的试验场地。

I.2.9　江津大气暴露试验场

江津大气暴露试验场位于重庆江津市郊，该地区年平均气温较高，温差不大，湿度大。大气中二氧化硫含量高、酸雨腐蚀严重是该地区的显著特征。可作为中亚热带湿润酸雨气候地区的试验场地。

I.2.10　敦煌大气暴露试验场

敦煌大气暴露试验场位于甘肃省敦煌市郊，该地区年平均气温不高，温差大，湿度低，日照充足且辐射强。沙尘暴频发是该地区的显著特征，它会造成彩涂板表面的磨蚀，有些沙粒本身可能带有盐碱，也会对彩涂板产生腐蚀。可作为南温带干旱沙漠气候地区的试验场地。

ICS 77.140.50
H 46

中华人民共和国国家标准

GB/T 12755—2008
代替 GB/T 12755—1991

建筑用压型钢板

Profiled steel sheet for building

2008-12-06 发布　　2009-10-01 实施

中华人民共和国国家质量监督检验检疫总局
中国国家标准化管理委员会　发布

前　言

本标准代替 GB/T 12755—1991《建筑用压型钢板》。

本标准与 GB/T 12755—1991 相比，主要变化如下：

——增加了术语内容与定义；

——增加了分类与型号，规定了压型钢板按屋面、墙面、楼盖等用途的分类与型号表示方法；

——增加了板型与构造内容，提出了典型板型与主要构造要求；

——按现行 GB 50205《钢结构工程施工质量验收规范》修改补充了质量检验与允许偏差等内容；

——对技术要求作了重要补充、修改，明确提出了选材要求、材性要求、镀层与涂层要求、公差要求等；

——增加了订货信息，明确了订货合同中应包括的内容；

——增加了附录 A 热镀锌、热镀铝锌基板的化学成分与力学性能；

——增加了附录 B 热镀锌、热镀铝锌基板厚度的允许偏差；

——增加了附录 C 热镀基板彩涂板的镀层重量与涂层耐久性试验；

——增加了附录 D 外界条件对冷弯薄壁型钢结构的侵蚀作用分类；

——增加了附录 E 涂层板的牌号、用途及分类与代号；

——增加了附录 F 彩涂板使用环境腐蚀性的等级。

本标准附录 A～附录 D 为规范性附录，附录 E、附录 F 为资料性附录。

本标准由中国钢铁工业协会提出。

本标准由全国钢标准化技术委员会归口。

本标准起草单位：中冶集团建筑研究总院、冶金工业信息标准研究院、中国钢结构协会、中国京冶工程技术有限公司、长江精工钢结构(集团)股份有限公司、浙江杭萧钢结构股份有限公司、上海宝冶建设有限公司、鞍山东方钢结构有限公司、浙江东南网架股份有限公司、首都钢铁公司、马鞍山钢铁股份有限公司、北京多维轻钢板材(集团)有限公司。

本标准主要起草人：吴明超、柴昶、蔡昭昀、徐寅、王晓虎、赵荣招、陈友泉、朱卫军、周观根、尹晓东、杨瑞枫、林莉、王宝强、奚铁。

本标准所替代标准的历次版本发布情况为：

GB/T 12755—1991。

建筑用压型钢板

1 范围

本标准规定了各类建筑用压型钢板的分类、代号、板型和构造要求、截面形状尺寸、技术要求、质量检验和允许偏差、包装、标志、质量证明书等。

本标准适用于在连续式机组上经辊压冷弯成型的建筑用压型钢板,包括用于屋面、墙面与楼盖等部位的各类型板。

2 规范性引用文件

下列文件中的条款通过本标准的引用而成为本标准的条款。凡是注日期的引用文件,其随后所有的修改单(不包括勘误的内容)或修订版均不适用于本标准,然而,鼓励根据本标准达成协议的各方研究是否可使用这些文件的最新版本。凡是不注日期的引用文件,其最新版本适用于本标准。

GB/T 708 冷轧钢板和钢带的尺寸、外形、重量及允许偏差

GB/T 709 热轧钢板和钢带的尺寸、外形、重量及允许偏差

GB/T 1766—1995 色漆和清漆 涂层老化的评级方法

GB/T 1839 钢产品镀锌层质量试验方法(GB/T 1839—2003,ISO 1460:1992,MOD)

GB/T 2518 连续热镀锌钢板及钢带

GB/T 12754 彩色涂层钢板及钢带

GB/T 13448 彩色涂层钢板及钢带试验方法

GB/T 14978 连续热镀铝锌合金镀层钢板及钢带

GB 50018 冷弯薄壁型钢结构技术规范

GB 50205 钢结构工程施工质量验收规范

3 订货内容

按本标准订货的合同或订单应包括下列内容:

a) 本标准编号;

b) 产品名称、类别;

c) 镀层板的牌号、热镀层的种类(锌、铝锌、锌铝、锌铁)、镀层重量、板厚、材质与性能要求;

d) 彩色涂层的涂层结构、涂层厚度与涂层表面状态;

e) 面漆种类和颜色;

f) 包装方式;

g) 规格(产品型号、厚度、长度);

h) 数量;

i) 其他附加要求。

4 术语和定义

下列术语和定义适用于本标准。

4.1

压型钢板 profiled steel sheet

将涂层板或镀层板经辊压冷弯,沿板宽方向形成波形截面的成型钢板。

4.2

建筑用压型钢板 profiled steel sheet for building

用于建筑物围护结构(屋面、墙面)及组合楼盖并独立使用的压型钢板。

4.3

原板 base steel sheet

用于制作镀层板的各类薄钢板或钢带。

4.4

基板(镀层板) steel substrate

有表面镀层的薄钢板或钢带,包括热镀锌板、热镀铝锌合金板、热镀锌铝合金板等。

4.5

涂层板 prepainted steel sheet

在经过表面预处理的基板(镀层板)上连续涂覆有机涂料(正面至少为二层),然后进行烘烤固化而成的涂层(彩涂层)钢板产品。

4.6

正面 top side

镀层板及涂层板的上表面或压型钢板的外表面。

4.7

反面 bottom side

镀层板及涂层板的下表面或压型钢板的内表面。

4.8

搭接板 overlapping adjacent panel

成型板纵向边为可相互搭合的压型边,板与板自然搭接后通过紧固件与结构连接的压型钢板。

4.9

咬合板 standing seam roof panel

成型板纵向边为可相互搭接的压型边,板与板自然搭接后,经专用机具沿长度方向咬合(180°或360°)并通过固定支架与结构连接的压型钢板。

4.10

扣合板 clip-lock panel

成型板纵向边为可相互搭接的压型边,板与板安装时经扣压结合并通过固定支架与结构连接的压型钢板。

4.11

覆盖宽度 covered width

压型钢板的有效利用宽度。

5 分类和型号

5.1 建筑用压型钢板分类及代号

5.1.1 建筑用压型钢板分为屋面用板、墙面用板与楼盖用板三类,其型号由压型代号、用途代号与板型特征代号三部分组成。

5.1.2 压型代号以"压"字汉语拼音的第一个字母"Y"表示。

5.1.3 用途代号如下表示:

a) 屋面板用途代号以"屋"字汉语拼音的第一个字母"W"表示;

b) 墙面板用途代号以“墙”字汉语拼音的第一个字母“Q”表示；

c) 楼盖板用途代号以“楼”字汉语拼音的第一个字母“L”表示。

5.1.4 板型特征代号由压型钢板的波高尺寸(mm)与覆盖宽度(mm)组合表示。

5.2 压型钢板型号表示示例

a) 波高 51 mm、覆盖宽度 760 mm 的屋面用压型钢板，其代号为 YW51-760；

b) 波高 35 mm、覆盖宽度 750 mm 的墙面用压型钢板，其代号为 YQ35-750；

c) 波高 50 mm、覆盖宽度 600 mm 的楼盖用压型钢板，其代号为 YL50-600。

6 板型与构造

6.1 压型钢板典型板型示意(见图 1)

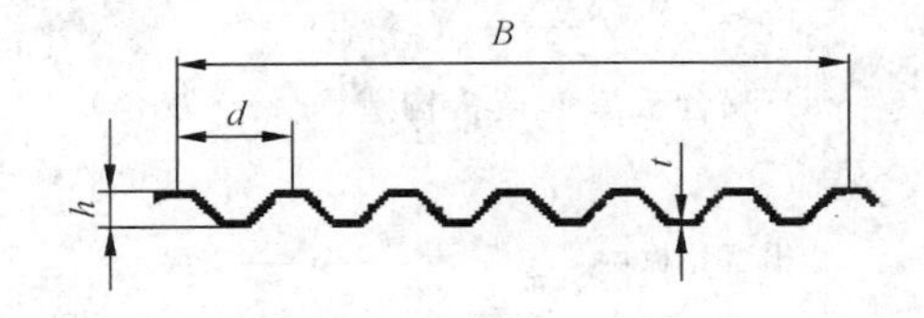

a) 搭接型屋面板

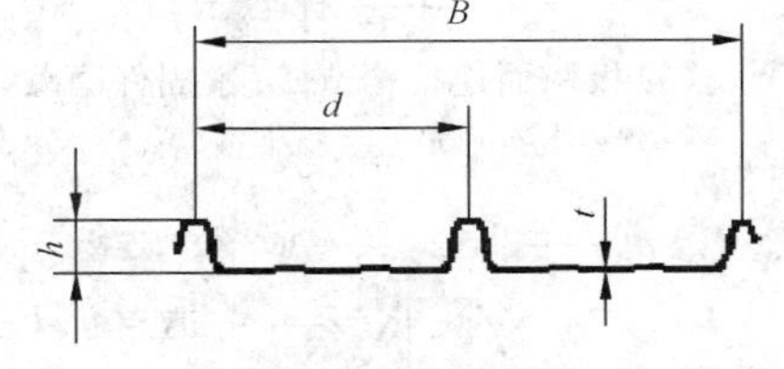

b) 扣合型屋面板

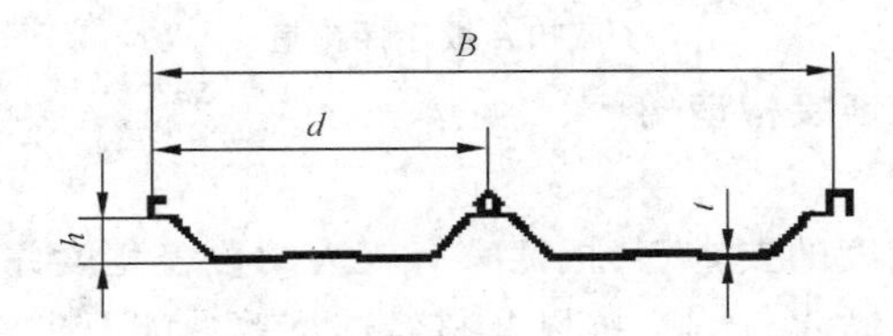

c) 咬合型屋面板(180°)

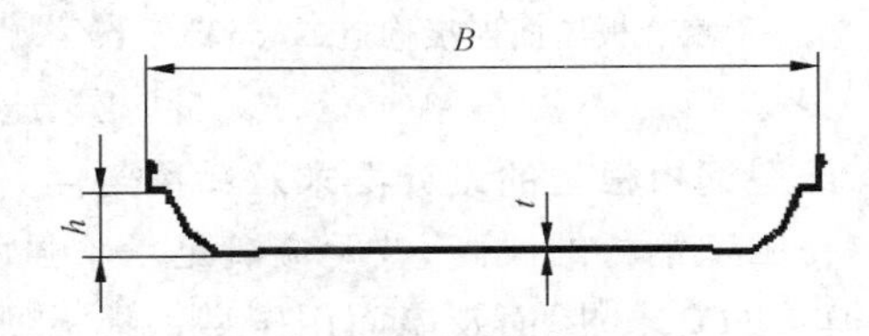

d) 咬合型屋面板(360°)

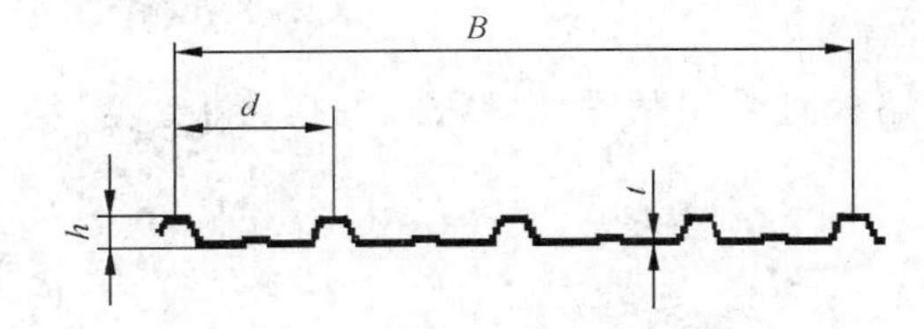

e) 搭接型墙面板(紧固件外露)

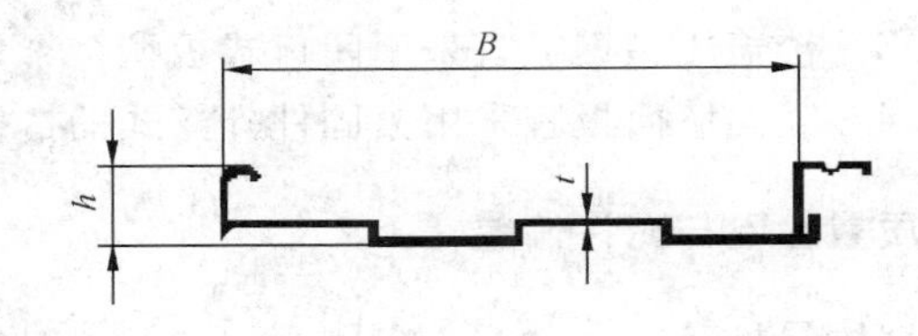

f) 搭接型墙面板(紧固件隐藏)

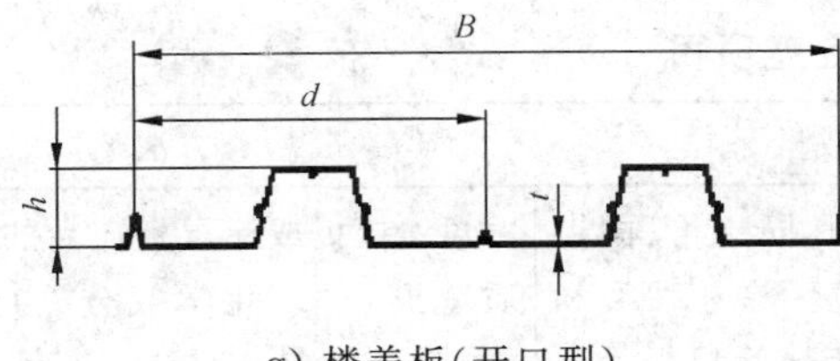

g) 楼盖板(开口型)

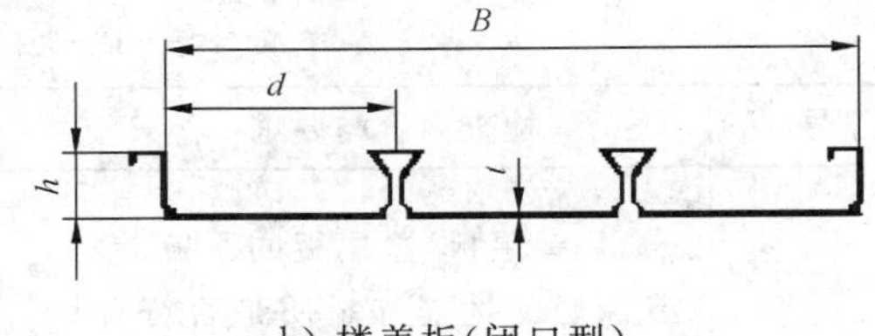

h) 楼盖板(闭口型)

B——板宽；

d——波距；

h——波高；

t——板厚。

图 1 压型钢板典型板型

6.2 压型钢板典型连接构造示意(见图 2)

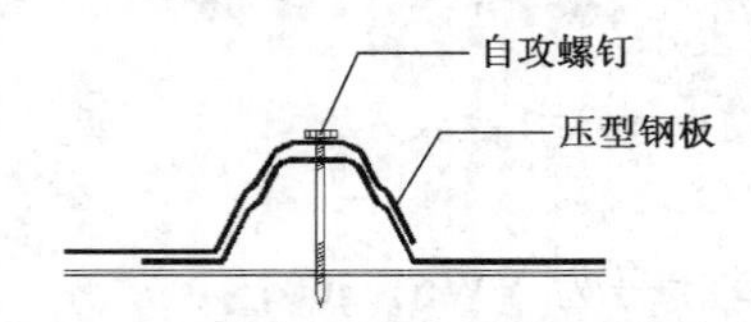

a) 搭接板屋面连接构造(带防水空腔,紧固件外露)

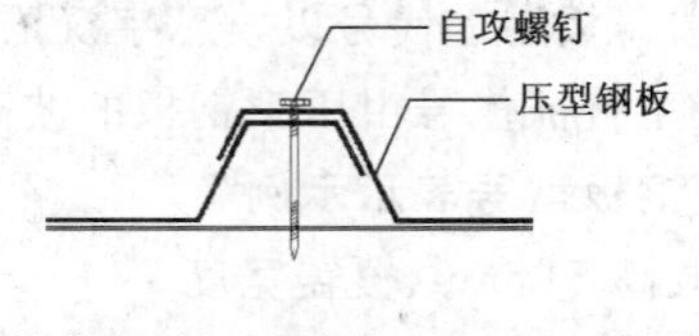

b) 搭接板墙面连接构造一(紧固件外露)

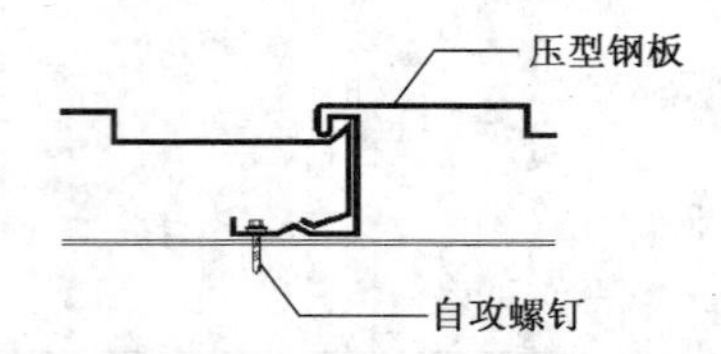

c) 搭接板墙面连接构造二(紧固件隐藏)

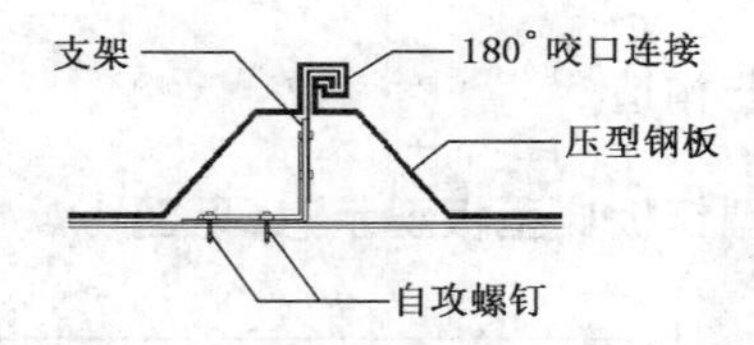

d) 咬合板屋面连接构造一(180°咬合)

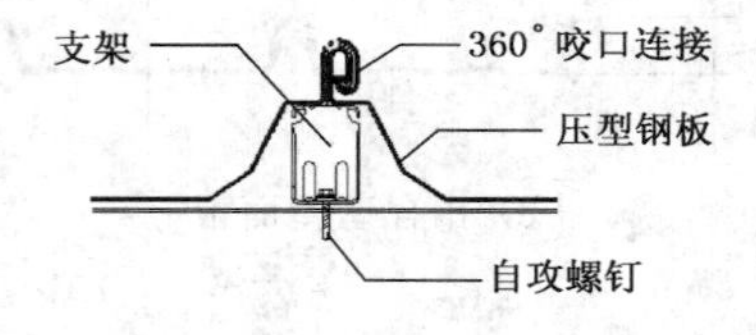

e) 咬合板屋面连接构造二(360°咬合)

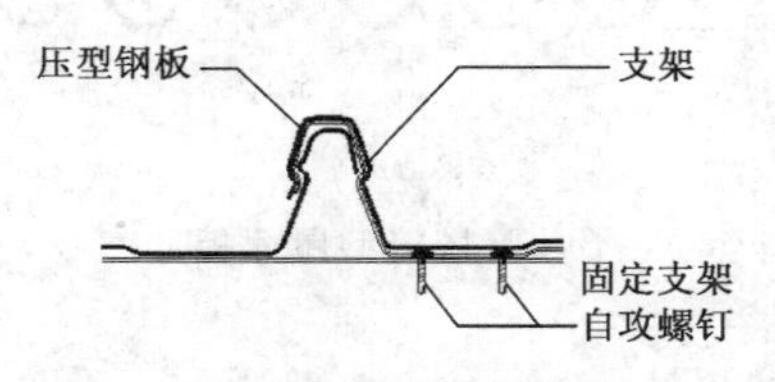

f) 扣合板连接构造

图 2 压型钢板典型连接构造

6.3 压型钢板板型的设计要求及适用条件

6.3.1 压型钢板的波高、波距应满足承重强度、稳定与刚度的要求,其板宽宜有较大的覆盖宽度并符合建筑模数的要求;屋面及墙面用压型钢板板型设计应满足防水、承载、抗风及整体连接等功能要求。

6.3.2 屋面压型钢板宜采用紧固件隐藏的咬合板或扣合板,当采用紧固件外露的搭接板时,其搭接板边形状宜形成防水空腔式构造(图 2a)。

6.3.3 楼盖压型钢板宜采用闭口式板型。

6.3.4 竖向墙面板宜采用紧固件外露式的搭接板;横向墙板宜采用紧固件隐藏式的搭接板。

7 质量检验与允许偏差

7.1 质量检验

7.1.1 压型钢板的质量检查与验收要求应符合本标准及国家标准 GB 50205 的规定。

7.1.2 压型钢板质量检查的项目与方法应符合表 1 的规定。

表 1 压型钢板质量检查项目

序号	检查内容与要求	检查数量	检查方法
1	所用镀层板、涂层板的原板、镀层、涂层的性能和材质是否符合相应材料标准	同牌号、同板型、同规格、同镀层重量及涂层厚度、涂料种类和颜色相同的镀层板或涂层板为一批,每批重量不超过 30 t	对镀层板或涂层板产品的全部质量报告书(化学成分、力学性能、厚度偏差、镀层重量、涂层厚度等)进行检查
2	压型板成型部位的基板不应有裂纹	按计件数抽查 5%,且不应少于 10 件	观察和用 10 倍放大镜检查
3	压型钢板成型后,涂层、镀层不应有肉眼可见的裂纹,剥落和擦痕等缺陷		观察检查

表 1(续)

序号	检查内容与要求	检查数量	检查方法
4	压型板成型后,应板面平直,无明显翘曲;表面清洁,无油污、无明显划痕、磕伤等。切口平直,切面整齐,板边无明显翘角、凹凸与波浪型,并不应有皱褶	按计件数抽查5%,且不应少于10件	观察检查
5	压型板尺寸允许偏差应符合表2的要求		用拉线和钢尺检查
			用钢尺、角尺检查

7.2 允许偏差

7.2.1 压型钢板制作的允许偏差应符合表2的规定。

表 2 压型钢板制作的允许偏差

单位为毫米

项目		允许偏差
波高	截面高度≤70	±1.5
	截面高度＞70	±2.0
覆盖宽度	截面高度≤70	$^{+10.0}_{-2.0}$
	截面高度＞70	$^{+6.0}_{-2.0}$
板长		$^{+9.0}_{-0.0}$
波距		±2.0
横向剪切偏差(沿截面全宽)		1/100或6.0
侧向弯曲	在测量长度 L_1 范围内	20.0
注:L_1 为测量长度,指板长扣除两端各0.5 m后的实际长度(小于10 m)或扣除后任选的10 m长度。		

7.2.2 当板型复杂或精度要求较高时,可针对单项工程补充制定相应的允许偏差。

8 技术要求

8.1 原板

8.1.1 原板应采用冷轧、热轧板或钢带。其尺寸外形及允许偏差应符合GB/T 708或GB/T 709的规定。

8.1.2 压型钢板板型的展开宽度(基板宽度)宜符合600 mm、1 000 mm或1 200 mm系列基本尺寸的要求。常用宽度尺寸宜为1 000 mm。

8.2 基板与涂层板

8.2.1 基板与涂层板均可直接辊压成型为压型钢板使用。热镀锌基板与热镀铝锌基板的化学成分与力学性能应符合附录A的规定。

8.2.2 基板钢材按屈服强度级别宜选用250级(MPa)与350级(MPa)结构级钢。其强度设计值等计算指标可参照GB 50018的规定取值。当有技术经济依据时,压型钢板基板钢材可采用更高强度的钢材。

8.2.3 工程中墙面压型钢板基板的公称厚度不宜小于0.5 mm,屋面压型钢板基板的公称厚度不宜小于0.6 mm,楼盖压型钢板基板的公称厚度不宜小于0.8 mm。基板厚度(包括镀层厚度在内)的允许偏差应符合附录B的规定，负偏差大于附录B规定的板段不得用于加工压型钢板。

8.2.4 基板的镀层(锌、锌铝、铝锌)应采用热浸镀方法，镀层重量应按需方要求作为供货条件予以保证，并在订货合同中注明。当需方无要求时，镀层重量(双面)应分别不小于90/90 g/m^2(热镀锌基板)、50/50 g/m^2(镀铝锌合金基板)及65/65 g/m^2(镀锌铝合金基板)。不同腐蚀介质环境中应用时推荐镀层重量可见附录C，环境腐蚀条件的分类可见附录D。

8.3 涂层板

8.3.1 压型钢板用涂层板的涂层类别、性能、质量等技术要求及检验方法均应符合国家标准GB/T 12754的规定。彩涂板的牌号、用途及分类与代号可见附录E，其镀层、涂层与耐久性试验应符合附录C的规定。

8.3.2 压型钢板用涂层板的涂层种类与涂层结构均应按需方要求作为供货条件予以保证，并在订货合同中约定与明示。当需方无要求时，涂层结构可按面漆正面二层、反面一层的做法交货。

8.4 其他

8.4.1 建筑用压型钢板不应采用电镀锌钢板或无任何镀层与涂层的钢板(带)。

8.4.2 组合楼盖用压型钢板应采用热镀锌钢板。

8.4.3 压型钢板复合屋面的下板为穿孔吸声板时，其孔径、孔距等应专门设计确定。

8.4.4 同一屋面工程或同一墙面工程的压型钢板，宜按同一批号彩涂板订货与供货，以避免色差。

9 包装、标志、运输、贮存及质量证明书

9.1 包装

9.1.1 应将压型钢板成叠后，用打包带或钢带包装捆扎，每捆包装重量不宜大于10 t。捆扎时需用木板或泡沫块隔垫，不得损伤压型钢板。包装应能防雨。

9.1.2 压型钢板长度宜按使用与运输条件妥善确定，不大于3 m者捆扎不得少于2道；长度为(3～6)m者捆扎不得少于3道；长度大于6 m者捆扎不宜少于4道。

9.1.3 一个包装件内容宜为同型号、同长度的压型钢板。如混装时应分隔标记，以易于识别和取用。

9.1.4 根据需方要求，经供需双方协议可进行精包装，其包装方法由供需双方协议商定。

9.2 标志

9.2.1 每捆成叠包装捆扎的压型钢板，应在包装外皮上有明显标志。

9.2.2 标志上应注明标准号、供方名称或厂标、原材料牌号、色彩、厚度、产品型号、批号、长度、张数及捆号等。

9.3 运输

9.3.1 产品可以用汽车、火车、船舶或集装箱运输，汽车可以捆装运输，其他运输工具只能箱装运输。

9.3.2 运输过程中，应有可靠的支垫与固定措施，并避免受压、机械损伤和雨淋受潮。

9.4 贮存

9.4.1 原材料与成品应在干燥、通风的仓库内贮存，贮存时，应远离热源，不得与化学药品或有污染的物品接触，短期露天贮存时需采取可靠的防雨防潮措施。

9.4.2 贮存场地应坚实、平整、不易积水；散装堆放高度不应使压型钢板变形，底部应用木条铺垫，垫木间距不宜过大。

9.5 质量证明书

每批交货的压型钢板必须附有证明该批压型钢板符合标准要求及订货合同的质量证明书。质量证明书应包括以下内容：

a) 标准编号；

b) 供方名称(或厂标)；

c) 工程名称、合同号、批号；

d) 规格(产品型号、厚度、长度)、数量;

e) 原材料标准号及牌号、镀层、涂层种类及颜色(涂层板)以及相应的质量证明(含化学成分与力学性能);

f) 供方技术监督部门印记或产品合格证;

g) 发货日期。

附　录　A
（规范性附录）
热镀锌、热镀铝锌基板的化学成分与力学性能
（根据 GB/T 2518、GB/T 14978）

A.1　热镀锌、铝锌基板的化学成分（熔炼分析）应符合表 A.1 的规定。

表 A.1　化学成分

钢　　种	化学成分（质量分数）/%，不大于			
	C	Mn	P[a]	S
结构级钢	0.25	1.7	0.05	0.035

[a] 350 以上级别的磷含量不应大于 0.2%。

A.2　热镀锌、铝锌基板的力学性能应符合表 A.2 的规定。

表 A.2　力学性能[a]

结构钢强度级别/MPa	上屈服强度[b]（R_{eH}）/MPa 不小于	抗拉强度（R_m）/MPa 不小于	断后伸长率（L_o=80 mm，b=20 mm）/%，不小于 公称厚度/mm	
			≤0.70	>0.70
250	250	330	17	19
280	280	360	16	18
320	320	390	15	17
350	350	420	14	16
550	550	560	—	—

[a] 拉伸试验样的方向为纵向（延轧制方向）。

[b] 屈服现象不明显时采用 $R_{p0.2}$。

附 录 B
（规范性附录）
热镀锌、热镀铝锌基板厚度的允许偏差
（根据 GB/T 2518、GB/T 14978）

B.1 热镀锌基板的厚度允许偏差应符合表 B.1 的规定。

表 B.1 热镀锌基板的厚度允许偏差[a]

单位为毫米

公称宽度	公称厚度							
	≤0.6	>0.6 ≤0.8	>0.8 ≤1.0	>1.0 ≤1.2	>1.2 ≤1.6	>1.6 ≤2.0	>2.0 ≤2.5	>2.5 ≤3.0
≤1 200	±0.05	±0.06	±0.07	±0.08	±0.11	±0.14	±0.16	±0.19
>1 200 ≤1 500	±0.06	±0.07	±0.08	±0.09	±0.13	±0.15	±0.17	±0.20
>1 500	±0.07	±0.08	±0.09	±0.11	±0.14	±0.16	±0.18	±0.20

[a] 成卷供货钢带的头、尾总长度 30 m 内的厚度偏差允许比表中规定值大 50%，焊缝区 15 m 内的厚度允许偏差允许比表中规定值大 60%。

B.2 热镀铝锌基板的厚度允许偏差应符合表 B.2 的规定。

表 B.2 热镀铝锌基板的厚度允许偏差[a]

单位为毫米

公称宽度	公称厚度							
	≤0.6	>0.6 ≤0.8	>0.8 ≤1.0	>1.0 ≤1.2	>1.2 ≤1.6	>1.6 ≤2.0	>2.0 ≤2.5	>2.5 ≤3.0
≤1 200	±0.05	±0.06	±0.07	±0.08	±0.11	±0.14	±0.16	±0.19
>1 200 ≤1 500	±0.06	±0.07	±0.08	±0.09	±0.13	±0.15	±0.17	±0.20
>1 500	±0.07	±0.08	±0.09	±0.11	±0.14	±0.16	±0.18	±0.20

[a] 成卷供货钢带的头、尾总长度 30 m 内的厚度偏差允许比表中规定值大 50%，焊缝区 15 m 内的厚度允许偏差允许比表中规定值大 60%。

附 录 C
（规范性附录）
热镀基板彩涂板的镀层重量与涂层耐久性试验
（根据GB/T 12754）

C.1 热镀基板在各类侵蚀性环境中推荐使用的最小公称镀层重量按符合C.1的规定。

表 C.1

单位为克/平方米

基板类型	公称镀层重量		
	使用环境的腐蚀性		
	低	中	高
热镀锌基板	90/90	125/125	140/140
热镀锌铁合金基板	60/60	75/75	90/90
热镀铝锌合金基板	50/50	60/60	75/75
热镀锌铝合金基板	65/65	90/90	110/110

注1：使用环境的侵蚀程度分类可参照附录D和附录F。

注2：表中分子、分母值分别表示正面、反面的镀层重量。

注3：使用环境的腐蚀性很低和很高时，镀层重量由供需双方在订货时协商。

C.2 涂层耐中性盐雾试验时限符合表C.2的规定。

表 C.2

单位为小时

面漆种类	耐中性盐雾试验时间，不小于
聚酯(PE)	480
硅改性聚酯(SMP)	600
高耐久性聚酯(HDP)	720
聚偏氟乙烯(PVDF)	960

注1：耐中性盐雾试验三个试样值均应符合表值的相应规定。

注2：在表中规定的时间内，试样起泡密度等级和起泡大小等级应不大于GB/T 1766中规定的3级，但不允许起泡密度等级和起泡大小等级同时为3级。

C.3 紫外灯老化试验时限应符合表C.3的规定。

表 C.3

单位为小时

面漆的种类	实验时间，不小于	
	UVA-340	UVB-313
聚酯	600	400
硅改性聚酯	720	480
高耐久性聚酯	960	600
聚偏氟乙烯	1 800	1 000

注1：紫外灯加速老化试验三个试样均值应符合表值的相应规定。

注2：在表中的规定的时间内，试样应无起泡、开裂，粉化应不大于GB/T 1766中规定的1级。

注3：面漆为聚酯和硅改性聚酯时通常用UVA-340进行评价，如用UVB-313进行评价应在订货时说明。面漆为高耐久性聚酯和聚偏氟乙烯时通常用UVB-313进行评价，如用UVA-340进行评价应在订货时说明。

附　录　D
（规范性附录）
外界条件对冷弯薄壁型钢结构的侵蚀作用分类
（根据 GB 50018）

D.1　外界条件对冷弯薄壁型钢结构的侵蚀作用分类按表 D.1 的规定。

表 D.1

序号	地　区	相对湿度/%	对结构的侵蚀作用分类		
			室内 （采暖房屋）	市内 （非采暖房屋）	露天
1	农村、一般城市的商业区及住宅	干燥，＜60	无侵蚀性	无侵蚀性	弱侵蚀性
2		普通，60～75	无侵蚀性	弱侵蚀性	中等侵蚀性
3		潮湿，＞75	弱侵蚀性	弱侵蚀性	中等侵蚀性
4	工业区、沿海地区	干燥，＜60	弱侵蚀性	中等侵蚀性	中等侵蚀性
5		普通，60～75	弱侵蚀性	中等侵蚀性	中等侵蚀性
6		潮湿，＞75	中等侵蚀性	中等侵蚀性	中等侵蚀性

注 1：表中的相对湿度系指当地的年平均相对湿度，对于恒温恒湿或有相对湿度指标的建筑物，则按室内相对湿度采用。

注 2：一般城市的商业区及住宅区泛指无侵蚀性介质的地区，工业区是包括受侵蚀介质影响及散发轻微侵蚀性介质的地区。

附　录　E
（资料性附录）
涂层板的牌号、用途及分类与代号
（根据 GB/T 12754）

E.1　涂层板的牌号及用途见表 E.1。

表 E.1　涂层板的牌号及用途

涂层板的牌号					用　途
热镀锌基板	热镀锌铁合金基板	热镀铝锌合金基板	热镀锌铝合金基板	电镀锌基板	
TDC51D+Z	TDC51D+ZF	TDC51D+AZ	TDC51D+ZA	TDC01+ZE	一般用
TDC52D+Z	TDC52D+ZF	TDC52D+AZ	TDC52D+ZA	TDC03+ZE	冲压用
TDC53D+Z	TDC53D+ZF	TDC53D+AZ	TDC53D+ZA	TDC04+ZE	深冲压用
TDC54D+Z	TDC54D+ZF	TDC54D+AZ	TDC54D+ZA	—	特深冲压用
TS250GD+Z	TS250GD+ZF	TS250GD+AZ	TS250GD+ZA	—	结构用
TS280GD+Z	TS280GD+ZF	TS280GD+AZ	TS280GD+ZA	—	
—	—	TS300GD+AZ	—	—	
TS320GD+Z	TS320GD+ZF	TS320GD+AZ	TS320GD+ZA	—	
TS350GD+Z	TS350GD+ZF	TS350GD+AZ	TS350GD+ZA	—	
TS550GD+Z	TS550GD+ZF	TS550GD+AZ	TS550GD+ZA	—	
注：结构板牌号中 250、280、320、350、550 分别表示其屈服强度的级别；Z、ZF、AZ、ZA 分别表示镀层种类为锌、锌铁、铝锌与锌铝。					

E.2　涂层板的分类及代号参见表 E.2。

表 E.2　涂层板的分类及代号

分　类	项　目	代　号
用途	建筑外用	JW
	建筑内用	JN
	家电	JD
	其他	QT
基板类型	热镀锌基板	Z
	热镀锌铁合金基板	ZF
	热镀铝锌合金基板	AZ
	热镀锌铝合金基板	ZA
	电镀锌基板	ZE
涂层表面状态	涂层板	TC
	压花板	YA
	印花板	YI

表 E.2（续）

分　　类	项　　目	代　　号
面漆种类	聚酯	PE
	硅改性聚酯	SMP
	高耐久性聚酯	HDP
	聚偏氟乙烯	PVDF
涂层结构	正面二层、反面一层	2/1
	正面二层、反面二层	2/2
热镀锌基板表面结构	光整小锌花	MS
	光整无锌花	FS

附 录 F
（资料性附录）
彩涂板使用环境腐蚀性的等级
（根据 GB/T 12754）

F.1 彩涂板使用环境腐蚀性的等级分类见表 F.1。

表 F.1

腐蚀性	腐蚀性等级	典型大气环境示例	典型内部气氛示例
很低	C1	—	干燥清洁的室内场所，如办公室、学校、住宅、宾馆
低	C2	大部分乡村地区、污染较轻的城市	室内体育场、超级市场、剧院
中	C3	污染较重的城市、一般工业区、低盐度海滨地区	厨房、浴室、面包烘烤房
高	C4	污染较重的工业区、中等盐度滨海地区	游泳池、洗衣房、酿酒车间、海鲜加工车间、蘑菇栽培场
很高	C5	高湿度和腐蚀性工业区、高盐度海滨地区	酸洗车间、电镀车间、造纸车间、制革车间、染房

ICS 77.040.50
H 46

中华人民共和国国家标准

GB/T 13237—2013
代替 GB/T 13237—1991

优质碳素结构钢冷轧钢板和钢带

Cold rolled quality carbon structural steel sheets and strips

2013-12-17 发布　　2014-09-01 实施

中华人民共和国国家质量监督检验检疫总局
中国国家标准化管理委员会　发布

前　言

本标准按照 GB/T 1.1—2009 给出的规则起草。

本标准代替 GB/T 13237—1991《优质碳素结构钢冷轧薄钢板及钢带》，对下列主要技术内容作了修改：

——更改了标准名称；

——厚度范围修改为不大于 4 mm；

——增加了订货内容；

——明确规定了各牌号的化学成分；

——删除了沸腾钢牌号；

——增加了 55、60、65、70 等牌号；

——增加了钢板及钢带表面涂油供货状态及要求；

——拉伸试验标距修改为定标距；

——取消了拉延级别；

——取消了杯突试验要求；

——钢带的表面质量进行分级；允许不正常部分由 8%减少为 6%。

本标准由中国钢铁工业协会提出。

本标准由全国钢标准化技术委员会(SAC/TC 183)归口。

本标准主要起草单位：鞍钢股份公司、张家港扬子江冷轧板有限、首钢总公司、冶金工业信息标准研究院。

本标准主要起草人：管吉春、陈玥、任翠英、李冉、唐牧、董莉、陈刚、张钟铮。

本标准所代替标准历次版本发布情况为：

——GB/T 710—1988、GB/T 13237—1991。

优质碳素结构钢冷轧钢板和钢带

1 范围

本标准规定了优质碳素结构钢冷轧钢板和钢带的分类及代号、订货内容、尺寸、外形、重量及允许偏差、技术要求、试验方法、检验规则、包装、标志和质量证明书等内容。

本标准适用于厚度不大于4 mm宽度不小于600 mm的优质碳素结构钢冷轧钢板和钢带(以下简称“钢板和钢带”)。

2 规范性引用文件

下列文件对于本文件的应用是必不可少的。凡是注日期的引用文件,仅注日期的版本适用于本文件。凡是不注日期的引用文件,其最新版本(包括所有的修改单)适用于本文件。

GB/T 222 钢的成品化学成分允许偏差

GB/T 223.3 钢铁及合金化学分析方法 二安替比林甲烷磷钼酸重量法测定磷量

GB/T 223.9 钢铁及合金 铝含量的测定 铬天青S分光光度法

GB/T 223.18 钢铁及合金化学分析方法 硫代硫酸钠分离-碘量法测定铜量

GB/T 223.19 钢铁及合金化学分析方法 新亚铜灵-三氯甲烷萃取光度法测定铜量

GB/T 223.23 钢铁及合金 镍含量的测定 丁二酮肟分光光度法

GB/T 223.58 钢铁及合金化学分析方法 亚砷酸钠-亚硝酸钠滴定法测定锰量

GB/T 223.59 钢铁及合金 磷含量的测定 铋磷钼蓝分光光度法和锑磷钼蓝分光光度法

GB/T 223.60 钢铁及合金化学分析方法 高氯酸脱水重量法测定硅含量

GB/T 223.63 钢铁及合金化学分析方法 高碘酸钠(钾)光度法测定锰量

GB/T 223.64 钢铁及合金 锰含量的测定 火焰原子吸收光谱法

GB/T 223.68 钢铁及合金化学分析方法 管式炉内燃烧后碘酸钾滴定法测定硫含量

GB/T 223.71 钢铁及合金化学分析方法 管式炉内燃烧后重量法测定碳含量

GB/T 223.72 钢铁及合金 硫含量的测定 重量法

GB/T 224 钢的脱碳层深度测定法

GB/T 228.1 金属材料 拉伸试验 第1部分:室温试验方法

GB/T 232 金属材料 弯曲试验方法

GB/T 247 钢板和钢带包装、标志及质量证明书的一般规定

GB/T 708 冷轧钢板和钢带的尺寸、外形、重量及允许偏差

GB/T 2975 钢及钢产品 力学性能试验取样位置及试样制备

GB/T 4336 碳素钢和中低合金钢 火花源原子发射光谱分析方法(常规法)

GB/T 6394 金属平均晶粒度测定方法

GB/T 13298 金属显微组织检验方法

GB/T 13299 钢的显微组织评定方法

GB/T 17505 钢及钢产品交货一般技术要求

GB/T 20066 钢和铁 化学成分测定用试样的取样和制样方法

GB/T 20123 钢铁 总碳硫含量的测定 高频感应炉燃烧后红外吸收法(常规方法)

GB/T 20125　低合金钢　多元素的测定　电感耦合等离子体发射光谱法

YB/T 081　冶金技术标准的数值修约与检测数值的判定原则

3　分类及代号

3.1　钢板和钢带按表面质量分为：

较高级表面　　FB

高级表面　　FC

超高级表面　　FD

3.2　钢板和钢带按边缘状态分为：

切边　　EC

不切边　　EM

4　订货内容

4.1　订货时，需方应在合同或订单中提供下列信息：

a)　产品名称；

b)　本标准编号；

c)　牌号；

d)　产品规格及尺寸、外形精度；

e)　带卷尺寸(内径、外径)；

f)　表面质量级别；

g)　边缘状态；

h)　包装方式；

i)　重量；

j)　用途；

k)　其他特殊要求。

4.2　如订货合同中未注明尺寸及不平度精度、表面质量级别、边缘状态和包装方式等信息，则本标准产品按普通级尺寸及不平度精度、较高级表面质量的切边钢板或钢带供货，并按供方提供的包装方式包装。

5　尺寸、外形、重量及允许偏差

钢板和钢带的尺寸、外形、重量及允许偏差应符合 GB/T 708 的规定。

6　技术要求

6.1　牌号和化学成分

6.1.1　钢的牌号和化学成分(熔炼分析)应符合表 1 的规定。经供需双方协商，并在合同中注明，也可供应 GB/T 699 规定的其他牌号。

6.1.2　钢的成品化学成分的允许偏差应符合 GB/T 222 的规定。

表 1

牌号	化学成分[a](质量分数)/%								
	C	Si	Mn	Al_s	P	S	Ni	Cr	Cu
					≤				
08Al	≤0.10	≤0.03	≤0.45	0.015～0.065	0.030	0.030	0.30	0.10	0.25
08	0.05～0.11	0.17～0.37	0.35～0.65	—	0.035	0.035	0.30	0.25	0.25
10	0.07～0.13	0.17～0.37	0.35～0.65	—	0.035	0.035	0.30	0.25	0.25
15	0.12～0.18	0.17～0.37	0.35～0.65	—	0.035	0.035	0.30	0.25	0.25
20	0.17～0.23	0.17～0.37	0.35～0.65	—	0.035	0.035	0.30	0.25	0.25
25	0.22～0.29	0.17～0.37	0.50～0.80	—	0.035	0.035	0.30	0.25	0.25
30	0.27～0.34	0.17～0.37	0.50～0.80	—	0.035	0.035	0.30	0.25	0.25
35	0.32～0.39	0.17～0.37	0.50～0.80	—	0.035	0.035	0.30	0.25	0.25
40	0.37～0.44	0.17～0.37	0.50～0.80	—	0.035	0.035	0.30	0.25	0.25
45	0.42～0.50	0.17～0.37	0.50～0.80	—	0.035	0.035	0.30	0.25	0.25
50	0.47～0.55	0.17～0.37	0.50～0.80	—	0.035	0.035	0.30	0.25	0.25
55	0.52～0.60	0.17～0.37	0.50～0.80	—	0.035	0.035	0.30	0.25	0.25
60	0.57～0.65	0.17～0.37	0.50～0.80	—	0.035	0.035	0.30	0.25	0.25
65	0.62～0.70	0.17～0.37	0.50～0.80	—	0.035	0.035	0.30	0.25	0.25
70	0.67～0.75	0.17～0.37	0.50～0.80	—	0.035	0.035	0.30	0.25	0.25
[a] 可用 Al_t 代替 Al_s 的测定,此时 Al_t 应为 0.020%～0.070%。									

6.2 交货状态

6.2.1 钢板和钢带以退火后平整状态交货。对于单轧钢板,可以退火状态交货。经供需双方协议,也可以其他热处理状态交货,此时力学性能由供需双方协商。

6.2.2 钢板和钢带通常涂油后供货,所涂油膜应能用碱性溶液或其他常用的除油液去除。在通常的包装、运输、装卸及贮存条件下,供方应保证自生产完成之日起 6 个月内不生锈。经供需双方协议并在合同中注明,也可不涂油供货。

注:对于需方要求的不涂油产品,供方不承担产品锈蚀的风险,订货时,供方应告知需方,在运输、装卸、储存和使用过程中,不涂油产品表面易产生轻微划伤。

6.3 力学及工艺性能

6.3.1 钢板和钢带的力学性能应符合表 2 的规定。

6.3.2 当需方要求时,可进行弯曲试验。弯曲试验应符合表 3 的规定。弯曲试验后,试样弯曲外表面不得有目视可见的裂纹、断裂或起层。

表 2

牌号	抗拉强度[a,b] R_m N/mm²	以下公称厚度(mm)的断后伸长率[c] $A_{80\ mm}$ (L_0=80 mm,b=20 mm) %					
		≤0.6	>0.6～1.0	>1.0～1.5	>1.5～2.0	>2.0～≤2.5	>2.5
08Al	275～410	≥21	≥24	≥26	≥27	≥28	≥30
08	275～410	≥21	≥24	≥26	≥27	≥28	≥30
10	295～430	≥21	≥24	≥26	≥27	≥28	≥30
15	335～470	≥19	≥21	≥23	≥24	≥25	≥26
20	355～500	≥18	≥20	≥22	≥23	≥24	≥25
25	375～490	≥18	≥20	≥21	≥22	≥23	≥24
30	390～510	≥16	≥18	≥19	≥21	≥21	≥22
35	410～530	≥15	≥16	≥18	≥19	≥19	≥20
40	430～550	≥14	≥15	≥17	≥18	≥18	≥19
45	450～570	—	≥14	≥15	≥16	≥16	≥17
50	470～590	—	—	≥13	≥14	≥14	≥15
55	490～610	—	—	≥11	≥12	≥12	≥13
60	510～630	—	—	≥10	≥10	≥10	≥11
65	530～650	—	—	≥8	≥8	≥8	≥9
70	550～670	—	—	≥6	≥6	≥6	≥7

[a] 拉伸试验取横向试样。

[b] 在需方同意的情况下,25、30、35、40、45、50、55、60、65 和 70 牌号钢板和钢带的抗拉强度上限值允许比规定值提高 50 MPa。

[c] 经供需双方协商,可采用其他标距。

表 3

牌　号	180°弯曲试验[a,b] 以下公称厚度(mm)的弯曲压头直径 d	
	≤2	>2
08Al 08 10 15 20 25	0	1a

[a] 试样的宽度 b≥20 mm,仲裁时 b=20 mm。

[b] 弯曲试验取横向试样,a 为试样厚度。

6.4 金相组织

6.4.1 晶粒度

08、08Al、10、15、20 牌号的厚度大于 0.5 mm 的钢板和钢带的晶粒度应为 6 级或更细。并允许以薄饼形晶粒交货。

6.4.2 游离渗碳体

08、08Al、10 牌号的钢板和钢带允许有游离渗碳体组织存在，按 B 系列评级的级别应不大于 3 级。

6.4.3 带状组织

15、20 牌号的钢板和钢带的带状组织级别应不大于 3 级。

6.4.4 脱碳层

根据需方要求，35、40、45、50、55、60、65 和 70 牌号的钢板和钢带应检查表面脱碳层，完全脱碳层深度(从实际尺寸算起)，一面不得大于钢板和钢带实际厚度的 2.5%，两面不得大于 4.0%。

6.5 表面质量

6.5.1 钢板和钢带表面不得有气泡、裂纹、结疤、折叠和夹杂等对使用有害的缺陷，钢板和钢带不应有分层。

6.5.2 钢板表面上的局部缺欠可用修磨方法清除，但应保证钢板的最小允许厚度。

6.5.3 钢板和钢带各表面质量级别的特征如表 4 的规定。

6.5.4 对于钢带，由于没有机会切除带缺陷部分，因此允许带缺陷交货，但有缺陷部分应不超过每卷总长度的 6%。

表 4

级 别	名 称	特 征
FB	较高级表面	表面允许有少量不影响成形性的缺陷，如小气泡、小划痕、小辊印、轻微划伤及氧化色等存在
FC	高级表面	产品两面中较好的一面无目视可见的明显缺陷，另一面至少应达到 FB 表面的要求
FD	超高级表面	产品两面中较好的一面不应有影响涂漆后的外观质量或电镀后的外观质量的缺陷，另一面至少应达到 FB 的要求

7 试验方法

7.1 钢板和钢带的表面质量应目视检查。

7.2 钢板和钢带的尺寸和外形测量应按 GB/T 708 的规定进行。

7.3 钢板及钢带的检验项目、试验数量、取样方法及试验方法应符合表 5 的规定。

表 5

序号	检验项目	取样数量/个	取样方法	试验方法
1	化学成分	1/炉	GB/T 20066	GB/T 223、GB/T 4336 GB/T 20123、GB/T 20125
2	拉伸试验	1/批	GB/T 2975	GB/T 228.1
3	弯曲试验	1/批	GB/T 2975	GB/T 232
4	晶粒度	1/批	GB/T 6394	GB/T 6394
5	游离渗碳体	1/批	GB/T 13298	GB/T 13299
6	带状组织	1/批	GB/T 13298	GB/T 13299
7	脱碳层	1/批	GB/T 224	GB/T 224

8 检验规则

8.1 钢板及钢带应成批验收，每批由同一牌号、同一炉号、同一规格和同一热处理制度的钢板和钢带组成。

8.2 钢板和钢带的复验与判定应按 GB/T 17505 的规定进行。

8.3 钢板和钢带各项检查和检验结果的数值修约应符合 YB/T 081 的规定。

9 包装、标志和质量证明书

钢板和钢带的包装、标志和质量证明书应符合 GB/T 247 的规定。

ICS 77.140.50
H 46

中华人民共和国国家标准

GB/T 13790—2008
代替 GB/T 13790—1992

搪瓷用冷轧低碳钢板及钢带

Cold rolled low carbon steel sheets and strips for vitreous enamelling

2008-12-06 发布　　2009-10-01 实施

中华人民共和国国家质量监督检验检疫总局
中国国家标准化管理委员会　发布

前　言

本标准修改采用 EN 10209：1996《搪瓷用冷轧低碳扁平钢材技术交货条件》(英文版)对 GB/T 13790—1992《日用搪瓷用冷轧薄钢板及钢带》进行了修订。

本标准与 EN 10209:1996 相比，主要差别如下：

——采用了其 EK 产品系列牌号，暂未采用其 ED 系列牌号(待有市场需求时再增加)；

——在性能不变的基础上，用 DC05EK 取代 DC06EK；用 DC03EK 取代 DC04EK，但增加了 r 值的规定。对其他力学性能略作了规范性调整；

——增加了化学成分元素及要求，缩小了化学成分允许偏差范围；

——对表面质量要求修改为 FB、FC 两个级别的细分；

——暂未采用附录 A、附录 C、附录 D 的试验方法(待具备条件时再考虑)，保留附录 B 作为协商项目，从安全、环保考虑需另行制定检测方法标准；

——技术术语和符号采用了国家标准规定。

本标准代替 GB/T 13790—1992《日用搪瓷用冷轧薄钢板及钢带》。

本标准与 GB/T 13790—1992 标准相比，对下列主要技术内容进行了修改：

——标准名称修改为《搪瓷用冷轧低碳钢板及钢带》；

——修改了牌号命名方法；

——取消了原牌号中的沸腾钢、外沸内镇钢；

——增加了特深冲压用钢级 DC05EK；

——化学成分中取消了 Si 含量的要求，修改了 C、Mn、S 等元素含量范围；

——取消了杯突、弯曲和金相的规定，增加了 r、n 值的规定；

——表面质量级别和表面结构种类分别增加为两种；

——表面结构中增加了粗糙度的具体要求；

——对于钢带状态交货的产品，其表面有缺陷部分的长度由 8%调整为 6%。

本标准附录 A 为资料性附录。

本标准由中国钢铁工业协会提出。

本标准由全国钢标准化技术委员会归口。

本标准主要起草单位：武汉钢铁集团公司、冶金工业信息标准研究院、鞍钢股份有限公司。

本标准主要起草人：陈晓红、杨大可、田德新、王晓虎、魏远征、陈玥、古兵平、稽伟斌。

本标准所代替标准的历次版本发布情况为：

——GB/T 13790—1992。

搪瓷用冷轧低碳钢板及钢带

1 范围

本标准规定了搪瓷用冷轧低碳钢板及钢带的分类及代号、尺寸、外形、重量、技术要求、检验和试验、包装、标志及质量证明书等内容。

本标准适用于日用或工业等搪瓷行业用厚度为0.30 mm～3.0 mm，宽度不小于600 mm的冷轧低碳钢板及钢带，以下简称钢板及钢带。

2 规范性引用文件

下列文件中的条款通过本标准的引用而成为本标准的条款。凡是注日期的引用文件，其随后所有的修改单(不包括勘误的内容)或修订版均不适用于本标准，然而，鼓励根据本标准达成协议的各方研究是否可使用这些文件的最新版本。凡是不注日期的引用文件，其最新版本适用于本标准。

GB/T 222 钢的成品化学成分允许偏差

GB/T 223.9 钢铁及合金 铝含量的测定 铬天青S分光光度法

GB/T 223.16 钢铁及合金化学分析方法 变色酸光度法测定钛量

GB/T 223.17 钢铁及合金化学分析方法 二安替比林甲烷光度法测定钛量

GB/T 223.40 钢铁及合金 铌含量的测定 氯磺酚S分光光度法

GB/T 223.59 钢铁及合金 磷含量的测定 铋磷钼蓝分光光度法和锑磷钼蓝分光光度法

GB/T 223.63 钢铁及合金化学分析方法 高碘酸钠(钾)光度法测定锰量

GB/T 223.64 钢铁及合金 锰含量的测定 火焰原子吸收光谱法

GB/T 228 金属材料 室温拉伸试验方法(GB/T 228—2002,eqv ISO 6892:1998)

GB/T 247 钢板和钢带包装、标志及质量证明书的一般规定

GB/T 708 冷轧钢板和钢带的尺寸、外形、重量及允许偏差

GB/T 2523 冷轧薄钢板(带)表面粗糙度测量方法

GB/T 2975 钢及钢产品 力学性能试验取样位置及试样制备(GB/T 2975—1998,eqv ISO 377:1997)

GB/T 4336 碳素钢和中低合金钢 火花源原子发射光谱分析方法(常规法)

GB/T 5027 金属材料 薄板和薄带 塑性应变比(r值)的测定(GB/T 5027—2007,ISO 10113:2006,IDT)

GB/T 5028 金属材料 薄板和薄带 拉伸应变硬化指数(n值)的测定(GB/T 5028—2008,ISO 10275:2007,MOD)

GB/T 17505 钢及钢产品交货一般技术要求(GB/T 17505—1998,eqv ISO 404:1992)

GB/T 20066 钢和铁 化学成分测定用试样的取样和制样方法(GB/T 20066—2006,ISO 14284:1996,IDT)

GB/T 20123 钢铁 总碳硫含量的测定 高频感应炉燃烧后红外吸收法(常规方法)

GB/T 20125 低合金钢 多元素含量的测定 电感耦合等离子体原子发射光谱法

GB/T 20126 非合金钢 低碳含量的测定 第2部分:感应炉(经预加热)内燃烧后红外吸收法

YB/T 081 冶金技术标准的数值修约与检测数值的判定原则

3 分类和代号

3.1 牌号命名方法

钢板及钢带的牌号由四部分组成：第一部分为字母“D”，代表冷成形用钢板及钢带；第二部分为字母“C”，代表轧制条件为冷轧；第三部分为两位数字序列号，即01、03、05等代表冲压成型级别；第四部分为搪瓷加工类型代号。

3.2 按搪瓷加工用途分类及代号

当钢板及钢带按其后续搪瓷加工用途，采用湿粉一层或多层以及干粉搪瓷加工工艺时，称之为普通搪瓷用途，其代号为“EK”。当用于直接面釉搪瓷加工工艺时，由于对搪瓷钢板有特殊的预处理要求，需供需双方另行协商确定。

3.3 钢板及钢带按用途分类如表1的规定。

表 1

牌　　号	用　　途
DC01EK	一般用
DC03EK	冲压用
DC05EK	特深冲压用

3.4 钢板及钢带按表面质量区分如表2的规定。

表 2

级　　别	代　　号
较高级的精整表面	FB
高级的精整表面	FC

3.5 钢板及钢带按表面结构区分如表3的规定。

表 3

表面结构	代　　号
麻面	D
粗糙表面	R

4 尺寸、外形、重量及允许偏差

钢板及钢带的尺寸、外形、重量及允许偏差应符合GB/T 708的规定。

5 订货所需信息

5.1 用户订货时应提供如下信息：

a) 产品名称(钢板或钢带)；

b) 本产品标准号；

c) 牌号；

d) 规格及尺寸、不平度精度；

e) 表面质量级别；

f) 表面结构；

g) 边缘状态；

h） 包装方式；

i） 重量；

j） 用途；

k） 其他特殊要求。

5.2 如订货合同中未注明尺寸和不平度精度、表面质量级别、表面结构种类、边缘状态及包装等信息，则本标准产品按普通的尺寸和不平度精度、较高级表面、表面结构为麻面的切边钢板或钢带供货，并按供方提供的包装方式包装。

6 技术要求

6.1 化学成分

6.1.1 钢的化学成分（熔炼分析）应符合表4的规定。

表4

牌　号	化学成分（质量分数）/%					
	C	Mn	P	S	Als[c]	Ti
DC01EK[d]	≤0.08	≤0.60	≤0.045	≤0.045	≥0.015	—
DC03EK[d]	≤0.06	≤0.40	≤0.025	≤0.030	≥0.015	—[a]
DC05EK	≤0.008	≤0.25	≤0.020	≤0.050	≥0.010	≤0.3[b]

a 可添加硼等元素；

b 钛可被铌等所取代，但碳和氮应完全被固定；

c 可以用 Alt 替代，Alt 的下限值比表中规定值增加 0.005%；

d 当碳含量不大于 0.008%时，Als 的下限值可为 0.010%。

6.1.2 钢板及钢带的成品化学成分允许偏差应符合 GB/T 222 的规定。

6.2 冶炼方法

钢板及钢带所用的钢应采用氧气转炉或电炉冶炼，除非另有规定，冶炼方法由供方选择。

6.3 交货状态

6.3.1 钢板及钢带以退火后平整状态交货。

6.3.2 钢板及钢带通常为涂油状态交货，涂油量可由供需双方协商。所涂油膜应能用碱水溶液去除，在通常的包装、运输、装卸和储存条件下，供方应保证自生产完成之日起6个月内不生锈。如需方要求不涂油供货，应在订货时协商。

注：对于需方要求的不涂油产品，供方不承担产品锈蚀的风险。订货时，需方应被告知，在运输、装卸、储存和使用过程中，不涂油产品表面易产生轻微划伤。

6.4 力学性能

钢板及钢带的力学性能应符合表5的规定。

表5

牌　号	下屈服强度 R_{eL}[a,b]/MPa 不大于	抗拉强度 R_m/MPa	断后伸长率[c,d] A_{80mm}，% 不小于	r_{90}[e] 不小于	n_{90}[e] 不小于
DC01EK	280	270～410	30	—	—
DC03EK	240	270～370	34	1.3	—
DC05EK	200	270～350	38	1.6	0.18

表 5（续）

牌　　号	下屈服强度 R_{eL}[a,b]/MPa 不大于	抗拉强度 R_m/MPa	断后伸长率[c,d] A_{80mm}，% 不小于	r_{90}[e] 不小于	n_{90}[e] 不小于

[a] 无明显屈服时采用 $R_{P0.2}$。当厚度大于 0.50 mm，且不大于 0.70 mm 时，屈服强度上限值可以增加 20 MPa；当厚度不大于 0.50 mm 时，屈服强度上限值可以增加 40 MPa；

[b] 经供需双方协商同意，DC01EK 和 DC03EK 屈服强度下限值可设定为 140 MPa，DC05EK 可设定为 120 MPa；

[c] 试样宽度 b 为 20 mm，试样方向为横向；

[d] 当厚度大于 0.50 mm 且不大于 0.70 mm 时，断后伸长率最小值可以降低 2%（绝对值）；当厚度不大于 0.50 mm 时，断后伸长率最小值可以降低 4%（绝对值）；

[e] r_{90} 值和 n_{90} 值的要求仅适用于厚度不小于 0.50 mm 的产品。当厚度大于 2.0 mm 时，r_{90} 值可以降低 0.2。

6.5 拉伸应变痕

6.5.1 所有产品退火后，为了避免在后续成形过程中出现拉伸应变痕，制造厂通常要进行适度平整。但形成拉伸应变痕的趋势在平整一段时间后会重新出现，因此建议用户尽快使用。

6.5.2 钢板及钢带拉伸应变痕的规定如表 6 所示。

表 6

牌　　号	拉伸应变痕
DC01EK	室温储存条件下，钢板及钢带自生产完成之日起 3 个月内使用时不应出现拉伸应变痕
DC03EK	室温储存条件下，钢板及钢带自生产完成之日起 6 个月内使用时不应出现拉伸应变痕
DC05EK	室温储存条件下，使用时不应出现拉伸应变痕

6.6 抗搪瓷鳞爆性能（氢渗透性）

如需方有要求，经供需双方协议，钢板及钢带可进行抗搪瓷鳞爆性能（氢渗透性）试验，试验方法和试验结果判定由供需双方商定。

6.7 表面质量

6.7.1 钢板及钢带表面不应有结疤、裂纹、夹杂等对使用有害的缺陷，钢板及钢带不得有分层。

6.7.2 钢板及钢带各表面质量级别的特征如表 7 所述。

表 7

级　　别	代号	特　　征
较高级表面	FB	表面允许有少量不影响成形性及涂、镀附着力的缺陷，如轻微的划伤、压痕、麻点、辊印及氧化色等
高级表面	FC	产品二面中较好的一面无肉眼可见的明显缺陷，另一面至少应达到 FB 的要求

6.7.3 对于钢带，由于没有机会切除带缺陷部分，因此允许带缺陷交货，但有缺陷部分应不超过每卷总长度的 6%。

6.8 表面结构

表面结构为麻面（D）时，平均粗糙度 Ra 目标值为大于 0.6 μm 且不大于 1.9 μm。表面结构为粗糙表面（R）时，平均粗糙度 Ra 目标值为大于 1.6 μm。如需方对粗糙度有特殊要求，应在订货时协商。

7 检验和试验

7.1 钢板及钢带的外观用肉眼检查。

7.2 钢板及钢带的尺寸、外形应用合适的测量工具测量。

7.3　r 值是在 15%应变时计算得到的，均匀延伸小于 15%时，以均匀延伸结束时的应变计算。n 值是在 10%～20%应变范围内计算得到的，均匀延伸小于 20%时，应变范围为 10%至均匀延伸结束时的应变。

7.4　钢板及钢带的检验项目、试样数量、取样方法和试验方法应符合表 8 的规定。

表 8

序号	检验项目	试样数量/个	取样方法	试验方法
1	化学分析	1/炉	GB/T 20066	GB/T 223、GB/T 4336、GB/T 20123、GB/T 20125、GB/T 20126
2	拉伸试验	1/批	GB/T 2975	GB/T 228
3	塑性应变比（r 值）	1/批		GB/T 5027 和 7.3
4	应变硬化指数（n 值）	1/批		GB/T 5028 和 7.3
5	表面粗糙度	—		GB/T 2523

7.5　钢板及钢带应按批验收，每个检验批应由同牌号、同规格、同加工状态的钢板或钢带组成。每批的重量应不大于 30 t，对于卷重大于 30 t 的钢带，每卷作为一个检验批。

7.6　钢板及钢带的复验应符合 GB/T 17505 的规定。

8　包装、标志及质量证明书

钢板及钢带的包装、标志及质量证明书应符合 GB/T 247 的规定。如需方对包装重量有特殊要求，应在合同中注明。

9　数值修约

数值修约按 YB/T 081 的规定。

10　国内外牌号近似对照

本标准牌号与国内外标准牌号的近似对照见附录 A。

附　录　A
（资料性附录）
本标准与相关标准相近牌号对照表

A.1　本标准牌号与国外标准相近牌号对照表见表 A.1。

表 A.1

本标准	EN 10209—1996	JISG 3133—2004	ISO 5001:1999	ASTM A424-06
DC01EK	DC01EK	—	VE01	Type Ⅱ-CS
DC03EK	DC04EK	—	VE03	Type Ⅱ-DS
DC05EK	DC06EK	SPP	VE05	Type Ⅲ

ICS 77.140.50
H 46

中华人民共和国国家标准

GB/T 14164—2013
代替 GB/T 14164—2005

石油天然气输送管用热轧宽钢带

Hot rolled wide strips for line pipe of petroleum and natural gas

2013-05-09 发布　　2014-02-01 实施

中华人民共和国国家质量监督检验检疫总局
中国国家标准化管理委员会　发布

前　言

本标准按照 GB/T 1.1—2009 给出的规则起草。

本标准参考 API Spec 5L(第 44 版)《管线钢管规范》、ISO 3183:2007《石油天然气工业　管线输送系统用钢管》,并结合当前石油天然气输送管用热轧宽钢带的发展和用户使用习惯,对 GB/T 14164—2005《石油天然气输送管用热轧宽钢带》进行了修订。

本标准代替 GB/T 14164—2005《石油天然气输送管用热轧宽钢带》,与 GB/T 14164—2005 相比主要技术变化如下:

——范围中增加了由热轧宽钢带剪切钢板;

——修改了分类、牌号表示方法和代号;

——增加了 L625/X90、L690/X100、L830/X120 三个 PSL2 牌号及其规定;

——修改了订货内容的规定;

——修改了尺寸、外形、重量及允许偏差的规定;

——调整了各牌号的化学成分、力学和工艺性能;

——调整了 PSL2 各牌号的碳当量;

——修改了冶炼方法的规定;

——修改了交货状态的规定;

——增加了晶粒度、非金属夹杂物和带状组织的规定;

——修改了表面质量、特殊要求的规定;

——修改了试验方法、包装、标志和质量证明书的规定;

——增加了数值修约规则的规定;

——删除了附录 A;

——调整了附录 B。

本标准由中国钢铁工业协会提出。

本标准由全国钢标准化技术委员会(SAC/TC 183)归口。

本标准起草单位:首钢总公司、宝山钢铁股份有限公司、江苏沙钢集团有限公司、冶金工业信息标准研究院、新余钢铁股份有限公司、湖南华菱涟源钢铁有限公司、邯郸钢铁集团有限责任公司。

本标准主要起草人:李永东、师莉、王姜维、黄锦花、黄正玉、程小三、王晓虎、陈建新、吝章国、吴新朗、王松涛、李晓波、冷光荣、刘晓燕、张永青。

本标准于 1992 年首次发布,2005 年第一次修订,本次为第二次修订。

石油天然气输送管用热轧宽钢带

1 范围

本标准规定了石油、天然气输送管用热连轧宽钢带及其剪切钢板(以下简称钢带和钢板)的分类、牌号表示方法和代号、尺寸、外形、重量及允许偏差、技术要求、试验方法、检验规则及包装、标志和质量证明书。

本标准适用于按 ISO 3183、GB/T 9711 和 API Spec 5L 等标准生产的石油、天然气输送管用钢带，及具有类似要求的其他流体输送焊管用钢带。

2 规范性引用文件

下列文件对于本文件的应用是必不可少的。凡是注日期的引用文件，仅注日期的版本适用于本文件。凡是不注日期的引用文件，其最新版本(包括所有的修改单)适用于本文件。

GB/T 223.5 钢铁 酸溶硅和全硅含量的测定 还原型硅钼酸盐分光光度法

GB/T 223.12 钢铁及合金化学分析方法 碳酸钠分离-二苯碳酰二肼光度法测定铬量

GB/T 223.17 钢铁及合金化学分析方法 二安替比林甲烷光度法测定钛量

GB/T 223.19 钢铁及合金化学分析方法 新亚铜灵-三氯甲烷萃取光度法测定铜量

GB/T 223.26 钢铁及合金 钼含量的测定 氰酸盐分光光度法

GB/T 223.40 钢铁及合金 铌含量的测定 氯磺酚 S 分光光度法

GB/T 223.53 钢铁及合金化学分析方法 火焰原子吸收分光光度法测定铜量

GB/T 223.54 钢铁及合金化学分析方法 火焰原子吸收分光光度法测定镍量

GB/T 223.58 钢铁及合金化学分析方法 亚砷酸钠-亚硝酸钠滴定法测定锰量

GB/T 223.59 钢铁及合金 磷含量的测定 铋磷钼蓝分光光度法和锑磷钼蓝分光光度法

GB/T 223.63 钢铁及合金化学分析方法 高碘酸钠(钾)光度法测定锰量

GB/T 223.68 钢铁及合金化学分析方法 管式炉内燃烧后碘酸钾滴定法测定硫含量

GB/T 223.69 钢铁及合金 碳含量的测定 管式炉内燃烧后气体容量法

GB/T 223.76 钢铁及合金化学分析方法 火焰原子吸收光谱法测定钒量

GB/T 223.78 钢铁及合金化学分析方法 姜黄素直接光度法测定硼含量

GB/T 228.1 金属材料 拉伸试验 第1部分:室温试验方法

GB/T 229 金属材料 夏比摆锤冲击试验方法

GB/T 232 金属材料 弯曲试验方法

GB/T 247 钢板和钢带包装、标志及质量证明书的一般规定

GB/T 709 热轧钢板和钢带的尺寸、外形、重量及允许偏差

GB/T 2975 钢及钢产品 力学性能试验取样位置及试样制备

GB/T 4336 碳素钢和中低合金钢 火花源原子发射光谱分析方法(常规法)

GB/T 4340.1 金属材料 维氏硬度试验 第1部分:试验方法

GB/T 6394 金属平均晶粒度测定方法

GB/T 8363 铁素体钢落锤撕裂试验方法

GB/T 9711 石油天然气工业 管线输送系统用钢管

GB/T 13299　钢的显微组织评定方法
GB/T 14977　热轧钢板表面质量的一般要求
GB/T 17505　钢及钢产品交货一般技术要求
GB/T 20066　钢和铁　化学成分测定用试样的取样和制样方法
GB/T 20123　钢铁　总碳硫含量的测定　高频感应炉燃烧后红外吸收法(常规方法)
GB/T 20125　低合金钢　多元素含量的测定　电感耦合等离子体原子发射光谱法
YB/T 081　冶金技术标准的数值修约与检测数值的判定原则
ISO 3183　石油天然气工业　管线输送系统用钢管
ASTM E45　钢中夹杂物含量的确定方法
API Spec 5L　管线钢管规范

3　分类、牌号表示方法和代号

3.1　分类

本标准按不同质量等级分为两类:PSL1 和 PSL2。

表 1　质量等级分类及其牌号

<table>
<tr><th>质量等级</th><th>交货状态</th><th>牌号</th><th>质量等级</th><th>交货状态</th><th>牌号</th></tr>
<tr><td rowspan="11">PSL1</td><td rowspan="3">热轧、
正火轧制</td><td>L175/A25</td><td rowspan="11">PSL2</td><td rowspan="1">热轧</td><td>L245R/BR、L290R/X42R</td></tr>
<tr><td>L175P/A25P</td><td rowspan="2">正火轧制</td><td rowspan="2">L245N/BN、L290N/X42N、L320N/X46N、L360N/X52N、L390N/X56N、L415N/X60N</td></tr>
<tr><td>L210/A</td></tr>
<tr><td>热轧、
正火轧制、
热机械轧制</td><td>L245/B</td><td rowspan="8">热机械轧制</td><td rowspan="8">L245M/BM、L290M/X42M、L320M/X46M、L360M/X52M、L390M/X56M、L415M/X60M、L450M/X65M、L485M/X70M、L555M/X80M、L625M/X90M、L690M/X100M、L830M/X120M</td></tr>
<tr><td rowspan="7">热轧、
正火轧制、
热机械轧制</td><td>L290/X42</td></tr>
<tr><td>L320/X46</td></tr>
<tr><td>L360/X52</td></tr>
<tr><td>L390/X56</td></tr>
<tr><td>L415/X60</td></tr>
<tr><td>L450/X65</td></tr>
<tr><td>L485/X70</td></tr>
</table>

3.2　牌号表示方法

3.2.1　钢的牌号由代表输送管线的“Line”的首位英文字母、钢管规定的屈服强度最小值、交货状态组成。对于规定的最小屈服强度为 175 MPa 的牌号,其中 P 表示钢中含有规定含量的磷(L175P 比 L175 具有更好的螺纹加工性能,但其弯曲性较差)。

例如:L415M。

L——代表输送管线“Line”的首位英文字母;

415——代表规定钢管规定的屈服强度最小值,单位为兆帕(MPa);

M——代表交货状态为热机械轧制状态(TMCP)。

3.2.2 除3.2.1命名外,其他经常使用的牌号也在表1中给出。牌号由代表管线钢的"X"、钢管规定的屈服强度最小值、交货状态组成。

例如:X60M。

X——代表管线钢;

60——代表钢管规定的屈服强度最小值,单位为ksi;

M——代表交货状态为热机械轧制状态(TMCP)。

3.2.3 本标准牌号与相关标准牌号对照表参见附录A。

3.3 代号

质量等级代号:PSL1和PSL2;

交货状态代号:热轧:R;正火轧制:N;热机械轧制:M;

边缘状态:不切边:EM;切边:EC。

4 订货内容

按本标准订货时,用户需提供以下信息:

a) 本标准编号;
b) 质量等级;
c) 牌号;
d) 规格;
e) 交货状态;
f) 重量;
g) 产品类型(钢带或钢板);
h) 边缘状态;
i) 厚度精度;
j) 拉伸、冲击、落锤的试样方向;
k) 用途(输油、有类似要求的其他流体、输气);
l) 特殊要求。

当合同中未注明边缘状态、厚度精度时,按本标准供货的产品按钢带为不切边而钢板为切边、普通厚度精度供货。

5 尺寸、外形、重量及允许偏差

5.1 钢带和钢板的尺寸、外形、重量及允许偏差应符合GB/T 709的规定。

5.2 根据需方要求,经供需双方协商并在合同中注明,可供其他尺寸、外形及允许偏差的钢带和钢板。

6 技术要求

6.1 化学成分

6.1.1 PSL1钢带和钢板的化学成分(熔炼和产品分析)应符合表2的规定。

6.1.2 PSL2钢带和钢板的化学成分(熔炼和产品分析)应符合表3的规定。

6.1.3 供方只提供熔炼分析，但保证满足产品分析要求，若用户需要提供产品分析结果，双方另行商议。

6.1.4 根据需方要求，经供需双方协商并在合同中注明，可供规定介于表2或表3中两个连续牌号之间的中间牌号。其化学成分应依照协议并与表2或表3的规定协调一致。

6.1.5 对L290/X42及以上级别钢带和钢板，经供需双方协商，可以添加表2或表3中所列元素(包括铌、钒、钛)以外的其他元素，但应慎重确定合金元素的添加量，因为添加这些元素可能会影响钢的可焊性。

表2 PSL1化学成分(熔炼分析和产品分析)

牌号	化学成分[a](质量分数)/%					
	C[b] ≤	Si ≤	Mn[b] ≤	P	S ≤	其他[c]
L175/A25	0.21	0.35	0.60	≤0.030	0.030	—
L175P/A25P	0.21	0.35	0.60	0.045～0.080	0.030	—
L210/A	0.22	0.35	0.90	≤0.030	0.030	—
L245/B	0.26	0.35	1.20	≤0.030	0.030	d,e
L290/X42	0.26	0.35	1.30	≤0.030	0.030	e
L320/X46	0.26	0.35	1.40	≤0.030	0.030	e
L360/X52	0.26	0.35	1.40	≤0.030	0.030	e
L390/X56	0.26	0.40	1.40	≤0.030	0.030	e
L415/X60	0.26	0.40	1.40	≤0.030	0.030	e
L450/X65	0.26	0.40	1.45	≤0.030	0.030	e
L485/X70	0.26	0.40	1.65	≤0.030	0.030	e

[a] 铜含量不大于0.50%；镍含量不大于0.50%；铬含量不大于0.50%；钼含量不大于0.15%。

[b] 碳含量比规定最大碳含量每降低0.01%，锰含量则允许比规定最大锰含量高0.05%，但对L245/B～L360/X52，最大锰含量不得超过1.65%；对于L360/X52～L485/X70，最大锰含量不得超过1.75%；对于L485/X70，锰含量不得超过2.00%。

[c] 除非另有规定，否则不得有意加入硼，残余硼含量应不大于0.001%。

[d] 铌、钒含量之和不大于0.06%。

[e] 铌、钒、钛含量之和不大于0.15%。

6.2 碳当量(仅适用于PSL2)

6.2.1 对PSL2钢带和钢板，碳当量应按下列方法计算。

a) 当碳含量不大于0.12%时，应按式(1)计算：

$$Pcm = C + \frac{Si}{30} + \frac{Mn + Cu + Cr}{20} + \frac{Ni}{60} + \frac{Mo}{15} + \frac{V}{10} + 5B \quad \cdots\cdots(1)$$

其中，当硼含量小于0.000 5%时，在计算 Pcm 时，可将硼含量视为0。

b) 当碳含量大于0.12%时，应按式(2)计算：

$$CEV = C + \frac{Mn}{6} + \frac{Cr + Mo + V}{5} + \frac{Cu + Ni}{15} \quad \cdots\cdots(2)$$

6.2.2 PSL2 各牌号的碳当量应符合表 3 的规定。

表 3 PSL2 化学成分(熔炼分析和产品分析)及碳当量

牌号	化学成分(质量分数)/%									碳当量[a]/%	
	C[b] ≤	Si ≤	Mn[b] ≤	P ≤	S ≤	V ≤	Nb ≤	Ti ≤	其他	*CEV* ≤	*Pcm* ≤
L245R/BR	0.24	0.40	1.20	0.025	0.015	[c]	[c]	0.04	[e]	0.43	0.25
L290R/X42R	0.24	0.40	1.20	0.025	0.015	0.06	0.05	0.04	[e]	0.43	0.25
L245N/BN	0.24	0.40	1.20	0.025	0.015	[c]	[c]	0.04	[e]	0.43	0.25
L290N/X42N	0.24	0.40	1.20	0.025	0.015	0.06	0.05	0.04	[e]	0.43	0.25
L320N/X46N	0.24	0.40	1.40	0.025	0.015	0.07	0.05	0.04	[d,e]	0.43	0.25
L360N/X52N	0.24	0.45	1.40	0.025	0.015	0.10	0.05	0.04	[d,e]	0.43	0.25
L390N/X56N	0.24	0.45	1.40	0.025	0.015	0.10	0.05	0.04	[d,e]	0.43	0.25
L415N/X60N	0.24	0.45	1.40	0.025	0.015	0.10	0.05	0.04	[d,g]	协商	
L245M/BM	0.22	0.45	1.20	0.025	0.015	0.05	0.05	0.04	[e]	0.43	0.25
L290M/X42M	0.22	0.45	1.30	0.025	0.015	0.05	0.05	0.04	[e]	0.43	0.25
L320M/X46M	0.22	0.45	1.30	0.025	0.015	0.05	0.05	0.04	[e]	0.43	0.25
L360M/X52M	0.22	0.45	1.40	0.025	0.015	[d]	[d]	[d]	[e]	0.43	0.25
L390M/X56M	0.22	0.45	1.40	0.025	0.015	[d]	[d]	[d]	[e]	0.43	0.25
L415M/X60M	0.12	0.45	1.60	0.025	0.015	[d]	[d]	[d]	[f]	—	0.25
L450M/X65M	0.12	0.45	1.60	0.025	0.015	[d]	[d]	[d]	[f]	—	0.25
L485M/X70M	0.12	0.45	1.70	0.025	0.015	[d]	[d]	[d]	[f]	—	0.25
L555M/X80M	0.12	0.45	1.85	0.025	0.015	[d]	[d]	[d]	[g]	—	0.25
L625M/X90M	0.10	0.55	2.10	0.020	0.010	[d]	[d]	[d]	[g]	—	0.25
L690M/X100M	0.10	0.55	2.10	0.020	0.010	[d]	[d]	[d]	[g,h]	—	0.25
L830M/X120M	0.10	0.55	2.10	0.020	0.010	[d]	[d]	[d]	[g,h]	—	0.25

[a] 碳含量大于0.12%时，*CEV* 适用；碳含量不大于0.12%时，*Pcm* 适用。

[b] 碳含量比规定最大碳含量每降低0.01%，则允许锰含量比规定值提高0.05%，但对L245/B～L360/X52(这里的牌号是否考虑和上表一致)，锰含量最大不得超过1.65%；对于L390/X56～L450/X65，锰含量最大不得超过1.75%；对于L485/X70～L555/X80，锰含量最大不得超过2.00%；对于L625/X90～L830/X120，锰含量最大不得超过2.20%。

[c] 铌、钒含量之和不大于0.06%。

[d] 铌、钒、钛含量之和不大于0.15%。

[e] 铜含量不大于0.50%，镍含量不大于0.30%，铬含量不大于0.30%，钼含量不大于0.15%，或供需双方协商。

[f] 铜含量不大于0.50%，镍含量不大于0.50%，铬含量不大于0.50%，钼含量不大于0.50%，或供需双方协商。

[g] 铜含量不大于0.50%，镍含量不大于1.00%，铬含量不大于0.50%，钼含量不大于0.50%，或供需双方协商。

[h] 一般情况下不得有意加入硼，残余硼含量应不大于0.001%，若双方协商同意，硼含量应不大于0.001%。

6.3 冶炼方法

钢应采用氧气转炉或电炉冶炼。PSL2 质量等级，应经炉外精炼，且对 L485/X70 及以上级别钢带和钢板应经真空脱气。除非需方有特殊要求，冶炼方法由供方选择。

6.4 交货状态

钢带和钢板应按热轧、正火轧制、热机械轧制状态交货。

6.5 力学和工艺性能

6.5.1 对介于两个连续牌号之间的且规定总延伸强度高于 L290/X42 的中间牌号，其力学和工艺性能由供需双方协商确定。

6.5.2 PSL1 钢带和钢板的力学和工艺性能应符合表 4 的规定。

6.5.3 PSL2 钢带和钢板的力学和工艺性能应符合表 5 的规定。

表 4 PSL1 钢带和钢板的力学和工艺性能

牌号	拉伸试验				180°，冷弯试验（a——试样厚度，d——弯心直径）
	规定总延伸强度 $R_{t0.5}$/MPa ≥	抗拉强度 R_m/MPa ≥	断后伸长率[a]/% ≥		
			A	$A_{50\,mm}$	
L175/A25	175	310	27		
L175P/A25P	175	310	27		
L210/A	210	335	25		
L245/B	245	415	21		
L290/X42	290	415	21		
L320/X46	320	435	20	见 6.5.4	$d=2a$
L360/X52	360	460	19		
L390/X56	390	490	18		
L415/X60	415	520	17		
L450/X65	450	535	17		
L485/X70	485	570	16		

需方在选用表中牌号时，由供需双方协商确定合适的拉伸性能范围，以保证钢管成品拉伸性能符合相应标准要求。

表中所列拉伸试样由需方确定试样方向，并应在合同中注明。一般情况下拉伸试样方向为对应钢管横向。

[a] 在供需双方未规定采用何种标距时，按照定标距检验。当发生争议时，以标距为 50 mm、宽度为 38 mm 的试样进行仲裁。

6.5.4 拉伸试验

6.5.4.1 表 4 和表 5 中，标距为 50 mm 时断后伸长率最小值按式(3)计算：

$$A_{50\,mm}=1\,940\times\frac{S_0^{0.2}}{R_m^{0.9}} \qquad (3)$$

式中：

$A_{50\ \mathrm{mm}}$——断后伸长率最小值，以%表示；

S_0 ——拉伸试样原始横截面积，单位为平方毫米(mm^2)；

R_m ——规定的最小抗拉强度，单位为兆帕(MPa)。

对于圆棒试样，直径为12.7 mm和8.9 mm的试样的S_0为130 mm^2；直径为6.4 mm的试样S_0为65 mm^2；

对于全厚度矩形试样，取a)485 mm^2和b)试样截面积(公称厚度×试样宽度)者中的较小者，修约到最接近的10 mm^2。

6.5.4.2 对于L485/X70及以下级别的钢带和钢板，拉伸试验应采用全厚度矩形试样。对于L555/X80及以上级别钢带和钢板，拉伸试验可采用全厚度矩形试样或圆棒试样测定。当采用圆棒试样时，标距长度内的直径可为12.7 mm、8.9 mm、6.4 mm，根据钢带或钢板厚度尽量选取较大尺寸的试样进行试验。

表5 PSL2钢带和钢板的力学和工艺性能

<table>
<tr><th rowspan="3">牌号</th><th colspan="5">拉伸试验[a]</th><th rowspan="3">冷弯试验
180°，横向
(d——弯心直径，
a——试样厚度)</th></tr>
<tr><th rowspan="2">规定总延伸
强度[b]
$R_{\mathrm{t0.5}}$/MPa</th><th rowspan="2">抗拉强度
R_m/MPa</th><th rowspan="2">屈强比
≤</th><th colspan="2">断后伸长率[c]/%
≥</th></tr>
<tr><th>A</th><th>$A_{50\ \mathrm{mm}}$</th></tr>
<tr><td>L245R/BR、L245N/BN、L245M/BM</td><td>245～450</td><td>415～760</td><td rowspan="3">0.91</td><td>21</td><td rowspan="12">见6.5.4</td><td>$d=2a$</td></tr>
<tr><td>L290R/X42R、L290N/X42N、L290M/X42M</td><td>290～495</td><td>415～760</td><td>21</td><td>$d=2a$</td></tr>
<tr><td>L320N/X46N、L320M/X46M</td><td>320～525</td><td>435～760</td><td>20</td><td>$d=2a$</td></tr>
<tr><td>L360N/X52N、L360M/X52M</td><td>360～530</td><td>460～760</td><td rowspan="6">0.93</td><td>19</td><td>$d=2a$</td></tr>
<tr><td>L390N/X56N、L390M/X56M</td><td>390～545</td><td>490～760</td><td>18</td><td>$d=2a$</td></tr>
<tr><td>L415N/X60N、L415M/X60M</td><td>415～565</td><td>520～760</td><td>17</td><td>$d=2a$</td></tr>
<tr><td>L450M/X65M</td><td>450～600</td><td>535～760</td><td>17</td><td>$d=2a$</td></tr>
<tr><td>L485M/X70M</td><td>485～635</td><td>570～760</td><td>16</td><td>$d=2a$</td></tr>
<tr><td>L555M/X80M</td><td>555～705</td><td>625～825</td><td>15</td><td>$d=2a$</td></tr>
<tr><td>L625M/X90M</td><td>625～775</td><td>695～915</td><td>0.95[d]</td><td rowspan="3">协商</td><td rowspan="3">协商</td></tr>
<tr><td>L690M/X100M</td><td>690～840</td><td>760～990</td><td>0.97[d]</td></tr>
<tr><td>L830M/X120M</td><td>830～1 050</td><td>915～1 145</td><td>0.99[d]</td></tr>
<tr><td colspan="7">表中所列拉伸，由需方确定试样方向，并应在合同中注明。一般情况下试样方向为对应钢管横向。</td></tr>
<tr><td colspan="7">[a] 需方在选用表中牌号时，由供需双方协商确定合适的拉伸性能范围和屈强比要求，以保证钢管成品拉伸性能符合相应标准要求。
[b] 对于L625/X90及以上级别钢带和钢板，$R_{\mathrm{P0.2}}$适用。
[c] 在供需双方未规定采用何种标距时，生产方按照定标距检验。以标距为50 mm、宽度为38 mm的试样仲裁。
[d] 经需方要求，供需双方可协商规定钢带的屈强比。</td></tr>
</table>

6.5.5 弯曲试验

弯曲试样的外表面上不得出现裂纹。

6.6 晶粒度

PSL2 钢带和钢板的晶粒度要求应符合表 6 的规定。若供方能保证，经需方同意，可不做晶粒度检验。经供需双方协商，可对晶粒度另行规定。

表 6 晶粒度级别

用途	牌号	晶粒度级别
输油及其他类流体管道用钢	所有牌号	№.7 级或更细
输气管道用钢	L245/B～L360/X52	№.8 级或更细
	L390/X56～L450/X65	№.9 级或更细
	L485/X70～L830/X120	协商

6.7 非金属夹杂物

PSL2 钢带和钢板中 A、B、C、D 类非金属夹杂物级别应符合表 7 的规定。其检验方法应符合 ASTM E45 方法 A。经供需双方协商，可对非金属夹杂物另行规定。

表 7 非金属夹杂物级别

用途	A		B		C		D	
	细	粗	细	粗	细	粗	细	粗
输气管道用钢	≤2.0	≤2.0	≤2.0	≤2.0	≤2.0	≤2.0	≤2.0	≤2.0
输油及其他类流体管道用钢	≤2.5	≤2.5	≤2.5	≤2.5	≤2.5	≤2.5	≤2.5	≤2.5

6.8 带状组织

6.8.1 对输气管道用钢带和钢板，L555/X80 及以下级别钢带和钢板的带状组织应不大于 3 级。评级应符合 GB/T 13299 的规定。若供方能保证，经需方同意，可不做带状检验。经供需双方协商，可对带状组织另行规定。

6.8.2 对 L625/X90 及以上级别钢带和钢板的带状组织由供需双方协商。

6.9 表面质量

6.9.1 钢带和钢板表面不得有裂纹、结疤、折叠、气泡、夹杂和肉眼可见的分层等对使用有害的缺陷，如有上述缺陷，允许清除，清除的深度不得超过钢带或钢板厚度公差之半。清除处应光滑无棱角。

6.9.2 钢带和钢板表面允许存在其他不影响使用的局部缺陷，但应保证钢带允许的最小厚度。

6.9.3 不切边交货的钢带，其边缘裂口和其他缺陷，在宽度方向的深度不得大于宽度允许偏差的一半，且应保证钢带的最小宽度。

6.9.4 因钢带没有切除缺陷的机会，允许存在若干缺陷的部分，但不得超过总长度的 6%。

6.9.5 经供需双方协商，也可按照 GB/T 14977 来测定缺陷深度和影响面积。但钢带表面不允许焊补。

6.10 特殊要求

特殊要求只适用于 PSL2 质量等级的钢带和钢板，经供需双方协商，并在合同中注明。

6.10.1 断裂韧性

6.10.1.1 落锤撕裂试验

6.10.1.1.1 对 L360/X52 及以上级别钢带和钢板，落锤撕裂试验的剪切面积要求和试验温度参照表 8 的规定。对输气管道用钢带和钢板，落锤剪切面积单值不低于 70%，均值不低于 85%。

6.10.1.1.2 制造商在生产期间应每 20 熔炼炉次提交一熔炼炉次钢带和钢板规定位置、方向的落锤撕裂试验剪切面积的韧脆转变曲线。对于同一合同批，至少提交一熔炼炉次，提交总数不超过 3 个。韧脆转变曲线至少应包含下列温度的试验点：20 ℃、0 ℃、−10 ℃、−20 ℃、−30 ℃、−40 ℃。

6.10.1.2 夏比 V 型缺口冲击试验

6.10.1.2.1 输油及其他类流体管道用钢带和钢板的冲击试验参照表 8 的规定。对输气管道用钢带和钢板，冲击吸收能量应在钢管冲击吸收能量的基础上加 20 J。对 L360/X52 及以上级别输气管道用钢带和钢板冲击纤维断面率单值不低于 80%，均值不低于 90%。

6.10.1.2.2 制造商在生产期间应每 20 熔炼炉次提交一熔炼炉次钢带和钢板规定位置、方向的冲击剪切面积和冲击吸收能量的韧脆转变曲线。对于同一合同批，至少提交一熔炼炉次，提交总数不超过 3 个。韧脆转变曲线至少应包含下列温度的试验点：20 ℃、0 ℃、−10 ℃、−20 ℃、−40 ℃。

表 8 输油及其他类流体管道用钢带和钢板的断裂韧性

牌号	夏比 V 型缺口冲击试验，−10 ℃，KV_8			落锤撕裂试验(DWTT) DWTT 最小剪切面积百分比 SA/%		
	冲击吸收能量/J ≥	纤维断面率/% ≥		试验温度	均值	单值
		均值	单值			
L245/B	45	—	—	—	—	—
L290/X42	60					
L320/X46						
L360/X52	80	85	70	−5 ℃	80	60
L390/X56						
L415/X60						
L450/X65						
L485/X70	100					
L555/X80	120					
L625/X90	协商					
L690/X100						
L830/X120						

6.10.1.2.3 冲击吸收能量试验适用于厚度不小于 6 mm 的 PSL2 钢带。当采用 10 mm×10 mm×55 mm标准试样做冲击试验时，其冲击吸收能量值应符合表 8 的规定。厚度不小于 6 mm 的钢带和钢

板应做冲击试验，冲击试样尺寸取 10 mm×10 mm×55 mm 的标准试样；当钢材不足以制取标准试样时，应采用 10 mm×7.5 mm×55 mm 或 10 mm×5 mm×55 mm 小尺寸试样，冲击吸收能量应分别为不小于表 8 规定值的 75%或 50%，优先采用较大尺寸试样。纤维断面率应符合表 8 的规定。

6.10.1.2.4　冲击吸收能量值和纤维断面率为一组 3 个试样的平均值，允许有一个试样单个值小于规定值，但不得低于规定值的 75%。

6.10.2　硬度

6.10.2.1　表 9 给出了钢带和钢板横向截面上最大允许硬度(HV10)参考值。

表 9　PSL2 钢带和钢板的最大允许硬度参考值

钢级	最大允许硬度值 HV10	钢级	最大允许硬度值 HV10
L245/B	240	L450/X65	245
L290/X42	240	L485/X70	260
L320/X46	240	L555/X80	265
L360/X52	240	L625/X90	协商
L390/X56	240	L690/X100	
L415/X60	240	L830/X120	

6.10.2.2　钢带和钢板的硬度试验，应在宽度四分之一处取样，经抛光后按照 GB/T 4340.1 测定 HV10，质保书注明平均值，但单值不得超过标准规定的允许值。维氏硬度点位置如图 1 所示。

当厚度 $t \geqslant 6.0$ mm 时，如图所示硬度试验点至少为 9 点；

当厚度 4.0 mm$\leqslant t <$6.0 mm 时，应在试样横截面上、下表面各取 3 点(共 6 点)进行试验；

当厚度 $t <$4.0 mm 时，仅需在试样厚度心部横向取 3 点进行试验。

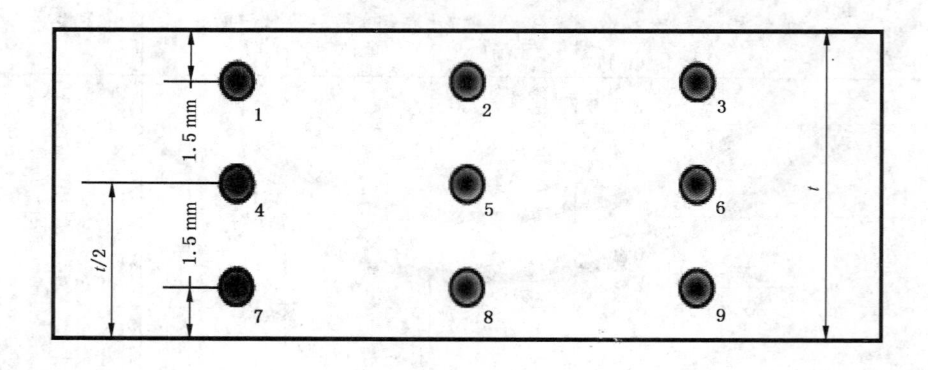

图 1　维氏硬度点位置

7　试验和检验方法

7.1　钢带和钢板的检验项目、试样数量、取样方法和试验方法应符合表 10 的规定。

7.2　试样应在距钢带头尾 1 000 mm 以外截取。采用短流程工艺生产的钢带，试样应在距钢带头尾 6 000 mm 以外截取。

表 10　检验项目、试样数量、取样方法和试验方法

序号	检验项目	试样数量	取样方法	试验方法
1	化学成分	1/炉	GB/T 20066	GB/T 223、GB/T 4336、GB/T 20123、GB/T 20125
2	拉伸	1/批	GB/T 2975、板宽 1/2 处	GB/T 228.1
3	弯曲	1/批	GB/T 2975、板宽 1/4 处，横向	GB/T 232
4	夏比冲击	3/批	GB/T 2975、板宽 1/4 处，试样表面距钢带表面小于 2 mm	GB/T 229
5	落锤撕裂	2/批	板宽 1/4 处	GB/T 8363
6	维氏硬度	1/批	板宽 1/4 处，横向	GB/T 4340.1
7	非金属夹杂物	ASTM E45　方法 A		
8	带状组织	1/批	板宽 1/2 处	GB/T 13299
9	晶粒度	1/批	板宽 1/2 处	GB/T 6394

8　检验规则

8.1　钢带和钢板由供方技术监督部门检查和验收。

8.2　钢带和钢板应成批验收，每批应由同一牌号、同一熔炼炉号、同一厚度和同一轧制制度的钢带或钢板组成。

8.3　复验

钢带和钢板的复验应符合 GB/T 17505 的要求。

9　包装、标志和质量证明书

9.1　钢带和钢板应用模板喷刷或粘贴标签方式进行标志，不允许采用冲模（无论冷冲压还是热冲压）标志。

9.2　钢带和钢板的包装、标志和质量证明书应符合 GB/T 247 的规定。

9.3　钢带应牢固捆扎，防止松卷。

10　数值修约

数值修约应符合 YB/T 081 的规定。

附 录 A
（资料性附录）
本标准牌号与国内外相关标准牌号对照

表 A.1 给出了本标准牌号与相关国内外钢带、钢管标准规定牌号的对照。

表 A.1 本标准牌号与相关标准牌号对照表

本标准牌号		GB/T 14164—2005	API Spec 5L(第 44 版)、ISO 3183:2007
质量等级为 PSL1	L175/A25	S175I	L175/A25
	L175P/A25P	S175II	L175P/A25P
	L210/A	S210	L210/A
	L245/B	S245	L245/B
	L290/X42	S290	L290/X42
	L320/X46	S320	L320/X46
	L360/X52	S360	L360/X52
	L390/X56	S390	L390/X56
	L415/X60	S415	L415/X60
	L450/X65	S450	L450/X65
	L480/X70	S485	L480/X70
质量等级为 PSL2	L245R/BR、L245N/BN、L245M/BM	S245	L245R/BR、L245N/BN、L245M/BM
	L290R/X42R、L290N/X42N、L290M/X42M	S290	L290R/X42R、L290N/X42N、L290M/X42M
	L320N/X46N、L320M/X46M	S320	L320N/X46N、L320M/X46M
	L360N/X52N、L360M/X52M	S360	L360N/X52N、L360M/X52M
	L390N/X56N、L390M/X56M	S390	L390N/X56N、L390M/X56M
	L415N/X60N、L415M/X60M	S415	L415N/X60N、L415M/X60M
	L450M/X65M	S450	L450M/X65M
	L485M/X70M	S485	L485M/X70M
	L555M/X80M	S555	L555M/X80M
	L625M/X90M	—	L625M/X90M
	L690M/X100M	—	L690M/X100M
	L830M/X120M	—	L830M/X120M

ICS 77.140.50
H 46

中华人民共和国国家标准

GB/T 14978—2008
代替 GB/T 14978—1994

连续热镀铝锌合金镀层钢板及钢带

Continuously hot-dip aluminum-zinc alloy coated steel sheet and strip

2008-09-11 发布　　2009-05-01 实施

中华人民共和国国家质量监督检验检疫总局
中国国家标准化管理委员会　发布

前　言

本标准在参考 EN 10326:2004《连续热镀锌的结构钢钢板及钢带:交货技术条件》(英文版)、EN 10327:2004《连续热镀锌的低碳钢钢板及钢带:交货技术条件》(英文版)、EN 10143:2006《连续热浸镀层钢板及钢带-尺寸和外形公差》(英文版)、AS 1397—2001《热镀锌或热镀铝锌合金镀层钢板及钢带》(英文版)的基础上,对 GB/T 14978—1994《连续热浸镀铝锌硅合金镀层钢板及钢带》进行了修订。

本标准代替 GB/T 14978—1994《连续热浸镀铝锌硅合金镀层钢板及钢带》。

本标准与 GB/T 14978—1994 相比,主要变化如下:

——修改了标准名称;

——扩大了尺寸范围;

——修改了镀层粘附性的规定;

——增加表面质量的规定;

——增加后处理方式;

——修改了尺寸、外形及允许偏差的规定;

——增加理论计重的计算方法;

——增加牌号对照表。

本标准的附录 A 和附录 B 为规范性附录,附录 C 和附录 D 为资料性附录。

本标准由中国钢铁工业协会提出。

本标准由全国钢标准化技术委员会归口。

本标准负责起草单位:宝山钢铁股份有限公司。

本标准参加起草单位:攀枝花钢铁集团公司、中国钢研科技集团公司、冶金工业信息标准研究院。

本标准主要起草人:李玉光、孙忠明、徐宏伟、施鸿雁、王晓虎、涂树林、于成峰、许晴、周波、俞钢强、于丹。

本标准所代替标准的历次版本发布情况为:

——GB/T 14978—1994。

连续热镀铝锌合金镀层钢板及钢带

1 范围

本标准规定了连续热镀铝锌合金镀层钢板及钢带(以下简称为钢板及钢带)的术语和定义、分类和代号、尺寸、外形、重量、技术要求、检验和试验、包装、标志和质量证明书等内容。

本标准适用于厚度为0.30 mm~3.0 mm的钢板及钢带,主要用于建筑、家电、电子电气和汽车等行业。

2 规范性引用文件

下列文件中的条款通过本标准的引用而成为本标准的条款。凡是注日期的引用文件,其随后所有的修改单(不包括勘误的内容)或修订版均不适用于本标准,然而,鼓励根据本标准达成协议的各方研究是否可使用这些文件的最新版本。凡是不注日期的引用文件,其最新版本适用于本标准。

GB/T 223.5 钢铁及合金化学分析方法 还原型硅钼酸盐光度法测定酸溶硅含量

GB/T 223.16 钢铁及合金化学分析方法 变色酸光度法测定钛量

GB/T 223.17 钢铁及合金化学分析方法 二安替比林甲烷光度法测定钛量

GB/T 223.59 钢铁及合金化学分析方法 锑磷钼蓝光度法测定磷量

GB/T 223.60 钢铁及合金化学分析方法 高氯酸脱水重量法测定硅含量

GB/T 223.63 钢铁及合金化学分析方法 高碘酸钠(钾)光度法测定锰量

GB/T 223.64 钢铁及合金 锰含量的测定 火焰原子吸收光谱法

GB/T 228 金属材料 室温拉伸试验方法(GB/T 228—2002,eqv ISO 6892:1998)

GB/T 247 钢板和钢带检验、包装、标志及质量证明书的一般规定

GB/T 2975 钢及钢产品 力学性能试验取样位置及试样制备(GB/T 2975-1998,eqv ISO 377:1997)

GB/T 4336 碳素钢和中低合金钢 火花源原子发射光谱分析方法(常规法)

GB/T 1839 钢产品镀锌层质量试验方法(GB/T 1839—2008,ISO 1460:1992,MOD)

GB/T 8170 数值修约规则

GB/T 17505 钢及钢产品交货一般技术要求(GB/T 17505—1998,eqv ISO 404:1992)

GB/T 20123 钢铁 总碳硫含量的测定 高频感应炉燃烧后红外吸收法(常规方法)(GB/T 20123—2006,ISO 15350:2000,IDT)

GB/T 20125 低合金钢多元素含量的测定电感耦合等离子体原子发射光谱法(GB/T 20125—2006,JIS G 1258—1989,MOD)

GB/T 20126 非合金钢 低碳含量的测定 第2部分:感应炉(经预加热)内燃烧后红外吸收法(GB/T 20126—2006,ISO 15349-2:1999,IDT)

GB/T 20066 钢和铁 化学成分测定用试样的取样和制样方法(GB/T 20066—2006,ISO 14284:1996,IDT)

3 术语和定义

下列术语和定义适用于本标准。

3.1

热镀铝锌合金镀层　hot-dip aluminum-zinc alloy coating

连续热镀铝锌生产线生产的、由铝锌合金组成的镀层，镀层中铝的质量分数约为55%，硅的质量分数约为1.6%，其余成分为锌。

3.2

拉伸应变痕　stretcher strain marks

冷加工成形时，由于时效的原因导致钢板或钢带表面出现的滑移线、“橘子皮”等有损表面外观的缺陷。

4　分类和代号

4.1　牌号命名方法

钢板及钢带的牌号由产品用途代号，钢级代号（或序列号），钢种特性（如有）、热镀代号（D）和镀层种类代号五部分构成，其中热镀代号（D）和镀层种类代号之间用加号“+”连接。详细规定如下：

4.1.1　用途代号

a)　DX：第一位字母D表示冷成形用扁平钢材，第二位字母如果为X，代表基板的轧制状态不规定，第二位字母如果为C，则代表基板规定为冷轧基板；第二位字母为如果D，则代表基板规定为热轧基板。

b)　S：表示为结构用钢。

4.1.2　钢级代号（或序列号）

a)　51～54：2位数字，用以代表钢级序列号。

b)　250～550：3位数字，用以代表钢级代号；此处为规定的最小屈服强度，单位为MPa。

4.1.3　钢种特性

G表示不规定钢种特性。

4.1.4　热镀代号

热镀代号表示为D。

4.1.5　镀层代号

镀层代号表示为AZ，代表铝锌合金镀层。

4.2　牌号命名示例

a)　DX51D+AZ

表示产品用途为冷成形用，扁平钢材，不规定基板状态，钢级序列号为51，铝锌合金镀层的热镀产品。

b)　S350GD+AZ

表示产品用途为结构用，规定的最小屈服强度值为350 MPa，钢种特性不规定，铝锌合金镀层的热镀产品。

4.3　钢板及钢带的牌号和钢种特性应符合表1的规定。

表1

牌　号	钢种特性
DX51D+AZ	低碳钢或无间隙原子钢
DX52D+AZ	
DX53D+AZ	
DX54D+AZ	

表 1（续）

牌　　号	钢种特性
S250GD+AZ	结构钢
S280GD+AZ	
S300GD+AZ	
S320GD+AZ	
S350GD+AZ	
S550GD+AZ[a]	
[a] 适用于轧硬后不完全退火产品。	

4.4　钢板及钢带按表面质量分类应符合表 2 的规定。

表 2

级　　别	代　　号
普通级表面	FA
较高级表面	FB

4.5　镀层种类、镀层表面结构、表面处理的分类和代号应符合表 3 的规定。

表 3

项　　目	分　　类	代　　号
镀层种类	铝锌合金镀层	AZ
镀层表面结构	普通锌花	N
表面处理	铬酸钝化	C
	无铬钝化	C5
	涂油	O
	铬酸钝化处理+涂油	CO
	无铬钝化+涂油	CO5
	耐指纹膜	AF
	无铬耐指纹膜	AF5
	不处理	U

5　订货所需信息

订货时用户需提供下列信息：

a)　产品名称(钢板或钢带)；

b)　本国家标准号；

c)　牌号；

d)　镀层重量；

e)　表面质量级别；

f)　表面处理；

g) 规格及尺寸精度(厚度、宽度、长度、钢带内径等);
h) 不平度精度;
i) 重量;
j) 包装方式;
k) 其他特殊要求(如光整、表面朝向等)。

6 尺寸、外形、重量及允许偏差

6.1 钢板及钢带的公称尺寸应符合表4的规定。经供需双方协商,也可提供其他尺寸规格的钢板及钢带。纵切钢带特指由钢带(母带)经纵切后获得的窄钢带,宽度一般在600 mm以下。

表4

项 目		公称尺寸/mm
公称厚度		0.30～3.0
公称宽度	钢板及钢带	600～2 050
	纵切钢带	<600
公称长度	钢板	1 000～8 000
公称内径	钢带及纵切钢带	610或508

6.2 钢板及钢带的公称厚度包含基板厚度和镀层厚度。
6.3 钢板及钢带的尺寸、外形允许偏差应符合附录A的规定。
6.4 钢板通常按理论重量交货,也可按实际重量交货,理论重量计算方法应符合附录B的规定。钢带通常按实际重量交货。

7 技术要求

7.1 化学成分
钢的化学成分(熔炼分析)参考值见附录C。如需方对化学成分有要求,可在订货时协商。
7.2 冶炼方法
钢板及钢带所用的钢应采用氧气转炉或电炉冶炼,除非另有规定,冶炼方式由供方选择。
7.3 交货状态
钢板及钢带经热镀或热镀加平整(或光整)后交货。
7.4 力学性能
7.4.1 钢板及钢带的力学性能应分别符合表5和表6的规定。除非另行规定,拉伸试样为带镀层试样。
7.4.2 由于时效的影响,钢板及钢带的力学性能会随着储存时间的延长而变差,如屈服强度和抗拉强度的上升,断后伸长率的下降,成形性能变差等,建议用户尽早使用。
7.4.3 对于表5中牌号为DX51D+AZ和DX52D+AZ的钢板及钢带,应保证在制造后1个月内,其力学性能符合表5的规定;对于表5中其他牌号的钢板及钢带,应保证在制造后6个月内,其力学性能符合表5的规定。对表6中规定牌号的钢板及钢带,其力学性能的时效不作规定。
7.5 拉伸应变痕
对于表5中牌号为DX51D+AZ和DX52D+AZ的钢板及钢带,应保证其在制造后1个月内使用时不出现拉伸应变痕;对于表5中其他牌号的钢板及钢带,应保证其在制造后6个月内使用时不出现拉伸应变痕。对表6中规定牌号的钢板及钢带,其拉伸应变痕不作要求。
7.6 镀层粘附性应采用适当的试验方法进行试验,试验方法由供方选择。

表 5

牌 号	拉伸试验[a]		
	屈服强度[b] R_{eL} 或 $R_{P0.2}$/ MPa 不大于	抗拉强度 R_m/ MPa 不大于	断后伸长率[c] A_{80}/ % 不小于
DX51D+AZ	—	500	22
DX52D+AZ[d]	300	420	26
DX53D+AZ	260	380	30
DX54D+AZ	220	350	36

[a] 试样为 GB/T 228 中的 P6 试样,试样方向为横向。

[b] 当屈服现象不明显时采用 $R_{P0.2}$,否则采用 R_{eL}。

[c] 当产品公称厚度大于 0.5 mm,但小于等于 0.7 mm 时,断后伸长率允许下降 2%;当产品公称厚度不大于 0.5 mm 时,断后伸长率允许下降 4%。

[d] 屈服强度值仅适用于光整的 FB 级表面的钢板及钢带。

表 6

牌 号	拉伸试验[a]		
	屈服强度[b] R_{eH} 或 $R_{P0.2}$/ MPa 不小于	抗拉强度 R_m/ MPa 不小于	断后伸长率[c] A_{80}/% 不小于
S250GD+AZ	250	330	19
S280GD+AZ	280	360	18
S300GD+AZ	300	380	17
S320GD+AZ	320	390	17
S350GD+AZ	350	420	16
S550GD+AZ	550	560	—

[a] 试样为 GB/T 228 中的 P6 试样,试样方向为纵向。

[b] 当屈服现象不明显时采用 $R_{P0.2}$,否则采用 R_{eH}。

[c] 当产品公称厚度大于 0.5 mm,但小于等于 0.7 mm 时,断后伸长率允许下降 2%;当产品公称厚度不大于 0.5 mm 时,断后伸长率允许下降 4%。

7.7 镀层重量

7.7.1 可供的公称镀层重量范围为 60 g/m^2～200 g/m^2。经供需双方协商,亦可提供其他镀层重量。

7.7.2 推荐的公称镀层重量及相应的镀层代号应符合表 7 的规定。

7.7.3 镀层重量三点试验平均值应不小于公称镀层重量,单点镀层重量试验值应不小于公称镀层重量的 85%。

表 7

镀层种类	镀层形式	推荐的公称镀层重量[a]/(g/m^2)	镀层代号
热镀铝锌合金镀层(AZ)	等厚镀层	60 80 100 120 150 180 200	60 80 100 120 150 180 200
[a] 50 g/m^2 热镀铝锌合金镀层的厚度约为 13.3 μm。			

7.8 镀层表面结构

钢板及钢带的镀层表面结构应符合表 8 的规定。

表 8

镀层表面结构	代　号	特　征
普通锌花	N	镀层经正常冷凝而得到的铝锌结晶组织。该镀层表面结构通常具有金属光泽

7.9 表面处理

7.9.1 铬酸钝化(C)和无铬钝化(C5)

该表面处理可减少产品在运输和储存期间表面产生黑锈。采用铬酸钝化处理方式，存在表面产生摩擦黑点的风险。无铬钝化处理时，限制钝化膜中对人体健康有害的六价铬成分。

7.9.2 铬酸钝化＋涂油(CO)和无铬钝化＋涂油(CO5)

该表面处理可进一步减少产品在运输和储存期间表面产生黑锈。无铬钝化处理时，限制钝化膜中对人体健康有害的六价铬成分。

7.9.3 涂油(O)

该表面处理可减少产品在运输和储存期间表面产生黑锈，所涂的防锈油一般不作为后续加工用的轧制油和冲压润滑油。

7.9.4 耐指纹膜(AF)和无铬耐指纹膜(AF5)

该表面处理可减少产品在运输和储存期间表面产生黑锈。无铬耐指纹膜处理时，限制耐指纹膜中对人体健康有害的六价铬成分。

7.9.5 不处理(U)

该表面处理仅适用于需方在订货期间明确提出不进行表面处理的情况，并需在合同中注明。这种情况下，钢板及钢带在运输和储存期间，其表面较易产生黑锈和黑点，用户在选用该处理方式时应慎重。

7.10 表面质量

7.10.1 钢板及钢带表面不应有漏镀、镀层脱落、肉眼可见裂纹等影响用户使用的缺陷。不切边钢带边部允许存在微小锌层裂纹和白边。

7.10.2 钢板及钢带表面质量特征应符合表 9 的规定。

7.10.3 由于在连续生产过程中，钢带表面的局部缺陷不易发现和去除，因此，钢带允许带缺陷交货，但有缺陷的部分应不超过每卷总长度的 6%。

表 9

表面质量级别	代　　号	特　　征
普通级表面	FA	表面允许有缺欠，例如小锌粒、压印、划伤、凹坑、色泽不均、黑点、条纹、轻微钝化斑、锌起伏等。该表面通常不进行平整(光整)处理
较高级表面	FB	较好的一面允许有小缺欠，例如光整压印、轻微划伤、细小锌花、锌起伏和轻微钝化斑。另一面至少为表面质量 FA。该表面通常进行平整(光整)处理

8　检验和试验

8.1　每批钢板及钢带的检验项目、试样数量、取样方法、取样位置及试验方法应符合表 10 的规定。

8.2　钢板及钢带的外观表面质量用肉眼检查。

8.3　钢板及钢带的尺寸、外形应用合适的测量工具测量。厚度测量部位为距边部不小于 40 mm 的任意点。

8.4　钢板及钢带应按批检验，每个检验批由不大于 30 t 的同一牌号、同一规格、同一镀层重量、同一表面处理的钢材组成。对于单个卷重大于 30 t 的钢带，每卷作为一个检验批。

8.5　钢板及钢带的复验按 GB/T 17505 的规定。

表 10

检验项目	试样数量	取样方法	试验方法	取样位置
化学分析	1 个/炉	GB/T 20066	GB/T 223、GB/T 4336、GB/T 20123、GB/T 20125、GB/T 20126	—
拉伸试验	1 个	GB/T 2975	GB/T 228	试样位置距边部不小于 50 mm
镀层重量	1 组 3 个	单个试样的面积不小于 5 000 mm^2	GB/T 1839	如图 1 所示

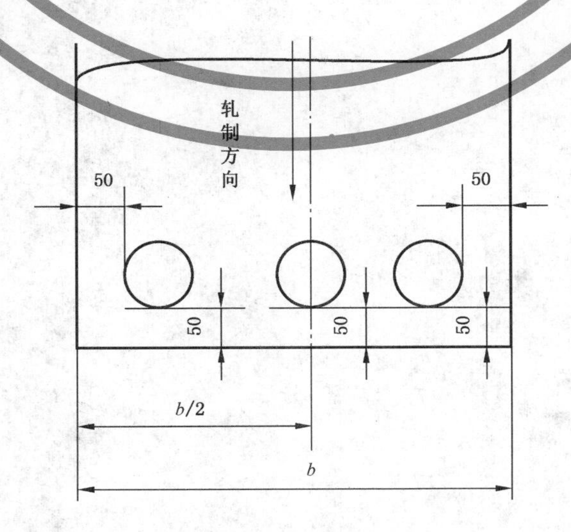

b——钢板或钢带的宽度。

图 1　试样的取样位置

9 包装、标志及质量证明书

钢板及钢带的包装、标志及质量证明书应符合 GB/T 247 的规定。如需方对包装有特殊要求，应在订货时协商。

10 数值修约

数值修约按 GB/T 8170 的规定。

11 国内外牌号近似对照

本标准牌号与国外标准牌号的近似对照见附录 D。

附　录　A
（规范性附录）
钢板及钢带的尺寸、外形允许偏差

A.1　厚度允许偏差

A.1.1　对于规定的最小屈服强度小于260 MPa的钢板及钢带，其厚度允许偏差应符合表A.1的规定。

表 A.1　　单位为毫米

公称厚度	下列公称宽度时的厚度允许偏差[a]					
	普通精度　PT.A			高级精度　PT.B		
	≤1 200	>1 200～1 500	>1 500	≤1 200	>1 200～1 500	>1 500
0.20～0.40	±0.04	±0.05	±0.06	±0.030	±0.035	±0.040
>0.40～0.60	±0.04	±0.05	±0.06	±0.035	±0.040	±0.045
>0.60～0.80	±0.05	±0.06	±0.07	±0.040	±0.045	±0.050
>0.80～1.00	±0.06	±0.07	±0.08	±0.045	±0.050	±0.060
>1.00～1.20	±0.07	±0.08	±0.09	±0.050	±0.060	±0.070
>1.20～1.60	±0.10	±0.11	±0.12	±0.060	±0.070	±0.080
>1.60～2.00	±0.12	±0.13	±0.14	±0.070	±0.080	±0.090
>2.00～2.50	±0.14	±0.15	±0.16	±0.090	±0.100	±0.110
>2.50～3.00	±0.17	±0.17	±0.18	±0.110	±0.120	±0.130
>3.00～5.00	±0.20	±0.20	±0.21	±0.15	±0.16	±0.17
>5.00～6.50	±0.22	±0.22	±0.23	±0.17	±0.18	±0.19

[a] 钢带焊缝附近10 m范围的厚度允许偏差可超过规定值的50%，对双面镀层重量之和不小于450 g/m² 的产品，其厚度允许偏差应增加±0.01 mm。

A.1.2　对于规定的最小屈服强度不小于260 MPa，但小于360 MPa的钢板及钢带，以及牌号为DX51D+AZ和S550GD+AZ的钢板及钢带，其厚度允许偏差应符合表A.2的规定。

表 A.2　　单位为毫米

公称厚度	下列公称宽度时的厚度允许偏差[a]					
	普通精度　PT.A			高级精度　PT.B		
	≤1 200	>1 200～1 500	>1 500	≤1 200	>1 200～1 500	>1 500
0.20～0.40	±0.05	±0.06	±0.07	±0.035	±0.040	±0.045
>0.40～0.60	±0.05	±0.06	±0.07	±0.040	±0.045	±0.050
>0.60～0.80	±0.06	±0.07	±0.08	±0.045	±0.050	±0.060
>0.80～1.00	±0.07	±0.08	±0.09	±0.050	±0.060	±0.070
>1.00～1.20	±0.08	±0.09	±0.11	±0.060	±0.070	±0.080
>1.20～1.60	±0.11	±0.13	±0.14	±0.070	±0.080	±0.090
>1.60～2.00	±0.14	±0.15	±0.16	±0.080	±0.090	±0.110

表 A.2（续） 单位为毫米

<table>
<tr><td rowspan="3">公称厚度</td><td colspan="6">下列公称宽度时的厚度允许偏差[a]</td></tr>
<tr><td colspan="3">普通精度　PT.A</td><td colspan="3">高级精度　PT.B</td></tr>
<tr><td>≤1 200</td><td>＞1 200～1 500</td><td>＞1 500</td><td>≤1 200</td><td>＞1 200～1 500</td><td>＞1 500</td></tr>
<tr><td>＞2.00～2.50</td><td>±0.16</td><td>±0.17</td><td>±0.18</td><td>±0.110</td><td>±0.120</td><td>±0.130</td></tr>
<tr><td>＞2.50～3.00</td><td>±0.19</td><td>±0.20</td><td>±0.20</td><td>±0.130</td><td>±0.140</td><td>±0.150</td></tr>
<tr><td>＞3.00～5.00</td><td>±0.22</td><td>±0.24</td><td>±0.25</td><td>±0.17</td><td>±0.18</td><td>±0.19</td></tr>
<tr><td>＞5.00～6.50</td><td>±0.24</td><td>±0.25</td><td>±0.26</td><td>±0.19</td><td>±0.20</td><td>±0.21</td></tr>
<tr><td colspan="7">[a] 钢带焊缝附近 10 m 范围的厚度允许偏差可超过规定值的 50%。</td></tr>
</table>

A.1.3　对于由钢带纵切而成的纵切钢带，其厚度允许偏差应符合未纵切前钢带（母带）的厚度允许偏差。

A.2　宽度允许偏差

A.2.1　对于宽度不小于 600 mm 的钢板及钢带，其宽度允许偏差应符合表 A.3 的规定。

A.2.2　对于宽度小于 600 mm 的纵切钢带，其宽度允许偏差应符合表 A.4 的规定。

表 A.3 单位为毫米

<table>
<tr><td rowspan="2">公称宽度</td><td colspan="2">宽度允许偏差</td></tr>
<tr><td>普通精度　PW.A</td><td>高级精度　PW.B</td></tr>
<tr><td>600～1 200</td><td>$^{+5}_{0}$</td><td>$^{+2}_{0}$</td></tr>
<tr><td>＞1 200～1 500</td><td>$^{+6}_{0}$</td><td>$^{+2}_{0}$</td></tr>
<tr><td>＞1 500～1 800</td><td>$^{+7}_{0}$</td><td>$^{+3}_{0}$</td></tr>
<tr><td>＞1 800</td><td>$^{+8}_{0}$</td><td>$^{+3}_{0}$</td></tr>
</table>

表 A.4 单位为毫米

<table>
<tr><td colspan="2" rowspan="2">公称厚度</td><td colspan="4">公称宽度</td></tr>
<tr><td>＜125</td><td>125～＜250</td><td>250～＜400</td><td>400～＜600</td></tr>
<tr><td rowspan="6">普通精度
PW.A</td><td>＜0.6</td><td>$^{+0.4}_{0}$</td><td>$^{+0.5}_{0}$</td><td>$^{+0.7}_{0}$</td><td>$^{+1.0}_{0}$</td></tr>
<tr><td>0.60～＜1.0</td><td>$^{+0.5}_{0}$</td><td>$^{+0.6}_{0}$</td><td>$^{+0.9}_{0}$</td><td>$^{+1.2}_{0}$</td></tr>
<tr><td>1.0～＜2.0</td><td>$^{+0.6}_{0}$</td><td>$^{+0.8}_{0}$</td><td>$^{+1.1}_{0}$</td><td>$^{+1.4}_{0}$</td></tr>
<tr><td>2.0～＜3.0</td><td>$^{+0.7}_{0}$</td><td>$^{+1.0}_{0}$</td><td>$^{+1.3}_{0}$</td><td>$^{+1.6}_{0}$</td></tr>
<tr><td>3.0～＜5.0</td><td>$^{+0.8}_{0}$</td><td>$^{+1.1}_{0}$</td><td>$^{+1.4}_{0}$</td><td>$^{+1.7}_{0}$</td></tr>
<tr><td>5.0～＜6.5</td><td>$^{+0.9}_{0}$</td><td>$^{+1.2}_{0}$</td><td>$^{+1.5}_{0}$</td><td>$^{+1.8}_{0}$</td></tr>
<tr><td rowspan="6">高级精度
PW.B</td><td>＜0.6</td><td>$^{+0.2}_{0}$</td><td>$^{+0.2}_{0}$</td><td>$^{+0.3}_{0}$</td><td>$^{+0.5}_{0}$</td></tr>
<tr><td>0.60～＜1.0</td><td>$^{+0.2}_{0}$</td><td>$^{+0.3}_{0}$</td><td>$^{+0.4}_{0}$</td><td>$^{+0.6}_{0}$</td></tr>
<tr><td>1.0～＜2.0</td><td>$^{+0.3}_{0}$</td><td>$^{+0.4}_{0}$</td><td>$^{+0.5}_{0}$</td><td>$^{+0.7}_{0}$</td></tr>
<tr><td>2.0～＜3.0</td><td>$^{+0.4}_{0}$</td><td>$^{+0.5}_{0}$</td><td>$^{+0.6}_{0}$</td><td>$^{+0.8}_{0}$</td></tr>
<tr><td>3.0～＜5.0</td><td>$^{+0.5}_{0}$</td><td>$^{+0.6}_{0}$</td><td>$^{+0.7}_{0}$</td><td>$^{+0.9}_{0}$</td></tr>
<tr><td>5.0～＜6.5</td><td>$^{+0.6}_{0}$</td><td>$^{+0.7}_{0}$</td><td>$^{+0.8}_{0}$</td><td>$^{+1.0}_{0}$</td></tr>
</table>

A.3　长度允许偏差

钢板的长度允许偏差应符合表 A.5 的规定。

表 A.5

单位为毫米

公称长度	长度允许偏差	
	普通精度　PL.A	高级精度　PL.B
<2 000	$^{+6}_{0}$	$^{+3}_{0}$
≥2 000	$^{+0.3\% \times L}_{0}$	$^{+0.15\% \times L}_{0}$
注：*L* 为钢板的长度		

A.4　不平度

A.4.1　不平度允许偏差要求仅适用于钢板。钢板的不平度是将钢板自由放置在测量平台上，测得的钢板下表面和测量平台之间的最大距离。

A.4.2　对规定最小屈服强度小于 260 MPa 的钢板，不平度最大允许偏差应符合表 A.6 的规定。

表 A.6

规定的最小屈服强度/MPa	公称宽度/mm	下列公称厚度时的不平度/mm							
		普通精度　PF.A				高级精度　PF.B			
		<0.70	0.70~<1.60	1.6~<3.0	3.0~6.5	<0.70	0.70~<1.60	1.6~<3.0	3.0~6.5
<260	<1 200	10	8	8	15	5	4	3	8
	1 200~<1 500	12	10	10	18	6	5	4	9
	≥1 500	17	15	15	23	8	7	6	12

A.4.3　对规定最小屈服强度不小于 260 MPa，但小于 360 MPa 的钢板，以及牌号为 DX51D+AZ 和 S550GD+AZ 的钢板，其不平度最大允许偏差应符合表 A.7 的规定。

表 A.7

规定的最小屈服强度/MPa	公称宽度/mm	下列公称厚度时的不平度/mm							
		普通精度　PF.A				高级精度　PF.B			
		<0.70	0.70~<1.60	1.6~<3.0	3.0~6.5	<0.70	0.70~<1.60	1.6~<3.0	3.0~6.5
260~<360	<1 200	13	10	10	18	8	6	5	9
	1 200~<1 500	15	13	13	25	9	8	6	12
	≥1 500	20	19	19	28	12	10	9	14

A.5　脱方度

脱方度为钢板的宽边向轧制方向边部的垂直投影长度，如图 A.1 所示。脱方度应不大于钢板实际宽度的 1%。

A.6　镰刀弯

A.6.1　镰刀弯是指钢板及钢带的侧边与连接测量部分两端点的直线之间的最大距离。它在产品呈凹形的一侧测量，如图 A.1 所示。

A.6.2 切边钢板及钢带的镰刀弯，在任意 2 000 mm 长度上应不大于 5 mm；当钢板的长度小于 2 000 mm 时，其镰刀弯应不大于钢板实际长度的 0.25%。

A.6.3 对于纵切窄钢带，当规定的屈服强度不大于 260 MPa 时，可规定其镰刀弯在任意 2 000 mm 长度上不大于 2 mm。

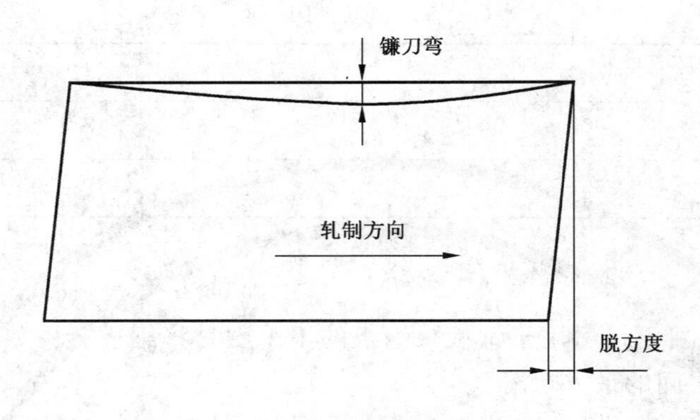

图 A.1 脱方度和镰刀弯

附 录 B
（规范性附录）
理论计重时的重量计算方法

B.1 镀层公称厚度的计算方法

公称镀层厚度＝[两面镀层公称重量之和(g/m^2)/ 50(g/m^2)]×13.3×10^{-3}(mm)

B.2 钢板理论计重时的重量计算方法按表 B.1 的规定。

表 B.1

计算顺序		计算方法	结果修约
基板的基本重量 kg($mm \cdot m^2$)		7.85(厚度 1 mm×面积 1 m^2 的重量)	—
基板的单位重量(kg/m^2)		基板基本重量($kg/(mm \cdot m^2)$)×(订货公称厚度－公称镀层厚度[a])(mm)	修约到有效数字 4 位
镀后的单位重量(kg/m^2)		基板单位重量(kg/m^2)＋公称镀层重量(kg/m^2)	修约到有效数字 4 位
钢板	钢板的面积(m^2)	宽度(mm)×长度(mm)×10^{-6}	修约到有效数字 4 位
	1 块钢板重量(kg)	镀层后的单位重量(kg/m^2)×面积(m^2)	修约到有效数字 3 位
	单捆重量(kg)	1 块钢板重量(kg)×1 捆中同规格钢板块数	修约到 kg 的整数值
	总重量(kg)	各捆重量(kg)相加	kg 的整数值

附　录　C
（资料性附录）
钢的化学成分

C.1　钢的化学成分(熔炼分析)参考值见表 C.1 和表 C.2 的规定。

表 C.1

牌　　号	化学成分(熔炼分析)(质量分数)/%不大于					
	C	Si	Mn	P	S	Ti
DX51D+AZ	0.12	0.50	0.60	0.10	0.045	0.30
DX52D+AZ						
DX53D+AZ						
DX54D+AZ						

表 C.2

牌　　号	化学成分(熔炼分析)(质量分数)/%不大于				
	C	Si	Mn	P	S
S250GD+AZ	0.20	0.60	1.70	0.10	0.045
S280GD+AZ					
S300GD+AZ					
S320GD+AZ					
S350GD+AZ					
S550GD+AZ					

附 录 D
（资料性附录）
国内外牌号近似对照

D.1 本标准与国外标准牌号的近似对照见表 D.1。

表 D.1

GB/T 14978—2008	AS 1397-2001	EN 10326:2004 EN 10327:2004	ASTM A792M-06a	JIS G 3321:2005	ISO 9364:2001
DX51D+AZ	—	DX51D+AZ	CS type B、type C	SGLCC	01
DX52D+AZ	G2+AZ	DX52D+AZ	FS	SGLCD	02
DX53D+AZ	G3+AZ	DX53D+AZ	DS		03
DX54D+AZ	—	DX54D+AZ	EDDS	—	
S250GD+AZ	G250+AZ	S250GD+AZ	Grade 255	—	250
S280GD+AZ	—	S280GD+AZ	Grade 275	—	280
S300GD+AZ	G300+AZ	—	—	SGLC400	—
S320GD+AZ	—	S320GD+AZ	—	SGLC440	320
S350GD+AZ	G350+AZ	S350GD+AZ	Grade 345 Class 1	—	350
S550GD+AZ	G550+AZ	S550GD+AZ	Grade 550 Class 1	SGLC570	550

ICS 77.140.50
H 46

中华人民共和国国家标准

GB/T 15675—2008
代替 GB/T 15675—1995

连续电镀锌、锌镍合金镀层钢板及钢带

Continuously electrolytically zinc/zinc-nickel alloy coated steel sheet and strip

2008-10-10 发布　　2009-05-01 实施

中华人民共和国国家质量监督检验检疫总局
中国国家标准化管理委员会　发布

前　言

本标准是在总结我国连续电镀锌、锌镍合金镀层钢板及钢带的生产、使用情况，同时参考 EN 10152:2003《冷成形用电镀锌冷轧扁平钢材——技术交货条件》(英文版)，EN 10271:1998《电镀锌镍扁平钢材——技术交货条件》(英文版)，EN 10336:2007《连续热浸镀层和电镀镀层钢板及钢带——冷成形用多相钢交货技术条件》(英文版)，JFS A 3021:1998《汽车用电镀锌钢板及钢带》和 JFS A 3041《汽车用电镀锌镍钢板及钢带》的基础上对 GB/T 15675—1995《连续电镀锌冷轧钢板及钢带》进行了修订。

本标准代替 GB/T 15675—1995《连续电镀锌冷轧钢板及钢带》。

本标准与 GB/T 15675—1995 相比，对下列主要技术内容进行了修改：

——标准名称修改为《连续电镀锌、锌镍合金镀层钢板及钢带》；

——范围中增加了锌镍合金镀层的钢板及钢带；

——新增了烘烤硬化钢、高强度无间隙原子钢和双相钢等基板的电镀产品；

——新增了锌镍合金镀层、耐指纹处理的定义；

——修改了牌号命名方式；

——根据实际情况，将表面质量的要求区分为三种级别；

——新增了无铬的环保表面处理方式；

——成分和性能直接参考基板要求，并根据镀层重量不同，对锌镍镀层的钢板性能进行适当调整；

——修改了镀层粘附性的规定；

——修改了镀层重量的要求，并规定了单面单点值要求；

——对于钢带状态交货的产品，其表面有缺陷的部分的长度由 8%调整为 6%。

本标准附录 A 为规范性附录。

本标准由中国钢铁工业协会提出。

本标准由全国钢标准化技术委员会归口。

本标准起草单位：宝山钢铁股份有限公司。

本标准主要起草人：李玉光、涂树林、徐宏伟、孙忠明、施鸿雁、于成峰、许晴。

本标准所替代标准的历次版本发布情况为：

——GB/T 15675—1995。

连续电镀锌、锌镍合金镀层钢板及钢带

1 范围

本标准规定了连续电镀锌、锌镍合金镀层钢板及钢带(以下简称钢板及钢带)的术语和定义、分类和代号、尺寸、外形、重量、技术要求、检验和试验、包装、标志和质量证明书等要求。

本标准适用于汽车、家电、电子等行业使用的电镀锌、锌镍合金镀层钢板及钢带。

2 规范性引用文件

下列文件中的条款通过本标准的引用而成为本标准的条款。凡是注日期的引用文件,其随后所有的修改单(不包括勘误的内容)或修订版均不适用于本标准,然而,鼓励根据本标准达成协议的各方研究是否可使用这些文件的最新版本。凡是不注日期的引用文件,其最新版本适用于本标准。

GB/T 247 钢板和钢带检验、包装、标志及质量证明书的一般规定

GB/T 708 冷轧钢板和钢带的尺寸、外形、重量及允许偏差

GB/T 1839 钢产品镀锌层质量试验方法

GB/T 5213 冷轧低碳钢板及钢带

GB/T 8170 数值修约规则

GB/T 17505 钢及钢产品交货一般技术要求(GB/T 17505—1998,eqv ISO 404:1992)

GB/T 20564.1 汽车用高强度冷连轧钢板及钢带 第1部分:烘烤硬化钢

GB/T 20564.2 汽车用高强度冷连轧钢板及钢带 第2部分:双相钢

GB/T 20564.3 汽车用高强度冷连轧钢板及钢带 第3部分:高强度无间隙原子钢

3 术语和定义

下列术语和定义适用于本标准。

3.1

纯锌镀层 electrolytic zinc coating(ZE)

连续电镀锌生产线通过电镀法生产的由纯锌组成的镀层,镀层不含任何对粘结剂结合力或涂漆性能有害的微量元素。

3.2

锌镍合金镀层 electrolytic zinc-nickel coating(ZN)

连续电镀锌生产线通过电镀法生产的由锌镍合金组成的镀层,镀层中镍的质量分数范围约为8%~15%,其余成分为锌。

3.3

耐指纹处理 anti-fingerprint treatment

对钢板及钢带表面进行电解钝化处理并涂耐指纹膜,以提高电子或电气产品的耐玷污性。

4 分类和代号

4.1 牌号表示方法

钢板及钢带的牌号由基板牌号和镀层种类两部分组成,中间用“+”连接。

示例1:DC01+ZE,DC01+ZN

DC01——基板牌号

ZE,ZN——镀层种类:纯锌镀层,锌镍合金镀层

示例 2:CR180BH+ZE, CR180BH+ZN

CR180BH——基板牌号

ZE,ZN——镀层种类:纯锌镀层,锌镍合金镀层

4.2 钢板及钢带按表面质量区分按表 1 的规定。

表 1

级别	代号
普通级表面	FA
较高级表面	FB
高级表面	FC

4.3 钢板及钢带按镀层种类分为二种:纯锌镀层(ZE)和锌镍合金镀层(ZN)。

4.4 钢板及钢带按镀层形式区分三种:等厚镀层、差厚镀层及单面镀层。

4.5 镀层重量的表示方法示例如下:

钢板:上表面镀层重量(g/m^2)/下表面镀层重量(g/m^2),例如:40/40、10/20、0/30。

钢带:外表面镀层重量(g/m^2)/内表面镀层重量(g/m^2),例如:50/50、30/40、0/40。

4.6 表面处理的种类和代号按表 2 的规定。

表 2

类　　别	表面处理种类	代　　号
表面处理	铬酸钝化	C
	铬酸钝化+涂油	CO
	磷化(含铬封闭处理)	PC
	磷化(含铬封闭处理)+涂油	PCO
	无铬钝化	C5
	无铬钝化+涂油	CO5
	磷化(含无铬封闭处理)	PC5
	磷化(含无铬封闭处理)+涂油	PCO5
	磷化(不含封闭处理)	P
	磷化(不含封闭处理)+涂油	PO
	涂油	O
	无铬耐指纹	AF5
	不处理	U

5 订货所需信息

5.1 订货时用户需提供下列信息:

a) 本产品标准号;

b) 产品名称;

c) 牌号;

d) 镀层种类及镀层重量;

e) 表面质量级别;

f) 表面处理种类;

g) 规格及尺寸精度；

h) 不平度精度；

i) 重量；

j) 包装方式；

k) 其他特殊要求。

5.2 如订货合同中未注明尺寸及不平度精度、表面质量级别及包装方式，则以普通尺寸及不平度精度、表面质量级别为较高级表面，并按供方指定的包装方式供货。

6 尺寸、外形、重量及允许偏差

6.1 钢板及钢带的公称厚度为基板厚度和镀层厚度之和。

6.2 钢板及钢带的尺寸、外形及其允许偏差应符合GB/T 708的规定。

6.3 钢板通常按理论重量交货，也可按实际重量交货，理论重量计算方法见附录A。钢带通常按实际重量交货。

7 技术要求

7.1 基板

电镀锌/锌镍合金镀层钢板及钢带可采用GB/T5213、GB/T 20564.1、GB/T 20564.2、GB/T 20564.3等国家标准中产品作为基板。根据供需双方协商，也可以采用上述标准以外产品作为基板。

7.2 化学成分

钢板及钢带的化学成分应符合相应基板的规定。

7.3 冶炼方法及制造过程

钢板及钢带所用的钢采用氧气转炉或电炉冶炼，除非另有规定，冶炼方式由供方选择。

7.4 力学和工艺性能

7.4.1 对于采用GB/T5213、GB/T 20564.1、GB/T 20564.2、GB/T 20564.3等作为基板的纯锌镀层钢板及钢带的力学性能及工艺性能应符合相应基板的规定。

7.4.2 对于采用GB/T5213、GB/T 20564.1、GB/T 20564.2、GB/T 20564.3等作为基板的锌镍合金镀层钢板及钢带力学性能，若双面镀层重量之和小于50 g/m^2，其断后伸长率允许比相应基板的规定值下降2%（绝对值），r值允许比相应基板的规定值下降0.2；若双面镀层重量之和不小于50 g/m^2，其断后伸长率允许比相应基板的规定值下降3%（绝对值），r值允许比相应基板的规定值下降0.3；其他力学性能及工艺性能应符合相应基板的规定。

7.4.3 对于其他基板的电镀锌、锌镍合金镀层钢板及钢带，其力学和工艺性能的要求，应在订货时协商确定。

7.5 镀层重量

7.5.1 纯锌镀层及锌镍合金镀层的可供重量范围如表3的规定。

表 3

单位为克每平方米

镀层形式	镀层种类	
	纯锌镀层(单面)	锌镍合金镀层(单面)
等厚	3～90	10～40
差厚	3～90，两面差值最大值为40	10～40，两面差值最大值为20
单面	10～110	10～40

注：50 g/m^2 纯锌镀层的厚度约为7.1 μm，50 g/m^2 锌镍合金镀层的厚度约为6.8 μm。

7.5.2 等厚镀层和单面镀层的推荐的公称镀层重量列于表4中，如需方有特殊要求，经供需双方协议，亦可提供其他镀层重量。对于差厚的纯锌镀层，两面镀层重量的之差最大不能超过40 g/m²；对于差厚的锌镍镀层，两面镀层重量的之差最大不能超过20 g/m²。

表4

单位为克每平方米

镀层形式	镀层种类	
	纯锌镀层	锌镍合金镀层
等厚	3/3，10/10，15/15，20/20，30/30，40/40，50/50，60/60，70/70，80/80，90/90	10/10，15/15，20/20，25/25，30/30，35/35，40/40
单面	10，20，30，40，50，60，70，80，90，100，110	10，15，20，25，30，35，40

7.5.3 对等厚镀层，镀层重量每面三点试验平均值应不小于相应面公称镀层重量，单点试验值不小于相应面公称镀层重量的85%；对差厚及单面镀层，镀层重量每面三点试验平均值应不小于相应面公称镀层重量，单点试验值不小于相应面公称镀层重量的80%。

7.6 镀层附着性

镀层附着性应采用适当的试验方法进行试验，试验方法由供方选择。

7.7 表面质量

7.7.1 各表面质量级别的特征应符合表5的规定。

表5

代号	级别	特征
FA	普通级表面	不得有漏镀、镀层脱落、裂纹等缺陷，但不影响成形性及涂漆附着力的轻微缺陷，如小划痕、小辊印、轻微的刮伤及轻微氧化色等缺陷则允许存在
FB	较高级表面	产品二面中较好的一面必须对轻微划痕、辊印等缺陷进一步限制，另一面至少应达到FA的要求
FC	高级表面	产品二面中较好的一面必须对缺陷进一步限制，即不能影响涂漆后的外观质量，另一面至少应达到FA的要求

7.7.2 对于钢带，由于没有机会切除带缺陷部分，所以允许带有若干不正常的部分，但有缺陷的部分不得超过每卷总长度的6%。

7.8 表面处理

使用本产品时，用户应根据其加工工艺、涂漆方法、涂漆设备等情况选择合适的表面处理方式，并尽量缩短本产品的储存时间。选择合适的表面处理可减轻运输和储存过程中产生白锈的倾向，同时能够改善涂漆层的粘附性，对镀层起保护作用。对后道加工工序需磷化和喷漆的，不推荐选择铬酸钝化处理方式。

7.8.1 铬酸钝化（C）和无铬钝化（C5）

该表面处理可减少产品在运输和储存期间表面产生白锈。采用铬酸钝化处理方式，存在表面产生摩擦黑点的风险。无铬钝化处理时，应限制钝化膜中对人体健康有害的六价铬成分。

7.8.2 铬酸钝化＋涂油（CO）和无铬钝化＋涂油（CO5）

该表面处理可进一步减少产品表面产生白锈。无铬钝化处理时，应限制钝化膜中对人体健康有害的六价铬成分。

7.8.3 磷化（含封闭处理）（PC）和磷化（含无铬封闭）（PC5）

该表面处理为钢板进一步涂漆作表面准备，起一定的润滑作用，同时可减少产品表面产生白锈。无铬封闭处理时，应限制含对人体健康有害的六价铬成分。

7.8.4 **磷化(含封闭处理)+涂油(PCO)和磷化(含无铬封闭)+涂油(PCO5)**

该表面处理可减少产品表面产生白锈,并可改善钢板的成型性能。无铬封闭处理时,应限制含对人体健康有害的六价铬成分。

7.8.5 **磷化(不含封闭处理)(P)**

该表面处理可减少产品表面产生白锈。

7.8.6 **磷化(不含封闭处理)+涂油(PO)**

该表面处理可减少产品表面产生白锈,并改善钢板的成型性能。

7.8.7 **涂油(O)**

该表面处理可减少产品表面产生白锈。一般不作为后加工用轧制油和冲压润滑油。

7.8.8 **无铬耐指纹(AF5)**

无铬耐指纹膜中应限制含对人体健康有害的六价铬成分,适用于生产电气、电子器件、机箱、机芯等零件用途的电镀锌、锌镍镀层产品。耐指纹处理是对产品表面进行特殊处理,防止在触摸产品时留下指纹及其他痕迹。

7.8.9 **不处理(U)**

不处理方式仅适用于需方在订货时明确提出不进行表面处理的情况,并需在合同中注明。这种情况下,钢板及钢带在运输和储存期间表面较易产生白锈和黑点,用户在选用该处理方式时应慎重。

7.9 **其他技术要求**

拉伸应变痕等其他技术要求应符合相应基板的规定。

8 检验和试验

8.1 钢板及钢带的外观用肉眼检查。

8.2 钢板及钢带的尺寸、外形应采用合适的测量工具测量。

8.3 每批钢板及钢带的检验项目、试样数量、试样尺寸、试验方法及试样位置应符合表6的规定。

表 6

序号	检验项目	试样数量	试样尺寸	试验方法	取样位置
1	镀层重量	1组3个	单个试样的面积不小于5 000 mm^2,如图1所示	GB/T 1839	距钢板边部 $L \geqslant 50$ mm
2	成分、力学性能及其他工艺性能	见相应基板标准的规定			

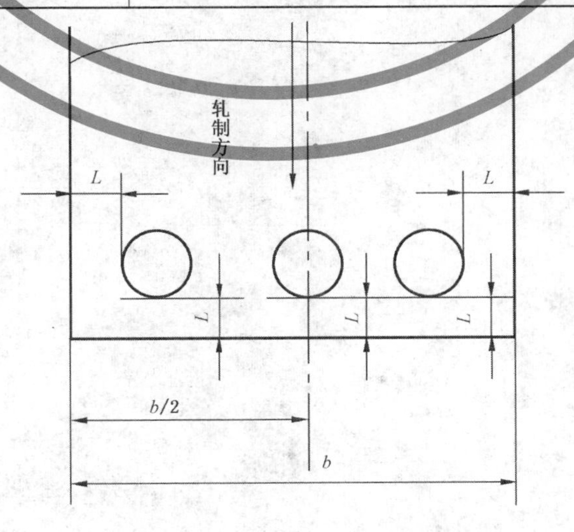

B——钢板或钢带的宽度;

L——试样距边部的距离。

图1 试样的取样位置

8.4 钢板及钢带应按批检验，每批由不大于 30 t 的同牌号、同一尺寸规格、同一镀层重量和同一表面处理的钢材组成。

8.5 钢板及钢带的复验应符合 GB/T 17505 的规定。

9 包装、标志及质量证明书

钢板及钢带的包装、标志及质量证明书应符合 GB/T 247 的规定。

10 数值修约

数值修约按 GB/T 8170 的规定。

附　录　A
（规范性附录）
理论计重时的重量计算方法

A.1　镀层厚度的计算方法

A.1.1　纯锌镀层厚度计算方法如下：

镀层厚度＝〔镀层上下表面公称重量（g/m^2）/50（g/m^2）〕×7.1（$mm\times10^{-3}$）

A.1.2　锌镍合金镀层厚度计算方法如下：

镀层厚度＝〔镀层上下表面公称重量（g/m^2）/50（g/m^2）〕×6.8（$mm\times10^{-3}$）

A.1.3　钢板理论计重时的重量计算方法按表 A.1 的规定。

表 A.1

计算顺序		计算方法	结果的位数
基本重量/（kg/（mm·m^2））		7.85（厚度 1 mm，面积 1 m^2 的重量）	—
基板的单位重量/（kg/m^2）		基本重量（kg/（mm·m^2））×（公称厚度－镀层厚度）（mm）	修约到有效数字 4 位
镀层后的单位重量/（kg/m^2）		基板的单位重量（kg/m^2）＋镀层上下表面公称重量（kg/m^2）	修约到有效数字 4 位
钢板	钢板面积/m^2	宽度（m）×长度（m）	修约到有效数字 4 位
	1 块钢板的重量/kg	镀层后的单位重量（kg/m^2）×面积（m^2）	修约到有效数字 3 位
	1 捆的重量/kg	1 块钢板的重量（kg）×1 捆中同一规格钢板块数	修约到 kg 的整数值
	总重量/kg	各捆重量相加	kg 的整数值
注：钢板的总重量也可以 1 块钢板的重量（kg）×总块数来求得。			

ICS 77.140.50
H 46

中华人民共和国国家标准

GB/T 16270—2009
代替 GB/T 16270—1996

高强度结构用调质钢板

High strength structural steel plates in the quenched and tempered condition

2009-06-25 发布　　2010-04-01 实施

中华人民共和国国家质量监督检验检疫总局
中国国家标准化管理委员会　发布

前　言

本标准参照 EN10025-6:2004(E)《热轧结构钢　第 6 部分:高屈服强度结构用调质扁平钢交货技术条件》和 ISO 4950.3—2003《高屈服强度扁平钢　第 3 部分:调质钢》,并根据国内钢铁企业的生产技术,对 GB/T 16270—1996《高强度结构钢热处理和控轧钢板、钢带》修订而成。

本标准代替 GB/T 16270—1996《高强度结构钢热处理和控轧钢板、钢带》。

本标准与 GB/T 16270—1996 相比主要变化如下:

——修改了标准的名称,改为《高强度结构用调质钢板》;

——适用厚度范围从 100 mm 扩大到 150 mm,删除了钢带;

——删除了 Q420,增加了 Q800、Q890 和 Q960 三个钢级及其相应技术指标规定;

——增加了质量等级 C(除钢级 Q460 外)、F,调整了各牌号的成分和性能规定;

——取消了弯曲性能的规定;

——增加了 CEV 的要求,并补充了 CET 作为供需双方协商的条款;

——删除了正火,正火+回火,控轧等交货状态。

本标准的附录 A 为资料性附录。

本标准由中国钢铁工业协会提出。

本标准由全国钢标准化技术委员会归口。

本标准主要起草单位:宝山钢铁股份有限公司、冶金工业信息标准研究院、湖南华菱涟源钢铁有限公司。

本标准主要起草人:王湘儒、周申裕、王晓虎、温德智、周鉴。

本标准所代替标准的历次版本发布情况为:

——GB/T 16270—1996。

高强度结构用调质钢板

1 范围

本标准规定了高强度结构用调质钢板的牌号、尺寸、外形、重量及允许偏差、技术要求、试验方法、检验规则、包装、标志和质量证明书等。

本标准适用于厚度不大于150 mm，以调质(淬火加回火)状态交货的高强度结构用钢板。

2 规范性引用文件

下列文件中的条款通过本标准的引用而成为本标准的条款。凡是注日期的引用文件，其随后所有的修改单(不包括勘误的内容)或修订版本均不适用于本标准，然而，鼓励根据本标准达成协议的各方研究是否可使用这些文件的最新版本。凡是不注日期的引用文件，其最新版本适用于本标准。

GB/T 222 钢的成品化学成分允许偏差

GB/T 223.5 钢铁及合金化学分析方法 还原型硅钼酸盐光度法测定酸溶硅含量

GB/T 223.9 钢铁及合金 铝含量的测定 铬天青S分光光度法

GB/T 223.11 钢铁及合金化学分析方法 过硫酸铵氧化容量法测定铬量

GB/T 223.14 钢铁及合金化学分析方法 钽试剂萃取光度法测定钒含量

GB/T 223.16 钢铁及合金化学分析方法 变色酸光度法测定钛量

GB/T 223.17 钢铁及合金化学分析方法 二安替比林甲烷光度法测定钛量

GB/T 223.19 钢铁及合金化学分析方法 新亚铜灵-三氯甲烷萃取光度法测定铜量

GB/T 223.23 钢铁及合金 镍含量的测定 丁二酮肟分光光度法

GB/T 223.26 钢铁及合金 钼含量的测定 硫氰酸盐分光光度法

GB/T 223.40 钢铁及合金 铌含量的测定 氯磺酚S分光光度法

GB/T 223.53 钢铁及合金化学分析方法 火焰原子吸收分光光度法测定铜量

GB/T 223.54 钢铁及合金化学分析方法 火焰原子吸收分光光度法测定镍量

GB/T 223.58 钢铁及合金化学分析方法 亚砷酸钠-亚硝酸钠滴定法测定锰量

GB/T 223.59 钢铁及合金化学分析方法 锑磷钼蓝光度法测定磷量

GB/T 223.60 钢铁及合金化学分析方法 高氯酸脱水重量法测定硅含量

GB/T 223.62 钢铁及合金化学分析方法 乙酸丁酯萃取光度法测定磷量

GB/T 223.63 钢铁及合金化学分析方法 高碘酸钠(钾)光度法测定锰量

GB/T 223.64 钢铁及合金 锰含量的测定 火焰原子吸收光谱法

GB/T 223.68 钢铁及合金化学分析方法 管式炉内燃烧后碘酸钾滴定法测定硫含量

GB/T 223.69 钢铁及合金 碳含量的测定 管式炉内燃烧后气体容量法

GB/T 223.76 钢铁及合金化学分析方法 火焰原子吸收光谱法测定钒量

GB/T 223.78 钢铁及合金化学分析方法 姜黄素直接光度法测定硼含量

GB/T 228 金属材料 室温拉伸试验方法(GB/T 228—2002，eqv ISO 6892:1998)

GB/T 229 金属材料 夏比摆锤冲击试验方法(GB/T 229—2007，ISO 148-1:2006，MOD)

GB/T 247 钢板和钢带检验、包装、标志及质量证明书的一般规定

GB/T 709 热轧钢板和钢带的尺寸、外形、重量及允许偏差

GB/T 2970 厚钢板超声波检验方法

GB/T 2975 钢及钢产品力学性能试验取样位置及试样的制备(GB/T 2975—1998，eqv ISO 377:1997)

GB/T 4336　碳素钢和中低合金钢　火花源原子发射光谱分析方法(常规法)

GB/T 14977　热轧钢板表面质量一般要求

GB/T 17505　钢及钢产品交货一般技术要求(GB/T 17505—1998,eqv ISO 404:1992)

GB/T 20123　钢铁　总碳硫含量的测定　高频感应炉燃烧后红外吸收法(常规方法)(GB/T 20123—2006,ISO 15350:2000,IDT)

GB/T 20125　低合金钢　多元素的测定　电感耦合等离子体发射光谱法

GB/T 20126　非合金钢　低碳含量的测定　第2部分:感应炉(经预加热)内燃烧后红外吸收法(GB/T 20126—2006,ISO 15349-2:1999,IDT)

GB/T 20066　钢和铁　化学成分测定用试样的取样和制样方法(GB/T 20066—2006,eqv ISO 14284:1996)

YB/T 081　冶金技术标准的数值修约与检测数值的判定原则

3　牌号命名方法

钢的牌号由代表屈服强度的汉语拼音首位字母,规定最小屈服强度数值、质量等级符号(C、D、E、F)三个部分按顺序排列。

示例:Q460E

Q——钢材屈服强度的“屈”字汉语拼音的首位字母;

460——规定最小屈服强度的数值,单位MPa;

E——质量等级符号。

4　订货所需信息

订货时用户需提供以下信息:

a)　本标准号;

b)　牌号;

c)　尺寸;

d)　交货状态;

e)　边缘状态;

f)　重量;

g)　用途;

h)　其他要求。

5　尺寸、外形、重量及允许偏差

5.1　钢板的尺寸、外形、重量及允许偏差应符合GB/T 709的规定。

5.2　经供需双方协议,可供应其他尺寸、外形及允许偏差的钢板。

6　技术要求

6.1　牌号和化学成分

6.1.1　钢的牌号、化学成分(熔炼分析)和碳当量CEV应符合表1的规定。

6.1.2　根据需方要求,经供需双方协商并在合同中注明,可以提供碳当量CET,CET＝C＋(Mn＋Mo)/10＋(Cr＋Cu)/20＋Ni/40。

6.1.3　成品钢板的化学成分允许偏差应符合GB/T 222的规定。

6.2　冶炼方法

由氧气转炉或电炉冶炼。

6.3 交货状态

钢板按调质(淬火+回火)状态交货。

6.4 力学性能和工艺性能

6.4.1 钢板的力学性能和工艺性能应符合表2的规定。

6.4.2 夏比摆锤冲击功,按一组三个试样算术平均值计算,允许其中一个试样单个值低于表2规定值,但不得低于规定值的70%。

表1

牌号	化学成分[a,b](质量分数)/%,不大于															
	C	Si	Mn	P	S	Cu	Cr	Ni	Mo	B	V	Nb	Ti	CEV[c] 产品厚度/mm ≤50	CEV[c] 产品厚度/mm >50~100	CEV[c] 产品厚度/mm >100~150
Q460C Q460D	0.20	0.80	1.70	0.025	0.015	0.50	1.50	2.00	0.70	0.005 0	0.12	0.06	0.05	0.47	0.48	0.50
Q460E Q460F				0.020	0.010											
Q500C Q500D	0.20	0.80	1.70	0.025	0.015	0.50	1.50	2.00	0.70	0.005 0	0.12	0.06	0.05	0.47	0.70	0.70
Q500E Q500F				0.020	0.010											
Q550C Q550D	0.20	0.80	1.70	0.025	0.015	0.50	1.50	2.00	0.70	0.005 0	0.12	0.06	0.05	0.65	0.77	0.83
Q550E Q550F				0.020	0.010											
Q620C Q620D	0.20	0.80	1.70	0.025	0.015	0.50	1.50	2.00	0.70	0.005 0	0.12	0.06	0.05	0.65	0.77	0.83
Q620E Q620F				0.020	0.010											
Q690C Q690D	0.20	0.80	1.80	0.025	0.015	0.50	1.50	2.00	0.70	0.005 0	0.12	0.06	0.05	0.65	0.77	0.83
Q690E Q690F				0.020	0.010											
Q800C Q800D	0.20	0.80	2.00	0.025	0.015	0.50	1.50	2.00	0.70	0.005 0	0.12	0.06	0.05	0.72	0.82	—
Q800E Q800F				0.020	0.010											
Q890C Q890D	0.20	0.80	2.00	0.025	0.015	0.50	1.50	2.00	0.70	0.005 0	0.12	0.06	0.05	0.72	0.82	—
Q890E Q890F				0.020	0.010											
Q960C Q960D	0.20	0.80	2.00	0.025	0.015	0.50	1.50	2.00	0.70	0.005 0	0.12	0.06	0.05	0.82	—	—
Q960E Q960F				0.020	0.010											

[a] 根据需要生产厂可添加其中一种或几种合金元素,最大值应符合表中规定,其含量应在质量证明书中报告。

[b] 钢中至少应添加Nb、Ti、V、Al中的一种细化晶粒元素,其中至少一种元素的最小量为0.015%(对于Al为Als)。也可用Alt替代Als,此时最小量为0.018%。

[c] CEV= C+Mn/6+(Cr+Mo+V)/5+(Ni+Cu)/15。

表 2

<table>
<tr><th rowspan="4">牌号</th><th colspan="7">拉伸试验[a]</th><th colspan="4">冲击试验[a]</th></tr>
<tr><th colspan="3">屈服强度[b]
R_{eH}/MPa,不小于</th><th colspan="3">抗拉强度
R_m/MPa</th><th rowspan="3">断后伸长率
A/%</th><th colspan="4">冲击吸收能量(纵向)
KV_2/J</th></tr>
<tr><th colspan="3">厚度/mm</th><th colspan="3">厚度/mm</th><th colspan="4">试验温度/℃</th></tr>
<tr><th>≤50</th><th>>50～100</th><th>>100～150</th><th>≤50</th><th>>50～100</th><th>>100～150</th><th>0</th><th>−20</th><th>−40</th><th>−60</th></tr>
<tr><td>Q460C
Q460D
Q460E
Q460F</td><td>460</td><td>440</td><td>400</td><td colspan="2">550～720</td><td>500～670</td><td>17</td><td>47</td><td>47</td><td>34</td><td>34</td></tr>
<tr><td>Q500C
Q500D
Q500E
Q500F</td><td>500</td><td>480</td><td>440</td><td colspan="2">590～770</td><td>540～720</td><td>17</td><td>47</td><td>47</td><td>34</td><td>34</td></tr>
<tr><td>Q550C
Q550D
Q550E
Q550F</td><td>550</td><td>530</td><td>490</td><td colspan="2">640～820</td><td>590～770</td><td>16</td><td>47</td><td>47</td><td>34</td><td>34</td></tr>
<tr><td>Q620C
Q620D
Q620E
Q620F</td><td>620</td><td>580</td><td>560</td><td colspan="2">700～890</td><td>650～830</td><td>15</td><td>47</td><td>47</td><td>34</td><td>34</td></tr>
<tr><td>Q690C
Q690D
Q690E
Q690F</td><td>690</td><td>650</td><td>630</td><td>770～940</td><td>760～930</td><td>710～900</td><td>14</td><td>47</td><td>47</td><td>34</td><td>34</td></tr>
<tr><td>Q800C
Q800D
Q800E
Q800F</td><td>800</td><td>740</td><td>—</td><td>840～1 000</td><td>800～1 000</td><td>—</td><td>13</td><td>34</td><td>34</td><td>27</td><td>27</td></tr>
<tr><td>Q890C
Q890D
Q890E
Q890F</td><td>890</td><td>830</td><td>—</td><td>940～1 100</td><td>880～1 100</td><td>—</td><td>11</td><td>34</td><td>34</td><td>27</td><td>27</td></tr>
<tr><td>Q960C
Q960D
Q960E
Q960F</td><td>960</td><td>—</td><td>—</td><td>980～1 150</td><td>—</td><td>—</td><td>10</td><td>34</td><td>34</td><td>27</td><td>27</td></tr>
<tr><td colspan="12">a 拉伸试验适用于横向试样,冲击试验适用于纵向试样。
b 当屈服现象不明显时,采用 $R_{P0.2}$。</td></tr>
</table>

6.4.3 当钢板厚度小于12 mm钢板的夏比摆锤冲击试验应采用辅助试样。厚度＞8 mm～＜12 mm钢板辅助试样尺寸为10 mm×7.5 mm×55 mm，其试验结果不小于规定值的75%；厚度6 mm～8 mm钢板辅助试样尺寸为10 mm×5 mm×55 mm，其试验结果不小于规定值的50%。厚度小于6 mm的钢板不做冲击试验。

6.5 表面质量

6.5.1 钢板表面不允许存在裂纹、气泡、结疤、折叠和夹杂等缺陷。钢板不得有分层。如有上述缺陷，允许清理，清理深度从钢板实际尺寸算起，不得大于钢板厚度公差之半，并应保证钢板的最小厚度。缺陷清理处应平滑无棱角。

6.5.2 其他缺陷允许存在，但深度从钢板实际尺寸算起，不得超过厚度允许公差之半，并应保证缺陷处厚度不超过钢板允许最小厚度。

6.5.3 经供需双方协商，并在合同中注明，钢板允许焊补。如调质处理后进行焊补，应再次进行调质处理。

6.5.4 经供需双方协商，并在合同中注明，表面质量可按GB/T 14977的规定。

6.6 特殊要求

6.6.1 经供需双方协商并在合同中注明，钢板可逐张进行超声波检测，检测方法按GB/T 2970的规定，检测标准和合格级别应在合同中注明。

6.6.2 经供需双方协商并在合同中注明，可对钢板提出其他特殊要求。

7 试验方法

7.1 每批钢板的检验项目、试样数量、取样方法和试验方法应符合表3的规定。

表3

序号	检验项目	取样数量(个)	取样方法	试验方法[a]
1	化学分析[a]	1/炉	GB/T 20066	GB/T 223、GB/T 4336、GB/T 20123、GB/T 20125、GB/T 20126
2	拉伸	1	GB/T 2975	GB/T 228
3	冲击	3	GB/T 2975	GB/T 229
4	无损检验	逐张或逐件	按无损检验标准规定	GB/T 2970

[a] 对化学成分进行仲裁试验时，按GB/T 223。

7.2 钢板的外观用肉眼检查。

8 检验规则

8.1 钢板的检查和验收由供方技术质量监督部门负责，需方有权按本标准或合同所规定的任一检验项目进行检查和验收。

8.2 钢板应成批验收，每批由同炉号、同牌号同屈服强度规定值、同一热处理制度且厚度差不超过5 mm的钢板组成，每批钢板重量不得大于60 t。

8.3 钢板的夏比摆锤冲击试验结果不符合规定时，应从同一批钢板上再取一组三个试样进行试验。前后六个试样的平均值不得低于表2规定值，允许其中两个试样低于规定值，但低于规定值70%的试样只允许一个。

8.4 钢板复验和判定应符合GB/T 17505的规定。

9 包装、标志及质量证明书

钢板的包装、标志及质量证明书应符合GB/T 247的规定。

10 数值修约

数值修约应符合 YB/T 081 的规定。

11 国内外牌号近似对照

本标准牌号与原标准、国外国际标准牌号的近似对照见附录 A。

附 录 A
（资料性附录）
国内外牌号近似对照

本标准牌号与原标准、国外国际标准牌号的近似对照见表 A.1。

表 A.1

本标准	GB/T 16270—1996	EN10025-6:2004(E)	ISO 4950.3—2003
Q460QC Q460QD Q460QE Q460QF	Q460C Q460D Q460E —	— S460Q S460QL S460QL1	— E460DD E460E —
Q500QC Q500QD Q500QE Q500QF	— Q500D Q500E —	— S500Q S500QL S500QL1	—
Q550QC Q550QD Q550QE Q550QF	— Q550D Q550E —	— S550Q S550QL S550QL1	— E550DD E550E —
Q620QC Q620QD Q620QE Q620QF	— Q620D Q620E —	— S620Q S620QL S620QL1	—
Q690QC Q690QD Q690QE Q690F	— Q690D Q690E —	— S690Q S690QL S690QL1	— E690DD E690E
Q800QC Q800QD Q800QE Q800QF	—	—	—
Q890QC Q890QD Q890QE Q890QF	—	— S890Q S890QL S890QL1	—
Q960QC Q960QD Q960QE Q960QF	—	— S960Q S960QL —	—

ICS 77.140.50
H 46

中华人民共和国国家标准

GB 19189—2011
代替 GB 19189—2003

压力容器用调质高强度钢板

Quenched and tempered high strength steel plates for pressure vessels

2011-06-16 发布 2012-02-01 实施

中华人民共和国国家质量监督检验检疫总局
中国国家标准化管理委员会 发布

前　言

本标准中第2、3、4章，第5.2.1、6.1.3、6.4.4、6.7以及附录A为推荐性的，其余为强制性的。

本标准按照GB/T 1.1—2009给出的规则起草。

本标准自实施之日起，GB 19189—2003《压力容器用调质高强度钢板》废止。

本标准与GB 19189—2003相比，主要变化如下：

——扩大钢板的厚度范围，最小厚度由12 mm扩展到10 mm；

——改变前标准中的牌号07MnCrMoVR为07MnMoVR、07MnNiMoVDR为07MnNiVDR，新增加牌号07MnNiMoDR；

——降低各牌号的P、S含量；

——提高各牌号的冲击功(KV_2)指标，由47 J提高至80 J。

本标准所含钢种07MnMoVR、07MnNiVDR、07MnNiMoDR为低焊接裂纹敏感性钢，12MnNiVR为大热输入焊接用钢(焊接热输入不大于100 kJ/cm)。

本标准与JIS G3115—2005《压力容器用钢板》标准中相应部分的一致性程度为非等效。

本标准由中国钢铁工业协会提出。

本标准由全国钢标准化技术委员会归口。

本标准主要起草单位：武汉钢铁(集团)公司等、中国通用机械工程总公司、冶金工业信息标准研究院、新余钢铁集团有限公司、湖南华菱湘潭钢铁有限公司、合肥通用机械研究院、南京钢铁联合有限公司、鞍钢股份有限公司、济南钢铁股份有限公司、首钢总公司、中国特种设备检测研究院。

本标准主要起草人：陈晓、李书瑞、秦晓钟、王晓虎、丁庆丰、王国文、刘建兵、章小浒、孙卫华、徐海泉、刘徐源、师莉、孙浩、董汉雄、刘小林、李小莉、霍松波、夏佃秀。

本标准2003年6月首次发布。

压力容器用调质高强度钢板

1 范围

本标准规定了压力容器用调质高强度钢板的尺寸、外形、技术要求、试验方法、检验规则、包装、标志和质量证明书等。

本标准适用于厚度为10 mm～60 mm的压力容器用调质高强度钢板。

2 规范性引用文件

下列文件对于本文件的应用是必不可少的。凡是注日期的引用文件，仅注日期的版本适用于本文件。凡是不注日期的引用文件，其最新版本(包括所有的修改单)适用于本文件。

GB/T 222　钢的成品化学成分允许偏差

GB/T 223.3　钢铁及合金化学分析方法　二安替吡啉甲烷磷钼酸重量测定磷量

GB/T 223.11　钢铁及合金　铬含量的测定　可视滴定或电位滴定法

GB/T 223.14　钢铁及合金化学分析方法　钽试剂萃取光度法测定钒含量

GB/T 223.18　钢铁及合金化学分析方法　硫代硫酸钠分离-碘量法测定铜量

GB/T 223.19　钢铁及合金化学分析方法　新亚铜灵-三氯甲烷萃取光度法测定铜量

GB/T 223.23　钢铁及合金　镍含量的测定　丁二酮肟分光光度法

GB/T 223.26　钢铁及合金　钼含量的测定　硫氰酸盐分光光度法

GB/T 223.54　钢铁及合金化学分析方法　火焰原子吸收分光光度法测定镍量

GB/T 223.58　钢铁及合金化学分析方法　亚砷酸钠-亚硝酸钠滴定法测定锰量

GB/T 223.59　钢铁及合金　磷含量的测定　铋磷钼蓝分光光度法和锑磷钼蓝分光光度法

GB/T 223.60　钢铁及合金化学分析方法　高氯酸脱水重量法测定硅含量

GB/T 223.61　钢铁及合金化学分析方法　磷钼酸铵容量法测定磷量

GB/T 223.62　钢铁及合金化学分析方法　乙酸丁酯萃取光度法测定磷量

GB/T 223.63　钢铁及合金化学分析方法　高碘酸钠(钾)光度法测定锰量

GB/T 223.64　钢铁及合金　锰含量的测定　火焰原子吸收光谱法

GB/T 223.67　钢铁及合金　硫含量的测定　次甲基蓝分光光度法

GB/T 223.68　钢铁及合金化学分析方法　管式炉内燃烧后碘酸钾滴定法测定硫含量

GB/T 223.69　钢铁及合金　碳含量的测定　管式炉内燃烧后气体容量法

GB/T 223.71　钢铁及合金化学分析方法　管式炉内燃烧后重量法测定碳含量

GB/T 223.72　钢铁及合金　硫含量的测定　重量法

GB/T 223.74　钢铁及合金化学分析方法　非化合碳含量的测定

GB/T 223.75　钢铁及合金　硼含量的测定　甲醇蒸馏-姜黄素光度法

GB/T 223.76　钢铁及合金化学分析方法　火焰原子吸收光谱法测定钒量

GB/T 228.1　金属材料　拉伸　第1部分:室温试验方法(GB/T 228.1—2010,ISO 6892-1:2009,MOD)

GB/T 229 金属材料 夏比摆锤冲击试验方法
GB/T 232 金属材料 弯曲试验方法
GB/T 247 钢板和钢带包装、标志及质量证明书的一般规定
GB/T 709 热轧钢板和钢带的尺寸、外形、重量及允许偏差
GB/T 2970 厚钢板超声波检验方法
GB/T 2975 钢及钢产品力学性能试验取样位置及试样制备
GB/T 4336 碳素钢和中低合金钢 火花源原子发射光谱分析方法(常规法)
GB/T 8170 数值修约规则与极限数值的表示和判定
GB/T 17505 钢及钢产品交货一般技术要求
GB/T 20066 钢和铁 化学成分测定用试样的取样和制样方法
GB/T 20123 钢铁 总碳硫含量的测定 高频感应炉燃烧后红外吸收法(常规方法)
JB/T 4730.3 承压设备无损检测 第3部分:超声检测

3 订货内容

按本标准订货的合同或订单应包括下列内容:
a) 标准编号;
b) 产品名称;
c) 牌号;
d) 尺寸;
e) 重量;
f) 附加技术要求。

4 牌号表示方法

本标准所列牌号后缀“R”和“D”分别是指压力容器“容”字和低温“低”字的汉语拼音第一个字母。

5 尺寸、外形、重量及允许偏差

5.1 钢板的尺寸、外形及允许偏差应符合 GB/T 709 的规定。
5.2 钢板的厚度允许偏差应符合 GB/T 709 的 B 类偏差要求。
5.2.1 根据需方要求,经供需双方协议,也可按 GB/T 709 的 C 类偏差交货。
5.3 钢板按理论重量交货,理论计重采用的厚度为钢板允许的最大厚度和最小厚度的算术平均值。计算用钢板密度为 7.85 g/cm^3。

6 技术要求

6.1 牌号与化学成分

6.1.1 钢的牌号和化学成分(熔炼分析)应符合表 1 的规定。

表 1 化学成分

牌号	化学成分(质量分数)/%											
	C	Si	Mn	P	S	Cu	Ni	Cr	Mo	V	B	Pcm[a]
07MnMoVR	≤0.09	0.15～0.40	1.20～1.60	≤0.020	≤0.010	≤0.25	≤0.40	≤0.30	0.10～0.30	0.02～0.06	≤0.002 0	≤0.20
07MnNiVDR	≤0.09	0.15～0.40	1.20～1.60	≤0.018	≤0.008	≤0.25	0.20～0.50	≤0.30	≤0.30	0.02～0.06	≤0.002 0	≤0.21
07MnNiMoDR	≤0.09	0.15～0.40	1.20～1.60	≤0.015	≤0.005	≤0.25	0.30～0.60	≤0.30	0.10～0.30	≤0.06	≤0.002 0	≤0.21
12MnNiVR	≤0.15	0.15～0.40	1.20～1.60	≤0.020	≤0.010	≤0.25	0.15～0.40	≤0.30	≤0.30	0.02～0.06	≤0.002 0	≤0.25

[a] Pcm 为焊接裂纹敏感性组成，按如下公式计算：
Pcm＝C＋Si/30＋(Mn＋Cu＋Cr)/20＋Ni/60＋Mo/15＋V/10＋5B(%)。

6.1.2 为改善钢的性能，可添加表 1 之外的其他微合金元素。

6.1.3 厚度不大于 36 mm 的 07MnMoVR 钢板、厚度不大于 30 mm 的 07MnNiMoDR 钢板 Mo 含量下限可不作要求。

6.1.4 成品钢板的化学成分允许偏差应符合 GB/T 222 的规定，其中 P＋0.003%，S＋0.002%。

6.2 冶炼方法

钢由氧气转炉或电炉冶炼，并应经过真空处理。

6.3 交货状态

6.3.1 钢板应以淬火加回火的调质热处理状态交货，其中回火温度不低于 600 ℃。

6.3.2 钢板应以剪切或用火焰切割交货。

6.4 力学和工艺性能

6.4.1 钢板的力学和工艺性能应符合表 2 的规定。

表 2 力学性能和工艺性能

牌号	钢板厚度/mm	拉伸试验			冲击试验		弯曲试验
		屈服强度[a] R_{eL}/MPa	抗拉强度 R_m/MPa	断后伸长率 A/%	温度/℃	冲击功吸收能量 KV_2/J	180° $b=2a$
07MnMoVR	10～60	≥490	610～730	≥17	−20	≥80	$d=3a$
07MnNiVDR	10～60	≥490	610～730	≥17	−40	≥80	$d=3a$
07MnNiMoDR	10～50	≥490	610～730	≥17	−50	≥80	$d=3a$
12MnNiVR	10～60	≥490	610～730	≥17	−20	≥80	$d=3a$

[a] 当屈服现象不明显时，采用 $R_{P0.2}$。

6.4.2 夏比(V型缺口)冲击功按3个试样的算术平均值计算,允许其中1个试样的单个值比表2规定值低,但不得低于规定值的70%。

6.4.3 厚度小于12 mm的钢板,夏比(V型缺口)冲击试验应采用辅助试样,辅助试样尺寸为7.5 mm×10 mm×55 mm,其试验结果应不小于表2规定值的75%。

6.4.4 根据需方要求,经供需双方协议,对厚度大于36 mm的钢板可在厚度1/2处增加一组冲击试样,冲击功指标由供需双方协议。

6.5 表面质量

6.5.1 钢板表面不允许存在裂纹、气泡、结疤、折叠和夹杂等缺陷。如有上述表面缺陷,允许清理,清理深度从钢板实际尺寸算起,不得超过钢板厚度公差之半,并应保证钢板的最小厚度。缺陷清理处应平滑无棱角。钢板不得有分层。

6.5.2 其他缺陷允许存在,其深度从钢板实际尺寸算起,不得超过厚度允许公差之半,并应保证缺陷处厚度不小于钢板允许最小厚度。

6.6 超声检测

钢板应逐张进行超声检测,检测方法按JB/T 4730.3或GB/T 2970执行,合格级别为Ⅰ级。

6.7 特殊要求

经供需双方协商,并在合同中注明,可以对钢板提出其他特殊要求。

7 试验方法

7.1 每批钢板的检验项目、取样数量、取样方法、试验方法应符合表3的规定。

表3 检验项目、取样数量及试验方法

序号	检验项目	取样数量	取样方法	取样方向	试验方法
1	化学分析	1个/每炉	GB/T 20066	—	GB/T 223、GB/T 4336、GB/T 20123
2	拉伸试验	1个/每批	GB/T 2975	横向	GB/T 228.1
3	冲击试验	3个/每批	GB/T 2975	横向	GB/T 229
4	冷弯试验	1个/每批	GB/T 2975	横向	GB/T 232
5	超声检测	逐张	—	—	JB/T 4730.3或GB/T 2970
6	尺寸、外形	逐张	—	—	符合精度要求的适宜量具
7	表面	逐张	—	—	目测

7.2 表3中的拉伸、冲击、冷弯试样允许取自同一块样坯。样坯应取自钢板宽度的1/4处。当热处理后钢板长度不大于15 m时,在钢板的一端切取样坯;当热处理后钢板长度大于15 m时,在钢板的两端各切取一个样坯,每个样坯均取一组试样(1个拉伸、3个冲击和1个冷弯)。允许采用剪切或火焰切割方法切取样坯,但样坯的尺寸必须保证试样避开因剪切或火焰切割造成的加工硬化区或热影响区。

7.3 表3中拉伸、冲击、冷弯试样的轴线方向均应垂直于钢板的轧制方向;夏比(V型缺口)冲击试样的缺口轴线方向应垂直于钢板的轧制表面。

7.4 拉伸、冲击试验取样位置按GB/T 2975的规定。对厚度大于25 mm的钢板,冲击试样的轴线应位于厚度1/4处。所有厚度钢板的冷弯试样均应至少保留一个轧制面,轧制面为弯曲试验的外表面。

8 检验规则

8.1 钢板检验由供方质量检验部门进行，需方有权按本标准进行验收。

8.2 钢板逐热处理张组批检验、验收。

8.3 钢板检验结果不符合本标准上述要求时，可以进行复验。

8.3.1 冲击试验结果不符合本标准 6.4.1 规定时，应从同一张钢板上再取 3 个试样进行试验，前后两组 6 个试样冲击吸收功的算术平均值不得低于规定值，允许有 2 个试样小于规定值，但其中小于规定值 70% 的试样只允许有 1 个。

8.3.2 其他检验项目的复验和判定按 GB/T 17505 的有关规定执行。

9 包装、标志、质量证明书

钢板的包装、标志、质量证明书应符合 GB/T 247 的规定。

10 数字修约

数值修约按 GB/T 8170 的规定。

附　录　A
（资料性附录）
新旧标准牌号对照

本标准的牌号与GB 19189—2003的牌号对照见表A.1。

表A.1

GB 19189—2011	GB 19189—2003
07MnMoVR	07MnCrMoVR
07MnNiVDR	07MnNiMoVDR
07MnNiMoDR	
12MnNiVR	12MnNiVR

ICS 77.140.50
H 46

中华人民共和国国家标准

GB/T 19879—2005

建筑结构用钢板

Steel plates for building structure

2005-09-22 发布　　　　2006-02-01 实施

中华人民共和国国家质量监督检验检疫总局
中国国家标准化管理委员会　发布

前　言

本标准与日本工业标准 JIS G 3136:1994《建筑结构用轧制钢材》的一致性程度为非等效。

本标准与 JIS G 3136:1994 主要技术差异如下:

——提高了强度级别,增加了 390 MPa、420 MPa、460 MPa 三个屈服强度系列;

——降低了磷、硫含量和焊接碳当量;

——提高了屈服强度下限值,降低了强度的厚度效应;

——提高了冲击功值;

——增加了冷弯;

——厚度方向性能可以保证到 Z35 级别。

本标准与通用的碳素钢、低合金钢标准的主要差异:

——规定了屈强比、屈服强度波动范围;

——规定了碳当量 CE 和焊接裂纹敏感性指数 Pcm;

——降低了 P、S 含量。

本标准由中国钢铁工业协会提出。

本标准由全国钢标准化技术委员会归口。

本标准起草单位:舞阳钢铁有限责任公司、冶金工业信息标准研究院。

本标准主要起草人:常跃峰、赵文忠、王晓虎、张华红、唐一凡。

本标准为首次发布。

建筑结构用钢板

1 范围

本标准规定了建筑结构用钢板的尺寸、外形、重量、技术要求、试验方法、检验规则、包装、标志和质量证明书等。

本标准适用于制造高层建筑结构、大跨度结构及其他重要建筑结构用厚度为 6 mm～100 mm 的钢板。

钢带亦可参照执行本标准。

2 规范性引用文件

下列文件中的条款通过本标准的引用而成为本标准的条款。凡是注日期的引用文件，其随后所有的修改单(不包括勘误的内容)或修订版均不适用于本标准，然而，鼓励根据本标准达成协议的各方研究是否可使用这些文件的最新版本。凡是不注日期的引用文件，其最新版本适用于本标准。

GB/T 222—1984 钢的化学分析用试样取样法及成品化学成分允许偏差

GB/T 223.3 钢铁及合金化学分析方法 二安替吡啉甲烷磷钼酸重量法测定磷量

GB/T 223.9 钢铁及合金化学分析方法 铬天青 S 光度法测定铝含量

GB/T 223.10 钢铁及合金化学分析方法 铜铁试剂分离-铬天青 S 光度法测定铝含量

GB/T 223.11 钢铁及合金化学分析方法 过硫酸铵氧化容量法测定铬量

GB/T 223.14 钢铁及合金化学分析方法 钽试剂萃取光度法测定钒含量

GB/T 223.16 钢铁及合金化学分析方法 变色酸光度法测定钛量

GB/T 223.18 钢铁及合金化学分析方法 硫代硫酸钠分离-碘量法测定铜量

GB/T 223.23 钢铁及合金化学分析方法 丁二酮肟分光光度法测定镍量

GB/T 223.24 钢铁及合金化学分析方法 萃取分离二丁二酮肟分光光度法测定镍量

GB/T 223.26 钢铁及合金化学分析方法 硫氰酸盐直接光度法测定钼量

GB/T 223.27 钢铁及合金化学分析方法 硫氰酸盐-乙酸丁酯萃取分光光度法测定钼量

GB/T 223.39 钢铁及合金化学分析方法 氯磺酚 S 光度法测定铌量

GB/T 223.54 钢铁及合金化学分析方法 火焰原子吸收分光光度法测定镍量(GB/T 223.54—2004,ISO 4940:1985,eqv)

GB/T 223.58 钢铁及合金化学分析方法 亚砷酸钠-亚硝酸钠滴定法测定锰量

GB/T 223.59 钢铁及合金化学分析方法 锑磷钼蓝光度法测定磷量

GB/T 223.60 钢铁及合金化学分析方法 高氯酸脱水重量法测定硅量

GB/T 223.61 钢铁及合金化学分析方法 磷钼酸铵容量法测定磷量

GB/T 223.62 钢铁及合金化学分析方法 乙酸丁酯萃取光度法测定磷量

GB/T 223.63 钢铁及合金化学分析方法 高碘酸钠(钾)光度法测定锰量

GB/T 223.64 钢铁及合金化学分析方法 火焰原子吸收光谱法测定锰量

GB/T 223.67 钢铁及合金化学分析方法 还原蒸馏-次甲基蓝光度法测定硫含量

GB/T 223.68 钢铁及合金化学分析方法 管式炉内燃烧碘酸钾滴定法测定硫含量

GB/T 223.69 钢铁及合金化学分析方法 管式炉内燃烧后气体容量法测定碳含量

GB/T 223.71 钢铁及合金化学分析方法 管式炉内燃烧后重量法测定碳含量

GB/T 223.72 钢铁及合金化学分析方法 氧化铝色层分离-硫酸钡重量法测定硫量

GB/T 223.74 钢铁及合金化学分析方法 非化合碳含量的测定

GB/T 223.75 钢铁及合金化学分析方法 甲醇蒸馏-姜黄素光度法测定硼量

GB/T 223.76 钢铁及合金化学分析方法 火焰原子吸收光谱法测定钒量(GB/T 223.76—2004,ISO 9647:1989,eqv)

GB/T 228 金属材料 室温拉伸试验方法(GB/T 228—2002,ISO 6892:1998,eqv)

GB/T 229 金属夏比缺口冲击试验方法

GB/T 232 金属材料 弯曲试验方法(GB/T 232—1999,ISO 7438:1985,eqv)

GB/T 247 钢板和钢带验收、包装、标志及质量证明书的一般规定

GB/T 709 热轧钢板和钢带的尺寸、外形、重量及允许偏差

GB/T 2970 厚钢板超声波检验方法

GB/T 2975 钢及钢产品力学性能试验取样位置及试样制备(GB/T 2975—1998,ISO 377:1997,eqv)

GB/T 4336 碳素钢和中低合金钢火花源原子发射光谱分析方法(常规法)

GB/T 5313 厚度方向性能钢板(GB/T 5313—1985,ISO 7778:1983,eqv)

GB/T 14977 热轧钢板表面质量的一般要求

GB/T 17505 钢及钢产品交货一般技术要求(GB/T 17505—1998,ISO 404:1992,eqv)

3 订货内容

订货合同中应包括如下信息:

a) 产品名称

b) 产品标准号

c) 牌号

d) 交货状态

e) 产品规格

f) 尺寸、外形精度

g) 重量

h) 包装方式

i) 其他特殊要求

4 牌号表示方法

钢板的牌号由代表屈服强度的汉语拼音字母(Q)、屈服强度数值、代表高性能建筑结构用钢的汉语拼音字母(GJ)、质量等级符号(B、C、D、E)组成,如Q345GJC:对于厚度方向性能钢板,在质量等级后加上厚度方向性能级别(Z15、Z25或Z35),如Q345GJCZ25。

5 尺寸、外形、重量及允许偏差

5.1 钢板的尺寸、外形、重量及允许偏差应符合GB/T 709的规定,厚度负偏差限定为-0.3 mm。

5.2 经供需双方协议,可供应其他尺寸、外形及允许偏差的钢板。

6 技术要求

6.1 牌号及化学成分

6.1.1 钢的牌号及化学成分(熔炼分析)应符合表1的规定。

6.1.1.1 对于厚度方向性能钢板,P≤0.020,S含量符合GB/T 5313的规定,具体见表2。

6.1.1.2 允许用全铝含量来代替酸溶铝含量的要求,此时全铝含量应不小于0.020%。

6.1.1.3 Cr、Ni、Cu 为残余元素时，其含量应各不大于 0.30%。

6.1.1.4 为了改善钢板的性能，可添加微合金化元素 V、Nb、Ti 等，当单独添加时，微合金化元素含量应不低于表中所列的下限；若混合加入，则表中其下限含量不适用。混合加入时，V、Nb、Ti 总和不大于 0.22%。

6.1.1.5 应在质量证明书中注明用于计算碳当量或焊接裂纹敏感性指数的化学成分。

表 1

<table>
<tr><th rowspan="2">牌号</th><th rowspan="2">质量等级</th><th rowspan="2">厚度/mm</th><th colspan="12">化学成分(质量分数)/%</th></tr>
<tr><th>C</th><th>Si</th><th>Mn</th><th>P</th><th>S</th><th>V</th><th>Nb</th><th>Ti</th><th>Als</th><th>Cr</th><th>Cu</th><th>Ni</th></tr>
<tr><td rowspan="4">Q235GJ</td><td>B</td><td rowspan="4">6～100</td><td rowspan="2">≤0.20</td><td rowspan="4">≤0.35</td><td rowspan="4">0.60～1.20</td><td rowspan="2">≤0.025</td><td rowspan="4">≤0.015</td><td rowspan="4">—</td><td rowspan="4">—</td><td rowspan="4">—</td><td rowspan="4">≥0.015</td><td rowspan="4">≤0.30</td><td rowspan="4">≤0.30</td><td rowspan="4">≤0.30</td></tr>
<tr><td>C</td></tr>
<tr><td>D</td><td rowspan="2">≤0.18</td><td rowspan="2">≤0.020</td></tr>
<tr><td>E</td></tr>
<tr><td rowspan="4">Q345GJ</td><td>B</td><td rowspan="4">6～100</td><td rowspan="2">≤0.20</td><td rowspan="4">≤0.55</td><td rowspan="4">≤1.60</td><td rowspan="2">≤0.025</td><td rowspan="4">≤0.015</td><td rowspan="4">0.020～0.150</td><td rowspan="4">0.015～0.060</td><td rowspan="4">0.010～0.030</td><td rowspan="4">≥0.015</td><td rowspan="4">≤0.30</td><td rowspan="4">≤0.30</td><td rowspan="4">≤0.30</td></tr>
<tr><td>C</td></tr>
<tr><td>D</td><td rowspan="2">≤0.18</td><td rowspan="2">≤0.020</td></tr>
<tr><td>E</td></tr>
<tr><td rowspan="3">Q390GJ</td><td>C</td><td rowspan="3">6～100</td><td>≤0.20</td><td rowspan="3">≤0.55</td><td rowspan="3">≤1.60</td><td>≤0.025</td><td rowspan="3">≤0.015</td><td rowspan="3">0.020～0.200</td><td rowspan="3">0.015～0.060</td><td rowspan="3">0.010～0.030</td><td rowspan="3">≥0.015</td><td rowspan="3">≤0.30</td><td rowspan="3">≤0.30</td><td rowspan="3">≤0.70</td></tr>
<tr><td>D</td><td rowspan="2">≤0.18</td><td rowspan="2">≤0.020</td></tr>
<tr><td>E</td></tr>
<tr><td rowspan="3">Q420GJ</td><td>C</td><td rowspan="3">6～100</td><td>≤0.20</td><td rowspan="3">≤0.55</td><td rowspan="3">≤1.60</td><td>≤0.025</td><td rowspan="3">≤0.015</td><td rowspan="3">0.020～0.200</td><td rowspan="3">0.015～0.060</td><td rowspan="3">0.010～0.030</td><td rowspan="3">≥0.015</td><td rowspan="3">≤0.40</td><td rowspan="3">≤0.30</td><td rowspan="3">≤0.70</td></tr>
<tr><td>D</td><td rowspan="2">≤0.18</td><td rowspan="2">≤0.020</td></tr>
<tr><td>E</td></tr>
<tr><td rowspan="3">Q460GJ</td><td>C</td><td rowspan="3">6～100</td><td>≤0.20</td><td rowspan="3">≤0.55</td><td rowspan="3">≤1.60</td><td>≤0.025</td><td rowspan="3">≤0.015</td><td rowspan="3">0.020～0.200</td><td rowspan="3">0.015～0.060</td><td rowspan="3">0.010～0.030</td><td rowspan="3">≥0.015</td><td rowspan="3">≤0.70</td><td rowspan="3">≤0.30</td><td rowspan="3">≤0.70</td></tr>
<tr><td>D</td><td rowspan="2">≤0.18</td><td rowspan="2">≤0.020</td></tr>
<tr><td>E</td></tr>
</table>

表 2

厚度方向性能级别	硫含量(质量分数)/%
Z15	≤0.010
Z25	≤0.007
Z35	≤0.005

6.1.2 碳当量(*CE*)或焊接裂纹敏感性指数(*P*cm)

各牌号所有质量等级钢板的碳当量或焊接裂纹敏感性指数应符合表 3 的相应规定，应采用熔炼分析值并根据公式(1)或公式(2)计算碳当量或焊接裂纹敏感性指数，一般以碳当量交货。经供需双方协商并在合同中注明，钢板的碳当量可用焊接裂纹敏感性指数替代。

$$CE(\%)=C+Mn/6+(Cr+Mo+V)/5+(Ni+Cu)/15 \quad \cdots\cdots (1)$$

$$Pcm(\%)=C+Si/30+Mn/20+Cu/20+Ni/60+Cr/20+Mo/15+V/10+5B \quad \cdots\cdots (2)$$

表 3

牌　　号	交货状态	规定厚度下的碳当量 CE/%		规定厚度下的焊接裂纹敏感性指数 Pcm/%	
		≤50 mm	>50～100 mm	≤50 mm	>50～100 mm
Q235GJ	AR、N、NR	≤0.36	≤0.36	≤0.26	≤0.26
Q345GJ	AR、N、NR、N+T	≤0.42	≤0.44	≤0.29	≤0.29
	TMCP	≤0.38	≤0.40	≤0.24	≤0.26
Q390GJ	AR、N、NR、N+T	≤0.45	≤0.47	≤0.29	≤0.30
	TMCP	≤0.40	≤0.43	≤0.26	≤0.27
Q420GJ	AR、N、NR、N+T	≤0.48	≤0.50	≤0.31	≤0.33
	TMCP	≤0.43	供需双方协商	≤0.29	供需双方协商
Q460GJ	AR、N、NR、N+T、Q+T、TMCP	供需双方协商			
注：AR：热轧；N：正火；NR：正火轧制；T：回火；Q：淬火；TMCP：温度—形变控轧控冷。					

6.1.3　成品钢板化学成分的允许偏差应符合 GB/T 222—1984 的规定，供方如能保证，可不进行分析。

6.2　冶炼方法

钢由转炉或电炉冶炼。

6.3　交货状态

钢板的交货状态为热轧、正火、正火轧制、正火+回火、淬火+回火或温度—形变控轧控冷。交货状态由供需双方商定，并在合同中注明。

6.4　力学性能和工艺性能

6.4.1　钢板的拉伸、冲击、弯曲性能应符合表 4 的规定。

6.4.1.1　若供方能保证弯曲性能符合表 4 规定，可不作弯曲试验。若需方要求作弯曲试验，应在合同中注明。

6.4.1.2　当厚度≥15 mm 的钢板要求厚度方向性能时，其厚度方向性能级别的断面收缩率应符合表 5 的相应规定。

表 4

牌号	质量等级	屈服强度 R_{eH}/(N/mm²) 钢板厚度/mm				抗拉强度，R_m/(N/mm²)	伸长率 A/%	冲击功（纵向）A_{KV}/J		180°弯曲试验 d=弯心直径 a=试样厚度 钢板厚度/mm		屈强比，不大于
		6～16	>16～35	>35～50	>50～100			温度℃	不小于	≤16	>16	
Q235GJ	B	≥235	235～355	225～345	215～335	400～510	≥23	20	34	$d=2a$	$d=3a$	0.80
	C							0				
	D							−20				
	E							−40				

表 4（续）

牌号	质量等级	屈服强度 R_{eH}/(N/mm²)				抗拉强度，R_m/(N/mm²)	伸长率 A/%	冲击功（纵向）A_{KV}/J		180°弯曲试验 d=弯心直径 a=试样厚度		屈强比，不大于
		钢板厚度/mm						温度℃	不小于	钢板厚度/mm		
		6～16	＞16～35	＞35～50	＞50～100					≤16	＞16	
Q345GJ	B	≥345	345～465	335～455	325～445	490～610	≥22	20	34	$d=2a$	$d=3a$	0.83
	C							0				
	D							−20				
	E							−40				
Q390GJ	C	≥390	390～510	380～500	370～490	490～650	≥20	0	34	$d=2a$	$d=3a$	0.85
	D							−20				
	E							−40				
Q420GJ	C	≥420	420～550	410～540	400～530	520～680	≥19	0	34	$d=2a$	$d=3a$	0.85
	D							−20				
	E							−40				
Q460GJ	C	≥460	460～600	450～590	440～580	550～720	≥17	0	34	$d=2a$	$d=3a$	0.85
	D							−20				
	E							−40				

注 1：1 N/mm²＝1 MPa。

注 2：拉伸试样采用系数为 5.65 的比例试样。

注 3：伸长率按有关标准进行换算时，表中伸长率 A＝17%与 A_{50} mm＝20%相当。

表 5

厚度方向性能级别	断面收缩率 Z/%	
	三个试样平均值	单个试样值
Z15	≥15	≥10
Z25	≥25	≥15
Z35	≥35	≥25

6.4.1.3　冲击功值按一组三个试样算术平均值计算，允许其中一个试样值低于表 4 规定值，但不得低于规定值的 70%。

夏比（V 型缺口）冲击试验结果不符合上述规定时，应从同一张钢板（或同一样坯上）再取 3 个试样进行试验，前后两组 6 个试样的算术平均值不得低于规定值，允许有 2 个试样小于规定值，但其中小于规定值 70%的试样只允许有 1 个。

6.4.2　厚度小于 12 mm 的钢板应采用小尺寸试样进行夏比（V 型缺口）冲击试验。钢板厚度＞8 mm～12 mm 时，试样尺寸为 7.5 mm×10 mm×55 mm；钢板厚度 6 mm～8 mm 时，试样尺寸为 5 mm×10 mm×55 mm。其试验结果应分别不小于表 4 规定值的 75%或 50%。

6.5　表面质量

6.5.1　钢板表面不允许存在裂纹、气泡、结疤、折叠、夹杂和压入的氧化铁皮。钢板不得有分层。

6.5.2　钢板表面允许有不妨碍检查表面缺陷的薄层氧化铁皮、铁锈、由压入氧化铁皮脱落所引起的不显著的表面粗糙、划伤、压痕及其他局部缺陷，但其深度不得大于厚度公差之半，并应保证钢板的最小厚度。

6.5.3　钢板表面缺陷允许修磨清理，但应保证钢板的最小厚度。修磨清理处应平滑无棱角。需要焊补时，应按 GB/T 14977 的规定进行。

6.6　超声波检验

厚度方向性能钢板应逐张进行超声波检验，检验方法按 GB/T 2970 的规定，其验收级别应在合同中注明。其他牌号的钢板根据用户要求，并在合同中注明，也可进行超声波检验。

6.7　其他特殊技术要求

经双方协议，需方可对钢板提出其他特殊技术要求。

7　试验方法

每批钢板的检验项目、取样数量、取样方法、试验方法应符合表 6 的规定。

表 6

序　号	检验项目	取样数量	取样方法	试验方法
1	化学分析	1 个(每炉号)	GB/T 222	GB/T 223 GB/T 4336
2	拉伸	1 个	GB/T 2975	GB/T 228
3	冲击	3 个		GB/T 229
4	弯曲	1 个		GB/T 232
5	厚度方向性能	3 个	GB/T 5313	GB/T 5313
6	超声波检验	逐张	—	GB/T 2970

8　检验规则

8.1　钢板验收由供方技术监督部门进行，需方有权进行验证。

8.2　钢板应成批验收，每批钢板由同一牌号、同一炉号、同一厚度、同一交货状态的钢板组成，每批重量不大于 60 t。

对于要求厚度方向性能钢板，如果按批验收，每批应不大于 25 t。

8.2.1　Z25、Z35 级钢板应逐张(原轧制钢板)检验厚度方向断面收缩率。

8.2.2　Z15 级钢板可根据用户要求逐张(原轧制钢板)或按批检验厚度方向断面收缩率。按批检验时，应符合 8.2 条款的规定。

8.3　钢板检验结果不符合本标准要求时，可进行复验。

8.3.1　检验项目的复验应符合 GB/T 17505 的规定。

8.3.2　厚度方向断面收缩率的复验应符合 GB/T 5313 的规定。

9　包装、标志、质量证明书

钢板的包装、标志、质量证明书应符合 GB/T 247 的规定。

ICS 77.140.50
H 46

中华人民共和国国家标准

GB/T 20564.1—2007

汽车用高强度冷连轧钢板及钢带
第1部分:烘烤硬化钢

Continuously cold rolled high strength steel sheet and strip for automobile—Part 1:Bake hardening steel

2007-03-09 发布　　2007-10-01 实施

中华人民共和国国家质量监督检验检疫总局
中国国家标准化管理委员会　发布

前　言

GB/T 20564《汽车用高强度冷连轧钢板及钢带》分为7个部分：

——第1部分：烘烤硬化钢；

——第2部分：双相钢；

——第3部分：高强度无间隙原子钢；

——第4部分：低合金高强度钢[1)]；

——第5部分：各向同性钢[1)]；

——第6部分：相变诱导塑性钢[1)]；

——第7部分：马氏体钢[1)]。

本部分为GB/T 20564《汽车用高强度冷连轧钢板及钢带》的第1部分。

本部分的附录A和附录C为资料性附录，附录B为规范性附录。

本部分由中国钢铁工业协会提出。

本部分由全国钢标准化技术委员会归口。

本部分由宝山钢铁股份有限公司负责起草。

本部分主要起草人：李玉光、孙忠明、李和平、徐宏伟、施鸿雁、涂树林、黄锦花。

1）拟制定。

汽车用高强度冷连轧钢板及钢带 第1部分:烘烤硬化钢

1 范围

本部分规定了冷连轧烘烤硬化高强度钢板及钢带(以下简称为钢板及钢带)的术语和定义、分类和代号、尺寸、外形、重量、技术要求、检验和试验、包装、标志和质量证明书。

本部分规定的钢板及钢带主要用于汽车外板、内板和部分结构件,钢板及钢带的厚度为0.60 mm～2.5 mm。

2 规范性引用文件

下列文件中的条款通过本部分的引用而成为本部分的条款。凡是注日期的引用文件,其随后所有的修改单(不包括勘误的内容)或修订版均不适用于本部分,然而,鼓励根据本部分达成协议的各方研究是否可使用这些文件的最新版本。凡是不注日期的引用文件,其最新版本适用于本部分。

GB/T 223.3 钢铁及合金化学分析方法 二安替比林甲烷磷钼酸重量法测定磷量

CB/T 223.5 钢铁及合金化学分析方法 还原型硅钼酸盐光度法测定酸溶硅含量

GB/T 223.9 钢铁及合金化学分析方法 铬天青S光度法测定铝含量

GB/T 223.10 钢铁及合金化学分析方法 铜铁试剂分离-铬天青S光度法测定铝量

GB/T 223.16 钢铁及合金化学分析方法 变色酸光度法测定钛量

GB/T 223.17 钢铁及合金化学分析方法 二安替比林甲烷光度法测定钛量

GB/T 223.40 钢铁及合金化学分析方法 离子交换分离-氯磺酚S光度法测定铌量

GB/T 223.59 钢铁及合金化学分析方法 锑磷钼蓝光度法测定磷量

GB/T 223.60 钢铁及合金化学分析方法 高氯酸脱水重量法测定硅含量

GB/T 223.63 钢铁及合金化学分析方法 高碘酸钠(钾)光度法测定锰量

GB/T 223.64 钢铁及合金化学分析方法 火焰原子吸收光谱法测定锰量

GB/T 228 金属材料 室温拉伸试验(GB/T 228—2002,eqv ISO 6892:1998)

GB/T 247 钢板和钢带检验、包装、标志及质量证明书的一般规定

GB/T 708 冷轧钢板和钢带的尺寸、外形、重量及允许偏差

GB/T 2523 冷轧薄钢板(带)表面粗糙度测量方法

GB/T 2975 钢及钢产品 力学性能试验取样位置及试样制备(GB/T 2975—1998,eqv ISO 377:1997)

GB/T 4336 碳素钢和中低合金钢 火花源原子发射光谱分析方法(常规法)

GB/T 5027 金属薄板和薄带塑性应变比(r值)试验方法(GB/T 5027—1999,eqv ISO 10113:1991)

GB/T 5028 金属薄板和薄带拉伸应变硬化指数(n值)试验方法(GB/T 5028—1999,eqv ISO 10275:1993)

GB/T 8170 数值修约规则

GB/T 17505 钢及钢产品交货一般技术要求(GB/T 17505—1998,eqv ISO 404:1992)

GB/T 20066 钢和铁 化学成分测定用试样的取样和制样方法(GB/T 20066—2006,ISO 14284:1996,IDT)

ASTM E1019 钢铁、镍基和钴基合金中碳、硫、氮和氧的分析方法

3 术语和定义

下列术语和定义适用于本部分。

3.1

烘烤硬化钢 bake hardening steel

在钢中保留一定量的固溶碳、氮原子，同时可通过添加磷、锰等强化元素来提高强度。经加工成形，在一定温度下烘烤后，由于时效硬化使钢的屈服强度进一步升高。

3.2

拉伸应变痕 stretcher strain marks

加工成形时，由于时效的原因导致钢板表面出现滑移线、“橘子皮”等的现象。

4 分类和代号

4.1 牌号命名方法

钢板及钢带的牌号由冷轧的英文“Cold Rolled”的首位字母“CR”、规定的最小屈服强度值、烘烤硬化的英文“Bake Hardening”的首位字母“BH”三个部分组成。

示例：CR180BH

CR——冷轧的英文“Cold Rolled”的首位字母；

180——规定的最小屈服强度值，单位为 MPa；

BH——烘烤硬化的英文“Bake Hardening”的首位字母。

4.2 钢板及钢带按用途分类如表 1 的规定。

表 1

牌　号	推荐用途
CR140BH	深冲压用
CR180BH	冲压用或深冲压用
CR220BH	一般用或冲压用
CR260BH	结构用或一般用
CR300BH	结构用

4.3 钢板及钢带按表面质量级别如表 2 的规定。

表 2

级　别	代　号
较高级表面	FB
高级表面	FC
超高级表面	FD

4.4 钢板及钢带按表面结构分类如表 3 的规定。

表 3

表面结构	代　号
麻面	D
光亮表面	B

5　订货所需信息

5.1　用户订货时应提供如下信息：

a）　产品名称(钢板或钢带)；

b）　本部分号；

c）　牌号；

d）　尺寸规格、不平度精度；

e）　表面质量级别；

f）　表面结构；

g）　边缘状态；

h）　包装方式；

i）　重量；

j）　用途。

5.2　如订货合同中未注明尺寸和不平度精度、表面质量级别、表面结构种类、边缘状态及包装等信息，则本部分产品按普通的尺寸和不平度精度、较高级表面、表面结构为麻面的切边钢板或钢带供货，并按供方提供的包装方式包装。

6　尺寸、外形、重量及允许偏差

钢板及钢带的尺寸、外形、重量及允许偏差应符合 GB/T 708 的规定。

7　技术要求

7.1　化学成分

钢的化学成分(熔炼分析)参考值见附录 A。如需方对化学成分有要求，应在订货时协商。

7.2　冶炼方法

钢板及钢带所用的钢采用氧气转炉或电炉冶炼，除非另有规定，冶炼方式由供方选择。

7.3　交货状态

7.3.1　钢板及钢带以退火后平整状态交货。

7.3.2　钢板及钢带通常涂油供货，所涂油膜应能用碱水溶液去除，在通常的包装、运输、装卸和储存条件下，供方应保证自生产完成之日起 6 个月内不生锈。如需方要求不涂油供货，应在订货时协商。

7.4　力学性能

钢板及钢带的力学性能应符合表 4 的规定。力学性能会随储存时间的延长以及环境温度的升高而劣化，建议用户尽快使用。

表 4

牌　号	屈服强度[a] R_{eH}/(N/mm²)	抗拉强度 R_m/(N/mm²) 不小于	断后伸长率[b,c] A_{80}/% (L_0=80 mm, b=20 mm) 不小于	r_{90}[d] 不小于	n_{90}[d] 不小于	烘烤硬化值 BH_2/(N/mm²) 不小于
CR140BH	140～200	270	36	1.8	0.20	30
CR180BH	180～240	300	32	1.6	0.18	30
CR220BH	220～280	320	30	1.4	0.16	30

表 4（续）

牌　号	屈服强度[a] R_{eH}/(N/mm²)	抗拉强度 R_m/(N/mm²) 不小于	断后伸长率[b,c] A_{80}/% (L_0=80 mm,b=20 mm) 不小于	r_{90}[d] 不小于	n_{90}[d] 不小于	烘烤硬化值 BH_2/(N/mm²) 不小于
CR260BH	260～320	360	28	—	—	30
CR300BH	300～360	400	26	—	—	30

a　无明显屈服时采用 $R_{P0.2}$，否则采用 R_{eL}。

b　试样为 GB/T 228 中的 P6 试样，试样方向为横向。

c　厚度不大于 0.7 mm 时，断后伸长率最小值可以降低 2%（绝对值）。

d　厚度不小于 1.6 mm 且小于 2.0 mm 时，r_{90} 值允许降低 0.2；厚度不小于 2.0 mm 时，r_{90} 值和 n_{90} 值不做要求。

7.5　拉伸应变痕

室温储存条件下，钢板及钢带自生产完成之日起 3 个月内使用时不应出现拉伸应变痕。

7.6　表面质量

7.6.1　钢板及钢带表面不应有结疤、裂纹、夹杂等对使用有害的缺陷。钢板及钢带不应有分层。

7.6.2　钢板及钢带各表面质量级别的特征如表 5 的规定。

7.6.3　对于钢带，由于没有机会切除有缺陷部分，因此允许带缺陷交货，但有缺陷部分应不超过每卷总长度的 6%。

表 5

级　别	代　号	特　征
较高级表面	FB	表面允许有少量不影响成形性及涂、镀附着力的缺陷，如轻微的划伤、压痕、麻点、辊印及氧化色等
高级表面	FC	产品二面中较好的一面无目视可见的明显缺陷，另一面应至少达到 FB 的要求
超高级表面	FD	产品二面中较好的一面不应有任何缺陷，即不能影响涂漆后的外观质量或电镀后的外观质量，另一面应至少达到 FB 的要求

7.7　表面结构

表面结构为麻面时，粗糙度 Ra 目标值为大于 0.6 μm 且不大于 1.9 μm。表面结构为光亮表面时，粗糙度 Ra 目标值为不大于 0.9 μm。如需方对粗糙度有特殊要求，应在订货时协商。

8　检验和试验

8.1　钢板及钢带的外观用目视检查。

8.2　钢板及钢带的尺寸、外形用合适的测量工具测量。

8.3　r 值是在 15% 应变时计算得到的，均匀延伸小于 15% 时，以均匀延伸结束时的应变计算。n 值是在 10%～20% 应变范围内计算得到的，均匀延伸小于 20% 时，应变范围为 10% 至均匀延伸结束时的应变。

8.4　每批钢板及钢带的检验项目、试样数量、取样方法和试验方法应符合表 6 的规定。

表 6

<table>
<tr><th>序号</th><th>检验项目</th><th>试验数量/(个)</th><th>取样方法</th><th>试验方法</th></tr>
<tr><td>1</td><td>化学分析</td><td>1/每炉</td><td>GB/T 20066</td><td>GB/T 223、GB/T 4336、ASTM E1019</td></tr>
<tr><td>2</td><td>拉伸试验</td><td>1</td><td rowspan="5">GB/T 2975</td><td>GB/T 228</td></tr>
<tr><td>3</td><td>塑性应变比(r 值)</td><td>1</td><td>GB/T 5027 和 8.3</td></tr>
<tr><td>4</td><td>应变硬化指数(n 值)</td><td>1</td><td>GB/T 5028 和 8.3</td></tr>
<tr><td>5</td><td>烘烤硬化值(BH_2)</td><td>1</td><td>附录 B</td></tr>
<tr><td>6</td><td>表面粗糙度</td><td>—</td><td>GB/T 2523</td></tr>
</table>

8.5 钢板及钢带应按批验收,每个检验批应由同牌号、同规格、同加工状态的钢板或钢带组成。每批的重量应不大于 30 t,对于卷重大于 30 t 的钢带,每卷作为一个检验批。

8.6 钢板及钢带的复验按 GB/T 17505 的规定。

9 包装、标志及质量证明书

钢板及钢带的包装、标志及质量证明书应符合 GB/T 247 的规定。如需方对包装有特殊要求,应在订货时协商。

10 数值修约

数值修约按 GB/T 8170 的规定。

11 国内外牌号近似对照

本部分牌号与国外标准牌号的近似对照见附录 C。

附　录　A
（资料性附录）
钢的化学成分

钢的化学成分（熔炼分析）参考值见表 A.1。

表 A.1

牌号	化学成分（质量分数）/%						
	C	Si	Mn	P	S	Alt	Nb[a]
CR140BH	≤0.02	≤0.05	≤0.50	≤0.04	≤0.025	≥0.010	≤0.10
CR180BH	≤0.04	≤0.10	≤0.80	≤0.08	≤0.025	≥0.010	—
CR220BH	≤0.06	≤0.30	≤1.00	≤0.10	≤0.025	≥0.010	—
CR260BH	≤0.08	≤0.50	≤1.20	≤0.12	≤0.025	≥0.010	—
CR300BH	≤0.10	≤0.50	≤1.50	≤0.12	≤0.025	≥0.010	—

[a] 可用 Ti 部分或全部代替 Nb，此时 Ti 和/或 Nb 的总含量≤0.10%。

附　录　B
（规范性附录）
烘烤硬化值(BH_2)的测量方法

B.1　试样

试样的尺寸、取样方向按力学性能试样的规定。

B.2　试验条件

测量烘烤硬化值时，按照 GB/T 228 的规定，首先对试样进行总延伸为 2%的预拉伸，同时测得 $R_{t2.0}$。当预拉伸 2%的试样完成规定的热处理后，再次对试样进行拉伸试验，测得 R_{eL} 或 $R_{p0.2}$。

为了更好地保持试验结果的一致性，宜采用位移或应变的方式控制拉伸速度，并推荐按照 5%/min 的速率设定拉伸速度，从开始拉伸直到测出上述指标过程中不要进行速度切换。

$$R_{t2.0} = F_{t2.0}/A_0$$

$$R_{p0.2} = F_{p0.2}/A_1$$

$$R_{eL} = F_{eL}/A_1$$

式中：

$F_{t2.0}$——试样拉伸变形至总延伸为 2%时的拉伸力，单位为牛(N)；

$F_{p0.2}$——热处理后的试样非比例延伸为 0.2%时的拉伸力(无明显屈服时)，单位为牛(N)；

F_{eL}——热处理后的试样出现下屈服时的拉伸力，单位为牛(N)；

A_0——为试样原始截面积，单位为平方毫米(mm^2)；

A_1——为 2%预应变后的试样截面积，单位为平方毫米(mm^2)。

B.3　热处理条件

加热装置温度达到 170℃后放入已经过 2%预应变的试样，待加热装置重新达到 170℃后，保温(20±0.5)min。温度控制精度保持±2℃，温度测量装置的分辨率最大不超过 1℃。加热后试样在空气中冷却到室温。

B.4　烘烤硬化值(BH_2)的计算

烘烤硬化值(BH_2)为试样烘烤后的下屈服强度或非比例延伸 0.2%(无明显屈服时)对应的屈服强度与烘烤前同一个试样总延伸 2%对应的屈服强度的差值。BH_2 的计算示意图如图 B.1 所示，计算公式如下：

$$BH_2 = R_{eL}(\text{或 } R_{p0.2})(\text{烘烤后}) - R_{t2.0}(\text{烘烤前})$$

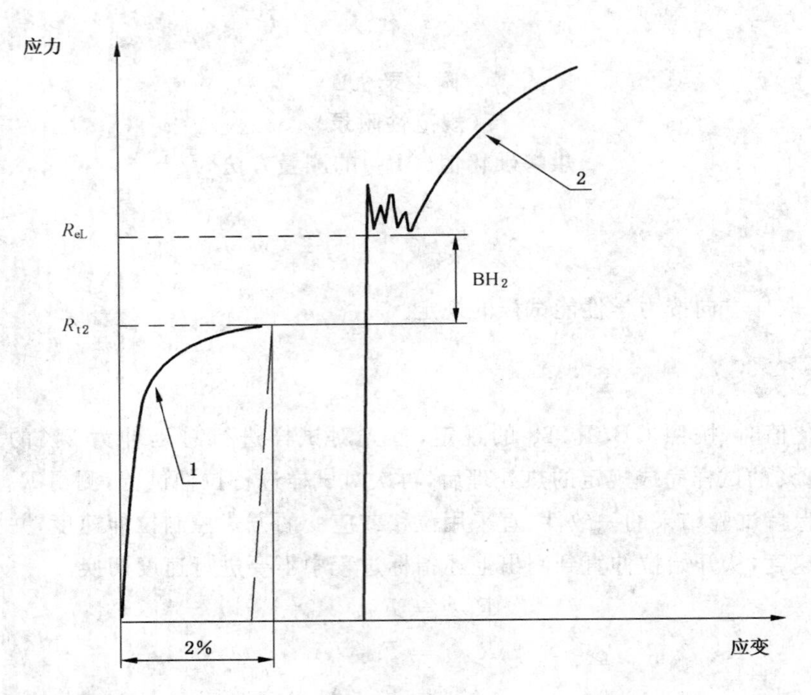

1——2%预应变的应力-应变曲线；

2——同一试样烘烤后的应力-应变曲线。

图 B.1 BH_2 计算示意图

附　录　C
（资料性附录）
国内外牌号近似对照

本部分牌号与国外标准牌号的近似对照见表C.1。

表 C.1

GB/T 20564.1	prEN 10268:2002	JIS G 3135:1986	ASTM A1008M:05	JFS A 2001:1998
CR140BH	—	—	—	JSC270H
CR180BH	H180B	SPFC340H	BHS Grade 180	JSC340H
CR220BH	H220B	—	BHS Grade210	—
CR260BH	H260B	—	BHS Grade240/BHS Grade280	—
CR300BH	H300B	—	BHS Grade300	—

ICS 77.140.50
H 46

中华人民共和国国家标准

GB/T 20564.2—2006

汽车用高强度冷连轧钢板及钢带
第2部分:双相钢

Continuously cold rolled high strength steel sheet and strip for automobile
Part 2:Dual phase steel

2006-11-01 发布　　2007-02-01 实施

中华人民共和国国家质量监督检验检疫总局
中国国家标准化管理委员会　发布

前　言

GB/T 20564《汽车用高强度冷连轧钢板及钢带》分为 7 个部分：

——第 1 部分：烘烤硬化钢；

——第 2 部分：双相钢；

——第 3 部分：高强度无间隙原子钢；

——第 4 部分：低合金高强度钢[1]；

——第 5 部分：各向同性钢[1]；

——第 6 部分：相变诱导塑性钢[1]；

——第 7 部分：马氏体钢[1]。

本部分为 GB/T 20564《汽车用高强度冷连轧钢板及钢带》的第 2 部分。

本部分的附录 A 和附录 B 是资料性附录。

本部分由中国钢铁工业协会提出。

本部分由全国钢标准化技术委员会归口。

本部分由宝山钢铁股份有限公司负责起草。

本部分主要起草人：李玉光、施鸿雁、徐宏伟、孙忠明、涂树林、黄锦花、于成峰。

1）拟制定。

汽车用高强度冷连轧钢板及钢带
第2部分:双相钢

1 范围

本部分规定了冷连轧双相高强度钢板及钢带(以下简称为钢板及钢带)的术语和定义、分类和代号、尺寸、外形、重量、技术要求、检验和试验、包装、标志及质量证明书。

本部分规定的钢板及钢带主要用于汽车结构件、加强件以及部分内外板,钢板及钢带的厚度为0.60 mm~2.5 mm。

2 规范性引用文件

下列文件中的条款通过本部分的引用而成为本部分的条款。凡是注日期的引用文件,其随后所有的修改单(不包括勘误的内容)或修订版均不适用于本部分,然而,鼓励根据本部分达成协议的各方研究是否可使用这些文件的最新版本。凡是不注日期的引用文件,其最新版本适用于本部分。

GB/T 223.5 钢铁及合金化学分析方法 还原型硅钼酸盐光度法测定酸溶硅含量

GB/T 223.9 钢铁及合金化学分析方法 铬天青S光度法测定铝含量

GB/T 223.10 钢铁及合金化学分析方法 铜铁试剂分离-铬天青S光度法测定铝量

GB/T 223.12 钢铁及合金化学分析方法 碳酸钠分离-二苯酰二肼光度法测定铬量

GB/T 223.26 钢铁及合金化学分析方法 硫氰酸盐直接光度法测定钼量

GB/T 223.58 钢铁及合金化学分析方法 亚砷酸钠-亚硝酸钠滴定法测定锰量

GB/T 223.59 钢铁及合金化学分析方法 锑磷钼蓝光度法测定磷量

GB/T 223.60 钢铁及合金化学分析方法 高氯酸脱水重量法测定硅含量

GB/T 223.63 钢铁及合金化学分析方法 高碘酸钠(钾)光度法测定锰量

GB/T 223.64 钢铁及合金化学分析方法 火焰原子吸收光谱法测定锰量

GB/T 223.78 钢铁及合金化学分析方法 姜黄素直接光度法测定硼含量

GB/T 228 金属材料 室温拉伸试验(GB/T 228—2002,eqv ISO 6892:1998)

GB/T 247 钢板和钢带检验、包装、标志及质量证明书的一般规定

GB/T 708 冷轧钢板和钢带的尺寸、外形、重量及允许偏差

GB/T 2523 冷轧薄钢板(带)表面粗糙度测量方法

GB/T 2975 钢及钢产品 力学性能试验取样位置及试样制备(GB/T 2975—1998,eqv ISO 377:1997)

GB/T 4336 碳素钢和中低合金钢 火花源原子发射光谱分析方法(常规法)

GB/T 5028 金属薄板和薄带拉伸应变硬化指数(n值)试验方法(GB/T 5028—1999,eqv ISO 10275:1993)

GB/T 8170 数值修约规则

GB/T 17505 钢及钢产品交货一般技术要求(GB/T 17505—1998,eqv ISO 404:1992)

GB/T 20066 钢和铁 化学成分测定用试样的取样和制样方法

ASTM E1019 钢铁、镍基和钴基合金中碳、硫、氮和氧的分析方法

3 术语和定义

下列术语和定义适用于本部分。

3.1

双相钢　dual phase steel

钢的显微组织为铁素体和马氏体，马氏体以岛状弥散分布在铁素体基体上，具有较好成形性能和较高强度。

4　分类和代号

4.1　牌号命名方法

钢板及钢带的牌号由冷轧的英文“Cold Rolled”的首位字母“CR”、规定的最小屈服强度值和规定的最小抗拉强度值、双相的英文“Dual Phase”的首位字母“DP”三个部分组成。

示例：CR340/590DP

CR——冷轧的英文“Cold Rolled”的首位字母；

340/590——340为规定最小屈服强度值，590为规定的最小抗拉强度值，单位为MPa；

DP——双相的英文“Dual Phase”的首位字母。

4.2　钢板及钢带按表面质量分类如表1的规定。

表 1

级　别	代　号
较高级表面	FB
高级表面	FC
超高级表面	FD

4.3　钢板及钢带按表面结构分类如表2的规定。

表 2

表面结构	代　号
麻面	D
光亮表面	B

5　订货所需信息

5.1　用户订货时应提供如下信息：

a）　产品名称（钢板或钢带）；

b）　本部分号；

c）　牌号；

d）　尺寸规格、不平度精度；

e）　表面质量级别；

f）　表面结构；

g）　边缘状态；

h）　包装方式；

i）　重量；

j）　用途。

5.2　如订货合同中未注明尺寸和不平度精度、表面质量级别、表面结构种类、边缘状态及包装等信息，则本部分产品按普通的尺寸和不平度精度、较高级表面、表面结构为麻面的切边钢板或钢带供货，并按供方提供的包装方式包装。

6　尺寸、外形、重量及允许偏差

钢板及钢带的尺寸、外形、重量及允许偏差应符合GB/T 708的规定。

7 技术要求

7.1 化学成分

钢的化学成分(熔炼分析)参考值见附录A。如需方对化学成分有要求,应在订货时协商。

7.2 冶炼方法

钢板及钢带所用的钢采用氧气转炉或电炉冶炼,除非另有规定,冶炼方式由供方选择。

7.3 交货状态

7.3.1 钢板及钢带以退火后平整状态交货。

7.3.2 钢板及钢带通常涂油供货,所涂油膜应能用碱水溶液去除,在通常的包装、运输、装卸和储存条件下,供方应保证自生产完成之日起6个月内不生锈。如需方要求不涂油供货,应在订货时协商。

7.4 力学性能

钢板及钢带的力学性能应符合表3的规定。如需方对n值和BH值有要求,应在订货时协商。

表3

牌号	屈服强度[a] R_{eH}/(N/mm^2)	抗拉强度 R_m/(N/mm^2) 不小于	断后伸长率[b,c] A_{80}/% (L_0=80 mm,b=20 mm) 不小于
CR260/450DP	260～340	450	27
CR300/500DP	300～400	500	24
CR340/590DP	340～460	590	18
CR420/780DP	420～560	780	13
CR550/980DP	550～730	980	9

a 无明显屈服时采用$R_{P0.2}$,否则采用R_{eL}。

b 试样为GB/T 228中的P6试样,试样方向为横向。

c 厚度不大于0.7 mm时,断后伸长率最小值可以降低2%(绝对值)。

7.5 焊接

用户应根据化学成分和强度级别确定合适的焊接工艺,必要时可咨询生产商。

7.6 表面质量

7.6.1 钢板及钢带表面不应有结疤、裂纹、夹杂等对使用有害的缺陷。钢板及钢带不应有分层。

7.6.2 钢板及钢带各表面质量级别的特征如表4的规定。

7.6.3 对于钢带,由于没有机会切除有缺陷部分,因此允许带缺陷交货,但有缺陷部分应不超过每卷总长度的6%。

表4

级别	代号	特征
较高级表面	FB	表面允许有少量不影响成形性及涂、镀附着力的缺陷,如轻微的划伤、压痕、麻点、辊印及氧化色等。
高级表面	FC	产品二面中较好的一面无目视可见的明显缺陷,另一面应至少达到FB的要求。
超高级表面	FD	产品二面中较好的一面不应有任何缺陷,即不能影响涂漆后的外观质量或电镀后的外观质量,另一面应至少达到FB的要求。

7.7 表面结构

表面结构为麻面时，粗糙度 Ra 目标值为大于 0.6 μm 且不大于 1.9 μm。表面结构为光亮表面时，粗糙度 Ra 目标值为不大于 0.9 μm。如需方对粗糙度有特殊要求，应在订货时协商。

8 检验和试验

8.1 钢板及钢带的外观用目视检查。

8.2 钢板及钢带的尺寸、外形用合适的测量工具测量。

8.3 每批钢板及钢带的检验项目、试样数量、取样方法和试验方法应符合表 5 的规定。

8.4 钢板及钢带应按批验收，每个检验批应由同牌号、同规格、同加工状态的钢板或钢带组成。每批的重量应不大于 30 t，对于卷重大于 30 t 的钢带，每卷作为一个检验批。

8.5 钢板及钢带的复验按 GB/T 17505 的规定。

表 5

序号	检验项目	试验数量(个)	取样方法	试 验 方 法
1	化学分析	1/每炉	GB/T 20066	GB/T 223、GB/T 4336、ASTM E1019
2	拉伸试验	1	GB/T 2975	GB/T 228
3	表面粗糙度	—		GB/T 2523
4	应变硬化指数(n 值)	—		GB/T 5028
5	烘烤硬化值(BH_2)	—		GB/T 20564.1 的附录 B

9 包装、标志及质量证明书

钢板及钢带的包装、标志及质量证明书应符合 GB/T 247 的规定，如需方对包装有特殊要求，可在订货时协商。

10 数值修约

数值修约按 GB/T 8170 的规定。

11 国内外牌号近似对照

本部分牌号与国外标准牌号的近似对照见附录 B。

附　录　A
（资料性附录）

钢的化学成分（熔炼分析）参考值如表 A.1 所示。

表 A.1

牌号	化学成分（质量分数）/%					
	C	Si	Mn	P	S	Alt
CR260/450DP	≤0.12	≤0.40	≤1.20	≤0.035	≤0.030	≥0.020
CR300/500DP	≤0.14	≤0.60	≤1.60	≤0.035	≤0.030	≥0.020
CR340/590DP	≤0.16	≤0.80	≤2.20	≤0.035	≤0.030	≥0.020
CR420/780DP	≤0.18	≤1.20	≤2.50	≤0.035	≤0.030	≥0.020
CR550/980DP	≤0.20	≤1.60	≤2.80	≤0.035	≤0.030	≥0.020
注：根据需要可添加 Cr、Mo、B 等合金元素。						

附　录　B
（资料性附录）
国内外牌号近似对照

本部分牌号与国外标准牌号的近似对照见表 B.1。

表 B.1

GB/T 20564.2	SEW 097-2—2000	SAE J2340—1999	JFS A 2001—1998
CR260/450DP	H260X	—	—
CR300/500DP	H300X	500DL	—
CR340/590DP	H340X	600DL1	JSC590Y
CR420/780DP	—	—	JSC780Y
CR550/980DP	—	950DL	JSC980Y

ICS 77.140.50
H 46

中华人民共和国国家标准

GB/T 20564.3—2007

汽车用高强度冷连轧钢板及钢带 第3部分:高强度无间隙原子钢

Continuously cold rolled high strength steel sheet and strip for automobile —Part 3:High strength interstitial free steel

2007-03-09 发布　　2007-10-01 实施

中华人民共和国国家质量监督检验检疫总局
中国国家标准化管理委员会 发布

前　言

GB/T 20564《汽车用高强度冷连轧钢板及钢带》分为7个部分：

——第1部分：烘烤硬化钢；

——第2部分：双相钢；

——第3部分：高强度无间隙原子钢；

——第4部分：低合金高强度钢[1]；

——第5部分：各向同性钢[1]；

——第6部分：相变诱导塑性钢[1]；

——第7部分：马氏体钢[1]。

本部分为GB/T 20564《汽车用高强度冷连轧钢板及钢带》的第3部分。

本部分的附录A和附录B是资料性附录。

本部分由中国钢铁工业协会提出。

本部分由全国钢标准化技术委员会归口。

本部分由宝山钢铁股份有限公司负责起草。

本部分主要起草人：李玉光、徐宏伟、孙忠明、施鸿雁、涂树林、黄锦花、于成峰。

1）拟制定。

汽车用高强度冷连轧钢板及钢带
第3部分：高强度无间隙原子钢

1 范围

本部分规定了冷连轧高强度无间隙原子钢板及钢带(以下简称为钢板及钢带)的术语和定义、分类和代号、尺寸、外形、重量、技术要求、检验和试验、包装、标志及质量证明书。

本部分规定的钢板及钢带主要用于汽车外板、内板和部分结构件，钢板及钢带的厚度为0.60 mm～2.5 mm。

2 规范性引用文件

下列文件中的条款通过本部分的引用而成为本部分的条款。凡是注日期的引用文件，其随后所有的修改单(不包括勘误的内容)或修订版均不适用于本部分，然而，鼓励根据本部分达成协议的各方研究是否可使用这些文件的最新版本。凡是不注日期的引用文件，其最新版本适用于本部分。

GB/T 223.3 钢铁及合金化学分析方法 二安替比林甲烷磷钼酸重量法测定磷量

GB/T 223.5 钢铁及合金化学分析方法 还原型硅钼酸盐光度法测定酸溶硅含量

GB/T 223.9 钢铁及合金化学分析方法 铬天青S光度法测定铝含量

GB/T 223.10 钢铁及合金化学分析方法 铜铁试剂分离-铬天青S光度法测定铝量

GB/T 223.16 钢铁及合金化学分析方法 变色酸光度法测定钛量

GB/T 223.17 钢铁及合金化学分析方法 二安替比林甲烷光度法测定钛量

GB/T 223.40 钢铁及合金化学分析方法 离子交换分离-氯磺酚S光度法测定铌量

GB/T 223.59 钢铁及合金化学分析方法 锑磷钼蓝光度法测定磷量

GB/T 223.60 钢铁及合金化学分析方法 高氯酸脱水重量法测定硅含量

GB/T 223.63 钢铁及合金化学分析方法 高碘酸钠(钾)光度法测定锰量

GB/T 223.64 钢铁及合金化学分析方法 火焰原子吸收光谱法测定锰量

GB/T 228 金属材料 室温拉伸试验(GB/T 228—2002,eqv ISO 6892:1998)

GB/T 247 钢板和钢带检验、包装、标志及质量证明书的一般规定

GB/T 708 冷轧钢板和钢带的尺寸、外形、重量及允许偏差

GB/T 2523 冷轧薄钢板(带)表面粗糙度测量方法

GB/T 2975 钢及钢产品 力学性能试验取样位置及试样制备(GB/T 2975—1998,eqv ISO 377:1997)

GB/T 4336 碳素钢和中低合金钢 火花源原子发射光谱分析方法(常规法)

GB/T 5027 金属薄板和薄带塑性应变比(r值)试验方法(GB/T 5027—1999,eqv ISO 10113:1991)

GB/T 5028 金属薄板和薄带拉伸应变硬化指数(n值)试验方法(GB/T 5028—1999,eqv ISO 10275:1993)

GB/T 8170 数值修约规则

GB/T 17505 钢及钢产品交货一般技术要求(GB/T 17505—1998,eqv ISO 404:1992)

GB/T 20066 钢和铁 化学成分测定用试样的取样和制样方法(GB/T 20066—2006,ISO 14284:1996,IDT)

ASTM E1019 钢铁、镍基和钴基合金中碳、硫、氮和氧的分析方法

3 术语和定义

下列术语和定义适用于本部分。

3.1

高强度无间隙原子钢 high strength interstitial free steel

在无间隙原子钢中添加一定量的磷、锰、硅等强化元素，使钢在具有较高强度的同时又保持良好的成形性能。

4 分类和代号

4.1 牌号命名方法

钢板及钢带的牌号由冷轧的英文“cold Rolled”的首位字母“CR”、规定的最小屈服强度值和无间隙原子的英文“Interstitial Free”的首位字母“IF”三个部分组成。

示例：CR180IF

CR——冷轧的英文“Cold Rolled”的首位字母；

180——规定的最小屈服强度值，单位为 MPa；

IF——无间隙原子的英文“Interstitial free”的首位字母。

4.2 钢板及钢带按用途分类如表 1 的规定。

表 1

牌　　号	推荐用途
CR180IF	冲压用或深冲压用
CR220IF	一般用或冲压用
CR260IF	结构用或一般用

4.3 钢板及钢带按表面质量分类如表 2 的规定。

表 2

级　　别	代　　号
较高级表面	FB
高级表面	FC
超高级表面	FD

4.4 钢板及钢带按表面结构分类如表 3 的规定。

表 3

表面结构	代　　号
麻面	D
光亮表面	B

5 订货所需信息

5.1 用户订货时应提供如下信息：

a) 产品名称(钢板或钢带)；

b) 本部分号；

c) 牌号；

d) 尺寸规格、不平度精度；

e) 表面质量级别；

f) 表面结构；

g) 边缘状态；

h) 包装方式；

i) 重量；

j) 用途。

5.2 如订货合同中未注明尺寸和不平度精度、表面质量级别、表面结构种类、边缘状态及包装等信息，则本部分产品按普通的尺寸和不平度精度、较高级表面、表面结构为麻面的切边钢板或钢带供货，并按供方提供的包装方式包装。

6 尺寸、外形、重量及允许偏差

钢板及钢带的尺寸、外形、重量及允许偏差应符合 GB/T 708 的规定。

7 技术要求

7.1 化学成分

钢的化学成分(熔炼分析)参考值见附录 A。如需方对化学成分有要求，应在订货时协商。

7.2 冶炼方法

钢板及钢带所用的钢采用氧气转炉或电炉冶炼，除非另有规定，冶炼方式由供方选择。

7.3 交货状态

7.3.1 钢板及钢带以退火后平整状态交货。

7.3.2 钢板及钢带通常涂油供货，所涂油膜应能用碱水溶液去除，在通常的包装、运输、装卸和储存条件下，供方应保证自生产完成之日起 6 个月内不生锈。如需方要求不涂油供货，应在订货时协商。

7.4 力学性能

钢板及钢带的力学性能应符合表 4 的规定。

表 4

牌　号	屈服强度[a] R_{eH}/(N/mm²)	抗拉强度 R_m/(N/mm²) 不小于	断后伸长率[b,c] A_{80}/% (L_0=80 mm, b=20 mm) 不小于	r_{90}[d] 不小于	n_{90}[d] 不小于
CR180IF	180～240	340	34	1.7	0.19
CR220IF	220～280	360	32	1.5	0.17
CR260IF	260～320	380	28	—	—

a 无明显屈服时采用 $R_{p0.2}$，否则采用 R_{eL}。

b 试样为 GB/T 228 中的 P6 试样，试样方向为横向。

c 厚度不大于 0.7 mm 时，断后伸长率最小值可以降低 2%(绝对值)。

d 厚度不小于 1.6 mm 且小于 2.0 mm 时，r_{90} 值允许降低 0.2；厚度不小于 2.0 mm 时，r_{90} 值和 n_{90} 值不做要求。

7.5 表面质量

7.5.1 钢板及钢带表面不应有结疤、裂纹、夹杂等对使用有害的缺陷。钢板及钢带不应有分层。

7.5.2 钢板及钢带各表面质量级别的特征如表 5 的规定。

7.5.3 对于钢带，由于没有机会切除有缺陷部分，因此允许带缺陷交货，但有缺陷部分应不超过每卷总长度的6%。

表5

级　别	代　号	特　征
较高级表面	FB	表面允许有少量不影响成形性及涂、镀附着力的缺陷，如轻微的划伤、压痕、麻点、辊印及氧化色等
高级表面	FC	产品二面中较好的一面无目视可见的明显缺陷，另一面应至少达到FB的要求
超高级表面	FD	产品二面中较好的一面不应有任何缺陷，即不能影响涂漆后的外观质量或电镀后的外观质量，另一面应至少达到FB的要求

7.6 表面结构

表面结构为麻面时，粗糙度 Ra 目标值为大于 0.6 μm 且不大于 1.9 μm。表面结构为光亮表面时，粗糙度 Ra 目标值为不大于 0.9 μm。如需方对粗糙度有特殊要求，应在订货时协商。

8 检验和试验

8.1 钢板及钢带的外观用目视检查。

8.2 钢板及钢带的尺寸、外形用合适的测量工具测量。

8.3 r 值是在15%应变时计算得到的，均匀延伸小于15%时，以均匀延伸结束时的应变计算。n 值是在10%～20%应变范围内计算得到的，均匀延伸小于20%时，应变范围为10%至均匀延伸结束时的应变。

8.4 每批钢板及钢带的检验项目、试样数量、取样方法和试验方法应符合表6的规定。

表6

序号	检验项目	试样数量(个)	取样方法	试验方法
1	化学分析	1/每炉	GB/T 20066	GB/T 223、GB/T 4336、ASTM E1019
2	拉伸试验	1	GB/T 2975	GB/T 228
3	塑性应变比(r值)	1		GB/T 5027和8.3
4	应变硬化指数(n值)	1		GB/T 5028和8.3
5	表面粗糙度	—		GB/T 2523

8.5 钢板及钢带应按批验收，每个检验批应由同牌号、同规格、同加工状态的钢板或钢带组成。每批的重量应不大于30 t，对于卷重大于30 t的钢带，每卷作为一个检验批。

8.6 钢板及钢带的复验按GB/T 17505的规定。

9 包装、标志及质量证明书

钢板及钢带的包装、标志及质量证明书应符合GB/T 247的规定，如需方对包装有特殊要求，可在订货时协商。

10 数值修约

数值修约按GB/T 8170的规定。

11 国内外牌号近似对照

本部分牌号与国外标准牌号的近似对照见附录B。

附 录 A
(资料性附录)
钢的化学成分

钢的化学成分(熔炼分析)参考值见表A.1。

表 A.1

牌号	化学成分(质量分数)/%						
	C	Si	Mn	P	S	Alt	Ti[a]
CR180IF	≤0.01	≤0.30	≤0.80	≤0.08	≤0.025	≥0.010	≤0.12
CR220IF	≤0.01	≤0.50	≤1.40	≤0.10	≤0.025	≥0.010	≤0.12
CR260IF	≤0.01	≤0.80	≤2.00	≤0.12	≤0.025	≥0.010	≤0.12

[a] 可以用Nb部分或全部代替Ti,此时Nb和/或Ti的总含量≤0.12%。

附　录　B
（资料性附录）
国内外牌号近似对照

本部分牌号与国外标准牌号的近似对照见表 B.1。

表 B.1

GB/T 20564	prEN 10268:2002	SAE J2340:1999	JFS A 2001:1998
CR180IF	H180Y	180AT	JSC340P
CR220IF	H220Y	210AT	JSC390P
CR260IF	H260Y	250AT	JSC440P

ICS 77.140.50
H 46

中华人民共和国国家标准

GB/T 20564.4—2010

汽车用高强度冷连轧钢板及钢带 第4部分:低合金高强度钢

Continuously cold rolled high strength steel sheet and strip for automobile—Part 4:High strength low alloy steel

2010-09-02 发布

2011-06-01 实施

中华人民共和国国家质量监督检验检疫总局
中国国家标准化管理委员会
发布

前　言

GB/T 20564《汽车用高强度冷连轧钢板及钢带》分为7个部分：

——第1部分：烘烤硬化钢

——第2部分：双相钢

——第3部分：高强度无间隙原子钢

——第4部分：低合金高强度钢

——第5部分：各向同性钢

——第6部分：相变诱导塑性钢

——第7部分：马氏体钢

本部分为GB/T 20564的第4部分。

本部分的附录A和附录B为资料性附录。

本部分由中国钢铁工业协会提出。

本部分由全国钢标准化技术委员会归口。

本部分起草单位：宝山钢铁股份有限公司、冶金工业信息标准研究院、首钢总公司。

本部分主要起草人：李玉光、施鸿雁、孙忠明、徐宏伟、涂树林、王晓虎、黄锦花、于成峰、乔建军、王利、朱晓东、许晴。

汽车用高强度冷连轧钢板及钢带 第4部分:低合金高强度钢

1 范围

本部分规定了冷轧低合金高强度钢板及钢带(以下简称为钢板及钢带)的尺寸、外形、重量、技术要求、试验方法、检验规则、包装、标志和质量证明书等。

本部分适用于厚度不大于3.0 mm,主要用于制作汽车结构件和加强件的钢板及钢带。

2 规范性引用文件

下列文件中的条款通过本部分的引用而成为本部分的条款。凡是注日期的引用文件,其随后所有的修改单(不包括勘误的内容)或修订版均不适用于本部分,然而,鼓励根据本部分达成协议的各方研究是否可使用这些文件的最新版本。凡是不注日期的引用文件,其最新版本适用于本部分。

GB/T 223.5 钢铁 酸溶硅和全硅含量的测定 还原型硅钼酸盐分光光度法

GB/T 223.9 钢铁及合金 铝含量的测定 铬天青S分光光度法

GB/T 223.13 钢铁及合金化学分析方法 硫酸亚铁铵滴定法测定钒量

GB/T 223.16 钢铁及合金化学分析方法 变色酸光度法测定钛量

GB/T 223.17 钢铁及合金化学分析方法 二安替比林甲烷光度法测定钛量

GB/T 223.40 钢铁及合金 铌含量的测定 氯磺酚S分光光度法

GB/T 223.59 钢铁及合金 磷含量的测定 铋磷钼蓝分光光度法和锑磷钼蓝分光光度法

GB/T 223.60 钢铁及合金化学分析方法 高氯酸脱水重量法测定硅含量

GB/T 223.63 钢铁及合金化学分析方法 高碘酸钠(钾)光度法测定锰量

GB/T 223.64 钢铁及合金 锰含量的测定 火焰原子吸收光谱法

GB/T 223.67 钢铁及合金 硫含量的测定 次甲基蓝分光光度法

GB/T 223.68 钢铁及合金化学分析方法 管式炉内燃烧后碘酸钾滴定法测定硫含量

GB/T 223.69 钢铁及合金 碳含量的测定 管式炉内燃烧后气体容量法

GB/T 223.71 钢铁及合金化学分析方法 管式炉内燃烧后重量法测定碳含量

GB/T 223.72 钢铁及合金 硫含量的测定 重量法

GB/T 223.75 钢铁及合金 硼含量的测定 甲醇蒸馏-姜黄素光度法

GB/T 223.76 钢铁及合金化学分析方法 火焰原子吸收光谱法测定钒量

GB/T 223.78 钢铁及合金化学分析方法 姜黄素直接光度法测定硼含量

GB/T 228 金属材料 室温拉伸试验方法

GB/T 247 钢板和钢带包装、标志及质量证明书的一般规定

GB/T 708 冷轧钢板和钢带的尺寸、外形、重量及允许偏差

GB/T 2523 冷轧金属薄板(带)表面粗糙度和峰值数的测量方法

GB/T 2975 钢及钢产品 力学性能试验取样位置及试样制备

GB/T 4336 碳素钢和中低合金钢 火花源原子发射光谱分析方法(常规法)

GB/T 8170 数值修约规则与极限数值的表示和判定

GB/T 17505 钢及钢产品交货一般技术要求

GB/T 20066 钢和铁 化学成分测定用试样的取样和制样方法

GB/T 20123　钢铁　总碳硫含量的测定　高频感应炉燃烧后红外吸收法(常规方法)

GB/T 20125　低合金钢　多元素含量的测定　电感耦合等离子体原子发射光谱法

GB/T 20126　非合金钢　低碳含量的测定　第2部分:感应炉(经预加热)内燃烧后红外吸收法

3　术语和定义

下列术语和定义适用于本部分。

3.1

低合金高强度钢　high strength low alloy steels (LA)

在低碳钢中,通过单一或复合添加铌、钛、钒等微合金元素,形成碳氮化合物粒子析出进行强化,同时通过微合金元素的细化晶粒作用,以获得较高的强度。

4　分类和代号

4.1　钢板及钢带的牌号由冷轧的英文"Cold Rolled"的首位英文字母"CR"、规定的最小屈服强度值、低合金的英文"Low Alloy"的前二位字母"LA"三个部分组成。

示例1:CR260LA

CR——冷轧的英文"Cold Rolled"的首位英文字母;

260——规定的最小屈服强度值,单位为兆帕(MPa);

LA——低合金的英文"Low Alloy"的前二位字母。

4.2　钢板及钢带按用途及特点区分如表1的规定。

表1

牌　号	用　途
CR260LA	结构件
CR300LA	
CR340LA	
CR380LA	结构件、加强件
CR420LA	

4.3　钢板及钢带按表面质量区分如表2的规定。

表2

级　别	代　号
较高级的精整表面	FB
高级的精整表面	FC
超高级的精整表面	FD

4.4　钢板及钢带按表面结构区分如表3的规定。

表3

表面结构	代　号
麻面	D
光亮表面	B

5　订货所需信息

5.1　用户订货时应提供如下信息:

a)　产品名称(钢板或钢带);

b) 本部分编号；

c) 牌号；

d) 规格及尺寸、不平度精度；

e) 表面质量级别；

f) 表面结构；

g) 边缘状态；

h) 包装方式；

i) 重量；

j) 用途；

k) 其他特殊要求。

5.2 如订货合同中未注明尺寸和不平度精度、表面质量级别、表面结构种类、边缘状态及包装等信息，则本标准产品按普通的尺寸和不平度精度、较高级的精整表面、表面结构为麻面的切边钢板或钢带供货，并按供方提供的包装方式包装。

6 尺寸、外形、重量及允许偏差

钢板及钢带的尺寸、外形、重量及允许偏差应符合 GB/T 708 的规定。

7 技术要求

7.1 化学成分

钢的化学成分(熔炼分析)参考值见附录 A。如需方对化学成分有要求，应在订货时协商。

7.2 冶炼方法

钢板及钢带所用的钢采用氧气转炉或电炉冶炼，除非另有规定，冶炼方式由供方选择。

7.3 交货状态

7.3.1 钢板及钢带以退火及平整状态交货。

7.3.2 钢板及钢带通常涂油供货，所涂油膜应能用碱水溶液或通常的溶剂去除，在通常的包装、运输、装卸及贮存条件下，供方保证自制造完成之日起 6 个月内，钢板及钢带表面不生锈。如需方要求不涂油供货，应在订货时协商。

注：对于需方要求的不涂油产品，供方不承担产品锈蚀的风险。订货时，需方应被告知，在运输、装卸、储存和使用过程中，不涂油产品表面易产生轻微划伤。

7.4 力学性能

供方保证自制造完成之日起 6 个月内，钢板及钢带的力学性能应符合表 4 的规定。

注：由于时效的影响，钢板及钢带的力学性能会随着储存时间的延长而变差，如屈服强度和抗拉强度的上升，断后伸长率的下降，成形性能变差、出现拉伸应变痕等，建议用户尽早使用。

表 4

牌号	拉伸试验		
	规定塑性延伸强度[a,b] $R_{P0.2}$/ MPa	抗拉强度 R_m/ MPa	断后伸长率[b,c] $A_{80\,mm}$/% 不小于
CR260LA	260～330	350～430	26
CR300LA	300～380	380～480	23
CR340LA	340～420	410～510	21
CR380LA	380～480	440～560	19

表 4（续）

牌　号	拉伸试验		
	规定塑性延伸强度[a,b] $R_{P0.2}$/ MPa	抗拉强度 R_m/ MPa	断后伸长率[b,c] $A_{80\ mm}$/% 不小于
CR420LA	420～520	470～590	17

a 屈服明显时采用 R_{eL}。

b 试样为 GB/T 228 中的 P6 试样，试样方向为横向。

c 当产品公称厚度大于 0.50 mm，但小于等于 0.70 mm 时，断后伸长率允许下降 2%；当产品公称厚度不大于 0.50 mm时，断后伸长率允许下降 4%。

7.5 表面质量

7.5.1 钢板及钢带表面不应有结疤、裂纹、夹杂等对使用有害的缺陷，钢板及钢带不应有分层。

7.5.2 钢板及钢带各表面质量级别的特征如表 5 所述。

7.5.3 对于钢带，由于没有机会切除带缺陷部分，因此允许带缺陷交货，但有缺陷部分应不超过每卷总长度的 6%。

表 5

级　别	代　号	特　征
较高级表面	FB	表面允许有少量不影响成型性及涂、镀附着力的缺欠，如轻微的划伤、压痕、麻点、辊印及氧化色等
高级表面	FC	产品二面中较好的一面无肉眼可见的明显缺欠，另一面应至少达到 FB 的要求
超高级表面	FD	产品二面中较好的一面不得有任何缺欠，即不能影响涂漆后的外观质量或电镀后的外观质量，另一面应至少达到 FB 的要求

7.6 表面结构

表面结构为麻面时，平均粗糙度 Ra 目标值为大于 0.6 μm 且不大于 1.9 μm。表面结构为光亮表面时，平均粗糙度 Ra 目标值为不大于 0.9 μm。如需方对粗糙度有特殊要求，应在订货时协商。

8 检验和试验

8.1 钢板及钢带的外观用肉眼检查。

8.2 钢板及钢带的尺寸、外形用合适的测量工具测量。

8.3 每批钢板及钢带的检验项目、试样数量、取样方法、试验方法应符合表 6 的规定。

8.4 钢板及钢带应按批验收，每个检验批应由不大于 30 t 的同牌号、同规格、同加工状态的钢板及钢带组成，对于卷重大于 30 t 的钢带，每卷作为一个检验批。

8.5 钢板及钢带的复验按 GB/T 17505 的规定。

表 6

序号	检验项目	试验数量/个	取样方法	试验方法
1	化学分析	1/炉	GB/T 20066	GB/T 223、GB/T 4336、GB/T 20123、GB/T 20125、GB/T 20126
2	拉伸试验	1	GB/T 2975	GB/T 228
3	表面粗糙度	—		GB/T 2523

9 数值修约

数值修约按 GB/T 8170 的规定。

10 包装、标志及质量证明书

钢板及钢带的包装、标志及质量证明书应符合 GB/T 247 的规定，如需方对包装有特殊要求，可在订货时协商。

11 国内外牌号近似对照

本标准牌号与国外标准牌号的近似对照见附录 B。

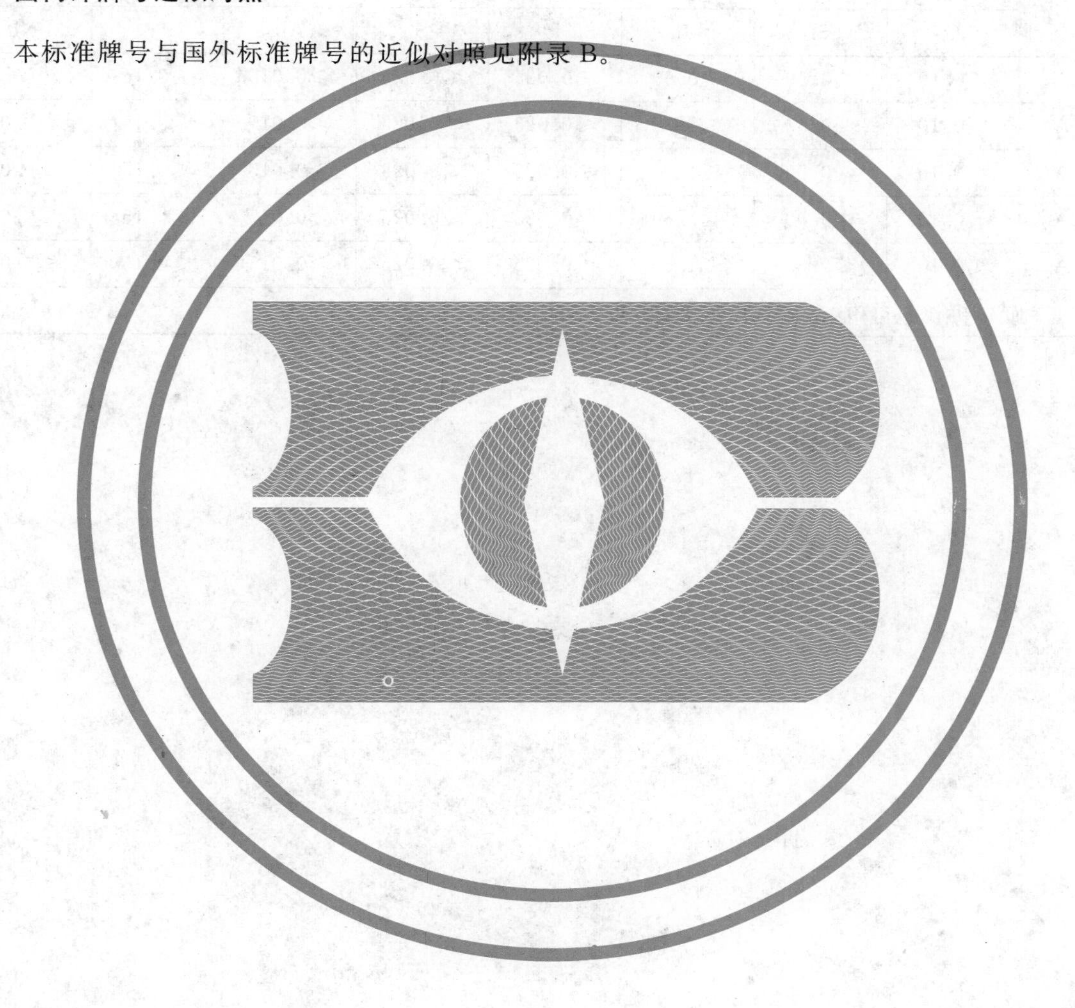

附 录 A
（资料性附录）
化学成分参考值

钢的化学成分（熔炼分析）参考值见表 A.1。

表 A.1

牌号	化学成分（质量分数）[a]（熔炼分析）/%							
	C	Si	Mn	P	S	Alt	Ti[a]	Nb
CR260LA	≤0.10	≤0.50	≤0.60	≤0.025	≤0.025	≥0.015	≤0.15	—
CR300LA	≤0.10	≤0.50	≤1.00	≤0.025	≤0.025	≥0.015	≤0.15	≤0.09
CR340LA	≤0.10	≤0.50	≤1.10	≤0.025	≤0.025	≥0.015	≤0.15	≤0.09
CR380LA	≤0.10	≤0.50	≤1.60	≤0.025	≤0.025	≥0.015	≤0.15	≤0.09
CR420LA	≤0.10	≤0.50	≤1.60	≤0.025	≤0.025	≥0.015	≤0.15	≤0.09
[a] 可以添加 V 和 B，也可用 Nb 或 B 代替 Ti，但 Ti+Nb+V+B≤0.22%。								

附 录 B
（资料性附录）
国内外牌号近似对照

本标准牌号与被替代标准及国内外标准的近似对照见表 B.1。

表 B.1

GB/T 20564.4—2010	EN 10268:2006	ASTM A1008M-09
CR260LA	HC260LA	—
CR300LA	HC300LA	HSLAS grade 310 class 2
CR340LA	HC340LA	HSLAS grade 340 class 2
CR380LA	HC380LA	HSLAS grade 380 class 2
CR420LA	HC420LA	HSLAS grade 410 class 2

ICS 77.140.50
H 46

中华人民共和国国家标准

GB/T 20564.5—2010

汽车用高强度冷连轧钢板及钢带 第5部分:各向同性钢

Continuously cold rolled high strength steel sheet and strip for automobile—Part 5: Isotropic steel

2010-09-02 发布　　　　2011-06-01 实施

中华人民共和国国家质量监督检验检疫总局
中国国家标准化管理委员会 发布

前　言

GB/T 20564《汽车用高强度冷连轧钢板及钢带》分为7个部分：

——第1部分：烘烤硬化钢

——第2部分：双相钢

——第3部分：高强度无间隙原子钢

——第4部分：低合金高强度钢

——第5部分：各向同性钢

——第6部分：相变诱导塑性钢

——第7部分：马氏体钢

为本部分为GB/T 20564的第5部分。

本部分的附录A和附录B为资料性附录。

本部分由中国钢铁工业协会提出。

本部分由全国钢标准化技术委员会归口。

本部分起草单位：宝山钢铁股份有限公司、冶金工业信息标准研究院、首钢总公司。

本部分主要起草人：李玉光、施鸿雁、孙忠明、徐宏伟、涂树林、王晓虎、黄锦花、于成峰、熊爱民、王利、朱晓东、许晴。

汽车用高强度冷连轧钢板及钢带 第5部分:各向同性钢

1 范围

本部分规定了冷轧各向同性高强度钢板及钢带(以下简称为钢板及钢带)的尺寸、外形、重量、技术要求、试验方法、检验规则、包装、标志和质量证明书等。

本部分适用于厚度不大于2.5 mm,主要用于制作汽车外覆盖件的钢板及钢带。

2 规范性引用文件

下列文件中的条款通过本部分的引用而成为本部分的条款。凡是注日期的引用文件,其随后所有的修改单(不包括勘误的内容)或修订版均不适用于本部分,然而,鼓励根据本部分达成协议的各方研究是否可使用这些文件的最新版本。凡是不注日期的引用文件,其最新版本适用于本部分。

GB/T 223.5　钢铁　酸溶硅和全硅含量的测定　还原型硅钼酸盐分光光度法

GB/T 223.9　钢铁及合金　铝含量的测定　铬天青S分光光度法

GB/T 223.13　钢铁及合金化学分析方法　硫酸亚铁铵滴定法测定钒量

GB/T 223.16　钢铁及合金化学分析方法　变色酸光度法测定钛量

GB/T 223.17　钢铁及合金化学分析方法　二安替比林甲烷光度法测定钛量

GB/T 223.40　钢铁及合金　铌含量的测定　氯磺酚S分光光度法

GB/T 223.59　钢铁及合金　磷含量的测定　铋磷钼蓝分光光度法和锑磷钼蓝分光光度法

GB/T 223.60　钢铁及合金化学分析方法　高氯酸脱水重量法测定硅含量

GB/T 223.63　钢铁及合金化学分析方法　高碘酸钠(钾)光度法测定锰量

GB/T 223.64　钢铁及合金　锰含量的测定　火焰原子吸收光谱法

GB/T 223.67　钢铁及合金　硫含量的测定　次甲基蓝分光光度法

GB/T 223.68　钢铁及合金化学分析方法　管式炉内燃烧后碘酸钾滴定法测定硫含量

GB/T 223.69　钢铁及合金　碳含量的测定　管式炉内燃烧后气体容量法

GB/T 223.71　钢铁及合金化学分析方法　管式炉内燃烧后重量法测定碳含量

GB/T 223.72　钢铁及合金　硫含量的测定　重量法

GB/T 223.75　钢铁及合金　硼含量的测定　甲醇蒸馏-姜黄素光度法

GB/T 223.76　钢铁及合金化学分析方法　火焰原子吸收光谱法测定钒量

GB/T 223.78　钢铁及合金化学分析方法　姜黄素直接光度法测定硼含量

GB/T 228　金属材料　室温拉伸试验方法

GB/T 247　钢板和钢带包装、标志及质量证明书的一般规定

GB/T 708　冷轧钢板和钢带的尺寸、外形、重量及允许偏差

GB/T 2523　冷轧金属薄板(带)表面粗糙度和峰值数的测量方法

GB/T 2975　钢及钢产品　力学性能试验取样位置及试样制备

GB/T 4336　碳素钢和中低合金钢　火花源原子发射光谱分析方法(常规法)

GB/T 5027　金属材料　薄板和薄带塑性应变比(r值)的测定

GB/T 5028　金属材料　薄板和薄带　拉伸应变硬化指数(n值)的测定

GB/T 8170　数值修约规则与极限数值的表示和判定

GB/T 17505　钢及钢产品交货一般技术要求

GB/T 20066　钢和铁　化学成分测定用试样的取样和制样方法

GB/T 20123　钢铁　总碳硫含量的测定　高频感应炉燃烧后红外吸收法(常规方法)

GB/T 20125　低合金钢　多元素含量的测定　电感耦合等离子体原子发射光谱法

GB/T 20126　非合金钢　低碳含量的测定　第2部分:感应炉(经预加热)内燃烧后红外吸收法

3　术语和定义

下列术语和定义适用于本部分。

3.1

各向同性钢　isotropic steel

各向同性钢是对塑性应变比(*r* 值)进行限定的钢。

4　分类和代号

4.1　钢板及钢带的牌号由冷轧的英文“Cold Rolled”的首位英文字母“CR”、规定的最小屈服强度值、各向同性的英文“Isotropic”的前二位字母“IS”三个部分组成。

示例1:CR220IS

CR——冷轧的英文“Cold Rolled”的首位英文字母;

220——规定最小屈服强度值,单位为兆帕(MPa);

IS——各向同性的英文“Isotropic”的前二位字母。

4.2　钢板及钢带按用途及特点区分如表1的规定。

表1

牌　号	用　途
CR220IS	制作汽车覆盖件、结构件
CR260IS	
CR300IS	

4.3　钢板及钢带按表面质量区分如表2的规定。

表2

级　别	代　号
较高级表面	FB
高级表面	FC
超高级表面	FD

4.4　钢板及钢带按表面结构区分如表3的规定。

表3

表　面　结　构	代　号
麻面	D
光亮表面	B

5　订货所需信息

5.1　用户订货时应提供如下信息:

a)　产品名称(钢板或钢带);

b) 本部分编号；

c) 牌号；

d) 规格及尺寸、不平度精度；

e) 表面质量级别；

f) 表面结构；

g) 边缘状态；

h) 包装方式；

i) 重量；

j) 用途；

k) 其他特殊要求。

5.2 如订货合同中未注明尺寸和不平度精度、表面质量级别、表面结构种类、边缘状态及包装等信息，则本标准产品按普通的尺寸和不平度精度、较高级的精整表面、表面结构为麻面的切边钢板或钢带供货，并按供方提供的包装方式包装。

6 尺寸、外形、重量及允许偏差

钢板及钢带的尺寸、外形、重量及允许偏差应符合 GB/T 708 的规定。

7 技术要求

7.1 化学成分

钢的化学成分(熔炼分析)参考值见附录 A。如需方对化学成分有要求，应在订货时协商。

7.2 冶炼方法

钢板及钢带所用的钢采用氧气转炉或电炉冶炼，除非另有规定，冶炼方式由供方选择。

7.3 交货状态

7.3.1 钢板及钢带以退火 + 平整状态交货。

7.3.2 钢板及钢带通常涂油供货，所涂油膜应能用碱水溶液或通常的溶剂去除，在通常的包装、运输、装卸及贮存条件下，供方保证自制造完成之日起 6 个月内，钢板及钢带表面不生锈。如需方要求不涂油供货，应在订货时协商。

注：对于需方要求的不涂油产品，供方不承担产品锈蚀的风险。订货时，需方应被告知，在运输、装卸、储存和使用过程中，不涂油产品表面易产生轻微划伤。

7.4 力学性能

供方保证自制造完成之日起 6 个月内，钢板及钢带的力学性能应符合表 4 的规定。

注：由于时效的影响，钢板及钢带的力学性能会随着储存时间的延长而变差，如屈服强度和抗拉强度的上升，断后伸长率的下降，成形性能变差、出现拉伸应变痕等，建议用户尽早使用。

表 4

牌 号	拉伸试验			r_{90}[d] 不大于	n_{90}[d] 不小于
	规定塑性延伸强度[a] $R_{p0.2}$/MPa	抗拉强度 R_m/MPa	断后伸长率[b,c] $A_{80\ mm}$/% 不小于		
CR220IS	220～270	300～420	34	1.4	0.18
CR260IS	260～310	320～440	32	1.4	0.17

表 4（续）

牌　号	拉伸试验			r_{90}[d] 不大于	n_{90}[d] 不小于
	规定塑性延伸强度[a] $R_{p0.2}$/MPa	抗拉强度 R_m/MPa	断后伸长率[b,c] $A_{80\ mm}$/% 不小于		
CR300IS	300～350	340～460	30	1.4	0.16

a 屈服明显时采用 R_{eL}。

b 试样为 GB/T 228 中的 P6 试样，试样方向为横向。

c 当产品公称厚度大于 0.50 mm，但小于等于 0.70 mm 时，断后伸长率允许下降 2%；当产品公称厚度不大于 0.50 mm时，断后伸长率允许下降 4%。

d 规定值只适用于≥0.5 mm 的产品。

7.5　拉伸应变痕

室温储存条件下，对于表面质量要求为 FC 和 FD 的钢板及钢带，应保证在制造完成之日起的 6 个月内使用时不出现拉伸应变痕。

7.6　表面质量

7.6.1　钢板及钢带表面不应有结疤、裂纹、夹杂等对使用有害的缺陷，钢板及钢带不应有分层。

7.6.2　钢板及钢带各表面质量级别的特征如表 5 所述。

7.6.3　对于钢带，由于没有机会切除带缺陷部分，因此允许带缺陷交货，但有缺陷部分应不超过每卷总长度的 6%。

表 5

级　别	代　号	特　征
较高级的精整表面	FB	表面允许有少量不影响成型性及涂、镀附着力的缺欠，如轻微的划伤、压痕、麻点、辊印及氧化色等
高级的精整表面	FC	产品二面中较好的一面无目视可见的明显缺欠，另一面应至少达到 FB 的要求
超高级的精整表面	FD	产品二面中较好的一面不得有任何缺欠，即不能影响涂漆后的外观质量或电镀后的外观质量，另一面应至少达到 FB 的要求

7.7　表面结构

表面结构为麻面时，平均粗糙度 Ra 目标值为大于 0.6 μm 且不大于 1.9 μm。表面结构为光亮表面时，平均粗糙度 Ra 目标值为不大于 0.9 μm。如需方对粗糙度有特殊要求，应在订货时协商。

8　检验和试验

8.1　钢板及钢带的外观用目视检查。

8.2　钢板及钢带的尺寸、外形用合适的测量工具测量。

8.3　r 值是在 15%应变时计算得到的，均匀延伸小于 15%时，按均匀延伸结束时的应变值进行计算。n 值是在 10%～20%应变范围内计算得到的，均匀延伸小于 20%时，计算的应变范围为 10%至均匀延伸结束。

8.4　每批钢板及钢带的检验项目、试样数量、取样方法、试验方法应符合表 6 的规定。

表 6

序号	检验项目	试验数量(个)	取样方法	试验方法
1	化学分析	1/炉	GB/T 20066	GB/T 223、GB/T 4336、GB/T 20123、GB/T 20125、GB/T 20126
2	拉伸试验	1	GB/T 2975	GB/T 228
3	塑性应变比(*r* 值)	1		GB/T 5027
4	应变硬化指数(*n* 值)	1		GB/T 5028
5	表面粗糙度	—		GB/T 2523

8.5　钢板及钢带应按批验收，每个检验批应由不大于 30 t 的同牌号、同规格、同加工状态的钢板及钢带组成，对于卷重大于 30 t 的钢带，每卷作为一个检验批。

8.6　钢板及钢带的复验按 GB/T 17505 的规定。

9　数值修约

数值修约按 GB/T 8170 的规定。

10　包装、标志及质量证明书

钢板及钢带的包装、标志及质量证明书应符合 GB/T 247 的规定，如需方对包装有特殊要求，可在订货时协商。

11　国内外牌号近似对照

本标准牌号与国外标准牌号的近似对照见附录 B。

附 录 A
（资料性附录）
化学成分参考值

钢的化学成分（熔炼分析）参考值见表 A.1。

表 A.1

牌号[a]	化学成分（质量分数）（熔炼分析）/%						
	C	Si	Mn	P	S	Alt	Ti[a]
CR220IS	≤0.07	≤0.50	≤0.50	≤0.05	≤0.025	≥0.015	≤0.05
CR260IS	≤0.07	≤0.50	≤0.50	≤0.05	≤0.025	≥0.015	≤0.05
CR300IS	≤0.08	≤0.50	≤0.70	≤0.08	≤0.025	≥0.015	≤0.05

[a] 可以添加 V 和 B，也可用 Nb 或 B 代替 Ti，但 Ti＋Nb＋V＋B≤0.22%。

附 录 B
（资料性附录）
国内外牌号近似对照

本标准牌号与被替代标准及国内外标准的近似对照见表 B.1。

表 B.1

GB/T 20564.5—2010	EN 10268—2006
CR220IS	HC220I
CR260IS	HC260I
CR300IS	HC300I

ICS 77.140.50
H 46

中华人民共和国国家标准

GB/T 20564.6—2010

汽车用高强度冷连轧钢板及钢带 第6部分：相变诱导塑性钢

Continuously cold rolled high strength steel sheet and strip for automobile—Part 6：Transformation induced plasticity steel

2010-09-02 发布　　　　2011-06-01 实施

中华人民共和国国家质量监督检验检疫总局
中国国家标准化管理委员会　发布

前　言

GB/T 20564《汽车用高强度冷连轧钢板及钢带》分为7个部分：

——第1部分：烘烤硬化钢

——第2部分：双相钢

——第3部分：无间隙原子钢

——第4部分：低合金高强度钢

——第5部分：各向同性钢

——第6部分：相变诱导塑性钢

——第7部分：马氏体钢

本部分为GB/T 20564的第6部分。

本部分的附录A和附录B为资料性附录。

本部分由中国钢铁工业协会提出。

本部分由全国钢标准化技术委员会归口。

本部分起草单位：宝山钢铁股份有限公司、冶金工业信息标准研究院、首钢总公司。

本部分主要起草人：李玉光、孙忠明、徐宏伟、施鸿雁、涂树林、王晓虎、黄锦花、于成峰、唐牧、朱晓东、王利、许晴。

汽车用高强度冷连轧钢板及钢带 第6部分:相变诱导塑性钢

1 范围

本部分规定了冷轧相变诱导塑性高强度钢板及钢带(以下简称为钢板及钢带)的术语和定义、分类、代号、尺寸、外形、重量、技术要求、检验和试验、包装、标志及质量证明书等。

本部分适用于厚度为0.50 mm~2.5 mm,主要用于制作汽车的结构件和加强件的钢板及钢带。

2 规范性引用文件

下列文件中的条款通过本部分的引用而成为本部分的条款。凡是注日期的引用文件,其随后所有的修改单(不包括勘误的内容)或修订版均不适用于本部分,然而,鼓励根据本部分达成协议的各方研究是否可使用这些文件的最新版本。凡是不注日期的引用文件,其最新版本适用于本部分。

GB/T 223.5 钢铁 酸溶硅和全硅含量的测定 还原型硅钼酸盐分光光度法

GB/T 223.9 钢铁及合金 铝含量的测定 铬天青S分光光度法

GB/T 223.11 钢铁及合金 铬含量的测定 可视滴定或电位滴定法

GB/T 223.23 钢铁及合金 镍含量的测定 丁二酮肟分光光度法

GB/T 223.26 钢铁及合金 钼含量的测定 硫氰酸盐分光光度法

GB/T 223.53 钢铁及合金化学分析方法 火焰原子吸收分光光度法测定铜量

GB/T 223.59 钢铁及合金 磷含量的测定 铋磷钼蓝分光光度法和锑磷钼蓝分光光度法

GB/T 223.60 钢铁及合金化学分析方法 高氯酸脱水重量法测定硅含量

GB/T 223.63 钢铁及合金化学分析方法 高碘酸钠(钾)光度法测定锰量

GB/T 223.64 钢铁及合金 锰含量的测定 火焰原子吸收光谱法

GB/T 223.67 钢铁及合金 硫含量的测定 次甲基蓝分光光度法

GB/T 223.68 钢铁及合金化学分析方法 管式炉内燃烧后碘酸钾滴定法测定硫含量

GB/T 223.69 钢铁及合金 碳含量的测定 管式炉内燃烧后气体容量法

GB/T 223.71 钢铁及合金化学分析方法 管式炉内燃烧后重量法测定碳含量

GB/T 223.72 钢铁及合金 硫含量的测定 重量法

GB/T 228 金属材料 室温拉伸试验方法

GB/T 247 钢板和钢带包装、标志及质量证明书的一般规定

GB/T 708 冷轧钢板和钢带的尺寸、外形、重量及允许偏差

GB/T 2523 冷轧金属薄板(带)表面粗糙度和峰值数的测量方法

GB/T 2975 钢及钢产品 力学性能试验取样位置及试样制备

GB/T 4336 碳素钢和中低合金钢 火花源原子发射光谱分析方法(常规法)

GB/T 5028 金属材料 薄板和薄带 拉伸应变硬化指数(n值)的测定

GB/T 8170 数值修约规则与极限数值的表示和判定

GB/T 17505 钢及钢产品交货一般技术要求

GB/T 20066 钢和铁 化学成分测定用试样的取样和制样方法

GB/T 20123 钢铁 总碳硫含量的测定 高频感应炉燃烧后红外吸收法(常规方法)

GB/T 20125 低合金钢 多元素含量的测定 电感耦合等离子体原子发射光谱法

GB/T 20126 非合金钢 低碳含量的测定 第2部分:感应炉(经预加热)内燃烧后红外吸收法

3 术语和定义

下列术语和定义适用于本部分。

3.1

相变诱导塑性钢 transformation induced plasticity steels (TR)

钢的显微组织为铁素体、贝氏体和残余奥氏体。在成形过程中,残余奥氏体可相变为马氏体组织,具有较高的加工硬化率、均匀伸长率和抗拉强度。与同等抗拉强度的双相钢水平相比,具有更高的延伸率。

4 分类和代号

4.1 钢板及钢带的牌号由冷轧的英文"Cold Rolled"的首位英文字母"CR"、规定的最小屈服强度值/规定的最小抗拉强度值、相变诱导塑性的英文"Transformation Induced Plasticity "的首两位英文字母"TR"三个部分组成。

示例:CR380/590TR

CR——冷轧的英文"Cold Rolled"的首位英文字母;

380/590——380:规定最小屈服强度值,590:规定的最小抗拉强度值,单位为兆帕(MPa);

TR——相变诱导塑性的英文"Transformation Induced Plasticity "的首两位英文字母。

4.2 钢板及钢带按用途及特点区分如表1的规定。

表 1

牌 号	用 途
CR380/590TR	结构件、加强件
CR400/690TR	
CR420/780TR	
CR450/980TR	

4.3 钢板及钢带按表面质量区分如表2的规定。

表 2

级 别	代 号
较高级表面	FB
高级表面	FC

4.4 钢板及钢带按表面结构区分如表3的规定。

表 3

表 面 结 构	代 号
麻面	D
光亮表面	B

5 订货所需信息

5.1 用户订货时应提供如下信息:

a) 产品名称(钢板或钢带);

b) 本部分号;

c) 牌号;

d） 规格及尺寸、不平度精度；

e） 表面质量级别；

f） 表面结构；

g） 边缘状态；

h） 包装方式；

i） 重量；

j） 用途；

k） 其他特殊要求。

5.2 如订货合同中未注明尺寸和不平度精度、表面质量级别、表面结构种类、边缘状态及包装等信息，则本标准产品按普通的尺寸和不平度精度、较高级的精整表面、表面结构为麻面的切边钢板或钢带供货，并按供方提供的包装方式包装。

6 尺寸、外形、重量及允许偏差

钢板及钢带的尺寸、外形、重量及允许偏差应符合 GB/T 708 的规定。

7 技术要求

7.1 化学成分

钢的化学成分(熔炼分析)参考值见附录 A。如需方对化学成分有要求，应在订货时协商。

7.2 冶炼方法

钢板及钢带所用的钢采用氧气转炉或电炉冶炼，除非另有规定，冶炼方式由供方选择。

7.3 交货状态

7.3.1 钢板及钢带以退火＋平整状态交货。

7.3.2 钢板及钢带通常涂油供货，所涂油膜应能用碱水溶液或通常的溶剂去除，在通常的包装、运输、装卸及贮存条件下，供方保证自制造完成之日起 6 个月内，钢板及钢带表面不生锈。如需方要求不涂油供货，应在订货时协商。

注：对于需方要求的不涂油产品，供方不承担产品锈蚀的风险。订货时，需方应被告知，在运输、装卸、储存和使用过程中，不涂油产品表面易产生轻微划伤。

7.4 力学性能

钢板及钢带的力学应符合表 4 的规定。

表 4

牌　　号	拉伸试验[a,b,c]			n_{90} 不小于
	规定塑性延伸强度 $R_{P0.2}$/MPa	抗拉强度 R_m/MPa 不小于	断后伸长率 $A_{80\ mm}$/% 不小于	
CR380/590TR	380～480	590	26	0.20
CR400/690TR	400～520	690	24	0.19
CR420/780TR	420～580	780	20	0.15
CR450/980TR	450～700	980	14	0.14

[a] 明显屈服时采用 R_{eL}。

[b] 试样为 GB/T 228 中的 P6 试样，试样方向为横向。

[c] 当产品公称厚度大于 0.50 mm，但小于等于 0.70 mm 时，断后伸长率允许下降 2%；当产品公称厚度不大于 0.50 mm时，断后伸长率允许下降 4%。

7.5 焊接

用户应根据化学成分和强度级别确定合适的焊接工艺，必要时可咨询制造商。

7.6 表面质量

7.6.1 钢板及钢带表面不应有结疤、裂纹、夹杂等对使用有害的缺陷，钢板及钢带不应有分层。

7.6.2 钢板及钢带各表面质量级别的特征如表 5 所述。

表 5

级　别	代　号	特　征
较高级表面	FB	表面允许有少量不影响成型性及涂、镀附着力的缺欠，如轻微的划伤、压痕、麻点、辊印及氧化色等
高级表面	FC	产品二面中较好的一面无肉眼可见的明显缺欠，另一面应至少达到 FB 的要求

7.6.3 对于钢带，由于没有机会切除带缺陷部分，因此允许带缺陷交货，但有缺陷部分应不超过每卷总长度的 6%。

7.7 表面结构

表面结构为麻面时，平均粗糙度 Ra 目标值为大于 0.6 μm 且不大于 1.9 μm。表面结构为光亮表面时，平均粗糙度 Ra 目标值为不大于 0.9 μm。如需方对粗糙度有特殊要求，应在订货时协商。

8 检验和试验

8.1 钢板及钢带的外观用肉眼检查。

8.2 钢板及钢带的尺寸、外形用合适的测量工具测量。

8.3 n 值是在 10%～20% 应变范围内计算得到的，均匀延伸小于 20% 时，计算的应变范围为 10% 至均匀延伸结束。

8.4 每批钢板及钢带的检验项目、试样数量、取样方法、试验方法应符合表 6 的规定。

8.5 钢板及钢带应按批验收，每个检验批应由不大于 30 t 的同牌号、同规格、同加工状态的钢板或钢带组成，对于卷重大于 30 t 的钢带，每卷作为一个检验批。

8.6 钢板及钢带的复验按 GB/T 17505 的规定。

表 6

序号	检验项目	试验数量/个	取样方法	试验方法
1	化学分析	1/炉	GB/T 20066	GB/T 223、GB/T 4336、GB/T 20123、GB/T 20125、GB/T 20126
2	拉伸试验	1	GB/T 2975	GB/T 228
3	应变硬化指数(n 值)	1		GB/T 5028
4	表面粗糙度	—		GB/T 2523

9 包装、标志及质量证明书

钢板及钢带的包装、标志及质量证明书应符合 GB/T 247 的规定，如需方对包装有特殊要求，可在订货时协商。

10 数值修约

数值修约按 GB/T 8170 的规定。

11 国内外牌号近似对照

本标准牌号与国外标准牌号的近似对照见附录 B。

附　录　A
（资料性附录）
化学成分参考值

钢的化学成分（熔炼分析）参考值如表 A.1 所示。

表 A.1

牌　　号	化学成分[a]（质量分数）（熔炼分析）/%					
	C 不大于	Si 不大于	Mn 不大于	P 不大于	S 不大于	Alt
CR380/590TR	0.30	2.2	2.5	0.12	0.015	0.015～2.0
CR400/690TR						
CR420/780TR						
CR450/980TR						

[a] 允许添加其他合金元素，如 Ni、Cr、Mo、Cu 等，但 Ni＋Cr＋Mo≤1.5%，Cu＜0.20%。

附　录　B
（资料性附录）
国内外牌号近似对照

本标准牌号与国外标准牌号的近似对照见表 B.1。

表 B.1

GB/T 20564.6—2010	prEN 10338—2007	SAE J2745—2007
CR380/590TR	—	TRIP590T/380Y
CR400/690TR	HCT690T	TRIP690T/400Y
CR420/780TR	HCT780T	TRIP780T/420Y
CR450/980TR	—	—

ICS 77.140.50
H 46

中华人民共和国国家标准

GB/T 20564.7—2010

汽车用高强度冷连轧钢板及钢带 第7部分：马氏体钢

Continuously cold rolled high strength steel sheet and strip for automobile—Part 7: Martensitic steels

2010-09-02 发布

2011-06-01 实施

中华人民共和国国家质量监督检验检疫总局
中国国家标准化管理委员会 发布

前　言

GB/T 20564《汽车用高强度冷连轧钢板及钢带》分为7个部分：

——第1部分：烘烤硬化钢

——第2部分：双相钢

——第3部分：无间隙原子钢

——第4部分：低合金高强度钢

——第5部分：各向同性钢

——第6部分：相变诱导塑性钢

——第7部分：马氏体钢

本部分为GB/T 20564的第7部分。

本部分的附录A和附录B是资料性附录。

本部分由中国钢铁工业协会提出。

本部分由全国钢标准化技术委员会归口。

本部分起草单位：宝山钢铁股份有限公司、冶金工业信息标准研究院、首钢总公司。

本部分主要起草人：李玉光、孙忠明、徐宏伟、施鸿雁、涂树林、王晓虎、黄锦花、于成峰、腾华湘、朱晓东、王利、许晴。

汽车用高强度冷连轧钢板及钢带 第7部分:马氏体钢

1 范围

本部分规定了冷轧马氏体高强度钢板及钢带(以下简称为钢板及钢带)的术语和定义、分类、代号、尺寸、外形、重量、技术要求、检验和试验、包装、标志及质量证明书等。

本部分适用于厚度为0.50 mm～2.1 mm,主要用于制作汽车的结构件、加强件的钢板及钢带。

2 规范性引用文件

下列文件中的条款通过本部分的引用而成为本部分的条款。凡是注日期的引用文件,其随后所有的修改单(不包括勘误的内容)或修订版均不适用于本部分,然而,鼓励根据本部分达成协议的各方研究是否可使用这些文件的最新版本。凡是不注日期的引用文件,其最新版本适用于本部分。

GB/T 223.5 钢铁 酸溶硅和全硅含量的测定 还原型硅钼酸盐分光光度法

GB/T 223.9 钢铁及合金 铝含量的测定 铬天青S分光光度法

GB/T 223.11 钢铁及合金 铬含量的测定 可视滴定或电位滴定法

GB/T 223.23 钢铁及合金 镍含量的测定 丁二酮肟分光光度法

GB/T 223.26 钢铁及合金 钼含量的测定 硫氰酸盐分光光度法

GB/T 223.53 钢铁及合金化学分析方法 火焰原子吸收分光光度法测定铜量

GB/T 223.59 钢铁及合金 磷含量的测定 铋磷钼蓝分光光度法和锑磷钼蓝分光光度法

GB/T 223.60 钢铁及合金化学分析方法 高氯酸脱水重量法测定硅含量

GB/T 223.63 钢铁及合金化学分析方法 高碘酸钠(钾)光度法测定锰量

GB/T 223.64 钢铁及合金 锰含量的测定 火焰原子吸收光谱法

GB/T 223.67 钢铁及合金 硫含量的测定 次甲基蓝分光光度法

GB/T 223.68 钢铁及合金化学分析方法 管式炉内燃烧后碘酸钾滴定法测定硫含量

GB/T 223.69 钢铁及合金 碳含量的测定 管式炉内燃烧后气体容量法

GB/T 223.71 钢铁及合金化学分析方法 管式炉内燃烧后重量法测定碳含量

GB/T 223.72 钢铁及合金 硫含量的测定 重量法

GB/T 228 金属材料 室温拉伸试验方法

GB/T 247 钢板和钢带包装、标志及质量证明书的一般规定

GB/T 708 冷轧钢板和钢带的尺寸、外形、重量及允许偏差

GB/T 2523 冷轧金属薄板(带)表面粗糙度和峰值数的测量方法

GB/T 2975 钢及钢产品 力学性能试验取样位置及试样制备

GB/T 4336 碳素钢和中低合金钢 火花源原子发射光谱分析方法(常规法)

GB/T 8170 数值修约规则与极限数值的表示和判定

GB/T 17505 钢及钢产品交货一般技术要求

GB/T 20066 钢和铁 化学成分测定用试样的取样和制样方法

GB/T 20123 钢铁 总碳硫含量的测定 高频感应炉燃烧后红外吸收法(常规方法)

GB/T 20125 低合金钢 多元素含量的测定 电感耦合等离子体原子发射光谱法

GB/T 20126 非合金钢 低碳含量的测定 第2部分:感应炉(经预加热)内燃烧后红外吸收法

3 术语和定义

下列术语和定义适用于本部分。

3.1

马氏体钢 Martensitic Steels (MS)

钢的显微组织几乎全部为马氏体组织，马氏体钢具有较高的强度和一定的成形性能。

4 分类和代号

4.1 钢板及钢带的牌号由冷轧的英文“Cold Rolled”的首位英文字母“CR”、规定的最小屈服强度值/规定的最小抗拉强度值、马氏体钢的英文“Martensitic Steels”的首位英文字母“MS”三个部分组成。

示例：CR1200/1500MS

CR——冷轧的英文“Cold Rolled”的首位英文字母；

1200/1500——1200：规定最小屈服强度值，1500：规定的最小抗拉强度值，单位为兆帕(MPa)；

MS——马氏体钢的英文“Martensitic Steels”的首位英文字母。

4.2 钢板及钢带按用途及特点区分如表1的规定。

表 1

牌 号	用 途
CR500/780MS	结构件、加强件
CR700/900MS	
CR700/980MS	
CR860/1100MS	
CR950/1180MS	
CR1030/1300MS	
CR1150/1400MS	
CR1200/1500MS	

4.3 钢板及钢带按表面质量区分如表2的规定。

表 2

级 别	代 号
较高级表面	FB
高级表面	FC

4.4 钢板及钢带按表面结构区分如表3的规定。

表 3

表面结构	代 号
麻 面	D
光亮表面	B

5 订货所需信息

5.1 用户订货时应提供如下信息：

a) 产品名称(钢板或钢带)；

b) 本部分号；

c) 牌号；

d) 规格及尺寸、不平度精度；

e) 表面质量级别；

f) 表面结构；

g) 边缘状态；

h) 包装方式；

i) 重量；

j) 用途；

k) 其他特殊要求。

5.2 如订货合同中未注明尺寸和不平度精度、表面质量级别、表面结构种类、边缘状态及包装等信息，则本标准产品按普通的尺寸和不平度精度、较高级的精整表面、表面结构为麻面的切边钢板或钢带供货，并按供方提供的包装方式包装。

6 尺寸、外形、重量及允许偏差

钢板及钢带的尺寸、外形、重量及允许偏差应符合 GB/T 708 的规定。

7 技术要求

7.1 化学成分

钢的化学成分(熔炼分析)参考值见附录 A。如需方对化学成分有要求，应在订货时协商。

7.2 冶炼方法

钢板及钢带所用的钢采用氧气转炉或电炉冶炼，除非另有规定，冶炼方式由供方选择。

7.3 交货状态

7.3.1 钢板及钢带以退火+平整状态交货。

7.3.2 钢板及钢带通常涂油供货，所涂油膜应能用碱水溶液或通常的溶剂去除，在通常的包装、运输、装卸及贮存条件下，供方保证自制造完成之日起 6 个月内，钢板及钢带表面不生锈。如需方要求不涂油供货，应在订货时协商。

注：对于需方要求的不涂油产品，供方不承担产品锈蚀的风险。订货时，需方应被告知，在运输、装卸、储存和使用过程中，不涂油产品表面易产生轻微划伤。

7.4 力学性能

钢板及钢带的力学应符合表 4 的规定。

表 4

牌 号	拉伸试验[a,b]		
	规定塑性延伸强度 $R_{P0.2}$/MPa	抗拉强度 R_m/MPa 不小于	断后伸长率 $A_{80\ mm}$/% 不小于
CR500/780MS	500～700	780	3
CR700/900MS	700～1 000	900	2
CR700/980MS	700～960	980	2
CR860/1100MS	860～1 100	1 100	2
CR950/1180MS	950～1 200	1 180	2
CR1030/1300MS	1 030～1 300	1 300	2

表 4（续）

牌　号	拉伸试验[a,b]		
	规定塑性延伸强度 $R_{P0.2}$/MPa	抗拉强度 R_m/MPa 不小于	断后伸长率 $A_{80\,mm}$/% 不小于
CR1150/1400MS	1 150～1 400	1 400	2
CR1200/1500MS	1 200～1 500	1 500	2

a 屈服明显时采用 R_{eL}。

b 试样为 GB/T 228 中的 P6 试样，试样方向为横向。

7.5　焊接

用户应根据化学成分和强度级别确定合适的焊接工艺，必要时可咨询制造商。

7.6　表面质量

7.6.1　钢板及钢带表面不应有结疤、裂纹、夹杂等对使用有害的缺陷，钢板及钢带不应有分层。

7.6.2　钢板及钢带各表面质量级别的特征如表 5 所述。

表 5

级　别	代　号	特　　征
较高级表面	FB	表面允许有少量不影响成型性及涂、镀附着力的缺欠，如轻微的划伤、压痕、麻点、辊印及氧化色等
高级表面	FC	产品二面中较好的一面无肉眼可见的明显缺欠，另一面应至少达到 FB 的要求

7.6.3　对于钢带，由于没有机会切除带缺陷部分，因此允许带缺陷交货，但有缺陷部分应不超过每卷总长度的 6%。

7.7　表面结构

表面结构为麻面时，平均粗糙度 Ra 目标值为大于 0.6 μm 且不大于 1.9 μm。表面结构为光亮表面时，平均粗糙度 Ra 目标值为不大于 0.9 μm。如需方对粗糙度有特殊要求，应在订货时协商。

8　检验和试验

8.1　钢板及钢带的外观用肉眼检查。

8.2　钢板及钢带的尺寸、外形用合适的测量工具测量。

8.3　每批钢板及钢带的检验项目、试样数量、取样方法、试验方法应符合表 6 的规定。

8.4　钢板及钢带应按批验收，每个检验批应由不大于 30 吨的同牌号、同规格、同加工状态的钢板或钢带组成，对于卷重大于 30 吨的钢带，每卷作为一个检验批。

8.5　钢板及钢带的复验按 GB/T 17505 的规定。

表 6

序号	检验项目	试验数量/个	取样方法	试验方法
1	化学分析	1/炉	GB/T 20066	GB/T 223、GB/T 4336、GB/T 20123、GB/T 20125、GB/T 20126
2	拉伸试验	1	GB/T 2975	GB/T 228
3	表面粗糙度	—		GB/T 2523

9 包装、标志及质量证明书

钢板及钢带的包装、标志及质量证明书应符合 GB/T 247 的规定，如需方对包装有特殊要求，可在订货时协商。

10 数值修约

数值修约按 GB/T 8170 的规定。

11 国内外牌号近似对照

本标准牌号与国外标准牌号的近似对照见附录 B。

附 录 A
（资料性附录）
化学成分参考值

钢带化学成分（熔炼分析）参考值如表 A.1 所示。

表 A.1

牌 号	化学成分[a]（质量分数）（熔炼分析）/%					
	C 不大于	Si 不大于	Mn 不大于	P 不大于	S 不大于	Alt 不小于
CR500/780MS	0.30	2.2	3.0	0.020	0.025	0.010
CR700/900MS						
CR700/980MS						
CR860/1100MS						
CR950/1180MS						
CR1030/1300MS						
CR1150/1400MS						
CR1200/1500MS						

[a] 允许添加其他合金元素，如 Ni、Cr、Mo、Cu 等，但 Ni＋Cr＋Mo≤1.5%，Cu＜0.20%。

附 录 B
（资料性附录）
国内外牌号近似对照

本部分牌号与国外标准牌号的近似对照见表B.1。

表 B.1

GB/T 20564.7—2010	SAE J2340—1999	SAE J2745—2007
CR500/780MS	800M	—
CR700/900MS	900M	MS 900T/700Y
CR700/980MS	1000M	—
CR860/1100MS	1100M	MS 1100T/860Y
CR950/1180MS	1200M	—
CR1030/1300MS	1300M	MS 1300T/1030Y
CR1150/1400MS	1400M	—
CR1200/1500MS	1500M	MS 1500T/1200Y

ICS 77.140.50
H 46

中华人民共和国国家标准

GB/T 20887.1—2007

汽车用高强度热连轧钢板及钢带 第1部分:冷成形用高屈服强度钢

Continuously hot rolled high strength steel sheet and strip for automobile—
—Part 1:High yield strength steel for cold forming

2007-03-09 发布

2007-10-01 实施

中华人民共和国国家质量监督检验检疫总局
中国国家标准化管理委员会 发布

前　言

GB/T 20887《汽车用高强度热连轧钢板及钢带》共分为5部分：

——第1部分：冷成形用高屈服强度钢；

——第2部分：高扩孔率钢[1)]；

——第3部分：双相钢[1)]；

——第4部分：相变诱导塑性钢[1)]；

——第5部分：马氏体钢[1)]。

本部分为GB/T 20887《汽车用高强度热连轧钢板及钢带》的第1部分。

本部分与EN 10149-2：1985《冷成形用高屈服强度热轧扁平材产品　第2部分：热机械轧制钢交货条件》的一致性程度为非等效。

本部分的附录A为资料性附录。

本部分由中国钢铁工业协会提出。

本部分由全国钢标准化技术委员会归口。

本部分起草单位：宝山钢铁股份有限公司。

本部分主要起草人：李玉光、黄锦花、施鸿雁、涂树林、孙忠明、徐宏伟、于成峰。

1）拟制定。

汽车用高强度热连轧钢板及钢带 第1部分:冷成形用高屈服强度钢

1 范围

本部分规定了冷成形用高屈服强度热连轧钢板及钢带的分类和代号、尺寸、外形、重量、技术要求、检验和试验、包装、标志及质量证明书。

本部分适用于厚度不大于20 mm的冷成形用高屈服强度热连轧钢带以及由钢带横切成的钢板及纵切成的纵切钢带,以下简称钢板及钢带。

2 规范性引用文件

下列文件中的条款通过本部分的引用而成为本部分的条款。凡是注日期的引用文件,其随后所有的修改单(不包括勘误的内容)或修订版均不适用于本部分,然而,鼓励根据本部分达成协议的各方研究是否可使用这些文件的最新版本。凡是不注日期的引用文件,其最新版本适用于本部分。

GB/T 222 钢的成品化学成分允许偏差

GB/T 223.9 钢铁及合金化学分析方法 铬天青S光度法测定铝量

GB/T 223.10 钢铁及合金化学分析方法 铜铁试剂分离-铬天青S光度法测定铝量

GB/T 223.12 钢铁及合金化学分析方法 碳酸钠分离-二苯酸铣二肼光度法测定铬量

GB/T 223.17 钢铁及合金化学分析方法 二安替吡啉甲烷光度法测定钛量

GB/T 223.26 钢铁及合金化学分析方法 硫氰酸盐直接光度法测定钼量

GB/T 223.40 钢铁及合金化学分析方法 离子交换分离-氯磺酚S光度法测定铌量

GB/T 223.53 钢铁及合金化学分析方法 火焰原子吸收分光光度法测量铜量

GB/T 223.54 钢铁及合金化学分析方法 火焰原子吸收分光光度法测定镍量

GB/T 223.58 钢铁及合金化学分析方法 亚砷酸钠-亚硝酸钠滴定法测定锰量

GB/T 223.59 钢铁及合金化学分析方法 锑磷钼蓝光度法测定磷量

GB/T 223.60 钢铁及合金化学分析方法 高氯酸脱水重量法测定硅含量

GB/T 223.62 钢铁及合金化学分析方法 乙酸丁酯萃取光度法测定磷量

GB/T 223.63 钢铁及合金化学分析方法 高碘酸钠(钾)光度法测定锰量

GB/T 223.64 钢铁及合金化学分析方法 火焰原子吸收光谱法测定锰量

GB/T 223.76 钢铁及合金化学分析方法 火焰原子吸收光谱法测定钒量(GB/T 223.76—1994,eqv ISO 9647:1989)

GB/T 223.78 钢铁及合金化学分析方法 姜黄素直接光度法测定硼含量

GB/T 228 金属材料 室温拉伸试验方法(GB/T 228—2002,eqv ISO 6892:1998)

GB/T 229 金属夏比缺口冲击试验方法

GB/T 232 金属材料 弯曲试验方法(GB/T 232—1999,eqv ISO 7438:1985)

GB/T 247 钢板和钢带检验、包装、标志及质量证明书的一般规定

GB/T 709 热轧钢板和钢带的尺寸、外形、重量及允许偏差

GB/T 2975 钢及钢产品 力学性能试验取样位置及试样制备(GB/T 2975—1998,eqv ISO 377:1997)

GB/T 4336 碳素钢和中低合金钢 火花源原子发射光谱分析方法(常规法)

GB/T 6394　金属平均晶粒度测定方法

GB/T 8170　数值修约规则

GB/T 10561　钢中非金属夹杂物显微评定方法

GB/T 17505　钢及钢产品交货一般技术要求(GB/T 17505—1998,eqv ISO 404:1992)

GB/T 20066　钢和铁　化学成分测定用试样的取样和制样方法(GB/T 20066—2006,ISO 14284:1996,IDT)

ASTM E 1019　钢铁、镍基和钴基合金中碳、硫、氮和氧的分析方法

3　分类和代号

3.1　牌号命名方法

钢的牌号由热轧的英文"Hot Rolled"的首位字母"HR"、规定最小屈服强度值和成形的英文"Forming"的首位字母"F"三个部分组成。

示例:HR315F

HR——热轧的英文"Hot Rolled"的首位字母;

315——规定的最小屈服强度值,单位 MPa;

F——成形的英文"Forming"的首位字母。

3.2　钢板及钢带的表面状态分为热轧表面和热轧酸洗表面,当表面状态为热轧酸洗表面时,用代号"P"表示。

3.3　钢板及钢带的表面质量分为普通级表面(FA)和较高级表面(FB)。

4　订货所需信息

4.1　订货时用户应提供以下信息:

a)　产品名称(钢板或钢带);

b)　本部分号;

c)　牌号;

d)　尺寸规格、不平度精度;

e)　表面状态、表面质量级别;

f)　边缘状态;

g)　包装方式;

h)　重量;

i)　其他要求。

4.2　订货时,如未说明表面状态,则以热轧表面交货。当表面状态为热轧酸洗表面时,如未说明是否涂油时,则以涂油交货。

5　尺寸、外形、重量及允许偏差

钢板及钢带的尺寸、外形、重量及允许偏差应符合 GB/T 709 的规定。

6　技术要求

6.1　化学成分

6.1.1　钢的化学成分(熔炼分析)应符合表 1 的规定。钢的成品化学成分允许偏差应符合 GB/T 222 的规定。

6.1.2　钢中残余元素铜、铬、镍的含量应各不大于 0.30%,供方如能保证,可不作分析。

6.2　**冶炼方法**

钢板及钢带所用的钢采用氧气转炉或电炉冶炼。除非另有规定，冶炼方法由供方选择。

6.3　**交货状态**

6.3.1　钢板及钢带以热轧状态交货。

6.3.2　钢板及钢带为热轧酸洗表面时，通常以涂油状态供货，所涂油膜应能用碱水溶液去除，在通常的包装、运输、装卸和储存条件下，供方保证自生产完成之日起3个月内不生锈。经供需双方协商，并在合同中注明，热轧酸洗表面也可以不涂油状态交货。不涂油的酸洗钢板及钢带，在运输和加工过程中易产生锈蚀和擦伤。

表 1

牌号	化学成分(质量分数)/%不大于										
	C	Si	Mn	P	S	Alt[a]	Nb[b]	V[b]	Ti[b]	Mo	B
	不大于					不小于	不大于				
HR270F HR315F	0.12	0.50	1.30	0.025	0.020	0.015	0.09	0.20	0.15	—	—
HR355F HR380F	0.12	0.50	1.50	0.025	0.015	0.015	0.09	0.20	0.15	—	—
HR420F HR460F	0.12	0.50	1.60	0.025	0.015	0.015	0.09	0.20	0.15	—	—
HR500F	0.12	0.50	1.70	0.025	0.015	0.015	0.09	0.20	0.15	—	—
HR550F	0.12	0.50	1.80	0.025	0.015	0.015	0.09	0.20	0.15	—	—
HR600F	0.12	0.50	1.90	0.025	0.015	0.015	0.09	0.20	0.22	0.50	0.005
HR650F	0.12	0.60	2.00	0.025	0.015	0.015	0.09	0.20	0.22	0.50	0.005
HR700F	0.12	0.60	2.10	0.025	0.015	0.015	0.09	0.20	0.22	0.50	0.005

a　当检验酸溶铝时，其含量不小于0.010%。

b　钢中可添加Nb、Ti、V中一种或几种微合金元素，但三种元素之和应不超过0.22%。

6.4　**力学和工艺性能**

6.4.1　钢板及钢带的力学和工艺性能应符合表2的规定。

6.4.2　180°弯曲试验后，试样的外侧表面不应有目视可见的裂纹。

表 2

牌　号	拉伸试验[a]				180°弯曲试验[b] d=弯心直径，mm a=试样厚度，mm
	最小屈服强度 R_{eH}[c] /MPa	抗拉强度 R_m /MPa	最小断后伸长率/%		
			L_0=80 mm b=20 mm	$L_0=5.65\sqrt{S_0}$	
			公称厚度/mm		
			<3.0	≥3.0	
HR270F	270	350～470	23	28	d=0a
HR315F	315	390～510	20	26	d=0a
HR355F	355	430～550	19	25	d=0.5a

表 2（续）

牌　号	拉伸试验[a]				180°弯曲试验[b] d=弯心直径，mm a=试样厚度，mm
	最小屈服强度 R_{eH}[c] /MPa	抗拉强度 R_m /MPa	最小断后伸长率/%		
			$L_0=80$ mm $b=20$ mm	$L_0=5.65\sqrt{S_0}$	
			公称厚度/mm		
			＜3.0	≥3.0	
HR380F	380	450～590	18	23	$d=0.5a$
HR420F	420	480～620	16	21	$d=0.5a$
HR460F	460	520～670	14	19	$d=1.0a$
HR500F	500	550～700	12	16	$d=1.0a$
HR550F	550	600～760	12	16	$d=1.5a$
HR600F	600	650～820	11	15	$d=1.5a$
HR650F[d]	650	700～880	10	14	$d=2.0a$
HR700F[d]	700	750～950	10	13	$d=2.0a$

a　拉伸试验规定值适用于纵向试样。

b　弯曲试验适用于横向试样，弯曲试样宽度 $b\geqslant 35$ mm，仲裁试验时试样宽度为 35 mm。

c　无明显屈服时采用 $R_{P0.2}$。

d　厚度大于 8.0 mm 的钢板及钢带，其最小屈服强度允许降低 20 MPa。

6.5　**表面质量**

6.5.1　钢板及钢带表面不应有裂纹、结疤、折叠、气泡和夹杂等对使用有害的缺陷。钢板及钢带不应有分层。

6.5.2　钢板及钢带各表面质量级别的特征按表 3 的规定。

6.5.3　对于钢带，由于没有机会切除有缺陷部分，因此允许带缺陷交货，但有缺陷部分应不超过钢带总长度的 6%。

6.6　经供需双方协商并在合同中注明，可补充夏比 V 型冲击试验、晶粒度和非金属夹杂测定。

表 3

级　别	适用的表面状态	特　　征
普通级表面 (FA)	热轧表面 热轧酸洗表面	表面允许有深度(或高度)不超过钢板及钢带厚度公差之半的麻点、凹面、划痕等轻微、局部的缺陷，但应保证钢板及钢带允许的最小厚度
较高级表面 (FB)	热轧酸洗表面	表面允许有不影响成形性的缺陷，如轻微的划伤、轻微压痕、轻微麻点、轻微辊印及色差等

7　检验和试验

7.1　钢板及钢带的外观用目视检查。

7.2　钢板及钢带的尺寸和外形应用合适的测量工具测量。

7.3　每批钢板及钢带的检验项目、试样数量、取样方法和试验方法应符合表 4 的规定。

表 4

序号	检验项目	试样数量/个	取样方法	试验方法
1	化学分析	1/每炉	GB/T 20066	GB/T 233、GB/T 4336、ASTM E1019
2	拉伸	1	GB/T 2975	GB/T 228
3	弯曲	1	GB/T 2975	GB/T 232
4	夏比冲击	3	GB/T 2975	GB/T 229
5	晶粒度	—	—	GB/T 6394
6	非金属夹杂物	—	—	GB/T 10561

7.4 对不切头尾的钢带，试样应在距离轧制钢带头尾大于 6 m 处截取。

7.5 钢板及钢带应成批验收，每批应由重量不大于 40 t 的同牌号、同炉号、同厚度和同轧制制度的钢板或钢带组成。供方在保证技术要求的前提下，可适当调整检验批重量，但每批的最大重量应不大于 75 t。

7.6 钢板及钢带的复验按 GB/T 17505 规定。

8 包装、标志和质量证明书

钢板及钢带的包装、标志及质量证明书应符合 GB/T 247 的规定。

9 数值修约

数值修约按 GB/T 8170 的规定。

10 国内外牌号近似对照

本部分牌号与国外标准牌号的近似对照见附录 A(资料性附录)。

附　录　A
（资料性附录）
国内外牌号近似对照

本部分牌号与国外标准牌号的近似对照见表 A.1。

表 A.1

GB/T 20887.1	EN10149-2:1995	ISO 6930-1:2001(E)	ASTM A1011:2001
HR270F	—	—	—
HR315F	S315MC	FeE315	—
HR355F	S355MC	FeE355	HSLAS—F Grade 340
HR380F	—	—	—
HR420F	S420MC	FeE420	HSLAS—F Grade 410
HR460F	S460MC	FeE460	—
HR500F	S500MC	FeE500	HSLAS—F Grade 480
HR550F	S550MC	FeE550	HSLAS—F Grade 550
HR600F	S600MC	FeE600	—
HR650F	S650MC	FeE650	—
HR700F	S700MC	FeE700	—

ICS 77.140.50
H 46

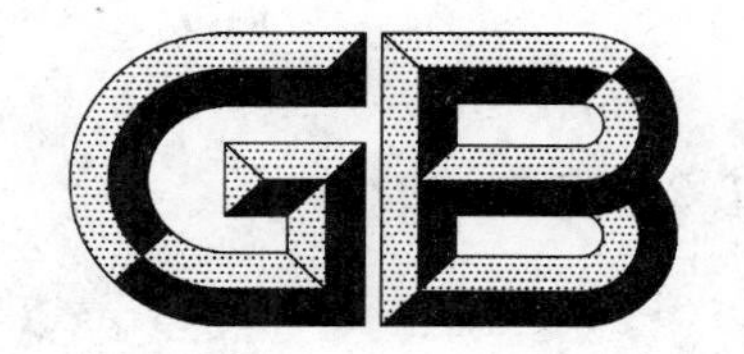

中华人民共和国国家标准

GB/T 20887.2—2010

汽车用高强度热连轧钢板及钢带
第2部分:高扩孔钢

Continuously hot rolled high strength steel sheet and strip for automobile—Part 2:High hole expansion steel

2010-09-02 发布 2011-06-01 实施

中华人民共和国国家质量监督检验检疫总局
中国国家标准化管理委员会 发布

前　言

GB/T 20887《汽车用高强度热连轧钢板及钢带》共分为5部分：

——第1部分：冷成形用高屈服强度钢

——第2部分：高扩孔钢

——第3部分：双相钢

——第4部分：相变诱导塑性钢

——第5部分：马氏体钢

本部分为GB/T 20887的第2部分。

本部分的附录A和附录B为资料性附录。

本部分由中国钢铁工业协会提出。

本部分由全国钢标准化技术委员会归口。

本部分起草单位：宝山钢铁股份有限公司、冶金工业信息标准研究院、首钢总公司。

本部分主要起草人：李玉光、涂树林、徐宏伟、黄锦花、于成峰、孙忠明、王晓虎、施鸿雁、许晴、徐海卫、张建苏、陆敏。

汽车用高强度热连轧钢板及钢带
第2部分:高扩孔钢

1 范围

本部分规定了高扩孔钢热连轧钢板及钢带的分类和代号、尺寸、外形、重量、技术要求、检验和试验、包装、标志及质量证明书等。

本部分适用于厚度不大于6 mm的具有高扩孔性能热连轧钢带以及由此横切成的钢板及纵切成的纵切钢带,以下简称钢板及钢带。

2 规范性引用文件

下列文件中的条款通过本部分的引用而成为本部分的条款。凡是注日期的引用文件,其随后所有的修改单(不包括勘误的内容)或修订版均不适用于本部分,然而,鼓励根据本部分达成协议的各方研究是否可使用这些文件的最新版本。凡是不注日期的引用文件,其最新版本适用于本部分。

GB/T 222 钢的成品化学成分允许偏差

GB/T 223.5 钢铁 酸溶硅和全硅含量的测定 还原型硅钼酸盐分光光度法

GB/T 223.9 钢铁及合金 铝含量的测定 铬天青S分光光度法

GB/T 223.12 钢铁及合金化学分析方法 碳酸钠分离-二苯酸铣二肼光度法测定铬量

GB/T 223.17 钢铁及合金化学分析方法 二安替吡啉甲烷光度法测定钛量

GB/T 223.23 钢铁及合金 镍含量的测定 丁二酮肟分光光度法

GB/T 223.26 钢铁及合金 钼含量的测定 硫氰酸盐分光光度法

GB/T 223.54 钢铁及合金化学分析方法 火焰原子吸收分光光度法测定镍量

GB/T 223.59 钢铁及合金 磷含量的测定 铋磷钼蓝分光光度法和锑磷钼蓝分光光度法

GB/T 223.60 钢铁及合金化学分析方法 高氯酸脱水重量法测定硅含量

GB/T 223.62 钢铁及合金化学分析方法 乙酸丁酯萃取光度法测定磷量

GB/T 223.63 钢铁及合金化学分析方法 高碘酸钠(钾)光度法测定锰量

GB/T 223.64 钢铁及合金 锰含量的测定 火焰原子吸收光谱法

GB/T 223.78 钢铁及合金化学分析方法 姜黄素直接光度法测定硼含量

GB/T 228 金属材料 室温拉伸试验方法

GB/T 247 钢板和钢带包装、标志及质量证明书的一般规定

GB/T 709 热轧钢板和钢带的尺寸、外形、重量及允许偏差

GB/T 2975 钢及钢产品 力学性能试验取样位置及试样制备

GB/T 4336 碳素钢和中低合金钢 火花源原子发射光谱分析方法(常规法)

GB/T 6394 金属平均晶粒度测定法

GB/T 8170 数值修约规则与极限数值的表示和判定

GB/T 10561 钢中非金属夹杂物含量的测定——标准评级图显微检验法

GB/T 15825.4 金属薄板成形性能与试验方法 第4部分:扩孔试验

GB/T 17505 钢及钢产品交货一般技术要求

GB/T 20066 钢和铁 化学成分测定用试样的取样和制样方法

GB/T 20123 钢铁 总碳硫含量的测定 高频感应炉燃烧后红外吸收法(常规方法)

GB/T 20125　低合金钢　多元素含量的测定　电感耦合等离子体原子发射光谱法

GB/T 20126　非合金钢　低碳含量的测定　第2部分:感应炉(经预加热)内燃烧后红外吸收法

3　术语和定义

下列术语和定义适用于本部分。

3.1

高扩孔钢　high hole Expansion steels（HE）

高扩孔钢具有较高的抗拉强度、较高的成形性能和良好的凸缘翻边成形性能，显微组织主要为铁素体和贝氏体组织；或主要为强化的铁素体单相组织或贝氏体单相组织等。高扩孔钢有时也称为铁素体贝氏体钢(FB)或高凸缘翻边高强钢(SF)。

4　分类和代号

4.1　钢的牌号由热轧的英文“Hot Rolled”的首位字母“HR”、规定的最小屈服强度值/规定的最小抗拉强度值、和扩孔钢“Hole Expansion”的首位字母“HE”三个部分组成。

示例：HR440/580HE

HR——热轧的英文“Hot Rolled”的首位字母；

440/580——440：规定最小屈服强度值，580：规定最小抗拉强度值；单位为兆帕(MPa)；

HE——扩孔钢的英文“Hole Expansion”的首2位字母。

4.2　钢板及钢带的表面状态分为热轧表面和热轧酸洗表面，当表面状态为热轧酸洗表面时，用代号“P”表示。

4.3　钢板及钢带的表面质量分为普通级表面(FA)和较高级表面(FB)。

5　订货所需信息

5.1　订货时用户需提供以下信息：

a)　产品名称(钢板或钢带)；

b)　本部分号；

c)　牌号；

d)　规格及尺寸、不平度精度；

e)　表面状态、表面质量级别；

f)　边缘状态；

g)　包装方式；

h)　重量；

i)　其他要求。

5.2　订货时，如未说明表面状态，则以热轧表面交货。当表面状态为热轧酸洗表面时，如未说明是否涂油时，则以涂油交货。

6　尺寸、外形、重量及允许偏差

钢板及钢带的尺寸、外形、重量及允许偏差应符合GB/T 709的规定。

7　技术要求

7.1　化学成分

钢的化学成分(熔炼分析)参考值见附录A。如需方对化学成分有要求，应在订货时协商。

7.2　冶炼方法

钢板及钢带所用的钢采用氧气转炉或电炉冶炼。除非另有规定，冶炼方法由供方选择。

7.3　交货状态

7.3.1　钢板及钢带以热轧或控轧状态交货。

7.3.2　钢板及钢带为热轧酸洗表面时，通常以涂油状态供货，所涂油膜应能用碱水溶液去除，在通常的包装、运输、装卸和储存条件下，供方保证自生产完成之日起3个月内不生锈。经供需双方协商，并在合同中注明，热轧酸洗表面也可以不涂油状态交货。不涂油的酸洗钢板及钢带，在运输和加工过程中易产生锈蚀和擦伤。

7.4　力学和工艺性能

钢板及钢带的力学和工艺性能应符合表1的规定。

表1

牌　号	拉伸试验[a]			扩孔率/%
	下屈服强度[b,c] R_{eL}/MPa	抗拉强度 R_m/MPa	断后伸长率 $A_{80\ mm}$/% (L_0=80 mm，b=20 mm)	
HR300/450HE	300～400	≥450	≥24	≥80
HR440/580HE	440～620	≥580	≥14	≥75
HR600/780HE	600～800	≥780	≥12	≥55

a 拉伸试验试样方向为纵向。

b 无明显屈服时采用 $R_{P0.2}$。

c 经供需双方协商同意，对屈服强度下限值可不作要求。

7.5　表面质量

7.5.1　钢板及钢带表面不应有裂纹、结疤、折叠、气泡和夹杂等对使用有害的缺陷，钢板及钢带不应有分层。

7.5.2　钢板及钢带各表面质量级别的特征按表2的规定。

7.5.3　对于钢带，由于没有机会切除带缺陷部分，因此允许带缺陷交货，但有缺陷部分应不超过钢带总长度的6%。

表2

级别	适用的表面状态	特　　征
普通级表面 (FA)	热轧表面 热轧酸洗表面	表面允许有深度(或高度)不超过钢板及钢带厚度公差之半的麻点、凹面、划痕等轻微、局部的缺陷，但应保证钢板及钢带允许的最小厚度
较高级表面 (FB)	热轧酸洗表面	表面允许有不影响成形性的缺陷，如轻微的划伤、轻微压痕、轻微麻点、轻微辊印及色差等

7.6　经供需双方协商并在合同中注明，可补充晶粒度和非金属夹杂测定等。

8　检验和试验

8.1　钢板及钢带的外观用肉眼检查。

8.2　钢板及钢带的尺寸和外形应用合适的测量工具测量。

8.3　每批钢板及钢带的检验项目、试样数量、取样方法和试验方法应符合表3的规定。

表 3

序号	检验项目	试样数量	取样方法	试验方法
1	化学分析	1个/每炉	GB/T 20066	GB/T 223、GB/T 4336、GB/T 20123、GB/T 20125、GB/T 20126
2	拉伸试验	1个	GB/T 2975	GB/T 228
3	扩孔率试验	1组	GB/T 2975	GB/T 15825.4
4	晶粒度	—	—	GB/T 6394
5	非金属夹杂物	—	—	GB/T 10561

8.4 对不切头尾的钢带，试样应在距离轧制钢带头尾大于 6 m 处截取。

8.5 钢板及钢带应成批验收，每批应由重量不大于 40 t 的同牌号、同炉号、同厚度和同轧制制度的钢板或钢带组成。供方在保证技术要求的前提下，可适当调整检验批重量，但每批的最大重量应不大于 75 t。

8.6 钢板及钢带的复验按 GB/T 17505 规定。

9 包装、标志和质量证明书

钢板及钢带的包装、标志及质量证明书应符合 GB/T 247 的规定。

10 数值修约

数值修约按 GB/T 8170 的规定。

11 国内外牌号近似对照

本部分牌号与国外标准牌号的近似对照见附录 B。

附 录 A
（资料性附录）
化学成分参考值

钢的化学成分（熔炼分析）参考值如表 A.1 所示。

表 A.1

牌 号	化学成分[a]（质量分数）（熔炼分析）/%					
	C ≤	Si ≤	Mn ≤	P ≤	S ≤	Alt[b] ≥
HR300/450HE	0.18	1.2	2.0	0.050	0.010	0.015
HR440/580HE						
HR600/780HE						

[a] 允许添加其他合金元素，但 Ni+Cr+Mo≤1.5。

[b] 可用 Als 替代 Alt，此时 Als≥0.010%。

附　录　B
（资料性附录）
国内外牌号近似对照

本部分牌号与国外标准牌号的近似对照见表 B.1。

表 B.1

GB/T 20887.2—2010	prEN 10338—2007	SAE J2745—2007
HR300/450HE	HDT450F	HHE440T/310Y
HR440/580HE	HDT560F	HHE590T/440Y
HR600/780HE	—	HHE780T/600Y

ICS 77.140.50
H 46

中华人民共和国国家标准

GB/T 20887.3—2010

汽车用高强度热连轧钢板及钢带
第3部分：双相钢

Continuously hot rolled high strength steel sheet and strip for automobile—
Part 3: Dual phase steel

2010-09-02 发布　　2011-06-01 实施

中华人民共和国国家质量监督检验检疫总局
中国国家标准化管理委员会　发布

前　言

GB/T 20887《汽车用高强度热连轧钢板及钢带》共分为5部分：

——第1部分：冷成形用高屈服强度钢

——第2部分：高扩孔钢

——第3部分：双相钢

——第4部分：相变诱导塑性钢

——第5部分：马氏体钢

本部分为GB/T 20887的第3部分。

本部分的附录A、附录B为资料性附录。

本部分由中国钢铁工业协会提出。

本部分由全国钢标准化技术委员会归口。

本部分起草单位：宝山钢铁股份有限公司、冶金工业信息标准研究院、首钢总公司、湖南华菱涟源钢铁有限公司。

本部分主要起草人：李玉光、涂树林、徐宏伟、黄锦花、于成峰、孙忠明、王晓虎、师莉、焦国华、施鸿雁、许晴、黄镇如、陆敏。

汽车用高强度热连轧钢板及钢带
第3部分:双相钢

1 范围

本部分规定了双相钢热连轧钢板及钢带的分类和代号、尺寸、外形、重量、技术要求、检验和试验、包装、标志及质量证明书等。

本部分适用于厚度不大于6 mm的双相钢热连轧钢带以及由此横切成的钢板及纵切成的纵切钢带,以下简称钢板及钢带。

2 规范性引用文件

下列文件中的条款通过本部分的引用而成为本部分的条款。凡是注日期的引用文件,其随后所有的修改单(不包括勘误的内容)或修订版均不适用于本部分,然而,鼓励根据本部分达成协议的各方研究是否可使用这些文件的最新版本。凡是不注日期的引用文件,其最新版本适用于本部分。

GB/T 222 钢的成品化学成分允许偏差

GB/T 223.5 钢铁 酸溶硅和全硅含量的测定 还原型硅钼酸盐分光光度法

GB/T 223.9 钢铁及合金 铝含量的测定 铬天青S分光光度法

GB/T 223.12 钢铁及合金化学分析方法 碳酸钠分离-二苯酸铣二肼光度法测定铬量

GB/T 223.23 钢铁及合金 镍含量的测定 丁二酮肟分光光度法

GB/T 223.26 钢铁及合金 钼含量的测定 硫氰酸盐分光光度法

GB/T 223.53 钢铁及合金化学分析方法 火焰原子吸收分光光度法测量铜量

GB/T 223.54 钢铁及合金化学分析方法 火焰原子吸收分光光度法测定镍量

GB/T 223.59 钢铁及合金 磷含量的测定 铋磷钼蓝分光光度法和锑磷钼蓝分光光度法

GB/T 223.60 钢铁及合金化学分析方法 高氯酸脱水重量法测定硅含量

GB/T 223.62 钢铁及合金化学分析方法 乙酸丁酯萃取光度法测定磷量

GB/T 223.63 钢铁及合金化学分析方法 高碘酸钠(钾)光度法测定锰量

GB/T 223.64 钢铁及合金 锰含量的测定 火焰原子吸收光谱法

GB/T 223.78 钢铁及合金化学分析方法 姜黄素直接光度法测定硼含量

GB/T 228 金属材料 室温拉伸试验方法

GB/T 247 钢板和钢带包装、标志及质量证明书的一般规定

GB/T 709 热轧钢板和钢带的尺寸、外形、重量及允许偏差

GB/T 2975 钢及钢产品 力学性能试验取样位置及试样制备

GB/T 4336 碳素钢和中低合金钢 火花源原子发射光谱分析方法(常规法)

GB/T 5028 金属材料 薄板和薄带 拉伸应变硬化指数(n值)的测定

GB/T 6394 金属平均晶粒度测定法

GB/T 8170 数值修约规则与极限数值的表示和判定

GB/T 10561 钢中非金属夹杂物含量的测定——标准评级图显微检验法

GB/T 17505 钢及钢产品交货一般技术要求

GB/T 20066 钢和铁 化学成分测定用试样的取样和制样方法

GB/T 20123 钢铁 总碳硫含量的测定 高频感应炉燃烧后红外吸收法(常规方法)

GB/T 20125　低合金钢　多元素含量的测定　电感耦合等离子体原子发射光谱法
GB/T 20126　非合金钢　低碳含量的测定　第2部分:感应炉(经预加热)内燃烧后红外吸收法
GB/T 24174　钢　烘烤硬化值(BH2)的测定方法

3　术语和定义

下列术语和定义适用于本部分。

3.1

双相钢　dual phase steels (DP)

钢的显微组织主要为铁素体和马氏体,马氏体组织以岛状弥散分布在铁素体基体上。双相钢无时效,具有低的屈强比和较高的加工硬化指数以及烘烤硬化值。

4　分类和代号

4.1　钢的牌号由热轧的英文"Hot Rolled"的首位字母"HR"、规定最小屈服强度值/规定最小抗拉强度值,和双相钢"Dual phase"的首位字母"DP"三个部分组成。

示例:HR450/780DP

HR——热轧的英文"Hot Rolled"的首位字母;

450/780——450:规定最小屈服强度值,780:规定最小抗拉强度值,单位为兆帕(MPa);

DP——双相钢的英文"Dual phase"的首位字母。

4.2　钢板及钢带的表面状态分为热轧表面和热轧酸洗表面,当表面状态为热轧酸洗表面时,用代号"P"表示。

4.3　钢板及钢带的表面质量分为普通级表面(FA)和较高级表面(FB)。

5　订货所需信息

5.1　订货时用户需提供以下信息:

a)　产品名称(钢板或钢带);
b)　本部分号;
c)　牌号;
d)　规格及尺寸、不平度精度;
e)　表面状态、表面质量级别;
f)　边缘状态;
g)　包装方式;
h)　重量;
i)　其他要求。

5.2　订货时,如未说明表面状态,则以热轧表面交货。当表面状态为热轧酸洗表面时,如未说明是否涂油时,则以涂油交货。

6　尺寸、外形、重量及允许偏差

钢板及钢带的尺寸、外形、重量及允许偏差应符合GB/T 709的规定。

7　技术要求

7.1　化学成分

钢的化学成分(熔炼分析)参考值见附录A。如需方对化学成分有要求,应在订货时协商。

7.2　冶炼方法

钢板及钢带所用的钢采用氧气转炉或电炉冶炼。除非另有规定,冶炼方法由供方选择。

7.3 交货状态

7.3.1 钢板及钢带以热轧或控轧状态交货。

7.3.2 钢板及钢带为热轧酸洗表面时，通常以涂油状态供货，所涂油膜应能用碱水溶液去除，在通常的包装、运输、装卸和储存条件下，供方保证自生产完成之日起3个月内不生锈。经供需双方协商，并在合同中注明，热轧酸洗表面也可以不涂油状态交货。不涂油的酸洗钢板及钢带，在运输和加工过程中易产生锈蚀和擦伤。

7.4 力学和工艺性能

7.4.1 钢板及钢带的力学和工艺性能应符合表1的规定。

7.4.2 对于 n 值，供方如能保证可不进行试验。

表 1

牌　　号	拉伸试验[a]			n 值
	下屈服强度[b] R_{eL}/MPa	抗拉强度 R_m/MPa	断后伸长率 $A_{80\ mm}$/% ($L_0=80$ mm, $b=20$ mm)	
HR330/580DP	330～470	≥580	≥19	≥0.14
HR450/780DP	450～610	≥780	≥14	≥0.11

a 拉伸试验试样方向为纵向（n 值的试样方向问题，或改为试样方向为纵向）。

b 无明显屈服时采用 $R_{P0.2}$。

7.5 表面质量

7.5.1 钢板及钢带表面不应有裂纹、结疤、折叠、气泡和夹杂等对使用有害的缺陷，钢板及钢带不应有分层。

7.5.2 钢板及钢带各表面质量级别的特征按表2的规定。

7.5.3 对于钢带，由于没有机会切除带缺陷部分，因此允许带缺陷交货，但有缺陷部分应不超过钢带总长度的6%。

表 2

级　别	适用的表面状态	特　　征
普通级表面（FA）	热轧表面 热轧酸洗表面	表面允许有深度（或高度）不超过钢板及钢带厚度公差之半的麻点、凹面、划痕等轻微、局部的缺陷，但应保证钢板及钢带允许的最小厚度
较高级表面（FB）	热轧酸洗表面	表面允许有不影响成形性的缺陷，如轻微的划伤、轻微压痕、轻微麻点、轻微辊印及色差等

7.6 经供需双方协商并在合同中注明，可补充烘烤硬化值、晶粒度和非金属夹杂测定。

8 检验和试验

8.1 钢板及钢带的外观用肉眼检查。

8.2 钢板及钢带的尺寸和外形应用合适的测量工具测量。

8.3 n 值是在10%～20%应变范围内计算得到的。当均匀伸长率小于20%时，其应变范围为10%至均匀伸长结束；当均匀伸长率小于10%时，其应变范围为5%至均匀伸长结束。

8.4 每批钢板及钢带的检验项目、试样数量、取样方法和试验方法应符合表3的规定。

表 3

序号	检验项目	试样数量/个	取样方法	试验方法
1	化学分析	1/每炉	GB/T 20066	GB/T 223、GB/T 4336、GB/T 20123、GB/T 20125、GB/T 20126
2	拉伸	1	GB/T 2975	GB/T 228
3	n 值	1	GB/T 2975	GB/T 5028 和 8.3
4	BH_2	1	GB/T 2975	GB/T 24174
5	晶粒度	—	—	GB/T 6394
6	非金属夹杂物	—	—	GB/T 10561

8.5 对不切头尾的钢带，试样应在距离轧制钢带头尾大于 6 m 处截取。

8.6 钢板及钢带应成批验收，每批应由重量不大于 40 t 的同牌号、同炉号、同厚度和同轧制制度的钢板或钢带组成。供方在保证技术要求的前提下，可适当调整检验批重量，但每批的最大重量应不大于 75 t。

8.7 钢板及钢带的复验按 GB/T 17505 规定。

9 包装、标志和质量证明书

钢板及钢带的包装、标志及质量证明书应符合 GB/T 247 的规定。

10 数值修约

数值修约按 GB/T 8170 的规定。

11 国内外牌号近似对照

本部分牌号与国外标准牌号的近似对照见附录 B。

附 录 A
（资料性附录）
化学成分参考值

钢的化学成分（熔炼分析）参考值如表 A.1 所示。

表 A.1

牌 号	化学成分[a]（质量分数）（熔炼分析）/%							
	C ≤	Si ≤	Mn ≤	P ≤	S ≤	Alt[b] ≥	Cu ≤	B ≤
HR330/580DP	0.23	2.00	3.30	0.090	0.015	0.015	0.40	0.006
HR450/780DP								

[a] 允许添加其他合金元素，但 Ni+Cr+Mo≤1.5。

[b] 可用 Als 替代 Alt，此时 Als≥0.010%。

附　录　B
（资料性附录）
国内外牌号近似对照

本部分牌号与国外标准牌号的近似对照见表B.1。

表B.1

GB/T 20887.3—2010	prEN 10338—2007	SAE J2745—2007	JIS G3134—2006	JFS A1001—1998
—	—	—	SPFH540Y	JSH540Y
HR330/580DP	HDT580X	DP590T/300Y	SPFH590Y	JSH590Y
HR450/780DP	—	DP780T/380Y	—	JSH780Y

ICS 77.140.50
H 46

中华人民共和国国家标准

GB/T 20887.4—2010

汽车用高强度热连轧钢板及钢带 第4部分:相变诱导塑性钢

Continuously hot rolled high strength steel sheet and strip for automobile—Part 4: Transformation induced plasticity steel

2010-09-02 发布　　2011-06-01 实施

中华人民共和国国家质量监督检验检疫总局
中国国家标准化管理委员会
发布

前　言

GB/T 20887《汽车用高强度热连轧钢板及钢带》共分为5部分：

——第1部分：冷成形用高屈服强度钢

——第2部分：高扩孔钢

——第3部分：双相钢

——第4部分：相变诱导塑性钢

——第5部分：马氏体钢

本部分为GB/T 20887的第4部分。

本部分的附录A和附录B为资料性附录。

本部分由中国钢铁工业协会提出。

本部分由全国钢标准化技术委员会归口。

本部分起草单位：宝山钢铁股份有限公司、冶金工业信息标准研究院、首钢总公司。

本部分主要起草人：李玉光、黄锦花、徐宏伟、涂树林、孙忠明、于成峰、王晓虎、师莉、施鸿雁、许晴、陆敏、张建苏。

汽车用高强度热连轧钢板及钢带 第4部分:相变诱导塑性钢

1 范围

本部分规定了相变诱导塑性钢热连轧钢板及钢带的分类和代号、尺寸、外形、重量、技术要求、检验和试验、包装、标志及质量证明书等。

本部分适用于厚度不大于6 mm的相变诱导塑性钢热连轧钢带以及由此横切成的钢板及纵切成的纵切钢带,以下简称钢板及钢带。

2 规范性引用文件

下列文件中的条款通过本部分的引用而成为本部分的条款。凡是注日期的引用文件,其随后所有的修改单(不包括勘误的内容)或修订版均不适用于本部分,然而,鼓励根据本部分达成协议的各方研究是否可使用这些文件的最新版本。凡是不注日期的引用文件,其最新版本适用于本部分。

GB/T 222 钢的成品化学成分允许偏差

GB/T 223.5 钢铁 酸溶硅和全硅含量的测定 还原型硅钼酸盐分光光度法

GB/T 223.9 钢铁及合金 铝含量的测定 铬天青S分光光度法

GB/T 223.12 钢铁及合金化学分析方法 碳酸钠分离-二苯酸铣二肼光度法测定铬量

GB/T 223.23 钢铁及合金 镍含量的测定 丁二酮肟分光光度法

GB/T 223.26 钢铁及合金 钼含量的测定 硫氰酸盐分光光度法

GB/T 223.53 钢铁及合金化学分析方法 火焰原子吸收分光光度法测量铜量

GB/T 223.54 钢铁及合金化学分析方法 火焰原子吸收分光光度法测定镍量

GB/T 223.59 钢铁及合金 磷含量的测定 铋磷钼蓝分光光度法和锑磷钼蓝分光光度法

GB/T 223.60 钢铁及合金化学分析方法 高氯酸脱水重量法测定硅含量

GB/T 223.62 钢铁及合金化学分析方法 乙酸丁酯萃取光度法测定磷量

GB/T 223.63 钢铁及合金化学分析方法 高碘酸钠(钾)光度法测定锰量

GB/T 223.64 钢铁及合金 锰含量的测定 火焰原子吸收光谱法

GB/T 228 金属材料 室温拉伸试验方法

GB/T 247 钢板和钢带包装、标志及质量证明书的一般规定

GB/T 709 热轧钢板和钢带的尺寸、外形、重量及允许偏差

GB/T 2975 钢及钢产品 力学性能试验取样位置及试样制备

GB/T 4336 碳素钢和中低合金钢 火花源原子发射光谱分析方法(常规法)

GB/T 5028 金属材料 薄板和薄带 拉伸应变硬化指数(n值)的测定

GB/T 6394 金属平均晶粒度测定法

GB/T 8170 数值修约规则与极限数值的表示和判定

GB/T 10561 钢中非金属夹杂物含量的测定——标准评级图显微检验法

GB/T 17505 钢及钢产品交货一般技术要求

GB/T 20066 钢和铁 化学成分测定用试样的取样和制样方法

GB/T 20123 钢铁 总碳硫含量的测定 高频感应炉燃烧后红外吸收法(常规方法)

GB/T 20125 低合金钢 多元素含量的测定 电感耦合等离子体原子发射光谱法

GB/T 20126　非合金钢　低碳含量的测定　第2部分：感应炉（经预加热）内燃烧后红外吸收法

GB/T 24174　钢　烘烤硬化值（BH2）的测定方法

3　术语和定义

下列术语和定义适用于本部分。

3.1

相变诱导塑性钢　transformation induced plasticity steels (TR)

钢的显微组织为铁素体、贝氏体和残余奥氏体。在成形过程中，残余奥氏体可相变为马氏体组织。该钢具有较高的加工硬化率、均匀伸长率和抗拉强度。与同等抗拉强度的双相钢相比，具有更高的延伸率。

4　分类和代号

4.1　钢的牌号由热轧的英文“Hot Rolled”的首位字母“HR”、规定最小屈服强度值/规定最小抗拉强度值，和相变诱导塑性的英文“Transformation Induced Plasticity”的首两位英文字母“TR”三个部分组成。

示例：HR400/590TR

HR——热轧的英文“Hot Rolled”的首位字母；

400/590——400：规定最小屈服强度值；590：规定最小抗拉强度值，单位为兆帕（MPa）；

TR——相变诱导塑性的英文“Transformation Induced Plasticity”的首两位英文字母。

4.2　钢板及钢带的表面状态分为热轧表面和热轧酸洗表面，当表面状态为热轧酸洗表面时，用代号“P”表示。

4.3　钢板及钢带的表面质量分为普通级表面（FA）和较高级表面（FB）。

5　订货所需信息

5.1　订货时用户需提供以下信息：

a）　产品名称（钢板或钢带）；

b）　本部分号；

c）　牌号；

d）　规格及尺寸精度；

e）　表面状态、表面质量级别；

f）　边缘状态；

g）　包装方式；

h）　重量；

i）　其他要求。

5.2　订货时，如未说明表面状态，则以热轧表面交货。当表面状态为热轧酸洗表面时，如未说明是否涂油时，则以涂油交货。

6　尺寸、外形、重量及允许偏差

钢板及钢带的尺寸、外形、重量及允许偏差应符合GB/T 709的规定。

7　技术要求

7.1　化学成分

钢的化学成分（熔炼分析）参考值见附录A。如需方对化学成分有要求，应在订货时协商。

7.2　冶炼方法

钢板及钢带所用的钢采用氧气转炉或电炉冶炼。除非另有规定，冶炼方法由供方选择。

7.3　交货状态

7.3.1　钢板及钢带以热轧或控轧状态交货。

7.3.2　钢板及钢带为热轧酸洗表面时，通常以涂油状态供货，所涂油膜应能用碱水溶液去除，在通常的包装、运输、装卸和储存条件下，供方保证自生产完成之日起3个月内不生锈。经供需双方协商，并在合同中注明，热轧酸洗表面也可以不涂油状态交货。不涂油的酸洗钢板及钢带，在运输和加工过程中易产生锈蚀和擦伤。

7.4　力学和工艺性能

7.4.1　钢板及钢带的力学和工艺性能应符合表1的规定。

7.4.2　对于 n 值，供方如能保证可不进行试验。

表 1

牌　号	拉伸试验[a]			n 值 (10%～20%)
	下屈服强度[b] R_{eL}/MPa	抗拉强度 R_m/MPa	断后伸长率 $A_{80\,mm}$/% ($L_0=80$ mm, $b=20$ mm)	
HR400/590TR	≥400	≥590	≥24	≥0.19
HR450/780TR	≥450	≥780	≥20	≥0.15

a　拉伸试验试样为纵向试样。

b　无明显屈服时采用 $R_{P0.2}$。

7.5　表面质量

7.5.1　钢板及钢带表面不应有裂纹、结疤、折叠、气泡和夹杂等对使用有害的缺陷，钢板及钢带不应有分层。

7.5.2　钢板及钢带各表面质量级别的特征按表2的规定。

7.5.3　对于钢带，由于没有机会切除带缺陷部分，因此允许带缺陷交货，但有缺陷部分应不超过钢带总长度的6%。

表 2

级　别	适用的表面状态	特　　征
普通级表面 (FA)	热轧表面 热轧酸洗表面	表面允许有深度(或高度)不超过钢板及钢带厚度公差之半的麻点、凹面、划痕等轻微、局部的缺欠，但应保证钢板及钢带允许的最小厚度
较高级表面 (FB)	热轧酸洗表面	表面允许有不影响成形性的缺欠，如轻微的划伤、轻微压痕、轻微麻点、轻微辊印及色差等

7.6　经供需双方协商并在合同中注明，可烘烤硬化值、补充晶粒度和非金属夹杂测定。

8　检验和试验

8.1　钢板及钢带的外观用肉眼检查。

8.2　钢板及钢带的尺寸和外形应用合适的测量工具测量。

8.3　n 值是在10%～20%应变范围内计算得到的。当均匀伸长率小于20%时，其应变范围为10%至均匀伸长结束；当均匀伸长率小于10%时，其应变范围为5%至均匀伸长结束。

8.4　每批钢板及钢带的检验项目、试样数量、取样方法和试验方法应符合表3的规定。

表 3

序号	检验项目	试样数量/个	取样方法	试验方法
1	化学分析	1/每炉	GB/T 20066	GB/T 223、GB/T 4336、GB/T 20123、GB/T 20125、GB/T 20126
2	拉伸	1	GB/T 2975	GB/T 228
3	n值	1	GB/T 2975	GB/T 5028和8.3
4	晶粒度	—	—	GB/T 6394
5	非金属夹杂物	—	—	GB/T 10561

8.5　对不切头尾的钢带，试样应在距离轧制钢带头尾大于6 m处截取。

8.6　钢板及钢带应成批验收，每批应由重量不大于40 t的同牌号、同炉号、同厚度和同轧制制度的钢板或钢带组成。供方在保证技术要求的前提下，可适当调整检验批重量，但每批的最大重量应不大于75 t。

8.7　钢板及钢带的复验按GB/T 17505规定。

9　包装、标志和质量证明书

钢板及钢带的包装、标志及质量证明书应符合GB/T 247的规定。

10　数值修约

数值修约按GB/T 8170的规定。

11　国内外牌号近似对照

本部分牌号与国外标准牌号的近似对照见附录B。

附 录 A
(资料性附录)
化学成分参考值

钢的化学成分(熔炼分析)参考值如表 A.1 所示。

表 A.1

牌号	化学成分[a](质量分数)/%						
	C ≤	Si ≤	Mn ≤	P ≤	S ≤	Alt[b] ≥	Cu ≤
HR400/590TR HR450/780TR	0.30	2.20	2.50	0.090	0.015	0.015	0.20

[a] 允许添加其他合金元素,但 Ni+Cr+Mo≤1.5。

[b] 可用 Als 替代 Alt,此时 Als≥0.010%。

附 录 B
（资料性附录）
国内外牌号近似对照

本部分牌号与国外标准牌号的近似对照见表 B.1。

表 B.1

GB/T 20887.4—2010	SAE J2745—2007
HR400/590TR	TRIP 590T/400Y
HR450/780TR	TRIP 780T/450Y

ICS 77.140.50
H 46

中华人民共和国国家标准

GB/T 20887.5—2010

汽车用高强度热连轧钢板及钢带 第5部分：马氏体钢

Continuously hot rolled high strength steel sheet and strip for automobile—Part 5：Martensitic steel

2010-09-02 发布 2011-06-01 实施

中华人民共和国国家质量监督检验检疫总局
中国国家标准化管理委员会 发布

前　言

GB/T 20887《汽车用高强度热连轧钢板及钢带》共分为5部分：

——第1部分：冷成形用高屈服强度钢

——第2部分：高扩孔钢

——第3部分：双相钢

——第4部分：相变诱导塑性钢

——第5部分：马氏体钢

本部分为GB/T 20887的第5部分。

本部分的附录A和附录B为资料性附录。

本部分由中国钢铁工业协会提出。

本部分由全国钢标准化技术委员会归口。

本部分起草单位：宝山钢铁股份有限公司、冶金工业信息标准研究院、首钢总公司。

本部分主要起草人：李玉光、黄锦花、徐宏伟、涂树林、于成峰、孙忠明、王晓虎、徐海卫、施鸿雁、许晴、黄镇如、陆敏。

汽车用高强度热连轧钢板及钢带 第5部分:马氏体钢

1 范围

本部分规定了马氏体钢热连轧钢板及钢带的分类和代号、尺寸、外形、重量、技术要求、检验和试验、包装、标志及质量证明书等。

本部分适用于厚度不大于6 mm的马氏体钢热连轧钢带以及由此横切成的钢板及纵切成的纵切钢带,以下简称钢板及钢带。

2 规范性引用文件

下列文件中的条款通过本部分的引用而成为本部分的条款。凡是注日期的引用文件,其随后所有的修改单(不包括勘误的内容)或修订版均不适用于本部分,然而,鼓励根据本部分达成协议的各方研究是否可使用这些文件的最新版本。凡是不注日期的引用文件,其最新版本适用于本部分。

GB/T 222 钢的成品化学成分允许偏差

GB/T 223.5 钢铁 酸溶硅和全硅含量的测定 还原型硅钼酸盐分光光度法

GB/T 223.9 钢铁及合金 铝含量的测定 铬天青S分光光度法

GB/T 223.12 钢铁及合金化学分析方法 碳酸钠分离-二苯酸铣二肼光度法测定铬量

GB/T 223.23 钢铁及合金 镍含量的测定 丁二酮肟分光光度法

GB/T 223.26 钢铁及合金 钼含量的测定 硫氰酸盐分光光度法

GB/T 223.53 钢铁及合金化学分析方法 火焰原子吸收分光光度法测量铜量

GB/T 223.54 钢铁及合金化学分析方法 火焰原子吸收分光光度法测定镍量

GB/T 223.59 钢铁及合金 磷含量的测定 铋磷钼蓝分光光度法和锑磷钼蓝分光光度法

GB/T 223.60 钢铁及合金化学分析方法 高氯酸脱水重量法测定硅含量

GB/T 223.62 钢铁及合金化学分析方法 乙酸丁酯萃取光度法测定磷量

GB/T 223.63 钢铁及合金化学分析方法 高碘酸钠(钾)光度法测定锰量

GB/T 223.64 钢铁及合金 锰含量的测定 火焰原子吸收光谱法

GB/T 228 金属材料 室温拉伸试验方法

GB/T 232 金属材料 弯曲试验方法

GB/T 247 钢板和钢带包装、标志及质量证明书的一般规定

GB/T 709 热轧钢板和钢带的尺寸、外形、重量及允许偏差

GB/T 2975 钢及钢产品 力学性能试验取样位置及试样制备

GB/T 4336 碳素钢和中低合金钢 火花源原子发射光谱分析方法(常规法)

GB/T 6394 金属平均晶粒度测定法

GB/T 8170 数值修约规则与极限数值的表示和判定

GB/T 10561 钢中非金属夹杂物含量的测定——标准评级图显微检验法

GB/T 17505 钢及钢产品交货一般技术要求

GB/T 20066 钢和铁 化学成分测定用试样的取样和制样方法

GB/T 20123 钢铁 总碳硫含量的测定 高频感应炉燃烧后红外吸收法(常规方法)

GB/T 20125 低合金钢 多元素含量的测定 电感耦合等离子体原子发射光谱法

GB/T 20126 非合金钢 低碳含量的测定 第2部分:感应炉(经预加热)内燃烧后红外吸收法

3 术语和定义

下列术语和定义适用于本部分。

3.1

马氏体钢 martensitic steels (MS)

钢的显微组织几乎全部为马氏体组织,马氏体钢具有较高的强度和一定的成形性能。

4 分类和代号

4.1 钢的牌号由热轧的英文"Hot Rolled"的首位字母"HR"、规定最小屈服强度值/规定最小抗拉强度值,和马氏体钢的英文"Martensitic steel"的首位字母"MS"三个部分组成。

示例:HR900/1200MS

HR——热轧的英文"Hot Rolled"的首位字母;

900/1200——900:规定最小屈服强度值;1200:规定最小抗拉强度值,单位为兆帕(MPa);

MS——马氏体的英文"Martensitic steel"的首位字母。

5 订货所需信息

订货时用户需提供以下信息:

a) 产品名称(钢板或钢带);
b) 本部分号;
c) 牌号;
d) 规格及尺寸精度;
e) 边缘状态;
f) 包装方式;
g) 重量;
h) 其他要求。

6 尺寸、外形、重量及允许偏差

钢板及钢带的尺寸、外形、重量及允许偏差应符合GB/T 709的规定。

7 技术要求

7.1 化学成分

钢的化学成分(熔炼分析)参考值见附录A。如需方对化学成分有要求,应在订货时协商。

7.2 冶炼方法

钢板及钢带所用的钢采用氧气转炉或电炉冶炼。除非另有规定,冶炼方法由供方选择。

7.3 交货状态

钢板及钢带以热轧或控轧状态交货。

7.4 力学和工艺性能

7.4.1 钢板及钢带的力学和工艺性能应符合表1的规定。

7.4.2 弯曲试验后，试样的外侧面不得有肉眼可见的裂纹。

表 1

牌号	拉伸试验[a]			180°弯曲试验[b] (d—弯心直径 a—试样厚度)
	下屈服强度[c,d] R_{eL}/ MPa	抗拉强度 R_m/ MPa	断后伸长率 $A_{80\ mm}$/% (L_0=80 mm,b=20 mm)	
HR900/1200MS	900～1 150	≥1 200	≥5	$d=8a$
HR1050/1400MS	1 050～1 250	≥1 400	≥4	$d=8a$

[a] 拉伸试验试样方向为纵向。

[b] 弯曲试验规定值适用于横向试样。

[c] 无明显屈服时采用 $R_{P0.2}$。

[d] 经供需双方协商同意，对屈服强度下限值可不作要求。

7.5 表面质量

7.5.1 钢板及钢带表面不应有裂纹、结疤、折叠、气泡和夹杂等对使用有害的缺陷，钢板及钢带不应有分层。

7.5.2 表面允许有深度(或高度)不超过钢板及钢带厚度公差之半的麻点、凹面、划痕等轻微、局部的缺陷，但应保证钢板及钢带允许的最小厚度。

7.5.3 对于钢带，由于没有机会切除带缺陷部分，因此允许带缺陷交货，但有缺陷部分应不超过钢带总长度的6%。

7.6 经供需双方协商并在合同中注明，可补充晶粒度和非金属夹杂测定。

8 检验和试验

8.1 钢板及钢带的外观用肉眼检查。

8.2 钢板及钢带的尺寸和外形应用合适的测量工具测量。

8.3 每批钢板及钢带的检验项目、试样数量、取样方法和试验方法应符合表2的规定。

表 2

序号	检验项目	试样数量/个	取样方法	试验方法
1	化学分析	1/每炉	GB/T 20066	GB/T 223、GB/T 4336、 GB/T 20123、GB/T 20125、GB/T 20126
2	拉伸试验	1	GB/T 2975	GB/T 228
3	弯曲试验	1	GB/T 2975	GB/T 232
4	晶粒度	—	—	GB/T 6394
5	非金属夹杂物	—	—	GB/T 10561

8.4 对不切头尾的钢带，试样应在距离轧制钢带头尾大于6 m处截取。

8.5 钢板及钢带应成批验收，每批应由重量不大于40 t的同牌号、同炉号、同厚度和同轧制制度的钢板或钢带组成。供方在保证技术要求的前提下，可适当调整检验批重量，但每批的最大重量应不大于75 t。

8.6 钢板及钢带的复验按GB/T 17505规定。

9 包装、标志和质量证明书

钢板及钢带的包装、标志及质量证明书应符合GB/T 247的规定。

10 数值修约

数值修约按 GB/T 8170 的规定。

11 国内外牌号近似对照

本部分牌号与国外标准牌号的近似对照见附录 B。

附 录 A
（资料性附录）
化学成分参考值

钢的化学成分（熔炼分析）参考值如表 A.1 所示。

表 A.1

牌 号	化学成分[a]（质量分数）/%						
	C ≤	Si ≤	Mn ≤	P ≤	S ≤	Alt[b] ≥	Cu ≤
HR900/1200MS	0.30	2.20	3.00	0.020	0.025	0.015	0.30
HR1050/1400MS							

[a] 允许添加其他合金元素，但 Ni+Cr+Mo≤1.5。

[b] 可用 Als 替代 Alt，此时 Als≥0.010%。

附　录　B
（资料性附录）
国内外牌号近似对照

本部分牌号与国外标准牌号的近似对照见表B.1。

表 B.1

GB/T 20887.5—2010	prEN 10338:2007(E)
HR900/1200MS	HDT1200M
HR1050/1400MS	—

ICS 77.140.50
H 46

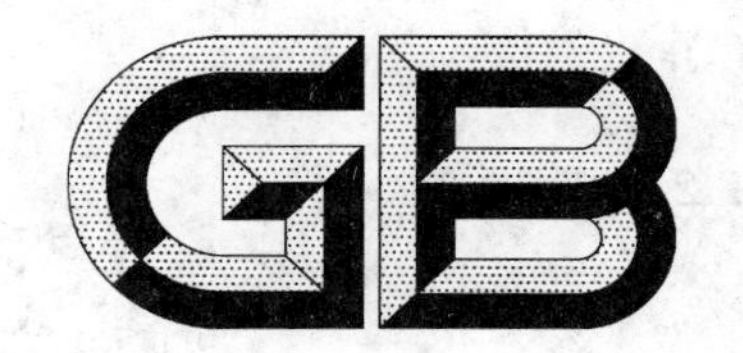

中华人民共和国国家标准

GB/T 21237—2007

石油天然气输送管用宽厚钢板

Wide and heavy plates for line pipe of petroleum and natural gas

2007-10-25 发布　　2008-04-01 实施

中华人民共和国国家质量监督检验检疫总局
中国国家标准化管理委员会　发布

前　言

本标准系参考 API SPEC 5L:2004《管线钢管规范》、ISO 3183:1996《石油天然气工业输送钢管交货技术条件》、GB/T 9711—1997《石油天然气工业输送钢管交货技术条件》、GB/T 14164—1997《石油天然气输送管用热轧宽钢带》标准,并结合国内管线用宽厚板生产发展情况和使用要求而制订。

本标准附录 A 为规范性附录,附录 B 为资料性附录。

本标准由中国钢铁工业协会提出。

本标准由全国钢标准化技术委员会归口。

本标准由邯钢集团舞阳钢铁有限责任公司、冶金工业信息标准研究院、鞍钢股份有限公司、南京钢铁联合有限公司负责起草。

本标准主要起草人:常跃峰、赵文忠、王晓虎、梁永昌、谢良法、张华红。

石油天然气输送管用宽厚钢板

1 范围

本标准规定了油气输送管线用宽厚钢板的尺寸、外形、重量、技术要求、试验方法、检验规则、包装、标志和质量证明书等。

本标准适用于按 API SPEC 5L、ISO 3183、GB/T 9711 等标准生产的石油、天然气输送直缝焊管以及其他有类似要求的其他流体输送直缝焊管用的厚度为 6 mm～40 mm 的宽厚钢板。

2 规范性引用文件

下列文件中的条款通过本标准的引用而成为本标准的条款。凡是注日期的引用文件，其随后所有的修改单(不包括勘误的内容)或修订版均不适用于本标准，然而，鼓励根据本标准达成协议的各方研究是否可使用这些文件的最新版本。凡是不注日期的引用文件，其最新版本适用于本标准。

GB/T 222 钢的成品化学成分允许偏差

GB/T 223.3 钢铁及合金化学分析方法 二安替吡啉甲烷磷钼酸重量法测定磷量

GB/T 223.11 钢铁及合金化学分析方法 过硫酸铵氧化容量法测定铬量

GB/T 223.14 钢铁及合金化学分析方法 钽试剂萃取光度法测定钒含量

GB/T 223.16 钢铁及合金化学分析方法 变色酸光度法测定钛量

GB/T 223.18 钢铁及合金化学分析方法 硫代硫酸钠分离-碘量法测定铜量

GB/T 223.23 钢铁及合金化学分析方法 丁二酮肟分光光度法测定镍量

GB/T 223.24 钢铁及合金化学分析方法 萃取分离-丁二酮肟分光光度法测定镍量

GB/T 223.26 钢铁及合金化学分析方法 硫氰酸盐直接光度法测定钼量

GB/T 223.27 钢铁及合金化学分析方法 硫氰酸盐-乙酸丁酯萃取分光光度法测定钼量

GB/T 223.36 钢铁及合金化学分析方法 蒸馏分离-中和滴定法测定氮量

GB/T 223.37 钢铁及合金化学分析方法 蒸馏分离-靛酚蓝光度法测定氮量

GB/T 223.40 钢铁及合金 铌含量的测定 氯磺酚 S 分光光度法

GB/T 223.54 钢铁及合金化学分析方法 火焰原子吸收分光光度法测定镍量

GB/T 223.58 钢铁及合金化学分析方法 亚砷酸钠-亚硝酸钠滴定法测定锰量

GB/T 223.59 钢铁及合金化学分析方法 锑磷钼蓝光度法测定磷量

GB/T 223.60 钢铁及合金化学分析方法 高氯酸脱水重量法测定硅量

GB/T 223.61 钢铁及合金化学分析方法 磷钼酸铵容量法测定磷量

GB/T 223.62 钢铁及合金化学分析方法 乙酸丁酯萃取光度法测定磷量

GB/T 223.63 钢铁及合金化学分析方法 高碘酸钠(钾)光度法测定锰量

GB/T 223.64 钢铁及合金化学分析方法 火焰原子吸收光谱法测定锰量

GB/T 223.67 钢铁及合金化学分析方法 还原蒸馏-次甲基蓝光度法测定硫量

GB/T 223.68 钢铁及合金化学分析方法 管式炉内燃烧磺酸钾滴定法测定硫含量

GB/T 223.69 钢铁及合金化学分析方法 管式炉内燃烧后气体容量法测定碳含量

GB/T 223.71 钢铁及合金化学分析方法 管式炉内燃烧后重量法测定碳含量

GB/T 223.72 钢铁及合金化学分析方法 氧化铝色层分离-硫酸钡重量法测定硫量

GB/T 223.74 钢铁及合金化学分析方法 非化合碳含量的测定

GB/T 223.75 钢铁及合金化学分析方法 甲醇蒸馏-姜黄素光度法测定硼量

GB/T 223.76 钢铁及合金化学分析方法 火焰原子吸收光谱法测定钒量

GB/T 228 金属材料 室温拉伸试验方法(GB/T 228—2002,eqv ISO 6892:1998)

GB/T 229 金属夏比缺口冲击试验方法(GB/T 229—1994,eqv ISO 83:1976,eqv ISO 148:1983)

GB/T 232 金属材料 弯曲试验方法(GB/T 232—1999,eqv ISO 7438:1985)

GB/T 247 钢板和钢带检验、包装、标志及质量证明书的一般规定

GB/T 709 热轧钢板和钢带的尺寸、外形、重量及允许偏差

GB/T 2970 中厚钢板超声波检验方法

GB/T 2975 钢及钢产品力学性能试验取样位置及试样制备(GB/T 2975—1998,eqv ISO 377:1997)

GB/T 4336 碳素钢和中低合金钢火花源原子发射光谱分析方法(常规法)

GB/T 8363 铁素体钢落锤撕裂试验方法

GB/T 17505 钢及钢产品一般交货技术要求(GB/T 17505—1998,eqv ISO 404:1992)

GB/T 20066 钢和铁 化学成分测定用试样的取样和制样方法(GB/T 20066—2006,ISO 14284:1996,IDT)

3 牌号表示方法

钢的牌号表示方法与 GB/T 9711.1 相一致。由代表输送管线的“Line”一词的首位英文字母及最小规定屈服强度的数值组成。

例如:L415

L——代表输送管线的“Line”一词的首位英文字母

415——最小规定屈服强度的数值,单位为兆帕(MPa)。

4 订货内容

订货时需方应提供如下信息:

a) 标准编号;

b) 产品名称;

c) 牌号;

d) 尺寸;

e) 重量;

f) 其他特殊要求。

5 尺寸、外形、重量及允许偏差

5.1 钢板的尺寸、外形、重量及允许偏差符合 GB/T 709 的规定,厚度偏差按 B 类。

5.2 经供需双方协议,可供应其他尺寸、外形及允许偏差的钢板,具体在合同中注明。

6 技术要求

6.1 牌号及化学成分

6.1.1 钢的牌号及化学成分(熔炼分析)应符合表 1 的规定。按照需方要求,经供需双方协商,订货牌号可转化为附录 B 中的相应牌号。

6.1.2 对 L290 及更高屈服强度的牌号,经供需双方协商,可以添加表 1 中所列元素(包括铌、钒、钛)以外的其他元素(Cr、Mo、Ni 等)。

6.1.3 成品钢板化学成分的允许偏差应符合 GB/T 222 的规定。

6.1.4 Cr、Ni、Cu 为残余元素时,其含量应各不大于 0.30%。

表1 牌号及化学成分(熔炼成分)

牌号	化学成分(质量分数)/%,≤					
	C	Si	Mn[a]	P	S	其他
L245	0.20	0.35	1.30	0.025	0.015	[b,d]
L290	0.20	0.35	1.30	0.025	0.015	[c,d]
L320	0.20	0.35	1.40	0.025	0.015	[c,d]
L360	0.20	0.35	1.40	0.020	0.015	[c,d]
L390	0.12	0.40	1.65	0.020	0.015	[c,d]
L415[f]	0.12	0.40	1.65	0.020	0.010	[c,d]
L450[e,f]	0.12	0.40	1.65	0.020	0.010	[c,d]
L485[e,f]	0.10	0.40	1.80	0.020	0.010	[c,d]
L555[e,f]	0.10	0.40	2.00	0.020	0.010	[c,d]
L690[e,f]	0.10	0.40	2.10	0.020	0.010	[c,d]

a 碳含量比规定最大值每降低0.01%,锰含量则允许比规定最大值提高0.05%,但对于L290～L360,最高锰含量不允许超过1.50%;对于L485～L555,最高锰含量不允许超过2.00%;对于L690,最高锰含量不允许超过2.20%。

b 经供需双方协商,可在铌、钒、钛三种元素中或添加其中一种,或添加它们的任一组合。

c 由生产厂选定,可在铌、钒、钛三种元素中或添加其中一种,或添加它们的任一组合。

d 铌、钒、钛含量之和不应超过0.15%。

e 只要满足注[d]的要求及表中对磷和硫的要求,经供需双方协商,还可按其他化学成分交货。

f N≤0.008%;当钢中有固氮元素时,N≤0.012%。允许用成品分析代替熔炼分析。

6.1.5 碳当量(CE)、焊接裂纹敏感性指数(Pcm)

6.1.5.1 各牌号钢板的碳当量或焊接裂纹敏感性指数应符合表2的相应规定。碳当量或焊接裂纹敏感性指数按公式1或公式2计算。

$$CE(\%) = C + Mn/6 + (Cr + Mo + V)/5 + (Ni + Cu)/15 \quad \cdots\cdots (1)$$

$$Pcm(\%) = C + Si/30 + Mn/20 + Cu/20 + Ni/60 + Cr/20 + Mo/15 + V/10 + 5B \quad \cdots\cdots (2)$$

表2 碳当量(CE)、焊接裂纹敏感性指数(Pcm)

牌号	Pcm,适用于C≤0.12%	CE,适用于C>0.12%
L245,L290,L320,L360,L390,L415,L450,L485,L555	≤0.23%	≤0.43%
L690	≤0.25%	—

6.1.5.2 应在质量证明书中注明用于计算碳当量或焊接裂纹敏感性指数的化学成分。

6.2 冶炼方法

钢由转炉或电炉冶炼,并进行炉外精炼。

6.3 交货状态

钢板的交货状态为热轧或控轧(CR、TMCP、TMCP+回火等)。

6.4 力学性能和工艺性能

6.4.1 钢板的力学和工艺性能应符合表3的规定。

6.4.1.1 若供方能保证弯曲试验结果符合表3规定，可不作弯曲试验。若需方要求作弯曲试验，应在合同中注明。

6.4.1.2 经供需双方协商，冲击试验、落锤撕裂试验的温度也可为其他温度，冲击功也可另外协商，具体在合同中注明。

表3 钢板的力学和工艺性能

牌号	屈服强度[a] $R_{t0.5}$[c]/MPa	抗拉强度 R_m/MPa	屈强比[a]，不大于	断后伸长率/%[b]，不小于		冲击试验 −20℃，横向	180°弯曲试验	落锤撕裂试验[e] (DWTT) −10℃，横向
				A	A_{50mm}	A_{kv}/J，不小于		
L245	245～445	415～755	0.90	23	见6.4.1.3	80	$d=2a$	—
L290	290～495	415～755	0.90	22		80	$d=2a$	—
L320	320～525	435～755	0.90	21		90	$d=2a$	—
L360	360～530	460～755	0.90	21		90	$d=2a$	—
L390	390～545	490～755	0.92	19		120	$d=2a$	—
L415	415～565	520～755	0.92	19		120	$d=2a$	2个试样平均值≥85%，单个试样值≥70%
L450	450～600	535～755	0.92	18		120	$d=2a$	
L485	485～620	570～755	0.92	18		150	$d=2a$	
L555	555～690	625～825	0.93	18		150	$d=2a$	
L690[d]	690～840	760～990	0.95	17		150	$d=2a$	

[a] 需方在按钢管标准来选用表中的牌号时，应充分考虑制管过程中包辛格效应对屈服强度和屈强比的影响，以保证钢管成品性能符合相应标准的要求。在考虑包辛格效应时，规定的屈服强度数值和屈强比可作相应调整。

[b] 在供需双方未规定拉伸试样标距时，试样类型由生产厂在表3中选择。当发生争议时，以标距固定为50 mm、宽度为38 mm的板状拉伸试样进行仲裁。

[c] 若屈服现象明显，$R_{t0.5}$可以用R_{eL}代替。

[d] 屈服强度可取$R_{p0.2}$。

[e] 钢板厚度＞25 mm时，DWTT试验结果由供需双方协商。

6.4.1.3 固定标距50 mm时的断后伸长率A_{50mm}最小值按式(3)计算：

$$A_{50mm}=1956\times S_0^{0.2}/R_m^{0.9} \qquad \cdots\cdots(3)$$

式中：

A_{50mm}——固定标距50 mm时的断后伸长率最小值，%；

S_0——拉伸试样原始横截面积，单位为平方毫米(mm^2)；

R_m——规定的最小抗拉强度，单位为兆帕(MPa)。

有关不同厚度拉伸试样和不同牌号的断后伸长率最小规定值见附录A。

6.4.1.4 冲击功值按一组三个试样算术平均值计算，允许其中一个试样值低于表3规定值，但不得低于规定值的70%。

当夏比(V型缺口)冲击试验结果不符合上述规定时，应从同一张钢板或同一样坯上再取3个试样进行试验，前后两组6个试样的算术平均值不得低于规定值，允许有2个试样值低于规定值，但其中低于规定值70%的试样只允许有1个。

6.4.1.5 对厚度小于12 mm钢板的夏比(V型缺口)冲击试验应采用辅助试样，厚度为6 mm～8 mm

的钢板，其尺寸为10 mm×5 mm×55 mm，其试验结果应不小于表3规定值的50%。厚度＞8 mm～＜12 mm的钢板其尺寸为10 mm×7.5 mm×55 mm，其试验结果应不小于表3规定值的75%。

6.5 表面质量

6.5.1 钢板表面不允许存在裂纹、气泡、结疤、折叠、夹杂和压入的氧化铁皮。钢板不得有分层。

6.5.2 钢板表面允许有不妨碍检查表面缺陷的薄层氧化铁皮、铁锈、由压入氧化铁皮脱落所引起的不显著的表面粗糙、划伤、压痕及其他局部缺陷，但其深度不得大于厚度公差之半，并应保证钢板的最小厚度。

6.5.3 钢板表面缺陷不允许焊补，允许修磨清理，但应保证钢板的最小厚度。修磨清理处应平滑无棱角。

6.5.4 经供需双方协议，表面质量可参照GB/T 14977的规定。

6.6 超声波检验

钢板应逐张进行超声波检验，检验方法为GB/T 2970，其验收级别应在合同中注明。经供需双方协商，也可采用其他超声波探伤方法，具体在合同中注明。

6.7 其他特殊技术要求

经供需双方协议，需方可对钢板提出其他特殊技术要求(如成分、屈强比、落锤撕裂试验、冲击功及剪切面积、试验温度、硬度、晶粒度、非金属夹杂物、抗HIC要求等)，具体在合同中注明。

7 试验方法

每批钢板的检验项目、取样数量、取样方法、试验方法应符合表4的规定。

表4 检验项目、取样数量、取样方法、试验方法

序号	检验项目	取样数量	取样方法	试验方法
1	化学分析	1个(每炉罐号)	GB/T 222	GB/T 223 GB/T 4336
2	拉伸	1个	GB/T 2975	GB/T 228
3	冲击	3个		GB/T 229
4	弯曲	1个		GB/T 232
5	落锤撕裂试验(DWTT)	2个	GB/T 2975，试样在距纵边为板宽1/4处切取	GB/T 8363
6	超声波检验	逐张	—	GB/T 2970

8 检验规则

8.1 钢板验收由供方技术监督部门进行。

8.2 钢板应成批验收，每批钢板由同一牌号、同一炉号、同一交货状态、同一厚度的钢板组成，每批重量不大于60 t。

8.3 钢板检验结果不符合本标准要求时，可进行复验。检验项目的复验和验收规则应符合GB/T 17505的规定。

9 包装、标志、质量证明书

钢板的包装、标志、质量证明书应符合GB/T 247的规定。

附　录　A
（规范性附录）
断后伸长率

不同厚度拉伸试样和不同牌号的断后伸长率最小规定值见表 A.1。

表 A.1　断后伸长率表

拉伸试样面积/mm^2	钢板厚度/mm	试样宽度 38 mm、标距长度 50 mm 伸长率/%，最小值								
		牌号								
		L245/L290	L320	L360	L390	L415	L450	L485	L555	L690
230	6.0-6.1	26	25	24	22	21	21	19	18	15
240	6.2-6.3	26	25	24	22	21	21	19	18	15
250	6.4-6.6	26	25	24	22	21	21	20	18	15
260	6.7-6.9	26	25	24	22	21	21	20	18	15
270	7.0-7.1	26	25	24	23	22	21	20	18	15
280	7.2-7.4	26	25	24	23	22	21	20	18	15
290	7.5-7.6	27	26	24	23	22	21	20	19	15
300	7.7-7.9	27	26	25	23	22	21	20	19	16
310	8.0-8.2	27	26	25	23	22	22	20	19	16
320	8.3-8.4	27	26	25	23	22	22	21	19	16
330	8.5-8.7	27	26	25	24	22	22	21	19	16
340	8.8-9.0	28	26	25	24	23	22	21	19	16
350	9.1-9.2	28	27	25	24	23	22	21	19	16
360	9.3-9.5	28	27	26	24	23	22	21	19	16
370	9.6-9.7	28	27	26	24	23	22	21	19	16
380	9.8-10.0	28	27	26	24	23	22	21	20	16
390	10.1-10.3	28	27	26	24	23	23	21	20	16
400	10.4-10.5	28	27	26	24	23	23	21	20	16
410	10.6-10.8	29	27	26	25	23	23	22	20	17
420	10.9-11.1	29	28	26	25	24	23	22	20	17
430	11.2-11.3	29	28	26	25	24	23	22	20	17
440	11.4-11.6	29	28	27	25	24	23	22	20	17
450	11.7-11.8	29	28	27	25	24	23	22	20	17
460	11.9-12.1	29	28	27	25	24	23	22	20	17
470	12.2-12.4	29	28	27	25	24	23	22	20	17
480	12.5-12.6	29	28	27	25	24	24	22	20	17
485	≥12.7	30	28	27	25	24	24	22	21	17

附 录 B
（资料性附录）
牌号对照

表 B.1 给出了本标准牌号与钢带、钢管标准（国标、ISO 标准、API SPEC 5L）规定牌号的对照。

表 B.1 牌号对照表

本标准	GB/T 14164	ISO 3183-1 GB/T 9711.1	ISO 3183-2 GB/T 9711.2	ISO 3183-3 GB/T 9711.3	API SPEC 5L	ISO 3183/FDIS
L245	S245	L245	L245NB L245MB	L245NC	B	
L290	S290	L290	L290NB L290MB	L290NC L290MC	X42	
L320	S320	L320			X46	
L360	S360	L360	L360MB	L360NC L360MC	X52	
L390	S390	L390			X56	
L415	S415	L415	L415NB L415MB	L415MC	X60	
L450	S450	L450	L450MB	L450MC	X65	
L485	S485	L485	L485MB	L485MC	X70	
L555	S555	L555	L555MB	L555MC	X80	
L690						L690M(X100M)

参 考 文 献

[1] GB/T 9711—1997 石油天然气工业输送钢管交货技术条件
[2] GB/T 14164—1997 石油天然气输送管用热轧宽钢带
[3] GB/T 14977 热轧钢板表面质量的一般要求
[4] ISO 3183:1996 石油天然气工业输送钢管交货技术条件
[5] API SPEC 5L:2004 管线钢管规范

ICS 77.140.50
H 46

中华人民共和国国家标准

GB/T 24180—2009

冷轧电镀铬钢板及钢带

Cold-reduced electrolytic chromium/chromium oxide coated steel sheet and strip

2009-06-25 发布　　2010-04-01 实施

中华人民共和国国家质量监督检验检疫总局
中国国家标准化管理委员会　发布

前　言

本标准参照 JIS G3315：2008《镀铬无锡钢》(日文版)、ASTM A623M-08《镀锡产品一般要求》(英文版)、ASTM A657M-03《一次冷轧、二次冷轧电镀铬产品标准规范》(英文版)、EN 10202：2001《冷轧电镀锡和电镀铬钢板》(英文版)及 ISO 11950：1995《冷轧电镀铬/铬氧化物镀层钢板》(英文版)制定。

本标准的附录 A 为规范性附录，附录 B、附录 C 为资料性附录。

本标准由中国钢铁工业协会提出。

本标准由全国钢标准化技术委员会归口。

本标准主要起草单位：宝山钢铁股份有限公司、冶金工业信息标准研究院、中山中粤马口铁工业有限公司。

本标准主要起草人：孙忠明、李玉光、于成峰、徐宏伟、涂树林、王晓虎、张宏、宋家辉。

冷轧电镀铬钢板及钢带

1 范围

本标准规定了冷轧电镀铬钢板及钢带的分类和代号、尺寸、外形、重量及允许偏差、技术要求、检验和试验、包装、标志及质量证明书等。

本标准适用于公称厚度为 0.15 mm～0.60 mm 的一次冷轧电镀铬钢板及钢带以及公称厚度为 0.12 mm～0.36 mm 的二次冷轧电镀铬钢板及钢带(以下简称钢板及钢带)。

2 规范性引用文件

下列文件中的条款通过本标准的引用而成为本标准的条款。凡是注日期的引用文件,其随后所有的修改单(不包括勘误的内容)或修订版均不适用于本标准,然而,鼓励根据本标准达成协议的各方研究是否可使用这些文件的最新版本。凡是不注日期的引用文件,其最新版本适用于本标准。

GB/T 228 金属材料 室温拉伸试验方法(GB/T 228—2002,eqv ISO 6892:1998)

GB/T 230.1 金属材料 洛氏硬度试验 第1部分:试验方法(A、B、C、D、E、F、G、H、K、N、T标尺)(GB/T 230.1—2009,ISO 6508-1:2005,MOD)

GB/T 247 钢板和钢带检验、包装、标志及质量证明书的一般规定

GB/T 708 冷轧钢板和钢带的尺寸、外形、重量及允许偏差

GB/T 2520 冷轧电镀锡钢板及钢带

GB/T 8170 数值修约规则与极限数值的表示和判定

GB/T 17505 钢及钢产品交货一般技术要求(GB/T 17505—1998,eqv ISO 404:1992)

ASTM A657M-03 一次冷轧、二次冷轧电镀铬产品标准规范

3 术语和定义

GB/T 2520 确立的以及下列术语和定义适用于本标准。

3.1

电镀铬板 electrolytic chromium/chromium oxide coated steel sheet and strip

通过连续电镀铬作业获得的,在两面镀覆金属铬镀层和铬氧化物镀层的冷轧低碳钢钢板或钢带。

4 分类和代号

4.1 钢板及钢带的分类及代号应符合表1的规定。

表 1

分类方式	类别	代号
原板钢种	—	MR,L,D
调质度	一次冷轧基板	T-1,T-1.5,T-2,T-2.5,T-3,T-3.5,T-4,T-5
	二次冷轧基板	DR-7M,DR-8,DR-8M,DR-9,DR-9M,DR-10
退火方式	连续退火	CA
	罩式退火	BA

表 1（续）

分类方式	类　　别		代　　号
表面状态	一次冷轧基板	光亮表面	B
		粗糙表面	R
		无光表面	M
	二次冷轧基板	粗糙表面	R

4.2　牌号及标记示例

钢板及钢带的牌号通常由原板钢种、调质度代号和退火方式构成。例如：MR T-2.5 CA，LT-3 BA，MR DR-8 BA。

5　订货内容

订货时用户应提供如下信息：

a)　产品名称（钢板或钢带）；

b)　本产品标准号；

c)　牌号；

d)　尺寸规格（宽度、长度、内径等）；

e)　表面状态；

f)　包装方式；

g)　用途；

h)　张数或重量；

i)　其他。

6　尺寸、外形、重量及允许偏差

6.1　尺寸

6.1.1　厚度

钢板及钢带的公称厚度小于 0.50 mm 时，按 0.01 mm 的倍数进级。钢板及钢带的公称厚度大于等于 0.50 mm 时，按 0.05 mm 的倍数进级。

6.1.2　如要求标记轧制宽度方向，可在表示轧制宽度方向的数字后面加上字母 W。例如：0.26×832W×760。

6.1.3　钢卷内径可为 406 mm、420 mm、450 mm 或 508 mm。

6.2　尺寸允许偏差

6.2.1　厚度允许偏差

钢板及钢带的厚度允许偏差应不大于公称厚度的±7%。厚度测量位置为距钢板及钢带两侧边部不小于 10 mm 的任意点。

6.2.2　薄边

薄边是钢板及钢带沿宽度方向上厚度的变化，其特征是在靠近钢板及钢带的边缘发生厚度减薄。距钢板及钢带两侧边部 6 mm 处测得的厚度，与沿钢板及钢带宽度方向中间位置测得的实际厚度的偏差，应不大于中间位置测得的实际厚度的 8.0%。

6.2.3　钢板及钢带的宽度允许偏差为 0 mm～＋3 mm。

6.2.4　钢板的长度允许偏差为 0 mm～＋3 mm。

6.3 外形

6.3.1 脱方度应不大钢板宽度的0.15%。

6.3.2 每任意1 000 mm长度上，镰刀弯应不大于1 mm。

6.3.3 不平度仅适用于钢板。在钢板任意1 000 mm长度上的不平度应不大于3 mm。

6.4 花边板的边部形状及尺寸、外形允许偏差应由供需双方在订货时协商。

6.5 其他尺寸、外形、重量及允许偏差的规定应符合GB/T 708的规定。对于钢带，也可按理论重量交货。

6.6 钢带中的焊缝

6.6.1 在每个钢带中，任意10 000 m长度上的焊缝总数不应大于3个；

6.6.2 钢带中的焊缝应采用冲孔进行标记，并应附加目视可见的标识，例如在焊缝位置处插入一个软质的标签。经供需双方协商，也可采用的其他标识方法。

6.6.3 焊缝处的厚度应不大于钢带公称厚度的1.5倍。

6.6.4 焊缝搭接总长度(a)应不大于10 mm，自由搭接长度(b)应不大于5 mm。如图1所示。

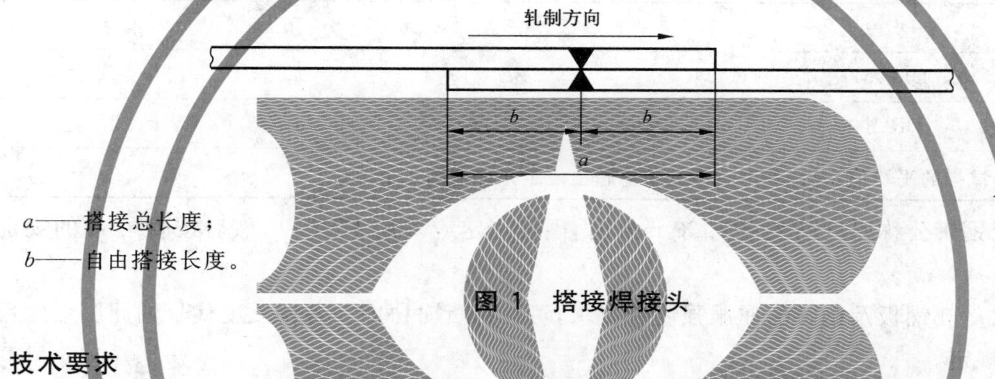

a——搭接总长度；

b——自由搭接长度。

图1 搭接焊接头

7 技术要求

7.1 镀铬量

7.1.1 钢板及钢带的镀层由金属铬镀层和铬氧化物镀层两部分组成，金属铬镀层量和铬氧化物镀层量应符合表2的规定。表2中的值适用于三个试样镀层量的算术平均值。

7.1.2 铬氧化物的镀层重量用铬氧化物中铬含量表示。

表2

单位为毫米每平方米（每面）

金属铬镀层		铬氧化物镀层	
最小平均重量	最大平均重量	最小平均重量	最大平均重量
50	150	5	35

7.2 调质度

7.2.1 一次冷轧钢板及钢带的硬度(HR30Tm)应符合表3的规定。二次冷轧钢板及钢带的硬度(HR30Tm)应符合表4的规定。钢板及钢带的调质度用洛氏硬度(HR30Tm)的值来表示。

表3

调质度代号	表面硬度（HR30Tm）[a]
T-1	49±4
T-1.5	51±4
T-2	53±4
T-2.5	55±4

表 3（续）

调质度代号	表面硬度（HR30Tm）[a]
T-3	57±4
T-3.5	59±4
T-4	61±4
T-5	65±4

[a] 硬度为二个试样的平均值，允许其中一个试验值超出规定允许范围 1 个单位。

表 4

调质度代号	表面硬度（HR30Tm）[a]
DR-7M	71±5
DR-8/DR-8M	73±5
DR-9	76±5
DR-9M	77±5
DR-10	80±5

[a] 硬度为二个试样的平均值，允许其中一个试验值超出规定允许范围 1 个单位。

7.2.2 当钢板及钢带公称厚度不大于 0.20 mm 时，硬度测定应采用 HR15T，然后按附录 A 的规定换算为 HR30Tm。

7.2.3 如对二次冷轧钢板及钢带的屈服强度有要求，可在订货时协商。各调质度代号的屈服强度目标值可参考表 5 的规定。

表 5

调质度代号	屈服强度目标值[a,b,c]/MPa
DR-7M	520
DR-8	550
DR-8M	580
DR-9	620
DR-9M	660
DR-10	690

[a] 屈服强度是根据需要而测定的参考值。

[b] 屈服强度可采用拉伸试验或回弹试验进行测定。屈服强度为两个试样的平均值，试样方向为纵向。通常情况下，屈服强度按附录 B 所规定的回弹试验换算而来的。仲裁时采用拉伸试验的方法测定。

[c] 对于拉伸试验，试样的平行部分宽度为 12.5 mm±1 mm，标距 L_0＝50 mm。必要时，试验前试样应在 200 ℃下人工时效 20 min。

7.2.4 退火方法有罩式退火法和连续退火法。对于不同的退火方式，即使钢板及钢带的 HR30Tm 值相等，除硬度以外的其他力学性能指标也不一定相同，如屈服强度、抗拉强度、伸长率等指标。

7.3 表面状态

钢板及钢带的表面状态特征应符合表 6 的规定。

表 6

成　　品	代　　号	区　　分	特　　征
一次冷轧钢板及钢带	B	光亮表面	在具有极细磨石花纹的光滑表面的原板上镀铬后得到的有光泽的表面
	R	粗糙表面	在具有一定方向性的磨石花纹为特征的原板上镀铬后得到的有光泽的表面
	M	无光表面	在具有一般无光泽表面的原板上镀铬后得到的无光表面
二次冷轧钢板及钢带	R	粗糙表面	在具有一定方向性的磨石花纹为特征的原板上镀铬后得到的有光泽的表面

7.4　表面涂油

钢板及钢带应在镀铬层表面涂油。涂油种类可以是DOS、CSO、DOS-A、ATBC等。除非协议另有规定,通常采用DOS油。

7.5　表面质量

镀铬层表面不得有针孔、伤痕、凹坑、皱折、锈蚀等对使用上有影响的缺陷,但轻微的夹杂、刮伤、压痕、油迹、色差等不影响使用的缺欠则允许存在。但对于钢带,由于没有机会切除钢带缺陷部分,因此钢带允许带缺陷交货,但有缺陷部分的长度不得超过每卷总长度的8%。

7.6　原板钢种类型应符合表7的规定。根据需方要求,经供需双方协商,也可使用其他钢种。

表 7

原板钢种类型	特　　性
MR	绝大多数食品包装和其他用途镀铬板钢基,非金属夹杂物含量与L类钢相近,残余元素含量的限制没有L类钢严格
L	高耐蚀性用镀铬板钢基,非金属夹杂物及残余元素含量低,能改善某些食品罐内壁的耐蚀性
D	铝镇静钢,超深冲耐时效用镀铬板钢基,能使垂直于弯曲方向的折痕和拉伸变形现象减至最低程度

8　检验和试验

8.1　钢板及钢带的尺寸、外形应用合适的测量工具测量。

8.2　钢板及钢带的外观用肉眼检测。

8.3　钢板及钢带应按批检验,每个检验批应由不大于30 t的同牌号、同规格、同表面状态的钢板或钢带组成。

8.4　每批钢板及钢带的检验项目、试样数量、取样方法和试验方法应符合表8的规定。

表 8

检验项目	试样数量(个)	取样位置	试验方法
硬度	2	取样位置见图2	GB/T 230.1
金属铬[a]	3		ASTM A657M 附录 A.1
铬氧化物[a]	3		ASTM A657M 附录 A.2 或 A.3
拉伸	2		GB/T 228 或附录 B

[a] 通常情况下,可使用合适的方法进行测定,仲裁时,按表中规定的方法。

8.5 对于硬度试验，一个试样通常测定三点。当三点的极差值(即：最大值－最小值)大于1.0时，应再追加测定2点，然后，去掉5点中的最大值和最小值，再求出三点的平均值，作为试验值。当对测定结果提出异议时，应除去镀铬层后再测定。如因表面粗糙度的影响而对测定值提出异议时，应将试样表面研磨后再测定。

8.6 钢板及钢带的复验和判定应符合 GB/T 17505 的规定。

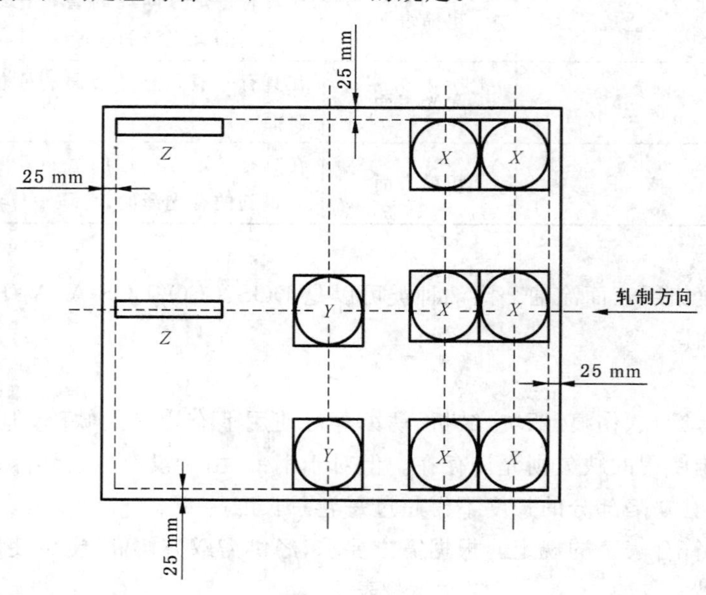

X——金属铬和铬氧化物试验试样；
Y——硬度试验试样；
Z——拉伸试验试样。

图2 试样取样位置

9 包装、标志及质量证明书

钢板及钢带的包装、标志及质量证明书应符合 GB/T 247 的规定。

10 数值修约规则

数值修约规则应符合 GB/T 8170 的规定。

11 国内外相关标准调质度代号近似对照

本标准调质度代号与国外国际相关标准调质度代号(或钢级代号)的近似对照可参见附录C。

附 录 A
（规范性附录）
HR15T和HR30Tm换算表

表 A.1

HR15T	换算 HR30Tm	HR15T	换算 HR30Tm
93.0	82.0	83.0	62.5
92.5	81.5	82.5	61.5
92.0	80.5	82.0	60.5
91.5	79.0	81.5	59.5
91.0	78.0	81.0	58.5
90.5	77.5	80.5	57.0
90.0	76.0	80.0	56.0
89.5	75.5	79.5	55.0
89.0	74.5	79.0	54.0
88.5	74.0	78.5	53.0
88.0	73.0	78.0	51.5
87.5	72.0	77.5	51.0
87.0	71.0	77.0	49.5
86.5	70.0	76.5	49.0
86.0	69.0	76.0	47.5
85.5	68.0	75.5	47.0
85.0	67.0	75.0	45.5
84.5	66.0	74.5	44.5
84.0	65.0	74.0	43.5
83.5	63.5	73.5	42.5

附　录　B
（资料性附录）
二次冷轧板回弹试验方法

B.1　原理

先测量矩形试验的厚度，再作绕过圆柱形心轴180°的弯曲，然后松开，测量回弹角，为评定二次冷轧板的屈服强度提供一种简单便捷的方法。

B.2　试样

从二次冷轧电镀铬板的每张试样钢板上，在边部和中部沿轧制方向取两条200 mm×25 mm的试样，边部试样离钢板边部的距离不小于25 mm。试验前，试样在200 ℃下人工时效20 min。

B.3　试验

B.3.1　试验仪器

回弹试验仪。

B.3.2　试验步骤

B.3.2.1　测量试样厚度，精确到0.001 mm。

B.3.2.2　把试样插入回弹试验仪，以适度的压力上好夹紧螺丝，把试样固定在试验位置。

B.3.2.3　平稳摆动成形臂，使试样绕过轴心弯曲180°。

B.3.2.4　使成形臂回复到起始位置，沿着试样直接观察读取和记录回弹角，然后卸去试样。

B.3.2.5　根据试样厚度和回弹角的测定值，在与回弹仪配套的列线图板上测量回弹指数(SBI)。

B.3.2.6　为了保证试样结果的准确性，应当用标准试样或另一台基准回弹试验仪，校准在用的回弹试验仪。

B.4　试验结果报告

在日常检验中，可以用已知$R_{p0.2}$的试样测定回弹指数的方法，得到符合本标准规定的回弹指数范围，直接用回弹指数签发试验报告。

也可以用以下换算公式$R_{p0.2}=6.9\times \mathrm{SBI}(\mathrm{MPa})$，把回弹指数换算为$R_{p0.2}$以后，再签发试验报告。

回弹试验不是仲裁方法，发生异议时，应以拉伸试验为准。

附　录　C
（资料性附录）
本标准调质度代号与相关标准调质度代号（或钢级代号）的对照

表 C.1

标准号		GB/T 24180—2009	JIS G3315:2008	ASTM A657M-03	EN 10202:2001	ISO 11950:1995
调质度代号	一次冷轧基板	T-1	T-1	T-1 (T49)	TS230	TH50+CE
		T1.5	—	—	—	—
		T-2	T-2	T-2 (T53)	TS245	TH52+CE
		T-2.5	T-2.5	—	TS260	TH55+CE
		T-3	T-3	T-3 (T57)	TS275	TH57+CE
		T-3.5	—	—	TS290	—
		T-4	T-4	T-4 (T61)	TH415	TH61+CE
		T-5	T-5	T-5 (T65)	TH435	TH65+CE
	二次冷轧基板	DR-7M	—	DR-7.5	TH520	—
		DR-8	DR-8	DR-8	TH 550	T550+CE
		DR-8M	—	DR-8.5	TH580	T580+CE
		DR-9	DR-9	DR-9	TH620	T620+CE
		DR-9M	DR-9M	DR-9.5	—	T660+CE
		DR-10	DR-10	—	—	T690+CE

ICS 77.140.50
H 46

中华人民共和国国家标准

GB/T 24186—2009

工程机械用高强度耐磨钢板

High strength abrasion resistant steel plates for construction machine

2009-06-25 发布　　　　2010-04-01 实施

中华人民共和国国家质量监督检验检疫总局
中国国家标准化管理委员会　发布

前　言

本标准附录A为资料性附录。

本标准由中国钢铁工业协会提出。

本标准由全国钢标准化技术委员会归口。

本标准主要起草单位：济钢集团有限公司、冶金工业信息标准研究院、舞阳钢铁有限责任公司、湖南华菱涟源钢铁有限公司。

本标准主要起草人：高玲、冯勇、王晓虎、晁飞燕、孙根领、谢良法、王新、温德智、周鉴。

工程机械用高强度耐磨钢板

1 范围

本标准规定了工程机械用高强度耐磨钢板的牌号、尺寸、外形、重量及允许偏差、技术要求、试验方法、检验规则、包装、标志及质量证明书。

本标准适用于矿山、建筑、农业等工程机械耐磨损结构部件用厚度不大于80 mm的钢板。本标准规定的耐磨钢板也适用于其他领域。

2 规范性引用文件

下列文件中的条款通过本标准的引用而成为本标准的条款。凡是注日期的引用文件，其随后所有的修改单(不包括勘误的内容)或修订版均不适用于本标准，然而，鼓励根据本标准达成协议的各方研究是否可使用这些文件的最新版本。凡是不注日期的引用文件，其最新版本适用于本标准。

GB/T 222 钢的成品化学成分允许偏差
GB/T 223.3 钢铁及合金化学分析方法 二安替吡啉甲烷磷钼酸重量法测定磷量
GB/T 223.9 钢铁及合金 铝含量的测定 铬天青S分光光度法
GB/T 223.11 钢铁及合金化学分析方法 过硫酸铵氧化容量法测定铬量
GB/T 223.12 钢铁及合金化学分析方法 碳酸钠分离-二苯碳酰二肼光度法测定铬量
GB/T 223.13 钢铁及合金化学分析方法 硫酸亚铁铵滴定法测定钒含量
GB/T 223.14 钢铁及合金化学分析方法 钽试剂萃取光度法测定钒含量
GB/T 223.17 钢铁及合金化学分析方法 二安替吡啉甲烷光度法测定钛量
GB/T 223.23 钢铁及合金 镍含量的测定 丁二酮肟分光光度法
GB/T 223.26 钢铁及合金 钼含量的测定 硫氰酸盐分光光度法
GB/T 223.54 钢铁及合金化学分析方法 火焰原子吸收分光光度法测定镍量
GB/T 223.58 钢铁及合金化学分析方法 亚砷酸钠-亚硝酸钠滴定法测定锰量
GB/T 223.59 钢铁及合金化学分析方法 锑磷钼蓝光度法测定磷量
GB/T 223.60 钢铁及合金化学分析方法 高氯酸脱水重量法测定硅含量
GB/T 223.61 钢铁及合金化学分析方法 磷钼酸铵容量法测定磷量
GB/T 223.62 钢铁及合金化学分析方法 乙酸丁酯萃取光度法测定磷量
GB/T 223.63 钢铁及合金化学分析方法 高碘酸钠(钾)光度法测定锰量
GB/T 223.64 钢铁及合金 锰含量的测定 火焰原子吸收光谱法
GB/T 223.67 钢铁及合金 硫含量的测定 次甲基蓝分光光度法
GB/T 223.68 钢铁及合金化学分析方法 管式炉内燃烧后碘酸钾滴定法测定硫含量
GB/T 223.69 钢铁及合金 碳含量的测定 管式炉内燃烧后气体容量法
GB/T 223.71 钢铁及合金化学分析方法 管式炉内燃烧后重量法测定碳含量
GB/T 223.72 钢铁及合金 硫含量的测定 重量法
GB/T 223.75 钢铁及合金 硼含量的测定 甲醇蒸馏-姜黄素光度法
GB/T 223.76 钢铁及合金化学分析方法 火焰原子吸收光谱法测定钒量
GB/T 223.78 钢铁及合金化学分析方法 姜黄素直接光度法测定硼含量
GB/T 228 金属材料 室温拉伸试验方法(GB/T 228—2002,eqv ISO 6892:1998)
GB/T 229 金属材料 夏比摆锤冲击试验方法(GB/T 229—2007,ISO 148-1:2006,MOD)

GB/T 231.1　金属材料　布氏硬度试验　第1部分：试验方法(GB/T 231.1—2009，ISO 6506-1：2005，MOD)

GB/T 247　钢板和钢带验收、包装、标志及质量证明书的一般规定

GB/T 709　热轧钢板和钢带的尺寸、外形、重量及允许偏差

GB/T 2975　钢及钢产品力学性能试验取样位置及试样制备(GB/T 2975—1998，eqv ISO 377：1997)

GB/T 4336　碳素钢和中低合金钢的光电发射光谱分析方法(常规法)

GB/T 17505　钢及钢产品交货一般技术要求(GB/T 17505—1998，eqv ISO 404：1992)

GB/T 20066　钢和铁　化学成分测定用试样的取样和制样方法(GB/T 20066—2006，ISO 14284：1996，IDT)

YB/T 081　冶金技术标准的数值修约与检测数值的判定原则

3　订货内容

订货时需方应提供如下信息：

a)　本标准编号；

b)　产品名称；

c)　牌号；

d)　尺寸；

e)　交货状态；

f)　重量；

g)　其他特殊要求。

4　牌号表示方法

钢的牌号由“耐磨”的汉语拼音的首位字母“NM”及规定布氏硬度数值组成。

例如：NM500

5　尺寸、外形、重量及允许偏差

5.1　钢板的尺寸、外形、重量及允许偏差应符合 GB/T 709 的规定。

5.2　经供需双方协议，可供应其他尺寸、外形及允许偏差的钢板。

6　技术要求

6.1　牌号及化学成分

6.1.1　钢的牌号和化学成分(熔炼分析)应符合表1的规定。

6.1.1.1　在保证钢板性能的前提下，表1中规定的 Cr、Ni、Mo 合金元素可任意组合加入，也可添加表1规定以外的其他微合金元素，具体含量应在质量证明书中注明。

6.1.1.2　钢中 Cu 为残余元素时，其含量应不大于 0.30%；As 含量应不大于 0.08%。如供方能保证，可不做分析。

6.1.1.3　根据用户要求，由供需双方协议，可规定各牌号碳当量，碳当量按公式(1)计算。附录A列出了碳当量参考值。

$$CEV(\%) = C + Mn/6 + (Cr + Mo + V)/5 + (Cu + Ni)/15 \quad \cdots\cdots\cdots\cdots(1)$$

6.1.1.4　当采用全铝(Alt)含量计算时，Alt 应不小于 0.015%。

6.1.2　成品钢板的化学成分允许偏差应符合 GB/T 222 的规定。

6.2 **冶炼方法**

钢由转炉或电炉冶炼，并进行炉外精炼。

6.3 **交货状态**

钢板以淬火、淬火＋回火、TMCP＋回火、回火或热轧状态交货。

表1 牌号及化学成分

牌号	化学成分[a]（质量分数）/%										
	C	Si	Mn	P	S	Cr	Ni	Mo	Ti	B	Als
	不大于									范围	不小于
NM300	0.23	0.70	1.60	0.025	0.015	0.70	0.50	0.40	0.050	0.000 5～0.006	0.010
NM360	0.25	0.70	1.60	0.025	0.015	0.80	0.50	0.50	0.050	0.000 5～0.006	0.010
NM400	0.30	0.70	1.60	0.025	0.010	1.00	0.70	0.50	0.050	0.000 5～0.006	0.010
NM450	0.35	0.70	1.70	0.025	0.010	1.10	0.80	0.55	0.050	0.000 5～0.006	0.010
NM500	0.38	0.70	1.70	0.020	0.010	1.20	1.00	0.65	0.050	0.000 5～0.006	0.010
NM550	0.38	0.70	1.70	0.020	0.010	1.20	1.00	0.70	0.050	0.000 5～0.006	0.010
NM600	0.45	0.70	1.90	0.020	0.010	1.50	1.00	0.80	0.050	0.000 5～0.006	0.010

[a] 对于NM400及以下牌号，其Si、Mn含量可分别提高至2.00%和2.20%，合金元素含量由供方确定。

6.4 **力学性能**

6.4.1 钢板的拉伸、冲击、硬度试验结果应符合表2的规定。

表2 力学性能

牌 号	厚度/mm	抗拉强度[a] R_m/MPa	断后伸长率[a] $A_{50\ mm}$/%	−20 ℃冲击吸收能量（纵向）[a] KV_2/J	表面布氏硬度 HBW
NM300	≤80	≥1 000	≥14	≥24	270～330
NM360	≤80	≥1 100	≥12	≥24	330～390
NM400	≤80	≥1 200	≥10	≥24	370～430
NM450	≤80	≥1 250	≥7	≥24	420～480
NM500	≤70	—	—	—	≥470
NM550	≤70	—	—	—	≥530
NM600	≤60	—	—	—	≥570

[a] 抗拉强度、延伸率、冲击功作为性能的特殊要求，如用户未在合同注明，则只保证布氏硬度。

6.4.2 夏比摆锤冲击功按三个试样的算术平均值计算，允许其中一个试样值比表2规定值低，但不得低于规定值的70%。

6.4.3 厚度小于12 mm钢板不进行夏比摆锤冲击试验。

6.5 **表面质量**

6.5.1 钢板表面不允许存在裂纹、气泡、结疤、折叠和夹杂等缺陷。钢板不得有分层。如有上述表面缺陷，允许清理，清理深度从钢板实际尺寸算起，不得超过钢板厚度公差之半，并应保证钢板的最小厚度。缺陷清理处应平滑无棱角。

6.5.2 钢板表面允许有不妨碍检查表面缺陷的薄层氧化铁皮、铁锈、由压入氧化铁皮脱落所引起的表面粗糙、划伤、压痕及其他局部缺陷，但其深度不得大于厚度公差之半，并应保证钢板的最小厚度。

7 试验方法

钢板的检验项目、取样数量、取样方法及试验方法应符合表3的规定。

表3 检验项目、取样数量、取样方法及试验方法

序号	检验项目	取样数量(个)	取样方法	试验方法
1	化学成分	1/炉	GB/T 20066	GB/T 223、GB/T 4336
2	拉伸	1	GB/T 2975	GB/T 228
3	冲击	3	GB/T 2975	GB/T 229
4	硬度	1	—	GB/T 231.1
5	尺寸、外形	逐张	—	符合精度要求的量具
6	表面	逐张	—	目视

8 检验规则

8.1 钢板的检查和验收由供方技术质量监督部门负责,需方有权按本标准或合同所规定的任一检验项目进行检查和验收。

8.2 钢板应成批验收,每批钢板由同一牌号、同一炉号、同一厚度、同一交货状态的钢板组成,每批重量不大于60 t。

8.3 钢板复验和判定应符合GB/T 17505的规定。

8.4 检验结果的数值修约与判定应符合YB/T 081的规定。

9 包装、标志及质量证明书

钢板的包装、标志及质量证明书应符合GB/T 247的规定。

附　录　A
(资料性附录)
碳当量参考值

钢板的碳当量参考值见表 A.1。

表 A.1

牌　号	厚度/mm	CEV,不大于
NM300	≤80	0.45
NM360	≤80	0.48
NM400	≤50	0.57
	>50～80	0.65
NM450	≤50	0.59
	>50～80	0.72
NM500	≤50	0.64
	>50～80	0.74
NM550	≤50	0.72
NM600	≤50	0.84

ICS 77.140.50
H 46

中华人民共和国国家标准

GB 24510—2009

低温压力容器用9%Ni钢板

9%Nickel steel plates for pressure vessels with specified low temperature properties

2009-10-30 发布 2010-06-01 实施

中华人民共和国国家质量监督检验检疫总局
中国国家标准化管理委员会 发布

前　言

本标准的4.2、5.6.2、5.7为推荐性的，其余技术内容为强制性的。

本标准的制定参照EN 10028-4:2003《耐压平板钢产品　第四部分:特定低温性能的Ni合金钢》标准、中国船级社CCS规范、ASME A553—2007《压力容器用淬火+回火8-9%Ni合金钢规范》和JIS G 3127—2005《低温压力容器用镍钢板》标准中相关规定。

本标准的附录A为资料性附录。

本标准由中国钢铁工业协会提出。

本标准由全国钢标准化技术委员会(SAC/TC 183)归口。

本标准主要起草单位:鞍钢股份有限公司、冶金工业信息标准研究院、太原钢铁(集团)有限公司。

本标准主要起草人:刘徐源、朴志民、王晓虎、潘涛、郝瑞琴、刘东风、侯加平、郑英杰。

低温压力容器用9%Ni钢板

1 范围

本标准规定了低温压力容器用9%Ni钢板的订货内容、尺寸、外形、重量及允许偏差、技术要求、试验方法、检验规则、包装、标志和质量证明书等。

本标准适用于制造液化天然气(LNG)储罐、液化天然气(LNG)船舶等低温压力容器用厚度不大于50 mm的9%Ni钢板(以下简称钢板)。

2 规范性引用文件

下列文件中的条款通过本标准的引用而成为本标准的条款。凡是注日期的引用文件,其随后所有的修改单(不包括勘误的内容)或修订版均不适用于本标准,然而,鼓励根据本标准达成协议的各方研究是否可使用这些文件的最新版本。凡是不注日期的引用文件,其最新版本适用于本标准。

GB/T 222 钢的成品化学成分允许偏差

GB/T 223.5 钢铁 酸溶硅和全硅含量的测定 还原型硅钼酸盐分光光度法(GB/T 223.5—2008,ISO 4829-1:1986,ISO 4829-2:1988,MOD)

GB/T 223.9 钢铁及合金 铝含量的测定 铬天青S分光光度法

GB/T 223.12 钢铁及合金化学分析方法 碳酸钠分离-二苯碳酰二肼光度法测定铬量

GB/T 223.14 钢铁及合金化学分析方法 钽试剂萃取光度法测定钒含量

GB/T 223.16 钢铁及合金化学分析方法 变色酸光度法测定钛量

GB/T 223.19 钢铁及合金化学分析方法 新亚铜灵-三氯甲烷萃取光度法测定铜量

GB/T 223.23 钢铁及合金 镍含量的测定 丁二酮肟分光光度法

GB/T 223.26 钢铁及合金 钼含量的测定 硫氰酸盐分光光度法

GB/T 223.37 钢铁及合金化学分析方法 蒸馏分离-靛酚蓝光度法测定氮量

GB/T 223.40 钢铁及合金 铌含量的测定 氯磺酚S分光光度法

GB/T 223.62 钢铁及合金化学分析方法 乙酸丁酯萃取光度法测定磷量

GB/T 223.63 钢铁及合金化学分析方法 高碘酸钠(钾)光度法测定锰量

GB/T 223.67 钢铁及合金 硫含量的测定 次甲基蓝分光光度法(GB/T 223.67—2008,ISO 10701:1994,IDT)

GB/T 223.69 钢铁及合金 碳含量的测定 管式炉内燃烧后气体容量法

GB/T 228 金属材料 室温拉伸试验方法(GB/T 228—2002,eqv ISO 6892:1998)

GB/T 229 金属材料 夏比摆锤冲击试验方法(GB/T 229—2007,ISO 148-1:2006,MOD)

GB/T 247 钢板和钢带包装、标志及质量证明书的一般规定

GB/T 709—2006 热轧钢板和钢带的尺寸、外形、重量及允许偏差(ISO 7452:2002,ISO 16160:2000,NEQ)

GB/T 2975 钢及钢产品 力学性能试验取样位置及试样制备(GB/T 2975—1998,eqv ISO 377:1997)

GB/T 4336 碳素钢和中低合金钢 火花源原子发射光谱分析方法(常规法)

GB/T 17505 钢及钢产品交货一般技术要求(GB/T 17505—1998,eqv ISO 404:1992)

GB/T 20066 钢和铁 化学成分测定用试样的取样和制样方法(GB/T 20066—2006,ISO 14284:1996,IDT)

GB/T 20123 钢铁 总碳硫含量的测定 高频感应炉燃烧后红外吸收法(常规方法)(GB/T 20123—2006,ISO 15350:2000,IDT)

GB/T 20124 钢铁 氮含量的测定 惰性气体熔融热导法(常规方法)(GB/T 20124—2006,ISO 15351:1999,IDT)

JB/T 4730.3 承压设备无损检测 第3部分:超声检测

YB/T 081 冶金技术标准的数值修约与检测数值的判定原则

3 订货内容

订货时,用户应提供下列信息,并在合同中注明:

a) 本标准编号;

b) 牌号;

c) 尺寸;

d) 交货状态;

e) 重量;

f) 特殊要求。

4 尺寸、外形、重量及允许偏差

4.1 钢板的尺寸、外形、重量及允许偏差应符合 GB/T 709—2006 的规定。钢板厚度允许偏差符合 GB/T 709—2006 中 B 类偏差的规定。

4.2 经供需双方协商,并在合同中注明,需方可对钢板的厚度允许偏差另行规定。

5 技术要求

5.1 牌号和化学成分

5.1.1 钢的牌号和化学成分(熔炼分析)应符合表 1 的规定。

表 1

牌号	化学成分[a,b](质量分数)/%									
	C	Si	Mn	P	S	Ni	Cr	Cu	V	Mo
				不大于						
9Ni490	≤0.10	≤0.35	0.30～0.80	0.015	0.010	8.50～10.0	≤0.25	≤0.35	≤0.05	≤0.10
9Ni590A				0.015	0.010				≤0.05	
9Ni590B				0.010	0.005				≤0.01	

[a] 当钢中含有 Al(Als≥0.015%)或其他固氮元素时,N≤0.012%,否则 N≤0.009%。

[b] (Cr+Mo+Cu)≤0.50%。

5.1.2 为改善钢的性能,可添加表 1 之外的其他微量合金元素。

5.1.3 钢板的成品化学成分允许偏差应符合 GB/T 222 的规定。

5.2 冶炼方法

钢由氧气转炉或电炉冶炼,并应进行炉外精炼。

5.3 交货状态

钢板的交货状态应符合表 2 的规定。

表 2

牌　号	交货状态
9Ni490	两次正火＋回火(NNT)
9Ni590A[a]	淬火＋回火或两次淬火＋回火(QT、QLT)
9Ni590B[a]	

[a] 厚度不大于 15 mm 的钢板可采用两次正火＋回火(NNT)状态交货。

5.4 力学性能

5.4.1 钢板的力学性能应符合表 3 的规定。

5.4.2 对厚度为 6 mm～＜12 mm 的钢板取冲击试验试样时,可分别取 5 mm×10 mm×55 mm 和 7.5 mm×10 mm×55 mm 的试样,此时冲击功吸收能量应分别不小于规定值的 50%和 75%。厚度小于 6 mm 的钢板不做冲击试验。

5.4.3 钢板的冲击试验结果按一组 3 个试样的算术平均值进行计算,允许其中有 1 个试验值低于规定值,但不应低于规定值的 70%。

表 3

牌号	钢板厚度 t/mm	拉伸试验[a]			V 型冲击试验	
		屈服强度 R_{eH}/MPa	抗拉强度 R_m/MPa	断后伸长率 A/%	冲击吸收能量 KV_2/J	
					试验温度/℃	横向试样
9Ni490	t≤30	≥490	640～830	≥18	−196	≥40
	30＜t≤50	≥480				
9Ni590A	t≤30	≥590	680～820	≥18	−196	≥50
	30＜t≤50	≥575				
9Ni590B	t≤30	≥590	680～820	≥18	−196	≥80
	30＜t≤50	≥575				

[a] 当屈服不明显时,可测量 $R_{P0.2}$ 代替上屈服强度。

5.5 表面质量

5.5.1 钢板表面不允许存在裂纹、气泡、结疤、折叠和夹杂等对使用有害的缺陷。钢板不应有分层。如有上述表面缺陷允许清理,清理深度从钢板实际尺寸算起,应不大于钢板厚度允许公差之半,并应保证清理处钢板的最小厚度,缺陷清理处应平滑无棱角。

5.5.2 其他缺陷允许存在,但其深度从钢板实际尺寸算起,应不超过钢板厚度允许公差之半,并应保证缺陷处钢板厚度不小于钢板允许最小厚度。

5.6 超声波检测

5.6.1 钢板应逐张进行超声波检测。

5.6.2 超声波检测方法及级别由供需双方商定。未注明时,应符合 JB/T 4730.3 中Ⅰ级的规定。

5.7 特殊要求

经供需双方协商,并在合同中注明,可对钢板提出其他特殊要求。

6 试验方法

每批钢板的检验项目、取样数量、取样方法和试验方法应符合表 4 的规定。

表 4

序号	检验项目	取样数量 个	取样部位及方法	试验方法
1	化学成分	1/每炉	GB/T 20066	GB/T 223、GB/T 4336、GB/T 20123、GB/T 20124
2	拉伸试验	1/批	GB/T 2975、7.3、7.4	GB/T 228
3	冲击试验	3/批	GB/T 2975、7.3、7.4	GB/T 229
4	超声波检测	逐张	—	JB/T 4730.3
5	尺寸、外形	逐张	—	GB/T 709—2006 及适合的量具
6	表面质量	逐张	—	目视及测量
注：当钢板长度不大于 15 000 mm 时，在钢板一端取样；钢板长度大于 15 000 mm 时，在钢板两端取样。				

7 检验规则

7.1 钢板的质量由供方质量技术监督部门进行检查和验收。

7.2 钢板应按批检查和验收，每张钢板为一批。

7.3 纵轧钢板的拉伸、冲击试样应取自钢板宽度的 1/4 处。横轧钢板的拉伸、冲击试样在钢板宽度的任意位置切取。

7.4 厚度大于 25 mm 钢板的拉伸、冲击试样的轴线应尽量靠近钢板厚度的 1/4 处，拉伸试样采用 GB/T 228 中 R4 号试样；厚度不大于 25 mm 钢板，拉伸试样取全厚试样 P10 号试样；冲击试样应靠近轧制表面 1 mm～2 mm 制取。

7.5 夏比（V 型缺口）低温冲击试验结果，不符合 5.4.3 规定时，应从同一张钢板（或同一样坯）上再取 3 个试样进行复验，前后两组 6 个试样的冲击平均值应不低于规定值，允许有 2 个试样小于规定值，但其中小于规定值 70% 的试样只允许有 1 个。

7.6 其他检验项目的复验与判定按 GB/T 17505 的有关规定执行。

7.7 复验不合格的钢板，允许重新进行热处理，作为新的一批提交检验。

7.8 除非在合同或订单中另有规定，当需要评定试验结果是否符合规定值，所给出力学性能和化学成分试验结果应修约，其修约方法应按 YB/T 081 的规定进行。

8 包装、标志和质量证明书

钢板的包装、标志和质量证明书应符合 GB/T 247 的规定。

附 录 A
（资料性附录）
牌号对照表

本标准与国内外牌号对照见表 A.1。

表 A.1

标准号	本标准	EN 10028-4：2003	JIS G 3127—2005	CCS 规范 2007	ASME A553：2006	ASME A353：2004
牌号	9Ni490	X8Ni9 +NT640	SL9N520	9Ni		A353
	9Ni590A	X8Ni9 +QT680	SL9N590		A553 Ⅰ类	
	9Ni590B	X7Ni9				

ICS 77.140.50
H 46

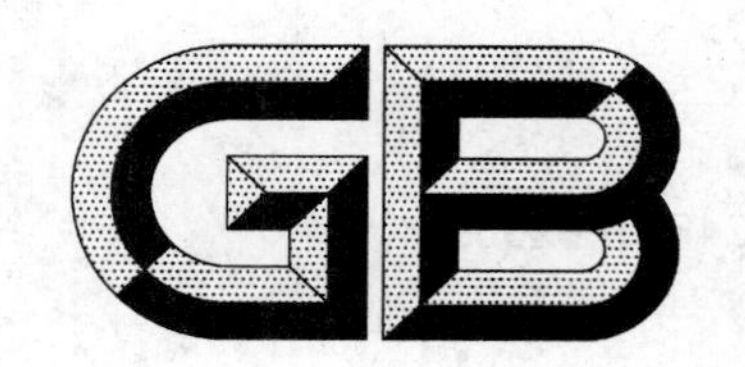

中华人民共和国国家标准

GB 24511—2009

承压设备用不锈钢钢板及钢带

Stainless steel plate, sheet and strip for pressure equipments

2009-10-30 发布　　2010-06-01 实施

中华人民共和国国家质量监督检验检疫总局
中国国家标准化管理委员会　发布

前　言

本标准的表2脚注a、5.1.3.2.1、6.4.1.1、6.5、6.7为推荐性的，其余技术内容为强制性的。

本标准参考欧洲EN 10028-7：2007《压力容器用钢的扁平产品　第七部分：不锈钢》制定。

本标准的附录A为规范性附录，附录B和附录C为资料性附录。

本标准由中国钢铁工业协会提出。

本标准由全国钢标准化技术委员会(SAC/TC 183)归口。

本标准主要起草单位：太原钢铁(集团)有限公司、冶金工业信息标准研究院、中国通用机械工程总公司。

本标准主要起草人：张东玲、王晓虎、秦晓钟、张建生、白晋钢、王培智、任永秀。

承压设备用不锈钢钢板及钢带

1 范围

本标准规定了承压设备用不锈钢钢板及钢带的分类和代号、尺寸、外形及允许偏差、技术要求、试验方法、检验规则、包装、标志及产品质量证明书等内容。

本标准适用于宽度不小于600 mm的承压设备用热轧、冷轧不锈钢钢板及钢带(含卷切钢板)。

2 规范性引用文件

下列文件中的条款通过本标准的引用而成为本标准的条款。凡是注日期的引用文件,其随后所有的修改单(不包括勘误的内容)或修订版均不适用于本标准,然而,鼓励根据本标准达成协议的各方研究是否可使用这些文件的最新版本。凡是不注日期的引用文件,其最新版本适用于本标准。

GB/T 222 钢的成品化学成分允许偏差

GB/T 223.5 钢铁 酸溶硅和全硅含量的测定 还原型硅钼酸盐分光光度法(GB/T 223.5—2008,ISO 4829-1:1986,ISO 4829-2:1988,MOD)

GB/T 223.9 钢铁及合金 铝含量的测定 铬天青S分光光度法

GB/T 223.11 钢铁及合金 铬含量的测定 可视滴定或电位滴定法(GB/T 223.11—2008,ISO 4937:1986,MOD)

GB/T 223.16 钢铁及合金化学分析方法 变色酸光度法测定钛量

GB/T 223.18 钢铁及合金化学分析方法 硫代硫酸钠分离-碘量法测定铜量

GB/T 223.19 钢铁及合金化学分析方法 新亚铜灵-三氯甲烷萃取光度法测定铜量

GB/T 223.23 钢铁及合金 镍含量的测定 丁二酮肟分光光度法

GB/T 223.25 钢铁及合金化学分析方法 丁二酮肟重量法测定镍量

GB/T 223.26 钢铁及合金 钼含量的测定 硫氰酸盐分光光度法

GB/T 223.28 钢铁及合金化学分析方法 α-安息香肟重量法测定钼量

GB/T 223.36 钢铁及合金化学分析方法 蒸馏分离-中和滴定法测定氮量

GB/T 223.40 钢铁及合金 铌含量的测定 氯磺酚S分光光度法

GB/T 223.58 钢铁及合金化学分析方法 亚砷酸钠-亚硝酸钠滴定法测定锰量

GB/T 223.59 钢铁及合金 磷含量的测定 铋磷钼蓝分光光度法和锑磷钼蓝分光光度法

GB/T 223.60 钢铁及合金化学分析方法 高氯酸脱水重量法测定硅含量

GB/T 223.62 钢铁及合金化学分析方法 乙酸丁酯萃取光度法测定磷量

GB/T 223.68 钢铁及合金化学分析方法 管式炉内燃烧后碘酸钾滴定法测定硫含量

GB/T 223.69 钢铁及合金 碳含量的测定 管式炉内燃烧后气体容量法

GB/T 228 金属材料 室温拉伸试验方法(GB/T 228—2002,eqv ISO 6892:1998)

GB/T 230.1 金属洛氏硬度试验 第1部分:试验方法(A、B、C、D、E、F、G、H、K、N、T标尺)(GB/T 230.1—2004,ISO 6508-1:1999,MOD)

GB/T 231.1 金属布氏硬度试验 第1部分:试验方法(GB/T 231.1—2002,eqv ISO 6506-1:1999)

GB/T 232 金属材料 弯曲试验方法(GB/T 232—1999,eqv ISO 7438:1985)

GB/T 247 钢板和钢带包装、标志及质量证明书的一般规定

GB/T 708 冷轧钢板和钢带的尺寸、外形、重量及允许偏差(GB/T 708—2006,ISO 16162:2000,

NEQ)

GB/T 709 热轧钢板和钢带的尺寸、外形、重量及允许偏差(GB/T 709—2006,ISO 7452:2002,ISO 16160:2000,NEQ)

GB/T 2975 钢及钢产品 力学性能试验取样位置及试样制备(GB/T 2975—1998,eqv ISO 377:1997)

GB/T 4334 金属和合金的腐蚀 不锈钢晶间腐蚀试验方法(GB/T 4334—2008,ISO 3651-1:1998,ISO 3651-2:1998,MOD)

GB/T 4340.1 金属维氏硬度试验 第1部分:试验方法(GB/T 4340.1—1999,eqv ISO 6507-1:1997)

GB/T 8170 数值修约规则与极限数值的表示和判定

GB/T 11170 不锈钢 多元素含量的测定 火花放电原子发射光谱法(常规法)

GB/T 17505 钢及钢产品交货一般技术要求(GB/T 17505—1998,eqv ISO 404:1992)

GB/T 20066 钢和铁 化学成分测定用试样的取样和制样方法(GB/T 20066—2006,ISO 14284:1996,IDT)

GB/T 20123 钢铁 总碳硫含量的测定 高频感应炉燃烧后红外吸收法(常规方法)(GB/T 20123—2006,ISO 15350:2000,IDT)

GB/T 20124 钢铁 氮含量的测定 惰性气体熔融热导法(常规方法)(GB/T 20124—2006,ISO 15351:1999,IDT)

GB/T 20878 不锈钢和耐热钢 牌号及化学成分

3 订货所需信息

订货时用户需提供以下信息:

a) 产品名称(或品名);
b) 牌号和代号;
c) 标准编号;
d) 尺寸及精度;
e) 重量或数量;
f) 表面加工类型;
g) 交货状态;
h) 其他特殊要求。

4 分类及代号

4.1 按边缘状态可分为:

切边 EC

不切边 EM

4.2 按尺寸精度可分为:

厚度普通精度

厚度较高精度 PT

4.3 按轧制工艺可分为:

热轧厚钢板 P

热轧钢板及钢带 H

冷轧钢板及钢带 C

5 尺寸、外形、重量及允许偏差

5.1 尺寸及允许偏差

5.1.1 钢板和钢带的公称尺寸范围见表1,其具体规格执行GB/T 708、GB/T 709。

表1 公称尺寸范围

单位为毫米

产品类别	代号	公称厚度	公称宽度
热轧厚钢板	P	6.0～100	600～4 800
热轧钢板及钢带	H	2.0～14.0	600～2 100
冷轧钢板及钢带	C	1.5～8.0	600～2 100

5.1.2 厚度允许偏差

5.1.2.1 热轧厚钢板厚度允许偏差应符合表2规定。

表2 热轧厚钢板厚度允许偏差[a]

单位为毫米

公称厚度	公称宽度						
	≤1 000		>1 000～1 500		>1 500～2 500		>2 500
	普通精度	较高精度	普通精度	较高精度	普通精度	较高精度	
厚度负偏差为－0.30							
5.0～8.0	0.38	0.35	0.40	0.36	0.50	0.45	0.80
>8.0～15.0	0.45	0.42	0.48	0.44	0.60	0.55	
>15.0～25.0	0.50	0.45	0.53	0.48	0.65	0.60	1.00
>25.0～40.0	0.65	0.60	0.70	0.65	0.85	0.80	
>40.0～60.0	0.90	0.85	0.95	0.90	1.10	1.05	1.50
>60.0～80.0	0.90	0.85	0.95	0.90	1.40	1.35	

[a] >80～100的厚度允许偏差由供需双方协商。

5.1.2.2 热轧钢板及钢带厚度允许偏差应符合表3的规定。

表3 热轧钢板及钢带厚度允许偏差

单位为毫米

公称厚度	公称宽度							
	≤1 200		>1 200～1 500		>1 500～1 800		>1 800～2 100	
	普通精度	较高精度	普通精度	较高精度	普通精度	较高精度	普通精度	较高精度
2.0～2.5	+0.22 －0.22	+0.20 －0.20	+0.25 －0.25	+0.23 －0.23	+0.29 －0.29	+0.27 －0.27	—	—
>2.5～3.0	+0.25 －0.25	+0.23 －0.23	+0.28 －0.28	+0.26 －0.26	+0.31 －0.30	+0.28 －0.28	+0.33 －0.30	+0.31 －0.30
>3.0～4.0	+0.28 －0.28	+0.26 －0.26	+0.31 －0.30	+0.28 －0.28	+0.33 －0.30	+0.31 －0.30	+0.35 －0.30	+0.32 －0.30
>4.0～5.0	+0.31 －0.30	+0.28 －0.28	+0.33 －0.30	+0.30 －0.30	+0.36 －0.30	+0.33 －0.30	+0.38 －0.30	+0.35 －0.30

表 3（续） 单位为毫米

公称厚度	公称宽度							
	≤1200		>1200～1500		>1500～1800		>1800～2100	
	普通精度	较高精度	普通精度	较高精度	普通精度	较高精度	普通精度	较高精度
以下规格的厚度负偏差为－0.30								
>5.0～6.0	0.33	0.31	0.36	0.33	0.38	0.35	0.40	0.37
>6.0～8.0	0.38	0.35	0.39	0.36	0.40	0.37	0.46	0.43
>8.0～10.0	0.42	0.39	0.43	0.40	0.45	0.41	0.53	0.49
>10.0～14.0	0.45	0.42	0.47	0.44	0.49	0.45	0.57	0.53

5.1.2.3 冷轧钢板及钢带厚度允许偏差应符合表 4 的规定。

表 4 冷轧钢板及钢带厚度允许偏差 单位为毫米

公称厚度	厚度允许偏差		
	宽度≤1 000	1 000<宽度≤1 300	1 300<宽度≤2 100
1.5～2.00	±0.08	±0.09	±0.10
>2.00～2.50	±0.09	±0.10	±0.11
>2.50～3.00	±0.11	±0.12	±0.12
>3.00～4.00	±0.13	±0.14	±0.14
>4.0～5.00	±0.14	±0.15	±0.15
>5.00～6.50	±0.15	±0.16	±0.16
>6.50～8.00	±0.16	±0.17	±0.17

5.1.3 宽度允许偏差

5.1.3.1 热轧厚钢板应切边交货，其宽度允许偏差应符合表 5 的规定。

表 5 热轧厚钢板的宽度允许偏差 单位为毫米

公称厚度	公称宽度	宽度允许偏差
6～16	≤1 500	$^{+10}_{0}$
	>1 500	$^{+15}_{0}$
>16	≤2000	$^{+20}_{0}$
	>2 000～3 000	$^{+25}_{0}$
	>3 000	$^{+30}_{0}$

5.1.3.2 热轧卷切钢板应切边交货。切边的热轧钢带及卷切钢板的宽度允许偏差应符合表 6 规定。

5.1.3.2.1 不切边热轧钢带的宽度允许偏差由供需双方协商。

表 6 热轧钢板及钢带的宽度允许偏差 单位为毫米

公称宽度	宽度允许偏差
600～2 100	$^{+6}_{0}$

5.1.3.3 冷轧钢板及钢带应切边交货，其宽度允许偏差应符合表7的规定。

表7 切边冷轧钢带及卷切钢板的宽度允许偏差

单位为毫米

公称厚度	宽度允许偏差
1.50～2.50	$^{+2.0}_{0}$
>2.50～3.50	$^{+3.0}_{0}$
>3.50～8.00	$^{+4.0}_{0}$

5.1.4 长度允许偏差

热轧厚钢板、热轧卷切钢板、冷轧卷切钢板的长度允许偏差应符合表8的规定。

表8 热轧厚钢板、热轧卷切钢板、冷轧卷切钢板的长度允许偏差

单位为毫米

产品类别	公称长度	长度允许偏差
热轧厚钢板、热轧卷切钢板	2 000～12 000	+0.005×公称长度 0
冷轧钢板	2 000～10 000	+0.005×公称长度 0

5.2 外形

5.2.1 镰刀弯

热轧厚钢板、热轧钢带及卷切钢板的镰刀弯应符合表9的规定。

表9 热轧厚钢板、热轧钢带及卷切钢板、冷轧钢带及卷切钢板的镰刀弯

单位为毫米

产品类别	公称长度	边缘状态	测量长度	镰刀弯
热轧钢带	—	切边(纵剪)	任意5 000	≤15
		不切边	任意5 000	≤20
热轧厚钢板 热轧卷切钢板	<5 000	切边或不切边	实际长度(L)	≤L×0.3%
	≥5 000	切边(纵剪)	任意5 000	≤15
	≥5 000	不切边	任意5 000	≤20
冷轧钢带及 卷切钢板	≥2 000	切边(纵剪)	任意2 000	≤2
	≥2 000	不切边	任意2 000	≤L×0.3%

5.2.2 切斜度

5.2.2.1 热轧厚钢板、热轧卷切钢板的切斜度应不大于其公称宽度的1%。

5.2.2.2 冷轧钢板及钢带(含卷切钢板)的切斜度应不大于其公称宽度的0.5%。

5.2.3 不平度

5.2.3.1 热轧厚钢板的不平度应符合表10的规定。

表10 热轧厚钢板的不平度

单位为毫米

厚　度	不　平　度
6～100	≤15

5.2.3.2 热轧卷切钢板的不平度应符合表11的规定。

表11 热轧卷切钢板的不平度

单位为毫米

公称厚度	公称宽度	不平度
≤14.0	600～1 200	≤23
	>1 200～1 500	≤30
	>1 500	≤38

5.2.3.3 冷轧卷切钢板的不平度应符合表12的规定。

表12 冷轧卷切钢板的不平度

单位为毫米

公称长度	不平度	
	普通级	较高级
≤3 000	≤10	≤7
>3 000	≤12	≤8

5.2.4 **钢卷的外形**

钢卷应牢固成卷并尽量保持圆柱形和不卷边。

5.2.4.1 热轧切边钢卷的塔形应不大于30 mm。

5.2.4.2 冷轧切边钢卷的塔形应不大于20 mm。

5.3 **重量**

5.3.1 **钢板重量**

钢板按理论或实际重量交货。理论计重时，用钢板的公称尺寸进行计算，其计算厚度为钢板允许的最大厚度和最小厚度的算术平均值。钢板的密度见附录A。

5.3.2 **钢带重量**

钢带按实际重量交货。

5.3.3 **数值修约方法**

数值修约方法按GB/T 8170的规定。

5.4 **尺寸及外形测量**

5.4.1 **尺寸测量位置**

5.4.1.1 **厚度测量位置**

切边热轧钢带(包括热轧钢板)的厚度在距边部不小于25 mm处测量；不切边钢带(包括热连轧钢板)在距边部不小于40 mm处测量。切边热轧厚钢板在距边部(纵边和横边)不小于25 mm处测量。不切边热轧厚钢板的测量部位由供需双方协议。

切边冷轧钢板和钢带在距离剪切边不小于25 mm处测量；不切边冷轧钢板和钢带的厚度在距离轧制边不小于40 mm处测量。

不切头尾交货的热轧钢带，表列厚度偏差不适用于头尾不正常部分，其长度按下列公式计算：长度(m)=90/公称厚度(mm)，但每卷总长度不得超过20 m。

5.4.1.2 **宽度测量位置**

垂直于轧制方向。不切边钢带头尾不正常部分除外。

5.4.2 **外形测量方法**

5.4.2.1 **镰刀弯**

测量方法见图1，钢带头尾不正常部分除外。

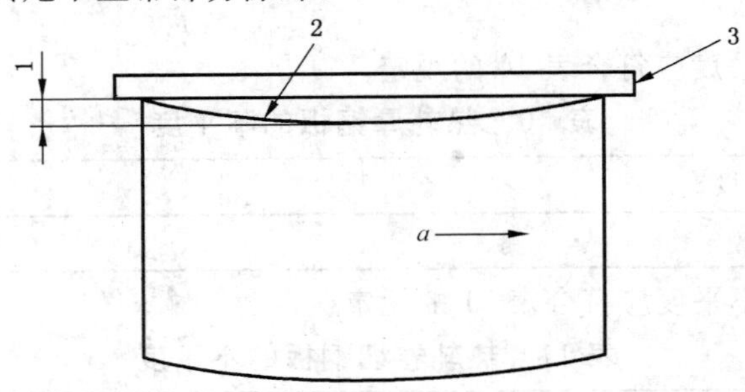

1——镰刀弯；

2——钢带边沿；

3——平直基准；

a——轧制方向。

图1 镰刀弯测量方法

5.4.2.2 **切斜度**

测量方法见图 2。

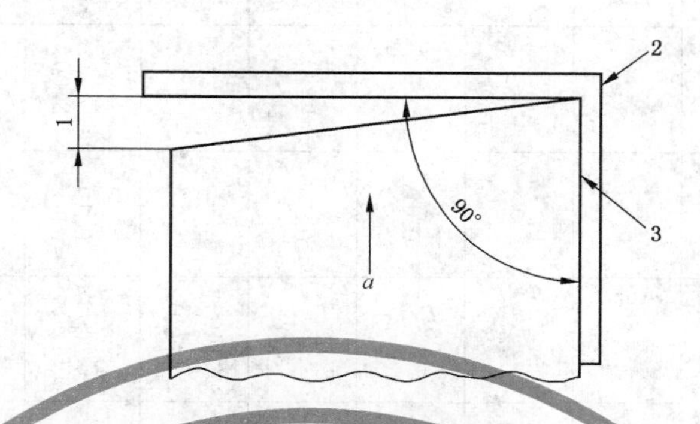

1——切斜度；

2——直角尺；

3——侧边；

a——轧制方向。

图 2 切斜度测量方法

5.4.2.3 **钢板不平度测量方法**

将钢板在自重状态下平放于平台上，测量钢板任意方向的下表面与平台水平面的最大距离。

6 技术要求

6.1 制造方法

6.1.1 钢采用粗炼钢水加炉外精炼工艺冶炼。

6.1.2 连铸坯压缩比不小于 3。

6.2 化学成分

6.2.1 钢的统一数字代号、牌号及化学成分(熔炼分析)应符合表 13～表 15 的规定。表 13～表 15 中所列成分除标明范围或最小值外，其余均为最大值。

6.2.2 钢板和钢带的成品化学成分允许偏差应符合 GB/T 222 的规定。

6.3 交货状态

钢板和钢带经冷轧或热轧后，应经热处理及酸洗或类似处理后的状态交货；热处理制度可参照附录表 B.1～附录表 B.3。

6.4 室温力学性能和工艺性能

经热处理的钢板和钢带的室温力学性能应符合 6.4.1～6.4.3 的规定。对于几种不同硬度的试验，可根据钢板和钢带的不同尺寸和状态按其中一种方法检验。

表 13 奥氏体型不锈钢的化学成分(熔炼分析)

GB/T 20878 中序号	统一数字代号	牌号	化学成分(质量分数)/%										
			C	Si	Mn	P	S	Ni	Cr	Mo	N	Cu	其他
17	S30408	06Cr19Ni10	0.08	0.75	2.00	0.035	0.020	8.00～10.50	18.00～20.00	—	0.10	—	—
18	S30403	022Cr19Ni10	0.030	0.75	2.00	0.035	0.020	8.00～12.00	18.00～20.00	—	—	—	—
19	S30409	07Cr19Ni10	0.04～0.10	0.75	2.00	0.035	0.020	8.00～10.50	18.00～20.00	—	—	—	—
35	S31008	06Cr25Ni20	0.04～0.08	1.50	2.00	0.035	0.020	19.00～22.00	24.00～26.00	—	—	—	—
38	S31608	06Cr17Ni12Mo2	0.08	0.75	2.00	0.035	0.020	10.00～14.00	16.00～18.00	2.00～3.00	0.10	—	—
39	S31603	022Cr17Ni12Mo2	0.030	0.75	2.00	0.035	0.020	10.00～14.00	16.00～18.00	2.00～3.00	0.10	—	—
41	S31668	06Cr17Ni12Mo2Ti	0.08	0.75	2.00	0.035	0.020	10.00～14.00	16.00～18.00	2.00～3.00	—	—	Ti≥5C
48	S39042	015Cr21Ni26Mo5Cu2	0.020	1.00	2.00	0.030	0.010	24.00～26.00	19.00～21.00	4.00～5.00	0.10	1.20～2.00	—
49	S31708	06Cr19Ni13Mo3	0.08	0.75	2.00	0.035	0.020	11.00～15.00	18.00～20.00	3.00～4.00	0.10	—	—
50	S31703	022Cr19Ni13Mo3	0.030	0.75	2.00	0.035	0.020	11.00～15.00	18.00～20.00	3.00～4.00	—	—	—
55	S32168	06Cr18Ni11Ti	0.08	0.75	2.00	0.035	0.020	9.00～12.00	17.0～19.00	—	—	—	Ti≥5C

注:表中有些牌号的化学成分与 GB/T 20878 相比有变化。

表 14　奥氏体-铁素体型不锈钢牌号及其化学成分(熔炼分析)

GB/T 20878 中序号	统一数字代号	牌号	化学成分(质量分数)/%										
			C	Si	Mn	P	S	Cr	Ni	Mo	Cu	N	其他
68	S21953	022Cr19Ni5Mo3Si2N	0.030	1.30～2.00	1.00～2.00	0.030	0.020	18.00～19.50	4.50～5.50	2.50～3.00	—	0.05～0.12	—
70	S22253	022Cr22Ni5Mo3N	0.030	1.00	2.00	0.030	0.020	21.00～23.00	4.50～6.50	2.50～3.50	—	0.08～0.20	—
71	S22053	022Cr23Ni5Mo3N	0.030	1.00	2.00	0.030	0.020	22.00～23.00	4.50～6.50	3.00～3.50	—	0.14～0.20	—

注：表中有些牌号的化学成分与 GB/T 20878 相比有变化。

表 15　铁素体型不锈钢的化学成分(熔炼分析)

GB/T 20878 中序号	统一数字代号	牌号	化学成分(质量分数)/%									
			C	Si	Mn	P	S	Cr	Ni	Mo	N	其他
78	S11348	06Cr13Al	0.08	1.00	1.00	0.035	0.020	11.50～14.50	0.60	—	—	Al:0.10～0.30
92	S11972	019Cr19Mo2NbTi	0.025	1.00	1.00	0.035	0.020	17.50～19.50	1.00	1.75～2.50	0.035	(Ti+Nb)[0.20+4(C+N)]～0.80
97	S11306	06Cr13	0.06	1.00	1.00	0.035	0.020	11.50～13.50	0.60	—	—	—

注：表中有些牌号的化学成分与 GB/T 20878 相比有变化。

6.4.1 经固溶处理的奥氏体型钢的室温力学性能应符合表16的规定。规定非比例延伸强度 $R_{P1.0}$，仅当需方要求并在合同中注明时才进行检验。

6.4.1.1 对于热轧厚钢板，当厚度超过表16规定的最大厚度时，经供需双方协商，可进行力学性能试验，试验数据仅供参考，不作为交货依据。

表16 经固溶处理的奥氏体型钢室温下的力学性能

GB/T 20878 中序号	统一数字代号	牌号	各类型产品的最大厚度/mm		规定非比例延伸强度 $R_{P0.2}$/MPa	规定非比例延伸强度 $R_{P1.0}$/MPa	抗拉强度 R_m/MPa	断后伸长率 A/%	硬度值		
									HBW	HRB	HV
					不小于				不大于		
17	S30408	06Cr19Ni10	C	8	205	250	520	40	201	92	210
			H	14							
			P	80							
18	S30403	022Cr19Ni10	C	8	180	230	490	40	201	92	210
			H	14							
			P	80							
19	S30409	07Cr19Ni10	C	8	205	250	520	40	201	92	210
			H	14							
			P	80							
35	S31008	06Cr25Ni20	C	8	205	240	520	40	217	95	220
			H	14							
			P	80							
38	S31608	06Cr17Ni12Mo2	C	8	205	260	520	40	217	95	220
			H	14							
			P	80							
39	S31603	022Cr17Ni12Mo2	C	8	180	260	490	40	217	95	220
			H	14							
			P	80							
41	S31668	06Cr17Ni12Mo2Ti	C	8	205	260	520	40	217	95	220
			H	14							
			P	80							
48	S39042	015Cr21Ni26Mo5Cu2	C	8	220	260	490	35	—	90	—
			H	14							
			P	80							
49	S31708	06Cr19Ni13Mo3	C	8	205	260	520	35	217	95	220
			H	14							
			P	80							

表 16（续）

GB/T 20878 中序号	统一数字代号	牌号	各类型产品的最大厚度/mm		规定非比例延伸强度 $R_{P0.2}$/MPa	规定非比例延伸强度 $R_{P1.0}$/MPa	抗拉强度 R_m/MPa	断后伸长率 A/%	硬度值		
									HBW	HRB	HV
					不小于				不大于		
50	S31703	022Cr19Ni13Mo3	C	8	205	260	520	40	217	95	220
			H	14							
			P	80							
55	S32168	06Cr18Ni11Ti	C	8	205	250	520	40	217	95	220
			H	14							
			P	80							

6.4.2 经固溶处理的奥氏体-铁素体型钢的室温力学性能应符合表 17 的规定。

6.4.3 经退火处理的铁素体型钢的室温力学性能和工艺性能应符合表 18 的规定。其中弯曲试验，仅当需方要求并在合同中注明时才进行检验。

表 17 经热处理的奥氏体-铁素体型钢的室温力学性能

GB/T 20878 序号	统一数字代号	牌号	各类型产品的最大厚度/mm		拉伸试验			硬度试验	
					规定非比例延伸强度 $R_{P0.2}$/MPa	抗拉强度 R_m/MPa	断后伸长率 A/%	HBW	HRC
					不小于			不大于	
68	S21953	022Cr19Ni5Mo3Si2N	C	8	440	630	25	290	31
			H	14					
			P	80					
70	S22253	022Cr22Ni5Mo3N	C	8	450	620	25	293	31
			H	14					
			P	80					
71	S22053	022Cr23Ni5Mo3N	C	8	450	620	25	293	31
			H	14					
			P	80					

表 18　经退火处理的铁素体型钢室温下的力学性能和工艺性能

GB/T 20878 序号	统一数字代号	牌号	各类型产品的最大厚度		拉伸试验			硬度试验			弯曲试验
					规定非比例延伸强度 $R_{P0.2}$/MPa	抗拉强度 R_m/MPa	断后伸长率 A/%	HBW	HRB	HV	180° $b=2a$
					不小于			不大于			
78	S11348	06Cr13Al	C	8	170	415	20	179	88	200	$d=2a$
			H	14							
			P	25							
92	S11972	019Cr19-Mo2NbTi	C	8	275	415	20	217	96	230	$d=2a$
97	S11306	06Cr13	C	8	205	415	20	183	89	200	$d=2a$
			H	14							
			P	25							

6.5　晶间腐蚀试验

经需方要求，奥氏体不锈钢应进行晶间腐蚀试验，试验方法和评定标准应在合同中注明。

6.6　表面加工及质量要求

6.6.1　钢板及钢带的表面加工类型

钢板及钢带的表面加工类型见表 19，需方应根据使用需求指定加工类型，并在合同中注明。

6.6.2　表面质量

6.6.2.1　热轧厚钢板和热轧钢带（含卷切钢板）的表面质量

钢板和钢带不允许存在有影响使用的缺陷。经酸洗后的钢板和钢带表面不允许有氧化皮及过酸洗。允许对钢板表面局部缺陷进行修磨清理，但应保证钢板的最小厚度。由于钢带一般没有除掉缺陷的机会，允许带有少量不正常的部分。

6.6.2.2　冷轧钢带及卷切钢板的表面质量

钢板不得有影响使用的缺陷。允许有个别深度小于厚度公差之半的轻微麻点、擦划伤、压痕、凹坑、辊印和色差等不影响使用的缺陷。允许局部修磨，但应保证钢板最小厚度。

钢带不得有影响使用的缺陷。但成卷交货的钢带由于一般没有除去缺陷的机会，允许有少量不正常的部分。对不经抛光的钢带，表面允许有个别深度小于厚度公差之半的轻微麻点、擦划伤、压痕、凹坑、辊印和色差。

钢带边缘应平整。切边钢带边缘不允许有深度大于宽度公差之半的切割不齐和大于钢带厚度公差的毛刺；不切边钢带不允许有大于宽度公差的裂边。

表 19　表面加工类型

类别	简称	加工类型	表面状态	备　注
热轧产品	1E	热轧、热处理、机械除氧化皮	无氧化皮	机械除氧化皮的方法（粗磨或喷丸）取决于产品种类，除另有规定外，由生产厂选择
	1D	热轧、热处理、酸洗	无氧化皮	适用于确保良好耐腐蚀性能的大多数钢的标准。是进一步加工产品常用的精加工。允许有研磨痕迹

表 19（续）

类别	简称	加工类型	表面状态	备　注
冷轧产品	2D	冷轧、热处理、酸洗或除鳞	表面均匀、呈亚光状	冷轧后热处理、酸洗。亚光表面经酸洗或除鳞产生。可用毛面辊进行平整。毛面加工便于在深冲时将润滑剂保留在钢板表面。这种表面适用于加工深冲部件，但这些部件成型后还需进行抛光处理
	2B	冷轧、热处理、酸洗或除鳞、光亮加工	较 2D 表面光滑平直	在 2D 表面的基础上，对经热处理、除鳞后的钢板用抛光辊进行小压下量的平整。属最常用的表面加工

6.7 特殊要求

根据需方要求并经供需双方商定，可对钢的化学成分、力学性能、非金属夹杂物规定特殊技术要求，或补充规定耐腐蚀试验、无损检验等特殊检验项目，具体合格级别和试验方法应由供需双方协商确定，并在合同中注明。

7 试验方法

每批钢板或钢带的检验项目，取样数量、取样部位及试验方法应符合表 20 规定。

表 20　钢板或钢带检验项目，取样数量、取样部位及试验方法

序号	检验项目	取样数量/个	取样方法及部位	试验方法
1	化学成分	1/炉	GB/T 20066	GB/T 223、GB/T 11170、GB/T 20123 及 GB/T 20124
2	拉伸试验	1	GB/T 2975	GB/T 228
3	弯曲试验	1	GB/T 232	GB/T 232
4	硬度	1	任一张或卷	GB/T 230.1、GB/T 231.1、GB/T 4340.1
5	晶间腐蚀试验	2	双方协商	GB/T 4334
6	尺寸、外形	逐张或逐卷	—	按 5.4
7	表面质量	逐张或逐卷	—	目视

8 检验规则

8.1 检查和验收

钢板和钢带的质量检验由供方质量监督部门负责。供方必须保证交货的钢材符合本标准的规定，需方有权按相应标准的规定进行检查和验收。

8.2 组批规则

钢板或钢带应成批提交验收，每批由统一数字代号（同一牌号）、同一炉号、同一厚度和同一热处理制度的钢板和钢带组成。每批钢板或钢带的重量应不超过 40 t。

8.3 取样部位及取样数量

钢板或钢带的取样部位及取样数量应符合表 20 的规定。

8.4 复验和判定

检验项目的复验和判定，按照 GB/T 17505 的有关规定执行。

9 包装、标志和质量证明书

钢板和钢带的包装、标志和质量证明书应符合 GB/T 247 的规定。

附 录 A
（规范性附录）
不锈钢的密度值

表 A.1 不锈钢的密度值

GB/T 20878 序号	统一数字代号	牌号	密度/(kg/dm³)20 ℃
17	S30408	06Cr19Ni10	7.93
18	S30403	022Cr19Ni10	7.90
19	S30409	07Cr19Ni10	7.90
35	S31008	06Cr25Ni20	7.98
38	S31608	06Cr17Ni12Mo2	8.00
39	S31603	022Cr17Ni12Mo2	8.00
41	S31668	06Cr17Ni12Mo2Ti	7.90
48	S39042	015Cr21Ni26Mo5Cu2	8.00
49	S31708	06Cr19Ni13Mo3	8.00
50	S31703	022Cr19Ni13Mo3	7.98
55	S32168	06Cr18Ni11Ti	8.03
68	S21953	022Cr19Ni5Mo3Si2N	7.70
70	S22253	022Cr22Ni5Mo3N	7.80
71	S22053	022Cr23Ni5Mo3N	7.80
78	S11348	06Cr13Al	7.75
92	S11972	019Cr19Mo2NbTi	7.75
97	S11306	06Cr13	7.75

附　录　B
（资料性附录）
不锈钢的热处理制度

表 B.1　奥氏体型钢的热处理制度

GB/T 20878 序号	统一数字代号	牌号	热处理温度及冷却方式
17	S30408	06Cr19Ni10	≥1 040 ℃水冷或其他方式快冷
18	S30403	022Cr19Ni10	≥1 040 ℃水冷或其他方式快冷
19	S30409	07Cr19Ni10	≥1 095 ℃水冷或其他方式快冷
35	S31008	06Cr25Ni20	≥1 040 ℃水冷或其他方式快冷
38	S31608	06Cr17Ni12Mo2	≥1 040 ℃水冷或其他方式快冷
39	S31603	022Cr17Ni12Mo2	≥1 040 ℃水冷或其他方式快冷
41	S31668	06Cr17Ni12Mo2Ti	≥1 040 ℃水冷或其他方式快冷
48	S39042	015Cr21Ni26Mo5Cu2	≥1 040 ℃水冷或其他方式快冷
49	S31708	06Cr19Ni13Mo3	≥1 040 ℃水冷或其他方式快冷
50	S31703	022Cr19Ni13Mo3	≥1 040 ℃水冷或其他方式快冷
55	S32168	06Cr18Ni11Ti	≥1 040 ℃水冷或其他方式快冷

表 B.2　奥氏体-铁素体型钢的热处理制度

GB/T 20878 序号	统一数字代号	牌号	热处理温度冷却方式
68	S21953	022Cr19Ni5Mo3Si2N	950 ℃～1 050 ℃，水冷或其他方式快冷
70	S22253	022Cr22Ni5Mo3N	1 040 ℃～1 100 ℃，水冷或其他方式快冷
71	S22053	022Cr23Ni5Mo3N	1 040 ℃～1 100 ℃，水冷或其他方式快冷

表 B.3　铁素体型钢的热处理制度

GB/T 20878 序号	统一数字代号	牌号	退火处理温度及冷却方式
78	S11348	06Cr13Al	780 ℃～830 ℃，快冷或缓冷
92	S11972	019Cr19Mo2NbTi	800 ℃～1 050 ℃，快冷
97	S11306	06Cr13	罩式炉退火：约 760 ℃，缓冷 连续退火：800 ℃～900 ℃，缓冷

附 录 C
（资料性附录）
列入本标准的不锈钢牌号对照表

表 C.1 列入本标准的不锈钢牌号对照表

GB/T 20878—2007 中序号	中国统一数字代号	新国标 GB/T 20878—2007	旧国标 GB/T 3280—1992 GB/T 4237—1992	美国 ASTM A240/240M—08	日本 JIS G4304:2005 JIS G4305:2005	欧洲 EN 10028-7:2007
17	S30408	06Cr19Ni10	0Cr18Ni9	S30400,304	SUS304	X5CrNi18-10,1.4301
18	S30403	022Cr19Ni10	00C19Ni10	S30403,304L	SUS304L	X2CrNi19-11,1.4306
19	S30409	07Cr19Ni10	—	S30409,304H	SUH304H	X6CrNi18-10,1.4948
35	S31008	06Cr25Ni20	0Cr25Ni20	S31008,310S	SUS310S	X12CrNi23-12,1.4845
38	S31608	06Cr17Ni12Mo2	0Cr17Ni12Mo2	S31600,316	SUS316	X5CrNiMo17-12-2,1.4401
39	S31603	022Cr17Ni12Mo2	00Cr17Ni14Mo2	S31603,316L	SUS316L	X2CrNiMo17-12-2,1.4404
41	S31668	06Cr17Ni12Mo2Ti	0Cr18Ni12Mo2Ti	S31635,316Ti	SUS316Ti	X6CrNiMoTi17-12-2,1.4571
48	S39042	015Cr21Ni26Mo5Cu2	—	N08904,904L	—	X1NiCrMoCu25-20-5,1.4539
49	S31708	06Cr19Ni13Mo3	0Cr19Ni13Mo3	S31700,317	SUS317	—
50	S31703	022Cr19Ni13Mo3	00Cr19Ni13Mo3	S31703,317L	SUS317L	X2CrNiMo18-15-4,1.4438
55	S32168	06Cr18Ni11Ti	0Cr18Ni10Ti	S32100,321	SUS321	X6CrNiTi18-10,1.4541
68	S21953	022Cr19Ni5Mo3Si2N	00Cr18Ni5Mo3Si2	S31500	—	—
70	S22253	022Cr22Ni5Mo3N	—	S31803	SUS329J3L	X2CrNiMoN22-5-3,1.4462
71	S22053	022Cr23Ni5Mo3N	—	S32205,2205	—	—
78	S11348	06Cr13Al	0Cr13Al	S40500,405	SUS405	X6CrAl13,1.4002
92	S11972	019Cr19Mo2NbTi	00Cr18Mo2	S44400,444	（SUS444）	X2CrNiMoTi18-2,1.4521
97	S11306	06Cr13	0Cr13	S41008,410S	（SUS410S）	X6Cr13,1.4000

ICS 77.140.50
H 46

中华人民共和国国家标准

GB/T 25052—2010

连续热浸镀层钢板和钢带尺寸、外形、重量及允许偏差

Continuously hot-dip coated steel sheet and strip—Tolerances on dimensions, shape and weight

2010-09-02 发布

2011-06-01 实施

中华人民共和国国家质量监督检验检疫总局
中国国家标准化管理委员会
发布

前　言

本标准按照 GB/T 1.1—2009 给出的规则起草。

本标准由中国钢铁工业协会提出。

本标准由全国钢标准化技术委员会归口。

本标准起草单位：本溪钢铁（集团）有限责任公司、冶金工业信息标准研究院、鞍钢股份有限公司、首钢总公司。

本标准主要起草人：蒋光炜、张险峰、王晓虎、陈玥、王大勇、李志伟、赵亮。

连续热浸镀层钢板和钢带尺寸、外形、重量及允许偏差

1 范围

本标准规定了连续热镀层钢板和钢带的尺寸、外形、重量及允许偏差。

本标准适用于厚度不大于6.5 mm的连续热镀层宽钢带及其剪切钢板(以下简称钢板)、纵切钢带。

注：厚度指包括镀层在内的最终产品厚度。

2 规范性引用文件

下列文件对于本文件的应用是必不可少的。凡是注日期的引用文件，仅注日期的版本适用于本文件。凡是不注日期的引用文件，其最新版本(包括所有的修改单)适用于本文件。

GB/T 8170 数值修约规则与极限数值的表示和判定

3 分类和代号

3.1 钢板和钢带按尺寸精度分为：

普通厚度精度 PT.A

高级厚度精度 PT.B

普通宽度精度 PW.A

高级宽度精度 PW.B

普通长度精度 PL.A

高级长度精度 PL.B

3.2 钢板和钢带按不平度精度分为：

普通不平度精度 PF.A

高级不平度精度 PF.B

4 尺寸、外形及允许偏差

4.1 厚度允许偏差

4.1.1 对于规定的最小屈服强度小于260 MPa的钢板及钢带，其厚度允许偏差应符合表1的规定。

表 1

单位为毫米

公称厚度	下列公称宽度时的厚度允许偏差[a]					
	普通精度 PT.A			高级精度 PT.B		
	≤1 200	>1 200～1 500	>1 500	≤1 200	>1 200～1 500	>1 500
0.20～0.40	±0.04	±0.05	±0.06	±0.030	±0.035	±0.040
>0.40～0.60	±0.04	±0.05	±0.06	±0.035	±0.040	±0.045

表 1（续）

单位为毫米

公称厚度	下列公称宽度时的厚度允许偏差[a]					
	普通精度 PT. A			高级精度 PT. B		
	≤1 200	>1 200～1 500	>1 500	≤1 200	>1 200～1 500	>1 500
>0.60～0.80	±0.05	±0.06	±0.07	±0.040	±0.045	±0.050
>0.80～1.00	±0.06	±0.07	±0.08	±0.045	±0.050	±0.060
>1.00～1.20	±0.07	±0.08	±0.09	±0.050	±0.060	±0.070
>1.20～1.60	±0.10	±0.11	±0.12	±0.060	±0.070	±0.080
>1.60～2.00	±0.12	±0.13	±0.14	±0.070	±0.080	±0.090
>2.00～2.50	±0.14	±0.15	±0.16	±0.090	±0.100	±0.110
>2.50～3.00	±0.17	±0.17	±0.18	±0.110	±0.120	±0.130
>3.00～5.00	±0.20	±0.20	±0.21	±0.15	±0.16	±0.17
>5.00～6.50	±0.22	±0.22	±0.23	±0.17	±0.18	±0.19

[a] 钢带焊缝附近 10 m 范围的厚度允许偏差可超过规定值的 50%。对双面镀层重量之和不小于 450 g/m² 的产品，其厚度允许偏差应增加±0.01 mm。

4.1.2 对于规定的最小屈服强度不小于 260 MPa，其厚度允许偏差应符合表 2 的规定。

表 2

单位为毫米

公称厚度	下列公称宽度时的厚度允许偏差[a]					
	普通精度 PT. A			高级精度 PT. B		
	≤1 200	>1 200～1 500	>1 500	≤1 200	>1 200～1 500	>1 500
0.20～0.40	±0.05	±0.06	±0.07	±0.035	±0.040	±0.045
>0.40～0.60	±0.05	±0.06	±0.07	±0.040	±0.045	±0.050
>0.60～0.80	±0.06	±0.07	±0.08	±0.045	±0.050	±0.060
>0.80～1.00	±0.07	±0.08	±0.09	±0.050	±0.060	±0.070
>1.00～1.20	±0.08	±0.09	±0.11	±0.060	±0.070	±0.080
>1.20～1.60	±0.11	±0.13	±0.14	±0.070	±0.080	±0.090
>1.60～2.00	±0.14	±0.15	±0.16	±0.080	±0.090	±0.110
>2.00～2.50	±0.16	±0.17	±0.18	±0.110	±0.120	±0.130
>2.50～3.00	±0.19	±0.20	±0.20	±0.130	±0.140	±0.150
>3.00～5.00	±0.22	±0.24	±0.25	±0.17	±0.18	±0.19
>5.00～6.50	±0.24	±0.25	±0.26	±0.19	±0.20	±0.21

[a] 钢带焊缝附近 10 m 范围的厚度允许偏差可超过规定值的 50%。对双面镀层重量之和不小于 450 g/m² 的产品，其厚度允许偏差应增加±0.01 mm。

4.1.3 对于规定的最小屈服强度不小于360 MPa且小于等于420 MPa的钢板及钢带，其厚度允许偏差应符合表3的规定。

表 3

单位为毫米

公称厚度	下列公称宽度时的厚度允许偏差[a]					
	普通精度 PT.A			高级精度 PT.B		
	≤1 200	>1 200～1 500	>1 500	≤1 200	>1 200～1 500	>1 500
0.35～0.40	±0.05	±0.06	±0.07	±0.040	±0.045	±0.050
>0.40～0.60	±0.06	±0.07	±0.08	±0.045	±0.050	±0.060
>0.60～0.80	±0.07	±0.08	±0.09	±0.050	±0.060	±0.070
>0.80～1.00	±0.08	±0.09	±0.11	±0.060	±0.070	±0.080
>1.00～1.20	±0.10	±0.11	±0.12	±0.070	±0.080	±0.090
>1.20～1.60	±0.13	±0.14	±0.16	±0.080	±0.090	±0.110
>1.60～2.00	±0.16	±0.17	±0.19	±0.090	±0.110	±0.120
>2.00～2.50	±0.18	±0.20	±0.21	±0.120	±0.130	±0.140
>2.50～3.00	±0.22	±0.22	±0.23	±0.140	±0.150	±0.160
>3.00～5.00	±0.22	±0.24	±0.25	±0.17	±0.18	±0.19
>5.00～6.50	±0.24	±0.25	±0.26	±0.19	±0.20	±0.21

[a] 钢带焊缝附近10 m范围的厚度允许偏差可超过规定值的50%。对双面镀层重量之和不小于450 g/m² 的产品，其厚度允许偏差应增加±0.01 mm。

4.1.4 对于规定的最小屈服强度大于420 MPa且小于等于900 MPa的钢板及钢带，其厚度允许偏差应符合表4的规定。

表 4

单位为毫米

公称厚度	下列公称宽度时的厚度允许偏差[a]					
	普通精度 PT.A			高级精度 PT.B		
	≤1 200	>1 200～1 500	>1 500	≤1 200	>1 200～1 500	>1 500
0.35～0.40	±0.06	±0.07	±0.08	±0.045	±0.050	±0.060
>0.40～0.60	±0.06	±0.08	±0.09	±0.050	±0.060	±0.070
>0.60～0.80	±0.07	±0.09	±0.11	±0.060	±0.070	±0.080
>0.80～1.00	±0.09	±0.11	±0.12	±0.070	±0.080	±0.090
>1.00～1.20	±0.11	±0.13	±0.14	±0.080	±0.090	±0.110
>1.20～1.60	±0.15	±0.16	±0.18	±0.090	±0.110	±0.120
>1.60～2.00	±0.18	±0.19	±0.21	±0.110	±0.120	±0.140
>2.00～2.50	±0.21	±0.22	±0.24	±0.140	±0.150	±0.170
>2.50～3.00	±0.24	±0.25	±0.26	±0.170	±0.180	±0.190
>3.00～5.00	±0.26	±0.27	±0.28	±0.23	±0.24	±0.26
>5.00～6.50	±0.28	±0.29	±0.30	±0.25	±0.26	±0.28

[a] 钢带焊缝附近10 m范围的厚度允许偏差可超过规定值的50%，对双面镀层重量之和不小于450 g/m² 的产品，其厚度允许偏差应增加±0.01 mm。

4.2 宽度允许偏差

4.2.1 对于宽度不小于600 mm的宽钢带，其宽度允许偏差应符合表5的规定。

表5

单位为毫米

公称宽度	宽度允许偏差	
	普通精度 PW.A	高级精度 PW.B
600～1 200	$^{+5}_{0}$	$^{+2}_{0}$
>1 200～1 500	$^{+6}_{0}$	$^{+2}_{0}$
>1 500～1 800	$^{+7}_{0}$	$^{+3}_{0}$
>1 800	$^{+8}_{0}$	$^{+3}_{0}$

4.2.2 纵切钢带的宽度允许偏差应符合表6的规定。

表6

单位为毫米

	公称厚度	宽度允许偏差			
		公称宽度			
		<125	125～<250	250～<400	400～<600
普通精度 PW.A	<0.6	$^{+0.4}_{0}$	$^{+0.5}_{0}$	$^{+0.7}_{0}$	$^{+1.0}_{0}$
	0.6～<1.0	$^{+0.5}_{0}$	$^{+0.6}_{0}$	$^{+0.9}_{0}$	$^{+1.2}_{0}$
	1.0～<2.0	$^{+0.6}_{0}$	$^{+0.8}_{0}$	$^{+1.1}_{0}$	$^{+1.4}_{0}$
	2.0～<3.0	$^{+0.7}_{0}$	$^{+1.0}_{0}$	$^{+1.3}_{0}$	$^{+1.6}_{0}$
	3.0～<5.0	$^{+0.8}_{0}$	$^{+1.1}_{0}$	$^{+1.4}_{0}$	$^{+1.7}_{0}$
	5.0～6.5	$^{+0.9}_{0}$	$^{+1.2}_{0}$	$^{+1.5}_{0}$	$^{+1.8}_{0}$
高级精度 PW.B	<0.6	$^{+0.2}_{0}$	$^{+0.2}_{0}$	$^{+0.3}_{0}$	$^{+0.5}_{0}$
	0.6～<1.0	$^{+0.2}_{0}$	$^{+0.3}_{0}$	$^{+0.4}_{0}$	$^{+0.6}_{0}$
	1.0～<2.0	$^{+0.3}_{0}$	$^{+0.4}_{0}$	$^{+0.5}_{0}$	$^{+0.7}_{0}$
	2.0～<3.0	$^{+0.4}_{0}$	$^{+0.5}_{0}$	$^{+0.6}_{0}$	$^{+0.8}_{0}$
	3.0～<5.0	$^{+0.5}_{0}$	$^{+0.6}_{0}$	$^{+0.7}_{0}$	$^{+0.9}_{0}$
	5.0～6.5	$^{+0.6}_{0}$	$^{+0.7}_{0}$	$^{+0.8}_{0}$	$^{+1.0}_{0}$

4.3 长度允许偏差

钢板的长度允许偏差应符合表7的规定。

表 7

单位为毫米

公称长度	长度允许偏差	
	普通精度 PL. A	高级精度 PL. B
<2 000	$^{+6}_{0}$	$^{+3}_{0}$
≥2 000～8 000	$^{+0.3\%\times 公称长度}_{0}$	$^{+0.15\%\times 公称长度}_{0}$
>8 000	双方协议	

4.4 不平度

4.4.1 对于规定的最小屈服强度小于260 MPa的钢板的不平度允许偏差应符合表8的规定。

表 8

单位为毫米

公称宽度	不平度，不大于							
	普通精度 PF. A				高级精度 PF. B			
	公称厚度							
	<0.7	0.7～<1.6	1.6～<3.0	3.0～6.5	<0.7	0.7～<1.6	1.6～<3.0	3.0～6.5
<1 200	10	8	8	15	5	4	3	8
1 200～<1 500	12	10	10	18	6	5	4	9
≥1 500	17	15	15	23	8	7	6	12

4.4.2 对于规定的最小屈服强度不小于260 MPa，且小于360 MPa的钢板的不平度允许偏差应符合表9的规定。

表 9

单位为毫米

公称宽度	不平度，不大于							
	普通精度 PF. A				高级精度 PF. B.			
	公称厚度							
	<0.7	0.7～<1.6	1.6～<3.0	3.0～6.5	<0.7	0.7～<1.6	1.6～<3.0	3.0～6.5
<1 200	13	10	10	18	8	6	5	9
1 200～<1 500	15	13	13	25	9	8	6	12
≥1 500	20	19	19	28	12	10	9	14

4.4.3 规定的最小屈服强度不小于360 MPa钢板的不平度需双方协议确定。

4.5 镰刀弯

钢板和钢带的镰刀弯在任意2 000 mm长度上应不大于5 mm;钢板的长度小于2 000 mm时,其镰刀弯应不大于钢板实际长度的0.25%。对于纵切钢带,当规定的屈服强度不大于280 MPa时,其镰刀弯在任意2 000 mm长度上不大于2 mm;当规定的屈服强度大于280 MPa时,其镰刀弯供需双方协商。

4.6 切斜

钢板应切成直角,切斜应不大于钢板宽度的1%。

5 重量

钢板按理论或实际重量交货,钢带按实际重量交货。

5.1 钢板理论重量交货时,理论计重采用公称尺寸。

5.2 理论计重时的重量计算方法

5.2.1 镀层公称厚度的计算方法

公称镀层厚度=[两面镀层公称重量之和(g/m^2)/50(g/m^2)]×r×10^{-3}(mm)

r为镀层材料的特征值,如锌、锌铁合金镀层的特征值为7.1,铝锌(55% Al)镀层的密度系数为13.3。

5.2.2 钢板理论计重时的重量计算方法按表10的规定。

表10

计算顺序		计 算 方 法	结果的修约
基板的基本重量/(kg/mm·m^2)		7.85(厚度1 mm,面积1 m^2的重量)	—
基板的单位重量/(kg/m^2)		基板基本重量(kg/mm·m^2)×(订货公称厚度−公称镀层厚度)(mm)	修约到有效数字4位
镀后的单位重量/(kg/m^2)		基板单位重量(kg/m^2)+公称镀层重量(kg/m^2)	修约到有效数字4位
钢板	钢板的面积/m^2	宽度(mm)×长度(mm)×10^{-6}	修约到有效数字4位
	1块板重量/kg	镀锌后的单位重量(kg/m^2)×面积(m^2)	修约到有效数字3位
	单捆重量/kg	1块板重量(kg)×1捆中同规格钢板块数	修约到kg的整数值
	总重量/kg	各捆重量(kg)相加	kg的整数值

6 尺寸及外形的测量

6.1 厚度

在距离边部不小于40 mm处测量。

6.2 宽度

宽度应在垂直于钢板或钢板中心线的方位测量。

6.3 长度

长度沿平行于产品纵轴的方向测定。

6.4 不平度

钢板和一个平坦的水平面之间未接触的最大距离作为不平度偏差如图 1 所示。

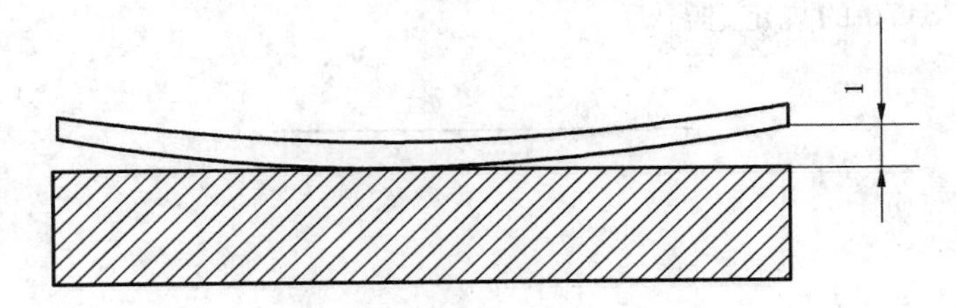

1——不平度。

图 1 不平度的测量

6.5 切斜

切斜为钢板的宽边向轧制方向边部的垂直投影长度，或者为钢板对角线之差的一半，如图 2 所示。

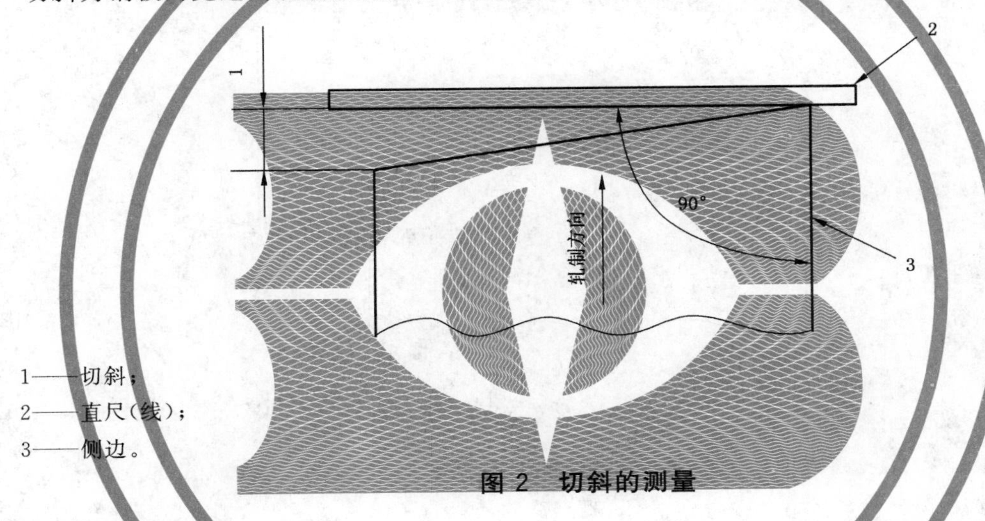

1——切斜；
2——直尺(线)；
3——侧边。

图 2 切斜的测量

6.6 镰刀弯

镰刀弯 q 是指一条纵边与一条直线之间的最大距离。镰刀弯应在凹形边上测量。测量长度为在任意位置取 2 m，对于钢板和窄带，长度小于 2 m 时，测量长度即为产品的长度，如图 3 所示。

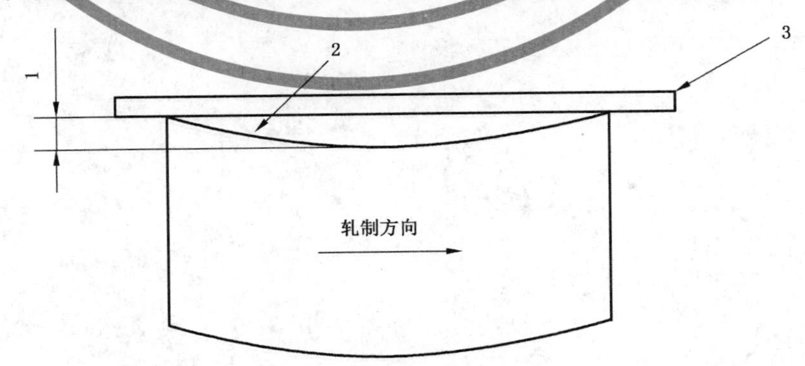

1——镰刀弯；
2——凹形侧边；
3——直尺(线)。

图 3 镰刀弯的测量

7 数值修约

数值修约按 GB/T 8170 的规定进行。

ICS 77.140.50
H 46

中华人民共和国国家标准

GB/T 25053—2010

热连轧低碳钢板及钢带

Continuously hot rolled low carbon steel sheet and strip

2010-09-02 发布

2011-06-01 实施

中华人民共和国国家质量监督检验检疫总局
中国国家标准化管理委员会 发布

前 言

本标准按照 GB/T 1.1—2009 给出的规则起草。

本标准由中国钢铁工业协会提出。

本标准由全国钢标准化技术委员会归口。

本标准起草单位：本溪钢铁(集团)有限责任公司、江苏沙钢集团有限公司、唐山钢铁集团有限责任公司、湖南华菱涟源钢铁有限公司、鞍钢股份有限公司、首钢总公司、冶金工业信息标准研究院。

本标准主要起草人：张险峰、蒋光炜、黄正玉、邓翠青、温德智、管吉春、师莉、王晓虎、宋涛、李晓波、孙晓玲、张正祥、韩革、郭万行。

热连轧低碳钢板及钢带

1 范围

本标准规定了热连轧低碳钢板及钢带的分类和代号、尺寸、外形、重量及允许偏差、技术要求、试验方法、检验规则、包装、标志及质量证明书。

本标准适用于冷成形用热连轧低碳钢板及钢带。

2 规范性引用文件

下列文件对于本文件的应用是必不可少的。凡是注日期的引用文件，仅注日期的版本适用于本文件。凡是不注日期的引用文件，其最新版本(包括所有的修改单)适用于本文件。

GB/T 222 钢的成品化学成分允许偏差

GB/T 223.3 钢铁及合金化学分析方法 二安替比林甲烷磷钼酸重量法测定磷量

GB/T 223.9 钢铁及合金 铝含量的测定 铬天青S分光光度法

GB/T 223.16 钢铁及合金化学分析方法 变色酸光度法测定钛量

GB/T 223.17 钢铁及合金化学分析方法 二安替比林甲烷光度法测定钛量

GB/T 223.40 钢铁及合金 铌含量的测定 氯磺酚S分光光度法

GB/T 223.58 钢铁及合金化学分析方法 亚砷酸钠-亚硝酸钠滴定法测定锰量

GB/T 223.59 钢铁及合金 磷含量的测定 铋磷钼蓝分光光度法和锑磷钼蓝分光光度法

GB/T 223.60 钢铁及合金化学分析方法 高氯酸脱水重量法测定硅含量

GB/T 223.61 钢铁及合金化学分析方法 磷钼酸铵容量法测定磷量

GB/T 223.62 钢铁及合金化学分析方法 乙酸丁酯萃取光度法测定磷量

GB/T 223.63 钢铁及合金化学分析方法 高碘酸钠(钾)光度法测定锰量

GB/T 223.64 钢铁及合金 锰含量的测定 火焰原子吸收光谱法

GB/T 223.67 钢铁及合金 硫含量的测定 次甲基蓝分光光度法

GB/T 223.68 钢铁及合金化学分析方法 管式炉内燃烧后碘酸钾滴定法测定硫含量

GB/T 223.69 钢铁及合金 碳含量的测定 管式炉内燃烧后气体容量法

GB/T 223.71 钢铁及合金化学分析方法 管式炉内燃烧后重量法测定碳含量

GB/T 223.72 钢铁及合金 硫含量的测定 重量法

GB/T 223.79 钢铁 多元素含量的测定 X-射线荧光光谱法(常规法)

GB/T 228 金属材料 室温拉伸试验方法

GB/T 232 金属材料 弯曲试验方法

GB/T 247 钢板和钢带包装、标志及质量证明书的一般规定

GB/T 709 热轧钢板和钢带的尺寸、外形、重量及允许偏差

GB/T 2975 钢及钢产品 力学性能试验取样位置及试样制备

GB/T 4336 碳素钢和中低合金钢 火花源原子发射光谱分析方法(常规法)

GB/T 8170 数值修约规则与极限数值的表示和判定

GB/T 17505 钢及钢产品交货一般技术要求

GB/T 20066 钢和铁 化学成分测定用试样的取样和制样方法

GB/T 20123 钢铁 总碳硫含量的测定 高频感应炉燃烧后红外吸收法(常规方法)

GB/T 20125 低合金钢 多元素含量的测定 电感耦合等离子体发射光谱法

GB/T 20126 非合金钢 低碳含量的测定 第2部分:感应炉(经预加热)内燃烧后红外吸收法

3 分类和代号

3.1 牌号命名方法

钢板及钢带的牌号由两部分组成,第一部分为“热轧”英文“Hot rolled”的首位字母“HR”,第二部分为数字序列号,代表压延级别。

3.2 钢板及钢带按压延级别分类如表1的规定。

表1

牌号	公称厚度/mm	压延级别
HR1	1.2~16.0	一般用
HR2	1.2~16.0	冲压用
HR3	1.2~11.0	深冲用
HR4	1.2~11.0	特深冲用

3.3 按表面状态分:

a) 热轧;

b) 酸洗。

4 订货所需信息

4.1 订货时需方应提供如下信息:

a) 产品名称(钢板或钢带);

b) 本标准编号;

c) 牌号;

d) 重量;

e) 规格及尺寸、不平度精度;

f) 边缘状态(EC或EM);

g) 表面状态;

h) 用途;

i) 特殊要求。

4.2 如订货合同中未注明尺寸精度、表面状态等信息,则按普通尺寸和不平度精度和热轧表面供货。按酸洗表面交货时,如未说明是否涂油,则以涂油交货。

5 尺寸、外形、重量及允许偏差

钢板和钢带的尺寸、外形、重量及允许偏差应符合GB/T 709的规定。

6 技术要求

6.1 牌号和化学成分

钢的化学成分(熔炼分析)应符合表2的规定。

表 2

牌　号	化学成分[b](质量分数)/%			
	C	Mn	P	S
HR1	≤0.15	≤0.60	≤0.035	≤0.035
HR2[a]	≤0.10	≤0.50	≤0.035	≤0.035
HR3[a]	≤0.10	≤0.50	≤0.030	≤0.030
HR4[a]	≤0.08	≤0.50	≤0.025	≤0.025

[a] 为特殊镇静钢。

[b] 钢中可添加微量合金元素 Ti、Nb、V、B 等,并在质量证明书中注明。

6.2 成品化学成分允许偏差

成品钢板和钢带化学成分的允许偏差应符合 GB/T 222 的相应规定。

6.3 冶炼方法

钢采用转炉或电炉冶炼。

6.4 交货状态

6.4.1 钢板和钢带以热轧状态交货。

6.4.2 酸洗钢板及钢带通常涂油供货,所涂油膜应能用碱水溶液去除,在通常的包装、运输、装卸和储存条件下,供方应保证自生产完成之日起 3 个月内不生锈。如需方要求不涂油供货,应在订货时协商。

注:对于需方要求的不涂油产品,供方不承担产品锈蚀的风险。订货时,需方被告知,在运输、装卸、储存和使用过程中,不涂油产品表面易产生轻微划伤。

6.5 力学性能及工艺性能

钢板和钢带的力学性能和工艺性能应符合表 3 的规定。弯曲试验后,试样弯曲处的外面和侧面不得有肉眼可见的裂纹、断裂或起层。

表 3

牌号	拉伸试验[a]							180°弯曲试验[b,c]	
	抗拉强度 R_m/MPa	断后伸长率 $A_{50\ mm}$/% (L_0=50 mm、b=25 mm)						d—弯心直径 a—试样厚度	
		厚度/mm						厚度/mm	
		1.2~<1.6	1.6~<2.0	2.0~<2.5	2.5~<3.2	3.2~<4.0	≥4.0	<3.2	≥3.2
HR1	270~440	≥27	≥29	≥29	≥29	≥31	≥31	d=0	d=a
HR2	270~420	≥30	≥32	≥33	≥35	≥37	≥39	—	—
HR3	270~400	≥31	≥33	≥35	≥37	≥39	≥41	—	—
HR4	270~380	≥37	≥38	≥39	≥39	≥40	≥42	—	—

[a,b] 拉伸、弯曲试验取纵向试样。

[c] 供方如能保证,可不进行弯曲试验。

6.6 表面质量

6.6.1 钢板和钢带表面不应有裂纹、气泡、折叠、夹杂、结疤和压入氧化铁皮,钢板不允许有分层。

6.6.2 钢板和钢带不允许有妨碍检查表面缺陷的薄层氧化铁皮或铁锈及凹凸度不大于钢板和钢带厚度公差之半的麻点、凹面、划痕及其他局部缺陷,且应保证钢板和钢带允许最小厚度。以酸洗表面交货的钢板和钢带的表面允许有不影响成型性的缺陷,如轻微划伤、轻微麻点、轻微压痕、轻微辊印和色差。

6.6.3 钢板表面局部缺陷允许清理,清理处应平滑无棱角,并应保证钢板允许最小厚度。

6.6.4 钢带在开卷过程中易产生横折印表面缺陷。作为冷成形原料使用时,用户应使用经过平整工艺处理后的钢带。

6.6.5 对于钢带,由于没有机会切除带缺陷的部分,所以允许带缺陷,但有缺陷的部分不得超过每卷总长度的8%。

7 试验方法

7.1 钢板和钢带的外观用肉眼检查。

7.2 钢板和钢带的尺寸、外形用合适的工具测量。

7.3 每批钢板和钢带的检验项目、取样数量、取样方法及试验方法应符合表4的规定。

表 4

序号	试验项目	取样数量	取样方法	试验方法
1	化学分析	1个/每炉	GB/T 20066	GB/T 223、GB/T 4336、GB/T 20123、GB/T 20125、GB/T 20126
2	拉伸试验	1个/批	GB/T 2975	GB/T 228
3	弯曲试验	1个/批	GB/T 2975	GB/T 232

8 检验规则

8.1 钢板和钢带的检查和验收由供方质量技术监督部门进行。

8.2 钢板和钢带应成批检查和验收。每批由同一炉号、同一牌号、同一厚度、同一轧制制度的钢板和钢带组成。

8.3 钢板及钢带的复验应符合GB/T 17505的规定。

9 包装、标志和质量证明书

钢板和钢带的包装、标志和质量证明书应符合GB/T 247的规定。

10 数值修约

数值修约按GB/T 8170的规定。

11 国内外牌号近似对照

本标准牌号与国内外标准牌号的近似对照参见附录A。

附 录 A
（资料性附录）
国内外牌号近似对照

A.1 本标准牌号与被替代标准及国内外标准的近似对照见表 A.1。

表 A.1

本标准	GB/T 710—2008 GB/T 711—2008	EN 10111—2008	JIS G 3131—2005	ISO 3573:2008
HR1	08	DD11	SPHC	HR1
HR2	08、08Al	DD12	SPHD	HR2
HR3	08Al	DD13	SPHE	HR3
HR4	—	DD14	SPHF	HR4

ICS 77.180
H 94

中华人民共和国国家标准

GB/T 25825—2010

热轧钢板带轧辊

Rolls for hot strip mill and plate mill

2010-12-23 发布　　　　2011-09-01 实施

中华人民共和国国家质量监督检验检疫总局
中国国家标准化管理委员会　发布

前言

本标准按照 GB/T 1.1—2009 给出的规则起草。

本标准附录 A 是规范性附录。

本标准由中国钢铁工业协会提出。

本标准由全国钢标准化技术委员会(SAC/TC 183)归口。

本标准起草单位:江苏共昌轧辊有限公司、中国钢研科技集团有限公司。

本标准主要起草人:邵顺才、俞誓达、周军、邵素云、宫开令、周勤忠、张文君、李武。

热轧钢板带轧辊

1 范围

本标准规定了热轧钢板带轧辊的技术要求、试验方法、检验规则、标识、包装、质量证明书和超声波检测方法。

本标准适用于公称宽度为1 200 mm及以上的热轧钢板和钢带轧机用工作辊、支承辊及立辊。

2 规范性引用文件

下列文件对于本文件的应用是必不可少的。凡是注日期的引用文件，仅注日期的版本适用于本文件。凡是不注日期的引用文件，其最新版本(包括所有的修改单)适用于本文件。

GB/T 222 钢的成品化学成分允许偏差

GB/T 223.3 钢铁及合金化学分析方法 二安替比林甲烷磷钼酸重量法测定磷量(GB/T 223.3—1988,neq ASTM E30:1980)

GB/T 223.5 钢铁 酸溶硅和全硅含量的测定 还原型硅钼酸盐分光光度法(GB/T 223.5—2008,ISO 4829-1:1986,ISO 4829-2:1988,MOD)

GB/T 223.11 钢铁及合金 铬含量的测定 可视滴定或电位滴定法(GB/T 223.11—2008,ISO 4937:1986,MOD)

GB/T 223.13 钢铁及合金化学分析方法 硫酸亚铁铵滴定法测定钒含量

GB/T 223.18 钢铁及合金化学分析方法 硫代硫酸钠分离-碘量法测定铜量

GB/T 223.19 钢铁及合金化学分析方法 新亚铜灵-三氯甲烷萃取光度法测定铜量

GB/T 223.20 钢铁及合金化学分析方法 电位滴定法测定钴量

GB/T 223.21 钢铁及合金化学分析方法 5-Cl-PADAB分光光度法测定钴量

GB/T 223.22 钢铁及合金化学分析方法 亚硝基R盐分光光度法测定钴量

GB/T 223.23 钢铁及合金 镍含量的测定 丁二酮肟分光光度法

GB/T 223.25 钢铁及合金化学分析方法 丁二酮肟重量法测定镍量

GB/T 223.26 钢铁及合金 钼含量的测定 硫氰酸盐分光光度法

GB/T 223.28 钢铁及合金化学分析方法 a-安息香肟重量法测定钼量

GB/T 223.38 钢铁及合金化学分析方法 离子交换分离-重量法测定铌量

GB/T 223.40 钢铁及合金 铌含量的测定 氯磺酚S分光光度法

GB/T 223.43 钢铁及合金 钨含量的测定 重量法和分光光度法

GB/T 223.46 钢铁及合金化学分析方法 火焰原子吸收光谱法测定镁量

GB/T 223.59 钢铁及合金 磷含量的测定 铋磷钼蓝分光光度法和锑磷钼蓝分光光度法

GB/T 223.60 钢铁及合金化学分析方法 高氯酸脱水重量法测定硅含量

GB/T 223.62 钢铁及合金化学分析方法 乙酸丁酯萃取光度法测定磷量

GB/T 223.63 钢铁及合金化学分析方法 高碘酸钠(钾)光度法测定锰量

GB/T 223.64 钢铁及合金 锰含量的测定 火焰原子吸收光谱法(GB/T 223.64—2008,ISO 10700:1994,IDT)

GB/T 223.65 钢铁及合金化学分析方法 火焰原子吸收光谱法测定钴量

GB/T 223.66　钢铁及合金化学分析方法　硫氰酸盐-盐酸氯丙嗪-三氯甲烷萃取光度法测定钨量

GB/T 223.67　钢铁及合金　硫含量的测定　次甲基蓝分光光度法(GB/T 223.67—2008,ISO 10701:1994,IDT)

GB/T 223.68　钢铁及合金化学分析方法　管式炉内燃烧后碘酸钾滴定法测定硫含量

GB/T 223.71　钢铁及合金化学分析方法　管式炉内燃烧后重量法测定碳含量

GB/T 223.76　钢铁及合金化学分析方法　火焰原子吸收光谱法测定钒量

GB/T 228.1　金属材料　拉伸试验　第1部分:室温试验方法(GB/T 228.1—2010,ISO 6892-1:2009,MOD)

GB/T 1504—2008　铸铁轧辊

GB/T 1804—2000　一般公差　未注公差的线性和角度尺寸的公差(eqv ISO 2768-1:1989)

GB/T 9445　无损检测　人员资格鉴定与认证(GB/T 9445—2008,ISO 9712:2005,IDT)

GB/T 12604.1　无损检测　术语　超声检测(GB/T 12604.1—2005,ISO 5577:2000,IDT)

GB/T 13313　轧辊肖氏、里氏硬度试验方法

JB/T 10061　A型脉冲反射式超声探伤仪　通用技术条件(JB/T 10061—1999,eqv ASTM E 750-80)

JB/T 10062　超声探伤用探头性能测试方法

3　技术要求

3.1　一般要求

根据轧辊用途和供需双方确认的订货图样,依照本标准制造。本标准以外的技术要求由供需双方协商确定。

3.2　化学成分、表面硬度和辊颈抗拉强度

化学成分、表面硬度和辊颈抗拉强度应符合表1、表2和表3规定,离心铸造复合工作辊芯部推荐采用高强度球墨铸铁。

表1　工作辊、立辊工作层化学成分、表面硬度和辊颈抗拉强度

<table>
<tr><th rowspan="2">材质</th><th rowspan="2">材质代码</th><th colspan="11">化学成分(质量分数)/%</th><th colspan="2">表面硬度HSD</th><th rowspan="2">辊颈抗拉强度R_m/(N/mm²)</th><th rowspan="2">推荐用途</th></tr>
<tr><th>C</th><th>Si</th><th>Mn</th><th>P</th><th>S</th><th>Cr</th><th>Ni</th><th>Mo</th><th>V</th><th>Nb</th><th>W</th><th>辊身</th><th>辊颈</th></tr>
<tr><td rowspan="3">高镍铬无限冷硬铸铁</td><td>ICDP-Ⅰ</td><td>3.00～3.60</td><td>0.60～1.10</td><td>0.60～1.10</td><td>≤0.100</td><td>≤0.040</td><td>1.10～1.70</td><td>3.50～4.20</td><td>0.20～0.60</td><td>—</td><td>—</td><td>—</td><td>65～75</td><td>32～45</td><td rowspan="3">≥350</td><td rowspan="3">中厚板、炉卷、平整轧机;热轧带钢精轧机</td></tr>
<tr><td>ICDP-Ⅱ</td><td>3.00～3.60</td><td>0.60～1.10</td><td>0.60～1.10</td><td>≤0.100</td><td>≤0.040</td><td>1.40～2.00</td><td>4.20～4.80</td><td>0.20～0.80</td><td>—</td><td>—</td><td>—</td><td>70～85</td><td>32～45</td></tr>
<tr><td>ICDP-Ⅲ</td><td>3.00～3.60</td><td>0.60～1.10</td><td>0.60～1.10</td><td>≤0.100</td><td>≤0.040</td><td>1.20～2.00</td><td>4.10～4.70</td><td>0.20～0.80</td><td colspan="3">W+V+Nb 0.50～4.00</td><td>77～90</td><td>32～45</td></tr>
</table>

表 1（续）

材质	材质代码	化学成分（质量分数）/%											表面硬度 HSD		辊颈抗拉强度 R_m/(N/mm²)	推荐用途
		C	Si	Mn	P	S	Cr	Ni	Mo	V	Nb	W	辊身	辊颈		
高铬铸铁	HCrI-Ⅰ	2.30~2.90	0.40~0.90	0.60~1.20	≤0.080	≤0.040	12.00~15.00	0.70~1.30	0.80~1.50	≤0.50	—	—	55~65[a] 65~75	32~45	≥350	中厚板、炉卷、平整轧机；热轧带钢精轧机；立辊
	HCrI-Ⅱ	2.50~3.10	0.40~0.90	0.60~1.20	≤0.080	≤0.040	15.00~18.00	0.80~1.40	0.80~1.50	≤0.50	—	—	65~85	32~45		
	HCrI-Ⅲ	2.70~3.30	0.50~0.90	0.60~1.20	≤0.080	≤0.040	18.00~22.00	0.90~1.50	1.00~3.00	≤0.50	—	≤1.00	75~90	32~45		
高速钢	HSS	1.50~2.50	0.40~0.80	0.40~1.00	≤0.030	≤0.025	4.00~7.00	0.30~1.20	2.00~6.00	2.00~7.00	≤2.00	≤7.00	75~95	32~45	≥350	热轧带钢轧机
半高速钢	S-HSS	0.60~1.30	0.60~1.50	0.40~1.00	≤0.030	≤0.025	3.00~8.00	0.30~1.20	1.00~5.00	1.00~3.00	—	≤3.00	70~85	32~45	≥400	热轧带钢粗轧机
高铬钢	HCrS	1.00~1.80	0.40~1.00	0.40~1.00	≤0.030	≤0.025	7.00~14.00	0.60~1.50	1.50~4.50	≤0.50	—	—	55~70[a] 70~85	35~45	≥400	热轧带钢粗轧机；立辊
半钢	AD160	1.50~1.70	0.30~0.60	0.60~1.40	≤0.035	≤0.030	0.90~1.70	0.50~2.00	0.20~0.60	≤0.50	—	—	45~60	35~50	≥500	
	AD180	1.70~1.90	0.30~0.80	0.60~1.40	≤0.035	≤0.030	0.90~1.70	0.50~2.00	0.20~0.60	≤0.50	—	—	45~60	35~50	≥500	

注：高速钢：Co≤8.00%。

[a] 该硬度范围适用于立辊。

表 2　支承辊工作层化学成分、表面硬度和辊颈抗拉强度

材质	材质代码	化学成分（质量分数）/%									表面硬度 HSD		辊颈抗拉强度 R_m/(N/mm²)	推荐用途
		C	Si	Mn	P	S	Cr	Ni	Mo	V	辊身	辊颈		
合金铸钢	ZG-Cr3	0.30~0.70	0.20~0.50	0.50~1.00	≤0.035	≤0.030	2.40~3.40	≤0.80	0.30~0.60	0.10~0.30	55~65	30~45	≥600	热轧带钢、平整轧机
	ZG-Cr4	0.30~0.70	0.20~0.50	0.50~1.00	≤0.035	≤0.030	3.40~4.40	≤0.60	0.30~0.60	0.10~0.30	60~68	30~45	≥600	
	ZG-Cr5	0.30~0.70	0.20~0.50	0.50~1.00	≤0.035	≤0.030	4.40~5.40	≤0.60	0.30~0.60	0.10~0.40	65~73	30~45	≥600	

表 2（续）

材质	材质代码	化学成分(质量分数)/%									表面硬度HSD		辊颈抗拉强度 R_m/(N/mm²)	推荐用途
		C	Si	Mn	P	S	Cr	Ni	Mo	V	辊身	辊颈		
合金锻钢	DG-Cr2	0.75～0.95	0.25～0.45	0.20～0.50	≤0.020	≤0.020	1.50～2.50	—	0.20～0.40	—	50～60	30～45	≥600	中厚板轧机[a]
	DG-Cr3	0.35～0.55	0.40～0.80	0.50～0.80	≤0.020	≤0.020	2.50～3.50	≤0.60	0.50～0.80	≤0.30	50～65	30～45	≥600	热轧带钢、中厚板[a]、平整轧机
	DG-Cr4	0.35～0.55	0.40～0.80	0.60～1.00	≤0.020	≤0.020	3.50～4.50	0.40～0.80	0.40～0.80	0.05～0.15	60～70	30～45	≥600	
	DG-Cr5	0.30～0.70	0.40～0.80	0.50～0.80	≤0.020	≤0.020	4.50～5.50	≤0.60	0.40～0.80	≤0.30	65～75	30～45	≥600	
注：平整机支承辊也可选用高镍铬无限冷硬铸铁轧辊或高铬铸铁轧辊。														
[a] 指公称宽度≤4 000 mm 的轧机，公称宽度＞4 000 mm 的轧机支承辊由供需双方协商确定。														

表 3　离心铸造复合轧辊芯部高强度球墨铸铁化学成分、辊颈表面硬度和抗拉强度

材质	材质代码	化学成分(质量分数)/%													表面硬度HSD	抗拉强度 R_m/(N/mm²)	推荐用途
		C	Si	Mn	P	S	Cr	W	Mo	V	Nb	Cu	Ni	Mg			
球墨铸铁	SG-C	2.50～3.30	2.00～3.00	0.40～1.00	≤0.050	≤0.020	Cr+W+Mo+V+Nb ≤0.80					≤1.00	≤1.50	0.04～0.10	32～45	≥350	离心铸造复合轧辊芯部

3.3　工作层厚度[1)]

3.3.1　复合轧辊外层厚度最薄处应超过使用工作层厚度 10 mm 以上；整体轧辊的淬硬层深度应超过使用工作层厚度 5 mm 以上。

3.3.2　离心铸造复合轧辊辊身长度 2 500 mm 以下的，外层厚度差≤20 mm；辊身长度 2 500 mm～3 500 mm 的轧辊外层厚度差≤25 mm；辊身长度 3 500 mm 以上的，外层厚度差≤30 mm。

3.4　硬度

3.4.1　辊身长度≤2 500 mm 时，辊身表面硬度均匀度≤4 HSD；辊身长度＞2 500 mm 时，辊身表面硬度均匀度≤5 HSD。

1)　厚度值均指半径方向。

3.4.2　轧辊以辊肩托磨时，辊肩硬度≥40 HSD，硬度均匀性≤5 HSD，辊肩允许采取镶套方式。
3.4.3　轧辊使用至正常报废尺寸时的硬度落差应符合表4的规定。

表4　轧辊使用至正常报废尺寸时的硬度落差

材质代码	ICDP-Ⅰ、ICDP-Ⅱ	ICDP-Ⅲ	其他类材质
工作层使用厚度≤40 mm	≤5 HSD	≤4 HSD	≤4 HSD
工作层使用厚度 40 mm～60 mm	≤6 HSD	≤5 HSD	≤5 HSD
工作层使用厚度≥60 mm	≤7 HSD	≤6 HSD	≤10 HSD

3.5　软带宽度

支承辊辊身表面两端边缘允许有软带区域存在，软带允许宽度应符合表5的规定。

表5　允许软带宽度　　单位为毫米

辊身长度	<1 800	1 800～2 500	>2 500
允许软带宽度	≤60	≤80	≤100

3.6　表面质量

辊身工作面不应有目视可见的制造缺陷，其他部位不影响使用的制造缺陷，应修复达到双方确认的订货图样要求。

3.7　超声波检测

3.7.1　轧辊各部位不允许存在裂纹性缺陷，且锻造轧辊不允许存在白点；离心铸造复合工作辊内部缺陷应符合表A.2的规定；支承辊和立辊内部缺陷应符合表A.3的规定。
3.7.2　对于无中心通孔支承辊，当中心部位出现超标缺陷时，在保证轧辊承载能力的前提下，可用打中心通孔方式去除。

3.8　金相检验

3.8.1　各类材质轧辊的工作层金相组织应满足不同轧制条件的使用要求。
3.8.2　离心铸造复合工作辊芯部球墨铸铁应符合GB/T 1504—2008附录B规定，辊颈球化率应不低于3级，辊颈碳化物及铁素体量应不低于5级。

3.9　其他性能

依据用户要求，生产制造企业应向使用单位提供所需的物理性能参数。

3.10　机械加工

3.10.1　符合供需双方确认的轧辊订货图样要求。
3.10.2　轧辊辊身、托肩、轴承部位、扁头的尺寸公差、形位公差和表面粗糙度应不低于表6规定，图样未注加工精度的，轧辊总长按GB/T 1804—2000的c级执行，其余按照m级执行。

表 6　轧辊关键部位尺寸公差、形位公差和表面粗糙度

部位名称	主要指标	主要参数		
		工作辊	支承辊	立辊
辊身	直径公差/mm	$^{+0.5}_{0}$	$^{+1}_{0}$	$^{+1}_{0}$
	同轴度/mm	≤0.02	≤0.02	≤0.02
	表面粗糙度 $Ra/\mu m$	≤1.6	≤1.6	≤3.2
托肩	直径公差/mm	±0.025	—	—
	同轴度/mm	≤0.02	—	—
	圆度/mm	≤0.015	—	—
	表面粗糙度 $Ra/\mu m$	≤0.8	—	—
轴承部位	同轴度/mm	≤0.02	≤0.03	≤0.03
	圆度/mm	≤0.015	≤0.025	≤0.025
	表面粗糙度 $Ra/\mu m$	≤0.8	≤0.8	≤0.8
扁头	对称度/mm	≤0.1	—	≤0.1
	表面粗糙度 $Ra/\mu m$	≤3.2	—	≤3.2

3.10.3　单重小于等于 80 t 的轧辊，中心孔推荐采用 75°B 型；单重大于 80 t 的轧辊，中心孔推荐采用 90°B 型。具体按图 1、图 2 和表 7 执行。

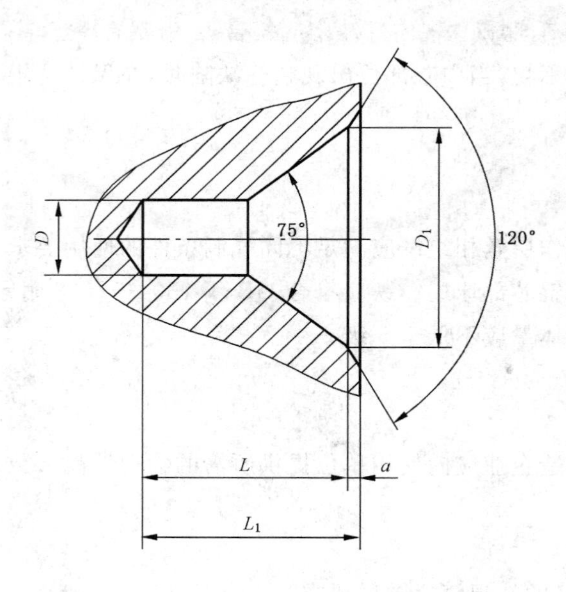

图 1　75°B 型中心孔

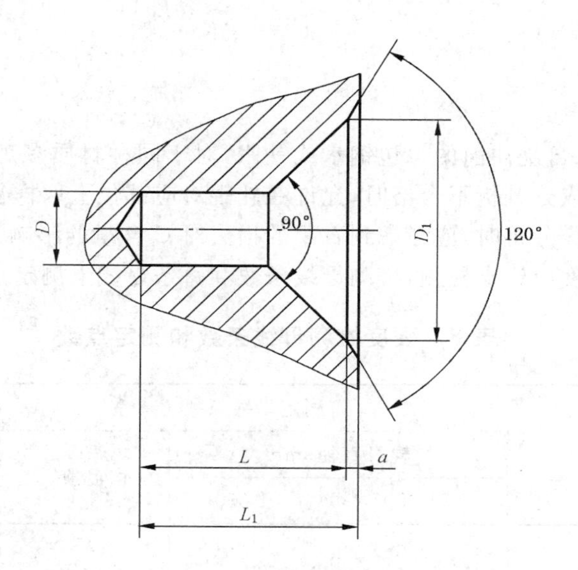

图 2 90°B 型中心孔

表 7 中心孔选择要求

D/mm	$D_{1\ max}$/mm	L_1≈ mm	L/mm	a≈ mm	选择中心孔参考数据	
					轧辊重量 G/(t)	类型
12	36	31	28	2.5	≤3	75°B 型
16	48	41	38	2.5	3<G≤6	
20	60	53	50	3	6<G≤9	
24	65	62	58	4	9<G≤12	
30	90	74	70	4	12<G≤20	
40	120	100	95	5	20<G≤35	
45	135	121	115	6	35<G≤50	
50	150	148	140	8	50<G≤80	
50	200	128	120	8	G>80	90°B 型

4 试验方法

4.1 化学成分分析按 GB/T 223 相关标准规定进行，成品化学成分允许偏差按 GB/T 222 规定执行。

4.2 硬度试验方法和硬度转换按 GB/T 13313 规定进行。

4.3 室温拉伸试验按 GB/T 228.1 规定进行。

4.4 金相检验

4.4.1 制样过程中不得破坏原有的组织结构和石墨形态，腐蚀剂可按照不同材质或不同基体组织自行选定。

4.4.2 对组织或石墨进行定量分析时，可采取标准图片对比法或图像分析软件定量法。

4.5 超声波检测按附录 A 规定进行。

5 检验规则

5.1 化学成分分析试样取自浇注前的每包钢水或铁水，对于同种材质多炉合浇的情况，取加权计算结果作为熔炼成分。当化学成分分析不合格时，允许在轧辊对应部位上取样复验两次，有一次合格即为合格。铸铁类材质在本体取样分析时，应考虑到石墨的损失对C含量的影响。

5.2 辊身、辊颈的表面硬度应逐支检测，检测母线条数和每条母线上测定点数按表8规定执行。

表8 硬度检测母线条数和测定点数

<table>
<tr><th rowspan="3">辊身长度/
mm</th><th colspan="3">测定母线条数</th><th colspan="2">每条母线上测定点数</th></tr>
<tr><th colspan="2">辊身直径/mm</th><th rowspan="2">辊颈</th><th rowspan="2">辊身</th><th rowspan="2">辊颈</th></tr>
<tr><th>≤1 350</th><th>>1 350</th></tr>
<tr><td>≤2 500</td><td rowspan="3">4</td><td rowspan="3">≥4</td><td rowspan="3">2</td><td>4</td><td rowspan="3">2</td></tr>
<tr><td>2 500～3 500</td><td>5</td></tr>
<tr><td>≥3 500</td><td>≥6</td></tr>
</table>

5.3 抗拉强度试样取自轧辊传动侧端部，取样比例按照合同规定。

5.4 应逐支在现场或取样对辊身、辊颈进行金相检验，并提供低倍、高倍组织图片。

5.5 表面质量、主要尺寸、表面粗糙度应逐支检验。

5.6 应逐支进行超声波检测。

6 包装、标识和质量证明书

6.1 成品检验合格后，应在辊颈端面刻上制造厂标识及辊号。需方对标识有具体要求时，可在订货图样或协议中注明。

6.2 包装前应对轧辊表面关键部位涂防锈材料进行保护，包装应考虑轧辊在运输及吊装时的安全，防止在运输过程中损伤和锈蚀，并满足室内存放6个月内不锈蚀。

6.3 轧辊应平放于干燥通风的室内环境中。

6.4 轧辊出厂时应附质量检验部门填写的质量证明书，内容包括：

a) 供方名称；

b) 需方名称；

c) 合同号、产品编号、辊号；

d) 产品规格；

e) 材质代码、化学成分、硬度、超声波检测结果、关键部位尺寸、金相组织图片、轧辊重量、生产日期。

附 录 A
（规范性附录）
热轧钢板带轧辊超声波检测方法

A.1 术语和定义

GB/T 12604.1界定的以及下列术语和定义适用于本附录。

A.1.1

缺陷当量 defect equivalent size

指平底孔 [flat bottom hole(FBH)]反射当量。

A.1.2

单个缺陷 single defect

在规定的灵敏度下，相邻缺陷间距大于其中较大的缺陷当量的8倍时称为单个缺陷。

A.1.3

密集缺陷 concentrated defect

在规定的灵敏度下，相邻缺陷间距小于等于其中较大的缺陷当量的8倍时为密集缺陷；缺陷间距按缺陷回波峰值处探头中心位置确定；密集缺陷的指示面积以规定的灵敏度为边界确定。

A.1.4

底波衰减区 backwall echo attenuation zone

由于轧辊内部缺陷导致径向底波衰减至10% f.s以下的部位；底波衰减区包括无底波。

A.1.5

底波清晰 clear backwall echo

底波与其附近杂波信号的信噪比S/N≥12 dB。

A.2 符号和缩略语

B ——底波或底波高(按仪器满屏高为100%)。

F ——缺陷波或缺陷波高。

H ——缺陷回波距探测面的距离(mm)。

S ——以规定灵敏度缺陷回波高度为边界测定缺陷的指示面积。

f.s——仪器满屏高刻度(full scale)。

B_f ——有缺陷时的底波高度。

A.3 试样、设备及人员要求

A.3.1 轧辊

A.3.1.1 应加工成适于检测的简单圆柱体，妨碍检测的加工应在检测后进行。

A.3.1.2 探测表面粗糙度 $Ra \leqslant 12.5\ \mu m$。

A.3.1.3 组织粗大影响检测判定的轧辊，应在重结晶处理后再进行超声波检测。

A.3.2 设备

A.3.2.1 采用A型脉冲反射式超声探伤仪时，其通用和计量技术要求应符合JB/T 10061的规定。

A.3.2.2 仪器应具有满足所检测轧辊全长的扫描范围，频率范围至少应为0.5 MHz～5 MHz。推荐采用软保护膜探头，探头的技术要求应符合JB/T 10062的规定。

A.3.3 人员

检测人员应持有符合GB/T 9445规定的无损检测人员技术资格证书。

A.3.4 耦合剂

机油或满足耦合要求的其他物质。

A.4 检测要求

A.4.1 径向和轴向采用纵波垂直扫查，必要时可变换频率或探头类型。

A.4.2 探头在轧辊表面扫查速度应不大于150 mm/s，相邻两次扫查区域之间应有10%～15%的重叠。

A.4.3 检测频率及探头尺寸

A.4.3.1 轧辊径向和辊身轴向检测时频率为1 MHz，推荐探头晶片直径为ϕ34 mm。

A.4.3.2 轧辊全长轴向检测时频率为0.5 MHz，推荐探头晶片直径为ϕ34 mm。

A.4.3.3 工作层、结合层检测时频率为2 MHz～2.5 MHz，推荐探头晶片直径为ϕ20 mm～ϕ24 mm。

A.4.4 检测灵敏度

A.4.4.1 径向检测时，以相应检测部位中正常底波反射最高处的第一次底波$B1$作为基准底波，将$B1$调至100% f.s作为检测灵敏度。

A.4.4.2 辊身轴向检测时，以辊身两个端面分别作为探测面和底波反射面，将反射良好部位的$B1$调至100% f.s，作为检测灵敏度。

A.4.4.3 轧辊全长轴向检测时，以辊颈端面作为探测面，将对侧辊颈或辊身端面的底波$B1$调至20% f.s，作为检测灵敏度。

A.4.4.4 辊身结合层部位进行检测时，推荐使用如图A.1所示对比试块校定仪器的灵敏度，将ϕ5平底孔的第一次回波调至80% f.s，作为检测灵敏度。对比试块的材质应与被检测轧辊相同或相似，探测面至ϕ5平底孔底部为外层材质，ϕ5平底孔的部位为靠近结合部位的内层组织，试块的结合部位应熔接良好，试块顶部曲率半径R应接近被检测轧辊外圆曲率半径。

单位为毫米

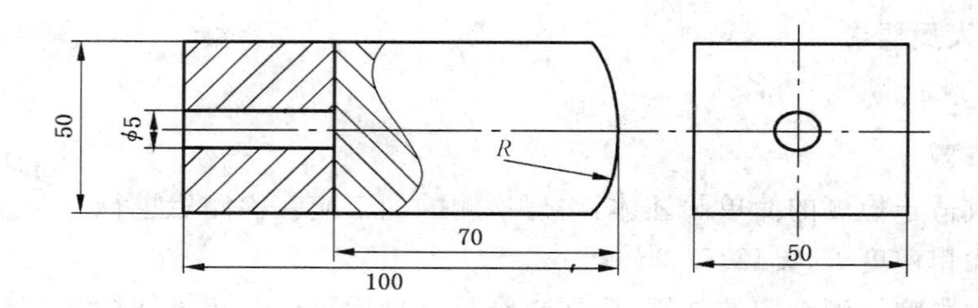

图A.1 检测对比试块示意图

A.4.4.5 工作层、结合层检测时传播声速在上述图 A.1 所示对比试块上调出，推荐采用如表 A.1 所示传播声速进行外层测厚。

表 A.1 不同材质参考声速表

材质	高镍铬无限冷硬铸铁	高铬铸铁	高速钢、半高速钢、高铬钢	半钢	合金铸钢、合金锻钢
声速/(m/s)	5 560～5 580	6 130～6 160	6 150～6 180	5 880～5 910	5 920～5 950

A.5 判定

依轧辊类型和用途按表 A.2 和表 A.3 进行超声波检测判定。

表 A.2 离心铸造复合工作辊超声波检测判定

<table>
<tr><td colspan="2" rowspan="2">部　　位</td><td colspan="2">类　　别</td></tr>
<tr><td>粗轧工作辊</td><td>精轧工作辊</td></tr>
<tr><td colspan="2">工作层</td><td colspan="2">不允许存在≥$\phi2$ 当量 F</td></tr>
<tr><td colspan="2">结合层单个缺陷</td><td>≤$\phi5$+8 dB</td><td>≤$\phi5$+6 dB</td></tr>
<tr><td rowspan="9">结合层
密集缺陷</td><td rowspan="4">ICDP
HCrI</td><td colspan="2">允许存在的密集 F 中最大当量应满足</td></tr>
<tr><td>≤$\phi5$+6 dB</td><td>≤$\phi5$+4 dB</td></tr>
<tr><td colspan="2">最大当量密集 F 分布面积 S 应不大于 50 cm^2</td></tr>
<tr><td colspan="2">相邻密集 F 间距应不小于 100 mm</td></tr>
<tr><td rowspan="5">HSS
S-HSS
HCrS</td><td colspan="2">允许存在的密集 F 中最大当量应满足</td></tr>
<tr><td>≤$\phi5$+4 dB</td><td>≤$\phi5$+2 dB</td></tr>
<tr><td colspan="2">最大当量密集 F 其分布面积 $S(cm^2)$应满足</td></tr>
<tr><td>≤36</td><td>≤25</td></tr>
<tr><td colspan="2">相邻密集 F 间距应不小于 100 mm</td></tr>
<tr><td colspan="2">辊身径向</td><td colspan="2">不允许底波衰减区存在</td></tr>
<tr><td colspan="2">辊颈径向</td><td colspan="2">允许存在中心缩松类 F 引起的 B 衰减区存在，但在此区域内，缺陷回波不得大于 20% f.s</td></tr>
<tr><td colspan="2">轴向检测</td><td colspan="2">各段 B 应能清晰显示，不允许裂纹性 F 存在</td></tr>
<tr><td colspan="2">外层测厚</td><td colspan="2">当屏幕显示一个清晰而稳定的结合层界面回波时即可测厚，其前沿位置即为外层厚度指标值；如出现相邻两个及以上结合层界面回波时，以后波的前沿位置作为外层的厚度指标值，但前波前沿位置应大于使用层</td></tr>
<tr><td colspan="4">注：本判定同时适用于同材质离心铸造复合立辊超声波检测，单机架工作辊参照粗轧工作辊判定要求</td></tr>
</table>

表 A.3　支承辊及立辊超声波检测判定

部　　位	类　　别		
	立辊	铸造支承辊	锻造支承辊
工作层	不允许存在≥ϕ2 当量 F		
径向检测	允许 B 衰减区和非裂纹性 F 存在,F 应满足		不允许 B 衰减区和裂纹性 F 存在,且 F 应满足
辊身径向	≤30% f.s	≤50% f.s	F≥50% f.s 且 B_f≤50% f.s 时,缺陷面积≤25 cm^2
辊颈轴承位置径向	≤25% f.s	不允许 B 衰减区或裂纹性 F 存在	
辊身轴向	不允许 B 衰减区或裂纹性 F 存在		
全轴向	各段 B 能清晰确认,不允许裂纹性 F 存在		

A.6　报告

检测报告至少应包括下列内容：

a)　轧辊名称、编号、规格、材质、加工状态、探测表面粗糙度；

b)　仪器型号、探头规格、工作频率、试块型号；

c)　各部底波反射情况；

d)　离心铸造复合轧辊外层超声测厚结果；

e)　各部缺陷位置、深度、波高、指示面积或当量值。可用简图表示 F 在轧辊内的分布。必要时附缺陷波及底波波形图；

f)　检测结论；

g)　检查日期、检测人员签名。

ICS 77.140.50
H 46

中华人民共和国国家标准

GB/T 25832—2010

搪瓷用热轧钢板和钢带

Hot rolled steel plates and strips for porcelain enameling

2010-12-23 发布　　2011-09-01 实施

中华人民共和国国家质量监督检验检疫总局
中国国家标准化管理委员会　发布

前　言

本标准按照GB/T 1.1—2009给出的规则起草。

本标准由中国钢铁工业协会提出。

本标准由全国钢标准化技术委员会(SAC/TC 183)归口。

本标准起草单位:鞍钢股份有限公司、冶金工业信息标准研究院。

本标准主要起草人:管吉春、朴志民、王东明、王晓虎。

搪瓷用热轧钢板和钢带

1 范围

本标准规定了搪瓷用热轧钢板和钢带的牌号表示方法、订货内容、尺寸、外形、重量及允许偏差、技术要求、试验方法、检验规则、包装、标志及质量证明书等。

本标准适用于轻工、家电、冶金、建筑、化工设备、水处理工业等行业使用的具有良好搪瓷性能厚度不大于 40 mm 的热轧钢板和钢带。

2 规范性引用文件

下列文件对于本文件的应用是必不可少的。凡是注日期的引用文件，仅注日期的版本适用于本文件。凡是不注日期的引用文件，其最新版本(包括所有的修改单)适用于本文件。

GB/T 222 钢的成品化学成分允许偏差

GB/T 223.3 钢铁及合金化学分析方法 二安替比林甲烷磷钼酸重量法测定磷量

GB/T 223.9 钢铁及合金 铝含量的测定 铬天青 S 分光光度法

GB/T 223.16 钢铁及合金化学分析方法 变色酸光度法测定钛量

GB/T 223.17 钢铁及合金化学分析方法 二安替比林甲烷光度法测定钛量

GB/T 223.40 钢铁及合金 铌含量的测定 氯磺酚 S 分光光度法

GB/T 223.58 钢铁及合金化学分析方法 亚砷酸钠-亚硝酸钠滴定法测定锰量

GB/T 223.59 钢铁及合金 磷含量的测定 铋磷钼蓝分光光度法和锑磷钼蓝分光光度法

GB/T 223.60 钢铁及合金化学分析方法 高氯酸脱水重量法测定硅含量

GB/T 223.61 钢铁及合金化学分析方法 磷钼酸铵容量法测定磷量

GB/T 223.62 钢铁及合金化学分析方法 乙酸丁酯萃取光度法测定磷量

GB/T 223.63 钢铁及合金化学分析方法 高碘酸钠(钾)光度法测定锰量

GB/T 223.64 钢铁及合金 锰含量的测定 火焰原子吸收光谱法

GB/T 223.67 钢铁及合金 硫含量的测定 次甲基蓝分光光度法

GB/T 223.68 钢铁及合金化学分析方法 管式炉内燃烧后碘酸钾滴定法测定硫含量

GB/T 223.69 钢铁及合金 碳含量的测定 管式炉内燃烧后气体容量法

GB/T 223.71 钢铁及合金化学分析方法 管式炉内燃烧后重量法测定碳含量

GB/T 223.72 钢铁及合金 硫含量的测定 重量法

GB/T 223.79 钢铁 多元素含量的测定 X-射线荧光光谱法(常规法)

GB/T 228.1 金属材料 拉伸试验 第1部分：室温试验方法(GB/T 228.1—2010，ISO 6892-1：2009，MOD)

GB/T 229 金属材料 夏比摆锤冲击试验方法

GB/T 232 金属材料 弯曲试验方法

GB/T 247 钢板和钢带包装、标志及质量证明书的一般规定

GB/T 709 热轧钢板和钢带的尺寸、外形、重量及允许偏差

GB/T 2975 钢及钢产品 力学性能试验取样位置及试样制备

GB/T 4336 碳素钢和中低合金钢 火花源原子发射光谱分析方法(常规法)

GB/T 17505　钢及钢产品交货一般技术要求

GB/T 20066　钢和铁　化学成分测定用试样的取样和制样方法

GB/T 20123　钢铁　总碳硫含量的测定　高频感应炉燃烧后红外吸收法(常规方法)

GB/T 20125　低合金钢　多元素含量的测定　电感耦合等离子体发射光谱法

YB/T 081　冶金技术标准的数值修约与检测数值的判定原则

3　分类和代号

3.1　分类

各牌号的分类、代号及用途见表1。

表1　牌号的分类、代号及用途

类别	类别代号	牌　号	用　途
日用	TC	TCDS	厨具、卫具、建筑面板、电烤箱、炉具等
	TC1	Q210TC1、Q245TC1、Q300TC1、Q330TC1、Q360TC1	热水器内胆等
化工设备用	TC2	Q245TC2B、Q245TC2C、Q245TC2D Q295TC2B、Q295TC2C、Q295TC2D Q345TC2B、Q345TC2C、Q345TC2D	化工容器换热器及塔类设备等
环保设备用	TC3	Q245TC3、Q295TC3、Q345TC3	拼装型储罐、环保行业罐体、环保水处理工程、自来水工程等

3.2　牌号表示方法

搪瓷用超低碳钢的牌号由代表搪瓷用钢的符号TC和代表冲压钢drawing steel的首位英文字母DS组成,即TCDS。其他钢的牌号由代表屈服强度的字母、屈服强度数值、搪瓷用钢的类别等三个部分按顺序组成;对于TC2类别增加质量等级符号(B、C、D),质量等级符号省略时按B级供货。

例如:Q245TC2B

Q——钢材屈服强度“屈”字汉语拼音首位字母;

245——钢板的下屈服强度的下限值,单位为牛顿每平方毫米(N/mm^2);

TC2——搪瓷钢的类别为化工设备用;

B——质量等级为B。

4　订货内容

用户订货时在合同或订单中应提供下列信息:

a)　本标准编号;

b)　产品名称(钢板或钢带);

c)　牌号;

d)　交货状态;

e)　规格及尺寸精度;

f)　重量;

g)　用途;

h) 特殊要求。

5 尺寸、外形、重量及允许偏差

热轧钢板和钢带的尺寸、外形、重量及允许偏差应符合 GB/T 709 的规定。

6 技术要求

6.1 钢的牌号及化学成分

6.1.1 钢的牌号及化学成分(熔炼分析)应符合表 2、表 3 或表 4 的规定。

6.1.2 成品钢板和钢带化学成分的允许偏差应符合 GB/T 222 的规定。

表 2 日用搪瓷钢的化学成分

牌号		化学成分[a](质量分数)/%					
强度级别	类别	C	Si	Mn	P	S[c]	Als[b]
TCDS		≤0.008	≤0.03	≤0.40	≤0.020	≤0.025	≥0.015
Q210	TC1	≤0.12	≤0.05	≤0.70	≤0.020	≤0.025	≥0.015
Q245	TC1	≤0.12	≤0.05	≤1.20	≤0.020	≤0.025	≥0.015
Q300	TC1	≤0.12	≤0.05	≤1.40	≤0.020	≤0.025	≥0.015
Q330	TC1	≤0.16	≤0.05	≤1.50	≤0.020	≤0.025	≥0.015
Q360	TC1	≤0.16	≤0.05	≤1.60	≤0.020	≤0.025	≥0.015

[a] 根据需要,可加入其他合金元素。

[b] 酸溶铝含量可以用测定全铝含量代替,此时全铝含量应不小于 0.020%。如加入 Nb、V、Ti 等其他元素,Al 含量下限可不作要求。

[c] 经供需双方协商,S 含量上限可为 0.035%。

表 3 化工设备用搪瓷钢的化学成分

牌号			化学成分[a](质量分数)/%							
强度级别	类别	质量等级	C	Si	Mn	P	S	Als[b]	Ti[c]	Ti/C[c]
Q245	TC2	B	≤0.12	≤0.30	≤1.20	≤0.020	≤0.015	≥0.015	0.06~0.20	≥1.0
		C					≤0.015			
		D					≤0.012			
Q295	TC2	B	≤0.12	≤0.30	≤1.40	≤0.020	≤0.015	≥0.015	0.06~0.20	≥1.0
		C					≤0.015			
		D					≤0.012			
Q345	TC2	B	≤0.16	≤0.30	≤1.50	≤0.020	≤0.015	≥0.015	0.06~0.20	≥1.0
		C					≤0.015			
		D					≤0.012			

[a] 根据需要,可添加其他合金元素。

[b] 酸溶铝含量可以用测定全铝含量代替,此时全铝含量应不小于 0.020%。

[c] 经供需双方协商,在保证钢板搪瓷性能的情况下,也可使用其他合金元素。此时 Ti 和 Ti/C 的要求不适用。

表 4　环保设备用搪瓷钢的化学成分

牌号		化学成分[a](质量分数)/%							
强度级别	类别	C	Si	Mn	P	S	Als[b]	Ti[c]	Ti/C[c]
Q245	TC3	≤0.08	≤0.30	≤1.20	≤0.020	≤0.020	≥0.015	0.06～0.20	≥2.1
Q295	TC3	≤0.08	≤0.30	≤1.40	≤0.020	≤0.020	≥0.015	0.06～0.20	≥2.1
Q345	TC3	≤0.08	≤0.30	≤1.50	≤0.020	≤0.020	≥0.015	0.06～0.20	≥2.1

[a] 根据需要,可添加其他合金元素。

[b] 酸溶铝含量可以用测定全铝含量代替,此时全铝含量应不小于0.020%。

[c] 经供需双方协商,在保证钢板搪瓷性能的情况下,也可使用其他合金元素。此时Ti和Ti/C的要求不适用。

6.2　冶炼方法

钢板和钢带所用的钢应采用氧气转炉或电炉冶炼,除非另有规定,冶炼方法由供方选择。

6.3　交货状态

钢板和钢带应以热轧或正火状态交货。

6.4　力学性能和工艺性能

6.4.1　钢板和钢带的力学性能和工艺性能应符合表5、表6或表7的规定。

6.4.2　经供需双方协商,TC3类别可以作冲击试验,TC2类别可以作其他试验温度的冲击试验。此时试验温度和冲击吸收能量由供需双方协商确定。

6.4.3　冲击试验结果按一组3个试样试验结果的算术平均值计算,允许其中一个试样的试验结果小于规定值,但不得低于规定值的70%。

6.4.4　对于TC2类别,厚度不小于12 mm的钢板和钢带应做冲击试验,试样尺寸为10 mm×10 mm×55 mm。根据需方要求,经供需双方协商,厚度为6 mm～<12 mm的钢板和钢带可以做冲击试验,试样尺寸为10 mm×7.5 mm×55 mm或10 mm×5 mm×55 mm,并应尽可能取较大尺寸的冲击试样,其试验结果应不小于表6规定值的75%或50%。厚度小于6 mm的钢板和钢带不做冲击试验。

表 5　日用搪瓷钢的力学性能

牌号		拉伸试验[a,b]		
强度级别	类别	下屈服强度 R_{eL}/MPa	抗拉强度 R_m/MPa	断后伸长率 $A_{50\,mm}$/%
TCDS		130～240	270～380	≥33
Q210	TC1	≥210	300～420	≥28
Q245	TC1	≥245	340～460	≥26
Q300	TC1	≥300	370～490	≥24
Q330	TC1	≥330	400～520	≥22
Q360	TC1	≥360	440～560	≥22

[a] 拉伸试验取纵向试样,试样宽度为12.5 mm。

[b] 当屈服不明显时,可测量 $R_{P0.2}$ 代替下屈服强度。

表 6 化工设备用搪瓷钢的力学性能及工艺性能

牌号			拉伸试验[a,b]			180°弯曲试验[a] 弯心直径/mm		冲击试验[a]	
强度级别	类别	质量等级	下屈服强 R_{eL}/MPa	抗拉强度 R_m/MPa	断后伸长率 A/%	厚度/mm		试验温度/℃	吸收能量 KV_2/J
						<16	≥16		
Q245	TC2	B	≥245	400～520	≥26	1.5a	2a	20	≥31
		C						0	
		D						−20	
Q295	TC2	B	≥295	460～580	≥24	2a	3a	20	≥34
		C						0	
		D						−20	
Q345	TC2	B	≥345	510～630	≥22	2a	3a	20	≥34
		C						0	
		D						−20	

注：a 为试样厚度。

[a] 拉伸试验、弯曲试验和冲击试验取横向试样。

[b] 当屈服不明显时，可测量 $R_{P0.2}$ 代替下屈服强度。

表 7 环保设备用搪瓷钢的力学性能及工艺性能

牌 号		拉伸试验[a,b]			180°弯曲试验[a] 弯心直径/mm	
强度级别	类别	下屈服强度 R_{eL}/MPa	抗拉强度 R_m/MPa	断后伸长率 A/%	厚度/mm	
					<16	≥16
Q245	TC3	≥245	400～520	≥26	1.5a	2a
Q295	TC3	≥295	460～580	≥24	2a	3a
Q345	TC3	≥345	510～630	≥22	2a	3a

注：a 为试样厚度。

[a] 拉伸试验和弯曲试验取横向试样。

[b] 当屈服不明显时，可测量 $R_{P0.2}$ 代替下屈服强度。

6.5 表面质量

6.5.1 钢板和钢带表面不得有裂纹、结疤、折叠、气泡和夹杂等缺陷。钢板和钢带不得有分层。

6.5.2 钢板和钢带表面允许有深度(高度)不超过厚度公差之半的局部麻点、划痕及其他轻微缺陷，但应保证钢板和钢带的最小厚度。经供需双方协商，TC2 钢板和钢带对允许的表面缺陷深度最大不超过 0.20 mm。

6.5.3 钢带允许带缺陷交货，但有缺陷部分应不超过每卷总长度的 8%。

7 试验方法

7.1 钢板和钢带的外观目视检查。

7.2 钢板和钢带的尺寸、外形应用合适的测量工具测量。

7.3 钢板和钢带每批的检验项目、试样数量、取样方法和试验方法应符合表8的规定。

表8 检验项目、取样数量及试验方法

序号	试验项目	试样数量/个	取样方法	试验方法
1	化学分析	1(每炉罐号)	GB/T 20066	GB/T 223、GB/T 4336、GB/T 20123、GB/T 20125
2	拉伸试验	1	GB/T 2975	GB/T 228.1
3	弯曲试验	1	GB/T 2975	GB/T 232
4	冲击试验	1组(3个)	GB/T 2975	GB/T 229

8 检验规则

8.1 组批规则

钢板和钢带应成批验收。每批应由同一牌号、同一炉号、同一厚度、同一轧制制度和同一交货状态的钢板或钢带组成。

8.2 复验

钢板和钢带的复验应按GB/T 17505的规定。

8.3 修约规则

数值修约应按YB/T 081的规定进行。

9 包装、标志和质量证明书

钢板和钢带的包装、标志和质量证明书应符合GB/T 247的规定。

ICS 77.140.50
H 46

中华人民共和国国家标准

GB/T 28410—2012

风力发电塔用结构钢板

Structural steel plate for wind power tower

2012-06-29 发布　　　　2013-03-01 实施

中华人民共和国国家质量监督检验检疫总局
中国国家标准化管理委员会
发布

前　言

本标准按照 GB/T 1.1—2009 给出的规则起草。

本标准是在参照 EN 10025:2004《非合金钢技术交货条件》、ASTM A709:2005《桥梁用碳素钢和高强度低合金结构型钢、钢板、钢棒及淬火回火合金结构钢板》的基础上，结合我国风力发电塔用结构钢板的实际生产和应用情况而编制的。

本标准由中国钢铁工业协会提出。

本标准由全国钢标准化技术委员会(SAC/TC 183)归口。

本标准起草单位：南京钢铁联合有限公司、天津钢铁集团有限公司、湖南华菱湘潭钢铁有限公司、冶金工业信息标准研究院、莱芜钢铁集团有限公司、鞍钢股份有限公司、济钢集团有限公司、马钢股份有限公司、首钢总公司、邯郸钢铁集团有限责任公司。

本标准主要起草人：刘丽华、徐海泉、楚觉非、许克亮、王晓虎、罗登、杜传治、刘徐源、高玲、方拓野、庄建志、师莉、巩文旭、斉章国、李小莉、周平、贺红梅、朴志民、梁川。

风力发电塔用结构钢板

1 范围

本标准规定了风力发电塔用结构钢板的牌号、订货内容、尺寸、外形、重量及允许偏差、技术要求、试验方法、检验规则、包装、标志和质量证明书。

本标准适用于厚度为 6 mm～100 mm 的风力发电塔用结构钢板。

2 规范性引用文件

下列文件对于本文件的应用是必不可少的。凡是注日期的引用文件，仅注日期的版本适用于本文件。凡是不注日期的引用文件，其最新版本(包括所有的修改单)适用于本文件。

GB/T 222 钢的成品化学成分允许偏差

GB/T 223.5 钢铁 硅酸盐和全硅含量的测定 还原型硅酸盐分光光度法

GB/T 223.9 钢铁及合金 铝含量的测定 铬天青 S 分光光度法

GB/T 223.12 钢铁及合金化学分析方法 碳酸钠分离-二苯碳酰二肼光度法测定铬量

GB/T 223.14 钢铁及合金化学分析方法 钽试剂萃取光度法测定钒含量

GB/T 223.16 钢铁及合金化学分析方法 变色酸光度法测定钛量

GB/T 223.19 钢铁及合金化学分析方法 新亚铜灵-三氯甲烷萃取光度法测定铜量

GB/T 223.23 钢铁及合金 镍含量的测定 丁二酮肟分光光度法

GB/T 223.26 钢铁及合金 钼含量的测定 硫氰酸盐分光光度法

GB/T 223.37 钢铁及合金化学分析方法 蒸馏分离-靛酚蓝光度法测定氮量

GB/T 223.40 钢铁及合金 铌含量的测定 氯磺酚 S 分光光度法

GB/T 223.62 钢铁及合金化学分析方法 乙酸丁酯萃取光度法测定磷量

GB/T 223.63 钢铁及合金化学分析方法 高碘酸钠(钾)光度法测定锰量

GB/T 223.67 钢铁及合金 硫含量的测定 次甲基蓝分光光度法

GB/T 223.69 钢铁及合金 碳含量的测定 管式炉内燃烧后气体容量法

GB/T 223.78 钢铁及合金化学分析方法 姜黄素直接光度法测定硼含量

GB/T 228.1 金属材料 拉伸试验 第 1 部分:室温试验方法

GB/T 229 金属材料 夏比摆锤冲击试验方法

GB/T 232 金属材料 弯曲试验方法

GB/T 247 钢板和钢带包装、标志及质量证明书的一般规定

GB/T 709 热轧钢板和钢带的尺寸、外形、重量及允许偏差

GB/T 2970 厚钢板超声波检验方法

GB/T 2975 钢及钢产品 力学性能试验取样位置及试样制备

GB/T 4336 碳素钢和中低合金钢的火花源原子发射光谱分析方法(常规法)

GB/T 5313 厚度方向性能钢板

GB/T 14977 热轧钢板表面质量的一般要求

GB/T 17505　钢及钢产品交货一般技术要求

GB/T 20066　钢和铁　化学成分测定用试样的取样和制样方法

JB/T 4730.3　承压设备无损检测　第3部分　超声检测

YB/T 081　冶金技术标准的数值修约与检测数值的判定原则

3　分类和代号

钢板的牌号由代表屈服强度的汉语拼音首位字母、屈服强度下限值、“风塔”的汉语拼音首位字母、质量等级符号等几个部分组成。

例如：Q345FTD，其中：

Q　——风塔用钢屈服强度的“屈”字汉语拼音的首位字母；

345 ——屈服强度下限值，单位 N/mm^2；

FT ——“风塔”汉语拼音的首位字母；

D　——质量等级符号。

当要求钢板具有厚度方向性能时，则在上述规定的牌号后分别加上代表厚度方向(Z向)性能级别的符号“Z15(Z25、Z35)”，如：Q345FTDZ15。

4　订货内容

按本标准订货的合同或订单至少应包括以下内容：

a)　本标准号；

b)　产品名称；

c)　牌号；

d)　尺寸、外形及偏差要求；

e)　重量；

f)　交货状态；

g)　特殊要求。

5　尺寸、外形、重量及允许偏差

钢板的尺寸、外形、重量及允许偏差应符合 GB/T 709 的规定。

6　技术要求

6.1　牌号及化学成分

6.1.1　钢板的牌号及化学成分(熔炼分析)应符合表1的规定。

6.1.1.1　细化晶粒元素 Al、Nb、V、Ti 应至少加入其中一种，可以单独加入或以任一组合形式加入，并保证其中至少有一种的含量不小于0.015%。当单独加入时，其含量应符合表1所列值。当混合加入两种或两种以上时，总量应不大于0.22%。

表 1 牌号及化学成分

牌号	质量等级	化学成分/%													
		C ≤	Mn[a]	P ≤	S ≤	Si ≤	Nb ≤	V ≤	Ti ≤	Mo ≤	Cr ≤	Ni ≤	Cu ≤	Al_s ≥	N ≤
Q235FT	B、C	0.18	0.50～1.40	0.030	0.025	0.50	0.050	0.060	0.050	0.10	0.30	0.30	0.30	0.015	0.012
	D、E			0.025	0.020										
Q275FT	C	0.18	0.50～1.50	0.025	0.020	0.50	0.050	0.060	0.050	0.10	0.30	0.30	0.30	0.015	0.012
	D				0.015										
	E、F														0.010
Q345FT	C、D	0.20	0.90～1.65	0.025	0.015	0.50	0.060	0.12	0.050	0.20	0.30	0.50	0.30	0.015	0.012
	E、F			0.020	0.010										0.010
Q420FT	C、D	0.20	1.00～1.70	0.025	0.015	0.50	0.060	0.15	0.050	0.20	0.30	0.50	0.30	0.015	0.012
	E、F			0.020	0.010										0.010
Q460FT	C、D	0.20	1.00～1.70	0.025	0.015	0.60	0.070	0.15	0.050	0.30	0.60	0.80	0.55	0.015	0.012
	E、F			0.020	0.010										0.010
Q550FT	D	0.20	≤1.80	0.020	0.010	0.60	0.070	0.15	0.050	0.50	0.80	0.80	0.80	0.015	0.012
	E														0.010
Q620FT	D	0.20	≤1.80	0.020	0.010	0.60	0.070	0.15	0.050	0.50	0.80	0.80	0.80	0.015	0.012
	E														0.010
Q690FT	D	0.20	≤1.80	0.020	0.010	0.60	0.070	0.15	0.050	0.50	0.80	0.80	0.80	0.015	0.012
	E														0.010

[a] 交货状态为正火的钢板的 Mn 含量下限按表 1 的规定，其他交货状态的钢板的 Mn 含量下限不作要求。

6.1.1.2 当采用全铝(Al_t)含量(质量分数)计算钢中铝含量时，全铝含量应不小于0.020%。

6.1.1.3 如果添加其他固氮元素，酸溶铝(Al_s)和全铝(Al_t)含量不适用。

6.1.2 钢板的成品化学成分允许偏差应符合GB/T 222的规定。

6.1.3 钢板的碳当量(CEV)由熔炼分析成分按式(1)计算，其值应符合表2～表5的规定。

$$CEV = C + Mn/6 + (Cr + Mo + V)/5 + (Ni + Cu)/15 \quad \cdots\cdots (1)$$

6.1.4 热机械轧制或热机械轧制加回火状态交货的钢板，当C含量不大于0.12%时，可采用焊接裂纹敏感性指数(Pcm)代替碳当量评估钢板的可焊性，Pcm应由熔炼分析成分按式(2)计算，其值应符合表4的规定。

$$Pcm = C + Si/30 + Mn/20 + Cu/20 + Ni/60 + Cr/20 + Mo/15 + V/10 + 5B \quad \cdots\cdots (2)$$

6.1.5 Z向钢板的S含量应符合GB/T 5313的要求。

6.2 冶炼方法

钢板由转炉或电炉冶炼，并应进行炉外精炼。

6.3 交货状态

不同等级、不同厚度规格的风塔用结构钢板，其交货状态应符合表2～表5的规定。

表2 热轧、控轧状态交货的钢板牌号及其碳当量

牌号	交货状态	质量等级	碳当量(CEV)/%	
			厚度≤40 mm	厚度>40 mm
Q235FT	热轧、控轧	B、C、D、E	≤0.36	≤0.39
Q275FT		C、D、E、F	≤0.38	≤0.40
Q345FT		C、D、E、F	≤0.42	≤0.44
Q420FT	热轧、控轧	C、D、E、F	≤0.45	≤0.47
Q460FT		C、D、E、F	≤0.46	≤0.48

表3 正火、正火轧制状交货的钢板牌号及其碳当量

牌号	交货状态	质量等级	碳当量(CEV)/%	
			厚度≤40 mm	厚度>40 mm
Q235FT	正火、正火轧制	B、C、D、E	≤0.38	≤0.40
Q275FT		C、D、E、F	≤0.40	≤0.42
Q345FT		C、D、E、F	≤0.43	≤0.45
Q420FT	正火、正火轧制	C、D、E、F	≤0.48	≤0.50
Q460FT		C、D、E、F	≤0.52	≤0.53

表 4　TMCP、TMCP＋回火状态交货的钢板牌号及其碳当量和 Pcm

牌号	交货状态	质量等级	碳当量(CEV)/%			Pcm/%
			厚度/mm			
			≤40	＞40～60	＞60	
Q275FT	TMCP、TMCP＋回火	C、D、E、F	≤0.34	≤0.36	≤0.38	≤0.20
Q345FT		C、D、E、F	≤0.39	≤0.41	≤0.43	≤0.20
Q420FT		C、D、E、F	≤0.44	≤0.46	≤0.48	≤0.20
Q460FT		C、D、E、F	≤0.46	≤0.48	≤0.50	≤0.20
Q550FT		D、E	≤0.48	≤0.50	≤0.52	≤0.25
Q620FT		D、E	≤0.49	≤0.51	≤0.53	≤0.25
Q690FT		D、E	≤0.50	≤0.52	≤0.54	≤0.25

表 5　淬火＋回火状态交货的钢板牌号及其碳当量

牌号	交货状态	质量等级	碳当量(CEV)/%	
			厚度/mm	
			≤40	＞40～100
Q460FT	淬火＋回火	C、D、E、F	≤0.48	≤0.50
Q550FT		D、E	≤0.55	≤0.60
Q620FT		D、E	≤0.56	≤0.62
Q690FT		D、E	≤0.58	≤0.65

6.4　力学及工艺性能

6.4.1　拉伸试验

钢板的拉伸试验性能应符合表 6 的规定。

6.4.2　夏比 V 型缺口冲击试验

6.4.2.1　钢板的夏比 V 型缺口冲击试验的冲击温度和冲击吸收能量应符合表 6 的规定。

6.4.2.2　厚度不小于 12 mm 的钢板，冲击试样取 10 mm×10 mm×55 mm 的标准试样；厚度小于 12 mm 的钢板，应采用 7.5 mm×10 mm×55 mm 或 5 mm×10 mm×55 mm 的试样，冲击吸收能量应分别为不小于表 6 规定值的 75%或 50%，优先采用较大尺寸的试样。

6.4.2.3　钢板的冲击试验结果按一组 3 个试样的算术平均值进行计算。允许其中有 1 个试验值低于规定值，但不应低于规定值的 70%，否则，应从同一取样钢板上再取 3 个试样进行试验，先后 6 个试样试验结果的算术平均值不得低于规定值，允许有 2 个试样的试验结果低于规定值，但其中低于规定值 70%的试样只允许有一个。

6.4.3　Z 向钢厚度方向断面收缩率应符合 GB/T 5313 的要求。

6.4.4　当需方要求做弯曲试验时，弯曲试验应符合表 6 的规定。如供方保证弯曲合格时，可不做弯曲试验。

6.5 表面质量

6.5.1 钢板表面不得有气泡、结疤、裂纹、折叠、夹杂、压入氧化铁皮等,钢板不得有分层。

6.5.2 钢板表面允许有不妨碍检查表面缺陷的薄层氧化铁皮、铁锈、由压入氧化铁皮脱落引起的不显著的表面粗糙、划伤、压痕及其他局部缺陷,但其深度不大于厚度公差之半,并应保证钢板的最小厚度。

6.5.3 钢板表面缺陷允许修磨清理,但应保证钢板的最小厚度,清理处应平滑无棱角。

6.5.4 经供需双方协商,表面质量可执行 GB/T 14977。

6.6 特殊要求

6.6.1 经供需双方协商,钢板可进行无损检测,检验方法按 GB/T 2970 或 JB/T 4730.3 的规定执行,执行标准和级别应在协议或合同中明确。

6.6.2 根据供需双方协商,钢板也可进行其他项目的检验。

表 6 牌号及力学性能

牌号	质量等级	横向下屈服强度[a] R_{eL}/(N/mm^2) ≥ 钢板厚度/mm			抗拉强度 R_m/(N/mm^2)	断后伸长率 A/% $L_0=5.65\sqrt{So}$ ≥	冲击吸收能量[c,d] KV_2/J ≥	180°弯曲试验 d=弯心直径, a=试样厚度 钢板厚度/mm	
		≤16	>16~40	>40~100				≤16	>16~100
Q235FT	B、C、D	235	225	215	360~510	24[b]	47	$d=2a$	$d=3a$
	E						34		
Q275FT	C、D	275	265	255	410~560	21[b]	47		
	E、F						34		
Q345FT	C、D	345	335	325	470~630	21[b]	47		
	E、F						34		
Q420FT	C、D	420	400	390	520~680	19[b]	47		
	E、F						34		
Q460FT	C、D	460	440	420	550~720	17	47		
	E、F						34		
Q550FT	D	550		530	670~830	16	47		
	E						34		
Q620FT	D	620		600	710~880	15	47		
	E						34		
Q690FT	D	690		670	770~940	14	47		
	E						34		

[a] 当屈服不明显时,可采用 $R_{p0.2}$ 代替下屈服。

[b] 当钢板厚度>60 mm 时,断后伸长率可降低 1%。

[c] 冲击试验采用纵向试样。

[d] 不同质量等级对应的冲击试验温度:B—20 ℃,C—0 ℃,D—−20 ℃,E—−40 ℃,F—−50 ℃。

7 试验方法

钢板的各项检验的检验项目、取样数量、取样方法和试验方法应符合表7的规定。

表7 检验项目、取样数量、取样方法及试验方法

序号	检验项目	取样数量/个	取样方法	试验方法
1	化学成分	1/炉	GB/T 20066	GB/T 223、GB/T 4336
2	拉伸试验	1/批	GB/T 2975	GB/T 228.1
3	冲击试验	3/批	GB/T 2975	GB/T 229
4	弯曲试验	1/批	GB/T 2975	GB/T 232
5	Z向钢厚度断面收缩率	3/批	GB/T 5313	GB/T 5313
6	无损检验	逐张	—	JB/T 4730.3、GB/T 2970
7	尺寸、外形	逐张	—	符合精度要求的适宜量具
8	表面质量	逐张	—	目视

8 检验规则

8.1 检查和验收

钢板的检查和验收由供方进行，需方有权对本标准或合同中所规定的任一检验项目进行检查和验收。

8.2 组批

8.2.1 钢板应成批验收。每批应由同一牌号、同一质量等级、同一炉罐号、同一厚度、同一轧制制度、同一热处理制度的钢板组成，每批重量不大于60 t。

8.2.2 TMCP或TMCP+回火的钢板应逐轧制张取样检验，淬火+回火的钢板应逐热处理张取样检验。

8.2.3 Z向钢的组批应符合GB/T 5313的规定。

8.3 复验与判定规则

8.3.1 力学性能的复验与判定

8.3.1.1 钢板的冲击试验结果不符合6.4.2.3的规定时，抽样钢板应不予验收。再从该试验单元的剩余部分取两个抽样产品，在每个抽样产品上各选取新的一组3个试样，这两组试样的试验结果均应合格，否则该批钢板应拒收。

8.3.1.2 钢板拉伸试验的复验与判定应符合GB/T 17505的规定。

8.3.2 其他检验项目的复验与判定

钢板的其他检验项目的复验与判定应符合GB/T 17505的规定。

8.4 力学性能和化学成分试验结果的修约

除非在合同或订单中另有规定，当需要评定试验结果是否符合规定值，所给出力学性能和化学成分试验结果应修约到与规定值的数位相一致，其修约方法应按 YB/T 081 的规定进行。碳当量应先按公式计算后修约。

9 包装、标志及质量证明书

钢板的包装、标志及质量证明书应符合 GB/T 247 的规定。

10 国内外牌号近似对照

本标准牌号与参考标准牌号的近似对照见附录 A。

附 录 A
（资料性附录）
牌号对照表

本标准牌号与参考标准的相近牌号对照见表 A.1。

表 A.1 本标准牌号与参考标准的相近牌号对照表

	本标准	ASTM A709-05	EN 10025
牌号	Q235FT	—	S235
	Q275FT	A709Gr36	S275
	Q345FT	A709Gr50	S355
	Q420FT	—	S420
	Q460FT	A709Gr70	S460
	Q550FT	—	S550
	Q620FT	A709Gr100	S690
	Q690FT		

ICS 77.140.50
H 46

中华人民共和国国家标准

GB/T 28415—2012

耐火结构用钢板及钢带

Fire-resistant structural steel plate and strip

2012-06-29 发布　　　　2013-03-01 实施

中华人民共和国国家质量监督检验检疫总局
中国国家标准化管理委员会　发布

前　言

本标准按照 GB/T 1.1—2009 给出的规则起草。

本标准由钢铁工业协会提出。

本标准由全国钢标准化委员会(SAC/TC 183)归口。

本标准主要起草单位:鞍钢股份有限公司、冶金工业信息标准研究院、湖南华菱湘潭钢铁有限公司、攀钢集团攀枝花钢钒有限公司、马钢股份有限公司、首钢总公司。

本标准主要起草人:刘徐源、王晓虎、刘明、刘永龙、李叙生、王姜维、李小莉、蒲玉梅、师莉、刘庆春。

耐火结构用钢板及钢带

1 范围

本标准规定了耐火结构用钢板及钢带的术语和定义、牌号表示方法、订货内容、尺寸、外形、重量及允许偏差、技术要求、试验方法、检验规则、包装、标志和质量证明书。

本标准适用于建筑结构用具有耐火性能的厚度不大于100 mm的钢板及钢带(以下简称钢板及钢带)。

2 规范性引用文件

下列文件对于本文件的应用是必不可少的。凡是注日期的引用文件,仅注日期的版本适用于本文件。凡是不注日期的引用文件,其最新版本(包括所有的修改单)适用于本文件。

GB/T 222　钢的成品化学成分允许偏差

GB/T 223.3　钢铁及合金化学分析方法　二安替比林甲烷磷钼酸重量法测定磷量

GB/T 223.5　钢铁　酸溶硅和全硅含量的测定　还原型硅钼酸盐分光光度法

GB/T 223.9　钢铁及合金　铝含量的测定　铬天青S分光光度法

GB/T 223.11　钢铁及合金　铬含量的测定　可视滴定或电位滴定法

GB/T 223.12　钢铁及合金化学分析方法　碳酸钠分离-二苯碳酰二肼光度法测定铬量

GB/T 223.14　钢铁及合金化学分析方法　钽试剂萃取光度法测定钒含量

GB/T 223.16　钢铁及合金化学分析方法　变色酸光度法测定钛量

GB/T 223.17　钢铁及合金化学分析方法　二安替比林甲烷光度法测定钛量

GB/T 223.26　钢铁及合金　钼含量的测定　硫氰酸盐分光光度法

GB/T 223.40　钢铁及合金　铌含量的测定　氯磺酚S分光光度法

GB/T 223.58　钢铁及合金化学分析方法　亚砷酸钠-亚硝酸钠滴定法测定锰量

GB/T 223.59　钢铁及合金　磷含量的测定　铋磷钼蓝分光光度法和锑磷钼蓝分光光度法

GB/T 223.60　钢铁及合金化学分析方法　高氯酸脱水重量法测定硅含量

GB/T 223.61　钢铁及合金化学分析方法　磷钼酸胺容量法测定磷量

GB/T 223.62　钢铁及合金化学分析方法　乙酸丁酯萃取光度法测定磷量

GB/T 223.63　钢铁及合金化学分析方法　高碘酸钠(钾)光度法测定锰量

GB/T 223.64　钢铁及合金　锰含量的测定　火焰原子吸收光谱法

GB/T 223.67　钢铁及合金　硫含量的测定　次甲基蓝分光光度法

GB/T 223.68　钢铁及合金化学分析方法　管式炉内燃烧后碘酸钾滴定法测定硫含量

GB/T 223.69　钢铁及合金　碳含量的测定　管式炉内燃烧后气体容量法

GB/T 223.71　钢铁及合金化学分析方法　管式炉内燃烧后重量法测定碳含量

GB/T 223.72　钢铁及合金　硫含量的测定　重量法

GB/T 223.76　钢铁及合金化学分析方法　火焰原子吸收光谱法测定钒量

GB/T 223.84　钢铁及合金　钛含量的测定　二安替比林甲烷分光光度法

GB/T 223.85　钢铁及合金　硫含量的测定　感应炉燃烧后红外吸收法

GB/T 223.86　钢铁及合金　总硫含量的测定　感应炉燃烧后红外吸收法

GB/T 228.1 金属材料 拉伸试验 第1部分:室温试验方法
GB/T 229 金属材料 夏比摆锤冲击试验方法
GB/T 232 金属材料 弯曲试验方法
GB/T 247 钢板和钢带包装、标志及质量证明书的一般规定
GB/T 709 热轧钢板和钢带的尺寸、外形、重量及允许偏差
GB/T 2970 厚钢板超声波检验方法
GB/T 2975 钢及钢产品 力学性能试验取样位置及试样制备
GB/T 4336 碳素钢和中低合金钢火花源原子发射光谱分析方法(常规法)
GB/T 4338 金属材料 高温拉伸试验方法
GB/T 5313 厚度方向性能钢板
GB/T 14977 热轧钢板表面质量的一般要求
GB/T 17505 钢及钢产品交货一般技术要求
GB/T 20066 钢和铁 化学成分测定用试样的取样和制样方法
GB/T 20123 钢铁 总碳硫含量的测定 高频感应炉燃烧后红外吸收法(常规方法)
GB/T 20125 低合金钢 多元素含量的测定 电感耦合等离子体发射光谱法
GB/T 22368 低合金钢 多元素含量的测定 辉光放电原子发射光谱法(常规法)
YB/T 081 冶金技术标准的数值修约与检测数据的判定原则

3 牌号表示方法

钢的牌号由代表“屈”字汉语拼音的字头、屈服强度数值、“耐火”英文字头、质量等级符号四个部分组成。

例如:Q420FRD。其中:

Q ——“屈”字汉语拼音的首位字母;
420 ——屈服强度数值,单位 N/mm^2;
FR ——“耐火”英文字头;
D ——质量等级为D级。

当要求钢板具有厚度方向性能时,则在上述规定的牌号后加上代表厚度方向(Z向)性能级别的符号,例如:Q420FRDZ25。

4 订货内容

按本标准订货的合同或订单应包括下列内容:

a) 产品名称;
b) 本标准编号;
c) 牌号;
d) 尺寸、外形及精度要求;
e) 交货状态;
f) 重量;
g) 特殊要求。

5 尺寸、外形、重量及允许偏差

5.1 钢板及钢带的尺寸、外形、重量及允许偏差应符合GB/T 709的规定,其中厚度负偏差不超过−0.3 mm。

5.2　经供需双方协议，可供应其他尺寸、外形及允许偏差要求的钢板及钢带。

6　技术要求

6.1　牌号和化学成分

6.1.1　钢板及钢带的牌号和化学成分(熔炼分析)应符合表1的规定。

表 1

牌号	质量等级	化学成分(质量分数)/%										
		C	Si	Mn	P	S	Mo	Nb	Cr	V	Ti	Al_s
		不大于										不小于
Q235FR	B、C	0.20	0.35	1.30	0.025	0.015	0.50	0.04	0.75	—	0.05	0.015
	D、E	0.18			0.020							
Q345FR	B、C	0.20	0.55	1.60	0.025	0.015	0.90	0.10	0.75	0.15	0.05	0.015
	D、E	0.18			0.020							
Q390FR	C	0.20	0.55	1.60	0.025	0.015	0.90	0.10	0.75	0.20	0.05	0.015
	D、E	0.18			0.020							
Q420FR	C	0.20	0.55	1.60	0.025	0.015	0.90	0.10	0.75	0.20	0.05	0.015
	D、E	0.18			0.020							
Q460FR	C	0.20	0.55	1.60	0.025	0.015	0.90	0.10	0.75	0.20	0.05	0.015
	D、E	0.18			0.020							

6.1.2　可用全铝含量代替酸溶铝含量，全铝含量应不小于0.020%。

6.1.3　为改善钢板的性能，可添加表1之外的其他微量合金元素。

6.1.4　Z向钢的化学成分除应符合表1规定外，还应符合GB/T 5313的规定。

6.1.5　各牌号钢的碳当量(CEV)应符合表2的规定。经供需双方协商，可用焊接裂纹敏感性指数(P_{cm})代替碳当量。

表 2

牌号	交货状态	规定厚度下的碳当量CEV(质量分数)/%		规定厚度下的焊接裂纹敏感性指数P_{cm}(质量分数)/%	
		≤63 mm	>63 mm～100 mm	≤63 mm	>63 mm～100 mm
Q235FR	AR、CR、N、NR	≤0.36	≤0.36	—	
	TMCP	≤0.32	≤0.32	≤0.20	
Q345FR	AR、CR	≤0.44	≤0.47	—	
	N、NR	≤0.45	≤0.48	—	
	TMCP、TMCP+T	≤0.44	≤0.45	≤0.20	
Q390FR	AR、CR	≤0.45	≤0.48	—	
	N、NR	≤0.46	≤0.48	—	
	TMCP、TMCP+T	≤0.46	≤0.47	≤0.20	

表 2（续）

牌号	交货状态	规定厚度下的碳当量 CEV（质量分数）/%		规定厚度下的焊接裂纹敏感性指数 P_{cm}（质量分数）/%	
		≤63 mm	>63 mm～100 mm	≤63 mm	>63 mm～100 mm
Q420FR	AR、CR	≤0.45	≤0.48	—	
	N、NR	≤0.48	≤0.50	—	
	TMCP、TMCP+T	≤0.46	≤0.47	≤0.20	
Q460FR	N、Q+T	协议			
	TMCP、TMCP+T				

注 1：AR—热轧；CR—控轧；N—正火；NR—正火轧制；Q+T—淬火+回火（调质）；TMCP—热机械轧制；TMCP+T—热机械轧制+回火。

注 2：碳当量计算公式：CEV=C+Mn/6+(Cr+Mo+V)/5+(Ni+Cu)/15。

注 3：焊接裂纹敏感性指数计算公式：P_{cm}=C+Si/30+Mn/20+Cu/20+Ni/60+Cr/20+Mo/15+V/10+5B。

6.1.6 钢板及钢带的化学成分允许偏差应符合 GB/T 222 的规定。

6.2 冶炼方法

钢由氧气转炉或电炉冶炼，需要时可进行炉外精炼。

6.3 交货状态

钢板及钢带的交货状态应符合表 2 的规定。

6.4 力学和工艺性能

6.4.1 钢板及钢带的室温力学性能及工艺性能应符合表 3 和表 4 的规定。

表 3

牌号	质量等级	拉伸试验[a,b,c]						V 型冲击试验[b]	
		以下厚度(mm)上屈服强度 R_{eH}/(N/mm²)			抗拉强度 R_m/(N/mm²)	断后伸长率 A/%	屈强比 R_{eH}/R_m	试验温度/℃	吸收能量 KV_2/J
		≤16	>16～63	>63～100					
Q235FR	B	≥235	235～355	225～345	≥400	≥23	≤0.80	20	≥34
	C							0	
	D							−20	
	E							−40	
Q345FR	B	≥345	345～465	335～455	≥490	≥22	≤0.83	20	≥34
	C							0	
	D							−20	
	E							−40	

表 3（续）

牌号	质量等级	拉伸试验[a,b,c]						V 型冲击试验[b]	
		以下厚度(mm)上屈服强度 R_{eH}/(N/mm^2)			抗拉强度 R_m/(N/mm^2)	断后伸长率 A/%	屈强比 R_{eH}/R_m	试验温度/℃	吸收能量 KV_2/J
		≤16	＞16～63	＞63～100					
Q390FR	C	≥390	390～510	380～500	≥490	≥20	≤0.85	0	≥34
	D							−20	
	E							−40	
Q420FR	C	≥420	420～550	410～540	≥520	≥19	≤0.85	0	≥34
	D							−20	
	E							−40	
Q460FR	C	≥460	460～600	450～590	≥550	≥17	≤0.85	0	≥34
	D							−20	
	E							−40	

[a] 当屈服不明显时，可测量 $R_{P0.2}$ 代替上屈服强度。

[b] 拉伸取横向试样、冲击试验取纵向试样。

[c] 厚度不大于 12 mm 钢材，可不作屈强比。

表 4

钢板厚度	180°弯曲试验 d＝弯心直径，a＝试样厚度
≤16 mm	$d=2a$
＞16 mm	$d=3a$

6.4.2　经供需双方协议并注明取样批次，可做钢板及钢带的高温力学性能检验。钢板及钢带的高温力学性能应符合表 5 的规定。

表 5

牌号	600 ℃规定塑性延伸强度 $R_{P0.2}$/(N/mm^2)	
	厚度≤63 mm	厚度＞63 mm～100 mm
Q235FR	≥157	≥150
Q345FR	≥230	≥223
Q390FR	≥260	≥253
Q420FR	≥280	≥273
Q460FR	≥307	≥300

6.4.3 厚度不小于 6 mm 的钢板及钢带应做冲击试验，冲击试样尺寸取 10 mm×10 mm×55 mm 标准试样；当钢板及钢带厚度不足以制取标准试样时，应采用 10 mm×7.5 mm×55 mm 或 10 mm×5 mm×55 mm 小尺寸试样，冲击吸收能量应分别为不小于表 3 规定值的 75%或 50%，优先采用较大尺寸试样。

6.4.4 钢板及钢带的冲击试验结果按一组 3 个试样的算术平均值进行计算，允许其中有 1 个试验值低于规定值，但不应低于规定值的 70%，否则，应从同一抽样产品上再取 3 个试样进行试验，先后 6 个试样试验结果的算术平均值不得低于规定值，允许有 2 个试样的试验结果低于规定值，但其中低于规定值 70%的试样只允许有一个。

6.4.5 Z 向钢厚度方向断面收缩率应符合 GB/T 5313 的规定。

6.5 表面质量

6.5.1 钢板及钢带表面不应有裂纹、气泡、结疤、夹杂、折叠和压入的氧化铁皮等有害缺陷。钢板不应有肉眼可见的分层。

6.5.2 钢板及钢带表面允许存在不妨碍检查表面缺陷的薄层氧化铁皮或锈蚀，或由于压入氧化铁皮脱落所引起的不显著的粗糙、压痕等其他局部缺陷，但深度应不大于钢板的厚度公差之半，并应保证钢板的最小厚度。

6.5.3 钢板表面缺陷允许修磨清除，修磨处应平滑无棱角，并应保证钢板的最小厚度。

6.5.4 钢带允许有缺陷存在，但有缺陷的部分不应大于总长度的 8%。

6.5.5 经供需双方协商，并在合同中注明，表面质量可按 GB/T 14977 的规定。

6.6 超声波检验

厚度方向性能钢板应逐张进行超声波检验，并应符合 GB/T 2970 的规定，其合格级别应在协议或合同中明确。

6.7 特殊要求

经供需双方协议，需方可提出其他特殊技术要求。

7 试验方法

每批钢板的检验项目、取样数量、取样方法和试验方法应符合表 6 的规定。

表 6

序号	检验项目	取样数量(个)	取样方法	试验方法
1	化学成分(熔炼分析)	1/炉	GB/T 20066	GB/T 223、GB/T 4336 GB/T 20123、GB/T 20125、 GB/T 22368
2	拉伸试验	1/批	GB/T 2975	GB/T 228.1
3	高温拉伸试验	1/批	GB/T 2975	GB/T 4338
4	弯曲试验	1/批	GB/T 2975	GB/T 232
5	冲击试验	3/批	GB/T 2975	GB/T 229
6	Z 向钢厚度方向断面收缩率	3/批	GB/T 5313	GB/T 5313

表 6（续）

序号	检验项目	取样数量(个)	取样方法	试验方法
7	超声波检验[a]	逐张	—	GB/T 2970
8	表面质量	逐张	—	目视
9	尺寸、外形	逐张	—	符合精度要求的适宜量具
[a] 经供需双方协商，可进行在线超声波检测。				

8 检验规则

8.1 检查和验收

钢板的检查和验收由供方进行，需方有权对本标准或合同中所规定的任一检验项目进行检查和验收。

8.2 组批

钢板及钢带应成批验收。每批应由同一牌号、同一炉号、同一厚度、同一轧制制度或同一热处理制度的钢板及钢带组成，每批重量不大于 60 t。轧制卷重大于 30 t 的钢带和连轧板可按两个轧制卷组批。对于 Z 向钢的组批，应符合 GB/T 5313 的规定。

8.3 取样位置

冲击试验试样应在每一批中任一钢板及钢带上制取。当钢板及钢带的厚度不大于 40 mm 时，冲击试样应为近表面试样，试样边缘距一个轧制面小于 2 mm；当钢板的厚度大于 40 mm 时，试样轴线应位于钢板 1/4 厚度处或尽量接近此位置。缺口应垂直于原轧制面。

8.4 复验与判定规则

复验与判定应符合 GB/T 17505 的规定。

8.5 化学成分和力学性能试验结果的修约

除非在合同或订单中另有规定，当需要评定试验结果是否符合规定值，所给出力学性能和化学成分试验结果应修约到与规定值本位数字所标识的数位相一致，其修约方法应按 YB/T 081 的规定进行。碳当量应先按公式计算后修约。

9 包装、标志和质量证明书

钢板及钢带的包装、标志和质量证明书应符合 GB/T 247 的规定。

ICS 77.140.50
H 46

中华人民共和国国家标准

GB/T 28904—2012

钢铝复合用钢带

Steel strips for steel-aluminum composite

2012-11-05 发布

2013-05-01 实施

中华人民共和国国家质量监督检验检疫总局
中国国家标准化管理委员会
发布

前　言

本标准按照GB/T 1.1—2009给出的规则起草。

本标准由中国钢铁工业协会提出。

本标准由全国钢标准化技术委员会(SAC/TC 183)归口。

本标准起草单位:鞍钢股份有限公司、冶金工业信息标准研究院。

本标准主要起草人:陈玥、王姜维、满彦臣、袁皓。

钢铝复合用钢带

1 范围

本标准规定了钢铝复合用冷轧钢带及供冷轧用热轧钢带的分类、代号、订货内容、尺寸、外形、重量及允许偏差、技术要求、检验和试验、包装、标志和质量证明书、数值修约。

本标准适用于厚度1.0 mm～3.0 mm的钢铝复合用冷轧钢带及厚度不大于10.0 mm的供冷轧用热轧钢带(以下简称钢带)。

2 规范性引用文件

下列文件对于本文件的应用是必不可少的。凡是注日期的引用文件,仅注日期的版本适用于本文件。凡是不注日期的引用文件,其最新版本(包括所有的修改单)适用于本文件。

GB/T 222 钢的成品化学成分允许偏差

GB/T 223.3 钢铁及合金化学分析方法 二安替比林甲烷磷钼酸重量法测定磷量

GB/T 223.5 钢铁 酸溶硅和全硅含量的测定 还原型硅钼酸盐分光光度法

GB/T 223.9 钢铁及合金 铝含量的测定 铬天青S分光光度法

GB/T 223.12 钢铁及合金化学分析方法 碳酸钠分离-二苯碳酰二肼光度法测定铬量

GB/T 223.23 钢铁及合金 镍含量的测定 丁二酮肟分光光度法

GB/T 223.54 钢铁及合金化学分析方法 火焰原子吸收分光光度法测定镍量

GB/T 223.58 钢铁及合金化学分析方法 亚砷酸钠-亚硝酸钠滴定法测定锰量

GB/T 223.59 钢铁及合金 磷含量的测定 铋磷钼蓝分光光度法和锑磷钼蓝分光光度法

GB/T 223.61 钢铁及合金化学分析方法 磷钼酸铵容量法测定磷量

GB/T 223.62 钢铁及合金化学分析方法 乙酸丁酯萃取光度法测定磷量

GB/T 223.63 钢铁及合金化学分析方法 高碘酸钠(钾)光度法测定锰量

GB/T 223.64 钢铁及合金 锰含量的测定 火焰原子吸收光谱法

GB/T 223.68 钢铁及合金化学分析方法 管式炉内燃烧后碘酸钾滴定法测定硫含量

GB/T 223.72 钢铁及合金 硫含量的测定 重量法

GB/T 223.79 钢铁 多元素含量的测定 X-射线荧光光谱法(常规法)

GB/T 223.85 钢铁及合金 硫含量的测定 感应炉燃烧后红外吸收法

GB/T 228.1 金属材料 拉伸试验 第1部分:室温试验方法

GB/T 229 金属材料 夏比摆锤冲击试验方法

GB/T 247 钢板和钢带包装、标志及质量证明书的一般规定

GB/T 708 冷轧钢板和钢带的尺寸、外形、重量及允许偏差

GB/T 709 热轧钢板和钢带的尺寸、外形、重量及允许偏差

GB/T 2523 冷轧金属薄板(带)表面粗糙度和峰值数的测量方法

GB/T 2975 钢及钢产品 力学性能试验取样位置及试样制备

GB/T 4336 碳素钢和中低合金钢 火花源原子发射光谱分析方法(常规法)

GB/T 17505 钢及钢产品交货一般技术要求

GB/T 20066 钢和铁 化学成分测定用试样的取样和制样方法

GB/T 20123 钢铁 总碳硫含量的测定 高频感应炉燃烧后红外吸收法(常规方法)
GB/T 20125 低合金钢 多元素含量的测定 电感耦合等离子体原子发射光谱法
GB/T 22368 低合金钢 多元素含量的测定 辉光放电原子发射光谱法(常规法)
YB/T 081 冶金技术标准的数值修约与检测数值的判定原则

3 分类和代号

3.1 钢带按表面质量分为:
普通级表面…………………………FA
较高级表面…………………………FB
高级精整表面………………………FC

3.2 冷轧钢带按表面结构分为:
麻面…………………………………D
光亮表面……………………………B

3.3 钢带的代号由GL(“钢铝”汉语拼音首字母)表示。

4 订货内容

订货时用户应在合同或订单中提供下列信息:

a) 产品名称;
b) 本标准编号;
c) 代号;
d) 规格及尺寸、不平度精度(当未规定时,按普通级供货);
e) 表面质量级别[当冷轧钢带未规定时,按较高级表面(FB)供货];
f) 表面结构[当冷轧钢带未规定时,按麻面(D)供货];
g) 卷内径(当冷轧钢带未规定时,按610 mm供货);
h) 包装方式;
i) 用途;
j) 其他特殊要求(如最大卷重、表面朝向等)。

5 尺寸、外形、重量及允许偏差

5.1 钢带的任意2 m长度的镰刀弯应不大于4.0 mm,其他尺寸、外形、重量及允许偏差应符合GB/T 708、GB/T 709的规定。

5.2 冷轧钢带的卷内径应为610 mm、508 mm,未规定时,按610 mm供货。

6 技术要求

6.1 化学成分

6.1.1 钢的牌号和化学成分(熔炼分析)应符合表1的要求。

6.1.2 钢带的成品化学成分允许偏差应符合GB/T 222的规定。

表 1 化学成分

代号	化学成分(质量分数)/%								
	C	Si	Mn	P	S	Als	Cr	Ni	N
GL	≤0.02	≤0.03	≤0.40	0.015～0.025	≤0.020	≤0.020	0.02～0.06	0.02～0.06	≤0.02
注:经供需双方协商,也可采用其他化学成分。									

6.2 交货状态

6.2.1 热轧钢带通常以热轧、热轧酸洗状态交货;冷轧钢带以冷轧退火加平整后交货。

6.2.2 冷轧钢带和热轧酸洗状态交货的钢带表面通常涂油后供货,所涂油膜应能用碱性或其他常用的除油液去除。在通常的包装、运输、装卸及贮存条件下,供方应保证涂油产品自出厂之日起六个月内不生锈。经供需双方协议并在合同中注明,也可不涂油供货,但因不涂油而发生的锈蚀及各种擦伤等不予保证。

6.3 力学性能

供方应提供拉伸试验性能,当用户要求并在合同中注明时也可提供冲击试验性能。钢带的力学性能参考值见附录 A。

6.4 表面质量

6.4.1 钢带不应有分层,表面不应有裂纹、夹杂、结疤、折叠、气泡和氧化铁皮压入等有害缺陷。

6.4.2 钢带的表面质量分为三级,并应符合表 2 的规定。

表 2 表面质量

级别	名称	适用的交货状态	特征
FA	普通级表面	热轧状态	钢带表面允许有深度(或高度)不超过钢带厚度公差之半的麻点、凹面、划痕等轻微、局部的缺陷,但应保证钢带允许的最小厚度
FB	较高级表面	热轧酸洗状态 冷轧状态	钢带表面允许有少量不影响成形性及涂、镀附着力的缺陷,如轻微的划伤、压痕、麻点、辊印及氧化色等
FC	高级精整表面	冷轧状态	钢带两面中较好的一面无目视可见的明显缺陷,另一面应达到 FB 的要求

6.4.3 在连续生产钢带的过程中,因局部的表面缺陷没有机会去除,因此钢带允许带缺陷交货,但有缺陷部分应不大于每卷总长度的 6%。

6.5 表面结构

表面结构为麻面时,平均粗糙度 Ra 目标值为大于 0.6 μm 且不大于 1.9 μm。表面结构为光亮表面时,平均粗糙度 Ra 目标值为不大于 0.9 μm。如需方对粗糙度有特殊要求,应在订货时协商。

7 检验和试验

7.1 钢带的尺寸及外形应采用合适的测量工具测量检查。

7.2 钢带的外观质量用目视检查。

7.3 钢带的检验项目、取样数量、取样方法及试验方法应符合表3的规定。

表3 检验项目、取样数量、取样方法及试验方法

序号	检验项目	取样数量/个	取样方法	试验方法
1	化学分析	1/炉	GB/T 20066	GB/T 223、GB/T 4336、GB/T 20123、GB/T 20125、GB/T 22368
2	拉伸试验	1/批	GB/T 2975	GB/T 228.1
3	平均粗糙度	1组(3个)	—	GB/T 2523
4	冲击试验	3/批	GB/T 2975	GB/T 229

7.4 钢带应成批验收，每批应由同一牌号、同一熔炼号、同一规格及同一轧制或热处理制度的钢带组成。

7.5 钢带的复验应符合GB/T 17505的规定。

8 包装、标志和质量证明书

钢带的包装、标志和质量证明书应符合GB/T 247的规定。

9 数值修约

数值修约应符合YB/T 081的规定。

附 录 A
（资料性附录）
钢铝复合用冷连轧钢带的力学性能

钢带的力学性能参考值如表 A.1 所示。

表 A.1 力学性能

代号	交货状态	拉伸试验[a]						夏比 V 型冲击试验[c,d]	
		屈服强度[b] R_{eL} /MPa	抗拉强度 R_m /MPa	以下厚度(mm)的断后伸长率 A_{50mm}/% $b=25$ mm				试验温度 /℃	冲击吸收能量 KV_2/J
				≥1.0～<2.5	≥2.5～<3.0	≥3.0～<4.0	≥4.0～10.0		
GL	热轧 热轧酸洗	≤350	300～450	—	≥28	≥30	≥32	−40	≥17
	冷轧	≤240	≥270	≥39	≥39	—	—	—	—

[a] 拉伸试样取纵向。

[b] 当没有明显的屈服时，屈服强度取 $R_{p0.2}$。

[c] 冲击试样取横向。当钢带不能取标准尺寸(10 mm×10 mm×55 mm)的冲击试样时，可用 10 mm×7.5 mm×55 mm 或 10 mm×5 mm×55 mm 的小尺寸冲击试样(应采用尽可能大的试样尺寸)代替，冲击能量规定值应分别为表中值的 75%及 50%。当钢带厚度小于 6 mm 时，不做冲击试验。

[d] 冲击试验结果为一组三个试样的算数平均值，允许有一个试样的试验结果小于规定值，但不得小于规定值的 75%。

ICS 77.140.50
H 46

中华人民共和国国家标准

GB/T 28905—2012

建筑用低屈服强度钢板

Low yield strength steel plates for construction

2012-11-05 发布

2013-05-01 实施

中华人民共和国国家质量监督检验检疫总局
中国国家标准化管理委员会 发布

前　言

本标准按照 GB/T 1.1—2009 给出的规则起草。

本标准由中国钢铁工业协会提出。

本标准由全国钢标准化技术委员会(SAC/TC 183)归口。

本标准起草单位:宝山钢铁股份有限公司、江苏沙钢集团有限公司、湖南华菱湘潭钢铁有限公司、冶金工业信息标准研究院、天津钢铁集团有限公司、新余钢铁股份有限公司、鞍钢股份有限公司、首钢总公司。

本标准主要起草人:李玉光、黄锦花、温东辉、杨渊、王晓虎、黄正玉、李小莉、吴波、刘志芳、刘明、师莉、涂树林、于成峰、李晓波、信海喜、赵敏森、孙忠明、许晴。

建筑用低屈服强度钢板

1 范围

本标准规定了建筑用低屈服强度钢板的牌号表示方法、订货内容、尺寸、外形、技术要求、试验方法、检验规则及包装、标志、质量证明书等。

本标准适用于制造建筑抗震耗能等结构件(如耗能阻尼构件等)的厚度不大于100 mm的厚钢板。

2 规范性引用文件

下列文件对于本文件的应用是必不可少的。凡是注日期的引用文件,仅注日期的版本适用于本文件。凡是不注日期的引用文件,其最新版本(包括所有的修改单)适用于本文件。

GB/T 222 钢的成品化学成分允许偏差

GB/T 223.5 钢铁 酸溶硅和全硅含量的测定 还原型硅钼酸盐分光光度法

GB/T 223.9 钢铁及合金 铝含量的测定 铬天青S分光光度法

GB/T 223.11 钢铁及合金 铬含量的测定 可视滴定或电位滴定法

GB/T 223.14 钢铁及合金化学分析方法 钽试剂萃取光度法测定钒含量

GB/T 223.16 钢铁及合金化学分析方法 变色酸光度法测定钛量

GB/T 223.17 钢铁及合金化学分析方法 二安替比林甲烷光度法测定钛量

GB/T 223.19 钢铁及合金化学分析方法 新亚铜灵-三氯甲烷萃取光度法测定铜量

GB/T 223.23 钢铁及合金 镍含量的测定 丁二酮肟分光光度法

GB/T 223.26 钢铁及合金 钼含量的测定 硫氰酸盐分光光度法

GB/T 223.37 钢铁及合金化学分析方法 蒸馏分离-靛酚蓝光度法测定氮量

GB/T 223.40 钢铁及合金 铌含量的测定 氯磺酚S分光光度法

GB/T 223.53 钢铁及合金化学分析方法 火焰原子吸收分光光度法测定铜量

GB/T 223.54 钢铁及合金化学分析方法 火焰原子吸收分光光度法测定镍量

GB/T 223.58 钢铁及合金化学分析方法 亚砷酸钠-亚硝酸钠滴定法测定锰量

GB/T 223.59 钢铁及合金 磷含量的测定 铋磷钼蓝分光光度法和锑磷钼蓝分光光度法

GB/T 223.60 钢铁及合金化学分析方法 高氯酸重量法测定硅含量

GB/T 223.62 钢铁及合金化学分析方法 乙酸丁酯萃取光度法测定磷量

GB/T 223.63 钢铁及合金化学分析方法 高碘酸钠(钾)光度法测定锰量

GB/T 223.64 钢铁及合金 锰含量的测定 火焰原子吸收光谱法

GB/T 223.68 钢铁及合金化学分析方法 管式炉内燃烧后碘酸钾滴定法测定硫含量

GB/T 223.69 钢铁及合金 碳含量的测定 管式炉内燃烧后气体容量法

GB/T 223.76 钢铁及合金化学分析方法 火焰原子吸收光谱法测定钒量

GB/T 223.78 钢铁及合金化学分析方法 姜黄素直接光度法测定硼量

GB/T 223.84 钢铁及合金 钛含量的测定 二安替比林甲烷分光光度法

GB/T 228.1 金属材料 拉伸试验 第1部分:室温试验方法

GB/T 229 金属材料 夏比摆锤冲击试验方法

GB/T 247 钢板和钢带包装、标志及质量证明书的一般规定

GB/T 709　热轧钢板和钢带的尺寸、外形、重量及允许偏差
GB/T 2970　厚钢板超声波检测方法
GB/T 2975　钢及钢产品　力学性能试验取样位置及试样制备
GB/T 4336　碳素钢和中低合金钢　火花源原子发射光谱分析方法(常规法)
GB/T 5313　厚度方向性能钢板
GB/T 14977　热轧钢板表面质量的一般要求
GB/T 17505　钢及钢产品交货一般技术要求
GB/T 18253　钢及钢产品　检验文件的类型
GB/T 20066　钢和铁　化学成分测定用试样的取样和制样方法
GB/T 20123　钢铁　总碳硫含量的测定　高频感应炉燃烧后红外吸收法(常规方法)
GB/T 20125　低合金钢　多元素含量的测定　电感耦合等离子体原子发射光谱法
GB/T 20126　非合金钢　低碳含量的测定　第2部分:感应炉(经预加热)内燃烧后红外吸收法
YB/T 081　冶金技术标准的数值修约与检测数值的判定原则

3　牌号表示方法

钢的牌号由低屈服的英文“Low Yield”中的首位英文字母“LY”和规定屈服强度目标值二部分按顺序排列。

例如:LY160

LY——低屈服的英文“Low Yield”中的首位英文字母;

160——规定屈服强度的目标值,单位兆帕(MPa)。

4　订货内容

订货时用户需提供以下信息:

a)　产品名称;
b)　本标准号;
c)　牌号;
d)　规格及尺寸精度;
e)　交货状态;
f)　重量;
g)　其他要求。

5　尺寸、外形、重量及允许偏差

尺寸、外形、重量及允许偏差应符合GB/T 709的规定。

6　技术要求

6.1　牌号及化学成分

6.1.1　钢的牌号及化学成分(熔炼分析)应符合表1的规定。

表 1 牌号及化学成分

牌号	化学成分(质量分数)[a]/%					
	C	Si	Mn	P	S	N
LY100	≤0.03	≤0.10	≤0.40	≤0.025	≤0.015	≤0.006
LY160	≤0.05	≤0.10	≤0.50	≤0.025	≤0.015	≤0.006
LY225	≤0.10	≤0.10	≤0.60	≤0.025	≤0.015	≤0.006

[a] 由供方选择,根据需要可添加 Nb、V、Ti、B 等其他合金元素。

6.1.2 钢中残余元素铜、铬、镍的含量应各不大于 0.30%,供方如能保证可不作分析。

6.1.3 成品钢板的化学成分允许偏差应符合 GB/T 222 的规定。

6.2 冶炼方法

钢由氧气转炉或电炉冶炼的镇静钢生产。除非需方有特殊要求,否则冶炼方法由供方选择。

6.3 交货状态

钢板以热轧、控轧或热处理状态交货。

6.4 力学性能

6.4.1 钢板的力学性能应符合表 2 的规定。

表 2 力学性能

牌号	拉伸试验[a,b]				V 型冲击试验[d]	
	下屈服强度[c] R_{eL}/MPa	抗拉强度 R_m/MPa	断后伸长率 A_{50mm}/% 不小于	屈强比 不大于	试验温度/℃	冲击吸收能量 KV_2/J 不小于
LY100	80~120	200~300	50	0.60	0	27
LY160	140~180	220~320	45	0.80	0	27
LY225	205~245	300~400	40	0.80	0	27

[a] 拉伸试验规定值适用于横向试样。

[b] 拉伸试样尺寸:厚度≤50 mm,采用 L_0=50 mm,b=25 mm;厚度>50 mm,采用 L_0=50 mm,d=14 mm。对于厚度>25 mm~50 mm,也可采用 L_0=50 mm,d=14 mm,但仲裁时为 L_0=50 mm,b=25 mm。

[c] 屈服现象不明显时,屈服强度采用 $R_{p0.2}$。

[d] 冲击试验规定值适用于纵向试样。

6.4.2 冲击值为一组三个试样试验结果的平均值,允许其中一个试样的试验结果小于规定值,但不得小于规定值的 70%。

6.4.3 如冲击试验结果不符合规定要求,且三个试样的平均值不小于规定值的 85%时,可以在同一取样产品上另取三个试样进行检验,前后六个试样的试验结果(平均值)应不小于规定值,并且其中低于规定值的试样最多只能有二个,只允许其中一个值小于规定值的 70%。

6.5 表面质量

6.5.1 钢板表面不允许存在裂纹、气泡、结疤、折叠和夹杂等对使用有害的缺陷。钢板不得有分层。如有上述缺陷,允许清理,清理深度从钢板实际尺寸算起,不得大于钢板厚度公差之半,并应保证钢板的最小厚度。缺陷清理处应平滑无棱角。钢板不允许焊补。

6.5.2 其他缺陷允许存在,但深度从钢板实际尺寸算起,不得超过厚度允许公差之半,并应保证缺陷处厚度不超过钢板允许最小厚度。

6.5.3 经供需双方协商，钢板表面质量可执行 GB/T 14977 的规定。

6.6 其他要求

6.6.1 根据需方要求，经供需双方协商并在合同中注明，可补充 6.6.2～6.6.3 要求。

6.6.2 厚度方向性能要求对厚度不小于 16 mm 不同厚度方向性能级别的钢板应符合 GB/T 5313 的规定。

6.6.3 超声波检测要求钢板应逐张进行超声波检测，超声波检测方法按 GB/T 2970 的规定，合格级别应在合同中规定。

7 检验和试验

7.1 钢板的检验项目、试样数量、取样方法及试验方法应符合表 3 的规定。

表 3 检验项目、取样数量、取样方法及试验方法

序号	检验项目	取样数量/个	取样方法	试验方法
1	化学成分	1/炉	GB/T 20066	GB/T 223、GB/T 4336、GB/T 20123、GB/T 20125、GB/T 20126
2	拉伸试验	1/批	GB/T 2975，横向	GB/T 228.1
3	冲击试验	3/批	GB/T 2975，纵向	GB/T 229
4	厚度方向拉伸性能试验	3/批	GB/T 5313	GB/T 228.1
5	超声波检测	—	—	GB/T 2970
6	尺寸、外形	逐张	—	合适的测量工具
7	表面质量	逐张	—	目视

7.2 钢板应成批验收，每批应由同一炉号、同一牌号、同一交货状态的轧制钢板组成。

7.3 复验

复验按 GB/T 17505 的规定。

8 包装、标志和质量证明书

钢板的包装、标志和质量证明书应符合 GB/T 247 的规定。钢板的质量证明书的类型可按 GB/T 18253中规定。

9 数值修约

数值修约应符合 YB/T 081 的规定。

ICS 77.140.50
H 46

中华人民共和国国家标准

GB/T 28907—2012

耐硫酸露点腐蚀钢板和钢带

Sulfuric acid dew-point corrosion resistance steel plates and strips

2012-11-05 发布　　2013-05-01 实施

中华人民共和国国家质量监督检验检疫总局
中国国家标准化管理委员会　发布

前　言

本标准按照 GB/T 1.1—2009 给出的规则起草。

本标准由中国钢铁工业协会提出。

本标准由全国钢标准化技术委员会(SAC/TC 183)归口。

本标准起草单位：济钢集团有限公司、鞍钢股份有限公司、冶金工业信息标准研究院、攀钢集团攀枝花钢钒有限公司、湖南华菱涟源钢铁有限公司、马钢(集团)控股有限公司、首钢总公司。

本标准主要起草人：张瑞堂、张殿英、高玲、王晓虎、郭晓宏、李叙生、柴海涛、方拓野、师莉、孙根领、王姜维、刘庆春、蒋善玉、梁英、马玉平。

耐硫酸露点腐蚀钢板和钢带

1 范围

本标准规定了耐硫酸露点腐蚀钢板和钢带的定义、订货内容、牌号表示方法、尺寸、外形、重量及允许偏差、技术要求、试验方法、检验规则、包装、标志及质量证明书。

本标准适用于电厂烟囱、空气预热器、脱硫装置以及烟草行业烤房等厚度不大于40 mm的耐硫酸露点腐蚀钢板和厚度不大于25.4 mm的耐硫酸露点腐蚀钢带。

2 规范性引用文件

下列文件对于本文件的应用是必不可少的。凡是注日期的引用文件，仅注日期的版本适用于本文件。凡是不注日期的引用文件，其最新版本(包括所有的修改单)适用于本文件。

GB/T 222 钢的成品化学成分允许偏差

GB/T 223.3 钢铁及合金化学分析方法 二安替比林甲烷磷钼酸重量法测定磷量

GB/T 223.5 钢铁 酸溶硅和全硅含量的测定 还原型硅钼酸盐分光光度法

GB/T 223.11 钢铁及合金 铬含量的测定 可视滴定或电位滴定法

GB/T 223.12 钢铁及合金化学分析方法 碳酸钠分离-二苯碳酰二肼光度法测定铬量

GB/T 223.14 钢铁及合金化学分析方法 钽试剂萃取光度法测定钒含量

GB/T 223.17 钢铁及合金化学分析方法 二安替比林甲烷光度法测定钛量

GB/T 223.18 钢铁及合金化学分析方法 硫代硫酸钠分离-碘量法测定铜量

GB/T 223.19 钢铁及合金化学分析方法 新亚铜灵-三氯甲烷萃取光度法测定铜量

GB/T 223.47 钢铁及合金化学分析方法 载体沉淀-钼蓝光度法测定锑量

GB/T 223.53 钢铁及合金化学分析方法 火焰原子吸收分光光度法测定铜量

GB/T 223.54 钢铁及合金化学分析方法 火焰原子吸收分光光度法测定镍量

GB/T 223.58 钢铁及合金化学分析方法 亚砷酸钠-亚硝酸钠滴定法测定锰量

GB/T 223.59 钢铁及合金 磷含量的测定 铋磷钼蓝分光光度法和锑磷钼蓝分光光度法

GB/T 223.60 钢铁及合金化学分析方法 高氯酸重量法测定硅含量

GB/T 223.61 钢铁及合金化学分析方法 磷钼酸铵容量法测定磷量

GB/T 223.63 钢铁及合金化学分析方法 高碘酸钠(钾)光度法测定锰量

GB/T 223.64 钢铁及合金 锰含量的测定 火焰原子吸收光谱法

GB/T 223.68 钢铁及合金化学分析方法 管式炉内燃烧后碘酸钾滴定法测定硫含量

GB/T 223.69 钢铁及合金 碳含量的测定 管式炉内燃烧后气体容量法

GB/T 223.72 钢铁及合金 硫含量的测定 重量法

GB/T 228.1 金属材料 拉伸试验 第1部分:室温试验方法

GB/T 229—2007 金属材料 夏比摆锤冲击试验方法

GB/T 232 金属材料 弯曲试验方法

GB/T 247 钢板和钢带包装、标志及质量证明书的一般规定

GB/T 709 热轧钢板和钢带的尺寸、外形、重量及允许偏差

GB/T 2970 厚钢板超声波检测方法

GB/T 2975 钢及钢产品 力学性能试验取样位置及试样制备
GB/T 4336 碳素钢和中低合金钢 火花源原子发射光谱分析方法(常规法)
GB/T 17505 钢及钢产品交货一般技术要求
GB/T 20066 钢和铁 化学成分测定用试样的取样和制样方法
GB/T 20123 钢铁 总碳硫含量的测定 高频感应炉燃烧后红外吸收法(常规方法)
GB/T 20125 低合金钢 多元素含量的测定 电感耦合等离子体原子发射光谱法
GB/T 20126 非合金钢 低碳含量的测定 第2部分:感应炉(经预加热)内燃烧后红外吸收法
YB/T 081 冶金技术标准的数值修约与检测数值的判定原则
JB/T 7901 金属材料试验室 均匀腐蚀全浸试验方法

3 术语和定义

下列术语和定义适用于本文件。

3.1

耐硫酸露点腐蚀 sulphuric acid dew-point corrosion resistance

是指在钢中加入一定含量的合金元素,使钢在接触含硫酸性气体时(如排放含硫废气的钢烟囱),增加对露点以下由 SO_2、SO_3 和 H_2O 结合生成的硫酸的耐腐蚀性能。

4 牌号表示方法

钢的牌号由“屈服强度”中“屈”字汉语拼音的首位字母“Q”、屈服强度下限值及耐硫酸露点腐蚀的“耐酸”的汉语拼音的首位字母“NS”组成。

示例:Q315NS

Q ——屈服强度中“屈”字汉语拼音的首位字母;
315——钢的下屈服强度的下限值,单位为 MPa;
NS——分别为“耐”、“酸”的汉语拼音的首位字母。

5 订货内容

5.1 按本标准订货的合同或订单应包括下列内容:

a) 本标准编号;
b) 产品名称(单轧钢板、连轧钢板、钢带);
c) 牌号;
d) 尺寸;
e) 边缘状态(切边 EC,不切边 EM);
f) 单轧钢板厚度偏差种类(N、A、B、C);
g) 连轧钢板和钢带厚度精度(PT.A、PT.B);
h) 交货状态;
i) 重量;
j) 其他要求。

5.2 对于钢板和钢带的边缘状态、厚度精度合同中如未注明则由供方选择。

6 尺寸、外形、重量及允许偏差

钢板和钢带的尺寸、外形、重量及允许偏差应符合 GB/T 709 的规定。

7 技术要求

7.1 牌号及化学成分

7.1.1 钢的牌号和化学成分(熔炼分析)应符合表 1 的规定。

表 1 钢的牌号和化学成分

牌号	化学成分(质量分数)/%							
	C	Si	Mn	P	S	Cr	Cu	Sb
Q315NS	≤0.15	≤0.55	≤1.20	≤0.035	≤0.035	0.30～1.20	0.20～0.50	≤0.15
Q345NS	≤0.15	≤0.55	≤1.50	≤0.035	≤0.035	0.30～1.20	0.20～0.50	≤0.15

7.1.2 为改善钢的性能,可添加 Al、V、Ti、Nb、Ni、Sn、RE 等元素,其含量应在质量证明书中注明。

7.1.3 成品钢板和钢带的成品化学成分允许偏差应符合 GB/T 222 的规定。

7.2 冶炼方法

钢由转炉或电炉冶炼。

7.3 交货状态

钢板和钢带以热轧或正火状态交货。

7.4 力学性能和工艺性能

钢板和钢带的力学性能和工艺性能应符合表 2 的规定。

表 2 力学性能和工艺性能

牌号	拉伸试验(横向)			弯曲试验(横向)
	屈服强度 R_{eL}/MPa	抗拉强度 R_m/MPa	断后伸长率 A/%	$b=2a(b\geqslant 20\text{mm})$,180°
Q315NS	≥315	≥440	≥22	$d=3a$
Q345NS	≥345	≥470	≥20	$d=3a$
注 1:当 R_{eL} 不明显,采用 $R_{p0.2}$。 注 2:a 为试样厚度。				

7.5 供方应保证钢的耐腐蚀性能,钢板和钢带的耐腐蚀性能见附录 A。

7.6 表面质量

7.6.1 钢板和钢带表面不得有气泡、结疤、裂纹、夹杂、折叠等对使用有害的缺陷。钢板和钢带不得有分层。

7.6.2 钢板和钢带表面允许有不影响使用的薄层氧化铁皮、铁锈和轻微的麻点、划痕等局部缺陷,其凹凸度不得超过钢板和钢带厚度公差之半,并应保证钢板和钢带的允许最小厚度。

7.6.3 钢板表面缺陷允许清理,清理处应圆滑无棱角,并应保证钢板的允许最小厚度。

7.6.4 钢带允许带缺陷交货,但带缺陷部分的长度不应超过钢带总长度的 6%。

7.7　超声波检测

经供需双方协议，单轧钢板可逐张进行超声波探伤，检测方法按 GB/T 2970 的规定，经双方协商，也可采用其他检测标准，具体检测标准和合格级别应在合同中注明。

7.8　特殊要求

7.8.1　根据需方要求，可进行冲击试验，具体要求由供需双方协商确定。

7.8.2　经供需双方协商，并在合同中注明，可以对钢板和钢带提出其他特殊要求。

8　试验方法

钢板和钢带的检验项目、取样数量、取样方法和试验方法应符合表 3 的规定。

表 3　检验项目、取样数量、取样方法和试验方法

序号	检验项目	取样数量/个	取样方法	试验方法
1	化学成分	1/炉	GB/T 20066	GB/T 223、GB/T 4336、GB/T 20123、GB/T 20125、GB/T 20126
2	拉伸	1/批	GB/T 2975	GB/T 228.1
3	弯曲	1/批	GB/T 2975	GB/T 232
4	冲击	3/批	GB/T 2975	GB/T 229
5	超声波检测	逐张	—	GB/T 2970
6	表面	逐张/卷	—	目测
7	尺寸、外形	逐张/卷	—	符合精度要求的适宜量具

9　检验规则

9.1　钢板和钢带的检验、验收由供方质量技术监督部门进行。

9.2　钢板和钢带应成批验收，每批由同一炉号、同一牌号、同一厚度、同一交货状态的钢板和钢带组成，每批重量不大于 60 t。对卷重大于 30 t 的钢带和连轧钢板可按两个轧制卷组批。

9.3　钢板和钢带的判定和复验应符合 GB/T 17505 的规定。

10　数值修约

数值修约应符合 YB/T 081 的规定。

11　包装、标志、质量证明书

钢板和钢带的包装、标志、质量证明书应符合 GB/T 247 的规定。

附 录 A
（资料性附录）
钢板和钢带的耐腐蚀性能

A.1 钢板和钢带的耐腐蚀性能

按照JB/T 7901规定的试验方法，在温度20 ℃、硫酸浓度20%、全浸24 h条件下，腐蚀速率为不大于10 mm/a(0.89 mg/(cm^2·h)，相对于Q235B腐蚀速率为30%)；在温度70 ℃、硫酸浓度50%、全浸24 h条件下，平均腐蚀速率为不大于250 mm/a(22.4 mg/(cm^2·h)，相对于Q235B腐蚀速率为50%)。

ICS 77.140.50
H 46

中华人民共和国国家标准

GB/T 28909—2012

超高强度结构用热处理钢板

Extra-high strength structural steel plates in the heat-treatment condition

2012-11-05 发布　　2013-05-01 实施

中华人民共和国国家质量监督检验检疫总局
中国国家标准化管理委员会　发布

前　言

本标准按照 GB/T 1.1—2009 给出的规则起草。

本标准由中国钢铁工业协会提出。

本标准由全国钢标准化技术委员会(SAC/TC 183)归口。

本标准起草单位:济钢集团有限公司、鞍钢股份有限公司、湖南华菱湘潭钢铁有限公司、冶金工业信息标准研究院、首钢总公司。

本标准主要起草人:孙卫华、张殿英、高玲、王晓虎、刘徐源、李小莉、师莉、王姜维、胡淑娥、晁飞燕、冯勇。

超高强度结构用热处理钢板

1 范围

本标准规定了超高强度结构用热处理钢板的订货内容、牌号表示方法、尺寸、外形、重量及允许偏差、技术要求、试验方法、检验规则、包装、标志及质量证明书等。

本标准适用于厚度不大于50 mm的矿山、建筑、农业等工程机械用钢板。

2 规范性引用文件

下列文件对于本文件的应用是必不可少的。凡是注日期的引用文件，仅注日期的版本适用于本文件。凡是不注日期的引用文件，其最新版本(包括所有的修改单)适用于本文件。

GB/T 222 钢的成品化学成分允许偏差

GB/T 223.3 钢铁及合金化学分析方法 二安替比林甲烷磷钼酸重量法测定磷量

GB/T 223.9 钢铁及合金 铝含量的测定 铬天青S分光光度法

GB/T 223.11 钢铁及合金 铬含量的测定 可视滴定或电位滴定法

GB/T 223.12 钢铁及合金化学分析方法 碳酸钠分离-二苯碳酰二肼光度法测定铬量

GB/T 223.13 钢铁及合金化学分析方法 硫酸亚铁铵容量法测定钒含量

GB/T 223.14 钢铁及合金化学分析方法 钽试剂萃取光度法测定钒含量

GB/T 223.17 钢铁及合金化学分析方法 二安替比林甲烷光度法测定钛量

GB/T 223.23 钢铁及合金 镍含量的测定 丁二酮肟分光光度法

GB/T 223.26 钢铁及合金 钼含量的测定 氰酸盐分光光度法

GB/T 223.54 钢铁及合金化学分析方法 火焰原子吸收分光光度法测定镍量

GB/T 223.58 钢铁及合金化学分析方法 亚砷酸钠-亚硝酸钠滴定法测定锰量

GB/T 223.59 钢铁及合金 磷含量的测定 铋磷钼蓝分光光度法和锑磷钼蓝分光光度法

GB/T 223.60 钢铁及合金化学分析方法 高氯酸重量法测定硅含量

GB/T 223.61 钢铁及合金化学分析方法 磷钼酸铵容量法测定磷量

GB/T 223.62 钢铁及合金化学分析方法 乙酸丁酯萃取光度法测定磷量

GB/T 223.63 钢铁及合金化学分析方法 高碘酸钠(钾)光度法测定锰量

GB/T 223.64 钢铁及合金 锰含量的测定 火焰原子吸收光谱法

GB/T 223.67 钢铁及合金 硫含量的测定 次甲基蓝分光光度法

GB/T 223.68 钢铁及合金化学分析方法 管式炉内燃烧后碘酸钾滴定法测定硫含量

GB/T 223.69 钢铁及合金 碳含量的测定 管式炉内燃烧后气体容量法

GB/T 223.71 钢铁及合金化学分析方法 管式炉内燃烧后重量法测定碳含量

GB/T 223.72 钢铁及合金 硫含量的测定 重量法

GB/T 223.75 钢铁及合金 硼含量的测定 甲醇蒸馏-姜黄素光度法

GB/T 223.76 钢铁及合金化学分析方法 火焰原子吸收光谱法测定钒量

GB/T 223.78 钢铁及合金化学分析方法 姜黄素直接光度法测定硼量

GB/T 228.1 金属材料 拉伸试验 第1部分:室温试验方法

GB/T 229 金属材料 夏比摆锤冲击试验方法

GB/T 247 钢板和钢带包装、标志及质量证明书的一般规定
GB/T 709 热轧钢板和钢带的尺寸、外形、重量及允许偏差
GB/T 2970 厚钢板超声波检测方法
GB/T 2975 钢及钢产品 力学性能试验取样位置及试样制备
GB/T 4336 碳素钢和中低合金钢 火花源原子发射光谱分析方法(常规法)
GB/T 14977 热轧钢板表面质量的一般要求
GB/T 17505 钢及钢产品交货一般技术要求
GB/T 20066 钢和铁 化学成分测定用试样的取样和制样方法
GB/T 20123 钢铁 总碳硫含量的测定 高频感应炉燃烧后红外吸收法(常规方法)
GB/T 20125 低合金钢 多元素含量的测定 电感耦合等离子体原子发射光谱法
GB/T 20126 非合金钢 低碳含量的测定 第2部分:感应炉(经预加热)内燃烧后红外吸收法
YB/T 081 冶金技术标准的数值修约与检测数值的判定原则

3 订货内容

订货时需方应至少提供如下信息:

a) 本标准编号;
b) 产品名称;
c) 牌号;
d) 规格尺寸;
e) 交货状态;
f) 重量;
g) 其他特殊要求。

4 牌号表示方法

钢的牌号由代表屈服强度的汉语拼音字母、规定屈服强度的下限值、质量等级符号三个部分组成。例如:Q1200D。其中:

Q ——钢的屈服强度的"屈"字汉语拼音的首位字母;
1200 ——规定屈服强度下限数值,单位 MPa;
D ——质量等级为D级。

5 尺寸、外形、重量及允许偏差

5.1 不平度

5.1.1 钢板不平度应符合表1中N类的规定,经供需双方协商并在合同中注明,不平度可也可按表1中S类的规定。

5.1.2 钢板不平度的测量应符合GB/T 709的规定。

5.1.3 当波形间距(直尺与钢板接触点之间的距离)为300 mm～1 000 mm时,对于N类不平度,不平度最大允许值为波形间距的1.5%,且不超过表1中的规定值,对S类不平度,不平度最大允许值为波形间距的1%,且不超过表1中的规定值。

表 1

单位为毫米

公称厚度	N类		S类	
	下列测量长度的不平度[a]，不大于			
	1 000	2 000	1 000	2 000
≥3～5	12	17	7	14
>5～8	11	15	7	13
>8～15	10	14	7	12
>15～25	10	13	7	11
>25～40	9	12	7	11
>40～50	8	12	6	10
[a] 当波形间距不大于1 000 mm时，测量长度为1 000 mm				

5.2 除钢板不平度外，钢板的尺寸、外形、重量及允许偏差应符合GB/T 709的规定。

5.3 经供需双方协商，也可供应其他尺寸、外形、重量及允许偏差的钢板。

6 技术要求

6.1 牌号及化学成分

6.1.1 钢的牌号和化学成分(熔炼分析)应符合表2的规定。

表 2

牌号	化学成分(质量分数)/%											
	C	Si	Mn	P	S	Nb	V	Ni	B	Cr	Mo	Als
	不大于											不小于
Q1030D Q1030E Q1100D Q1100E	0.20	0.80	1.60	0.020	0.010	0.08	0.14	4.0	0.006	1.60	0.70	0.015
Q1200D Q1200E Q1300D Q1300E	0.25	0.80	1.60	0.020	0.010	0.08	0.14	4.0	0.006	1.60	0.70	0.015

6.1.1.1 在保证钢板性能的前提下，表2中规定的Cr、Ni、Mo等合金元素可任意组合加入，也可添加表2规定以外的其他合金元素，具体含量应在质量证明书中注明。

6.1.1.2 钢中Cu为残余元素时，其含量应不大于0.30%，铜为合金元素时，不大于0.80%；As含量应不大于0.08%。如供方能保证，可不做分析。

6.1.1.3 当采用全铝(Alt)含量计算时，Alt应不小于0.020%。

6.1.1.4 根据用户要求，由供需双方协议，可规定各牌号碳当量，碳当量按公式(1)计算(附录A列出了碳当量参考值)。

$$CEV = C + \frac{Mn}{6} + \frac{Cr + Mo + V}{5} + \frac{Cu + Ni}{15} \quad \cdots\cdots(1)$$

6.1.2 成品钢板的化学成分允许偏差应符合 GB/T 222 的规定。

6.2 冶炼方法

钢由转炉或电炉冶炼,并进行炉外精炼。

6.3 交货状态

钢板以淬火+回火、淬火状态交货。

6.4 力学性能

6.4.1 钢板的力学性能应符合表 3 的规定。

6.4.2 厚度不小于 6 mm 的钢板应做冲击试验。冲击试样尺寸取 10 mm×10 mm×55 mm 的标准试样;当钢材不足以制取标准试样时,应采用 10 mm×7.5 mm×55 mm 或 10 mm×5 mm×55 mm 小尺寸试样,冲击吸收能量应分别为不小于表 8 规定值的 75%或 50%,优先采用较大尺寸试样。

6.4.3 夏比(V 型缺口)冲击功按三个试样的算术平均值计算,允许其中一个试样值比表 2 规定值低,但不得低于规定值的 70%,否则,应从同一抽样产品上再取 3 个试样进行试验,先后 6 个试样试验结果的算术平均值不得低于规定值,允许有 2 个试样的试验结果低于规定值,但其中低于规定值 70%的试样只允许有一个。

表 3

牌号	拉伸试验[a]				夏比(V 型缺口)冲击试验[b]	
	规定塑性延伸强度 $R_{p0.2}$/MPa	抗拉强度 R_m/MPa		断后伸长率 A/%	冲击吸收能量 KV_2	
		≤30 mm	>30 mm~50 mm		温度/℃	J
Q1030D Q1030E	≥1 030	1 150~1 500	1 050~1 400	≥10	−20 −40	≥27
Q1100D Q1100E	≥1 100	1 200~1 550	—	≥9	−20 −40	≥27
Q1200D Q1200E	≥1 200	1 250~1 600	—	≥9	−20 −40	≥27
Q1300D Q1300E	≥1 300	1 350~1 700	—	≥8	−20 −40	≥27

[a] 拉伸试验取横向试样。

[b] 冲击试验取纵向试样。

6.5 表面质量

6.5.1 钢板表面不允许存在裂纹、气泡、结疤、折叠和夹杂等缺陷。钢板不得有分层。如有上述表面缺陷,允许清理,清理深度从钢板实际尺寸算起,不得超过钢板厚度公差之半,并应保证钢板的最小厚度。缺陷清理处应平滑无棱角。

6.5.2 钢板表面允许有不妨碍检查表面缺陷的薄层氧化铁皮、铁锈、由压入氧化铁皮脱落所引起的表面粗糙、划伤、压痕及其他局部缺陷,但其深度不得大于厚度公差之半,并应保证钢板的最小厚度。

6.5.3 钢板不允许焊补。

6.5.4 除焊补的规定外,经供需双方协商,并在合同中注明,表面质量执行 GB/T 14977 的规定。

6.6 超声波检测

如需方要求,钢板可逐张进行超声波探伤,检测方法按照 GB/T 2970 的规定。经双方协商,也可采用其他检测标准,具体检测标准和合格级别应在合同中注明。

6.7 经供需双方协商,可对钢板提出其他特殊要求。

7 试验方法

钢板的检验项目、取样数量、取样方法及试验方法应符合表 4 的规定。

表 4

序号	检验项目	取样数量/个	取样方法	试验方法
1	化学成分	1/炉	GB/T 20066	GB/T 223、GB/T 4336、GB/T 20123、GB/T 20125、GB/T 20126
2	拉伸	1/批	GB/T 2975	GB/T 228.1
3	冲击	3/批	GB/T 2975	GB/T 229
4	尺寸、外形	逐张	—	符合精度要求的量具
5	表面	逐张	—	目视
6	超声波检测	逐张	—	GB/T 2970

8 检验规则

8.1 钢板验收由供方技术监督部门进行。

8.2 钢板应成批验收,每批由同一牌号、同一炉号、同一厚度、同一热处理制度的钢板组成,每批重量不大于 40 t。

8.3 钢板检验结果不符合本标准要求时,可进行复验。检验项目的复验和判定应符合 GB/T 17505 的规定。

9 数值修约

数值修约应符合 YB/T 081 的规定。

10 包装、标志及质量证明书

钢板的包装、标志及质量证明书应符合 GB/T 247 的规定。

附　录　A
（资料性附录）
碳当量参考值

碳当量参考值见表 A.1。

表 A.1

牌号	碳当量 CEV/%
Q1030	≤0.82
Q1100	≤0.82
Q1200	≤0.86
Q1300	≤0.86

ICS 77.140.70
H 44

中华人民共和国国家标准

GB/T 29654—2013

冷弯钢板桩

Cold roll formed sheet piling

2013-09-18 发布　　　　2014-05-01 实施

中华人民共和国国家质量监督检验检疫总局
中国国家标准化管理委员会　发布

前　言

本标准按照 GB/T 1.1—2009 给出的规则起草。

本标准由中国钢铁工业协会提出。

本标准由全国钢标准化技术委员会(SAC/TC 183)归口。

本标准起草单位:南京万汇新材料科技有限公司、武钢集团汉口轧钢厂、冶金工业信息标准研究院、泰安科诺型钢股份有限公司、江苏国强日铁建材有限公司、河北津西钢铁集团股份有限公司。

本标准主要起草人:王圣清、朱少文、刘宝石、周绪昌、彭锡川、赵一臣。

冷弯钢板桩

1 范围

本标准规定了冷弯钢板桩产品的分类代号、订货内容、尺寸外形及允许偏差、技术要求、试验方法、检验规则、包装标识和质量证明书。

本标准适用于水利工程、交通运输工程、土木建筑工程与环境科学技术等领域用的由厚度不小于2.5 mm的热轧带钢卷经由冷弯成型机组连续辊弯成型的冷弯钢板桩。

2 规范性引用文件

下列文件对于本文件的应用是必不可少的。凡是注日期的引用文件，仅注日期的版本适用于本文件。凡是不注日期的引用文件，其最新版本(包括所有的修改单)适用于本文件。

GB/T 228.1 金属材料 拉伸试验 第1部分:室温试验方法

GB/T 700 碳素结构钢

GB/T 1591 低合金高强度结构钢

GB/T 2101 型钢验收、包装、标志及质量证明书的一般规定

GB/T 2975 钢及钢产品 力学性能试验取样位置及试样制备

GB/T 4171 耐候结构钢

GB/T 17505 钢及钢产品交货一般技术要求

YB/T 081 冶金产品标准的数值修约与检测数值的判定原则

3 术语和定义

下列术语和定义适用于本文件。

3.1

冷弯钢板桩 cold roll formed sheet piling

冷弯钢板桩是以热轧带钢为原料，经辊式成形机组冷弯成形加工的产品，其两侧的锁口或弯边可相互连接或搭接，以形成一种连续板桩墙结构。

3.2

弯曲度 curving

冷弯钢板桩沿长度方向上下和侧面弯曲的最大高度。

3.3

扭曲度 twisting

冷弯钢板桩的一个面放置在同一水平面上，将其一端压紧在水平面上，沿着水平面为基准，测定两相对面的对角高度。

4 分类、代号

冷弯钢板桩按照产品断面形状，可以分为U型冷弯钢板桩、Z型冷弯钢板桩、帽型冷弯钢板桩、直

线型冷弯钢板桩和沟道板等5类，其代号分别为：

U型冷弯钢板桩	CRP-U
Z型冷弯钢板桩	CRP-Z
帽型冷弯钢板桩	CRP-M
直线型冷弯钢板桩	CRP-X
沟道板	CRP-G

注：CRP为英文 cold roll formed sheet piling 的缩写。

各种类型断面图形如图1～图5所示。

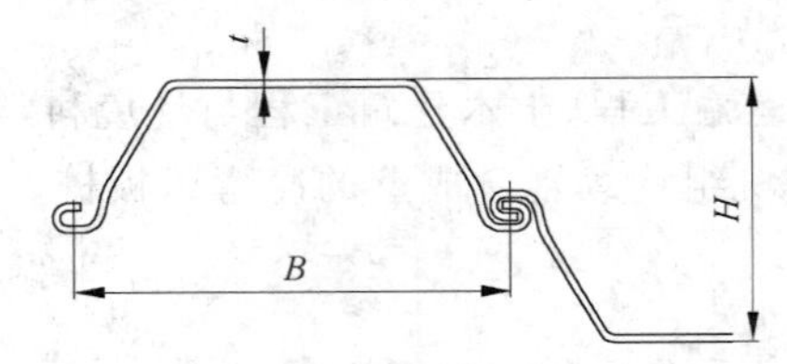

图1　U型冷弯钢板桩(CRP-U)

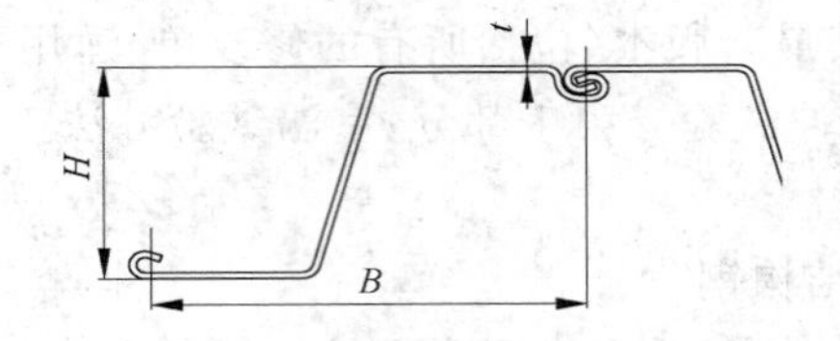

图2　Z型冷弯钢板桩(CRP-Z)

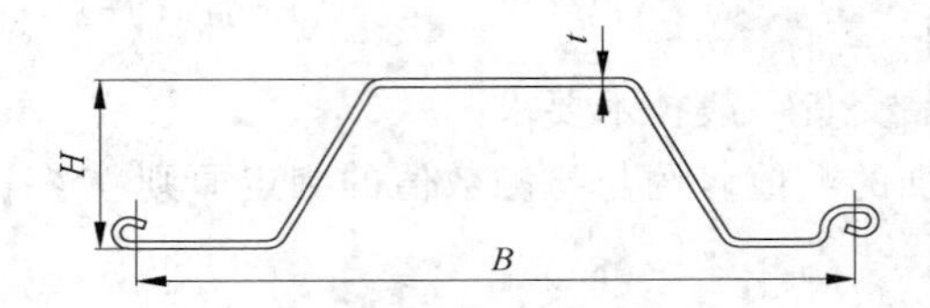

图3　帽型冷弯钢板桩(CRP-M)

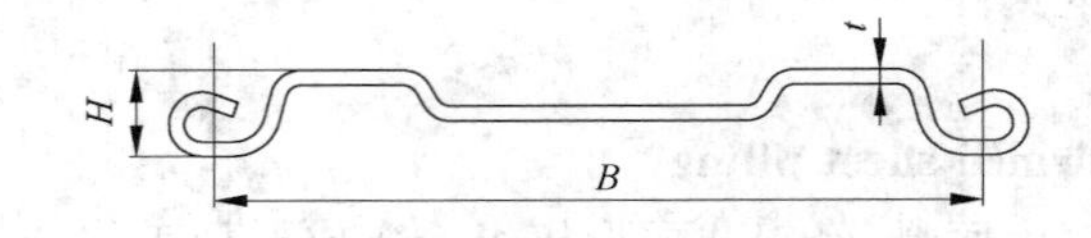

图4　直线型冷弯钢板桩(CRP-X)

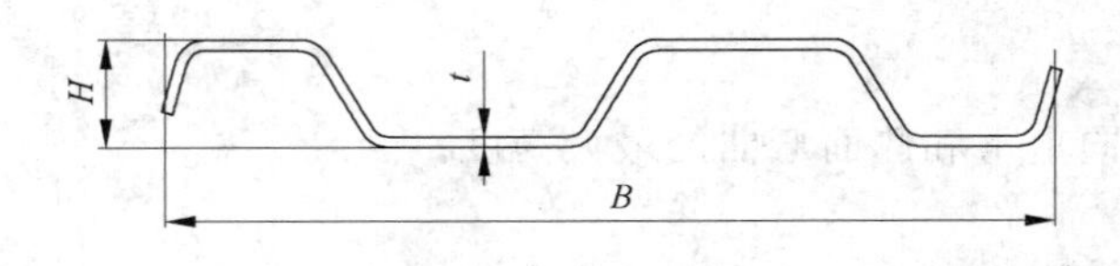

图5　沟道板(CRP-G)

5　订货内容

按本标准订货的合同或订单应包括下列内容：

a)　本标准编号；

b) 产品名称、代号及规格；

c) 材料牌号；

d) 产品长度；

e) 交货重量；

f) 特殊要求(如对产品的试验、检验和表面处理等)。

6 尺寸、外形、重量及允许偏差

6.1 尺寸、外形

冷弯钢板桩的尺寸和外形可由生产厂根据需方要求进行设计，也可采用附录A中的型号。

6.2 允许偏差

冷弯钢板桩的尺寸、外形及允许偏差，应符合表1的规定。

冷弯钢板桩的尺寸外形允许偏差的测量应在距离端部至少250 mm处进行。

表1 尺寸、外形及允许偏差

项目	允许偏差	
宽度 B	单根板桩：公称宽度 B 的±2% 锁口连接的板桩对：公称宽度 B 的±3%	
高度 H	$H \leqslant 200$	±4 mm
	$200 < H \leqslant 300$	±6 mm
	$300 < H \leqslant 400$	±8 mm
	$400 < H$	±10 mm
厚度 t	应符合相应原料带钢产品标准的规定或供需双方协商	
弯曲	侧向弯曲 $S \leqslant 0.25\%$ 型材的总长 平面弯曲 $C \leqslant 0.25\%$ 型材的总长	
扭曲	$V \leqslant 2\%$ 型材总长，最大为100 mm	
长度	长度允许偏差为±50 mm	
端部垂直度	作垂直于纵轴的测量时，切割面最高点和最低点之间的总偏差 f 不应超过型材宽度的2%	
角度偏差	当板桩短边长度≤50 mm时，公差应为±3°，其他情况公差应为±2°	

6.3 重量

冷弯钢板桩可以按实际或理论重量交货。实际的交货重量与理论交货重量的偏差为±6%。当以理论重量交货时，理论重量计算的密度可按7.85 g/cm³，具体要求由供需双方协商。

7 技术要求

7.1 交货状态

除非另有协议，冷弯钢板桩应以冷弯成形状态交货。

7.2 材料牌号和化学成分

制造冷弯钢板桩用钢的牌号通常采用 Q235、Q295、Q345、Q390、Q420、Q355NH 等。经供需双方协商，也可以采用其他牌号的钢种。

冷弯钢板桩原材料的化学成分，应符合 GB/T 700、GB/T 1591、GB/T 4171 或相应标准的规定。

7.3 力学性能

冷弯钢板桩一般不做力学性能试验。如需方有要求时，应在合同中注明，这种情况下，通常在钢板桩未参与冷弯变形的平板部位进行取样，测得的力学性能试验数据应符合原材料相应标准的规定。

7.4 可焊接性

冷弯钢板桩所用的材料应具有可焊接性。

7.5 表面质量

冷弯钢板桩表面不允许有裂纹、折叠、夹杂和端面分层等缺陷。允许局部有不大于相应原料带钢标准规定厚度偏差之半的凹坑、凸起、压痕、发纹和擦伤。

冷弯钢板桩表面缺陷允许清理，但清理后应保证带钢的最小厚度。清理处应平滑。

冷弯钢板桩的两端可能存在切断毛刺，在其不损害相互连接型材的适配性以及使用时，不作为拒收的理由。

7.6 连接锁口

带有锁口的冷弯钢板桩交货时，锁口的连接应有充分的间隙，使冷弯钢板桩间能够良好的配合。通过使用两块 500 mm 长的样板来进行检查。

7.7 其他要求

在询价和订货时可以热浸涂锌及其他表面处理方式交货，并应符合相关标准的规定。

8 试验方法

8.1 每批钢板桩的检验项目、取样方法、试验方法应符合表 2 的规定。

表 2 检验项目、取样数量、取样方法和部位及试验方法

序号	检验项目	取样数量/个	取样方法和部位	试验方法
1	拉伸试验	1	GB/T 2975(产品平板部分)	GB/T 228.1
2	尺寸、外形	逐根	—	量具、样板、8.2
3	表面质量	逐根	—	目视

8.2 侧向弯曲、平面弯曲、扭曲、端面切斜及角度偏差的测量方法分别如图 6～图 10 所示。

单位为毫米

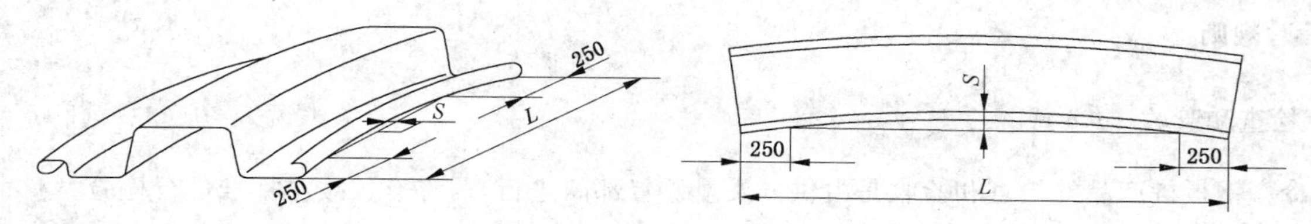

图 6 侧向弯曲值 *S* 的测量方法

单位为毫米

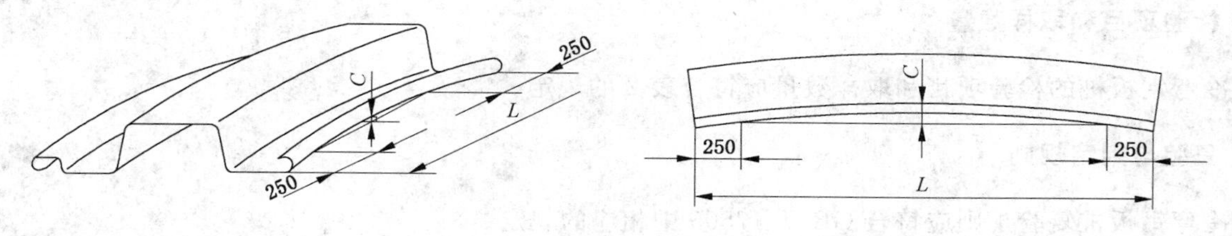

图 7 平面弯曲值 *C* 的测量方法

单位为毫米

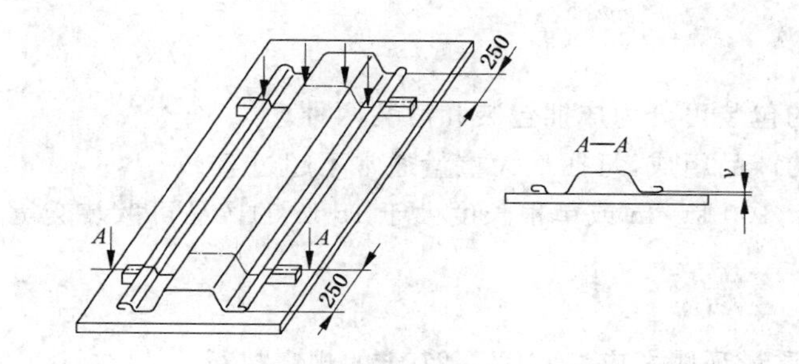

图 8 扭曲值 *v* 的测量方法

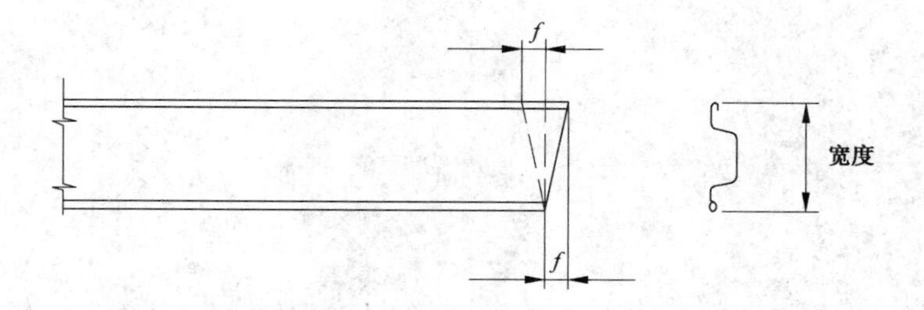

图 9 端部切斜值 *f* 的测量方法

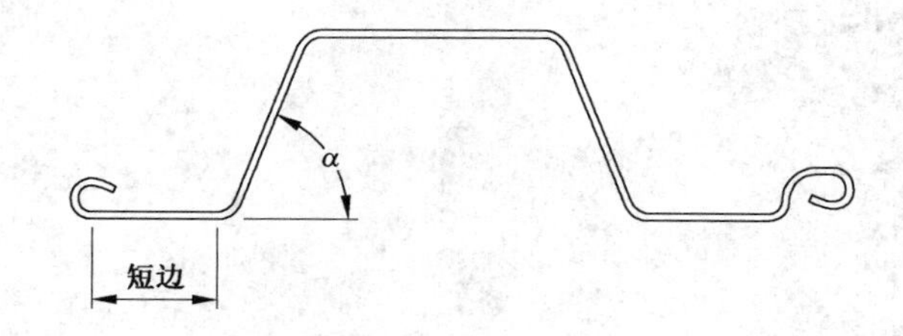

图 10 角度偏差测量方法

8.3 检验结果的数值修约和判定应符合 YB/T 081 的规定。

9 检验规则

9.1 检查和验收

冷弯钢板桩产品的检查和验收是由供方质量监督部门进行,需方有权按本标准进行检验。

9.2 组批规则

冷弯钢板桩应成批验收。每批由同一牌号、同一规格的产品组成,每批重量通常不超过 50 t。

9.3 检验项目和取样数量

冷弯钢板桩的检验项目和取样数量应符合表 2 的规定。

9.4 复验与判定规则

冷弯钢板桩复验规则应符合 GB/T 17505 中相应的规定。

10 包装、标志和质量证明书

10.1 包装

10.1.1 冷弯钢板桩产品的包装可分为成捆包装和散装两种。

10.1.2 每捆由同一批号的产品组成,每捆最大重量通常不超过 5 t。

10.1.3 对于理论重量大于 100 kg/m 或单根长度大于 15 m 的产品可散装交货。

10.2 标志和质量证明书

冷弯钢板桩的标志和质量证明书应按 GB/T 2101 的规定执行。

附 录 A
（资料性附录）
冷弯钢板桩主要规格的截面形状、尺寸、截面面积、理论重量及截面特性

A.1 CRP-U型、CRP-Z型、CRP-M型冷弯钢板桩主要规格的截面形状、尺寸、截面面积、理论重量及截面特性分别见图A.1和表A.1、图A.2和表A.2、图A.3和表A.3。

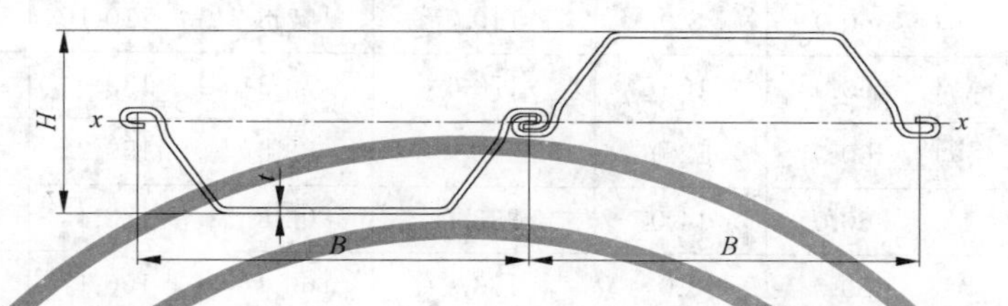

图A.1 CRP-U型钢板桩

表A.1 CRP-U型冷弯钢板桩特性参数

型号	公称宽度 B mm	高度 H mm	厚度 t mm	截面面积 S_a cm²/m	重量 W kg		惯性矩 I_x cm⁴/m	弹性截面模数 Z_x cm³/m
				每延米	单根 kg/m	每延米 kg/m²		
CRP-U-296	350	140.0	8.0	136.1	37.4	106.9	2 073	296
CRP-U-323	350	145.0	9.0	147.8	40.6	116.0	2 263	323
CRP-U-351	350	150.0	10.0	166.0	45.6	130.3	2 460	351
CRP-U-529	400	170.0	8.0	113.0	35.5	89.0	4 500	529
CRP-U-880	400	240.0	9.2	137.0	43.2	108.0	10 600	880
CRP-U-626	450	240.0	8.0	136.2	48.1	106.9	7 516	626
CRP-U-698	450	240.0	10.0	166.7	58.9	130.9	8 379	698
CRP-U-785	450	240.0	12.0	201.0	71.0	157.8	9 420	785
CRP-U-1015	450	360.0	8.0	148.9	52.6	116.9	18 267	1 015
CRP-U-1132	450	360.0	9.0	166.1	58.7	130.4	20 383	1 132
CRP-U-1247	450	360.0	10.0	183.9	64.9	144.3	22 443	1 247
CRP-U-600	500	240.0	6.5	100.6	39.5	79.0	7 200	600
CRP-U-714	500	240.0	8.0	121.0	47.5	95.0	8 570	714
CRP-U-772	500	240.0	8.0	127.6	50.1	100.2	9 266	772
CRP-U-804	500	240.0	9.0	136.2	53.5	107.0	9 640	804
CRP-U-894	500	240.0	10.0	151.8	59.6	119.0	10 710	894
CRP-U-863	500	240.0	10.0	160.5	63.0	126.0	10 352	863
CRP-U-960	500	240.0	12.0	194.4	76.3	152.6	11 521	960
CRP-U-1064	500	240.0	14.0	225.7	88.6	177.2	12 772	1 064

表 A.1(续)

型号	公称宽度 B mm	高度 H mm	厚度 t mm	截面面积 S_a cm^2/m	重量 W kg		惯性矩 I_x cm^4/m	弹性截面模数 Z_x cm^3/m
				每延米	单根 kg/m	每延米 kg/m^2		
CRP-U-1047	525	360.0	8.0	140.2	57.8	110.1	18 851	1 047
CRP-U-1201	525	360.0	10.0	170.6	70.3	133.9	21 620	1 201
CRP-U-1374	525	360.0	12.0	202.9	83.6	159.2	24 726	1 374
CRP-U-1518	525	360.0	14.0	233.7	96.3	183.4	27 329	1 518
CRP-U-1094	575	360.0	8.0	133.9	60.4	105.1	19 684	1 094
CRP-U-1150	575	360.0	9.0	140.0	63.3	110.0	20 340	1 150
CRP-U-1221	575	360.0	9.0	149.9	67.6	117.6	21 979	1 221
CRP-U-1200	575	360.0	9.5	148.0	66.8	116.2	21 600	1 200
CRP-U-1250	575	360.0	10.0	155.0	70.2	122.0	22 500	1 250
CRP-U-1346	575	360.0	10.0	165.6	74.8	130.0	24 223	1 346
CRP-U-1375	575	360.0	10.0	165.7	74.8	130.1	24 746	1 375
CRP-U-1572	575	360.0	12.0	193.6	87.4	152.0	28 300	1 572
CRP-U-1750	575	360.0	14.0	220.7	99.6	173.2	31 499	1 750
CRP-U-1874	600	350.0	12.0	220.3	103.8	172.9	32 797	1 874
CRP-U-1105	600	360.0	8.0	131.7	62.0	103.4	19 897	1 105
CRP-U-1160	600	360.0	8.0	131.8	62.1	103.5	20 765	1 160
CRP-U-1220	600	360.0	8.5	140.2	66.0	110.0	21 978	1 220
CRP-U-1234	600	360.0	9.0	147.4	69.4	115.7	22 219	1 234
CRP-U-1290	600	360.0	9.0	148.3	69.9	116.4	23 182	1 290
CRP-U-1360	600	360.0	9.5	156.5	73.7	122.9	24 375	1 360
CRP-U-1361	600	360.0	10.0	162.9	76.7	127.9	24 491	1 361
CRP-U-1420	600	360.0	10.0	164.8	77.6	129.4	25 559	1 420
CRP-U-1435	600	360.0	10.0	160.5	75.6	126.0	25 822	1 435
CRP-U-1335	600	400.0	8.0	138.6	65.3	108.8	26 697	1 335
CRP-U-1493	600	400.0	9.0	155.9	73.4	122.4	29 867	1 493
CRP-U-1651	600	400.0	10.0	173.9	81.9	136.5	33 011	1 651
CRP-U-1790	600	487.0	8.0	150.3	70.8	118.0	43 422	1 790
CRP-U-1890	600	487.0	8.5	159.7	75.2	125.4	45 988	1 890
CRP-U-2000	600	487.0	9.0	169.2	79.7	132.7	48 537	2 000
CRP-U-2100	600	487.0	9.5	178.5	84.1	140.1	51 069	2 100
CRP-U-2200	600	487.0	10.0	187.8	88.5	147.4	53 584	2 200

表 A.1（续）

型号	公称宽度 B mm	高度 H mm	厚度 t mm	截面面积 S_a cm^2/m	重量 W kg		惯性矩 I_x cm^4/m	弹性截面模数 Z_x cm^3/m
				每延米	单根 kg/m	每延米 kg/m^2		
CRP-U-2290	610	490.0	10.5	200.7	96.1	157.6	56 098	2 290
CRP-U-2390	610	490.0	11.0	210.3	100.7	165.1	58 583	2 390
CRP-U-2490	610	490.0	11.5	219.8	105.3	172.6	61 051	2 490
CRP-U-2590	610	490.0	12.0	229.5	109.9	180.1	63 503	2 590
CRP-U-1152	650	356.0	8.0	129.4	66.0	101.6	20 500	1 152
CRP-U-1223	650	357.0	8.5	137.2	70.0	107.7	21 823	1 223
CRP-U-1364	650	359.0	9.5	152.8	78.0	119.9	24 484	1 364
CRP-U-1793	650	476.0	8.0	147.4	75.2	115.7	42 662	1 793
CRP-U-1903	650	477.0	8.5	156.4	79.8	122.8	45 390	1 903
CRP-U-2014	650	478.0	9.0	165.4	84.4	129.8	48 125	2 014
CRP-U-2124	650	479.0	9.5	174.3	88.9	136.8	50 868	2 124
CRP-U-1661	650	480.0	8.0	139.5	71.2	109.5	39 872	1 661
CRP-U-1855	650	480.0	9.0	156.1	79.6	122.5	44 521	1 855
CRP-U-2234	650	480.0	10.0	183.1	93.4	143.8	53 618	2 234
CRP-U-2033	650	500.0	10.0	185.4	94.6	145.6	50 819	2 033
CRP-U-2215	650	500.0	11.0	205.3	104.8	161.2	55 383	2 215
CRP-U-2406	650	500.0	12.0	223.9	114.3	175.8	60 145	2 406
CRP-U-2030	650	536.0	8.0	151.5	77.3	118.9	54 494	2 030
CRP-U-2165	650	537.0	8.5	160.9	82.1	126.3	58 048	2 165
CRP-U-2320	650	538.0	9.0	170.3	86.9	133.7	61 621	2 320
CRP-U-2420	650	539.0	9.5	179.7	91.7	141.1	65 211	2 420
CRP-U-2074	650	540.0	8.0	153.7	78.4	120.7	56 002	2 074
CRP-U-2296	650	540.0	9.0	168.1	85.8	131.9	62 003	2 296
CRP-U-2318	650	540.0	9.0	172.1	87.8	135.1	62 588	2 318
CRP-U-2541	650	540.0	10.0	186.7	95.3	146.6	68 603	2 541
CRP-U-2550	650	540.0	10.0	188.4	96.2	147.9	68 820	2 550
CRP-U-2559	650	540.0	10.0	187.4	95.6	147.1	69 093	2 559
CRP-U-2783	650	540.0	11.0	205.4	104.8	161.3	75 146	2 783
CRP-U-3021	650	540.0	12.0	224.7	114.7	176.4	81 570	3 021
CRP-U-2308	650	541.0	10.5	198.3	101.2	155.7	62 435	2 308
CRP-U-2416	650	542.0	11.0	207.4	105.8	162.8	65 470	2 416

表 A.1（续）

型号	公称宽度 B mm	高度 H mm	厚度 t mm	截面面积 S_a cm^2/m	重量 W kg		惯性矩 I_x cm^4/m	弹性截面模数 Z_x cm^3/m
				每延米	单根 kg/m	每延米 kg/m^2		
CRP-U-2523	650	543.0	11.5	216.5	110.5	170.0	68 512	2 523
CRP-U-2610	650	544.0	12.0	230.0	117.3	180.5	70 979	2 610
CRP-U-2300	700	540.0	9.0	162.5	89.3	127.6	62 106	2 300
CRP-U-2545	700	540.0	10.0	180.5	99.2	141.7	68 719	2 545
CRP-U-2788	700	540.0	11.0	198.6	109.1	155.9	75 276	2 788
CRP-U-3027	700	540.0	12.0	217.2	119.4	170.5	81 718	3 027
CRP-U-2993	700	560.0	11.0	216.6	119.0	170.1	83 813	2 993
CRP-U-3246	700	560.0	12.0	236.2	129.8	185.4	90 880	3 246
CRP-U-3330	700	596.0	12.0	240.0	131.9	188.4	99 298	3 330
CRP-U-3540	700	597.0	12.7	254 .0	139.6	199.4	105 634	3 540
CRP-U-3650	700	598.0	13.0	260.0	142.9	204.1	108 656	3 650
CRP-U-3750	700	599.0	13.5	270.0	148.4	212.0	112 252	3 750
CRP-U-3890	700	600.0	14.0	280.0	153.9	219.8	116 695	3 890
CRP-U-693	750	320.0	5.0	72.7	42.8	57.0	11 089	693
CRP-U-824	750	320.0	6.0	86.7	51.1	68.1	13 191	824
CRP-U-953	750	320.0	7.0	100.7	59.3	79.0	15 256	953
CRP-U-1449	750	476.0	8.0	128.0	75.3	100.4	34 498	1 449
CRP-U-1628	750	478.0	9.0	143.5	84.5	112.6	38 909	1 628
CRP-U-1840	750	478.0	9.0	149.3	87.9	117.2	43 965	1 840
CRP-U-1732	750	479.0	9.5	151.7	89.3	119.1	41 480	1 732
CRP-U-2041	750	480.0	10.0	165.4	97.4	129.8	48 985	2 041
CRP-U-2134	750	480.0	10.0	168.3	99.1	132.1	51 214	2 134
CRP-U-2304	750	540.0	9.0	157.7	92.8	123.8	62 195	2 304
CRP-U-2549	750	540.0	10.0	175.2	103.1	137.5	68 820	2 549
CRP-U-2286	750	540.0	10.0	170.5	100.4	133.8	61 718	2 286
CRP-U-2564	750	540.0	10.0	178.3	105.0	139.9	69 237	2 564
CRP-U-2792	750	540.0	11.0	192.7	113.5	151.3	75 389	2 792
CRP-U-3031	750	540.0	12.0	210.7	124.1	165.4	81 847	3 031
CRP-U-2603	750	561.0	10.5	191.9	113.0	150.7	73 019	2 603
CRP-U-2805	750	562.0	11.0	203.1	119.6	159.4	78 809	2 805
CRP-U-3045	750	564.0	12.0	225.0	132.5	176.6	85 879	3 045

表 A.1（续）

型号	公称宽度 B mm	高度 H mm	厚度 t mm	截面面积 S_a cm^2/m	重量 W kg		惯性矩 I_x cm^4/m	弹性截面模数 Z_x cm^3/m
				每延米	单根 kg/m	每延米 kg/m^2		
CRP-U-3284	750	604.0	12.0	229.9	135.4	180.5	99 175	3 284
CRP-U-3549	750	606.0	13.0	252.6	148.7	198.3	107 531	3 549
CRP-U-3817	750	608.0	14.0	271.3	159.7	213.0	116 028	3 817
CRP-U-4002	750	610.0	15.0	308.2	181.4	241.9	122 056	4 002
CRP-U-4262	750	612.0	16.0	327.9	193.0	257.4	130 430	4 262
CRP-U-961	800	320.0	7.0	98.7	62.0	77.5	15 374	961
CRP-U-1883	800	348.0	12.0	195.2	122.6	153.3	32 763	1 883
CRP-U-2037	800	350.0	13.0	210.9	132.4	165.5	35 647	2 037
CRP-U-1159	800	356.0	8.0	118.5	74.4	93.0	20 629	1 159
CRP-U-1303	800	358.0	9.0	132.9	83.4	104.3	23 315	1 303
CRP-U-1446	800	360.0	10.0	147.2	92.4	115.5	26 026	1 446
CRP-U-973	900	320.0	7.0	95.6	67.5	75.0	15 571	973
CRP-U-1890	900	348.0	12.0	186.9	132.0	146.7	32 887	1 890
CRP-U-2045	900	350.0	13.0	201.9	142.6	158.5	35 789	2 045
CRP-U-1181	900	356.0	8.0	114.2	80.7	89.6	21 028	1 181
CRP-U-1328	900	358.0	9.0	128.1	90.5	100.6	23 770	1 328
CRP-U-1474	900	360.0	10.0	141.9	100.3	111.4	26 538	1 474

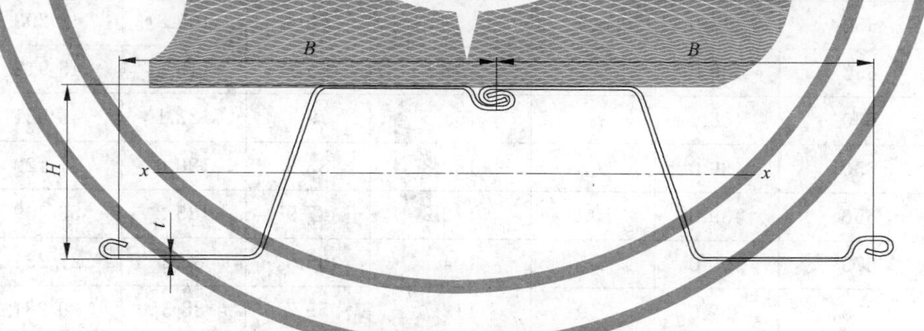

图 A.2 CRP-Z 型冷弯钢板桩

表 A.2 CRP-Z 型冷弯钢板桩特性参数

型号	公称宽度 B mm	高度 H mm	厚度 t mm	截面面积 S_a cm^2/m	重量 W kg		惯性矩 I_x cm^4/m	弹性截面模数 Z_x cm^3/m
				每延米	单根 kg/m	每延米 kg/m^2		
CRP-Z-835	550	200.0	8.0	121.0	52.3	95.0	8 350	835
CRP-Z-940	550	200.0	9.0	136.4	58.9	107.0	9 400	940

表 A.2（续）

型号	公称宽度 B mm	高度 H mm	厚度 t mm	截面面积 S_a cm^2/m	重量 W kg		惯性矩 I_x cm^4/m	弹性截面模数 Z_x cm^3/m
				每延米	单根 kg/m	每延米 kg/m^2		
CRP-Z-1800	610	340.0	9.0	154.0	73.8	121.0	30 600	1 800
CRP-Z-2000	610	340.0	10.0	171.0	81.7	134.0	34 000	2 000
CRP-Z-2200	610	340.0	11.0	188.0	90.3	148.0	37 400	2 200
CRP-Z-1805	630	380.0	8.0	127.2	62.9	99.8	34 293	1 805
CRP-Z-2239	630	380.0	10.0	159.1	78.7	124.9	42 531	2 239
CRP-Z-2672	630	380.0	12.0	190.9	94.4	149.8	50 765	2 672
CRP-Z-1610	635	379.0	7.0	123.4	61.5	96.9	30 502	1 610
CRP-Z-1827	635	380.0	8.0	140.6	70.1	110.3	34 717	1 827
CRP-Z-2265	635	417.0	9.0	162.6	81.1	127.6	47 225	2 265
CRP-Z-2500	635	418.0	10.0	180.0	89.7	141.3	52 258	2 500
CRP-Z-2806	635	419.0	11.0	209.0	104.2	164.1	58 786	2 806
CRP-Z-3042	635	420.0	12.0	227.3	113.3	178.4	63 889	3 042
CRP-Z-3276	635	421.0	13.0	245.4	122.3	192.7	68 954	3 276
CRP-Z-1229	650	319.0	7.0	113.2	57.8	88.9	19 603	1 229
CRP-Z-1395	650	320.0	8.0	128.9	65.8	101.2	22 312	1 395
CRP-Z-1980	650	437.0	8.0	138.6	70.8	108.8	43 293	1 980
CRP-Z-2100	650	438.0	8.5	147.1	75.1	115.5	45 912	2 100
CRP-Z-2220	650	438.0	9.0	155.5	79.4	122.1	48 521	2 220
CRP-Z-2330	650	439.0	9.5	163.8	83.6	128.6	51 120	2 330
CRP-Z-2450	650	439.0	10.0	172.2	87.9	135.2	53 709	2 450
CRP-Z-1370	675	399.0	6.5	104.7	55.5	82.2	27 251	1 370
CRP-Z-1470	675	399.0	7.0	112.7	59.7	88.5	29 281	1 470
CRP-Z-1570	675	400.0	7.5	120.7	64.0	94.8	31 325	1 570
CRP-Z-1670	675	400.0	8.0	128.7	68.2	101.1	33 350	1 670
CRP-Z-2620	675	440.0	10.5	181.0	95.9	142.1	57 410	2 620
CRP-Z-2730	675	440.0	11.0	188.4	99.8	147.9	60 043	2 730
CRP-Z-2850	675	441.0	11.5	196.9	104.4	154.6	62 667	2 850
CRP-Z-2960	675	441.0	12.0	205.5	108.9	161.3	65 281	2 960
CRP-Z-3120	675	442.0	12.7	217.5	115.2	170.7	68 927	3 120
CRP-Z-3180	675	487.0	11.0	204.4	108.3	160.5	77 367	3 180
CRP-Z-3320	675	488.0	11.5	213.4	113.1	167.5	80 750	3 320

表 A.2（续）

型号	公称宽度 B mm	高度 H mm	厚度 t mm	截面面积 S_a cm^2/m	重量 W kg		惯性矩 I_x cm^4/m	弹性截面模数 Z_x cm^3/m
				每延米	单根 kg/m	每延米 kg/m^2		
CRP-Z-3450	675	488.0	12.0	222.4	117.8	174.6	84 121	3 450
CRP-Z-3580	675	489.0	12.5	231.2	122.5	181.5	87 473	3 580
CRP-Z-3720	675	489.0	13.0	240.1	127.3	188.5	90 830	3 720
CRP-Z-3455	675	490.0	12.0	224.4	118.9	176.1	84 657	3 455
CRP-Z-3850	675	490.0	13.5	249.0	132.0	195.5	94 167	3 850
CRP-Z-3980	675	490.0	14.0	257.8	136.6	202.4	97 493	3 980
CRP-Z-3720	675	491.0	13.0	242.3	128.4	190.2	91 327	3 720
CRP-Z-3853	675	491.5	13.5	251.3	133.1	197.2	94 699	3 853
CRP-Z-1780	685	401.0	8.5	134.5	72.3	105.6	35 558	1 780
CRP-Z-1862	685	401.0	9.0	144.0	77.4	113.0	37 335	1 862
CRP-Z-1880	685	401.0	9.0	142.4	76.6	111.8	37 580	1 880
CRP-Z-1970	685	402.0	9.5	150.3	80.8	118.0	39 595	1 970
CRP-Z-2055	685	402.0	10.0	159.4	85.7	125.2	41 304	2 055
CRP-Z-2070	685	402.0	10.0	158.2	85.1	124.2	41 601	2 070
CRP-Z-1341	700	319.5	9.5	133.8	73.5	105.0	21 425	1 341
CRP-Z-983	700	350.0	5.0	76.5	42.0	60.0	17 208	983
CRP-Z-1326	700	416.5	6.5	99.5	54.7	78.1	27 616	1 326
CRP-Z-1423	700	417.0	7.0	107.0	58. 8	84.0	29 671	1 423
CRP-Z-1519	700	417.5	7.5	114.4	62.9	89.8	31 715	1 519
CRP-Z-1661	700	418.0	8.0	125.7	69.1	98.7	34 706	1 661
CRP-Z-1756	700	418.5	8.5	133.3	73.2	104.7	36 793	1 756
CRP-Z-1855	700	419.0	9.0	140.9	77.4	110.6	38 871	1 855
CRP-Z-1952	700	419.5	9.5	148.5	81.6	116.6	40 939	1 952
CRP-Z-2047	700	420.0	10.0	156.1	85.7	122.5	42 997	2 047
CRP-Z-1985	700	448.0	8.0	133.5	73.3	104.8	44 470	1 985
CRP-Z-2102	700	448.5	8.5	141.6	77.8	111.1	47 138	2 102
CRP-Z-2219	700	449.0	9.0	149.7	82.3	117.5	49 821	2 219
CRP-Z-2335	700	449.5	9.5	157.7	86.7	123.8	52 480	2 335
CRP-Z-2450	700	450.0	10.0	165.7	91.1	130.1	55 128	2 450
CRP-Z-2625	700	450.5	10.5	180.0	98.7	141.3	59 119	2 625
CRP-Z-2735	700	451.0	11.0	187.9	103.3	147.5	61 680	2 735

表 A.2（续）

型号	公称宽度 B mm	高度 H mm	厚度 t mm	截面面积 S_a cm^2/m	重量 W kg		惯性矩 I_x cm^4/m	弹性截面模数 Z_x cm^3/m
				每延米	单根 kg/m	每延米 kg/m^2		
CRP-Z-2851	700	451.5	11.5	196.2	107.8	154.0	64 356	2 851
CRP-Z-2943	700	452.0	12.0	206.6	113.5	162.2	66 512	2 943
CRP-Z-3113	700	452.5	12.5	216.7	119.1	170.1	70 426	3 113
CRP-Z-3192	700	489.0	11.0	198.6	109.1	155.9	78 051	3 192
CRP-Z-3328	700	489.5	11.5	207.3	113.9	162.7	81 443	3 328
CRP-Z-3478	700	490.0	12.0	219.1	120.4	172.0	85 209	3 478
CRP-Z-3612	700	490.5	12.5	227.9	125.2	178.9	88 594	3 612
CRP-Z-3730	700	491.0	13.0	239.4	131.5	187.9	91 568	3 730
CRP-Z-3862	700	491.5	13.5	248.2	136.4	194.8	94 916	3 862
CRP-Z-3994	700	492.0	14.0	257.0	141.2	201.7	98 251	3 994
CRP-Z-2847	700	560.0	9.0	162.5	89.3	127.6	80 408	2 847
CRP-Z-3136	700	560.0	10.0	179.6	98.7	141.0	88 719	3 136
CRP-Z-3405	700	560.0	11.0	197.1	108.3	154.7	96 535	3 405
CRP-Z-3694	700	560.0	12.0	214.8	118.0	168.6	104 846	3 694
CRP-Z-1438	750	310.5	10.5	152.1	89.6	119.4	22 329	1 438
CRP-Z-1209	750	318.5	8.5	120.1	70.7	94.3	19 251	1 209
CRP-Z-1811	750	419.5	9.5	141.5	83.3	111.1	37 982	1 811
CRP-Z-1916	750	420.5	10.5	159.0	93.5	124.8	40 296	1 916
CRP-Z-2496	750	451.0	11.5	181.6	106.9	142.6	56 360	2 496
CRP-Z-2640	750	452.0	12.0	193.3	113.8	151.8	59 665	2 640
CRP-Z-2794	750	453.0	13.0	211.7	124.6	166.2	63 273	2 794
CRP-Z-3425	750	491.0	13.0	224.5	132.2	176.3	84 085	3 425
CRP-Z-3632	750	492.0	14.0	240.1	141.3	188.5	89 341	3 632
CRP-Z-4104	750	520.0	13.0	241.0	141.9	189.2	106 697	4 104
CRP-Z-4805	750	520.0	15.0	292.8	172.4	229.8	124 921	4 805
CRP-Z-4323	750	521.0	14.0	256.5	151.0	201.3	112 625	4 323
CRP-Z-5099	750	521.0	16.0	311.4	183.4	244.5	132 833	5 099
CRP-Z-3855	750	522.0	15.0	268.1	157.8	210.5	100 618	3 855
CRP-Z-4231	750	550.0	13.0	240.5	141.6	188.8	116 350	4 231
CRP-Z-4532	750	551.0	14.0	258.3	152.0	202.7	124 864	4 532
CRP-Z-507	850	253.0	5.0	61.4	41.1	48.4	6 420	507

表 A.2（续）

型号	公称宽度 B mm	高度 H mm	厚度 t mm	截面面积 S_a cm²/m	重量 W kg		惯性矩 I_x cm⁴/m	弹性截面模数 Z_x cm³/m
				每延米	单根 kg/m	每延米 kg/m²		
CRP-Z-604	850	254.0	6.0	73.7	49.2	57.9	7 671	604
CRP-Z-814	850	255.0	7.0	91.3	60.9	71.6	10 375	814
CRP-Z-904	850	318.0	6.0	81.5	54.4	64.0	14 381	904
CRP-Z-1027	850	319.0	7.0	97.6	65.1	76.6	16 386	1 027
CRP-Z-1102	850	320.0	8.0	109.7	73.2	86.2	17 639	1 102
CRP-Z-1212	850	379.0	7.0	100.0	66.7	78.5	22 973	1 212
CRP-Z-1307	850	380.0	8.0	112.5	75.1	88.3	24 831	1 307
CRP-Z-611	900	254.0	6.0	72.9	51.5	57.3	7 757	611
CRP-Z-1635	900	400.0	8.0	116.9	82.6	91.7	32 711	1 635
CRP-Z-1829	900	401.0	9.0	131.3	92.6	102.9	36 677	1 829
CRP-Z-2021	900	402.0	10.0	145.2	102.6	114.0	40 616	2 021

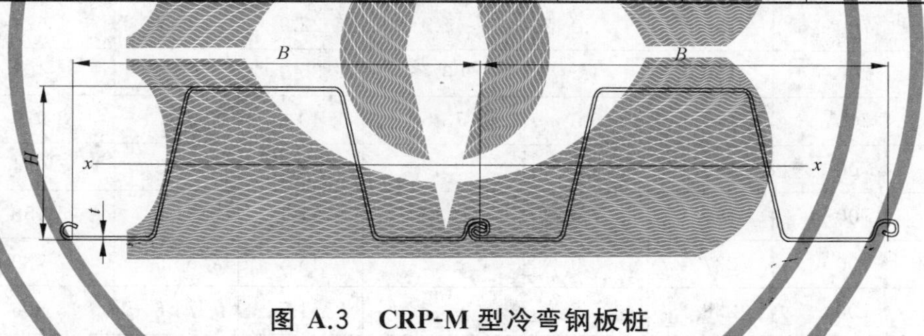

图 A.3 CRP-M 型冷弯钢板桩

表 A.3 CRP-M 型冷弯钢板桩特性参数

型号	公称宽度 B mm	高度 H mm	厚度 t mm	截面面积 S_a cm²/m	重量 W kg		惯性矩 I_x cm⁴/m	弹性截面模数 Z_x cm³/m
				每延米	单根 kg/m	每延米 kg/m²		
CRP-M-181	333	75.0	5.0	82.4	21.5	64.7	679	181
CRP-M-944	500	162.0	10.0	179.9	70.6	141.2	25 647	944
CRP-M-600	600	237.0	5.0	91.1	42.9	71.5	7 838	600
CRP-M-660	600	238.0	5.5	100.1	47.2	78.6	8 618	660
CRP-M-720	600	238.0	6.0	109.3	51.5	85.8	9 398	720
CRP-M-780	600	239.0	6.5	118.3	55.7	92.9	10 176	780

表 A.3(续)

型号	公称宽度 B mm	高度 H mm	厚度 t mm	截面面积 S_a cm^2/m	重量 W kg		惯性矩 I_x cm^4/m	弹性截面模数 Z_x cm^3/m
				每延米	单根 kg/m	每延米 kg/m^2		
CRP-M-830	600	239.0	7.0	127.3	60.0	100.0	10 954	830
CRP-M-890	600	240.0	7.5	136.5	64.3	107.1	11 732	890
CRP-M-950	600	240.0	8.0	145.5	68.6	114.3	12 508	950
CRP-M-630	650	237.0	5.0	87.9	44.9	69.0	7 837	630
CRP-M-690	650	238.0	5.5	96.8	49.3	75.9	8 618	690
CRP-M-750	650	238.0	6.0	105.5	53.8	82.8	9 398	750
CRP-M-810	650	239.0	6.5	114.2	58.3	89.7	10 179	810
CRP-M-870	650	239.0	7.0	122.9	62.8	96.5	10 958	870
CRP-M-930	650	240.0	7.5	131.7	67.2	103.4	11 738	930
CRP-M-990	650	240.0	8.0	140.5	71.7	110.3	12 517	990
CRP-M-145	700	100.0	3.0	39.0	21.4	30.6	724	145
CRP-M-223	700	150.0	3.0	41.7	22.9	32.7	1 674	223
CRP-M-329	700	150.0	4.5	63.7	35.0	50.0	2 469	329
CRP-M-442	700	180.0	5.0	73.5	40.4	57.7	3 979	442
CRP-M-566	700	180.0	6.5	95.9	52.7	75.3	5 094	566
CRP-M-606	700	180.0	7.0	103.9	57.1	81.6	5 458	606
CRP-M-650	700	237.0	5.0	85.2	46.8	66.9	7 789	650
CRP-M-720	700	238.0	5.5	93.7	51.5	73.6	8 566	720
CRP-M-780	700	238.0	6.0	102.3	56.2	80.2	9 344	780
CRP-M-840	700	239.0	6.5	110.7	60.8	86.9	10 120	840
CRP-M-900	700	239.0	7.0	119.1	65.5	93.6	10 896	900
CRP-M-960	700	240.0	7.5	127.7	70.2	100.2	11 673	960
CRP-M-1030	700	240.0	8.0	136.1	74.8	106.9	12 448	1 030
CRP-M-425	750	260.0	3.5	53.1	31.2	41.7	5 528	425
CRP-M-516	750	260.0	4.0	62.2	36.6	48.8	6 703	516
CRP-M-608	750	260.0	5.0	76.9	45.3	60.4	7 899	608
CRP-M-812	750	320.0	5.5	90.0	53.0	70.7	12 987	812
CRP-M-952	750	320.0	6.5	106.3	62.6	83.4	15 225	952
CRP-M-888	900	308.0	6.0	93.5	66.1	73.4	13 671	888
CRP-M-1033	900	309.0	7.0	109.2	77.2	85.7	15 955	1 033
CRP-M-1177	900	310.0	8.0	124.8	88.2	97.9	18 236	1 177

表 A.3（续）

型号	公称宽度 B mm	高度 H mm	厚度 t mm	截面面积 S_a cm^2/m	重量 W kg		惯性矩 I_x cm^4/m	弹性截面模数 Z_x cm^3/m
				每延米	单根 kg/m	每延米 kg/m^2		
CRP-M-1190	900	348.0	7.0	114.7	81.1	90.1	20 705	1 190
CRP-M-1356	900	349.0	8.0	131.3	92.7	103.0	23 667	1 356
CRP-M-1522	900	350.0	9.0	147.7	104.3	115.9	26 628	1 522
CRP-M-1685	900	351.0	10.0	164.1	115.9	128.8	29 564	1 685

ICS 77.040.50
H 46

中华人民共和国国家标准

GB/T 30060—2013

石油天然气输送管件用钢板

Steel plates for line pipe fittinge of petroleum and natural gas

2013-12-17 发布　　2014-09-01 实施

中华人民共和国国家质量监督检验检疫总局
中国国家标准化管理委员会　发布

前　言

本标准按照 GB/T 1.1—2009 给出的规则起草。

本标准由中国钢铁工业协会提出。

本标准由全国钢标准化技术委员会(SAC/TC 183)归口。

本标准主要起草单位:湖南华菱湘潭钢铁有限责任公司、鞍钢股份有限公司、冶金工业信息标准研究院、中国石油集团石油管工程技术研究院、南京钢铁股份有限公司、首钢总公司。

本标准主要起草人:刘建兵、李小莉、熊祥江、隋轶、任翠英、刘迎来、高燕、师莉、董莉、刘徐源、冯耀荣。

石油天然气输送管件用钢板

1 范围

本标准规定了石油天然气输送管件用钢板的牌号表示方法、订货内容、尺寸、外形、重量、技术要求、试验方法、检验规则、包装、标志和质量证明书等。

本标准适用于石油天然气输送用弯头、异径接头、三通、四通、管帽等钢制对焊管件用厚度为6 mm～70 mm 的钢板。

2 规范性引用文件

下列文件对于本文件的应用是必不可少的。凡是注日期的引用文件，仅注日期的版本适用于本文件。凡是不注日期的引用文件，其最新版本(包括所有的修改单)适用于本文件。

GB/T 222　钢的成品化学成分允许偏差

GB/T 223.5　钢铁　酸溶硅和全硅含量的测定　还原型硅钼酸盐分光光度法

GB/T 223.9　钢铁及合金　铝含量的测定　铬天青S分光光度法

GB/T 223.11　钢铁及合金　铬含量的测定　可视滴定或电位滴定法

GB/T 223.12　钢铁及合金化学分析方法　碳酸钠分离-二苯碳酰二肼光度法测定铬量

GB/T 223.14　钢铁及合金化学分析方法　钽试剂萃取光度法测定钒含量

GB/T 223.16　钢铁及合金化学分析方法　变色酸光度法测定钛量

GB/T 223.18　钢铁及合金化学分析方法　硫代硫酸钠分离-碘量法测定铜量

GB/T 223.19　钢铁及合金化学分析方法　新亚铜灵-三氯甲烷萃取光度法测定铜量

GB/T 223.23　钢铁及合金　镍含量的测定　丁二酮肟分光光度法

GB/T 223.26　钢铁及合金　钼含量的测定　硫氰酸盐分光光度法

GB/T 223.37　钢铁及合金化学分析方法　蒸馏分离-靛酚蓝光度法测定氮量

GB/T 223.40　钢铁及合金　铌含量的测定　氯磺酚S分光光度法

GB/T 223.53　钢铁及合金化学分析方法　火焰原子吸收分光光度法测定铜量

GB/T 223.54　钢铁及合金化学分析方法　火焰原子吸收分光光度法测定镍量

GB/T 223.59　钢铁及合金　磷含量的测定　铋磷钼蓝分光光度法和锑磷钼蓝分光光度法

GB/T 223.60　钢铁及合金化学分析方法　高氯酸脱水重量法测定硅量

GB/T 223.62　钢铁及合金化学分析方法　乙酸丁酯萃取光度法测定磷量

GB/T 223.63　钢铁及合金化学分析方法　高碘酸钠(钾)光度法测定锰量

GB/T 223.72　钢铁及合金　硫含量的测定　重量法

GB/T 223.75　钢铁及合金　硼含量的测定　甲醇蒸馏-姜黄素光度法

GB/T 223.78　钢铁及合金化学分析方法　姜黄素直接光度法测定硼含量

GB/T 223.79　钢铁　多元素含量的测定　X-射线荧光光谱法(常规法)

GB/T 223.84　钢铁及合金　钛含量的测定　二安替比林甲烷分光光度法

GB/T 223.85　钢铁及合金　硫含量的测定　感应炉燃烧后红外吸收法

GB/T 223.86　钢铁及合金　总碳含量的测定　感应炉燃烧后红外吸收法

GB/T 228.1 金属材料 拉伸试验 第1部分:室温试验方法
GB/T 229 金属材料 夏比摆锤冲击试验方法
GB/T 232 金属材料 弯曲试验方法
GB/T 247 钢板和钢带包装、标志及质量证明书的一般规定
GB/T 709—2008 热轧钢板和钢带的尺寸、外形、重量及允许偏差
GB/T 2970 厚钢板超声波检验方法
GB/T 2975 钢及钢产品 力学性能试验取样位置及试样制备
GB/T 4336 碳素钢和中低合金钢 火花源原子发射光谱分析方法(常规法)
GB/T 4340.1 金属材料 维氏硬度试验 第1部分:试验方法
GB/T 6394 金属平均晶粒度测定法
GB/T 10561 钢中非金属夹杂物含量的测定 标准评级图显微检验法
GB/T 13298 金属显微组织检验方法
GB/T 13299 钢的显微组织评定方法
GB/T 14977 热轧钢板表面质量的一般要求
GB/T 17505 钢及钢产品交货一般技术要求
GB/T 20066 钢和铁 化学成分测定用试样的取样和制样方法
GB/T 20123 钢铁总碳硫含量的测定高频感应炉燃烧后红外吸收法(常规方法)
GB/T 20124 钢铁氮含量的测定惰性气体熔融热导法(常规方法)
GB/T 20125 低合金钢多元素的测定电感耦合等离子体发射光谱法
YB/T 081 冶金技术标准的数值修约与检测数据的判定原则

3 牌号表示方法

钢的牌号由代表屈服强度的汉语拼音字母、规定最小屈服强度数值、管件的“pipe fittinge”的首位英语字母组成。例如:Q415PF。其中:

Q——钢板屈服强度的“屈”字汉语拼音的首位字母;
415——规定最小屈服强度数值,单位为兆帕(MPa);
PF——管件的“pipe fittinge” 的首位英语字母。

4 订货内容

订货时需方应提供如下信息:

a) 本标准编号;
b) 产品名称;
c) 牌号;
d) 尺寸;
e) 重量;
f) 交货状态;
g) 硬度;
h) 表面质量;
i) 其他特殊要求。

5 尺寸、外形、重量及允许偏差

5.1 钢板的尺寸、外形、重量及允许偏差应符合 GB/T 709—2008 的规定，厚度偏差按 C 类。

5.2 经供需双方协议，可供应其他尺寸、外形及允许偏差的钢板，具体在合同中注明。

6 技术要求

6.1 牌号及化学成分

6.1.1 钢的牌号及化学成分(熔炼分析)应符合表 1 的规定。

6.1.2 钢板的成品化学成分允许偏差应符合 GB/T 222 的规定。

表 1 钢的牌号及化学成分

牌号	化学成分(质量分数)/% 不大于													
	C[a]	Si	Mn[a]	P	S	Nb	V	Ti	Mo	Al_t	Ni	Cr	Cu	N
Q245PF	0.20	0.35	1.30	0.025	0.015	0.10	0.06	—	0.25	0.060	0.50	0.35	0.35	0.010
Q290PF	0.20	0.35	1.30	0.025	0.015	0.10	0.06	—	0.25	0.060	0.50	0.35	0.35	0.010
Q320PF	0.20	0.35	1.40	0.025	0.015	0.10	0.06	—	0.25	0.060	0.50	0.35	0.35	0.010
Q360PF	0.20	0.35	1.50	0.020	0.015	0.10	0.06	—	0.25	0.060	0.50	0.35	0.35	0.010
Q390PF	0.18	0.40	1.50	0.020	0.015	0.10	0.06	—	0.25	0.060	0.50	0.35	0.35	0.010
Q415PF	0.18	0.40	1.70	0.020	0.010	0.10	0.06	—	0.25	0.060	0.50	0.35	0.35	0.010
Q450PF	0.18	0.40	1.70	0.020	0.010	0.10	0.06	0.040	0.25	0.060	0.50	0.35	0.35	0.010
Q485PF	0.18	0.40	1.80	0.020	0.010	0.10	0.06	0.040	0.30	0.060	0.50	0.35	0.35	0.010
Q555PF	0.18	0.40	1.90	0.020	0.010	0.10	0.06	0.040	0.30	0.060	0.50	0.45	0.35	0.010

[a] 碳含量比规定最大值每降低 0.01%，锰含量则允许比规定最大值提高 0.05%，但对于 Q245PF～Q360PF，最高锰含量不允许超过 1.50%；对于 Q390PF～Q415PF，最高锰含量不允许超过 1.75%；对于 Q485PF～Q555PF，最高锰含量不允许超过 2.00%。

6.1.3 碳当量(CEV)和焊接裂纹敏感性指数(Pcm)应符合下列规定：

a) 各牌号钢的碳当量(CEV)应符合表 2 的规定。碳当量应由熔炼分析成分并采用式(1)计算：

$$CEV = C + Mn/6 + (Cr + Mo + V)/5 + (Ni + Cu)/15 \quad \cdots\cdots (1)$$

b) 当碳含量不大于 0.12 时，采用焊接裂纹敏感性指数(Pcm)代替碳当量评估钢材的可焊性。Pcm 应由熔炼分析成分并采用式(2)计算：

$$Pcm = C + Si/30 + Mn/20 + Cu/20 + Ni/60 + Cr/20 + Mo/15 + V/10 + 5B \quad \cdots\cdots (2)$$

表 2 碳当量(CEV)和焊接裂纹敏感性指数(Pcm)

牌号	CEV/%	Pcm/%
Q245PF	≤0.43	≤0.21
Q290PF	≤0.43	≤0.21
Q320PF	≤0.43	≤0.21
Q360PF	≤0.43	≤0.21

表 2（续）

牌　号	CEV/%	Pcm/%
Q390PF	≤0.43	≤0.21
Q415PF	≤0.43	≤0.21
Q450PF	≤0.43	≤0.21[a]
Q485PF	≤0.45	≤0.23[a]
Q555PF	≤0.50	≤0.25
[a] 对于 Q450PF 和 Q485PF，经供需双方协商，Pcm 可以提到至 0.25%。		

c） 用于计算碳当量或焊接裂纹敏感性指数的化学成分应在质量证明书中注明。

6.2 冶炼方法

钢由转炉或电炉冶炼，并进行炉外精炼。

6.3 交货状态

钢板的交货状态为热轧（AR）、控轧（CR）、热机械轧制（TMCP）。

6.4 力学性能和工艺性能

6.4.1 试样毛坯经淬火加回火处理后加工成试样，其检验结果应符合表 3 的规定。

6.4.1.1 若供方能保证弯曲试验结果符合表 3 规定，可不作弯曲试验。若需方要求作弯曲试验，应在合同中注明。

表 3　力学和工艺性能

牌号	规定总延伸 $R_{t0.5}$/MPa	抗拉强度 R_m/MPa	屈强比 不大于	断后伸长率 % 不小于		冲击试验 横向		180°弯曲试验[b]
				A	$A_{50\ mm}$	试验温度[a]/℃	K_{V2}/J 不小于	
Q245PF	245～445	415～755	0.90	23	见 6.4.1.2	−30	50	$d=2a$
Q290PF	290～495	415～755	0.90	22		−30	55	$d=2a$
Q320PF	320～525	435～755	0.90	21		−30	60	$d=2a$
Q360PF	360～530	460～755	0.90	21		−30	60	$d=2a$
Q390PF	390～545	490～755	0.90	19		−30	60	$d=2a$
Q415PF	415～565	520～755	0.93	19		−30	60	$d=2a$
Q450PF	450～600	535～755	0.93	18		−30	60	$d=2a$
Q485PF	485～630	570～760	0.93	16		−30	60	$d=2a$
Q555PF	555～700	625～825	0.93	16		−30	60	$d=2a$

[a] 经供需双方协商，可以采用其他冲击试验温度。

[b] a 为试样厚度；d 为弯心直径。

6.4.1.2　对于原始标距为 50 mm 的非比例试样，其断后伸长率 $A_{50\ mm}$ 最小值按式(3)计算：

$$A_{50\ mm} = 1\ 956 \times S_0^{0.2} / R_m^{0.9} \quad \cdots\cdots\cdots\cdots\cdots\cdots (3)$$

式中：

$A_{50\ mm}$——原始标距 50mm 时的断后伸长率最小值，%；

S_0　——拉伸试样原始横截面积，单位为平方毫米(mm^2)；

R_m　——规定的最小抗拉强度，单位为兆帕(MPa)。

对于圆棒试样，直径为 12.7 mm 和 8.9 mm 的试样的 S_0 为 130 mm^2；直径为 6.4 mm 的试样 S_0 为 65 mm^2；

对于全厚度矩形试样，试样 S_0 取 a)485 mm^2 和 b)试样截面积(公称厚度×试样宽度)者中的较小者，修约至 10 mm^2。

6.4.1.3　冲击吸收能量按一组 3 个试样算术平均值计算，允许其中一个试样值低于表 3 规定值，但不得低于规定值的 75%。

当夏比(V 型缺口)冲击试验结果不符合上述规定时，应从同一张钢板或同一样坯上再取 3 个试样进行试验，前后两组 6 个试样的算术平均值不得低于规定值，允许有 2 个试样值低于规定值，但其中低于规定值 75%的试样只允许有 1 个。

6.4.1.4　对厚度小于 12 mm 钢板的夏比(V 型缺口)冲击试验应采用辅助试样，厚度为 6 mm～8 mm 的钢板，其尺寸为 10 mm×5 mm×55 mm，其试验结果应不小于表 3 规定值的 50%。厚度>8 mm～<12 mm 的钢板其尺寸为 10 mm×7.5 mm×55 mm，其试验结果应不小于表 3 规定值的 75%。

6.5　硬度

经供需双方协商，并在合同中注明，试样毛坯经淬火加回火处理后的硬度可符合表 4 的要求。

表 4　硬度

牌号	维氏硬度/HV_{10}　不大于
Q245PF	240
Q290PF	240
Q320PF	240
Q360PF	240
Q390PF	240
Q415PF	240
Q450PF	245
Q485PF	260
Q555PF	265

6.6　金相检验

6.6.1　钢板的晶粒度：8 级或更细。

6.6.2　钢板的带状组织：带状组织应不大于 3 级。

6.6.3　钢板的非金属夹杂物：A、B、C、D 类非金属夹杂物均不高于 2.0 级。

6.7　表面质量

6.7.1　钢板表面不应有气泡、结疤、裂纹、折叠、夹杂和压入氧化铁皮等影响使用的有害缺陷。钢板不应有目视可见的分层。

6.7.2 钢板表面允许有不妨碍检查表面缺陷的薄层氧化铁皮、铁锈、由压入氧化铁皮脱落所引起的不显著的表面粗糙、划伤、压痕及其他局部缺陷，其深度不得大于厚度公差之半，并应保证钢板的最小厚度。

6.7.3 钢板表面缺陷不允许焊补，允许修磨清理，但应保证钢板的最小厚度。修磨清理处应平滑无棱角。

6.7.4 经供需双方协商，并在合同中注明，表面质量可参照 GB/T 14977 的规定。

6.8 超声波检验

钢板应按 GB/T 2970 逐张进行超声波检验，检验结果达到Ⅰ级。经供需双方协商，并在合同中注明，也可采用其他超声波探伤方法。

6.9 其他特殊技术要求

经供需双方协议，需方可对钢板提出其他特殊技术要求，具体在合同中注明。

7 试验方法

7.1 钢板的检验项目、取样数量、取样方法、试验方法应符合表 5 的规定。

表 5 钢板的检验项目、取样数量、取样方法、试验方法

序号	检验项目	取样数量	取样方法	试验方法
1	熔炼分析	1 个/炉	GB/T 222	GB/T 223，GB/T 4336，GB/T 20066，GB/T 20123，GB/T 20124，GB/T 20125
2	拉伸试验	1 个/批	GB/T 2975，板厚 1/2 处	GB/T 228.1
3	冲击试验	3 个/批	GB/T 2975，板厚 1/2 处	GB/T 229
4	弯曲试验	1 个/批	GB/T 2975	GB/T 232
5	维氏硬度	1 个/批	见 7.2	GB/T 4340.1
6	晶粒度	1 个/批	板宽 1/2 处	GB/T 6394
7	非金属夹杂物	1 个/批	GB/T 10561	GB/T 10561
8	带状组织	1 个/批	GB/T 13298，板宽 1/2 处	GB/T 13299
9	超声波检验	逐张	—	GB/T 2970
10	表面	逐张	—	目视
11	尺寸	逐张	—	卡尺、直尺

7.2 维氏硬度试验取样方法

应在钢板宽度四分之一处横向上取样，经抛光后按照 GB/T 4340.1 测定 HV_{10}，硬度试验点至少为 9 点（位置如图 1 所示），质量证明书中注明平均值，但单值不得超过标准规定的允许值。当厚度不大于 10 mm 时，试验点可适当减少，但不得少于 3 点。

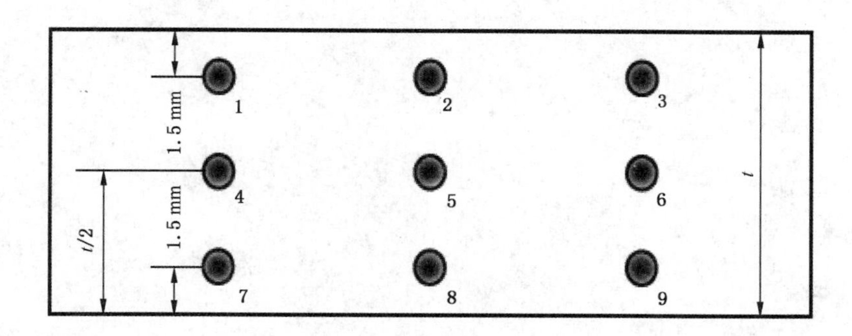

图 1 维氏硬度点位置

8 检验规则

8.1 钢板验收由供方技术监督部门进行。

8.2 钢板应成批验收，每批钢板由同一牌号、同一炉号、同一厚度、同一交货状态的钢板组成。

8.3 检验项目的复验和验收规则应符合 GB/T 17505 的规定。

8.4 钢板各项检查和检验的数值修约应符合 YB/T 081 的规定。

9 包装、标志、质量证明书

钢板的包装、标志、质量证明书应符合 GB/T 247 的规定。

ICS 77.140.50
H 46

中华人民共和国国家标准

GB/T 30068—2013

家电用冷轧钢板和钢带

Cold rolled steel sheets and strips for appliance

2013-12-17 发布

2014-09-01 实施

中华人民共和国国家质量监督检验检疫总局
中国国家标准化管理委员会 发布

前　言

本标准按照GB/T 1.1—2009给出的规则起草。

本标准由中国钢铁工业协会提出。

本标准由全国钢标准化技术委员会(SAC/TC 183)归口。

本标准起草单位:鞍钢股份有限公司、首钢总公司、山东泰山钢铁集团有限公司、唐山钢铁集团有限责任公司、冶金工业信息标准研究院。

本标准主要起草人:陈玥、黄秋菊、任翠英、唐牧、邓翠青、亓海燕、孙晓玲、董莉。

家电用冷轧钢板和钢带

1 范围

本标准规定了家电用冷轧钢板和钢带的分类和代号、牌号表示方法、订货内容、尺寸、外形、重量及允许偏差、技术要求、试验方法、检验规则、包装、标志和质量证明书。

本标准适用于厚度为0.3 mm～2.5 mm的家电用冷轧钢板和钢带(以下简称"钢板和钢带")。

2 规范性引用文件

下列文件对于本文件的应用是必不可少的。凡是注日期的引用文件,仅注日期的版本适用于本文件。凡是不注日期的引用文件,其最新版本(包括所有的修改单)适用于本文件。

GB/T 222 钢的成品化学成分允许偏差

GB/T 223.3 钢铁及合金化学分析方法 二安替比林甲烷磷钼酸重量法测定磷量

GB/T 223.5 钢铁 酸溶硅和全硅含量的测定 还原型硅钼酸盐分光光度法

GB/T 223.58 钢铁及合金化学分析方法 亚砷酸钠-亚硝酸钠滴定法测定锰量

GB/T 223.59 钢铁及合金 磷含量的测定 铋磷钼蓝分光光度法和锑磷钼蓝分光光度法

GB/T 223.61 钢铁及合金化学分析方法 磷钼酸胺容量法测定磷量

GB/T 223.62 钢铁及合金化学分析方法 乙酸丁酯萃取光度法测定磷量

GB/T 223.63 钢铁及合金化学分析方法 高碘酸钠(钾)光度法测定锰量

GB/T 223.64 钢铁及合金 锰含量的测定 火焰原子吸收光谱法

GB/T 223.68 钢铁及合金化学分析方法 管式炉内燃烧后碘酸钾滴定法 测定硫含量

GB/T 223.71 钢铁及合金化学分析方法 管式炉内燃烧后重量法测定碳含量

GB/T 223.72 钢铁及合金 硫含量的测定 重量法

GB/T 223.79 钢铁 多元素含量的测定 X-射线荧光光谱法(常规法)

GB/T 223.85 钢铁及合金 硫含量的测定 感应炉燃烧后红外吸收法

GB/T 228.1 金属材料 拉伸试验 第1部分:室温试验方法

GB/T 230.1 金属材料 洛氏硬度试验 第1部分:试验方法(A、B、C、D、E、F、G、H、K、N、T标尺)

GB/T 232 金属材料 弯曲试验方法

GB/T 247 钢板和钢带包装、标志及质量证明书的一般规定

GB/T 708 冷轧钢板和钢带的尺寸、外形、重量及允许偏差

GB/T 2523 冷轧金属薄板(带)表面粗糙度和峰值数测量方法

GB/T 2975 钢及钢产品 力学性能试验取样位置及试样制备

GB/T 4336 碳素钢和中低合金钢 火花源原子发射光谱分析方法(常规法)

GB/T 4340.1 金属材料 维氏硬度试验 第1部分:试验方法

GB/T 17505 钢及钢产品交货一般技术要求

GB/T 20066 钢和铁 化学成分测定用试样的取样和制样方法

GB/T 20123 钢铁 总碳硫含量的测定 高频感应炉燃烧后红外吸收法(常规方法)

GB/T 20125 低合金钢 多元素含量的测定 电感耦合等离子体原子发射光谱法

GB/T 22368　低合金钢　多元素含量的测定　辉光放电原子发射光谱法(常规法)

YB/T 081　冶金技术标准的数值修约与检测数值的判定原则

3　分类和代号

3.1　钢板和钢带按推荐用途分为:

结构用　　JD1

一般用　　JD2

冲压用　　JD3

深冲压用　JD4

3.2　钢板和钢带按表面质量分为:

较高级精整表面　　FB

高级精整表面　　　FC

超高级精整表面　　FD

3.3　钢板和钢带按表面结构分为:

光亮表面　　B

麻面　　　　D

3.4　钢板和钢带按不平度精度分为:

较高级精度　　PF.B

高级精度　　　PF.C

3.5　钢板和钢带按涂油种类分为:

普通防锈油轻涂油　　　GL

普通防锈油中涂油　　　GM

普通防锈油重涂油　　　GH

高级润滑防锈油中涂油　LM

高级润滑防锈油重涂油　LH

易清洗防锈油轻涂油　　CL

不涂油　　　　　　　　UO

4　牌号表示方法

钢板和钢带的牌号由"JD"("家电"汉语拼音首字母)和数字1、2、3、4组成。各牌号的用途参见附录A。

5　订货内容

5.1　订货时,需方应提供下列信息:

a)　产品名称;

b)　本标准编号;

c)　牌号;

d)　规格及尺寸、外形精度;

e)　带卷内径(508 mm或610 mm);

f)　表面质量级别;

g) 表面结构;
h) 边缘状态;
i) 涂油种类;
j) 包装方式;
k) 重量;
l) 用途;
m) 其他特殊要求。

5.2 如订货合同中未注明尺寸及不平度精度、表面质量级别、表面结构、边缘状态和包装方式等信息,则本标准产品按普通级尺寸精度、较高级不平度精度、高级表面质量、麻面、切边、普通防锈油轻涂油的钢板或钢带供货,并按供方提供的包装方式包装。带卷内径如未注明则按 610 mm 供货。

6 尺寸、外形、重量及允许偏差

6.1 钢板和钢带的不平度应符合表1的规定。

表1 不平度

单位为毫米

公称宽度	不平度(不大于)			
	较高级精度 PF.B			高级精度 PF.C
	公称厚度			
	<0.70	0.70~<1.20	≥1.20	
≤1 200	5	4	3	3
>1 200~1 500	6	5	4	3
>1 500	8	7	6	3

6.2 当波浪长度不小于 200 mm 时,距边部不小于 100 mm 的波浪高度应小于波浪长度的 1%;当波浪长度小于 200 mm 时,距边部不小于 100 mm 的波浪高度应小于 2 mm。

6.3 钢板和钢带的其他尺寸、外形、重量及允许偏差应符合 GB/T 708 的规定。如需方对厚度精度有特殊要求,可由供需双方协商。

7 技术要求

7.1 牌号和化学成分

7.1.1 钢的化学成分(熔炼分析)参考值见附录B。如对化学成分有要求,可在订货时协商。

7.1.2 钢板和钢带的成品化学成分允许偏差应符合 GB/T 222 的规定。

7.2 交货状态

7.2.1 钢板和钢带以退火后平整状态交货。

7.2.2 钢板和钢带表面通常双面涂油后供货。所涂油膜应在适当的前处理工艺下,使用适当的脱脂剂易于去除,且不影响涂镀层质量。各涂油种类的涂油量参见附录C,需方如有要求,应在订货时协商。在通常的包装、运输、装卸及贮存条件下,轻涂油的钢板和钢带自生产完成之日起3个月内不生锈,中涂油和重涂油的钢板和钢带自生产完成之日起6个月不生锈。

注:对于需方要求的不涂油产品,供方不承担产品锈蚀的风险。订货时,供方应告知需方,在运输、装卸、储存和使用过程中,不涂油产品表面易产生轻微划伤。

7.3 力学性能

钢板和钢带的力学性能应符合表2的规定。

表2 力学性能

牌号	拉伸试验[a]				硬度参考值[d]	
	下屈服强度 R_{eL}[b]/MPa	抗拉强度 R_m/MPa	断后伸长率[c]/%		HR30T	HV
			$A_{50\ mm}$ (L_0=50 mm,b=25 mm)	$A_{80\ mm}$ (L_0=80 mm,b=20 mm)		
JD1	260～360[e]	≥340	≥30[f]	≥26[f]	≥50	≥93
JD2	200～300	≥300	≥32	≥30	≥45	≥86
JD3	150～240[g]	≥270	≥35	≥33	≥40	≥81
JD4	120～190	≥260	≥38	≥36	≥30	≥77

[a] 拉伸试样取横向。

[b] 无明显屈服时采用 $R_{p0.2}$,否则采用 R_{eL}。

[c] 通常情况下断后伸长率采用 $A_{50\ mm}$,如需方要求 $A_{80\ mm}$,可在订货时协商。

[d] 通常情况下硬度采用HV,如需方要求HR30T可在订货时协商,HV或HR30T与HRB硬度的换算参见附录D。

[e] 当公称厚度大于1.5 mm时,屈服强度下限值可降低20 MPa。

[f] 如有其他要求,可由供需双方协商。

[g] 当公称厚度不大于0.4 mm时,屈服强度上限值可增加30 MPa。

7.4 工艺性能

钢板和钢带应进行180°弯曲试验,弯曲压头直径为0,试样方向取横向。弯曲后试样外表面不得出现目视可见的裂纹。供方如能保证弯曲性能合格,可不进行弯曲试验。

7.5 表面质量

7.5.1 钢板和钢带不应有分层。钢板表面不应有裂纹、夹杂、结疤和折叠等有害缺陷。

7.5.2 钢板和钢带的表面质量应符合表3的规定。

表3 表面质量

级别	名称	特征
FB	较高级精整表面	适用于内部件,不存在影响成型性及涂、镀附着力的缺陷,如小气泡、小划痕、小辊印、轻微划伤及氧化色等允许存在
FC	高级精整表面	适用于具有普通表面质量要求的外覆盖件和具有较高表面质量要求的内部件,钢板两面中较好的一面必须在FB表面质量要求的基础上对缺陷进一步限制,无目视明显可见的缺陷,另一面应达到FB表面质量的要求
FD	超高级精整表面	适用于具有较高表面质量要求的外覆盖件,钢板两面中较好的一面必须在FC表面质量要求的基础上对缺陷进一步限制,即不影响涂、镀后的外观质量,另一面应达到FB表面质量的要求

7.5.3 对于钢带，在连续生产过程中，由于局部的表面缺陷没有机会去除，因此允许带缺陷交货，但有缺陷部分应不超过每卷钢带总长度的5%。如需方有特殊要求，应在订货时协商。

7.6 表面结构

表面结构为麻面(D)时，平均粗糙度 Ra 目标值为大于 0.7 μm 且不大于 1.5 μm。表面结构为光亮表面(B)时，平均粗糙度 Ra 目标值为不大于 0.9 μm。如需方对粗糙度有特殊要求，应在订货时协商。

7.7 拉伸应变痕

室温储存条件下，钢板和钢带的拉伸应变痕应符合表4的要求。

表4 拉伸应变痕

牌号	拉伸应变痕要求
JD1	不做要求
JD2 JD3	FB表面质量不做要求。FC或FD表面质量自生产完成之日起3个月内应不出现拉伸应变痕
JD4	使用时应不出现拉伸应变痕
注：拉伸应变痕即滑移线。	

8 试验方法

8.1 钢板和钢带的尺寸及外形应采用合适的测量工具测量检查，测量方法应符合 GB/T 708 的规定。
8.2 钢板和钢带的外观质量用目视检查。
8.3 钢板和钢带的检验项目、取样数量、取样方法及试验方法应符合表5的规定。

表5 试验方法

序号	检验项目	取样数量	取样方法	试验方法
1	化学成分(熔炼成分)	1个/炉	GB/T 20066	GB/T 223、GB/T 4336 GB/T 20123、GB/T 20125、GB/T 22368
2	拉伸试验	1个/批	GB/T 2975	GB/T 228.1
3	弯曲试验	1个/批	GB/T 2975	GB/T 232
4	硬度	1个/批	GB/T 2975	GB/T 230.1、GB/T 4340.1
5	平均粗糙度	3个/批	—	GB/T 2523

9 检验规则

9.1 钢板和钢带应按批验收，每个检验批应由同一牌号、同一炉号、同一规格及同一热处理制度的钢板和钢带组成。
9.2 钢板和钢带的复验和判定应符合 GB/T 17505 的规定。
9.3 钢板和钢带各项检查和检验结果的数值修约应符合 YB/T 081 的规定。

10 包装、标志和质量证明书

钢板和钢带的包装、标志和质量证明书应符合 GB/T 247 的规定，同时应采用适宜的方法避免钢板和钢带在运输过程中的开包、压扁等损伤。

附 录 A
（资料性附录）
牌号及用途简介

各牌号及适用的用途见表 A.1。

表 A.1 牌号及用途

牌号	用途	用途举例
JD1	结构用	冰箱侧板、冰柜面板、空调器侧板等
JD2	一般用	冰箱面板、洗衣机、冰箱背板、控制器等
JD3	冲压用	微波炉等小家电、空调器面板等
JD4	深冲压用	深冲压件

附 录 B
（资料性附录）
钢的化学成分

钢的化学成分（熔炼分析）参考值见表B.1。

表B.1 钢的化学成分（熔炼分析）

牌号	化学成分（质量分数）/%				
	C	Si	Mn	P	S
	不大于				
JD1	0.15	0.05	0.70	0.030	0.025
JD2	0.15	0.06	0.60	0.025	0.025
JD3	0.12	0.06	0.50	0.025	0.025
JD4	0.10	0.05	0.45	0.025	0.025

附　录　C
（资料性附录）
家电用冷轧钢板和钢带的涂油种类

钢板和钢带的涂油种类、涂油量参考范围和用途见表 C.1。

表 C.1　涂油种类

涂油种类		涂油代号	每面涂油量参考范围 mg/m²	用途
普通防锈油	轻涂油	GL	300～500	通用
	中涂油	GM	600～900	
	重涂油	GH	1 000～2 000	
高级润滑防锈油	中涂油	LM	600～900	较难成形的零件
	重涂油	LH	1 000～2 000	
易清洗防锈油	轻涂油	CL	300～500	特殊的清洗工艺
不涂油		UO	0	—

附 录 D
（资料性附录）
HR30T 与 HRB 的换算

HR30T 与 HRB 的换算见表 D.1，HV 与 HRB 的换算见表 D.2

表 D.1 HR30T 与 HRB 的换算

HR30T	换算 HRB	HR30T	换算 HRB	HR30T	换算 HRB	HR30T	换算 HRB
35.0	28.1	47.0	46.0	59.0	63.9	71.0	81.9
36.0	29.6	48.0	47.5	60.0	65.4	72.0	83.4
37.0	31.1	49.0	49.0	61.0	66.9	73.0	84.9
38.0	32.5	50.0	50.5	62.0	68.4	74.0	86.4
39.0	34.0	51.0	52.0	63.0	69.9	75.0	87.9
40.0	35.5	52.0	53.5	64.0	71.4	76.0	89.4
41.0	37.0	53.0	55.0	65.0	72.9	77.0	90.8
42.0	38.5	54.0	56.5	66.0	74.4	78.0	92.3
43.0	40.0	55.0	58.0	67.0	75.9	79.0	93.8
44.0	41.5	56.0	59.5	68.0	77.4	80.0	95.3
45.0	43.0	57.0	60.9	69.0	78.9	81.0	96.8
46.0	44.5	58.0	62.4	70.0	80.4	82.0	98.3
注：HR30T 超过 82.0 时，HRB 的换算值为"超过 98.3"。根据外插法求得的 HRB 的换算值可以用概数报告。							

表 D.2 HV 与 HRB 的换算

HV	换算 HRB	HV	换算 HRB
85	41.0	145	76.6
90	48.0	150	78.7
95	52.0	155	79.9
100	56.2	160	81.7
105	59.4	165	83.1
110	62.3	170	85.0
115	65.0	175	86.1
120	66.7	180	87.1
125	69.5	185	88.8
130	71.2	190	89.5
135	73.2	195	90.7
140	75.0	200	91.5

ICS 77.140.50
H 46

中华人民共和国国家标准

GB 30814—2014

核电站用碳素钢和低合金钢钢板

Steel plates of carbon steel and low alloy steel for nuclear power plants

2014-06-24 发布　　　2015-04-01 实施

中华人民共和国国家质量监督检验检疫总局
中国国家标准化管理委员会　发布

前　言

本标准的6.1.3、6.6及附录A、附录B、附录C为推荐性的，其余为强制性的。

本标准按照GB/T 1.1—2009给出的规则起草。

本标准参照ASME SA-283/SA-283M：2012《中、低强度碳素钢板》、ASME SA-285/SA-285M：2012《压力容器用中、低强度碳素钢板》、ASME SA-516/SA-516M：2010《中低温压力容器用碳素钢板》、ASME SA-738/SA-738M：2012《中低温压力容器用热处理碳锰硅钢板》、ASTM A36/A36M：2008《碳素结构钢》、ASTM A572/A572M：2012《高强度低合金铌-钒结构钢》及ASTM A588/A588M：2010《屈服强度最低为50 ksi(345 MPa)、具有耐大气腐蚀性能的高强度低合金结构钢》制定。

本标准由中国钢铁工业协会提出。

本标准由全国钢标准化技术委员会(SAC/TC 183)归口。

本标准负责起草单位：鞍山钢铁集团公司鞍钢股份有限公司、舞阳钢铁有限责任公司、冶金工业信息标准研究院、上海核工程研究设计院、湖南华菱湘潭钢铁有限公司、济钢集团有限公司、南京钢铁股份有限公司、新余钢铁集团有限公司、首钢总公司。

本标准主要起草人：张立芬、刘徐源、王晓虎、谢良法、林大庆、任翠英、孙殿东、朴志民、王勇、曹志强、孙卫华、霍松波、董富军、师莉、李辉、王银、张华红、董莉、李小莉、张瑞堂、刘志芳。

核电站用碳素钢和低合金钢钢板

1 范围

本标准规定了核电站用碳素钢和低合金钢板的牌号表示方法、订货内容、尺寸、外形、重量及允许偏差、技术要求、试验方法、检验规则、包装、标志和质量证明书。

本标准适用于厚度 6 mm～250 mm 的核电站用碳素钢和低合金钢板(以下简称"钢板")。

2 规范性引用文件

下列文件对于本文件的应用是必不可少的。凡是注日期的引用文件,仅注日期的版本适用于本文件,凡是不注日期的引用文件,其最新版本(包括所有的修订单)适用于本文件。

GB/T 222 钢的成品化学成分允许偏差

GB/T 223.5 钢铁 酸溶硅和全硅含量的测定 还原型硅钼酸盐分光光度法

GB/T 223.9 钢铁及合金 铝含量的测定 铬天青S分光光度法

GB/T 223.12 钢铁及合金化学分析方法 碳酸钠分离-二苯碳酰二肼光度法测定铬量

GB/T 223.14 钢铁及合金化学分析方法 钽试剂萃取光度法测定钒含量

GB/T 223.16 钢铁及合金化学分析方法 变色酸光度法测定钛量

GB/T 223.19 钢铁及合金化学分析方法 新亚铜灵-三氯甲烷萃取光度法测定铜量

GB/T 223.23 钢铁及合金 镍含量的测定 丁二酮肟分光光度法

GB/T 223.26 钢铁及合金 钼含量的测定 硫氰酸盐分光光度法

GB/T 223.37 钢铁及合金化学分析方法 蒸馏分离-靛酚蓝光度法测定氮量

GB/T 223.40 钢铁及合金 铌含量的测定 氯磺酚S分光光度法

GB/T 223.62 钢铁及合金化学分析方法 乙酸丁酯萃取光度法测定磷量

GB/T 223.63 钢铁及合金化学分析方法 高碘酸钠(钾)光度法测定锰量

GB/T 223.67 钢铁及合金 硫含量的测定 次甲基蓝分光光度法

GB/T 223.69 钢铁及合金 碳含量的测定 管式炉内燃烧后气体容量法

GB/T 223.78 钢铁及合金化学分析方法 姜黄素直接光度法测定硼含量

GB/T 223.79 钢铁 多元素含量的测定 X-射线荧光光谱法(常规法)

GB/T 223.84 钢铁及合金 钛含量的测定 二安替比林甲烷分光光度法

GB/T 223.85 钢铁及合金 硫含量的测定 感应炉燃烧后红外吸收法

GB/T 228.1 金属材料 拉伸试验 第1部分:室温试验方法

GB/T 229 金属材料 夏比摆锤冲击试验方法

GB/T 247 钢板和钢带包装、标志及质量证明书的一般规定

GB/T 709—2006 热轧钢板和钢带的尺寸、外形、重量及允许偏差

GB/T 2975 钢及钢产品 力学性能试验取样位置及试样制备

GB/T 4336 碳素钢和中低合金钢火花源原子发射光谱分析方法(常规法)

GB/T 5313 厚度方向性能钢板

GB/T 6803 铁素体钢的无塑性转变温度落锤试验方法

GB/T 14977 热轧钢板表面质量的一般要求

GB/T 17505　钢及钢产品交货一般技术要求
GB/T 20066　钢和铁　化学成分测定用试样的取样和制样方法
GB/T 20123　钢铁　总碳硫含量的测定　高频感应炉燃烧后红外吸收法(常规方法)
GB/T 20125　低合金钢　多元素含量的测定　电感耦合等离子体原子发射光谱法
GB/T 22368　低合金钢　多元素含量的测定　辉光放电原子发射光谱法(常规法)
YB/T 081　冶金技术标准的数值修约与检测数据的判定原则

3　牌号表示方法

钢的牌号由代表“屈”字的汉语拼音首位字母、规定的最小屈服强度数值、“核电”的汉语拼音首位字母三个部分组成。例如:Q420HD。其中:

Q——“屈”的汉语拼音的首位字母;

420——规定的最小屈服强度数值,单位 MPa;

HD——“核电”的汉语拼音的首位字母。

当要求钢板具有厚度方向性能时,则在上述规定的牌号后加上代表厚度方向(*Z* 向)性能级别的符号,例如:Q420HDZ25。

4　订货内容

4.1　订货信息

订货时,需方应提供下列信息:

a)　本标准编号;
b)　牌号;
c)　规格;
d)　尺寸、外形精度要求;
e)　重量;
f)　交货状态;
g)　特殊要求。

4.2　标记示例

按 GB 30814—2014 交货的牌号为 Q420HD、厚度 50 mm、宽度 3 500 mm、长度 8 000 mm 的钢板,标记为:GB 30814—2014　Q420HD 50×3500×8000。

5　尺寸、外形、重量及允许偏差

钢板厚度允许偏差应符合 GB/T 709—2006 中 C 类或 B 类偏差的规定,其他尺寸、外形、重量及允许偏差应符合 GB/T 709—2006 的规定。

6　技术要求

6.1　牌号及化学成分

6.1.1　钢的牌号及化学成分(熔炼分析)应符合表 1 的规定。

表 1

牌号	化学成分(质量分数)/%																		
	C[a]				Si		Mn[a]	P	S	Mo		Cr	Ni	Cu	Nb	V	Ti	B	Al
	钢板厚度/mm				钢板厚度/mm					钢板厚度/mm									
	≤12.5	>12.5~50	>50~100	>100	≤40	>40		不大于		≤40	>40	不大于							
Q205HD	≤0.25		—		≤0.40		≤0.90	0.020	0.020	—		0.30	0.30	0.25	—	—	—		
Q230HD[b]	≤0.25				≤0.40	0.15~0.40	≤0.90	0.020	0.020	—		0.30	0.30	0.30	—	—	—		
Q250HD[b]	≤0.22	≤0.24	≤0.25	≤0.27			0.85~1.20	0.020	0.020	≤0.12		0.30	0.30	0.30	0.02	0.02	—		
Q275HD[c]	≤0.25	≤0.26	≤0.28	≤0.29	0.15~0.40		0.85~1.20	0.020	0.020	≤0.12		0.30	0.30	0.30	—	—	—		
Q345HD1[b,c]	≤0.23			—	≤0.40	0.15~0.40	≤1.35	0.020	0.020	≤0.12		0.30	0.30	0.35	c	c	c	d	e
Q345HD2	≤0.20				0.15~0.50		0.75~1.35	0.020	0.020	—		0.40~0.70	0.05~0.50	0.20~0.40	—	0.01~0.10	—		
Q420HD[c]	≤0.18			—			0.90~1.50	0.020	0.015	≤0.20	≤0.30	0.30	0.60	0.35	0.04	0.07	—		

[a] Q250HD 的碳含量每下降 0.01%，锰含量可增加 0.06%，熔炼分析最大可到 1.35%；当 Q250HD 板厚不大于 65 mm 时，锰含量下限为 0.80%。

Q275HD 的碳含量每下降 0.01%，锰含量可增加 0.06%，熔炼分析最大可到 1.50%，成品分析最大可到 1.60%。

Q345HD1 的碳含量每下降 0.01%，锰含量可增加 0.06%，熔炼分析最大可到 1.60%；当 Q345HD1 板厚不大于 10 mm 时，锰含量下限为 0.50%。

Q345HD2 的碳含量每下降 0.01%，锰含量可增加 0.06%，熔炼分析最大可到 1.50%。

Q420HD 的钢板厚度大于 65 mm 时，锰含量最大可提高到 1.60%。

[b] 当 Q230HD、Q250HD、Q345HD1 要求含铜时，其铜含量应不小于 0.20%。

[c] Q345HD1 要求单独加铌时，铌含量为 0.005%～0.05%，单独加钒时，钒含量为 0.01%～0.15%，组合加入铌和钒时，铌＋钒为 0.02%～0.15%；加钛、氮和钒时，其含量分别为 0.006%～0.04%、0.003%～0.015%和≤0.06%；Q420HD 要求铌＋钒≤0.08%；其他牌号应符合铜＋镍＋铬＋钼≤1.0%、铬＋钼≤0.32%的要求，需方另有要求时除外。

[d] 在需方同意的情况下，当加入硼元素增强钢板淬透性时，硼≤0.001%。

[e] 当加入铝细化晶粒时，酸溶铝≥0.015%或全铝≥0.020%。当加入铌、钒、钛等其他合金元素时，铝含量下限可不作要求。

6.1.1.1 钢中氮元素含量应不大于0.008%，如果钢中含有铝、铌、钒、钛等具有固氮作用的合金元素，氮元素含量可不大于0.012%，合金元素含量应在质量证明书中注明。

6.1.1.2 钢中砷、锑、铋、铅、锡有害元素单个含量均应不大于0.025%，合计应不大于0.05%。如供方能保证，可不做分析。

6.1.1.3 钢板应做成品化学成分分析，其允许偏差应符合GB/T 222的规定。

6.1.2 厚度大于15 mm的保证厚度方向性能的各牌号钢板，其S元素含量应符合GB/T 5313的规定。其他合金元素含量可根据供需双方协议进行规定。

6.1.3 经供需双方协商，并在合同中注明，各牌号钢的碳当量(CEV)可参见表2的规定。碳当量应由熔炼分析成分并采用如下公式计算：CEV=C+Mn/6+(Cr+Mo+V)/5+(Ni+Cu)/15。

表 2

牌号	碳当量CEV(质量分数)/%		
	t≤50 mm	t>50 mm～100 mm	t>100 mm
Q205HD	≤0.43	≤0.44	协商
Q230HD	≤0.43	≤0.44	协商
Q250HD	≤0.43	≤0.44	协商
Q275HD	≤0.45	≤0.46	协商
Q345HD	≤0.45	≤0.46	协商
Q420HD	≤0.48	协商	协商

如果需要模拟焊后处理(见A.2)，碳当量数值可以适当提高。

注：t——钢板的公称厚度。

6.2 冶炼方法

钢由转炉或电炉冶炼，并进行炉外精炼。

6.3 交货状态

钢板应以热轧、热轧加回火、正火、正火加回火、淬火加回火(仅Q420HD)状态交货。

6.4 力学性能

6.4.1 钢板的力学性能应符合表3的规定。

表 3

<table>
<tr><th rowspan="4">牌号</th><th colspan="12">拉伸试验[a,b,c]</th><th colspan="2">V 型冲击试验[d]</th></tr>
<tr><th colspan="5">上屈服强度 R_{eH}/MPa</th><th colspan="5">抗拉强度 R_m/MPa</th><th colspan="2" rowspan="2">断后伸长率/%</th><th rowspan="3">试验
温度
℃</th><th rowspan="2">平均吸
收能量
KV_2/J</th></tr>
<tr><th colspan="10">钢板厚度/mm</th></tr>
<tr><th>≤50</th><th>>50～100</th><th>>100～150</th><th>>150～200</th><th>>200～250</th><th rowspan="2">≤50</th><th rowspan="2">>50～100</th><th rowspan="2">>100～150</th><th rowspan="2">>150～200</th><th rowspan="2">>200～250</th><th>$A_{50\ mm}$</th><th>$A_{200\ mm}$</th><th rowspan="2">不小于</th></tr>
<tr><th></th><th colspan="5">不小于</th><th colspan="2">不小于</th><th></th></tr>
<tr><td>Q205HD</td><td>205</td><td colspan="4">—</td><td>380～515</td><td colspan="4">—</td><td>27</td><td>23</td><td>0</td><td>60</td></tr>
<tr><td>Q230HD</td><td colspan="5">230</td><td colspan="5">415～550</td><td>21</td><td>18</td><td>0</td><td>60</td></tr>
<tr><td>Q250HD</td><td colspan="4">250</td><td>220</td><td colspan="5">400～550</td><td>21</td><td>18</td><td>−20</td><td>47</td></tr>
<tr><td>Q275HD</td><td colspan="4">275</td><td>—</td><td colspan="4">485～620</td><td>—</td><td>21</td><td>17</td><td>−20</td><td>47</td></tr>
<tr><td>Q345HD1</td><td colspan="2">345</td><td colspan="3">—</td><td colspan="2">≥450</td><td colspan="3">—</td><td>19</td><td>16</td><td>−20</td><td>47</td></tr>
<tr><td>Q345HD2</td><td colspan="2">345</td><td>315</td><td>290</td><td>—</td><td colspan="2">≥485</td><td>≥460</td><td>≥435</td><td>—</td><td>19</td><td>—</td><td>−20</td><td>34</td></tr>
<tr><td>Q420HD</td><td colspan="2">420</td><td colspan="3">—</td><td colspan="2">585～705</td><td colspan="3">—</td><td>20</td><td>—</td><td>−30</td><td>47</td></tr>
</table>

[a] 当屈服不明显时，可测量 $R_{p0.2}$ 或 $R_{t0.5}$ 代替上屈服强度。

[b] 拉伸试验和冲击试验取横向试样。

[c] 对于厚度不大于 20 mm 的钢板，取全厚度的矩形试样，试样宽度为 40 mm 或 12.5 mm；对于厚度大于 20 mm 且不大于 100 mm 的钢板，当试验机能力满足要求时，取全厚度的矩形试样，试样宽度为 40 mm；当试验机能力不满足要求时，取标距为 50 mm 的圆试样，直径为 12.5 mm，试样的轴线应位于钢板厚度的四分之一处。

[d] 冲击试样的轴线尽量位于钢板厚度的四分之一处。

6.4.2　对厚度小于 12 mm 钢板的夏比(V 型缺口)冲击试验应采用辅助试样，＞8 mm～＜12 mm 钢板辅助试样尺寸为 10 mm×7.5 mm×55 mm，其试验结果应不小于表 2 规定值的 75%；6 mm～8 mm 钢板辅助试样尺寸为 10 mm×5 mm×55 mm，其试验结果应不小于表 2 规定值的 50%；厚度小于 6 mm 的钢板不做冲击试验。

6.4.3　钢板的冲击试验结果按一组 3 个试样的算术平均值进行计算，允许其中有 1 个试验值低于规定值，但不应低于规定值的 70%。

如果没有满足上述条件，应从同一抽样产品上再取 3 个试样进行试验，先后 6 个试样试验结果的算术平均值不得低于规定值，允许有 2 个试样的试验结果低于规定值，但其中低于规定值 70%的试样只允许有 1 个。

6.4.4　钢板的厚度方向性能应符合 GB/T 5313 的规定。

6.5　表面质量

6.5.1　钢板表面不应有气泡、结疤、裂纹、折叠、夹杂和压入氧化铁皮等影响使用的有害缺陷。钢板不应有分层。

6.5.2　钢板的表面允许有不妨碍检查表面缺陷的薄层氧化铁皮、铁锈及由于压入氧化铁皮和轧辊所造成的不明显的粗糙、网纹、划痕及其他局部缺陷，但其深度不应大于钢板厚度的公差之半，并应保证钢板允许的最小厚度。

6.5.3　钢板的表面缺陷允许用修磨等方法清除，清理处应平滑无棱角，清理深度不应大于钢板厚度的公差之半，并应保证钢板允许的最小厚度。

6.5.4　钢板不允许焊补。

6.5.5　经供需双方协商，并在合同中注明，钢板表面质量可执行 GB/T 14977 的规定。

6.6　特殊要求

6.6.1　根据供需双方协商，并在合同或协议中注明，钢板可进行附录 A 中规定的各项检验。

6.6.2　根据供需双方协商，并在合同或协议中注明，钢板也可进行其他项目的检验。

7　试验方法

钢板的各项检验的检验项目、取样数量、取样方法和试验方法应符合表 4 的规定。

表 4

序号	检验项目		取样数量/个	取样方法	试验方法
1	化学成分(熔炼分析)		1/炉	GB/T 20066	GB/T 223、GB/T 4336、GB/T 20123、GB/T 20125、GB/T 22368
2	化学成分(成品分析)		1/炉	GB/T 20066	GB/T 223、GB/T 4336、GB/T 20123、GB/T 20125、GB/T 22368
3	拉伸试验	调质钢	2/批	GB/T 2975	GB/T 228.1
		非调质钢	1/批		
4	冲击试验		3/批	GB/T 2975	GB/T 229
5	Z 向钢厚度方向断面收缩率		3/批	GB/T 5313	GB/T 5313
6	尺寸、外形		逐张	—	符合精度要求的适宜量具
7	表面质量		逐张	—	目视

8 检验规则

8.1 检查和验收

钢板的检查和验收由供方技术监督部门进行，需方有权对本标准或合同中所规定的任一检验项目进行检查和验收。

8.2 组批

钢板应成批验收。每批应由同一牌号、同一炉号、同一规格、同一交货状态及同一热处理制度的钢板组成。每批重量不大于 30 t，超过 30 t 的钢板单张组批。

对于 Z 向钢性能试验的批量规定为：在符合上述组批要求下，当 S≤0.005%时，每批钢板的重量不大于 30 t，否则，Z15 每批钢板为不大于 25 t；Z25、Z35 钢板应逐张进行检验。

8.3 复验与判定规则

8.3.1 力学性能的复验与判定

钢板的冲击试验结果不符合 6.4.3 的规定时，抽样钢板应不予验收，再从该试验单元的剩余部分取两个抽样产品，在每个抽样产品上各选取新的一组 3 个试样，这两组试样的试验结果均应合格，否则该批钢板应拒收。

钢板拉伸试验的复验与判定应符合 GB/T 17505 的规定。

8.3.2 厚度方向性能的复验与判定

厚度方向性能的复验与判定应符合 GB/T 5313 的规定。

8.3.3 重新热处理

任何热处理过的钢板，如不能满足规定的力学性能要求时，可进行重新热处理。所有力学性能试验应重新进行，且当钢板重新交付检查时，应重新检查钢板表面缺陷。重新热处理次数不应超过 2 次。

8.3.4 其他检验项目的复验与判定

钢板的其他检验项目的复验与判定应符合 GB/T 17505 的规定。

8.4 力学性能和化学成分试验结果的修约

除非在合同或订单中另有规定，当需要评定试验结果是否符合规定值，所给出力学性能和化学成分试验结果应修约到与规定值本位数字所标识的数位相一致，其修约方法应按 YB/T 081 的规定进行。碳当量应先按公式计算后修约。

9 包装、标志和质量证明书

9.1 包装

钢板的包装应符合 GB/T 247 的规定。

9.2 标志

钢板应清晰地标示出下列内容:本标准编号、牌号、炉号、规格、钢板的识别符号(物料号或批号)、厂名、厂标。

9.3 质量证明书

每批交货的钢板应附有证明该批钢板符合标准规定及订货合同的质量证明书,质量证明书应符合GB/T 247的规定。

附 录 A
（规范性附录）
特殊要求

下列补充要求由需方根据需要选用，并在合同中注明或协议中规定，此时，所选试验项目应由供方进行。

A.1 真空处理

钢应由包括熔融时真空除气在内的一种方法冶炼。除非与需方另有协议，应由供方负责选择合适的生产工艺。

A.2 力学性能试验样坯的模拟焊后热处理

试验前，代表力学性能验收用的试样必须在低于临界温度（AC_3）以下进行模拟焊后热处理，所用的热处理参数（如温度范围、时间和冷却速度）在合同或协议中规定。这样热处理试验结果应符合本标准的规定。

A.3 附加拉伸试验

A.3.1 非淬火加回火的钢板

除要求一个拉伸试验外，还应做第二个拉伸试验，试样取自轧制板，在前一拉伸试样取样位置的另一端的一角，其方向与前试样方向平行。第二个试样的试验结果应符合本标准的规定。

A.3.2 厚度不小于 50 mm 的 Q 420HD 淬火加回火的钢板

除要求的拉伸试验外，应在钢板的底角处加取 2 个附加试样。一个取自钢板厚度的中心，另一个紧贴表面。附加试验与规定性能必须达到的一致性由供需双方协商确定。

A.4 落锤试验（用于厚度不小于 16 mm 的钢板）

落锤试验应按 GB/T 6803 的规定进行。供需双方可对试样状态、试样数量及 NDT 温度进行协商。

A.5 高温拉伸试验

经供需双方协议，可进行高温拉伸试验。试验温度及强度值可按附录 B 或在协议或合同中规定。

A.6 无损检验

经供需双方协议，钢板可逐张进行无损检测，检测方法标准及合格级别应在协议或合同中规定。

A.7 力学试验试块的热应力消除

试验试块应通过逐渐加热或均匀加热来消除热应力，加热温度范围为 595 ℃～650 ℃或按供需双方协议规定，并按钢板厚度确定保温时间(2.4 min/mm)，在静空气中冷却至不大于 315 ℃。

A.8 奥氏体晶粒度

按炉检验钢板晶粒度，并保证晶粒度为 5 级或更细。对于酸溶铝(Als)含量不小于 0.015%或全铝(Alt)含量不小于 0.020%时，可不进行检验。

A.9 非金属夹杂

非金属夹杂的级别规定为：A、B 类不大于 2.0 级，C、D 类不大于 1.5 级。

A.10 安全壳用钢板的夏比 V 型缺口冲击试验的吸收能量值

经供需双方协议，安全壳用钢板的夏比 V 型缺口冲击试验(横向)的吸收能量值可选择表 A.1 规定，冲击试验温度应在协议或合同中注明。

表 A.1

钢板厚度 h/mm	$16<h\leqslant25$	$25<h\leqslant38$	$38<h\leqslant64$	$h>64$
平均吸收能量值/J	34	41	54	68
最小单值/J	27	34	47	61

附 录 B
（规范性附录）
高温拉伸力学性能

Q275HD 和 Q420HD 钢板高温拉伸试验的上屈服强度及抗拉强度值见表 B.1。

表 B.1

牌号	厚度/mm	拉伸试验	拉伸性能/MPa 不小于					
			100 ℃	150 ℃	200 ℃	250 ℃	300 ℃	350 ℃
Q275HD	≤150	上屈服强度	240	230	225	215	205	195
		抗拉强度	440	440	440	440	440	440
Q420HD	≤250	上屈服强度	380	360	345	335	325	310
		抗拉强度	530	530	530	530	530	515

附　录　C
（资料性附录）
相关标准牌号对照表

本标准与采用的 ASME 和 ASTM 标准牌号对照见表 C.1。

表 C.1

标准号	牌　号						
GB 30814	Q205HD	Q230HD	Q250HD	Q275HD	Q345HD1	Q345HD2	Q420HD
ASME SA-285/SA-285M-2012	Gr.C	—	—	—	—	—	—
ASME SA-283/SA-283M-2012	—	Gr.D	—	—	—	—	—
ASTM A36/A36M-2008	—	—	A36	—	—	—	—
ASME SA-516/SA-516M-2010	—	—	—	Gr.70	—	—	—
ASTM A572/A572M-2012	—	—	—	—	Gr.50T2	—	—
ASTM A588/A588M-2010	—	—	—	—	—	Gr.B	—
ASME SA-738/SA-738M-2012	—	—	—	—	—	—	Gr.B

中华人民共和国黑色冶金行业标准

连续热浸镀锌铝稀土合金镀层钢带和钢板

YB/T 052—93

1 主题内容与适用范围

本标准规定了连续热浸镀锌铝稀土合金镀层钢带和钢板(以下简称钢带和钢板)的尺寸、技术要求、试验方法、验收规则及包装标志、质量证明书。

本标准适用于公称厚度 0.25～2.50 mm,公称宽度 150～750 mm 的钢带和钢板。钢板由钢带横剪而成。

2 引用标准

GB 228 金属拉伸试验法
GB 232 金属弯曲试验方法
GB 247 钢板和钢带验收、包装、标志及质量证明书的一般规定
GB 1839 镀锌钢板(带)镀层重量测定方法
GB 2975 钢材力学及工艺性能试验取样规定
GB 4156 金属杯突试验方法(厚度 0.2～2 mm)
GB 6397 金属拉伸试验试样

3 定义

3.1 正常晶花:镀层在正常凝固条件下产生的规则 Zn-Al 稀土合金晶体表面结构。

3.2 铬酸钝化:对钢带和钢板表面进行铬酸钝化化学处理,以防止装运和贮存过程中产生白锈。铬酸钝化的防腐作用是有限的,如果装运或贮存过程中钢带或钢板受潮,应立即干燥或使用。

3.3 涂油:钢带和钢板可以涂油以减少白锈。当钢带和钢板进行钝化处理后,涂油将使产生白锈的危害性进一步减小。

4 分类与代号

4.1 产品类别与代号应符合表 1 规定。

表 1

分类方法	类　别	代　号
按加工性能	普通用途	PT
	机械咬合	JY
	深冲	SC
	结构	JG

中华人民共和国冶金工业部 1993-11-10 批准　　　　1994-07-01 实施

续表 1

分类方法	类　别	代　号
按镀层重量	90	GF 90
	135	GF 135
	180	GF 180
	225	GF 225
	275	GF 275
	350	GF 350
按表面结构	正常晶花	Z
按尺寸精度	普通精度	B
	高级精度	A
按表面处理	铬酸钝化	L
	涂油	Y
	铬酸钝化加涂油	LY

4.2　标记举例

镀层重量为 180 g/m²(GF 180)、机械咬合性能(JY)、表面铬酸钝化处理(L)、尺寸精度为 B 级、规格为 0.50 mm×320 mm×1 000 mm 板，或为 0.50 mm×320 mm 带，分别标记为：

板 GF 180-JY-L-B-0.50×320×1 000-YB/T 052—93；

带 GF 180-JY-L-B-0.50×320-YB/T 052—93。

5　尺寸、外形及允许偏差

5.1　尺寸及允许偏差

5.1.1　钢带和钢板的公称尺寸应符合表 2 规定。

表 2　　mm

名　称		公称尺寸
厚度		0.25～2.50
宽度		150～750
长度	钢带	卷内径≥500
	钢板	按订单要求但不大于 6 000

注：需方有特殊要求时，按供需双方协议。

5.1.2　钢带和钢板的厚度允许偏差应符合表 3 规定。

表 3　　mm

公称厚度	厚度允许偏差		
	SC		PT、JY、JG
	A	B	B
<0.40	±0.04	±0.05	±0.07
0.50	±0.05	±0.06	±0.08
0.60	±0.05	±0.06	±0.08

续表 3

mm

公称厚度	厚度允许偏差		
	SC		PT、JY、JG
	A	B	B
0.70	±0.06	±0.07	±0.09
0.80	±0.06	±0.07	±0.09
0.90	±0.07	±0.08	±0.10
1.00	±0.07	±0.08	±0.10
1.20	±0.08	±0.09	±0.11
1.50	±0.09	±0.11	±0.13
2.00	±0.10	±0.13	±0.15
2.50	±0.12	±0.15	±0.17

注：① 厚度测量部位距边缘不小于 20 mm。

② 钢带头部和尾部 30 m 内的厚度允许偏差最大不得超过表 3 规定值的 50%。

③ 钢带焊缝区 20 m 内的厚度允许偏差最大不得超过表 3 规定值的两倍。

④ 根据需方要求，供应表 3 公称厚度中间规格钢带时，其厚度允许偏差按相邻小尺寸的规定。

5.1.3 钢带和钢板宽度允许偏差应符合表 4 规定。

表 4

mm

公称宽度	宽度允许偏差	
	高级精度 A	普通精度 B
150～750	$^{+2}_{0}$	$^{+3}_{0}$

5.1.4 钢板长度允许偏差应符合表 5 规定。

表 5

mm

公称长度	长度允许偏差	
	高级精度 A	普通精度 B
≤2 000	$^{+3}_{0}$	$^{+6}_{0}$
>2 000	+0.001 5×公称长度	+0.003 0×公称长度

5.2 外形及允许偏差

5.2.1 钢带和钢板的镰刀弯最大值应符合表 6 规定。

表 6

mm

名　　称	镰刀弯最大值	测　量　长　度
钢带	5	2 500
钢板	0.003×公称长度	公称长度

5.2.2 不平度

5.2.2.1 钢板的不平度应符合表 7 规定。

表 7　　mm

<table>
<tr><td rowspan="4">公称宽度</td><td colspan="6">不平度，不大于</td></tr>
<tr><td colspan="3">高级精度 A</td><td colspan="3">普通精度 B</td></tr>
<tr><td colspan="6">公称厚度</td></tr>
<tr><td>＜0.70</td><td>0.70～＜1.20</td><td>≥1.20</td><td>＜0.70</td><td>0.70～＜1.20</td><td>≥1.20</td></tr>
<tr><td>150～750</td><td>5</td><td>4</td><td>3</td><td>12</td><td>10</td><td>8</td></tr>
</table>

5.2.2.2　钢带不平度一般不做测量。当需方对不平度有要求时，不平度指标可参照钢板指标。

5.2.3　钢板切斜度不大于 1%。

6　技术要求

6.1　钢基技术要求

6.1.1　钢的牌号及化学成分

牌号及化学成分由供方选择。需方有要求时，也可指定牌号或化学成分。

6.1.2　性能

6.1.2.1　钢基为冷轧钢带。钢基性能应符合表 8 规定。

表 8

类别代号	180°冷弯试验 d-弯心直径 a-试样厚度	抗拉强度 σ_b MPa	屈服点 σ_s MPa	延伸率 δ %	杯突试验
PT	$d=a$	—	—	—	—
JY	$d=0$	270～500	—	—	—
SC	—	270～380	—	≥30	见表 9
JG	—	≥370	≥240	≥18	—

注：① 钢基冷弯，试样弯曲处不允许出现裂纹、裂缝、断裂及起层。

② 拉伸试验，试样的标距 $l_0=80$ mm，宽度 $b_0=20$ mm。

表 9　　mm

公称厚度	杯突试验 杯突深度不小于
0.5	7.4
0.6	7.8
0.7	8.1
0.8	8.4
0.9	8.7
1.0	9.0
1.1	9.2
1.2	9.4
1.3	9.6
1.4	9.7

续表 9 mm

公称厚度	杯突试验 杯突深度不小于
1.5	9.9
1.6	10.0
1.7	10.1
1.8	10.3
1.9	10.4
2.0	10.5

注：① 厚度大于 2.0 mm 的钢带和钢板，其杯突试验冲压深度由供需双方协议。

② 根据需方要求，供应表 9 公称厚度中间尺寸钢带和钢板时，其冲压深度按相邻小尺寸的规定。

6.1.2.2 深冲钢带和钢板经供方平整处理后，保证 8 d 内深冲加工时不产生滑移线。

6.2 镀层技术要求

6.2.1 镀层重量应符合表 10 规定。

表 10 g/m^2

镀层重量代号	三点试验平均值(双面)不小于	三点试验最低值	
		双面	单面
GF 90	90	75	30
GF 135	135	113	45
GF 180	180	150	60
GF 225	225	195	78
GF 275	275	235	94
GF 350	350	300	120

注：需方对镀层重量无具体要求时，按 GF 180 供货。

6.2.2 镀层弯曲

镀层弯曲应符合表 11 规定。

表 11

加工性能 类别代号	180°弯曲试验 d-弯心直径 a-试样厚度
PT	$d=a$
JY	$d=0$
SC	$d=0$
JG	$d=a$

注：距试样边部 5 mm 以外不允许出现镀层脱落，但允许表面出现不露钢基的裂纹。

6.2.3 镀层表面质量

钢带和钢板的表面应光滑平整，晶花均匀，允许存在轻微的划伤、压痕和钝化斑点。

钢带允许存在小的锌粒和结疤，以及因原钢带锈点而产生的轻微麻点。

钢板不允许存在漏镀点。

6.2.4 镀层表面结构

镀层表面结构均为正常晶花。

6.2.5 镀层表面处理

需方可在下列表面处理方法中任选一种：

A 铬酸钝化；

B 涂油；

C 铬酸钝化加涂油。

若需方无要求时，按铬酸钝化处理。

7 试验方法

7.1 尺寸、外形测量方法

7.1.1 钢带和钢板的厚度在热浸镀后用千分尺测量，宽度、长度、镰刀弯、不平度、切斜度用样板、卡尺或直尺测量。

7.1.2 钢带和钢板的镰刀弯测量方法按图1所示。

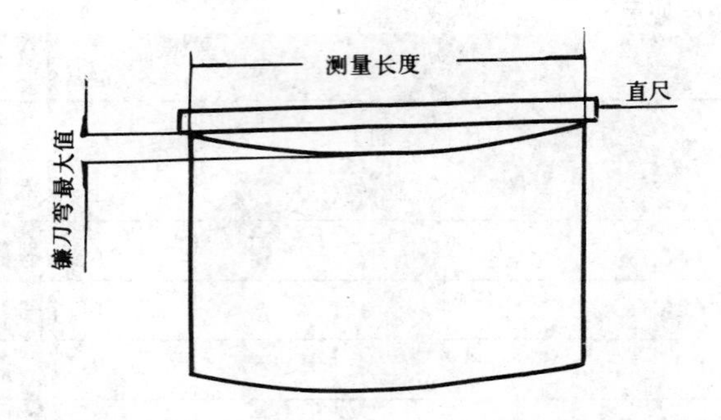

图 1

7.1.3 钢板不平度测量方法：将钢板放在平台上，测量钢板下表面与平台之间的最大距离。

钢带不平度参照钢板不平度测量方法进行测量。

7.1.4 钢板切斜度测量方法按图2所示。

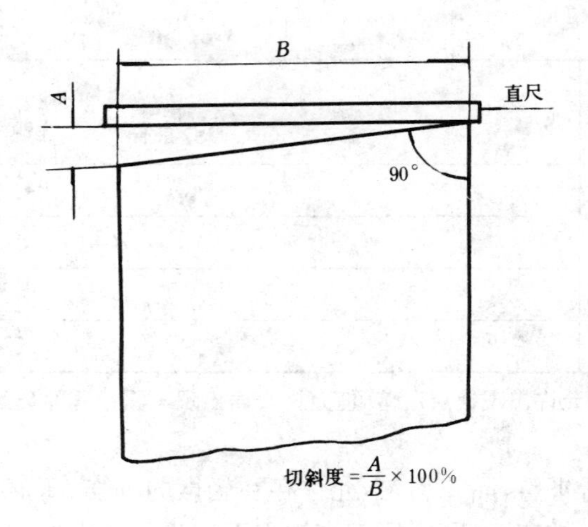

图 2

7.2 钢带和钢板力学性能及工艺性能试验方法应符合表12规定。

表 12

检验项目		取样方法	试验方法	说明
钢基	拉伸试验	GB 2975 GB 6397	GB 228	去除镀层后试验
	冷弯试验	GB 2975 GB 6397	GB 232	去除镀层后试验
	杯突试验	GB 6397	GB 4156	试样宽度 80±5 mm
镀层	镀层重量试验	GB 6397	GB 1839	试样面积 50 cm^2
	镀层弯曲试验	GB 2975 GB 6397	GB 232	—
	镀层表面质量	—	目测	—

注：① 镀层重量试样取样方法中，若钢带宽度大于等于 250 mm，在钢带宽度方向上等距离取三块试样；若钢带宽度小于 250 mm，在钢带长度中心线上纵向取三块试样，试样间隔 50 mm。

② 拉伸、冷弯、弯曲试验样品均为一块。

8 检验规则

8.1 组批

钢带和钢板应成批验收。每批由同一牌号、同一镀层重量、同一加工性能、同一尺寸、同一表面处理的钢带或钢板组成。钢板每批不大于 10 t，钢带每一卷为一批；钢板每批任取一张；钢带每卷头部或尾部 1 m 以外切取一张检验。

8.2 检验

钢带和钢板的检验规则按 GB 247 的规定。

9 包装、标志及质量证明书

钢带和钢板的包装、标志及质量证明书按 GB 247 的规定。

附加说明：

本标准由中华人民共和国冶金工业部提出。

本标准由冶金工业部信息标准研究院归口。

本标准由冶金部钢铁研究总院、哈尔滨带钢厂负责起草。

本标准主要起草人李凌云、犹昕、刘伯文、刘冠石、边洪霆、李约翰。

中华人民共和国黑色冶金行业标准

YB/T 055—94

200升钢桶用冷轧薄钢板和热镀锌薄钢板

1 主题内容与适用范围

本标准规定了200升钢桶用冷轧薄钢板(带)和冷轧热镀锌薄钢板(带)(以下简称冷轧板和镀锌板)的尺寸、外形、技术要求、试验规则、包装、标志及质量证明书。

本标准适用于制造容量为200升钢桶用冷轧薄钢板(带)和冷轧热镀锌薄钢板(带)。

2 引用标准

GB 222 钢的化学分析用试样取样法及成品化学成分允许偏差

GB 223 钢铁及合金化学分析方法

GB 228 金属拉伸试验法

GB 232 金属弯曲试验方法

GB 247 钢板和钢带验收、包装、标志及质量证明书的一般规定

GB/T 1839 钢铁产品镀锌层质量试验方法

GB 2975 钢材力学及工艺性能试验取样规定

GB 4156 金属杯突试验方法(厚度0.2～2 mm)

GB 6397 金属拉伸试验试样

3 代号

本标准所列牌号中的"LT"和"XT",分别为「冷轧油桶钢板」和「冷轧镀锌钢板」的汉语拼音缩写。

镀锌板按锌层重量分为二个牌号:XT1、XT2

4 尺寸、外形

4.1 尺寸

4.1.1 钢板(带)的公称尺寸应符合表1的规定。

表1 mm

用途 \ 尺寸规格	厚度	宽度	长度
桶盖用	1.0	660	1 980
	1.2	1 320	
桶身用	1.5	930	1 800

4.1.2 成卷交货时,其内径为610 mm。

中华人民共和国冶金工业部1994-09-27批准 1995-05-01实施

4.1.3 根据需方要求，经供需双方协议，亦可供应表1以外的其他尺寸的钢板(带)。

4.2 尺寸允许偏差

4.2.1 钢板(带)厚度允许偏差应符合表2的规定。

表 2

mm

公称厚度	厚度允许偏差	
	冷轧板(带)	镀锌板(带)
1.0	±0.09	±0.10
1.2	±0.10	±0.11
1.5	±0.12	±0.13

4.2.2 宽度和长度允许偏差为+8 mm。

4.3 外形

4.3.1 不平度 钢板的每米不平度不大于8 mm。

4.3.2 镰刀弯 钢带的镰刀弯每2 m内不大于6 mm。

5 锌层表面结构

镀锌板(带)的锌层结构为正常锌花。锌层重量XT 1为200 g/m^2,XT 2为275 g/m^2。

6 技术要求

6.1 牌号和化学成分

6.1.1 钢的牌号和化学成分(熔炼分析)应符合表3的规定。

表 3

牌号	化学成分,%					
	C	Si	Mn	P	S	Als
				不大于		
LT	≤0.10	≤0.07	0.20～0.55	≤0.035	≤0.035	≥0.015
XT1 XT2	由供方选择，需方有要求时，可提供化学成分					

6.1.2 成品钢板和钢带化学成分的允许偏差应符合GB 222的规定。

6.2 交货状态

冷轧钢板(带),经过热处理(再结晶退火)和平整后交货。除特殊要求外，一律涂油。

冷轧热镀锌钢板(带),经过热处理(再结晶退火)和表面处理后交货，除有特殊要求外，应钝化加涂油。

6.3 力学性能和工艺性能

6.3.1 冷轧板和镀锌板的力学性能应符合表4的规定。

表 4

牌号	抗拉强度 σ_b MPa	伸长率 δ %	备　注 mm
LT	295～410	≥30	$L_0=11.3\sqrt{F}$ $b_0=20$
XT1 XT2	295～450	≥27	$L_0=80$ $b_0=20$

6.3.2　桶盖用钢板(带)的杯突试验应符合表 5 的规定。

表 5　mm

公称厚度	杯突试验冲压深度　不小于	
	冷轧板(带)	镀锌板(带)
1.0	10.1	9.0
1.2	10.6	9.4
1.5	11.2	9.9

6.3.3　镀锌板(带)应做 180°锌层弯曲试验，$d=0$，弯曲后距试样边部 5 mm 以外不允许出现锌层脱落，但允许出现不露钢基的裂纹。

6.4　镀锌板(带)的锌层重量应符合表 6 的规定。

表 6　g/m²

牌号	表面结构	锌层重量	三点试验平均值(双面)不小于	三点试验最小值	
				双面	单面
XT1	正常锌花	200	200	170	68
XT2		275	275	235	94

6.5　表面质量

钢板(带)的表面不允许有裂纹、结疤、折叠、气泡、夹杂和其他影响使用的缺陷。钢板(带)不得有分层。允许有厚度公差一半范围内的下列缺陷：轻微的麻点、划痕、压痕和局部轻微氧化色。

冷轧热镀锌钢板(带)、不得存在影响使用的缺陷，允许有小腐蚀点，轻微的气刀条痕、划伤、压痕、小的锌粒、锌疤、宽度不大于 20 mm 的轻微锌厚边及因原板锈点而形成的轻微麻点。

7　试验方法

7.1　钢板(带)的尺寸测量方法应符合 GB 708 的规定。

7.2　钢板(带)的试验项目，试样数量，取样方法和试验方法应符合表 7 的规定。

表 7

序号	试验项目	试样数量，个	取样方法	试验方法
1	化学分析	1 （每炉罐号）	GB 222	GB 223
2	拉伸试验	1	GB 2975	GB 6397，GB 228 LT 试样 04，LX 试样 9
3	冷弯试验	1	GB 2975 试样宽度 20 mm	GB 232
4	锌层重量	1	每个试样面积 50 cm^2 距边缘大于 50 mm内侧在边中边三个部位取样	GB/T 1839
5	锌层弯曲	1	GB 2975 试样宽度 20 mm	GB 232
6	杯突试验	1	试样长度同板宽，试验在试样中心与边部三点进行	GB 4156

8 检验规则

8.1 钢板和钢带应成批验收。每一批应由同一炉罐号，同一厚度、同一炉次或同一热处理制度钢板或钢带组成，冷轧钢板（带）重量不得大于 45 t，冷轧热镀锌钢桶板（带）重量不得大于 10 t。

8.2 用于检验的钢板应从板卷的头部或尾部切取。

8.3 钢板（带）的复验按 GB 247 的规定进行。

9 包装、标志及质量证明书

钢板（带）包装、标志及质量证明书应符合 GB 247 的规定。

附加说明：

本标准由中华人民共和国冶金工业部提出。

本标准由冶金工业部信息标准研究院归口。

本标准由武汉钢铁公司，冶金部信息标准研究院负责起草。

本标准主要起草人李灵、柯史炫、杨大可、邓濂献。

ICS 77.140.50
H 46

中华人民共和国黑色冶金行业标准

YB/T 107—2013
代替 YB/T 107—1997

塑料模具用热轧钢板

Hot-rolled steel plates for plastic mould

2013-04-25 发布　　2013-09-01 实施

中华人民共和国工业和信息化部　发布

前　言

本标准按照 GB/T 1.1—2009 给出的规则起草。

本标准代替 YB/T 107—1997《塑料模具用热轧厚钢板》。

本标准与 YB/T 107—1997 相比，主要变化如下：

——标准名称修改为“塑料模具用热轧钢板”；

——将产品厚度范围由 20 mm～240 mm 扩大到 5 mm～400 mm；

——增加了订货内容规定；

——增加了牌号表示方法；

——按牌号表示方法将 SM3Cr2Ni1Mo 变更为 SM3Cr2MnNiMo，并对成分进行了调整；

——按国内牌号表示方法将 1.2311、P20＋S、1.2312、1.2738、718H 等非标牌号转化为 SM4Cr2Mn、SM4Cr2MnS、SM4Cr2MnNi、SM4Cr；

——增加了 SM35 牌号及其相关要求；

——增加了 SM1Ni3Mn2CuAl、SM2Cr13、SM3Cr17Mo、SM4Cr13 四个牌号及其相关要求；

——加严了 P、S 含量的要求；

——修改了交货状态；

——修改了硬度要求；

——增加了数值修约要求。

本标准由中国钢铁工业协会提出。

本标准由全国钢标准化技术委员会(SAC/TC 183)归口。

本标准起草单位：江苏沙钢集团有限公司、首钢总公司、江阴兴澄特殊钢有限公司、南阳汉冶特钢有限公司、冶金工业标准信息研究院。

本标准主要起草人：李晓波、黄正玉、任翠英、朱书成、师莉、李国忠、董莉、许少普、郭桐。

本标准所代替标准的历次版本发布情况为：

——YB/T 107—1997。

塑料模具用热轧钢板

1 范围

本标准规定了塑料模具用钢板的订货内容、牌号表示方法、尺寸、外形、重量及允许偏差、技术要求、试验方法、检验规则、标志及质量证明书等。

本标准适用于厚度为 5 mm～400 mm 的用于制造塑料模具的钢板(以下简称钢板)。

2 规范性引用文件

下列文件对于本文件的应用是必不可少的。凡是注日期的引用文件,仅注日期的版本适用于本文件。凡是不注日期的引用文件,其最新版本(包括所有的修改单)适用于本文件。

GB/T 222 钢的成品化学成分允许偏差

GB/T 223.5 钢铁 酸溶性硅和全硅含量的测定 还原型硅钼酸盐分光光度法

GB/T 223.8 钢铁及合金化学分析方法 氟化钠分离-EDTA 滴定法测定铝含量

GB/T 223.11 钢铁及合金 铬含量的测定 可视滴定或电位滴定法

GB/T 223.18 钢铁及合金化学分析方法 硫代硫酸钠分离-碘量法测定铜量

GB/T 223.19 钢铁及合金化学分析方法 新亚铜灵-三氯甲烷萃取光度法测定铜量

GB/T 223.23 钢铁及合金 镍含量的测定 丁二酮肟分光光度法

GB/T 223.26 钢铁及合金 钼含量的测定 硫氰酸盐分光光度法

GB/T 223.28 钢铁及合金化学分析方法 α-安息香肟重量法测定钼量

GB/T 223.53 钢铁及合金化学分析方法 火焰原子吸收分光光度法测定铜量

GB/T 223.54 钢铁及合金化学分析方法 火焰原子吸收分光光度法测定镍量

GB/T 223.58 钢铁及合金化学分析方法 亚砷酸钠-亚硝酸钠滴定法测定锰量

GB/T 223.59 钢铁及合金 磷含量的测定 铋磷钼蓝分光光度法和锑磷钼蓝分光光度法

GB/T 223.60 钢铁及合金化学分析方法 高氯酸脱水重量法测定硅含量

GB/T 223.61 钢铁及合金化学分析方法 磷钼酸铵容量法测定磷量

GB/T 223.62 钢铁及合金化学分析方法 乙酸丁酯萃取光度法测定磷量

GB/T 223.63 钢铁及合金化学分析方法 高碘酸钠(钾)光度法测定锰量

GB/T 223.64 钢铁及合金 锰含量的测定 火焰原子吸收光谱法

GB/T 223.67 钢铁及合金 硫含量的测定 次甲基蓝分光光度法

GB/T 223.68 钢铁及合金化学分析方法 管式炉内燃烧后碘酸钾滴定法测定硫含量

GB/T 223.69 钢铁及合金 碳含量的测定 管式炉内燃烧后气体容量法

GB/T 223.71 钢铁及合金化学分析方法 管式炉内燃烧后重量法测定碳含量

GB/T 223.72 钢铁及合金 硫含量的测定 重量法

GB/T 224 钢的脱碳层深度测定法

GB/T 226 钢的低倍组织及缺陷酸蚀检验法

GB/T 228.1 金属材料 拉伸试验 第1部分:室温试验方法

GB/T 229 金属材料 夏比摆锤冲击试验方法

GB/T 230.1 金属材料 洛氏硬度试验 第1部分:试验方法

GB/T 231.1 金属材料 布氏硬度试验 第1部分:试验方法
GB/T 247 钢板和钢带包装、标志及质量证明书的一般规定
GB/T 709 热轧钢板和钢带的尺寸、外形、重量及允许偏差
GB/T 1299—2000 合金工具钢
GB/T 2970 厚钢板超声波探伤检验方法
GB/T 2975 钢及钢产品力学性能试验取样位置及试样制备
GB/T 4336 碳素钢和中低合金钢火花源原子发射光谱分析方法(常规法)
GB/T 10561—2005 钢中非金属夹杂物含量的测定 标准评级图显微检验法
GB/T 14977 热轧钢板表面质量的一般要求
GB/T 17505 钢及钢产品交货一般技术要求
GB/T 20066 钢和铁 化学成分测定用试样的取样和制样方法
GB/T 20123 钢铁 总碳硫含量的测定 高频感应炉燃烧后红外吸收法(常规方法)
GB/T 20125 低合金钢 多元素含量的测定 电感耦合等离子体发射光谱法
GB/T 24594—2009 优质合金模具钢
YB/T 081 冶金技术标准的数值修约与检测数值的判定原则
JB/T 4730.3 承压设备无损检测 第3部分:超声检测

3 订货内容

订货时需方应提供如下信息:

a) 本标准编号;
b) 产品名称;
c) 牌号;
d) 产品规格;
e) 尺寸、外形精度;
f) 交货状态;
g) 重量;
h) 其他特殊要求。

4 牌号表示方法

4.1 碳素塑料模具钢

钢的牌号由代表塑料模具中的“塑模”两汉字汉语拼音的第一个字母、碳含量两部分组成。

示例:SM35。

其中:S、M——“塑料模具”中的“塑”、“模”的汉语拼音的第一个字母;

35——对于碳素塑料模具钢,以二位阿拉伯数字表示的平均碳含量(以万分之几计)。

4.2 合金塑料模具钢

钢的牌号由代表塑料模具中的“塑模”两汉字汉语拼音的第一个字母、碳含量与合金元素含量组成。

示例:SM3Cr2Mo。

其中:S、M——“塑料模具”中的“塑”、“模”的汉语拼音的第一个字母;

3——对于合金塑料模具钢,以一位阿拉伯数字表示的平均碳含量(以千分之几计);

Cr2Mo——以化学元素符号和阿拉伯数字表示合金元素含量。平均含量小于1.50%时,牌号中仅标明元素,一

般不标明含量;平均含量为1.50%~2.49%、2.50%~3.49%、3.50%~4.49%……时在合金元素后相应写成2、3、4……。

5 尺寸、外形、重量及允许偏差

5.1 钢板的尺寸、外形、重量及允许偏差应符合GB/T 709的规定。

5.2 经供需双方协议,并在合同中注明,可供应其他尺寸、外形、重量及允许偏差的钢板。

6 技术要求

6.1 牌号及化学成分

6.1.1 钢的牌号及化学成分(熔炼分析)应符合表1的规定。

6.1.2 钢的成品化学成分允许偏差应符合GB/T 222的规定。

表1 牌号与化学成分

<table>
<tr><th rowspan="2">牌号</th><th colspan="9">化学成分(质量分数)/%</th></tr>
<tr><th>C</th><th>Si</th><th>Mn</th><th>P</th><th>S</th><th>Cr</th><th>Mo</th><th>Ni</th><th>Cu</th></tr>
<tr><td>SM35[a]</td><td>0.32~0.38</td><td rowspan="6">0.17~0.37</td><td rowspan="6">0.50~0.80</td><td rowspan="6">≤0.025</td><td rowspan="6">≤0.025</td><td rowspan="6">≤0.20</td><td rowspan="6">—</td><td rowspan="6">≤0.20</td><td rowspan="6">≤0.30</td></tr>
<tr><td>SM45[a]</td><td>0.42~0.48</td></tr>
<tr><td>SM48[a]</td><td>0.45~0.51</td></tr>
<tr><td>SM50[a]</td><td>0.47~0.53</td></tr>
<tr><td>SM53[a]</td><td>0.50~0.56</td></tr>
<tr><td>SM55[a]</td><td>0.52~0.58</td></tr>
<tr><td>SM3Cr2Mo</td><td>0.28~0.40</td><td>0.20~0.80</td><td>0.60~1.00</td><td>≤0.025</td><td>≤0.025</td><td>1.40~2.00</td><td>0.30~0.55</td><td>≤0.25</td><td>≤0.25</td></tr>
<tr><td>SM3Cr2MnNiMo[b]</td><td>0.32~0.40</td><td>0.20~0.40</td><td>1.10~1.50</td><td>≤0.025</td><td>≤0.025</td><td>1.70~2.00</td><td>0.25~0.40</td><td>0.85~1.15</td><td>≤0.25</td></tr>
<tr><td>SM4Cr2Mn[b]</td><td>0.35~0.45</td><td>0.20~0.40</td><td>1.30~1.60</td><td>≤0.025</td><td>≤0.025</td><td>1.80~2.10</td><td>0.15~0.25</td><td>—</td><td>—</td></tr>
<tr><td>SM4Cr2MnS[b]</td><td>0.35~0.45</td><td>0.30~0.50</td><td>1.40~1.60</td><td>≤0.025</td><td>0.05~0.10</td><td>1.80~2.00</td><td>0.15~0.25</td><td>—</td><td>—</td></tr>
<tr><td>SM4Cr2MnNi[b]</td><td>0.35~0.45</td><td>0.20~0.40</td><td>1.30~1.60</td><td>≤0.025</td><td>≤0.025</td><td>1.80~2.10</td><td>0.15~0.25</td><td>0.90~1.20</td><td>—</td></tr>
<tr><td>SM4Cr</td><td>0.37~0.44</td><td>0.17~0.37</td><td>0.50~0.80</td><td>≤0.025</td><td>≤0.025</td><td>0.80~1.10</td><td>—</td><td>—</td><td>≤0.25</td></tr>
<tr><td>SM1Ni3Mn2CuAl[c]</td><td>0.10~0.15</td><td>≤0.35</td><td>1.40~2.00</td><td rowspan="4">≤0.025</td><td rowspan="4">≤0.025</td><td>—</td><td>0.25~0.50</td><td>2.90~3.40</td><td>0.80~1.20</td></tr>
<tr><td>SM2Cr13</td><td>0.16~0.25</td><td>≤1.00</td><td>≤1.00</td><td>12.00~14.00</td><td>—</td><td>≤0.60</td><td>—</td></tr>
<tr><td>SM3Cr17Mo</td><td>0.28~0.35</td><td>≤0.80</td><td>≤1.00</td><td>16.00~18.00</td><td>0.75~1.25</td><td>≤0.60</td><td>—</td></tr>
<tr><td>SM4Cr13</td><td>0.35~0.45</td><td>≤0.60</td><td>≤0.80</td><td>12.00~14.00</td><td>—</td><td>≤0.60</td><td>—</td></tr>
<tr><td colspan="10">[a] SM35~SM55钢中残余元素Ni+Cr≤0.35%。
[b] 经供需双方协商,Mn含量上限可提到1.80%。
[c] Al含量应为0.70%~1.10%。</td></tr>
</table>

6.2 冶炼方法

钢由转炉或电炉冶炼,并经炉外精炼。

6.3 交货状态

钢板以热轧、退火、淬火、淬火＋回火、正火、正火＋回火或回火状态交货。

6.4 硬度

6.4.1 钢板以退火、淬火＋回火、正火＋回火状态交货时的硬度应符合表2的规定。
6.4.2 经供需双方协商并在合同中注明，交货状态钢材的硬度值可另行规定。

表2 硬度要求

牌号	退火硬度 HBW	淬火＋回火、正火＋回火硬度
SM35	150～205	—
SM45	155～210	—
SM48	160～215	—
SM50	165～220	—
SM53	170～225	—
SM55	175～230	—
SM3Cr2Mo	—	28 HRC～34 HRC
SM3Cr2MnNiMo	—	29 HRC～34 HRC
		290 HBW～340 HBW
SM4Cr2Mn	—	28 HRC～34 HRC
SM4Cr2MnS	—	29 HRC～34 HRC
SM4Cr2MnNi	—	30 HRC～37 HRC
		320 HBW～370 HBW
SM4Cr	—	—
SM1Ni3Mn2CuAl	≤235	36 HRC～43 HRC
SM2Cr13	≤235	30 HRC～36 HRC
SM3Cr17Mo	≤235	30 HRC～36 HRC
SM4Cr13	≤235	30 HRC～36 HRC

6.5 表面质量

6.5.1 钢板表面不允许存在裂纹、气泡、结疤、折叠和夹杂等缺陷。钢板不应有分层。如有上述表面缺陷，允许清理，清理深度从钢板实际尺寸算起，应不超过钢板厚度公差之半，并应保证钢板的最小厚度。缺陷清理处应平滑无棱角。
6.5.2 钢板表面允许有不妨碍检查表面缺陷的薄层氧化铁皮、铁锈、由压入氧化铁皮脱落所引起的表面粗糙、划伤、压痕及其他局部缺陷，但其深度应不大于厚度公差之半，并应保证钢板的最小厚度。
6.5.3 经供需双方协商，并在合同中注明，表面质量可执行GB/T 14977的规定。

6.6 特殊要求

6.6.1 低倍组织

根据需方要求，并在合同中注明，可对钢板应进行低倍组织检验，在酸浸低倍组织的横截面上不应有目视可见的缩孔、夹杂、分层、裂纹、气泡和白点。中心疏松和锭型偏析应按GB/T 1299—2000的第三级别图评定，当其轻重程度介于相邻两级之间时，可评半级。检验结果应符合表3的规定。

表3 低倍组织合格级别

<table>
<tr><td rowspan="2">低倍组织</td><td colspan="6">厚度/mm</td></tr>
<tr><td>≤50</td><td>>50～75</td><td>>75～100</td><td>>100～125</td><td>>125～155</td><td>>155</td></tr>
<tr><td>中心疏松/级</td><td>≤3</td><td>≤3.5</td><td>≤4</td><td>≤4.5</td><td>≤5</td><td rowspan="2">供需双方协议</td></tr>
<tr><td>锭型偏析/级</td><td>≤3.5</td><td>≤4</td><td>≤4.5</td><td>≤5</td><td>≤5.5</td></tr>
</table>

6.6.2 脱碳层

根据需方要求，并在合同中注明，可对公称厚度不大于150 mm的钢板应进行脱碳层检验。钢板的一边总脱碳层（铁素体＋部分脱碳）的深度应不大于0.25 mm＋1%D（D为钢板的厚度）。

6.6.3 非金属夹杂物

根据需方要求，并在合同中注明，可对钢板进行非金属夹杂物的检验。按GB/T 10561—2005的A法检验非金属夹杂物，每个试样的检验结果应符合表4的规定。

表4 非金属夹杂物合格级别

类别	A类	B类	C类	D类
细系/级	≤2.5	≤2.5	≤1.5	≤2.5
粗系/级	≤2	≤2	≤1.5	≤2
注：根据需方要求可检验DS类非金属夹杂物，合格级别由供需双方协商确定。				

6.6.4 力学性能

根据需方要求，并在合同中注明，可对钢板进行力学性能检验，其检验结果应符合表5的规定。

6.6.5 超声检测

根据需方要求，并在合同中注明，可对钢板逐张进行超声检测，检测方法按GB/T 2970或JB/T 4730.3的规定，合格级别应在合同中注明。

6.6.6 其他特殊要求

经供需双方协商并在合同中注明，可对钢板提出其他特殊技术要求。

表5 力学性能

<table>
<tr><td rowspan="2">牌号</td><td rowspan="2">试样推荐
热处理制度</td><td rowspan="2">上屈服强度[a]
R_{eH}/MPa</td><td rowspan="2">抗拉强度
R_m/MPa</td><td rowspan="2">断后伸长率
A/%</td><td>纵向冲击吸收能量KV_2/J</td></tr>
<tr><td>室温(23 ℃±5 ℃)</td></tr>
<tr><td>SM35</td><td rowspan="5">850 ℃油冷＋
560 ℃回火</td><td>≥345</td><td>≥590</td><td>≥16</td><td rowspan="5">≥35</td></tr>
<tr><td>SM45</td><td>≥355</td><td>≥600</td><td>≥16</td></tr>
<tr><td>SM48</td><td>≥365</td><td>≥610</td><td>≥14</td></tr>
<tr><td>SM50</td><td>≥375</td><td>≥630</td><td>≥14</td></tr>
<tr><td>SM53</td><td>≥380</td><td>≥640</td><td>≥13</td></tr>
</table>

表 5（续）

牌号	试样推荐热处理制度	上屈服强度[a] R_{eH}/MPa	抗拉强度 R_m/MPa	断后伸长率 A/%	纵向冲击吸收能量 KV_2/J
					室温（23 ℃±5 ℃）
SM55	850 ℃油冷＋560 ℃回火	≥385	≥645	≥13	≥45
SM3Cr2Mo		≥660	≥960	≥15	
SM3Cr2MnNiMo		≥680	≥980	≥15	
SM4Cr2Mn	由供需双方协商确定	由供需双方协商确定			
SM4Cr2MnS					
SM4Cr2MnNi					
SM4Cr					
SM1Ni3Mn2CuAl					
SM2Cr13					
SM3Cr17Mo					
SM4Cr13					

[a] 当屈服现象不明显时，应测量规定塑性延伸强度 $R_{p0.2}$ 来代替上屈服强度 R_{eH}。

7 检验和试验

每批钢板的检验项目、试样数量、取样方法、试验方法应符合表 6 的规定。

表 6 检验项目、试样数量、取样方法和试验方法

序号	检验项目	试样数量	取样方法	试验方法
1	化学成分	每炉 1 个	GB/T 20066	GB/T 223、GB/T 4336、GB/T 20123、GB/T 20125
2	硬度	2 个/批	不同钢板	GB/T 230.1、GB/T 231.1
3	低倍组织	2 个/批	不同钢板	GB/T 1299—2000、GB/T 226
4	脱碳层	2 个/批	不同钢板	GB/T 224
5	非金属夹杂物	2 个/批	不同钢板	GB/T 10561—2005
6	拉伸试验	1 个/批	GB/T 2975	GB/T 228.1
7	冲击试验	3 个/批	GB/T 2975	GB/T 229
8	超声检测	逐张	—	GB/T 2970、JB/T 4730.3
9	表面质量	逐张	—	目视及测量
10	尺寸、外形	逐张	—	符合精度要求的量具

8 检验规则

8.1 检查与验收

钢板的质量检查与验收由供方技术质量监督部门负责。必要时需方有权按本标准规定进行检查与验收。

8.2 组批规则

钢板应成批验收,每批由同一牌号、同一炉号、同一厚度、同一交货状态的钢板组成。

8.3 复验与判定

钢板检验结果不符合本标准要求时,可进行复验。检验项目的复验和判定应符合 GB/T 17505 的规定。

8.4 数值修约

钢板检验结果的数值修约与判定应符合 YB/T 081 的规定。

9 包装、标志及质量证明书

钢板的包装、标志及质量证明书应符合 GB/T 247 的规定。

附　录　A
（资料性附录）
牌号对照表

表 A.1 列出了本标准与原标准、相关国内外标准相近牌号的对照。

表 A.1　本标准与原标准、相关国内外标准相近牌号对照表

本标准	YB/T 107—1997	GB/T 24594—2009	GB/T 1299—2000	ISO 4957：1999	ASTM A 681—08	JIS G4051：2009	市场上常规使用的非标牌号
SM35	—	—	—	—	—	S35C	—
SM45	SM45	—	—	C45U	—	S45C	—
SM48	SM48	—	—	C45U	—	S48C	—
SM50	SM50	—	—	C45U	—	S50C	—
SM53	SM53	—	—	—	—	S53C	—
SM55	SM55	—	—	—	—	S55C	—
SM3Cr2Mo	SM3Cr2Mo	3Cr2MnMo（旧牌号 3Cr2Mo）	3Cr2Mo	35CrMo7	P20	—	3Cr2Mo P20、P20H
SM3Cr2MnNiMo	SM3Cr2Ni1Mo	3Cr2MnNiMo	3Cr2MnNiMo	—	—	—	718 部分 718H
SM4Cr2Mn	—	—	—	—	—	—	1.2311
SM4Cr2MnS	—	—	—	—	—	—	1.2312 P20＋S
SM4Cr2MnNi	—	—	—	40CrMnNiMo8-6-4	—	—	1.2738 P20＋Ni718S 部分 718H
SM4Cr	—	—	—	—	—	—	40Cr
SM1Ni3Mn2CuAl	—	1Ni3Mn2CuAl	—	—	—	—	—
SM2Cr13	—	20Cr13（旧牌号 2Cr13）	—	—	—	—	—
SM3Cr17Mo	—	30Cr17Mo（旧牌号 3Cr17Mo）	—	—	—	—	—
SM4Cr13	—	40Cr13（旧牌号 4Cr13）	—	—	—	—	—

前　　言

在制订本标准过程中，以国内生产厂家的企业标准为依据，参考了日本工业标准：JISG 3602—1986《镍及镍合金复合钢》、美国国家标准 ASTM A265—1992《镍和镍基合金复合钢板》的部分内容，并结合了国内实际情况。

本标准由冶金工业部信息标准研究院提出。

本标准由全国钢标准化技术委员会归口。

本标准由营口中板厂负责起草。

本标准主要起草人：马健军、谢洪儒、刘冬梅、赵云龙。

中华人民共和国黑色冶金行业标准

镍-钢复合板

YB/T 108—1997

Nickel steel-clad plate

1 范围

本标准规定了爆炸焊接法和轧制爆炸复合坯料法生产的镍-钢复合板的尺寸、外形、重量、技术要求、试验方法、检验规则、包装、标志和质量证明书等。

本标准适用于石油、化工、制药、制盐等行业制造耐腐蚀的压力容器，原子反应堆，贮藏槽及其他用途的总厚度为6～20 mm的镍-钢复合板(以下简称复合板)。其他规格复合板，其他复合方式，可参照执行。

2 引用标准

下列标准所包含的条文，通过在本标准中引用而构成为本标准的条文。在本标准出版时，所示版本均为有效。所有标准都会被修订，使用本标准的各方应探讨使用下列标准最新版本的可能性。

GB 247—88 钢板和钢带验收、包装、标志及质量证明书的一般规定

GB 699—88 优质碳素结构钢技术条件

GB 700—88 碳素结构钢

GB 713—86 锅炉用碳素钢和低合金钢钢板

GB/T 1591—94 低合金高强度结构钢

GB 2975—82 钢材力学及工艺性能试验取样规定

GB 5235—85 加工镍及镍合金 化学成分和产品形状

GB/T 6396—1995 复合钢板力学及工艺性能试验方法

GB 6654—86 压力容器用碳素钢和低合金钢厚钢板

GB 7734—87 复合钢板超声波探伤方法

3 符号

B——代表爆炸复合；

BR——代表爆炸轧制复合。

4 尺寸、外形及重量

4.1 长度和宽度按50 mm的倍数进级，定尺板尺寸由供需双方协议，长宽尺寸偏差按基材标准要求，也可按供需双方协议。

4.2 复合板的总厚度、复层厚度及允许偏差应符合表1规定。

中华人民共和国冶金工业部1997-02-19批准　　　　1997-07-01实施

表 1

总厚度		复层厚度	
公称尺寸,mm	允许偏差	公称尺寸,mm	允许偏差
6～10	±9%	≤2	双方协议
>10～15	±8%	>2～3	±12%
>15～20	±7%	>3	±10%

4.3 复层厚度和允许偏差,亦可由供需双方协议规定。

4.4 复合板的不平度。

总厚度不大于 10 mm 的复合板,其每米不平度不大于 12 mm;总厚度大于 10 mm,每米不平度不得大于 10 mm。

4.5 复合板按理论重量计算。钢的密度为 7.85 g/cm³。镍及镍合金的密度按 8.85 g/cm³。

5 技术要求

5.1 复合板的牌号及化学成分

复合板的材料牌号及化学成分(熔炼分析)应符合表 2 的规定。经供需双方协议,亦可用表 2 以外的牌号作基层、复层的复合板。复层材料及基层材料牌号在合同中注明。

表 2

复层材料		基层材料	
典型牌号	标准号	典型牌号	标准号
N6 N8	GB 5235	Q235A、Q235B	GB 700
		20 g、16 Mng	GB 713
		20R、16MnR	GB 6654
		Q345	GB 1591
		20	GB 699

5.2 复合板的力学性能和工艺性能

复合板的抗拉强度、伸长率、抗剪强度、冷弯性能及结合度应分别符合表 3 规定。

表 3

拉伸试验		剪切试验	弯曲试验 (α=180°)		结合度试验 (α=180°)
抗拉强度 σ_b MPa	伸长率 δ_5 %	抗剪强度 J_b MPa	外弯曲	内弯曲	分离率 C %
$\geqslant\sigma_b$	大于基材和复材标准值中较低的值	≥196	弯曲部位的外侧不得有裂纹		三个结合度试样中的二个试样 C 值不大于 50

5.2.1 复合板的抗拉强度指标 σ_b 按式(1)计算：

$$\sigma_b=\frac{t_1\sigma_{b_1}+t_2\sigma_{b_2}}{t_1+t_2} \qquad (1)$$

式中：σ_{b_1}——基材的抗拉强度(标准下限值)，MPa；

σ_{b_2}——复材的抗拉强度(标准下限值)，MPa；

t_1——试样的基材厚度，mm；

t_2——试样的复材厚度，mm。

5.2.2 弯曲试验

内外弯曲试验的弯心直径应分别符合基材和复材标准相应规定，(复材标准未规定弯曲试验时，弯心直径取试样总厚度的 2 倍)，但内外弯曲的弯心半径均小于总厚度者，弯心半径按总厚度取值。

5.2.3 结合度试验

结合度试验的弯心直径按基材标准相应规定，如有关标准未作具体规定时，则取弯心直径 $d=2a$，分离率 C 按式(2)计算：

$$C(\%)=\frac{I}{L_0}\times 100 \qquad (2)$$

$$I=\sum_{n=1}^{K}I_n$$

$$L_0=\pi(d/2+t_2)$$

式中：I——分离全长，mm；

L_0——结合度试样弯曲部分全长，mm；

n——自然数 1，2，3……；

K——分离段总数；

Σ——各段相加总和；

I_n——各分离段长度，mm。

5.3 超声波探伤

复合板应进行超声波探伤，其试验方法和基复层未结合状态的等级评定均按 GB 7734 规定执行，但在周边 50 mm 宽度部位进行连续探伤，不得有分层。对未结合缺陷等级的要求由供需双方协商，在合同中注明。

5.4 表面质量

复合板的复层表面不得有气泡、结疤、裂纹、夹杂、折叠、压痕等，如有上述缺陷允许清理，其清理深度不得超过复层公差之半，清理后应保证复层最小厚度。基层钢板的表面质量应符合相应标准的规定。

5.5 交货状态

复合板以爆炸(B)、爆炸轧制(BR)或热处理状态交货。如用户有特殊要求时，由供需双方协商。

5.6 耐腐蚀性

根据需方要求，可进行复层的耐腐蚀试验，试验方法及判定标准由供需双方协商。

6 试验方法

复合板应按批取样检验，试样数量、取样方法和试验方法应符合表 4 的规定。

表 4

序号	检验项目	取样数量(个)	取样方法	试验方法
1	拉伸试验	1	GB 2975	GB 6396
2	剪切试验	2	钢板的头部或尾部任一角切取	GB 6396
3	冷弯试验	内、外弯曲各1个	GB 2975	GB 6396
4	结合度试验	3	GB 2975	GB 6396
5	超声波探伤	逐张	—	GB 7784
6	厚度测量	逐张	—	GB 6396

7 检验规则

7.1 复合板应按批验收，每批由同一炉罐号(复层和基层各为一个炉罐号)，同一规格、同一轧制制度的复合板组成。每批重量不超过 25 t。

7.2 复合板的验收规则应符合 GB 247 的规定。

8 包装、标志及质量证明书

8.1 复合板的包装、标志及质量证明书除应符合 GB 247 的规定外，还应符合以下规定。

8.1.1 复合板的包装应采取两张复合板镍层向内对称迭放或其他适当方式，避免复合板的擦伤、划伤。

8.1.2 复合板应逐张在钢板同一部位作标记。产品标记应注明牌号、规格、制造方法，未结合缺陷等级、标准号、商标。

标记示例：复层材料为 N6，基层牌号为 20 g，复层厚度为 3 mm，基层厚度为 12 mm，宽度为 1 500 mm，长度为 6 000 mm，用爆炸轧制法生产的复合板其标记为：(N6＋20 g)-(3＋12)×1 500×6 000-BR YB/T 108—1997

ICS 77.140.50
H 46

中华人民共和国黑色冶金行业标准

YB/T 166—2012
代替 YB/T 166—2000

汽车用低碳加磷高强度冷轧钢板及钢带

Cold rolled low carbon rephosphorized high strength steel sheets and strips for automobile

2012-12-28 发布　　2013-06-01 实施

中华人民共和国工业和信息化部　发布

前　言

本标准按照 GB/T 1.1—2009 给出的规则起草。

本标准代替 YB/T 166—2000《冷成型用加磷高强度冷轧钢板和钢带》，与 YB/T 166—2000 相比，主要技术变化如下：

——修改了标准名称；
——修改了规范性引用文件；
——增加了术语和定义；
——修改了钢的牌号表示方法；
——增加了钢板及钢带的分类；
——增加了订货所需信息；
——修改了尺寸、外形、重量及允许偏差的规定；
——将原有八个牌号修改为 CR180P、CR220P、CR260P、CR300P 四个牌号，并规定其相应的化学成分和力学性能等技术要求；
——删除了冷弯试验和杯突试验的规定；
——修改了表面质量的规定；
——增加了塑性应变比（r 值）、拉伸应变硬化指数（n 值）和表面结构的规定；
——修改了试验和检验的规定；
——增加了数值修约的规定；
——修改了包装、标志及质量证明书和附录 A 的规定。

本标准由中国钢铁工业协会提出。

本标准由全国钢标准化技术委员会（SAC/TC 183）归口。

本标准起草单位：武汉钢铁（集团）公司、首钢总公司、冶金工业信息标准研究院。

本标准主要起草人：孙方义、魏远征、彭涛、刘浩、陈宇、王姜维。

本标准于 2000 年 2 月首次发布，本次为第一次修订。

汽车用低碳加磷高强度冷轧钢板及钢带

1 范围

本标准规定了汽车用低碳加磷高强度冷轧钢板及钢带的牌号、技术条件、试验方法、检验规则、包装与标志及质量证明书。

本标准适用于制造汽车用厚度为0.5 mm～3.0 mm的冷成型用低碳加磷高强度冷轧钢板及钢带(以下简称钢板及钢带)。

2 规范性引用文件

下列文件对于本文件的应用是必不可少的。凡是注日期的引用文件,仅注日期的版本适用于本文件。凡是不注日期的引用文件,其最新版本(包括所有的修改单)适用于本文件。

GB/T 222 钢的成品化学成分允许偏差

GB/T 223.5 钢铁 酸溶硅和全硅含量的测定 还原型硅钼酸盐分光光度法

GB/T 223.9 钢铁及合金 铝含量的测定 铬天青S分光光度法

GB/T 223.59 钢铁及合金 磷含量的测定 铋磷钼蓝分光光度法和锑磷钼蓝分光光度法

GB/T 223.60 钢铁及合金化学分析方法 高氯酸重量法测定硅含量

GB/T 223.63 钢铁及合金化学分析方法 高碘酸钠(钾)光度法测定锰量

GB/T 223.64 钢铁及合金 锰含量的测定 火焰原子吸收光谱法

GB/T 223.67 钢铁及合金 硫含量的测定 次甲基蓝分光光度法

GB/T 223.71 钢铁及合金化学分析方法 管式炉内燃烧后重量法测定碳含量

GB/T 223.72 钢铁及合金 硫含量的测定 重量法

GB/T 223.79 钢铁 多元素含量的测定 X射线荧光光谱法(常规法)

GB/T 228.1—2010 金属材料 拉伸试验 第1部分:室温试验方法

GB/T 247 钢板和钢带包装、标志及质量证明书的一般规定

GB/T 708 冷轧钢板和钢带的尺寸、外形、重量及允许偏差

GB/T 2523 冷轧金属薄板(带)表面粗糙度和峰值数测量方法

GB/T 2975 钢及钢产品 力学性能试验取样位置及试样制备

GB/T 4336 碳素钢和中低合金钢 火花源原子发射光谱分析方法(常规法)

GB/T 5027 金属材料 薄板和薄带 塑性应变比(r值)的测定

GB/T 5028 金属材料 薄板和薄带 拉伸应变硬化指数(n值)的测定

GB/T 8170 数值修约规则与极限数值的表示和判定

GB/T 17505 钢及钢产品交货一般技术要求

GB/T 20066 钢和铁 化学成分测定用试样的取样和制样方法

GB/T 20123 钢铁 总碳硫含量的测定 高频感应炉燃烧后红外吸收法(常规方法)

GB/T 20125 低合金钢 多元素含量的测定 电感耦合等离子体原子发射光谱法

GB/T 20126 非合金钢 低碳含量的测定 第2部分:感应炉(经预加热)内燃烧后红外吸收法

3 术语和定义

下列术语和定义适用于本文件。

3.1

低碳加磷高强度钢 low carbon rephosphorized high strength steel

在低碳铝镇静钢的化学成分基础上添加强化元素磷，使钢在具有较高强度的同时又具有良好的成型性能。

4 分类及代号

4.1 牌号表示方法

钢板及钢带的牌号由冷轧的英文“Cold Rolled”的首位字母“CR”、规定的最小屈服强度值和强化元素“P”组成。

示例：CR220P

CR——冷轧的英文“Cold Rolled”的首位字母；

220——规定的最小屈服强度值，单位为兆帕(MPa)；

P——磷的化学元素符号。

4.2 钢板及钢带按用途分类如表1的规定。

表1

牌　号	用　途
CR180P	冲压用
CR220P	一般用
CR260P	结构用
CR300P	

4.3 钢板及钢带按表面质量分类如表2的规定。

表2

级　别	代　号
较高级精整表面	FB
高级精整表面	FC
超高级精整表面	FD

4.4 钢板及钢带按表面结构分类如表3的规定。

表3

表面结构	代号
麻面	D
光亮表面	B

5 订货所需信息

5.1 用户订货时应提供如下信息

a) 产品名称(钢板或钢带);
b) 本标准编号;
c) 牌号;
d) 规格及尺寸、不平度精度;
e) 表面质量级别;
f) 表面结构;
g) 边缘状态;
h) 包装方式;
i) 钢带卷内径;
j) 重量;
k) 用途;
l) 其他特殊要求(如表面朝向等)。

5.2 如订货合同中未注明尺寸和不平度精度、钢带卷内径、表面质量级别、表面结构种类、边缘状态及包装等信息,则本标准产品按普通的尺寸和不平度精度、钢带卷内径 610 mm、较高级的精整表面、表面结构为麻面的切边钢板或钢带供货,并按供方提供的包装方式包装。

6 尺寸、外形、重量及允许偏差

钢板及钢带的尺寸、外形、重量及允许偏差应符合 GB/T 708 的规定。

7 技术要求

7.1 化学成分

7.1.1 钢的化学成分(熔炼分析)应符合表 4 的规定。

表 4

牌号	化学成分(质量分数)/%					
	C	Si	Mn	P	S	Al_t
	不大于					不小于
CR180P	0.05	0.40	0.60	0.08	0.025	0.015
CR220P	0.07	0.50	0.70	0.08	0.025	0.015
CR260P	0.08	0.50	0.70	0.10	0.025	0.015
CR300P	0.10	0.50	0.70	0.12	0.025	0.015

7.1.2 钢板及钢带化学成分的允许偏差应符合 GB/T 222 的规定。

7.2 冶炼方法

钢采用氧气转炉或电炉冶炼,除非另有规定,冶炼方式由供方选择。

7.3 交货状态

7.3.1 钢板及钢带应经热处理(退火)和平整后交货。

7.3.2 钢板及钢带应涂油交货,供方应保证涂油产品自出厂之日起在通常的包装、运输、装卸及储存条件下,6个月无锈蚀。经供需双方协商,也可提供不涂油产品,对此类产品,供方不承担锈蚀责任。

7.4 力学性能

7.4.1 钢板及钢带的力学性能应符合表5的规定。

7.4.2 拉伸试验值适用于横向试样,采用GB/T 228.1—2010附录B的P6试样(原始标距长度 $L_0=80$ mm,宽度 $b_0=20$ mm)。

7.5 拉伸应变痕

室温储存条件下的钢板及钢带,应保证在制造完成之日起的3个月内使用时不出现拉伸应变痕。

表5

牌号	下屈服强度[a] R_{eL}/MPa	抗拉强度 R_m/MPa	断后伸长率[b] $A_{80\ mm}$/% 不小于	塑性应变比[c] r_{90} 不小于	拉伸应变硬化指数 n_{90} 不小于
CR180P	180～230	280～360	34	1.6	0.17
CR220P	220～270	320～400	32	1.3	0.16
CR260P	260～320	360～440	29	—	—
CR300P	300～360	400～480	26	—	—

[a] 当无明显屈服点时,R_{eL} 采用 $R_{p0.2}$ 值。

[b] 当产品厚度小于0.7 mm时,最小断后伸长率($A_{80\ mm}$)值允许降低2%。

[c] 当产品厚度大于2.0 mm时,r_{90} 值允许降低0.2。

7.6 表面质量

7.6.1 钢板及钢带表面不允许有分层、裂纹、结疤、折叠、气泡和夹杂等影响使用的缺陷。

7.6.2 钢板及钢带的表面质量应符合表6的规定。

表6

级别	代号	表面质量
较高级精整表面	FB	表面允许有少量不影响成型性或涂、镀附着力的缺欠,如轻微的划伤、压痕、麻点、辊印及氧化色等
高级精整表面	FC	产品两面中较好的一面允许有微小的缺欠,另一面应至少达到FB级表面要求
超高级精整表面	FD	产品两面中较好的一面不得有任何可能影响涂漆后外观质量或电镀后外观质量的缺欠,另一面应至少达到FB级表面要求

7.6.3 对于钢带,由于没有机会切除缺陷部分,因此允许带缺陷交货,但有缺陷部分不应超过每卷总长度的6%。

7.7 表面结构

表面结构为麻面时，平均粗糙度 Ra 目标值为大于 0.6 μm 且不大于 1.9 μm，表面结构为光亮表面时，平均粗糙度 Ra 目标值为不大于 0.9 μm。如需方对粗糙度有特殊要求，应在订货时协商。

8 检验和试验

8.1 钢板及钢带应按批验收，每个检验批应由不大于 30 t 的同一牌号、同一规格、同一加工状态的钢板及钢带组成，对于卷重大于 30 t 的钢带，每卷作为一个检验批。

8.2 每批钢板及钢带的检验项目、试验数量、取样方法和试验方法应符合表 7 的规定。

8.3 r 值是在 15%应变时计算得到的，均匀延伸小于 15%时，以均匀延伸结束时的应变计算。n 值是在 10%～20%应变范围内计算得到的，均匀延伸小于 20%时，应变范围为 10%至均匀延伸结束时的应变。

8.4 钢板及钢带的复验按 GB/T 17505 的规定。

表 7

序号	检验项目	试验数量/个	取样方法	试验方法
1	化学成分	1/炉	GB/T 20066	GB/T 223、GB/T 4336、GB/T 20123、GB/T 20125、GB/T 20126
2	拉伸试验	1/批	GB/T 2975	GB/T 228.1
3	塑性应变比(r 值)	1/批		GB/T 5027、8.3
4	拉伸应变硬化指数(n 值)	1/批		GB/T 5028、8.3
5	表面粗糙度	—		GB/T 2523
6	外观	逐张或逐卷	—	目视
7	尺寸、外形	逐张或逐卷	—	合适的量具

9 数值修约

数值修约应符合 GB/T 8170 的规定。

10 包装、标志及质量证明书

钢板及钢带的包装、标志及质量证明书应符合 GB/T 247 的规定，如需方对包装有特殊要求，可在订货时协商。

11 国内外牌号近似对照

本标准牌号与国外标准牌号的近似对照参见附录 A。

附 录 A
（资料性附录）
本标准的牌号与国外标准牌号的近似对照

本标准的牌号与国外标准牌号的近似对照见表 A.1。

表 A.1

YB/T 166—2012	EN 10268:2006
CR180P	HC180P
CR220P	HC220P
CR260P	HC260P
CR300P	HC300P

前　　言

本标准非等效采用ISO 5000:1993《商品级及冲压级连续热镀铝硅冷轧碳素钢板》。

本标准的附录A是标准的附录。

本标准的附录B是提示的附录。

本标准由全国钢标准化技术委员会提出并归口。

本标准主要起草单位:冶金钢铁研究总院、湖北黄石镀铝薄板有限公司。

本标准主要起草人:俞钢强、刘灿楼、刘伯文、滕耀光、张才富、谢文静。

中华人民共和国黑色冶金行业标准

连续热镀铝硅合金钢板和钢带

YB/T 167—2000

Continuous hot-dip aluminium/silicon alloy coated steel sheets and strips

1 范围

本标准规定了连续热镀铝硅合金的钢板和钢带(以下简称钢板和钢带)的尺寸、外形、技术要求、试验方法、验收规则及包装、标志、质量证明书等。

本标准适用于公称厚度为0.4～3.0 mm,公称宽度为600～1 500 mm连续热镀铝硅合金的钢板和钢带。

2 引用标准

下列标准所包含的条文,通过在本标准中引用而构成为本标准的条文。本标准出版时,所示版本均为有效。所有标准都会被修订,使用本标准的各方应探讨使用下列标准最新版本的可能性。

GB/T 228—1987 金属拉伸试验方法

GB/T 232—1982 金属弯曲试验方法

GB/T 247—1997 钢板与钢带验收、包装、标志及质量证明书一般规定

GB/T 2975—1998 钢及钢产品力学性能试验取样位置及试样制备

3 定义

本标准采用下列定义。

3.1 连续热镀铝硅合金钢板和钢带 continuous hot-dip aluminium/silicon alloy coated steel sheets and strips

在铝硅合金镀层连续热镀机组上,对冷轧钢带连续热浸镀所得产品,产品有热镀铝硅钢板和钢带两种。在铝硅合金镀层中,一般加入5%～11%的硅以改善附着性和耐热性。

3.2 铬酸钝化 chromizing

对钢板和钢带表面进行铬酸钝化化学处理,以防止装运和贮存过程中产生白锈。铬酸钝化的防腐作用是有限的,如果装运或贮存过程中钢板或钢带受潮,应立即干燥或使用。

3.3 涂油 oilling

钢板和钢带可以涂油以减少白锈。当钢板和钢带进行钝化处理后,涂油将使产生白锈的危害性进一步减少。

3.4 平整 skin-passing

镀铝硅薄板的轻度冷轧。本产品一般经平整。平整冷轧的目的有以下几种:

a) 提高表面光洁度和改善外观。但此工艺过程对基板的塑性起不良作用;

b) 暂时减少部件加工制造过程中出现的拉伸变形(吕德尔线)或皱折现象;

c) 控制板形。

国家冶金工业局2000-02-17批准　　2000-06-01实施

4 分类与代号

4.1 分类

本标准规定的连续热镀铝硅合金钢板和钢带的代号为AS(Aluminium-Silicon)。产品的分类与代号应符合表1的规定。

表 1

分类方法	类别	代号
按加工性能	普通级	01
	冲压级	02
	深冲级	03
	超深冲	04
按镀层重量 g/m^2	200	200
	150	150
	120	120
	100	100
	80	080
	60	060
	40	040
按表面处理	铬酸钝化	L
	涂油	Y
	铬酸钝化加涂油	LY
按表面状态	光整	S

4.2 标记示例

镀层重量为120 g/m^2(120),平整(S),冲压级(02),表面涂油(Y),规格为0.50 mm×1 000 mm的镀铝硅合金钢带或0.50mm×1 000 mm×2 000 mm的镀铝硅合金钢板,分别标记为:

带 AS 120—S—02—Y—0.50×1 000—YB/T 167—2000;

板 AS 120—S—02—Y—0.50×1 000×2 000—YB/T 167—2000。

5 尺寸、外形及其允许偏差

5.1 尺寸及其允许偏差

5.1.1 钢板和钢带的公称尺寸

钢板和钢带的公称尺寸应符合表2规定

表 2　　mm

名称	公称尺寸
厚度	0.4～3.0
宽度	600～1 500
钢板长度	1 000～6 000
钢带内卷	508、610

5.1.2 钢板和钢带厚度允许偏差

钢板和钢带厚度允许偏差应符合表3规定。

表3

mm

规定厚度	0.4～0.6	>0.6～0.8	>0.8～1.0	>1.0～1.2	>1.2～1.6	>1.6～2.0	>2.0～2.5	>2.5～3.0
600～1 200	±0.06	±0.08	±0.09	±0.10	±0.12	±0.14	±0.16	±0.19
>1 200～1 500	±0.07	±0.09	±0.10	±0.11	±0.13	±0.15	±0.17	±0.20

注

1 公差适用于总厚度。

2 在钢板上距侧边不小于25 mm的地方任选一点测量厚度。

3 钢带头部和尾部各15 m内的厚度允许偏差不得超过表3规定的50%。

4 钢带焊缝区域20 m内厚度允许偏差最大不得超过表3规定值的100%。

5.1.3 钢板和钢带宽度允许偏差

钢板和钢带宽度允许偏差应符合表4规定。

表4

mm

公称宽度	宽度允许偏差
600～1 500	+7 0

5.1.4 钢板和钢带长度允许偏差

钢板和钢带长度允许偏差应符合表5规定。

表5

mm

公称长度	长度允许偏差
≤2 000	+3 0
>2 000	0.3%×公称长度

5.2 外形及其允许偏差

5.2.1 钢板和钢带的镰刀弯允许偏差

钢板和钢带的镰刀弯允许偏差应符合表6规定。

表6

mm

名称	镰刀弯最大值	测量长度
钢带	20	5 000
钢板	0.4%×公称长度	公称长度

5.2.2 钢板切斜度允许偏差

钢板切斜度允许偏差应符合表7规定。

表7

mm

尺寸	切斜度
所有厚度和所有长度	1%×宽度

5.2.3 钢板和钢带的不平度允许偏差

钢板和钢带的不平度允许偏差应符合表8规定。

表 8

mm

规定厚度	规定宽度	不平度允许偏差
≤0.7	≤1 200	15
	>1 200～1 500	18
>0.7～1.2	≤1 200	12
	>1 200～1 500	15
>1.2	≤1 200	10
	>1 200～1 500	12
注：这些不平度允许偏差仅适用于长度小于或等于 5 000 mm 的薄钢板，长度超过 5 000 mm 的薄钢板不平度允许偏差由双方协商确定。		

6 技术要求

6.1 基板技术要求

6.1.1 钢的代号及化学成分

代号及化学成分由供方选择，需方有要求时，可提供化学成分或指定代号。无特殊要求时，基板的化学成分（熔炼分析）不得超过表 9 规定数值。

表 9

%

品级		C	Mn	P	S
代号	名称	不大于			
01	普通级	0.15	0.60	0.050	0.050
02	冲压级	0.12	0.50	0.035	0.035
03	深冲级	0.08	0.40	0.020	0.030
04	超深冲级	0.005	0.40	0.016	0.015

6.1.2 力学性能和工艺性能

6.1.2.1 钢板和钢带的力学性能和工艺性能应符合表 10 规定。

表 10

基体金属品级		抗拉强度 σ_b MPa	断后延长率 δ,% $L_0=50$ mm	180°弯曲弯心直径 a=试样厚度
代号	名称			
01	普通级	—	—	1a
02	冲压级	≤430	≥30	
03	深冲级	≤410	≥34	
04	超深冲级	≤410	≥40	

6.1.2.2 02、03 及 04 级的最小抗拉强度一般为 260 MPa。所有抗拉强度值均应精确至 10 MPa。

6.1.2.3 对于厚度小于或等于 0.6 mm 的钢材，表中规定的延长率应减 2%。

6.1.2.4 产品有特殊的深冲要求时，可在订货时注明延伸率。

6.1.2.5 弯曲试验后的试样，弯曲部分的外侧应无裂纹、裂缝、断裂及起层。

6.2 镀层技术要求

6.2.1 镀层重量

6.2.1.1 热镀铝硅合金钢板和钢带的镀层重量应符合表 11 规定。

表 11 g/m²

镀层代号	最小镀层重量极限	
	三点试验	单点试验
200	200	150
150	150	115
120	120	60
100	100	75
080	080	60
060	060	45
040	040	30

6.2.1.2 由于连续镀铝硅过程中存在多种变量，条件变化不同，因此镀铝硅簿钢板两表面的镀层重量不会均匀，同一面从一个边到另一边之间也不会均匀，但无论哪一个面上都有不应出现低于单点检查极限 40%的情况。

6.2.2 镀层钢板和钢带的弯曲

热镀之后（进一步加工之前）采取的弯曲试件，应能经受任一方向的 180°弯曲，在弯曲的外侧没有镀层剥落。弯曲弯心直径应符合表 12 规定。距试样侧边 7 mm 内出现镀层剥落。

表 12 mm

镀层代号	180°弯心直径（*a*=试样厚度；试样宽度≥50 mm）			
	<1.25		≥1.25	
	普通级	冲压级	普通级	冲压级
040	1*a*	1*a*	2*a*	2*a*
060	1*a*	1*a*	2*a*	2*a*
080	1*a*	1*a*	2*a*	2*a*
100	1*a*	1*a*	2*a*	2*a*
120	1*a*	1*a*	2*a*	2*a*
150	2*a*	2*a*	3*a*	3*a*
200	3*a*	—	3*a*	—

6.2.3 镀层钢板和钢带的表面质量

连续热浸镀铝硅合金镀层钢板及钢带不得有漏镀、孔、破裂等对使用有害的缺陷。但由于钢带一般没有去除缺陷的机会，所以允许有接头和不正常部分。

6.2.4 镀层钢板和钢带的表面处理

镀层表面处理需方可在以下方法中任选一种，并在合同中注明：

a）铬酸钝化；

b）涂油；

c）铬酸钝化加涂油。

若需方无要求时，按钝化处理。

7 试验方法

7.1 检验项目、取样方法、试验方法

检验项目、取样方法和试验方法应符合表 13 和以下规定。

表 13

检验项目		取样数量	取样方法	试验方法	说明
基板	拉力	1	见图 1	GB/T 228	去掉镀层后试验
	冷弯	1	见图 1	GB/T 232	去掉镀层后试验
镀层	镀层重量	1 组 3 个		见附录 A	—
	弯曲	1	见图 1	GB/T 232	—
	表面质量	逐张(卷)		目测	—

7.1.1 试样取样方法应符合图 1 规定。

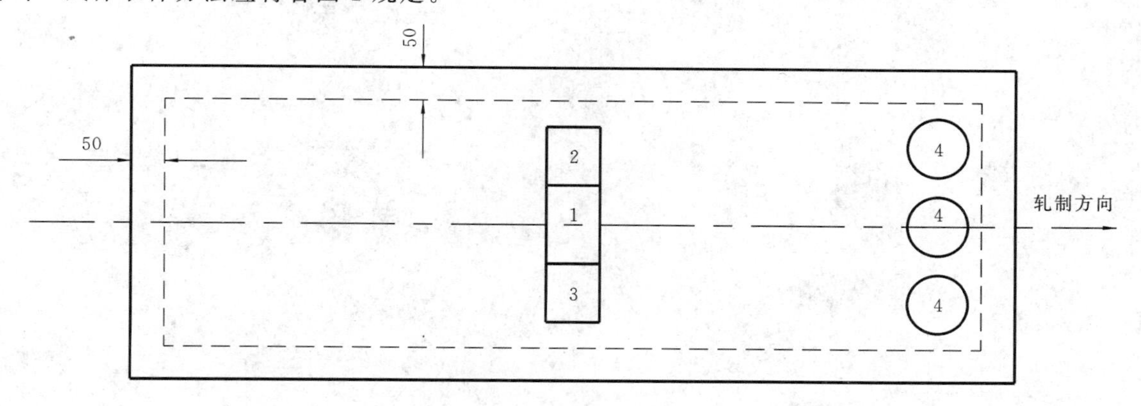

1—基板拉力试样;2—基板冷弯试验;

3—镀层钢板和钢带弯曲试验;4—镀层重量试验

图 1 取样部位

7.1.2 不平度测量

不平度测量指将镀铝钢板放在平台上,测量钢板下表面与平台水平面之间的最大距离,如图 2 所示。

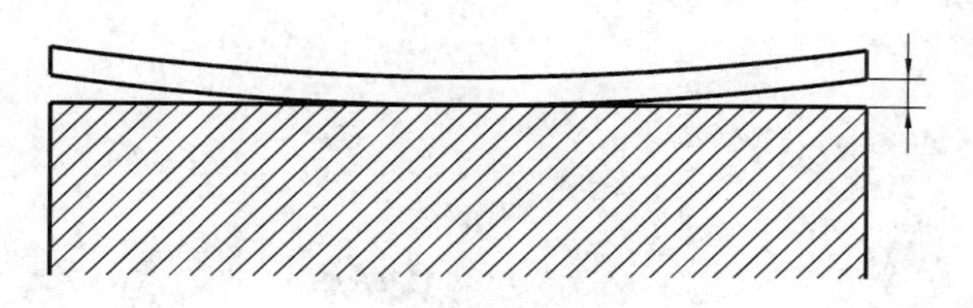

图 2 不平度测量

7.1.3 冷弯试验

基板冷弯,按图 3 所示方向进行 180°弯曲。

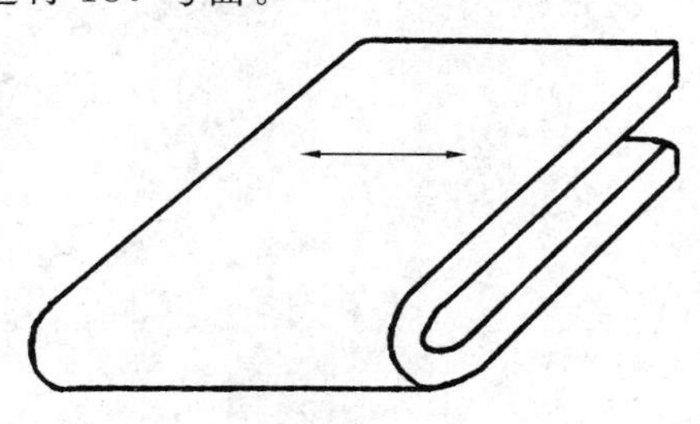

图 3 横向弯曲试样(弯曲后)

8 检验规则

8.1 钢板和钢带应由供方技术监督部门检查和验收。

8.2 钢板和钢带应成批验收。每批由同一牌号、同一镀层重量、同一加工性能、同一尺寸、同一表面状态、同一表面处理方法的钢板或钢带组成。钢板和钢带以每一卷为一批。钢板每批任取一个。钢带每卷头部或尾部切取一张检验性能。

8.3 钢板和钢带的复验应符合GB/T 247规定。

9 包装、标志和质量说明书

钢板和钢带的包装、标志和质量证明书应符合GB/T 247规定。

附　录　A

（标准的附录）

镀铝硅薄钢板镀层重量试验方法

A1　范围

本附录规定了镀铝硅薄钢板试样镀层重量的测定方法。

A2　原理

试样在去除铝硅镀层前后称量重量。

A3　仪器

分析天平。

A4　试剂

A4.1　盐酸，ρ1.19g/L。

A4.2　氢氧化钠，20% n/m 溶液，将 20 g 氢氧化钠溶解于 80 mL 水中制成。

A5　程序

A5.1　试样为 50 mm×100 mm，由样坯切割或冲压而得。

A5.2　试样先称重，然后浸入热氢氧化钠溶液（A4.2）中，直至反应停止为止。取出并用水冲洗，然后用毛巾将大部分水分擦干，再在冷盐酸（A4.1）中浸泡 2～3 s。取出并用水冲洗，再在氢氧化钠溶液中浸泡，直至反应再次停止为止。反复进行此操作过程，直至氢氧化钠浸泡不再显示可见反应停止为止。取出，冲洗，擦干并称重。

A6　结果表示方法

A6.1　每平方米薄钢板的镀层重量（两边总和）以 g 表示，用式（A1）计算：

$$g=\frac{(g_0-g_1)\times 1\ 000\ 000}{A} \qquad \cdots\cdots\cdots\cdots（A1）$$

式中：g_0——试样在去除镀层前的重量；

g_1——试样在去除镀层后的重量；

A——所采用试样的面积，mm^2。

附　录　B

（提示的附录）

应变时效

铝硅镀层薄钢板具有应变时效的倾向，结果可能导致：

1）钢板成型时因拉伸变形皱折而产生表面印痕；

2）塑性降低。

由于这些缘故，在轧机最终加工和成品制造之间的间隔时间，应尽量缩短。首先使用最早的材料，使库存材料不断周转，这点十分重要。这种钢板的存放时间应当避免过长，为了保证最佳使用性能，存放周期不应超过二个月。对于平整薄钢板，可在需方的工厂内于加工制造之前用辊式矫直机有效矫平，从而适当消除拉伸变形。

ICS 77.140.50
H 46

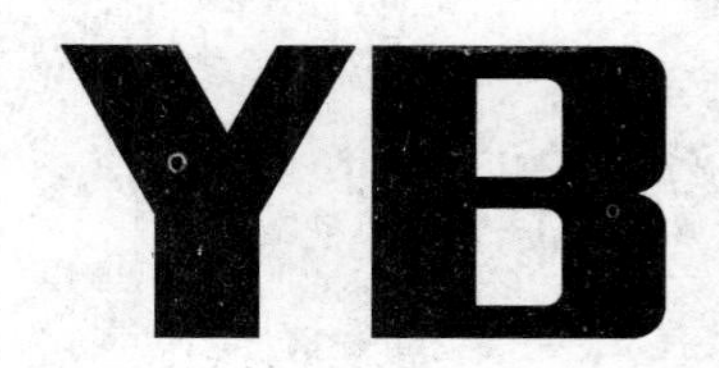

中华人民共和国黑色冶金行业标准

YB/T 4001.1—2007
代替 YB/T 4001—1998

钢格栅板及配套件 第1部分：钢格栅板

Steel bar grating and matching parts —Part 1:Steel bar grating

2007-01-25 发布　　2007-07-01 实施

中华人民共和国国家发展和改革委员会　发布

前　言

YB/T 4001《钢格栅板及配套件》分为三个部分：

——第1部分：钢格栅板；

——第2部分：钢栏杆[1)]；

——第3部分：钢梯[1)]。

本部分为YB/T 4001的第1部分。

本部分参照采用ISO 14122—2：2001《机械安全　进入机器和工业设备的固定设施　第2部分：工作平台和通道》。

本部分代替YB/T 4001—1998《钢格栅板》。

本部分与原标准对比，主要修订内容如下：

——增加了对工作平台及通道钢格板保障安全的设计要求；

——修改了安全荷载表，钢格栅板的最大允许挠度值由10mm改为4mm；

——修改了荷载与挠度的测试方法；

——增加了附录—钢格板沟盖。

本部分的附录A、附录B、附录C是规范性附录，附录D、附录E是资料性附录。

本部分由中国钢铁工业协会提出。

本部分由全国钢标准化技术委员会归口。

本部分起草单位：佛山市南海大和钢结构有限公司、新兴铸管股份有限公司、河北华冶钢格板有限公司、上海大和格栅板实业有限公司、北京大和金属工业有限公司、烟台新科钢格板有限公司及冶金工业信息标准研究院。

本部分主要起草人：陈掌文、陈金雷、李生、王志忠、李自茂、李明义、张文民、王晓虎、唐一凡。

本部分于1990年10月首次发布。

1）拟制定。

钢格栅板及配套件
第1部分:钢格栅板

1 范围

本部分规定了钢格栅板(简称钢格板)的构造、尺寸、技术条件、设计、安装、检验规则和包装、标志及质量证明书。本部分中未列出的其他类型钢格板和其他金属格栅板,可参考本部分的有关规定执行。

本部分适用于石油、化工、冶金、轻工、造船、能源、市政等行业的工业建筑、公共设施、装置框架、平台、地板、走道、楼梯踏板、沟盖、围栏、吊顶等。

2 规范性引用文件

下列文件中的条款通过本标准的引用而成为本标准的条款。凡是注日期的引用文件,其随后所有的修改单(不包括勘误的内容)或修订版均不适用于本标准,然而,鼓励根据本标准达成协议的各方研究是否可使用这些文件的最新版本。凡是不注日期的引用文件,其最新版本适用于本标准。

GB/T 700 炭素结构钢

GB/T 13912—2002 金属覆盖层、钢铁制品热浸锌层技术要求

GB/T 14452—1993 金属弯曲力学性能试验方法

YB/T 5349—2006 金属弯曲力学性能试验方法

3 术语及定义

下列术语及定义适用于本部分。

3.1

钢格板 steel bar grating

钢格板是一种由承载扁钢与横杆按照一定的间距正交组合,通过焊接或压锁加以固定的开敞板式钢构件。根据制作方法不同,主要分为压焊钢格板和压锁钢格板。

3.2

承载扁钢 bearing bar

承受主要荷载的扁钢。

3.3

横杆 cross bar

固定于负载扁钢上的扭绞方钢、圆钢或扁钢等。

3.4

净空间隙 clear opening

钢格板开敞通孔的最大内切圆直径。

3.5

承载扁钢中心间距 bearing bar centers

相邻的两条承载扁钢中心到中心之间的距离。

3.6

横杆中心间距 cross bar centers

相邻的两条横杆中心到中心之间的距离。

3.7

包边板　end bar

焊于钢格板承载扁钢或其他开口、切口边缘上的扁钢或型钢。

3.8

踢脚板　toe plate

固定于平台四周或钢格板切口、开孔的边缘的挡板。

3.9

钢格板长度　length

平行于承载扁钢方向的钢格板最大尺寸，称为钢格板的长度(L)。

3.10

钢格板宽度　width

垂直于承载扁钢方向的钢格板最大尺寸，称为钢格板的宽度(W)。

4　产品构造

4.1　压焊钢格板

在承载扁钢和横杆的每个交点处，通过压力电阻焊固定的钢格板，称为压焊钢格板。压焊钢格板的横杆通常采用扭绞方钢，如图1所示。

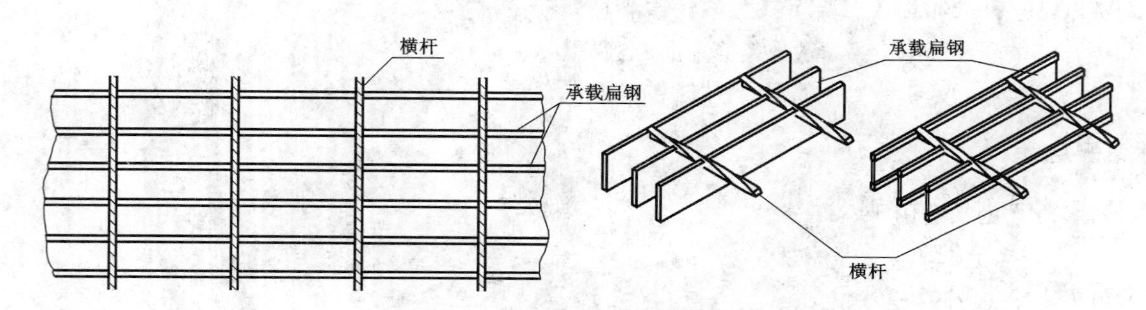

图1　压焊钢格板

4.2　压锁钢格板

在承载扁钢和横杆的每个交点处，通过压力将横杆压入承载扁钢或预先开好槽的承载扁钢中，将其固定的钢格板，称为压锁钢格板。压锁钢格板的横杆通常采用扁钢，如图2所示。

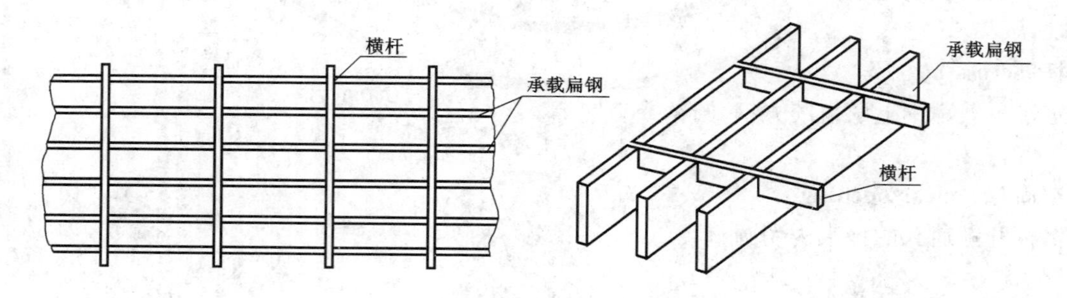

图2　压锁钢格板

4.3　钢格板可根据用户的需要，加工成各种尺寸和形状。

4.4　承载扁钢的间距和横杆的间距可由供需方根据设计要求确定。

4.5　在承载扁钢的端头，一般使用与承载扁钢同规格的扁钢进行包边，也可使用型钢或直接用踢脚板包边，但包边板的截面积不宜小于承载扁钢的截面积。

4.5.1 根据需方的要求,可以不包边交货。

4.5.2 包边采用焊高不小于承载扁钢厚度的单面贴角焊,焊缝长度不得小于承载扁钢厚度的4倍。

4.5.3 在包边板不承受荷载的情况下,允许间隔4根承载扁钢焊接一处,但间距不得大于150 mm。

4.5.4 在包边板承受荷载的情况下,不允许间隔焊接。

4.5.5 与承载扁钢同向的包边板,必须与每一根横杆焊接。

4.5.6 钢格板中的切口、开孔超过180 mm的,应作包边处理。

4.5.7 楼梯踏步板的端边板至少应单面满焊。

4.5.8 楼梯踏步板如有前沿包边护板,必须贯穿整个踏步。

4.6 承载扁钢可以是矩形截面的扁钢、I形截面的型钢,也可以是其他几何截面的型钢。

4.7 钢格板的承载扁钢,可以带有齿型,以增加钢格板的防滑力,齿型尺寸如图3所示。在每100 mm内不能少于5齿。

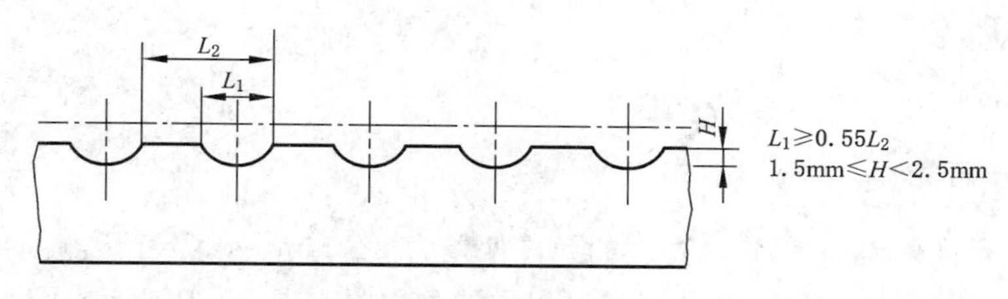

图3 齿型尺寸

4.8 平台(走道)上的钢格板的最小宽度不宜小于300 mm。

5 型号和标记

5.1 钢格板的型号,根据承载扁钢规格、承载扁钢与横杆组合间距、钢格板结构型式、承载扁钢外形,以及表面处理状态等不同,形成多种规格,型号表示方法如下:

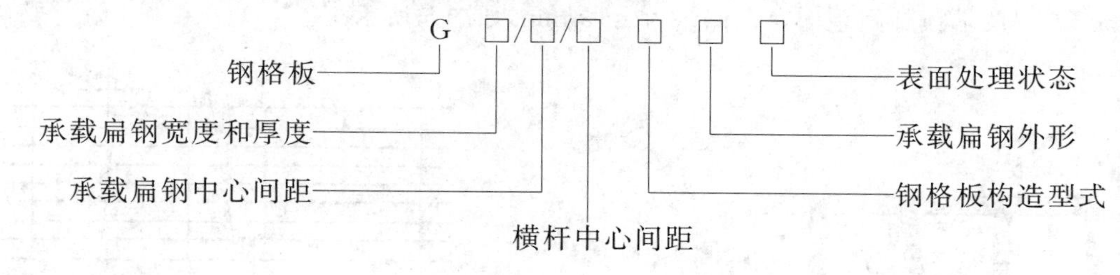

注:

1. 钢格板构造型式,例如:
   W——压焊钢格板(在标记中可省略);
   L——压锁钢格板。
2. 承载扁钢中心间距,单位为毫米(mm)。
3. 横杆中心间距,单位为毫米(mm)。
4. 承载扁钢外形标记:
   F——扁钢(在标记中可省略);
   I——I型钢;
   S——齿型扁钢。
5. 表面处理状态标记:
   G——热浸镀锌(在标记中可省略);
   P——涂漆;
   U——表面不作处理。

5.2 标记示例

钢格板的承载扁钢为Ⅰ型钢,截面尺寸为75 mm×7 mm×4 mm,承载扁钢中心间距为30 mm,横杆中心间距为 50 mm，构造型式为压焊钢格板，表面不处理，其标记为 G757/30/50 WIU。

钢格板承载扁钢的截面尺寸为 30 mm×2 mm，中心间距为 20 mm，横杆中心间距为 33 mm，构造型式为压锁钢格板，表面热浸镀锌处理，其标记为 G302/20/33L。

6 订货内容

按本部分订货的合同或订单应包括下列内容：

a) 标准编号；

b) 产品名称；

c) 型号；

d) 表面处理状态；

e) 钢格板尺寸及包边要求；

f) 交货面积数量；

g) 附加技术要求。

7 尺寸、外形及允许偏差

7.1 钢格板长度的允许偏差为$^{+0}_{-5}$ mm，宽度的允许偏差为±5 mm。

7.2 任何一块钢格板的尺寸均受铺吊和搬运过程中的受力限制，可拆卸铺板的尺寸还需考虑到使用人工搬运时的重量限制。

7.3 承载扁钢的不垂直度应不大于扁钢宽度的 10%，如图 4 所示。

7.4 横杆位置偏差：横杆表面应不超出承载扁钢表面 1 mm；横杆两端通常应不超过钢格板两侧端面 2 mm。

7.5 横杆偏斜及间距偏差：横杆边缘对钢格板中心的偏斜应不大于 5 mm，如图 5 所示。在任意 1 500 mm长度内，两端横杆间距的允许偏差为±16 mm，如图 5 所示。

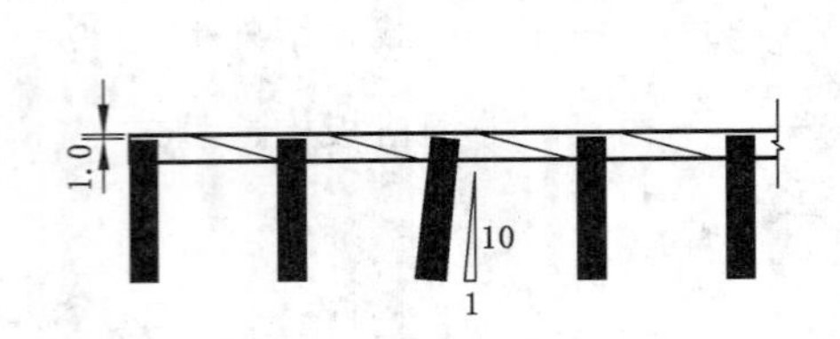

图 4 承载扁钢、横杆的偏差

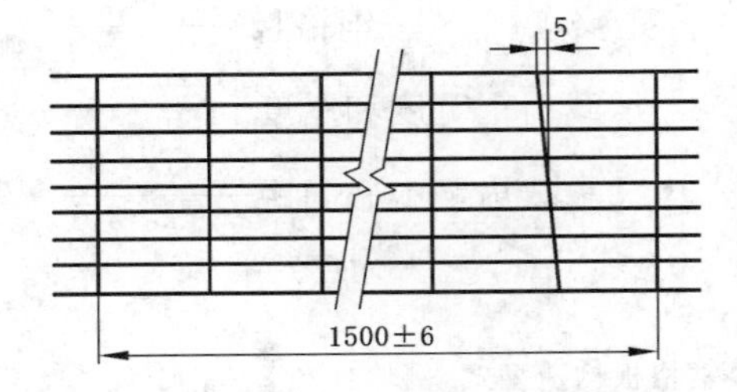

图 5 横杆间距和垂直偏差

7.6 纵向弯曲：钢格板的纵向弯曲挠度应不大于长度的 1/200，如图 6 所示。

7.7 横向弯曲：钢格板的横向弯曲挠度(在包边前)应小于宽度的 1/100，如图 7 所示。

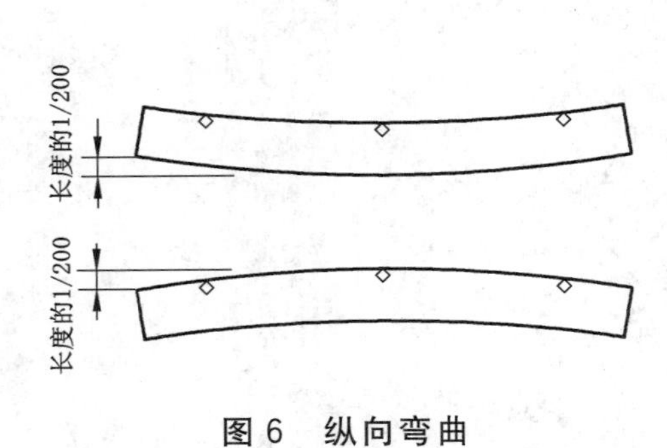

图 6 纵向弯曲

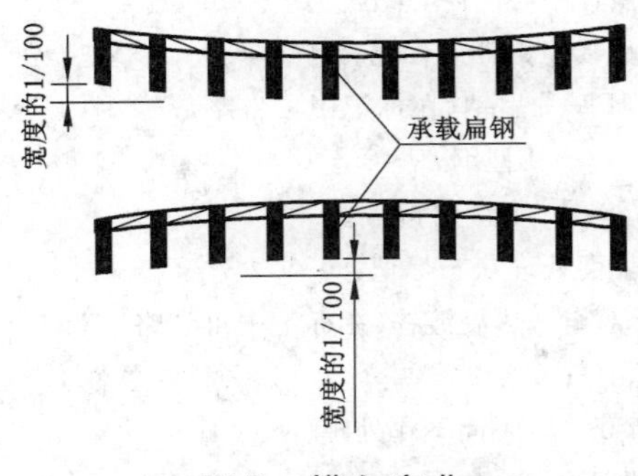

图 7 横向弯曲

7.8 对角线偏差：钢格板由于尺寸公差而引起对角线的相对偏差，不应大于±5 mm，如图 8 所示。

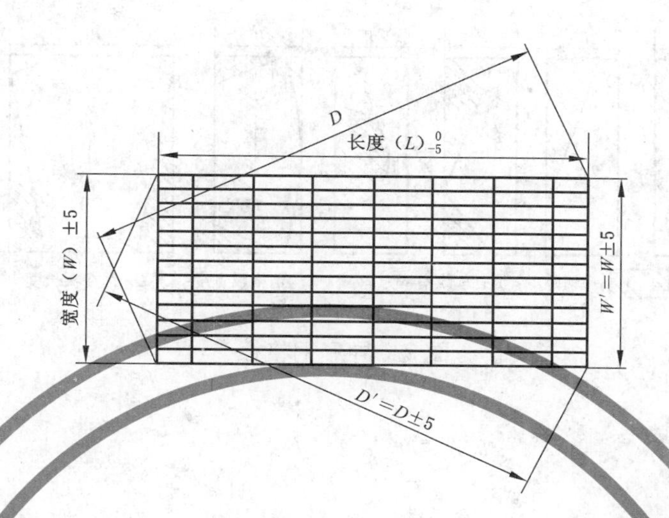

图 8 钢格板对角线偏差

8 钢格板的重量和面积计算

8.1 钢格板的重量

钢格板的重量是指经过包边和表面处理(非表面处理的除外)后的理论重量。由于包边、开孔和切口的不同，实际重量与理论重量会出现差异。在工业平台钢格板自重计算及钢格板交付结算中，统一以理论重量为计算依据。对于长度小于 1 m 的钢格板(例如沟盖板)或者需要作特殊包边的钢格板，由于包边板的增加，重量会随着增加。用扁钢包边，钢格板长度不小于 1 m 时，按下面公式计算钢格板理论重量：

$$W_t=(b_1t_1N_1+b_2t_2N_2+2b_3t_3)\rho\mu\times10^{-6} \quad \cdots\cdots\cdots\cdots (1)$$

式中：

W_t——钢格板重量，单位为千克每平方米(kg/m^2)；

t_1——承载扁钢宽度，单位为毫米(mm)；

b_1——承载扁钢厚度，单位为毫米(mm)；

N_1——每米钢格板中承载扁钢条数；

t_2——横杆宽度，单位为毫米(mm)；

b_2——横杆厚度，单位为毫米(mm)；

N_2——每米钢格板中横杆条数；

t_3——包边扁钢宽度，单位为毫米(mm)；

b_3——包边扁钢厚度，单位为毫米(mm)；

ρ——材料密度，单位为千克每立方米(kg/m^3)，钢材密度按 7 850 kg/m^3 计算；

μ——表面处理增重系数，热浸锌增重按 1.06 计算。

8.2 钢格板面积计算

8.2.1 按用户提供图纸制作的钢格板，面积按图纸上总的外围尺寸计算，它包含开孔和切口部分。

8.2.2 对于异形钢格板，如图 9 所示，面积为宽(W)×长(L)，不扣除切除部分。

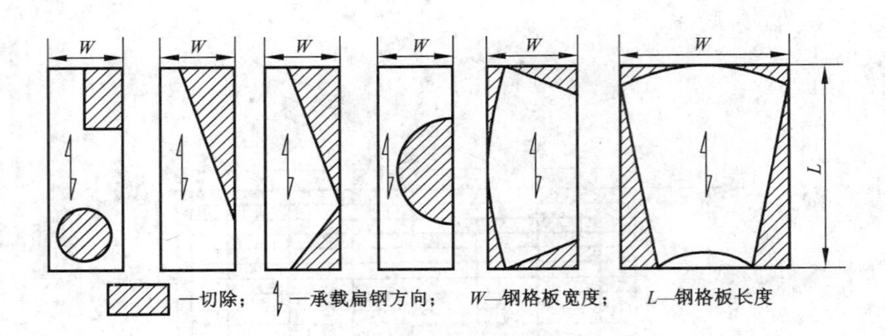

图9 异形钢格板

9 技术要求

9.1 材料

9.1.1 承载扁钢

9.1.1.1 承载扁钢可采用GB/T 700的Q235-A或B级钢制造，根据供需双方协议，也可采用其他材料制造。

9.1.1.2 钢格板使用的承载扁钢可以是热轧扁钢、I型钢，也可以是经过纵剪的热轧或冷轧钢带。

9.1.1.3 热轧扁钢尺寸允许偏差应符合表1的规定。

表1 扁钢尺寸允许偏差

单位为毫米

公称尺寸		允许偏差
厚度	3～16	+0.2 −0.4
宽度	10～50	+0.3 −0.9
	>50～75	+0.4 −1.2
	>75～100	+0.7 −1.7
	>100～150	+0.8 −1.8

9.1.1.4 I型钢的截面尺寸及截面惯性矩应符合图10和表2的要求。

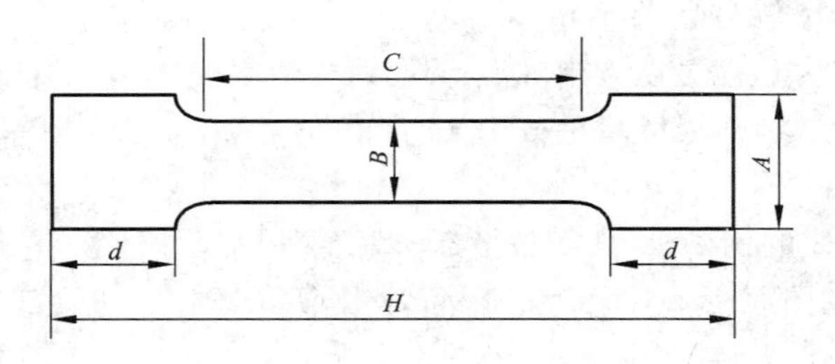

图10 I型钢的截面尺寸

表 2 I 型钢的截面尺寸及特性

单位为毫米

<table>
<tr><th colspan="2">型钢宽度 H</th><th colspan="2">翼缘厚度 A</th><th colspan="2">腹部厚度 B</th><th rowspan="2">腹部宽度 C</th><th colspan="2">翼缘宽度 d</th><th rowspan="2">截面抵抗矩 W /cm^3</th><th rowspan="2">截面惯性矩 I /cm^4</th><th rowspan="2">理论重量/(kg/m)</th></tr>
<tr><th>公称尺寸</th><th>允许偏差</th><th>公称尺寸</th><th>允许偏差</th><th>公称尺寸</th><th>允许偏差</th><th>公称尺寸</th><th>允许偏差</th></tr>
<tr><td>25</td><td rowspan="5">±0.4</td><td rowspan="5">5</td><td rowspan="5">±0.3</td><td rowspan="5">3</td><td rowspan="10">±0.3</td><td>14</td><td>4.5</td><td rowspan="10">±0.5</td><td>0.48</td><td>0.60</td><td>0.75</td></tr>
<tr><td>32</td><td>18</td><td>6</td><td>0.78</td><td>1.25</td><td>0.96</td></tr>
<tr><td>38</td><td>22</td><td>7</td><td>1.10</td><td>2.08</td><td>1.13</td></tr>
<tr><td>44</td><td>26</td><td>8</td><td>1.46</td><td>3.22</td><td>1.30</td></tr>
<tr><td>50</td><td>31</td><td>8.5</td><td>1.84</td><td>4.61</td><td>1.46</td></tr>
<tr><td>50</td><td rowspan="5">±0.5</td><td rowspan="5">7</td><td rowspan="5">±0.4</td><td rowspan="5">4</td><td>31</td><td>8</td><td>2.57</td><td>6.43</td><td>1.98</td></tr>
<tr><td>55</td><td>35</td><td>8.5</td><td>3.09</td><td>8.49</td><td>2.16</td></tr>
<tr><td>60</td><td>37</td><td>10</td><td>3.72</td><td>11.22</td><td>2.39</td></tr>
<tr><td>65</td><td>42</td><td>10</td><td>4.29</td><td>13.96</td><td>2.55</td></tr>
<tr><td>75</td><td>48</td><td>12</td><td>5.70</td><td>21.39</td><td>2.96</td></tr>
</table>

9.1.2 横杆

9.1.2.1 横杆采用与承载扁钢相同的材质,并应符合有关标准的规定。

9.1.2.2 横杆的截面积

横杆采用扭绞方钢、圆钢或扁钢,其截面积不得小于 20 mm^2。

9.1.3 包边板

包边板应采用与承载扁钢相同的材质,并应符合有关标准的规定。

9.2 钢格板的荷载

9.2.1 钢格板中如有切口,钢格板余下的面积应能满足设计荷载的要求。

9.2.2 钢格板的荷载要求由设计部门和用户提出,或由设计部门和用户直接选定钢格板规格型号。

9.2.3 钢格板荷载、跨距和挠度之间关系的计算,根据钢结构计算的原则进行。常用钢格板的安全荷载、跨距、变形挠度的关系见附录 E。对于附录 E 中没有列出的其他类型钢格板,可参照附录 D 进行计算。

9.3 钢格板的表面处理

9.3.1 热浸镀锌

热浸镀锌一般在包边工作完成后进行。镀锌后重量及要求应符合 GB/T 13912—2002 的规定。

9.3.2 其他防腐涂层或喷(浸)漆

钢格板的保护层除热浸镀锌外,也可以采用其他防腐涂层或喷、刷、浸渍油漆。保护层的种类由设计部门和用户选定。

10 钢格板的设计

10.1 钢格板工作平台及通道

10.1.1 工作平台及通道钢格板的设计应避免由坠落物体引起的危险

10.1.1.1 为了防止物体通过平台及通道钢格板坠落产生的危险,平台及通道钢格板应没有任何大于钢格板净空间隙的缺口。

10.1.1.2 工作平台或通道钢格板的净空间隙应不能让直径 35 mm 的球体通过下落。

10.1.1.3 在有人的地方上面的平台及通道钢格板的净空间隙应不能使直径 20 mm 的球体通过下落,否则应采用其他适当设施保证同等的安全水平。

10.1.2　工作平台及通道钢格板的设计应避免行人绊倒危险

为了避免行人绊倒危险，钢格板应平坦，相邻的钢格板、钢格板与构件之间的最大高度差应不超过4 mm。

10.1.3　防止钢格板坠落的风险

10.1.3.1　为了要防止坠落的风险，钢格板的安装尽量用焊接方法固定。

10.1.3.2　钢格板按照钢结构平板构件进行安装，安装后不能横向移动或脱离支承架，钢格板承载扁钢方向两端在支承架上的支承长度每端不得小于25 mm。

10.1.3.3　需要活动和可拆卸的钢格板，必须用钢格板专用的安装夹具固定好。防止该构件的任何移位；安装夹根据需方要求可由生产厂供应，除不锈钢材料制造的安装夹外，碳钢制作安装夹必须经热浸镀锌表面处理，建议安装夹用螺栓经热浸镀锌表面处理，螺栓直径不得小于8 mm，每件钢格板使用安装夹的数量不得少于4只。

10.1.3.4　为了查明任何腐蚀或任何危险的松动或夹紧件位置的变化，应随时对附件的紧固状态进行检查。

10.1.4　防止行人滑倒危险

钢格板具有较好的防滑性能。对于带坡度而坡度不超过10°的工作平台或积存液体或油污的场合，建议选用齿型钢格板，超过10°坡度的工作平台，应采取更为切实可行的防滑措施，以防止行人滑倒危险。

10.1.5　钢格板平台和通道尺寸

10.1.5.1　钢格板单人通道宽度应不小于600 mm。当钢格板通道经常有人通过或多人同时交叉通过时，宽度应增加至1 200 mm。

10.1.5.2　钢格板通道如果作为撤离路线，其宽度应满足特定法规的要求。如果没有特定法规，宽度应不小于1 200 mm。

10.1.6　钢格板平台和通道的设计荷载

10.1.6.1　对于单人操作的作业平台，设计荷载通常为1.5 kN，分布在200 mm×200 mm的整个面积上。

10.1.6.2　检修平台一般按4 kN/m^{2}均布荷载设计。

10.1.6.3　单人通行的钢格板通道，其均布荷载能力不小于3.0 kN/m^2。

10.1.6.4　双向通行的钢格板通道，其均布荷载能力不小于5.0 kN/m^2。

10.1.6.5　高密度人行走的钢格板通道，其均布荷载能力不小于7.5 kN/m^2。

10.1.6.6　当施加设计荷载时，钢格板的挠度应不超过跨距的1/200，而施加荷载和相邻未施加荷载钢格板之间的高度差应不超过4 mm。

10.2　钢格板楼梯踏步板，除了应满足以上的设计要求外，还必须充分考虑其安装的牢固及人行的方便。有关连接方式及尺寸见附录A。

10.3　钢格板通道及钢格板沟盖的设计

应用于交通道路的人行道，车行道，停车场，码头或建筑物地面的钢格板沟盖，因为荷载及车行方向的不同，其设计和选用应作专门的考虑。

用作道路上的横断沟盖(车行方向与承载扁钢相平行)时，不仅要考虑轮压，冲击，还需防止钢格板沟盖弹跳移位的危险，必须将盖板与支座框或支梁固定(焊接或螺栓固定)。

附录B给出了普通钢格板沟盖的选型，对于表中未给出的或有特殊要求的车行道盖板，可以通过强度与挠度计算来设计。

11　检验方法和检验规则

11.1　外形目视检查：钢格板应逐件目视检查外形及平整度。

11.2 尺寸检查:钢格板的尺寸及偏差,应符合标准及供货合同的有关规定要求。

11.3 性能检验:生产厂应定期抽样按附录C做产品荷载性能试验,并应根据用户要求提供测试报告。

12 包装标志及质量证明书

12.1 包装

钢格板一般用钢带打包出厂,每捆重量由供需双方商定或由生产厂自定。经供需双方商定,供方可按需方要求进行包装。

12.2 标志

钢格板的包装标志应标明商标或生产厂代号、钢格板型号及标准号。每块钢格板均应标明编号。

12.3 质量证明书

产品的质量证明书应注明产品的标准号、用钢牌号、型号规格、表面处理情况、外观及性能检查结果、每批重量等。质量证明书应随产品装箱单一同交付用户,作为验收依据。如用户有要求,可提供原材料质量保证书。

附　录　A
（规范性附录）
楼梯踏步板

A.1　结构型式和尺寸

A.1.1　常用楼梯宽度为 700 mm，800 mm，900 mm；最小宽度为 600 mm，最大宽度不宜大于 1 200 mm。

A.1.1.1　对于单人通过的楼梯，其两斜梁或护栏之间的宽度应不小于 600 mm。

A.1.1.2　当楼梯频繁地承受几个人同时交叉通过或用作人员的撤离路线时，梯宽应增加到 1 200 mm。

A.1.2　踏步板采用钢格板制作，钢格板型号可根据附录 E 来选用。

A.1.2.1　楼梯踏步板的突沿处应能承受 1.5 kN 的荷载，当宽度不大于 1 200 mm，该荷载作用在 100 mm×100 mm 面积上；当宽度大于 1 200 mm，在每对称的 600 mm 处加荷载 1.5 kN，楼梯踏板的挠度应不超过跨距的 1/500。

A.1.3　楼梯踏板和梯段平台应具有良好的防滑性能。

A.1.4　相邻的上下两块楼梯踏步板的垂直投影的搭接部分应不小于 10 mm。

A.1.5　踏步板与梯梁的连接采用焊接或螺栓固定，见图 A.1。采用螺栓固定时，螺栓规格不得小于 M10。

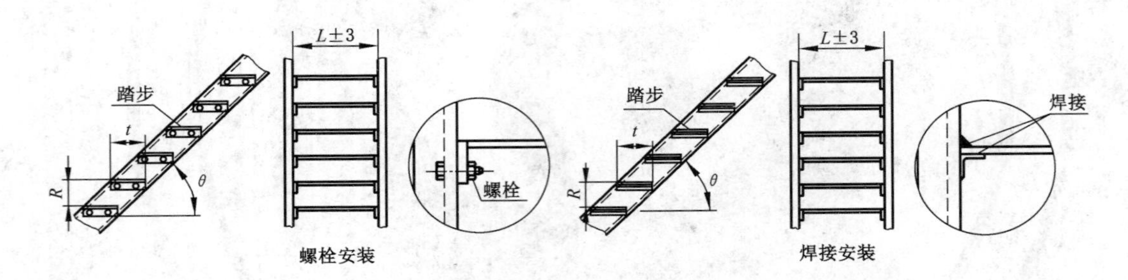

图 A.1　踏步板与梯梁的连接

A.1.6　踏步板采用螺栓连接的端边板尺寸 t 安装孔 A 尺寸见图 A.2 及表 A.1。

注：安装孔也可选用 25×14 的长圆孔，以便于安装。

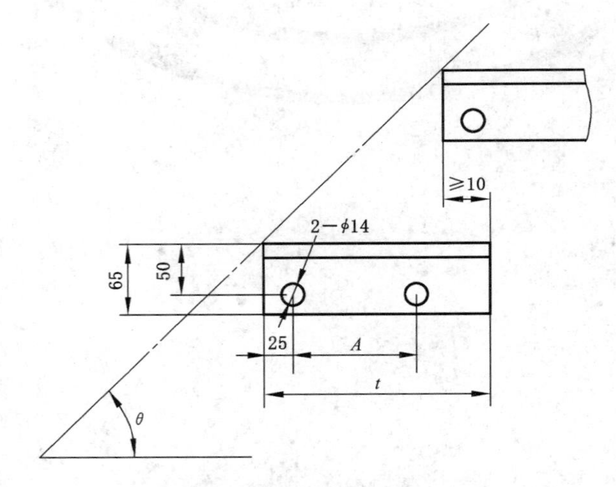

图 A.2　端边板尺寸 t 安装孔 A 的尺寸

表 A.1　端边板尺寸 t 及安装孔 A 尺寸选用

单位为毫米

t	125	155～185	215～245	≥275
A	45	75	100	150

A.1.7　踏步板的端边板应与每根承载扁钢单面满焊，焊缝为不小于 3 mm 的贴角焊；如有前护板，必须贯穿整个踏步板，前护板宽度应不小于 25 mm。

A.1.8　踏板的型式分为 T1、T2、T3 和 T4 四种(见表 A.2)。

表 A.2　踏步板的型式

型　式	结构特点
T1	用于焊接安装，两端边板采用与承载扁钢相同的扁钢包边，没有前护板
T2	用于螺栓安装，两端边板采用 65×5 扁钢包边并开孔，没有前护板
T3	用于焊接安装，两端边板采用与承载扁钢相同的扁钢包边，有前护板
T4	用于螺栓安装，两端边板采用 65×5 扁钢包边并开孔，有前护板

前护板可根据需方要求采用花纹钢板、条纹钢或其他防滑材料。

A.2　踏步板允许偏差

踏步板允许偏差应符合图 A.3 的规定。

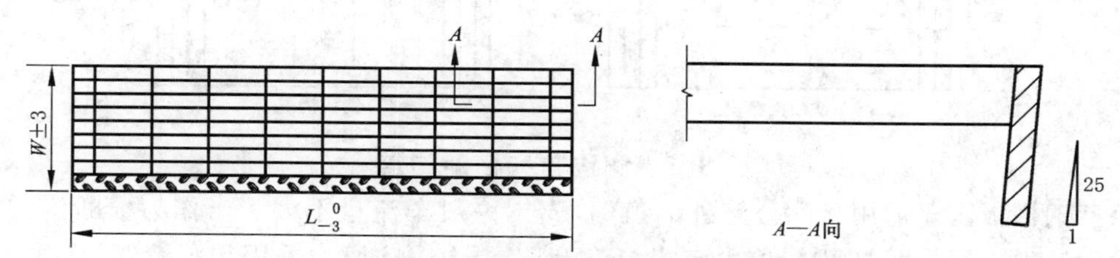

图 A.3　踏步板长、宽偏差及端边板垂直偏差

A.3　表面处理

踏步板可采用热浸镀锌或涂防锈漆等表面处理后出厂。

附 录 B
（规范性附录）
钢格板沟盖

钢格板沟盖用在人行道、车行道、庭院或建筑物的地面作为水沟、管线沟、地下通道、风井、采光井、检查井等的盖板。

钢格板沟盖通常由固定的框和活动的钢格板盖板组成。根据需要可以配上紧固机构或防盗装置。

B.1 GT型普通侧沟、横断沟钢格板沟盖

车行道钢格板沟盖根据车行方向分为侧沟盖和横断沟盖。承载扁钢与车行方向垂直的称为侧沟盖，承载扁钢与车行方向平行的称为横断沟盖。

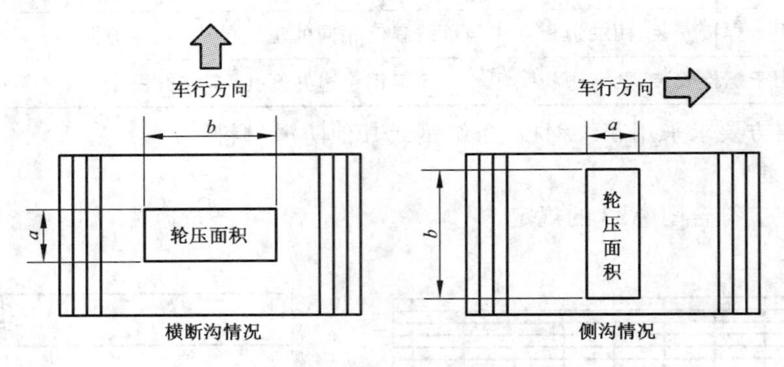

图 B.1 侧沟盖和横断沟盖

B.1.1 GT型钢格板沟盖适用于除公路外的道路场合，一般车流量不大。当作为横断沟沟盖使用时，需考虑到盖板跳起的危险，应采用螺栓固定式沟盖，钢格板沟盖防腐均采用热浸镀锌。GT型钢格板沟盖见图B.2。

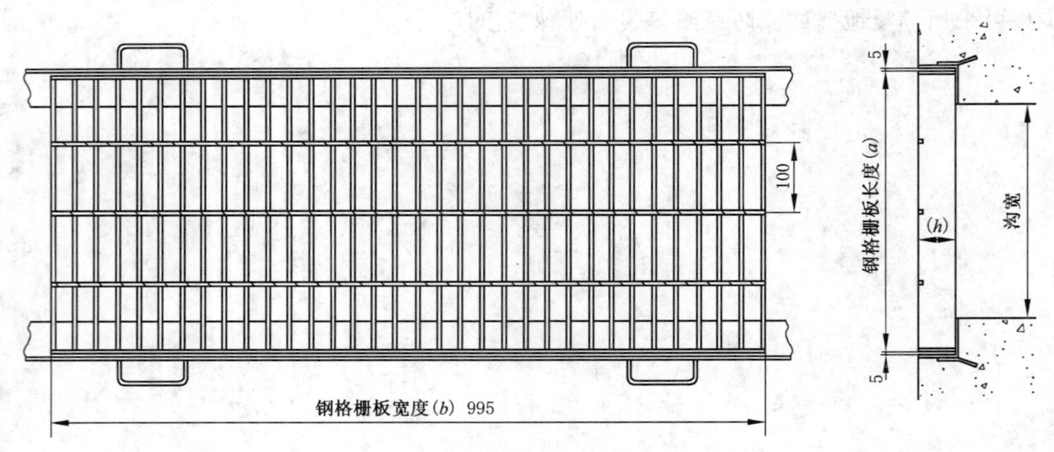

图 B.2 GT型钢格板沟盖

B.1.2 GT型钢格板沟盖适用于带支座沿口（T型沟）的沟上，沿口通常用角钢砌护。

B.1.3 表B.2中的T-2、T-6、T-14、T-20、T-25等表示允许总重量为2 000 kg、6 000 kg、14 000 kg、20 000 kg、25 000 kg等的汽车通过。

B.1.4 钢格板规格一般选用G×××/30/100型；也可采用其他型号。公共场所的钢格板沟盖，宜采用横杆间距为50 mm的型号。采用齿形扁钢和I型钢格板沟盖，由供需双方商定。

B.1.5 GT型普通侧沟、横断沟钢格板沟盖见表B.2，型号说明：

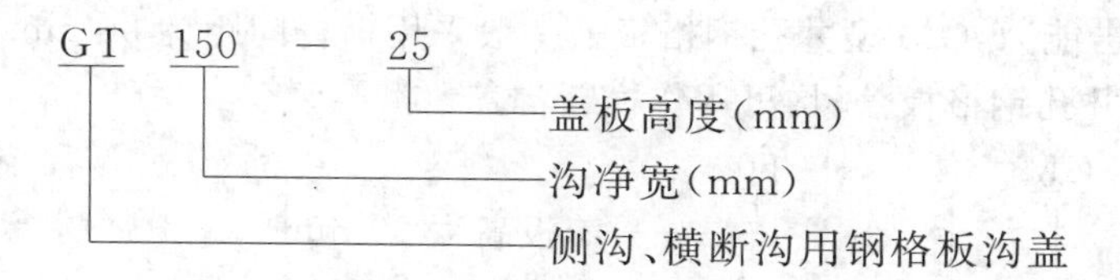

B.2 GU 型沟钢格板沟盖

GU 型沟钢格板沟盖见图 B.3。

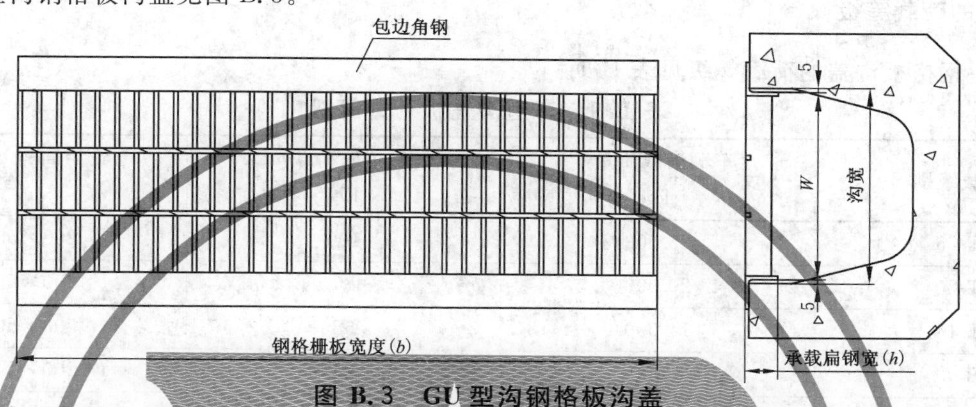

图 B.3 GU 型沟钢格板沟盖

B.2.1 对于大多数普通混凝土砌制的无沿口沟，采用 U 型的沟盖非常简单与节约，不需要特殊的沟沿口。荷载 T-6、T-14 时，沟上沿口建议埋设角钢，同时亦可采用预制的 U 型沟砌块构筑水沟，有效防止污水向大地的渗漏，这种预制的 U 型沟也可采用本型沟盖板。

B.2.2 当需要过车时，GU 型沟格栅沟盖板仅适用于侧沟。

B.2.3 钢格板规格及荷载说明见表 B.3。型号说明：

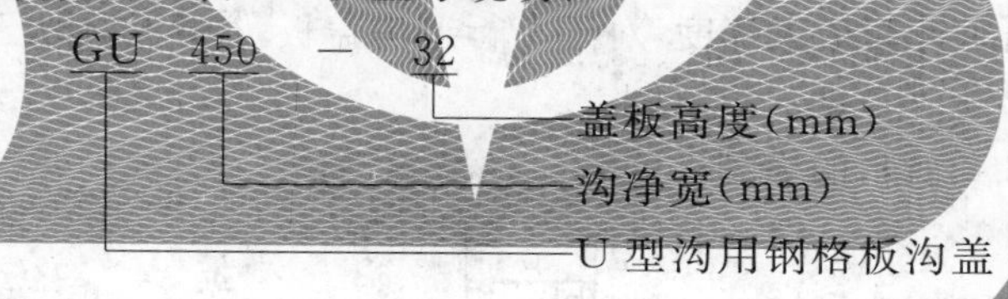

B.3 GM 型井孔钢格板盖

GM 型井孔钢格板盖见图 B.4。

B.3.1 道路、园区等市政设施的雨水井、沉沙井、下水井、污水井等给排水井孔或气孔、人孔的盖板，均可采用 GM 型井孔钢格板盖。GM 型井孔钢格板盖一般可设计成可翻式，通常可翻的启闭角为 110°。带铰销的钢格板盖不仅防盗而且简化了施工程序。

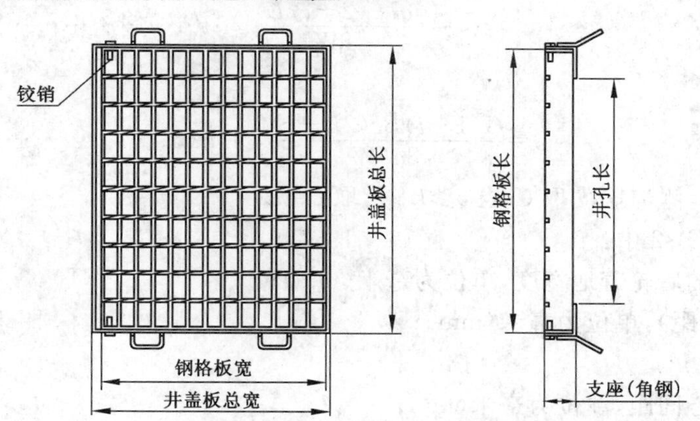

图 B.4 GM 型井孔钢格板盖

B.3.2 为了提高抗冲击能力,GM 型井孔钢格板盖一般采用横杆间距为 50 mm 的钢格板来制造。

B.3.3 表 B.4 给出的井孔钢格板盖,均可用作横断沟盖。型号说明:

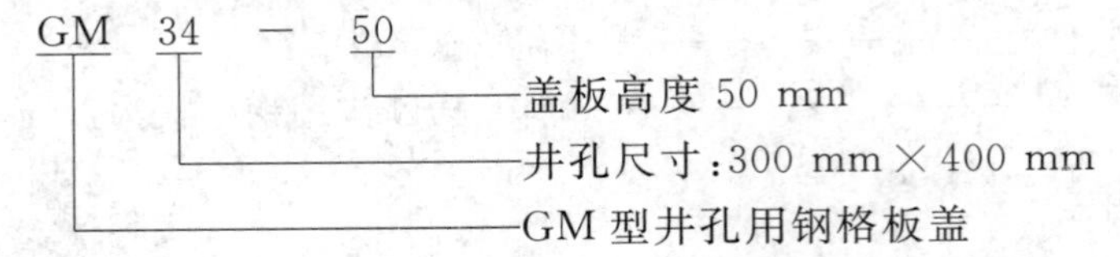

B.4 沟盖的荷载等级

车行道钢格板沟盖的荷载等级见表 B.1。

表 B.1 车道沟盖板荷载等级

荷载级别	车辆满载质量/kg	后单轮荷载/kN	轮压面积 $a \times b$/mm²
T-25	25 000	100	200×500
T-20	20 000	80	200×500
T-14	14 000	56	200×500
T-6	6 000	24	200×240
T-2	2 000	8	200×160

B.5 钢格板沟盖设计计算

钢格板沟盖荷载计算的基本出发点是按照钢格板沟盖中点处的弯矩作为最大荷载,计算时将轮荷载按车轮接地面积平均分配在承载扁钢上,算出每根承载扁钢的弯曲应力不超过材料的强度设计值时,即视为满足强度要求。应同时计算最大挠度,对于车行道沟盖板,挠度应不大于跨距的 1/500。

B.5.1 强度计算

轮荷载可简化为如图 B.5 所示的模型。

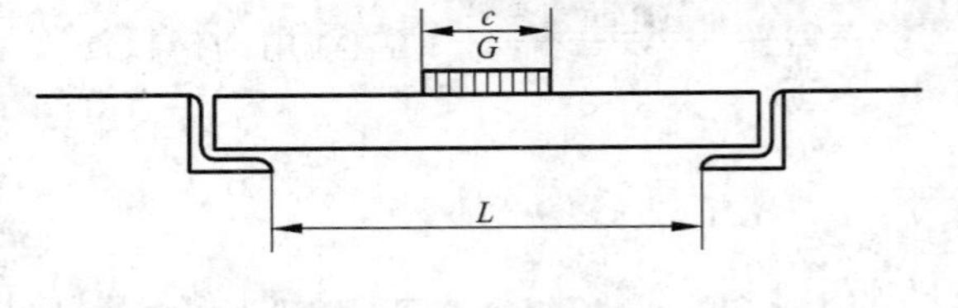

图 B.5 轮荷载模型

由:

$$\sigma=\frac{qLc(2-c/L)}{8W} \quad \text{(B.1)}$$

得出:

$$\sigma=\frac{G(1+i)Bc(2L-c)}{8abW},\text{N/mm}^2 \quad \text{(B.2)}$$

对于横断沟盖,i 取 0.4,侧沟盖,i 取 0;当 $c \geqslant L$ 时,取 $c=L$。

图 B.5、式 B.1、式 B.2 中:

c——跨度方向上的后轮着地宽度,单位为毫米(mm);

L——支撑距离(跨距),单位为毫米(mm);

G——后轮荷载,N;

B——承载扁钢中心间距,单位为毫米(mm);

i——冲击系数;

W——承载扁钢截面抵抗矩，单位为立方毫米(mm^3)；

ab——轮压面积，单位为平方毫米(mm^2)。

B.5.2 挠度计算

$$D=\frac{qcL^3}{384EI}[8-4(c/L)^2+(c/L)^3] \cdots\cdots (B.3)$$

式中：

$q=GB/ab$；

E——钢材的弹性模量，$E=206\times10^3\ N/mm^2$；

I——截面惯性矩，对于扁钢 $I=bt^3/12$。

表 B.2 GT 型侧沟、横断沟钢格板沟盖

沟宽	T-2 及行人荷载				T-6			
	型号	盖板尺寸 $b\times a\times h$	重量	支座角钢	型号	盖板尺寸 $b\times a\times h$	重量	支座角钢
100	GT100-20	995×160×20	4.0	L40×25×5	GT100-25	995×164×25	8.2	L40×28×3
120	GT120-20	995×180×20	4.4	L40×25×5	GT120-25	995×184×25	9.2	L40×28×3
150	GT150-20	995×210×20	5.2	L40×25×5	GT150-25	995×214×25	10.2	L40×28×3
180	GT180-20	995×240×20	5.7	L40×25×5	GT180-25	995×244×25	11.3	L40×28×3
200	GT200-20	995×260×20	6.0	L40×25×5	GT200-32	995×294×32	16.6	L56×36×4
240	GT240-25	995×304×25	13.4	L40×28×3	GT240-32	995×334×32	18.7	L56×36×4
300	GT300-25	995×364×25	15.9	L40×28×3	GT300-38	995×416×38	26.7	L70×45×7
360	GT360-25	995×424×25	18.3	L40×28×3	GT360-45	995×440×45	33.0	L50×50×5
400	GT400-25	995×464×25	19.7	L40×28×3	GT400-50	995×490×50	40.0	L56×56×6
450	GT450-32	995×544×32	28.8	L56×36×4	GT450-50	995×540×50	43.4	L56×56×6
500	GT500-45	995×580×45	42.2	L50×50×5	GT500-50	995×590×50	47.4	L56×56×6
600	GT600-50	995×690×50	54.8	L56×56×6	GT600-50	995×700×55	60.8	L60×60×5
沟宽	T-14				T-20			
	型号	盖板尺寸 $b\times a\times h$	重量	支座角钢	型号	盖板尺寸 $b\times a\times h$	重量	支座角钢
100	GT100-25	995×164×25	8.2	L40×28×3	GT100-25	995×164×25	8.2	L40×28×3
120	GT120-25	995×184×25	9.2	L40×28×3	GT120-25	995×214×32	12.9	L56×36×4
150	GT150-25	995×214×25	10.2	L40×28×3	GT150-32	995×244×32	14.3	L56×36×4
180	GT180-32	995×274×32	15.7	L56×36×4	GT180-38	995×296×38	19.7	L70×45×7
200	GT200-32	995×294×32	16.6	L56×36×4	GT200-38	995×316×38	21.1	L70×45×7
240	GT240-38	995×356×38	23.2	L70×45×7	GT240-45	995×320×45	25.0	L50×50×5
300	GT300-45	995×380×45	28.8	L50×50×5	GT300-50	995×390×50	32.6	L56×56×6
360	GT360-50	995×440×50	36.5	L56×56×6	GT360-55	995×400×55	41.6	L60×60×5
400	GT400-50	995×480×50	39.3	L56×56×6	GT400-55	995×500×55	44.7	L60×60×5
450	GT450-55	995×550×55	48.9	L60×60×5	GT450-65	995×590×65	59.3	L70×70×5
500	GT500-60	995×610×60	58.6	L65×65×5	GT500-75	995×640×75	75.9	L80×80×5
600	GT600-75	995×750×75	87.9	L80×80×5	……	……	……	……
沟宽	T-25							
	型号	盖板尺寸 $b\times a\times h$	重量	支座角钢				
100	GT100-32	995×194×32	11.4	L56×36×4				
120	GT120-32	995×214×32	12.9	L56×36×4				
150	GT150-38	995×266×38	18.1	L70×45×7				
180	GT180-45	955×260×45	20.9	L50×50×5				
200	GT200-45	955×280×45	22.2	L50×50×5				

表 B.2(续)

沟宽	T-25			
	型号	盖板尺寸 $b \times a \times h$	重量	支座角钢
240	GT240-45	955×320×45	25.0	L50×50×5
300	GT300-50	955×390×50	32.6	L56×56×6
360	GT360-55	955×460×55	41.6	L60×60×5
400	GT400-65	955×520×65	54.7	L70×70×5
450	GT450-75	995×590×75	70.3	L80×80×5

注：沟宽和盖板尺寸单位为 mm，重量单位为 kg/件。

表 B.3 GU 型钢格板沟盖

沟宽	T-2 及行人荷载				T-6			
	型号	盖板尺寸 $b \times W \times h$	包边角钢	重量	型号	盖板尺寸 $b \times W \times h$	包边角钢	重量
100	GU100-20	995×90×20	L30×3	4.4	GU100-25	995×90×25	L40×5	8.3
120	GU120-20	995×110×20	L30×3	5.0	GU120-25	995×110×25	L40×5	9.3
150	GU150-20	995×140×20	L30×3	5.5	GU150-25	995×140×25	L40×5	10.4
180	GU180-20	995×170×20	L30×3	6.0	GU180-25	995×170×25	L40×5	11.4
200	GU200-25	995×190×25	L40×5	12.2	GU200-25	995×190×25	L40×5	12.2
240	GU240-25	995×230×25	L40×5	13.9	GU240-32	995×230×32	L40×5	16.1
300	GU300-25	995×290×25	L40×5	16.0	GU300-38	995×290×38	L40×5	21.3
360	GU360-25	995×350×25	L40×5	18.4	GU360-45	995×350×45	L50×6	32.5
400	GU400-32	995×390×32	L40×5	23.7	GU400-45	995×390×45	L50×6	35.1
450	GU450-32	995×443×32	L40×5	26.3	GU450-50	995×440×50	L50×6	41.6
500	GU500-45	995×488×45	L50×6	41.7	GU500-50	995×490×50	L50×6	45.2
600	GU600-50	995×588×50	L56×6	53.8	GU600-55	995×590×55	L63×6	59.4

沟宽	T-14			
	型号	盖板尺寸 $b \times a \times h$	包边角钢	重量
100	GU100-25	995×90×25	L40×5	8.3
120	GU120-25	995×110×25	L40×5	9.3
150	GU150-25	995×140×25	L40×5	10.4
180	GU180-25	995×170×25	L40×5	11.4
200	GU200-32	995×190×32	L40×5	14.0
240	GU240-32	995×230×32	L40×5	16.1
300	GU300-45	995×290×45	L50×6	28.4
360	GU360-50	995×350×45	L50×6	32.5
400	GU400-50	995×390×50	L50×6	37.8
450	GU450-55	995×440×55	L63×6	47.4

注：沟宽和盖板尺寸单位为 mm，重量单位为 kg/件。

表 B.4 井孔用钢格板盖

适用荷载	井孔尺寸 宽×长	钢格板型号	钢格板 尺寸 $h\times a\times b$	钢格板 重量	支座框 尺寸 $B\times A\times H$	支座框 支撑角钢	支座框 重量
T-25	300×400	GM34-55	305×500×55	14.2	335×520×60	L60×5	7.6
	400×400	GM44-55	395×500×55	18.3	425×520×60	L60×5	8.5
	500×400	GM54-55	485×500×55	22.5	515×520×60	L60×5	9.3
	300×500	GM35-65	305×620×65	22.8	335×640×70	L70×5	9.4
	400×500	GM45-65	395×620×65	29.5	425×640×70	L70×5	10.4
	500×500	GM55-65	485×620×65	36.2	515×640×70	L70×5	11.4
	300×600	GM36-75	305×740×75	28.6	335×760×80	L80×5	11.5
	400×600	GM46-75	395×740×75	36.4	425×760×80	L80×5	12.6
	500×600	GM56-75	485×740×75	44.3	515×760×80	L80×5	13.7
	500×700	GM57-75	485×840×75	49.9	515×860×80	L80×5	14.5
	700×700	GM77-75	695×840×75	70.6	725×860×80	L80×5	17.1
T-20	300×400	GM34-50	305×490×50	12.8	335×510×56	L56×6	7.7
	400×400	GM44-50	395×490×50	16.5	425×510×56	L56×6	8.6
	500×400	GM54-50	485×490×50	20.3	515×510×56	L56×6	9.5
	300×500	GM35-55	305×600×55	16.7	335×620×60	L60×5	8.2
	400×500	GM45-55	395×600×55	21.7	425×620×60	L60×5	9.0
	300×600	GM36-55	485×600×55	26.6	515×620×60	L60×5	9.8
	400×600	GM46-65	305×720×65	26.2	335×740×70	L70×5	10.8
	500×600	GM56-65	485×720×65	41.6	515×740×70	L70×5	13.1
	600×600	GM66-65	605×720×65	51.9	635×740×70	L70×5	14.6
	500×700	GM57-75	485×840×75	49.9	515×860×80	L80×5	14.5
	700×700	GM77-75	695×840×75	68.0	725×860×80	L80×5	17.1
T-14(含 T-6)	300×400	GM34-45	305×480×45	11.3	335×500×50	L50×5	6.5
	400×400	GM44-45	395×480×45	14.7	425×500×50	L50×5	7.2
	500×400	GM54-45	485×480×45	18.0	515×500×50	L50×5	7.8
	300×500	GM35-50	305×590×50	15.1	335×610×56	L56×6	8.2
	400×500	GM45-50	395×590×50	19.5	425×610×56	L56×6	9.2
	500×500	GM55-50	485×590×50	24.0	515×610×56	L56×6	10.1
	300×600	GM36-55	305×700×55	19.3	335×720×60	L60×5	8.7
	400×600	GM46-55	395×700×55	25.0	425×720×60	L60×5	9.6
	500×600	GM56-55	485×700×55	34.6	515×720×60	L60×5	10.4
	600×600	GM66-55	605×700×55	38.2	635×720×60	L60×5	11.5
	500×700	GM57-60	485×810×60	38.1	515×830×65	L65×5	12.7
	700×700	GM77-60	695×810×60	54.6	725×830×65	L65×5	15.2
T-2 (含行人荷载)	300×400	GM34-32	305×454×32	7.9	335×472×36	L36×4	4.4
	400×400	GM44-32	395×454×32	10.3	425×472×36	L36×4	4.8
	500×400	GM54-32	485×454×32	12.6	485×472×36	L36×4	5.0
	300×500	GM35-40	305×570×40	11.9	335×590×45	L45×5	5.9
	400×500	GM45-40	395×570×40	15.4	425×590×45	L45×5	6.5
	500×500	GM55-40	485×570×40	18.9	515×590×45	L45×5	7.2
	300×600	GM36-40	305×670×40	13.8	335×690×45	L45×5	6.3
	400×600	GM46-40	395×670×40	17.9	425×690×45	L45×5	6.9
	500×600	GM56-40	485×670×40	21.9	515×690×45	L45×5	7.5
	600×600	GM66-40	605×670×40	27.4	635×690×45	L45×5	8.3
	500×700	GM57-45	485×780×45	28.2	515×800×50	L50×5	8.6
	700×700	GM77-45	695×780×45	40.4	725×800×50	L50×5	10.2

注：井孔、钢格板、支座框尺寸单位为 mm，重量单位为 kg/件。

附　录　C
（规范性附录）
荷载与挠度的测试

C.1　测试方法

参照 GB/T 14452—1993 采用三点弯曲试验法，对钢格板的荷载能力进行测试，测试钢格板的线荷载与变形挠度的关系，以核对设计要求和对钢格板产品进行抽样检查。

C.2　测试设备

C.2.1　测试在液压万能材料试验机上进行，试验机应有一级精确度并能承受比样品荷载要求大于25%的负荷能力。

C.2.2　荷载的测量应精确到3%。

C.2.3　用于挠度测试的挠度计或百分表应精确到0.01 mm。

C.3　试样制备

C.3.1　生产厂可在制造每一种规格或每批产品时，以同样的材料和制造方法制备钢格板荷载试验试样或由产品中任意裁取钢格板荷载试验试样，试样数量可由生产厂根据批量确定或由供需双方商定。

C.3.2　试样和试验机接触的三个部位应平整，并保证与每一根承载扁钢有良好的接触，试样必须加工平整。

C.3.3　试样尺寸

试样宽度：约为305 mm。

试样长度：680 mm，1 150 mm。

C.4　荷载试验

C.4.1　试样长度为680 mm，支辊间距为600 mm，试样长度为1 150 mm，支辊间距为1 000 mm，支辊的长度应大于试样的宽度。

C.4.2　用试验机的弯曲压头向试样中部垂直于承载扁钢方向平稳地施加荷载，弯曲压头的长度应大于试样宽度。

C.4.3　加荷载前必须确定支辊及压头与每一根承载扁钢都有良好的接触。

C.4.4　用百分表测量试样的弯曲挠度。

C.4.5　记录测力计读数，并用自动记录仪按记录测力计读数描绘荷载挠度曲线。

C.5　数据整理

C.5.1　挠度　百分表实际读数，mm。

C.5.2　线荷载测试公式：

$$P_L = \frac{P}{W} \qquad \text{(C.1)}$$

C.5.3　均布荷载推算公式：

$$P_u = \frac{1.6P_L}{L} \qquad \text{(C.2)}$$

式中：

P——测力计读数，单位为千牛(kN)；

P_L——线荷载，单位为千牛每米(kN/m)；

P_u——均布荷载，单位为千牛每平方米（kN/m^2）；

L——跨距（支辊间距），单位为米（m）；

W——n/N，试样名义宽度，单位为米（m）；

n——试样的承载扁钢条数；

N——每米宽度的承载扁钢条数，例如，扁钢中心间距为 30 mm 时，$N=34/m$；扁钢中心间距为 20 mm时，$N=51/m$。

附　录　D
（资料性附录）
钢格板安全荷载与挠度的计算

D.1　钢格板的安全荷载

计算强度：

$$\sigma=\frac{qL^2}{8W}\leqslant[f] \qquad (D.1)$$

安全均布荷载：

$$P_u\leqslant\frac{8n[f]W}{L^2} \qquad (D.2)$$

安全线荷载：

$$P_L\leqslant\frac{4n[f]W}{L} \qquad (D.3)$$

式中：

σ——计算强度，单位为千牛每平方米（kN/m^2）；

$[f]$——材料强度设计值，单位为千牛每平方米（kN/m^2），对于碳素结构钢，取$[f]=170\times10^3 kN/m^2$；

q——荷载集度，单位为千牛每米（kN/m），每根承载扁钢上的均布荷载，即 $q=P_u/n$；

P_u——均布面荷载，单位为千牛每平方米（kN/m^2）；

P_L——线荷载，单位为千牛每米（kN/m）；

n——每米钢格板承载扁钢条数，n/m；

W——承载扁钢截面抵抗矩，对于扁钢 $W=bt^2/6mm^3$；

L——跨距，单位为米（m）。

D.2　均布荷载与挠度的关系

$$D_{max}=\frac{5qL^4}{384EI} \qquad (D.4)$$

对于扁钢型钢格板，简化成如下公式：

$$D_{max}=\xi\frac{(P_u+P_0)BL^4}{bt^3} \qquad (D.5)$$

式中：

$\xi=758.5/(kN/m^2)$；

q——荷载集度，$q=(P_u+P_0)B$，单位为千牛每米（kN/m）；

E——弹性模量，碳钢 $E=206\times10^6\ kN/m^2$；

I——截面惯性矩，对于扁钢 $I=bt^3/12$，单位为 4 次方毫米（mm^4）；

D——变形挠度，单位为毫米（mm）；

P_u——外加均布荷载，单位为千牛每平方米（kN/m^2）；

P_0——钢格板自重，单位为千牛每平方米（kN/m^2）；

L——跨距，单位为米（m）；

B——承载扁钢中心距，单位为毫米（mm）；

b——承载扁钢厚度，单位为毫米（mm）；

t——承载扁钢宽度，单位为毫米（mm）。

D.3　线荷载与挠度的关系

$$D_{\max}=\frac{q_L L^3}{48EI}+\frac{5q_0 L^4}{384EI} \quad \text{(D.6)}$$

式中：

$q_L=P_L B$，单位为千牛(kN)；

$q_0=P_0 B$，单位为千牛每米(kN/m)。

对于扁钢型钢格板，简化成如下公式：

$$D_{\max}=\frac{BL^3}{bt^3}(\zeta P_L+\xi P_0 L) \quad \text{(D.7)}$$

式中：

P_L——外加线荷载，单位为千牛每米(kN/m)；

$\zeta=1\,213.6/(\text{kN/m}^2)$；

$\xi=758.5/(\text{kN/m}^2)$。

附　录　E
（资料性附录）
安全荷载与挠度表

本附录的安全荷载表为设计人员查询钢格板的荷载性能提供了方便，表中列了一些常用钢格板的型号，在某一净跨距时，安全荷载与挠度的对应关系，跨距从 200 mm 到 3 000 mm，以 200 mm 递增。

荷载表的数值计算基于静止荷载的材料强度设计值（对于碳素结构钢，强度设计值取 170×10^3 kN/m^2），包括考虑了钢格板的重量。当设计用于交通道路上的钢格板时，还应考虑冲击和疲劳的因素。

荷载表的数值计算根据承载扁钢的公称尺寸进行，如果承载扁钢是负公差，应当考虑一个折减系数。同样，承载扁钢由于冲齿开孔开槽等造成截面尺寸的变化，都应当考虑折减。

压锁钢格板的安全荷载表由生产厂商提供。

所有荷载性能的计算仅考虑承载扁钢的贡献而忽略横杆。

荷载表列出数据的区域，表示该型号钢格板在 2 kN/m^2 均布荷载作用下，最大挠度小于 4mm。

对于表中未列出型号的钢格板或有特殊要求的场合使用的钢格板，由供需双方根据本部分的有关规定生产供应。

附录表 E.1　承载扁钢，中心间距为 30 mm 压焊钢格板。

附录表 E.2　承载扁钢，中心间距为 40 mm 压焊钢格板。

附录表 E.3　承载扁钢，中心间距为 20 mm 压焊钢格板。

附录表 E.4　承载扁钢为Ⅰ型钢，中心间距为 30 mm 压焊钢格板。

附录表 E.5　承载扁钢为Ⅰ型钢，中心间距为 40 mm 压焊钢格板。

附录表 E.6　重荷载压焊钢格板。

附录表 E.7　常用压焊钢格板扁钢条数与公称宽度的关系。

表 E.1　扁钢中心间距为 30 mm 压焊钢格板　常用规格及安全荷载表

型　号	扁钢宽度/mm	扁钢厚度/mm	理论重量/(kg/m²)		跨　距/mm														
					200	400	600	800	1000	1200	1400	1600	1800	2000	2200	2400	2600	2800	3000
G655/30/50W	65	5	103.4	*U*	3990	997	443	249	159	110	81	62	49	39	32	27	23	20	17
				D	0.11	0.42	0.95	1.7	2.65	3.81	5.22	6.84	8.7	10.61	12.82	15.4	18.18	21.4	24.18
G655/30/100W			100.4	*C*	399	199	133	99	79	66	57	49	44	39	36	33	30	28	26
				D	0.08	0.34	0.76	1.35	2.11	3.06	4.21	5.43	6.98	8.54	10.56	12.65	14.75	17.33	19.97
G605/30/50W	60	5	95.9	*U*	3400	850	377	212	136	94	69	53	41	34	28	23	20	17	
				D	0.11	0.46	1.03	1.84	2.89	4.15	5.66	7.45	9.28	11.78	14.28	16.73	20.16	23.23	
G605/30/100W			92.9	*C*	340	170	113	85	68	56	48	42	37	34	30	28	26	24	
				D	0.09	0.37	0.83	1.48	2.31	3.3	4.52	5.93	7.48	9.49	11.23	13.71	16.31	18.98	
G555/30/50W	55	5	88.4	*U*	2856	714	317	178	114	79	58	44	35	28	23	19	16		
				D	0.13	0.5	1.13	2	3.14	4.53	6.19	8.04	10.3	12.63	15.29	18.03	21.08		
G555/30/100W			85.4	*C*	285	142	95	71	57	47	40	35	31	28	25	23	21		
				D	0.1	0.4	0.9	1.6	2.52	3.6	4.89	6.43	8.16	10.18	12.21	14.7	17.24		
G505/30/50W	50	5	80.9	*U*	2361	590	262	147	94	65	48	36	29	23	19	16			
				D	0.14	0.55	1.24	2.2	3.45	4.97	6.82	8.78	11.39	13.86	16.88	20.28			
G505/30/100W			77.9	*C*	236	118	78	59	47	39	33	29	26	23	21	19			
				D	0.11	0.44	0.99	1.77	2.77	3.99	5.39	7.11	9.14	11.18	13.7	16.26			

表 E.1(续)

型号	扁钢宽度/mm	扁钢厚度/mm	理论重量/(kg/m²)		跨距/mm														
					200	400	600	800	1000	1200	1400	1600	1800	2000	2200	2400	2600	2800	3000
G503/30/50W	50	3	52.6	*U*	1416	354	157	88	56	39	28	22	17	14	11				
				D	0.14	0.55	1.24	2.2	3.43	4.97	6.65	8.95	11.16	14.09	16.37				
G503/30/100W			49.6	*C*	141	70	47	35	28	23	20	17	15	14	12				
				D	0.11	0.44	0.99	1.75	2.75	3.92	5.45	6.97	8.82	11.37	13.14				
G455/30/50W	45	5	73.4	*U*	1912	478	212	119	76	53	39	29	23	19	15				
				D	0.15	0.61	1.38	2.45	3.83	5.56	7.62	9.73	12.44	15.76	18.39				
G455/30/100W			70.4	*C*	191	95	63	47	38	31	27	23	21	19	17				
				D	0.12	0.49	1.09	1.94	3.07	4.35	6.06	7.76	10.16	12.72	15.31				
G405/30/50W	40	5	65.9	*U*	1511	377	167	94	60	41	30	23	18	15					
				D	0.17	0.69	1.54	2.76	4.31	6.14	8.37	11.02	13.92	17.8					
G405/30/100W			62.9	*C*	151	75	50	37	30	25	21	18	16	15					
				D	0.14	0.55	1.23	2.17	3.46	5.01	6.73	8.69	11.1	14.39					
G403/30/50W	40	3	43.3	*U*	906	226	100	56	36	25	18	14	11						
				D	0.17	0.69	1.54	2.74	4.32	6.25	8.39	11.2	14.21						
G403/30/100W			40.3	*C*	90	45	30	22	18	15	12	11	10						
				D	0.14	0.55	1.24	2.16	3.46	5.02	6.44	8.87	11.59						
G355/30/50W	35	5	58.4	*U*	1156	289	128	72	46	32	23	18	14						
				D	0.2	0.79	1.77	3.16	4.94	7.17	9.61	12.92	16.24						
G355/30/100W			55.4	*C*	115	57	38	28	23	19	16	14	12						
				D	0.16	0.62	1.4	2.46	3.97	5.7	7.69	10.14	12.52						
G353/30/50W	35	3	38.6	*U*	694	173	77	43	27	19	14	10							
				D	0.2	0.79	1.77	3.14	4.84	7.11	9.77	12.03							
G353/30/100W			35.6	*C*	69	34	23	17	13	11	9	8							
				D	0.16	0.62	1.41	2.49	3.75	5.52	7.25	9.71							
G325/30/50W	32	5	53.9	*U*	967	241	107	60	38	26	19	15	11						
				D	0.22	0.86	1.94	3.44	5.35	7.64	10.42	14.13	16.81						
G325/30/100W			50.9	*C*	96	48	32	24	19	16	13	12	10						
				D	0.17	0.68	1.55	2.76	4.3	6.3	8.21	11.4	13.73						
G323/30/50W	32	3	35.8	*U*	580	145	64	36	23	16	11	9							
				D	0.21	0.86	1.93	3.45	5.41	7.85	10.09	14.19							
G323/30/100W			32.8	*C*	58	29	19	14	11	9	8	7							
				D	0.17	0.69	1.53	2.69	4.16	5.93	8.44	11.15							
G255/30/50W	25	5	43.4	*U*	590	147	65	36	23	16	12								
				D	0.28	1.1	2.47	4.35	6.82	9.92	13.9								
G255/30/100W			40.4	*C*	59	29	19	14	11	9	8								
				D	0.22	0.87	1.93	3.39	5.25	7.5	10.71								
G253/30/50W	25	3	29.3	*U*	354	88	39	22	14	9									
				D	0.28	1.1	2.47	4.43	6.94	9.35									
G253/30/100W			26.3	*C*	35	17	11	8	7	5									
				D	0.22	0.85	1.86	3.24	5.58	7									
G205/30/50W	20	5	36.0	*U*	377	94	41	23	15	10									
				D	0.34	1.37	3.05	5.44	8.73	12.21									
G205/30/100W			33.0	*C*	37	18	12	9	7	6									
				D	0.27	1.05	2.39	4.28	6.57	9.85									
G203/30/50W	20	3	24.6	*U*	226	56	25	14	9										
				D	0.34	1.37	3.1	5.53	8.76										
G203/30/100W			21.6	*C*	22	11	7	5	4										
				D	0.27	1.07	2.32	3.98	6.3										

说明：
1. *U* 表示钢格板安全外加均布荷载，kN/m^2；
2. *C* 表示钢格板跨度中心线上垂直于承载扁钢方向的安全外加线荷载，kN/m；
3. *D* 表示钢格板在所列安全外加荷载作用下的最大挠度，mm；
4. 列出数据区域表示钢格板在 $2kN/m^2$ 的均布荷载作用下，最大挠度小于 4mm；
5. 理论重量表示热镀锌钢格板长度为 1m 时的重量。

表 E.2 扁钢中心间距为 40 mm 压焊钢格板 常用规格及安全荷载表

型号	扁钢宽度/mm	扁钢厚度/mm	理论重量/(kg/m²)		跨距/mm														
					200	400	600	800	1000	1200	1400	1600	1800	2000	2200	2400	2600	2800	3000
G655/40/50W	65	5	81.7	*U*	2992	748	332	187	119	83	61	46	36	29	24	20	17	15	
				D	0.11	0.42	0.95	1.7	2.65	3.84	3.93	6.78	8.54	10.54	12.84	15.25	17.97	21.46	
G655/40/100W			78.7	*C*	299	149	99	74	59	49	42	37	33	29	27	24	23	21	
				D	0.08	0.34	0.76	1.35	2.1	3.03	4.14	5.47	6.99	8.49	10.58	12.32	15.1	17.39	
G605/40/50W	60	5	75.9	*U*	2550	637	283	159	102	70	52	39	31	25	21	17	15		
				D	0.11	0.46	1.03	1.84	2.89	4.12	4.27	7.32	9.36	11.57	14.31	16.54	20.21		
G605/40/100W			72.9	*C*	255	127	85	63	51	42	36	31	28	25	23	21	19		
				D	0.09	0.37	0.83	1.46	2.31	3.31	4.52	5.84	7.56	9.32	11.5	13.74	15.97		
G555/40/50W	55	5	70.1	*U*	2142	535	238	133	85	59	43	33	26	21	17	14			
				D	0.13	0.5	1.13	2	3.13	4.51	5.59	8.05	10.22	12.66	15.11	17.77			
G555/40/100W			67.1	*C*	214	107	71	53	42	35	30	26	23	21	19	17			
				D	0.1	0.4	0.9	1.59	2.48	3.58	4.9	6.38	8.09	10.2	12.39	14.54			
G505/40/50W	50	5	64.2	*U*	1770	442	196	110	70	49	36	27	21	17	14				
				D	0.14	0.55	1.24	2.2	3.43	5	5.12	8.79	11.02	13.69	16.64				
G505/40/100W			61.2	*C*	177	88	59	44	35	29	25	22	19	17	16				
				D	0.11	0.44	0.99	1.76	2.75	3.96	5.45	7.2	8.93	11.05	13.95				
G503/40/50W	50	3	42.6	*U*	1062	265	118	66	42	29	21	16	13	10					
				D	0.14	0.55	1.24	2.2	3.43	4.94	4.99	8.71	11.4	13.49					
G503/40/100W			39.6	*C*	106	53	35	26	21	17	15	13	11	10					
				D	0.11	0.44	0.98	1.74	2.75	3.87	5.46	7.11	8.66	10.9					
G455/40/50W	45	5	58.4	*U*	1434	358	159	89	57	39	29	22	17	14	11				
				D	0.15	0.61	1.38	2.44	3.83	5.46	5.67	9.85	12.28	15.53	18.05				
G455/40/100W			55.4	*C*	143	71	47	35	28	23	20	17	15	14	13				
				D	0.12	0.49	1.09	1.92	3.02	4.31	5.99	7.67	9.72	12.54	15.64				
G405/40/50W	40	5	52.6	*U*	1133	283	125	70	45	31	23	17	13	11					
				D	0.17	0.69	1.54	2.74	4.32	6.2	6.42	10.88	13.45	17.47					
G405/40/100W			49.6	*C*	113	56	37	28	22	18	16	14	12	11					
				D	0.14	0.54	1.22	2.19	3.39	4.82	6.85	9.02	11.13	14.13					
G403/40/50W	40	3	35.3	*U*	680	170	75	42	27	18	13	10	8						
				D	0.17	0.69	1.54	2.74	4.32	6.01	6.08	10.71	13.84						
G403/40/100W			32.3	*C*	68	34	22	17	13	11	9	8	7						
				D	0.14	0.55	1.21	2.22	3.34	4.92	6.45	8.64	10.9						

表 E.2(续)

型号	扁钢宽度/mm	扁钢厚度/mm	理论重量/(kg/m²)		跨距/mm														
					200	400	600	800	1000	1200	1400	1600	1800	2000	2200	2400	2600	2800	3000
G355/40/50W	35	5	46.8	*U*	867	216	96	54	34	24	17	13	10						
				D	0.2	0.78	1.77	3.16	4.88	7.18	7.12	12.48	15.54						
G355/40/100W			43.8	*C*	86	43	28	21	17	14	12	10	9						
				D	0.16	0.62	1.38	2.46	3.91	5.61	7.71	9.7	12.57						
G353/40/50W	35	3	31.6	*U*	520	130	57	32	20	14	10	8							
				D	0.2	0.79	1.75	3.12	4.79	7	7.01	12.85							
G353/40/100W			28.6	*C*	52	28	17	13	10	8	7	6							
				D	0.16	0.63	1.4	2.54	3.85	5.37	7.53	9.75							
G325/40/50W	32	5	43.3	*U*	725	181	80	45	29	20	14	11							
				D	0.21	0.86	1.93	3.45	5.45	7.84	7.7	13.86							
G325/40/100W			40.3	*C*	72	36	24	18	14	12	10	9							
				D	0.17	0.68	1.55	2.76	4.23	6.31	8.43	11.44							
G323/40/50W	32	3	29.4	*U*	435	108	48	27	17	12	8								
				D	0.21	0.86	1.93	3.45	5.34	7.86	7.37								
G323/40/100W			26.4	*C*	43	21	14	10	8	7	6								
				D	0.17	0.67	1.5	2.56	4.04	6.16	8.47								
G255/40/50W	25	5	35.1	*U*	442	110	49	27	17	12	9								
				D	0.27	1.1	2.48	4.35	6.74	9.94	10.46								
G255/40/100W			32.1	*C*	44	22	14	11	8	7	6								
				D	0.22	0.88	1.9	3.55	5.1	7.79	10.74								
G253/40/50W	25	3	24.3	*U*	265	66	29	16	10	7									
				D	0.27	1.1	2.45	4.3	6.63	9.71									
G253/40/100W			21.3	*C*	26	13	8	6	5	4									
				D	0.22	0.87	1.81	3.24	5.33	7.48									
G205/40/50W	20	5	29.3	*U*	283	70	31	17	11	7									
				D	0.34	1.36	3.08	5.37	8.56	11.46									
G205/40/100W			26.3	*C*	28	14	9	7	5	4									
				D	0.27	1.09	2.39	4.44	6.29	8.84									
G203/40/50W	20	3	20.6	*U*	170	42	18	10	6										
				D	0.34	1.37	2.98	5.28	7.84										
G203/40/100W			17.6	*C*	17	8	5	4	3										
				D	0.28	1.04	2.22	4.25	6.32										

说明：

1. *U* 表示钢格板安全外加均布荷载，kN/m^2；
2. *C* 表示钢格板跨度中心线上垂直于承载扁钢方向的安全外加线荷载，kN/m；
3. *D* 表示钢格板在所列安全外加荷载作用下的最大挠度，mm；
4. 列出数据区域表示钢格板在 $2kN/m^2$ 的均布荷载作用下，最大挠度小于 4mm；
5. 理论重量表示热镀锌钢格板长度为 1m 时的重量。

表 E.3 扁钢中心间距为 20 mm 压焊钢格板 常用规格及安全荷载表

型 号	扁钢宽度/mm	扁钢厚度/mm	理论重量/(kg/m²)		跨 距/mm														
					200	400	600	800	1000	1200	1400	1600	1800	2000	2200	2400	2600	2800	3000
G605/20/50W	60	5	138.3	*U*	5100	1275	566	318	204	141	104	79	62	51	42	35	30	26	22
				D	0.11	0.46	1.03	1.84	2.88	4.15	5.69	7.4	9.34	11.77	14.27	16.94	20.13	23.62	26.57
G605/20/100W			135.3	*C*	510	255	170	127	102	85	72	63	56	51	46	42	39	36	34
				D	0.09	0.37	0.83	1.47	2.31	3.34	4.51	5.92	7.54	9.47	11.45	13.68	16.28	18.93	22.17
G555/20/50W	55	5	127.3	*U*	4285	1071	476	267	171	119	87	66	52	42	35	29	25	21	
				D	0.13	0.5	1.13	2	3.14	4.55	6.18	8.04	10.19	12.62	15.48	18.3	21.87	24.94	
G555/20/100W			124.3	*C*	428	214	142	107	85	71	61	53	47	42	38	35	32	30	
				D	0.1	0.4	0.9	1.61	2.5	3.63	4.97	6.48	8.24	10.17	12.34	14.87	17.45	20.61	
G505/20/50W	50	5	116.3	*U*	3541	885	393	221	141	98	72	55	43	35	29	24	20		
				D	0.14	0.55	1.24	2.21	3.45	4.99	6.82	8.93	11.25	14.03	17.14	20.24	23.45		
G505/20/100W			113.3	*C*	354	177	118	88	70	59	50	44	39	35	32	29	27		
				D	0.11	0.44	0.99	1.76	2.75	4.02	5.43	7.18	9.12	11.32	13.88	16.49	19.69		
G503/20/50W	50	3	73.8	*U*	2125	531	236	132	85	59	43	33	26	21	17	14			
				D	0.14	0.55	1.24	2.2	3.47	5.01	6.79	8.94	11.35	14.06	16.8	19.76			
G503/20/100W			70.8	*C*	212	106	70	53	42	35	30	26	23	21	19	17			
				D	0.11	0.44	0.98	1.77	2.75	3.98	5.44	7.08	8.99	11.34	13.78	16.18			
G455/20/50W	45	5	105.2	*U*	2868	717	318	179	114	79	58	44	35	28	23	19			
				D	0.15	0.61	1.38	2.46	3.83	5.53	7.55	9.83	12.59	15.47	18.74	22.13			
G455/20/100W			102.2	*C*	286	143	95	71	57	47	40	35	31	28	26	23			
				D	0.12	0.49	1.1	1.95	3.07	4.4	5.98	7.86	9.99	12.48	15.55	18.08			
G405/20/50W	40	5	94.2	*U*	2266	566	251	141	90	62	46	35	27	22	18				
				D	0.17	0.69	1.55	2.76	4.31	6.19	8.55	11.16	13.9	17.39	21.01				
G405/20/100W			91.2	*C*	226	113	75	56	45	37	32	28	25	22	20				
				D	0.14	0.55	1.23	2.19	3.46	4.94	6.83	8.99	11.52	14.05	17.18				
G403/20/50W	40	3	60.3	*U*	1360	340	151	85	54	37	27	21	16	13					
				D	0.17	0.69	1.55	2.77	4.31	6.16	8.37	11.18	13.76	17.18					
G403/20/100W			57.3	*C*	136	68	45	34	27	22	19	17	15	13					
				D	0.14	0.55	1.23	2.22	3.46	4.9	6.77	9.11	11.55	13.89					
G355/20/50W	35	5	83.2	*U*	1735	433	192	108	69	48	35	27	21	17					
				D	0.2	0.79	1.77	3.15	4.94	7.16	9.74	12.9	16.21	20.17					
G355/20/100W			80.2	*C*	173	86	57	43	34	28	24	21	19	17					
				D	0.16	0.62	1.4	2.52	3.91	5.6	7.68	10.12	13.15	16.32					

表 E.3(续)

型号	扁钢宽度/mm	扁钢厚度/mm	理论重量/(kg/m²)		跨距/mm														
					200	400	600	800	1000	1200	1400	1600	1800	2000	2200	2400	2600	2800	3000
G353/20/50W	35	3	53.5	*U*	1041	260	115	65	41	28	21	16	12						
				D	0.2	0.79	1.77	3.17	4.9	6.98	9.75	12.77	15.51						
G353/20/100W			50.5	*C*	104	52	34	26	20	17	14	13	11						
				D	0.16	0.63	1.39	2.54	3.84	5.67	7.49	10.45	12.75						
G325/20/50W	32	5	76.6	*U*	1450	362	161	90	58	40	29	22	17	14					
				D	0.21	0.86	1.94	3.44	5.44	7.82	10.58	13.8	17.25	21.85					
G325/20/100W			73.6	*C*	145	72	48	36	29	24	20	18	16	14					
				D	0.17	0.68	1.54	2.76	4.37	6.29	8.4	11.38	14.55	17.7					
G323/20/50W	32	3	49.4	*U*	870	217	96	54	34	24	17	13	10						
				D	0.21	0.86	1.93	3.44	5.32	7.83	10.37	13.64	16.98						
G323/20/100W			46.4	*C*	87	43	29	21	17	14	12	10	9						
				D	0.17	0.68	1.56	2.69	4.27	6.13	8.42	10.6	13.74						
G255/20/50W	25	5	61.1	*U*	885	221	98	55	35	24	18	13							
				D	0.28	1.1	2.48	4.42	6.91	9.9	13.87	17.31							
G255/20/100W			58.1	*C*	88	44	29	22	17	14	12	11							
				D	0.22	0.88	1.96	3.55	5.4	7.76	10.68	14.76							
G253/20/50W	25	3	39.9	*U*	531	132	59	33	21	14	10								
				D	0.28	1.1	2.49	4.43	6.92	9.66	12.92								
G253/20/100W			36.9	*C*	53	26	17	13	10	8	7								
				D	0.22	0.86	1.92	3.5	5.3	7.42	10.43								
G205/20/50W	20	5	50.1	*U*	566	141	62	35	22	15	11								
				D	0.34	1.37	3.07	5.51	8.53	12.18	16.74								
G205/20/100W			47.1	*C*	56	28	18	14	11	9	8								
				D	0.27	1.09	2.38	4.43	6.86	9.82	14.04								
G203/20/50W	20	3	33.1	*U*	340	85	37	21	13	9									
				D	0.34	1.38	3.06	5.52	8.42	12.22									
G203/20/100W			30.1	*C*	34	17	11	8	6	5									
				D	0.28	1.11	2.43	4.23	6.27	9.16									

说明：

1. *U* 表示钢格板安全外加均布荷载，kN/m^2；
2. *C* 表示钢格板跨度中心线上垂直于承载扁钢方向的安全外加线荷载，kN/m；
3. *D* 表示钢格板在所列安全外加荷载作用下的最大挠度，mm；
4. 列出数据区域表示钢格板在 $2kN/m^2$ 的均布荷载作用下，最大挠度小于 4mm；
5. 理论重量表示热镀锌钢格板长度为 1m 时的重量。

表 E.4　Ⅰ型钢中心间距为 30 mm 压焊钢格板　常用规格及安全荷载表

型　号	型钢宽度/mm	翼缘厚度/mm	腹部厚度/mm	翼缘宽度/mm	理论重量/(kg/m²)		跨　距/mm														
							200	400	600	800	1000	1200	1400	1600	1800	2000	2200	2400	2600	2800	3000
G757/30/50WI	75	7	4	12	126.1	*U*	6460	1615	717	403	258	179	131	100	79	64	53	44	38	32	28
						D	0.09	0.37	0.83	1.47	2.3	3.31	4.5	5.88	7.47	9.25	11.26	13.3	15.89	18.11	20.99
G757/30/100WI					120.7	*C*	646	323	215	161	129	107	92	80	71	64	58	53	49	46	43
						D	0.07	0.29	0.66	1.17	1.84	2.65	3.62	4.72	5.99	7.44	9.02	10.76	12.72	15	17.36
G657/30/50WI	65	7	4	10	110.1	*U*	4862	1215	540	303	194	135	99	75	60	48	40	33	28	24	21
						D	0.11	0.42	0.95	1.69	2.65	3.83	5.22	6.77	8.71	10.67	13.07	15.36	18.05	20.94	24.29
G657/30/100WI					104.8	*C*	486	243	162	121	97	81	69	60	54	48	44	40	37	34	32
						D	0.08	0.34	0.76	1.35	2.12	3.07	4.17	5.44	7	8.58	10.53	12.5	14.8	17.12	19.96
G607/30/50WI	60	7	4	10	99.1	*U*	4216	1054	468	263	168	117	86	65	52	42	34	29	24	21	18
						D	0.11	0.46	1.03	1.83	2.86	4.13	5.65	7.31	9.4	11.62	13.85	16.81	19.29	22.82	25.97
G607/30/100WI					96.1	*C*	421	210	140	105	84	70	60	52	46	42	38	35	32	30	28
						D	0.09	0.36	0.82	1.46	2.29	3.3	4.52	5.87	7.43	9.35	11.33	13.63	15.96	18.82	21.77
G557/30/50WI	55	7	4	8.5	90.3	*U*	3502	875	389	218	140	97	71	54	43	35	28	24	20	17	
						D	0.13	0.5	1.13	2	3.15	4.53	6.17	8.03	10.29	12.82	15.11	18.44	21.32	24.55	
G557/30/100WI					87.3	*C*	350	175	116	87	70	58	50	43	38	35	31	29	26	25	
						D	0.1	0.4	0.9	1.6	2.52	3.62	4.98	6.42	8.13	10.32	12.26	14.98	17.23	20.83	
G507/30/50WI	50	7	4	8	83.2	*U*	2912	728	323	182	116	80	59	45	35	29	24	20	17		
						D	0.14	0.55	1.24	2.21	3.44	4.94	6.78	8.85	11.09	14.07	17.14	20.37	24.01		
G507/30/100WI					80.2	*C*	291	145	97	72	58	48	41	36	32	29	26	24	22		
						D	0.11	0.44	0.99	1.75	2.76	3.96	5.4	7.12	9.06	11.32	13.63	16.45	19.34		
G505/30/50WI	50	5	3	8.5	62.8	*U*	2085	521	231	130	83	57	42	32	25	20	17	14			
						D	0.14	0.55	1.23	2.2	3.44	4.91	6.73	8.79	11.06	13.57	16.97	19.95			
G505/30/100WI					59.8	*C*	208	104	69	52	41	34	29	26	23	20	18	17			
						D	0.11	0.44	0.98	1.76	2.72	3.92	5.33	7.17	9.09	10.94	13.21	16.31			
G445/30/50WI	44	5	3	8	56.5	*U*	1654	413	183	103	66	45	33	25	20	16	13				
						D	0.16	0.62	1.4	2.5	3.92	5.56	7.59	9.86	12.71	15.6	18.7				
G445/30/100WI					53.5	*C*	165	82	55	41	33	27	23	20	18	16	15				
						D	0.12	0.5	1.12	1.99	3.14	4.46	6.07	7.93	10.23	12.58	15.81				
G385/30/50WI	38	5	3	7	49.9	*U*	1246	311	138	77	49	34	25	19	15	12					
						D	0.18	0.73	1.64	2.89	4.51	6.52	8.93	11.64	14.82	18.22					
G385/30/100WI					46.9	*C*	124	62	41	31	24	20	17	15	13	12					
						D	0.14	0.58	13	2.33	3.55	5.13	6.98	9.25	11.53	14.72					
G325/30/50WI	32	5	3	6	43.3	*U*	884	221	98	55	35	24	18	13	10						
						D	0.21	0.86	1.94	3.44	5.37	7.68	10.74	13.35	16.6						
G325/30/100WI					40.3	*C*	88	44	29	22	17	14	12	11	9						
						D	0.17	0.69	1.53	2.76	4.19	6.01	8.24	11.36	13.42						
G255/30/50WI	25	5	3	4.5	35.1	*U*	544	136	60	34	21	15	11								
						D	0.28	1.1	2.47	4.45	6.75	10.06	13.77								
G255/30/100WI					32.1	*C*	54	27	18	13	10	9	7								
						D	0.22	0.88	1.98	3.41	5.17	8.09	10.13								

说明：
1. *U* 表示钢格板安全外加均布荷载，kN/m²；
2. *C* 表示钢格板跨度中心线上垂直于承载扁钢方向的安全外加线荷载，kN/m；
3. *D* 表示钢格板在所列安全外加荷载作用下的最大挠度，mm；
4. 列出数据区域表示钢格板在 2 kN/m² 的均布荷载作用下，最大挠度小于 4 mm；
5. 理论重量表示热镀锌钢格板长度为 1 m 时的重量。

表 E.5 Ⅰ型钢中心间距为 40 mm 压焊钢格板 常用规格及安全荷载表

型号	型钢宽度/mm	翼缘厚度/mm	腹部厚度/mm	翼缘宽度/mm	理论重量/(kg/m²)		跨距/mm														
							200	400	600	800	1000	1200	1400	1600	1800	2000	2200	2400	2600	2800	3000
G757/40/50WI	75	7	4	12	101	*U*	4845	1211	538	302	193	134	98	75	75	59	48	40	33	28	24
						D	0.09	0.37	0.83	1.47	2.29	3.31	4.49	5.89	5.89	7.44	9.27	11.35	13.33	15.66	18.16
G757/40/100WI					95.6	*C*	484	242	161	121	96	80	69	60	60	53	48	44	40	37	34
						D	0.07	0.29	0.66	1.18	1.83	2.64	3.63	4.72	4.72	5.97	7.45	9.13	10.85	12.83	14.83
G657/40/50WI	65	7	4	10	88.5	*U*	3646	911	405	227	145	101	74	56	56	45	36	30	25	21	18
						D	0.11	0.42	0.95	1.69	2.64	3.83	5.21	6.75	6.75	8.72	10.68	13.1	15.54	18.1	21
G657/40/100WI					83.2	*C*	364	182	121	91	72	60	52	45	45	40	36	33	30	28	26
						D	0.08	0.34	0.76	1.36	2.1	3.04	4.2	5.44	5.44	6.92	8.6	10.55	12.54	14.98	17.5
G607/40/50WI	60	7	4	10	78.9	*U*	3162	790	351	197	126	87	64	49	49	39	31	26	21	18	16
						D	0.11	0.46	1.03	1.83	2.86	4.1	5.61	7.35	7.35	9.41	11.46	14.13	16.28	19.33	23.23
G607/40/100WI					75.9	*C*	316	158	105	79	63	52	45	39	39	35	31	28	26	24	22
						D	0.09	0.37	0.82	1.47	2.29	3.28	4.52	5.87	5.87	7.54	9.22	11.16	13.54	16	18.48
G557/40/50WI	55	7	4	8.5	71.9	*U*	2626	656	291	164	105	72	53	41	41	32	26	21	18	15	
						D	0.13	0.5	1.13	2.01	3.15	4.49	6.14	8.14	8.14	10.22	12.72	15.14	18.48	21.37	
G557/40/100WI					68.9	*C*	262	131	87	65	52	43	37	32	32	29	26	23	21	20	
						D	0.1	0.4	0.9	1.59	2.5	3.58	4.92	6.38	6.38	8.28	10.25	12.16	14.53	17.71	
G507/40/50WI	50	7	4	8	66.4	*U*	2184	546	242	136	87	60	44	34	34	26	21	18	15		
						D	0.14	0.55	1.24	2.2	3.45	4.95	6.74	8.93	8.93	11	13.62	17.18	20.42		
G507/40/100WI					63.4	*C*	218	109	72	54	43	36	31	27	27	24	21	19	18		
						D	0.11	0.44	0.98	1.75	2.73	3.97	5.45	7.13	7.13	9.07	10.98	13.33	16.5		
G505/40/50WI	50	5	3	8.5	50.4	*U*	1564	391	173	97	62	43	31	24	24	19	15	12			
						D	0.14	0.55	1.23	2.19	3.43	4.95	6.64	8.8	8.8	11.22	13.6	16.05			
G505/40/100WI					47.4	*C*	156	78	52	39	31	26	22	19	19	17	15	14			
						D	0.11	0.44	0.99	1.76	2.75	4	5.4	7.01	7.01	8.98	10.96	13.72			
G445/40/50WI	44	5	3	8	45.5	*U*	1241	310	137	77	49	34	25	19	19	15	12				
						D	0.16	0.62	1.4	2.49	3.88	5.61	7.68	10.01	10.01	12.73	15.64				
G445/40/100WI					42.5	*C*	124	62	41	31	24	20	17	15	15	13	12				
						D	0.12	0.5	1.12	2.01	3.05	4.41	5.99	7.95	7.95	9.89	12.62				
G385/40/50WI	38	5	3	7	40.3	*U*	935	233	103	58	37	25	19	14	14	11					
						D	0.18	0.73	1.63	2.91	4.55	6.4	9.06	11.47	11.47	14.54					
G385/40/100WI					37.3	*C*	93	46	31	23	18	15	13	11	11	10					
						D	0.14	0.57	1.31	2.31	3.55	5.14	7.12	9.08	9.08	11.85					
G325/40/50WI	32	5	3	6	35.1	*U*	663	165	73	41	26	18	13	10	10						
						D	0.21	0.86	1.92	3.43	5.33	7.69	10.37	13.71	13.71						
G325/40/100WI					32.1	*C*	66	33	22	16	13	11	9	8	8						
						D	0.17	0.69	1.55	2.68	4.28	6.3	8.26	11.06	11.06						
G255/40/50WI	25	5	3	4.5	28.7	*U*	408	102	45	25	16	11	8								
						D	0.28	1.1	2.47	4.36	6.86	9.86	13.41								
G255/40/100WI					25.8	*C*	40	20	13	10	8	6	5								
						D	0.22	0.87	1.91	3.5	5.51	7.24	9.71								

说明：
1. *U* 表示钢格板安全外加均布荷载，kN/m^2；
2. *C* 表示钢格板跨度中心线上垂直于承载扁钢方向的安全外加线荷载，kN/m；
3. *D* 表示钢格板在所列安全外加荷载作用下的最大挠度，mm；
4. 列出数据区域表示钢格板在 2 kN/m^2 的均布荷载作用下，最大挠度小于 4 mm；
5. 理论重量表示热镀锌钢格板长度为 1 m 时的重量。

表 E.6 重荷载压焊钢格板 常用规格及安全荷载表

型 号	扁钢宽度/mm	扁钢厚度/mm	横杆尺寸/mm	理论重量/(kg/m²)		跨距/mm														
						200	400	600	800	1000	1200	1400	1600	1800	2000	2200	2400	2600	2800	3000
G1508/40/100	150	8	8×8	284.9	U	25500	6375	2833	1593	1020	708	520	398	314	255	210	177	150	130	113
					D	0.05	0.18	0.41	0.73	1.15	1.66	2.26	2.95	3.74	4.63	5.6	6.7	7.85	9.17	10.54
					C	2550	1275	850	637	510	425	364	318	283	255	231	212	196	182	170
					D	0.04	0.15	0.33	0.59	0.92	1.33	1.81	2.36	3	3.72	4.5	5.37	6.34	7.38	8.51
G1308/40/100	130	8	8×8	247.6	U	19153	4788	2128	1197	766	532	390	299	236	191	158	133	113	97	85
					D	0.05	0.21	0.48	0.85	1.33	1.91	2.6	3.41	4.32	5.34	6.49	7.76	9.11	10.55	12.22
					C	1915	957	638	478	383	319	273	239	212	191	174	159	147	136	127
					D	0.04	0.17	0.38	0.68	1.06	1.53	2.09	2.73	3.46	4.29	5.22	6.21	7.33	8.5	9.81
G1208/40/100	120	8	8×8	229.0	U	16320	4080	1813	1020	653	453	333	255	201	163	134	113	96	83	72
					D	0.06	0.23	0.52	0.92	1.44	2.07	2.83	3.7	4.68	5.8	7	8.39	9.85	11.5	13.2
					C	1632	816	544	408	326	272	233	204	181	163	148	136	125	116	108
					D	0.05	0.18	0.41	0.74	1.15	1.66	2.26	2.97	3.76	4.66	5.65	6.77	7.94	9.24	10.64
G1008/40/100	100	8	8×8	191.7	U	11333	2833	1259	708	453	314	231	177	139	113	93	78	67	57	50
					D	0.07	0.28	0.62	1.1	1.73	2.48	3.39	4.45	5.61	6.97	8.43	10.05	11.94	13.73	15.94
					C	1133	566	377	283	226	188	161	141	125	113	103	94	87	80	75
					D	0.06	0.22	0.5	0.88	1.38	1.99	2.71	3.55	4.5	5.6	6.82	8.12	9.6	11.09	12.86
G908/40/100	90	8	8×8	173.1	U	9180	2295	1020	573	367	255	187	143	113	91	75	63	54	46	40
					D	0.08	0.31	0.69	1.22	1.92	2.77	3.77	4.93	6.26	7.72	9.35	11.17	13.24	15.25	17.57
					C	918	459	306	229	183	153	131	114	102	91	83	76	70	65	61
					D	0.06	0.24	0.55	0.98	1.53	2.22	3.03	3.94	5.04	6.2	7.56	9.04	10.64	12.42	14.42
G808/40/100	80	8	8×8	154.4	U	7253	1813	805	453	290	201	148	113	89	72	59	50	42	37	32
					D	0.09	0.34	0.77	1.38	2.16	3.11	4.25	5.56	7.04	8.71	10.5	12.66	14.73	17.53	20.11
					C	725	362	241	181	145	120	103	90	80	72	65	60	55	51	48
					D	0.07	0.27	0.62	1.1	1.73	2.48	3.39	4.44	5.65	7.01	8.47	10.2	11.97	13.96	16.27
G758/40/100	75	8	8×8	145.1	U	6375	1593	708	398	255	177	130	99	78	63	52	44	37	32	28
					D	0.09	0.37	0.83	1.47	2.31	3.33	4.54	5.92	7.5	9.27	11.25	13.55	15.78	18.47	21.42
					C	637	318	212	159	127	106	91	79	70	63	57	53	49	45	42
					D	0.07	0.29	0.66	1.18	1.84	2.66	3.64	4.74	6.01	7.45	9.03	10.96	12.97	14.99	17.35
G756/30/100	75	6	8×8	140.1	U	6375	1593	708	398	255	177	130	99	78	63	52	44	37	32	28
					D	0.09	0.37	0.83	1.47	2.3	3.33	4.54	5.91	7.49	9.26	11.24	13.53	15.76	18.44	21.39
					C	637	318	212	159	127	106	91	79	70	63	57	53	49	45	42
					D	0.07	0.29	0.66	1.18	1.84	2.66	3.64	4.74	6	7.45	9.02	10.95	12.95	14.97	17.31
G756/40/100	75	6	8×8	110.1	U	4781	1195	531	298	191	132	97	74	59	47	39	33	28	24	21
					D	0.09	0.37	0.83	1.47	2.3	3.31	4.52	5.9	7.56	9.22	11.25	13.55	15.93	18.48	21.44
					C	478	239	159	119	95	79	68	59	53	47	43	39	36	34	31
					D	0.07	0.29	0.66	1.17	1.83	2.64	3.63	4.72	6.06	7.42	9.08	10.77	12.73	15.11	17.1
G706/30/100	70	6	8×8	131.1	U	5553	1388	617	347	222	154	113	86	68	55	45	38	32	28	24
					D	0.1	0.39	0.89	1.58	2.47	3.56	4.85	6.32	8.04	9.96	11.99	14.41	16.82	19.9	22.65
					C	555	277	185	138	111	92	79	69	61	55	50	46	42	39	37
					D	0.08	0.31	0.71	1.26	1.98	2.84	3.89	5.09	6.44	8.01	9.75	11.72	13.71	16.02	18.82
G706/40/100	70	6	8×8	103.2	U	4165	1041	462	260	166	115	85	65	51	41	34	28	24	21	18
					D	0.1	0.39	0.88	1.58	2.46	3.55	4.87	6.38	8.05	9.91	12.09	14.19	16.85	19.95	22.7
					C	416	208	138	104	83	69	59	52	46	41	37	34	32	29	27
					D	0.08	0.31	0.71	1.26	1.97	2.84	3.88	5.12	6.48	7.98	9.64	11.58	13.95	15.93	18.4

说明：
1. U 表示钢格板安全外加均布荷载，kN/m²；
2. C 表示钢格板跨度中心线上垂直于承载扁钢方向的安全外加线荷载，kN/m；
3. D 表示钢格板在所列安全外加荷载作用下的最大挠度，mm；
4. 列出数据区域表示钢格板在 2 kN/m² 的均布荷载作用下，最大挠度小于 4 mm；
5. 理论重量表示热镀锌钢格板长度为 1 m 时的重量。

表 E.7 常用压焊钢格板扁钢条数与公称宽度的关系

扁钢间距为 20 mm		
扁钢条数	扁钢厚度为3mm 的钢格板公称宽度/mm	扁钢厚度为5mm 的钢格板公称宽度/mm
51	1003	1005
50	983	985
49	963	965
48	943	945
47	923	925
46	903	905
45	883	885
44	863	865
43	843	845
42	823	825
41	803	805
40	783	785
39	763	765
38	743	745
37	723	725
36	703	705
35	683	685
34	663	665
33	643	645
32	623	625
31	603	605
30	583	585
29	563	565
28	543	545
27	523	525
26	503	505
25	483	485
24	463	465
23	443	445
22	423	425
21	403	405
20	383	385
19	363	365
18	343	345
17	323	325
16	303	305
15	283	285
14	263	265
13	243	245
12	223	225
11	203	205
10	183	185

扁钢间距为 30 mm		
扁钢条数	扁钢厚度为3mm 的钢格板公称宽度/mm	扁钢厚度为5mm 的钢格板公称宽度/mm
34	993	995
33	963	965
32	933	935
31	903	905
30	873	875
29	843	845
28	813	815
27	783	785
26	753	755
25	723	725
24	693	695
23	663	665
22	633	635
21	603	605
20	573	575
19	543	545
18	513	515
17	483	485
16	453	455
15	423	425
14	393	395
13	363	365
12	333	335
11	303	305
10	273	275
9	243	245
8	213	215
7	183	185

扁钢间距为 40 mm		
扁钢条数	扁钢厚度为3mm 的钢格板公称宽度/mm	扁钢厚度为5mm 的钢格板公称宽度/mm
26	1003	1005
25	963	965
24	923	925
23	883	885
22	843	845
21	803	805
20	763	765
19	723	725
18	683	685
17	643	645
16	603	605
15	563	565
14	523	525
13	483	485
12	443	445
11	403	405
10	363	365
9	323	325
8	283	285
7	243	245
6	203	205
5	163	165
4	123	125

ICS 77.140.50
H 46

中华人民共和国黑色冶金行业标准

YB/T 4137—2013
代替 YB/T 4137—2005

低焊接裂纹敏感性高强度钢板

Low welding carck susceptibility for high strength steel plates

2013-04-25 发布 2013-09-01 实施

中华人民共和国工业和信息化部 发布

前　言

本标准按照 GB/T 1.1—2009 给出的规则起草。

本标准代替 YB/T 4137—2005《低焊接裂纹敏感性高强度钢板》。

本标准与 YB/T 4137—2005 相比，主要有以下变化：

——修改了厚度范围；

——调整了钢的化学成分的规定，并降低各牌号钢的 P 含量、各牌号 C、D 级钢的 S 含量；

——修改了钢的熔炼分析焊接裂纹敏感性指数(P_{cm})；

——提高了各牌号钢板的冲击吸收能量值，由 47 J 提高至 60 J。

本标准由中国钢铁工业协会提出。

本标准由全国钢标准化技术委员会(SAC/TC 183)归口。

本标准起草单位：舞阳钢铁有限责任公司、天津钢铁集团有限公司、冶金工业信息标准研究院、首钢总公司。

本标准主要起草人：谢良法、赵文忠、任翠英、时东生、张华红、董莉、师莉、巩文旭、叶建军、王九清、信海喜。

本标准于 2005 年 7 月首次发布。

低焊接裂纹敏感性高强度钢板

1 范围

本标准规定了低焊接裂纹敏感性高强度钢板的牌号、订货内容、尺寸、外形、重量及允许偏差、技术要求、试验方法、检验规则、包装、标志及质量证明书等。

本标准适用于厚度 5 mm～100 mm 的低焊接裂纹敏感性高强度钢板，主要用于制作对焊接性要求高的水电站压力钢管、工程机械、铁路车辆、桥梁、高层及大跨度建筑等。

低焊接裂纹敏感性高强度钢带亦可参照执行本标准。

2 规范性引用文件

下列文件对于本文件的应用是必不可少的。凡是注日期的引用文件，仅注日期的版本适用于本文件。凡是不注日期的引用文件，其最新版本(包括所有的修改单)适用于本文件。

GB/T 222　钢的成品化学成分允许偏差

GB/T 223.3　钢铁及合金化学分析方法　二安替比林甲烷磷钼酸重量法测定磷量

GB/T 223.11　钢铁及合金　铬含量的测定　可视滴定或电位滴定法

GB/T 223.14　钢铁及合金化学分析方法　钽试剂萃取光度法测定钒含量

GB/T 223.16　钢铁及合金化学分析方法　变色酸光度法测定钛量

GB/T 223.18　钢铁及合金化学分析方法　硫代硫酸钠分离-碘量法测定铜量

GB/T 223.23　钢铁及合金　镍含量的测定　丁二酮肟分光光度法

GB/T 223.26　钢铁及合金　钼含量的测定　硫氰酸盐分光光度法

GB/T 223.40　钢铁及合金　铌含量的测定　氯磺酚 S 分光光度法

GB/T 223.54　钢铁及合金化学分析方法　火焰原子吸收分光光度法测定镍量

GB/T 223.58　钢铁及合金化学分析方法　亚砷酸钠-亚硝酸钠滴定法测定锰量

GB/T 223.59　钢铁及合金　磷含量的测定　铋磷钼蓝分光光度法和锑磷钼蓝分光光度法

GB/T 223.60　钢铁及合金化学分析方法　高氯酸脱水重量法测定硅量

GB/T 223.61　钢铁及合金化学分析方法　磷钼酸铵容量法测定磷量

GB/T 223.62　钢铁及合金化学分析方法　乙酸丁酯萃取光度法测定磷量

GB/T 223.63　钢铁及合金化学分析方法　高碘酸钠(钾)光度法测定锰量

GB/T 223.64　钢铁及合金　锰含量的测定　火焰原子吸收光谱法

GB/T 223.67　钢铁及合金　硫含量的测定　次甲基蓝分光光度法

GB/T 223.68　钢铁及合金化学分析方法　管式炉内燃烧碘酸钾滴定法测定硫含量

GB/T 223.69　钢铁及合金　碳含量的测定　管式炉内燃烧后气体滴定法

GB/T 223.71　钢铁及合金化学分析方法　管式炉内燃烧后重量法测定碳含量

GB/T 223.72　钢铁及合金　硫含量的测定　重量法

GB/T 223.74　钢铁及合金化学分析方法　非化合碳含量的测定

GB/T 223.75　钢铁及合金　硼含量的测定　甲醇蒸馏-姜黄素光度法

GB/T 223.76　钢铁及合金化学分析方法　火焰原子吸收光谱法测定钒量

GB/T 228.1　金属材料　拉伸试验　第1部分：室温试验方法

GB/T 229　金属材料　夏比摆锤冲击试验方法
GB/T 232　金属材料　弯曲试验方法
GB/T 247　钢板和钢带、包装、标志及质量证明书的一般规定
GB/T 709　热轧钢板和钢带的尺寸、外形、重量及允许偏差
GB/T 2970　厚钢板超声波检验方法
GB/T 2975　钢及钢产品力学性能试验取样位置及试样制备
GB/T 4336　碳素钢和中低合金钢火花源原子发射光谱分析方法(常规法)
GB/T 5313　厚度方向性能钢板
GB/T 17505　钢及钢产品一般交货技术要求
GB/T 20066　钢和铁　化学成分测定用试样的取样和制样方法
GB/T 20123　钢铁　总碳硫含量的测定　高频感应炉燃烧后红外吸收法(常规方法)
GB/T 20125　低合金钢　多元素含量的测量　电感耦合等离子体原子发射光谱法
YB/T 081　冶金技术标准的数值修约与检测数据的判定原则
JB/T 4730.3　承压设备无损检测　第3部分:超声波检测

3　牌号表示方法

钢的牌号由代表屈服强度的汉语拼音字母(Q)、规定屈服强度最小值、国际上代表低焊接裂纹敏感性的英文字母CF(crack free的缩写)及质量等级符号(C、D、E)组成。如Q500CFC。

4　订货内容

订货时需方应提供如下信息:
a)　本标准号;
b)　牌号;
c)　交货状态;
d)　产品规格;
e)　尺寸、外形精度;
f)　重量;
g)　其他特殊要求。

5　尺寸、外形、重量及允许偏差

5.1　钢板的尺寸、外形、重量及允许偏差应符合GB/T 709的规定。
5.2　经供需双方协议,也可供应其他尺寸、外形及允许偏差的钢板。

6　技术要求

6.1　牌号及化学成分

6.1.1　钢的牌号及化学成分(熔炼分析)应符合表1的规定。
6.1.2　为改善钢板的性能,供方可添加表1以外的合金元素,具体含量应在质量证明书中注明。
6.1.3　各牌号钢的熔炼分析焊接裂纹敏感性指数P_{cm}采用公式(1)计算,其结果应符合表2的规定。

$$P_{cm}(\%)=C+Si/30+Mn/20+Cu/20+Cr/20+Ni/60+Mo/15+V/10+5B \quad \cdots\cdots(1)$$

6.1.4 成品钢板化学成分的允许偏差应符合 GB/T 222 的相应规定。

6.2 冶炼方法

钢由转炉或电炉冶炼,并应进行炉外精炼。

表 1

牌号	质量等级	化学成分(质量分数)/%[a,b]											
		C[c]	Si	Mn	P	S	Cr	Ni	Mo	V	Nb	Ti	B
		不大于											
Q460CF Q500CF	C	0.09	0.50	1.80	0.020	0.010	0.50	1.50	0.50	0.080	0.100	0.050	0.0030
	D				0.018	0.010							
	E				0.015	0.008							
Q550CF Q620CF Q690CF	C			2.00	0.020	0.010	0.80	1.80	0.70	0.100	0.120	0.050	0.0050
	D				0.018	0.010							
	E				0.015	0.008							
Q800CF	C				0.020	0.010	根据需要添加,具体含量应在质量证明书中注明						
	D				0.018	0.010							
	E				0.015	0.008							

[a] 供方根据需要可添加其中一种或几种合金元素,最大值应符合表中规定,其含量应在质量证明书中报告。

[b] 钢中至少应添加 Nb、Ti、V、Al 中的一种细化晶粒元素,其中至少一种元素的最小量为 0.015%(对于 Al 为 Als)。也可用 Alt 替代 Als,此时最小量为 0.018%。

[c] 当采用淬火+回火状态交货时,Q460CF、Q500CF 钢的 C 含量上限为 0.12%,Q550CF、Q620CF、Q690CF、Q800CF 钢的 C 含量上限为 0.14%。

表 2

牌号	焊接裂纹敏感性指数 P_{cm}(不大于)/%			
	厚度/mm			
	≤50	>50~60	>60~75	>75~100
Q460CF	0.20			
Q500CF	0.20	0.20	0.22	0.24
Q550CF Q620CF	0.25	0.25	0.28	0.30
Q690CF	0.25	0.28	0.28	0.30
Q800CF	0.28	—		

6.3 交货状态

钢板的交货状态为热机械控制轧制(TMCP)、TMCP+回火或淬火+回火,具体交货状态由供需双方商定并在合同中注明。

6.4 力学性能及工艺性能

6.4.1 钢板的拉伸、冲击、弯曲试验结果应符合表 3 的规定。

6.4.2 钢板的冲击试验结果按一组 3 个试样的算术平均值计算，允许其中 1 个试样值比表 3 规定值低，但不得低于规定值的 70%。

当夏比(V 型缺口)冲击试验结果不符合上述规定时，应从同一张钢板或(同一样坯)上再取 3 个试样进行试验，前后两组 6 个试样的算术平均值不得低于规定值，允许有 2 个试样值低于规定值，但其中低于规定值 70%的试样只允许有 1 个。

6.4.3 厚度小于 12 mm 的钢板应采用小尺寸试样进行夏比(V 型缺口)冲击试验。钢板厚度＞8 mm～＜12 mm 时，试样尺寸为 7.5 mm×10 mm×55 mm；钢板厚度为 6 mm～8 mm 时，试样尺寸为 5 mm×10 mm×55 mm。其试验结果应分别不小于表 3 规定值的 75%或 50%。厚度小于 6 mm 的钢板不做冲击试验。

6.4.4 按表 3 要求进行弯曲试验时，试样基体不得出现裂纹。

表 3

牌号	质量等级	拉伸试验，横向				弯曲试验，横向	夏比 V 型冲击试验[b]，纵向	
		上屈服强度 R_{eH}[a](不小于) MPa		抗拉强度 R_m MPa	断后伸长率 A/%，不小于	弯曲 180° d=弯心直径 a=试样厚度	温度℃	冲击吸收能量(不小于) KV_2/J
		厚度/mm						
		≤50	＞50～100					
Q460CF	C	460	440	550～710	17	$d=3a$	0	60
	D						−20	
	E						−40	
Q500CF	C	500	480	610～770	17	$d=3a$	0	60
	D						−20	
	E						−40	
Q550CF	C	550	530	670～830	16	$d=3a$	0	60
	D						−20	
	E						−40	
Q620CF	C	620	600	710～880	15	$d=3a$	0	60
	D						−20	
	E						−40	
Q690CF	C	690	670	770～940	14	$d=3a$	0	60
	D						−20	
	E						−40	
Q800CF	C	800	协议	880～1 050	12	$d=3a$	0	60
	D						−20	
	E						−40	

[a] 屈服现象不明显时，应测量非比例伸长应力 $R_{P0.2}$ 来代替 R_{eH}。

[b] 经供需双方协商并在合同中注明，冲击试验试样方向可为横向以代替纵向。

6.4.5 根据需方要求,钢板可按 GB/T 5313 保证厚度方向性能,要求的厚度方向性能级别(Z15、Z25 或 Z35)在合同中注明。

6.5 超声波探伤

根据需方要求,经供需双方协商,钢板可逐张进行超声波检验,检验方法按 GB/T 2970 或 JB/T 4730.3,检验方法和合格级别应在合同中注明。

6.6 表面质量

6.6.1 钢板表面不得有气泡、结疤、裂纹、折叠、夹杂和压入的氧化铁皮。钢板不得有分层。

6.6.2 钢板表面允许有不妨碍检查表面缺陷的薄层氧化铁皮、铁锈、由压入氧化铁皮脱落所引起的不显著的表面粗糙、划伤、压痕及其他局部缺陷,但其深度不得大于厚度公差之半,并应保证钢板的最小厚度。

6.6.3 钢板表面缺陷允许修磨清理,但应保证钢板的最小厚度,清理处应平滑无棱角。

6.7 特殊要求

经供需双方协商并在合同中注明,可对钢板提出其他特殊技术要求。

7 试验方法

每批钢板的检验项目、取样数量、取样方法及试验方法应符合表 4 的规定。

表 4

项目	取样数量/个	取样方法	试验方法
化学成分 (熔炼分析)	1/炉	GB/T 20066	GB/T 223、GB/T 4336 GB/T 20123、GB/T 20125
拉伸	1	GB/T 2975	GB/T 228.1
冲击	3	GB/T 2975	GB/T 229
弯曲	1	GB/T 2975	GB/T 232
厚度方向性能	3	GB/T 5313	GB/T 5313
超声波探伤	逐张	—	GB/T 2970 或 JB/T 4730.3
尺寸、外形	逐张	—	合适的量具
表面质量	逐张	—	目视

8 检验规则

8.1 钢板验收由供方技术监督部门进行。

8.2 钢板应成批验收,每批钢板由同一牌号、同一炉号、同一厚度、同一交货状态的钢板组成,每批重量不大于 60 t。

8.3 力学性能试验取样位置按 GB/T 2975 的规定,对于厚度大于 40 mm 的钢板,冲击试样的轴线应位于厚度四分之一处。

8.4 钢板检验结果不符合本标准要求时,可进行复验。

8.4.1 检验项目的复验应符合 GB/T 17505 的规定。

8.4.2 厚度方向断面收缩率的复验应符合 GB/T 5313 的规定。

8.5 钢板检验结果的数值修约应符合 YB/T 081 的规定。

9 包装、标志、质量证明书

钢板的包装、标志及质量证明书应符合 GB/T 247 的规定。

ICS 77.140.50
H 46

中华人民共和国黑色冶金行业标准

YB/T 4151—2006

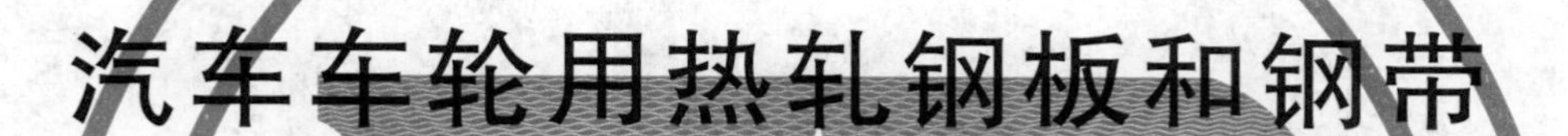

汽车车轮用热轧钢板和钢带

Hot-rolled steel plates and strips for automobile wheel

2006-05-13 发布　　2006-11-01 实施

中华人民共和国国家发展和改革委员会　发布

前　言

本标准参考了 JIS G3113:1990《汽车结构用热轧钢板和钢带》和 JIS G3134:1990《汽车结构用改善成形性热轧高强度钢板》，并结合了国内生产和应用情况。

本标准由中国钢铁工业协会提出。

本标准由全国钢标准化技术委员会归口。

本标准主要起草单位：重庆钢铁（集团）有限责任公司、正兴车轮集团有限公司。

本标准主要起草人：原建华、杜大松、宿艳、赖建辉。

汽车车轮用热轧钢板和钢带

1 范围

本标准规定了汽车车轮用热轧钢板和钢带的订货内容、尺寸、外形、重量及允许偏差、技术要求、试验方法、检验规则、包装、标志和质量证明书等。

本标准适用于汽车车轮用厚度为1.6 mm～16 mm的热轧钢板和钢带。

2 规范性引用文件

下列文件中的条款通过本标准的引用而成为本标准的条款。凡是注日期的引用文件，其随后所有的修改单(不包括勘误的内容)或修订版均不适用于本标准，然而，鼓励根据本标准达成协议的各方研究是否可使用这些文件的最新版本。凡是不注日期的引用文件，其最新版本适用于本标准。

GB/T 222 钢的成品化学成分允许偏差

GB/T 223.3 钢铁及合金化学分析方法 二安替吡啉甲烷磷钼酸重量法测定磷量

GB/T 223.10 钢铁及合金化学分析方法 铜铁试剂分离-铬天青S光度法测定铝量

GB/T 223.11 钢铁及合金化学分析方法 过硫酸铵氧化容量法测定铬量

GB/T 223.12 钢铁及合金化学分析方法 碳酸钠分离-二苯碳酰二肼光度法测定铬量

GB/T 223.14 钢铁及合金化学分析方法 钽试剂萃取光度法测定钒量

GB/T 223.17 钢铁及合金化学分析方法 二安替吡啉甲烷光度法测定钛量

GB/T 223.18 钢铁及合金化学分析方法 硫代硫酸钠分离-碘量法测定铜量

GB/T 223.23 钢铁及合金化学分析方法 丁二酮肟分光光度法测定镍量

GB/T 223.39 钢铁及合金化学分析方法 氯磺酚S光度法测定铌量

GB/T 223.60 钢铁及合金化学分析方法 高氯酸脱水重量法测定硅含量

GB/T 223.62 钢铁及合金化学分析方法 乙酸丁酯萃取光度法测定磷量

GB/T 223.63 钢铁及合金化学分析方法 高碘酸钠(钾)光度法测定锰量

GB/T 223.68 钢铁及合金化学分析方法 管式炉内燃烧后碘酸钾滴定法测定硫含量

GB/T 223.69 钢铁及合金化学分析方法 管式炉内燃烧后气体容量法测定碳含量

GB/T 223.76 钢铁及合金化学分析方法 火焰原子吸收光谱法测定钒量(eqv ISO 9647:1989)

GB/T 228 金属材料 室温拉伸试验方法(eqv ISO 6892:1998)

GB/T 232 金属材料 弯曲试验方法(eqv ISO 7438:1985)

GB/T 247 钢板和钢带验收、包装、标志及质量证明书的一般规定

GB/T 709 热轧钢板和钢带的尺寸、外形、重量及允许偏差

GB/T 2975 钢及钢产品力学性能试验取样位置及试样制备(eqv ISO 377:1997)

GB/T 4336 碳素钢和中低合金钢 火花源原子发射光谱分析方法(常规法)

GB/T 17505 钢及钢产品一般交货技术要求(eqv ISO 404:1992)

GB/T 20066 钢和铁 化学成分测定用试样的取样和制样方法

3 订货内容

按本标准订货的合同或订单应包括下列内容：

a) 标准编号；

b) 产品名称；

c) 牌号；

d) 交货状态；

e) 尺寸；

f) 重量；

g) 其他特殊要求。

4 牌号表示方法

钢的牌号由代表最小抗拉强度值和车轮的汉语拼音首位字母“CL”两部分组成。

例如：380CL

其中：

380——规定抗拉强度最小值，单位：N/mm^2；

CL——车轮的汉语拼音首位字母。

5 尺寸、外形、重量及允许偏差

5.1 钢板的尺寸、外形、重量及允许偏差，除厚度允许偏差之外均应符合 GB/T 709 的规定。

5.2 钢板的厚度允许偏差应符合表 1 的规定。经双方协商，并在合同中注明，可供应其他厚度允许偏差的钢板和钢带。

表 1

单位为毫米

公称厚度	下列宽度的厚度允许偏差				
	≤1 200	>1 200～1 500	>1 500～1 800	>1 800～2 300	>2 300～2 500
1.6～2.0	±0.15	±0.16	±0.17		
>2.0～2.5	±0.16	±0.17	±0.18	±0.19	
>2.5～3.0	±0.17	±0.18	±0.19	±0.20	
>3.0～4.0	±0.19	±0.20	±0.21	±0.22	
>4.0～5.5	±0.20	±0.22	±0.25	±0.27	
>5.5～7.5	±0.25	±0.30	±0.35	±0.45	±0.50
>7.5～10	±0.35	±0.35	±0.45	±0.50	±0.55
>10～13	±0.40	±0.45	±0.45	±0.50	±0.55
>13～16	±0.40	±0.45	±0.45	±0.55	±0.60

6 技术要求

6.1 牌号和化学成分

6.1.1 钢的牌号和化学成分（熔炼分析）应符合表 2 的规定。

表 2

牌　　号	化学成分（质量分数）/%				
	C	Si	Mn	P	S
330CL	≤0.12	≤0.05	≤0.50	≤0.030	≤0.025
380CL	≤0.16	≤0.30	≤1.20	≤0.030	≤0.025
440CL	≤0.16	≤0.35	≤1.50	≤0.030	≤0.025
490CL	≤0.16	≤0.55	≤1.70	≤0.030	≤0.025
540CL	≤0.16	≤0.55	≤1.70	≤0.030	≤0.025
590CL	≤0.16	≤0.55	≤1.70	≤0.030	≤0.025

6.1.1.1 为改善钢材的性能，可加入铝、钒、铌、钛等细化晶粒元素，其含量应在质量证明书上注明。

6.1.1.2 钢中的残余元素镍、铬、铜含量其质量分数应各不大于0.30%，供方若能保证可不做分析。

6.1.1.3 经供需双方协商，并在合同中注明，可供应其他牌号和化学成分的钢板和钢带。

6.1.2 成品钢板和钢带化学成分允许偏差应符合GB/T 222的规定。

6.2 交货状态

钢板和钢带以热轧或热处理状态交货。

6.3 力学性能和工艺性能

钢板和钢带的力学性能和工艺性能应符合表3的规定。

表3

牌号	抗拉强度 R_m/(N/mm²)	屈服强度 R_{eL}/(N/mm²)	断后伸长率 A/%	冷弯180° b=35 mm
		不小于		
330CL	330～430	225	33	$d=0.5a$
380CL	380～480	235	28	$d=1a$
440CL	440～550	290	26	$d=1a$
490CL	490～600	325	24	$d=2a$
540CL	540～660	355	22	$d=2a$
590CL	590～710	420	20	$d=2a$

6.3.1 厚度6 mm～10 mm的热连轧钢板和钢带断后伸长率允许较表3降低1%，厚度大于10mm的热连轧钢板和钢带断后伸长率允许较表3降低2%。

6.3.2 按照表3要求进行冷弯试验不得有裂纹。

6.4 表面质量

钢板和钢带表面不得有裂纹、结疤、折叠、拉裂、气泡、夹杂和压入氧化铁皮缺陷存在。钢板和钢带不得有分层。

如有上述表面缺陷，允许清理，其清理深度不得超过钢板厚度允许公差之半，并应保证钢板和钢带的最小厚度，清理处应平滑无棱角。

其他缺陷允许存在，但应保证钢板和钢带的最小厚度。

钢带允许带缺陷交货，但有缺陷部分不得超过每卷总长度的8%。

7 试验方法

每批钢板和钢带的检验项目、取样数量、取样方法和试验方法应符合表4的规定。

表4

序号	检验项目	取样个数(个)	取样方法	试验方法
1	化学分析	1(每炉)	GB/T 20066	GB/T 223，GB/T 4336
2	拉伸试验	1	GB/T 2975	GB/T 228
3	弯曲试验	1	GB/T 2975	GB/T 232

8 检验规则

8.1 钢板和钢带的质量由供方质量技术监督部门进行检查和验收。

8.2 钢板和钢带应成批验收，每批钢板和钢带应由同一牌号、同一炉号、同一厚度、同一轧制制度或同一热处理制度的钢板和钢带组成，每批重量不得大于60 t。

8.3 钢板和钢带的复验与判定规则按GB/T 17505或GB/T 247的规定执行。

9 包装、标志和质量证明书

钢板和钢带的包装、标志和质量证明书应符合 GB/T 247 的规定。

ICS 77.140.50
H 46

中华人民共和国黑色冶金行业标准

YB/T 4159—2007

热轧花纹钢板和钢带

Hot rolling checker plate and strip

2007-01-25 发布

2007-07-01 实施

中华人民共和国国家发展和改革委员会　发布

前　言

本标准的附录 A 为资料性附录。

本标准由中国钢铁工业协会提出。

本标准由全国钢标准化技术委员会归口。

本标准起草单位:本溪钢铁(集团)有限责任公司、冶金工业信息标准研究院。

本标准主要起草人:张险峰、李毅伟、黄颖、李洪斌。

热轧花纹钢板和钢带

1 范围

本标准规定了热轧花纹钢板和钢带的分类和代号、订货所需信息、尺寸、外形、重量及允许偏差、技术要求、试验方法、检验规则、包装、标志及质量证明书。

本标准适用于菱形、扁豆形、圆豆形和组合形的热轧花纹钢板和钢带(以下简称钢板和钢带)。

2 规范性引用文件

下列文件中的条款通过本标准的引用而成为本标准的条款。凡是注日期的引用文件,其随后所有的修改单(不包括勘误的内容)或修订版均不适用于本标准,然而,鼓励根据本标准达成协议的各方研究是否可使用这些文件的最新版本。凡是不注日期的引用文件,其最新版本适用于本标准。

GB/T 222 钢的成品化学成分允许偏差

GB/T 223 钢铁及合金化学分析方法

GB/T 228 金属材料 室温拉伸试验方法(GB/T 228—2002,eqv ISO 6892:1998)

GB/T 232 金属材料 弯曲试验方法(GB/T 232—1999,eqv ISO 7438:1985)

GB/T 247 钢板和钢带检验、包装、标志及质量证明书的一般规定

GB/T 700 碳素结构钢

GB/T 709 热轧钢板和钢带的尺寸、外形、重量及允许偏差

GB 712 船体用结构钢

GB/T 2975 钢及钢产品力学性能试验取样位置及试样制备

GB/T 4171 高耐候性结构钢

GB/T 4336 碳素钢和中低合金钢的火花源原子发射光谱分析方法(常规法)

GB/T 20066 钢和铁 化学成分测定用试样的取样和制样方法

YB/T 081 冶金技术标准的数值修约与检测数值的判定原则

3 分类和代号

3.1 按边缘状态分为

切 边 EC

不切边 EM

3.2 按花纹形状分为

菱 形 LX

扁豆形 BD

圆豆形 YD

组合形 ZH

4 订货信息

订货时,用户需提供以下信息:

a) 本标准编号;

b) 牌号;

c) 产品类别(钢板或钢带);

d） 规格；

e） 花纹形状；

f） 边缘状态；

g） 用途；

h） 其他要求。

5 尺寸、外形、重量及允许偏差

5.1 钢板和钢带的尺寸按表1的规定。

表1

单位为毫米

基本厚度	宽　度	长　度	
2.0～10.0	600～1 500	钢　板	2 000～12 000
		钢　带	—

经供需双方协议，可供应本标准规定尺寸以外的钢板和钢带。

5.2 钢板和钢带花纹的尺寸、外形及其分布均为参考值，如图1～图4所示。图中各项尺寸为生产厂加工轧辊时控制用，不作为成品钢板和钢带检查的依据。

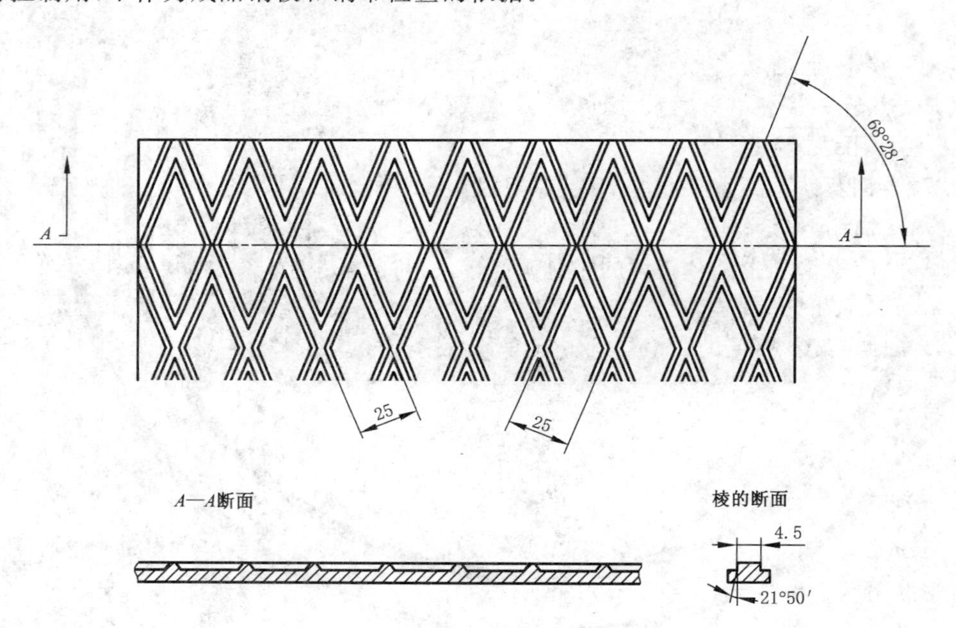

图1　菱形花纹

经供需双方协商，可提供其他形状的钢板和钢带。

5.3 钢板和钢带的基本厚度允许偏差和纹高应符合表2的规定。中间尺寸的允许偏差按相邻的较大尺寸的允许偏差规定，中间尺寸的纹高按相邻的较小尺寸的允许偏差规定。

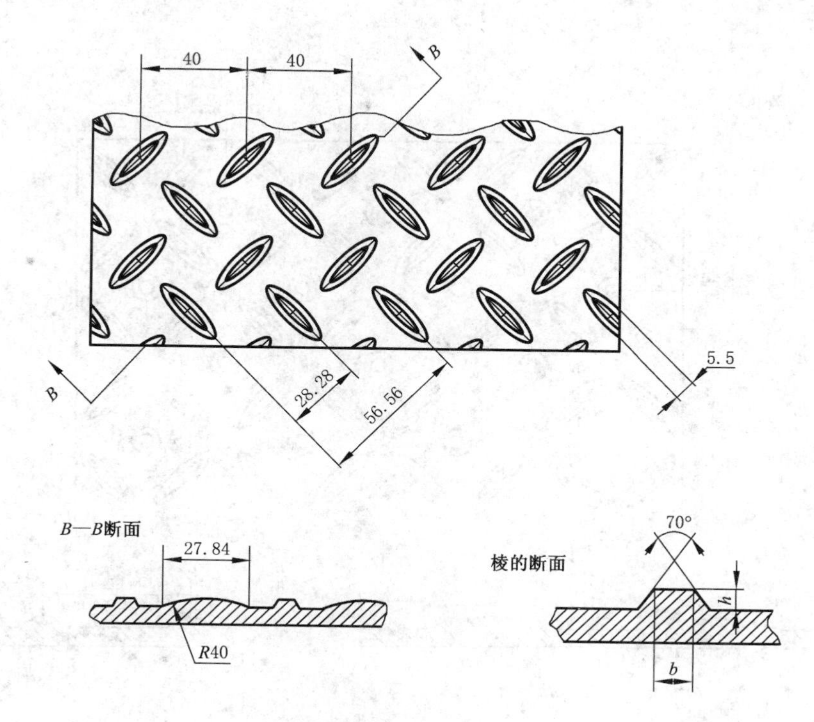

图 2　扁豆形花纹

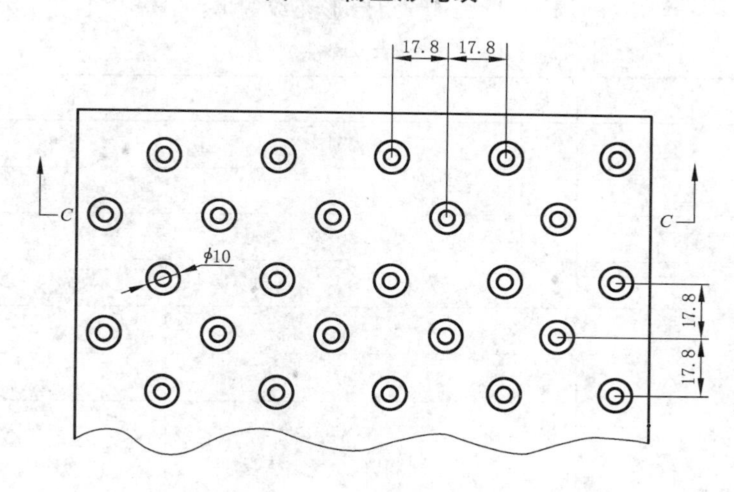

C—C 断面

h
70°
a
35.6

图 3　圆豆形花纹

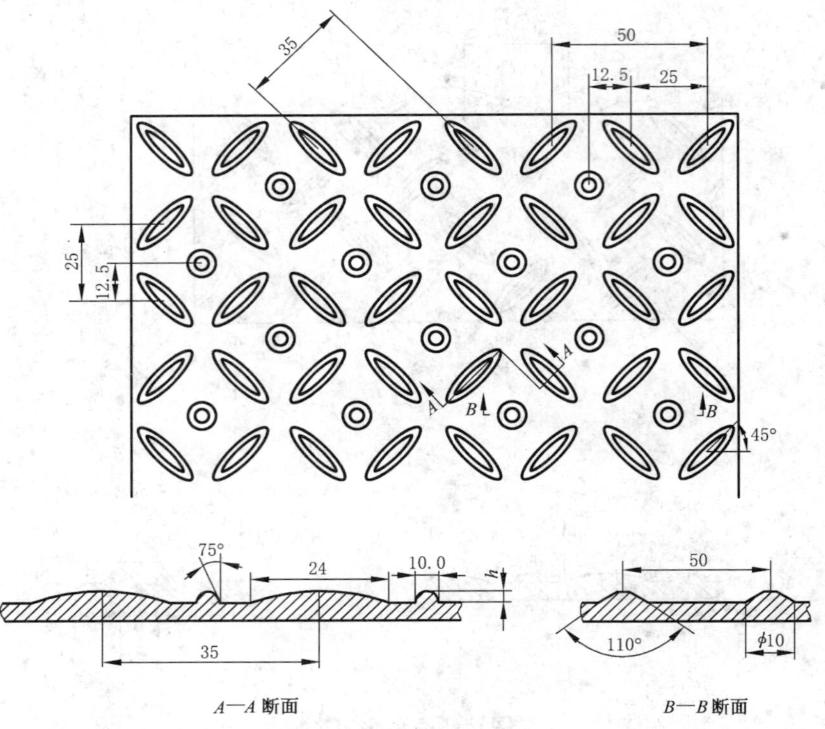

图 4　组合形花纹

表 2

单位为毫米

基本厚度	允许偏差	纹　　高
2.0	±0.25	≥0.4
2.5	±0.25	≥0.4
3.0	±0.30	≥0.5
3.5	±0.30	≥0.5
4.0	±0.40	≥0.6
4.5	±0.40	≥0.6
5.0	+0.40 −0.50	≥0.6
5.5	+0.40 −0.50	≥0.7
6.0	+0.40 −0.50	≥0.7
7.0	+0.40 −0.50	≥0.7
8.0	+0.50 −0.70	≥0.9
10.0	+0.50 −0.70	≥1.0

5.4 钢板的不平度应符合表3的规定。

表 3

单位为毫米

厚　　度	不平度	测量长度
2.0～2.5	≤15	1 000
＞2.5～4.0	≤12	
＞4.0～10.0	≤10	

5.5 钢板和钢带的其他尺寸和外形应符合GB/T 709的规定。

5.6 钢板和钢带按实际重量交货。根据需方要求，钢板可参考本标准的附录A，按理论重量交货。

5.7 标记示例

按本标准YB/T 4159 —2007交货的，牌号为Q215B，厚度为3.0 mm，宽度为1 250 mm，长度为2 500 mm的不切边扁豆形花纹钢板，其标记为：

YB/T 4159—2007，BD，Q215B—3.0×1 250(EM)×2500

6 技术要求

6.1 牌号和化学成分

6.1.1 钢板和钢带用钢的牌号和化学成分(熔炼分析)应符合GB/T 700、GB 712、GB/T 4171的规定。经供需双方协议，也可供其他牌号的钢板和钢带。

6.1.2 成品钢板和钢带的化学成分允许偏差应符合GB/T 222的规定。

6.2 交货状态

6.2.1 钢板和钢带以热轧状态交货。

6.2.2 钢板和钢带通常以不切边状态供货，根据需方要求并在合同中注明，也可以切边状态供货。

6.3 力学性能

如需方要求并在合同中注明，可进行拉伸、弯曲试验，其性能指标应符合GB/T 700、GB 712、GB/T 4171的规定或按双方协议。

6.4 表面质量

6.4.1 钢板和钢带表面不得有气泡、结疤、拉裂、折叠和夹杂。钢板和钢带不得有分层。

6.4.2 钢板和钢带表面允许有薄层氧化铁皮、铁锈、由氧化铁皮脱落所形成的表面粗糙和高度或深度不超过允许偏差的其他局部缺陷。花纹应完整，花纹上允许有高度不超过厚度公差之半的局部的轻微毛刺。

6.4.3 在连续生产钢带的过程中，因局部的表面缺陷不易被发现和去除，因此钢带允许带缺陷交货，但有缺陷部分不得超过每卷钢带总长度的8%。

7 试验方法

7.1 钢板和钢带的外观用目视检查。尺寸、外形用合适的工具测量。

7.2 钢板和钢带的基本厚度和纹高，在宽度方向距边部不小于40 mm处测量。成卷供货的钢带，其两端不考核外观、尺寸的总长度为：

$$L(\mathrm{m})=\frac{90}{\text{基本厚度}(\mathrm{mm})}$$

但最大不超过20 m。

7.3 每批钢材的检验项目、取样数量、取样方法及试验方法应符合表4的规定。

表 4

序　　号	检验项目	取样数量(个)	取样方法	试验方法
1	化学分析	1/(每炉罐号)	GB/T 20066	GB/T 223、GB/T 4336
2	拉伸[a,b]	1	GB/T 2975	GB/T 228
3	冷弯[a,c]	1	GB/T 2975	GB/T 232
[a]为用户要求时检验。 [b]力学性能试样上应保持原花纹板面,强度按基本厚度计算。 [c]弯曲试验时,钢板的花纹面应置于内侧面。				

8　检验规则

8.1　钢板和钢带的检查和验收由供方技术监督部门进行。

8.2　钢板和钢带应按批检查和验收。每批由同一炉号、同一牌号、同一规格、同一花纹形状的钢板或钢带组成,亦可由同一牌号、同一规格、同一花纹形状、不同炉号组成混合批,但最大批重不得超过 200 t。

8.3　检验数据的数值修约按 YB/T 081 的规定进行。

8.4　复验

钢板和钢带的复验按 GB/T 247 的规定进行。

9　包装、标志及质量证明书

钢板和钢带的包装、标志及质量证明书应符合 GB/T 247 的规定。

附　录　A
（资料性附录）
热轧花纹钢板理论计重方法

A.1　按本标准的图1～图4交货的花纹钢板，其理论计重方法如表A.1。

A.2　数值修约按YB/T 081进行。

表 A.1

基本厚度	钢板理论重量/(kg/m²)			
	菱　形	圆豆形	扁豆形	组合形
2.0	17.7	16.1	16.8	16.5
2.5	21.6	20.4	20.7	20.4
3.0	25.9	24.0	24.8	24.5
3.5	29.9	27.9	28.8	28.4
4.0	34.4	31.9	32.8	32.4
4.5	38.3	35.9	36.7	36.4
5.0	42.2	39.8	40.1	40.3
5.5	46.6	43.8	44.9	44.4
6.0	50.5	47.7	48.8	48.4
7.0	58.4	55.6	56.7	56.2
8.0	67.1	63.6	64.9	64.4
10.0	83.2	79.3	80.8	80.27

ICS 77.140.50
H 46

中华人民共和国黑色冶金行业标准

YB/T 4213—2010

限制有害物质连续热镀锌(铝锌)钢板和钢带

Continuously hot-dip zinc(aluminum-zinc)coated steel sheet and strip with restricted hazardous substance

2010-11-10 发布　　2011-03-01 实施

中华人民共和国工业和信息化部　发布

前　言

本标准由中国钢铁工业协会提出。

本标准由全国钢标准化技术委员会归口。

本标准起草单位:攀枝花钢铁(集团)公司、攀枝花新钢钒股份有限公司、冶金工业信息标准研究院。

本标准主要起草人:周波、李叙生、何清志、许哲峰、王晓虎、周一林、叶云良、唐历。

限制有害物质连续热镀锌(铝锌)钢板和钢带

1 范围

本标准规定了限制有害物质连续热镀锌(铝锌)钢板和钢带的术语、分类和代号、订货内容、技术要求、试验方法、检验规则、包装、标志和质量证明书。

本标准适用于宽度不小于 600 mm,公称厚度为 0.35 mm~3.00 mm 的限制有害物质连续热镀锌(铝锌)钢板和钢带。

2 规范性引用文件

下列文件对于本文件的应用是必不可少的。凡是注日期的引用文件,仅注日期的版本适用于本文件。凡是不注日期的引用文件,其最新版本(包括所有的修改单)适用于本文件。

GB/T 222 钢的成品化学成分允许偏差

GB/T 223.5 钢铁 酸溶硅和全硅含量的测定 还原型硅钼酸盐分光光度法

GB/T 223.9 钢铁及合金 铝含量的测定 铬天青 S 分光光度法

GB/T 223.10 钢铁及合金化学分析方法 铜铁试剂分离-铬天青 S 光度法测定铝含量

GB/T 223.16 钢铁及合金化学分析方法 变色酸光度法测定钛量

GB/T 223.40 钢铁及合金 铌含量的测定 氯磺酚 S 分光光度法

GB/T 223.62 钢铁及合金化学分析方法 乙酸丁酯萃取光度法测定磷量

GB/T 223.63 钢铁及合金化学分析方法 高碘酸钠(钾)光度法测定锰量

GB/T 228 金属材料 室温拉伸试验方法

GB/T 232 金属材料 弯曲试验方法

GB/T 247 钢板和钢带包装、标志及质量证明书的一般规定

GB/T 1839 钢产品镀锌层质量试验方法

GB/T 2518 连续热镀锌钢板及钢带

GB/T 2975 钢及钢产品力学性能试验取样位置及试样制备

GB/T 4336 碳素钢和中低合金钢 火花源原子发射光谱分析方法(常规法)

GB/T 5027 金属材料 薄板和薄带 塑性应变比(r 值)的测定

GB/T 5028 金属材料 薄板和薄带 拉伸应变硬化指数(n 值)的测定

GB/T 8170 数值修约规则与极限数值的表示和判定

GB/T 14978 连续热镀铝锌合金镀层钢板及钢带

GB/T 17505 钢及钢产品交货一般技术要求

GB/T 10125 人造气氛腐蚀试验 盐雾试验

GB/T 20066 钢和铁 化学成分测定用试样的取样和制样方法

GB/T 20123 钢铁 总碳硫含量的测定 高频感应炉燃烧后红外吸收法(常规方法)

GB/T 20125 低合金钢 多元素含量的测定 电感耦合等离子体原子发射光谱法

GB/T 20126 非合金钢 低碳含量的测定 第 2 部分:感应炉(经预加热)内燃烧后红外吸收法

YB/T 4217.1 热镀锌(铝锌)钢板涂镀层 六价铬含量的测定 分光光度法

YB/T 4217.2 热镀锌(铝锌)钢板涂镀层 汞含量的测定 冷汞蒸气原子吸收光谱法

YB/T 4217.3　热镀锌(铝锌)钢板涂镀层　铅和镉含量的测定　电感耦合等离子体发射光谱法

3　术语和定义

下列术语和定义适用于本文件。

3.1

限制有害物质

限制有害物质是指均匀材质中用机械方法不可分离的整体材料中的不超过一定限值的有害物质，包括：铅、汞、镉、六价铬四种物质。

4　分类及代号

4.1　钢板和钢带的牌号和用途分类应符合表1的规定。

表1　牌号和用途分类

牌　号		用　途
纯锌镀钢板及钢带	镀铝锌合金钢板及钢带	
DX51D+Z	DX51D+AZ	冷成形用
DX52D+Z	DX52D+AZ	
DX53D+Z	DX53D+AZ	
DX54D+Z	DX54D+AZ	
DX56D+Z	—	
DX57D+Z	—	
S220GD+Z	—	结构用
S250GD+Z	S250GD+AZ	
S280GD+Z	S280GD+AZ	
S320GD+Z	S320GD+AZ	
S350GD+Z	S350GD+AZ	
S550GD+Z	S550GD+AZ	

4.2　钢板和钢带按镀层种类、镀层形式、镀层表面结构、镀层表面处理区分应符合表2的规定。

表2　镀层种类、镀层形式、表面结构、表面处理分类

分类项目	类别	代号
镀层种类	纯锌镀层	Z
	铝锌合金镀层	AZ
镀层形式表示方法	等厚镀层(g/m²)	A
	差厚镀层(g/m²)	B/C

表 2（续）

分类项目	类别		代号
表面结构	纯锌镀层	小锌花	M
		无锌花	F
	铝锌合金镀层	普通锌花	N
表面处理	无铬钝化		C5
	无铬自润滑		SL5
	涂油		O
	无铬钝化＋涂油		CO5
	无铬耐指纹膜处理		AF5
	不处理		U
注：A 为钢带内外表面镀层重量的总和，B 为钢带的上表面镀层重量，C 为钢带的下表面镀层重量，单位为 g/m²。			

4.3　镀层种类及镀层重量的分类及代号

4.3.1　双面等厚镀层种类及镀层重量的分类和代号应符合表 3 的规定。经供需双方协议，也可提供表 3未列镀层重量的钢板及钢带。

表 3　双面等厚镀层种类及镀层重量的分类和代号

纯锌镀层(Z)		镀锌铝合金层(AZ)	
镀层重量(双面)/(g/m²)	代号	镀层重量(双面)/(g/m²)	代号
60	Z60	60	AZ60
80	Z80	80	AZ80
100	Z100	100	AZ100
120	Z120	120	AZ120
150	Z150	150	AZ150
180	Z180	180	AZ180
200	Z200		
250	Z250		
280	Z280		

4.3.2　纯锌镀层也可按差厚镀层供货，差厚镀层重量的分类和代号应符合表 4 规定。

表 4　差厚镀层重量

镀层种类	代号	镀层重量(单面)/(g/m²)
Z	Z30/Z40	30/40
	Z40/Z60	40/60
	Z40/Z100	40/100

4.4　钢板和钢带按表面质量分级及代号应符合表 5 的规定。

表5 表面质量的分级及代号

产品类别	表面质量级别	代号
纯锌镀层钢板及钢带	较高级表面	FB
	高级表面	FC
	超高级表面	FD
铝锌合金镀层钢板及钢带	普通级表面	FA
	较高级表面	FB

5 订货所需信息

订货时顾客需提供下列信息：

a) 产品名称(钢板或钢带)；

b) 本行业标准号；

c) 牌号；

d) 镀层种类及镀层重量；

e) 尺寸及其精度(包括厚度、宽度、长度)；

f) 不平度精度；

g) 表面结构；

h) 表面处理；

i) 表面质量；

j) 重量；

k) 包装方式；

l) 其他(如光整、表面向上等)。

6 尺寸、外形、重量及允许偏差

6.1 尺寸

6.1.1 钢板及钢带的公称尺寸范围应符合表6规定。

表6 公称尺寸范围

单位为毫米

项目		公称尺寸
厚度		0.35～3.00
宽度		600～1 850
长度	钢板	1 000～8 000
	钢带	卷内径 610/508

6.1.2 钢板及钢带的公称厚度是指基板厚度和镀层厚度之和。

6.2 尺寸及外形允许偏差

6.2.1 厚度允许偏差

6.2.1.1 对于规定的最小屈服强度小于 260 MPa 的钢板及钢带，其厚度允许偏差应符合表 7 的规定。

表 7 厚度允许偏差

单位为毫米

公称厚度	下列公称宽度时的允许偏差[a]					
	普通精度(PT. A)			高级精度(PT. B)		
	≤1 200	>1 200～1 500	>1 500～1 850	≤1 200	>1 200～1 500	>1 500～1 850
0.35～0.40	±0.04	±0.05	±0.06	±0.030	±0.035	±0.040
>0.40～0.60	±0.04	±0.05	±0.06	±0.035	±0.040	±0.045
>0.60～0.80	±0.05	±0.06	±0.07	±0.040	±0.045	±0.050
>0.80～1.00	±0.06	±0.07	±0.08	±0.045	±0.050	±0.060
>1.00～1.20	±0.07	±0.08	±0.09	±0.050	±0.060	±0.070
>1.20～1.60	±0.10	±0.11	±0.12	±0.060	±0.070	±0.080
>1.60～2.00	±0.12	±0.13	±0.14	±0.070	±0.080	±0.090
>2.00～2.50	±0.14	±0.15	±0.16	±0.090	±0.100	±0.110
>2.50～3.00	±0.17	±0.17	±0.18	±0.110	±0.120	±0.130

[a] 钢带头、尾两端总长度 20 m 及焊缝附近 10 m 范围内的厚度允许偏差可超过规定值的 50%。

6.2.1.2 对于规定的最小屈服强度不小于 260 MPa 的钢板和钢带，其厚度允许偏差应符合表 8 的规定；牌号为 DX51D＋Z(AZ)的钢板和钢带应符合表 8 的规定。

表 8 厚度允许偏差

单位为毫米

公称厚度	下列公称宽度时的允许偏差[a]					
	普通精度(PT. A)			高级精度(PT. B)		
	≤1 200	>1 200～1 500	>1 500～1 850	≤1 200	>1 200～1 500	>1 500～1 850
0.35～0.40	±0.05	±0.06	±0.07	±0.035	±0.040	±0.045
>0.40～0.60	±0.05	±0.06	±0.07	±0.040	±0.045	±0.050
>0.60～0.80	±0.06	±0.07	±0.08	±0.045	±0.050	±0.060
>0.80～1.00	±0.07	±0.08	±0.09	±0.050	±0.060	±0.070
>1.00～1.20	±0.08	±0.09	±0.11	±0.060	±0.070	±0.080
>1.20～1.60	±0.11	±0.13	±0.14	±0.070	± 0.080	±0.090
>1.60～2.00	±0.14	±0.15	±0.16	±0.080	±0.090	±0.110
>2.00～2.50	±0.16	±0.17	±0.18	±0.110	±0.120	±0.130
>2.50～3.00	±0.19	±0.20	±0.20	±0.130	±0.140	±0.150

[a] 钢带头、尾两端总长度 20 m 及焊缝附近 10 m 范围内的厚度允许偏差可超过规定值的 50%。

6.2.2 宽度允许偏差

钢板和钢带的宽度允许偏差应符合表9的规定。

表9 宽度及允许偏差

单位为毫米

公称宽度	宽度允许偏差	
	普通精度(PW.A)	高级精度(PW.B)
600～1 200	$^{+5}_{0}$	$^{+2}_{0}$
>1 200～1 500	$^{+6}_{0}$	$^{+2}_{0}$
>1 500～1 800	$^{+7}_{0}$	$^{+3}_{0}$
>1 800	$^{+8}_{0}$	$^{+3}_{0}$

6.2.3 长度允许偏差

钢板的长度允许偏差应符合表10的规定。

表10 钢板长度的允许偏差

单位为毫米

公称长度	长度允许偏差	
	普通精度(PL.A)	高度精度(PL.B)
≤2 000	$^{+6}_{0}$	$^{+3}_{0}$
>2 000	$^{+0.3\% \times L}_{0}$	$^{+0.15\% \times L}_{0}$
注:L为钢板长度。		

6.2.4 不平度

6.2.4.1 不平度允许偏差仅适用于钢板。钢板不平度是将钢板自由地放在平台上,测得钢板下表面与平台之间的最大距离。

6.2.4.2 对于规定的最小屈服强度小于260 MPa的钢板,其不平度允许偏差应符合表11的规定。

表11 规定最小屈服强度小于260 MPa钢板的不平度

单位为毫米

公称厚度	下列公称厚度时的不平度允许偏差					
	普通精度(PF.A)			高级精度(PF.B)		
	<0.70	0.70～<1.60	≥1.60～3.0	<0.70	0.70～<1.60	≥1.60～3.0
<1 200	≤10	≤8	≤8	≤5	≤4	≤3
1 200～<1 500	≤12	≤10	≤10	≤6	≤5	≤4
≥1 500	≤17	≤15	≤15	≤8	≤7	≤6

6.2.4.3 对于规定的最小屈服强度不小于260 MPa的钢板及牌号为DX51D+Z(AZ)的钢板,其不平度允许偏差应符合表12的规定。

表12 规定最小屈服强度不小于260 MPa钢板的不平度

单位为毫米

公称厚度	下列公称厚度时的不平度允许偏差					
	普通精度(PF.A)			高级精度(PF.B)		
	<0.70	0.70~<1.60	≥1.60	<0.70	0.70~<1.60	≥1.60
<1 200	≤13	≤10	≤10	≤8	≤6	≤5
1 200~<1 500	≤15	≤13	≤13	≤9	≤8	≤6
≥1 500	≤20	≤19	≤19	≤12	≤10	≤9

6.2.5 脱方度

钢板的脱方度是钢板的宽边在轧制方向边部的垂直投影长度,如图1所示。钢板的脱方度不得超过钢板公称宽度的1%。

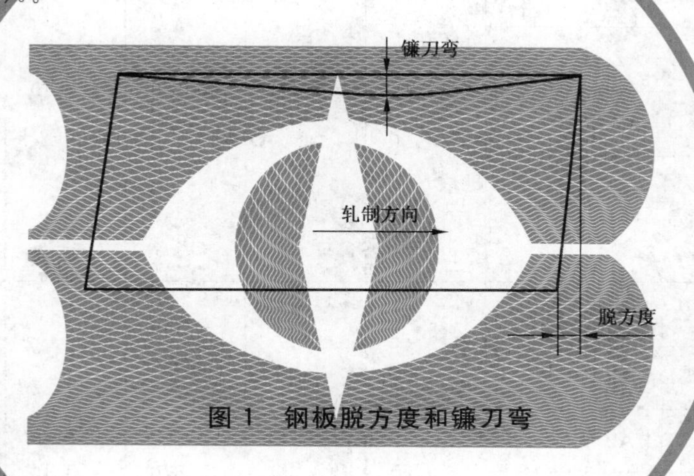

图1 钢板脱方度和镰刀弯

6.2.6 镰刀弯

钢板及钢带的镰刀弯是指钢板及钢带的侧边与连接测量部分两端点的直线之间的最大距离,它在产品呈凹形的一侧测量,如图1所示。在任意2 000 mm长度上应不大于5 mm;当钢板的长度小于2 000 mm时,其镰刀弯不得大于钢板实际长度的0.25%。

6.2.7 塔形

钢带应牢固地成卷,钢带卷的一侧塔形高度不得超过表13的规定。

表13 钢卷塔形

单位为毫米

公称宽度	塔形高度
≤1 000	20
>1 000	30

6.3 重量及允许偏差

6.3.1 钢板和钢带通常按实际重量计重交货。在合同中注明,钢板也可按理论重量计重交货。

6.3.2 钢板按理论重量交货时，其重量计算方法按附录A(规范性附录)的规定。

7 技术要求

7.1 化学成分

7.1.1 钢的牌号和化学成分(熔炼分析)应符合表14的规定。经供需双方商定，可以供应GB/T 2518、GB/T 14978中规定的其他牌号。钢的成品成分及允许偏差应符合GB/T 222的规定。

表14 钢的牌号(熔炼分析)和化学成分

牌号	化学成分[a](质量分数)/%					
	C	Si	Mn	P	S	Ti
DX51D+Z、DX51D+AZ	≤0.12	≤0.50	≤0.60	≤0.10	≤0.045	≤0.30
DX52D+Z、DX52D+AZ						
DX53D+Z、DX53D+AZ						
DX54D+Z、DX54D+AZ						
DX56D+Z						
DX57D+Z						
S220GD+Z	≤0.20	≤0.60	≤1.70	≤0.10	≤0.045	—
S250GD+Z、S250GD+AZ						
S280GD+Z、S280GD+AZ						
S320GD+Z、S320GD+AZ						
S350GD+Z、S350GD+AZ						
S550GD+Z、S550GD+AZ						

[a] 根据需要，供方可添加Nb等微合金元素。

7.1.2 冶炼方法

钢板和钢带所用的钢采用氧气转炉冶炼或电炉冶炼，除非另有规定，冶炼方式由供方选择。

7.2 交货状态

通常情况下，钢板及钢带经热镀和平整(或光整)后交货。

7.3 力学性能

7.3.1 钢板和钢带的力学性能应分别符合表15、表16的规定。除非另行规定，拉伸试样为带镀层试样。

表 15 力学性能

牌号	力学性能				
	下屈服强度 R_{eL}[a] MPa	抗拉强度 R_m MPa	断后伸长率[b,c] A_{80} %	r_{90}	n_{90}
DX51D+Z、DX51D+AZ	—	270～500	≥22	—	—
DX52D+Z[e]、DX52D+AZ[e]	140～300	270～420	≥26	—	—
DX53D+Z、DX53D+AZ	140～260	270～380	≥30	≥1.4	≥0.17
DX54D+Z、DX54D+AZ	120～220	260～350	≥36	≥1.6	≥0.18
DX56D+Z	120～180	260～350	≥39	≥1.9[d]	≥0.21
DX57D+Z	120～170	260～350	≥41	≥2.1[d]	≥0.22

[a] 无明显屈服时采用 $R_{p0.2}$。

[b] 试样采用 GB/T 228 中的 P6 试样，试样方向为横向。

[c] 当产品公称厚度大于 0.50 mm，但小于等于 0.70 mm 时，断后伸长率(A_{80})允许下降 2%；当公称厚度不大于 0.50 mm时，断后伸长率(A_{80})允许下降 4%。

[d] 当产品公称厚度大于 1.50 mm 时，r_{90} 允许下降 0.2。

[e] 屈服强度值仅适用于光整表面的钢板和钢带。

表 16 力学性能

牌 号	力学性能		
	上屈服强度 R_{eH}[a] MPa	抗拉强度 R_m MPa	断后伸长率 A_{80}[b,c] %
S220GD+Z	≥220	300～440	≥20
S250GD+Z、S250GD+AZ	≥250	330～470	≥19
S280GD+Z、S280GD+AZ	≥280	360～500	≥18
S320GD+Z、S320GD+AZ	≥320	390～530	≥17
S350GD+Z、S350GD+AZ	≥350	420～560	≥16
S550GD+Z、S550GD+AZ	≥550	≥560	—

[a] 无明显屈服时采用 $R_{p0.2}$。

[b] 试样采用 GB/T 228 中的 P6 试样，试样方向为纵向。

[c] 当产品公称厚度大于 0.50 mm，但小于 0.70 mm 时，断后伸长率(A_{80})允许下降 2%。当产品的公称厚度不大于 0.50 mm 时，断后伸长率(A_{80})允许下降 4%。

7.3.2 由于时效的影响，钢板和钢带的力学性能会随着储存时间的延长而变差，如屈服强度和抗拉强度上升，断后伸长率下降，成形性能变差等，建议用户尽早使用。

7.3.3 DX51D+Z、DX51D+AZ 和 DX52D+Z、DX52D+AZ 应保证在制造后 1 个月内，钢板及钢带的力学性能符合表 15 的规定；DX53D+Z、DX53D+AZ、DX54D+Z、DX54D+AZ、DX56D+Z 和 DX57D+Z应保证在制造后 6 个月内，钢板及钢带的力学性能符合表 15 的规定。

7.3.4 对于表 16 中规定的结构用钢板和钢带，对力学性能的失效不作规定。

7.4 拉伸应变痕

对于表15中牌号为DX51D＋Z、DX51D＋AZ、DX52D＋Z、DX52D＋AZ的钢板及钢带，应保证其在制造后1个月内使用时不出现拉伸应变痕；对于表15中其他牌号的钢板及钢带，应保证其在制造后6个月内使用时不出现拉伸应变痕。对于表16中规定牌号的钢板及钢带，其拉伸应变痕不作规定。

7.5 镀层重量

7.5.1 可供的公称镀层重量范围应符合表17的规定。经供需双方协商，也可供应其他镀层重量。

表17 镀层重量范围

镀层形式	下列镀层种类的镀层范围/(g/m²)	
	纯锌镀层(Z)	铝锌合金镀层(AZ)
等厚	60～200	60～180
差厚	30～100(单面)	—

7.5.2 推荐的公称镀层重量及相应的镀层代号应符合表18的规定。

表18 锌(铝锌)层重量

镀层种类	镀层形式	推荐的公称镀层重量[a,b]/(g/m²)	镀层代号
Z	等厚镀层	60	Z60
		80	Z80
		100	Z100
		120	Z120
		150	Z150
		180	Z180
		200	Z200
		250	Z250
		280	Z280
	差厚镀层	30/40	Z30/Z40
		40/60	Z40/Z60
		40/100	Z40/Z100
AZ	等厚镀层	60	AZ60
		80	AZ80
		100	AZ100
		120	AZ120
		150	AZ150
		180	AZ180

[a] 50 g/m² 镀层(纯锌)的厚度约为7.1 μm。

[b] 50 g/m² 热镀铝锌合金镀层的厚度约为13.3 μm。

7.5.3 对于纯锌等厚镀层，镀层重量三点试验平均值应不小于规定公称镀层重量；镀层重量单点试验值应不小于规定公称镀层重量的85%。单面单点镀层重量试验值应不小于规定公称镀层重量的34%。

7.5.4 对于纯锌差厚镀层，单面镀层重量三点试验平均值应不小于规定公称镀层重量；单面镀层重量单点试验值应不小于规定公称镀层重量的85%。

7.5.5 对于镀铝锌的等厚镀层，镀层重量三点试验平均值应不小于规定公称镀层重量；镀层重量单点试验值应不小于规定公称镀层重量的85%。

7.6 有害物质

涂镀层有害物质含量应符合表19的规定。

表19 涂镀层有害物质要求

有害物质	镉(Cd)	铅(Pb)	汞(Hg)	六价铬(Cr^{6+})/($\mu g/cm^2$)
含量	$\leqslant 100\times10^{-6}$	$\leqslant 1\ 000\times10^{-6}$	$\leqslant 1\ 000\times10^{-6}$	$\leqslant 0.1$

7.7 表面结构

钢板和钢带的镀层表面结构应符合表20的规定。

表20 镀层表面结构

镀层种类	镀层表面结构	代号	特征
Z	小锌花	M	通过特殊控制方法得到的肉眼可见的细小锌花结构
	无锌花	F	通过特殊控制方法得到的肉眼不可见的细小锌花结构
AZ	普通锌花	N	镀层经正常冷凝而得到的铝锌结晶组织。该镀层表面结构通常具有金属光泽

7.8 表面处理

钢板及钢带通常进行以下表面处理。

7.8.1 无铬钝化(C5)

该表面处理可减少产品在运输和储存期间表面产生白锈。无铬钝化处理时，应限制钝化膜中对人体健康有害的六价铬成分。

7.8.2 无铬钝化+涂油(CO5)

该表面处理可进一步减少产品在运输和储存期间表面产生白锈。无铬钝化处理时，应限制钝化膜中对人体健康有害的六价铬成分。

7.8.3 无铬耐指纹膜(AF5)

该表面处理可减少产品在运输和储存期间表面产生白锈。无铬耐指纹膜处理时，应限制耐指纹膜中对人体健康有害的六价铬成分。

7.8.4 无铬自润滑(SL5)

该表面处理可减少产品在运输和储存期间表面产生白锈，并可较好改善钢板的成型性能。无铬自润滑膜处理时,应限制自润滑膜中对人体健康有害的六价铬成分。

7.8.5 涂油处理(O)

该表面处理可减少产品在运输和储存期间表面产生白锈,所涂的防锈油一般不作为后续加工用的轧制油和冲压润滑油,所涂的防锈油应限制对人体健康有害的六价铬成分。

7.8.6 不处理(U)

该表面处理仅适用于需方在订货期间明确提出不进行表面处理的情况,并需在合同中注明。这种情况下,钢板及钢带在运输和储存期间表面较易产生白锈和黑点,用户在选用该处理方式时应慎重。

7.9 表面质量

7.9.1 钢板和钢带按表面质量特征应符合表21的规定。

表21 表面质量

镀层种类	表面质量级别	代号	特征
A	较高级	FB	表面允许有缺欠,例如小锌粒、压印、划伤、凹坑、色泽不均、黑点、条纹、轻微钝化斑、锌起伏等。该表面通常不进行平整(光整)处理
	高级	FC	较好的一面允许有小缺欠,例如光整压印、轻微划伤、细小锌花、锌起伏和轻微钝化斑。另一面至少为表面质量FB。该表面通常进行平整(光整)处理
	超高级	FD	较好的一面必须对缺欠进一步限制,即较好的一面不应有影响高级涂漆表面外观质量的缺欠。另一面至少为表面质量FC。该表面通常进行平整(光整)处理
AZ	普通级表面	FA	表面允许有缺欠,例如小锌粒、压印、划伤、凹坑、色泽不均、黑点、条纹、轻微钝化斑、锌起伏等。该表面通常不进行平整(光整)处理
	较高级表面	FB	较好的一面允许有小缺欠,例如光整压印、轻微划伤、细小锌花、锌起伏和轻微钝化斑。另一面至少为表面质量FA。该表面通常进行平整(光整)处理

7.9.2 经钝化处理的钢板和钢带表面允许由于钝化处理出现的局部变色。

7.9.3 不切边钢板和钢带边部允许存在微小镀层裂纹。

7.9.4 钢板和钢带的表面不得有分层、裂纹和对下工序有害的缺陷,在连续生产过程中,钢带表面的局部缺陷不易发现和难以去除,因此,钢带允许带缺陷交货,但有缺陷的部分不得超过每卷总长度的6%。

7.10 镀层附着性

镀层附着性要求和评价方法由供需双方协商,并在合同中注明。

7.11 耐腐蚀性

耐腐蚀性的要求由供需双方协商并在合同中注明,按GB/T 10125对钝化、自润滑及耐指纹钢板和钢带的耐腐蚀性能进行检验。

8 试验方法

每批钢板和钢带的检验项目、试验数量、取样方法和试验方法应符合表22的规定，镀层重量的取样方法按图2的规定。

表22 检验项目、试验数量、取样方法和试验方法

序号	检验项目	试样数量	取样方法	试验方法	备注
1	化学成分	1个/炉	GB/T 20066	GB/T 223、GB/T 4336、GB/T 20123、GB/T 20125、GB/T 20126	
2	拉伸试验	1个	GB/T 2975	GB/T 228	
3	*r* 值	1个	GB/T 2975	GB/T 5027	
4	*n* 值	1个	GB/T 2975	GB/T 5028	
5	镀层重量	1组3个	图2	GB/T 1839	每个试样面积不小于5 000 mm^2
6	Cd、Pb	1个/批	试样距钢卷尾部5 m沿宽度方向中部	YB/T 4217.3	
7	Hg	1个/批		YB/T 4217.2	
8	Cr^{6+}	1个/批		YB/T 4217.1	
9	表面质量		逐张、卷	目测	
10	尺寸、外形		逐张、卷	直尺、卡尺卡量	

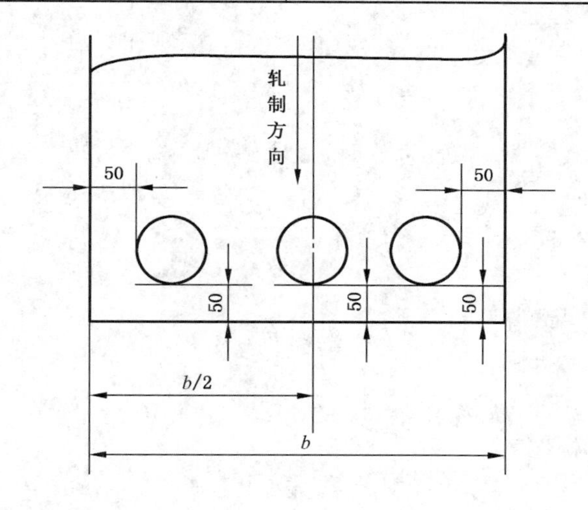

b——钢板或钢带的宽度。

图2 镀层重量试样的取样位置

9 检验规则

9.1 钢板和钢带应成批检验，每个检验批由不大于30 t的同牌号、同一镀层重量、同规格、同表面结构和表面处理的钢板或钢带组成。对于单个卷重大于30 t的钢带，每个卷作为一个检验批。

9.2 钢板及钢带的尺寸、外形应用合适的测量工具测量。厚度测量部位为距边部不小于40 mm的任意点。

9.3 r_{90}是在15%应变时计算得到的；均匀延伸小于15%时，以均匀延伸结束时的应变进行计算。n_{90}（或n_0）值是在10%～20%应变范围内计算得到的，当均匀伸长率小于20%时，应变范围为10%至均匀伸长结束。

9.4 对于有害物质的检验，如供方能保证，可不逐批进行检验。

9.5 钢板和钢带的复验应符合GB/T 17505的规定。

10 包装、标志和质量证明书

钢板和钢带的包装、标志和质量证明书应符合GB/T 247的规定。如需方对包装有特殊要求，应在合同中注明。

11 数值修约规则

数值修约规则应符合GB/T 8170的规定。

附 录 A
（规范性附录）
理论计重时的重量计算方法

A.1 镀层公称厚度计算公式

A.1.1 纯锌镀层公称厚度计算方法

公称镀层厚度＝[镀层公称重量$(g/m^2)/50(g/m^2)$]$\times 7.1\times 10^{-3}$(mm)

A.1.2 铝锌合金镀层公称厚度计算方法

公称镀层厚度＝[镀层公称重量$(g/m^2)/50(g/m^2)$]$\times 13.3\times 10^{-3}$(mm)

A.2 钢板理论计重时的重量计算方法按表 A.1 的规定。

表 A.1 钢板和钢带理论计重的计算方法

计算顺序		计算方法	结果修约
基板的基本重量/[kg/(mm·m^2)]		7.85(厚度 1 mm·面积 1 m^2 的重量)	—
基板的单位重量/(kg/m^2)		基板基本重量(kg/(mm·m^2))×(订货公称厚度－公称镀层厚度)(mm)	修约到有效数字 4 位
镀锌后的单位重量/(kg/m^2)		基板单位重量(kg/m^2)＋公称镀层重量(kg/m^2)	修约到有效数字 4 位
钢板	钢板的面积/m^2	宽度(mm)×长度(mm)×10^{-6}	修约到有效数字 4 位
	1 块板重量/kg	镀锌后的单位重量(kg/m^2)×面积(m^2)	修约到有效数字 3 位
	单捆重量/kg	1 块板重量(kg)×1 捆中同规格钢板块数	修约到 kg 的整数值
	总重量/kg	各捆重量(kg)相加	修约到 kg 的整数值

ICS 77.140.50
H 46

中华人民共和国黑色冶金行业标准

YB/T 4214—2010

包芯线用冷轧钢带

Cold rolled precision strip for cored wires

2010-11-10 发布　　　　2011-03-01 实施

中华人民共和国工业和信息化部　发布

前　言

本标准由中国钢铁工业协会提出。

本标准由全国钢标准化技术委员会归口。

本标准起草单位:武汉钢铁集团汉阳精密带钢有限责任公司、冶金工业信息标准研究院。

本标准主要起草人:张兆丽、罗钢、王晓虎、白汉芳、毛跃荣、阮国清、雷秋。

包芯线用冷轧钢带

1 范围

本标准规定了炼钢包芯线用冷轧钢带的尺寸、外形及允许偏差、技术要求、试验方法、检验规则、包装、标志和质量证明书等。

本标准适用于炼钢包芯线用冷轧钢带(简称钢带,下同)。

2 规范性引用文件

下列文件对于本文件的应用是必不可少的。凡是注日期的引用文件,仅注日期的版本适用于本文件。凡是不注日期的引用文件,其最新版本(包括所有的修改单)适用于本文件。

GB/T 222 钢的成品化学成分允许偏差

GB/T 223.3 钢铁及合金化学分析方法 二安替比林甲烷磷钼酸重量法测定磷量

GB/T 223.4 钢铁及合金 锰含量的测定 电位滴定或可视滴定法

GB/T 223.5 钢铁 酸溶硅和全硅含量的测定 还原型硅钼酸盐分光光度法

GB/T 223.68 钢铁及合金化学分析方法 管式炉内燃烧后碘酸钾滴定法测定硫含量

GB/T 223.74 钢铁及合金化学分析方法 非化合碳含量的测定

GB/T 228 金属材料 室温拉伸试验方法

GB/T 247 钢板和钢带包装、标志及质量证明书的一般规定

GB/T 2975 钢及钢产品 力学性能试验取样位置及试样制备

GB/T 4336 碳素钢和中低合金钢 火花源原子发射光谱分析方法(常规法)

GB/T 4340.1 金属材料 维氏硬度试验 第1部分:试验方法

GB/T 17505 钢及钢产品交货一般技术要求

GB/T 20066 钢和铁 化学成分测定用试样的取样和制样方法

3 牌号表示方法

包芯线用冷轧钢带的牌号由“包”和“芯”的汉语拼音首位字母“B”和“X”组成。

4 尺寸、外形及允许偏差

4.1 钢带的公称厚度及允许偏差应符合表1的规定。

表1 单位为毫米

公称厚度	允许偏差	
	普通精度	较高精度
0.30～0.40	±0.02	0 −0.02

4.2　钢带的公称宽度及允许偏差应符合表2的规定，也可由供需双方协商确定。

表2

单位为毫米

公称宽度	允许偏差
50～70	0 −0.20

4.3　钢带以卷状交货，卷的内径为500 mm。

4.4　钢带卷的一侧塔形高度不得超过10 mm。

4.5　钢带边部毛刺高度不大于0.05 mm。

4.6　钢带的镰刀弯每米不大于3 mm。

5　技术要求

5.1　牌号和化学成分

5.1.1　钢的牌号及化学成分(熔炼分析)应符合表3的规定。

表3

牌号	化学成分(质量分数)/%				
	C	Si	Mn	S	P
BX	≤0.06	≤0.03	≤0.40	≤0.030	≤0.030

5.1.2　成品钢带化学成分允许偏差应符合GB/T 222的规定。

5.2　交货状态

5.2.1　钢带应经热处理和平整后交货。

5.2.2　钢带表面为毛面或光面。如需方对表面状况无具体要求时，按毛面供货。

5.2.3　钢带除需方另有要求外，应涂油交货。供方应保证对涂油的钢带自出厂之日起在通常的包装、运输、装卸及贮存条件下2个月不生锈。

5.3　力学性能

5.3.1　钢带的力学性能应符合表4的规定。

表4

牌号	抗拉强度 R_m/MPa	断后伸长率 A/%	维氏硬度 HV
BX	270～360	≥34	90～110

5.3.2　经供需双方协议，钢带可按硬度交货或抗拉强度、断后伸长率交货。

5.4　表面质量

5.4.1　钢带表面不得有气泡、裂纹、结疤、拉裂、夹杂和乳化液斑点，钢带不得有分层。

5.4.2 钢带表面不应有对使用有影响的缺陷。

5.4.3 钢带允许带缺陷交货，但有缺陷部分不得超过每卷钢带总长度的5%。

6 试验方法

6.1 钢带的外观色泽及表面质量用目视检查。

6.2 钢带的尺寸用相应精度的量具测量，钢带厚度应距边缘不小于3 mm处测量。

6.3 每批钢带的检验项目、取样数量、取样部位及试验方法应符合表5的规定。

表5

序号	检验项目	取样数量	取样方法	试验方法
1	化学分析	1(每炉罐号)	GB/T 20066	GB/T 223、GB/T 4336
2	拉伸	1	GB/T 2975	GB/T 228
3	硬度	1	GB/T 2975	GB/T 4340.1

6.4 钢的化学成分按熔炼分析结果填入质量证明书。

6.5 测量钢带镰刀弯时，将米尺紧靠钢带的凹侧边，测量米尺与钢带凹侧边之间的最大距离。

7 检验规则

7.1 钢带的质量由供方技术监督部门进行检验和验收。

7.2 钢带应成批验收。每批由同一炉罐号、同一厚度、同一制造工艺、同一热处理制度的钢带组成，每批钢带重量不大于5 t。

7.3 钢带的复验按GB/T 17505的规定。

8 包装、标志和质量证明书

钢带打包时单盘径向用3根钢带捆扎。每6盘钢带集装成垛垂直放置在一个木托架上，外罩塑料薄膜。每隔两盘钢卷之间呈90°均匀分布垫四根木衬。钢带的包装、标志和质量证明书其他要求应符合GB/T 247的规定。

ICS 77.140.50
H 46

中华人民共和国黑色冶金行业标准

YB/T 4215—2010

二极管用冷轧钢带

Cold rolled precision strip for the lead frame of diode

2010-11-10 发布　　　　2011-03-01 实施

中华人民共和国工业和信息化部　发布

前　言

本标准由中国钢铁工业协会提出。

本标准由全国钢标准化技术委员会归口。

本标准起草单位:武汉钢铁集团汉阳精密带钢有限责任公司、冶金工业信息标准研究院。

本标准主要起草人:张兆丽、罗钢、王晓虎、白汉芳、毛跃荣、阮国清、雷秋。

二极管用冷轧钢带

1 范围

本标准规定了二极管用冷轧钢带的尺寸、外形及允许偏差、技术要求、试验方法、检验规则、包装、标志和质量证明书等。

本标准适用于制造各种二极管电子引线框架用冷轧钢带(简称钢带,下同)。

2 规范性引用文件

下列文件对于本文件的应用是必不可少的。凡是注日期的引用文件,仅注日期的版本适用于本文件。凡是不注日期的引用文件,其最新版本(包括所有的修改单)适用于本文件。

GB/T 222 钢的成品化学成分允许偏差

GB/T 223.3 钢铁及合金化学分析方法 二安替比林甲烷磷钼酸重量法测定磷量

GB/T 223.4 钢铁及合金 锰含量的测定 电位滴定或可视滴定法

GB/T 223.5 钢铁 酸溶硅和全硅含量的测定 还原型硅钼酸盐分光光度法

GB/T 223.68 钢铁及合金化学分析方法 管式炉内燃烧后碘酸钾滴定法测定硫含量

GB/T 223.74 钢铁及合金化学分析方法 非化合碳含量的测定

GB/T 228 金属材料 室温拉伸试验方法

GB/T 230.1 金属材料 洛氏硬度试验 第1部分:试验方法(A、B、C、K、E、F、G、H、K、N、T标尺)

GB/T 247 钢板和钢带包装、标志及质量证明书的一般规定

GB/T 2523 冷轧金属薄板(带)表面粗糙度和峰值数的测量方法

GB/T 2975 钢及钢产品 力学性能试验取样位置及试样制备

GB/T 4336 碳素钢和中低合金钢 火花源原子发射光谱分析方法(常规法)

GB/T 4340.1 金属材料 维氏硬度试验 第1部分:试验方法

GB/T 17505 钢及钢产品交货一般技术要求

GB/T 20066 钢和铁 化学成分测定用试样的取样和制样方法

3 牌号表示方法

二极管电子引线框架用冷轧钢带的牌号由“电”和“框”的汉语拼音首位字母“D”和“K”组成。

4 尺寸、外形及允许偏差

4.1 钢带的公称厚度及允许偏差应符合表1的规定。

表 1

单位为毫米

公称厚度	允许偏差		
	普通精度	较高精度	高精度
0.40～0.55	+0.01 −0.03	0 −0.03	0 −0.02

4.2 钢带的公称宽度及允许偏差应符合表 2 的规定。

表 2

单位为毫米

公称厚度	允许偏差	
	普通精度	较高精度
20～60	+0.05 −0.10	0 −0.10

4.3 经供需双方协议,也可以供应其他尺寸偏差要求的钢带。

4.4 钢带以卷状交货,不允许中间有断头。卷的内径为 500 mm。

4.5 钢带卷的一侧塔形高度不得超过 8 mm。

4.6 钢带边部毛刺高度不大于 0.05 mm。

4.7 钢带的不平度应符合表 3 规定。

表 3

单位为毫米

公称宽度	翘曲、折皱	边缘浪形	中间浪形
20～60	≤2	≤2	≤2

4.8 钢带的镰刀弯普通精度每米不大于 2 mm,较高精度每米不大于 1 mm。

5 技术要求

5.1 牌号和化学成分

5.1.1 钢的牌号及化学成分(熔炼分析)应符合表 4 的规定。

表 4

牌号	化学成分(质量分数)/%				
	C	Si	Mn	S	P
DK	≤0.06	≤0.03	≤0.40	≤0.025	≤0.025

5.1.2 成品钢带化学成分允许偏差应符合 GB/T 222 的规定。

5.2 交货状态

5.2.1 钢带应经热处理和平整后交货。

5.2.2 钢带的表面光亮且均匀,粗糙度 $Ra \leqslant 0.30\ \mu m$。表面粗糙度值当需方提出要求时才进行检测。

5.2.3　钢带除需方另有要求外，应涂油交货。供方应保证对涂油的钢带自出厂之日起在通常的包装、运输、装卸及贮存条件下2个月不生锈。

5.3　钢带的力学性能应符合表5的规定。经供需双方协议，抗拉强度和伸长率可作为参考指标，需方可任选洛氏HRB或维氏HV硬度供货。

钢带的硬度检验可采用维氏HV进行试验，然后换算成洛氏HRB硬度值。

表5

牌号	抗拉强度 R_m/MPa	断后伸长率 A/%	洛氏硬度 HRB	维氏硬度 HV
DK	280～360	≥35	48～58	93～105

5.4　表面质量

5.4.1　钢带表面不得有气泡、裂纹、结疤、拉裂、夹杂和乳化液斑点，钢带不得有分层。

5.4.2　钢带表面不应有对使用有影响的缺陷。

5.4.3　成卷交货的钢带表面不正常部位不得超过每卷总长度的5%。

5.4.4　钢带出厂3个月，保证对其冲压时不得出现滑移线。经双方协商可以适当延长保证期。

6　试验方法

6.1　钢带的外观色泽及表面质量用目视检查。

6.2　钢带的尺寸用相应精度的通用量具测量，钢带厚度应距边缘不小于3 mm处测量。

6.3　每批钢带的检验项目、取样数量、取样部位及试验方法应符合表6的规定。

表6

序号	检验项目	取样数量	取样方法	试验方法
1	化学分析	1(每炉罐号)	GB/T 20066	GB/T 223、GB/T 4336
2	拉伸	1	GB/T 2975	GB/T 228
3	洛氏硬度 或维氏硬度	1	GB/T 2975	GB/T 230.1 GB/T 4340.1
4	粗糙度	1	GB/T 2975	GB/T 2523

6.4　钢的化学成分按熔炼分析结果填入质量证明书。

6.5　测量钢带镰刀弯时，将米尺紧靠钢带的凹侧边，测量米尺与钢带凹侧边之间的最大距离。

6.6　测量钢带不平度时，将钢带在无外力作用下放于平台上，测量钢带与平台之间的最大距离。

7　检验规则

7.1　钢带的质量由供方技术监督部门进行检验和验收。

7.2　钢带应成批验收，每批钢带由同一炉罐号、同一厚度、同一制造工艺、同一热处理制度的钢带组成。

7.3　复验按GB/T 17505的规定。

8 包装、标志和质量证明书

钢带打包时单卷径向用3根钢带捆扎。每单卷钢带用编织带缠绕后集装成垛，垂直放置在一个木托架上。钢带的包装、标志和质量证明书其他要求应符合GB/T 247的规定。

ICS 77.140.50
H 46

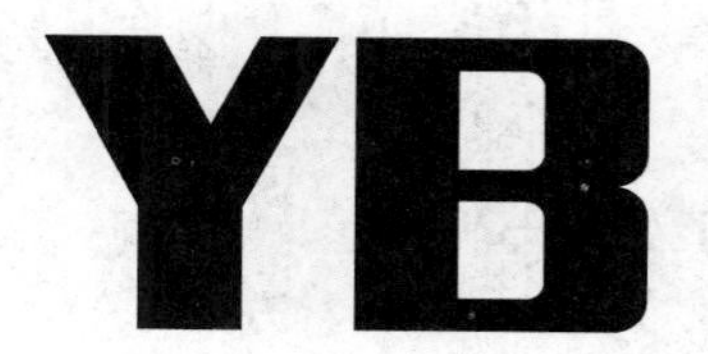

中华人民共和国黑色冶金行业标准

YB/T 4244—2011

防静电地板用冷轧钢带

Cold-rolled steel strips for floors of electrostatic prevention

2011-12-20 发布　　　　2012-07-01 实施

中华人民共和国工业和信息化部　发布

前　言

本标准按照 GB/T 1.1—2009 给出的规则起草。

本标准由中国钢铁工业协会提出。

本标准由全国钢标准化技术委员会归口。

本标准起草单位：唐山建龙实业有限公司、冶金工业信息标准研究院。

本标准主要起草人：程新宇、张秀侠、张洪希、杨海江、刘江伟、王姜维。

本标准为首次发布。

防静电地板用冷轧钢带

1 范围

本标准规定了防静电地板用冷轧钢带的尺寸外形、技术要求、试验方法、检验规则、包装、标志及质量证明书等。

本标准适用于厚度为0.35 mm～2.50 mm，宽度为500 mm～750 mm的防静电地板用冷轧钢带。

2 规范性引用文件

下列文件对于本文件的应用是必不可少的。凡是注日期的引用文件，仅所注日期的版本适用于本文件。凡是不注日期的引用文件，其最新版本（包括所有的修改单）适用于本文件。

GB/T 222 钢的成品化学成分允许偏差

GB/T 223.5 钢铁 酸溶硅和全硅含量的测定 还原型硅钼酸盐分光光度法

GB/T 223.9 钢铁及合金 铝含量的测定 铬天青S分光光度法

GB/T 223.59 钢铁及合金 磷含量的测定 铋磷钼蓝分光光度法和锑磷钼蓝分光光度法

GB/T 223.63 钢铁及合金化学分析方法 高碘酸钠（钾）光度法测定锰量

GB/T 223.68 钢铁及合金化学分析方法 管式炉内燃烧后碘酸钾滴定法测定硫含量

GB/T 223.69 钢铁及合金 碳含量的测定 管式炉内燃烧后气体容量法

GB/T 228 金属材料 室温拉伸试验方法

GB/T 230.1 金属材料 洛氏硬度试验 第1部分：试验方法（A、B、C、D、E、F、G、H、K、N、T标尺）

GB/T 232 金属材料 弯曲试验方法

GB/T 247 钢板和钢带包装、标志及质量证明书的一般规定

GB/T 700—2006 碳素结构钢

GB/T 2975 钢及钢产品力学性能试验取样位置及试样制备

GB/T 4156 金属材料 薄板和薄带 埃里克森杯突试验

GB/T 4335 低碳钢冷轧薄板铁素体晶粒度测定法

GB/T 4336 碳素钢和中低合金钢 火花源原子发射光谱分析方法（常规法）

GB/T 5027 金属材料 薄板和薄带 塑性应变比（r值）的测定

GB/T 5028 金属材料 薄板和薄带 拉伸应变硬化指数（n值）的测定

GB/T 13298 金属显微组织检验方法

GB/T 13299 钢的显微组织评定方法

GB/T 20066 钢和铁 化学成分测定用试样的取样和制样方法

3 分类与代号

3.1 按边缘状态分

切边钢带 EC

不切边钢带 EM

3.2 按厚度精度分

普通厚度精度	PT. A
较高厚度精度	PT. B

3.3 按交货状态分

冷硬状态	H
半冷硬状态	H 1/2
热处理平整状态	T

3.4 按表面状态分

光面	B
麻面	D

3.5 按用途分

上面板
冲压板

4 订货内容

4.1 订货合同应包括以下内容：

a） 产品名称；
b） 标准编号；
c） 牌号；
d） 尺寸规格；
e） 重量；
f） 交货状态；
g） 边缘状态(EC 或 EM)；
h） 厚度精度(PT. A 或 PT. B)；
i） 用途(上面板或冲压板)；
j） 包装方式；
k） 涂油量；
l） 表面状态。

4.2 若订货合同未指明边缘状态、厚度精度、包装方式、涂油量等信息，则按不切边、普通厚度精度及供方提供的包装方式及涂油量供货。

5 尺寸、外形、重量及允许偏差

5.1 厚度允许偏差

5.1.1 钢带厚度允许偏差应符合表 1 的规定。

表1 钢带厚度允许偏差

单位为毫米

钢带公称厚度	允许偏差		钢带公称厚度	允许偏差	
	普通厚度精度（PT. A）	较高厚度精度（PT. B）		普通厚度精度（PT. A）	较高厚度精度（PT. B）
0.35～0.60	±0.03	±0.02	>1.20～1.60	±0.09	±0.07
>0.60～0.80	±0.04	±0.03	>1.60～2.00	±0.11	±0.08
>0.80～1.00	±0.05	±0.04	>2.00～2.50	±0.13	±0.09
>1.00～1.20	±0.07	±0.06			

5.1.2 交货钢带头尾总长度30 m内厚度允许偏差允许比表1规定值增加50%，焊缝区30 m内厚度允许偏差比表1规定值增加50%。

5.1.3 根据需方要求，经供需双方协商，并在合同中注明，可在公差值范围内适当调整钢带的正负允许偏差，供应超出表1规格范围钢带时，厚度偏差由供需双方协商。

5.2 宽度允许偏差

5.2.1 钢带宽度允许偏差应符合表2的规定。

表2 钢带宽度允许偏差

单位为毫米

状 态	不切边	切 边
允许偏差	0～+15	0～+4

5.2.2 根据需方要求，钢带可以切成板块交货，其边长允许偏差由供需双方协商。

5.2.3 对于不切边的冷轧钢带，检查宽度时，两端不考核总长度为30 m。

5.3 镰刀弯

不切边钢带镰刀弯在任意2 000 mm长度上应不大于6 mm，切边及纵剪钢带镰刀弯在任意2 m长度上应不大于2 mm，以板块状交货的钢带长度小于2 m时，其镰刀弯不大于钢板实际长度的0.1%。

5.4 切斜

用于上面板的钢带以板块状交货时，切斜应不大于边长的0.3%。

5.5 塔形

钢带应牢固地成卷，钢带卷一侧塔形高度不得大于40 mm。

5.6 不平度

5.6.1 用于制作上面板的钢带，在对钢带进行充分平整矫直后，表3数值适用于从钢带切成的钢板，以板块状交货的上面板原料，其长度小于1 m时，不平度按其实际长度系数换算。

表 3　上面板用钢带不平度

公称厚度/mm	＜0.70	0.70～＜1.20	≥1.20
不平度/(mm/m)　不大于	8	7	6

5.6.2　用于制作冲压板的钢带，当用户对其不平度有要求时，在对钢带进行充分平整矫直后，表4规定值也适用于从钢带切成的钢板。

表 4　冲压板用钢带不平度

公称厚度/mm	＜0.70	0.70～＜1.20	≥1.20
不平度/(mm/m)　不大于	12	10	8

5.7　浪形

钢带浪形应符合表5规定。

表 5　钢带浪形

单位为毫米

钢带规格厚度	≤0.7	＞0.7
浪形高度	≤3	≤4

5.8　重量

钢带按实际重量交货，以板状交货的钢带也可按理论重量交货。

5.9　交货状态

用于制作冲压板的钢带以热处理后平整状态交货，用于制作上面板的钢带以冷硬状态或半冷硬状态交货。

6　技术要求

6.1　牌号和化学成分

制作上面板钢带牌号采用Q195，制作冲压板钢带牌号由"防静电地板"关键字的汉语拼音第一个字母"FJB"表示，数字代表冲压级别。

Q195冷轧钢带成分(熔炼分析)符合GB/T 700有关规定，其余钢带牌号及其化学成分(熔炼分析)符合表6规定，成品化学成分允许偏差符合GB/T 222有关规定。

表 6　钢带化学成分(熔炼分析)

牌号	成分/%					
	C	Si	Mn	P	S	Al_s
FJB1	≤0.080	≤0.03	≤0.40	≤0.020	≤0.030	≥0.015
FJB2	≤0.050	≤0.03	≤0.40	≤0.018	≤0.015	≥0.015

6.2 力学性能

6.2.1 以热处理后平整状态交货的冷轧钢带拉伸试验取横向试样，力学性能符合表7规定。

表7 钢带力学性能

牌号	公称厚度 mm	规定塑性延伸强度 $R_{p0.2}$ MPa	抗拉强度 R_m MPa	断后伸长率 $A_{80\ mm}$/% L_0=80 mm，b=20 mm，不小于
FJB1	≤0.5	≤230	270～360	35
	>0.5～0.7			36
	>0.7			37
FJB2	≤0.5	≤220	260～350	38
	>0.5～0.7			39
	>0.7			40
注：厚度不大于 0.7 mm 的钢带，其规定塑性延伸强度允许比表中规定数值高 20 MPa。				

6.2.2 根据需方要求并在合同中注明，可提供制作上面板 Q195 钢带力学性能实际检验数据，但不作为交货条件。

6.2.3 用于制作冲压板的钢带保证制造后6个月内冲压时不产生滑移线。

6.3 冷弯试验

用于制作上面板的半冷硬钢带应做180°冷弯试验，试验取横向试样，弯心直径 $d=a$，试样宽度 $b=$ 20 mm，弯曲面的外面和侧面不得有目视可见的裂纹、断裂或分层。

6.4 *n* 值、*r* 值

根据需方要求，经供需双方协商，并在合同中注明，供方可提供制作冲压板钢带的 n 值、r 值实际检验结果，其数值可参考表8，但不作为判定合格的依据。

表8 钢带 *n* 值、*r* 值

牌　号	n_{90} 值 (b_0=20 mm，L_0=80 mm)	r_{90} 值 (b_0=20 mm，L_0=80 mm)
FJB1	≥0.16	≥1.4
FJB2	≥0.17	≥1.5

6.5 杯突试验

根据需方要求，经供需双方协商，并在合同中注明，供方可提供制作冲压板钢带的杯突试验实际检验结果，其数值可参考表9，但不作为判定合格的依据。

表 9 钢带杯突试验

单位为毫米

公称厚度	冲压深度不小于		公称厚度	冲压深度不小于	
	FJB1	FJB2		FJB1	FJB2
0.35～0.4	12.0	12.2	1.5	14.2	14.4
0.5	12.2	12.4	1.6	14.4	14.6
0.6	12.4	12.6	1.7	14.6	14.8
0.7	12.6	12.8	1.8	14.8	15.0
0.8	12.8	13.0	1.9	15.0	15.2
0.9	13.0	13.2	2.0	15.2	15.4
1.0	13.2	13.4	2.1	15.4	15.6
1.1	13.4	13.6	2.2	15.6	15.8
1.2	13.6	13.8	2.3	15.8	16.0
1.3	13.8	14.0	2.4	16.0	16.2
1.4	14.0	14.2	2.5	16.2	16.4

6.6 硬度

用于制作上面板的 Q195 半冷硬钢带硬度为 HRB 50～62，根据需方要求，供方可提供冷硬状态钢带硬度实际检验数据，仅供参考。

6.7 金相组织

6.7.1 FJB1 及 FJB2 牌号的钢带晶粒度应不小于 6 级或以薄饼形晶粒交货，允许有两个相临级别的混合晶粒，钢带的游离渗碳体应不大于 2 级。

6.7.2 供方在保证晶粒度、游离渗碳体符合要求的情况下可不检，根据需方要求并在合同中注明，可提供实际检验结果。

6.8 表面质量

6.8.1 钢带表面不得有结疤、裂纹、拉裂、夹杂、氧化铁皮、铁锈和分层，不允许有蓝氧化色及酸洗后的浅黄色薄膜。允许有深度或高度不大于厚度公差之半的凹面、凸块、划痕、压痕、振痕和麻点等局部缺陷，但不能影响成型及涂、镀。

6.8.2 切边钢带边缘允许有深度不大于钢带宽度允许公差之半的切割不齐及不大于厚度允许公差的毛刺。

6.8.3 不切边钢带边缘允许有深度不大于 5 mm 的裂边，且其有效宽度应保证钢带相应规格最小值。

6.8.4 整卷钢带允许带缺陷交货，缺陷部分不超过每卷钢带总长度的 6%。

7 试验方法与检验规则

7.1 每批钢带的检验项目、取样数量、取样及试验方法应符合表 10 的规定。

表 10　钢带检验项目、取样数量、取样及试验方法

序号	检验项目	取样数量	取样方法	试验方法
1	化学成分(熔炼分析)	1(炉)	GB/T 20066	GB/T 4336(GB/T 223)
2	拉伸	1	GB/T 2975	GB/T 228
3	r 值	1	GB/T 2975	GB/T 5027
4	n 值	1	GB/T 2975	GB/T 5028
5	冷弯	1	GB/T 2975	GB/T 232
6	硬度	1	GB/T 230.1	GB/T 230.1
7	杯突	1	GB/T 4156	GB/T 4156
8	尺寸	抽检	—	常用量具
9	表面质量	逐卷	—	目视
10	晶粒度	抽检	GB/T 4335	GB/T 4335
11	游离渗碳体	抽检	GB/T 13298	GB/T 13299

7.2　钢带应按批验收,每批应由同一牌号、同一规格、同一热处理制度的钢带组成。

7.3　钢带的厚度、宽度检查部位距钢带两端的距离:不小于 3 m,以保证测量的精确性为准。

7.4　测量钢带厚度时,切边钢带测量点在距离剪切边不小于 25 mm 处,不切边钢带测量点在距离轧制边不小于 40 mm 处,以保证测量的精确性为准。

8　包装、标志、质量证明书、运输及贮存

钢带包装、标志、质量证明书、运输及贮存符合 GB/T 247 有关规定。

ICS 77.140.50
H 46

中华人民共和国黑色冶金行业标准

YB/T 4281—2012

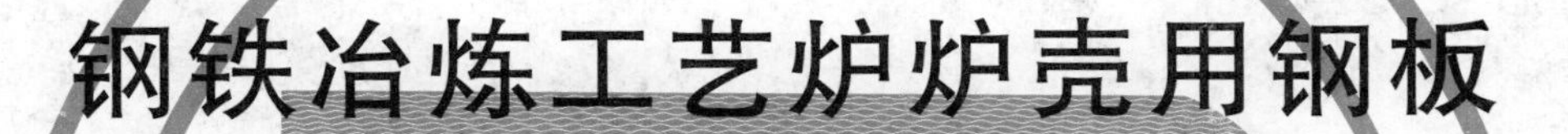

钢铁冶炼工艺炉炉壳用钢板

Steel plate for shell of iron and steel smelting furnace

2012-11-07 发布　　2013-03-01 实施

中华人民共和国工业和信息化部　发布

前　言

本标准按照 GB/T 1.1—2009 给出的规则起草。

本标准由中国钢铁工业协会提出。

本标准由全国钢标准化技术委员会(SAC/TC 183)归口。

本标准起草单位:鞍钢股份有限公司、冶金工业信息标准研究院、湖南华菱湘潭钢铁有限公司、首钢总公司。

本标准主要起草人:刘徐源、朴志民、王姜维、李小莉、师莉、俞爱国。

本标准为首次发布。

钢铁冶炼工艺炉炉壳用钢板

1 范围

本标准规定了钢铁冶炼工艺炉炉壳用钢板的订货内容、尺寸、外形、重量及允许偏差、技术要求、试验方法、检验规则、包装、标志和质量证明书等。

本标准适用于高炉、热风炉的壳体(含高炉上升管、下降管、三通管或球节点、除尘器)及炼钢转炉、电炉壳体用厚度不大于100 mm的钢板(以下简称钢板)。

2 规范性引用文件

下列文件对于本文件的应用是必不可少的。凡是注日期的引用文件,仅注日期的版本适用于本文件。凡是不注日期的引用文件,其最新版本(包括所有的修改单)适用于本文件。

GB/T 222 钢的成品化学成分允许偏差

GB/T 223.5 钢铁 酸溶硅和全硅含量的测定 还原型硅钼酸盐分光光度法

GB/T 223.9 钢铁及合金 铝含量的测定 铬天青S分光光度法

GB/T 223.12 钢铁及合金化学分析方法 碳酸钠分离-二苯碳酰二肼光度法测定铬量

GB/T 223.14 钢铁及合金化学分析方法 钽试剂萃取光度法测定钒含量

GB/T 223.16 钢铁及合金化学分析方法 变色酸光度法测定钛量

GB/T 223.19 钢铁及合金化学分析方法 新亚铜灵-三氯甲烷萃取光度法测定铜量

GB/T 223.23 钢铁及合金 镍含量的测定 丁二酮肟分光光度法

GB/T 223.26 钢铁及合金 钼含量的测定 氰酸盐分光光度法

GB/T 223.37 钢铁及合金化学分析方法 蒸馏分离-靛酚蓝光度法测定氮量

GB/T 223.40 钢铁及合金 铌含量的测定 氯磺酚S分光光度法

GB/T 223.62 钢铁及合金化学分析方法 乙酸丁酯萃取光度法测定磷量

GB/T 223.63 钢铁及合金化学分析方法 高碘酸钠(钾)光度法测定锰量

GB/T 223.67 钢铁及合金 硫含量的测定 次甲基蓝分光光度法

GB/T 223.69 钢铁及合金 碳含量的测定 管式炉内燃烧后气体容量法

GB/T 228.1 金属材料 拉伸试验 第1部分:室温试验方法

GB/T 229 金属材料 夏比摆锤冲击试验方法

GB/T 232 金属材料 弯曲试验方法

GB/T 247 钢板和钢带包装、标志及质量证明书的一般规定

GB/T 2975 钢及钢产品 力学性能试验取样位置及试样制备

GB/T 4336 碳素钢和中低合金钢 火花源原子发射光谱分析方法(常规法)

GB/T 5313 厚度方向性能钢板

GB/T 17505 钢及钢产品交货一般技术要求

GB/T 20066 钢和铁 化学成分测定用试样的取样和制样方法

GB/T 20125 低合金钢 多元素含量的测定 电感耦合等离子体原子发射光谱法

YB/T 081 冶金技术标准的数值修约与检测数值的判定原则

3 牌号表示方法

钢的牌号由代表屈服强度的汉语拼音字母、屈服强度数值、"炉壳"的汉语拼音首字母三个部分组成。例如：Q345LK。其中：

Q——规定最小屈服强度的"屈"字汉语拼音的首位字母；

345——屈服强度数值，单位为兆帕(MPa)；

LK——"炉壳"两字汉语拼音的首位字母。

4 订货内容

订货时用户需提供以下信息：

a) 本标准号；

b) 牌号；

c) 重量；

d) 规格尺寸；

e) 表面状态；

f) 交货状态；

g) 特殊要求。

5 尺寸、外形、重量及允许偏差

钢板的尺寸、外形、重量及允许偏差应符合 GB/T 709 的规定。

6 技术要求

6.1 牌号和化学成分

6.1.1 钢板的牌号和化学成分(熔炼分析)应符合表 1 的规定。其碳当量最大值应符合表 2 的规定。

表 1

牌号	化学成分(质量分数)/%													
	C	Si	Mn	P	S	Ni	Cr	Cu	Nb	V	Ti	Mo	N[a]	Als
	不大于													不小于
Q245LK	0.18	0.50	1.50	0.025	0.015	0.25	0.25	0.35	0.040	0.05	0.035	0.60	0.008	0.010
Q275LK	0.18	0.55	1.60	0.025	0.015	0.25	0.35	0.35	0.040	0.15	0.035	0.60	0.008	0.010
Q325LK	0.18	0.55	1.60	0.025	0.015	0.25	0.25	0.35	0.040	0.15	0.035	0.60	0.008	0.010
Q345LK	0.18	0.50	1.70	0.025	0.015	0.50	0.30	0.30	0.070	0.15	0.020	0.60	0.012	0.015
Q390LK	0.20	0.50	1.70	0.025	0.015	0.50	0.30	0.30	0.070	0.20	0.020	0.60	0.012	0.015

[a] 钢中加入 Al、Nb、V、Ti 等具有固氮作用的合金元素，N 元素含量可到不大于 0.012%。

表 2

牌　　号	碳当量[a]（质量分数）/%
Q245LK	≤0.40
Q275LK、Q325LK、Q345LK、Q390LK	≤0.45

[a] 碳当量计算公式：$CEV=C+\frac{Mn}{6}+\frac{Cr+Mo+V}{5}+\frac{Ni+Cu}{15}$。

根据需要，可用焊接裂纹敏感性指数 P_{cm} 代替碳当量，其值由供需双方协议确定。焊接裂纹敏感性指数计算公式：

$$P_{cm}=C+\frac{Si}{30}+\frac{Mn}{20}+\frac{Cu}{20}+\frac{Ni}{60}+\frac{Cr}{20}+\frac{Mo}{15}+\frac{V}{10}+5B$$

碳当量也可经供需双方协商确定。

6.1.2　为改善钢的性能，可添加表 1 之外的其他微量合金元素。

6.1.3　钢板的成品化学成分允许偏差应符合 GB/T 222 的规定。

6.2　冶炼方法

钢由氧气转炉或电炉冶炼，并应进行炉外精炼。

6.3　交货状态

除 Q245LK 钢板热轧状态交货外，其他牌号钢板均正火状态交货。

6.4　力学和工艺性能

6.4.1　钢板的力学性能应符合表 3 的规定。

表 3

牌号	板厚 t/mm	拉伸试验[a]			夏比 V 型冲击试验[c]		180°弯曲试验[a] a—板厚 d—弯芯直径
		上屈服强度[b] R_{eH}/MPa	抗拉强度 R_m/MPa	断后伸长率 A/%	冲击吸收能量 KV_2/J		
Q245LK	≤16	≥245	400～510	≥23	0 ℃	≥47	$d=2a$
	>16～40	≥235		≥23			
	>40	≥215		≥23			
Q275LK	≤16	≥275	470～570	≥21	0 ℃	≥47	$d=2a$
	>16～40	≥275		≥21			
	>40	≥275		≥21			
Q325LK	≤16	≥325	490～610	≥20	0 ℃	≥47	$d=2a$
	>16～40	≥315		≥20			
	>40	≥295		≥21			
Q345LK	≤16	≥345	470～630	≥21	−20 ℃	≥34	$d=2a$
	>16～40	≥335		≥21			$d=3a$

表 3（续）

牌号	板厚 t/mm	拉伸试验[a]			夏比 V 型冲击试验[c]		180°弯曲试验[a] a—板厚 d—弯芯直径
		上屈服强度[b] R_{eH}/MPa	抗拉强度 R_m/MPa	断后伸长率 A/%	冲击吸收能量 KV_2/J		
Q345LK	>40～63	≥325	470～630	≥20	−20 ℃	≥34	$d=3a$
	>63～80	≥315		≥20			
	>80	≥305		≥20			
Q390LK	≤16	≥390	490～650	≥20	−20 ℃	≥34	$d=2a$
	>16～40	≥370		≥20			$d=3a$
	>40～63	≥350		≥19			
	>63～80	≥330		≥19			
	>80	≥330		≥19			

[a] 拉伸、弯曲试验取横向试样。

[b] 当屈服不明显时，可测量 $R_{p0.2}$ 代替上屈服强度。

[c] 冲击试验取纵向试样。

6.4.2 夏比（V 型）冲击试验

6.4.2.1 钢材的夏比（V 型）冲击试验的试验温度和冲击吸收能量应符合表 3 的规定。

6.4.2.2 厚度不小于 6 mm 的钢板应做冲击试验，冲击试样尺寸取 10 mm×10 mm×55 mm 标准试样；当钢材不足以制取标准试样时，应采用 10 mm×7.5 mm×55 mm、10 mm×5 mm×55 mm 小尺寸试样，冲击吸收能量应分别为不小于表 3 规定值的 75%或 50%，优先采用较大尺寸试样。

6.4.2.3 钢板的冲击试验结果按一组 3 个试样的算术平均值进行计算，允许其中有 1 个试验值低于规定值，但不应低于规定值的 70%，否则，应从同一抽样产品上再取 3 个试样进行试验，先后 6 个试样试验结果的算术平均值不得低于规定值，允许有 2 个试样的试验结果低于规定值，但其中低于规定值 70%的试样只允许有一个。

6.4.3 当需方要求时，应做弯曲检验。试验应符合表 3 的规定，弯曲试验后，试样外侧不应有裂纹。

6.5 表面质量

6.5.1 钢板表面不应有裂纹、气泡、结疤、夹杂、折叠和压入的氧化铁皮等有害缺陷。钢板不应有分层。

6.5.2 钢板表面允许存在不妨碍检查表面缺陷的薄层氧化铁皮、铁锈、由于压入氧化铁皮脱落所引起的不显著的粗糙、划痕等局部缺陷，但深度应不大于钢板厚度公差之半，并应保证钢板厚度的最小值。

6.5.3 钢板表面存在有害缺陷时，允许用修磨方法清除。修磨处应平滑过渡，并应保证钢板厚度的最小值。

6.6 特殊要求

6.6.1 根据供需双方协议，钢板可进行无损检验，其检验标准和级别应在协议或合同中明确。

6.6.2 根据供需双方协议，可按本标准订购具有厚度方向性能要求或其他检验项目要求的钢板，钢板厚度方向断面收缩率应符合 GB/T 5313 的规定。

6.6.3 根据供需双方协议，钢板可进行其他项目的检验。

7 试验方法

钢板的检验项目、取样数量、取样方法和试验方法应符合表 4 的规定。

表 4

序号	检验项目	取样数量/个	取样方法	试验方法
1	化学成分(熔炼分析)	1/炉	GB/T 20066	GB/T 223、GB/T 4336、GB/T 20125
2	拉伸试验	1/批	GB/T 2975	GB/T 228.1
3	弯曲试验	1/批	GB/T 2975	GB/T 232
4	冲击试验	3/批	GB/T 2975,8.3	GB/T 229
5	Z 向钢厚度方向断面收缩率	3/批	GB/T 5313	GB/T 5313
6	无损检验	逐张/逐件	—	协商
7	表面质量	逐张/逐件	—	目视及测量
8	尺寸、外形	逐张/逐件	—	合适的量具

8 检验规则

8.1 检查和验收

钢板的检查和验收由供方进行，需方有权对本标准或合同中所规定的任一检验项目进行检查和验收。

8.2 组批规则

钢板应成批验收。每批应由同一牌号、同一炉号、同一规格、同一轧制制度或同一热处理制度的钢板组成，每批重量不大于 60 t。对于 Z 向钢的组批，应符合 GB/T 5313 的规定。

8.3 取样部位

冲击试验试样应在每一批中任一钢板上制取。当钢板厚度不大于 40 mm 时，冲击试样应为近表面试样，试样边缘距一个轧制面小于 2 mm；当钢板厚度大于 40 mm 时，试样轴线应位于钢板 1/4 厚度处或尽量接近此位置。缺口应垂直于原轧制面。

8.4 复验与判定规则

复验与判定应符合 GB/T 17505 的规定。

8.5 力学性能和化学成分试验结果的修约

除非在合同或订单中另有规定，当需要评定试验结果是否符合规定值，所给出力学性能和化学成分试验结果应修约到与规定值的数位相一致，其修约方法应符合 YB/T 081 的规定。碳当量应先按公式计算后修约。

9 包装、标志和质量证明书

钢板的包装、标志和质量证明书应符合 GB/T 247 的规定。

附 录 A
（资料性附录）
牌号对照表

本标准与国内外牌号对照参见表 A.1。

表 A.1

标准号	本标准	JIS G 3106—2008	GB/T 700—2006	GB/T 1591—2008
牌 号	Q245LK	SM400B、SM400C	Q235	—
	Q275LK	—	Q275	—
	Q325LK	SM490B、SM490C	—	—
	Q345LK	—	—	Q345
	Q390LK	SM490YB	—	Q390

ICS 77.140.50
H 46

中华人民共和国黑色冶金行业标准

YB/T 4282—2012

压力容器用热轧不锈钢复合钢板

Hot-rolled stainless steel clad plates for pressure vessels

2012-11-07 发布　　2013-03-01 实施

中华人民共和国工业和信息化部　发 布

前 言

本标准按照GB/T 1.1—2009给出的规则起草。

本标准由中国钢铁工业协会提出。

本标准由全国钢标准化技术委员会(SAC/TC 183)归口。

本标准起草单位:济钢集团有限公司(山东鲍德金属复合板有限公司)、冶金工业信息标准研究院、中国通用机械工程总公司、三明天尊不锈钢复合科技有限公司、云南昆钢新型复合材料开发有限公司、河南盛荣特种钢业有限公司。

本标准主要起草人:张殿英、刘纯、王晓虎、秦晓钟、王姜维、陈海龙、杜顺林、李向民、孙根领、田保生、蔡春秀、张凤珍、陈传玉、晁飞燕、魏代斌。

本标准为首次发布。

引　言

本标准参照 JIS G 3601《不锈复合钢》、GB/T 8165《不锈钢复合钢板和钢带》和 NB/T 47002.1《压力容器用爆炸焊接复合板　第1部分:不锈钢—钢复合板》中的相关技术内容制定。

本标准与 GB/T 8165 和 NB/T 47002.1 相比,主要技术内容差异如下:

——厚度允许偏差严于 GB/T 8165、NB/T 47002.1 的规定;

——R2 和 R3 级的未结合率严于 NB/T 47002.1 的规定;

——抗剪强度:本标准规定 R1、R2 级不小于 220 MPa,R3 级不小于 210 MPa,GB/T 8165 规定 R1、R2 级不小于 210 MPa,R3 级不小于 200 MPa,NB/T 47002.1 规定抗剪强度不小于 210 MPa;

——复合钢板种类:热轧复合钢板。

压力容器用热轧不锈钢复合钢板

1 范围

本标准规定了压力容器用热轧不锈钢复合钢板的术语和定义、制造方法、级别、代号及标记、尺寸、外形、重量及允许偏差、技术要求、试验方法、检验规则、包装、标志及质量证明书等。

本标准适用于采用热轧法生产的总厚度不小于 8 mm 的压力容器用不锈钢-钢复合板(以下简称复合钢板)。

2 规范性引用文件

下列文件对于本文件的应用是必不可少的。凡是注日期的引用文件,仅注日期的版本适用于本文件。凡是不注日期的引用文件,其最新版本(包括所有的修改单)适用于本文件。

GB 150.2 压力容器 第 2 部分:材料

GB/T 228.1 金属材料 拉伸试验 第 1 部分:室温试验方法

GB/T 229 金属材料 夏比摆锤冲击试验方法

GB/T 247 钢板和钢带包装、标志及质量证明书的一般规定

GB/T 709 热轧钢板和钢带的尺寸、外形、重量及允许偏差

GB 713 锅炉和压力容器用钢板

GB/T 2975 钢及钢产品 力学性能试验取样位置及试样制备

GB 3531 低温压力容器用低合金钢钢板

GB/T 4334 金属和合金的腐蚀 不锈钢晶间腐蚀试验方法

GB/T 6396 复合钢板力学及工艺性能试验方法

GB/T 17505 钢及钢产品交货一般技术要求

GB 24511 承压设备用不锈钢钢板及钢带

JB/T 4730.3 承压设备无损检测 第 3 部分:超声检测

JB/T 4730.5 承压设备无损检测 第 5 部分:渗透检测

JB 4732 钢制压力容器——分析设计标准

3 术语和定义

下列术语和定义适用于本文件。

3.1

不锈钢复合钢板 stainless steel clad plates

以碳素钢或低合金钢等为基层,采用热轧法,在其一面或两面整体地连续地复合一定厚度不锈钢的复合金属钢板。

3.2

覆层 cladding metal

复合钢板中接触工作介质起耐腐蚀、防污染作用的不锈钢层。

3.3

基层　base metal

复合钢板中主要承受结构强度的碳素钢或低合金钢层。

3.4

复合界面　compound contact interface

复合钢板覆层和基层的结合面。

3.5

剪切试验　shear test

在静压(拉)力作用下,通过相应的剪切装置使复合钢板剪切试样的结合面受剪切直至破断,以测定其抗剪强度的试验。

3.6

热轧复合法　hot-rolled compounding method

通过热轧过程,实现基层和覆层复合的方法。

3.7

未结合率　percentage of unbounded area

复合钢板覆、基层间未呈冶金焊接状态的面积占总界面面积的百分率。

3.8

修补焊接　patched welding

按一定要求除去未结合部分的覆层,在基层上堆焊不锈钢,然后进行各种处理,使复合钢板覆层保持原有性能的作业。

4　制造方法、级别、代号及标记

4.1　制造方法

4.1.1　复合钢板采用热轧复合法制造。

4.1.2　复合钢板的覆层可以在基层的一面或两面进行复合。两面覆层厚度根据需要可以同厚,也可以不同厚。

4.2　级别及代号

按照用途不同,复合钢板的级别及代号如表1所示。本标准所列代号"R"是指"热轧"。

表1

级别	代号	未结合率/%
1级	R1	0
2级	R2	≤1
3级	R3	≤4

4.3　标记

复合钢板产品的标记按覆层钢号、基层钢号、尺寸、级别代号、标准号等顺序组成。

示例1:

覆层为3 mm厚的S32168不锈钢板、基层为30 mm厚的Q345R钢板、宽度为3 000 mm、长度为10 000 mm的1级复合板标记为：

(S32168＋Q345R)－(3＋30)×3 000×10 000－R1－YB/T 4282—2012

示例2：

覆层为3 mm厚的S32168不锈钢板、基层为10 mm厚的Q345R钢板、另一面覆层为2 mm厚S30408不锈钢板、宽度为2 000 mm、长度为7 000 mm的2级复合板标记为：

(S32168＋Q345R＋S30408)－(3＋10＋2)×2 000×7 000－R2－YB/T 4282—2012

5 订货内容

按本标准订货的合同或订单应至少包括下列信息：

a) 本标准编号；

b) 产品名称；

c) 牌号：覆层牌号＋基层牌号(＋覆层牌号)；

d) 产品级别代号(R1、R2或R3)；

e) 规格尺寸：(覆层厚度＋基层厚度)×宽度×长度；

f) 数量或重量；

g) 交货状态；

h) 用途；

i) 特殊要求(如果有)。

6 尺寸、外形、重量及允许偏差

6.1 尺寸

6.1.1 复合钢板的尺寸见表2。

表2

单位为毫米

名　　称	总厚度	宽　　度	长　　度
复合钢板	≥8	1 000～4 000	≥4 000

6.1.2 复合钢板覆层厚度应不小于2 mm。

6.1.3 根据需方要求，经供需双方协议，可以提供其他规格的复合钢板。

6.2 尺寸允许偏差

6.2.1 复合钢板的基层、覆层厚度允许偏差应符合表3的规定，总厚度允许偏差应符合GB/T 709中B类偏差的规定。

表3

覆层厚度允许偏差		基层厚度允许偏差
R1、R2	R3	
不大于覆层公称尺寸的±9%，且不大于1 mm	不大于覆层公称尺寸的±10%，且不大于1 mm	应符合相应基层产品标准的规定

6.2.2 复合钢板宽度、长度允许偏差及不平度应符合GB/T 709的规定。

6.2.3 特殊要求由供需双方协商。

6.3 重量

6.3.1 复合钢板按理论重量交货。复合钢板的理论重量为覆层、基层材料各自相应标准规定的公称理论重量之和。

6.3.2 根据供需双方协商，也可按实重交货。

7 技术要求

7.1 覆材和基材

7.1.1 覆材和基材牌号的执行标准应分别符合表4的规定，其技术要求应符合GB 150.2或JB 4732的规定。

7.1.2 经供需双方协议，也可采用表4以外标准的覆材和基材，但其技术要求不得低于7.1.1的规定。

表4

覆材	基材
GB 24511	GB 713、GB 3531

7.1.3 覆材和基材应有生产厂的质量证明书。覆材和基材的生产厂应取得相应的特种设备制造许可证。

7.2 交货状态

复合钢板可热轧或热处理，经校平、剪切或切割后交货，复合钢板的热处理状态应符合GB 150.2或JB 4732中对相应基材的规定。根据需方要求，并在合同中注明，覆层表面可经酸洗、钝化、抛光、喷砂等方式处理后交货。

7.3 结合状态

7.3.1 复合钢板应经100%超声检测，其结合状态应符合表5的规定。

7.3.2 超出表5规定的未结合区允许进行修补焊接。修补焊接前应清除未结合区覆层并打磨基层表面，并进行渗透检测确认已清除未结合区，然后由持有效证件的焊工按经评定合格的焊接工艺进行修补焊接。修补焊接后，应经超声和渗透检测，超声检测结果应符合表5的规定，渗透检测结果应符合JB/T 4730.5标准Ⅰ级的要求。修补焊接记录应附在质量证明书中。

表5

级别代号	检测范围	结合状态
R1	全面积范围	不允许未结合区存在，未结合率为0%
R2		单个未结合区长度不大于50 mm，面积不大于2 000 mm^2，未结合率不大于1%
R3		单个未结合区长度不大于75 mm、面积不大于4 500 mm^2，未结合率不大于4%

7.4 力学性能

7.4.1 复合钢板复合界面的结合抗剪强度应符合表6的规定。

7.4.2 复合钢板拉伸试验结果应符合表 7 的规定，当基层厚度大于 40 mm 时，只进行基层的拉伸试验。

7.4.3 复合钢板基层的冲击吸收能量应符合基材产品标准的规定。

表 6

级别代号	结合抗剪强度 τ/MPa
R1、R2	≥220
R3	≥210

表 7

屈服强度[a] R_{eL}/MPa	抗拉强度 R_m/MPa	断后伸长率 A^b/%
$R_{eL} \geqslant (R_{e1}t_1 + R_{e2}t_2)/(t_1 + t_2)$ 式中： R_{e1}——覆材屈服强度标准下限值，MPa； R_{e2}——基材屈服强度标准下限值，MPa； t_1——覆层厚度，mm； t_2——基层厚度，mm。	$R_m \geqslant (R_{m1}t_1 + R_{m2}t_2)/(t_1 + t_2)$ 式中： R_{m1}——覆材抗拉强度标准下限值，MPa； R_{m2}——基材抗拉强度标准下限值，MPa； t_1——覆层厚度，mm； t_2——基层厚度，mm。	不小于基材标准值

[a] 当屈服不明显时，可以采用 $R_{p0.2}$ 代替。

[b] 当覆层材料断后伸长率标准值小于基材标准值时，允许复合钢板伸长率小于基材标准值，但不小于覆材标准值。此时应补充进行一个基层试样的拉伸试验，其伸长率不小于基材标准值。

7.5 工艺性能

复合钢板内弯曲(覆层表面受压)、外弯曲(覆层表面受拉)试验条件及结果应符合表 8 的规定。

表 8

厚度/mm	试样宽度 b/mm	弯心直径 d	外弯、内弯，180°
≤25	$b=2a$，且 $b \geqslant 20$	$a<20$ mm　　$d=2a$ $a \geqslant 20$ mm　　$d=3a$	在弯曲外侧不得产生裂纹； 复合界面不允许分层
>25	$b=2a$	加工基层钢板厚度至 25 mm， 弯心直径按基层钢板标准值	

注：a 为复合钢板总厚度。

7.6 晶间腐蚀试验

根据需方要求，并在合同中注明，可进行覆层的晶间腐蚀试验，试验方法和合格标准由供需双方协议。

7.7 表面质量

复合钢板覆层表面不得有气泡、结疤、裂纹、夹杂、折叠等缺陷。如有上述缺陷，允许清除，但清除后应保证覆层最小厚度，否则应予以焊补。焊补应符合 7.3.2 的规定。基层表面质量应符合基材产品标准的规定。

8 试验方法

8.1 检验项目

复合钢板出厂检验项目应在合同中注明，并符合表 9 的规定。

表 9

检验项目	级别	
	1 级，2 级	3 级
拉伸试验	○	○
外弯试验	△	△
内弯试验	○	△
剪切试验	○	○
冲击试验	○	○
晶间腐蚀	△	△
外形尺寸	○	○
表面质量	○	○
覆层厚度	○	○
超声检测	○	○
注：○—应进行的检验项目；△—按需方要求进行的检验项目。		

8.2 试样数量和试验方法

复合钢板的试样数量和试验方法应符合表 10 的规定，经供需双方协议，并在合同中注明，可以进行表 10 之外的其他项目的检验。

8.2.1 尺寸检验方法

复合钢板的总厚度用千分尺测量，复合钢板的覆层厚度，采用超声测量厚度时，应符合 JB 4730.3 的规定。

8.2.2 不平度按 GB/T 709 的规定测量。

表 10

序号	检验项目	试样数量/个	取样方法	试验方法
1	拉伸试验	1/批	GB/T 2975	GB/T 6396、基材按 GB/T 228.1
2	外弯试验	1/批	GB/T 2975	GB/T 6396
3	内弯试验	1/批	GB/T 2975	GB/T 6396
4	剪切试验	2/批	GB/T 2975	GB/T 6396
5	冲击试验	3/批	GB/T 2975	GB/T 229
6	晶间腐蚀	2/批	—	GB/T 4334
7	外形尺寸	逐张	—	精度合适的量具
8	表面质量	逐张	—	充分照明下目测
9	覆层厚度	2/批	—	显微镜、超声等
10	超声检测	逐张	—	JB/T 4730.3
注：对于双面复合板，剪切试验、覆层厚度、外弯曲试验为自不同的覆层各取一个试样。				

9 检验规则

9.1 复合钢板的检查和验收均由供方质量技术监督部门进行。

9.2 组批

复合钢板应按批检验交货。每批 1 级复合钢板的覆层和基层各为同一牌号、同一炉号、同一厚度、同一交货状态组成；2 级、3 级复合钢板的覆层和基层应各为同一牌号、同一厚度、同一交货状态组成。

9.3 复验

冲击试验的复验执行基层产品标准的规定，其他项目的复验应符合 GB/T 17505 的规定。

10 包装、标志及质量证明书

10.1 复合钢板包装时，复合钢板覆层表面要进行有效防护，防止覆层表面被污染、划伤。

10.2 每张复合钢板的覆层表面上应标出产品标记、批号、制造厂标识、生产日期等。

10.3 钢板覆层、基层材料的质量证明书的复印件应作为复合钢板质量证明书的附件一并提供给需方。

10.4 其余要求执行 GB/T 247 的规定。

ICS 77.140.50
H 46

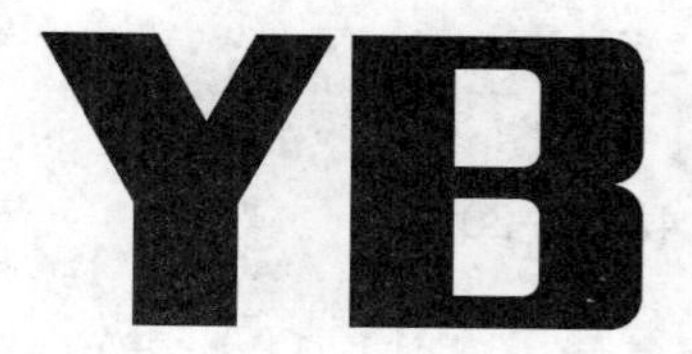

中华人民共和国黑色冶金行业标准

YB/T 4283—2012

海洋平台结构用钢板

Structural steel plates for offshore platform

2012-11-07 发布　　2013-03-01 实施

中华人民共和国工业和信息化部　发布

前　言

本标准按照 GB/T 1.1—2009 给出的规则起草。

本标准参照 EN 10225—2009《固定近海结构可焊接结构钢-交货技术条件》、中国船级社《材料与焊接规范》(2009 版)、挪威船级社《材料与焊接规范》(2007 版),结合国内海洋平台结构用钢板的生产发展情况和使用要求而制定。

本标准由中国钢铁工业协会提出。

本标准由全国钢标准化技术委员会(SAC/TC 183)归口。

本标准起草单位:湖南华菱湘潭钢铁有限责任公司、天津钢铁集团有限公司、冶金工业信息标准研究院、新余钢铁股份有限公司、首钢总公司。

本标准主要起草人:张爱兵、李小莉、肖大恒、王晓虎、潘贻芳、赵和明、师莉、巩文旭、孙国庆、王国文。

本标准为首次发布。

海洋平台结构用钢板

1 范围

本标准规定了海洋平台结构用钢板的牌号表示方法、订货内容、尺寸、外形、重量、技术要求、试验方法、检验规则、包装、标志和质量证明书等。

本标准适用于海洋平台结构用厚度不大于150 mm钢板。

2 规范性引用文件

下列文件对于本文件的应用是必不可少的。凡是注日期的引用文件，仅注日期的版本适用于本文件。凡是不注日期的引用文件，其最新版本(包括所有的修改单)适用于本文件。

GB/T 222 钢的成品化学成分允许偏差
GB/T 223.5 钢铁 酸溶硅和全硅含量的测定 还原型硅钼酸盐分光光度法
GB/T 223.9 钢铁及合金 铝含量的测定 铬天青S分光光度法
GB/T 223.11 钢铁及合金 铬含量的测定 可视滴定或电位滴定法
GB/T 223.12 钢铁及合金化学分析方法 碳酸钠分离-二苯碳酰二肼光度法测定铬量
GB/T 223.14 钢铁及合金化学分析方法 钽试剂萃取光度法测定钒含量
GB/T 223.16 钢铁及合金化学分析方法 变色酸光度法测定钛量
GB/T 223.18 钢铁及合金化学分析方法 硫代硫酸钠分离-碘量法测定铜量
GB/T 223.19 钢铁及合金化学分析方法 新亚铜灵-三氯甲烷萃取光度法测定铜量
GB/T 223.23 钢铁及合金 镍含量的测定 丁二酮肟分光光度法
GB/T 223.26 钢铁及合金 钼含量的测定 氰酸盐分光光度法
GB/T 223.37 钢铁及合金化学分析方法 蒸馏分离-靛酚蓝光度法测定氮量
GB/T 223.40 钢铁及合金 铌含量的测定 氯磺酚S分光光度法
GB/T 223.53 钢铁及合金化学分析方法 火焰原子吸收分光光度法测定铜量
GB/T 223.54 钢铁及合金化学分析方法 火焰原子吸收分光光度法测定镍量
GB/T 223.59 钢铁及合金 磷含量的测定 铋磷钼蓝分光光度法和锑磷钼蓝分光光度法
GB/T 223.60 钢铁及合金化学分析方法 高氯酸重量法测定硅含量
GB/T 223.62 钢铁及合金化学分析方法 乙酸丁酯萃取光度法测定磷量
GB/T 223.63 钢铁及合金化学分析方法 高碘酸钠(钾)光度法测定锰量
GB/T 223.72 钢铁及合金 硫含量的测定 重量法
GB/T 223.75 钢铁及合金 硼含量的测定 甲醇蒸馏-姜黄素光度法
GB/T 223.78 钢铁及合金化学分析方法 姜黄素直接光度法测定硼量
GB/T 223.84 钢铁及合金 钛含量的测定 二安替比林甲烷分光光度法
GB/T 228.1 金属材料 拉伸试验 第1部分:室温试验方法
GB/T 229 金属材料 夏比摆锤冲击试验方法
GB/T 247 钢板和钢带包装、标志及质量证明书的一般规定
GB/T 709—2008 热轧钢板和钢带的尺寸、外形、重量及允许偏差
GB/T 2970 厚钢板超声波检测方法
GB/T 2975 钢及钢产品 力学性能试验取样位置及试样制备
GB/T 4160 钢的应变时效敏感性试验方法(夏比冲击法)
GB/T 4336 碳素钢和中低合金钢 火花源原子发射光谱分析方法(常规法)

GB/T 5313　厚度方向性能钢板
GB/T 14977　热轧钢板表面质量的一般要求
GB/T 17505　钢及钢产品交货一般技术要求
GB/T 20066　钢和铁　化学成分测定用试样的取样和制样方法
GB/T 20123　钢铁　总碳硫含量的测定　高频感应炉燃烧后红外吸收法(常规方法)
GB/T 20124　钢铁　氮含量的测定　惰性气体熔融热导法(常规方法)
GB/T 20125　低合金钢　多元素含量的测定　电感耦合等离子体原子发射光谱法
YB/T 081　冶金技术标准的数值修约与检测数值的判定原则

3　术语和定义

下列术语和定义适用于本文件。

3.1

热机械轧制　thermomechanical rolling

最终变形在某一温度范围内进行,使材料获得仅依靠热处理不能获得的特定性能的轧制工艺。

注1:轧制后如果加热到580 ℃可能导致材料强度值的降低。如果确实需要加热到580 ℃以上,则应由供方进行。

注2:热机械轧制交货状态可以包括加速冷却或加速冷却并回火(包括自回火),但不包括直接淬火或淬火加回火。

3.2

正火轧制　normalizing rolling

最终变形是在某一温度范围内进行,使材料获得与正火后性能相当的轧制工艺。

4　牌号表示方法

钢的牌号由代表屈服强度的汉语拼音字母、屈服强度数值、代表“海洋”的汉语拼音首位字母、质量等级符号四个部分组成。例如:Q355HYD。其中:

Q——钢的屈服强度的“屈”字汉语拼音的首位字母;
355——屈服强度数值,单位为兆帕(MPa);
HY——海洋平台的“海洋”汉语拼音的首位字母;
D——质量等级。

当需方要求钢板具有厚度方向性能时,则在上述规定的牌号后加上代表厚度方向(Z向)性能级别的符号,例如:Q355HYDZ25。

5　订货内容

订货时用户需提供以下信息:

a)　产品名称;
b)　本标准号;
c)　牌号;
d)　规格;
e)　重量;
f)　交货状态;
g)　标志;
h)　特殊要求。

6 尺寸、外形、重量及允许偏差

6.1 钢板的尺寸、外形、重量及允许偏差应符合 GB/T 709—2008 的规定。
6.2 钢板的厚度偏差应符合 GB/T 709—2008 中 B 类偏差的规定，且钢板的平均厚度不小于公称厚度。
6.3 经供需双方协议，可供应其他尺寸、外形及允许偏差的钢板，具体在合同中注明。

7 技术要求

7.1 牌号及化学成分

7.1.1 钢的牌号及化学成分(熔炼分析)应符合表 1 的规定。
7.1.2 当需要加入细化晶粒元素时，钢中应至少含有 A1、Nb、V、Ti 中的一种。加入的细化晶粒元素应在质量证明书中注明含量。
7.1.3 钢中氮元素含量应符合表 1 的规定。如供方保证，可不进行氮元素含量分析。如果钢中加入 Al、Nb、V、Ti 等具有固氮作用的合金元素，氮元素含量不作限制，固氮元素含量应在质量证明书中注明。
7.1.4 当 Cr、Ni、Cu 作为残余元素时，其含量应分别不大于 0.30%。
7.1.5 厚度大于 100 mm 钢板的化学成分(熔炼分析)由供需双方协商。
7.1.6 成品钢板化学成分的允许偏差应符合 GB/T 222 的规定。
7.1.7 对于厚度方向性能钢板，硫含量应符合 GB/T 5313 的规定。
7.1.8 碳当量(CEV)和焊接裂纹敏感性指数(P_{cm})
7.1.8.1 各牌号钢的熔炼分析的碳当量或焊接裂纹敏感性指数应符合表 2 的相应规定。钢一般以碳当量交货。经供需双方协商，可以采用熔炼分析焊接裂纹敏感性指数来代替熔炼分析碳当量。熔炼分析碳当量或焊接裂纹敏感性指数按式(1)或式(2)计算。

$$CEV = \mathrm{C} + \frac{\mathrm{Mn}}{6} + \frac{\mathrm{Cr}+\mathrm{Mo}+\mathrm{V}}{5} + \frac{\mathrm{Cu}+\mathrm{Ni}}{15} \quad \cdots\cdots(1)$$

$$P_{cm} = \mathrm{C} + \frac{\mathrm{Si}}{30} + \frac{\mathrm{Mn}}{20} + \frac{\mathrm{Cu}}{20} + \frac{\mathrm{Ni}}{60} + \frac{\mathrm{Cr}}{20} + \frac{\mathrm{Mo}}{15} + \frac{\mathrm{V}}{10} + 5\mathrm{B} \quad \cdots\cdots(2)$$

7.1.8.2 用于计算碳当量或焊接裂纹敏感性指数的化学成分应在质量证明书中注明。

7.2 冶炼方法

钢由转炉或电炉冶炼，并经过钢包炉等炉外精炼或真空脱气。

7.3 交货状态

钢板的交货状态应符合表 3 的规定。

7.4 力学性能

7.4.1 钢板的力学性能应符合表 4 的规定。
7.4.2 厚度不小于 6 mm 的钢板应做冲击试验，冲击试样尺寸取 10 mm×10 mm×55 mm 的标准试样；当钢板不足以制取标准试样时，应采用 10 mm×7.5 mm×55 mm 或 10 mm×5 mm×55 mm 小尺寸试样，冲击吸收能量应分别为不小于表 4 规定值的 75%或 50%，优先采用较大尺寸试样。
7.4.3 钢材的冲击试验结果按一组 3 个试样的算术平均值进行计算，允许其中有 1 个试验值低于规定值，但不应低于规定值的 70%。

当夏比(V 型缺口)冲击试验结果不符合上述规定时，应从同一张钢板或同一样坯上再取 3 个试样进行试验，前后两组 6 个试样的算术平均值不得低于规定值，允许有 2 个试样值低于规定值，但其中低于规定值 70%的试样只允许有 1 个。

表 1 牌号及化学成分

牌号	质量等级	化学成分(质量分数)/%													
		C	Si	Mn	P	S	Nb	V	Mo	Ni	Cr	Cu	N	Ti	Al_t^a
		不大于													不小于
Q355HY	D	0.16	0.50	1.65	0.020	0.010	0.050	0.12	0.20	0.50	0.30	0.30	0.010	0.030	0.020
	E	0.16	0.50	1.65	0.018	0.007	0.050	0.12	0.20	0.50	0.30	0.30	0.010	0.030	0.020
	F	0.14	0.50	1.65	0.015	0.005	0.050	0.12	0.20	0.50	0.30	0.30	0.010	0.030	0.020
Q420HY	D	0.16	0.55	1.65	0.020	0.010	0.050	0.12	0.25	0.70	0.30	0.30	0.010	0.030	0.020
	E	0.16	0.55	1.65	0.018	0.007	0.050	0.12	0.25	0.70	0.30	0.30	0.010	0.030	0.020
	F	0.14	0.55	1.65	0.015	0.005	0.050	0.12	0.25	0.70	0.30	0.30	0.010	0.030	0.020
Q460HY	D	0.16	0.55	1.65	0.020	0.010	0.070	0.12	0.25	0.70	0.30	0.30	0.010	0.030	0.020
	E	0.16	0.55	1.65	0.018	0.007	0.070	0.12	0.25	0.70	0.30	0.30	0.010	0.030	0.020
	F	0.14	0.55	1.65	0.015	0.005	0.070	0.12	0.25	0.70	0.30	0.30	0.010	0.030	0.020
Q500HY	D	0.18	0.55	1.70	0.020	0.010	0.070	0.12	0.50	0.70	0.60	0.50	0.010	0.030	0.020
	E	0.18	0.55	1.70	0.018	0.007	0.070	0.12	0.50	1.50	0.60	0.50	0.010	0.030	0.020
	F	0.16	0.55	1.60	0.015	0.005	0.070	0.12	0.50	1.50	0.60	0.50	0.010	0.030	0.020
Q550HY	D	0.18	0.55	1.70	0.020	0.010	0.070	0.12	0.50	0.70	0.60	0.50	0.010	0.030	0.020
	E	0.18	0.55	1.70	0.018	0.007	0.070	0.12	0.50	1.50	0.60	0.50	0.010	0.030	0.020
	F	0.16	0.55	1.60	0.015	0.005	0.070	0.12	0.50	1.50	0.60	0.50	0.010	0.030	0.020
Q620HY	D	0.18	0.55	1.70	0.020	0.010	0.070	0.12	0.60	0.80	0.80	0.80	0.010	0.030	0.020
	E	0.18	0.55	1.70	0.018	0.007	0.070	0.12	0.60	1.50	0.80	0.80	0.010	0.030	0.020
	F	0.16	0.55	1.60	0.015	0.005	0.070	0.12	0.60	1.50	0.80	0.80	0.010	0.030	0.020
Q690HY	D	0.18	0.55	1.70	0.020	0.010	0.070	0.12	0.60	0.80	0.80	0.80	0.010	0.030	0.020
	E	0.18	0.55	1.70	0.018	0.007	0.070	0.12	0.60	1.50	0.80	0.80	0.010	0.030	0.020
	F	0.16	0.55	1.60	0.015	0.005	0.070	0.12	0.60	1.50	0.80	0.80	0.010	0.030	0.020

[a] 全铝，酸溶铝可代替全铝含量测定。酸溶铝含量不小于0.015%。

注：当细化晶粒元素组合加入时，Nb+V+Ti≤0.12%。

表 2 碳当量和焊接裂纹敏感性指数

牌号	交货状态	规定厚度下的碳当量 CEV/%			规定厚度下的焊接裂纹敏感性指数 P_{cm}/%		
		≤50 mm	>50 mm～100 mm	>100 mm	≤50 mm	>50 mm～100 mm	>100 mm
Q355HY	正火、控轧、热机械轧制、正火轧制	≤0.43	≤0.43	协调	≤0.24	≤0.24	协商
Q420HY	热机械轧制、热机械轧制＋回火	≤0.43	≤0.43		≤0.22	≤0.22	
	淬火＋回火				—	—	
Q460HY	热机械轧制、热机械轧制＋回火	≤0.43	≤0.43		≤0.22	≤0.22	
	淬火＋回火				—	—	
Q500HY	热机械轧制、热机械轧制＋回火	≤0.47	协商		≤0.24	协商	
	淬火＋回火	≤0.60	协商		—		
Q550HY	热机械轧制、热机械轧制＋回火	≤0.47	协商		≤0.24		
	淬火＋回火	≤0.65	协商		—		
Q620HY	热机械轧制、热机械轧制＋回火	≤0.48	协商		≤0.25		
	淬火＋回火	≤0.65	协商		—		
Q690HY	热机械轧制、热机械轧制＋回火	≤0.48	协商		≤0.25		
	淬火＋回火	≤0.65	协商		—		

表 3 钢板的交货状态

牌号	交 货 状 态
Q355HY	正火(N)、控轧(CR)、热机械轧制(TMCP)、正火轧制(NR)
Q420HY	热机械轧制(TMCP)、热机械轧制＋回火(TMCP＋T)、淬火＋回火(QT)
Q460HY	
Q500HY	热机械轧制(TMCP)、热机械轧制＋回火(TMCP＋T)、淬火＋回火(QT)
Q550HY	
Q620HY	
Q690HY	

表 4 钢板的力学性能

牌号	质量等级	拉伸试验					夏比 V 型冲击试验[c]	
		屈服强度[a] R_{eL}/MPa 钢板厚度/mm		抗拉强度 R_m MPa	屈服比	断后伸长率 A %	试验温度 ℃	冲击吸收能量 KV_2/J
		≤100	>100					
Q355HY	D	≥355	协商	470～630	≤0.87[b]	≥22	−20	≥50
	E						−40	
	F						−60	
Q420HY	D	≥420		490～650	≤0.93	≥19	−20	≥60
	E						−40	
	F						−60	
Q460HY	D	≥460		510～680	≤0.93	≥17	−20	≥60
	E						−40	
	F						−60	
Q500HY	D	≥500		610～770	—	≥16	−20	≥50
	E						−40	
	F						−60	
Q550HY	D	≥550		670～830	—	≥16	−20	≥50
	E						−40	
	F						−60	
Q620HY	D	≥620		720～890	—	≥15	−20	≥50
	E						−40	
	F						−60	
Q690HY	D	≥690		770～940	—	≥14	−20	≥50
	E						−40	
	F						−60	

[a] 如屈服现象不明显，屈服强度取 $R_{p0.2}$。

[b] 若交货状态为 TMCP，屈强比不大于 0.93。

[c] 冲击试验取横向试样。

7.4.4 经供需双方协商，可进行钢板的厚度方向性能检验，厚度方向的断面收缩率应符合 GB/T 5313 的规定，且其抗拉强度应不小于表 4 规定的下限值的 80%。

7.4.5 经供需双方协商，可进行应变时效冲击试验。应变时效的应变量、冲击温度、冲击吸收能量、试样方向经协商后在合同中注明。

7.5 表面质量

7.5.1 钢板表面不允许存在裂纹、气泡、结疤、折叠、夹杂和压入的氧化铁皮。钢板不得有分层。

7.5.2 钢板表面允许有不妨碍检查表面缺陷的薄层氧化铁皮、铁锈、由压入氧化铁皮脱落所引起的不显著的表面粗糙、划伤、压痕及其他局部缺陷，但其深度不得大于厚度公差之半，并应保证钢板的最小厚度。

7.5.3 钢板表面缺陷不允许焊补，允许修磨清理，但应保证钢板的最小厚度，修磨清理处应平滑无棱角。

7.5.4 经供需双方协定，表面质量可参照 GB/T 14977 的规定。

7.6 超声波检验

钢板应逐张进行超声波检验，检验方法为 GB/T 2970，其验收级别应在合同中注明。经供需双方协商，也可采用其他超声波探伤方法，具体在合同中注明。

7.7 其他特殊技术要求

经供需双方协议，需方可对钢板提出可焊性等其他特殊技术要求，具体在合同中注明。

8 试验方法

8.1 每批钢板的检验项目、取样数量、取样方法、试验方法应符合表 5 的规定。

表 5 检验项目、取样数量、取样方法及试验方法

序号	检验项目	取样数量	取样方法	试验方法
1	化学成分	1 个/炉	GB/T 20066	GB/T 223、GB/T 4336、GB/T 20123、GB/T 20124、GB/T 20125
2	拉伸试验	1 个	GB/T 2975，横向	GB/T 228.1
3	夏比 V 型冲击试验	1 组(3 个)	GB/T 2975，横向	GB/T 229
4	应变时效冲击试验	1 组(3 个)	GB/T 4160	GB/T 4160
5	厚度方向性能	1 组(3 个)	GB/T 5313	GB/T 5313
6	超声波检验	逐张	—	GB/T 2970
7	表面质量	逐张	—	目视
8	尺寸、外形	逐张	—	合适的量具

8.2 对于 Q460HY 及以下强度级别的钢板，厚度大于 40 mm 时，每批增加一组冲击试验，增加的冲击试样取样位置为钢板厚度的 1/2 处。

8.3 钢板的厚度测量

8.3.1 钢板的厚度测量既可使用人工方法也可使用自动测量仪。

8.3.2 钢板按图 1 所示线 1、线 2 和线 3 中至少选择两条来测量厚度，并且在每条被选择的线上至少选三个点进行测量。如果每条线上的点超过三个，那每条线上的点数必须相同。

对于自动测量，从边缘的测量点到产品横向或纵向边缘的距离不得低于 10 mm，并不得超过 300 mm。

对于手动测量，从边缘的测量点到产品横向或纵向边缘的距离不得低于 10 mm，并不得超过 100 mm。

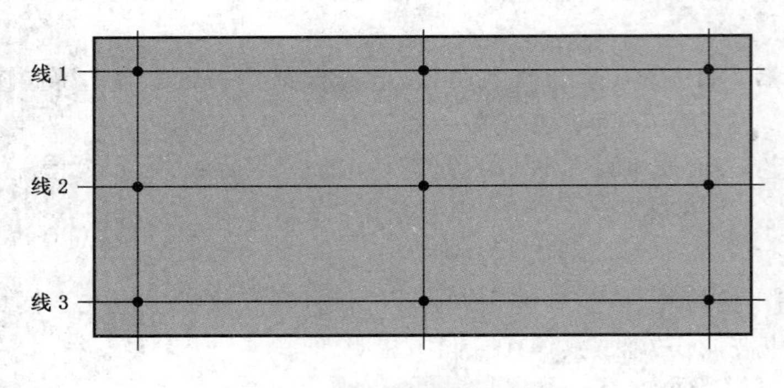

图 1 厚度测量位置

9 检验规则

9.1 钢板的检查和验收由供方技术质量监督部门负责，需方有权按本标准或合同所规定的任一检验项目进行检查和验收。

9.2 钢板应成批验收。每批应由同一炉号、同一牌号、同一质量等级、同一交货状态、同一厚度的钢板组成：

——对于拉伸试验，每批钢板重量不大于 50 t，当单张钢板大于 50 t 时，按逐轧制坯或逐热处理张检验、验收。

——对于冲击试验，D 级钢板与拉伸试验相同；E 级、F 级钢板应逐轧制坯或逐热处理张检验、验收。

9.3 钢板检验结果不符合本标准要求时，可进行复验。检验项目的复验和验收规则应符合 GB/T 17505 的规定。

10 数值修约

数值修约应符合 YB/T 081 的规定。

11 包装、标志和质量证明书

钢板的包装、标志及质量证明书应符合 GB/T 247 的规定。其中钢板的压印标识应包括：牌号、钢板号、炉号等内容。

ICS 77.140.50
H 46

中华人民共和国黑色冶金行业标准

YB/T 4284—2012

油汀用冷轧钢带

Cold-rolled steel strips for oil filled radiator

2012-11-07 发布 2013-03-01 实施

中华人民共和国工业和信息化部 发布

前　言

本标准按照 GB/T 1.1—2009 给出的规则起草。

本标准由中国钢铁工业协会提出。

本标准由全国钢标准化技术委员会(SAC/TC 183)归口。

本标准起草单位:唐山建龙实业有限公司、冶金工业信息标准研究院。

本标准主要起草人:程新宇、张洪希、张秀侠、伍永锐、王姜维。

本标准为首次发布。

油汀用冷轧钢带

1 范围

本标准规定了油汀(电热油汀取暖器)用冷轧钢带的尺寸外形、技术要求、试验方法、检验规则、包装、标志及质量证明书等。

本标准适用于厚度为0.35 mm～1.0 mm的油汀用冷轧钢带,也适用于由钢带切成的钢板及纵切钢带。

2 规范性引用文件

下列文件对于本文件的应用是必不可少的。凡是注日期的引用文件,仅注日期的版本适用于本文件。凡是不注日期的引用文件,其最新版本(包括所有的修改单)适用于本文件。

GB/T 222 钢的成品化学成分允许偏差

GB/T 223.5 钢铁 酸溶硅和全硅含量的测定 还原型硅钼酸盐分光光度法

GB/T 223.9 钢铁及合金 铝含量的测定 铬天青S分光光度法

GB/T 223.59 钢铁及合金 磷含量的测定 铋磷钼蓝分光光度法和锑磷钼蓝分光光度法

GB/T 223.63 钢铁及合金化学分析方法 高碘酸钠(钾)光度法测定锰量

GB/T 223.68 钢铁及合金化学分析方法 管式炉内燃烧后碘酸钾滴定法测定硫含量

GB/T 223.69 钢铁及合金 碳含量的测定 管式炉内燃烧后气体容量法

GB/T 228.1 金属材料 拉伸试验 第1部分:室温试验方法

GB/T 247 钢板和钢带包装、标志及质量证明书的一般规定

GB/T 708 冷轧钢板和钢带的尺寸、外形、重量及允许偏差

GB/T 2975 钢及钢产品 力学性能试验取样位置及试样制备

GB/T 4335 低碳钢冷轧薄板铁素体晶粒度测定法

GB/T 4336 碳素钢和中低合金钢 火花源原子发射光谱分析方法(常规法)

GB/T 5027 金属材料 薄板和薄带 塑性应变比(r值)的测定

GB/T 5028 金属材料 薄板和薄带 拉伸应变硬化指数(n值)的测定

GB/T 8170 数值修约规则与极限数值的表示和判定

GB/T 13298 金属显微组织检验方法

GB/T 13299 钢的显微组织评定方法

GB/T 17505 钢及钢产品交货一般技术要求

GB/T 20066 钢和铁 化学成分测定用试样的取样和制样方法

3 分类与代号

3.1 按边缘状态分

切边钢带 EC

不切边钢带 EM

3.2 按厚度精度分

普通厚度精度　　PT. A

较高厚度精度　　PT. B

4 订货内容

4.1 订货合同应包括以下内容：

a) 产品名称；
b) 标准编号；
c) 牌号；
d) 规格；
e) 重量；
f) 边缘状态(EC 或 EM)；
g) 厚度精度(PT. A 或 PT. B)；
h) 用途(内片或端盖)；
i) 包装方式；
j) 涂油方式。

4.2 若订货合同未指明边缘状态、厚度精度、包装方式、涂油等信息，则按不切边、普通厚度精度及供方提供的包装及涂油方式供货。

5 尺寸、外形、重量及允许偏差

5.1 厚度允许偏差

5.1.1 钢带及钢板厚度允许偏差应符合表 1 的规定。

表 1 厚度允许偏差

单位为毫米

钢带厚度	允许偏差	
	普通厚度精度 (PT. A)	较高厚度精度 (PT. B)
0.35～0.60	±0.03	±0.02
>0.60～0.80	±0.04	±0.03
>0.80～1.00	±0.05	±0.04

5.1.2 交货钢带头尾总长度 30 m 内厚度允许偏差允许比表 1 规定值增加 50%，焊缝区 30 m 内厚度允许偏差比表 1 规定值增加 50%。

5.1.3 根据需方要求，经供需双方协商，并在合同中注明，可在公差值范围内适当调整钢带的正负允许偏差，供应超出表 1 规格范围钢带时，厚度偏差由供需双方协商。

5.2 宽度允许偏差

5.2.1 钢带宽度允许偏差应符合表 2 规定。

表 2 宽度允许偏差

单位为毫米

状 态	不切边	切边、纵切钢带
允许偏差	0～＋15	0～＋3

5.2.2 根据需方要求，钢带可以切成板块交货，其边长允许偏差由供需双方协商。

5.2.3 对于不切边的冷轧钢带，检查宽度时，表 2 数值不适用于钢带两端总长度 30 000 mm 范围。

5.3 镰刀弯

钢带镰刀弯在任意 2 000 mm 长度上应不大于 6 mm，切边、纵切钢带镰刀弯在任意 2 000 mm 长度上应不大于 2 mm。

5.4 塔形

钢带应牢固地成卷，钢带卷一侧塔形高度不得大于 40 mm。

5.5 不平度

当用户对钢带不平度有要求时，在对钢带进行充分平整矫直后，表 3 数值适用于从钢带切成的钢板。

表 3 不平度

公称厚度/mm	≤0.70	＞0.70
不平度/(mm/m) 不大于	12	10

5.6 浪形

钢带浪形应符合表 4 规定。

表 4 浪形

单位为毫米

钢带规格厚度	≤0.70	＞0.70
浪形高度	≤3	≤4

5.7 切斜

以板块状交货的钢带应切成直角，切斜由供需双方协商。

5.8 重量

钢带按实际重量交货，以板块状交货的钢带也可按理论重量交货，以理论重量交货时，理论计重按照 GB/T 708 有关规定。

6 技术要求

6.1 牌号和化学成分

6.1.1 钢带牌号由“油汀”关键字的汉语拼音第一个字母“YT”及代表冲压级别的数字组成。钢带成分(熔炼分析)符合表5规定,成品化学成分允许偏差符合GB/T 222有关规定。

表5 化学成分(熔炼分析)

牌号	化学成分(质量分数)/%					
	C	Si	Mn	P	S	Al_s
YT1	≤0.080	≤0.03	≤0.40	≤0.020	≤0.030	0.015～0.080
YT2	≤0.050	≤0.03	≤0.40	≤0.018	≤0.015	0.015～0.060

6.1.2 经供需双方协商并在合同中注明,可限制钢中有害物质的含量,其含量应由供需双方协议规定。

6.2 交货状态

6.2.1 钢带以热处理后平整状态交货,表面结构为麻面。

6.2.2 钢带通常涂油供货。在通常的包装、运输、装卸和贮存条件下,供方保证自制造之日起6个月内不生锈,如需方要求不涂油供货,应在订货时协商。

注:对于不涂油的产品,供方不承担产品锈蚀风险。订货时需方应被告知,在运输、装卸、贮存和使用过程中,不涂油产品表面易产生轻微划痕。

6.3 力学性能

6.3.1 以热处理后平整状态交货的冷轧钢带拉伸试验取横向试样,力学性能应符合表6规定。

表6 力学性能

牌号	公称厚度 mm	规定塑性延伸强度 $R_{p0.2}$ MPa	抗拉强度 R_m MPa	断后伸长率,$A_{80\ mm}$/% (L_0=80 mm,b=20 mm) 不小于
YT1	≤0.5	≤230	250～350	35
	>0.5～0.7			36
	>0.7			37
YT2	≤0.5	≤220	250～350	38
	>0.5～0.7			39
	>0.7			40
注:厚度不大于0.7 mm的钢带,其规定塑性延伸强度允许比表中规定数值高20 MPa。				

6.3.2 供方保证钢带制造后6个月内冲压时不产生滑移线。

6.3.3 n值、r值:根据需方要求,经供需双方协商,并在合同中注明,供方可提供钢带的n值、r值实际检验结果,但不作为判定的依据。

6.4 金相组织

6.4.1 钢带晶粒度应不小于6级或以薄饼形晶粒交货，允许有2个相邻级别的混合晶粒，钢带的游离渗碳体应不大于2级。

6.4.2 供方在保证晶粒度、游离渗碳体符合要求的情况下可不做检验，根据需方要求并在合同中注明，可提供实际检验结果。

6.5 表面质量

6.5.1 钢带表面不得有结疤、裂纹、夹杂、氧化铁皮、锈蚀和分层，不允许有蓝氧化色及酸洗后的浅黄色薄膜。允许有深度或高度不大于厚度公差之半的凹坑、凸块、划痕、压痕、振痕和麻点等局部缺陷，允许有轻微色差及乳化液斑，但不能影响成形、涂镀及焊接。

6.5.2 切边钢带边缘允许有深度不大于钢带宽度允许公差之半的切割不齐及不大于厚度允许公差的毛刺。

6.5.3 不切边钢带边缘允许有深度不大于5 mm的裂边，且其有效宽度应保证钢带相应规格最小值。

6.5.4 整卷钢带局部表面缺陷不易发现和去除，因此允许带缺陷交货，缺陷部分不超过每卷钢带总长度的6%。

7 试验方法与检验规则

7.1 钢带的检验项目、取样数量、取样及试验方法应符合表7的规定。

表7 钢带检验项目、取样数量、取样及试验方法

序 号	检验项目	取样数量 个	取样方法	试验方法
1	化学成分(熔炼分析)	1/炉	GB/T 20066	GB/T 223、GB/T 4336
2	拉伸	1/批	GB/T 2975	GB/T 228.1
3	r值	1/批	GB/T 2975	GB/T 5027
4	n值	1/批	GB/T 2975	GB/T 5028
5	尺寸、外形	逐卷	—	合适的量具
6	表面质量	逐卷	—	目视
7	晶粒度	抽检	GB/T 4335	GB/T 4335
8	游离渗碳体	抽检	GB/T 13298	GB/T 13299

7.2 钢带应按批验收，每批应由同一牌号、同一规格、同一热处理制度的钢带组成。

7.3 钢带的厚度、宽度检查部位距钢带两端的距离：不小于3 000 mm，以保证测量的精确性为准。

7.4 测量钢带厚度时，切边钢带测量点在距离剪切边不小于25 mm处，不切边钢带测量点在距离轧制边不小于40 mm处，以保证测量的精确性为准。

7.5 钢带的复验应符合GB/T 17505的规定。

8 包装、标志、质量证明书、运输及贮存

钢带包装、标志、质量证明书、运输及贮存符合 GB/T 247 有关规定，钢带在运输、贮存过程中特别要注意防水防潮。

9 数值修约

数值修约应符合 GB/T 8170 的规定。

ICS 77.140.40
H 53

中华人民共和国黑色冶金行业标准

YB/T 4321—2012

具有规定磁性能和力学性能的钢板及钢带

Steel sheets and strips with specified magnetic properties and mechanical properties

2012-12-28 发布

2013-06-01 实施

中华人民共和国工业和信息化部　发布

前　言

本标准按照 GB/T 1.1—2009 给出的规则起草。

本标准由中国钢铁工业协会提出。

本标准由全国钢标准化技术委员会(SAC/TC 183)归口。

本标准起草单位:武汉钢铁(集团)公司、冶金工业信息标准研究院。

本标准主要起草人:杨春甫、王晓虎、郭小龙、邱忆、蔡卫佳、任予昌、王姜维。

本标准为首次发布。

具有规定磁性能和力学性能的钢板及钢带

1 范围

本标准规定了具有规定磁性能和力学性能的钢板及钢带的牌号、订货内容、尺寸、外形、重量及允许偏差、技术要求、试验方法、检验规则、复验、数值修约、包装、标志及质量证明书等。

本标准适用于旋转电机用磁性材料。

2 规范性引用文件

下列文件对于本文件的应用是必不可少的。凡是注日期的引用文件，仅注日期的版本适用于本文件。凡是不注日期的引用文件，其最新版本(包括所有的修改单)适用于本文件。

GB/T 228.1　金属材料　拉伸试验　第1部分:室温试验方法

GB/T 247　钢板和钢带包装、标志及质量证明书的一般规定

GB/T 708　冷轧钢板和钢带的尺寸、外形、重量及允许偏差

GB/T 709　热轧钢板和钢带的尺寸、外形、重量及允许偏差

GB/T 2975　钢及钢产品　力学性能试验取样位置及试样制备

GB/T 3655　用爱泼斯坦方圈测量电工钢片(带)磁性能的方法

GB/T 8170　数值修约规则与极限数值的表示和判定

GB/T 17505　钢及钢产品交货一般技术要求

3 牌号

钢的牌号是按照下列给出的次序组成：

a)　规定塑性延伸强度 $R_{p0.2}$ 的最小值，单位为兆帕(MPa)；

b)　特征字母：TF代表冷轧产品，TG代表热轧产品；

c)　磁场强度为15 kA/m时，规定最小磁极化强度值的100倍，单位为特斯拉(T)。

示例：

350TF181表示规定塑性延伸强度 $R_{p0.2}$ 的最小值为350 MPa，磁场强度为15 kA/m时，规定最小磁极化强度为1.81T的冷轧产品。

250TG180表示规定塑性延伸强度 $R_{p0.2}$ 的最小值为250 MPa，磁场强度为15 kA/m时，规定最小磁极化强度为1.80T的热轧产品。

4 订货内容

按本标准订货的合同或订单应包括下列内容：

a)　本标准编号；

b)　产品名称；

c)　牌号；

d)　尺寸、外形、重量及允许偏差；

e) 产品数量；

f) 其他特殊要求。

5 尺寸、外形、重量及允许偏差

热轧产品的尺寸、外形、重量及允许偏差应符合 GB/T 709 的规定，冷轧产品的尺寸、外形、重量及允许偏差应符合 GB/T 708 的规定。横向厚度偏差应不大于其厚度的 5%。

6 技术要求

6.1 钢的生产工艺和化学成分由制造方决定。

6.2 磁性能

钢板及钢带的磁性能应符合表 1 的规定。

6.3 力学性能

钢板及钢带的力学性能应符合表 1 的规定。

表 1

牌号	规定塑性延伸强度 $R_{p0.2}$/MPa 不小于	抗拉强度 R_m MPa 不小于	断后伸长率 A/% 不小于		最小磁极化强度[a]/T	
			L_0=80 mm	$L_0=5.65\sqrt{S_0}$	H=5 000 A/m	H=15 000 A/m
250TG180	250	350	22	26	1.60	1.80
300TG180	300	400	20	24	1.60	1.80
350TG179	350	450	18	22	1.55	1.79
400TG179	400	500	16	19	1.55	1.79
450TG179	450	550	14	17	1.54	1.79
500TG179	500	600	12	14	1.53	1.79
550TG178	550	650	12	14	1.52	1.78
600TG178	600	700	10	12	1.50	1.78
650TG178	650	750	10	12	1.48	1.78
700TG178	700	800	10	12	1.46	1.78
250TF183	250	325	16	—	1.60	1.83
300TF182	300	375	15	—	1.55	1.82
350TF181	350	425	13	—	1.52	1.81
400TF180	400	450	10	—	1.50	1.80

[a] H=5 000 A/m 的磁极化强度值为保证值，H=15 000 A/m 的磁极化强度值作为参考值。

6.4 表面质量

钢板及钢带表面不应有结疤、裂纹、夹杂等对使用有害的缺陷，钢板及钢带不得有分层。

对于钢带，由于没有机会切除带缺陷部分，因此允许带缺陷交货，但有缺陷部分应不超过每卷总长度的 6%。

7 试验方法

每批钢板及钢带的检验项目、取样数量、取样方法和试验方法应符合表2的规定。

表2

序号	检验项目	取样数量(个)	取样方法	试验方法
1	拉伸试验	1/批	GB/T 2975	GB/T 228.1
2	磁性能	1/批	8.2	GB/T 3655
3	表面质量	逐张或逐卷	—	目视
4	尺寸、外形	逐张或逐卷	—	符合精度要求的合适量具

8 检验规则

8.1 组批

钢板及钢带应按批验收，每个检验批应由不大于30 t的同一牌号、同一规格、同一加工状态的钢板及钢带组成，对于卷重大于30 t的钢带，每卷作为一个检验批。

8.2 取样

8.2.1 应从每个验收批中选取检验试样。带卷的最内层和最外层应看作是包装皮，不能代表带卷其他部分的质量；试样应从除去包装皮层后的最外层焊接区域之外选取。对于钢板，试样应从包的上部选取。

8.2.2 通过选择合理的试验次序，同一试样可用于检验多项性能。

8.3 试样制备

8.3.1 几何特性和公差

对于厚度、宽度、不平度和镰刀弯的测量，试样应为一张钢板或长度为2 m的钢带。

8.3.2 磁性能

对于磁极化强度的测量，试样类型应符合GB/T 3655的规定。

——对于厚度不大于2 mm的钢板及钢带，用25 cm爱泼斯坦方圈测量时，一副试样由4倍的样片组成，一般试样取纵横向各半，推荐重量为1 kg左右。

——对于厚度大于2 mm的钢板及钢带，磁性能试样由供需双方协商确定。

8.3.3 力学性能

8.3.3.1 钢板及钢带力学性能试样的制备应符合GB/T 228.1的规定。

——对于厚度小于3 mm的钢板及钢带，采用($L_0=80$ mm)的定标距拉伸测试试样。

——对于厚度不小于3 mm的钢板及钢带，采用具有矩形横截面积的($L_0=5.65\sqrt{S_0}$)比例标距测试试样。

8.3.3.2 试样取横向试样。

9 复验

钢板及钢带的复验应符合 GB/T 17505 的规定。

10 数值修约

数值修约应符合 GB/T 8170 的规定。

11 包装、标志及质量证明书

钢板及钢带的包装、标志及质量证明书应符合 GB/T 247 的规定，如需方对包装有特殊要求，可在订货时协商。

ICS 77.140.50
H 46

中华人民共和国黑色冶金行业标准

YB/T 4333—2013

抗指纹不锈钢装饰板

Stainless steel sheet of anti-finger print

2013-04-25 发布 2013-09-01 实施

中华人民共和国工业和信息化部 发布

前　言

本标准按照GB/T 1.1—2009给出的规则起草。

本标准由中国钢铁工业协会提出。

本标准由全国钢标准化技术委员会(SAC/TC 183)归口。

本标准起草单位:海门市森达装饰材料有限公司、冶金工业信息标准研究院。

本标准主要起草人:朱善忠、孔亮、任翠英、董莉。

本标准为首次发布。

抗指纹不锈钢装饰板

1 范围

本标准规定了抗指纹不锈钢装饰板的订货内容、尺寸、外形及允许偏差、技术要求、试验方法、检验规则、包装、标志、质量证明书、运输和贮存。

本标准适用于以不锈钢冷轧钢板经表面涂覆制成的抗指纹不锈钢装饰板(以下简称"抗指纹板"),主要用于电梯装潢、家电、厨卫用具、医疗等要求抗污能力的场合。

2 规范性引用文件

下列文件对于本文件的应用是必不可少的。凡是注日期的引用文件,仅注日期的版本适用于本文件。凡是不注日期的引用文件,其最新版本(包括所有的修改单)适用于本文件。

GB/T 247 钢板和钢带检验、包装、标志及质量证明书的一般规定

GB/T 708—2006 冷轧钢板和钢带的尺寸、外形、重量及允许偏差

GB/T 1720 漆膜附着力测定法

GB/T 1732 漆膜耐冲击测定法

GB/T 1733 漆膜耐水性测定法

GB/T 1740—2007 漆膜耐湿热测定法

GB/T 1771 色漆和清漆 耐中性盐雾性能的测定

GB/T 1865 色漆和清漆 人工气候老化和人工辐射暴露(滤过的氙气弧辐射)

GB/T 2975 钢及钢产品 力学性能试样取样位置及试样制备

GB/T 3280 不锈钢冷轧钢板和钢带

GB/T 5009.69—2008 食品罐头内壁环氧酚醛涂料卫生标准的分析方法

GB/T 5009.81—2008 不锈钢食具容器卫生标准的分析方法

GB/T 6742—2007 色漆和清漆 弯曲试验(圆柱轴)

GB/T 6739—2006 色漆和清漆 铅笔法测定漆膜硬度

GB/T 9753—2007 色漆和清漆 杯突试验

GB/T 13452.2—2008 色漆和清漆 漆膜厚度的测定

HG/T 3343 漆膜耐油性测定法

JG/T 25 建筑涂料涂层耐冻融循环性测定法

3 订货内容

订货时需方应提供如下信息:

a) 本标准号;

b) 牌号;

c) 尺寸、外形精度要求;

d) 表面状态;

e) 保护膜选用;

f) 装箱数量；

g) 包装要求；

h) 特殊要求。

4 尺寸、外形及允许偏差

4.1 尺寸及允许偏差

4.1.1 厚度允许偏差

抗指纹板厚度允许偏差应符合 GB/T 3280 的规定。经供需双方协商，并在合同中注明，可供应其他厚度允许偏差的抗指纹板。

4.1.2 宽度允许偏差

抗指纹板的宽度允许偏差为±0.5 mm。

4.1.3 长度允许偏差

抗指纹板的长度允许偏差应符合表 1 的规定。

表 1

单位为毫米

长 度	允许偏差
≤500	±0.5
>500～≤1 000	±0.8
>1 000～≤2 000	±1.0
>2 000～≤3 000	±1.5
>3 000	±2.0

4.2 外形

4.2.1 对角线

抗指纹板的对角线应符合表 2 的规定。

表 2

单位为毫米

长 度	宽 度	对角线
<2 000	≤1 219	≤1.0
	>1 219～≤1 500	≤2.0
≥2 000	≤1 219	≤2.0
	>1 219～≤1 500	≤2.5

4.2.2 不平度

抗指纹板的不平度应符合表 3 的规定。

表 3

单位为毫米

宽度	厚度	不平度
≤1 219	h≤0.7	≤8
	>0.7～≤1.2	≤6
	h>1.2	≤4
>1 219	h≤0.7	≤10
	>0.7～≤1.2	≤8
	h>1.2	≤6

4.2.3 镰刀弯

抗指纹板的任意每米长度上的镰刀弯不大于 1 mm。

5 技术要求

5.1 牌号及其化学成分

抗指纹板的基板为不锈钢冷轧钢板及钢带，其牌号及化学成分应符合 GB/T 3280 的规定。

5.2 制造方法

在抗指纹板的基板上涂覆复合涂层材料并覆贴保护膜制成。

5.3 涂膜厚度

抗指纹的涂层厚度应在 0.001 5 mm～0.003 6 mm，涂膜面应透明，色泽基本一致，不得有目视可见之差异。色差与样品比较 $\Delta E \leq 1.0$。

5.4 耐冲击性能

采用重量为 1 kg 的重锤，在距离不小于 40 cm 的高度自由下落正反面冲击后，涂层无开裂或脱漆现象。

5.5 弯曲性能

使用弯曲试验器，以直径 2 mm 的钢棒为轴，将试片置于轴中心。在 1 s 内作 180°的弯曲，外侧表面应无裂纹、损伤、分离现象。

5.6 附着力性能

涂层附着力性能大于或等于 2 级为合格。涂层经压陷深度为 6 mm 的杯突试验后，涂层表面应无分离现象。

5.7 铅笔硬度

用具有规定尺寸、形状和硬度大于等于 2H 的铅笔推过漆膜表面，观察表面应无破皮，划痕印。

5.8 耐温湿性能

经下列试验后，试验前后颜色的改变 $\Delta E \leqslant 1.0$。

5.8.1 耐温水性

将抗指纹板置于(70±1)℃温水中，4 h后取出，表面应无变化。

5.8.2 耐低温性

在(−10±1)℃环境下放置1 h，再作90°弯曲，表面应无分离现象。

5.8.3 抗老化性

将抗指纹板置于耐气候试验机100 h，模拟自然气候中的紫外线辐照、雨淋、高温、高湿、黑暗等环境条件，表面应无变化。

5.8.4 耐湿热性

在温度(60±2)℃，相对湿度为(96±2)%的环境中放置100 h，其表面应无变化。

5.9 抗污性能

经抗污试验后，抗指纹板表面应无其他颜色，无光泽变化，表面涂层无膨胀、脱落。

5.10 耐腐蚀性能

5.10.1 在浓度为10%醋酸溶液中浸泡5 h，表面应无变化。
5.10.2 在浓度为3%氢氧化钠(NaOH)溶液中浸泡20 min，表面无起泡和脱落现象。
5.10.3 与汽油或石油接触8 h，表面应无变化。
5.10.4 在浓度为(50±5)g/L的盐雾状态中，pH为6.5～7.2，温度为(35±5)℃，放置500 h，十字切口边的锈蚀蔓延应不超过2 mm。

5.11 安全性能

与食品接触的安全性能应符合表4的规定。

表4

项　目	检验指标	检验方法
铅(以Pb计)/(mg/dm²)　≤ 4%(体积分数)乙酸	0.01	GB/T 5009.81—2003
铬(以Cr计)/(mg/dm²)　≤ 4%(体积分数)乙酸	0.4	
镍(以Ni计)/(mg/dm²)　≤ 4%(体积分数)乙酸	0.1	
镉(以Cd计)/(mg/dm²)　≤ 4%(体积分数)乙酸	0.005	
砷(以As计)/(mg/dm²)　≤ 4%(体积分数)乙酸	0.008	

表 4（续）

<table>
<tr><th colspan="2">项　目</th><th>检验指标</th><th>检验方法</th></tr>
<tr><td rowspan="4">蒸发残渣/(mg/L)</td><td>蒸馏水浸泡液,95 ℃,30 min　≤</td><td>30</td><td rowspan="6">GB/T 5009.69—2008</td></tr>
<tr><td>20%乙醇浸泡液,60 ℃,30 min　≤</td><td>30</td></tr>
<tr><td>4%乙酸浸泡液,60 ℃,30 min　≤</td><td>30</td></tr>
<tr><td>正己烷浸泡液,37 ℃,2 h　≤</td><td>30</td></tr>
<tr><td colspan="2">游离酚(以苯酚计)/(mg/L)　≤
蒸馏水浸泡,95 ℃,30 min</td><td>0.1</td></tr>
<tr><td colspan="2">游离甲醛/(mg/L)　≤
蒸馏水浸泡,95 ℃,30 min</td><td>0.1</td></tr>
</table>

5.12 表面质量

5.12.1 抗指纹板表面应平整、无划痕、凹凸点、毛刺、油污、指纹等缺陷。

5.12.2 在每平方米抗指纹板表面目视可见的针眼或颗粒不超过 5 个,且间距不小于 200 mm。

5.12.3 在抗指纹板边缘 1 mm 外不得有目视可见的脱膜现象。

5.13 保护膜

5.13.1 经需方要求,抗指纹板应用保护膜覆盖,保护膜的选用应由供需双方协商确定。

5.13.2 保护膜应覆贴平整,无折皱现象。

5.13.3 保护膜覆贴后,钢板四周应切平且裸露不得大于 2 mm。

6 试验方法

6.1 表面质量

在正常光线下,对照样板距物体 500 mm,从不同角度进行目测检查。

6.2 尺寸偏差

用钢尺或游标卡尺、千分尺测量。

6.3 涂膜厚度

按 GB/T 13452.2—2008 规定的方法进行。

6.4 抗污性能测试

按规定的配置方法将表 5 中的污染物液体物质滴于表面成面积约 15 mm^2～20 mm^2,以玻璃覆盖 18 h 后用纱布或酒精擦拭。

表 5

污染物质	配置方法	擦拭方式
手印	用手触摸板材表面	纱布擦拭
红茶	5 g 红茶＋500 mL 水	纱布擦拭
咖啡	研磨咖啡粉 30 g＋350 g 水	纱布擦拭
酱油	老抽酱油(特级品)	纱布擦拭
食用植物油	葵花子油	纱布擦拭
番茄酱	出售品(特级品)	纱布擦拭
鞋油	黑色油性鞋油	酒精擦拭
蜡笔	黑色、红色蜡笔	酒精擦拭
口红	出售品	酒精擦拭
标记笔	油性标记笔	酒精擦拭
辣椒酱	出售品	纱布擦拭

6.5 附着力

按 GB/T 1720 规定的方法进行。

6.6 杯突试验

按 GB/T 9753—2007 规定的方法进行。

6.7 耐冲击

按 GB/T 1732 规定的方法进行。

6.8 弯曲性能

按 GB/T 6742—2007 规定的方法进行。

6.9 硬度测试

按 GB/T 6739—2006 规定的方法进行。

6.10 耐温湿性能测试

6.10.1 耐温水性测试

按 GB/T 1733 规定的方法进行。

6.10.2 耐低温性

按 JG/T 25 规定的方法进行。

6.10.3 抗老化性

按 GB/T 1685 规定的方法进行。

6.10.4 耐湿热性

按 GB/T 1740 规定的方法进行。

6.11 盐雾测试

按 GB/T 1771 规定的方法进行。

6.12 腐蚀试验

当试件在室温(15 ℃～20 ℃)下浸入 10%的醋酸 5 h 或 3%碱溶液 20 min,其涂层不会有变化。耐油性按 HG/T 3343 的规定方法进行。

6.13 抗指纹板与食品接触安全性能测试

6.13.1 铅、铬、镍、镉、砷

按 GB/T 5009.81 规定的方法进行。

6.13.2 蒸发残渣、游离酚、游离甲醛

按 GB/T 5009.69 规定的方法进行。

7 试验方法

每批钢板的常规检验项目、取样数量、取样方法及试验方法应符合表 6 的规定。

表 6

项目	取样数量/个	取样方法	试验方法
涂膜厚度	2	GB 2975	GB/T 13452.2
附着力	2	GB 2975	GB/T 1720
杯突试验	2	GB 2975	GB/T 9753
冲击	2	GB 2975	GB/T 1732
弯曲	2	GB 2975	GB/T 6742
尺寸、外形	2	—	钢尺、游标卡尺、千分尺
表面质量	逐张	—	目视

8 检验规则

8.1 抗指纹板须经供方质量检验部门进行检验,合格后方可出厂,并附有质量合格证书。

8.2 抗指纹板应成批验收,同品种同规格的抗指纹板为一批,每批随机抽取 2 张。

8.3 检验中如有不合格项目,则允许从该批产品中抽取双倍数量的样品,对不合格项目进行复检,如复检仍不合格,则判该批抗指纹板不合格。

9 包装、标志、质量证明书、运输、贮存

9.1 包装、标志和质量证明书

包装、标志和质量证明书应符合 GB/T 247 的有关规定，如有特殊要求，需由供需双方确定。

9.2 运输

运输车辆应清洁，严禁雨淋和剧烈碰撞。

9.3 贮存

抗指纹板应贮存在温度－10 ℃～40 ℃、相对湿度不大于 80％、通风干燥的库房内。在上述贮存条件下，产品存放半年内，其保护膜揭开后，钢板表面应无胶体残留痕迹，涂层表面无变化。

ICS 77.140.50
H 46

中华人民共和国黑色冶金行业标准

YB/T 5132—2007
代替 YB/T 5132—1993

合金结构钢薄钢板

Alloy structural steel sheets

2007-01-25 发布　　2007-07-01 实施

中华人民共和国国家发展和改革委员会　发布

前 言

本标准代替 YB/T 5132—1993《合金结构钢薄钢板》。

本标准与 YB/T 5132—1993 相比主要变化如下：

——增加了订货内容；

——增加了叠轧钢板的尺寸允许偏差及不平度要求；

——增加了可供应 GB/T 3077 中的其他牌号；

——修改了 20CrMnSiA、25CrMnSiA 和 30CrMnSiA 钢的成品碳偏差；

——取消了 45Mn2A、15Cr、15CrA、30Cr、35Cr 和 35CrMnSiA 力学性能指标供参考的规定；

——增加了经双方协商按总脱碳层深度供货的规定。

本标准的附录 A 为规范性附录。

本标准由中国钢铁工业协会提出。

本标准由全国钢标准化技术委员会归口。

本标准主要起草单位：重庆东华特殊钢有限责任公司、冶金工业信息标准研究院。

本标准主要起草人：谢静红、蒲代兵、刘宝石。

本标准历次发布情况：

——YB/T 5132—1993；

——GB/T 5067—1985。

合金结构钢薄钢板

1 范围

本标准规定了合金结构钢热轧及冷轧薄钢板的尺寸、外形、技术要求、试验方法、检验规则、包装、标志和质量证明书。

本标准适用于厚度不大于 4 mm 的合金结构钢热轧及冷轧薄钢板。

2 规范性引用文件

下列文件中的条款通过本标准的引用而成为本标准的条款。凡是注日期的引用文件，其随后所有的修改单(不包括勘误的内容)或修订版均不适用于本标准，然而，鼓励根据本标准达成协议的各方研究是否可使用这些文件的最新版本。凡是不注日期的引用文件，其最新版本适用于本标准。

GB/T 222 钢的成品化学成分允许偏差
GB/T 223.3 钢铁及合金化学分析方法 二安替比林甲烷磷钼酸重量法测定磷量
GB/T 223.4 钢铁及合金化学分析方法 硝酸铵氧化容量法测定锰量
GB/T 223.5 钢铁及合金化学分析方法 还原型硅钼酸盐光度法测定酸溶硅含量
GB/T 223.11 钢铁及合金化学分析方法 过硫酸铵氧化容量法测定铬量
GB/T 223.12 钢铁及合金化学分析方法 碳酸钠分离-二苯碳酰二肼光度法测定铬量
GB/T 223.18 钢铁及合金化学分析方法 硫代硫酸钠分离-碘量法测定铜量
GB/T 223.19 钢铁及合金化学分析方法 新亚铜灵-三氯甲烷萃取光度法测定铜量
GB/T 223.58 钢铁及合金化学分析方法 亚砷酸钠-亚硝酸钠滴定法测定锰量
GB/T 223.59 钢铁及合金化学分析方法 锑磷钼蓝光度法测定磷量
GB/T 223.60 钢铁及合金化学分析方法 高氯酸脱水重量法测定硅含量
GB/T 223.61 钢铁及合金化学分析方法 磷钼酸铵容量法测定磷量
GB/T 223.62 钢铁及合金化学分析方法 乙酸丁酯萃取光度法测定磷量
GB/T 223.63 钢铁及合金化学分析方法 高碘酸钠(钾)光度法测定锰量
GB/T 223.64 钢铁及合金化学分析方法 火焰原子吸收光谱法测定锰量
GB/T 223.67 钢铁及合金化学分析方法 还原蒸馏-次甲基蓝光度法测定硫量
GB/T 223.68 钢铁及合金化学分析方法 管式炉内燃烧后碘酸钾滴定法测定硫含量
GB/T 223.69 钢铁及合金化学分析方法 管式炉内燃烧后气体容量法测定碳含量
GB/T 223.71 钢铁及合金化学分析方法 管式炉内燃烧后重量法测定碳含量
GB/T 223.72 钢铁及合金化学分析方法 氧化铝色层分离-硫酸钡重量法测定硫量
GB/T 223.74 钢铁及合金化学分析方法 非化合碳含量的测定
GB/T 224 钢的脱碳层深度测定法
GB/T 228 金属材料 室温拉伸试验方法
GB/T 247 钢板和钢带验收、包装、标志及质量证明书的一般规定
GB/T 708 冷轧钢板和钢带的尺寸、外形、重量及允许偏差
GB/T 709 热轧钢板和钢带的尺寸、外形、重量及允许偏差
GB/T 2975 钢及钢产品力学性能试验取样位置及试样制备
GB/T 3077 合金结构钢
GB/T 4156 金属杯突试验方法(厚度 0.2 mm～2 mm)

GB/T 13299　钢的显微组织评定方法

GB/T 20066　钢和铁　化学成分测定用试样的取样和制样方法

3　订货内容

按本标准订货的合同或订单应包括下列内容：

a)　标准号；

b)　产品名称；

c)　冶炼方法；

d)　尺寸和外形；

e)　交货状态；

f)　交货重量(或数量)；

g)　表面质量组别；

h)　特殊要求。

4　尺寸、外形及允许偏差

4.1　冷轧钢板的尺寸外形及其允许偏差应符合 GB/T 708 的规定。

4.2　热轧钢板的尺寸外形及其允许偏差应符合 GB/T 709 的规定。

5　技术要求

5.1　牌号和化学成分

5.1.1　钢板由下列牌号的钢制造：

优质钢：40B，45B，50B，15Cr，20Cr，30Cr，35Cr，40Cr，50Cr，12CrMo，15CrMo，20CrMo，30CrMo，35CrMo，12Cr1MoV，12CrMoV，20CrNi，40CrNi，20CrMnTi 和 30CrMnSi。

高级优质钢：12Mn2A，16Mn2A，45Mn2A，50BA，15CrA，38CrA，20CrMnSiA，25CrMnSiA，30CrMnSiA 和 35CrMnSiA。

5.1.2　钢的化学成分(熔炼分析)及对残余元素的规定应符合 GB/T 3077 的规定。12Mn2A、16Mn2A 和 38CrA 的化学成分应符合表 1 规定。

5.1.3　根据供需双方协议，可供应 GB/T 3077 中的其他牌号。

5.1.4　成品钢板化学成分允许偏差应符合 GB/T 222 的规定。但 20CrMnSiA，25CrMnSiA，30CrMnSiA 和 35CrMnSiA 碳偏差为＋0.01％、－0.02％。

表 1

统一数字代号	牌　号	化学成分(质量分数)/％						
		C	Si	Mn	S	P	Cr	Cu
					不大于			不大于
A00123	12Mn2A	0.08～0.17	0.17～0.37	1.20～1.60	0.030	0.030	—	0.25
A00163	16Mn2A	0.12～0.20	0.17～0.37	2.00～2.40	0.030	0.030	—	0.25
A20383	38CrA	0.34～0.42	0.17～0.37	0.50～0.80	0.030	0.030	0.80～1.10	0.25

5.2　交货状态

5.2.1　钢板应热处理(退火、正火、正火后回火、高温回火)后交货；在符合本标准其他各项规定的条件下，可以不经热处理交货。

5.2.2　钢板应切边后交货，连轧钢板可不切纵边交货。

5.2.3　表面质量按Ⅰ组、Ⅱ组供应的钢板应酸洗后交货；经保护气氛热处理的钢板可不酸洗交货。Ⅲ、

Ⅳ组表面的钢板不经酸洗交货，根据需方要求也可酸洗交货。

5.3 力学性能

5.3.1 经退火或回火供应的钢板，交货状态力学性能应符合表2的规定。表中未列牌号的力学性能仅供参考或由供需双方协议规定。

5.3.2 正火和不热处理交货的钢板，在保证断后伸长率的情况下，抗拉强度上限允许较表2规定的数值提高50 N/mm^2。

5.4 工艺性能

5.4.1 冷冲压用厚度0.5 mm～1.0 mm的12Mn2A、16Mn2A、25CrMnSiA和30CrMnSiA钢板应进行杯突试验，冲压深度应符合表3规定。

5.4.2 钢板厚度在表3所列厚度之间时，冲压深度应采用相邻较小厚度的指标。

表 2

牌　　号	抗拉强度 R_m/(N/mm^2)	断后伸长率 $A_{11.3}^{a}$，不小于/%
12Mn2A	390～570	22
16Mn2A	490～635	18
45Mn2A	590～835	12
35B	490～635	19
40B	510～655	18
45B	540～685	16
50B,50BA	540～715	14
15Cr,15CrA	390～590	19
20Cr	390～590	18
30Cr	490～685	17
35Cr	540～735	16
38CrA	540～735	16
40Cr	540～785	14
20CrMnSiA	440～685	18
25CrMnSiA	490～685	18
30CrMnSi,30CrMnSiA	490～735	16
35CrMnSiA	590～785	14
[a] 厚度不大于0.9 mm的钢板，伸长率仅供参考。		

表 3

单位为毫米

钢板公称厚度	牌号		
	12Mn2A	16Mn2A,25CrMnSiA	30CrMnSiA
	冲压深度不小于		
0.5	7.3	6.6	6.5
0.6	7.7	7.0	6.7
0.7	8.0	7.2	7.0
0.8	8.5	7.5	7.2
0.9	8.8	7.7	7.5
1.0	9.0	8.0	7.7

5.5 脱碳层

5.5.1 冷轧钢板应检查脱碳层。

5.5.2 根据需方要求,热轧钢板可检查脱碳层。

5.5.3 钢板的全脱碳层(铁素体)深度一面不超过钢板公称厚度的2.5%,两面之和不超过4%。

5.5.4 经供需双方协议,可供应全脱碳层深度小于上述规定的钢板。

5.5.5 经供需双方协议,可供应每面总脱碳层深度不超过公称厚度5%的钢板。

5.6 显微组织

根据需方要求,12Mn2A、16Mn2A、25CrMnSiA和30CrMnSiA钢板可检查带状组织,结果应不大于3级。经供需双方协议,可供应带状组织不大于2级的钢板。

5.7 表面质量

5.7.1 钢板不应有分层,表面不应有裂纹、气泡、结疤和夹杂。

5.7.2 钢板按表面质量分为四组,组别见表4,需方要求的表面质量组别应在合同中注明。

表 4

组别	生产方法	表面特征
Ⅰ	冷轧	钢板的正面(质量较好的一面),允许有个别长度不大于20 mm的轻微划痕; 钢板的反面允许有深度不超过钢板厚度公差1/4的一般轻微麻点、划痕和压痕
Ⅱ	冷轧	距钢板边缘不大于50 mm内允许有氧化色; 钢板的正面允许有深度不超过钢板厚度公差之半的一般轻微麻点、轻微划痕和擦伤; 钢板的反面允许有深度不超过钢板厚度公差之半的下列缺陷:一般的轻微麻点、轻微划痕、擦伤、小气泡、小拉痕、压痕和凹坑
Ⅲ	冷轧或热轧	距钢板边缘不大于200 mm内允许有氧化色; 钢板的正面允许有深度不超过钢板厚度公差之半的下列缺陷:一般的轻微麻点、划伤、擦伤、压痕和凹坑; 钢板的反面允许有深度和高度不超过钢板厚度公差的下列缺陷:一般的轻微麻点、划伤、擦伤、小气泡、小拉痕、压痕和凹坑。热轧钢板允许有小凸包
Ⅳ	热轧	钢板的正反两面允许有深度和高度不超过钢板厚度公差的下列缺陷:麻点、小气泡、小拉痕、划伤、压痕、凹坑、小凸包和局部的深压坑(压坑数量每平方米不得超过两个)

5.7.2.1 冷轧钢板表面特征分为有光泽和无光泽两种。

5.7.2.2 表4中表面允许缺陷深度均不得使钢板小于允许最小厚度。

5.7.3 除Ⅰ组表面钢板的正面外，局部缺陷允许用砂轮打磨的方法清除，清理深度不得使钢板小于允许最小厚度。

5.7.4 热轧钢板表面允许有薄层氧化铁皮。经酸洗交货的Ⅱ、Ⅲ、Ⅳ组钢板表面允许有轻微的黄色薄膜。

5.7.5 经供需双方协议，冷轧钢板可一面抛光交货。

6 试验方法

每批钢板的试验项目和试验方法应符合表5的规定。

表5

序号	试验项目	试样数量	取样部位[c]	试验方法
1	化学成分[a]	每炉(罐)1个	GB/T 20066	GB/T 223
2	拉力试验	横向试样2个	GB/T 2975 每张检验用钢板	GB/T 228
3	杯突试验[b]	2个	每张检验用钢板	GB/T 4156
4	脱碳层			GB/T 224
5	带状组织			GB/T 13299
6	尺 寸	逐 张		千分尺或样板
7	表面质量	逐 张		目 视

a 分析成品钢板化学成分时，应先去除脱碳层。

b 杯突试样应在钢板宽度的边缘和中心采取。

c 检验用试样取样距钢板边缘应不小于40 mm。

7 检验规则

7.1 钢板应成批验收，每批由同一炉号、同一厚度、同一热处理炉次(连续式炉则为同一热处理制度)和同一表面质量组别的钢板组成。

7.2 检验用钢板的选取应符合下列规定。

7.2.1 成垛热处理的钢板，每批由其中一垛的上部和下部(或中部)各取1张；批量不大于20张时，取1张检验用钢板。

7.2.2 成卷热处理的钢板，每批由热处理炉的上层和下层卷的头部(或尾部)各取1张。

7.2.3 连续式炉热处理的钢板，从一批钢板热处理的开始和末尾各取1张。批量在1吨以下时，可只取1张。

7.3 取样数量和取样部位应符合表5的规定。

7.4 复验与判定规则

钢板复验与判定规则应符合GB/T 247的规定。

8 包装、标志及质量证明书

钢板的包装、标志和质量证明书应符合GB/T 247的规定。

附 录 A
(规范性附录)
叠轧薄板的尺寸、外形及允许偏差

A.1 叠轧钢板的尺寸及其允许偏差应符合表 A.1 的规定。

A.2 叠轧钢板的不平度为每米不大于 20 mm。

表 A.1 单位为毫米

公称厚度	在下列宽度时的厚度允许偏差					
	600～750		>750～1 000		>1 000～1 500	
	较高轧制精度	普通轧制精度	较高轧制精度	普通轧制精度	较高轧制精度	普通轧制精度
>0.35～0.50	±0.05	±0.07	±0.05	±0.07	—	—
>0.50～0.60	±0.06	±0.08	±0.06	±0.08	—	—
>0.60～0.75	±0.07	±0.09	±0.07	±0.09	—	—
>0.75～0.90	±0.08	±0.10	±0.08	±0.10	—	—
>0.90～1.10	±0.09	±0.11	±0.09	±0.12	—	—
>1.10～1.20	±0.10	±0.12	±0.11	±0.13	±0.11	±0.15
>1.20～1.30	±0.11	±0.13	±0.12	±0.14	±0.12	±0.15
>1.30～1.40	±0.11	±0.14	±0.12	±0.15	±0.12	±0.18
>1.40～1.60	±0.12	±0.15	±0.13	±0.15	±0.13	±0.18
>1.60～1.80	±0.13	±0.15	±0.14	±0.17	±0.14	±0.18
>1.80～2.00	±0.14	±0.16	±0.15	±0.17	±0.16	±0.18
>2.00～2.20	±0.15	±0.17	±0.16	±0.18	±0.17	±0.19
>2.20～2.50	±0.16	±0.18	±0.17	±0.19	±0.18	±0.20
>2.50～3.00	±0.17	±0.19	±0.18	±0.20	±0.19	±0.21

三、窄 钢 带

中华人民共和国国家标准

GB 716—91

碳素结构钢冷轧钢带

代替 GB 716—83

Cold-rolled carbon structural steel strips

1 主题内容与适用范围

本标准规定了碳素结构钢冷轧钢带(以下简称钢带)的尺寸、外形、技术要求、试验方法、检验规则、包装、标志和质量证明书。

本标准适用于冷轧机制造的成卷钢带。

2 引用标准

GB 222 钢的化学分析用试样取样法及成品化学成分允许偏差

GB 223 钢铁及合金化学分析方法

GB 228 金属拉伸试验方法

GB 247 钢板和钢带验收、包装、标志及质量证明书的一般规定

GB 700 碳素结构钢

GB 2975 钢材力学及工艺性能试验取样规定

GB 3076 金属薄板(带)拉伸试验方法

GB 4340 金属维氏硬度试验方法

GB 6397 金属拉伸试验试样

3 分类、代号

3.1 钢带按尺寸精度分为:

普通精度钢带 P

宽度较高精度钢带 K

厚度较高精度钢带 H

宽度、厚度较高精度钢带 KH

3.2 钢带按表面精度分为:

普通精度表面钢带 I

较高精度表面钢带 II

3.3 钢带按边缘状态分为:

切边钢带 Q

不切边钢带 BQ

3.4 钢带按力学性能分为:

软钢带 R

半软钢带 BR

硬钢带 Y

国家技术监督局1991-03-26批准　　1991-11-01实施

4 尺寸、外形

4.1 钢带厚度和宽度应符合表 1 中的规定。

表 1

mm

厚　度	宽　度
0.10～3.00	10～250

4.1.1 经供需双方协议，可供表 1 规定之外尺寸的钢带。

4.2 钢带厚度允许偏差应符合表 2 中的规定。

表 2

mm

厚　度	允许偏差	
	普通精度	较高精度
≤0.15	0 −0.020	0 −0.015
>0.15～0.25	0 −0.03	0 −0.02
>0.25～0.40	0 −0.04	0 −0.03
>0.40～0.70	0 −0.05	0 −0.04
>0.70～1.00	0 −0.07	0 −0.05
>1.00～1.50	0 −0.09	0 −0.07
>1.50～2.50	0 −0.12	0 −0.09
>2.50～3.00	0 −0.15	0 −0.12

成卷交货的钢带焊缝处 1 000 mm 范围内厚度偏差允许比表 2 数值增加 100%。

4.2.1 根据需方要求，经供需双方协议，可制造正偏差的钢带，公差值应不大于表 2 的规定。

4.3 钢带宽度允许偏差

4.3.1 切边钢带应符合表 3 中的规定。

表 3

mm

厚　度	允许偏差			
	宽度≤120		宽度>120	
	普通精度	较高精度	普通精度	较高精度
≤0.50	0 −0.25	0 −0.15	0 −0.45	0 −0.25
>0.50～1.00	0 −0.35	0 −0.25	0 −0.55	0 −0.35
>1.00～3.00	0 −0.50	0 −0.40	0 −0.70	0 −0.50

4.3.2 不切边钢带应符合表 4 中的规定。

表 4

mm

宽度	允许偏差	
	普通精度	较高精度
≤120	±1.50	±1.00
>120	±2.50	±2.00

4.3.3 根据需方要求，经供需双方协议，可供应正偏差的钢带，公差值应不大于表 3、表 4 的规定。

4.4 钢带的不平度和镰刀弯应符合表 5 中的规定。

表 5

厚度 mm	不平度，mm/m				镰刀弯，mm/m	
	宽度，mm				切边	不切边
	≤50	>50～100	>100～150	>150		
	不大于					
≤0.50	4	5	6	7	2	3
>0.50	3	4	5	6	3	4

4.5 钢带分切头尾和不切头尾两种，其有效长度应符合表 6 中的规定。

表 6

mm

厚度	有效长度 不小于
≤1.50	11 000
>1.50～2.00	7 000
>2.00～3.00	5 000

4.6 钢带应成卷交货，卷重不大于 2 t。

4.7 标记示例

用 Q 235-A・F 钢轧制的普通精度尺寸、较高精度表面、切边、半软态、厚度为 0.5 mm，宽度为 120 mm的钢带标记为：

冷轧钢带 Q 235-A・F-P-II-Q-BR-0.5×120 GB 716。

5 技术要求

5.1 钢带采用 GB 700 标准中的碳素结构钢轧制，其化学成分应符合该标准中的规定。

5.2 钢带的抗拉强度和伸长率应符合表 7 中的规定。

表 7

类别	抗拉强度 σ_b MPa	伸长率 δ %，不小于	维氏硬度 HV
软钢带	275～440	23	≤130
半软钢带	370～490	10	105～145
硬钢带	490～785	—	140～230

5.2.1 根据需方要求，经供需双方协议，钢带可进行硬度试验，硬度值应符合表 7 的规定。此时抗拉强度和伸长率不作交货条件。

5.3 普通精度的钢带表面，除允许有深度或高度不大于钢带厚度允许偏差的个别的凹面、凸块、压痕、结疤、纵向刮伤或划痕以及轻微的锈痕、粉状的氧化皮薄层外，不得有其他缺陷。

5.4 较高精度的钢带表面，除允许有深度或高度不大于钢带厚度允许偏差之半的个别的凹面、凸块、压痕、结疤、纵向刮伤或划痕外，不得有其他缺陷。

5.5 在切边钢带的边缘上，允许有深度不大于钢带宽度允许偏差之半的切割不齐和尺寸不大于厚度允许偏差的毛刺。

5.6 在不切边钢带的边缘上允许有深度不大于表8规定的裂边。

表 8　mm

厚　度	裂　边	
	用热带直接轧制的	用热带纵剪后轧制的
≤0.50	3	5
>0.50～1.00	2	4
>1.00～3.00	1	3

5.7 需方对钢带性能和交货状态有特殊要求时，则由供需双方按协议规定执行。

6 试验方法

6.1 钢带用肉眼作外观检查。

6.2 用通用量具在钢带有效长度内测量钢带厚度。宽度大于20 mm的钢带，切边的应在距边缘不小于5 mm处测量厚度，不切边的应在距边缘不小于10 mm处测量厚度；宽度不大于20 mm的钢带，应在钢带中部测量厚度。

6.3 测量镰刀弯时，将钢带受检部分放于平板上，并将1 m长的直尺靠贴钢带的凹边，测量钢带与直尺之间的最大距离。

6.4 测量不平度时，将钢带受检部自由地放在平台上，除钢带本身重量外，不加任何外力，测量钢带下表面与平台之间的最大距离。

6.5 每批钢带的试验项目、取样数量、取样方法和试验方法应符合表9的规定。

6.5.1 拉伸试验的试样应符合GB 6397中的规定。当计算的比例标距小于25 mm时取25 mm，试样宽度均为20 mm。

6.5.2 厚度小于0.15 mm，经供需双方协议，也可测定拉伸性能。

表 9

试验项目	取样数量	取样方法	试验方法
化学成分 （熔炼分析）	每炉罐号一个	GB 222	GB 223
力学性能	4	GB 2975 从二卷钢带的内 外圈各取一个试样	GB 228 GB 3076 GB 6397 试样 P8、P4 GB 4340

7 检验规则

7.1 钢带应成批验收，每批应由同一牌号、同一规格和同一类别钢带组成。

7.2 不切头尾钢带，头尾不作考核部分长度应不大于表10中的规定。

表 10 mm

厚　　度	头　　部	尾　　部
≤0.50	2 500	1 000
>0.50～1.00	2 000	1 000
>1.00～1.50	1 500	1 000
>1.50	1 000	500

7.3　由连轧机轧制的成卷长钢带不正常部分不得超过每卷总长度的 8%。

7.4　钢带的复验应符合 GB 247 标准中的规定。

8　包装、标志和质量证明书

钢带的包装、标志和质量证明书应符合 GB 247 标准中的规定。

附加说明：

本标准由中华人民共和国冶金工业部提出。

本标准由上海第十钢铁厂负责起草。

本标准主要起草人房增德、赵春宝。

中华人民共和国国家标准

UDC 669.14.018
.29-418

GB 3522—83

优质碳素结构钢冷轧钢带

Cold-rolled quality carbon structural steel strips

本标准适用于优质碳素结构钢冷轧钢带。该产品供制造机器零件、结构件等制品。

1 分类与代号

1.1 按制造精度分

普通精度的钢带	P
宽度精度较高的钢带	K
厚度精度较高的钢带	H
厚度精度高的钢带	J
宽度和厚度精度较高的钢带	KH

1.2 按表面质量分

Ⅰ组钢带	Ⅰ
Ⅱ组钢带	Ⅱ

1.3 按边缘状态分

切边钢带	Q
不切边钢带	BQ

1.4 按材料状态分

冷硬钢带	Y
退火钢带	T

2 尺寸、外形

2.1 钢带尺寸及其允许偏差应符合表1的规定。

国家标准局1983-03-05发布　　　　1983-12-01实施

表 1 mm

<table>
<tr><th colspan="4">厚　　度</th><th colspan="5">宽　　度</th></tr>
<tr><th rowspan="2">尺　寸</th><th colspan="3">允　许　偏　差</th><th colspan="3">切　边　钢　带</th><th colspan="2">不切边钢带</th></tr>
<tr><th>普通精度（P）</th><th>较高精度（H）</th><th>高精度（J）</th><th>尺　寸</th><th>允许偏差 普通精度（P）</th><th>允许偏差 较高精度（K）</th><th>尺　寸</th><th>允　许 偏　差</th></tr>
<tr><td>0.10～0.15</td><td>－0.020</td><td>－0.015</td><td>－0.010</td><td rowspan="2">4～120</td><td rowspan="4">－0.3</td><td rowspan="4">－0.2</td><td rowspan="6">≤50</td><td rowspan="6">＋2
－1</td></tr>
<tr><td>＞0.15～0.25</td><td>－0.030</td><td>－0.020</td><td>－0.015</td></tr>
<tr><td>＞0.25～0.40</td><td>－0.040</td><td>－0.030</td><td>－0.020</td><td rowspan="2">6～200</td></tr>
<tr><td>＞0.40～0.50</td><td>－0.050</td><td>－0.040</td><td>－0.025</td></tr>
<tr><td>＞0.50～0.70</td><td>－0.050</td><td>－0.040</td><td>－0.025</td><td rowspan="3">10～200</td><td rowspan="3">－0.4</td><td rowspan="3">－0.3</td></tr>
<tr><td>＞0.70～0.95</td><td>－0.070</td><td>－0.050</td><td>－0.030</td></tr>
<tr><td>＞0.95～1.00</td><td>－0.090</td><td>－0.060</td><td>－0.040</td><td rowspan="6">＞50</td><td rowspan="6">＋3
－2</td></tr>
<tr><td>＞1.00～1.35</td><td>－0.090</td><td>－0.060</td><td>－0.040</td><td rowspan="5">18～200</td><td rowspan="5">－0.6</td><td rowspan="5">－0.4</td></tr>
<tr><td>＞1.35～1.75</td><td>－0.110</td><td>－0.080</td><td>－0.050</td></tr>
<tr><td>＞1.75～2.30</td><td>－0.130</td><td>－0.100</td><td>－0.060</td></tr>
<tr><td>＞2.30～3.00</td><td>－0.160</td><td>－0.120</td><td>－0.080</td></tr>
<tr><td>＞3.00～4.00</td><td>－0.200</td><td>－0.160</td><td>－0.100</td></tr>
</table>

2.2 经双方协议，可供应表 1 以外的其他规格钢带，其尺寸允许偏差由供需双方协议规定。

2.3 钢带的不平度应符合表 2 的规定。

表 2 mm

钢带厚度	钢带宽度			
	≤50	＞50～100	＞100～150	＞150
	不平度，不大于			
≤0.50	4	5	6	7
0.50	3	4	5	6

2.4 切边钢带的镰刀弯应符合下列规定：

宽度不大于50mm的钢带，每米不得大于3 mm；宽度大于50mm的钢带，每米不得大于2 mm。

经双方协议，可以规定不切边钢带的镰刀弯。

2.5 钢带的长度不应短于6 m。但允许交付长度不短于3 m的钢带，其数量不得超过一批重量的10%。

2.6 标记示例如下：

用15号钢轧制的、普通精度、Ⅰ组、切边、冷硬。厚1 mm及宽50mm钢带，其标记为：

钢带15-P-Ⅰ-Q-Y-1×50-GB 3522—83

3 技术要求

3.1 钢带采用15、20、25、30、35、40、45、50、55、60、65、70号钢轧制。其化学成分应符合GB 699—65《优质碳素结构钢钢号和一般技术条件》的规定。

3.2 钢带应成卷交货。冷硬钢带和厚度不大于0.3mm的退火钢带卷的内径不得小于150mm；厚度大于0.3mm的退火钢带卷的内径不得小于200mm。

经双方协议，厚度不小于1mm的钢带，可直条交货。其长度2～3 m，允许交付长度不小于1 m的较短钢带，但其数量不大于一批重量的10%。

3.3 钢带的力学性能应符合表3的规定。

表 3

钢号	冷硬钢带（Y）	退火钢带（T）	
	抗拉强度σ_b kgf/mm²	抗拉强度σ_b kgf/mm²	伸长率δ% 不小于
15	45～80	32～50	22
20	50～85	32～55	20
25	55～90	35～60	18
30	65～95	40～60	16
35	65～95	40～65	16
40	65～100	45～70	15
45	70～105	45～70	15
50	75～110	45～75	13
55	75～110	45～75	12
60	75～115	45～75	12
65	75～115	45～75	10
70	75～115	45～75	10

3.3.1 厚度不大于0.2mm的退火钢带，其伸长率指标不作为交货条件。

3.4 根据需方要求，由15～50号钢轧制的退火钢带，应能经受垂直于钢的轧制方向180°角的弯曲试验或平行于钢的轧制方向的90°角的弯曲试验。冷弯试验时应垫有与钢带厚度相同的衬垫，在弯曲处不得有裂纹和分层。

3.5 由35～70号钢轧制的钢带，应作脱碳检验。其一面总脱碳层（全脱碳层加部分脱碳层）应符合表4的规定。

表 4　　mm

钢带厚度	脱碳层深度 不大于
≤0.5	0.02
>0.5～1.0	0.04
>1.0～2.0	0.06
>2.0～4.0	0.08

3.6 Ⅰ组钢带的表面应光滑。不得有裂纹、结疤、外来夹杂物、氧化铁皮、铁锈和分层。允许有深度或高度不大于钢带厚度允许偏差之半的个别微小凹面、凸块、划痕、压痕和麻点。

3.7 Ⅱ组钢带的表面可呈氧化色。不得有裂纹、结疤、外来夹杂物、氧化铁皮、铁锈和分层。允许有深度或高度不大于钢带厚度允许偏差的个别微小凹面、凸块、划痕、压痕和麻点，以及不显著的波纹和槽形。

3.8 在切边钢带的边缘上，允许有深度不大于钢带宽度允许偏差之半的切割不齐和不大于厚度允许偏差的毛刺。

3.9 在不切边钢带的边缘上，允许有深度不大于钢带宽度允许偏差的裂边。

3.10 对于特殊用途钢带的特殊要求（显微组织、脱碳层深度、力学性能、不平度和光洁度等）由双方协议规定。

4 试验方法

4.1 钢带的表面质量用肉眼检查。

4.2 钢带的尺寸用相应精度的量具在长度方向的任何部位测量。宽度大于20mm的切边钢带，应在距边缘不小于5 mm处测量厚度；不切边钢带应在距边缘不小于10mm处测量厚度。宽度不大于20mm的钢带，应在宽度的中心处测量厚度。

4.3 测量钢带的镰刀弯时，将钢带受检验部分放于平面上，用1 m长的直尺靠贴钢带的凹边，测量钢带与直尺之间的最大距离。测量不平度时用同样方法，从平面开始测量最大高度。

4.4 钢带的拉力试验按GB 228—76《金属拉力试验法》执行。

4.4.1 拉力试验的试样形状及尺寸应符合下图和表5的规定。

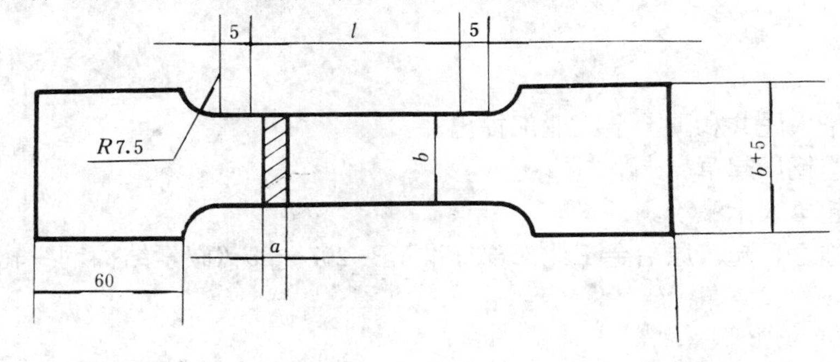

表 5 mm

钢 带 厚 度	标 距 长 度	试 样 宽 度	备 注
0.05～0.18	20	10	试样宽度的允许偏差为±0.25
0.20～0.50	40	20	
0.55～1.50	50	20	
1.55～2.00	60	20	
>2.00	80	20	

4.4.2 宽度小于15mm的钢带和厚度大于0.18mm、宽度小于25mm的钢带作拉力试验时，采取宽度与钢带宽度相等的试样，此时不测量伸长率。

4.4.3 拉力试样平行于轧制方向切取。

4.4.4 作拉力试验时，试样破断部位应在试样标距长度中央的1/3区间内方为有效，否则应另取试样重新试验。

4.4.5 按照试样试验前的实际截面计算强度。

4.5 弯曲试验按GB 232—82《金属弯曲试验方法》执行。

4.6 脱碳层深度检验按GB 224—78《钢的脱碳层深度测定法》执行。

5 检验规则

5.1 钢带应成批验收。每批由同一钢号、同一炉罐号、同一尺寸及同一类别的同一组钢带组成。

5.2 钢的化学成分按熔炼分析结果填入质量证明书。根据需方要求可检验成品钢带的化学成分。

5.3 所有钢带均须作外观及尺寸检查。

5.4 钢带的不平度在冷硬状态下检验。

5.5 从外观、尺寸检查合格的钢带中，选取3%但不少于两卷（捆）作钢带的拉力试验、弯曲试验及脱碳层深度检验。

进行每项检验时，从所取每卷钢带的内端和外端各取一个试样，或者从每个选出的捆中取出两条钢带各取一个试样。

5.6 试样取样部位，不切边钢带距边缘不小于10mm，切边钢带距边缘不小于5mm。

5.7 钢带的复验规定按GB 247—80《钢板和钢带验收、包装、标志及质量证明书的一般规定》执行。

6 包装、标志及质量证明书

钢带的包装、标志及质量证明书按GB 247—80执行。

附加说明：
本标准由中华人民共和国冶金工业部提出。
本标准由大连钢厂起草。
本标准主要起草人于灏治。
自本标准实施之日起，原冶金工业部部标准YB 207—65《碳素结构钢冷轧钢带》作废。

ICS 77.140.50
H 46

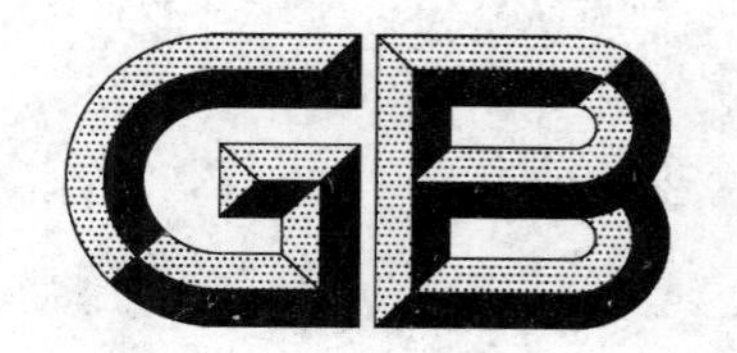

中华人民共和国国家标准

GB/T 3524—2005
代替 GB/T 3524—1992

碳素结构钢和低合金结构钢热轧钢带

Hot-rolled carbon and low alloy structural steel strips

(ISO 6316:2000,NEQ)

2005-07-21 发布 2006-01-01 实施

中华人民共和国国家质量监督检验检疫总局
中国国家标准化管理委员会 发布

前　言

本标准与 ISO 6316:2000《结构级热轧钢带》的一致性程度为非等效。

本标准与 GB/T 3524—1992 相比，对下列技术内容进行了修改：

——扩大钢带厚度范围至 1.5 mm～12.00 mm；

——修改钢带厚度允许偏差；

——修改钢带宽度允许偏差；

——增加 Q295、Q345 两个牌号；

——取消按条状钢带和卷状钢带分类。

本标准由中国钢铁工业协会提出。

本标准由全国钢标准化技术委员会归口。

本标准主要起草单位：承德钢铁集团有限公司、天津天铁冶金集团有限公司、冶金工业信息标准研究院。

本标准主要起草人：裴庆文、黄新苗、黄颖、刘玉全、韩金玉。

本标准 1983 年首次发布，1992 年第一次修订。

碳素结构钢和低合金结构钢热轧钢带

1 范围

本标准规定了碳素结构钢和低合金结构钢热轧钢带的尺寸、外形、技术要求、试验方法、验收规则、包装、标志和质量证明书等规定。

本标准适用于厚度不大于12.00 mm、宽度50 mm～600 mm的碳素结构钢和低合金结构钢热轧钢带。

2 规范性引用文件

下列文件中的条款通过本标准的引用而成为本标准的条款。凡是注日期的引用文件，其随后所有的修改单(不包括勘误的内容)或修订版均不适用于本标准，然而，鼓励根据本标准达成协议的各方研究是否可使用这些文件的最新版本。凡是不注日期的引用文件，其最新版本适用于本标准。

GB/T 222—1984 钢的化学分析用试样取样法及成品化学成分允许偏差

GB/T 228 金属材料 室温拉伸试验方法(GB/T 228—2002,eqv ISO 6892:1998)

GB/T 232 金属材料 弯曲试验方法(GB/T 232—1999,eqv ISO 7438:1985)

GB/T 247 钢板和钢带验收、包装、标志及质量证明书的一般规定

GB/T 700 碳素结构钢

GB/T 1591 低合金高强度结构钢

GB/T 2975 钢及钢产品力学性能试验检验取样位置及试样制备(GB/T 2975—1998,eqv ISO 377:1997)

GB/T 4336 碳素钢和中低合金钢火花源原子发射光谱分析方法(常规法)

3 分类、代号

按钢带边缘状态分：

不切边钢带 EM

切边钢带 EC

4 尺寸、外形、重量及允许偏差

4.1 钢带厚度允许偏差应符合表1的规定。

表1 钢带厚度允许偏差

单位为毫米

钢带宽度	允许偏差							
	≤1.5	>1.5～2.0	>2.0～4.0	>4.0～5.0	>5.0～6.0	>6.0～8.0	>8.0～10.0	>10.0～12.0
<50～100	0.13	0.15	0.17	0.18	0.19	0.20	0.21	—
≥100～600	0.15	0.18	0.19	0.20	0.21	0.22	0.24	0.30
注：表中规定的数值不适用于卷带两端7 m之内没有切头尾的钢带。								

4.2 钢带宽度允许偏差应符合表2的规定。

表 2 钢带宽度允许偏差

单位为毫米

<table>
<tr><th rowspan="4">钢带宽度</th><th colspan="3">允许偏差</th></tr>
<tr><th rowspan="3">不切边</th><th colspan="2">切边</th></tr>
<tr><th colspan="2">厚度</th></tr>
<tr><th>≤3</th><th>＞3</th></tr>
<tr><td>≤200</td><td>+2.00
−1.00</td><td>±0.5</td><td>±0.6</td></tr>
<tr><td>＞200～300</td><td>+2.50
−1.00</td><td rowspan="3">±0.7</td><td rowspan="3">±0.8</td></tr>
<tr><td>＞300～350</td><td>+3.00
−2.00</td></tr>
<tr><td>＞350～450</td><td>±4.00</td></tr>
<tr><td>＞450～600</td><td>±5.00</td><td>±0.9</td><td>±1.1</td></tr>
<tr><td colspan="4">注 1：表中规定的数值不适用于卷带两端 7 m 以内没有切头的钢带。
注 2：经协商同意，钢带可以只按正偏差定货，在这种情况下，表中正偏差数值应增加一倍。</td></tr>
</table>

4.3 钢带的厚度应均匀，在同一横截面的中间部分和两边部分测量三点厚度，其最大差值（三点差）应符合表 3 的规定。

表 3 钢带三点差

单位为毫米

钢带宽度	三点差不大于
≤100	0.10
＞100～150	0.12
＞150～200	0.14
＞200～350	0.15
＞350～600	0.17

4.4 供冷轧的钢带，应在合同中注明。轧制方向的厚度，在同一直线上任意测定三点厚度，其最大差值（同条差）应不大于 0.17 mm。

4.5 钢带长度不小于 50 m。允许交付长度 30 m～50 m 的钢带，其重量不得大于该批交货总重量的 3％。

4.6 钢带的镰刀弯每米不大于 4 mm。

4.7 钢带按实际重量交货。

4.8 标记示例

用 Q235B 钢轧制厚度 3 mm、宽度 350 mm、不切边热轧钢带，其标记为：

Q235B-3×350-EM-GB/T 3524—2005

5 技术条件

5.1 钢的牌号和化学成分

钢带采用碳素结构钢轧制，其化学成分（熔炼分析）应符合 GB/T 700 的规定。钢带采用低合金结构钢轧制，其化学成分（熔炼分析）应符合 GB/T 1591 或相应标准的规定。具体牌号及质量等级应在合同中注明。

5.2 交货状态

钢带在热轧状态下交货。

5.3 力学性能

5.3.1 钢带的拉伸和冷弯试验应符合表 4 的规定。

表 4 钢带拉伸和冷弯试验

牌号	下屈服强度 R_{eL}/(N/mm^2)	抗拉强度 R_m/(N/mm^2)	断后伸长率 A/%	180°冷弯试验 a—试样厚度 d—弯心直径
	不小于		不小于	
Q195	(195)[1]	315～430	33	$d=0$
Q215	215	335～450	31	$d=0.5a$
Q235	235	375～500	26	$d=a$
Q255	255	410～550	24	
Q275	275	490～630	20	
Q295	295	390～570	23	$d=2a$
Q345	345	470～630	21	$d=2a$

1) 牌号 Q195 的屈服点仅供参考，不作交货条件。

5.3.2 进行拉伸和弯曲试验时，钢带应取纵向试样。

5.3.3 钢带采用碳素结构钢和低合金结构钢的 A 级钢轧制时，冷弯试验合格，抗拉强度上限可不作交货条件；采用 B 级钢轧制的钢带抗拉强度可以超过表 4 规定的上限 50 N/mm^2。

5.4 表面质量

5.4.1 钢带表面不得有气泡、结疤、裂纹、折叠和夹杂。钢带不得有分层。其他表面缺陷允许存在，但深度和高度不大于厚度偏差之半。轻微的红色氧化铁皮允许存在。

5.4.2 表面缺陷允许清理，但清理后应保证钢带的最小厚度和宽度。清理处应平滑、无棱角。

5.4.3 在钢带连续生产的过程中，局部的表面缺陷不易发现并去除，因此允许带缺陷交货，但有缺陷部分不得超过每卷钢带总长度的 8%。

6 试验方法

6.1 每批钢带的检验项目、取样数量、取样方法及试验方法应符合表 5 的规定。

表 5 钢带的检验项目、取样数量、取样方法及试验方法

序号	检验项目	取样数量	取样方法	试验方法
1	化学成分 (熔炼分析)	1 (每炉号)	GB/T 222	GB/T 4336
2	拉伸	1	GB/T 2975	GB/T 228
3	弯曲	1	GB/T 2975	GB/T 232
4	尺寸	逐卷		通用量具
5	表面质量	逐卷		目视

6.2 钢带拉伸和冷弯试验的试样应在钢带宽度中间并从钢带卷的外圈距端部 1 m 以上部位截取。试样长度按 GB/T 228 规定执行。

6.3 钢带的厚度、宽度和表面质量检查部位距钢带两端的距离不小于 7 000 mm。

6.4 测量钢带厚度时，测量点距离钢带侧边的距离为：

不切边钢带不小于 10 mm,切边钢带不小于 5 mm。

6.5 测量钢带的镰刀弯时,将米尺紧靠钢带的凹侧边,测量从米尺到凹侧边的最大距离。

7 验收规则

7.1 钢带由供方技术监督部门检查和验收。

7.2 钢带应成批验收,每批应由同一牌号、同一炉号及同一尺寸的钢带组成。不同炉号组成的混合批应符合有关标准规定。

7.3 钢带的复验应符合 GB/T 247 中的规定。

8 包装、标志和质量证明书

钢带的包装、标志和质量证明书应符合 GB/T 247 中的有关规定。

ICS 77.140.50
H 46

中华人民共和国国家标准

GB/T 8749—2008
代替 GB/T 8749—1988

优质碳素结构钢热轧钢带

Hot-rolled quality carbon structural steel strips

2008-05-13 发布　　2008-11-01 实施

中华人民共和国国家质量监督检验检疫总局
中国国家标准化管理委员会　发布

前　言

本标准在修订过程中参考了国际标准 ISO 6316:2000(E)《结构级热轧钢带》(英文版)、ISO 6317:2000《商业级和冲压级热轧碳素钢带》(英文版)、ISO 4995:1993(E)《热轧结构钢薄板》(英文版)以及欧盟标准 EN 10048:1996《热轧窄钢带　尺寸、外形及允许偏差》(英文版)。

本标准代替 GB/T 8749—1988《优质碳素结构钢热轧钢带》。

本标准与 GB/T 8749—1988 相比主要变化如下:

——扩充钢带的使用范围;

——扩充钢带的规格范围;

——调整钢带宽度、厚度偏差及表面质量;

——调整钢带尺寸、外形考核范围;

——加严钢带镰刀弯、同条差要求;

——取消钢带条状交货形式;

——取消钢带卷内径及卷重要求;

——增加钢带可选择性指标;

——增加表面酸洗状态交货。

本标准由中国钢铁工业协会提出。

本标准由全国钢标准化技术委员会归口。

本标准起草单位:唐山建龙实业有限公司、天津天铁冶金集团有限公司。

本标准主要起草人:刘江伟、张秀侠、张贵磊、韩金玉、哨洪臣。

本标准所代替标准的历次版本发布情况为:

——GB/T 8749—1988。

优质碳素结构钢热轧钢带

1 范围

本标准规定了优质碳素结构钢热轧钢带的分类代号、订货内容、尺寸外形及允许偏差、技术要求、试验方法、检验规则以及包装、标志、质量证明书等。

本标准适用于宽度小于 600 mm、厚度不大于 12 mm 的优质碳素结构钢热轧钢带，宽度为 600 mm～750 mm的钢带可参照本标准。

2 规范性引用文件

下列文件中的条款通过本标准的引用而成为本标准的条款。凡是注日期的引用文件，其随后所有的修改单(不包括勘误的内容)或修订版均不适用于本标准，然而，鼓励根据本标准达成协议的各方研究是否可使用这些文件的最新版本。凡是不注日期的引用文件，其最新版本适用于本标准。

GB/T 222 钢的成品化学成分允许偏差

GB/T 223.3 钢铁及合金化学分析方法 二安替比林甲烷磷钼酸重量法测定磷量

GB/T 223.5 钢铁及合金化学分析方法 还原型硅钼酸盐光度法测定酸溶硅含量

GB/T 223.10 钢铁及合金化学分析方法 铜铁试剂分离-铬天青 S 光度法测定铝含量

GB/T 223.11 钢铁及合金化学分析方法 过硫酸铵氧化容量法测定铬量

GB/T 223.12 钢铁及合金化学分析方法 碳酸钠分离-二苯碳酰二肼光度法测定铬量

GB/T 223.18 钢铁及合金化学分析方法 硫代硫酸钠分离-碘量法测定铜量

GB/T 223.19 钢铁及合金化学分析方法 新亚铜灵-三氯甲烷萃取光度法测定铜量

GB/T 223.23 钢铁及合金化学分析方法 丁二酮肟分光光度法测定镍量

GB/T 223.24 钢铁及合金化学分析方法 萃取分离-丁二酮肟分光光度法测定镍量

GB/T 223.36 钢铁及合金化学分析方法 蒸馏分离-中和滴定法测定氮量

GB/T 223.37 钢铁及合金化学分析方法 蒸馏分离-靛酚蓝光度法测定氮量

GB/T 223.53 钢铁及合金化学分析方法 火焰原子吸收分光光度法测定铜量

GB/T 223.54 钢铁及合金化学分析方法 火焰原子吸收分光光度法测定镍量

GB/T 223.58 钢铁及合金化学分析方法 亚砷酸钠-亚硝酸钠滴定法测定锰量

GB/T 223.59 钢铁及合金化学分析方法 锑磷钼蓝光度法测定磷量

GB/T 223.60 钢铁及合金化学分析方法 高氯酸脱水重量法测定硅含量

GB/T 223.61 钢铁及合金化学分析方法 磷钼酸铵容量法测定磷量

GB/T 223.62 钢铁及合金化学分析方法 乙酸丁酯萃取光度法测定磷量

GB/T 223.63 钢铁及合金化学分析方法 高碘酸钠(钾)光度法测定锰量

GB/T 223.64 钢铁及合金化学分析方法 火焰原子吸收光谱法测定锰量

GB/T 223.67 钢铁及合金化学分析方法 还原蒸馏-次甲基蓝光度法测定硫量

GB/T 223.68 钢铁及合金化学分析方法 管式炉内燃烧后碘酸钾滴定法测定硫含量

GB/T 223.69 钢铁及合金化学分析方法 管式炉内燃烧后气体容量法测定碳含量

GB/T 223.71 钢铁及合金化学分析方法 管式炉内燃烧后重量法测定碳含量

GB/T 223.72 钢铁及合金化学分析方法 氧化铝色层分离-硫酸钡重量法测定硫量

GB/T 224 钢的脱碳层深度测定法

GB/T 228 金属材料室温拉伸试验方法(GB/T 228—2002,eqv ISO 6892:1998)

GB/T 229 金属夏比缺口冲击试验方法(GB/T 229—2007,ISO 148-1:2006,MOD)

GB/T 230.1 金属洛氏硬度试验 第1部分：试验方法（A、B、C、D、E、F、G、H、K、N、S标尺）（GB/T 230.1—2004，ISO 6508-1：1999，MOD）

GB/T 231.1 金属布氏硬度试验 第1部分：试验方法（GB/T 231.1—2002，eqv ISO 6506-1：1999）

GB/T 232 金属材料弯曲试验方法（GB/T 232—1999，eqv ISO 7438：1985）

GB/T 247 钢板和钢带检验、包装、标志及质量证明书的一般规定

GB/T 699 优质碳素结构钢

GB/T 2975 钢及钢产品力学性能试验取样位置及试样制备

GB/T 4336 碳素钢和中低合金钢火花源原子发射光谱分析方法（常规法）

GB/T 6394 金属平均晶粒度测定方法

GB/T 10561 钢中非金属夹杂物含量的测定 标准评级图显微检验法

GB/T 13298 金属显微组织检验方法

GB/T 13299 钢的显微组织评定方法

GB/T 17505 钢及钢产品一般交货技术要求（GB/T 17505—1998，eqv ISO 404：1992）

GB/T 20066 钢和铁 化学成分测定用试样的取样和制样方法（GB/T 20066—2006，ISO 14284：1996，IDT）

3 分类与代号

3.1 按边缘状态分

a） 切边钢带 EC；

b） 不切边钢带 EM。

3.2 按厚度精度分

a） 普通厚度精度 PT.A；

b） 较高厚度精度 PT.B。

4 订货内容

4.1 订货合同应包括以下内容：

a） 标准编号；

b） 产品名称；

c） 牌号；

d） 尺寸规格；

e） 边缘状态（EC或EM）；

f） 厚度精度（PT.A或PT.B）；

g） 重量；

h） 交货状态（热轧、酸洗或其他）；

i） 用途；

j） 特殊要求。

4.2 若订货合同未指明边缘状态、厚度精度、交货状态等信息，则按不切边、普通厚度精度、热轧状态钢带供货。

5 尺寸、外形、重量及允许偏差

5.1 钢带厚度允许偏差

5.1.1 钢带厚度允许偏差应符合表1规定。

表 1 钢带厚度允许偏差

单位为毫米

公称厚度	钢带厚度允许偏差			
	普通厚度精度 PT. A		较高厚度精度 PT. B	
	公称宽度		公称宽度	
	≤350	>350	≤350	>350
≤1.5	±0.13	±0.15	±0.10	±0.11
>1.5～2.0	±0.15	±0.17	±0.12	±0.13
>2.0～2.5	±0.18	±0.18	±0.14	±0.14
>2.5～3.0		±0.20		±0.15
>3.0～4.0	±0.19	±0.22	±0.16	±0.17
>4.0～5.0	±0.20	±0.24	±0.17	±0.19
>5.0～6.0	±0.21	±0.26	±0.18	±0.21
>6.0～8.0	±0.22	±0.29	±0.19	±0.23
>8.0～10.0	±0.24	±0.32	±0.20	±0.26
>10.0～12.0	±0.30	±0.35	±0.25	±0.28

5.1.2 经供需双方协商，当需方要求按较高厚度精度供货时，应在合同中注明。

5.1.3 根据需方要求，可在表 1 规定的公差范围内适当调整钢带的正负偏差。

5.1.4 根据需方要求，经供需双方协商，可供应表 1 规定尺寸规格以外的钢带。

5.2 钢带宽度允许偏差

5.2.1 钢带宽度允许偏差应符合表 2 规定。

表 2 钢带宽度允许偏差

单位为毫米

钢带宽度	允许偏差	
	不切边	切边
≤200	+2.5 −1.0	±1.0
>200～300	+3.0 −1.0	
>300～350	+4.0 −1.0	
>350～450	0～+10.0	±1.5
>450	0～+15.0	

5.2.2 根据需方要求，经供需双方协商，钢带宽度偏差可在公差范围内进行适当调整。

5.3 三点差

钢带的厚度应均匀，在同一截面的中间和两边部分测量三点厚度，其最大差值（三点差）应符合表 3 规定。

表 3 钢带三点差

单位为毫米

钢带宽度	三点差 ≤
≤150	0.12
>150～200	0.14
>200～350	0.15

表 3 （续） 单位为毫米

钢带宽度	三点差 ≤
>350～450	0.17
>450	0.18

5.4 同条差

5.4.1 供冷轧用的钢带，沿轧制方向的厚度应均匀，在同一直线上任意测定三点厚度，其最大差值应符合表 4 规定。

表 4 钢带同条差 单位为毫米

钢带厚度规格	≤4.0	>4.0
同条差	≤0.17	≤0.20

5.4.2 由 35 及以上牌号轧制的钢带，其同条差可由供需双方协商。

5.5 镰刀弯

不切边钢带的镰刀弯每 5 米不大于 20 mm，切边钢带的镰刀弯每 5 米不大于 15 mm。

5.6 塔形

钢带的一面塔形高度不得超过 50 mm。

5.7 钢带两端不考核范围

检查钢带宽度、厚度、镰刀弯、三点差、同条差时，两端不考核范围应符合表 5 规定。

表 5 钢带两端不考核范围

钢带宽度	≤350 mm	>350 mm
不考核范围	两端总长度不超过 14m	L(m)＝90/公称厚度(mm)， 但两端最大总长度不超过 20 m

5.8 钢带重量

钢带按实际重量交货。

6 技术要求

6.1 钢的牌号和化学成分

6.1.1 钢带采用优质碳素结构钢轧制，其牌号及化学成分（熔炼分析）符合 GB/T 699 规定。

6.1.2 根据需方要求，08、08Al 牌号钢带在保证性能的前提下，化学成分（熔炼分析）C、Si、Mn 含量的下限可不作为交货条件，08Al 牌号钢带 Al 含量下限为 0.015%。

6.1.3 钢带成品化学成分符合 GB/T 222 有关规定。

6.2 交货状态

钢带以热轧状态交货，根据需方要求，经供需双方协商，可供应表面酸洗状态或其他特殊要求的钢带。

6.3 力学性能

6.3.1 钢带力学性能应符合表 6 规定。

6.3.2 表 6 未包含牌号钢带的力学性能由供需双方协商。

6.3.3 用于冷轧原料的钢带，其力学性能不作为交货条件。

6.3.4 拉伸试验取横向试样，由于钢带宽度限制不能取横向试样时，可取纵向试样，力学性能由供需双方协商。

表 6 钢带力学性能

牌号	抗拉强度 R_m/MPa	断后伸长率 A/%
	不小于	
08Al	290	35
08	325	33
10	335	32
15	370	30
20	410	25
25	450	24
30	490	22
35	530	20
40	570	19
45	600	17

6.4 冷弯试验

6.4.1 用 08～35 号钢轧制的钢带应进行 180°横向冷弯试验，弯心直径符合表 7 规定。

表 7 钢带冷弯试验

牌号	弯心直径 *d*	
	试样厚度 *a*≤6 mm	试样厚度 *a*>6 mm
08、08Al	0	0.5*a*
10	0.5*a*	*a*
15	*a*	1.5*a*
20*	2*a*	2.5*a*
25*、30*、35*	2.5*a*	3*a*
* 经供需双方协商，冷弯试验可不作为交货条件。		

6.4.2 用于冷轧原料钢带，其冷弯试验由供需双方协商。

6.5 冲击试验

根据需方要求，经供需双方协商，钢带可进行冲击试验，具体要求由双方协商。

6.6 硬度检验

根据需方要求，经供需双方协商，可做钢带硬度检验，其数值由双方协商。

6.7 金相检验

6.7.1 根据需方要求，经供需双方协商，可进行铁素体晶粒度、非金属夹杂、显微组织检验，具体要求由双方协商。

6.7.2 根据需方要求，由 35 及以上牌号的钢制造的钢带可检查表面脱碳层深度，其一面脱碳层(全脱碳层加部分脱碳层)深度应符合以下规定：

钢带厚度≤3.2 mm 时，其总脱碳层深度不大于 0.08 mm；

钢带厚度>3.2 mm 时，其总脱碳层深度不大于钢带实际厚度的 2.5%。

6.8 表面质量

6.8.1 钢带表面不允许有气泡、结疤、裂纹、折叠、夹杂和压入氧化铁皮，钢带不允许有分层。轻微的红氧化铁皮允许存在，允许有深度或高度不超过厚度公差之半的划痕、压痕、麻点、表面粗糙、凸起等局部缺陷,其深度或高度从实际尺寸算起。

6.8.2　不切边钢带边缘不允许有缺口、边部裂纹,允许有深度不大于宽度公差之半的其他边部缺陷,且应保证钢带最小宽度。

6.8.3　切边钢带边缘允许有不大于0.5 mm的飞刺。

6.8.4　钢带表面缺陷允许清理,但清理后应保证钢带的最小厚度和宽度。清理处应平滑、无棱角。

6.8.5　在钢带连续生产过程中,局部表面缺陷不易发现并去除,因此允许带缺陷交货,但有缺陷部分不能超过每卷钢带总长度的8%。

6.8.6　供应表面经酸洗处理或其他方法处理的钢带,表面质量要求由双方协商。

7　试验方法

7.1　钢带的检验项目、取样数量、取样方法及试验方法应符合表8规定。

表8　钢带检验项目、取样数量、取样方法及试验方法

序号	检验项目	取样数量	取样方法	试验方法
1	化学成分(熔炼分析)	1(炉)	GB/T 20066	GB/T 223、GB/T 4336
2	拉伸	1	GB/T 2975	GB/T 228
3	冷弯	1	GB/T 2975	GB/T 232
4	冲击	3	GB/T 2975	GB/T 229
5	硬度	2	—	GB/T 230.1(GB/T 231.1)
6	脱碳	2	GB/T 224	GB/T 224(金相法)
7	晶粒度	2	GB/T 6394	GB/T 6394
8	非金属夹杂	1	GB/T 10561	GB/T 10561
9	显微组织	1	GB/T 13298	GB/T 13299
10	尺寸	逐卷	—	常用量具
11	表面质量	逐卷	—	目视

7.2　进行拉伸和弯曲试验时,钢带应取横向试样,冲击试样的纵向轴线应平行于轧制方向。

7.3　夏比缺口冲击功值按一组三个试样单值的算术平均值计算,允许其中一个试样单值低于规定值,但不得低于规定值的70%。

7.4　厚度为6 mm至10 mm的钢带做冲击试验时,采用5 mm×10 mm×55 mm小尺寸试样,其试验结果应不小于规定值的50%,对厚度小于6 mm的钢带,冲击试验要求由供需双方协商。

7.5　钢带的宽度、厚度、同条差、三点差、镰刀弯及表面质量检查部位距钢带两端距离应以保证测量的精确性为准,仲裁试验时,测量部位应在两端不考核长度之外。

7.6　测量钢带厚度时,测量点距钢带侧边距离:切边钢带不小于5 mm,不切边钢带不小于10 mm。

7.7　测量钢带的镰刀弯时,将直尺紧靠钢带的凹侧边,测量从直尺到凹侧边的最大距离。

8　检验规则

8.1　钢带由供方技术监督部门进行检查和验收。

8.2　钢带应成批进行验收,每批由同一牌号、同一炉号、同一规格及同一热处理制度的钢带组成。

8.3　钢带的夏比(V型缺口)冲击试验结果不符合规定时,应从同一批钢带上再取一组三个试样进行试验,前后六个试样的平均值不得低于规定值,但允许有两个试样低于规定值,其中低于规定值70%的试样只允许有一个。

8.4　钢带的复验和判定应符合GB/T 17505的规定。

9 包装、标志及质量证明书

钢带的包装、标志及质量证明书应符合 GB/T 247 有关规定。

ICS 77.040.40
H 53

中华人民共和国国家标准

GB/T 17951.2—2014
代替 GB/T 17951.2—2002

半工艺冷轧无取向电工钢带

Cold-rolled non-oriented electrical steel strip delivered in the semi-processed state

（IEC 60404-8-3：2005，Specifications for individual materials-cold-rolled electrical non-alloyed and alloyed steel sheet and strip delivered in the semi-processed state，MOD）

2014-06-24 发布　　2015-04-01 实施

中华人民共和国国家质量监督检验检疫总局
中国国家标准化管理委员会
发布

前　言

本标准按照 GB/T 1.1—2009 给出的规则起草。

本标准代替 GB/T 17951.2—2002《半工艺冷轧无取向电工钢带(片)》。

本标准与 GB/T 17951.2—2002 相比主要变化如下：

——修改了适用范围；

——删除了公称厚度为 0.50 mm 的 50WB500、50WB530、50WB600、50WB700、50WB800 牌号；

——修改了参考热处理条件中露点温度，由＋35 ℃调整为 20 ℃±2 ℃；

——增加了对表面平均粗糙度的具体要求及测试方法；

——增加了抗拉强度和伸长率的测试方法；

——增加了绝缘涂层电阻的测试方法；

——增加了数值修约规定。

本标准使用重新起草法修改采用 IEC 60404-8-3:2005《半工艺冷轧合金、非合金电工钢板(带)技术条件》。

考虑到我国国情，本标准在采用 IEC 60404-8-3:2005 时进行了下列修改：

——有关技术性差异已编入正文中并在它们所涉及的条款的页边空白处用垂直单线标识。在资料性附录 C 中给出了这些技术性差异及其原因的一览表以供参考；

——牌号按 GB/T 221 的规定编制，在资料性附录 A 中列出了本标准牌号与 IEC 标准牌号的对照表；

——在资料性附录 B 中列出了本标准条款和 IEC 标准条款的对照一览表；

——删除了 IEC 标准前言；

——第 3 章将 IEC 标准中的“定义”改为“术语和定义”；

——增加了数值修约的规定。

本标准由中国钢铁工业协会提出。

本标准由全国钢标准化技术委员会(SAC/TC 183)归口。

本标准主要起草单位：武汉钢铁(集团)公司、鞍山钢铁集团公司、首钢总公司、冶金工业信息标准研究院。

本标准主要起草人：祝晓波、刘集中、任翠英、管吉春、孙茂林、汪君、欧阳页先、董莉、黄双、陶利、刘立新、杜光梁。

本标准所代替标准的历次版本发布情况为：

——GB/T 17951.2—2002。

半工艺冷轧无取向电工钢带

1 范围

本标准规定了半工艺冷轧无取向电工钢带的术语和定义、分类、牌号、一般要求、技术要求、检验方法、包装、标志及质量证明书等。

本标准适用于磁路结构中使用的涂层或不涂层、冲片后需要进行热处理的公称厚度为 0.50 mm、0.65 mm 的半工艺冷轧无取向电工钢带。

2 规范性引用文件

下列文件对于本文件的应用是必不可少的。凡是注日期的引用文件，仅注日期的版本适用于本文件。凡是不注日期的引用文件，其最新版本(包括所有的修改单)适用于本文件。

GB/T 228.1 金属材料 拉伸试验 第1部分：室温试验方法(GB/T 228.1—2010，ISO 6892-1：2009，MOD)

GB/T 247 钢板和钢带包装、标志及质量证明书的一般规定

GB/T 2521 冷轧取向和无取向电工钢带(片)(GB/T 2521—2008，IEC 60404-8-7：1998，IEC 60404-8-4：1998，MOD)

GB/T 2522 电工钢片(带)表面绝缘电阻、涂层附着性测试方法(GB/T 2522—2007，IEC 60404-11：1999，MOD)

GB/T 2523 冷轧金属薄板(带)表面粗糙度和峰值数测量方法(GB/T 2523—2008，SAE J911—1998，NEQ)

GB/T 3655 用爱泼斯坦方圈测量电工钢片(带)磁性能的方法(GB/T 3655—2008，IEC 60404-2：1996，IDT)

GB/T 17505 钢及钢产品交货一般技术要求(GB/T 17505—1998，ISO 404：1992，EQV)

GB/T 18253 钢及钢产品 检验文件的类型(GB/T 18253—2000，ISO 10474：1991，EQV)

GB/T 19289 电工钢片(带)的密度、电阻率和叠装系数的测量方法(GB/T 19289—2003，IEC 404-13：1995，MOD)

YB/T 081 冶金技术标准的数值修约与检测数值的判定

3 术语和定义

GB/T 2521 中界定的以及下列术语适用于本文件。

3.1

半工艺 semi-processed

生产厂没有进行最终退火而必须由用户完成的退火工艺状态。

3.2

表面平均粗糙度 roughness average

粗糙度轮廓的算术平均偏差，即在取样长度内粗糙度轮廓偏距绝对值的算术平均值，单位为微米(μm)。

4 分类

本标准中的牌号是按磁极化强度在 1.5 T、比总损耗值(W/kg)和钢带的公称厚度(0.50 mm 和 0.65 mm)进行分类的。

5 牌号

钢的牌号是按照下列给出的次序组成：

1) 以毫米(mm)为单位,材料公称厚度的 100 倍；
2) 特征字符：
   ——W 为无取向电工钢；
   ——B 为半工艺。
3) 半工艺无取向电工钢,磁极化强度在 1.5 T 和频率在 50 Hz,以瓦特每千克为单位及相应厚度产品的最大比总损耗值的 100 倍。

例如：

50WB340　表示公称厚度为 0.50 mm 、最大比总损耗 $P_{1.5/50}$ 为 3.40 W/kg 的半工艺无取向电工钢。

6 一般要求

6.1 生产工艺

钢的化学成分和生产工艺由生产厂自行确定。

6.2 供货形式

钢带以卷交货。

卷的重量应符合订货要求,单重一般不小于 3.0 t。

钢卷内径为(510±20)mm 或(610±20)mm。

钢卷应由同一宽度的钢带卷成,卷的侧面应平直。

钢卷应非常紧的卷绕以使它们在自重下不塌卷。

钢带可能由于去除缺陷而产生接带,接带处应做出标记。

钢带焊缝和接带前后部分应为同一牌号。

焊缝处应平整,不影响材料后续加工。

钢带表面是否涂以表面绝缘涂层,由供需双方协商确定。

6.3 交货状态

由于制造方法和以卷供货的原因,交货状态的钢带可能存在内应力和在轧制方向出现残余曲率,需方在钢带的使用中应采取措施以减少或消除这些因素的影响。

6.4 表面质量

钢带表面应清洁,不应有锈蚀,不允许有防碍使用的孔洞、重皮、折印、分层、气泡、结疤等缺陷。如果在厚度公差范围之内且不影响所供材料的正确使用,允许有分散的擦伤、划伤、沙眼、凹坑、凸包等缺陷。

6.5 剪切适应性

当使用合适的剪切设备剪切时，材料应满足在任何部位都能被剪切或冲压成通常的形状。

7 技术要求

7.1 磁特性

7.1.1 参考热处理条件

表1中的磁特性值为测试试样在脱碳气氛中消除应力热处理之后测得的值。

试样热处理的参考工艺及注意事项：

测试试样应在表1规定的温度的脱碳气氛中，保温2 h，升温速度≤200 ℃/h。从保温温度冷却到550 ℃的速度应≤120 ℃/h。脱碳气氛为20% H_2 + 80% N_2 + 水蒸气，在标准大气压下，露点为(20±2)℃。

在炉子升温前，需要连续不断地向炉子中通保护气体 N_2，以驱除炉中的空气。应调节脱碳气体的流量和压力，以保证在试样的任何点都具有良好的脱碳气氛，并且在热处理的任何时间，随时要更新炉中的气体。

应保证测试试样相互之间没有粘连。

如果钢带不需要脱碳时，可只用100% N_2 保护气体进行热处理。

7.1.2 最小磁极化强度

在5 000 A/m交变磁场(峰值)、频率为50 Hz时，规定的最小磁极化强度值 $J_{5\,000}$(峰值)应符合表1的规定。

7.1.3 最大比总损耗

在磁极化强度为1.5 T、频率为50 Hz时，规定的最大比总损耗值 $P_{1.5/50}$ 应符合表1的规定。

7.1.4 各向异性

比总损耗和磁极化强度的各向异性应由供需双方协商，并在合同中注明。

表1 磁特性值和参考热理温度

牌号	公称厚度 mm	参考热处理温度 ℃(±10℃)	最大比总损耗 $P_{1.5}$ W/kg		最小磁极化强度 J T			常规密度 kg/dm³
			50 Hz	60 Hz	H=2 500 A/m	H=5 000 A/m	H=10 000 A/m	
50WB340	0.50	840	3.40	4.32	1.54	1.62	1.72	7.65
50WB390		840	3.90	4.97	1.56	1.64	1.74	7.70
50WB450		790	4.50	5.67	1.57	1.65	1.75	7.75
50WB560		790	5.60	7.03	1.58	1.66	1.76	7.80
50WB660		790	6.60	8.38	1.58	1.68	1.77	7.85
50WB890		790	8.90	11.30	1.60	1.69	1.78	7.85
50WB1050		790	10.50	13.34	1.62	1.70	1.79	7.85

表 1（续）

牌号	公称厚度 mm	参考热处理温度 ℃（±10℃）	最大比总损耗 $P_{1.5}$ W/kg		最小磁极化强度 J T			常规密度 kg/dm³
			50 Hz	60 Hz	H=2 500 A/m	H=5 000 A/m	H=10 000 A/m	
65WB390	0.65	840	3.90	5.07	1.54	1.62	1.72	7.65
65WB450		840	4.50	5.86	1.56	1.64	1.74	7.70
65WB520		790	5.20	6.72	1.57	1.65	1.75	7.75
65WB630		790	6.30	8.09	1.58	1.66	1.76	7.80
65WB800		790	8.00	10.16	1.62	1.70	1.79	7.85
65WB1000		790	10.00	12.70	1.60	1.68	1.78	7.85
65WB1200		790	12.00	15.24	1.57	1.65	1.77	7.85

注：磁感应强度已使用多年，实际用爱泼斯坦方圈检测的是磁极化强度（内秉磁通密度）。
其定义为：$J=B-\mu_0 H$
式中：J 是磁极化强度；B 是磁感应强度；μ_0 是真空磁导率，其值为：$4\pi\times10^{-7}$ 亨利/米（H/m）；H 是磁场强度。
磁极化强度为频率在 50 Hz 条件下的值。
一般只提供 50 Hz 条件下的比总损耗（即铁损）和 5 000 A/m 的磁极化强度作为保证值，其他为参考值。

7.2 几何特性和偏差

7.2.1 厚度及厚度偏差

7.2.1.1 厚度

公称厚度为 0.50 mm 和 0.65 mm。

7.2.1.2 厚度偏差

同一验收批内公称厚度的允许偏差，对于 0.50 mm、0.65 mm 的材料应不超过公称厚度的±0.04 mm。焊缝处厚度的增加值不应超过 0.05 mm。

公称厚度 0.50 mm 的 2 m 长钢带，纵向厚度偏差应不超过 0.025 mm。

公称厚度 0.65 mm 的 2 m 长钢带，纵向厚度偏差应不超过 0.040 mm。

公称厚度 0.50 mm 的材料横向厚度偏差应不超过 0.020 mm。公称厚度 0.65 mm 的材料横向厚度偏差应不超过 0.030 mm。

在离边部最小 30 mm 处测试这些偏差，适用于宽度大于 150 mm 的材料，对于窄带，需要另外签订协议。

7.2.2 宽度

材料的宽度应在生产厂指的范围内选择，可以以切边或不切边状态交货。供货宽度一般不大于1 250 mm。

切边交货钢带的宽度偏差应符合表 2 的规定。

不切边交货钢带的宽度偏差应为$^{+5}_{0}$ mm。

表 2 宽度偏差

单位为毫米

公称宽度 W	宽度偏差
$W \leqslant 150$	$^{+0.2}_{0}$
$150 < W \leqslant 300$	$^{+0.3}_{0}$
$300 < W \leqslant 600$	$^{+0.5}_{0}$
$600 < W \leqslant 1\ 000$	$^{+1.0}_{0}$
$1\ 000 < W \leqslant 1\ 250$	$^{+1.5}_{0}$

7.2.3 镰刀弯

镰刀弯的检测只适用于公称宽度 $W > 30$ mm 的材料。长度为 2 m,切边交货时,公称宽度为 30 mm$< W \leqslant 150$ mm 时,镰刀弯应不大于 2.0 mm,公称宽度 $W > 150$ mm 时,镰刀弯应不大于 1.0 mm;不切边交货,每 2 m 长的钢带的镰刀弯应不大于 6 mm。

7.2.4 不平度(波形因数)

不平度的检测只适用于宽度大于 150 mm 的材料,不平度应不超过 3.0%。

7.2.5 残余曲率

用户对残余曲率有要求并在协议中有规定时才进行检验。残余曲率的检验适用于宽度大于 150 mm的材料。钢片的残余曲率是通过测试钢片底部和支撑板之间的距离,钢卷的残余曲率应符合订货协议。

7.2.6 毛刺高度

剪切毛刺高度的测定仅适用于以最终使用宽度交货的材料。剪边交货产品剪切毛刺高度应不超过 0.035 mm。

7.2.7 表面平均粗糙度

不涂层钢带表面平均粗糙度应不小于 0.50 μm。

7.3 工艺特性

7.3.1 密度

一般不规定钢带的密度。除非另有规定,计算磁特性值而使用的常规密度值应符合表 1 中的规定。另有约定除外。

7.3.2 叠装系数

根据需方要求，经供需双方协议，生产厂可提供叠装系数的指标。

7.3.3 绝缘涂层电阻

如果钢带表面涂了绝缘涂层，根据需方要求，可以提供交货状态下绝缘涂层电阻的参考值，单位为 $\Omega \cdot mm^2$。

7.4 力学性能

根据需方要求，经供需双方协议，生产厂可提供抗拉强度和伸长率指标。

8 检查和测试

8.1 概述

按本标准签订订货协议时，协议可含有按引用文件中的半工艺冷轧无取向电工钢检验标准指定或不指定检验项目的条款，在没有指定检验项目的条款时，制造方应提供所供材料的比总损耗值和磁极化强度值。

在指定检验项目要求订货时。应明确 GB/T 18253 涉及的检验内容。

一般以一卷组成一个验收批。允许有由同一级别、同一公称厚度的钢带并卷组成验收批。

除特殊协议外，以上规定适用于形状尺寸偏差的检查。

当产品以分卷的形式供货时，原验收批上的测试结果适用于该分卷。

8.2 取样

应从每一个验收批上取测试试样。

磁性试样应从每卷头尾各取一副试样。

试样应从离钢卷头尾不小于 3 m 处截取，且应避开焊缝和接带区域。通过合理地安排测试次序，同一副试样可以用于测试多种特性。

8.3 试样制备

8.3.1 磁特性

用 25 cm 爱泼斯坦方圈测试材料的比总损耗和磁极化强度时，一副试样由 4 倍的样片组成，推荐重量为 0.50 kg 左右。试样的取样方法、尺寸及尺寸偏差应符合 GB/T 3655 的规定。

8.3.2 几何特性和偏差

测试厚度、宽度、不平度和镰刀弯的试样为 2 m 长的钢带。

测试残余曲率的试样长度为 500 mm，偏差在 0～2.5 mm，宽度等于交货宽度钢带。

8.3.3 工艺特性

8.3.3.1 叠装系数

叠装系数按 GB/T 19289 的规定取样。

8.3.3.2 绝缘涂层电阻

绝缘涂层电阻按 GB/T 2522 的规定取样。

8.3.4 力学性能

抗拉强度和伸长率按 GB/T 228.1 的规定取样。

8.4 测试方法

对于规定的每一个特性，每一个验收批都应进行测试。除非另有规定，测试应在(23±5)℃的温度下进行。

8.4.1 磁特性

磁特性应按照 GB/T 3655 标准进行测试，测试试样片数为纵横向各半。

8.4.2 几何特性和偏差

8.4.2.1 厚度

厚度在距离钢带边部大于 30 mm 的任何地方进行测试。

厚度的测试应使用精度为 0.001 mm 的千分尺进行。

8.4.2.2 宽度

宽度应沿垂直钢带的纵轴测试。

8.4.2.3 镰刀弯

镰刀弯应按 GB/T 2521 测试。

8.4.2.4 不平度

不平度应按 GB/T 2521 测试。

8.4.2.5 残余曲率

残余曲率应按 GB/T 2521 测试。

8.4.2.6 毛刺高度

毛刺高度应按 GB/T 2521 测试。

8.4.2.7 表面平均粗糙度

表面平均粗糙度应按 GB/T 2523 测试。

8.4.3 工艺特性

8.4.3.1 叠装系数

叠装系数应按 GB/T 19289 测试。

8.4.3.2 绝缘涂层电阻

绝缘涂层电阻应按 GB/T 2522 测试。

8.4.4 力学性能

抗拉强度和伸长率应按 GB/T 228.1 测试。

8.5 复验

当某一项性能的检验结果不符合本标准规定时，应取双倍试样复验，复验应按 GB/T 17505 进行。

9 包装、标志和质量证明书

9.1 包装、标志

钢带的包装、标志应符合 GB/T 247 的规定。

9.2 质量证明书

提交的每批钢带，应附有证明该批钢带所应检验项目的性能，符合本标准规定的订货合同的质量证明书。质量证明书的条款应符合 GB/T 247 的规定。

10 异议

在所有的情况下，异议的条款和条件应符合 GB/T 17505 的规定。

11 订货资料

按本标准订货时应提供下列信息：

a） 本标准号；
b） 牌号；
c） 产品名称；
d） 数量；
e） 钢带的尺寸；
f） 钢卷重量的限定；
g） 其他特殊要求。

12 数值修约

钢带的数值修约应符合 YB/T 081 的规定。

附 录 A
（资料性附录）
本标准与 IEC 60404-8-3:2005 牌号对照表

本标准与 IEC 60404-8-3:2005 牌号对照表见表 A.1。

表 A.1 本标准与 IEC 60404-8-3:2005 牌号对照表

GB/T 17951.2—2014	IEC 60404-8-3:2005
50WB340	M340-50K5
50WB390	M390-50K5
50WB450	M450-50K5
50WB560	M560-50K5
50WB660	M660-50K5
50WB890	M890-50K5
50WB1050	M1050-50K5
65WB390	M390-65K5
65WB450	M450-65K5
65WB520	M520-65K5
65WB630	M630-65K5
65WB800	M800-65K5
65WB1000	M1000-65K5
65WB1200	M1200-65K5

附　录　B
（资料性附录）
本标准章条编号与 IEC 60404-8-3:2005 章条编号对照表

表 B.1 给出了本标准章条编号与 IEC 60404-8-3:2005 章条编号对照表。

表 B.1　本标准章条编号与 IEC 60404-8-3:2005 章条编号对照表

GB/T 17951.2—2014 章条编号	IEC 60404-8-3:2005 章条编号
1	1
2	2
3.1、3.2	—
—	3.1、3.2、3.3
4	4
5	5
6.1～6.5	6.1～6.5
7.1	7.1
7.2.1～7.2.2	7.2.1～7.2.2
—	7.2.3
7.2.3	7.2.4
7.2.4	7.2.5
7.2.5～7.2.7	—
7.3.1～7.3.2	7.3.1～7.3.2
7.3.3	—
7.4	—
8	8
9	9
10	10
11	11
12	—
附录 A	—
附录 B	—
附录 C	—
—	附录 A
—	附录 B
—	附录 C
—	附录 D

附　录　C
（资料性附录）
本标准与 IEC 60404-8-3:2005 技术性差异及其原因

表 C.1 给出了本标准与 IEC 60404-8-3:2005 技术性差异及其原因的一览表。

表 C.1　本标准与 IEC 60404-8-3:2005 技术性差异及其原因

本标准的章条编号	技术性差异	原　因
2	引用国内对应标准	国内标准是采用对应的 IEC 或 ISO 标准制修订的
5	牌号按国内电工钢命名规定命名	以使国内电工牌号统一化
6.2	钢卷内径为(510±20)mm 或(610±20)mm	根据国内生产实际情况
7.1	删除了用于 60 Hz 的公称厚度为 0.47 mm、0.64 mm、0.79 mm 系列牌号	国内使用的交流电为 50 Hz
7.2.1.2	厚度偏差用具体数值表示，没有用百分数表示	为了方便测试
7.2.3	长度为 2 m，切边交货时，宽度为 30 mm＜W≤150 mm 时，镰刀弯应不大于 2.0 mm，宽度 W＞150 mm 时，镰刀弯应不大于 1.0 mm	根据国内生产实际情况
7.2.7	增加的条款	根据我国实际情况，增加粗糙度的要求
7.3.2	叠装系数给出了明确的指标	根据国内生产实际情况
7.3.3	增加条款	根据我国实际情况，增加绝缘涂层电阻要求
7.4	增加的条款	根据我国实际情况，增加抗拉强度和伸长率的要求
8.4.3.2	增加的条款	根据我国实际情况，增加绝缘涂层电阻测试方法
8.4.2.7	增加的条款	根据我国实际情况，增加粗糙度的测试方法
8.4.4	增加的条款	根据我国实际情况，增加抗拉强度和伸长率的测试方法
12	增加的条款	明确数据修约，以前未作明确说明

ICS 77.140.50
H 46

中华人民共和国国家标准

GB/T 21074—2007

针管用不锈钢精密冷轧钢带

Cold rolled stainless precision steel strip for needle tubing

2007-08-14 发布　　　　2008-03-01 实施

中华人民共和国国家质量监督检验检疫总局
中国国家标准化管理委员会　发布

前　言

本标准主要参照日本标准 JIS G4305:2005《冷轧不锈钢板和钢带》、美国标准 ASTM A240/A240M:06C《压力容器和一般用途的铬及铬镍不锈钢厚板、薄板及带材》等标准，并结合 GB 18457—2001《制造医疗器械用不锈钢针管》标准，充分考虑适用制造针管用精密冷轧不锈钢带的要求而制定的。

本标准的附录 A 为资料性附录。

本标准由中国钢铁工业协会提出。

本标准由全国钢标准化技术委员会归口。

本标准主要起草单位：无锡华生精密合金材料有限公司、冶金工业信息标准研究院。

本标准主要起草人：芮浩清、余叙斌、董赵勇、韩子龙、黄颖。

针管用不锈钢精密冷轧钢带

1 范围

本标准规定了针管用不锈钢精密冷轧钢带的尺寸、外形、重量及允许偏差、技术要求、试验方法、检验规则、包装、标志和质量证明书等。

本标准适用于厚度为0.15 mm～0.50 mm、宽度为10.00 mm～30.00 mm的针管用不锈钢精密冷轧钢带(以下简称钢带)。

2 规范性引用文件

下列文件中的条款通过本标准的引用而成为本标准的条款。凡是注日期的引用文件,其随后所有的修改单(不包括勘误的内容)或修订版均不适用于本标准,然而,鼓励根据本标准达成协议的各方研究是否可使用这些文件的最新版本。凡是不注日期的引用文件,其最新版本适用于本标准。

GB/T 222 钢的成品化学成分允许偏差

GB/T 223.5 钢铁及合金化学分析方法 还原型硅钼酸盐光度法测定酸溶硅含量

GB/T 223.11 钢铁及合金化学分析方法 过硫酸铵氧化容量法测定铬量

GB/T 223.17 钢铁及合金化学分析方法 二安替比林甲烷光度法测定钛量

GB/T 223.25 钢铁及合金化学分析方法 丁二酮肟重量法测定镍量

GB/T 223.28 钢铁及合金化学分析方法 α-安息香肟重量法测定钼量

GB/T 223.36 钢铁及合金化学分析方法 蒸馏分离-中和滴定法测定氮量

GB/T 223.37 钢铁及合金化学分析方法 蒸馏分离-靛酚蓝光度法测定氮量

GB/T 223.40 钢铁及合金化学分析方法 离子交换分离-氯磺酚S光度法测定铌量

GB/T 223.58 钢铁及合金化学分析方法 亚砷酸钠-亚硝酸钠滴定法测定锰量

GB/T 223.62 钢铁及合金化学分析方法 乙酸丁脂萃取光度法测定磷量

GB/T 223.63 钢铁及合金化学分析方法 高碘酸钠(钾)光度法测定锰量

GB/T 223.67 钢铁及合金化学分析方法 还原蒸馏-次甲基蓝光度法测定硫量

GB/T 223.68 钢铁及合金化学分析方法 管式炉内燃烧后碘酸钾滴定法测定硫含量

GB/T 223.69 钢铁及合金化学分析方法 管式炉内燃烧后气体容量法测定碳含量

GB/T 228 金属材料 室温拉伸试验方法(GB/T 228—2002,eqv ISO 6892:1998)

GB/T 247 钢板和钢带验收、包装、标志及质量证明书的一般规定

GB/T 2523 冷轧薄钢板(带)表面粗糙度测量方法

GB/T 2975 钢及钢产品力学性能试验检验取样位置及试样制备(GB/T 2975—1998,eqv ISO 377:1997)

GB/T 4334.5 不锈钢 硫酸-硫酸铜腐蚀试验方法

GB/T 4340.1 金属维氏硬度试验 第1部分:试验方法(GB/T 4340.1—1999,eqv ISO 6507-1:1987)

GB/T 6394 金属平均晶粒度测定法

GB/T 9971—2004 原料纯铁

GB/T 11170 不锈钢的光电发射光谱分析方法

GB/T 20066 钢和铁 化学成分测定用试样的取样和制样方法(GB/T 20066—2006,ISO 14284:1996,IDT)

3 订货内容

根据本标准订货，在合同中应注明下列内容：

a) 产品名称；

b) 牌号；

c) 标准编号；

d) 尺寸及精度；

e) 重量或数量；

f) 标准中应由供需双方协商并在合同中注明的项目或指标，如未注明，则由供方选择；

g) 需方提出的其他特殊要求，经供需双方协商确定，并在合同中注明。

4 尺寸、外形、重量及允许偏差

4.1 尺寸及允许偏差

4.1.1 钢带厚度及允许偏差应符合表1规定。

表1 钢带厚度及允许偏差

单位为毫米

钢带厚度	厚度允许偏差	同条差，不大于
0.15～0.25	+0.005 −0.010	0.010
>0.25～0.35	±0.010	0.015
>0.35～0.50	+0.010 −0.015	0.020

4.1.2 钢带宽度及允许偏差应符合表2规定。

表2 钢带宽度及允许偏差

单位为毫米

钢带厚度	宽度允许偏差
0.15～0.25	±0.05
>0.25～0.35	±0.07
>0.35～0.50	±0.10

4.2 外形

4.2.1 钢带的镰刀弯，每米不大于2.0 mm。

4.2.2 钢带应平直。

4.3 重量

钢带的单件重量一般应大于20 kg，钢卷中不允许有接头。需方如有特殊要求可在合同中注明。

5 技术要求

5.1 化学成分(熔炼分析)

5.1.1 钢带的化学成分(熔炼分析)应符合表3的规定。

表 3 牌号及化学成分

序号	牌号	化学成分(质量分数)/%										
		C	Si	Mn	P	S	Ni	Cr	Mo	Cu	N	其他
1	06Cr19Ni9	0.08	0.75	2.00	0.045	0.030	8.00~10.50	18.00~20.00	—	—	0.10	—
2	022Cr19Ni10	0.030	0.75	2.00	0.045	0.030	8.00~12.00	18.00~20.00	—	—	0.10	—
3	06Cr18Ni11Nb	0.08	0.75	2.00	0.045	0.030	9.00~13.00	17.00~19.00	—	—	—	Nb:10C~1.00
4	06Cr17Ni12Mo2	0.08	0.75	2.00	0.045	0.030	10.00~14.00	16.00~18.00	2.00~3.00	—	0.10	—
5	022Cr17Ni12Mo2	0.030	0.75	2.00	0.045	0.030	10.00~14.00	16.00~18.00	2.00~3.00	—	0.10	—
6	06Cr18Ni11Ti	0.08	0.75	2.00	0.045	0.030	9.00~12.00	17.00~19.00	—	—	0.10	Ti≥5C
7	06Cr19Ni13Mo3	0.08	0.75	2.00	0.045	0.030	11.00~15.00	18.00~20.00	3.00~4.00	—	0.10	—
8	022Cr19Ni13Mo3	0.030	0.75	2.00	0.045	0.030	11.00~15.00	18.00~20.00	3.00~4.00	—	0.10	—

注:表中所列成分除标明范围或最小值,其余均为最大值。

5.1.2 钢带成品的化学成分允许偏差值应符合 GB/T 222 标准中的规定。

5.2 钢带经冷轧、光亮固溶热处理后成卷交货。

5.3 钢带的力学性能

钢带的力学性能应符合表 4 的规定。

表 4 钢带力学性能

序号	牌号	拉伸试验[b),c)]			硬度试验[c)]
		规定非比例延伸强度[a)] $R_{p0.2}$/MPa	抗拉强度 R_m/MPa	伸长率 A_{50}/%	HV
		不小于			不大于
1	06Cr19Ni9	205	515	40	180
2	022Cr19Ni10	170	485	40	175
3	06Cr18Ni11Nb	205	515	40	180
4	06Cr17Ni12Mo2	205	515	40	180
5	022Cr17Ni12Mo2	170	485	40	175
6	06Cr18Ni11Ti	205	515	40	180
7	06Cr19Ni13Mo3	205	515	40	180
8	022Cr19Ni13Mo3	170	485	40	175

a) 规定非比例延伸强度仅当需方要求并在合同中注明时才进行测定。

b) 厚度<0.3 mm 钢带的拉伸试验仅提供实测数据。

c) 由供需双方商定,钢带的拉伸试验及硬度试验可任选一项。

5.4 耐腐蚀性能

钢带的耐腐蚀性能采用硫酸-硫酸铜腐蚀试验方法,其适用的牌号及试验后的弯曲面状态应符合表5规定。如供方能保证,则可不进行此项试验。

表5 硫酸-硫酸铜腐蚀试验后弯曲面状态

序号	牌号	试验状态	试验后弯曲面状态
1	06Cr19Ni9	交货状态（固溶处理）	无晶间腐蚀
2	06Cr17Ni12Mo2		
3	06Cr19Ni13Mo3		
4	022Cr19Ni10	敏化处理	
5	06Cr18Ni11Nb		
6	022Cr17Ni12Mo2		
7	06Cr18Ni11Ti		
8	022Cr19Ni13Mo3		

5.5 钢带的平均晶粒度等级应不小于7级。如供方能保证,则可不进行此项试验。

5.6 钢带的表面粗糙度 Ra 应不大于0.3 μm。

5.7 表面质量

5.7.1 钢带表面不应有裂纹、气泡、夹杂和结疤。钢带不得有分层。

5.7.2 钢带表面应光亮清洁,不应有氧化色、辊印、划痕、麻点等缺陷。

5.7.3 钢带边缘毛刺应均匀,毛刺高度应不大于钢带厚度的5%。

5.8 需方对本标准所列牌号的化学成分、力学性能、耐腐蚀性能、晶粒度等级及表面质量有特殊要求时,由供需双方协商确定。

6 试验方法

6.1 每批钢带的检验项目、取样数量、取样方法及试验方法应符合表6的规定。

表6 检验项目、取样数量、取样方法、试验方法

序号	检验项目	取样数量	取样方法	试验方法
1	化学成分	1	GB/T 20066	GB/T 223、GB/T 11170、GB/T 9971—2004
2	拉伸试验	1	GB/T 2975	GB/T 228
3	表面硬度试验	1	GB/T 4340.1	GB/T 4340.1
4	表面粗糙度	1	GB/T 2523	GB/T 2523
5	耐腐蚀试验	2	GB/T 4334.5	GB/T 4334.5
6	晶粒度	1	GB/T 6394	GB/T 6394
7	尺寸、外形	—	逐卷	万分卡、游标卡尺、直尺
8	表面质量	—		目视

6.2 钢带的厚度测量,测量钢带宽度的中心部位。

6.3 钢带的镰刀弯测量,将钢带的受检部分放置平面上,用1 m长直尺靠贴钢带的凹侧边,测量钢带与直尺之间的最大距离。

7 检验规则

7.1 钢带的质量由供方质量监督部门负责检查和验收。

7.2 钢带应成批验收,每批应由同一牌号、同一炉号和同一尺寸的钢带组成。

7.3 钢带的复验应符合 GB/T 247 的规定。

8 包装、标志、质量证明书

8.1 钢带的包装采用复合包装纸单件缠包或塑袋单件封装,水平放置于包装箱或木托,采用打包带并衬以软性包角材料牢固捆扎打包,防止雨水渗漏和运输过程受损。

8.2 钢带的标志和质量证明书应符合 GB/T 247 的规定。

附 录 A
（资料性附录）
不锈钢牌号对照表

中国与日本、美国标准的不锈钢牌号对照见表 A.1。

表 A.1 中国与日本、美国标准的不锈钢牌号对照表

序号	中国		日本	美国	
	GB/T 3280—2007	GB/T 4239—1991	JIS G4305:2005	ASTM A240/A240M:06C	AISI
1	06Cr19Ni9	0Cr18Ni9	SUS304	S30400	304
2	022Cr19Ni10	00Cr19Ni10	SUS304L	S30403	304L
3	06Cr18Ni11Nb	0Cr18Ni11Nb	SUS347	S34700	347
4	06Cr17Ni12Mo2	0Cr17Ni12Mo2	SUS316	S31600	316
5	022Cr17Ni12Mo2	00Cr17Ni14Mo2	SUS316L	S31603	316L
6	06Cr18Ni11Ti	0Cr18Ni10Ti	SUS321	S32100	321
7	06Cr19Ni13Mo3	0Cr19Ni13Mo3	SUS317	S31700	317
8	022Cr19Ni13Mo3	00Cr19Ni13Mo3	SUS317L	S31703	317L

ICS 77.140.40
H 53

中华人民共和国国家标准

GB/T 25046—2010

高磁感冷轧无取向电工钢带(片)

High magnetic induction cold-rolled non-oriented electrical steel strip and sheet

2010-09-02 发布　　2011-06-01 实施

中华人民共和国国家质量监督检验检疫总局
中国国家标准化管理委员会　发布

前　言

本标准附录A为规范性附录。

本标准由中国钢铁工业协会提出。

本标准由全国钢标准化技术委员会归口。

本标准起草单位：武汉钢铁(集团)公司、冶金工业信息标准研究院、鞍钢股份有限公司。

本标准主要起草人：张新仁、杨春甫、王晓虎、祝晓波、谢晓心、管吉春、叶九美、邱忆、杨大可、骆忠汉、万正武、毛炯辉、刘其中、姚腊红、亓福荣。

高磁感冷轧无取向电工钢带(片)

1 范围

本标准规定了公称厚度为0.35 mm和0.50 mm的高磁感冷轧无取向电工钢带(片)的牌号、技术要求、检查、测试、包装、标志和质量证明书等。

本标准适用于磁路结构中使用的全工艺高磁感冷轧无取向电工钢带(片)。

2 规范性引用文件

下列文件对于本文件的应用是必不可少的。凡是注日期的引用文件,仅所注日期的版本适用于本文件。凡是不注日期的引用文件,其最新版本(包括所有的修改单)适用于本文件。

GB/T 228 金属材料 室温拉伸试验方法

GB/T 235 金属材料 厚度等于或小于3 mm薄板和薄带 反复弯曲试验方法

GB/T 247 钢板和钢带包装、标志及质量证明书的一般规定

GB/T 2521 冷轧取向和无取向电工钢带(片)

GB/T 2522 电工钢片(带)表面绝缘电阻、涂层附着性测试方法

GB/T 3655 用爱泼斯坦方圈测量电工钢片(带)磁性能的方法

GB/T 4340.1 金属材料 维氏硬度试验 第1部分:试验方法

GB/T 13789 用单片测试仪测量电工钢片(带)磁性能的方法

GB/T 17505 钢及钢产品交货一般技术要求

GB/T 18253 钢及钢产品 检验文件的类型

GB/T 19289 电工钢片(带)的密度、电阻率和叠装系数的测量方法

3 术语和定义

GB/T 2521界定的术语和定义适用于本文件。

4 牌号

钢的牌号是按照下列给出的次序组成:

1) 以mm为单位,材料公称厚度的100倍。

2) 特征字符:

——W表示无取向电工钢;

——G表示高磁感。

3) 磁极化强度在1.5 T和频率在50 Hz,以W/kg为单位及相应厚度产品的最大比总损耗值的100倍。

示例:50WG400表示公称厚度为0.50 mm、最大比总损耗$P_{1.5/50}$为4.0 W/kg的高磁感冷轧无取向电工钢。

5 一般要求

5.1 生产工艺

钢的生产工艺和化学成分由生产者决定。

5.2 供货形式

1） 钢带以卷供货，钢片以箱供货。

2） 卷、箱的重量应符合订货协议的要求。

3） 推荐钢卷内径为 510 mm，钢卷重量一般不小于 3 t。

4） 组成每箱的片应使侧面平直地堆叠，近似垂直于上表面。

5） 钢卷应由同一宽度的钢带卷成，卷的侧面应尽量平直。

6） 钢卷应非常紧的卷绕以使其在自重下不塌卷。

7） 钢带可能由于去除缺陷而产生接带，接带处应做标记。

8） 钢带焊缝和接带前、后部分应为同一牌号。

9） 焊缝处应平整，不影响材料后续加工。

5.3 交货条件

钢带（片）在两面涂有绝缘涂层，绝缘涂层的种类一般由需方提出，需方未提出时由供方确定。

5.4 表面质量

钢带（片）表面应光滑、清洁，不应有锈蚀，不允许有妨碍使用的孔洞、重皮、折印、分层、气泡等缺陷。分散的擦伤、划伤、气泡、沙眼、裂缝、结疤、麻点、凹坑、凸包等缺陷，如果它们在厚度公差范围之内并不影响所供材料的正确使用时是允许的。

材料表面的绝缘涂层应牢固地粘附，以使它们在剪切操作中和在生产者推荐的消除应力退火条件下退火时不脱落，涂层颜色应均匀。

5.5 剪切适应性

当使用合适的剪切设备剪切时，材料应在任何部位都能被剪切或冲压成通常的形状。

6 技术要求

6.1 磁特性

6.1.1 概述

高磁感冷轧无取向电工钢的磁特性应符合表 1 的规定，时效试样也应符合表 1 的规定。

6.1.2 最小磁极化强度

在 5 000 A/m 交变磁场（峰值）、频率为 50 Hz 时，规定的最小磁极化强度值 B_{5000}（峰值）应符合表 1 的规定。

6.1.3 最大比总损耗

在磁极化强度为 1.5 T、频率为 50 Hz 时，规定的最大比总损耗值 $P_{1.5/50}$ 应符合表 1 的规定。

表 1 高磁感冷轧无取向电工钢带（片）的磁特性和工艺特性

牌号	公称厚度/mm	理论密度/(kg/dm³)	最大比总损耗 $P_{1.5/50}$/(W/kg)	最小磁极化强度 B_{5000}/T	最小弯曲次数	最小叠装系数	硬度[a] HV_5
35WG230	0.35	7.65	2.30	1.66	2	0.95	—
35WG250		7.65	2.50	1.67	2		
35WG300		7.70	3.00	1.69	3		
35WG360		7.70	3.60	1.70	5		
35WG400		7.75	4.00	1.71	5		
35WG440		7.75	4.40	1.71	5		

表 1（续）

牌号	公称厚度/mm	理论密度/(kg/dm^3)	最大比总损耗 $P_{1.5/50}$/(W/kg)	最小磁极化强度 B_{5000}/T	最小弯曲次数	最小叠装系数	硬度[a] HV_5
50WG250	0.50	7.65	2.50	1.67	2	0.97	—
50WG270		7.65	2.70	1.67	2		
50WG300		7.65	3.00	1.67	3		
50WG350		7.70	3.50	1.70	5		
50WG400		7.70	4.00	1.70	5		
50WG470		7.75	4.70	1.72	10		≥120
50WG530		7.75	5.30	1.72	10		≥105
50WG600		7.75	6.00	1.72	10		
50WG700		7.80	7.00	1.73	10		≥100
50WG800		7.80	8.00	1.74	10		
50WG1000		7.85	10.00	1.75	10		≥100
50WG1300		7.85	13.00	1.76	10		

注：多年来习惯上采用磁感应强度，实际上爱泼斯坦方圈测量的是磁极化强度。

定义为：$J=B-\mu_0 H$

式中：J 是磁极化强度；B 是磁感应强度；μ_0 是真空磁导率，其值为：$4\pi\times10^{-7}$ H/m；H 是磁场强度。

[a] 当需方提出，经供需双方协议，可执行表 1 中的硬度规定。

6.2 几何特性和偏差

6.2.1 厚度及厚度偏差

6.2.1.1 厚度

公称厚度为 0.35 mm 和 0.50 mm。

6.2.1.2 厚度偏差

同一验收批内公称厚度的允许偏差：0.35 mm 厚度的材料应不超过公称厚度的±0.028 mm；0.50 mm 厚度的材料应不超过公称厚度的±0.040 mm；焊缝处厚度增加值不应超过 0.050 mm。

平行于轧制方向上 2 m 长钢带或一张钢片的纵向厚度允许偏差：公称厚度 0.35 mm 材料应不超过 0.018 mm；公称厚度 0.50 mm 材料应不超过 0.025 mm。

垂直于轧制方向上的厚度允许偏差：公称厚度 0.35 mm 及 0.50 mm 材料应不超过 0.020 mm，这种偏差仅适用于宽度大于 150 mm 材料，对于窄带需要另外签订协议。

6.2.2 宽度及宽度偏差

钢带(片)公称宽度一般不大于 1 300 mm，用户可以在生产方指定的宽度范围内选择宽度，可以是切边或毛边状态交货。

切边交货的钢带(片)宽度允许偏差为 0～+15 mm。不切边产品的宽度偏差 0～+5 mm。

以最终使用宽度交货的材料，宽度允许偏差应符合表 2 的规定。

表 2　高磁感冷轧无取向电工钢带(片)的宽度允许偏差

公称宽度 L/mm	宽度偏差[a]/mm
$L \leqslant 150$	$^{+0.2}_{0}$
$150 < L \leqslant 300$	$^{+0.3}_{0}$
$300 < L \leqslant 600$	$^{+0.5}_{0}$
$600 < L \leqslant 1\ 000$	$^{+1.0}_{0}$
$1\ 000 < L \leqslant 1\ 250$	$^{+1.5}_{0}$
[a] 经协议,宽度偏差可以是负偏差。	

6.2.3　长度及长度偏差

钢片的长度允许偏差应不超过公称长度的 0.5%,但最大不超过 6 mm。

6.2.4　镰刀弯

镰刀弯的检测只适用于宽度 L 大于 30 mm 的材料。长度为 2 m 材料的镰刀弯不应超过:

30 mm$<L\leqslant$150 mm 时为 2.0 mm;$L>$150 mm 时为 1.0 mm。

6.2.5　不平度(波形因数)

不平度的检测只适用于宽度大于 150 mm 的材料,其不平度不应超过 2.0%。

6.2.6　残余曲率

用户对残余曲率有要求并在协议中有规定时才进行检验。残余曲率的检验适用于宽度大于 150 mm 的材料。钢片的残余曲率是通过测试钢片底部和支撑板之间的距离确定,应不超过 35 mm,钢卷的残余曲率应符合订货协议。

6.2.7　毛刺高度

剪切毛刺高度的测定仅适用于以最终使用宽度交货的材料。其剪切毛刺高度应不超过 0.035 mm。

6.3　工艺特性

6.3.1　密度

用于计算磁性、叠装系数的密度,各牌号应符合表 1 规定。

6.3.2　叠装系数

叠装系数最小值应符合表 1 的规定,表中规定的叠装系数最小值理论上是在无绝缘涂层状态下测量的。

6.3.3　弯曲次数

弯曲次数的最小值应符合表 1 的规定,表中规定的弯曲次数的最小值是用垂直于轧制方向的试样测定的。

6.3.4　表面绝缘涂层电阻

根据需方要求,可以提供交货状态下表面绝缘涂层电阻的参考最小值,单位为欧姆平方毫米($\Omega \cdot mm^2$)。

6.3.5　力学性能

根据需方要求,经供需双方协议,硬度可按表 1 的规定,其他力学性能可按表 3 的规定。

表 3　高磁感冷轧无取向电工钢带(片)的力学性能

牌号	抗拉强度 R_m/(N/mm²)	断后伸长率 A/%
35WG230	≥450	≥14
35WG250	≥445	
35WG300	≥410	
35WG360	≥405	≥16
35WG400	≥395	≥18
35WG440	≥370	
50WG250	≥450	≥12
50WG270	≥445	≥14

牌号	抗拉强度 R_m/(N/mm²)	断后伸长率 A/%
50WG300	≥425	≥15
50WG350	≥410	
50WG400	≥400	≥18
50WG470	≥370	
50WG530	≥370	≥20
50WG600	≥350	
50WG700	≥330	≥25
50WG800	≥310	
50WG1000	≥300	≥25
50WG1300	≥300	

7　检查和测试

7.1　概述

按本标准签订订货协议时,协议可含有按引用文件中的电工钢检验标准指定或不指定检验项目的条款,在没有指定检验项目的条款时,制造方应提供所供材料的最大比总损耗值和最小磁极化强度值。

在指定检验项目要求订货时。应明确 GB/T 18253 涉及的检验内容。

一般以一卷组成一个验收批。允许有由同一级别、同一公称厚度的钢带并卷组成验收批。

除特殊协议外,以上规定适用于表面绝缘涂层电阻和形状尺寸偏差的检查。

当产品以分卷的形式供货时,原验收批上的测试结果适用于该分卷。

7.2　取样

应从每一个验收批上取测试试样。

磁性试样应从每卷头尾各取一副试样。

试样应从离钢卷头尾不小于 3 m 处截取,且应避开焊缝和接带区域。对钢片产品,试样应优先从捆包的上部选取。通过合理地安排测试次序,同一副试样可以用于测试多种特性。

7.3　试样制备

7.3.1　磁特性

用 25 cm 爱泼斯坦方圈测试材料的最大比总损耗和最小磁极化强度时,一副试样由 4 倍的样片组成,推荐重量为 0.50 kg 左右。试样的取样方法、尺寸及尺寸偏差应符合 GB/T 3655 的规定。

用 GB/T 13789 规定的单片法测试最大比总损耗和最小磁极化强度时,单片试样的取样方法、尺寸及尺寸偏差应符合 GB/T 13789 的规定。

测试时效试样的最大比总损耗时,时效试样应在 225 ℃±5 ℃温度中持续保温 24 h,而后空冷到环境温度。

7.3.2　几何特性和偏差

测试厚度、宽度、不平度和镰刀弯的试样为 2 m 长的钢带或一张钢片。

测试残余曲率的试样为($500^{+2.5}_{0}$)mm 长,宽度等于公称宽度钢带或钢片。

7.3.3　工艺特性

7.3.3.1　叠装系数

试样至少由相同尺寸的 16 片组成。在有争议的情况下,试样应由 100 片组成。试样最小宽度

20 mm,最小表面积 5 000 mm^2。试样的宽度和长度偏差小于等于±0.10 mm。测试前应仔细去除试样毛刺。

7.3.3.2 弯曲次数

沿垂直轧制方向取最小宽度为 20 mm 的 1 片试样。试样应避开母材的边缘。

试样应保持平整、防止变形。

7.3.3.3 表面绝缘涂层电阻

宽度大于等于 600 mm 的钢带,应在材料的整个宽度上选择 1 片横向试样。每一片试样的宽度取决于所使用的测试方法,按 GB/T 2522 中 A 方法测量时,推荐试样宽度不小于 50 mm。

宽度小于 600 mm 的钢带或钢片,选择检查表面绝缘涂层电阻的试样尺寸应符合订货协议。

7.3.4 力学性能

力学性能的测试按 GB/T 228 的规定取样。

7.4 测试方法

对于规定的每一个特性,每一个验收批都应进行测试。除非另有规定,测试应在(23±5)℃的温度下进行。

7.4.1 磁特性

磁特性应按照 GB/T 3655 进行测试,测试试样片数为纵横向各半。通过协议也可按照 GB/T 13789 进行测试,测试值应符合表 1 的规定。

注:对同一材料按 GB/T 3655 和 GB/T 13789 两种方法所得结果会有差异。

7.4.2 几何特性和偏差

7.4.2.1 厚度

厚度在距离钢带或钢片边部大于 30 mm 的任何地方进行测试。

厚度的测试应使用精度为 0.001 mm 的千分尺进行。

7.4.2.2 宽度

宽度应沿垂直钢带或钢片的纵轴测试。

7.4.2.3 镰刀弯

用直尺紧靠钢带(片)的凹侧边,测量直尺与凹侧边的最大距离,见附录 A 图 A.1。

7.4.2.4 不平度

将钢片自由地放在固定平台上,除钢片自身重量外,不施加任何压力,用直尺测量钢片最大波(全波)的高度 H 和波长 L,不平度等于 $(H/L)\times 100\%$,见附录 A 图 A.2。

7.4.2.5 残余曲率

钢带纵向的残余曲率应按照附录 A 图 A.3 测试。

7.4.2.6 毛刺高度

用千分尺测量钢带(片)的剪切处和内侧的厚度,毛刺高度等于两者厚度之差,见附录 A 图 A.4。

7.4.3 工艺特性

7.4.3.1 叠装系数

叠装系数应按 GB/T 19289 测试。

7.4.3.2 弯曲次数

弯曲次数应按 GB/T 235 测试。弯曲测试是把测试试样的每一面从它的初始位置交替地弯曲到 90°。从初始位置弯曲 90°后再返回到初始位置算作一次弯曲。

在基板上用肉眼第一次看到裂纹时应停止测试,最后的弯曲不记作弯曲次数。

7.4.3.3 硬度

硬度应按 GB/T 4340.1 进行测试。

7.4.3.4 表面绝缘涂层电阻

表面绝缘涂层电阻应按 GB/T 2522 进行测试。

7.4.3.5 力学性能

力学性能应按 GB/T 228 进行测试。

7.5 复验

当某一项性能的检验结果不符合本标准规定时，应取双倍试样复验，复验应按 GB/T 17505 进行。

8 包装、标志和质量证明书

8.1 包装、标志

钢带(片)的包装、标志应符合 GB/T 247 的规定。

8.2 质量证明书

提交的每批钢带(片)应附有证明该批钢带(片)所应检验项目的性能符合本标准规定的订货合同的质量证明书。质量证明书的条款应符合 GB/T 247 的规定。

9 异议

在所有的情况下，异议的条款和条件应符合 GB/T 17505 的规定。

10 订货资料

按本标准订货时应提供下列信息：

a) 本标准号；

b) 牌号；

c) 产品名称(钢带或钢片)；

d) 数量；

e) 钢带或钢片的尺寸；

f) 钢卷或钢片(捆)重量的限定；

g) 其他特殊要求。

附 录 A
（规范性附录）
几种测试方法示例图

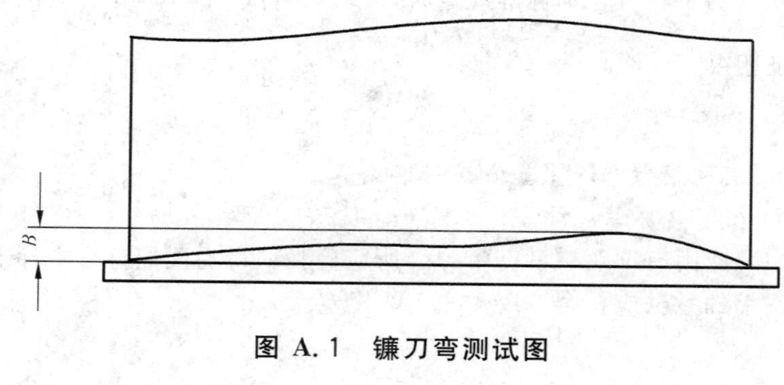

图 A.1 镰刀弯测试图

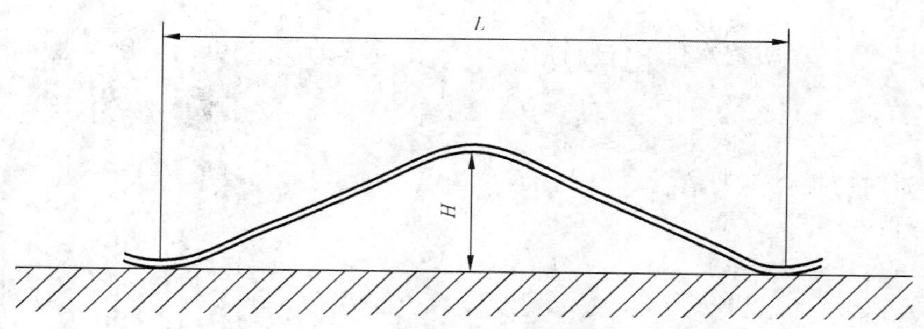

图 A.2 不平度测试图

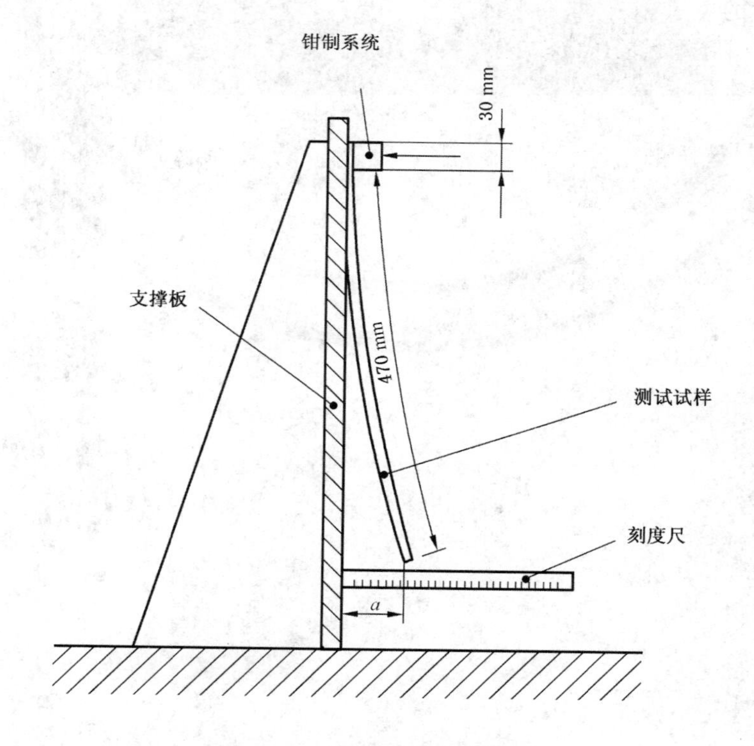

图 A.3 残余曲率测试图

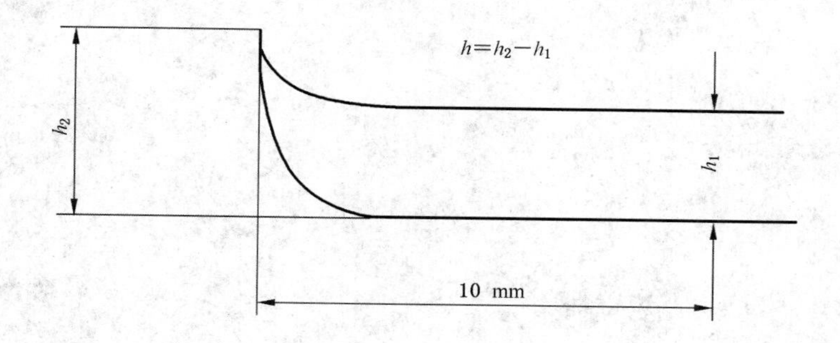

图 A.4 毛刺高度测试图

ICS 77.140.50
H 46

中华人民共和国国家标准

GB/T 25820—2010

包装用钢带

Steel strips for packing

2010-12-23 发布 2011-09-01 实施

中华人民共和国国家质量监督检验检疫总局
中国国家标准化管理委员会 发布

前 言

本标准按照 GB/T 1.1—2009 给出的规则起草。

本标准的附录 A 为规范性附录。

本标准由中国钢铁工业协会提出。

本标准由全国钢标准化技术委员会(SAC/TC 183)归口。

本标准主要起草单位:无锡市方正金属捆带有限公司、鞍山市发蓝钢带有限责任公司、冶金工业信息标准研究院。

本标准主要起草人:宋志方、王洪珂、胡羽凡、王晓虎、王恩栋、何广生、高伟、孙长杰、高宏、陈晓军。

包 装 用 钢 带

1 范围

本标准规定了包装用钢带(以下简称捆带)的分类、代号和捆带牌号表示方法、订货内容、公称厚度、公称宽度、对焊、卷径及表面状态、技术要求、外形、尺寸的允许偏差、检验和试验、包装、标志及质量证明书等。

本标准适用于金属材料、纸箱、木箱、轻纺和化工产品等包装捆扎用的钢带。

2 规范性引用文件

下列文件对于本文件的应用是必不可少的。凡是注日期的引用文件,仅注日期的版本适用于本文件。凡是不注日期的引用文件,其最新版本(包括所有的修改单)适用于本文件。

GB/T 228.1 金属材料 拉伸试验 第1部分:室温试验方法(GB/T 228.1—2010,ISO 6892-1:2009,MOD)

GB/T 235 金属材料 厚度等于或小于3 mm薄板和薄带 反复弯曲试验方法

GB/T 247 钢板和钢带包装、标志及质量证明书的一般规定

GB/T 8170 数值修约规则与极限数值的表示和判定

GB/T 17505 钢及钢产品交货一般技术要求

3 分类和代号

3.1 牌号命名方法

捆带的牌号由规定的最低抗拉强度值(单位为MPa)+"捆带"汉语拼音的第一个字母"KD"组成。例如:830KD。

3.2 捆带的分类及牌号

3.2.1 按强度分:

a) 低强捆带,牌号有650KD、730KD、780KD;

b) 中强捆带,牌号有830KD、880KD;

c) 高强捆带,牌号有930KD、980KD;

d) 超高强捆带,牌号有1150KD、1250KD。

3.2.2 按表面状态分:

a) 发蓝 SBL;

b) 涂漆 SPA;

c) 镀锌 SZE。

3.3 按用途分:

a) 普通用;

b) 机用。

4 订货内容

按本标准订货的合同或订单应包括下列内容:

a） 牌号；
b） 本标准编号；
c） 规格尺寸；
d） 表面状态；
e） 卷的内径和最大外径；
f） 缠绕方式；
g） 重量(卷重及总重)；
h） 用途；
i） 包装方式；
j） 特殊要求。

5 尺寸、外形、重量及允许偏差

5.1 捆带的公称厚度与公称宽度按表1的规定。经供需双方协议，可供应其他尺寸的捆带。

表1 捆带的宽度和厚度

单位为毫米

公称厚度	公称宽度					
	16	19	25.4	31.75	32	40
0.4	√					
0.5	√	√				
0.6	√	√				
0.7		√				
0.8		√	√	√	√	
0.9		√	√	√	√	√
1.0		√	√	√	√	√
1.2				√	√	√
注：√表示生产供应的捆带。						

5.2 捆带的厚度允许偏差按表2的规定。

表2 捆带厚度允许偏差

单位为毫米

<table>
<tr><th rowspan="2">公称厚度</th><th colspan="2">厚度允许偏差</th></tr>
<tr><th>普通用捆带</th><th>机用捆带</th></tr>
<tr><td>0.4</td><td>±0.03</td><td rowspan="3">±0.02</td></tr>
<tr><td>0.5</td><td rowspan="2">±0.035</td></tr>
<tr><td>0.6</td></tr>
<tr><td>0.7～1.2</td><td>±0.04</td><td>±0.03</td></tr>
<tr><td colspan="3">注：捆带厚度不包括漆层、镀锌层厚度。</td></tr>
</table>

5.3 普通用捆带的宽度允许偏差为±0.13 mm；机用捆带的宽度允许偏差为±0.10 mm。

5.4 捆带外形允许偏差符合表3的规定。

表3 外形允许偏差

外 形	试样长度为2 000 mm	
	一般用途捆带	机用捆带
	不大于	不大于
镰刀弯	10 mm	6 mm
弯曲度	40 mm	24 mm
扭曲度	30°	18°

5.5 捆带允许采用对焊的方式进行接头，接头焊缝处的厚度不得超过公称厚度的145%，每卷捆带的接头数量最多一个。机用捆带应无接头。

5.6 捆带卷的内径为406 mm，允许偏差为±2 mm。经供需双方协议，可供应其他内径的捆带卷。

5.7 捆带按实际重量交货。

6 技术要求

6.1 力学性能和工艺性能

6.1.1 捆带拉伸性能应符合表4的规定。

表4 捆带的拉伸性能

牌 号	抗拉强度[a]，R_{m}/MPa 不小于	断后伸长率 $A_{30\ mm}$/% 不小于
650KD	650	6
730KD	730	8
780KD	780	8
830KD	830	10
880KD	880	10
930KD	930	10
980KD	980	12
1150KD	1 150	8
1250KD	1 250	6

[a] 焊缝抗拉强度不得低于规定抗拉强度最小值的80%。

6.1.2 捆带反复弯曲性能应符合表5的规定。

表 5　捆带反复弯曲试验的最少次数

公称厚度/ mm	反复弯曲次数 r=3 mm
0.4	12
0.5	8
0.6	6
0.7	5
0.8	5
0.9	5
1.0	4
1.2	3
注：r 为弯曲半径。	

6.2　涂镀层

6.2.1　涂漆捆带的单面漆膜厚度应不小于 3 μm，表面漆膜应均匀连续，不得有漏涂，允许有轻微的流挂和擦伤。涂漆捆带表面颜色由供需双方协商规定。

6.2.2　镀锌捆带的单面镀层厚度应不小于 3 μm，表面镀层应均匀完整，不得有镀层剥落，裂纹和漏镀。

6.3　表面质量

6.3.1　捆带应有光滑的表面，捆带表面允许有不大于厚度允许公差之半的轻微个别凹面、凸起、纵向划伤，但不得有锈蚀。

6.3.2　钢带边缘不得有毛刺、裂边、切割不齐。

6.3.3　由于连续生产过程中捆带表面的局部缺陷不易被发现和去除，捆带允许带缺陷交货，捆带交货时，其缺陷部分不得超过一卷总长度的 4%。

7　检验和试验

7.1　捆带的外观色泽及表面质量用目视检查，尺寸用相应精度的测量仪器或通用量具测量。

7.2　捆带的镰刀弯、弯曲度和扭曲度的测量按附录 A 的规定。

7.3　涂漆捆带的漆膜厚度和镀锌捆带的镀层厚度用相应精度的测量仪器测量。其测量部位应距捆带边缘不小于 3 mm 处，间隔大致相等，且其长度不小于 100 mm。每面各测三个点，其六个测试值的算数平均值，即为漆膜厚度或镀锌层厚度。

7.4　拉伸试验的试样采用不经机加工的全矩形截面形状，取 L_0＝30 mm。

7.5　每批捆带的试验项目、取样数量、取样方法和试验方法应符合表 6 的规定。

表 6　每批捆带的试验项目、取样数量、取样方法和试验方法

试验项目	取样数量	取样方法	试验方法
拉伸试验	1 个	捆带同一批号的成品卷上任意位置取样	GB/T 228.1
反复弯曲试验	2 个		GB/T 235

7.6 捆带应按批检验，每批应由同一牌号、同一冷轧工艺、同一热处理工艺、同一规格、同一表面状态的捆带组成。每批重量不超过 30 t。当采用单卷重量大于 30 t 的热轧板卷为原料时，允许以同一热轧板卷生产的捆带按照上述方法组批。

7.7 捆带的复验按 GB/T 17505 的规定。

8 包装、标志及质量证明书

捆带的包装、标志及质量证明书应符合 GB/T 247 的规定。

9 数值修约

数值修约按 GB/T 8170 的规定。

附 录 A
（规范性附录）
捆带外形的定义及测量方法

A.1 镰刀弯的定义及测量

捆带镰刀弯是指侧边与连接测量部分两端点直线之间的最大距离，在捆带凹形的一侧测量，如图 A.1 所示。

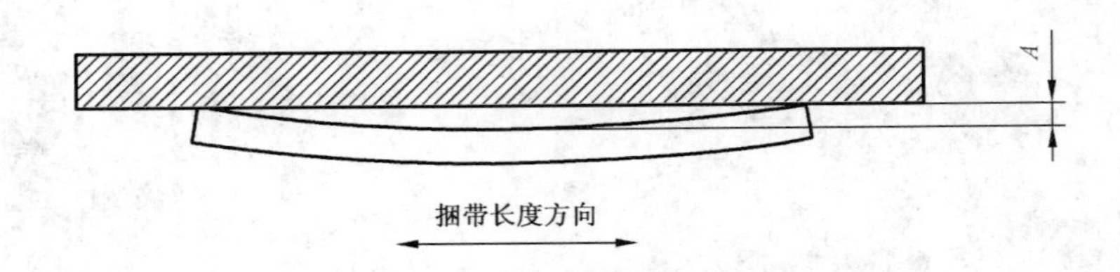

A——镰刀弯。

图 A.1 镰刀弯的测量

A.2 弯曲度

将捆带自由放在平台上，除捆带的本身重量外，不施加任何压力，测量捆带下表面与平台的最大距离，如图 A.2 所示。

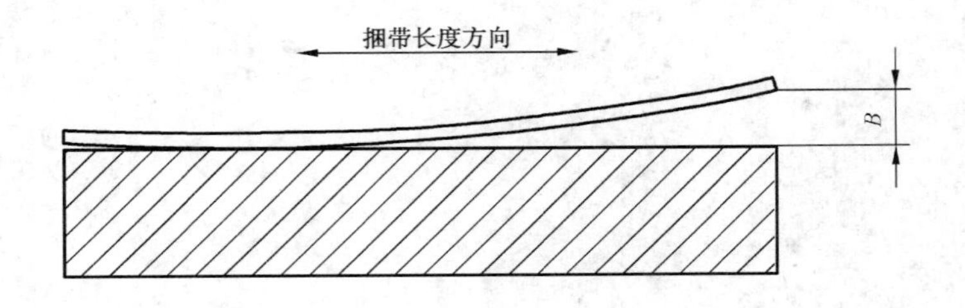

B——弯曲度。

图 A.2 弯曲度的测量

A.3 扭曲度

将捆带自由放在平台上，除捆带的本身重量外，不施加任何压力，测量捆带下表面与平台的最大倾角，如图 A.3 所示。

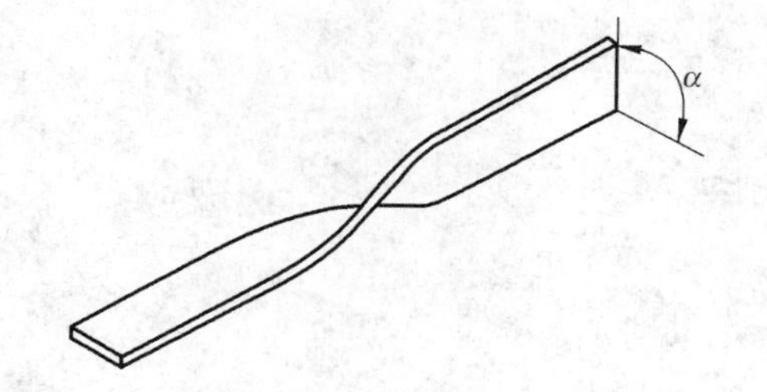

α——扭曲度。

图 A.3 扭曲度的测量

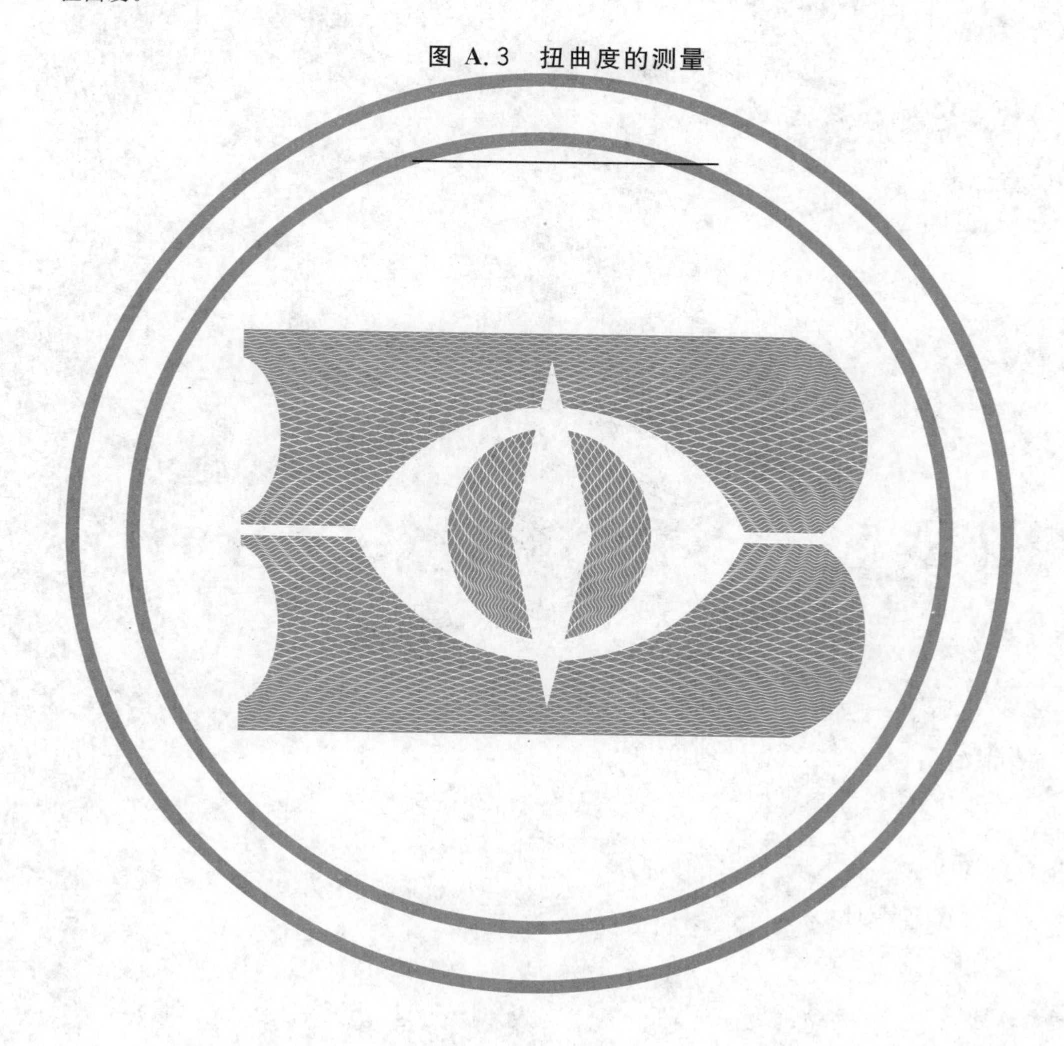

ICS 77.140.50
H 46

中华人民共和国黑色冶金行业标准

YB/T 024—2008
代替 YB/T 024—1992

铠装电缆用钢带

Steel strips for cable armouring

2008-03-12 发布 2008-09-01 实施

中华人民共和国国家发展和改革委员会 发布

前　言

本标准代替 YB/T 024—1992《铠装电缆用钢带》。

本标准与 YB/T 024—1992 相比主要变化如下：

——增加了钢带的规格；

——提高了钢带尺寸精度；

——规定了每卷钢带的最小长度；

——对镀锌钢带的锌层重量作了修改；

——增加对不同规格的钢带采用相应的拉伸试样尺寸的检验方法。

本标准由中国钢铁工业协会提出。

本标准由全国钢标准化技术委员会归口。

本标准起草单位：上海鑫华电缆钢带厂、上海铠装电缆钢带有限公司、鞍山康达钢带制品有限公司。

本标准主要起草人：陈亚鸿、赵天华、康贵文、李歧。

本标准所代替标准的历次版本发布情况为：

——GB 4175.1—1984、GB 4175.2—1984、YB/T 024—1992。

铠装电缆用钢带

1 范围

本标准规定了铠装电缆用钢带(以下简称钢带)的尺寸、外形、重量及允许偏差、技术要求、试验方法、检验规则、包装、标志和质量证明书。

本标准适用于铠装电缆用镀锌钢带和涂漆钢带。

2 规范性引用文件

下列文件中的条款通过本标准的引用而成为本标准的条款。凡是注日期的引用文件,其随后所有的修改单(不包括勘误的内容)或修订版均不适用于本标准。然而,鼓励根据本标准达成协议的各方研究是否可使用这些文件的最新版本。凡是不注日期的引用文件,其最新版本适用于本标准。

GB/T 222 钢的成品化学成分允许偏差

GB/T 228 金属材料室温拉伸试验方法(GB/T 228—2002,eqv ISO 6892:1998)

GB/T 229 金属材料 夏比摆锤冲击试验方法(GB/T 229—2007,ISO 148-1:2006,MOD)

GB/T 232 金属弯曲试验方法(GB/T 232—1999,eqv ISO 7438:1985)

GB/T 235 金属材料 厚度等于或小于3 mm薄板及薄带 反复弯曲试验方法(GB/T 235—1999,eqv ISO 7799:1985)

GB/T 247 钢板和钢带验收、包装、标志及质量证明书的一般规定

GB/T 470 锌锭

GB/T 710 优质碳素结构钢 热轧薄钢板和钢带

GB/T 912—1989 碳素结构钢和低合金结构钢热轧薄钢板和钢带

GB/T 1839 镀锌钢板(带)镀层重量测定方法

GB/T 2972 镀锌钢丝锌层硫酸铜试验方法

GB/T 2975 钢及钢产品力学性能试验取样位置及试样制备

GB/T 20066 钢和铁 化学成分测定用试样的取样和制样方法(GB/T 20066—2006,ISO 14284:1996,IDT)

3 分类与代号

按表面状态分

热镀锌钢带 R

电镀锌钢带 D

涂漆钢带 Q

4 尺寸、外形、重量及允许偏差

4.1 尺寸及允许偏差

4.1.1 钢带的厚度和宽度尺寸应符合表1的规定。经供需双方协议,可供应表1所列以外的其他尺寸规格钢带。

4.1.2 钢带厚度允许偏差应符合表2的规定。根据需方要求,特殊用途的钢带其厚度及允许偏差由双方协商另行规定。

表 1　钢带的厚度和宽度尺寸

单位为毫米

公称厚度	公称宽度									
	15	20	25	30	35	40	45	50	55	60
0.20	×	×	×	×						
0.30	×	×	×	×	×	×	×			
0.50	×	×	×	×	×	×	×	×	×	×
0.80						×	×	×	×	×

表 2　钢带厚度允许偏差

单位为毫米

公称厚度	允许偏差
≤0.20	±0.02
0.30	+0.02 −0.03
0.50	+0.03 −0.05
0.80	+0.04 −0.06
注：钢带厚度不包括镀锌层、涂漆层的厚度。钢带的尺寸允许偏差按相邻较大尺寸的规定。	

4.1.3　钢带宽度的允许偏差应符合表 3 的规定。根据需方要求，特殊需要的钢带其宽度及允许偏差由双方协商另行规定。

表 3　钢带的宽度允许偏差

单位为毫米

公称厚度	允许偏差
≤25	±0.50
>25	±0.70
注：钢带的尺寸允许偏差按相邻较大尺寸的规定。	

4.1.4　钢带的长度应符合表 4 的规定。钢带的长度也可由供需双方协议规定。

表 4　钢带的长度和允许接头数

钢带公称厚度/mm	规定长度/mm 不小于	允许接头数	
		外径≤600 mm	外径>600 mm
≤0.20	950 000	3	4
0.30	650 000	3	4
0.50	400 000	2	3
0.80	300 000	2	3

4.1.5　钢带的卷状交货，钢卷带内径 200 mm±20 mm，外径应不小于 500 mm 或供需双方协议规定。

4.2　外形

钢带的镰刀弯应符合表 5 的规定。

表 5　钢带的镰刀弯

公称宽度/mm	镰刀弯/(mm/m)
≤30	2
>30～45	3
>45	4

4.3　重量

4.3.1　钢带按实际重量交货。

4.4　标记示例

钢号 Q215A，厚度 0.50 mm，宽度 45 mm，锌层重量 40 g/m^2 的铠装电缆用钢带，标记为：Q215A-0.50×45-D40　YB/T 024—2008。

5　技术要求

5.1　牌号和化学成分。

钢带采用碳素结构钢，碳锰钢和低合金钢制造，钢带的牌号和化学成分应符合 GB/T 710 和 GB/T 912—1989标准的规定，化学成分允许偏差应符合 GB/T 222 的规定。

5.2　钢带的力学性能应符合表 6 的规定。

表 6　钢带的力学性能

钢带公称厚度/mm	抗拉强度 R_m/(N/mm^2)	断后伸长率 A/%	断后伸长率试样标距/mm
	不小于		
≤0.20	295	17	50
>0.20～0.30	295	20	50
>0.30	295	20	80

5.3　镀锌钢带

5.3.1　镀锌钢带用锌锭镀锌。电镀锌用锌锭应符合 GB/T 470 中 1 号锌的规定。热镀锌用锌锭应符合GB/T 470中 1 号、2 号、3 号、4 号锌的规定。

5.3.2　镀锌钢带的镀层重量应不小于表 7 的规定。

表 7　镀锌钢带锌层重量

单位为克每平方米

代　号	三点试验平均值	三点试验最小值	
	双　面	双　面	单　面
R200	200	170	68
R275	275	230	94
R350	350	300	120
D40	40		

注：100 g/m^2 的锌层重量(双面)相当于每面锌层厚度约 7.1 μm。

5.3.3　镀锌钢带采用纵向试样 180°的弯曲试验，弯心直径为钢带厚度弯曲处。锌层不允许有粉碎和剥落。

5.3.4　热镀锌钢带应进行硫酸铜溶液试验。试样浸入溶液中 60 s 后，表面不允许出现挂铜。

5.4 涂漆钢带

5.4.1 涂漆钢带的漆膜厚度(单面)应不小于 6 μm。

5.4.2 涂漆钢带应能承受反复弯曲(正反弯各 2 次),弯曲圆弧半径为 5 mm。弯曲处,漆膜不得有起皮和破裂。

5.4.3 涂漆钢带应能承受冲击试验 1 次。冲击处,试样的漆膜不允许有起皮和破裂。

5.4.4 涂漆钢带应能承受耐酸、耐碱、耐盐的耐腐蚀试验。试验后,试样的漆膜应符合表 8 的规定。

表 8 涂漆钢带耐腐蚀试验

试液	试验要求
5%盐酸溶液	漆膜完整,允许有不大于试样总面积 30%的漆膜剥落(表面小气泡不计)。
5%氢氧化钠溶液	漆膜完整,允许有距试样剪切边不大于 5 mm 的漆膜剥落。
5%氯化钠溶液	

5.4.5 涂漆钢带应能承受 200 ℃的耐热试验。承受 −20 ℃的耐低温试验。

5.5 表面质量

5.5.1 钢带表面允许有不大于厚度允许公差之半的个别凹面,凸起,豆痕,纵向划伤及划痕,但不允许有锈蚀。

5.5.2 钢带边缘不允许有裂边,切割不齐,允许有不大于厚度允许公差之半的细毛刺。

5.5.3 镀锌钢带表面镀层应均匀完整,不允许有锌层剥落,锈蚀和漏镀,允许有个别的漏镀点。

5.5.4 涂漆钢带表面漆膜应均匀连续,不允许有漏涂。允许有轻微的流挂和擦伤。

5.5.5 钢带的接头采用电焊对焊或搭焊,搭接长度应不大于 20 mm。接头处抗拉强度应不小于 300 N/mm^2(以原钢带截面计)。接头不允许有穿孔、熔渣、尖头和错位,不能裸露。

5.5.6 钢带交货时,其缺陷部分不允许超过一卷总长度的 8%。

6 试验方法

6.1 钢带的外观色泽及表面质量用目视检查,尺寸用相应精度的测量仪器或通用量具测量。

6.2 钢带的化学成分(熔炼分析)每炉罐号取 1 个试样,试样取样和制样的方法应符合GB/T 20066的规定。

6.3 钢带的拉伸试验应符合 GB/T 228 的规定,并且按卷数的 2%取样(但不少于 2 卷)。拉伸试样的形状和尺寸应符合 GB/T 2975 的规定(宽度不大于 20 mm 的钢带采用全截面拉伸)。

6.4 钢带测量镰刀弯时,应将钢带受检部分放于平台上,用 1 m 长的直尺靠贴钢带的凹侧边,测量米尺到凹侧边的最大距离。

6.5 镀锌钢带的锌层重量测定应符合 GB/T 1839 的规定。

6.6 镀锌钢带的弯曲试验应符合 GB/T 232 的规定。

6.7 热镀锌钢带的硫酸铜溶液试验,参照 GB/T 2972 的有关规定进行。

6.8 涂漆钢带的漆膜厚度和镀锌钢带的镀层厚度用相应精度的测量仪器测量。其测量部位应距钢带边缘不小于 3 mm 处,间隙大致相等,且其长度不小于 100 mm,每面各测三个点,其六个测试值的算数平均值,即为漆膜厚度或镀层厚度。

6.9 涂漆钢带的反复弯曲试验应符合 GB/T 235 的规定。

6.10 涂漆钢带的冲击试验应符合表 9 规定,并以目视观察试样漆膜剥落情况。

表 9　涂漆钢带的冲击试验

厚度/mm	冲击吸收功/J	冲击半径/mm
≤0.50	1.00	4.0±0.1
>0.50	2.95	4.0±0.1

6.11　涂漆钢带的耐腐蚀试验

试验步骤：将约 50 mm 长的三段试样，分别浸没在 5%浓度的盐酸，氢氧化钠，氯化钠溶液中，在室温为 20 ℃±5 ℃的温度下，静置 24 h 后取出，以目视观察试样漆膜剥离情况。

6.12　涂漆钢带的耐热，耐低温试验是将试样分别平放在 200 ℃±5 ℃的烘箱内 0.5 h 及放在 −20 ℃±5 ℃的冰箱内 2 h，待恢复到室温时按 6.8 条的规定进行反复弯曲试验，弯曲处，漆膜不允许有起皮和破裂。

7　检验规则

7.1　钢带由供方技术监督部门检查和验收。

7.2　钢带应成批验收，每批应由同一牌号、同一规格、同一表面状态的钢带组成。

7.3　涂漆钢带的耐腐蚀试验，耐热，耐低温试验等项目，在供方工艺稳定，并能给予保证时，可以不做。在材料、配方及工艺有改变时应进行检测。

7.4　钢带的复验应符合 GB/T 247 的规定。

8　包装、标志及质量证明书

钢带的包装、标志及质量证明书应符合 GB/T 247 的规定。

ICS 77.140.50
H 46

中华人民共和国黑色冶金行业标准

YB/T 069—2007
代替 YB/T 069—1995

焊管用镀铜钢带

Copper-coated steel strips for welded pipe

2007-03-06 发布

2007-09-01 实施

中华人民共和国国家发展和改革委员会　发布

前　言

本标准有关镀铜层的要求参照采用美国标准 ASTM B 734—2003《工程用电沉积镀铜标准规范》。

本标准代替 YB/T 069—1995《焊管用镀铜钢带》。

本标准此次修订对原 YB/T 069—1995 标准的下列条文进行了修改：

——增加了范围中适用于制作双层或多层铜钎焊钢管以及单层焊管的使用说明；

——调整和修改了钢带的尺寸、外形及允许偏差，删除了带卷内、外径的要求；

——根据用途的不同对钢的化学成分做了修改和增加，删除了钢的牌号；

——对钢带的力学性能和表面粗糙度的要求做了调整和修改；

——钢带表面质量要求的内容有了增加；

——调整了镀层厚度的要求；

——增添了镀层的结合强度的试验方法；

——增加了镀层孔隙率、焊接性和清洁度的要求；

——增添了镀层表面质量、表面处理要求；

——增加了存放时间的规定。

本标准的附录 A 为规范性附录，附录 B、附录 C 为资料性附录。

本标准由中国钢铁工业协会提出。

本标准由全国钢标准化技术委员会归口。

本标准起草单位：郑州拓普轧制技术有限公司、南京晨光迪峰机电有限责任公司、苏州华盛邦迪镀铜钢带有限公司。

本标准主要起草人：杨时熙、赵林珍、盛小七、王积科、周明华。

本标准 1995 年 4 月 24 日首次发布。

焊管用镀铜钢带

1 范围

本标准规定了焊管用镀铜钢带产品的分类、尺寸、外形及允许偏差、技术要求、试验方法、检验规则等。

本标准适用于制作双层或多层铜钎焊钢管以及单层焊管用镀铜钢带，也适用于其他焊管和一般工程用镀铜或不镀铜的精密低碳冷轧薄钢带。

2 规范性引用文件

下列文件中的条款通过本标准的引用而成为本标准的条款。凡是注日期的引用文件，其随后所有的修改单(不包括勘误的内容)或修订版均不适用于本部分，然而，鼓励根据本标准达成协议的各方研究是否可使用这些文件的最新版本。凡是不注日期的引用文件，其最新版本适用于本标准。

GB/T 222 钢的成品化学成分允许偏差

GB/T 223 钢铁及合金化学分析方法

GB/T 228 金属材料 室温拉伸试验方法(GB/T 228—2002,ISO 6892:1998,EQV)

GB/T 247 钢板和钢带验收、包装、标志及质量证明书的一般规定

GB/T 467 阴极铜

GB/T 2523 冷轧薄钢板(带)表面粗糙度测量方法

GB/T 2975 钢及钢产品力学性能试验取样位置及试样制备

GB/T 4956 磁性金属基体上非磁性覆盖层厚度测量 磁性方法

GB/T 5270 金属基体上的金属覆盖层 电沉积和化学沉积层 附着强度试验方法评述

GB/T 20066 钢和铁 化学成分测定用试样的取样和制样方法(GB/T 20066—2006,ISO 14284:1996,IDT)

YB/T 4164 双层铜焊钢管

3 分类与符号

分类与符号按表1规定。

表1 分类与符号

分类方法	类别	符号
按镀铜厚度/μm	1	Cu1
	2	Cu2
	3	Cu3
	4	Cu4
	5	Cu5
	商定的其他厚度 X	CuX
按尺寸精度[a]	高级精度	PA
	普通精度	PB
按焊管种类	双层焊管	DW
	单层焊管	SW
按表面处理	钝 化	STC
	涂 油	SO
	钝化加涂油	STC+SO

[a] PA精度一般用于双层焊管，PB精度一般用于单层焊管。

4 尺寸、外形及允许偏差

4.1 冷轧钢带的尺寸、外形及允许偏差

4.1.1 钢带宽度的允许偏差应符合表 2 规定。

表 2 钢带宽度的允许偏差 单位为毫米

公称宽度	精度	允许偏差
150～350	PA	+2
	PB	+4

4.1.2 钢带厚度的公称尺寸及允许偏差应符合表 3 规定。

表 3 钢带厚度的公称尺寸及允许偏差 单位为毫米

公称厚度	允许偏差
≤0.35	±0.010
>0.35～0.50	±0.015
>0.50～0.70	±0.020

4.1.3 高级精度钢带的同条差应符合表 4 规定。

表 4 高级精度钢带的同条差 单位为毫米

厚度	允许偏差[a] 不大于
<0.35	0.010
0.35～0.50	0.012
>0.50～0.70	0.014
a) 测量时应避开钢带头部和尾部的未切除部位。	

4.1.4 钢带的外形及允许偏差应符合表 5 规定。

表 5 钢带的外形及允许偏差 单位为毫米

钢带厚度	每米镰刀弯	不平度	边缘毛刺高度
≤0.35	≤2	≤5	≤0.08
>0.35	≤2	≤6	≤0.10

4.1.5 经双方协商也可选择其他尺寸、外形及允许偏差要求的钢带。

4.2 镀铜钢带的尺寸、外形及允许偏差

4.2.1 经镀铜加工后的钢带除所增加的镀铜层厚度外，原钢带的其余尺寸及外形不应改变。

4.2.2 镀铜钢带纵剪分条后条带的宽度允许偏差应符合表 6 规定。

表 6 镀铜钢带条带的宽度允许偏差 单位为毫米

宽度	允许偏差	
	PA	PB
20～100	±0.04	±0.10

4.2.3 镀铜钢带纵剪分条后条带的外形及允许偏差应符合表 7 规定。

表 7 镀铜钢带纵剪分条后条带的外形及允许偏差

单位为毫米

钢带厚度	每米镰刀弯	不 平 度	毛刺高度
≤0.35	≤1	≤3	≤0.04
>0.35	≤1.2	≤4	≤0.07

4.3 标记示例

单面镀铜层厚度 4 μm，表面处理 STC+SO，尺寸 0.35 mm×72.0mm，尺寸精度 PA 的双层铜焊管用镀铜钢带的标记为：

DW-Cu4-STC+SO-0.35×72.0-YB/T 069—2007

5 技术要求

5.1 冷轧钢带的技术要求

5.1.1 化学成分

钢的化学成分(熔炼分析)要求见表 8。

表 8 钢带的化学成分

C	Si	Mn	P	S
0.02%~0.08%	≤0.03%	0.15%~0.45%	≤0.030%	≤0.030%

单层焊管在需要使用超低碳钢带时，钢的化学成分可按表 9 的要求选取。也可选择满足 YB/T 4164 要求或双方协商的其他牌号的(非时效)冷轧钢带，对钢带有特殊要求订货时应加以说明。

表 9 单层焊管用超低碳钢带的化学成分

C	Si	Mn	P	S
≤0.008%	≤0.03%	≤0.30%	≤0.020%	≤0.020%

钢带的成品化学成分允许偏差应符合 GB/T 222 的规定。

5.1.2 力学性能

5.1.2.1 化学成分采用表 8 的规定时，钢带的力学性能应符合表 10 的规定。

表 10 钢带的力学性能

厚度/mm	抗拉强度 R_m/MPa	屈服强度 R_{eL}[a]/MPa	断后伸长率 A[b]/%
<0.25	≥270	≥180	≥30
0.25~<0.35			≥32
0.35~<0.50			≥34
≥0.50			≥36

[a] 当屈服现象不明显时采用 $R_{P0.2}$。

[b] 试样类型为 GB/T 228 中试样编号的 P14，纵向试样宽度=25 mm，试样原始标距=50 mm。

5.1.2.2 化学成分采用表 9 的规定时，单层焊管用超低碳钢带的力学性能应符合表 11 的规定。

5.1.2.3 钢带在正常贮运条件下，出厂后的 3 个月内使用时不出现屈服纹(拉伸应变痕)。

5.1.3 表面粗糙度

5.1.3.1 单层焊管用钢带的表面平均粗糙度 Ra：0.6 μm~1.9 μm。

5.1.3.2 双层铜焊管用钢带的表面平均粗糙度 Ra：0.4μm~1.6μm。

表 11 单层焊管用超低碳钢带的力学性能

厚度/mm	抗拉强度 R_m/MPa	屈服强度 R_{eL}[a]/MPa	断后伸长率 A[b]/%
≤0.50	≥280	130～250	≥36
>0.50			≥38

[a] 当屈服现象不明显时采用 $R_{P0.2}$。

[b] 试样类型为 GB/T 228 中试样编号的 P14，纵向试样宽度＝25 mm，试样原始标距＝50 mm。

5.1.3.3 经双方协商也可选择其他表面粗糙度要求的钢带。

5.1.4 表面质量

钢带表面不得有分层、裂纹、气泡、结疤、黑膜、波纹、皱折和夹杂等对使用有害的缺陷。

5.1.5 交货状态

冷轧钢带经退火平整进行涂油处理后交货，在正常储运情况下 3 个月不生锈，所涂油膜应能用碱性溶液或其他不影响镀铜的除油液清除。协议另有规定的，也可不进行涂油处理。

5.2 镀层的技术要求

5.2.1 镀层用阴极铜

镀层用阴极铜应符合 GB/T 467 中的规定。

5.2.2 镀铜量

钢带双面的镀铜层厚度相等且均匀，对于公称宽度内的镀铜钢带，镀铜层厚度的同条均匀程度纵向不小于 90%，横向不小于 85%，单面镀铜量应符合下式的规定。

$$M=Xd$$

式中：

M——单面镀铜量，单位为克每平方米(g/m^2)；

X——镀铜层厚度，单位为微米(μm)；

d——镀铜层的密度，8.9 g/cm^3，单位为克每立方厘米。

5.2.3 镀层的结合强度

镀铜层与钢带结合良好，结合强度的试验按附录 A 规定的方法进行，经双方协商也可在 GB/T 5270 中选取其他方法。试验结果应达到双方商定的要求。

5.2.4 镀层孔隙率

当需方规定镀铜层有孔隙率要求时，参见附录 B 规定的方法进行镀层孔隙率的试验，试验结果应达到双方商定的要求。

5.2.5 镀层的焊接性

双层或多层铜焊管是以铜为钎焊材料的焊管，镀铜钢带在制管钎焊时钢带的镀铜层应具有良好的润湿性，镀铜层之间应完全互溶。需方对镀铜层有焊接性要求时，按供需双方商定的方法进行焊接性试验，试验结果应符合要求。

5.2.6 镀层表面质量

钢带镀层表面应结晶细密、颜色均匀、光滑洁净、无明显的针孔、凹坑、麻点、划痕、粗糙、起泡、剥皮、结瘤、裂纹、烧灼及共沉积杂质和表面污染物，不得有漏镀、浮铜、黑斑。

5.2.7 镀层表面处理

钢带镀层表面处理为钝化、涂油和钝化加涂油，需方可任选一种，如无要求时，按钝化方式供货。

无论对镀铜钢带采取何种表面处理，正常存放情况下 3 个月不出现表面氧化等对使用有害的缺陷。

无论对镀铜钢带采取何种表面处理，在制管过程中均不应影响焊管的内表面清洁度和焊接性能。

6 试验方法

6.1 钢带的厚度和其他尺寸及形状用符合精度的测量工具测量。

6.2 钢带的厚度测量部位应距边部大于 5 mm。

6.3 测量镰刀弯时，将钢带受检部分放在平面上，用 1 m 长直尺靠贴钢带的凹边，测量钢带与直尺之间的最大距离。测量不平度时，由平面算起测量钢带下表面的最大高度。

6.4 钢带的表面质量用肉眼观察或借助 4～8 倍的放大镜来检查。

6.5 镀铜层厚度的测定参见附录 C 规定的测重法也可按 GB/T 4956 规定的磁性法或用双方协商的其他方法，无论采取何种测厚方法应经双方认可，仲裁时以测重法为准。

6.6 冷轧钢带的表面质量，若已经镀铜，先用不伤及钢带的附录 C 的溶液将镀铜层去除后用肉眼观察或借助 4～8 倍的放大镜来检查。

6.7 钢带的其他检验项目、取样方法及试验方法应符合表 12 规定。冷轧钢带部分的检验，若已经镀铜，先用不伤及钢带的附录 C 的溶液将镀铜层去除后进行。

表 12 钢带的检验项目、取样方法及试验方法

检验项目	取样方法	试验方法
化学成分	GB/T 20066	GB/T 223
拉　　伸	GB/T 2975	GB/T 228
表面粗糙度	GB/T 2523	GB/T 2523

7 检验规则

7.1 钢带应成批验收，每批由同一炉号、同一牌号、同一镀层厚度、同一规格、同一加工性能、同一精度、同一表面质量的镀铜钢带组成。

7.2 进行每项检验时，从所取一卷钢带的内端和外端各取一个试样，或者从选取的一个包装中抽取两卷钢带，从一卷内端和另一卷外端各取一个试样。

7.3 钢带的复验按 GB/T 247 的规定执行。

8 钢带的包装、标志和质量证明书

8.1 冷轧钢带的包装标志和质量证明书应符合 GB/T 247 的规定。

8.2 镀铜钢带的包装和标志应符合表 13 的规定，质量证明书应符合 GB/T 247 的规定。经双方协商，也可采用其他包装方法。

表 13　镀铜钢带的包装和标志

包　　装	包装材料	箱　重	标　志
1.底部垫木纵横不少于3根； 2.底部木制满板一块固定在垫木上； 3.木板上依次铺设塑料薄膜，气相防锈纸； 4.钢带卷水平整齐叠放，带卷间加普通包装纸隔离。然后依次用气相防锈纸、塑料薄膜包裹严密； 5.固定包裹后的带卷于底板上，再用包装木盒罩盖； 6.捆扎道数不少于纵2横2。	1.垫木：见GB/T 247； 2.垫木板：长1 100 mm×宽1 100 mm×厚15 mm； 3.塑料薄膜厚度为0.10 mm～0.14 mm； 4.气相防锈纸； 5.普通包装纸； 6.包装木盒：厚度不少于25 mm木板制成； 7.捆带：尺寸不少于0.7 mm×19 mm的冷轧钢带。	0.8 t～2.5 t	1.箱外两相对侧面各粘贴1个标志； 2.包内标志不少于1个； 3.粘贴防雨、防潮、防碰、向上标志。

附　录　A
（规范性附录）
镀层的结合强度试验方法

A.1　弯曲试验

用平口钳夹紧试样迅速向上、下弯曲180°（向上90°，向下90°）5次后肉眼或借助4～8倍的放大镜来观察，在弯曲处内外表面不应出现镀层碎裂、剥落现象。

A.2　划线、划格试验

用一刃口磨成30°锐角的硬质钢划刀，划两条相距为2 mm的平行线。划线时应施以足够的压力，使划刀一次就能划破镀层达到钢带，如果两条划线之间的镀层有任何部分脱离钢带则认为镀层的结合强度不好。

本试验的另一种划法是，划边长为1 mm的正方形格子，肉眼或借助4～8倍的放大镜来观察格子内镀层是否有脱离钢带的现象。

A.3　剥离试验

用每25 mm宽度的附着力值约为8 N的纤维粘胶带粘附在镀铜钢带表面，用一个固定重量的滚筒在上面仔细滚动，以除去所有的空气泡，10 s后以一稳定的垂直于镀铜钢带表面的拉力将粘附在镀铜钢带表面的胶带拉去。若镀层没有剥离现象则表明镀层的结合强度良好。

附 录 B
（资料性附录）
孔隙率的试验方法

B.1 贴滤纸法

B.1.1 试验溶液

用蒸馏水配制含有下列成分的溶液：

铁氰化钾	$K_3[Fe(CN)_6]$	10 g/L
氯化钠	NaCl	20 g/L
试剂级别	化学纯	

B.1.2 试验步骤

应保持试验环境的清洁，避免空气中弥漫铁粉尘。

用乙醇或其他适当的除油剂彻底除去待测镀铜钢带表面的污物，以蒸馏水洗净并晾干。刚出镀槽的镀铜钢带不必除油。

将具有一定湿态强度的滤纸浸入B.1.1溶液，然后紧密贴附在待测镀铜钢带表面上，滤纸和测试面之间不允许有任何间隙，保持20 min，试验过程中应使滤纸保持润湿。

取下滤纸并观察与镀层接触的表面。镀层中如有通达钢带基体的孔隙就会有蓝色印痕出现。

B.1.3 孔隙率的测算

将刻有方格（大小为1 cm^2）的有机玻璃板，放在印有孔隙痕迹的检验滤纸上。记录测试面积和孔隙数目，计算滤纸率（每平方厘米个数）。必要时，还应测量和记录最大孔隙的尺寸、数量和单位面积（如1 cm^2）或指定面积内最多孔隙数，并在试验报告中说明。

B.2 浸渍法

B.2.1 试验溶液

用蒸馏水配制含有下列成分的溶液：

铁氰化钾	$K_3[Fe(CN)_6]$	10 g/L
氯化钠	NaCl	15 g/L
白明胶		20 g/L
试剂级别	化学纯	

B.2.2 试验步骤

按B.1.2的要求处理待测镀铜钢带，然后浸入B.2.1溶液，5 min后取出观察，镀层中如有通达镀铜钢带的孔隙就会出现蓝色斑点。

B.2.3 孔隙率的测算

仔细测算浸入溶液中的表面积和蓝色斑点数，计算孔隙率（每平方厘米个数）。或按B.1.3的方式处理。

附 录 C
（资料性附录）
镀铜层厚度的测重法

C.1 试验溶液

试验溶液应该是在室温下能使待测镀铜钢带的镀铜层完全溶解而钢带表面不被腐蚀的溶液，可选择以下的一种，溶剂在使用中应注重环保。

1. 铬酐	CrO_3	275 g/L
硫酸铵	$(NH_4)_2SO_4$	110 g/L
试剂级别	化学纯	
2. 过硫酸铵	$(NH_4)_2S_2O_8$	40 g
氨水	NH_4OH	150 mL
蒸馏水		310 mL
试剂级别	化学纯	
3. 氯化铵	NH_4Cl	70 g
氨水	NH_4OH	570 mL
试剂级别	化学纯	

C.2 试验方法

用乙醇或其他适当的除油剂彻底除去待测试样表面的污物，以蒸馏水洗净晾干后称重，然后将试样的镀铜层退除后洗净晾干再称重，按以下的公式计算镀铜层的平均厚度：

$$H=\frac{1\ 000(M_1-M_2)}{Sd}$$

式中：

H——镀铜层的平均厚度，单位为微米(μm)；

M_1——试样镀铜层退除前的质量，单位为克(g)；

M_2——试样镀铜层退除后的质量，单位为克(g)；

S——试样镀铜层覆盖的表面积，单位为平方厘米(cm^2)；

d——镀铜层的密度，单位为克每平方厘米(g/cm^2)。

注：本方法测定的不确定度不大于10%。

ICS 77.140.50
H 46

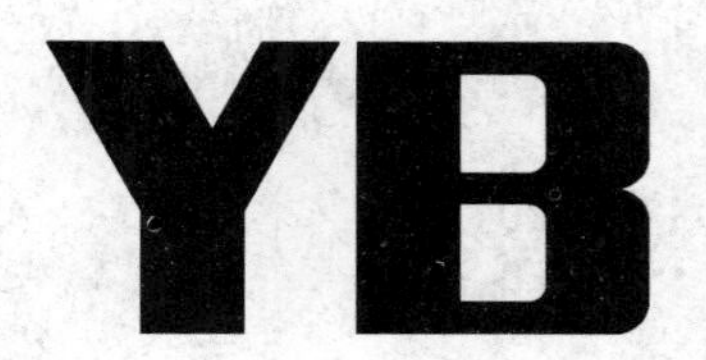

中华人民共和国黑色冶金行业标准

YB/T 110—2011
代替 YB/T 110—1997

彩色显像管弹簧用不锈钢冷轧钢带

Cold rolled stainless steel strips for spring of color kinescope

2011-12-20 发布　　　　2012-07-01 实施

中华人民共和国工业和信息化部　发布

前　言

本标准按照 GB/T 1.1—2009 给出的规则起草。

本标准参照 JIS G4313:1996《弹簧用不锈钢冷轧钢带》、JIS G4305:2005《不锈钢冷轧钢板及钢带》、YB/T 5310—2006《弹簧用不锈钢冷轧钢带》、ISO 6931-2:2005《弹簧用不锈钢　第 2 部分:窄钢带》、EN 10151:2002《弹簧用不锈钢带　交货技术条件》和 ASTM A666-03《退火和冷轧奥氏体不锈钢中厚板、薄板、钢带和扁钢》等标准,对 YB/T 110—1997《彩色显像管弹簧用不锈钢冷轧钢带》进行修订。

本标准代替 YB/T 110—1997《彩色显像管弹簧用不锈钢冷轧钢带》。本标准与 YB/T 110—1997 对比,主要修订内容如下:

——调整规范性引用文件;

——增加了“订货内容”;

——修改了表 1 的宽度允许偏差;

——修改了表 2 中的宽度范围和对应的镰刀弯要求;

——修改牌号的命名方法,增加了“统一数字代号”;

——修改了“试验方法”和“检验规则”。

本标准由中国钢铁工业协会提出。

本标准由全国钢标准化技术委员会归口。

本标准起草单位:江苏省不锈钢制品质量监督检验中心、冶金工业信息标准研究院。

本标准主要起草人:陈安源、李专洋、丁非。

本标准所代替标准的历次版本发布情况为:

——YB/T 110—1997。

彩色显像管弹簧用不锈钢冷轧钢带

1 范围

本标准规定了彩色显像管弹簧用不锈钢冷轧钢带的尺寸、外形、技术要求、试验方法、检验规则、包装、标志及产品质量证明书。

本标准适用于制作彩色显像管阴罩与框架定位弹簧片等零件用的冷轧不锈钢钢带(以下称钢带)。

2 规范性引用文件

下列文件对于本文件的应用是必不可少的。凡是注日期的引用文件,仅注日期的版本适用于本文件。凡是不注日期的引用文件,其最新版本(包括所有的修改单)适用于本文件。

GB/T 222 钢的成品化学成分允许偏差
GB/T 223.3 钢铁及合金化学分析方法 二安替比林甲烷磷钼酸重量法测定磷量
GB/T 223.4 钢铁及合金 锰含量的测定 电位滴定或可视滴定法
GB/T 223.5 钢铁 酸溶硅和全硅含量的测定 还原型硅钼酸盐分光光度法
GB/T 223.8 钢铁及合金化学分析方法 氟化钠分离-EDTA滴定法测定铝含量
GB/T 223.11 钢铁及合金 铬含量的测定 可视滴定或电位滴定法
GB/T 223.23 钢铁及合金 镍含量的测定 丁二酮肟分光光度法
GB/T 223.25 钢铁及合金化学分析方法 丁二酮肟重量法测定镍量
GB/T 223.36 钢铁及合金化学分析方法 蒸馏分离-中和滴定法测定氮量
GB/T 223.58 钢铁及合金化学分析方法 亚砷酸钠-亚硝酸钠滴定法测定锰量
GB/T 223.60 钢铁及合金化学分析方法 高氯酸脱水重量法测定硅含量
GB/T 223.61 钢铁及合金化学分析方法 磷钼酸铵容量法测定磷量
GB/T 223.62 钢铁及合金化学分析方法 乙酸丁酯萃取光度法测定磷量
GB/T 223.63 钢铁及合金化学分析方法 高碘酸钠(钾)光度法测定锰量
GB/T 223.68 钢铁及合金化学分析方法 管式炉内燃烧后碘酸钾滴定法测定硫含量
GB/T 223.69 钢铁及合金 碳含量的测定 管式炉内燃烧后气体容量法
GB/T 228.1 金属材料 拉伸试验 第1部分:室温试验方法
GB/T 247 钢板和钢带包装、标志及质量证明书的一般规定
GB/T 4340.1 金属材料 维氏硬度试验 第1部分:试验方法
GB/T 11170 不锈钢 多元素含量的测定 火花放电原子发射光谱法(常规法)

3 订货内容

根据本标准订货,在合同中应注明下列技术内容:

a) 产品名称(或品名);
b) 牌号;
c) 标准编号;
d) 尺寸;

e) 重量或数量；

f) 交货状态；

g) 其他特殊要求。

4 尺寸、外形、重量及允许偏差

4.1 钢带的尺寸范围应符合表1的规定。如需方有特殊要求应在合同中注明。

表1 钢带的尺寸及允许偏差

单位为毫米

厚度			宽度	
尺寸	允许偏差	同卷厚度允许偏差	尺寸	允许偏差
0.10～<0.15	±0.008	≤0.008	≤6	$^{0}_{-0.10}$
0.15～<0.25	±0.010	≤0.010		
0.25～<0.40	±0.013	≤0.013	>6～20	$^{0}_{-0.15}$
0.40～<0.60	±0.015	≤0.015		
0.60～<0.90	±0.020	≤0.020	>20～80	±0.10
0.90～<1.25	±0.030	≤0.030		

4.2 外形

4.2.1 钢带的镰刀弯和不平度应符合表2的规定。

表2 钢带的镰刀弯和不平度

宽度 mm	镰刀弯	不平度
<20	≤5.0 mm/m	≤1/150
20～<25	≤10.0 mm/2 m	
≥25	≤5.0 mm/2 m	

4.2.2 钢带应切边成卷交货，切边后的钢带边缘部位不得有裂口，边缘毛刺应符合表3的规定。

表3 钢带的边缘毛刺

单位为毫米

厚度	边缘毛刺
<0.5	≤0.015
≥0.5	≤0.030

4.2.3 厚度小于0.50 mm的钢带，卷内径应不小于250 mm。厚度不小于0.50 mm的钢带，卷内径应不小于300 mm。

4.3 重量

4.3.1 厚度小于 0.50 mm 的钢带，单卷重量每毫米宽度不小于 0.5 kg；厚度不小于 0.50 mm 的钢带，单卷重量每毫米宽度不小于 1.2 kg。

4.3.2 短尺钢带应符合表 4 的规定。

表 4 短尺钢带单卷重量

厚度/mm	每毫米宽卷重量/kg
<0.5	≥0.2
≥0.5	≥0.5
注 1：允许有不超过该批总重量 10%的短尺。 注 2：短尺钢带应单独组卷交货，应无焊缝、无接头，卷外应有标记。	

5 技术要求

5.1 牌号及化学成分

5.1.1 钢的牌号及化学成分(熔炼分析)应符合表 5 的规定。

表 5 牌号及化学成分

统一数字代号	牌　号	化学成分(质量分数)/%								
		C	P	S	Si	Mn	Ni	Cr	N	Fe
		不大于								
S30408	06Cr19Ni10[a]	0.08	0.035	0.030	1.00	2.00	8.00～10.50	18.00～20.00	—	余
S30210	12Cr18Ni9	0.15	0.035	0.030	1.00	2.00	8.00～10.00	17.00～19.00	0.10	余
S30110	12Cr17Ni7	0.15	0.035	0.030	1.00	2.00	6.00～8.00	16.00～18.00	0.10	余
[a] 为相对于 GB/T 20878 调整的化学成分的牌号。										

5.1.2 成品化学成分允许偏差应符合 GB/T 222 的规定。

5.2 冶炼方法

钢应采用电弧炉加真空吹氧精炼法(VOD 法)或电弧炉加氩氧脱碳精炼法(AOD 法)冶炼。

5.3 交货状态

钢带以硬态交货。

5.4 力学性能

钢带的力学性能应符合表 6 的规定，当需方有特殊要求时应在合同中注明。

表 6　钢带的力学性能

统一数字代号	牌　号	硬度 HVW	抗拉强度 R_m MPa	断后伸长率 A %	刚性 (°)	弹回/(°) 厚度/mm	
						＞0.65	≤0.65
S30408	06Cr19Ni10	≥370	1 130～1 370	≥3	＜45	＞14	＞17
S30210	12Cr18Ni9	≥380	1 270～1 470	≥4.5	—	—	—
S30110	12Cr17Ni7	375～430	1 130～1 420	≥10	—	—	—

注 1：厚度＞1.0 mm 和＜0.13 mm 的钢带，不作刚性、弹回试验。

注 1：牌号 12Cr18Ni9 的断后伸长率采用原始标距为 50 mm 的定标距试样。

5.5　动态放气性能

钢带的动态放气性能应符合下述规定：

$$Q \leqslant 2.7\ \text{Pa} \cdot \text{L/g} \quad \cdots\cdots(1)$$

式中：

Q——每克当量动态放气量，单位为帕·升每克(Pa·L/g)。

5.6　表面质量

钢带表面应光滑、平整，具有金属光泽。不得有结疤、划伤、氧化物、起皮、油污等有害缺陷。但允许有不影响使用的小辊印、轻微的划伤以及因轧辊产生的色差存在。

6　试验方法

6.1　每批钢带的检验项目、取样方法、取样数量及试验方法应符合表 7 的规定。

表 7　取样方法、数量及试验方法

序　号	检验项目	取样方法及部位	取样数量	试验方法
1	化学成分	GB/T 20066	每炉 1 个	GB/T 223、GB/T 11170
2	拉伸试验	GB/T 2975 取纵向试样	每批 1 个	GB/T 228
3	弯曲试验	GB/T 232	每批 1 个	GB/T 232
4	硬度	任一卷	每批 2 个	GB/T 4340.1
5	尺寸外形	逐卷	—	通用量具测量
6	表面质量	逐卷	—	目视
7	刚性、弹回性能	逐卷	每批 1 个	附录 A、B
8	动态放气	逐卷	每批 1 个	—

6.2　钢带厚度的测量

宽度不大于 30 mm 时，在沿钢带宽度方向的中心部位测量；宽度大于 30 mm 时，应距边部不小于 5 mm处的任意点测量。

6.3　钢带外形的测量

6.3.1　测量钢带的镰刀弯时，将钢带的受检部分平放在平台上，用 1 m 长的直尺靠贴钢带凹侧，测量钢带与直尺之间的最大距离。

6.3.2　测量钢带不平度值时，将钢带的受检部分在自重状态下平放于平台上，用厚度规或线规测量钢带下表面与平台之间的最大距离。

7　检验规则

7.1　检查和验收

钢带的质量由供方质量监督部门负责检查和验收。需方有权按相应标准的规定进行验收。

7.2　组批规则

钢带应成批提交验收，每批由同一牌号、同一炉号、同一尺寸和同一交货状态的钢带组成。

7.3　复验和判定规则

若某项试验结果不符合本标准要求，允许按 GB/T 17505 进行复验。

8　包装、标志及质量证明书

钢带的包装、标志及质量证明书应符合 GB/T 247 的规定。

附 录 A
（规范性附录）
冷轧钢带刚性试验方法

本方法适用于厚度 0.13 mm～1.00 mm 的冷轧钢带。

A.1 试验原理

钢带刚性试验是将一定长度和宽度试样的一端固定在试验仪钳口中，在距钳口一定距离处沿垂直于试样轴线方向施加外力，在力矩的作用下，使试样弯曲变形，测量弯曲变形后试样的转角，以此检验钢带的抗弯性能。

A.2 试验仪器

测试仪应符合下述规定：

a) 固定钳口与弯曲刀应在同一垂直面上，各向公差应不大于 0.1/1 000。

b) 钳口和顶尖（或轴承）轴线平行，平行度偏差不大于 0.1/1 000。

c) 弯曲道口圆弧半径应达到 1.0 mm±0.1 mm。

d) 应备有圆弧半径分别为 1.0 mm、3.0 mm、5.0 mm 三种规格的钳口。

e) 转角角度标度应精确到 0.5°。

A.3 试样

试样沿钢带轧制方向制取，每批钢带截取 5 支试样，其长度 40.0 mm±1.0 mm，宽度 8.0 mm±0.2 mm。试样的边缘应无毛刺、裂纹等加工缺陷。

A.4 试验程序

A.4.1 将试样垂直夹紧于钳口内，调节测试仪，使钢带与弯曲刀口达到刚刚接触的程度，以此作为试验起点。

A.4.2 实测试样厚度，按照厚度-力矩对照表确定力矩值，并选取适当的砝码，装到载荷横杆上。如对照表上没有相应的力矩值，供需双方协商解决。厚度-力矩对照表见表 A.1。

表 A.1 厚度-力矩对照表

厚度/mm	0.13	0.20	0.25	0.30	0.40	0.50	0.60	0.70	0.80	0.90	1.0
力矩/g·cm	300	470	600	720	960	1 200	1 440	1 680	1 920	2 160	2 400

A.4.3 按照实测试样厚度选取钳口。厚度-钳口圆弧半径对照表见表 A.2。

表 A.2 厚度-钳口圆弧半径对照表

单位为毫米

试样厚度	0.13～0.30	0.31～0.50	0.51～1.0
钳口圆弧半径	1.0	3.0	5.0

A.4.4 将砝码牢固装到载荷横杆上，并使其在试验过程中无任何方向的移动。

A.4.5 横杆停稳后，测量横杆的转角。以5支试样测试结果的算术平均值为试验结果。

A.4.6 刚性试验原始记录上应注明：材料名称、规格、状态、钳口半径等项目。

附　录　B
（规范性附录）
冷轧钢带弹回试验方法

本方法适用于厚度 0.13 mm～1.00 mm 的冷轧钢带。

B.1　试验原理

钢带弹回试验是将一定长度和宽度试样的一端固定在试验仪钳口中，在距钳口一定距离处沿垂直于试样轴线方向施加外力，在力矩的作用下，使试样弯曲变形且变形转角到 60°，而后立刻卸除外力，测量变形回复后残余的转角，以此检验钢带的抗弯变形回复的性能。

B.2　试验仪器

仪器的性能和要求应符合附录 A 中 A.2 的规定。

B.3　试样

试验用试样应符合附录 A 中 A.3 的规定。

B.4　试验程序

B.4.1　将试样垂直夹紧于钳口内，调节测试仪，使钢带与弯曲刀口达到刚刚接触的程度，以此作为试验起点。

B.4.2　用手以均匀一致的速度在 3 s±1 s 内将试样挠曲 60°，到达指标后立刻卸除外力，待回弹稳定后，用手控调速节弯曲刀口，使弯曲刀口与试样达到刚刚接触的程度，观测载荷横杆标度指示角度 Q，按式(B.1)计算出弹回角度 α：

$$\alpha = 60^\circ - Q \qquad \text{(B.1)}$$

式中：

α——弹回角度，单位为度(°)；

Q——指示角度，单位为度(°)。

B.4.3　按照实测试样厚度选取钳口。厚度-钳口圆弧半径对照表见表 B.1。

表 B.1　厚度-钳口圆弧半径对照表　　单位为毫米

试样厚度	0.13～0.30	0.31～0.50	0.51～1.0
钳口圆弧半径	1.0	3.0	5.0

B.4.4　以 5 支试样测试结果的算术平均值为试验结果。其数值应精确到 0.1。

B.4.5　弹回试验原始记录上应注明：材料名称、规格、状态、钳口半径等项目。

附 录 C
（资料性附录）
钢的气体含量和非金属夹杂物

C.1 钢的气体含量见表 C.1。

表 C.1 气体含量

单位为%

[H]	[O]	[N]
$\leqslant 1.5\times10^{-4}$	$\leqslant 5.0\times10^{-3}$	$\leqslant 2.0\times10^{-2}$
注：钢的气体含量取熔检试样进行分析。		

C.2 钢的非金属夹杂物

钢带的脆性夹杂物和塑性夹杂物各不大于 2 级。

钢带的非金属夹杂物按 GB/T 10561 中 A 法检验，用 ISO 评级图谱进行评级。

按 GB/T 10561 标准评定夹杂物时，对于出现同一视场的 A、C 类夹杂物应合并评定，并以占优势的夹杂物选择相应的评级图片。对出现同一视场的 B 类夹杂物及大小与 B 类相似的 D 类夹杂物也应合并评定，并以 B 类夹杂物报出，对于分散的氧化物也按 B 类报出。在此前提下，以 A 类或 C 类夹杂物（粗系和细系）的评定结果作为"塑性夹杂物"，并按其中最严重者报出；以 B 类夹杂物的评定结果（粗系和细系）作为"脆性夹杂物"，并按较严重者判定。

ICS 77.140.50
H 46

中华人民共和国黑色冶金行业标准

YB/T 5058—2005
代替 YB/T 5058—1993

弹簧钢、工具钢冷轧钢带

Cold-rolled spring and tool steel strips

2005-07-26 发布 2005-12-01 实施

中华人民共和国国家发展和改革委员会 发布

前　言

本标准代替 YB/T 5058—1993《弹簧钢、工具钢冷轧钢带》。

本标准与原标准对比，主要修订内容如下：

——对分类和代号重新进行了规定；

——尺寸、外形及允许偏差引用了 GB/T 15391—1994；

——删去了牌号 65Si2MnWA。

本标准由中国钢铁工业协会提出。

本标准由全国钢标准化技术委员会归口。

本标准起草单位：冶金工业信息标准研究院。

本标准主要起草人：王晓虎、董莉。

本标准所代替标准的历次版本发布情况为：

GB 3525—1983；YB/T 5058—1993。

弹簧钢、工具钢冷轧钢带

1 范围

本标准规定了弹簧钢和工具钢冷轧钢带的分类和代号、尺寸、外形、重量、技术要求、试验和检验、包装、标志及质量证明书等。

本标准适用于制造弹簧、刀具、带尺等制品、轧制宽度小于 600 mm 的弹簧钢和工具钢冷轧钢带。

2 规范性引用文件

下列文件中的条款通过本标准的引用而成为本标准的条款。凡是注日期的引用文件，其随后所有的修改单(不包括勘误的内容)或修订版均不适用于本标准，然而，鼓励根据本标准达成协议的各方研究是否可使用这些文件的最新版本。凡是不注日期的引用文件，其最新版本适用于本标准。

GB/T 222—1984 钢的化学分析用试样取样法及成品化学成分允许偏差

GB/T 223.3 钢铁及合金化学分析方法 二安替吡啉甲烷磷钼酸重量法测定磷量

GB/T 223.9 钢铁及合金化学分析方法 铬天青 S 光度法测定铝含量

GB/T 223.10 钢铁及合金化学分析方法 铜铁试剂分离-铬天青 S 光度法测定铝含量

GB/T 223.11 钢铁及合金化学分析方法 过硫酸铵氧化容量法测定铬量

GB/T 223.14 钢铁及合金化学分析方法 钽试剂萃取光度法测定钒含量

GB/T 223.16 钢铁及合金化学分析方法 变色酸光度法测定钛量

GB/T 223.18 钢铁及合金化学分析方法 硫代硫酸钠分离-碘量法测定铜量

GB/T 223.23 钢铁及合金化学分析方法 丁二酮肟分光光度法测定镍量

GB/T 223.24 钢铁及合金化学分析方法 萃取分离二丁二酮肟分光光度法测定镍量

GB/T 223.26 钢铁及合金化学分析方法 硫氰酸盐直接光度法测定钼量

GB/T 223.27 钢铁及合金化学分析方法 硫氰酸盐-乙酸丁酯萃取分光光度法测定钼量

GB/T 223.39 钢铁及合金化学分析方法 氯磺酚 S 光度法测定铌量

GB/T 223.54 钢铁及合金化学分析方法 火焰原子吸收分光光度法测定镍量(GB/T 223.54—2004,ISO 4940:1985,eqv)

GB/T 223.58 钢铁及合金化学分析方法 亚砷酸钠-亚硝酸钠滴定法测定锰量

GB/T 223.59 钢铁及合金化学分析方法 锑磷钼蓝光度法测定磷量

GB/T 223.60 钢铁及合金化学分析方法 高氯酸脱水重量法测定硅量

GB/T 223.61 钢铁及合金化学分析方法 磷钼酸铵容量法测定磷量

GB/T 223.62 钢铁及合金化学分析方法 乙酸丁酯萃取光度法测定磷量

GB/T 223.63 钢铁及合金化学分析方法 高碘酸钠(钾)光度法测定锰量

GB/T 223.64 钢铁及合金化学分析方法 火焰原子吸收光谱法测定锰量

GB/T 223.67 钢铁及合金化学分析方法 还原蒸馏-次甲基蓝光度法测定硫含量

GB/T 223.68 钢铁及合金化学分析方法 管式炉内燃烧碘酸钾滴定法测定硫含量

GB/T 223.69 钢铁及合金化学分析方法 管式炉内燃烧后气体容量法测定碳含量

GB/T 223.71 钢铁及合金化学分析方法 管式炉内燃烧后重量法测定碳含量

GB/T 223.72 钢铁及合金化学分析方法 氧化铝色层分离-硫酸钡重量法测定硫量

GB/T 223.74 钢铁及合金化学分析方法 非化合碳含量的测定

GB/T 223.75 钢铁及合金化学分析方法 甲醇蒸馏-姜黄素光度法测定硼量

GB/T 223.76 钢铁及合金化学分析方法 火焰原子吸收光谱法测定钒量(GB/T 223.76—2004,

ISO 9647:1989,eqv)

GB/T 224　钢的脱碳层深度测定法

GB/T 228　金属材料　室温拉伸试验方法(GB/T 228—2002,eqv ISO 6892:1998)

GB/T 247—1997　钢板和钢带检验、包装、标志及质量证书的一般规定

GB/T 1222—1984　弹簧钢

GB/T 1298—1986　碳素工具钢技术条件

GB/T 1299—2000　合金工具钢

GB/T 15391—1994　宽度小于600 mm冷轧钢带的尺寸、外形及允许偏差

3　订货内容

订货时用户需提供下列信息：

a)　标准编号；

b)　牌号；

c)　规格及尺寸精度；

d)　表面等级；

e)　交货状态；

f)　边缘状态；

g)　重量；

h)　包装要求；

i)　其他要求。

4　分类与代号

4.1　按边缘状态分

切边　EC

不切边　EM

4.2　按尺寸精度分

普通厚度精度　PT. A

较高厚度精度　PT. B

普通宽度精度　PW. A

较高宽度精度　PW. B

4.3　按表面质量分

普通级　FA

较高级　FB

4.4　按软硬程度分

冷硬钢带　H

退火钢带　TA

球化退火钢带　TG

5　尺寸、外形、重量及允许偏差

钢带的尺寸、外形、重量及允许偏差应符合GB/T 15391—1994的相应规定。

6　技术要求

6.1　牌号和化学成分

T7、T7A、T8、T8A、T8Mn、T8MnA、T9、T9A、T10、T10A、T11、T11A、T12、T12A、T13、T13A 的化学成分应符合 GB/T 1298—1986 的规定。

Cr06 的化学成分应符合 GB/T 1299—2000 的规定。

85、65Mn、50CrVA、60Si2Mn、60Si2MnA 的化学成分应符合 GB/T 1222—1984 的规定。

70SiCrA 的化学成分应符合表 1 的规定。

表 1

牌号	化学成分(质量分数)/%						
	C	Mn	Si	Cr	S	P	Ni
					不大于		
70Si2CrA	0.65～0.75	0.40～0.60	1.40～1.70	0.20～0.40	0.030	0.030	0.030

6.2　钢带应成卷交货。冷硬钢带和厚度不大于 0.3 mm 的退火钢带，卷的内径不得小于 150 mm；厚度大于 0.3 mm 的退火钢带，卷的内径不得小于 200 mm。

经双方协议，厚度不小于 1 mm 的钢带可直条交货，其长度为 2 m～3 m，但允许交付长度不小于 1 m 的短尺钢带，其数量不得大于一批重量的 10%。

6.3　钢带力学性能应符合表 2 的规定。

表 2

牌　号	钢带厚度/mm	退火钢带		冷硬钢带
		抗拉强度 R_m/(N/mm²)不大于	断后伸长率 A_{Xmm}/%不小于	抗拉强度 R_m/(N/mm²)
65Mn T7、T7A、T8、T8A	≤1.5	635	20	735～1175
	>1.5	735	15	
T8Mn、T8MnA、T9 T9A、T10、T10A、T11 T11A、T12、T12A、85	0.10～3.00	735	10	
T13、T13A		880	—	—
Cr06		930	—	785～1175
60Si2Mn、60Si2MnA 50CrVA		880	10	
70Si2CrA		830	8	
注：A_{Xmm} 中 X 表示试样标距长度值。				

厚度不大于 0.2 mm 的退火钢带伸长率指标不作为交货条件。

6.4　根据需方要求，可检验钢带的硬度。硬度值与试验方法由供需双方协议规定。

6.5　经双方协议可供应球化退火的钢带。球状珠光体的级别及评定方法由双方协议规定。

6.6　钢带一面总脱碳层(全脱碳层＋部分脱碳层)深度应符合表 3 的规定。

表 3

单位为毫米

钢 带 厚 度	脱碳层深度不大于
<0.50	0.02
>0.50～1.00	0.04
>1.00～2.00	0.06
>2.00～3.00	0.08

6.7　较高级钢带的表面应光滑，不得有裂纹、结疤、外来夹杂物、氧化铁皮、铁锈、分层。允许有深度或高度不大于钢带厚度允许偏差之半的个别微小的凹面、凸块、划痕、压痕和麻点。

6.8　普通级钢带的表面可呈氧化色，不得有裂纹、结疤、外来夹杂物、氧化铁皮、铁锈、分层。允许有深度或高度不大于钢带厚度允许偏差的个别微小凹面、凸块、划痕、压痕、麻点以及不显著的波纹和槽形。

6.9　在切边钢带的边缘上，允许有深度不大于宽度允许偏差之半的切割不齐和尺寸不大于厚度允许偏差的毛刺。

6.10　在不切边钢带的边缘上，允许有深度不大于钢带宽度允许偏差的裂边。

6.11　对于特殊用途钢带的特殊要求（显微组织、脱碳层深度、力学性能、不平度、粗糙度等）由双方协议协定。

7　试验方法

7.1　每批钢带检验试样数量及试验方法按表4的规定。

表 4

序　号	检 验 项 目	试 样 数 量	取样方法	试 验 方 法
1	化学成分	每炉一个	GB/T 222	GB/T 223
2	力学性能	每批选取3%，但不少于两卷（捆）	—	GB/T 228
3	脱碳层		—	GB/T 224
4	尺　寸	逐卷（捆）检查	—	用通用量具测量
5	表面质量		—	用肉眼检查

7.2　钢带的表面质量用肉眼检查。

7.3　钢带的拉伸试验按GB/T 228的规定进行。

7.3.1　拉伸试验试样的宽度及标距长度应符合表5的规定。

表 5

单位为毫米

钢带厚度	标距长度	试样宽度[a]
<0.20	20	10
0.20～<0.55	40	20
0.55～<1.55	50	20
1.55～2.00	60	20
>2.00	80	20
[a] 试样宽度的允许偏差为±0.25。		

7.3.2　宽度小于15 mm的钢带和厚度大于0.18 mm、宽度小于25 mm的钢带做拉伸试验时，采取宽度与钢带宽度相等的试样。此时不测定伸长率。

7.3.3　拉伸试样平行于轧制方向切取。

7.3.4　做拉伸试验时，试样破断的部位应在试样标距长度中央1/3的区间内方为有效，否则应另取试样重新试验。

7.3.5　按照试样试验前的实际截面计算强度。

7.4　脱碳层深度检查按GB/T 224进行。

8　检验规则

8.1　钢带应成批验收。每批由同一牌号、同一炉罐号、同一尺寸及同一类别的同一组钢带组成。

8.2　钢的化学成分按熔炼分析结果填入质量证明书。根据需方要求，可检验成品钢带的化学成分。

8.3　所有钢带均须作外观及尺寸检验。

8.4　钢带的不平度在冷硬状态下检验。

8.5　从外观和尺寸检查合格的钢带中，选取3%但不少于两卷(捆)做钢带的拉伸试验、硬度试验、球状珠光体级别及脱碳层深度等检验。

进行每项试验时，从所取每卷的内端和外端各取一个试样，或者从每个选出的捆中取出两条钢带各取一试样。

8.6　试样的采取部位，不切边钢带距边缘不小于10 mm，切边钢带距边缘不小于5 mm。

8.7　钢带的复验规定按GB/T 247—1997执行。

9　包装、标志及质量证明书

钢带的包装、标志及质量证明书按GB/T 247—1997的规定进行。

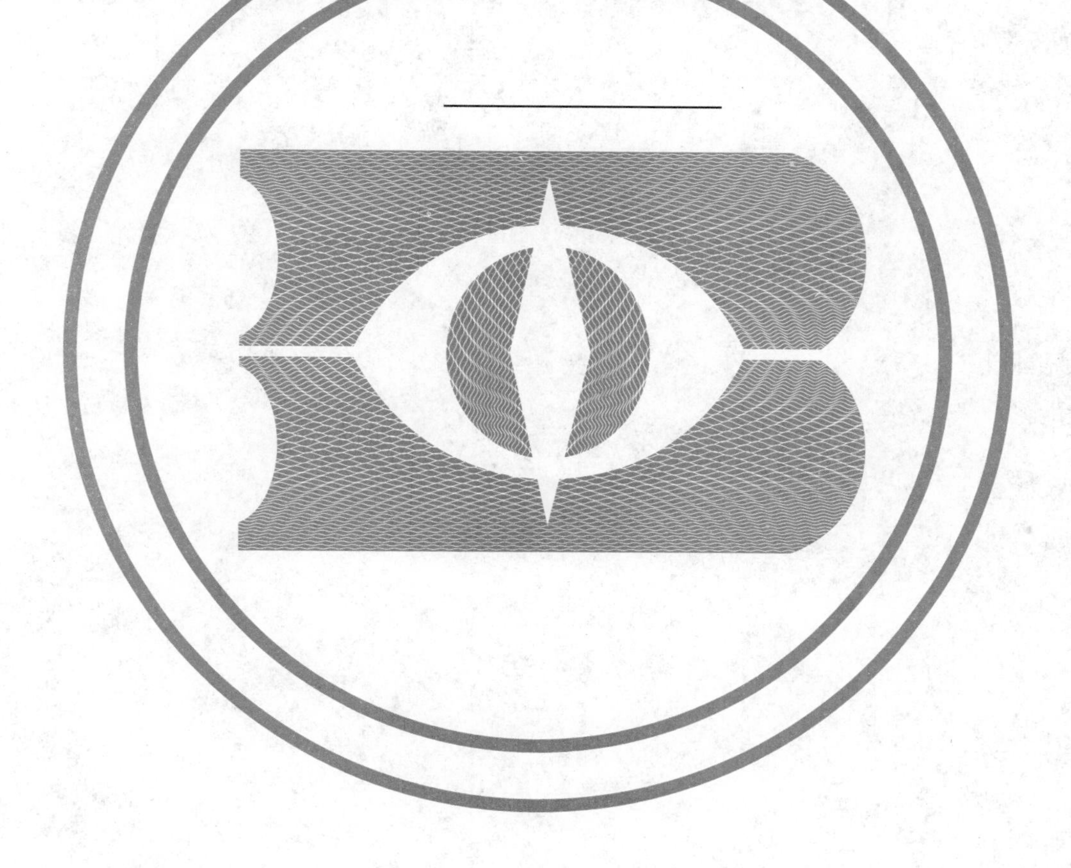

ICS 77.140.50
H 46

中华人民共和国黑色冶金行业标准

YB/T 5059—2013
代替 YB/T 5059—2005

低碳钢冷轧钢带

Cold-roll low carbon steel strips

2013-04-25 发布　　2013-09-01 实施

中华人民共和国工业和信息化部　发布

前　言

本标准按照 GB/T 1.1—2009 给出的规则起草。

本标准代替 YB/T 5059—2005《低碳钢冷轧钢带》。与 YB/T 5059—2005 相比，主要修订内容如下：

——调整规范性引用文件；

——订货内容增加了“表面状态”及“用途”要求；

——增加了维氏硬度要求；

——修改了“杯突试验”要求，并将其放入资料性附录 A 中；

——取消普通表面质量级别 FA，增加超高级表面质量级别 FD；

——修改了“表面加工状态”为“表面状态”，且增加了麻面和光亮表面粗糙度的要求；

——修改了“试验方法”；

——增加了数值修约的要求。

本标准由中国钢铁工业协会提出。

本标准由全国钢标准化技术委员会(SAC/TC 183)归口。

本标准起草单位：国家钢铁及制品质量监督检验中心、冶金工业信息标准研究院。

本标准主要起草人：黄飞、朱兴江、董莉、王姜维、姚成虎、任翠英、张久峰。

本标准所代替标准的历次版本发布情况为：

——GB/T 3256—1983；

——YB/T 5059—1993，YB/T 5059—2005。

低碳钢冷轧钢带

1 范围

本标准规定了低碳钢冷轧钢带的分类和代号、尺寸、外形、技术要求、试验方法、检验规则、包装、标志及产品质量证明书。

本标准适用于制造受冲压零件、钢管和其他金属制品，轧制宽度小于600 mm、厚度不大于3 mm的低碳钢冷轧钢带(以下简称钢带)。

2 规范性引用文件

下列文件对于本文件的应用是必不可少的。凡是注日期的引用文件，仅注日期的版本适用于本文件。凡是不注日期的引用文件，其最新版本(包括所有的修改单)适用于本文件。

GB/T 222 钢的成品化学成分允许偏差

GB/T 223.3 钢铁及合金化学分析方法 二安替比林甲烷磷钼酸重量法测定磷量

GB/T 223.5 钢铁 酸溶硅和全硅含量的测定 还原型硅钼酸盐分光光度法

GB/T 223.9 钢铁及合金 铝含量的测定 铬天青S分光光度法

GB/T 223.11 钢铁及合金 铬含量的测定 可视滴定或电位滴定法

GB/T 223.14 钢铁及合金化学分析方法 钽试剂萃取光度法测定钒含量

GB/T 223.16 钢铁及合金化学分析方法 变色酸光度法测定钛量

GB/T 223.18 钢铁及合金化学分析方法 硫代硫酸钠分离-碘量法测定铜量

GB/T 223.23 钢铁及合金 镍含量的测定 丁二酮肟分光光度法

GB/T 223.26 钢铁及合金 钼含量的测定 硫氰酸盐分光光度法

GB/T 223.40 钢铁及合金 铌含量的测定 氯磺酚S分光光度法

GB/T 223.54 钢铁及合金化学分析方法 火焰原子吸收分光光度法测定镍量

GB/T 223.58 钢铁及合金化学分析方法 亚砷酸钠-亚硝酸钠滴定法测定锰量

GB/T 223.59 钢铁及合金 磷含量的测定 铋磷钼蓝分光光度法和锑磷钼蓝分光光度法

GB/T 223.60 钢铁及合金化学分析方法 高氯酸脱水重量法测定硅含量

GB/T 223.61 钢铁及合金化学分析方法 磷钼酸铵容量法测定磷量

GB/T 223.62 钢铁及合金化学分析方法 乙酸丁酯萃取光度法测定磷量

GB/T 223.63 钢铁及合金化学分析方法 高碘酸钠(钾)光度法测定锰量

GB/T 223.64 钢铁及合金 锰含量的测定 火焰原子吸收光谱法

GB/T 223.67 钢铁及合金 硫含量的测定 次甲基蓝分光光度法

GB/T 223.68 钢铁及合金化学分析方法 管式炉内燃烧后碘酸钾滴定法测定硫含量

GB/T 223.69 钢铁及合金 碳含量的测定 管式炉内燃烧后气体容量法

GB/T 223.71 钢铁及合金化学分析方法 管式炉内燃烧后重量法测定碳含量

GB/T 223.72 钢铁及合金 硫含量的测定 重量法

GB/T 223.74 钢铁及合金化学分析方法 非化合碳含量的测定

GB/T 223.75 钢铁及合金 硼含量的测定 甲醇蒸馏-姜黄素光度法

GB/T 223.76 钢铁及合金化学分析方法 火焰原子吸收光谱法测定钒量

GB/T 223.79　钢铁　多素含量的测定　X-射线荧光光谱法(常规法)
GB/T 228.1　金属材料　拉伸试验　第1部分:室温试验方法
GB/T 247　钢板和钢带包装、标志及质量证明书的一般规定
GB/T 699　优质碳素结构钢
GB/T 2523　冷轧金属薄钢板(带)表面粗糙度和峰值测量方法
GB/T 4156　金属材料　薄板和薄带　埃里克森杯突试验
GB/T 4336　碳素钢和中低合金钢　火花源原子发射光谱分析方法(常规法)
GB/T 4340.1　金属材料　维氏硬度试验　第1部分:试验方法
GB/T 6394　金属平均晶粒度测定法
GB/T 15391　宽度小于600 mm的冷轧钢带尺寸、外形及允许偏差
GB/T 17505　钢及钢产品交货一般技术要求
GB/T 20066　钢和铁　化学成分测定用试样的取样和制样方法
GB/T 20123　钢铁　总碳硫含量的测定　高频感应炉燃烧后红外吸收法(常规方法)
YB/T 081　冶金技术标准的数值修约与检测数值的判定原则

3　订货内容

根据本标准订货,在合同中应注明下列技术内容:

a)　标准编号;
b)　牌号;
c)　规格及尺寸精度;
d)　表面等级;
e)　表面状态;
f)　交货状态;
g)　边缘状态;
h)　重量;
i)　包装要求;
j)　用途;
k)　其他要求。

4　分类及代号

4.1　按边缘状态分

切边　EC
不切边　EM

4.2　按尺寸精度分

普通厚度精度　PT·A
较高厚度精度　PT·B
普通宽度精度　PW·A
较高宽度精度　PW·B

4.3 按表面等级分

较高级 FB
高级 FC
超高级 FD

4.4 按表面状态分

麻面 D
光亮 B

4.5 按交货状态分

特软钢带 S2
软钢带 S
半软钢带 S1/2
低冷硬钢带 H1/4
冷硬钢带 H

5 尺寸、外形、重量及允许偏差

钢带的尺寸、外形及允许偏差应符合 GB/T 15391 的相应规定，钢带按实际重量交货。

6 技术要求

6.1 牌号和化学成分

钢带采用 08、10、08A1 钢轧制，其化学成分应符合 GB/T 699 的规定。根据供需双方协商，并在合同中注明，可供应其他牌号的钢带。

6.2 力学性能

6.2.1 经供需双方协商，并在合同中注明，钢带可按拉伸性能或维氏硬度交货，钢带在不同交货状态下的力学性能应符合表 1 的规定。

表 1

钢带交货状态	抗拉强度 R_m MPa	断后伸长率 A/% 不小于	维氏硬度 HV
特软 S2	275～390	30	≤105
软 S	325～440	20	≤130
半软 S1	370～490	10	105～155
低冷硬 H1/4	410～540	4	125～172
冷硬 H	490～785	不测定	140～230

6.2.2 厚度小于 0.2 mm 的钢带，不测定断后伸长率。
6.2.3 根据供需双方协议，特软(S2)、软(S)钢带可经平整后交货。

6.3 杯突试验

经供需双方协商，并在合同中注明，钢带可进行杯突试验。钢带在不同交货条件下杯突试验的最小杯突深度参见附录A。

6.4 表面质量

6.4.1 钢带表面不得有结疤、裂纹、夹杂等对使用有害的缺陷，钢带不得有分层。

6.4.2 钢带表面各表面级别的特征应符合表2的规定。

表2

级别	代号	表面特征
较高级	FB	表面允许有少量不影响成形性及涂镀附着力的缺陷，如轻微的划伤、压痕、麻点、辊印及氧化色等
高级	FC	产品两面中较好的一面无目视可见的明显缺陷，另一面至少应达FB的要求
超高级	FD	产品两面中较好的一面不应有影响喷涂后的外观质量或者电镀后的外观质量的缺陷，另一面应至少达到FB的要求

6.4.3 钢带允许带缺陷交货，但缺陷部分总长度不得超过每卷总长度的3%。

6.5 表面状态

表面状态为麻面(D)时，平均粗糙度 Ra 大于0.6 μm且不大于1.9 μm；表面状态为光亮面(B)时，平均粗糙度 Ra 为不大于0.9 μm。如需方对粗糙度有特殊要求，应在订货时协商。

7 试验方法

7.1 每批钢带的检验项目、试样数量、取样方法及试验方法按表3规定。

表3

序号	检验项目	试样数量	取样方法	试验方法
1	化学成分	1个/炉	GB/T 20066	GB/T 223　GB/T 4336 GB/T 20123
2	拉伸试验	2个	GB/T 2975 取纵向试样	GB/T 228.1
3	硬度试验	2个	GB/T 2975	GB/T 4340.1
4	杯突试验	一组(3个)	GB/T 4156	GB/T 4156
5	尺寸	—	逐卷(捆)	通用量具
6	表面质量	—	逐卷(捆)	目测
7	表面粗糙度	—	逐卷(捆)	GB/T 2523

7.2 拉伸试样的形状及尺寸应符合GB/T 228.1要求，宽度小于15 mm的钢带以及厚度大于0.18 mm、宽度小于25 mm的钢带做拉伸试验时，取宽度与钢带宽度相等的试样，在此情况下不测定断后伸长率。

8 检验规则

8.1 钢带应成批验收，每批钢带由同一炉号、同一尺寸、同一状态及按第4章分类的同一类的钢带组成。

8.2 进行每项试验时，从所取每卷钢带的内端和外端各取一个试样，或者从每个选出的捆中取出两条钢带各取一个试样。

8.3 钢带的复验和判定按GB/T 17505规定执行。

8.4 取出每批5%的钢带卷(捆)但不少于4卷(捆)检查不平度和镰刀弯，如有一卷不合格，则该批钢带需逐卷(捆)检查，仅对检查合格的卷(捆)予以验收。

9 钢带的包装、标志和质量证明书

钢带的包装、标志和质量证明书应按照GB/T 247执行。

10 数值修约

钢吊检验结果的数值修约按YB/T 081的规定。

附　录　A
（资料性附录）
杯突试验

A.1　钢带在不同交货条件下杯突试验的最小杯突深度应满足表A.1的规定。

表 A.1　　单位为毫米

钢带厚度	杯突深度			
	钢带宽度＞70		30≤钢带宽度≤70	
	特软(S2)	特(S)	特软(S2)	特(S)
0.20	7.5	6.8	5.1	4.0
0.25	7.8	7.1	5.3	4.2
0.30	8.1	7.3	5.5	4.4
0.35	8.3	7.5	5.7	4.6
0.40	8.5	7.7	5.9	4.8
0.45	8.7	7.9	6.3	5.0
0.50	8.9	8.1	6.5	5.2
0.60	9.2	8.4	6.7	5.5
0.70	9.5	8.6	6.9	5.7
0.80	9.7	8.8	6.9	5.9
0.90	9.9	9.0	7.1	6.1
1.00	10.1	9.2	7.3	6.3
1.20	10.5	9.6	7.7	6.7
1.40	10.9	10.0	8.1	7.1
1.60	11.2	10.4	8.5	7.5
1.80	11.5	10.7	8.9	7.8
2.00	11.7	10.9	9.2	8.1

A.2　其他厚度钢带的杯突深度参照表中与其厚度最相近的杯突深度，中间厚度钢带最小杯突值，按相邻较小厚度钢带的规定。

A.3　宽度小于30 mm的钢带以及半软(S1/2)、低硬(H1/4)和硬(H)钢带不作杯突试验。

A.4　根据供需双方协议，厚度0.10 mm～0.20 mm及大于2.00 mm的特软(S2)或软(S)钢带，也可进行杯突试验，最小杯突值由供需双方协商。

A.5　宽度30 mm～70 mm的钢带作杯突试验时，取宽度为30 mm的试样，冲头直径为14 mm，钢带厚度不大于1.3 mm者，采用17 mm的冲模，钢带厚度大于1.3 mm者，采用21 mm冲模。

ICS 77.140.50
H 46

中华人民共和国黑色冶金行业标准

YB/T 5063—2007
代替 YB/T 5063—1993

热处理弹簧钢带

Heat treatment spring steel strips

2007-01-25 发布　　2007-07-01 实施

中华人民共和国国家发展和改革委员会　发布

前　言

本标准代替 YB/T 5063—1993《热处理弹簧钢带》。

本标准与原标准对比,主要修订内容如下:

——对分类和代号重新进行了规定;

——尺寸、外形及允许偏差引用了 GB/T 15391;

——删除压扁钢丝制成钢带的内容;

——增加引用了基础和方法标准。

本标准由中国钢铁工业协会提出。

本标准由全国钢标准化技术委员会归口。

本标准起草单位:冶金工业信息标准研究院。

本标准主要起草人:黄颖、王晓虎。

本标准所代替的历次版本发布情况为:

——GB 3530—1983;

——YB/T 5063—1993。

热处理弹簧钢带

1 范围

本标准规定了热处理弹簧钢带的分类和代号、尺寸、外形、技术要求、试验方法、检验规则、包装、标志及质量证明书等。

本标准适用于厚度不大于 1.50 mm、宽度不大于 100 mm 制造弹簧零件用、经热处理的弹簧钢带。

2 规范性引用文件

下列文件中的条款通过本标准的引用而成为本标准的条款。凡是注日期的引用文件，其随后所有的修改单(不包括勘误的内容)或修订版均不适用于本标准，然而，鼓励根据本标准达成协议的各方研究是否可使用这些文件的最新版本。凡是不注日期的引用文件，其最新版本适用于本标准。

GB/T 222 钢的成品化学成分允许偏差

GB/T 223.3 钢铁及合金化学分析方法 二安替比林甲烷磷钼酸重量法测定磷量

GB/T 223.12 钢铁及合金化学分析友法 碳酸钠分离-二苯碳酰二肼光度法测定铬量

GB/T 223.19 钢铁及合金化学分析方法 新亚铜灵-三氯甲烷萃取光度法测定铜量

GB/T 223.23 钢铁及合金化学分析方法 丁二酮肟分光光度法测定镍量

GB/T 223.58 钢铁及合金化学分析方法 亚砷酸钠-亚硝酸钠滴定法测定锰量

GB/T 223.60 钢铁及合金化学分析方法 高氯酸脱水重量法测定硅含量

GB/T 223.68 钢铁及合金化学分析方法 管式炉内燃烧后碘酸钾滴定法测定硫含量

GB/T 223.69 钢铁及合金化学分析方法 管式炉内燃烧后气体容量法测定碳含量

GB/T 224 钢的脱碳层深度测定法

GB/T 228 金属材料 室温拉伸试验方法(GB/T 228—2002,eqv ISO 6892:1998)

GB/T 235 金属材料 厚度等于或小于 3mm 薄板和薄带 反复弯曲试验方法(GB/T 228—1999,eqvISO 7799:1985)

GB/T 247 钢板和钢带检验、包装、标志及质量证书的一般规定

GB/T 1222—1984 弹簧钢

GB/T 1298—1986 碳素工具钢技术条件

GB/T 2523 冷轧薄钢板(带)表面粗糙度测量方法

GB/T 4340.1 金属维氏硬度试验 第 1 部分:试验方法(GB/T 4340.1—1999,eqv ISO 6507—1:1987)

GB/T 15391 宽度小于 600mm 冷轧钢带的尺寸、外形及允许偏差

GB/T 20066 钢和铁 化学成分测定用试样的取样和制样方法(GB/T 20066—2006,ISO 14284:1996,IDT)

YB/T 5058—2005 弹簧钢、工具钢冷轧钢带

3 分类与代号

3.1 按边缘状态分

切边 EC

不切边 EM

3.2 按尺寸精度分

普通厚度精度　　PT·A
较高厚度精度　　PT·B
普通宽度精度　　PW·A
较高宽度精度　　PW·B

3.3 按力学性能分

Ⅰ组强度钢带　　Ⅰ
Ⅱ组强度钢带　　Ⅱ
Ⅲ组强度钢带　　Ⅲ

3.4 按表面状态分

抛光钢带　　SB
光亮钢带　　SL
经色调处理的钢带　　SC
灰暗色钢带　　SD

4 尺寸、外形及允许偏差

4.1 钢带的尺寸、外形及允许偏差应符合 GB/T 15391 的相应规定。

5 订货内容

订货时用户需提供下列信息：

a) 标准编号；
b) 牌号；
c) 尺寸及尺寸精度；
d) 边缘状态；
e) 力学性能组别；
f) 表面状态；
g) 重量；
h) 包装要求；
i) 特殊要求。

6 技术要求

6.1 牌号和化学成分

6.1.1 钢带应采用 T7A、T8A、T9A、T10A、65Mn、60Si2MnA、70Si2CrA 号钢轧制。T7A、T8A、T9A、T10A 的化学成分应符合 GB 1298—1986 的规定。65Mn、60Si2MnA 的化学成分应符合 GB/T 1222—1984的规定。70Si2CrA 的化学成分应符合 YB/T 5058—2005 的规定。

6.1.2 钢带的成品分析允许偏差应符合 GB/T 222 的有关规定。

6.1.3 经供需双方协商，钢带也可采用其他牌号轧制，其化学成分由双方协议规定。

6.2 力学性能

6.2.1 钢带的拉伸性能应符合表 1 的规定。根据需方要求，经双方协议，Ⅲ级强度的钢带，其强度值可以规定上限。

表 1

强 度 级 别	抗拉强度 R_m/MPa
Ⅰ	1 270～1 560
Ⅱ	>1 560～1 860
Ⅲ	>1 860

6.2.2 根据需方要求，强度级别为Ⅰ、Ⅱ级的可进行断后伸长率的测定，其数值由供需双方协议规定。

6.2.3 根据需方要求，并在合同中注明，厚度不小于 0.25 mm 的钢带可进行维氏硬度试验来代替拉伸试验。维氏硬度试验数值由供需双方协议规定。

6.3 工艺性能

6.3.1 根据需方要求，并在合同中注明，可进行反复弯曲试验。反复弯曲次数应由供需双方协议规定。

6.3.2 厚度大于 1 mm 的Ⅰ级强度钢带，不进行反复弯曲试验。

6.4 脱碳层

钢带不允许有脱碳层存在。对厚度大于 0.50 mm 的钢带，经需方同意，可允许有深度不大于 0.01 mm的脱碳层存在。

6.5 表面

6.5.1 光亮或抛光的钢带应具有光亮的表面，且不得有折痕、分层、纵向划痕和氧化皮；允许有深度或高度不大于钢带厚度偏差之半的不影响使用的细小缺陷。

6.5.2 色调处理的钢带与抛光钢带的表面质量要求相同。色调的颜色由淡黄色到深褐色或由蓝色到深蓝色。但在同一条钢带同一表面上颜色应均匀。

6.5.3 需方如有特殊要求，经双方协议，可供上述任一种发蓝颜色的钢带。

6.5.4 抛光的、光亮的和经色调处理的钢带表面粗糙度 Ra 不大于 0.8 μm。

6.5.5 灰暗色钢带可以具有灰暗色或回火颜色，或为光亮表面；在钢带表面上不得有折痕、分层和锈迹。允许有深度不大于钢带厚度偏差的擦伤、麻点和辊印。

6.5.6 在切边钢带的边缘，允许有深度不大于宽度允许偏差之半的切割不齐和尺寸不大于钢带厚度允许偏差之半的毛刺。

7 试验方法

7.1 每批钢带检验项目、取样方法及部位、取样数量、试验方法按表 2 的规定。

表 2

序 号	检验项目	取样数量	取样方法及部位	试验方法
1	化学成分	每炉 1 个	GB/T 20066	GB/T 223
2	拉伸试验	每批选取 10%，但不少于两根	钢带两端各取一个试样	GB/T 228
3	硬度			GB/T 4340.1
4	弯曲			GB/T 235
5	脱碳层	每批选取 5%，但不少于两根	钢带两端各取一个试样	GB/T 224
6	表面粗糙度	每批 2 个	不同条	GB/T 2523
7	尺寸外形	—	逐 卷	用通用量具测量
8	表面质量	—	逐 卷	目 视

7.2 拉伸试样的标距长度应为 100 mm。试样宽度：当钢带宽度大于 40 mm 时，应制成宽度为 20 mm 的条状试样；钢带宽度不大于 40 mm 时，按钢带实际宽度。试样的边缘在试验前必须磨光。

8 检验规则

8.1 验收

钢带的质量由供方质量监督部门负责检查和验收。需方有权按本标准的规定进行检查和验收。

8.2 组批

钢带应成批提交验收，每批由同一牌号、同一炉号、同一尺寸和同一类别的钢带组成。

8.3 复验

若某项试验结果不符合本标准要求，允许按 GB/T 247 进行复验。

9 包装、标志及质量证明书

钢带的包装、标志及质量证明书应符合 GB/T 247 的规定。

ICS 77.140.50
H 46

中华人民共和国黑色冶金行业标准

YB/T 5088—2007
代替 YB/T 5088—1993

同轴电缆用电镀锡钢带

Electrolytical tinplated steel strip for coaxial cable

2007-01-25 发布　　2007-07-01 实施

中华人民共和国国家发展和改革委员会　发布

前　言

本标准代替 YB/T 5088—1993《同轴电缆用电镀锡钢带》。

本标准与原标准对比，主要修订内容如下：

——对分类和代号重新进行了规定；

——增加了订货内容一章；

——厚度允许偏差采用对称偏差，宽度允许偏差采用正偏差。

本标准由中国钢铁工业协会提出。

本标准由全国钢标准化技术委员会归口。

本标准起草单位：冶金工业信息标准研究院。

本标准主要起草人：王晓虎、董莉。

本标准所代替的历次版本发布情况为：

——GB 4171—1984；

——YB/T 5088—1993。

同轴电缆用电镀锡钢带

1 范围

本标准规定了同轴电缆用电镀锡钢带的分类和代号、尺寸、外形、技术要求、试验方法、检验规则、包装、标志及质量证明书等。

本标准适用于厚度为 0.10 mm～0.20 mm，宽度为 165 mm～200 mm 中小同轴屏蔽用电镀锡钢带。

2 规范性引用文件

下列文件中的条款通过本标准的引用而成为本标准的条款。凡是注日期的引用文件，其随后所有的修改单(不包括勘误的内容)或修订版均不适用于本标准，然而，鼓励根据本标准达成协议的各方研究是否可使用这些文件的最新版本。凡是不注日期的引用文件，其最新版本适用于本标准。

GB/T 228　金属材料　室温拉伸试验方法(GB/T 228—2002，eqv ISO 6892:1998)

GB/T 235　金属材料　厚度等于或小于 3 mm 薄板和薄带　反复弯曲试验方法(GB/T 235—1999，eqv ISO 7799:1985)

GB/T 247　钢板和钢带检验、包装、标志及质量证明书的一般规定

GB/T 1838　镀锡钢板(带)镀锡量试验方法(GB/T 1838—1995，eqv ISO 1111/1:1983)

3 分类与代号

钢带按镀锡量分为 E_1、E_2、E_3、E_4 四级。

注：E 表示镀锡两面等厚。

4 尺寸、外形及允许偏差

4.1　钢带的尺寸及其允许偏差按表 1 的规定。

表 1

单位为毫米

公称厚度	允许偏差	公称宽度	允许偏差
0.10	±0.012	165	$^{+3.0}_{0}$
0.10	±0.012	200	$^{+3.0}_{0}$
0.15	±0.015	200	$^{+3.0}_{0}$
0.20	±0.015	200	$^{+3.0}_{0}$

4.2　钢带的镰刀弯，每米应不大于 1.50 mm。

4.3　钢带的不平度不应超过 5 mm。

4.4　每卷钢带的长度应不短于 1 000 m(卷内允许不多于 3 个接头存在，在接头处用黄色纸做好标记)。但允许长度不短于 100 m 的短钢带交货，其数量不得大于该批交货总重量的 15%。根据供需双方协

议，可供应没有接头、长度不短于 400 m 的钢带卷，其短尺数量由双方另行协商确定。

4.5 电镀锡钢带卷内径为 170 mm～190 mm；外径为 400 mm～450 mm。

5 订货内容

订货时需方需提供下列信息：

a) 标准编号；

b) 钢基牌号；

c) 尺寸及尺寸精度；

d) 镀锡量等级；

e) 重量；

f) 包装要求；

g) 特殊要求。

6 技术要求

6.1 需方可根据用途选择钢基牌号，钢基牌号及化学成分应符合相应国家标准的规定，但含铜量不得大于 0.20%。

6.2 钢带以退火状态成卷交货。

6.3 用于生产电镀锡钢带的锡锭的纯度不小于 99.85%。

6.4 镀锡量（指两面）按表 2 的规定。经供需双方协商，可供应表 2 规定以外镀锡量的钢带。

表 2

符号	公称镀锡量/(g/m^2)	最小镀锡量/(g/m^2)
E_1	5.6	4.9
E_2	11.2	10.5
E_3	16.8	15.7
E_4	22.4	20.2

6.5 根据需方要求，可做拉伸试验，其技术指标由供需双方协议规定。

6.6 钢带应做反复弯曲试验，在钳口半径为 1.5 mm 的试验机上，90°反复弯曲 6 次，在弯曲处，镀层和钢带上均应不出现裂缝。

6.7 镀锡钢带表面应光亮平滑，不得有裂缝、碎边、毛刺、分层、锡堆和连续性漏镀等缺陷存在。

7 试验方法

7.1 钢带应逐条用肉眼作外观检查，用通用量具检查尺寸，厚度测量部位应在距边缘不小于 3 mm 处。

7.2 测量钢带镰刀弯时，将 1 m 长的直尺靠贴钢带的凹部，测量钢带与直尺间的最大距离。

7.3 测量钢带的不平度时，将钢带卷打开，放在平面上测量钢带和平面之间的最大距离。

7.4 镀锡量按 GB/T 1838 的规定进行。

7.5 钢带的拉伸试验按 GB/T 228 的规定进行。

7.6 钢带的反复弯曲试验按 GB/T 235 的规定进行。

8 检验规则

8.1 钢带应成批交货，每批由同一钢号，同一尺寸和同一交货状态的电镀锡钢带组成。

8.2 从外观及尺寸检查合格的钢带中，抽取 3%（但不少于 2 卷）进行拉伸、弯曲及镀锡量试验。

8.3 在距卷的头部或尾部 1.5 m 处取 300 mm 长的试料一块，按照图 1 所示部位切取试样。

8.4 如某项试验结果不合格，则从其余的钢卷中取双倍数量的试样对不合格的项目进行复验。复验结果即使有一个试样不合格则该批不得交货，但供方可逐卷检验，对试验全部合格的钢带卷可以交货。

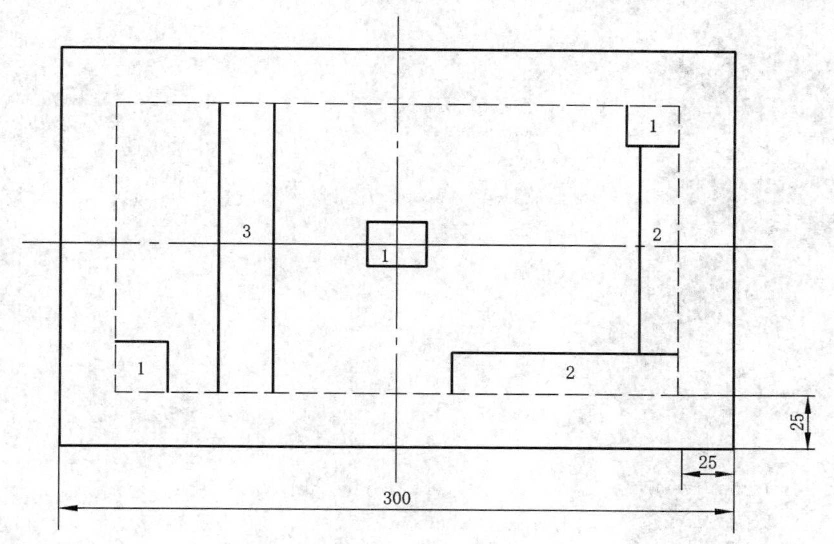

1——镀锡量试样；
2——拉伸试样；
3——弯曲试样。

图1 取样位置

9 包装、标志和质量证明书

钢带的包装、标志及质量证明书应符合 GB/T 247 的规定。

ICS 77.140.40
H 53

中华人民共和国黑色冶金行业标准

YB/T 5224—2006
代替 YB/T 5224—1993

中频用电工钢薄带

Specification for thin electrical steel strip for use at medium frequencies

(IEC 60404-8-8(Ed. 1.0)1991 Magnetic materials—Part 8:Specification for individual materials—Section 8:Specification for thin magnetic steel strip for use at medium frequencies,MOD)

2006-05-13 发布 2006-11-01 实施

中华人民共和国国家发展和改革委员会 发布

前　言

本标准修改采用IEC 60404-8-8:1991《中频使用的磁性钢薄带技术条件》(英文版)。

本标准根据IEC 60404-8-8:1991重新起草。为了方便比较,在资料性附录A中列出了本行业标准条款和国际标准条款的对照一览表。

本标准在采用国际标准时进行了修改。有关技术性差异用垂直线标识在它们所涉及的条款的页边空白处。在附录B中给出了技术性差异及其原因的一览表以供参考。

主要差异如下:

a) 牌号按GB/T 221的规定编制;

b) 增加了附录C《新旧牌号对照表》;

c) 取向电工钢0.03 mm厚度规格增加了1个牌号,0.20 mm厚度规格增加了4个牌号,0.05 mm、0.10 mm、0.15 mm厚度规格各增加了3个牌号;

d) 无取向电工钢0.20 mm厚度规格增加了1个牌号;

e) 取消了对残余曲率的规定;

f) 增加了"包装、标志和质量证明书"一章;

g) 删除了IEC标准前言。

本标准代替YB/T 5224—1993《晶粒取向硅钢薄带》。

本标准与YB/T 5224—1993标准相比主要变化如下:

a) 将YB/T 5224—1993《晶粒取向硅钢薄带》标准中用字母"DG"表示"高频下使用的电工钢"和数字"X"表示钢级别的牌号按GB/T 221标准的要求调整为用数字表示厚度、比总损耗和字母表示钢级别的牌号。例如:厚度0.20 mm规格的牌号由DG3、DG4、DG5调整为20Q1000、20Q900、20Q820牌号等;

b) 取消了原标准中厚度规格为0.025 mm、0.08 mm牌号的钢;

c) 增加了无取向电工钢薄带;

d) 增加了"订货资料"条款;

e) 检测试样由环形试样改为方圈试样;

f) 取消了原标准的附录A"推荐的试样消除应力退火工艺"和附录B"常用物理性能"。

本标准的附录A、附录B、附录C是资料性附录。

本标准由中国钢铁工业协会提出。

本标准由全国钢标准化技术委员会归口。

本标准主要起草单位:武汉钢铁(集团)公司、冶金工业信息标准研究院。

本标准主要起草人:杨春甫、吴新春、姚腊红、王晓虎、刘其中。

本标准于1978年首次发布,1989年第一次修订为国家标准GB 11255—1989,1993年由国家标准调整为行业标准YB/T 5224—1993。

中频用电工钢薄带

1 范围

本标准规定了频率不小于100 Hz磁路结构中使用的取向和无取向电工钢带的一般要求、技术要求、以及检验、包装、标志和质量证明书等。

本标准适用于厚度为0.05 mm～0.20 mm、并以退火状态和卷状供货的电工钢带。

2 规范性引用文件

下列文件中的条款通过本标准的引用而成为本标准的条款。凡是注日期的引用文件，其随后所有的修改单(不包括勘误的内容)或修订版均不适用于本标准，然而，鼓励根据本标准达成协议的各方研究是否可使用这些文件的最新版本。凡是不注日期的引用文件，其最新版本适用于本标准。

GB/T 235　厚度等于或小于3 mm薄板和薄带　反复弯曲试验方法(ISO 7799:1985,MOD)

GB/T 247　钢板和钢带检验、包装、标志及质量证明书的一般规定

GB/T 708　冷轧钢板和钢带的尺寸、外形、重量及允许偏差

GB/T 2521　冷轧晶粒取向、无取向磁性钢带(片)

GB/T 3655　用爱泼斯坦方圈测量电工钢片(带)磁性能的方法(IEC 60404—2:1996,NEQ)

GB/T 10129　电工钢片(带)中频磁性能测量方法(IEC 60404—10:1988,NEQ)

GB/T 17505　钢和钢产品-交货一般技术要求(ISO 404:1992(E),MOD)

GB/T 18253　钢及钢产品-检验文件的类型(ISO/DIS 10474:1990,MOD)

GB/T 19289　电工钢片(带)密度、电阻率和叠装系数测量方法

GB/T 2900.60—2002　电工术语　电磁学

3 术语和定义

GB/T 2900.60—2002　中给出的与磁特性有关的主要术语和定义及下列的术语和定义适用于本标准：

3.1

弯曲次数　number of bends

是指在基底金属上用目视观测到第一次出现裂纹前的最大反复弯曲次数，它表示钢带的延展性。

3.2

镰刀弯　edge camber

镰刀弯是指侧边与连接测量部两端点连线之间的最大间隙距离。

4 分类

钢的级别按最大比总损耗值和钢带的公称厚度分类(无取向钢带0.05 mm、0.10 mm、0.15 mm和0.20 mm；取向钢带0.03 mm、0.05 mm、0.10 mm、0.15 mm、0.20 mm)。

5 牌号

钢的牌号由代表特征的字符和钢带公称厚度、比总损耗值的数字组成。

a)　特征字符：

W——无取向钢带；

Q——取向钢带。

b） 特征字符前边的数字为钢带公称厚度的100倍，以mm表示。

c） 特征字符后边的数字为钢带比总损耗值的100倍，以W/kg表示。

例如：

20Q1000：公称厚度为0.20 mm、比总损耗 $P1.0/400$ 为10.0W/kg的取向钢带。

15W1400：公称厚度为0.15 mm、比总损耗 $P1.0/400$ 为14.0W/kg的无取向钢带。

6 一般要求

6.1 生产工艺

钢的生产工艺和化学成分由生产者决定。

6.2 供货形式

钢带以卷供货。

钢卷内径和重量由供需双方协商确定。

钢卷由同一宽度的钢带组成，边部卷绕整齐，侧面应平直。

钢卷应卷紧，在自重下不塌卷。

钢带可能出现焊缝或者在去除缺陷区域插入的空白纸，以及焊接增加的厚度，但应符合订货协议。

对于含有修补焊缝或插入空白纸的钢卷，钢带的每一部分应是同一规格，同一牌号的钢带。

焊接的钢带，焊接部分的边部应对齐，不应影响钢带以后的加工。

6.3 交货条件

除0.20 mm厚度的无取向钢带外，一般交货的钢带在两面涂有绝缘涂层。

交货的0.20 mm厚度的无取向钢带在一面或两面涂层，或不涂层。也可提供不同类型涂层的钢带。

6.4 表面条件

钢带表面应光滑、清洁，不应有油污和锈蚀。

钢带表面上任一种绝缘涂层应充分粘附，在生产者规定的热处理条件下或者剪切操作中不应脱落。

注：如果钢带是被浸入在流体中使用时，生产者应确保表面绝缘涂层与流体的相容性达到用户协议要求。

6.5 剪切适应性

钢带应能够在任何地方被剪切成一般的形状，应用精密工具剪切以确保剪切精度。

7 技术要求

7.1 磁特性

7.1.1 磁感应强度

磁感应强度特性只适用于晶粒取向钢带。

在表1规定的频率下，磁场强度为800A/m（峰值）时，晶粒取向钢带的最小磁感应强度应符合表1的规定。

7.1.2 比总损耗

最大比总损耗应符合表1和表2的规定。除0.20 mm无取向钢带外，比总损耗值是在检测试样剪切之后，经过在生产者规定的消除应力退火条件下退火后，在规定的检测试样上测得的。

按厚度不同，比总损耗值是在表1和表2中规定的频率下，对于无取向钢带磁感应强度为1.0T，对于取向钢带磁感应强度为1.0T或1.5T。

表 1　晶粒取向钢带的磁性和工艺特性

牌　号	公称厚度/mm	最大比总损耗 P/(W/kg)				H＝800A/m[a] 最小磁感应强度 B		最小叠装系数	最小弯曲次数
		P1.0/400	P1.5/400	P1.0/1 000	P0.5/3 000	T	频率/Hz		
3Q3000	0.03	—	—	—	30	1.70	3 000	0.87	3
5Q1700	0.05	—	17.0	24.0	—	1.60	1 000	0.88	3
5Q1600		—	16.0	22.0	—	1.64			
5Q1500		—	15.0	20.0	—	1.70			
5Q1450		—	14.5	19.0	—	1.70			
10Q1700	0.10	—	17.0	—	—	1.64	400	0.91	3
10Q1600		—	16.0	—	—	1.68			
10Q1500		—	15.0	—	—	1.73			
10Q1450		—	14.5	—	—	1.78			
15Q1800	0.15	—	18.0	—	—	1.73	400	0.92	3
15Q1700		—	17.0	—	—	1.73			
15Q1650		—	16.5	—	—	1.73			
15Q1600		—	16.0	—	—	1.70			
20Q1000	0.20	10.0	—	—	—	1.64	400	0.93	3
20Q900		9.0	—	—	—	1.68			
20Q820		8.2	—	—	—	1.72			
20Q760		7.6	17.8	—	—	1.73			

[a] 表中给出的磁感应强度已使用多年。实际用爱泼斯坦方圈检测的是磁极化强度(内秉磁通密度)

其定义为：$J=B-\mu_0 H$

式中：J 是磁极化强度；B 是磁感应强度；H 是磁场强度；μ_0 是磁常数。

对于 800A/m 的磁场强度，磁感应强度和磁极化强度值的差别可忽略不计。

表 2　无取向钢带磁性和工艺特性

牌　号	公称厚度/mm	最大比总损耗/(W/kg)		最小叠装系数	最小弯曲次数
		1.0T	频率 Hz		
5W4500	0.05	45	1 000	0.88	2
10W1300	0.10	13	400	0.91	2
15W1400	0.15	14	400	0.92	2
20W1500	0.20	15[a]	400	0.93[a]	2
20W1700	0.20	17	400	0.93	2

[a] 从没有涂层的检测样上检测。

7.2　尺寸外形及允许偏差

7.2.1　厚度

钢带的公称厚度：

无取向钢带为 0.05 mm、0.10 mm、0.15 mm 和 0.20 mm；

取向钢带为 0.03 mm、0.05 mm、0.10 mm、0.15 mm 和 0.20 mm。

厚度差包括：

——同一验收组批中的公称厚度的变化；

——平行轧制方向 1.5m 长钢带上的厚度差；

——垂直轧制方向 1.5m 长钢带上的厚度差；这些厚度差仅仅适用于宽度大于 150 mm 的钢带，在距离边部大于 40 mm 处进行测量。

在任何点，公称厚度允许差不应超过表 3 给出的值。

厚度为 0.15 mm、0.20 mm 的钢带平行于轧制方向的厚度差不应超过 0.020 mm。

垂直于轧制方向的厚度差不应超过表 3 规定的值。

表 3　厚度允许差　　单位为毫米

公称厚度 mm	公称厚度允许偏差		垂直于轧制方向厚度差	
	无取向带	晶粒取向带	无取向带	晶粒取向带
0.03	—	±0.005	—	0.005
0.05	+0.010 −0.005	+0.010 −0.005	0.008	0.008
0.10	±0.010	±0.010	0.010	0.010
0.15	±0.015	±0.015	0.020	0.020
0.20	±0.020	±0.020	0.020	0.020

7.2.2　宽度

7.2.2.1　无取向钢带

公称宽度不大于 1 250 mm 的无取向钢带应符合表 4 规定的允许偏差。根据需方要求，宽度偏差可为负值。

表 4　无取向钢带宽度允许偏差　　单位为毫米

公称宽度(W)	允许偏差
$W \leqslant 150$	$^{+0.4}_{0}$
$150 < W \leqslant 500$	$^{+0.6}_{0}$
$W > 500$	$^{+1.5}_{0}$

7.2.2.2　晶粒取向钢带

公称宽度不大于 1 250 mm 的晶粒取向钢带应符合表 5 规定的允许偏差。根据需方要求，宽度偏差可为负值。

表 5　晶粒取向钢带宽度允许偏差　　单位为毫米

公称宽度(W)	允许偏差
$W \leqslant 150$	$^{+0.4}_{0}$
$150 < W \leqslant 400$	$^{+0.5}_{0}$
$W > 400$	$^{+1.5}_{0}$

7.2.3　镰刀弯

镰刀弯的检测仅仅适用于厚度为 0.20 mm 和宽度大于 150 mm 的无取向钢带。在 1m 长的钢带上，镰刀弯不应大于 1 mm。

宽度沿垂直于钢带纵轴方向检测。

8.4.2.3 **镰刀弯**

镰刀弯的检测按 GB/T 708 标准进行。

8.4.2.4 **毛刺高度**

毛刺高度的检测按 GB/T 2521 标准进行。

8.4.3 **工艺特性**

8.4.3.1 **叠装系数**

叠装系数的检测按 GB/T 19289 标准进行。

8.4.3.2 **弯曲次数**

按 GB/T 235 规定，弯曲的检测是将检测试样的每一个侧面交替弯曲 90°，然后恢复到其初始位置。从初始位置弯曲 90°后再返回到其初始位置算做一次弯曲。

当在基底金属上第一次出现肉眼可见的裂纹时应停止检测。最后一次弯曲不计算为弯曲次数。

8.4.4 **复验**

当检测结果不符合规定时，应从验收组批的其他长度的钢带上取双倍试样复验。

当复验不合格时，生产者可以经过重新处理后，作为新的组批验收。

9 异议

如果钢带的内外缺陷不利于加工并影响使用，可以提出异议。

用户提出异议时应提供有争议钢带和异议的证据，以使供货者确认。

在所有的情况下，提出异议的时限和条件应符合 GB/T 17505 标准。

10 订货资料

对于完全符合本标准的钢带，用户在订货时应提供下列资料：

a) 按条款 5，钢带的牌号名称；

b) 所要求钢带的尺寸(包括钢卷内、外直径)(见 6.2 和 7.2.2)；

c) 要求的数量(包括钢卷重量)(见 6.2)；

d) 要求的检验方法(包括已有的资料)(见 8.1)；

e) 在订货时，由用户确定的下列任一项要求。在没有提出要求时，生产者应可以认为在这些方面用户没有特殊的要求：

——出现的焊点和插入的空白纸及其标记(见 6.2)；

——表面绝缘涂层的相容性(见 6.4)；

——绝缘涂层电阻(见 7.3.4)。

11 包装、标志和质量证明书

11.1 包装、标志

0.10 mm、0.15 mm、0.20 mm 厚度钢带的包装、标志应符合 GB/T 247 的规定，其他厚度规格的钢带的包装、标志由供需双方协商规定。

11.2 质量证明书

交付的钢带应附有质量证明书，应注明：

a) 本标准编号；

b) 供方名称(或厂标)；

c) 需方名称；

d) 合同号；

e) 钢卷号或标签号；

f) 产品名称、牌号、尺寸；

g) 重量；

h) 磁性和其他协议中规定项目的检测结果。

附　录　A
（资料性附录）
本标准章条编号与 IEC 60404-8-8:1991 章条编号对照

表 A.1 给出了本标准章条编号与 IEC 60404-8-8:1991 章条编号对照一览表。

表 A.1　本标准章条编号与 IEC 60404-8-8:1991 章条编号对照

本标准章条编号	对应的 IEC 标准章条编号
1	1
2	2
3	3
4	4
5	5
6	6
7	7
8	8
9	9
10	10
11	

附 录 B
（资料性附录）
本标准与 IEC 60404-8-8：1991 标准的技术性差异及原因

表 B.1 给出了本标准与 IEC 60404-8-8：1991 标准的技术性差异及原因的一览表。

表 B.1 本标准与 IEC 60404-8-8：1991 标准的技术性差异及原因

本标准章条编号	技术性差异	原　因
1	增加了 0.03 mm、0.20 mm 规格的取向钢	0.02 mm 规格的取向钢是我国电工钢薄带的主要产品，0.03 mm 国内研究单位生产
2	引用了采用国际标准的我国标准，而非国际标准	以适应我国国情，便于应用
4	增加了 0.03 mm、0.20 mm 规格的取向钢	0.20 mm 规格的取向钢是我国电工钢薄带的主要产品，0.03 mm 国内研究单位生产
5	牌号按国内电工钢命名规定命名	以使国内电工钢牌号统一、系列化
表 1	增加 0.03 mm1 个牌号、0.20 mm 4 个牌号和 0.05 mm、0.10 mm、0.15 mm 各 3 个牌号的取向钢	根据国内实际生产情况和现有牌号
表 2	增加 0.20 mm 厚度规格 1 个牌号	根据国内实际生产情况和现有牌号
7.2.1	增加了 0.03 mm、0.20 mm 规格的取向钢及其尺寸和允许差	0.20 mm 规格的取向钢是我国电工钢薄带的主要产品，0.03 mm 国内研究单位生产
表 3	厚度增加了 0.03 mm、0.20 mm 规格的取向钢	根据我国现有产品
7.2.2.2	增加 $W>500$ mm 及宽度允差	我国大生产主要生产宽度 $W>500$ mm 的产品
11	增加包装、标志和质量证明书	根据 GB/T 1.1 及我国标准一般要求

附 录 C
（资料性附录）
新旧牌号对照表

表 C.1 给出了本标准与 YB/T 5224—1993 标准新旧牌号对照表。

表 C.1 新旧牌号对照表

厚度/mm	旧牌号	新牌号	厚度/mm	旧牌号	新牌号
0.03	DG4	3Q3000	0.15	DG4	15Q1800
0.05	DG3	5Q1700		DG5	15Q1700
	DG4	5Q1600		DG6	15Q1650
	DG5	5Q1500		DG7	15Q1600
	DG6	5Q1400	0.20	DG3	20Q1000
0.10	DG3	10Q1700		DG4	20Q900
	DG4	10Q1600		DG5	20Q820
	DG5	10Q1500		DG6	20Q760
	DG6	10Q1450			

ICS 77.140.50
H 46

中华人民共和国黑色冶金行业标准

YB/T 5310—2010
代替 YB/T 5310—2006

弹簧用不锈钢冷轧钢带

Cold rolled stainless steel strips for springs

2010-11-10 发布　　2011-03-01 实施

中华人民共和国工业和信息化部　发布

前　言

本标准参照 JIS G4313—1996《弹簧用不锈钢冷轧钢带》、ISO 6931-2：2005《弹簧用不锈钢　第二部分　窄钢带》、EN 10151：2002《弹簧用不锈钢带　交货技术条件》和 ASTM A666-03《退火和冷轧奥氏体不锈钢中厚板、薄板、钢带和扁钢》等标准，对 YB/T 5310—2006《弹簧用不锈钢冷轧钢带》进行修订。

本标准代替 YB/T 5310—2006《弹簧用不锈钢冷轧钢带》。与原标准对比，主要修订内容如下：

——增加钢带厚度不小于 0.03 mm、小于 0.10 mm 的相关内容；

——增加钢带宽度大于 250 mm、小于 1 250 mm 的相关内容；

——调整规范性引用文件；

——增加“术语符号”和“订货内容”2 章；

——修改牌号的命名方法；对类别和牌号做重新规定；

——增加 5 个牌号，其化学成分、力学性能采用相应标准的规定；

——增加牌号的化学成分要求；

——增加低冷作硬化状态(1/4H)的力学性能要求；

——取消 W 型弯曲试验要求；

——增加附录 A《各国弹簧用不锈钢牌号对照表》。

本标准的附录 A 为资料性附录。

本标准由中国钢铁工业协会提出。

本标准由全国钢标准化技术委员会归口。

本标准主要起草单位：上海实达精密不锈钢有限公司、冶金工业信息标准研究院。

本标准主要起草人：赵春宝、王晓虎、徐兼儿、陈守超、张政、丁春华。

本标准所代替标准的历次版本发布情况为：

——GB/T 4231—1993；

——YB/T 5310—2006。

弹簧用不锈钢冷轧钢带

1 范围

本标准规定了弹簧用不锈钢冷轧钢带的牌号、尺寸、允许偏差及外形、技术要求、试验方法、检验规则、包装、标志及产品质量证明书。

本标准适用于厚度不大于1.60 mm、宽度小于1 250 mm制作片簧、盘簧，以及弹性元件用的冷轧不锈钢钢带(以下称钢带)。

2 规范性引用文件

下列文件对于本文件的应用是必不可少的。凡是注日期的引用文件，仅注日期的版本适用于本文件。凡是不注日期的引用文件，其最新版本(包括所有的修改单)适用于本文件。

GB/T 222 钢的成品化学成分允许偏差

GB/T 223.3 钢铁及合金化学分析方法 二安替比林甲烷磷钼酸重量法测定磷量

GB/T 223.4 钢铁及合金 锰含量的测定 电位滴定或可视滴定法

GB/T 223.5 钢铁 酸溶硅和全硅含量的测定 还原型硅钼酸盐分光光度法

GB/T 223.8 钢铁及合金化学分析方法 氟化钠分离-EDTA滴定法测定铝含量

GB/T 223.11 钢铁及合金 铬含量的测定 可视滴定或电位滴定法

GB/T 223.23 钢铁及合金 镍含量的测定 丁二酮肟分光光度法

GB/T 223.25 钢铁及合金化学分析方法 丁二酮肟重量法测定镍量

GB/T 223.28 钢铁及合金化学分析方法 α-安息香肟重量法测定钼量

GB/T 223.36 钢铁及合金化学分析方法 蒸馏分离-中和滴定法测定氮量

GB/T 223.58 钢铁及合金化学分析方法 亚砷酸钠-亚硝酸钠滴定法测定锰量

GB/T 223.61 钢铁及合金化学分析方法 磷钼酸铵容量法测定磷量

GB/T 223.68 钢铁及合金化学分析方法 管式炉内燃烧后碘酸钾滴定法测定硫含量

GB/T 223.69 钢铁及合金 碳含量的测定 管式炉内燃烧后气体容量法

GB/T 228 金属材料 室温拉伸试验方法

GB/T 232 金属材料 弯曲试验方法

GB/T 247 钢板和钢带包装、标志及质量证明书的一般规定

GB/T 1172 黑色金属硬度及强度换算值

GB/T 2975 钢及钢产品 力学性能试验取样位置及试样制备

GB/T 4340.1 金属材料 维氏硬度试验 第1部分:试验方法

GB/T 9971—2004 原料纯铁

GB/T 11170 不锈钢 多元素含量的测定 火花放电原子发射光谱法(常规法)

GB/T 17505 钢及钢产品交货一般技术要求

GB/T 20066 钢和铁 化学成分测定用试样的取样和制样方法

3 术语符号

下列术语符号适用于本文件。

厚度普通精度：　　PT. A
厚度较高精度：　　PT. B
厚度高精度：　　PT. C
镰刀弯普通精度：　PC. A
镰刀弯较高精度：　PC. B
不平度普通精度：　PF. A
不平度较高精度：　PF. B
低冷作硬化状态：　1/4H
半冷作硬化状态：　1/2H
高冷作硬化状态：　3/4H
冷作硬化状态：　　H
特别冷作硬化状态：EH
超特别冷作硬化状态：SEH

4　类别和牌号

钢带按金相组织分为四类，共9个牌号，类别和牌号见表1。如需方要求并经供需双方协议，可供表1以外的其他牌号。

表1　类别和牌号

类别	统一数字代号	牌　　号
奥氏体型	S35350、S30110、S30408、S31608	12Cr17Mn6Ni5N、12Cr17Ni7、06Cr19Ni10、06Cr17Ni12Mo2
铁素体型	S11710	10Cr17
马氏体型	S42020、S42030、S42040	20Cr13、30Cr13、40Cr13
沉淀硬化型	S51770	07Cr17Ni7Al

5　订货内容

根据本标准订货，在合同中应注明下列技术内容：

a)　产品名称(或品名)；
b)　牌号；
c)　标准编号；
d)　尺寸及精度；
e)　重量或数量；
f)　表面加工类型；
g)　交货状态；
h)　标准中应由供需双方协商并在合同中注明的项目或指标，如未注明，则由供方选择；
i)　需方提出的其他特殊要求，经供需双方协商确定，并在合同中注明。

6 尺寸、外形、重量及允许偏差

6.1 钢带的公称尺寸范围见表 2。如需方要求并经双方协商,可供表 2 以外其他尺寸的产品。

表 2 厚度和宽度尺寸

单位为毫米

厚 度	宽 度
0.03～1.60	3～<1 250

6.2 钢带的厚度允许偏差应符合表 3 普通精度(PT. A)的规定。如需方要求并在合同中注明时,可执行表 3 中较高精度(PT. B)或高精度(PT. C)的规定。经供需双方协商并在合同中注明,偏差值可全为正偏差、负偏差或正负偏差不对称分布,但公差值应在表列范围之内。

表 3 钢带的厚度允许偏差

单位为毫米

公称厚度	厚度允许偏差														
	宽度<125			125≤宽度<250			250≤宽度<600			600≤宽度<1 000			1 000≤宽度<1 250		
	普通精度	较高精度	高精度	普通精度	较高精度	高精度	普通精度	较高精度	高精度	普通精度	较高精度	高精度	普通精度	较高精度	高精度
<0.10	±0.10t	±0.08t	—	±0.12t	±0.10t	±0.08t	±0.15t	±0.10t	±0.08t	±0.20t	±0.15t	±0.10t	±0.25t	±0.18t	±0.12t
0.10～<0.20	±0.010	±0.008	±0.006	±0.015	±0.012	±0.008	±0.020	±0.015	±0.010	±0.025	±0.015	±0.012	±0.030	±0.020	±0.015
0.20～<0.30	±0.015	±0.012	±0.008	±0.020	±0.015	±0.010	±0.025	±0.020	±0.012	±0.030	±0.020	±0.015	±0.040	±0.025	±0.020
0.30～<0.40	±0.020	±0.015	±0.010	±0.025	±0.020	±0.012	±0.030	±0.025	±0.015	±0.040	±0.025	±0.020	±0.045	±0.030	±0.025
0.40～<0.60	±0.025	±0.020	±0.014	±0.030	±0.025	±0.015	±0.035	±0.030	±0.020	±0.045	±0.030	±0.025	±0.050	±0.035	±0.030
0.60～<1.00	±0.030	±0.025	±0.018	±0.035	±0.030	±0.020	±0.040	±0.035	±0.025	±0.050	±0.035	±0.030	±0.055	±0.040	±0.035
1.00～<1.50	±0.035	±0.030	±0.020	±0.040	±0.035	±0.025	±0.045	±0.040	±0.030	±0.055	±0.040	±0.035	±0.060	±0.045	±0.040
≥1.50	±0.040	±0.035	±0.025	±0.050	±0.040	±0.030	±0.055	±0.045	±0.035	±0.060	±0.045	±0.040	±0.070	±0.055	±0.045
注:t 为钢带公称厚度。															

6.3 钢带的宽度允许偏差应符合表 4 的规定。经供需双方协商并在合同中注明,偏差值可全为正偏

差、负偏差或正负偏差不对称分布，但公差值应在表列范围之内。

表 4　钢带的宽度允许偏差　　　　单位为毫米

公称厚度	宽度允许偏差					
	宽度＜80	80≤宽度＜150	150≤宽度＜250	250≤宽度＜600	600≤宽度＜1 000	1 000≤宽度＜1 250
≤0.25	±0.08	±0.12	±0.17	±0.25	±0.40	±0.60
＞0.25～0.50	±0.10	±0.15	±0.20	±0.30	±0.50	±0.70
＞0.50～1.00	±0.15	±0.20	±0.25	±0.35	±0.60	±0.80
＞1.00	±0.20	±0.20	±0.30	±0.40	±0.70	±0.90

6.4　钢带的镰刀弯最大值应符合表 5 普通精度(PC. A)的规定。如需方要求并在合同中注明时，可执行表 5 中较高精度(PC. B)的规定。表 5 中的数值适用于宽度与厚度之比大于 10 的钢带。

表 5　钢带的镰刀弯　　　　单位为毫米

公称宽度	任意 1 000 长度上的镰刀弯	
	普通精度(PC. A)	较高精度(PC. B)
＜20	≤4.0	≤1.5
20～＜40	≤3.0	≤1.25
40～＜80	≤2.0	≤1.0
80～＜600	≤1.5	≤0.75
≥600	≤1.0	—

6.5　厚度较高精度(PT. B)、厚度高精度(PT. C)钢带的不平度最大值应符合表 6 普通精度的规定。如需方要求并在合同中注明时，厚度高精度(PT. C)钢带的不平度最大值可执行表 6 中较高精度(PF. B)的规定。

表 6　钢带的不平度　　　　单位为毫米

公称宽度	不　平　度									
	1/4H		1/2H		3/4H		H		EH、SEH	
	普通精度 PF. A	较高精度 PF. B	普通精度 PF. A	较高精度 PF. B	普通精度 PF. A	较高精度 PF. B	普通精度 PF. A	较高精度 PF. B	普通精度 PF. A	较高精度 PF. B
＜80	≤3.0	≤1.5	≤4.0	≤2.0	≤5.0	≤2.5	≤7.0	≤3.0	≤9.0	≤4.0
80～＜250	≤4.0	≤2.0	≤5.0	≤2.5	≤6.0	≤3.0	≤9.0	≤4.0	≤11	≤5.0
250～＜600	≤7.0	≤3.5	≤9.0	≤4.5	≤11	≤5.5	≤13	≤6.0	≤15	≤7.0
≥600	≤10	≤5.0	≤12	≤6.0	≤15	≤7.0	≤18	≤9.0	≤20	≤10

6.6 钢卷应牢固成卷并尽量保持圆柱形和不卷边。钢卷内径应在合同中注明。
6.7 钢带按实际重量交货。

7 要求

7.1 牌号和化学成分

7.1.1 钢的牌号和化学成分(熔炼分析)应符合表7的规定。
7.1.2 成品化学成分允许偏差应符合GB/T 222的规定。

表7 钢的牌号和化学成分

统一数字代号	牌号	化学成分(质量分数)/%									
		C	Si	Mn	P	S	Ni	Cr	Mo	N	其他元素
奥氏体型											
S35350	12Cr17Mn6Ni5N	0.15	1.00	5.50~7.50	0.050	0.030	3.50~5.50	16.00~18.00	—	0.05~0.25	—
S30110	12Cr17Ni7	0.15	1.00	2.00	0.045	0.030	6.00~8.00	16.00~18.00	—	0.10	—
S30408	06Cr19Ni10	0.08	0.75	2.00	0.045	0.030	8.00~10.50	18.00~20.00	—	0.10	—
S31608	06Cr17Ni12Mo2	0.08	0.75	2.00	0.045	0.030	10.00~14.00	16.00~18.00	2.00~3.00	0.10	—
铁素体型											
S11710	10Cr17	0.12	1.00	1.00	0.040	0.030	0.75	16.00~18.00	—	—	—
马氏体型											
S42020	20Cr13	0.16~0.25	1.00	1.00	0.040	0.030	(0.60)	12.00~14.00	—	—	—
S42030	30Cr13	0.26~0.35	1.00	1.00	0.040	0.030	(0.60)	12.00~14.00	—	—	—
S42040	40Cr13	0.36~0.45	0.80	0.80	0.040	0.030	(0.60)	12.00~14.00	—	—	—
沉淀硬化型											
S51770	07Cr17Ni7Al	0.09	1.00	1.00	0.040	0.030	6.50~7.75	16.00~18.00	—	—	Al:0.75~1.50
注:表中所列成分除标明范围或最小值,其余均为最大值。括号内值为允许添加的最大值。											

7.2 交货状态

7.2.1 奥氏体型钢带以冷轧状态交货。

7.2.2 铁素体型、马氏体型钢带以退火状态或冷轧状态交货。

7.2.3 沉淀硬化型钢带以固溶处理状态交货。

7.3 力学性能和工艺性能

7.3.1 钢带的硬度和冷弯性能按表 8 的规定。

表 8 钢带的力学性能和工艺性能

统一数字代号	牌号	交货状态	冷轧、固溶处理或退火状态		沉淀硬化处理状态	
			硬度 HV	冷弯 90°	热处理	硬度 HV
S35350	12Cr17Mn6Ni5N	1/4H	≥250	—	—	—
		1/2H	≥310	—	—	—
		3/4H	≥370	—	—	—
		H	≥430	—	—	—
S30110	12Cr17Ni7	1/2H	≥310	$d=4a$	—	—
		3/4H	≥370	$d=5a$	—	—
		H	≥430	—	—	—
		EH	≥490	—	—	—
		SEH	≥530	—	—	—
S30408	06Cr19Ni10	1/4H	≥210	$d=3a$	—	—
		1/2H	≥250	$d=4a$	—	—
		3/4H	≥310	$d=5a$	—	—
		H	≥370	—	—	—
S31608	06Cr17Ni12Mo2	1/4H	≥200	—	—	—
		1/2H	≥250	—	—	—
		3/4H	≥300	—	—	—
		H	≥350	—	—	—
S11710	10Cr17	退火	≤210	—	—	—
		冷轧	≤300	—	—	—
S42020	20Cr13	退火	≤240	—	—	—
		冷轧	≤290	—	—	—
S42030	30Cr13	退火	≤240	—	—	—
		冷轧	≤320	—	—	—

表 8（续）

统一数字代号	牌号	交货状态	冷轧、固溶处理或退火状态		沉淀硬化处理状态	
			硬度 HV	冷弯 90°	热处理	硬度 HV
S42040	40Cr13	退火	≤250	—	—	—
		冷轧	≤320	—	—	—
S51770	07Cr17Ni7Al	固溶	≤200	$d=a$	固溶＋565 ℃时效 固溶＋510 ℃时效	≥450 ≥450
		1/2H	≥350	$d=3a$	1/2H＋475 ℃时效	≥380
		3/4H	≥400	—	3/4H＋475 ℃时效	≥450
		H	≥450	—	H＋475 ℃时效	≥530
注：表中 d，弯芯直径；a，钢带厚度。						

7.3.1.1　钢带厚度小于 0.40 mm 时，可用抗拉强度值代替硬度值，其强度值应符合表 9 的规定。

表 9　钢带的力学性能

统一数字代号	牌号	交货状态	冷轧、固溶状态			沉淀硬化处理状态		
			规定非比例延伸强度 $R_{p0.2}$/MPa	抗拉强度 R_m/MPa	断后伸长率 A/%	热处理	规定非比例延伸强度 $R_{p0.2}$/MPa	抗拉强度 R_m/MPa
S30110	12Cr17Ni7	1/2H	≥510	≥930	≥10	—	—	—
		3/4H	≥745	≥1 130	≥5	—	—	—
		H	≥1 030	≥1 320	—	—	—	—
		EH	≥1 275	≥1 570	—	—	—	—
		SEH	≥1 450	≥1 740	—	—	—	—
S30408	06Cr19Ni10	1/4H	≥335	≥650	≥10	—	—	—
		1/2H	≥470	≥780	≥6	—	—	—
		3/4H	≥665	≥930	≥3	—	—	—
		H	≥880	≥1 130	—	—	—	—
S51770	07Cr17Ni7Al	固溶	—	≤1 030	≥20	固溶＋565 ℃时效 固溶＋510 ℃时效	≥960 ≥1 030	≥1 140 ≥1 230
		1/2H	—	≥1 080	≥5	1/2H＋475 ℃时效	≥880	≥1 230
		3/4H	—	≥1 180	—	3/4H＋475 ℃时效	≥1 080	≥1 420
		H	—	≥1 420	—	H＋475 ℃时效	≥1 320	≥1 720

7.3.1.2　冷弯试样的纵向应垂直于钢带的轧制方向。经 90°V 型冷弯试验的试样，其弯曲部位的外表面不得有裂纹。

7.3.2　根据需方要求，厚度不小于 0.40 mm 的钢带以拉伸试验代替表 8 规定的硬度和弯曲试验时，钢带的力学性能应符合表 9 的规定。

7.3.2.1 07Cr17Ni7Al 的沉淀硬化热处理工艺如下：

a) 钢带交货状态为固溶处理态时，按下述任何一种方式进行：

565 ℃时效，于 760 ℃±15 ℃保温 90 min，此后在 1 h 内冷却到 15 ℃以下保温 30 min，再于 565 ℃±10 ℃保温 60 min 后空冷。

510 ℃时效，于 955 ℃±10 ℃保温 10 min，空冷到室温，在 24 h 内于－73 ℃±6 ℃保温 8 h，再于 510 ℃±10 ℃保温 60 min 后空冷。

b) 钢带交货状态为 1/2H、3/4H 和 H 的硬化状态时，按下述方式进行：

按不同程度的硬化状态冷轧后，于 475 ℃±10 ℃保温 1 h 后空冷。

7.3.2.2 20Cr13、30Cr13 和 40Cr13 的退火冷却工艺按下述方式进行：

在 750 ℃时空冷，或在 800 ℃～900 ℃时缓冷。

7.4 表面质量

7.4.1 钢带表面不允许有影响使用的缺陷。在没有特殊要求时，表面允许有个别轻微的擦伤、划痕、压痕、凹面、辊印和麻点，其深度或高度不得超过钢带厚度公差的一半。

7.4.2 钢带边缘应平整。切边钢带不允许有深度大于宽度公差之半的切割不齐和大于钢带公称厚度 10%的毛刺。

8 试验方法

8.1 每批钢板或钢带的检验项目、取样方法、取样数量及试验方法应符合表 10 的规定。

表 10 取样方法、数量及试验方法

序号	检验项目	取样方法及部位	取样数量	试验方法
1	化学成分	GB/T 20066	每炉 1 个	GB/T 223、GB/T 9971—2004 中的附录 A、GB/T 11170
2	拉伸试验	GB/T 2975 取纵向试样	每批 1 个	GB/T 228
3	弯曲试验	GB/T 232	每批 1 个	GB/T 232
4	硬度	任一卷	每批 2 个	GB/T 4340.1
5	尺寸外形	逐卷	—	通用量具测量
6	表面质量	逐卷	—	目视

8.2 钢带厚度的测量

宽度不大于 30 mm 时，在沿钢带宽度方向的中心部位测量；宽度大于 30 mm 时，应在距边部不小于 5 mm 处的任意点测量。

8.3 钢带外形的测量

8.3.1 测量钢带的镰刀弯时，将钢带的受检部分平放在平台上，用 1 m 长的直尺靠贴钢带凹侧，测量钢带与直尺之间的最大距离。

8.3.2 测量钢带不平度值时，将钢带的受检部分在自重状态下平放于平台上，用厚度规或线规测量钢带下表面与平台之间的最大距离。

9 检验规则

9.1 检查和验收

钢带的质量由供方质量监督部门负责检查和验收。需方有权按相应标准的规定进行验收。

9.2 组批规则

钢带应成批提交验收，每批由同一牌号、同一炉号、同一尺寸和同一交货状态的钢带组成。

9.3 复验和判定规则

若某项试验结果不符合本标准要求，允许按 GB/T 17505 进行复验。

10 包装、标志及质量证明书

钢带的包装、标志及质量证明书应符合 GB/T 247 的规定。

附　录　A
（资料性附录）
各国弹簧用不锈钢牌号对照表

表 A.1　各国弹簧用不锈钢牌号对照表

中国 YB/T 5310			日本 JIS G 4313	美国 ASTM A666		国际 ISO 6931-2	欧洲 EN 10151	
统一数字代号	新牌号	旧牌号		UNS	AISI		字母法	数字法
奥氏体型								
S35350	12Cr17Mn6Ni5N	1Cr17Mn6Ni5N	（SUS201）	S20100	201	X12CrMnNiN17-7-5	X12CrMnNiN17-7-5	1.4372
						X11CrNiMnN19-8-6	X11CrNiMnN19-8-6	1.4369
S30110	12Cr17Ni7	1Cr17Ni7	SUS301	S30100	301	X10CrNi18-8	X10CrNi18-8	1.4310
S30408	06Cr19Ni10	0Cr18Ni9	SUS304	S30400	304	X5CrNi18-9	X5CrNi18-10	1.4301
S31608	06Cr17Ni12Mo2	0Cr17Ni12Mo2	（SUS316）	S31600	316	X5CrNiMo17-12-2	X5CrNiMo17-12-2	1.4401
铁素体型								
S11710	10Cr17	1Cr17	（SUS430）	S43000	430	X6Cr17	X6Cr17	1.4016
马氏体型								
S42020	20Cr13	2Cr13	（SUS420J1）	S42000	420	X20Cr13	X20Cr13	1.4021
S42030	30Cr13	3Cr13	SUS420J2	S42000	420	X30Cr13	X30Cr13	1.4028
S42040	40Cr13	4Cr13		S42000	420	X39Cr13	X39Cr13	1.4031
沉淀硬化型								
S51770	07Cr17Ni7Al	0Cr17Ni7Al	SUS631	S17700	631	X7CrNiAl17-7	X7CrNiAl17-7	1.4568
			SUS632J1					
注：括号内牌号为该标准未列入的对应牌号。								